HANDBUCH DER WISSENSCHAFTLICHEN UND ANGEWANDTEN PHOTOGRAPHIE

HERAUSGEGEBEN VON

ALFRED HAY

BAND II

DIE PHOTOGRAPHISCHE KAMERA UND IHR ZUBEHÖR

WIEN
VERLAG VON JULIUS SPRINGER
1931

DIE PHOTOGRAPHISCHE KAMERA UND IHR ZUBEHÖR

BEARBEITET VON

KARL PRITSCHOW

MIT 437 ABBILDUNGEN

WIEN
VERLAG VON JULIUS SPRINGER
1931

ISBN 978-3-7091-3048-3 ISBN 978-3-7091-3064-3 (eBook)
DOI 10.1007/978-3-7091-3064-3

SOFTCOVER REPRINT OF THE HARDCOVER 1ST EDITION 1931

Inhaltsverzeichnis

Die photographische Kamera und ihr Zubehör

Von

Karl Pritschow, Braunschweig

Mit 437 Abbildungen

I. Einleitung

In seiner „Geschichte der Photographie" hat J. M. EDER[1] die ältere Geschichte der photographischen Kamera so sorgfältig und erschöpfend dargestellt, daß wir uns eigentlich mit einem Hinweis auf diese klassische Veröffentlichung begnügen könnten, um aber eine möglichst vollständige Darstellung vom Werdegang der neuzeitlichen photographischen Kamera geben zu können, ist ein Zurückgreifen auf frühere Zeitabschnitte nicht ganz zu umgehen. Es sollen im folgenden nur einige geschichtliche Wendepunkte von entscheidender Bedeutung kurz Erwähnung finden, damit wir mehr Raum für die Darstellung der Entwicklung von Konstruktionen der letzten Jahrzehnte gewinnen, für welche ein größeres Interesse vorausgesetzt werden darf.

Schon im Jahre 350 v. Chr. soll ARISTOTELES[2] den Strahlengang des Lichtes durch eine kleine Öffnung beschrieben und festgestellt haben, daß bei einer Sonnenfinsternis die Sonnenflecke unter Bäumen nicht kreisförmig bleiben, sondern die veränderte Gestalt der verfinsterten Sonnenscheibe annehmen. 500 Jahre später beschreibt CLAUDIUS PTOLOMAEUS die Brechung bzw. Reflexion des Lichtes an Linsen bzw. Spiegeln und von SENECA und PLINIUS wird erzählt, daß ihnen diese Erscheinungen ebenfalls bekannt waren. Neben ALI ABU ALHASSAN beschäftigte sich ROGER BACON mit den Gesetzen der Lichtbrechung; der letztere soll dem Papst CLEMENS eine Sammellinse zu Versuchszwecken zur Verfügung gestellt haben. Die bekannten Untersuchungen LEONARDO DA VINCIS mit der Camera obscura[3] trugen wesentlich zur Entwicklung der Optik bei und im Jahre 1553 beschrieb der berühmte Naturforscher JOHANN BAPTISTA PORTA in seiner „Magia naturalis" die Loch-Kamera, welche schon vorher dem Deutschen ERASMUS REINBOLD zur Beobachtung von Sonnenfinsternissen gedient haben soll; in Anbetracht des Interesses, das die Lochkamera beanspruchen darf, sei darauf näher eingegangen.

Die einfachste Möglichkeit, von Gegenständen ein Bild zu erzeugen, beruht auf dem Satze von der geradlinigen Fortpflanzung des Lichtes. Der einfachste Apparat ohne optisches System, der eine winkeltreue Abbildung herzustellen gestattet, ist bekanntlich die Lochkamera; diese ist daher als die Grundform aller photographischen Apparate zu bezeichnen. Bereits um das Jahr 1500

[1] Ausf. Hdb. d. Phot., Bd. 1, Teil 1, 3. Aufl., 1905.

[2] Vgl. E. HOPPE, Geschichte der Optik, J. J. Weber, Leipzig, 1926.

[3] M. v. ROHR, Zur Entwicklung der dunklen Kammer (Camera obscura), Centralzeitung für Optik u. Mechanik, Berlin 1925.

berichtet Leonardo da Vinci über Erkenntnisse dieser Art und Johann Baptista Porta machte die Entdeckung etwa 50 Jahre später aufs neue. Etwa um 1550 beschrieb Hieronymus Cardani ein Verfahren, mit Hilfe der Camera obscura und eines Hohlspiegels Vorgänge auf der Straße vom Zimmer aus zu beobachten. Daniel Barbaro benutzte wohl als erster eine Camera obscura mit bikonvexer (Sammel-)Linse und Porta beschrieb diese Einrichtung in sehr verständlicher Weise. Das Verdienst, eine tragbare Camera obscura geschaffen zu haben, gebührt Johann Zahn (1665). Dieser Apparat Zahns ist gewissermaßen der erste Vorläufer unserer heutigen photographischen Apparate, nur mit dem Unterschiede, daß es damals noch nicht möglich war, das von der Linse entworfene Bild dauernd festzuhalten. Es konnte nicht ausbleiben, daß im Laufe der Zeit das optische System der Camera obscura fortgesetzt verbessert wurde; es seien an dieser Stelle vor allem die Namen Dollond (1758) und Wollaston (1812) genannt, welch letzterer die Vorteile des Meniskus gegenüber der Bikonvexlinse und die Wichtigkeit eines bestimmten Blendenortes erkannte. Schon vorher (1727) war es dem deutschen Arzt und Professor der Medizin Johann Heinrich Schulze gelungen nachzuweisen, daß Silber enthaltende Niederschläge lichtempfindlich sind; er machte den berühmten Versuch, Kreide mit einer Lösung von Silber in Scheidewasser zu begießen und dem Sonnenlichte auszusetzen; er bewies dann in eindeutiger Weise, daß das Licht und nicht die Wärme die Ursache der sichtbaren Farbenveränderung des Kreidebreis war. Nach ihm beschäftigten sich Scheele, Wedgwood u. a. eingehend mit der Lichtempfindlichkeit des reinen Chlorsilbers; ihre Bemühungen gingen letzten Endes darauf aus, die in der Camera obscura sichtbaren Bilder festzuhalten. Scheele hatte zwar bereits erkannt, daß sich das im Licht geschwärzte und das unveränderte Chlorsilber gegen Ammoniak verschieden verhalten, doch blieb diese Entdeckung leider unbeachtet. Endlich gelang es dem Franzosen Joseph Nicéphore Niépce, das Lichtbild in der Camera obscura festzuhalten (1826). Sein Mitarbeiter Daguerre hat dann das nach ihm benannte und weltbekannte photographische Verfahren der „Daguerreotypie" ausgearbeitet.[1]

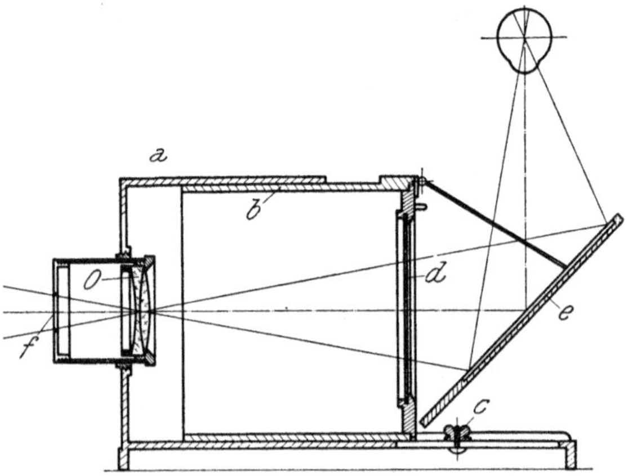

Abb. 1. Daguerre-Kamera (aus dem Jahre 1839). Das vom Objektiv O in der Bildebene d entworfene Bild ist höhen- und seitenverkehrt; durch Anordnung des etwa unter 45° geneigten Spiegels e wird das Mattscheibenbild in einer Richtung, und zwar in vertikaler oder horizontaler Richtung, umgekehrt, je nachdem, ob der Spiegel gegen die Horizontale oder gegen die Vertikale geneigt ist. c Fixierschraube, f Blendenöffnung. a, b Holzkästchen

Die Abb. 1 zeigt die Konstruktion der ersten Daguerre-Kamera; dieselbe bestand aus zwei übereinander verschiebbaren Holzkästchen a und b, deren gegenseitige Lage von außen festgestellt werden konnte. Hinter der Visierscheibe d befand sich ein Spiegel e, welcher das vom Objektiv

[1] F. P. Liesegang, Centralzeitung für Optik u. Mechanik 1930, Heft 6 u. 7 sowie E. Stenger, Gesch. d. Photographie, V. D. I., Berlin 1929.

O entworfene verkehrte Bild aufrecht oder seitenrichtig zu beobachten gestattete. Diese Vorrichtung zur Bildaufrichtung wurde später noch von einer großen Zahl von Konstrukteuren „erfunden". Das Objektiv, eine sogenannte einfache Landschaftslinse, stammte von dem Franzosen CHARLES CHEVALIER, bestand aus einer Flint- und einer damit verkitteten Crownglaslinse und war so angeordnet, daß die konkave Seite dem Gegenstande, die konvexe Seite dem lichtempfindlichen Schichtträger zugewandt war. Die Abblendung erfolgte durch eine Blende f, welche vor der Linse in einem bestimmten Abstand angeordnet war und ziemlich klein sein mußte, wenn Bilder von zufriedenstellender Schärfe erzielt werden sollten (Öffnungsverhältnis etwa 1 : 15). DAGUERRE soll bei Landschaftsaufnahmen bei gutem Tageslicht mit einer solchen Linse etwa 20 Minuten lang belichtet haben; die ersten Porträtaufnahmen hat später (etwa 1840) DRAYER in New York mit dem Ergebnis gemacht, daß bei einer Belichtung von 10 bis 20 Minuten verwaschene Umrisse der Person infolge der Unmöglichkeit entstanden, während dieser langen Zeit die erforderliche ruhige Haltung zu bewahren. Es ist bekannt, daß schon vor der Veröffentlichung des Verfahrens von DAGUERRE der Engländer FOX TALBOT die Photographie auf Papier erfand; er tränkte Papier zuerst in Salzlösung, dann in Silbernitratlösung und erhielt so ein lichtempfindliches Material. Im Jahre 1841 machte er die wichtige Entdeckung, daß kurz belichtete (unsichtbare) Lichtbilder auf Jodsilber usw. durch Bestreichen mit Gallussäure sichtbar gemacht, d. h. entwickelt werden können. Es folgte dann die Anwendung des Kollodiums, das bei Ausübung des sogenannten „nassen Verfahrens" Verwendung fand, bei dem auf eine Glasplatte Kollodium, in dem Jod- oder Bromsalze suspendiert sind, aufgegossen wird; die auf diese Weise vorbereitete Platte wird in eine Silbernitratlösung getaucht, worauf sich in der Schicht fein verteiltes, lichtempfindliches Jod- oder Bromsilber bildet. Die Platte kommt in feuchtem Zustand in die Kassette und muß belichtet werden, bevor sie trocknet; dieses Verfahren, wird noch heute in Reproduktionsanstalten angewandt. Mit dem nassen Verfahren waren viele Nachteile verbunden: die Umständlichkeit im Gebrauch, die Bindung an die Dunkelkammer usw.; da die Platte erst kurz vor dem Gebrauch vorbereitet werden konnte, waren Aufnahmen im Freien wie überhaupt außerhalb des Ateliers mit den größten Schwierigkeiten verbunden. Der Wunsch nach einem trockenen Arbeitsverfahren war daher sehr begreiflich; den entscheidenden Schritt in dieser Richtung hat wohl der englische Arzt L. R. MADDOX durch die Erfindung der Bromsilbergelatine-Trockenplatte getan; dieser Fortschritt war zunächst auf Kosten der Lichtempfindlichkeit erkauft, aber es dauerte nicht lange, bis auch dieser Nachteil beseitigt wurde. Erst im Jahre 1875 waren die ersten Trockenplatten im Handel; hier ist H. W. VOGEL zu erwähnen, dem bedeutende Verbesserungen, insbesondere was die Herstellung der farbenempfindlichen Platten betrifft, zu verdanken sind. Mit der Einführung der Trockenplatte von bestimmten Formaten war der Anwendung der Photographie Tür und Tor geöffnet und die Grundlage für den Bau von Kameramodellen gegeben, die im Anfang natürlich noch schwere und umfangreiche Kasten waren, im Laufe der Jahrzehnte jedoch sehr wesentliche Wandlungen erfuhren, wie die nachfolgenden Ausführungen zeigen werden.

Schon viel früher, d. h. zur Zeit der DAGUERREschen Erfindung, wurde an die optische Industrie das Verlangen gestellt, Objektive mit höheren Leistungen, insbesondere bezüglich der Lichtstärke, zu schaffen; wie M. v. ROHR in seinem Werk „Theorie und Geschichte des photographischen Objektivs" S. 246 ff. mitteilt, haben nach der DAGUERREschen Entdeckung im Jahre 1839 in München FR. v. KOBELL und C. A. STEINHEIL Versuche mit einem Objektiv gemacht, das einem Theaterglase Galileischer Konstruktion entnommen war, einen Durchmesser von 54 mm und eine Brennweite von $f = 135$ mm, also ein Öffnungsverhältnis von 1 : 2,5 hatte. Diese Kamera soll einem Fernrohr ähnlich gewesen sein; sie bestand aus einem zylindrischen, innen geschwärzten und mit Blenden versehenen Papprohr, an dessen einem Ende die lichtempfindliche Schicht zwischen zwei Glimmerplättchen untergebracht wurde, während das andere Ende das Objektiv trug, das zwecks Einstellung verschiebbar angeordnet war.

Etwa um 1839 berechnete der Mathematikprofessor J. Petzval auf Anregung seines Kollegen A. v. Ettinghausen ein neues, besonders lichtstarkes Objektiv; Einzelheiten hierüber sind in dem oben erwähnten Werke in ausführlicher Weise zu finden. Erwähnt sei jedoch auch an dieser Stelle, daß der Wiener Optiker Fr. Voigtländer dem Mathematiker Petzval die nach dem Fraunhoferschen Verfahren bestimmten optischen Konstanten der Glassorten bekannt gab; es entstanden in rascher Folge die berühmten Petzvalschen Objektive. Die Ausführung der rein analytisch errechneten Typen übernahm Fr. Voigtländer, der auch die erste Kamera in Verbindung mit dem Porträtobjektiv konstruierte;[1] wie die Abb. 2 zeigt, ist diese nach dem Prinzip der von Kobell-Steinheilschen gebaut, d. h. mit rundem bzw. konischem Gehäuse. Das Objektiv befindet sich an dem engeren Teil des Gehäuses und ist mittels Zahntriebs einstellbar; es hatte bei einer Brennweite von $f = 149$ mm einen Linsendurchmesser von etwa 40,6 bzw. 42,9 mm, also ein Öffnungsverhältnis von etwa 1 : 3,7. An der Rückseite der Kamera befand sich eine Einstellupe, welche mit dem Kamerakörper verbunden war.

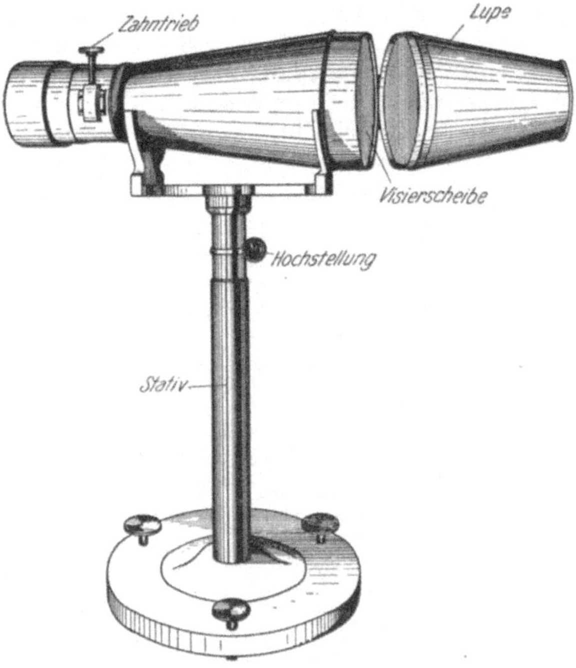

Abb. 2. Voigtländer-Kamera (1842). Porträt-Objektiv 1 : 3,7, $f = 149$ mm (Petzval-Objektiv). Durchmesser der Mattscheibe zirka 90 mm. Vgl. M. v. Rohr, Das phot. Objektiv, 1899, S. 252

Petzvals erster Apparat war ein pyramidenförmiges Kästchen aus Pappendeckel, welches am engen Teil das Objektiv und am weiten Teil eine hölzerne Kassette mit kreisrunder Öffnung von 97 mm Durchmesser trug. (Sowohl die Kamera als die damit hergestellten ersten Probeaufnahmen sind im Technischen Museum in Wien ausgestellt.)

Nach von Rohr konstruierte die Firma Voigtländer im Jahre 1842 eine neue Kamera, welche bezüglich der Form von der ersten wesentlich abwich;

[1] E. Stenger, Gesch. d. Photographie, V. D. I., Berlin 1929.

schon vorher (1839) hatte Armand Pierre de Séguier vorgeschlagen, eine Kamera mit Lederbalgen herzustellen, die sich bequem transportieren und auch für Landschaftsaufnahmen verwenden ließe.[1] Die neue Voigtländer-Kamera, welche noch keinen Balgen hatte, stimmte mit der auf S. 4 erwähnten überein, insbesondere was die Kastenform sowie die Einrichtung zur Unterbringung der nötigen Chemikalien unter dem Stativ betraf. Das Objekt hatte 80,1 mm freie Öffnung bei einer Brennweite von $f = 298$ mm, also ein Öffnungsverhältnis von 1 : 3,7, für ein Plattenformat von 12×15 cm; der Bildwinkel, bezogen auf die Plattendiagonale, betrug also nur etwa 36°.

Wie nicht anders zu erwarten war, bezog sich die weitere Entwicklung der photographischen Kamera zunächst hauptsächlich auf die Atelierapparate für Berufsphotographen. Da es zu weit führen würde, hier auch nur die wichtigsten Marksteine der Entwicklung in den nächsten Jahrzehnten zu erwähnen, will sich der Verfasser darauf beschränken, im Kapitel Reise- und Atelierkameras auf einige besonders interessante historisch bedeutsame Modelle hinzuweisen.

II. Die optischen Grundlagen

1. Die Lochkamera. In Anbetracht des relativ regen Interesses, welches die Lochkamera immer wieder findet, sei dieser Urtyp der photographischen Apparate im nachstehenden unter besonderer Berücksichtigung der heute üblichen Kameraformate etwas eingehender beschrieben. Die Bildentstehung in einer Lochkamera wird durch folgenden Versuch veranschaulicht:

Tritt in einen vollkommen abgedunkelten Raum durch eine sehr kleine Öffnung Licht ein, so entsteht auf einem hinter dieser Öffnung aufgestellten (möglichst weißen) Schirm ein Bild der Außenwelt, bei dem Oben mit Unten und Links mit Rechts vertauscht ist; die Bildentstehung ist vom Abstand des Schirmes von der Öffnung vollkommen unabhängig, weil kein optisches System von bestimmter Brechkraft vorhanden ist. Das Bild muß doppelte Umrisse zeigen, wie aus Abb. 3 hervorgeht, in welcher $A\,B$ den Gegenstand, C die undurchsichtige Wand mit der kleinen kreisförmigen Öffnung $d_1\,d_2$ und E den Auffangschirm im dunklen Raum bedeutet. Ein auf der horizontalen durch die Mitte des Loches $d_1\,d_2$ gehenden Achse befindlicher leuchtender Punkt A (im Abstand a von C) sendet durch die erwähnte kleine Öffnung ein Strahlenbündel, das auf dem Auffangschirm keinen Punkt, sondern einen Bildkreis mit dem Durchmesser $D_1\,D_2$ ($> d_1\,d_2$) und dem Mittelpunkt A_1 erzeugt. Es ist ohne weiteres einzusehen, daß der Abstand b der kleinen Lichteintrittsöffnung in der Wand C vom Schirme E die Größe von $D_1\,D_2$, des Bildes von A, wesentlich beeinflußt. Bei gleichbleibender Größe des Abstandes a und wachsendem b werden die Bilder A_1 des Punktes A immer größer; andererseits werden sie immer kleiner, je weiter der Punkt A von C entfernt liegt; der Grenzwert $D_1\,D_2 = d_1\,d_2$ wird erreicht, wenn der Punkt A sehr weit entfernt, bzw. im Unendlichen liegt.

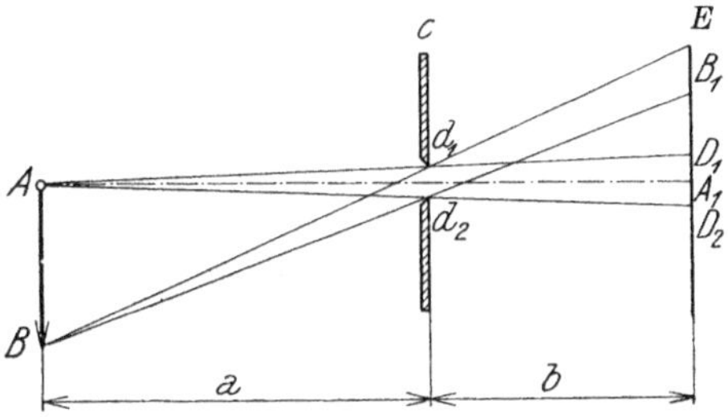

Abb. 3. Die Lochkamera (Abbildungsvorgang). $A\,B$ Gegenstand im Abstand a von der Wand C mit der Öffnung $d_1\,d_2$. $A_1\,B_1$ Bild dieses Gegenstandes im Abstande b von der Wand (Länge der Kamera). A_1 ist die Mitte des Kreises $D_1\,D_2$, als welcher der Punkt A abgebildet wird ($D_1\,D_2 > d_1\,d_2$)

[1] Vgl. F. P. Liesegang, Centralzeitung für Optik u. Mechanik, 1930, S. 65.

Es ist klar, daß auch die von einem seitlich der Achse ($A\,A_1$) liegenden, leuchtenden Punkt B ausgehenden Strahlen infolge der geradlinigen Ausbreitung des Lichtes auf dem Schirme E einen Lichtfleck erzeugen. Wie aus Abb. 3 hervorgeht, ist das Bild verkehrt; denn, während der Dingpunkt B unterhalb der Achse $A\,A_1$ liegt, befindet sich sein Bildpunkt oberhalb dieser; was für diesen einen beliebig herausgegriffenen Punkt gilt, gilt für alle Punkte, womit der Beweis erbracht ist, daß in der Lochkamera in dieser Beziehung die gleichen Verhältnisse bestehen wie in der Kamera mit zentrierten brechenden Glasflächen. Die Gestalt des dem Dingpunkt entsprechenden Lichtflecks, der auch als „Zerstreuungskreis" bezeichnet wird, ist — einen Dingpunkt vorausgesetzt — stets jener des Loches $d_1\,d_2$ ähnlich, kommt aber im Gesamtbild wenig oder gar nicht zum Ausdruck, höchstens am Rande des Bildes.

Es ist klar, daß die Größe des Zerstreuungskreises ein Kriterium für die Schärfe des Bildes ist; je kleiner der gegenseitige Abstand der Punkte d_1 und d_2 ist, desto schärfer wird das Bild. Ist der Gegenstand von der Kamera weit entfernt, so daß der Winkel, den ein Achsenpunkt mit dem oberen bzw. unteren Rand der kleinen Öffnung bildet, sehr klein ist, so spielt der absolute Wert des Abstandes des Schirmes von der Öffnung keine Rolle. Diese Feststellung ist deshalb interessant, weil sie mit der Behauptung gleichbedeutend ist, daß hier eine relativ große „Tiefe im Bildraume" vorhanden ist (s. S. 330 ff.). Die Lochkamera kann den Vorzug für sich in Anspruch nehmen, daß die Tiefe ihrer Abbildung außerordentlich groß ist.

Da bei Voraussetzung der geradlinigen Ausbreitung des Lichtes in diesem Falle keine Ursachen dafür vorhanden sind, daß die Strahlen von ihrem Wege abgelenkt werden könnten, so findet nur in der Lochkamera eine vollkommen orthoskopische d. h. winkelrichtige Abbildung statt. Bei gleichem Abstand des Schirmes und Gegenstandes vom Loch findet eine Abbildung in gleicher Größe statt; bei jeder anderen Entfernung des senkrecht zur sogenannten Achse stehenden Schirmes vom Loch besteht zwar ein Unterschied in der Größe zwischen Ding und Bild, aber unter allen Umständen ist eine strenge Ähnlichkeit zwischen beiden vorhanden. Die Tatsache, daß mit Hilfe der Lochkamera trotz eines sehr großen Bildwinkels vollkommen verzeichnungsfreie Bilder hergestellt werden können, ist ganz besonders schätzenswert.

Ein Nachteil der kleinen Öffnung und der dadurch erzielten großen Tiefe ist die sehr geringe Helligkeit des Bildes der Lochkamera; da sich durch das Erweitern der Öffnung für den Lichteintritt die Belichtungszeit zwar abkürzen läßt, andererseits aber die Unschärfe zusehends wächst, ist man in manchen Fällen, wo gegen die Verlängerung der Belichtungszeit keine Bedenken bestehen, leicht geneigt, die Öffnung so klein wie nur möglich zu machen, um eine möglichst scharfe Abbildung zu erhalten. Diesen Bestrebungen ist eine Grenze gesetzt, und zwar durch die Beugung oder Diffraktion des Lichtes, auf die hier näher einzugehen nicht beabsichtigt ist; es steht fest, daß die Schärfe des Bildes nur bis zu einem gewissen kleinsten Durchmesser der Lichteintrittsöffnung zunimmt, darüber hinaus jedoch wieder abnimmt, und zwar dann, wenn der Durchmesser der Öffnung kleiner als etwa 0,1 mm ist. Wie aus dem Ausführlichen Handbuch der Photographie von J. M. Eder, Bd. 1, Teil 4 (3. Aufl. 1911) zu entnehmen ist, haben praktische Versuche A. Miethes mit der Lochkamera zu wertvollen Resultaten geführt; a. a. O. wird auf verschiedene einschlägige Literaturstellen hingewiesen.

In Tabelle 1 sind diejenigen Werte der Zerstreuungskreise zusammengestellt, die für die Auszüge der Formate $4^1/_2 \times 6$, $6^1/_2 \times 9$, 9×12 und 10×15 cm in Betracht kommen; in der ersten Kolonne sind die Durchmesser der Lichteintrittsöffnungen von 0,6 bis 0,1 mm, in der zweiten horizontalen Kopfreihe die Auszüge der Lochkamera angegeben.

Tabelle 1. Zerstreuungskreise (in mm) in Lochkameras mit verschiedenen Öffnungen und Auszügen

Durchmesser der Öffnung in mm	b = Abstand des Schirmes von der Öffnung in cm									
	7,5	9,0	10,5	12,0	13,5	15,0	16,5	18,0	21,0	24,0
0,6	0,385	0,400	0,420	0,435	0,450	0,470	0,485	0,505	0,530	0,565
0,5	0,350	0,375	0,395	0,415	0,435	0,455	0,475	0,495	0,535	0,575
0,4	0,330	0,355	0,380	0,405	0,430	0,455	0,480	0,505	0,560	0,610
0,3	0,320	0,350	0,385	0,420	0,455	0,490	0,520	0,555	0,620	0,690
0,2	0,350	0,405	0,455	0,500	0,555	0,610	0,660	0,710	0,810	0,910
0,1	0,555	0,660	0,760	0,865	0,965	1,07	1,17	1,270	1,470	1,670

Aus vorstehender Tabelle ist zu ersehen, daß die Unschärfe, welche bei einer gewissen Auszugslänge entsteht, sich mit der Größe der Öffnung ändert und für eine ganz bestimmte Öffnung den kleinsten Wert annimmt. Man kann aus Tabelle 1 ohne weiteres die für eine gegebene Auszugslänge günstigste Lochkameraöffnung entnehmen; es ist z. B. bei einer $6^1/_2 \times 9$ cm-Kamera mit der üblichen Auszugslänge von 10,5 cm der Zerstreuungskreis bei einem Lochdurchmesser von 0,4 mm am kleinsten (0,38 mm) und erreicht ungefähr den doppelten Wert (0,76 mm) bei einem Durchmesser des Loches von 0,1 mm. Bei einer Kamera vom Format 9×12 cm und einem kürzesten Auszug von 15 cm wird der günstigste Zerstreuungskreis (0,455 mm) bei einem Lochdurchmesser von 0,5 mm erreicht; wird der Lochdurchmesser auf 0,1 mm verringert, so wächst der Zerstreuungskreis auf mehr als das Doppelte (1,07 mm).

Auch J. Petzval hat sich im Jahre 1857 mit der Theorie der Lochkamera beschäftigt und festgestellt, daß die Öffnung für den Lichteintritt nicht kleiner als etwa 0,4 mm sein soll.

R. Colson hat im Jahre 1887 eine Broschüre über die Lochkamera geschrieben, betitelt: „La Photographie sans objectiv"; er hebt darin besonders den großen Bildwinkel und die korrekte geometrische Zeichnung der Lochkamera hervor. Auch er fand durch praktische Versuche, daß zu jedem Abstand des Schichtträgers ein bestimmter kleinster Durchmesser der Lichteintrittsöffnung gehört, der die größte erreichbare Schärfe gibt. Er gab folgende Formel an, in welcher die Beziehung zwischen der Entfernung a des Gegenstandes von der Öffnung, dem Durchmesser d der Öffnung der Lochkamera und der Entfernung b des Schichtträgers E von der Öffnung zum Ausdruck kommt:

$$b = \frac{a \cdot d^2}{0{,}00081 \cdot d - d^2}.$$

Die Helligkeit des Bildes hängt sowohl vom Durchmesser der Lochöffnung als auch vom Abstand des Schirmes von der Lochöffnung ab (genau so wie bei den zentrierten optischen Systemen); es ist also auch bei der Lochkamera die relative Öffnung, d. h. das Verhältnis der wirksamen Öffnung zum Abstand des Schirmes für die Helligkeit des Bildes maßgebend.[1]

[1] Vgl. P. Schrott, Praktische Optik (Die Gesetze der Linsen und ihre Verwendung), Julius Springer, Wien, 1930, S. 12 bis 15.

Wie H. HARTING[1] feststellte, hat sich bei einem Lochdurchmesser von 0,3 mm und einem Bildabstand von 10 cm für eine hoch empfindliche Platte bei Sonnenbeleuchtung im Sommer in freier Landschaft ohne zu nahen Vordergrund als richtige Belichtungszeit eine Minute ergeben, bei 0,5 mm Öffnung und 20 cm Bildabstand ist unter den gleichen Umständen etwa $1^1/_2$ Minuten lang, bei 0,6 mm Öffnung und 30 cm Abstand ist $2^1/_4$ Minuten lang zu belichten.

Will man einen der Vorteile der Lochkamera, das große Gesichtsfeld, voll ausnutzen, so ist auf die Gestaltung der Öffnung ganz besonders zu achten; es ist selbstverständlich, daß die Wand, in der sich die Lichteintrittsöffnung befindet, nicht so dick sein darf, daß eine zylindrische Bohrung entsteht, die ein „Vignettieren" der Randstrahlen bewirkt. Die gewöhnlichen photographischen Apparate ließen sich ohne weiteres in eine Lochkamera verwandeln, wenn nach dem Herausnehmen des Objektivs die Irisblende genug eng zugezogen werden könnte; die Lamellen der Irisblende sind in der Achsenrichtung so dünn, daß bezüglich des Vignettierens keine Gefahr bestünde. In der Kinotechnik sind sogenannte ganz schließende Irisblenden gebräuchlich, die für einen Versuch in dieser Richtung ganz besonders geeignet sein dürften.

Einwandfreie Resultate gibt ein kreisrundes Blech, das an Stelle des Objektivs in den Verschluß der Kamera eingebaut wird und eine kleine Öffnung enthält, die durch Ausdrehen mit einem Kegel (mit einem stumpfen Winkel an der Spitze) derart erzeugt wird, daß die Spitze des Kegels gerade in der ebenen Fläche des Bleches liegt; nach Entfernen des Grates läßt sich mit Hilfe eines Meßmikroskops der genaue Durchmesser der so entstandenen Öffnung bestimmen. Ist er zunächst zu klein, so läßt er sich leicht erweitern.

Die Lochkamera kann einfach aus einem lichtdichten, innen schwarz ausgekleideten Kasten bestehen, der an der einen Seite die erwähnte Scheibe mit der kleinen Öffnung trägt; die Platte wird entweder in eine Kassette eingelegt oder, wie dies bei ganz billigen Kameras aus Pappe der Fall ist, nach Ineinanderschieben der beiden schachtelartigen Teile des Kameragehäuses von diesen festgehalten.

Der grundsätzliche Unterschied der Lochkamera gegenüber der Kamera mit Objektiv ist also der, daß der Abstand des Loches vom Schichtträger und dementsprechend auch die Größe der Abbildung innerhalb gewisser Grenzen beliebig gewählt werden kann, während bei der Kamera mit Objektiv jeder Ebene des Dinges eine ganz bestimmte Bildebene entspricht.

Der Vollständigkeit halber sei erwähnt, daß JULES JACQUES COMBE in Nanterre (Seine) im Jahre 1928 vorgeschlagen hat, die Vorderwand der Lochkamera mit mehreren Löchern zu versehen; die Löcher sind übereinander angeordnet, verschließbar und können nach Bedarf verwendet werden. Der Zweck der Einrichtung ist der, Aufnahmen von hohen Gegenständen zu machen (D. R. P. 108. 556).

2. Das optische System der photographischen Kamera. a) Die Bildentstehung. Das Objektiv jeder Kamera ist seiner Wirkung nach eine Sammellinse, seine Brennweite hat also positives Vorzeichen; gleichgültig, welche besondere Bauart es haben mag, stets wird es von einem weit entfernten Gegenstand in der Brennebene ein Bild entwerfen, das mittels einer Lupe betrachtet oder auf einer Mattscheibe aufgefangen werden kann. Die Mattscheibe gestattet nicht nur, das ganze Bildfeld auf einmal zu übersehen, sondern auch eine einwandfreie Scharfeinstellung des Bildes vorzunehmen.

---

[1] Handbuch der Photographie, begr. von H. W. VOGEL, 2. Aufl., Bd. 2, 1 (Die photographische Optik), Union Deutsche Verlagsgesellschaft, Zweigniederlassung Berlin, S. 8.

Das Mattscheibenbild ist sowohl höhen- als auch seitenverkehrt (vgl. Abb. 4). Ergänzend sei an die Fundamental-Abbildungsgesetze der geometrischen Optik erinnert, welche lauten:

α) Ein zur optischen Achse beliebig geneigter im Dingraum auf die Linse auftreffender sogenannter Hauptstrahl geht ungebrochen, bzw. nur parallel zu sich selbst verschoben in den Bildraum über; bezüglich der Parallelverschiebung spielt zwar theoretisch der Abstand der beiden Hauptpunkte eine Rolle, doch wird dieser Abstand im zeichnerischen Verfahren meist vernachlässigt und der Hauptstrahl 1—1′ bzw. 2—2′ (Abb. 4) als gerade Linie durch die Mitte der Linse gezeichnet.

β) Im Dingraum parallel zur optischen Achse verlaufende Strahlen werden im Brennpunkt der Linse vereinigt; umgekehrt treten schräge Strahlen, welche durch den Brennpunkt des Dingraumes gehen, parallel zur optischen Achse in den Bildraum über. Zur Konstruktion des durch die Linse von einem Ding entworfenen Bildes ist folglich nur ein beliebiger Punkt des Dinges herauszugreifen und von diesem aus der Verlauf der zwei soeben erwähnten verschieden gearteten Strahlen zu verfolgen, bis sie sich im Bildraum wieder schneiden. Die Tatsache, daß der Dingpunkt 1 auf der einen, der Bildpunkt 1′ auf der anderen Seite der optischen Achse liegt, führt zu der früher erwähnten Bildumkehrung.

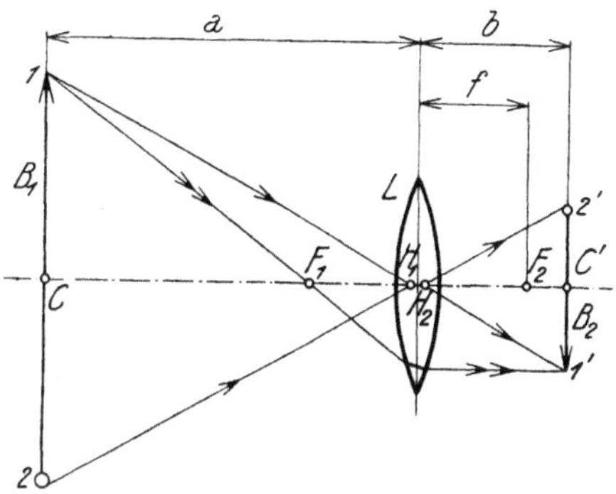

Abb. 4. Die Bildentstehung. *L* Linse mit den Hauptpunkten H_1 und H_2. F_1 und F_2 sind die Brennpunkte, *f* ist die Brennweite der Linse. *a* Abstand des Gegenstandes B_1 (1, 2) vom Hauptpunkte H_1, *b* Abstand des Bildes B_2 (1′, 2′) vom Hauptpunkt H_2, *C C′* optische Achse. Mit der Bildebene 2′ 1′ fällt die Ebene des Schichtträgers bezw. der matten Seite der Visierscheibe zusammen.

Die Beziehung zwischen dem Abstand *a* des Dinges vom Objektiv, dem Abstand *b* des Bildes vom Objektiv und der Brennweite *f* der Linse wird in der bekannten Linsenformel zum Ausdruck gebracht:

$$\frac{1}{a} + \frac{1}{b} = \frac{1}{f} \quad \text{oder} \quad a = \frac{b \cdot f}{b - f} \quad \text{bzw.} \quad b = \frac{a \cdot f}{a - f} \quad \text{und schließlich} \quad f = \frac{a\,b}{a + b}.$$

(Diese Gaussschen Formeln gelten streng nur für den achsennahen Raum; vgl. Bd. 1 dieses Handbuches.)

Aus diesen Formeln ergibt sich, daß das Bild in der Brennebene entsteht, wenn der Abstand *a* des Dinges sehr groß ist. Bei Verringerung des Abstandes zwischen Ding und Objektiv wird der Abstand zwischen Bild und Objektiv größer; wird *a* ebenso groß wie *b* (= 2 *f*), so findet Abbildung im Maßstab 1 : 1, d. i. in natürlicher Größe, statt, während bei weiterer Verringerung des Dingabstandes *a* bis zum Werte *f* (der Gegenstand befindet sich dann im vorderen Brennpunkt) das Bild in weiter Ferne, d. h. im Unendlichen entworfen wird. Es ist klar, daß die Länge des Auszuges einer Kamera immer nur eine beschränkte sein kann; bei billigen Plattenapparaten und bei fast allen Rollfilmkameras begnügt man sich mit einem Auszug, der nur um etwa 15% größer als die Brennweite ist. (Einfacher Auszug.) Bei Kameras mit doppeltem Auszug ist der Balgen etwa doppelt so lang als die Brennweite des Objektivs, so daß Abbildungen in natürlicher Größe möglich sind. Bei gleichbleibendem Abstand des Dinges vom Objektiv wächst die Größe der Bildeinzelheiten mit dem Werte der Brennweite; bei kurzen Objektentfernungen geschieht dies nicht proportional der

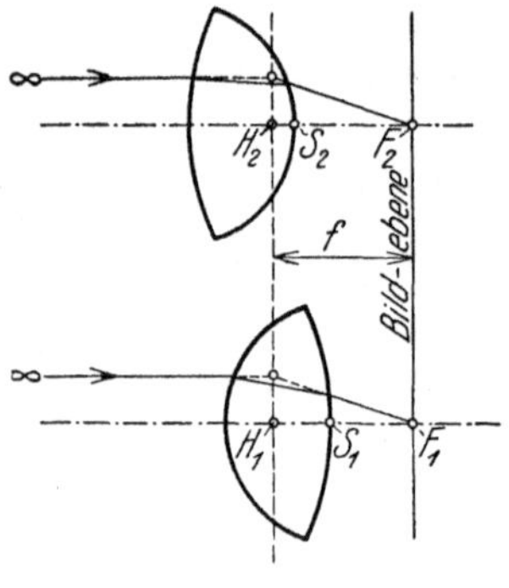

Abb. 5. Beziehung zwischen Brenn- und Schnittweite. Im oberen Teil der Abbildung fällt der aus dem Unendlichen kommende Lichtstrahl auf die weniger gekrümmte, im unteren Teil der Abbildung auf die stärker gekrümmte Seite der gleichen Linse. Der absolute Wert der Brennweite ist konstant; daher gilt: $H_2F_2 = H_1F_1 = f$ (die Brennweite ist der Abstand des jeweiligen Hauptpunktes H_1 bzw. H_2 vom Brennpunkt F^1 bzw. F_2). Die Schnittweite ist der Abstand des Linsenscheitels S_2 bzw. S_1 vom Brennpunkt F_2 bzw. F_1. Bei nicht ganz symmetrischen Systemen ist die Schnittweite verschieden groß, je nachdem das Licht die Linse zuerst von vorne oder von rückwärts trifft ($S_2F_2 > S_1F_1$). Die Schnittweite ist meist kleiner, die Bildweite immer größer als die Brennweite

Brennweite f, sondern der Bildweite b, welche z. B. bei einem Abstand $a = 1000$ mm und den Brennweiten $f = 100$, 200 bzw. 300 mm die Werte 110, 250 bzw. 430 mm annimmt. Dieses rasche Anwachsen der Bildweite gegenüber der Brennweite bei Einstellung auf nahe gelegene Gegenstände ist ohneweiters aus der Linsenformel erklärlich; je mehr sich der Wert a demjenigen der Brennweite f nähert, umso größer wird b. Das b nimmt zuletzt die Größe ∞ an, wenn der Gegenstand im vorderen Brennpunkt des Objektivs steht; die Abbildung erfolgt dann in unendlicher Ferne. Die Größen a, b und f der Linsenformel sind sämtlich auf die Hauptpunkte (und nicht, wie allgemein in der Praxis aus Gründen der Einfachheit angenommen wird, auf die Scheitelpunkte) des betreffenden Systems zu beziehen; in Abb. 5 ist ein aus dem Unendlichen kommender Strahl gezeichnet, der die Linse einmal auf der wenig und dann auf der stark gekrümmten Fläche zuerst trifft. Die Lage der Hauptpunkte H_1 und H_2 wird zeichnerisch gefunden, indem man den Schnittpunkt des einfallenden Strahles mit dem nach rückwärts verlängerten gebrochenen Strahl sucht; der Wert der Brennweite muß dabei natürlich bekannt sein. Die Größen S_1F_1 bzw. S_2F_2 sind bei jedem System direkt meßbar, die Brennweite kann nur mit Hilfe besonderer Vorrichtungen festgestellt werden.

b) Die Größe der Abbildung bzw. der Abbildungsmaßstab. α) *Verkleinerung* ($m > 1$). Eine Kamera, die nur mit einem Objektiv ausgerüstet ist, gestattet bei einem bestimmten Abstand des Gegenstandes nur die Herstellung eines Bildes von bestimmten Ausmaßen; diese Abhängigkeit kommt in der Linsenformel zunächst nur indirekt zum Ausdruck, denn die Formel $\frac{1}{a} + \frac{1}{b} = \frac{1}{f}$ gibt keinen direken Aufschluß über die Beziehung zwischen Gegenstands- und Bildgröße. Bei Betrachtung der Abb. 6 zeigt sich, daß die schraffierten Dreiecke ähnlich sind, so daß $b : a = B : G$; hierbei bedeutet a die Entfernung des Gegenstandes und b diejenige des Bildes von der Objektivmitte, G die Größe des Gegenstandes und B diejenige des Bildes. Wenn der Gegenstand relativ weit entfernt ist, so ist der Unterschied zwischen b und f so gering, daß man ohne nennenswerten Fehler auch schreiben kann: $f : a = B : G$. Den Quotienten $f : a = \frac{1}{m}$ bzw. $a : f = m$ nennt man den Abbildungsmaßstab.

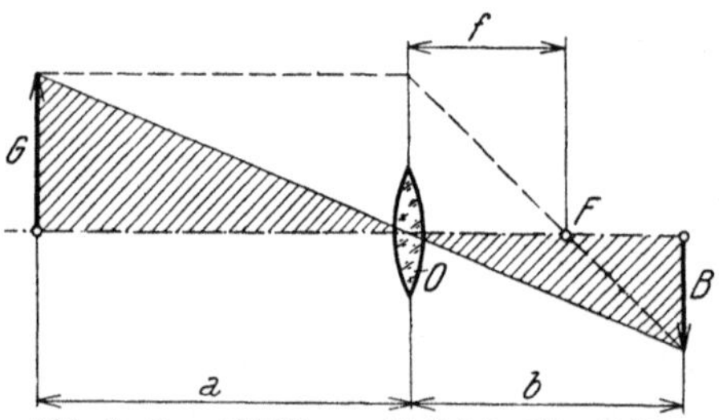

Abb. 6. Der Abbildungs-Maßstab. Die Größe des Bildes B ist abhängig: 1. Vom Abstande a des Gegenstandes G. 2. Vom Werte f der Brennweite, bzw. dem Werte b der Bildweite des Objektivs O. Es verhält sich: $\frac{b}{a} = \frac{B}{G}$ oder, wenn $b = f$, $\frac{f}{a} = \frac{B}{G} = \frac{1}{m}$ oder $B = G \cdot \frac{f}{a}$. $\frac{a}{f}$ ist der Abbildungsmaßstab

Beispiel: $f = 13{,}5$ cm; $a = 54$ m; $m = a : f = 54 : 0{,}135 = 400$, d. h. das Bild des Gegenstandes ist 400mal kleiner als das Original; ein Mensch von der Größe 1,8 m würde auf der Platte 1800 : 400 = 4,5 mm groß erscheinen.

In dem Bestreben, eine größere Abbildung zu erhalten, gibt es unter Beibehaltung der gleichen Kamera mit dem Objektiv $f = 13{,}5$ cm keine andere Möglichkeit, als näher an den Gegenstand heranzugehen; wählt man z. B. statt der Entfernung $a = 54$ m nur den zehnten Teil, d. i. 5,4 m, so wird $m = 40$ und die erwähnte Abbildung wächst von 4,5 mm auf 45 mm, d. i. 4,5 cm. Hieraus bzw. aus oberwähnter Formel geht hervor, daß der Abbildungsmaßstab m der Entfernung a des Gegenstandes direkt, der Brennweite f des Objektivs aber umgekehrt proportional ist; bei konstanter Brennweite ist demnach die Größe der Abbildung nur eine Funktion der Entfernung des Gegenstandes.

Wird das Objektiv mit der Brennweite $f = 13{,}5$ cm durch ein solches mit der Brennweite $f = 15$ cm (13,5 cm und 15 cm sind die gängigsten Brennweiten für Kameras von Format 9×12 cm) ersetzt, so ändern sich die Verhältnisse unter sonst gleichbleibenden Voraussetzungen wie folgt:

Beispiel: $f = 15$ cm; $a = 54$ m; $m = a : f = 54 : 0{,}15 = 360$. Die Verkleinerung des Gegenstandes ist jetzt 360fach, d. h. ein Mensch von der Größe 1,8 m wird jetzt im Bilde 5 mm und bei einer Entfernung $a = 5{,}4$ m 5 cm groß sein.

Die Folge einer Steigerung der Brennweite von 13,5 cm auf 15 cm (d. i. um 10% vom größeren Wert) ist eine Herabsetzung des Abbildungsmaßstabes m von 400 auf 360; es ergibt sich also eine Herabsetzung des Abbildungsmaßstabes im gleichen Verhältnis.

Soll mit dem Objektiv der kurzen Brennweite $f = 13{,}5$ der gleiche Abbildungsmaßstab erreicht werden wie mit jenem der längeren Brennweite $f = 15$ cm, so bleibt nichts anderes übrig, als den Dingabstand a durch entsprechende Aufstellung der Kamera, und zwar nach Maßgabe des Verhältnisses der absoluten Werte der Brennweiten, zu ändern; wird $m = 400$ zugrunde gelegt, so ist bei Verwendung von $f = 15$ cm ein Abstand des Gegenstandes nötig, der sich aus der Proportion ergibt: $54 : a = 135 : 15{,}0$, d. h. $a = 60$ m. Gleichen Abbildungsmaßstab vorausgesetzt, verhalten sich die Entfernungen der Gegenstände wie die Objektivbrennweiten: das Verhältnis 15 : 13,5 hat also den gleichen Wert wie 60 : 54, nämlich 1,1 : 1.

Die Kenntnis dieser Tatsache ist besonders wichtig bei Verwendung von mehreren Objektiven mit verschiedenen Brennweiten in ein und derselben Kamera, wie z. B. von Tele- und Weitwinkelobjektiven, sowie von Objektiven mit Vorsatzlinsen; wird dabei die Forderung gestellt, daß die Aufstellung der Kamera unverändert bleiben soll, so tritt in jedem Falle, wenn das Objektiv gewechselt wird, eine Änderung des Abbildungsmaßstabes ein.

Andererseits ist die Wahl des Aufstellungsortes sehr oft an die obwaltenden Verhältnisse gebunden, so daß auf die sich ergebende Größe der Bildeinzelheiten zunächst keine Rücksicht genommen werden kann; ein Ausgleich kann hierbei eventuell nur durch Wahl eines anderen Objektivs geschaffen werden; einige Beispiele mögen diese Zusammenhänge erläutern:

Beispiel: $f = 12$ cm, $a = 6$ m. Abbildungsmaßstab $m = a : f = 6 : 0{,}12 = 50$. Bei Verwendung eines Objektivs mit längerer Brennweite, z. B. eines Tele-Objektives $f = 24$ cm, ergibt sich unter Beibehaltung des Kameraortes ein Abbildungsmaßstab $m = 6 : 0{,}24 = 25$, d. h. die Bildeinzelheiten werden doppelt so groß wie vorher. Ebenso verhält es sich z. B. bei Verbindung des Objektivs $f = 12$ cm mit einer Vorsatzlinse von zweifacher Vergrößerung; in diesem Falle wird die Äquivalentbrennweite $2 \times 12 = 24$ cm und der Abbildungsmaßstab ebenfalls $m = 25$. Daß der Bildwinkel α in beiden Fällen etwa auf die Hälfte herabsinkt, ist selbstverständlich; war er zuerst bei $f = 12$ cm (bezogen auf die Diagonale $D = 11{,}0$ cm der $6^1/_2 \times 9$ cm Platte) zirka 50^0, so wird er bei Verwendung der Brennweite $f = 24$ cm nurmehr zirka 26^0.

Um eine Weitwinkel-Wirkung zu erzielen, ist es — unter Voraussetzung gleicher Größe des Schichtträgers — nötig, ein Objektiv mit einer kürzeren Brennweite zu wählen, als für das betreffende Plattenformat gebräuchlich ist; dadurch ändert sich natürlich der Abbildungsmaßstab, und zwar wird er in unserem Falle bei $f = 8$ cm: $m = 6 : 0{,}08 = 75$.

Beispiel: $f = 12$ cm; Abbildungsmaßstab $m = 50$. Auf Grund der eingangs gegebenen Erklärungen muß, wenn der Abbildungsmaßstab konstant bleiben soll, bei Verwendung eines Systems mit der Brennweite $f = 24$ cm der Aufstellungsort des Objektivs verändert werden, und zwar wird jetzt $a = 50 \,.\, 0{,}24 = 12$ m, also doppelt so groß, weil $a = m \,.\, f$. Ganz analog verringert sich dieser Wert bei Verwendung der kürzeren Brennweite von $f = 8$ cm auf $a = 50 \,.\, 0{,}08 = 4$ m.

Zu berücksichtigen wären noch die Nahaufnahmen, bei denen die Bildweite b größer als die Brennweite f, aber kleiner als $2\,f$ ist; hier ist natürlich nicht die Formel $m = a : f$ anzuwenden, sondern die Formel $m = a : b$.

Beispiel: $a = 45$ cm; $f = 15$ cm. Der Wert b ergibt sich aus der Linsenformel: $b = \frac{a\,.\,f}{a - f}$; $b = \frac{45 \times 15}{45 - 15} = 22{,}5$ cm.

Der Abbildungsmaßstab $m = 45 : 22{,}5 = 2$ (Maßstab $1 : 2$). Würde man hier die Formel $m = a : f$ benutzen, so käme ein zu großer Wert heraus, nämlich $m = 45 : 15 = 3$ (Maßstab $1 : 3$).

β) *Natürliche Größe* ($m = 1$). Wichtig ist der Fall, wenn der Gegenstand in natürlicher Größe abgebildet werden soll; dazu ist, vorausgesetzt, daß die Kamera doppelten Auszug besitzt und die Brennweite des Objektivs in bezug auf das betreffende Plattenformat nicht zu kurz ist, jedes System (eventuell nach Abblendung) verwendbar. Die Formel $m = \frac{a}{b}$ geht jetzt in $m = \frac{2\,f}{2\,f} = 1$ über; bei diesem Abbildungsvorgang ist der Bildwinkel nur etwa halb so groß als bei Abbildung eines Gegenstandes in weiter Ferne.

γ) *Vergrößerung* ($m < 1$). Ist der Abstand a des aufzunehmenden Gegenstandes noch kleiner als die doppelte Brennweite, so wird das Bild nicht verkleinert, sondern vergrößert, wie das nächste Beispiel erkennen läßt:

Beispiel: $f = 18$ cm; $a = 24$ cm. $b = \frac{24\,.\,18}{24 - 18} = \frac{24\,.\,18}{6} = 72$ cm.

Der Abbildungsmaßstab $m = a : b$ ist nunmehr ein echter Bruch, denn $24 : 72 = 1 : 3$, d. h. das Bild erscheint dreimal vergrößert. Diese Art der Abbildung ist bei den Vergrößerungsapparaten gebräuchlich und kommt für Kameras nur dort in Frage, wo der Auszug relativ lang ist, bzw. die Brennweite des Objektivs entsprechend kurz gewählt wird; bei einer Kamera vom Format 9×12 cm (Auszug zirka 28 cm) wäre eine dreifache Vergrößerung nur bei Verwendung eines Objektivs von etwa 8 cm Brennweite (z. B. Hinterlinse des Heliars $f = 13{,}5$ cm) erzielbar.

c) Die Helligkeit des Bildes. Bei Besprechung der Lochkamera wurde darauf hingewiesen, daß der Durchmesser der Lichteintrittsöffnung nicht einfach beliebig gewählt werden kann, sondern an ganz bestimmte Gesetze gebunden ist; dies trifft auch bezüglich der Länge der Lochbohrung zu, wie aus folgendem hervorgeht: Wird bei kurzem Abstand der Lichteinlaßöffnung von der Ebene des Schichtträgers das Material für die Stirnwand, in welcher sich das Loch befindet, so dick gewählt, daß die Tiefe der Bohrung im Verhältnis zu ihrem

Durchmesser relativ lang ist, so tritt eine Behinderung des Verlaufes der auf die Bildebene schief auftreffenden Lichtstrahlen ein, und zwar in umso höherem Maße, je stärker die Neigung der Lichtstrahlen ist; dies wirkt sich in einer Verkleinerung des brauchbaren Bildfeldes infolge der stetigen Abnahme der Helligkeit des Bildes gegen den Rand hin aus. Bei der Lochkamera ist dieser Lichtabfall der vierten Potenz des Cosinus des Neigungswinkels der Lichtstrahlen proportional.

Es sei bei dieser Gelegenheit ausdrücklich bemerkt, daß bei jedem optischen Aufnahmesystem nach dem Rande des Bildfeldes zu ein natürlicher Abfall der Helligkeit eintreten muß, weil das eintretende Lichtstrahlenbündel bei bestimmter Aperturblende mit zunehmender Neigung gegen die Achse einen immer kleineren Querschnitt hat; wird z. B. die Helligkeit des Bildes in der Mitte mit 1,0 bezeichnet, so beträgt sie für einen Neigungswinkel des Hauptstrahls zur optischen Achse von zirka 30°, wie er bei den modernen Anastigmaten etwa in Frage kommt, nur noch 0,55. (Bei einer Kamera vom Format 9 × 12 cm in Verbindung mit einem Objektiv $f = 13{,}5$ cm ist der halbe Bildwinkel, bezogen auf die Diagonale, $= 29°$.) Diese nach dem Rand des Bildfeldes immer stärker abnehmende Helligkeit ist zunächst lediglich durch die Lage und Größe der Aperturblende bedingt; sie ist also bei jedem Aufnahmeobjektiv ohne Rücksicht auf die Bauart seiner Fassung und auf sein Öffnungsverhältnis festzustellen.[1]

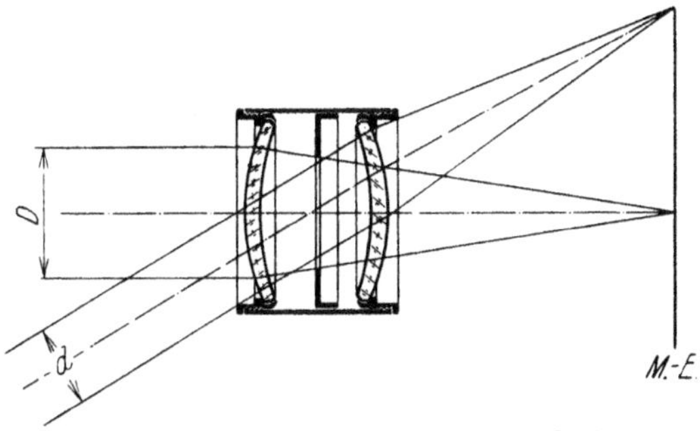

Abb. 7. Das Vignettieren ist eine Folge der Bauart des Objektivs im allgemeinen und zu hoher Fassungsränder im besonderen; mit zunehmendem Bildwinkel ist besonders bei Objektiven von längerem Bau ein deutlicher Lichtabfall in der Ebene der Mattscheibe (*M.-E.*) zu beobachten. Aber auch bei der günstigsten Anordnung ist der Durchmesser *D* des achsenparallelen Lichtstrahlenbündels stets größer als jener eines zur optischen Achse geneigten Lichtstrahlenbündels *d*

Die Strahlenbegrenzung wird nicht nur durch die Aperturblende, sondern auch durch den mechanischen Aufbau des Objektivs beeinflußt; es ist unvermeidlich, daß, wie Abb. 7 zeigt, die Linsenfassungen einen Teil der geneigt einfallenden Lichtstrahlenbündel abschneiden und so einen Lichtabfall gegen den Rand des Bildfeldes bewirken. Dieser Lichtabfall bei schräg verlaufenden Lichtstrahlenbündeln ist ein doppelter: einesteils wird ein Teil des Lichtes durch die vorstehenden Fassungsränder daran verhindert, in das Objektiv einzutreten, andernteils tritt ein in das Objektiv unbehindert eingedrungenes Lichtstrahlenbündel an der Hinterseite aus dem gleichen Grunde nicht mehr aus. Mit zunehmendem Bildwinkel, d. h. bei immer stärkerer Neigung der schiefen Strahlen zur optischen Achse, wird der Lichtabfall auf der Mattscheibe immer deutlicher, bis schließlich völlige Dunkelheit eintritt. Diese Erscheinung, die bei den alten Porträt-Objektiven mit relativ langem Bau stets zu beobachten war, nennt man „Vignettieren"; sie ist nicht zu vermeiden, aber umso geringer, je kürzer das Objektiv gemessen in der Richtung der optischen Achse ist. Hier zeigt sich der große Vorteil der modernen lichtstarken Anastigmate mit ihren dicht beieinanderstehenden Linsen z. B. gegenüber dem Petzvalschen Schnellarbeiter, dessen kleines Bildfeld in erster Linie eine Folge der langen Bauart ist.

---

[1] Vgl. W. Merté, Centralzeitung für Optik u. Mechanik, 1928, Heft 7 u. 8.

Jeder Konstrukteur ist aus diesem Grunde natürlich bestrebt, die Fassungsränder des Objektivs so niedrig als möglich zu halten; man begnügt sich damit, die Vorder- bzw. Hinterfassung so auszubilden, daß die Krümmung der Linse nicht über die Fassung hervorsteht. Bei Berücksichtigung dieser Forderung ergeben sich meistens von selbst Konstruktionsformen, die auch bezüglich der mechanischen Herstellung brauchbar sind.

d) Der Bildwinkel. Es wurde bereits erwähnt, daß das vom Objektiv entworfene Bild stets die Gestalt einer Kreisfläche hat. Der Durchmesser dieses Kreises muß in jedem Falle mindestens so groß sein wie die Diagonale des verwendeten rechteckigen Plattenformats; es empfiehlt sich jedoch, darüber hinauszugehen, und zwar in Anbetracht des Umstandes, daß das Objektiv öfter aus seiner Mittellage (zur Platte) verschoben wird. Hieraus folgt, daß alle Objektive nur für ein bestimmtes Plattenformat eine Höchstleistung ergeben: für größere Plattenformate reicht die Leistung des Objektivs bei voller Öffnung nicht aus, bei kleineren Formaten kann der Bildwinkel nicht ausgenutzt werden.

Bei dem praktisch kürzesten Abstand des Schichtträgers vom Objektiv, d. i. bei Einstellung auf Unendlich, wird das Objektiv immer am stärksten beansprucht; bei Naheinstellungen wird der Abstand Objektiv—Platte größer und damit werden die Verhältnisse günstiger. Der Bildwinkel ist also, bezogen auf ein bestimmtes Plattenformat, nicht konstant, sondern wird umso kleiner, je kleiner der Abstand des Gegenstandes und je größer der Abstand des Bildes vom Objektiv ist. Bei Verwendung von Objektiven mit verschiedenen Brennweiten an ein und derselben Kamera ergibt sich (bei Einstellung auf Unendlich) der jeweilige halbe Bildwinkel $\alpha/2$ stets aus der Proportion:

$$D/2 : f = \mathrm{tg}\,\frac{\alpha}{2} \quad \text{oder} \quad D : 2f = \mathrm{tg}\,\frac{\alpha}{2},$$

wobei D die Diagonale der Platte und f die Brennweite des jeweils verwendeten Objektivs ist.

Tabelle 2. Bildwinkel für das Plattenformat 9 × 12 cm und verschiedene Objektivbrennweiten bei Einstellung auf ∞

Brennweite	10 cm (Weitwinkel)	13,5 cm	15 cm	25,5 cm (Tele-Objektiv)
Format 9 × 12 cm	Plattendiagonale $D = 15$ cm			
Bildwinkel in Graden	74°	58°	53°	33°

Beispiel: Kamera 9×12 cm, Plattendiagonale $D = 15$ cm.

Der Bildwinkel ist c. p. bei Einstellung auf Unendlich und $f = 13{,}5$ cm (gemäß Tab. 2) 58° und wird bei Einstellung auf näher gelegene Gegenstände immer kleiner; er sinkt im angenommenen Falle bei Abbildung in natürlicher Größe auf etwa 31° herab. Bei Anwendung von Vorsatzlinsen positiver oder negativer Wirkung müssen Veränderungen eintreten, die durch die Gesetze der geometrischen Optik bedingt sind.

Um die Größe des gesamten Bildkreises und die Art des Verlaufes der Bildschärfe von der Bildmitte gegen den Rand hin festzustellen, macht man mit dem aus der Kamera entfernten Objektiv auf einer Platte größeren Formates Aufnahmen, und zwar sowohl bei voller Öffnung als auch bei Abblendung; ein

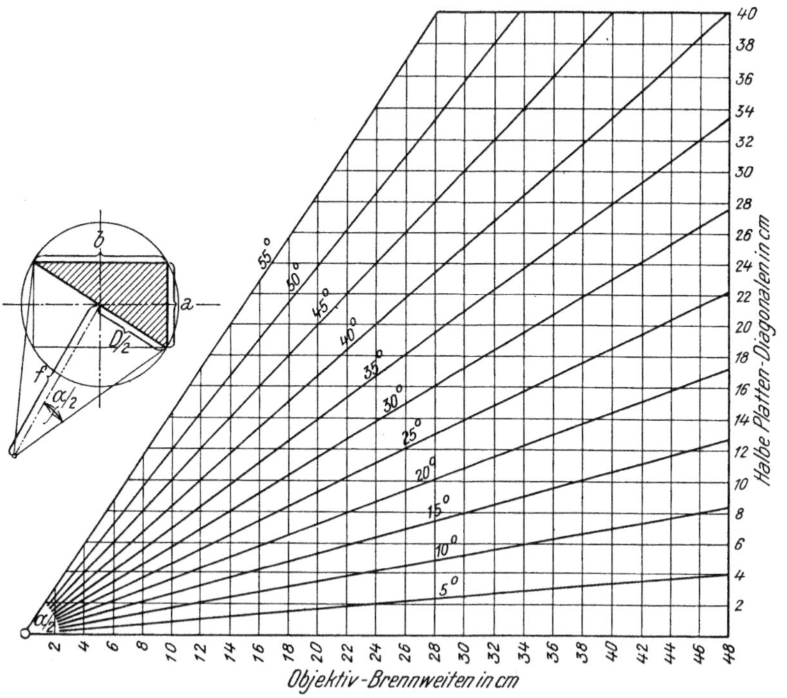

Abb. 8. Graphische Darstellung der Beziehung zwischen Bildwinkel, Platten-Diagonale und Objektivbrennweite. f = Brennweite des Objektivs, a = kurze Seite der Platte, b = lange Seite der Platte, D = Diagonale der Platte, $D = \sqrt{a^2 + b^2}$

Tabelle 2a. Werte der Diagonalen für verschiedene Plattenformate (Alle Maße in cm)

Plattenformat	Diagonale	Halbe Diagonale	Plattenformat	Diagonale	Halbe Diagonale
1,8 × 2,4	3	1,5	8,5 × 17	19	9,5
2,4 × 3,6	4,32	2,16	9 × 12	15	7,5
3 × 4	5	2,5	9 × 18	20,125	10,06
4 × 4	5,66	2,83	10 × 15	18,03	9
4,5 × 4,5	6,37	3,19	12 × 16	20	10
4,5 × 6	7,5	3,75	12 × 16,5	20,4	10,2
4,5 × 10,7	11,6	5,8	13 × 18	22,2	11,1
5 × 7,5	9	4,5	13 × 21	24,70	12,35
6 × 6	8,48	4,24	16 × 21	26,4	13,2
6 × 9	10,81	5,4	18 × 24	30	15
6,5 × 9	11,1	5,55	21 × 27	34,2	17,1
6 × 13	14,3	7,15	24 × 30	38,45	19,22
8 × 14	16,125	8,06	26 × 31	40,45	20,22
8,2 × 10,7	13,45	6,72	30 × 40	50	25
8,5 × 8,5	12	6	40 × 50	64,03	32,01
8,5 × 10	13,15	6,57	50 × 60	78,1	39,05

solcher Versuch gibt Gewißheit über die wirkliche Leistung des Objektivs und läßt auch ohne weiteres über den Grad der zulässigen Objektivverschiebung und über die Wirkung der Blenden Schlüsse zu. Abb. 8 gibt Aufschluß über die Beziehung zwischen Bildwinkel und Brennweite; sie gestattet, auf Grund der errechneten Größen für die heute allgemein gebräuchlichen Werte der Objektivbrennweiten, welche auf der Abszisse des Diagramms aufgetragen sind, für die halbe Diagonale den halben Bildwinkel abzulesen. So beträgt z. B. bei $f = 15$ cm und $D/2 = 7{,}5$ cm der halbe Bildwinkel zirka $26{,}5^0$, der ganze Bildwinkel also zirka 53^0:

$$\operatorname{tg}\frac{\alpha}{2} = D/2 : f = 7{,}5 : 15 = 0{,}5; \quad \frac{\alpha}{2} = 26^0\,30'.$$

Ist hingegen das Plattenformat gegeben, z. B. 18×24 cm (Diagonale $D = 30$ cm; $\frac{1}{2}D = 15$ cm), so ergibt sich der Bildwinkel je nach der Wahl des betreffenden Objektivs: bei $f = 30$, 36 bzw. 42 cm sind z. B. die entsprechenden ganzen Bildwinkel 53^0, 45^0 bzw. 40^0. Schließlich läßt sich auch in ganz analoger Weise bei vorgeschriebenem Bildwinkel und gegebenem Kameraformat die zu verwendende Brennweite ermitteln; bei $\frac{\alpha}{2} = 30^0$ und einer 10×15 cm Kamera (Diagonale $= 18$ cm; $\frac{1}{2}$ Diagonale $= 9$ cm) findet man nach Aufsuchen des Schnittpunktes der Horizontallinie unter der Zahl 9 und der Schräglinie für den Winkel 30^0 auf der Abszisse den Wert von etwa 16 cm: $D/2 : f = \operatorname{tg}\frac{\alpha}{2}$; $f = D : 2\operatorname{tg}\frac{\alpha}{2} = 18 : 2\operatorname{tg}30^0 = 18 : 2 \times 0{,}577 = 15{,}6$ cm.

e) Die wirksame Öffnung des Objektivs, seine Lichtstärke. Die relative Lichtstärke eines photographischen Objektivs wird ausgedrückt durch das Verhältnis der wirklichen freien Öffnung der Vorderlinse zur Brennweite des Objektivs. Beachtenswert ist, daß diese freie Öffnung des Objektivs nicht immer identisch mit der wirksamen Öffnung ist, welch letztere auch als Eintrittspupille (E.-P.) bezeichnet wird.

Die Eintrittspupille ist das Bild der Aperturblende, entworfen von demjenigen Teil des Objektivs, der vor der Blende steht. Die „Aperturblende“ befindet sich bei zusammengesetzten photographischen Systemen im Inneren zwischen den Linsengruppen an einer rechnerisch festgelegten Stelle, an der die mechanische Steck-, Revolver- oder Irisblende angeordnet wird. Aus dieser Erklärung geht hervor, daß die Aperturblende und die Eintrittspupille verschiedene Größen haben. Infolge der Einschnürung, welche ein die freie Öffnung des Objektivs ausfüllendes achsenparalleles Bündel durch die sammelnde Wirkung der vorderen Objektivhälfte erleidet, tritt in der Blendenebene eine Verengung des konvergenten Strahlenbündels ein, so daß sein Querschnitt an dieser Stelle kleiner ist als beim Eintritt in das Objektiv. Bei modernen Anastigmaten ist das Verhältnis zwischen Aperturblende und wirksamer Öffnung etwa 0,9 : 1.

Die wirksame Öffnung ist je nach der Konstruktion der Objektive verschieden groß; bei einfachen Linsen und Achromaten mit sogenannter Vorderblende ist sie gleich der Blendenöffnung, bei Doppelobjektiven bzw. zusammengesetzten Objektiven, welche aus mehreren Linsen bzw. Linsengruppen zusammengesetzt sind, zwischen denen sich die Blende befindet, ist die wirksame Öffnung gleich dem Durchmesser desjenigen achsenparallelen Strahlenbündels, welches nach Passieren des Vordersystems von der jeweils gewählten Blende begrenzt wird. Es gibt etliche Objektivtypen, bei denen die wirkliche Öffnung wesentlich größer als die wirksame ist; einerseits wird durch Vergrößerung der Linsen höhere Lichtstärke vorzutäuschen versucht, als das Objektiv wirklich besitzt, andererseits wird bei relativ langem Bau des Objektivs durch Vergrößerung der

Vorder- bzw. Hinterlinse eine Vermeidung des Vignettierens in den seitlichen Lichtstrahlenbündeln angestrebt.

Die wirksame Öffnung kann bei jedem Objektiv durch einen einfachen Versuch ermittelt werden. Man bringt zunächst durch Einstellung auf ∞ die Mattscheibe genau in den Brennpunkt des Objektivs, setzt sodann an die Stelle der Mattscheibe eine Scheibe aus Blech o. dgl. mit einer kleinen Öffnung und bringt vor diese eine Lichtquelle; auf Grund bekannter optischer Gesetze treten die von der kleinen hellen Öffnung kommenden Lichtstrahlen aus dem Objektiv als Parallelstrahlenbündel aus, dessen Durchmesser mittels eines genauen Maßstabes direkt gemessen wird, indem man eine Matt- oder Milchglasscheibe vor das Objektiv setzt, oder aber auf photographische Weise festgelegt werden kann, indem ein Stück Bromsilberpapier in den Deckel des Objektives gelegt wird. Vorausgesetzt ist dabei, daß der absolute Wert der Brennweite so genau als irgend möglich festgestellt wurde; diese Methode erfordert nämlich, daß die kleine Öffnung genau im Brennpunkt des Systems liegt, da andernfalls die Abbildung nicht im Unendlichen, sondern in einem kürzeren Abstand vom Objektiv erfolgt oder virtuell wird; in beiden Fällen gelangt man zu falschen Resultaten.

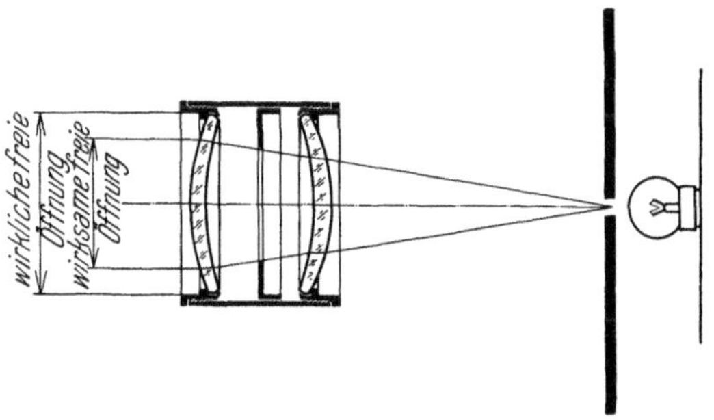

Abb. 9. Wirkliche und wirksame Objektivöffnung. Die wirkliche freie Öffnung eines Objektivs ist der größte dingseitige Durchmesser der Linse, der mit mechanischen Hilfsmitteln gemessen werden kann; sie ist stets kleiner als der Außendurchmesser des Objektivs Die wirksame Objektivöffnung ist entweder gleich oder kleiner als die wirkliche Öffnung

f) Bestimmung der Brennweite eines photographischen Objektivs. Die genaue Messung der Brennweite eines optischen Systems im allgemeinen und eines photographischen Objektivs im besonderen erfordert in all den Fällen, wo höhere Anforderungen gestellt werden, geeignete Hilfseinrichtungen; da solche dem Benutzer eines photographischen Objektivs im allgemeinen nicht zu Gebote stehen, sollen im nachstehenden nur die einfachen Methoden der Brennweitenbestimmung beschrieben werden.

α) Ermittlung der Brennweite ohne besondere Hilfsmittel. Die Bestimmung der Brennweite jeder Linse kann mit einer für die Praxis meist genügenden Genauigkeit in der Art vorgenommen werden, daß man im dunklen Hintergrund eines tiefen Zimmers ein Blatt weißes Papier befestigt und auf diesem mit Hilfe des Objektivs ein Bild eines gegenüberliegenden Dinges entwirft; der Abstand des Bildes von der Mitte des Objektivs, wo meist auch die Blende liegt, entspricht dem absoluten Wert der Brennweite in einer brauchbaren Annäherung. Streng genommen bezieht sich die Brennweite stets auf die im Innern des Systems liegenden Hauptpunkte, deren Lage aber mit solch einfachen Hilfsmitteln nicht festgestellt werden kann. Um eine Vorstellung von der Größe des bei dieser Methode gemachten Fehlers zu geben, sei erwähnt, daß z. B. bei Abbildung eines Fensters in einer in 4 m Entfernung vom Objektiv befindlichen Wand durch ein Objektiv mit $f = 13{,}5$ cm sich eine Brennweite von etwa 14,0 cm und bei Prüfung eines Objektivs von der Brennweite $f = 21{,}0$ cm unter den gleichen Umständen ein Wert von etwa 22 cm ergab; der Fehler ist also mindestens 4 bis 5%.

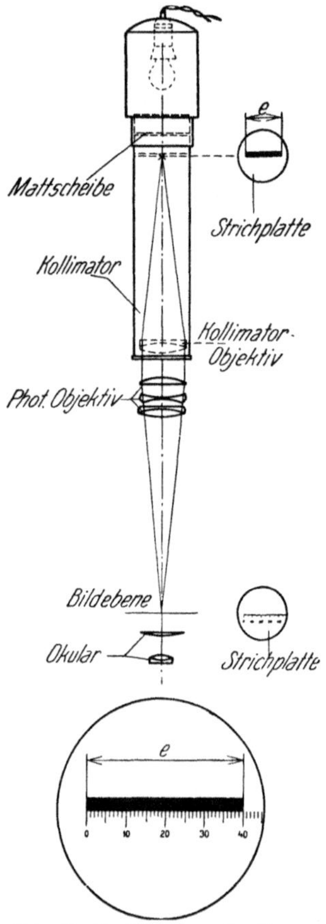

Abb. 10. Bestimmung der Brennweite eines Objektivs mittels eines Kollimators. Im Brennpunkt des Kollimator-Objektivs von bekannter Brennweite befindet sich eine Strichplatte mit einer Strichmarke von der absoluten Länge e, die zur Brennweite des Kollimator-Objektivs in einem bestimmten Verhältnis steht. Das zu untersuchende photographische Objektiv entwirft in seiner Brennebene ein Bild der oberwähnten Strichmarke, dessen Länge mit Hilfe einer in der Brennebene des Okulars befindlichen Skala ausgemessen werden kann. Ist z. B. die Brennweite des Kollimator-Objektivs $f = 800$ mm, die Länge e der Strichmarke $= 800:10 = 80$ mm und die Länge des Bildes von $e = 40$ Teilstriche von je 1 mm Länge, so ergibt sich für die Brennweite f des zu untersuchenden Objektivs der Wert $f = 800 \cdot \frac{40}{80} = 400$ mm

Eine vielfach benutzte Methode, deren Anwendung keine Hilfsmittel voraussetzt, ist folgende: Die Kamera wird zunächst sorgfältig auf Unendlich und dann auf Abbildung im Maßstab 1 : 1 eingestellt; die Differenz der zugehörigen Auszüge, d. h. der Weg, den das Objektiv beim Übergang von einer Einstellung zur anderen zurücklegt, ist gleich dem absoluten Wert der Brennweite. Bei Einstellung auf ∞ ist der Abstand des Bildes vom Objektiv, d. i. die Bildweite b, gleich der Brennweite f; bei Abbildung im Maßstab 1 : 1 ist der Abstand des Objektivs vom Bild $= 2f$. Die Verschiebung beträgt demnach $2f - f = f$. Dieser Wert ist genau, da er sich in beiden Fällen auf denselben Hauptpunkt, dessen Lage weiter nicht interessiert, bezieht.

Da der Anschlag für die Einstellung auf ∞ bei vielen Kameras in eindeutiger Weise festliegt, ist lediglich zu messen, wie groß die Verschiebung des mit dem Objektiv starr verbundenen Zeigers, der an der Einstellskala entlang gleitet, zwischen seinen beiden Endlagen ist. In die Praxis übertragen heißt das, daß bei solchen Kameras eigentlich nur eine Einstellung vorzunehmen ist, und zwar für die Abbildung eines (ebenen) Gegenstandes in natürlicher Größe auf der Mattscheibe; diese Arbeit ist infolge der Tatsache, daß eine Kamera mit normalem Stativ immer wieder und solange verstellt werden muß, bis das erstrebte Ziel erreicht ist, etwas mühevoll. Es empfiehlt sich, die Einstellungen öfter zu wiederholen und den mittleren der gefundenen Werte als Wert der Brennweite anzusehen.

β) Die Brennweite des Objektivs läßt sich durch Rechnung näherungsweise finden, wenn die Abstände der Gegenstände und der zugehörigen reellen Bilder von der Linse durch Abmessen ermittelt werden; dieses Verfahren ist besonders dann zu empfehlen, wenn die Einstellung auf Unendlich oder eine große Entfernung aus irgendeinem Grunde nicht durchführbar ist. Wird die Entfernung des Gegenstandes von der Systemmitte mit a und jene des Bildes von ebendort mit b bezeichnet, so ergibt sich die Brennweite f aus der bekannten Gleichung $\frac{1}{a} + \frac{1}{b} = \frac{1}{f}$. Diese Methode ist nur dann anwendbar, wenn der Auszug der Kamera genug lang ist.

Beispiel: $a = 293$ mm; $b = 250$ mm.

$$f = \frac{a \cdot b}{a + b} = \frac{293 \cdot 250}{293 + 250} = \frac{293 \cdot 250}{543} = 135 \text{ mm.}$$

Man kommt auch durch Messung des Gesamtabstandes vom Gegenstand bis zum Bild auf der Mattscheibe zum Ziel; ist dieser Abstand gleich c, so ist $f = \frac{c \cdot m}{(m+1)^2}$, worin m der Abbildungsmaßstab ist; unter der Voraussetzung eines flächenhaften Gegenstandes läßt sich auf der Mattscheibe die Größe des Bildes ohne Schwierigkeiten messen. Angenommen, m wäre in unserem Falle $= 1{,}17$, d. h. der Gegenstand sei 1,17mal größer als das Bild oder dieses 0,855mal so groß als der Gegenstand, so wird, da $c = 543$ mm,

$$f = \frac{543 \cdot 1{,}17}{2{,}17^2} = \frac{543 \cdot 1{,}17}{4{,}71} = 135 \text{ mm}$$

oder

$$f = \frac{543 \cdot 0{,}855}{1{,}855^2} = \frac{543 \cdot 0{,}855}{3{,}45} = 135 \text{ mm.}$$

Die beschriebenen Methoden, bei denen mechanische Vorrichtungen, wie z. B. eine optische Bank, nicht verwendet werden, sind natürlich mehr oder weniger grob; sie genügen jedoch für die meisten Zwecke der praktischen Photographie, soweit diese nicht für Meßzwecke herangezogen wird.

γ) Bei Anwendung einer optischen Bank lassen sich wesentlich genauere Resultate erzielen; das Prinzip ist dasselbe, nur sind die Messungen müheloser durchführbar, weil die Bank bereits eine präzise Millimeterteilung trägt und die Träger für den Gegenstand (z. B. eine beleuchtete Strichplatte), für das Bild (Mattscheibe) und das Objektiv mit Nonien-Indizes versehen sind, die direkte Ablesungen von $^1/_{10}$ mm ermöglichen.

Ausführliche Einzelheiten über die verschiedenen (auch exakten) Methoden der Brennweitenbestimmung sowie zur Ermittlung der übrigen in Betracht kommenden Objektivkonstanten findet man im Bd. 1 des vorliegenden Handbuches (Beitrag von Dr. R. RICHTER) sowie im Handbuch der Physik von H. GEIGER und KARL SCHEEL, Bd. XVIII, im Beitrag von Dr. H. KESSLER in Jena, S. 745 bis 767. (Vgl. auch Abb. 10).

3. Die Objektivverschiebung parallel zur optischen Achse.[1] a) Allgemeines. Eine der am häufigsten gestellten Anforderungen an eine leistungsfähige Kamera ist die nach einer möglichst weitgehenden Verstellbarkeit des Objektivs auf dem Objektivbrett in horizontaler und vertikaler Richtung. Ob derartige Forderungen, die sich vielfach nicht innerhalb der normalen Grenzen bewegen, überhaupt erfüllt werden können und inwieweit mechanische und optische Hindernisse diesbezüglich Beschränkungen auferlegen können, soll im nachstehenden untersucht werden; das Verlangen nach einem nach zwei aufeinander senkrecht stehenden Richtungen um den gleichen Betrag aus seiner Mittelstellung verschiebbaren Objektivträger kann sicher nicht ohne weiteres von der Hand gewiesen werden; eine derartige Einrichtung wird besonders dann von Nutzen sein, wenn die Aufstellung der Kamera keine nennenswerten Veränderungen erfahren kann. Wenn in der Praxis Schwierigkeiten auftreten, die die restlose Erfüllung dieser Wünsche mitunter vereiteln, und wenn die Verstellbarkeit des Objektivs von Handkameras nach unten leider meist wesentlich geringer als die Verstellbarkeit nach oben ist, so sind dafür triftige Gründe vorhanden; in Anbetracht des Umstandes, daß jede Kamera für Hoch- und Queraufnahmen benutzt wird, müßte — streng genommen — der Betrag der Seiten- oder Querverstellung mit jenem der Höhenverstellung übereinstimmen.

Wird das Objektiv mit seiner optischen Achse in mechanischen Führungen, welche senkrecht zu dieser stehen, verschoben, so erfolgt dabei zunächst eine Verlagerung der optischen Achse, die senkrecht zur Bildebene steht, parallel

[1] K. PRITSCHOW, Phot. Ind. 25, 1927, sowie 28, 1930.

zu sich selbst; gleichzeitig tritt aber eine Schrägstellung der Verbindungslinie von Objektiv- und Plattenmitte ein, die auf die Verteilung der Bildschärfe in den Randpartien nicht ohne Einfluß sein kann. Um über den Umfang dieser Veränderungen beim Arbeiten eine klare Vorstellung zu gewinnen, ist erste und unerläßliche Voraussetzung die Kenntnis der Leistung des betreffenden Objektivs in Bezug auf Bildausdehnung bei voller Öffnung und bei verschiedenen Blendengrößen, wobei es sich empfiehlt, bei den Vergleichsaufnahmen stets den gleichen Gegenstand und ein größeres Plattenformat zu wählen. Erst wenn diese Prüfung des Objektivs in seiner Normallage, die bei jeder Kamera in sichtbarer Weise gekennzeichnet ist, vorgenommen wurde, lassen sich einwandfreie Schlüsse über andere Objektivstellungen ziehen.

b) Das Objektiv in Mittelstellung. Die folgenden Betrachtungen setzen voraus, daß die Leistung eines Objektivs bei bestimmter Lichtstärke in der Normalstellung bezüglich Bildschärfe und Bildausdehnung bekannt ist; letztere beträgt — von Weitwinkel- und Teleobjektiven abgesehen — durchschnittlich 55^0 bis 65^0. Es wird außerdem angenommen — und das entspricht auch im großen und ganzen den Anforderungen der Praxis bzw. den Erfahrungen der Firmen, welche photographische Objektive herstellen —, daß die Objektivbrennweite, gleichviel um welches Kameraformat es sich handelt, so kurz wie möglich gewählt wird, und zwar im Interesse des größten erreichbaren Bildwinkels, der günstigsten Tiefenschärfe-Verhältnisse, des geringsten Gewichtes und damit ein möglichst kleiner Momentverschluß mit großer Höchstgeschwindigkeit angewendet werden kann.

Während früher, als Objektive mit der Lichtstärke 1 : 6,8 am gebräuchlichsten waren, der absolute Wert der Brennweite etwa der langen Plattenseite gleich war, mußte bei Einführung der lichtstärkeren Objektive (1 : 4,5) ein etwas größerer Wert der Brennweite zugrundegelegt werden, und zwar ein solcher, der etwa der Diagonale des betreffenden Plattenformates gleich ist. Wie bereits erwähnt, fällt in der Normalstellung des Objektivs die optische Achse mit der Verbindungslinie von Plattenmitte und Blendenmitte zusammen, wobei erstere durch den Schnittpunkt der beiden Diagonalen gekennzeichnet ist; dies ist auch der Mittelpunkt des größten Bildkreises, der unter Zugrundelegung eines bestimmten Bildwinkels ausgezeichnet wird.

Die allgemein gebräuchlichen Objektivbrennweiten der Anastigmate 1 : 4,5 für die wichtigsten Hand-Kameraformate sowie deren Diagonalen und Bildflächen sind in Tabelle 3 für einen Bildwinkel von $\alpha = 60^0$ $\left[\frac{\alpha}{2} = 30^0, \text{tg}\, 30^0 = = 0{,}577;\ D = 2\,.\,f\,.\,\text{tg}\, 30^0\right]$ zusammengestellt; außerdem sind die Flächeninhalte der Kreise angegeben, die das Objektiv tatsächlich auszeichnen würde, wenn das Bildformat statt rechteckig rund wäre, wie dies bei der ersten Petzval- bzw. Voigtländer-Kamera tatsächlich der Fall war.

Bezüglich der letzten horizontalen Reihe der Tabelle 3 ist zu bemerken, daß das wirklich ausgenutzte Bildfeld noch kleiner wird, weil einerseits der sogenannte Blendrahmen der Kamera stets kleiner als das nominelle Plattenformat ist und andererseits durch die Festhaltevorrichtung in der Kassette an beiden Schmalseiten insgesamt etwa 5 mm verloren gehen.

Außerdem sind die Glasplatten fast stets um etwa 1 mm kürzer bzw. schmäler als die Nennmaße.

Aus Tabelle 3 geht folgendes hervor:

Die Diagonale des nominellen Bildformats ist in drei Fällen gleich der Brennweite; in den übrigen vier Fällen ist sie teils kleiner, teils größer, so daß sich

Winkelwerte ergeben, die zwischen 53^0 und 58^0 liegen. Am meisten beansprucht wird das Objektiv $f = 13{,}5$ cm für das Format 9×12 cm. Der betreffende Bildwinkel ist 58^0 und kommt dem oben angenommenen Wert von 60^0 sehr nahe. Am günstigsten liegen die Verhältnisse naturgemäß bei den sogenannten langen Brennweiten, und zwar bei $f = 12$ cm für $6^1/_2 \times 9$ cm, $f = 15$ cm für 9×12 cm und $f = 18$ cm für 10×15 cm. Die unter Zugrundelegung eines Bildwinkels von 60^0 errechneten, vom Objektiv beleuchteten Kreisflächen sind weitaus größer als das wirklich ausgenutzte Bildformat; der infolge der rechteckigen Form der Formate sich ergebende Verlust an nicht belichteter Fläche beträgt 48 und 61%, ist also sehr erheblich.

Tabelle 3. Beziehungen zwischen Kameraformat, Plattendiagonale, Objektivbrennweite, Bildwinkel usw.

Kameraformat in cm	$4^1/_2 \times 6$	$6^1/_2 \times 9$		9×12		10×15	
Diagonale in cm	7,5	11,1		15,0		18,0	
Brennweite in cm	7,5	10,5	12,0	13,5	15,0	16,5	18,0
Bildwinkel (theoretisch)	53^0	56^0	50^0	58^0	53^0	57^0	53^0
Beleuchtete Kreisfläche in cm^2	58,0	113,0	150	191,0	235,0	283,0	336,0
Beleuchtete Fläche der Glasplatte in cm^2	27,0	58,5		108,0		150,0	

Aus dieser Betrachtung geht eindeutig hervor, daß mit Ausnahme jener Fälle, wo relativ lange Brennweiten zur Anwendung kommen (die, was Auszeichnung des Formats und erzielte Perspektive betrifft, stets zu günstigen Resultaten führen), die Ecken des belichteten Rechtecks schon bei der normalen Stellung des Objektivs mit dem Öffnungsverhältnis 1 : 4,5 dicht an der Peripherie desjenigen Bildfeldkreises liegen, innerhalb dessen mit einem Abfall der Bildschärfe praktisch nicht zu rechnen ist.

c) Das Objektiv wird parallel zur optischen Achse verschoben. Wird die optische Achse des Objektivs parallel zu sich selbst verschoben, so ist zunächst festzustellen, wie groß die jeweilige Entfernung der Ecken des Plattenrechtecks vom Mittelpunkt bzw. der Peripherie des Kreises ist, der sich bei Annahme eines Bildwinkels von z. B. 60^0 ergibt. Während in der Mittellage des Objektivs der Schnittpunkt der Diagonalen gleichzeitig der Mittelpunkt dieses Kreises ist (gleichgültig, auf welche Entfernung das Objektiv eingestellt ist), hat letzterer bei Veränderung der Lage des Objektivs jedesmal einen anderen Ort; er wandert also, und zwar je nach der vorgenommenen Verschiebung des Objektivs in vertikaler oder horizontaler Richtung. Wird eine Verschiebung nach beiden durch die Anordnung der mechanischen Stellglieder vorgesehenen und aufeinander senkrecht stehenden Richtungen vorgenommen, so ist es klar, daß die Gesamtverschiebung auf die Mittellage bezogen und als Hypotenuse eines rechtwinkligen Dreiecks berechnet werden kann, dessen beide Katheten die jeweiligen Beträge der Höhen- und Seitenverstellung sind.

Tabelle 4. Beziehungen zwischen Objektivverstellung und Bildwinkel α

Objektivverstellung parallel z. läng. Plattenseite		$2^1/_2$ mm		5 mm		$7^1/_2$ mm		10 mm		$12^1/_2$ mm		15 mm		20 mm		25 mm		Normalstellung 0	
f in cm	Format in cm	D_1	α	D_1	α	D_1	α	D_1	α	D_1	α	D_1	α	D_1	α	D_1	α	D mm	α
7,5	$4^1/_2 \times 6$	39,5	55,6°	41,5	58°	44	61°	46	63°	48	65°							37,5	53°
10,5	$6^1/_2 \times 9$	57,5	57,5°	59,5	59°	62	61°	64	63°	66	64,5°	68	65,5°					55,5	56°
13,5	9×12	77	59,3°	79	60,6°	81,5	62,3°	83,5	63°	85,5	64,8°	87,5	66°	92	68,5°			75,0	58°
16,5	10×15	93	59°	95	60°	97,5	61°	99	63°	100,5	63°	104	64,5°	107,5	66°	113	69°	90,0	57°

D_1 ist die jeweilige Entfernung der Objektivmitte von der am weitesten entfernten Plattenecke, D die halbe Diagonale der Platte, α der Bildwinkel.

$$D_1 : f = \operatorname{tg} \frac{\alpha}{2}.$$

In Anbetracht der Tatsache, daß die optische Achse parallel zu sich selbst verschoben wird, wird die Entfernung der Objektivmitte von den vier Ecken der Platte eine verschieden große; es muß also eine einseitige Inanspruchnahme des Objektivs eintreten. Beträgt in der Mittellage des Objektivs der halbe Winkel (bezogen auf die Diagonalecken) z. B. 30°, so ändert sich dieser Wert bei der Verschiebung, und zwar wird er kleiner in Bezug auf die näher liegenden und größer in Bezug auf die weiter entfernt liegenden Punkte der Diagonalen des Rechtecks, das durch das jeweilige Plattenformat gegeben ist. Daraus kann ohneweiters geschlossen werden, daß der Wert des bei der Berechnung für die volle freie Öffnung des betreffenden Objektivs zugrundegelegten Bildwinkels dort überschritten wird, wo die betreffenden Ecken der Platte außerhalb des angenommenen Bildkreises zu liegen kommen; die Folge wird eine mehr oder weniger deutlich merkbare Unschärfe des Bildes sein, deren Grad von der Güte des Objektivs abhängig ist.

Tabelle 4 läßt erkennen, welche Veränderungen in der Größe des Bildwinkels bei verschiedenen Objektivverstellungen eintreten; die Tabelle wurde berechnet für die normalen Brennweiten der Handkameras, d. i. für 7,5, 10,5, 13,5 und 16,5 cm; bei Handkameras sind Verschiebungen von 20 und 25 mm technisch nicht immer durchführbar, bei Stativ- bzw. Reisekameras kommen noch größere Verschiebungen vor.

Für die praktisch ausnutzbaren Objektivverstellungen bei Kameras verschiedener Herkunft wurden im Mittel die in Tabelle 5 (s. S. 23) zusammengestellten Werte festgestellt.

d) Die Grenzen der Verschiebung des Objektivs in optischer Hinsicht. Die Angaben der Tabelle 4 stützen sich auf die zeichnerisch gefundenen Werte für D_1, und zwar für Objektivverschiebungen parallel zur langen Plattenseite; sie lassen einwandfrei erkennen, daß die einseitige Bildwinkelbeanspruchung des Objektivs zusehends

Tabelle 5. Praktisch ausnutzbare Objektivverstellungen

Kamera-Format in cm		$4^1/_2 \times 6$	$6^1/_2 \times 9$	9×12	10×15
Verschiebung	nach oben	8 bis 10 mm	10 bis 15 mm	15 bis 20 mm	zirka 25 mm
	„ unten	4 „ 5 „	5 „ 7 „	7 „ 10 „	10 bis 12 „
	seitlich	6 „	5 „ $7^1/_2$ „	10 „ 12 „	15 „

wächst, und zwar nach Maßgabe der vorgenommenen Verlagerung der Objektivmitte gegenüber der Plattenmitte. Der Bildwinkel erreicht innerhalb der durch die mechanischen Einrichtungen begrenzten Endstellungen Werte von etwa 65° (im Mittel); trotz eines bei gut korrigierten Anastigmaten meist vorhandenen Spielraumes bzw. Überschusses an Bildfeld gegenüber dem zu deckenden Plattenformat dürfen derartige Veränderungen in der Lage des optischen Systems nicht gedankenlos vorgenommen werden. Es ist naturgemäß ein Unterschied, ob solche Verschiebungen an einem lichtschwächeren Objektiv z. B. vom Öffnungsverhältnis 1 : 6,3 oder einem solchen von der Lichtstärke 1 : 4,5 unter Voraussetzung der gleichen Brennweite vorgenommen werden; das Ergebnis wird auch davon abhängen, wie weit die betreffenden Objektive bezüglich aller in Betracht kommenden Linsenfehler korrigiert sind.

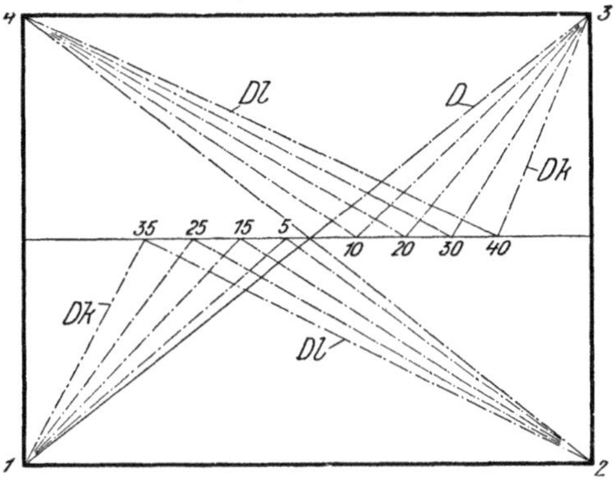

Abb. 11. Die Objektivverschiebung parallel zur optischen Achse. $\overline{13}$ bzw. $\overline{24}$ sind die Diagonalen der Platte, die sich dort schneiden, wo die optische Achse des Objektivs die Bildebene trifft, sobald sich das Objektiv in Normalstellung befindet. Bei Verschiebung des Objektivs parallel zur langen Seite der Platte, wie in der Abbildung angedeutet, werden die Abstände *Dl* bzw. *Dk* von den Ecken (z. B. Punkt 35 von den Ecken 1 und 2) verschieden groß sein, d. h. das Objektiv wird einseitig beansprucht

Wird dort, wo es die Umstände erlauben, das Objektiv nach erfolgter Verstellung abgeblendet, was in der Praxis fast immer geschieht, so wird dadurch je nach dem Typus des Objektivs der brauchbare Bildwinkel mehr oder weniger vergrößert, und zwar (unter Zugrundelegung der Daten in Tabelle 4) auf etwa 65 bis 70°. Tritt zur Verstellung in der Höhenrichtung noch eine seitliche hinzu, so werden die an das Objektiv gestellten Anforderungen noch größer; beispielsweise ergibt sich bei einer 10×15 cm-Kamera, wenn das Objektiv 20 mm der Höhe und 15 mm der Seite nach verschoben wird, eine größte Entfernung der optischen Achse von der Plattenmitte von etwa 25 mm, also von der am weitesten entfernt liegenden Plattenecke eine Entfernung von 115 mm (statt 90 mm bei der Normalstellung des Objektivs). In dieser, beim Arbeiten in der Praxis durchaus möglichen Stellung wird das Objektiv mit einem Bildwinkel von etwa 70° beansprucht, eine zu hohe Forderung für ein Öffnungsverhältnis 1 : 4,5; wie weit in solchen Fällen die Abblendung getrieben werden muß, hängt in erster Linie von den äußeren Umständen, aber auch von der Sachkenntnis und Geschicklichkeit des betreffenden Lichtbildners ab. Die eine Seite der Platte erhält also unter viel günstigeren Bedingungen Licht als die andere (s. Abb. 11); bei Beurteilung der Ausdehnung des brauchbaren Bildfeldes muß stets der ungünstigste Fall zugrundegelegt werden, weil die Abnahme der Schärfe in konzentrischen Kreisen zur optischen Achse erfolgt. Vorstehende Ausführungen zeigen, daß dem Wunsche nach einer reichlichen Objektivverstellung schon in optischer Beziehung zum Teil unüberschreitbare Grenzen gezogen sind; man muß sich daher von Anfang an darüber Klarheit verschaffen, ob und inwieweit durch Abblendung des Objektivs der durch die seitliche Lage desselben hervorgerufene Schärfeabfall ausgeglichen werden kann.

e) Die Grenzen der Objektivverschiebung in mechanischer Hinsicht. Sowohl die horizontale Verschiebung des Objektivbretts, als auch jene in der dazu senkrechten Richtung erfolgt in Führungen, welche zu den beiden Seiten des Schichtträgers parallel laufen. Bei Reise- bzw. größeren Stativkameras ist das Objektiv im groben Gewinde des Objektivringes eingeschraubt, der mit Schrauben am Objektivbrett befestigt ist; letzteres ist in entsprechenden

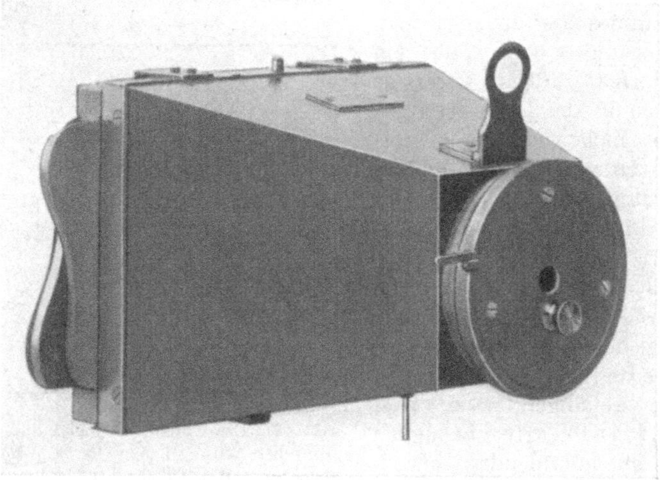

Abb. 12. Moment-Hand-Kamera „Velox" von C. P. Goerz, Berlin (1889). Die Kamera besitzt keine Einstellvorrichtung. Objektiv: einfache Linse von 10 cm Brennweite. Rotierender Momentverschluß (Choroskop). Eine verbesserte Form dieser Kamera ist die erste Anschütz-Moment-Kamera mit Schlitz-Verschluß vor der Platte und mit einstellbarem Objektiv (1891)

Führungsleisten zunächst horizontal nach links und rechts und außerdem auch in vertikaler Richtung dadurch verschiebbar, daß das die erwähnten Führungsleisten tragende Brett in senkrecht verlaufenden Nuten beweglich ist. Auf diese Art lassen sich relativ große Beträge der Verstellung erreichen, was in manchen Fällen von Vorteil sein kann.

Bei Handkameras sind die Grenzen für die Höhen- und Seitenverstellung des Objektivs fast ausschließlich durch die Anordnung und Form der Standarte gegeben; bezüglich der Verstellung nach unten ist auch die Größe des Verschlusses maßgebend, die wegen der gabelförmigen Ausbildung der Standarte bei der Verstellung nach oben keine Rolle spielt.

In jenen Fällen, wo die meist geringere Verstellung des Objektivs nach unten nicht ausreicht, ist es am besten, die Kamera umzudrehen, so daß der Laufboden nach oben liegt; dadurch werden die Beträge der Verstellung nach oben und unten vertauscht; jetzt besteht allerdings eine Schwierigkeit in der Art der Befestigung der Kamera: ein entsprechend ausgebildeter Stativaufsatz oder ein Stativgewinde auf der Seite des Tragriemens leisten hier gute Dienste, wenn es nicht gelingt, durch Anwendung provisorischer Hilfsmittel zum Ziele zu gelangen.

Die oft übertriebenen Forderungen mancher Lichtbildner bezüglich der absoluten Größe der Verstellbarkeit des Objektivs können nicht berücksichtigt werden, sollen nicht Stabilität und Güte der Kamera darunter leiden; die maßgebenden Fabriken schlagen daher mit Recht vor, sich mit mittleren Größen zu begnügen.

III. Die photographische Kamera

A. Plattenkameras

4. Die einfache Platten-(Kasten-)Kamera ohne Auszug. Die einfachste Form der photographischen Kamera (auch der früheren Perioden) ist ein meist aus Holz oder Pappe bestehender prismatischer Kasten, an dessen einer Seite eine Linse befestigt erscheint, während an der anderen Seite die lichtempfindliche Platte (im Abstande der Objektivbrennweite von der Linse) angeordnet ist. Bei ganz billigen Apparaten dieser Art, wie sie z. B. Otto Spitzer, Berlin, herstellt (unter dem Namen Lernkammern „Start"), besteht das Gehäuse aus zwei ineinandergeschobenen kastenförmigen Teilen aus Pappe, zwischen denen die Platte ohne weitere Befestigungsmittel, also auch ohne Kassette, festgehalten wird. Das Objektiv besteht aus einer einfachen meniskenförmigen Linse von so geringem Öffnungsverhältnis, daß eine verhältnismäßig zufriedenstellende Bildschärfe erzielt wird. Eine Mattscheibe fehlt, da eine Einstellung doch nicht möglich ist. Bei dem niedrigen Preis dieser Apparate (M. 1.— für das Format $4^1/_2 \times 6$ cm) ist es wohl selbstverständlich, daß ein Sucher fehlt. Nach jeder Aufnahme muß natürlich die Dunkelkammer aufgesucht werden.

Die nächstbessere Ausführungsform dieser Art von Schüler- bzw. Anfängerkameras besitzt bereits einen Mattscheibenrahmen und dementsprechend auch Kassetten; ein einfacher Durchsichtssucher (Ikonometer) gestattet bei Aufnahmen in Augenhöhe, den Gegenstand bzw. die Bildmitte anzuvisieren.

Ein bekanntes Modell dieser Art in besserer Ausführung ist die frühere Ica-Platten-Kamera „Aviso" Nr. 1 für das Format $4^1/_2 \times 6$ cm mit selbsttätiger Plattenwechslung; das Gehäuse ist aus Metall und mit Kunstleder bezogen. Ein aufsetzbarer Spiegel-Aufsichtssucher erleichtert das Beobachten des Gegenstandes; die Belichtung erfolgt durch Auslösen eines sowohl für Zeit- als auch für Momentaufnahmen eingerichteten Automatverschlusses. Das Objektiv ist eine einfache Landschaftslinse von 7 cm Brennweite. Als Negativmaterial können entweder sechs Platten in besonderen Hülsen oder zwölf Flachfilme verwendet werden.

Im Gegensatz dazu ist die aus Holz hergestellte „Aviso" Nr. 4 des gleichen Formates für Blechkassetten zum Einschieben eingerichtet; statt eines Spiegelsuchers ist ein aufklappbarer Ikonometer vorgesehen. Das Objektiv ist eine Landschaftslinse von 8 cm Brennweite in Automatverschluß für Zeit und Moment. Größe des Apparates $10 \times 6 \times 9$ cm.

Ein Erzeugnis der jüngsten Zeit auf dem Gebiete der einfachen preiswerten Kastenkameras ohne Auszug ist das Modell „Erni" der Zeiss-Ikon-Werke; es wird sowohl in den Formaten $4^1/_2 \times 6$ cm und $6^1/_2 \times 9$ cm, als auch für das Stereoformat $4^1/_2 \times 10{,}7$ cm hergestellt. Auch diese Kameras haben Holzgehäuse mit Kunstlederüberzug und Ikonometersucher. Die Linse hat ein Öffnungsverhältnis 1 : 12,5; der Automatverschluß ist für Zeit- und Momentaufnahmen ohne Zeitangabe eingerichtet. Die Visierscheibe ist unzerbrechlich: sie besteht aus mattiertem Celluloid. Ein Vorzug dieses Apparates ist, daß er sowohl für Platten als auch für Filmpack eingerichtet ist, während das Spezialmodell „Ernette" eine fest eingebaute Filmpackkassette hat.

Zu den Kastenkameras ohne Auszug bzw. Einstellvorrichtung (für Anfänger) gehört auch die ICA-Trilby-Kamera; es sind dies Magazinkameras mit selbsttätiger Plattenwechslung, welche für sechs bzw. zwölf Platten (in besonderen Plattenhülsen) in den Formaten 6 × 9 cm bzw. $6^1/_2$ × 9 cm eingerichtet sind. Das größere Format 9 × 12 cm ist für sechs Platten bzw. zwölf Flachfilme oder zwölf Platten bzw. 24 Flachfilme eingerichtet. Sämtliche Modelle sind mit Mattscheiben-Spiegelsuchern für Hoch- und Querformat ausgestattet; als Objektiv dient eine Landschaftslinse mit 12 bzw. 15 cm Brennweite. Die besseren Apparate haben Revolverblende mit zwei bis drei verschiedenen Öffnungen und eine Zähluhr zur Kontrolle der Anzahl der belichteten Schichtträger. Der Automatverschluß gestattet Momentaufnahmen von 1 bis $^1/_{100}$ Sekunde und beliebig lange Zeitaufnahmen. Bei den 9 × 12 cm-Kameras bester Ausführung ist in Anbetracht der relativ langen Objektivbrennweite von 15 cm ein Satz von drei Vorsatzlinsen für die Entfernungen 1, 3 und 5 m und statt der Revolverblende eine Irisblende vorgesehen.

5. Platten-Handkameras mit Laufboden und Balgen. Der leitende Konstruktionsgedanke der Platten-Handkameras mit Laufboden findet sich, wie nicht anders zu erwarten ist, bereits bei den ältesten Stativ- und Reisekameras; auch dort wird die Einstellung der Kamera durch Änderung des Abstandes zwischen Objektiv und Mattscheibenebene vorgenommen. Allerdings wurde und wird noch heute bei der Stativkamera zwecks Beurteilung der Schärfe meist nicht das Objektiv, sondern der Träger der Mattscheibe auf einer senkrecht zu ihrer Ebene angeordneten Führungsbahn verschoben, wogegen bei der Handkamera fast ausnahmslos die Anordnung eines einstellbaren Objektivs gebräuchlich ist. Die Ursache für diesen scheinbar unwesentlichen Unterschied ist vor allem darin zu suchen, daß bei Stativkameras vorwiegend Objektive mit längeren Brennweiten Verwendung finden, deren Verschiebung in Anbetracht des großen Abstandes vom Standort des Beobachters, wenn nicht unmöglich, so doch manchmal mit Schwierigkeiten verbunden wäre.

Um die Forderungen zur Schaffung einer Handkamera, d. h. eines Apparates, der wesentlich kleinere Abmessungen als eine Stativkamera hat, zu erfüllen, war zunächst die Anwendung von kurzbrennweitigen Objektiven Voraussetzung; damit war der Übergang vom Plattenformat 13 × 18 cm zum Format 9 × 12 cm selbstverständlich; so entstanden allmählich Apparate, die das Prädikat „Handkameras" mit Recht trugen. Der äußere Aufbau: die scharnierartige Anlenkung des neigbaren Laufbodens, das geschützt liegende Objektiv mit Höhen- und Seitenverstellung, die Auswechselbarkeit der Mattscheibe gegen die Kassette, Stativmuttern, Traggriff usw. wurde im Prinzip bei der Handkamera beibehalten; ihr Aussehen ist allerdings schon infolge des schützenden Lederüberzuges und der abgerundeten Kanten ein ganz anderes. Größte Sparsamkeit im Materialverbrauch, unterstützt durch die Anwendung von dünnwandigem Leichtmetall z. B. beim Gehäuse, führte allmählich zu einem Gesamtgewicht der Kamera, das wohl kaum mehr geringer gemacht werden kann; daß dieser schätzenswerte Vorzug gleichzeitig mit einer Steigerung der Stabilität der Handkamera erreicht wurde, ist ein glänzendes Zeugnis für die ständig fortschreitende Technik.

Im nachfolgenden werden zunächst diejenigen wichtigen Konstruktionsteile beschrieben, die bei allen Plattenkameras mit Laufboden gebräuchlich sind; einige dieser Konstruktionsteile finden sich zum Teil auch bei den Rollfilmkameras (z. B. die Spreizenkonstruktionen), soweit diese einen scharnierartig angelenkten Laufboden besitzen.

a) Das Gehäuse. Unter diesem Sammelbegriff versteht man den Hauptkörper für die Befestigung des Mattscheiben- bzw. Kassetten-Führungsrahmens einerseits und des Laufbodens mit Führungsschlitten andererseits; zwischen beiden, durch die Seitenwände geschützt, liegt im zusammengelegten Zustand der Kamerabalgen sowie das Objektiv mit seinem Träger einschließlich Momentverschluß und Aufsichtssucher.

Erste Aufgabe des Konstrukteurs ist es, unter Wahrung der Stabilität die Abmessungen des Kameragehäuses so klein wie nur möglich zu halten, und zwar sowohl im Interesse der Verminderung des Umfanges und Gewichtes als des Preises, der in gewissem Maße eine Funktion der erstgenannten Faktoren ist. Als Material für das Kameragehäuse wurde Jahrzehnte hindurch fast ausschließlich Holz benutzt, das, wenn trocken und in genügender Wandstärke verwandt, als Konstruktionselement bezüglich Widerstandsfähigkeit nichts zu wünschen übrig läßt und dabei ein geringes spezifisches Gewicht besitzt. Allmählich, d. h. mit fortschreitender Technik, gelang es, Bleche aus Leichtmetall von geeigneter Festigkeit herzustellen, welche die Bearbeitung des Gehäuses im Tiefziehprozeß zuließen; damit war der Übergang zur Kamera aus Metall möglich, welche heute fast allgemein das Feld beherrscht. Die Wandstärke solcher aus Aluminiumblech hergestellter Gehäuse beträgt etwa 1,5 bis 2 mm; die Folge davon war eine nicht unwesentliche Herabsetzung der äußeren Abmessungen des aus einem Stück gezogenen Gehäuses.

Das Holzgehäuse genügte bei normaler Beanspruchung vollauf, das Metallgehäuse hat aber nicht nur eine höhere Festigkeit gegen Bruch, sondern ist auch als Gußkörper der jeweiligen Konstruktion anpassungsfähiger; früher wurde Aluminium-Sandguß verwendet, in neuester Zeit ist man aber zum Teil dazu übergegangen, die Gehäuse von Handkameras aus Aluminium-Spritzguß herzustellen, dessen besondere Gleichmäßigkeit bei der Massenfabrikation sehr geschätzt und z. B. bei Standarten und anderen Kamerateilen hinreichend erprobt ist.

In den Abb. 13 und 14 sind einige Kameragehäuse im Schnitt dargestellt, und zwar sowohl solche aus Holz, als auch solche aus Aluminiumblech und Aluminium-Spritzguß.

b) Die Führung der Kassette bzw. des Mattscheibenrahmens. In engem Zusammenhang mit der Art der Herstellung des

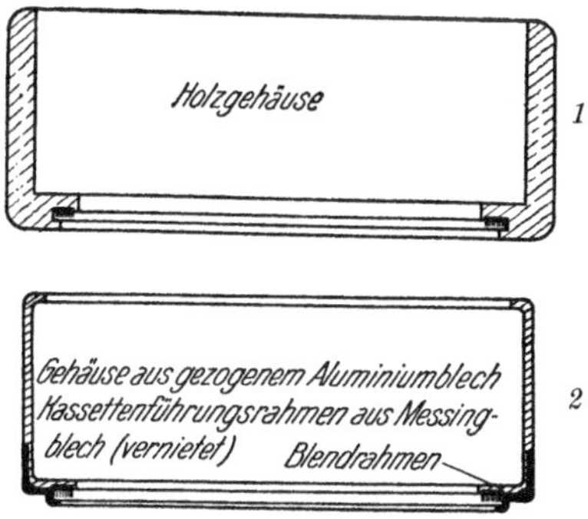

Abb. 13. Ausführungsformen des Kameragehäuses. *1.* Beim Holzgehäuse sind die vier Seitenwände durch Verleimen zu einem Ganzen zusammengefügt (einschließlich der Rückwand mit den Nuten für die Kassette und den Mattscheibenrahmen. *2.* Das gezogene Metallgehäuse ist trotz der geringen Wandstärke (zirka 1,5 statt 6 mm) in mancher Hinsicht stabiler und zuverlässiger (besonders gegen Witterungseinflüsse). Der aus Messingblech von zirka 0,6 mm bestehende Kassettenführungsrahmen ist mit dem Gehäuse vernietet und gemeinsam beledert

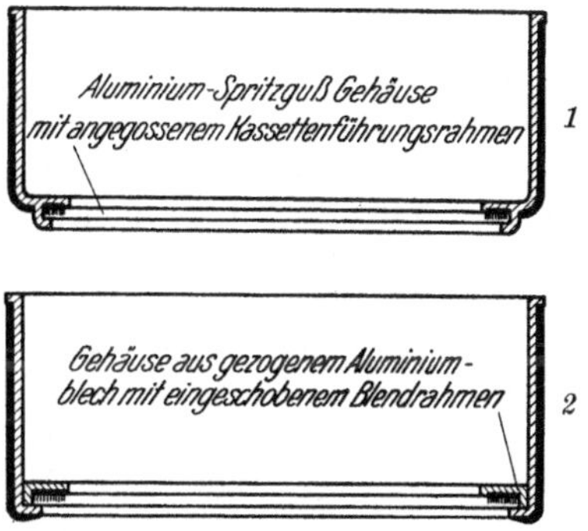

Abb. 14. Ausführungsformen des Kameragehäuses mit ringsherumlaufenden Schutzkanten für die Belederung. *1.* Eine sehr solide Gestaltung des Gehäuses läßt sich bei einem Minimum von Materialaufwand dadurch erzielen, daß man Aluminium-Spritzguß verwendet; trotz der geringen Wandstärke von 1,5 bis 2 mm ist die Festigkeit eine große und eine Nachbearbeitung der untereinander völlig gleichartigen Stücke überflüssig. *2.* Gehäuse für Kameras in niedriger Preislage werden häufig aus dünnwandigem Eisenblech (zirka 0,5 mm) gezogen und mit den übrigen Teilen durch Löten, Schweißen oder Nieten verbunden, bei Verwendung von Aluminiumblech muß die Wandstärke zirka 3 mal so groß sein

Gehäuses steht die Ausbildung des Führungsrahmens für die Kassette bzw. den Mattscheibenrahmen. Dieses an der Rückseite der Kamera befindliche Konstruktionselement ist von größter Wichtigkeit, weil von seiner sorgfältigen Anordnung die richtige Orientierung der optischen Achse des Objektivs abhängt. Im wesentlichen lassen sich zwei grundsätzlich verschiedene Ausführungsformen der Kassetten- bzw. Mattscheibenführung unterscheiden, und zwar:

α) Beim Holz- und Gußgehäuse ist der Führungsrahmen für die Kassette bzw. den Mattscheibenrahmen kein nachträglich angesetzter Teil, sondern bildet mit wenigen Ausnahmen ein Stück des Gehäuses.

β) Das aus Blech gezogene Gehäuse erfordert aus fabrikatorischen Gründen das nachträgliche Ansetzen des Führungsrahmens, und zwar entweder von innen oder von außen; die letztere Art der Anordnung ist die übliche bei Verwendung der Normalfalzkassetten. Aus Gründen der Festigkeit und wegen der relativ geringen Wandstärke (zirka 0,6 mm) besteht dieser Rahmen meist aus Messingblech.

Damit zwischen Gehäuse-Führungsrahmen und eingeschobener Kassette kein Licht eintritt, das bei herausgezogenem Schieber den Schichtträger treffen würde, sind unter allen Umständen die beiden horizontal liegenden Seiten des sogenannten Blendrahmens mit einem dichtenden Material (Plüsch) zu versehen. Trotzdem eine solche Sicherungsmaßnahme an den senkrecht verlaufenden und meist schmäleren Seiten des Blendrahmens infolge der winkeligen Gestaltung der Führungsschienen nicht unbedingt notwendig erscheint, weist doch eine ganze Reihe von Kamerakonstruktionen eine allseitig herumlaufende Plüschdichtung auf; diese Maßnahme kann zum mindesten nicht als Nachteil bezeichnet werden.

Beim Einschieben sowohl der Kassette als auch des Mattscheibenrahmens werden die einzelnen Haarbüschel des Plüsch umgelegt, wodurch eine, wie die Erfahrung gelehrt hat, genügende Abdichtung erzielt wird; die Dicke des Plüschmaterials ist für die Genauigkeit der Lage der Kassette oder Mattscheibe deshalb sehr maßgebend, weil diejenigen Flächen, auf deren gegenseitige Lage es hauptsächlich ankommt, lediglich durch das Bestreben des Dichtungsmaterials, sich auszudehnen, in direkten Kontakt kommen. Zur Schonung der Plüschdichtung während des Nichtgebrauchs der Kamera wird der Mattscheibenrahmen manchmal vorteilhaft mit Nuten versehen, welche gestatten, daß die Haare des Plüsch aufrecht stehen.

Die Ausbildung des Kassettenführungsrahmens spielt, wie aus dem Gesagten hervorgeht, eine sehr wichtige Rolle; seine Abmessungen müssen bei der Fabrikation unter allen Umständen für die jeweils vorgesehene Kassette vollkommen gleichmäßig ausfallen, eine Forderung, welcher man durch entsprechende Kontrolle unter dauernder Benutzung von Toleranzlehren Genüge zu leisten sucht.

c) Der Mattscheibenrahmen. Es ist ganz belanglos, ob die konstruktive Durchbildung des Mattscheibenrahmens, besonders was die äußeren Abmessungen betrifft, nach der jeweilig vorgesehenen Kassette erfolgt oder umgekehrt; außerordentlich wichtig ist es aber — und zwar heute bei Benutzung der lichtstarken Objektive mehr denn je —, daß sowohl die Lage der Mattscheibe in ihrem Rahmen als auch jene des Rahmens zum Kameragehäuse eine vollkommen eindeutige ist. Das Hauptaugenmerk bei der Konstruktion eines Mattscheibenrahmens ist also darauf zu richten, daß die dem Objektiv zugewandte rauhe Seite der Mattscheibe stets gegen ihre jeweilige Lagerfläche gepreßt wird, was durch Anordnung entsprechender Federn auf verschiedene Arten sicher erreicht werden kann; dadurch, daß die eigentliche Führungsplatte des Mattscheibenrahmens stets gleichbleibend stark gewählt wird, ist praktisch genügend Sicherheit geboten, daß bei der Einstellung Fehler in dieser Richtung nicht vorkommen können. Die Dicke des Glases spielt also, wie verständlich, gar keine Rolle, wichtig ist hingegen, daß die Gesamtanordnung des Mattscheibenrahmens ein möglichst müheloses Auswechseln der Glasscheibe für den Fall des Zerbrechens gestattet, wobei dem an sich zulässigen Spielraum in der Stärke des Glases allerdings gewisse Grenzen gesetzt sind (z. B. Dr. August Nagel, D. R. G. M. Nr. 1042572).

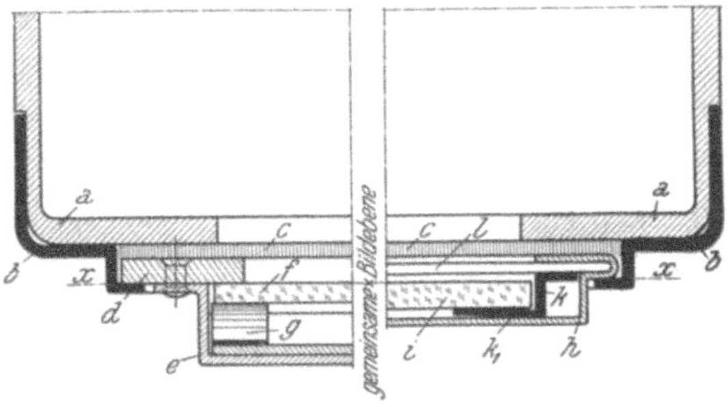

Abb. 15. Anordnung der Platte bzw. der Einstellscheibe gegenüber dem Kameragehäuse.
a Kameragehäuse,
b Führungs-Rahmen für die Kassette bzw. den Mattscheiben-Rahmen,
c Abdichtung gegen Nebenlicht (Plüschstreifen),
links { *d* Führungsrahmen, *e* äußeres Gehäuse, *f* Mattscheibe, *g* Feder } des Visierscheibenrahmens
rechts { *h* äußeres Gehäuse, *i* Platte, *k* Fokus-Federeinsatz mit Lappen k_1, *l* Schieber } der Kassette
Die lichtempfindliche Schicht und die matte Seite der Einstellscheibe liegen in der gemeinsamen Ebene $x — x$

Daß beim Einschieben der Kassette an Stelle des Mattscheibenrahmens die lichtempfindliche Schicht der Platte genau an die Stelle der für die Einstellung des Bildes benutzten rauhen Seite der Mattscheibe treten muß, wurde bereits gesagt und ist wohl selbstverständlich, aber praktisch durchaus nicht so einfach zu erreichen. Die Folgen von Differenzen in dieser Hinsicht sind heute störender als früher, wo die Lichtstärke der Objektive meist nicht größer als 1 : 6,8 war, wodurch sich eine ziemlich große Tiefenschärfe ergab. Wie dieser Schwierigkeit begegnet wird, ist eine Frage der Ausbildung der Kassetten, deren Beschreibung in einem späteren Abschnitt erfolgt. (Vgl. Abb. 15.)

Hand in Hand mit der Gestaltung des Mattscheibenrahmens als Einstellelement ging die Ausbildung der Schutzvorrichtung gegen seitliches Licht; fast durchwegs ist sie so beschaffen, daß sie nach Lösen einer Sicherung selbsttätig in die Gebrauchsstellung übergeht, und zwar infolge federnder und scharnierartiger Anordnung desjenigen Hauptteils, der im geschlossenen Zustand der Kamera gleichzeitig als Schutz für die Mattscheibe dient. Während dieser Teil aus überzogenem Metall besteht, sind die übrigen drei Wände des Lichtschachtes aus Stoff (Schirting).

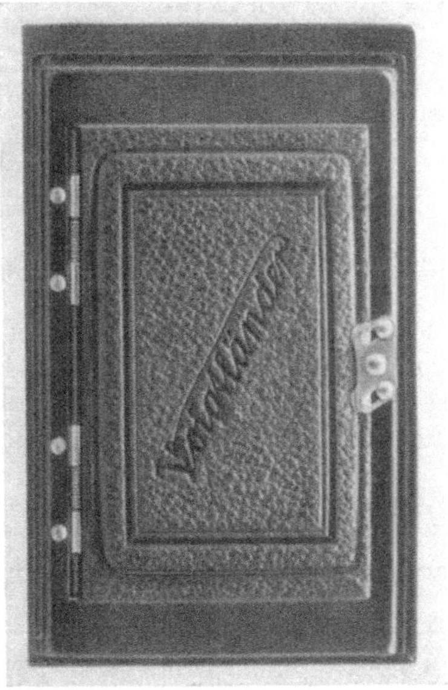

Abb. 16. Äußere Ansicht eines Metall-Mattscheibenrahmens mit Lichtschutzkappe (geschlossen). Die Mattscheibe kann durch den an der einen Schmalseite befindlichen Schlitz hindurch herausgezogen und auf diese Art ausgewechselt werden. Vgl. Tabelle 6. Die matte Seite der Glasplatte ist ebenso wie die Schichtseite des Negativs dem Objektiv zugekehrt

Abb. 16 und 17 zeigen die äußere Ansicht einer gut durchgebildeten Lichtschutzeinrichtung für die Mattscheibe, mit welcher fast sämtliche Kameramodelle der Firma Voigtländer & Sohn A.-G. ausgerüstet sind; dieser Lichtschutz läßt sich mit einer Hand sowohl öffnen als auch schließen und ist daher in der Handhabung äußerst praktisch.

Wir wollen an dieser Stelle einige Worte der wiederholt beabsichtigten Vereinheitlichung der Abmessungen für Kassetten bzw. Mattscheibenrahmen und deren Führungen am Gehäuse widmen. Die Bestrebungen in dieser Richtung liegen schon weit zurück und sind, wie dies bei Normalisierungsbestrebungen meistens der Fall ist, zunächst von keiner Seite kräftig unterstützt worden, da sich jede Firma begreiflicherweise scheut, eine Störung ihrer bestehenden fabrikatorischen Einrichtungen herbeizuführen, wenn dies nicht durch Ursachen ernstester Art begründet ist. Die Voraussetzung für das an sich wünschenswerte Zustandekommen dieser Normalisierung ist in erster Linie von der Schaffung von „Einheitskassetten" für die einzelnen Plattenformate abhängig. Diese Forderung ist nicht so zu verstehen, daß auch die innere Einrichtung der Kassetten „genormt" werden soll, vielmehr sollen lediglich Länge, Breite, Falzmaße und vor allen Dingen die sogenannte „Focustiefe", d. h. der Abstand der Ebene der lichtempfindlichen Schicht von der Anlageebene der Platte im Führungsrahmen, festgelegt werden.

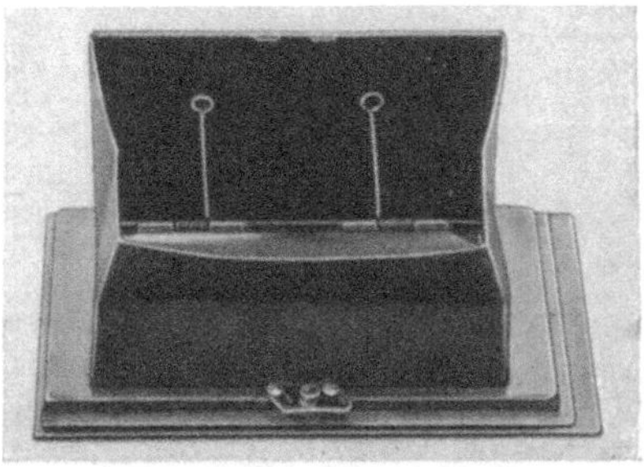

Abb. 17. Mattscheibenrahmen mit Lichtschutzkappe (geöffnet). Nach Entriegelung des Verschluß-Schiebers springt die Lichtschutzkappe unter dem Einfluß von zwei Federn selbsttätig in die Gebrauchsstellung

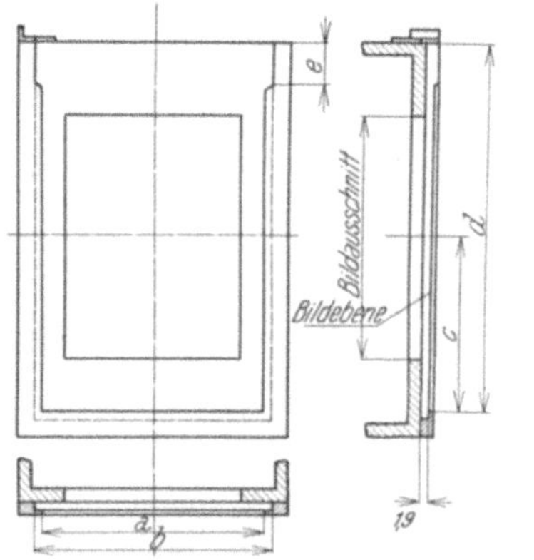

Abb. 18. Einheitliche Falzmaße für Platten-Handkameras. Die Größen für die Dimensionen *a*, *b*, *c*, *d*, *e* sind in Tabelle 6 angegeben

Die vom Normenausschuss der deutschen Industrie bereits im Jahre 1919 vorgeschlagenen Maße für den Falz von Platten-Hand-Kameras sind in nachstehender Tabelle 6 für die gängigsten Formate zusammengestellt; dabei sind auch die zulässigen Abweichungen der Normmaße angegeben.

Tabelle 6. Falzmaße für Platten-Handkameras (nach dem Vorschlag des Normenausschusses der deutschen Industrie)

Plattenformat	*a*	Δ	*b*	Δ	*c*	Δ	*d*	Δ	*e*	Δ
4,5 × 6 cm	52,5	+ 0,3	56,5	+ 0,3	39,5	± 1,0	86	+ 0,3	7	+0,5
6,5 × 9 ,,	72,0	+ 0,3	76,0	+ 0,3	54,0	± 1,0	118	+ 0,3	9	+0,5
9 × 12 ,,	97,0	+ 0,3	101,0	+ 0,3	72,5	± 1,0	149	+ 0,3	9	+0,5
10 × 15 ,,	108,0	+ 0,3	112,0	+ 0,3	87,5	± 1,0	180	+ 0,3	9	+0,5
4,5 × 10,7 ,,	52,5	+ 0,3	56,5	+ 0,3	68,5	± 1,0	139	+ 0,3	7	+0,5
6 × 13,0 ,,	67,0	+ 0,3	71,0	+ 0,3	76,5	± 1,0	158	+ 0,3	9	+0,5
$3^1/_4 \times 4^1/_4$ Zoll	90,0	+ 0,3	94,0	+ 0,3	66,5	± 1,0	137	+ 0,3	9	+0,5

Vgl. dazu Abb. 18. Δ ist die zulässige Abweichung der vorgeschriebenen Maße in mm.

Eine endgültige Entscheidung darüber, ob vorstehende Werte die Grundlage für eine Normalisierung des Kamerafalzes bilden können, ist leider bis heute nicht gefallen; die Arbeiten des hierzu beauftragten Fachnormen-Ausschusses sind seinerzeit nicht vorwärts gekommen, weil weder Erzeuger noch Händler und Verbraucher das hiefür erforderliche Interesse aufbrachten. Da seit 1926 eine Reihe der größten Firmen der deutschen Kameraindustrie zu einem größeren Verband zusammengeschlossen sind (ZEISS-IKON), ist begründete Hoffnung vorhanden, daß Bemühungen in dieser Richtung mit Aussicht auf Erfolg wieder aufgenommen werden können. Bei dieser Gelegenheit seien einige Worte über die „Normung" im allgemeinen gesagt.

Es muß oberster Grundsatz jeder wirtschaftlichen Fertigung sein, die Erzeugung so zu gestalten, daß alle Einzelteile unter Wahrung der Qualität rationell hergestellt werden können; wenn ein Unternehmen sich nur auf wenige bewährte, aber gut durchgebildete Kameramodelle beschränkt, dann werden Konstruktionsbüro und Werkstatt von kostspieligen Sonderausführungen entlastet. Durch bewußte „Typisierung" und „Spezialisierung" wird eine Erhöhung der Zahl der Fertigerzeugnisse erreicht und dadurch die Wirtschaftlichkeit der Fertigung weiter gesteigert. Nur so ist es möglich, alle Vorteile der Reihen- bzw. Massenfertigung auszunutzen und alle Teile mittels entsprechender Sondereinrichtungen und Lehren unter den günstigsten Bedingungen herzustellen. Sobald verschiedene Typen einer Gattung gleichzeitig hergestellt werden, läßt sich durch sinngemäße Normung erreichen, daß einzelne Teile bei verschiedenen Erzeugnissen verwendbar sind; die Zahl solcher Teile wird also weiter gesteigert, so daß man ganz von selbst in das Gebiet der Massenfabrikation kommt. Auch die wirtschaftliche Herstellung von photographischen Kameras und deren Zubehör hat zur Voraussetzung, daß die maschinenfertigen Teile ohne zeitraubende Nacharbeit von Hand aus verwendbar sind und mit den zugehörigen Gegenstücken stets eine genügende Passung aufweisen oder mit anderen Worten: die maschinenfertigen Teile sollen austauschbar sein. Diese Austauschbarkeit muß sich während der Fabrikation einerseits auf die Einzelteile, wie z. B. Schrauben, Niete, Stifte, Buchsen, Federn usw., und andererseits auf das Kameragehäuse, die Kassetten, den Laufboden, das Objektivbrett usw. erstrecken.

Es würde zu weit führen, hier alle an einer Kamera möglichen Normungsmöglichkeiten zu besprechen; wer offenen Auges die Mißstände beobachtet, die sich z. B. bezüglich Abmessungen der Trockenplatten oder der Falzmaße von Kassetten einschließlich Filmpackkassetten bei eintretendem Ersatz bzw. beim Versuch der Verwendung verschiedener Bestandteile an einer Kamera fremder Herkunft herausstellen, der muß zugeben, daß es im Kamerabau in dieser Richtung noch sehr viel zu tun gibt.

Die Tatsache, daß eine vorsichtige und nicht über ein bestimmtes Ziel hinausgehende Normung unter allen Umständen Nutzen bringt, ist nicht von der Hand zu weisen; die sachlichen Gründe, die oft gegen eine Normung sprechen, sind meist darin zu suchen, daß es sich dabei nicht einfach um eine Umänderung von einigen Zeichnungen handelt, sondern daß meist das ganze Unternehmen mit neuen Gedanken erfüllt werden muß, deren Auswirkungen unter Umständen einschneidende Änderungen in den bisherigen Arbeitsmethoden hervorrufen. Wenn man sich vergegenwärtigt, daß in jeder gut geleiteten Fabrik mehr oder minder zahlreiche Vorkehrungen zur Herstellung von „Normalbestandteilen" vorhanden sind, die vielleicht mit erheblichen Kosten geschaffen wurden, so ist ein gewisser Widerstand gegen umwälzende Veränderungen nur zu sehr begreiflich; die Folge davon ist, daß sich wohl keine Fabrik gern entschließt, ihre eigenen Wege zu verlassen, um sich eventuell den Konstruktionen einer Konkurrenzfirma anzupassen oder mit dieser gemeinsam eine neue Richtung einzuschlagen. Die Leidtragenden sind einerseits die Händler, die gezwungen werden, ein großes Lager von Zubehörteilen anzulegen, und andererseits die Verbraucher, welche infolge dieser Zustände Einschränkungen und Unannehmlichkeiten in Kauf nehmen müssen.

d) Kassettenriegel. Diese Vorrichtung, oft auch als „Mattscheibenriegel" bezeichnet, ist eine an allen Platten-Handkameras vorhandene Sicherung, welche in erster Linie verhindern soll, daß die ganze Kassette mit angehoben wird, wenn nur der Kassettenschieber zwecks Belichtung der Platte entfernt werden soll. Diese Sicherung dient also in erster Linie zum Feststellen der Kassette; wird damit gleichzeitig der Mattscheibenrahmen vor dem allerdings sehr unwahrscheinlichen Herausfallen beim Tragen der Kamera geschützt, so ist das zwar kein Nachteil, aber keine Notwendigkeit; im Gegenteil: es ist erwünscht, daß das Auswechseln des Mattscheibenrahmens gegen die Kassette sehr rasch und möglichst unter Benutzung nur einer Hand vor sich gehen kann. Voraussetzung für das reibungslose Funktionieren des Kassettenriegels ist die richtige Lage des Führungsrahmens zum Gehäuse, die genaue Einhaltung der Kassettenlänge und die eindeutige Lage der Sicherungsvorrichtung, so daß diese tatsächlich in der einen Stellung das Kassettengehäuse verriegelt, ohne die Bewegung des Schiebers zu behindern, und in der zweiten Stellung den Weg für die Kassette bzw. den Mattscheibenrahmen vollkommen frei macht. Abb. 19 *a* bis *c* erläutert die Wirkungsweise des Kassettenriegels.

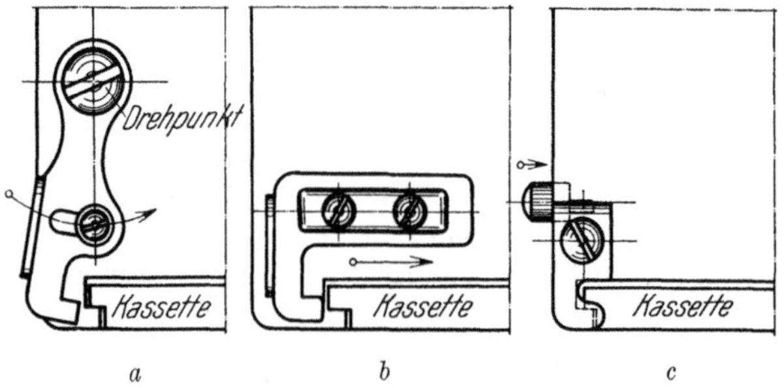

Abb. 19. Kassettenriegel. Die Abbildung zeigt einige Ausführungsformen des Kassettenriegels; während im Falle *b* die Kassette durch eine geradlinige Verschiebung des Riegels gegen das unbeabsichtigte Herausziehen gesichert ist, wird dies in den Fällen *a* und *c* durch einen schwenkbaren Hebel erreicht. Der Kassettenschieber muß stets ohne Hindernis ein- und ausgeschoben werden können; seine Lage soll durch äußere Einflüsse nicht veränderbar sein

e) Der Laufboden und seine Befestigung. Grundsätzlich hat sich bei Platten-Handkameras mit Laufboden die Befestigung bzw. Anlenkung des letzteren mit Scharnieren eingebürgert; die Handhabung beim Öffnen der Kamera ist dadurch ebenso leicht wie zuverlässig. Weil dabei eine genügende Abdichtung des Laufbodens gegenüber dem Gehäuse gewährleistet ist, besitzen die meisten Kameras mit doppeltem Auszug und die meisten Rollfilmkameras diese Einrichtung.[1]

Da der Laufboden (außer in einigen Ausnahmefällen) hauptsächlich dazu bestimmt ist, die beiden Führungsschienen aufzunehmen, auf denen der Objektivträger beim Herausführen in die Gebrauchsstellung läuft, ist für genügende Festigkeit zu sorgen, die nicht nur durch entsprechende Querschnittbemessung, sondern auch durch Verwendung erstklassigen Materials gewährleistet sein soll. Für den

[1] Der Laufboden ist in der Mehrzahl der Fälle gleichzeitig Deckel der Kamera; bei einigen Ausführungsformen (z. B. bei Spreizenkameras) hat der Deckel keine andere Bestimmung, als die inneren Teile der Kamera, insbesondere das Objektiv, zu schützen.

Laufboden wird heute fast allgemein gewalztes Aluminiumblech verwandt, dessen Ränder bei hochwertigen Kameras durch eine besondere Präge- bzw. Stauchoperation verstärkt sind, einerseits um die Festigkeit zu erhöhen, andererseits um eine Randbegrenzung für die Lederbekleidung zu schaffen. Diese Maßnahme hat sich außerordentlich gut bewährt und verbessert auch nicht unwesentlich das Gesamtaussehen der Kamera; sie wird deshalb auch an den Rändern des Gehäuses in Anwendung gebracht.

Einige Firmen ziehen als Material auch für den Laufboden bereits Spritzguß dem Aluminiumblech vor; die Entscheidung für das eine oder andere Material ist meist durch die Gesamtkonstruktion bedingt, d. h. durch das eventuelle Vorhandensein unregelmäßig gestalteter Vorsprünge, deren Herstellung aus Aluminiumspritzguß gar keine, deren Herstellung aus Aluminiumblech dagegen manchmal ganz erhebliche Schwierigkeiten bereitet. Die erwähnte Lederschutzkante läßt sich im Spritzgußverfahren gleichfalls ohne weiteres herstellen, ebenso läßt sich die Rolle für die Ausbildung des Scharniers, welches Gehäuse und Laufboden verbindet, bei Verwendung dieses Verfahrens in günstiger Weise ausbilden.

Die Verbindung dieser beiden Teile wird vielfach derart vorgenommen, daß im Kameragehäuse links und rechts unten Achslager für die durchgehende Scharnierachse angeordnet werden; letztere wird mit dem Laufboden durch Einschlagen in den umgerollten Teil in feste Verbindung gebracht und dreht sich beim Auf- bzw. Zuklappen des Laufbodens in dem erwähnten Achslager. Eine ähnliche Lösung des Problems, welche verschiedene Vorteile bietet, ist die, daß man die beschriebenen Lagerteile beibehält, den Laufboden aber nicht am Ende umrollt, sondern an beiden Seiten besondere Teile aus härterem Material vorsieht, welche mit dem Laufboden fest verbunden werden und die Träger je eines kürzeren damit fest verbundenen Achsenstückes bilden, das sich im Achslager dreht. Diese Konstruktion hat trotz ihrer Einfachheit den Vorzug vollkommen ausreichender Festigkeit und Zuverlässigkeit im Gebrauch.

f) Die Spreizenanordnung. Unlösbar verbunden mit der Frage der Anlenkung des Laufbodens ist jene der Anordnung der Spreizen, d. h. derjenigen Teile der Handkamera, welche dazu bestimmt sind, den Laufboden in der bei der Aufnahme erforderlichen Stellung zu fixieren; da die optische Achse des Objektivs im allgemeinen senkrecht zur Bildebene steht und nur in Ausnahmefällen eine Schräglage annimmt, muß der Laufboden als Träger der Führungsschienen für den Objektivschlitten senkrecht zur Bildebene, d. h. zum Führungsrahmen für die Kassette bzw. den Mattscheibenrahmen, angeordnet sein und in dieser Lage eindeutig festgehalten werden können. Da die auf diese Art zwischen dem Laufboden, den beiden Spreizen und dem Gehäuse geschaffene Verbindung natürlich ebenso rasch gelöst wie hergestellt werden muß, wird sie meist in Form einer federnden Rast ausgebildet; in den meisten Fällen ist zwischen Spreize und Laufboden ein scharnierartiges Konstruktionselement vorgesehen.

Ohne auf die einzelnen, äußerlich zum Teil wesentlich voneinander abweichenden Formen von Spreizen zunächst näher einzugehen, können wir bei allen Ausführungsformen den gleichen Grundgedanken nachweisen: Die Endlage in der Gebrauchsstellung ist durch Anordnung einer federnden Rast so zu sichern, daß eine ganz bestimmte Lage und zuverlässige Versteifung des Laufbodens zum Gehäuse eintritt; erst nach Überwindung dieser Federkraft durch Druck auf die Spreizen wird es möglich, den Laufboden zu schließen.

Grundsätzlich kann man etwa drei Arten von Spreizen unterscheiden, und zwar

α) die einteilige Spreize in fester Verbindung mit dem Laufboden,
β) die einteilige am Laufboden scharnierartig angelenkte Spreize,
γ) die zweiteilige oder knickbare Spreize.

Ad α) Für billige Handkameras oder solche mit relativ kleinen Abmessungen, z. B. $4^1/_2 \times 6$ cm und 5×8 cm, wählt man diese Spreizenform (vgl. Abb. 20), weil sie bei aller Einfachheit des Aufbaues und genügender Stabilität eine zweckmäßige Handhabung ermöglicht; das Zusammenlegen der Kamera kann erst erfolgen, nachdem die beiden aus federndem Material hergestellten Spreizen durch leichten Druck mit einer Hand gegeneinander gepreßt, d. h. einander etwas genähert werden; dadurch werden die Enden der Spreizen aus ihrer Rast gehoben und dem Schließen des Laufbodens steht nichts im Wege. Dabei gleiten die Spreizen, welche an ihrer Basis mit dem Laufboden starr verbunden sind, an den inneren Seitenwänden der Kamera und springen beim Öffnen der Kamera bzw. nach dem Herabdrücken des Laufbodens selbsttätig in eine Aussparung, welche der Form des freien Spreizenendes entspricht. (Man betrachte z. B. das Simplex-Modell der Zeiss-Ikon-A.-G.)

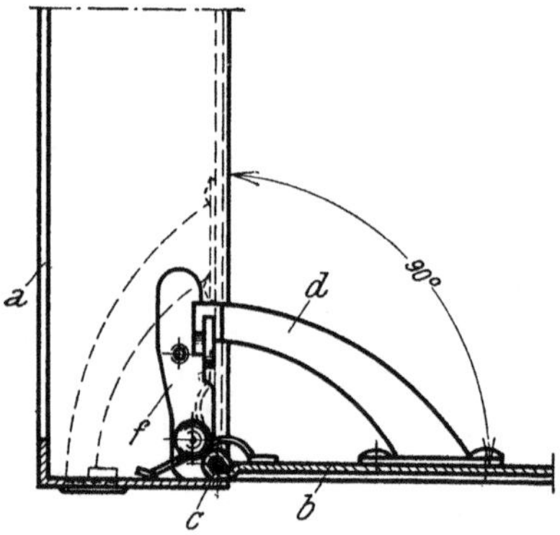

Abb. 20. Einteilige Spreize (Strebe) in starrer Verbindung mit dem Laufboden. *a* Kameragehäuse, *b* Laufboden oder Kameradeckel, *c* gemeinsames Scharnier, *d* Spreize, mit *b* fest verbunden, *f* Spreizen-Gegenlager. Das Zusammenlegen der Kamera erfolgt derart, daß die Spreizen seitlich gegeneinandergedrückt und dadurch aus ihrer Rast gehoben werden. Eine zwischen *a* und *b* angeordnete Feder bewirkt, daß der Laufboden aufspringt

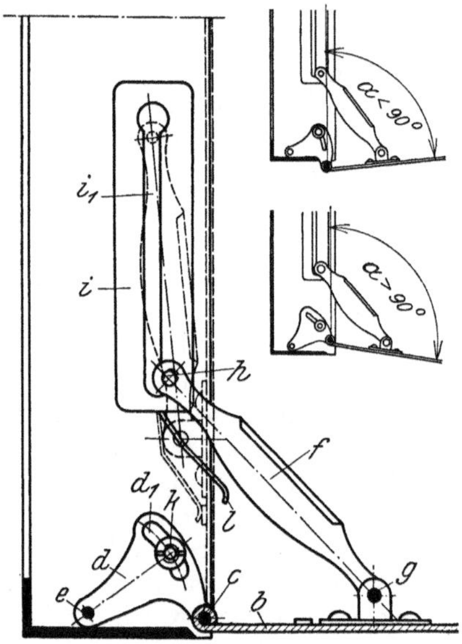

Abb. 21. Einteilige, am neigbaren Laufboden scharnierartig angelenkte Spreize. Der Laufboden *b* ist durch das Scharnier *c* mit dem Kameragehäuse nicht direkt verbunden, sondern durch den um *e* schwenkbaren Träger *d* mit dem Schlitz d_1 und der Schraube *k*. Die Spreize *f* ist bei *g* mit dem Laufboden gelenkig verbunden; das andere Ende mit dem Führungsstift *h* gleitet im Schlitz i_1 der feststehenden Führungsbahn *i*. Der Laufboden ist je nach Stellung des Trägers *d* nach oben oder unten neigbar

Ad β) Die früher gebräuchlichste Art der Laufboden-Spreizenanordnung war die in Abb. 21 dargestellte; ihr charakteristisches Konstruktionselement ist eine aus relativ starkem Blech gestanzte, meist in einer Ebene verlaufende und hochkant beanspruchte Strebe, welche unter etwa 45⁰ zu den Ebenen der Mattscheibe und des Laufbodens (u. z. zu beiden Seiten des letzteren) verläuft. Das freie Strebenende trägt einen Zapfen, der in einer geradlinigen, parallel zur Mattscheibenebene verlaufenden Führungsbahn gleitet und am Ende zwei Erweiterungen besitzt, von denen die obere zum Einsetzen der Spreize bei der Montage, die untere zur Begrenzung der Laufbodenbewegung dient; eine kräftige Feder sichert die endgültige Lage der Spreize in dieser Stellung. Erst nach Überwinden dieses Federdrucks ist es möglich, den Laufboden zu schließen.

Wie aus Abb. 21 (Bergheilkamera, älteres Modell, der Firma VOIGTLÄNDER & SOHN A.-G.) ersichtlich ist, trägt die Lagerplatte für die Achse des Laufbodenscharniers einen zum Drehpunkt zentrischen Schlitz, welcher die Lage des letzteren (zum Zwecke der Neigung des Laufbodens nach oben und unten) zu verändern gestattet. Diese Spezialvorrichtung ist besonders dann erwünscht, wenn bei Anwendung eines kurzbrennweitigen Objektivs für Weitwinkelaufnahmen vermieden werden soll, daß der Laufboden mit abgebildet wird; aber auch bei Aufnahmen relativ hochgelegener Gegenstände ist die Anordnung eines nach oben verstellbaren Laufbodens vorteilhaft. Die durch Schrägstellung des Objektivträgers und damit der optischen Achse des Objektivs sich ergebende unvermeidliche Unschärfe des Bildes muß durch Abblenden des Objektivs gemildert werden.

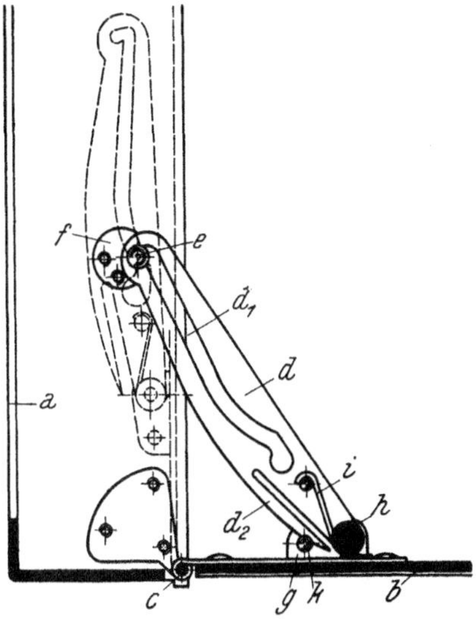

Abb. 22. Einteilige Spreize mit kurvenförmigem Schlitz. *a* Kameragehäuse, *b* Laufboden, *c* gemeinsames Scharnier, *d* Spreize mit Schlitz d_1, *e* Führungsstift an der justierbaren Lagerplatte *f*, *g* Lagerbock des Scharniers *h* mit Stützpunkt *k* für den Federlappen d_2 der Spreize *d*, *i* Feder, durch deren Wirkung der Laufboden (nach erfolgtem Druck auf den Auslöseknopf) aufspringt.

Aus praktischen Gründen — und zwar hauptsächlich wegen der Erleichterung des Zusammenbaues — wählt man in neuerer Zeit meist die in Abb. 22 dargestellte Form der Spreizenanlenkung; sie unterscheidet sich von der vorstehend beschriebenen grundsätzlich dadurch, daß der eine Haltepunkt am Gehäuse fest angeordnet wird, während die Spreize mit einem kurvenförmig verlaufenden Schlitz versehen ist, dessen Formgebung sich aus der Forderung nach einer bestimmten Lage der Spreize im Gehäuse der zusammengelegten Kamera ergibt: durch Schlitzen des scharnierartig ausgebildeten Endes der Spreize wird ein federnder Lappen gebildet, der sich auf einen fixen Punkt des Spreizenlagers stützt; bei geschlossener Kamera ist die Federung vollkommen aufgehoben, tritt aber selbsttätig in Funktion, wenn der Laufboden in die für die Aufnahme erforderliche Stellung, d. i. senkrecht zur Bildebene, gebracht wird. Das Schließen der Kamera durch Herausdrükken des freien Spreizenendes aus seiner Rast unter Überwindung der Federkraft verursacht ein etwas hartes metallisches Geräusch, das bei Kameras mit zweiteilig knickbaren Spreizen nicht zu hören ist. Voraussetzung für das störungsfreie Funktionieren aller Spreizenanordnungen ist das möglichst gleichzeitige Betätigen beider Spreizen.

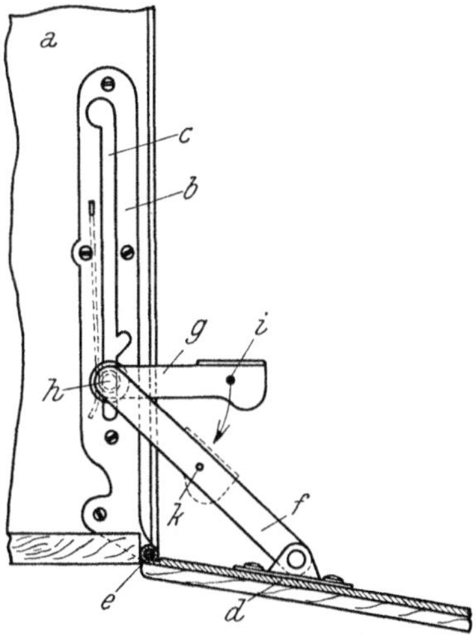

Abb. 23. Einteilige Spreize für Kameras mit neigbarem Laufboden. *a* Kameragehäuse, *b* Spreizenführung mit Schlitz *c* und zwei Haltepunkten, *d* Laufboden, *e* Scharnier, *f* Spreize mit Klemmhebel *g* und gemeinsamem Drehpunkt *h*, *i* Anschlagstift, *k* Rast

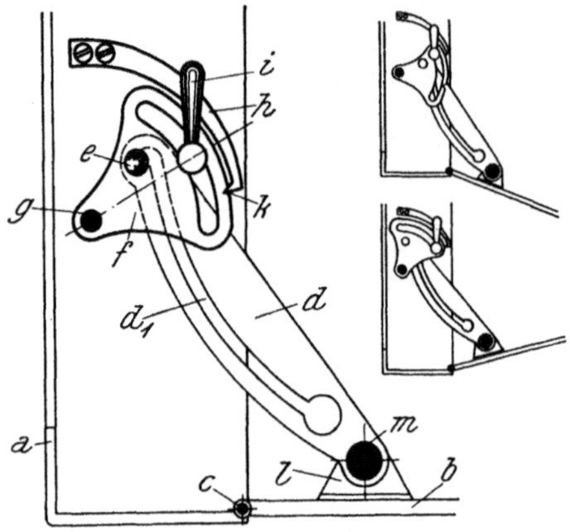

Abb. 24. Einteilige Schlitzspreize für Kameras mit nach oben und unten neigbarem Laufboden. Der Laufboden *b* ist durch das Scharnier *c* mit dem Gehäuse *a* gelenkig verbunden; an letzterem ist die um *g* schwenkbare Lagerplatte *f* mit dem Führungsstift *e* befestigt. In der Mittelstellung wird die mit Schlitz und Rast *k* versehene Platte *f* durch die federnde Klinke *h* festgehalten. Die Spreize *d* mit dem Schlitz d_1 ist mit dem Laufboden durch das Scharnierlager *l*, *m* gelenkig verbunden

Wie bereits bei Besprechung der einteiligen Spreize (Abb. 21) angedeutet wurde, ist bei Weitwinkelaufnahmen eine von der üblichen Art abweichende Betätigung der Scharnierkonstruktion insofern erforderlich, als der Winkel, den der Laufboden mit der parallel zur Bildebene verlaufenden Vorderkante des Gehäuses bildet, größer als 90° sein muß. Der Gesamtbildwinkel, der bei Weitwinkelobjektiven in Betracht kommt, ist im allgemeinen nicht größer als etwa 100°; da die Brennweite dieser (Spezialzwecken angepaßten) Objektive zumeist sehr kurz ist, schneidet der Laufboden die von tief gelegenen Dingpunkten kommenden Strahlen ab, ja er wird sogar selbst abgebildet. Um jegliche Beeinflussung des Strahlenganges zu vermeiden, muß die Neigung des Laufbodens eine über das normale Maß hinausgehende sein; erreicht wird dies auf zweierlei Art, und zwar entweder durch Verlegung des Ortes der Scharnierachse (Abb. 23) unter Beibehaltung der sonstigen Anordnung oder durch Verlegung des Ortes der Rast des freien Spreizenendes, ohne an der Anlenkung des Laufbodens irgend eine Veränderung vorzunehmen.

Ein Beispiel der letzteren Konstruktion ist in Abb. 24 dargestellt; diese Ausführung findet sich z. B. bei verschiedenen Modellen der Firma Zeiss-Ikon A.-G. in Dresden (Niklas, Ideal, Favorit, Juwel, Toska). Das die Einrichtung kennzeichnende Merkmal ist eine zweite etwas tiefer liegende Rast in der mit dem Kameragehäuse verbundenen Führungsschiene; ein Klemmhebel sorgt für die unveränderliche Stellung der Spreize in der jeweiligen Lage des Laufbodens.

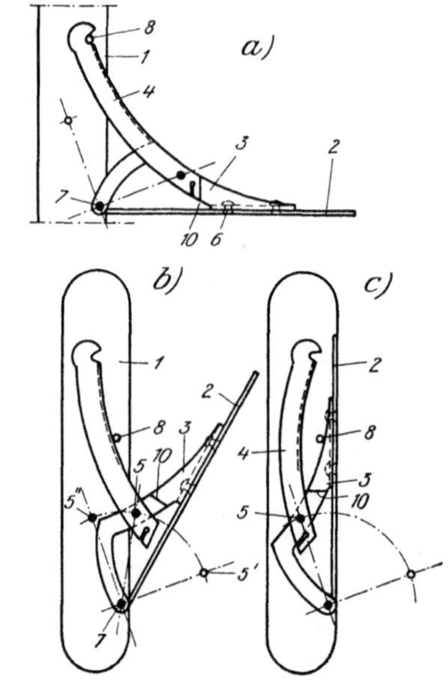

Abb. 25. Spreize mit Laufbodenversteifung für Kameras (D. R. P. Nr. 412.238). *1* Kamera-Seitenwand, *2* Laufboden, *3* Laufboden-Versteifung, *4* Spreize, *5* gemeinsamer Drehpunkt von *3* und *4*, *6* Befestigungselemente für die Versteifung am Laufboden, *8* und *10* Anschläge für die Spreize, *7* Laufbodenscharnier

Ad γ) Die zweiteilige oder knickbare Spreize ist bei Handkameras in den verschiedensten Varianten angewandt worden, von denen nur einige aus jüngster Zeit Erwähnung finden sollen. Hieher gehört die der Firma Société Baille-Lemaire & Fils in Paris (D. R. P. Nr. 412238) patentierte Vorrichtung zum Versteifen des Laufbodens an Klappkameras, welche eine größere Starrheit der Lage des heruntergeklappten Laufbodens bewirken soll: Es wird der Laufboden über den größten Teil seiner Länge versteift und zwischen einem festen Teil des Laufbodens und dem Ende des Hebels,

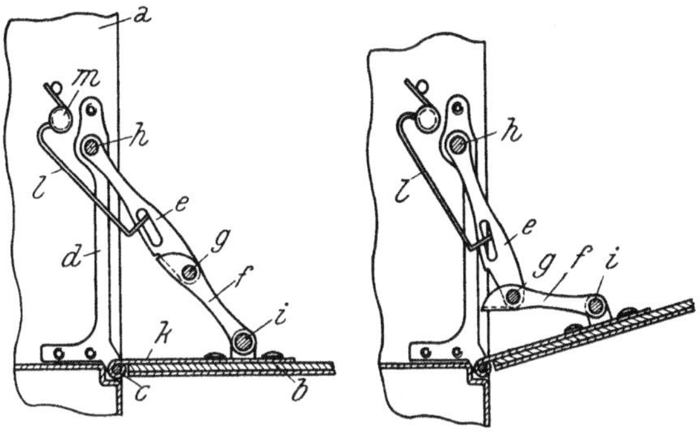

Abb. 26. Zweiteilige Spreize oder Knickspreize mit Druckfeder. *a* Kamera-Seitenwand, *b* Laufboden, *d* Lagerplatte für das Scharnier *c* und den oberen Spreizendrehpunkt *h*, *e* Spreizenoberteil, *f* Spreizenunterteil, *g* gemeinsames Gelenk, *i* Drehpunkt des Spreizenunterteils am Laufboden *b*, *l* Feder (mit Haltepunkt *m*), unter deren Einfluß der Kameralaufboden nach erfolgter Auslösung aufspringt

der diesen festen Teil mit dem Kameragehäuse verbindet, eine Federung eingefügt, die sich einem Zusammenklappen des Laufbodens widersetzt. Im wesentlichen handelt es sich bei der Erfindung um einen Schwenkhebel, der doppelarmig und zwar derart ausgebildet ist, daß der sich gegen einen Vorsprung des am Laufboden angebrachten Bügels stützende kürzere Arm mit einer Aussparung versehen ist, so daß der Schwenkhebel den Sperrhebel federnd umgreift. Die Abb. 25 *a* bis *c* zeigt die Anordnung der einteiligen Spreize in Gebrauchsstellung der Kamera (*a*) bzw. in teilweise (*b*) und ganz zusammengelegtem Zustand (*c*).

Eine nicht minder interessante Laufbodenversteifung verwendet die Certo-Kamerafabrik in Dresden; es ist dies eine Vorrichtung zum Aufklappen des Laufbodens an photographischen Kameras, bei welchen der aufgeklappte Boden durch eine unter Federdruck stehende Spreize in der Bereitschaftsstellung gesichert gehalten wird; das charakteristische Konstruktionsmerkmal ist, daß eine Feder den oberen Schenkel der Knickspreize etwa im unteren Drittel erfaßt, so daß beim Drücken auf den Auslöseknopf der geschlossenen Kamera der mit dem unteren Teil der Spreize in Verbindung stehende Kameralaufboden in einem Zuge in die Bereitschaftsstellung einspringt. Voraussetzung ist, daß eine kräftige Feder vorhan-

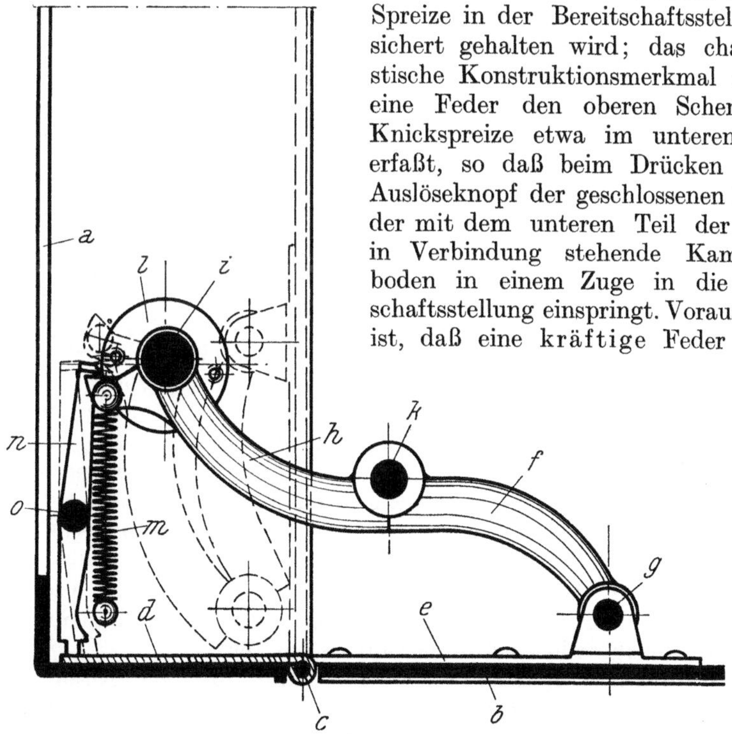

Abb. 27. Zweiteilige Gelenkspreize mit Zugfeder. Die Wirkungsweise ist ähnlich wie bei der Spreize nach Abb. 26. *a* Kameragehäuse, *b* Laufboden (Deckel), *c* gemeinsames Scharnier mit den Gliedern *d* und *e*, *f* Spreizenunterteil, *h* Spreizenoberteil, *g* und *k* Gelenke, *i* Drehpunkt am Gehäuseflansch *l*, *m* Zugfeder, *n* und *o* Spreizensperre

den ist, welche den Laufboden in seine Gebrauchsstellung zu drücken sucht; vgl. Abb. 26.

In ganz ähnlicher Weise ist die Knickspreize der neuen Bergheil-Kamera der Firma Voigtländer & Sohn A.-G. aufgebaut; sie ist auch zweiteilig und so angeordnet, daß der Laufboden bei gestreckter, durch Anschläge im gemeinsamen Gelenk gegebener Endlage der Spreize in die für die Aufnahme nötige Stellung gedrückt wird. Eine kräftige Spiralfeder sorgt dafür, daß die Spreize die erwähnte gestreckte Lage beibehält; mit dieser sehr gefällig aussehenden Spreize, deren Form von der üblichen ganz abweicht, ist eine sinnreiche Vorrichtung verbunden, welche das Schließen der Kamera verhindert, wenn der Laufschlitten sich noch nicht in der Normalstellung befindet. Die Einrichtung wirkt in der Weise, daß infolge einer besonders ausgebildeten Sperre das Einknicken der Spreize nur dann erfolgen kann, wenn diese Sperre aus-

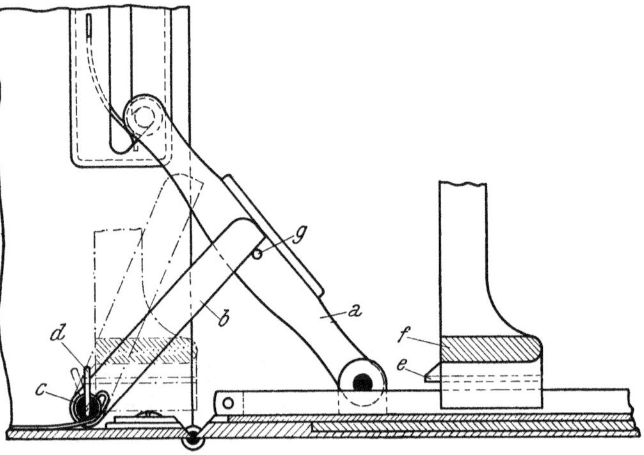

Abb. 28. Spreizensicherung in Arbeitsstellung. Die Spreize *a*, welche die rechtwinklige Stellung des Laufbodens zum Gehäuse in der Gebrauchslage gewährleistet, ist durch den bei *c* drehbar angeordneten Sperrhebel *b* gesichert, solange sich der Objektivträger *f* auf den Schienen des Laufbodens befindet, *g* Anschlagstift. Vgl. Abb. 29

gelöst wird. Dies geschieht beim Einschieben des Objektivträgers in das Gehäuse; durch diese Maßnahme werden Beschädigungen des Laufschlittens beim Schließen des Laufbodens unter allen Umständen vermieden. (Vgl. Abb. 27.)

Eine Sperre für Klappkameras zur Sicherung gegen vorzeitiges Schließen der Kamera wurde bereits im Jahre 1908 von der gleichen Firma an ihrer „Alpin-Kamera" angebracht (D. R. G. M. Nr. 357771); das charakteristische Kennzeichen dieser Konstruktion ist, daß die auf die Sicherung der Spreizen einwirkende Sperre auf einer Welle angeordnet ist, die von einem Anschlag des in der Mitte der aufgeklappten Vorderwand geführten Triebschlittens unter Vermittlung eines an der Welle befindlichen Armes abgehoben wird, sobald man diesen Schlitten völlig einschiebt. In Abb. 28 ist die Anordnung der gesicherten Spreize dargestellt, Abb. 29 zeigt die aufgehobene Sperre bei zusammengelegter Kamera; auch diese Sicherungsmaßnahme hat sich in der Praxis bewährt.

Paul Guthe in Dresden erhielt im Jahre 1913 eine Klappkamera mit umlegbarem Objektivträger patentiert (D. R. P. Nr. 323119), der beim Öffnen der Kamera durch seitlich am Objektivträger angelenkte Stützstreben versteift wird: die Fußpunkte dieser Stützstreben lagern in Führungen am Laufboden und werden erst beim Herausziehen des Objektivträgers zwischen diesem und einem Anschlag an der Stützstrebenführung festgeklemmt. Beim Zusammenklappen der Kamera nach Einschieben des Objektivträgers werden die Fußpunkte der Stützstreben in ihren Führungen derart verschoben, daß sie bei geschlossener Kamera oberhalb des Objektivs zu liegen kommen; dadurch nimmt der Objektivträger ohne Objektiv samt seinen Stützen bei geschlossener Kamera einen Raum ein, der nur der Stärke des Objektivträgers selbst entspricht. Die Bautiefe des Gehäuses kann deshalb eine geringe sein, weil jetzt noch im Laufboden Raum für das Objektiv zu schaffen ist. Dies wird dadurch erreicht, daß die Schlittenführung und die am Objektivträger angelenkte Platte in einem schalenförmigen, den Laufboden ergebenden Kameragehäusedeckel befestigt ist. Die Kamera ist sehr kompendiös und weicht der Form nach von den üblichen Kameras vollkommen ab; dies rührt daher, daß der Konstrukteur den Innenraum aufs äußerste auszunutzen sich bemühte, was nur durch Anwendung besonderer Mittel möglich war.

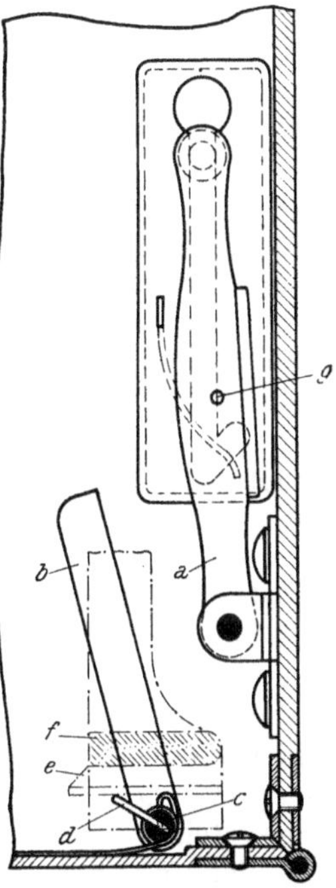

Abb. 29. Spreizensicherung gegen vorzeitiges Schließen der Kamera (Ruhelage) vgl. Abb. 28. Bei vollständigem Einschieben des Objektivträgers *f* in das Gehäuse wird der Sperrhebel *b* infolge Einwirkung der Nase *e* auf den Ansatz *d* umgelegt; dadurch wird die Arretierung der Spreize *b* aufgehoben, *g* Anschlagstift

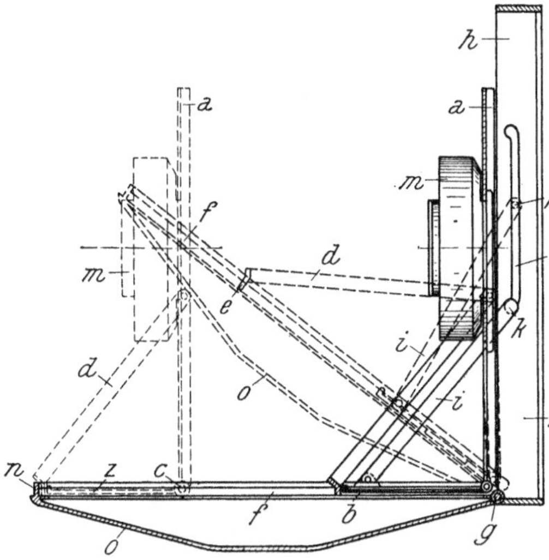

Abb. 30. Klappkamera nach D. R. P. Nr. 323 119. Die ausgezogenen Linien zeigen den Apparat bei geöffnetem Deckel, aber eingeschobenem Objektivträger; die gestrichelten Linien zeigen den Apparat einerseits in Gebrauchsstellung, andererseits in einer Mittellage beim Zusammenlegen der Kamera. *a* Standarte, *b* Schlitten, *c* Gelenk, *d* Versteifungsstreben, *e* Fußgelenk, *f* Schlittenführung, *g* Scharnier, *h* Gehäuse, *i* Kameraspreize, *k* Strebenende, *l* Führungsschiene, *m* Objektiv, *n* Anschlag, *o* Deckel

Abb. 30, 31 und 31a zeigen den Aufbau dieses vollkommen aus Leichtmetall hergestellten Kameraspezialmodells (Patent-Etui-Kamera); im Prinzip gehört dieses Kameramodell in die Kategorie der Apparate mit umlegbarer Standarte, unterscheidet sich aber von diesen dadurch, daß der Laufschlitten nicht zweiteilig ist; infolgedessen ist auch kein Teil vorhanden, der die Führungsschienen des Laufbodens verläßt.

g) Die Laufbodenführungsschienen. Will man das Volumen der Hand-Klappkamera möglichst klein machen und will man ihr außerdem im zusammengelegten Zustand einen staubsicheren Abschluß geben, so ist die beschriebene Ausführung des Gehäuses mit durch Streben oder Spreizen angelenktem Laufboden als glückliche Lösung anzusehen; die ganze Entwicklung des Gehäuseaufbaues bei Plattenkameras ist im überwiegenden Maße in dieser Richtung erfolgt und auch die Rollfilmkameras zeigen mit wenigen Ausnahmen grundsätzlich die gleiche Einrichtung. Selbstverständlich mußten genau so wie bei der alten Reise- bzw. Stativkamera Mittel gefunden werden, um auch bei der Klappkamera zwischen Objektiv und Bildebene eine lichtsichere Verbindung zu schaffen; dieses Bindeglied ist der faltbare Balgen, der einerseits mit dem Gehäuse und andererseits mit dem Träger des Objektivs verbunden wird und in zusammengelegtem Zustande so wenig Platz als möglich einnehmen soll.

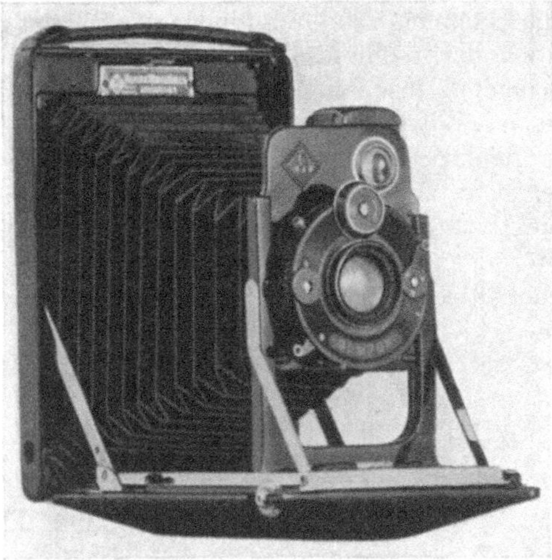

Abb. 31. Patent-Etui-Kamera (D. R. P. Nr. 323.119) in Gebrauchsstellung aufgeklappt. Das äußere Kennzeichen dieses Modells ist das schmale Gehäuse und der gewölbte Deckel; alle Abmessungen sind auf ein Minimum reduziert

Die wichtigste Frage ist, wie der Objektivträger mühelos in die Gebrauchsstellung geführt und aus dieser in das Kameragehäuse zurückgebracht werden soll; in der Normalstellung des Objektivs muß dessen optische Achse senkrecht zur Bildebene stehen und diese im Schnittpunkt der beiden Diagonalen des jeweiligen Plattenformates durchstoßen. Um eine rasche Bereitschaftsstellung der Kamera sicher zu erreichen, ordnete man bei Plattenkameras auf dem Laufboden Laufschienen mit entsprechenden Verlängerungen im Gehäuse der Kamera an, auf denen ein Schlitten von Hand verschoben wird; dieser Schlitten ist gleichzeitig Träger des Objektivs. Soll diese vielfach benutzte Objektivverschiebung zuverlässig funktionieren, so müssen folgende Voraussetzungen erfüllt sein:

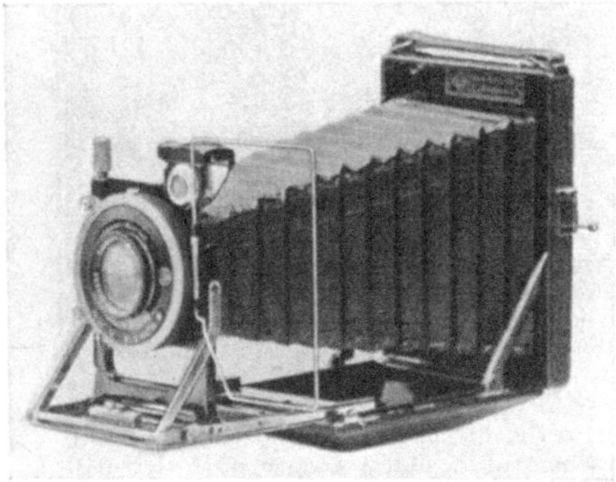

Abb. 31a. Patent-Etui-Kamera, 9/12 cm (nach D. R. P. Nr. 323.119) bei doppeltem Auszug (mit Spiegelsucher und Ikonometer). Die Abmessungen dieses besonders flachen Spezialmodells sind im geschlossenen Zustand folgende

Platten-Format	Gehäuse			Gewicht ohne Objektiv
	Länge	Breite	Dicke	
cm	cm	cm	cm	g
9 × 12	15,5	11,5	1,5	480
$6^1/_2$ × 9	12,5	9,0	1,6	375

1. die parallele Anordnung der beiden Laufschienen sowohl auf dem Laufboden als auch im Gehäuse,

2. die genaue Einhaltung der Höhenlage des Objektivs,

3. ein gut aufgepaßter (in Richtung der Laufschienen) langer Objektivträgerschlitten.

Sind diese Voraussetzungen erfüllt, so ist das manchmal beanstandete

Überführen des Objektivträgerschlittens aus dem Gehäuse auf die Laufschienen und von dort zurück praktisch störungsfrei und umso sicherer möglich, je genauer dafür gesorgt wird, daß die im Gehäuse befestigten kurzen, sogenannten hinteren Gehäuseschienen eine geradlinige Fortsetzung der langen Laufbodenschienen bilden; durch eine sorgfältige Spreizenmontage wird dafür gesorgt, daß der Laufboden jedesmal wieder in die gleiche Gebrauchsstellung kommt.

Bei der Mehrzahl aller Kameramodelle erfolgt, wie bereits erwähnt wurde, das Überführen des Objektivträgers aus dem Gehäuse in die für die Aufnahme erforderliche Stellung unter Benutzung der erwähnten Führungsschienen; auf diesen muß der Objektivträgerschlitten von Hand ohne merkliches Spiel verschoben werden können, darf sich aber dabei weder seitlich verschwenken noch in die Höhe kippen lassen; derartige Erscheinungen sind bei fabrikneuen Apparaten stets ein Zeichen mangelhafter Paßarbeit. Selbstverständlich ist ein etwas leichterer Gang am Anfang der Bewegung des Herausziehens nicht gerade nachteilig, wird sogar angenehmer empfunden, als wenn dabei ein Kraftaufwand erforderlich ist; keinesfalls darf diese Toleranz aber so groß sein, daß Störungen im praktischen Gebrauch der Kamera auftreten, die sich meist als Bildunschärfe äußern. Eine ganz eindeutige Lage des Objektivträgers ist in der sogenannten „Unendlichkeitsstellung", ebenso aber in dem relativ kleinen Bereich erforderlich, innerhalb dessen das Objektiv bei Einstellung auf nahe gelegene Gegenstände verschoben wird. (Einzelheiten hierüber finden sich in den Abschnitten: Einstellskala und Abbildungstiefe.)

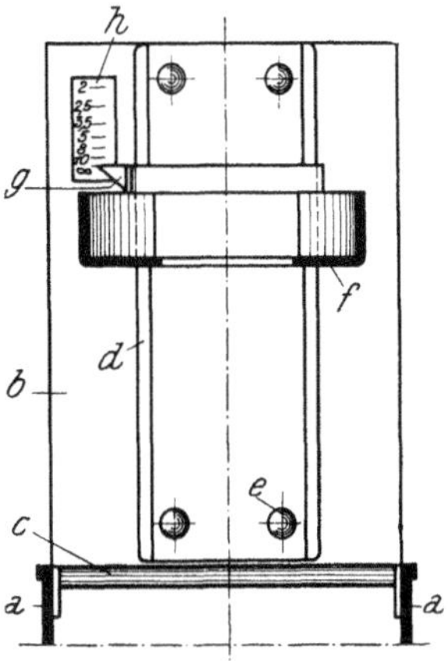

Abb. 32. Schematische Darstellung des auf unbeweglichen Laufschienen verschiebbaren Objektivträgers. (Der Balgen ist fortgelassen.) Einfachste Form der Einstellung. *a* Kameragehäuse, *b* Laufboden (Deckel), *c* gemeinsames Gelenk, *d* Laufschienen, *e* Befestigungselemente zwischen *b* und *d*, *f* Objektivträger mit Zeiger *g* (Index), *h* Einstellskala. Die Naheinstellung erfolgt ohne besondere Hilfsmittel gefühlsmäßig durch Verschieben des Objektivträgers. Ein Anschlag bei ∞ ist nicht vorhanden

a) Der Objektivschlitten wird auf fest angeordneten Schienen verschoben. Die einfachste Form der Laufbodenkameras für Platten ist jene, bei welcher die Laufschienen mit dem Laufboden aus einem Stück hergestellt oder so vereinigt sind, daß eine Veränderung in der gegenseitigen Lage beider nicht eintreten kann; der Objektivträger ist meist so ausgebildet, daß er an seinem unteren Teil einen Schlitten trägt, an welchem eine Handhabe von beliebiger Gestalt vorgesehen ist. Neben einer der beiden Einzelschienen bzw. auf einer Seite der aus einem Stück hergestellten Laufschienen ist eine Marke angeordnet, bei der der Apparat auf „Unendlich" eingestellt ist; da der tatsächliche Wert der Objektivbrennweiten nie genau mit dem angegebenen Nennwert übereinstimmt, ist die genaue Festlegung der erwähnten Marke für „Unendlich" notwendig. Da die Abstände der einzelnen durch Rechnung für eine bestimmte Objektivbrennweite gefundenen Teilstriche der Einstellskala konstante Größen sind, kann die Skala beim Justieren des Unendlichkeitsstriches eventuell als Ganzes verschoben werden; die endgültige Lage der Skala zu fixieren, ist eine der wichtigsten Operationen an jeder Kamera. (Vgl. Abb. 32.)

Der Übergang von der Einstellung auf „Unendlich" zu derjenigen auf einen näher gelegenen Gegenstand ist meist nur nach Beseitigung eines Anschlages ausführbar: Entweder wird der am Objektivschlitten befestigte Indexträger gehoben oder der als Anschlag ausgebildete federnde Skalenträger niedergedrückt.

Durch letztere Anordnung wird erreicht, daß bei der Zurückführung des Objektivträgers in das Gehäuse der Skalenträgeranschlag selbsttätig außer Funktion kommt.

Bei derartig einfachen Kameras ist die Mindestlänge des Balgens in erster Linie durch das Maß der Objektivbrennweite bestimmt; legt man für die gängigsten Plattenformate die in nachstehender Tabelle 7 angenommenen Objektivbrennweiten zugrunde, so ergeben sich z. B. bei Einstellung auf $a = 1{,}5$ m die in der Tabelle angegebenen Werte für die Gesamtlänge der Skala:

Tabelle 7. Gesamtlänge der Einstellskala bei verschiedenen Brennweiten und Einstellung auf 1,5 m

Plattengröße in cm	Objektivbrennweite f in cm	Objektivverschiebung bei Einstellung auf 1,5 m	Länge Δ der Skala in mm
$4^1/_2 \times 6$	7,5	7,9 — 7,5 = 0,4 cm	= 4 mm
$6^1/_2 \times 9$	10,5	11,3 — 10,5 = 0,8 „	= 8 „
	12,0	13,0 — 12,0 = 1,0 „	= 10 „
9×12	13,5	14,8 — 13,5 = 1,3 „	= 13 „
	15,0	16,6 — 15,0 = 1,6 „	= 16 „
10×15	16,5	18,5 — 16,5 = 2,0 „	= 20 „
	18,0	20,5 — 18,0 = 2,5 „	= 25 „

Die in den zwei letzten Kolumnen angegebenen Werte lassen erkennen, daß die über die Unendlichkeitsstellung hinausgehende Verschiebung des Objektivs bei Kameras mit einfachem Auszug relativ gering ist; die Balgenlänge wird in der Praxis etwas länger als unbedingt erforderlich gewählt. Bei Bestimmung der Balgenlänge ist von ausschlaggebender Bedeutung, auf welche kürzeste Entfernung die Kamera einstellbar sein soll. Der Wert Δ läßt sich nach der Formel $\Delta = \frac{a \cdot f}{a - f} - f = \frac{f^2}{a - f}$ ermitteln.

Eine etwas vollkommenere Ausführung einer Kamera (Modell der Orion-Werke A.-G., Hannover) mit einfachem Auszug zeigt die Abb. 33; der

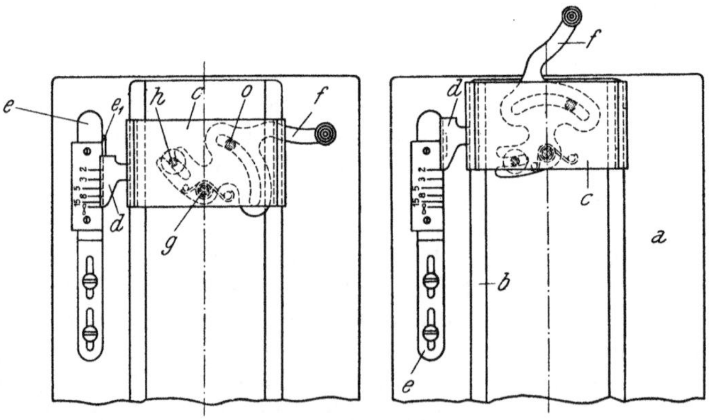

Abb. 33. Einstellung des Objektivträgers mit Hilfe einer an diesem befestigten Hebelanordnung. a Laufboden, b Laufschinen, c Objektivträger mit Ansatz d für den Index, e Träger der Skala mit Anschlag e_1 (justierbar). Durch Betätigung des Hebels f, welcher bei g am Objektivträger drehbar gelagert ist, wird dieser infolge Anordnung des festen Stützpunktes h längs des Laufbodens geradlinig verschoben. o ist ein Anschlagstift

Objektivträgerschlitten wird durch geeignete, in der Abbildung nicht ersichtliche Handhaben aus dem Kameragehäuse und auf den Führungsschienen bis zu einem fühlbaren Anschlag gezogen. Die Weiterbewegung des Objektivträgers kann erst nach Beseitigung des Widerstandes (in Form des Anschlages am Skalenträger) erfolgen, und zwar durch Schwenken eines Hebels, dessen Drehpunkt sich auf dem verschiebbaren Schlitten befindet, während der Stützpunkt ein Bestandteil des Laufschlittens ist. Diese Einrichtung ist infolge der Hebelübersetzung mühelos zu betätigen und gewährleistet eine genaue Einstellung. Der Skalenträger ist hier, wie bei fast allen Kameras, zwecks Justierung verschiebbar.

β) Der Anschlag des Objektivschlittens für „Unendlich" befindet sich auf verschiebbaren Schienen. Wir haben festgestellt, daß es bei Kameras mit einfachem Auszug weder erforderlich noch wünschenswert ist, den Laufschlitten selbst verstellbar zu machen; wird die Aufgabe gestellt, die Fortbewegung des Objektivträgerschlittens mit Hilfe von sogenannten „Feineinstellungen" vorzunehmen, so liegt es nahe, die Laufschienen selbst in ihrer Längsrichtung verschiebbar zu machen; diese Maßnahme gibt nicht nur die Gewähr für die wünschenswerte präzise Führung in langen Gleitbahnen, sondern auch, was noch viel wichtiger ist, die Möglichkeit, auf sehr nahegelegene Gegenstände einzustellen, soweit die betreffende Einstellvorrichtung und die Länge des Balgens dies zulassen. Diese Ausführungsform der Laufschienenführung ist grundlegend für Kameras mit sogenanntem „doppeltem Auszug", die in einem besonderen Abschnitt besprochen werden.

In Abb. 34 *a*, *b* sind zwei Beispiele einfacher Kameras mit verstellbaren Laufschienen dargestellt; die letzteren bestehen aus einem Stück Messingblech mit hochgebogenen Seitenkanten, auf denen der Objektivträgerschlitten gleitet. Die Führung des Laufschlittens wird durch darin befindliche Schlitze bzw. Stifte oder Schrauben mit Köpfen, welche im Laufboden befestigt sind, vermittelt; die Art der Bewegungseinleitung kann sehr verschieden sein und ist zunächst belanglos.

a

b

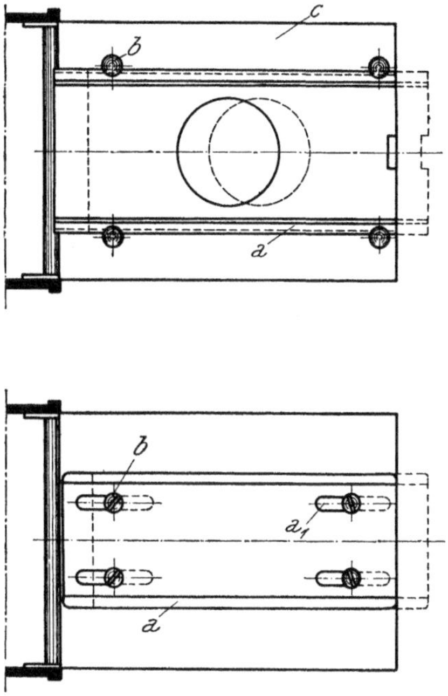

Abb. 34. Schematische Darstellung der Einstellung durch Verschiebung der Laufschienen. Die Laufschienen *a* erhalten ihre Führung entweder in zylindrischen Ansätzen *b*, die seitlich geschlitzt sind (a), oder (b) die Laufschienen *a* haben längliche Schlitze a_1, die eine Verstellung in begrenztem Maße zulassen, wobei die Stifte *b* die erforderliche gerade Führung gewährleisten

Eine beachtenswerte, weil einfache und außergewöhnliche Konstruktion der Laufschlittenführung ist diejenige der Firma Voigtländer & Sohn A.-G., welche z. B. bei der „Vag-Kamera" (Abb. 35) und sämtlichen Rollfilm-Modellen dieser Firma eingeführt ist; der Erfinder, Karl Árpád Barényi, ging dabei nicht nur von rein praktischen Erwägungen aus, sondern auch von dem Gedanken, daß Zweckmäßigkeit und Schönheit der Formen durchaus keine Gegensätze zu sein brauchen. So entstand eine ebenso einfache wie originelle und zuverlässige Ausführungsform einer Führung für Laufbodenschlitten, welche besonders dadurch gekennzeichnet ist, daß in der Längsrichtung des Laufbodens kurze, voneinander getrennte Führungsteile vorhanden sind, die von entsprechend ausgebildeten

Führungsbahnen des Laufbodenschlittens umfaßt werden, während seitliche Stützen den Abstand zwischen Laufboden und Schlitten sichern (D. R. P. Nr. 441294). Vgl. Abb. 35 a.

h) Die Mittel zur Fortbewegung des Objektivs auf den Laufschienen. Im nachstehenden seien zunächst die bekanntesten Einrichtungen (von grundsätzlich voneinander abweichender Form) beschrieben, welche

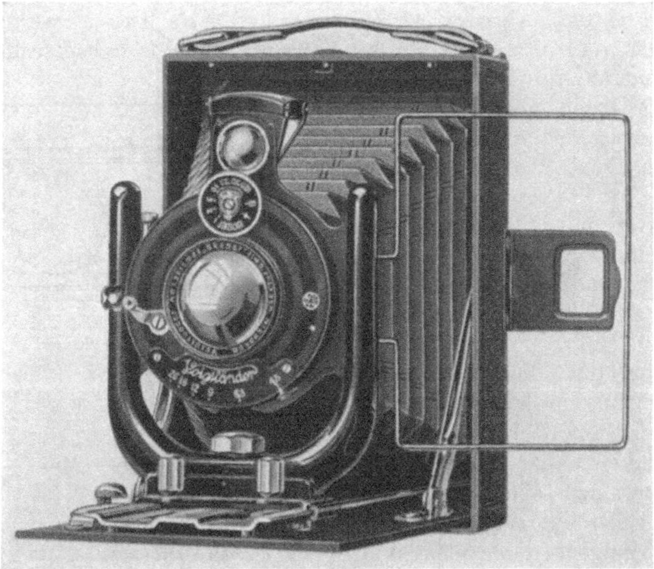

Abb. 35. Laufbodenkamera, 9 × 12 cm, mit einfachem Auszug. (Vag-Kamera der Firma Voigtländer & Sohn A.-G., Braunschweig.) Die Konstruktion des Laufschlittens ist aus Abb. 35a ersichtlich

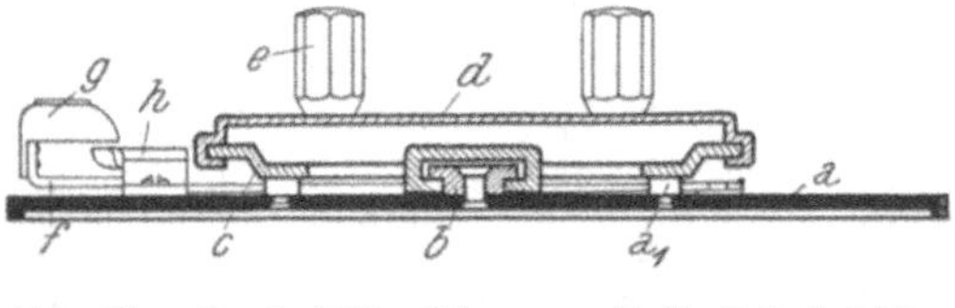

Abb. 35a. Laufschlittenführung mit Radialhebel-Einstellung (D. R. P. Nr. 441.294) bei der Vag-Kamera. *a* Laufboden mit Erhöhungen a_1, *b* zwei Führungssteine (mit *a* starr verbunden), *c* Laufschlitten, welcher durch die Steine *b* seine Geradführung erhält, *d* Objektivträgerschlitten mit Handhaben *e*, *f* Radialhebel mit Index *g*, *h* Einstellskala

zur systematischen Fortbewegung des Objektivträgerschlittens mit Standarte und Objektiv dienen.

α) Die Einstellung durch Zahn und Trieb. Da es sich bei der Einstellung des Objektivs durch Verschiebung des Objektivträgerschlittens stets um eine geradlinige in Richtung der optischen Achse verlaufende Bewegung handelt, hat man sich schon in der Frühzeit des Kamerabaues des dafür nächstliegenden Hilfsmittels, d. i. der Feineinstellung durch Triebteile mit Stirnradverzahnung, bedient; ein im feststehenden Kameralaufboden drehbar gelagerter sogenannter Zahntrieb greift in eine Zahnstange ein, welche ein Bestandteil des Laufbodenschlittens ist. Je nach dem Durchmesser dieses kleinen Triebes, dessen Größe durch die Gesamtanordnung des Laufbodens mehr oder weniger beschränkt ist, wird durch ein- oder mehrmalige Umdrehung des Triebes der Weg zurückgelegt, welcher der Länge der Einstellskala entspricht; bei einem Durchmesser des Triebes von 4,5 mm ergibt sich sein Umfang zu ca. 14 mm, ein Betrag, der etwa erforderlich ist, um ein Objektiv mit $f = 13{,}5$ cm einer 9×12 cm-Kamera (durch einmalige Umdrehung des Triebes) von der Einstellung auf „Unendlich" bis zur Einstellung auf 1,5 m zu verschieben. Je größer der Einstellknopf, um so feiner ist die Einstellmöglichkeit; dieser Tatsache ist bei der jetzt allgemein üblichen Verwendung lichtstarker, kurzbrennweitiger Objektive die größte Beachtung zu schenken.

Die Objektivträgerverstellung durch Zahn und Trieb hat sich allgemein vorzüglich bewährt. Bezüglich der Ausführung wäre noch zu sagen, daß die Verzahnung oft mit schräg liegenden Zähnen ausgeführt wird; diese in der Technik sonst allgemein geschätzte Maßnahme verdient bei der Kamera keinen Vorzug, da sie es unmöglich macht, den Trieb durch Ziehen senkrecht zur Bewegungsrichtung des Schlittens außer Eingriff mit der Zahnstange zu bringen.

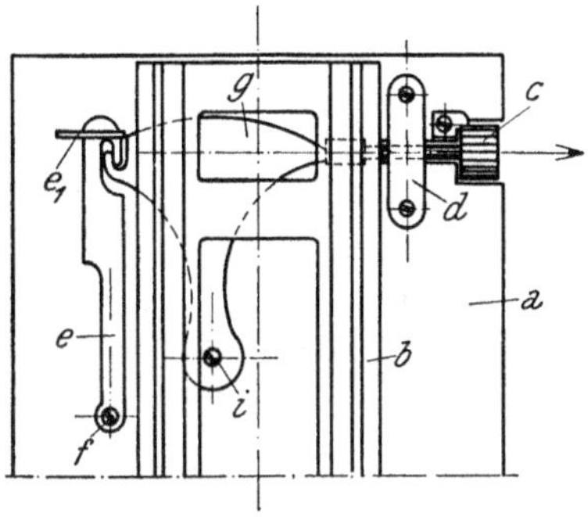

Abb. 36. Vorrichtung zum Ausrücken des Anschlages für Unendlich zwecks Einstellung auf Nähe. Auf dem Laufboden *a* sind die Führungsschienen *b* für den Laufschlitten angeordnet, der durch Zahnstange und Trieb (Einstellknopf *c*) geradlinig fortbewegt wird. Der Träger *e* der Einstellskala ist bei *f* schwenkbar gelagert und hat den Anschlag e_1 für die Einstellung auf Unendlich. Um den Objektivträger auf näher gelegene Gegenstände einstellen zu können, muß der Triebknopf *c* in der Pfeilrichtung herausgezogen werden; infolge der Verbindung des Triebknopfes mit dem um *i* drehbaren Hebel *g* wird der Anschlag e_1 für den Objektivträger zur Seite gerückt

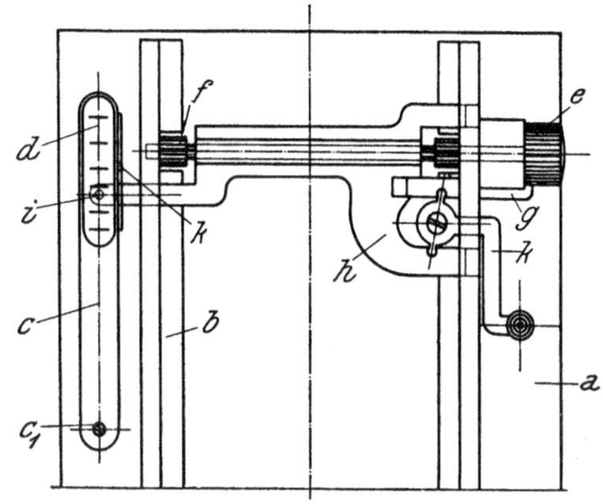

Abb. 37. Kupplungseinrichtung zwischen Zahntriebeinstellung und ∞-Anschlag auf dem Skalenträger. *a* Laufboden, *b* Laufschienen mit Zahnstangen, *c* Träger der Skala, bei c_1 schwenkbar gelagert (*k* Anschlag für den Objektivträger), *d* Skala, *e* Einstellknopf, *f* Trieb, *g* Arretierung für den Einstellknopf, *h* Kupplungshebel, bei *i* gelenkig verbunden mit *c*; *k* Umschalthebel

Bei Apparaten mit einfachem Auszug ist meist nur ein kleiner Teil einer einseitig angeordneten Zahnstange vorgesehen.

Bei älteren Konstruktionen war die Zahnstange oft von oben sichtbar, der Trieb lag demgemäß auf der Zahnstange; bei neueren Apparaten ist die Verzahnung fast durchwegs in entsprechende Erhöhungen des Laufschlittens auf der Unterseite desselben eingefräst und von oben daher nicht sichtbar. Der Trieb liegt dann unterhalb der Verzahnung.

In diesem Zusammenhang sei eine interessante Vorrichtung von John Steenbergen in Dresden zum Ausrücken des Anschlages für die Unendlichkeitsstellung des Objektivträgers erwähnt, bei welcher der Einstellknopf des Objektivträgerschlittens mit dem Träger des Anschlages durch ein Zugglied gekuppelt ist, um den Anschlag nach Herausziehen des Triebes aus dem Bereich des Objektivträgers zwecks Weiterbewegung des letzteren zu bringen. Wie Abb. 36 zeigt, ist der Träger des Anschlages schwenkbar angeordnet und durch ein Zwischenglied mit dem Trieb zwangläufig gekuppelt; man kann also nicht vergessen, den Anschlag auszurücken, wenn man den Objektivträger zwecks anderer Einstellung weiter herausbewegen will (D. R. P. Nr. 262624).

Den gleichen Gedanken hat die Contessa-Nettel A.-G. in Stuttgart mit der in Abb. 37 dargestellten Einstellvorrichtung verfolgt; auch hier ist eine Sperre vorgesehen, welche in doppelter Weise, und zwar sowohl auf die Lage des Skalenträgers als auf jene des Einstelltriebes, wirkt. Die Verwirklichung der Idee erforderte etwas mehr Aufwand, weil, unter Rücksichtnahme auf das D. R. P. Nr. 262624 (siehe oben), die Verriegelung beider Bewegungen mit anderen Mitteln erfolgen, aber ebenfalls von einer Stelle aus eingeleitet bzw. aufgehoben werden mußte. Im praktischen Gebrauch besteht der Unterschied darin, daß zuerst ein Umschalthebel und dann der Triebknopf betätigt werden muß, wenn von der Einstellung auf Unendlich zu derjenigen auf näher gelegene Gegenstände übergegangen wird. Technisch gekennzeichnet ist die Einstellvorrichtung dadurch, daß der die Einstellskala bzw. deren Tragteil verschiebende und verschwenkende Teil mit dem das Auszugs-Betätigungselement zum Gebrauch freigebenden oder sperrenden Teil durch einen gemeinsamen Steuerhebel verbunden ist (D. R. G. M. Nr. 939721).

β) Die Einstellung durch Radialhebel. Der Radialhebel ist das am meisten bekannte und angewandte Einstellelement für Kameras mit einfachem Auszug; während sich z. B. Zahnstange und Trieb innerhalb weiter Grenzen für Einstellungen auf geringe und große Entfernungen einrichten läßt, ist dies bei der auf den einfachen Hebelgesetzen beruhenden Konstruktion des Radialhebels nicht der Fall, weil die Breite des Laufschlittens eine weite Bewegung des Radialhebels unmöglich macht. Der wesentliche Vorzug dieser Einrichtung ist die Vergrößerung der einzelnen Intervalle der Teilung und damit die Möglichkeit einer sehr sicheren Einstellung und Ablesung.

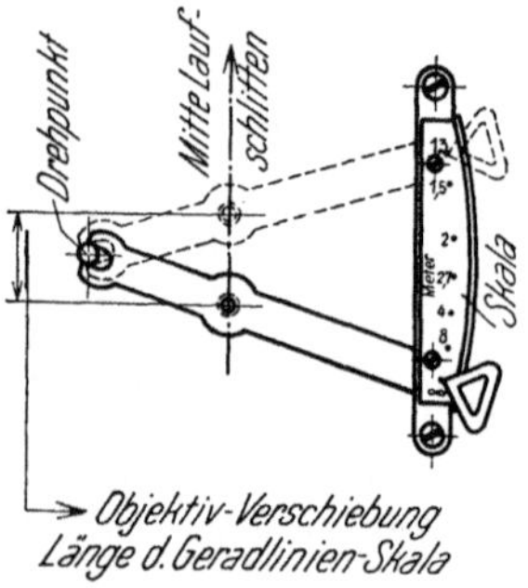

Abb. 38. Der Radialhebel als Einstell-Element bei Kameras mit einfachem Auszug

In Abb. 38 ist die Konstruktion des „Radialhebels" dargestellt: Der Einstellhebel, dessen ein Ende als Index für die Skalenablesung ausgebildet ist, beschreibt einen Kreis, dessen Radius etwa gleich der Gesamtlänge dieses Hebels ist. Er ist in der Mitte des Laufschlittens drehbar gelagert; sein seitlich liegender Stützpunkt ist ein fester Bestandteil des Laufbodens. Weil der Angriffspunkt für den Laufschlitten in der Mitte desselben liegt und ein Ausweichen des Schlittens infolge der seitlichen Führung nicht möglich ist, muß das sich stützende Ende des Radialhebels — es beschreibt einen Bogen — gabelförmig ausgebildet bzw. geschlitzt werden. Es gibt auch andere Ausführungsformen, bei denen die umgekehrte Anordnung getroffen ist: die Schlitzführung ist an der Mitnehmerstelle des Laufschlittens bei unveränderlicher Lagerung am Ende des Radialhebels. Bei der Beurteilung des Wertes der Radialhebeleinstellung ist zu beachten, daß wegen der Hebelübersetzung der Kraftaufwand zur Verschiebung des Objektivs gegenüber dem Kraftaufwand bei direktem Zug in Richtung der optischen Achse kleiner ist.

Es besteht kein Zweifel, daß die Anwendung des „Radialhebels" als Mittel zur Einstellung bei Kameras mit einfachem Auszug außerordentlich bequem und vorteilhaft ist; bei Kameras kleineren Formats, wo die aus der geradlinigen Verschiebung des Objektivs sich direkt ergebende Skala sehr kleine Intervalle zeigt, ist der Radialhebel ganz besonders vorteilhaft. Bezüglich Berechnung der bogenförmigen Skala sei auf den Abschnitt „Einstellskala" verwiesen.

Auf die Notwendigkeit der sorgfältigen Bestimmung des Anschlages für die

Unendlichkeitsstellung des Objektivträgers wurde bereits früher hingewiesen; auch bei Kameras mit Radialhebel muß die Lage dieses Anschlags durch Beobachten des Mattscheibenbildes (unter Zuhilfenahme von Einstell-Lupen) nach Einstellung auf weit entfernte Gegenstände oder unter Zuhilfenahme genauer Kollimatoren festgelegt werden. Die Stellung des Radialhebels für diesen bevorzugten Punkt ist stets durch eine fühlbare Rast im Träger der Skala gekennzeichnet; manche Firmen verwenden diese Einrichtung auch an den übrigen durch Markierung hervorgehobenen Punkten der Skala. Eine besondere Sperrung der jeweils vorgenommenen Einstellung gegen unbeabsichtigte Verschiebung des Laufschlittens ist nicht erforderlich, wenn der federnde Radialhebel mit einer gewissen Vorspannung zwischen Laufboden und Laufbodenschlitten liegt.

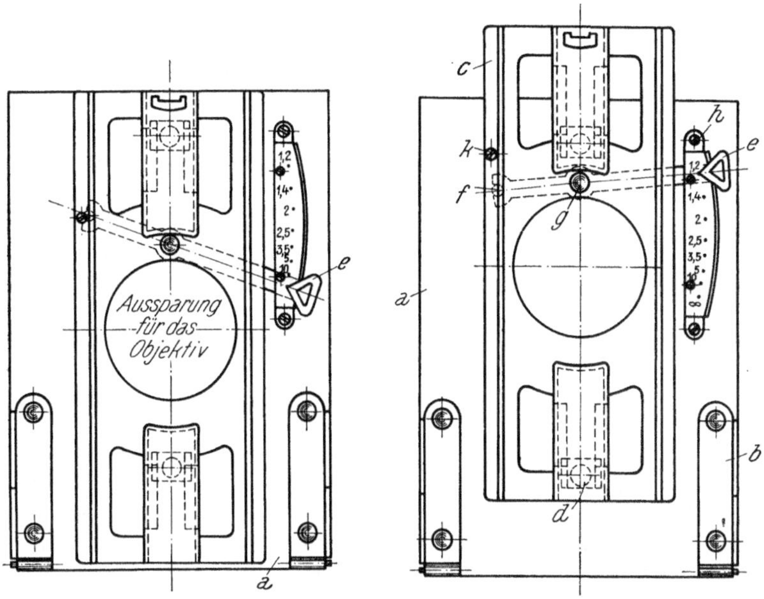

a b

Abb. 39. Laufschlittenverstellung für Kameras mit einfachem Auszug durch Radialhebel. a Einstellung auf Unendlich (∞). b Einstellung auf 1,5 m. *a* Lauf boden (Deckel), *b* Scharnier, *c* Laufschlitten, *d* Elemente der Geradeführung, *e* Radialhebel mit Drehpunkt *g* am Laufschlitten *c* und Stützpunkt *f* am Laufboden *a*, *h* Träger der Skala, *k* Anschlag für die Einstellung des Objektivträgerschlittens auf ∞

Die mechanische Gestaltung der Radialhebel-Einstellvorrichtungen ist verschiedenartig, das Prinzip jedoch bei allen ungefähr das gleiche; von bekannten Platten-Kameras sind u. a. folgende mit der Radialhebel-Einstellvorrichtung ausgerüstet: Die Vag-Kamera der Firma Voigtländer & Sohn A.-G. (vgl. Abb. 39a und b) sowie die Modelle: Victrix, Duchessa, Onito, Heag IV, Volta der Zeiss Ikon A.-G.

γ) Die Einstellung mit Hilfe einer Schnecke (D.R.G.M. Nr. 657049 bis 657053). Diese Laufschlitten-Feineinstellung ist nur bei der Roll-Tenaxserie der Firma C. P. Goerz A.-G. anzutreffen; die Verwendung der im Maschinenbau wohlbekannten Elemente Schnecke und Schneckenrad im Kamerabau ist zum mindesten eigenartig. Während ein Schneckengetriebe sonst vorwiegend für große Übersetzungsverhältnisse Anwendung findet, bildet das hier verwendete eine Ausnahme; ein sich drehendes Schneckenrad im üblichen Sinne ist überhaupt nicht vorhanden, der Laufschlitten ist vielmehr an der einen Seite mit einer Verzahnung nach Art einer Zahnstange versehen. Es liegt hier der Grenzfall vor, daß das Schneckenrad unendlich groß, sein Mittelpunkt also unendlich weit entfernt ist. Da die Schnecke, deren Umdrehungsachse parallel zur Verzahnung des Laufschlittens verläuft, ein Rotationskörper von zylindrischer Gestalt ist, sind alle Zähne desselben immer in Eingriff. Je nach der Steigung der Schnecke erfolgt die Fortbewegung des Laufschlittens mit größerer oder geringerer Geschwindigkeit, wobei allerdings durch die „Selbsthemmung" eine Grenze gesetzt ist: Es darf nicht möglich sein, den herausgedrehten Laufschlitten einfach durch Zurückdrücken unter Überwindung der Reibung in der Schnecke in seine Anfangslage zu bringen, dies darf vielmehr nur bei Betätigung der Schnecke möglich sein.

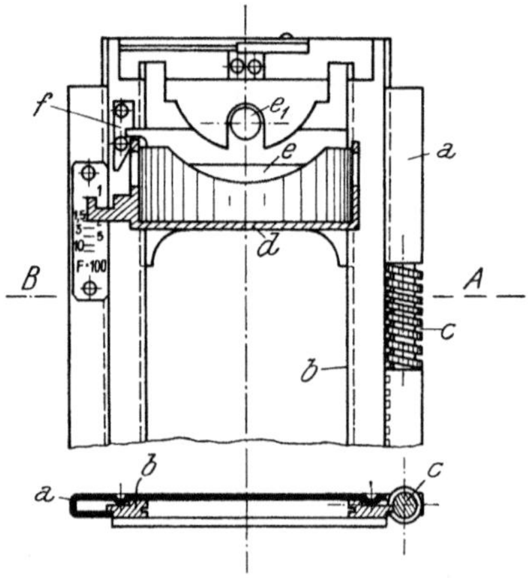

Abb. 40. Naheinstellung durch Fortbewegen der seitlich verzahnten Laufschiene mittels Schnecke. Auf dem Laufboden *a* sind die beiden Laufschienen *b* in Nuten verschiebbar; die eine derselben ist seitlich mit Verzahnung versehen, in welche die Schnecke *c* eingreift, die in einer Aussparung des Laufbodens gelagert ist. Der Objektivträger *d* ist in Nuten der Laufschienen geführt und besitzt ein seitlich verschiebbares, mit der Handhabe e_1 zu betätigendes Teil *e*, dessen Nase bei Einstellung auf ∞ in eine Rast *f* einschnappt. Unten Schnitt *B A*

Im vorliegenden Falle (Roll-Tenaxserie) hat die Schnecke eine Steigung von 2,5 mm; da sie eingängig ist, ergibt sich bei einer Umdrehung eine Verschiebung des Laufschlittens um den gleichen Betrag. Bei einer Brennweite des Objektivs von z. B. $f = 100$ mm ist die Länge der Entfernungsskala bei Einstellung von ∞ bis 1 m $L = \frac{100^2}{1000 - 100} = 11{,}1$ mm. Es sind demnach $11{,}1 : 2{,}5 = 4{,}45$ ganze Umdrehungen nötig, um den Laufschlitten mit dem Objektiv um diesen Betrag fortzubewegen; da die Art der Betätigung dieser zwischen Daumen und Zeigefinger liegenden Einstellvorrichtung eine ganze Umdrehung gar nie zuläßt, sind etwa 10 bis 12 Drehungen von weniger als 180° erforderlich, um obige Strecke zurückzulegen. Dies ist vielleicht der einzige Mangel dieser Einrichtung gegenüber den mit Trieb und Zahnstange betätigten Laufschlitten, bei denen meist eine Umdrehung genügt, um den ganzen Einstellbereich zu durchlaufen. Im übrigen weist die erwähnte Ausführung noch einige fabrikatorisch bemerkenswerte Einzelheiten insofern auf, als z. B. die Längsseiten des Kameralaufbodens zweimal rechtwinklig parallel zur Laufbodenfläche umgebogen sind, damit diese als Schlittenführung dienen kann. (Vgl. Abb. 40.)

i) Der Objektivträgerschlitten. Darunter ist jener Teil der Kamera zu verstehen, der zwecks Einstellung auf dem Laufbodenschlitten mittels einer Handhabe verschoben wird und mit der sogenannten Standarte oder dem Träger des Objektivs gelenkig oder starr verbunden ist. Das erstere ist der Fall bei Kameras mit Umlegestandarten (vgl. Abb. 41), die später besprochen werden sollen, das letztere bei einer Reihe anderer Apparate. Der Objektivträgerschlitten ist also jenes in Richtung der optischen Achse verlaufende kurze Gleitstück, das ungefähr die Breite des Laufbodenschlittens besitzt und, wie sein Name sagt, indirekt der Träger des Objektivs ist; zwischen beiden befindet sich nur die Standarte.

Beim Öffnen der Kamera ohne Umlegestandarte wird unter Benutzung der erwähnten Handhabe (meist sind es zwei mit Riffelung versehene Knöpfe oder Teller) der Objektivschlitten aus seiner Ruhestellung auf der kurzen hinteren Laufbodenführung herausgezogen, auf die längeren Schienen des Laufbodenschlittens überführt, und zwar so weit, bis ein Anschlag an einer Schraube, deren Lage durch Justierung festgelegt wurde, erfolgt und fühlbar ist. Wie bereits an anderer Stelle erwähnt wurde, ist die schwierigste Arbeit das Einpassen des Objektivträgerschlittens auf seiner Laufbahn derart, daß an allen Stellen nur ein geringer gleichmäßiger Widerstand mit wenig Spiel vorhanden ist; da lehrenhaltige Ausführung und sorgfältige Kontrolle unerläßliche Voraussetzungen für diesen Teil des Arbeitsganges sind, findet man Konstruktionen, bei denen der Objektivträgerschlitten in seiner Gebrauchsstellung lediglich durch Reibung festgehalten wird, nur bei ganz einfachen Kameramodellen. Die Bemühungen, gute und zuverlässige Einrichtungen zu schaffen, welche eine unbedingte Garantie für die eindeutige und unveränderliche Stellung des Objektivs in der Arbeitsstellung gewährleisten sollten, liegen sehr weit zurück und haben eine Reihe sehr beachtenswerter Konstruktionen gezeitigt; da es sich in jedem Falle darum handelt, eine vorübergehende solide und rasch lösbare Verbindung der beiden sich an den Gleitschienen berührenden Elemente herbeizuführen, lag der Gedanke nahe, dies durch Erhöhung der Reibung mit Hilfe von Klemmhebeln zu tun, welche durch Betätigen der Handhaben in Funktion treten. Diese Art der Festklemmung des Objektivträgerschlittens an seiner Laufbahn hat sich ausgezeichnet bewährt und ist daher bei den meisten Apparaten mit Laufschlitten eingeführt; durch Zusammenpressen zweier Griffe werden die meist keilförmig ausgebildeten Enden der Hebel aus ihrer Arbeitsstellung gebracht und erst im Augenblick des Nachlassens des Druckes unter der Einwirkung starker Federn wieder in die frühere Lage zurückgeführt. Durch diese Anordnung ist die erwünschte Stabilität des Objektivträgerschlittens nicht nur in der Gebrauchslage, sondern auch im zusammengeklappten Zustand der Kamera gewährleistet, so daß unbeabsichtigte Verschiebungen einzelner Teile beim Tragen ausgeschlossen sind.

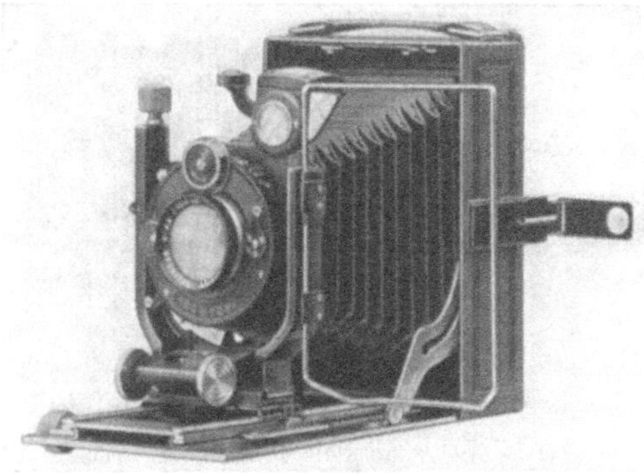

Abb. 41. Isolar-Kamera 9 × 12 cm für Platten und Filmpacks (AGFA, Berlin). Objektiv 1 : 4,5, f = 13,5 cm in Compurverschluß. Gehäuse aus Leichtmetall mit Lederbezug. Abmessungen im geschlossenen Zustand 15 × 10,5 × 5 cm, Gewicht zirka 1 kg. Die Kamera hat doppelten Auszug und Umlegestandarte

Das kennzeichnende Konstruktionselement fast aller Objektivträgerschlitten ist die Anordnung eines beweglichen Anschlages, der meist auf deren unterer Seite liegt, also nicht sichtbar ist, und durch Betätigung eines oder beider Handgriffe außer Wirkung gesetzt werden kann. Bei Apparaten mit Umleg- oder Kippstandarte ist infolge Federwirkung der miteinander gelenkig verbundenen beiden Teile des Objektivträgers genügend Reibung an den Laufschienen vorhanden, um eine unbeabsichtigte Verschiebung des Objektivträgers zu verhindern; hier dient die Verschiebung des beweglichen Handgriffes gegen den feststehenden zweiten lediglich dazu, die selbsttätig erfolgte Sicherung des Objektivträgers in der „Unendlichkeitsstellung" wieder zu lösen und dadurch eine Einstellung auf nähere Entfernungen zu ermöglichen. (Vgl. Abb. 42.)

Das Prinzip der Klemmhebelanordnung wird in Abb. 43 veranschaulicht; Abb. 43 a und 43 b zeigen die Klemmhebelanordnung auf der unteren Seite des Objektivträgerschlittens der „Avus“- bzw. „Bergheil“-Kameras der Firma Voigtländer & Sohn A.-G.; es handelt sich um zwei symmetrisch zur Mitte angeordnete doppelarmige Hebel mit seitlichen Keilflächen, welche durch Einwirkung einer kräftigen Feder stets gegen die Laufschienen gepreßt werden; dieser Druck läßt sich durch Gegeneinanderbewegen der beiden mit den Hebeln starr verbundenen Handgriffe aufheben. Dadurch wird die ungehinderte Bewegung des Objektivträgerschlittens jederzeit ermöglicht.

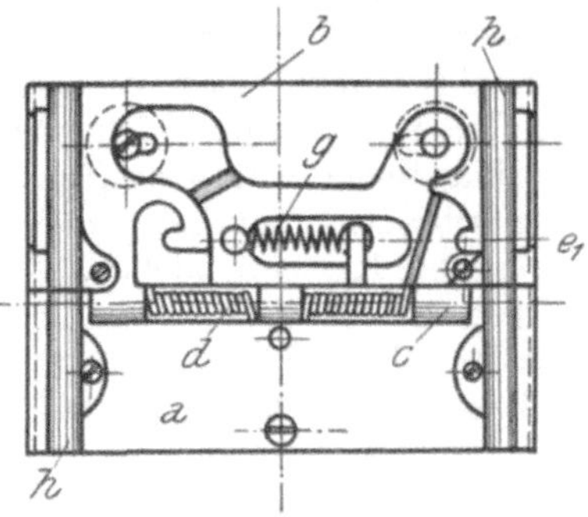

Abb. 42. Aus zwei gelenkig miteinander verbundenen Teilen bestehender Objektivträger-Schlitten für Kameras mit Umlege- oder Kippstandarte (Ansicht von unten). Die beiden Hauptbestandteile *a* und *b* haben das gemeinsame Scharnier *c* mit Feder *d*. Durch seitliche Verschiebung des mit der Feder *g* versehenen Hebels mit der Aussparung e_1 wird die feste Verbindung zwischen Schlitten und Laufschienen aufgehoben. *h* sind die Gleitflächen auf den Laufschienen

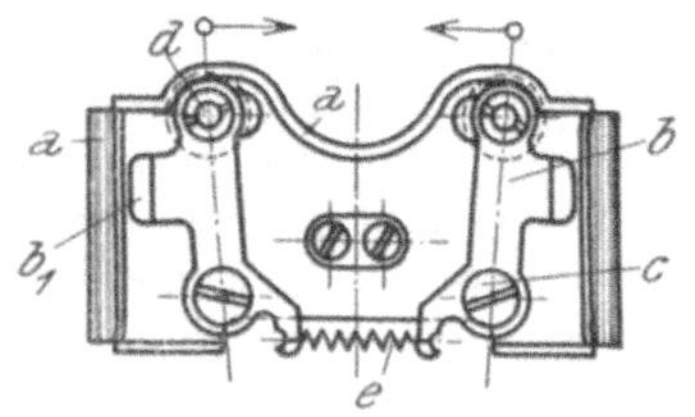

Abb. 43. Objektivträgerschlitten mit Klemmhebelanordnung (Ansicht von unten). Der auf den Laufschienen gleitende Schlitten *a* trägt zwei symmetrisch zur Mitte angeordnete, um *c* schwenkbare Klemmhebel *b* mit Schrägflächen b_1, die sich in die Führungsbahnen der Laufschienen pressen und dadurch eine sichere Stellung des Objektivträgers gewährleisten. Durch die Gegeneinanderbewegung der in der Abbildung nicht sichtbaren Handhabenteile *d* in den Pfeilrichtungen wird die Wirkung dieser Klemmhebel aufgehoben

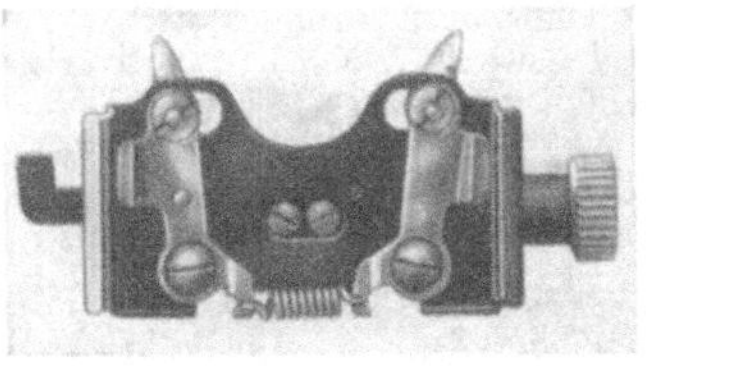

Abb. 43 a. Objektivträgerschlitten mit zwei durch eine Spiralfeder auseinandergezogenen Hebeln mit Reibflächen, welche sich hemmend in die Führungsbahn des Auszugsschlittens liegen (Ansicht von unten). Dieser Objektivträgerschlitten findet sich an der Avus-Kamera von Voigtländer & Sohn A.-G., Braunschweig

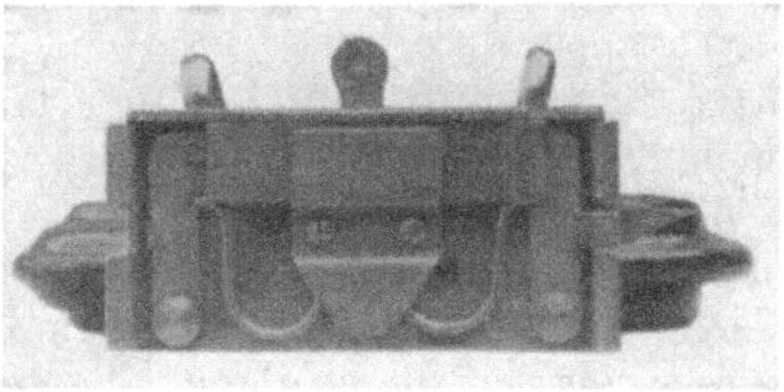

Abb. 43 b. Objektivträgerschlitten mit beiderseitig abgefederten Handhaben (Ansicht von unten). Durch das Gegeneinanderdrücken der beiden ringförmig gestalteten Handgriffe werden die aus dem gleichen Stück wie diese Handgriffe bestehenden einseitig gelagerten Klemmhebel, die unter dem Einfluß eines federnden Drahtbügels stehen, aus den Führungsbahnen des Auszugschlittens gebracht, worauf das Fortbewegen des Objektivträgerschlittens leicht vonstatten geht. Dieser Objektivträgerschlitten findet sich an der Bergheil-Kamera von Voigtländer & Sohn A.-G., Braunschweig

j) Der doppelte Auszug. Es wurde bereits bemerkt, daß der Objektivträgerschlitten in jedem Falle bei der Einstellung zunächst auf einen Widerstand stößt, der sich ungefähr im Abstand der Brennweite von der Bildebene befindet; es findet hier ein Kontakt zwischen dem beweglichen Objektivträger und dem Laufboden bzw. dem darauf verschiebbaren Schlitten statt, der entweder einfach durch Berührung oder mit Hilfe einer federnden Rast bzw. einer lösbaren Kupplung zustandekommt. Wie eine sichere Anschlagstellung erreicht werden kann, zeigt Abb. 44 an einem Beispiel; die Darstellung läßt gleichzeitig erkennen, daß die Verstellung des Laufschlittens nur eine beschränkte sein kann, wenn zu dessen Fortbewegung z. B. eine Schraube bzw. Schnecke angewandt wird, die nicht am Ende, sondern etwa in der Mitte des Laufbodens angebracht ist. Ähnlich liegen die Verhältnisse bei der Radialhebeleinstellung, wo in Anbetracht der angewandten Mittel automatisch eine Beschränkung der Verstellungsmöglichkeit eintreten muß.

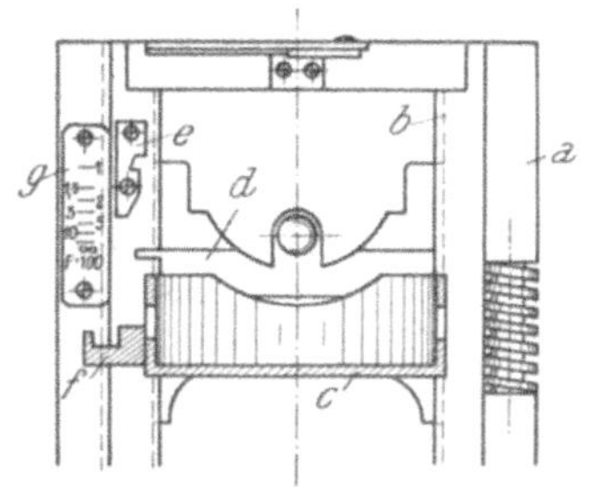

Abb. 44. Selbsttätige Arretierung des Objektivträgers bei Einstellung auf Unendlich (∞). Am Objektivträger *c*, der in den Schienen *b* des Laufbodens *a* gleitet, ist ein unter Federwirkung stehender Anschlag *d* seitlich verschiebbar angeordnet; der Anschlag *d* schnappt in seiner Endlage (∞) in eine Aussparung der Rast *e* ein. Der Index *f* hat einen unveränderlichen Abstand vom Anschlag *d*. Die Lage der Skala und der Rast *e* ist vom Wert der Objektivbrennweite abhängig; beide Teile sind verschiebbar angeordnet

In dem Bestreben, die Vorzüge des verschiebbaren Laufschlittens auszunutzen, welche darin bestehen, daß er sich fast um seine eigene Länge in seiner Führung nach vorne bewegen läßt und dadurch eine Verwendung optischer Systeme von verschiedenen Brennweiten gestattet, entstanden die Kameras mit doppeltem Auszug; sie sind ausnahmslos mit einem über die ganze Länge hin verzahnten Laufschlitten ausgerüstet, der durch einen am Ende des Laufbodens angeordneten Zahntrieb bewegt wird. Meist sind beide Seiten des Laufschlittens verzahnt, bei einigen Modellen nur die eine Seite; manchmal sind auf beiden Seiten Triebknöpfe vorgesehen (z. B. bei der neuen „Bergheil"-Kamera der Firma VOIGTLÄNDER & SOHN A.-G.), während bei anderen Konstruktionen der eine Knopf lediglich zur Arretierung des mit dem anderen Knopf eingestellten Objektivträgers dient.[1]

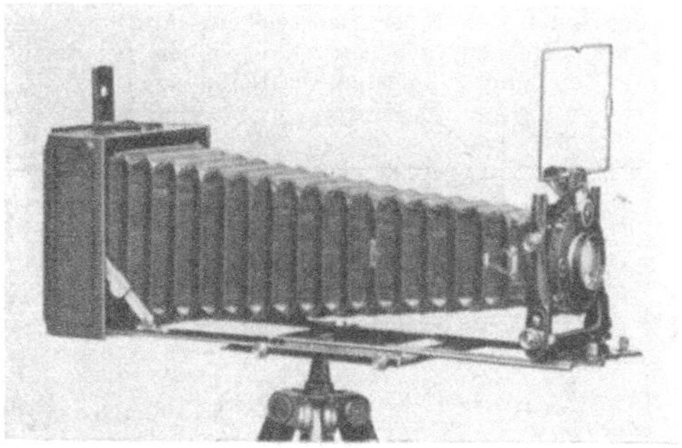

Abb. 45. Universal Juwel-Kamera, 9 × 12 cm, der ZEISS-IKON A.-G., Dresden. Die Kamera hat dreifachen Bodenauszug. Infolge besonderer Konstruktion des Auszuges (vgl. Anm. 1 auf S. 51) wird eine gleichmäßige Verteilung des Gewichtes der Kamera erzielt. Das Objektiv ist mitsamt dem Verschluß auswechselbar. Abmessungen der Kamera im geschlossenen Zustand 16 × 16 × 7 cm, Gewicht zirka 2,15 kg

Wenn in den Katalogen der in Betracht kommenden Firmen ein wesentlicher Unterschied zwischen Kameras mit einfachem und doppeltem Bodenauszug gemacht wird, so ist das insofern begründet, als der Aufwand an technischen Mitteln bei letzteren ein größerer ist; wohl ist die Konstruktion des Gehäuses nebst Laufboden und Spreizen einschließlich Kassettenführungsrahmen usw. bei Apparaten mit doppeltem Auszug im großen und ganzen die gleiche wie bei Apparaten mit einfachem Auszug, aber die übrigen Elemente, wie Laufschlittenanordnung, Objektivträger, Balgen weisen bei Kameras mit doppeltem Auszug doch verschiedene Vorzüge auf, die den höheren Preis rechtfertigen.

[1] In Abb. 45 ist eine quadratische Kamera dargestellt, bei welcher der Auszug teils durch Verschiebung des Objektivträgers, teils durch Verschiebung des Kameragehäuses gegenüber dem eigentlichen Laufboden gebildet wird, der seinerseits am Stativ befestigt ist.

Die Schaffung der Kameras mit doppeltem Auszug ist nicht so sehr auf den Wunsch nach weitestgehender Einstellmöglichkeit auf kürzere Entfernungen (wie z. B. bei Abbildung eines Gegenstandes in natürlicher Größe) zurückzuführen, als vielmehr auf das Bestreben, die Einzelglieder symmetrischer Doppelobjektive ausnutzen zu können; nach der vor etwa 35 Jahren erfolgten Schaffung der Doppelanastigmate Collinear, Dagor, Orthostigmat und Protar wurden Wünsche laut, sowohl mit der Vorder- als auch mit der Hinterlinse (also mit längeren Brennweiten) arbeiten zu können. Dies war ohne weiteres möglich, wenn Laufschlitten und Balgen die erforderlichen Abmessungen hatten; grundsätzliche Schwierigkeiten standen dieser Sonderausführung nicht im Wege. Da auch mit der späteren Verwendung von negativen Vorsatzlinsen in Verbindung mit nicht symmetrischen Objektiven die Möglichkeit des Arbeitens mit längeren Brennweiten gegeben war und außerdem das mühelose Austauschen der Objektive durch die Einführung von Auswechselfassungen erleichtert wurde, sind Kameras mit doppeltem Auszug da zu empfehlen, wo höhere Ansprüche gestellt werden.

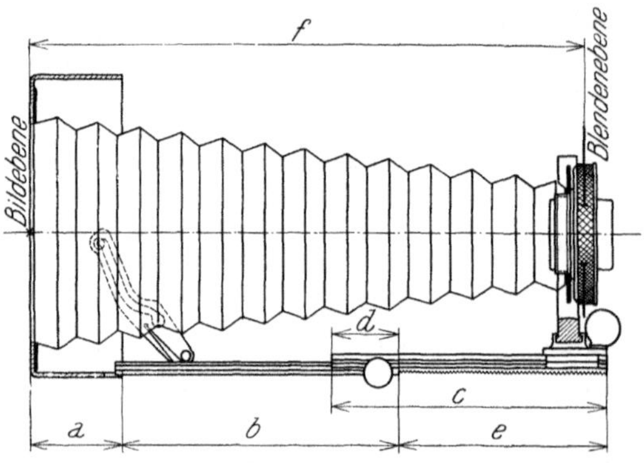

Abb. 46. Längenabmessungen für Kameras mit doppeltem Auszug. *a* Dicke des Kameragehäuses, *b* Länge des Laufbodens (Kameradeckel), *c* Länge der Laufschienen, *d* Mindestführung von *c* in *b*, *e* über den Laufboden ragender Teil der Laufschienen, *f* Abstand der Bildebene von der Blendenebene. Mittelwerte der vorstehend angegebenen Dimensionen bei den gebräuchlichsten Plattenkameras:

Format	*a*	*b*	*c*	*d*	*e*	*f*
6,5 × 9	4,5	12,0	12,0	3,0	9,0	23,7
9 × 12	4,8	14,5	14,8	3,5	11,3	29,0
10 × 15	5,4	17,8	18,0	4,0	14,0	35,5

(Maße in cm)

Selbstverständlich setzt die Anwendung und Handhabung langbrennweitiger Systeme eine sehr solide Ausführung des Objektivträgers und der Laufbodenkonstruktion voraus, damit bei fast vollkommen ausgeschobenem Laufschlitten und relativ geringer Führung noch genügend Stabilität besteht; sehr oft empfiehlt sich hier die Anwendung von Stativ-Stützplatten oder ähnlicher Einrichtungen (z. B. auch einer dritten Stativmutter), welche dazu dienen, Erschütterungen und Vibrationen zu vermeiden, die bei Kameras mit doppeltem Auszug viel leichter eintreten können als bei solchen mit einfachem Bodenauszug.

Von den bekannten Plattenmodellen mit doppeltem Auszug seien u. a. folgende erwähnt: Maximar, Favorit, Trona, Ideal, Tropen-Adora, Heag VII, XI und Tropen-Heag XI, Manufok-Tenax der Ica bzw. Zeiss-Ikon A.-G., die Avus- und Bergheil-Serien der Voigtländer & Sohn A.-G. sowie die Agfa-Standard-Modelle.

Bei Kameras vom Format 9 × 12 cm mit doppeltem Auszug in Hochformat beträgt die absolute Länge des Laufbodens ungefähr 15 cm; die wirklich ausnutzbare Länge desselben ist natürlich geringer (etwa 12 cm), weil der gleich lange Laufschlitten noch eine — wenn auch geringe — Führung in den Laufschienen haben muß. Unter Berücksichtigung der Tatsache, daß im allgemeinen für Kameras im Format 9 × 12 cm eine Objektivbrennweite von 13,5 cm zugrundegelegt wird, ergibt sich bei einer Gehäusetiefe von 4,5 cm bei vollkommen ausgeschobenem Objektivträger z. B. bei der Avus-Kamera der Firma Voigtländer & Sohn A.-G. ein größter Gesamtabstand zwischen Bildebene und

Blende von etwa 30 cm und damit die Möglichkeit, Gegenstände nicht nur in natürlicher Größe, sondern sogar vergrößert (1,2 ×) abzubilden. (Vgl. Abb. 46.)

Würde nun, was nicht etwa ein Ausnahmefall ist, statt des erwähnten Objektivs von 13,5 cm ein solches von 15 cm Brennweite in der gleichen Kamera verwandt werden, so ergäbe sich unter sonst gleichen Voraussetzungen noch immer die Möglichkeit der Abbildung in natürlicher Größe.

Wo die eventuelle Anwendung von Objektiven mit längerer Brennweite geboten erscheint, ist immer das Vorhandensein eines doppelten Auszuges erforderlich; da bei stärkerem Ausziehen des Balgens eine relativ starke Spannung desselben erfolgt, muß bei der Einstellung sorgfältig darauf geachtet werden, daß der Trieb keine rückläufige Bewegung ausführt, was durch Sicherungen der verschiedensten Art verhindert werden kann.

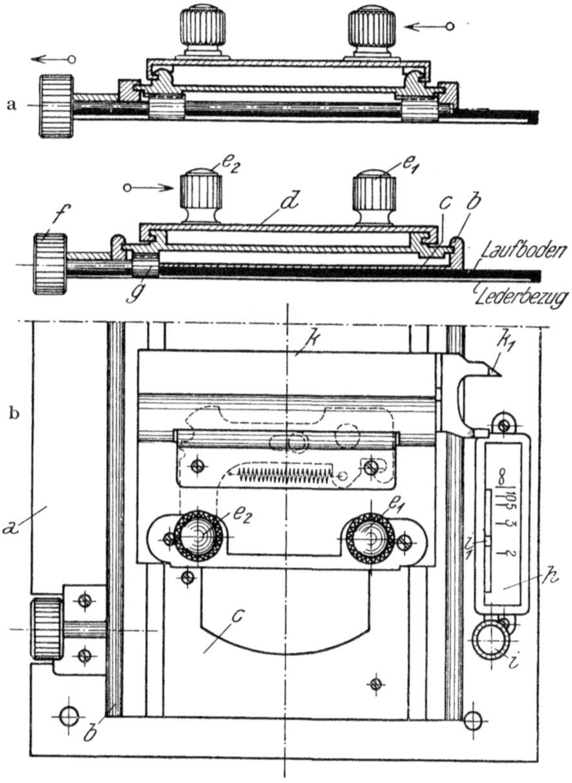

Abb. 47. Verschiedene Ausführungsformen der Laufschlittenanordnung. a AGFA-Standard-Kamera (im Aufriß), b Cocarette-Kamera der CONTESSA-NETTEL A. G. (in Auf- und Grundriß). *a* Laufboden (Kameradeckel), *b* Führungsschienen, *c* Laufschlitten, *d* Objektivträgerschlitten, e_1 feststehende Handhabe, e_2 verschiebbare Handhabe, *f* Einstellknopf mit Zahntrieb *g*, *h* Einstellskala, *i* Träger der Skala mit Rast i_1, *k* Objektivträger mit Index k_1

In Abb. 47 und 48 sind verschiedene Anordnungen bzw. Konstruktionen von Objektivträgern und deren Gleitbahnprofilen sowie von Laufbodenschlitten auf dem Kameralaufboden dargestellt; die Charakteristika der einzelnen Ausführungen sind folgende:

a) Die AGFA-Standard-Kamera 9 × 12 cm hat einen Laufschlitten von etwa 13 cm Länge; er ist beiderseits mit Zahnstangen von etwa 8 mm Breite versehen, die zirka 52 mm voneinander entfernt liegen und durch einen Zahntrieb entsprechender Gestaltung fortbewegt werden. Der Triebknopf ist in achsialer Richtung verschiebbar, um beim Betätigen des doppelten Auszuges ein- und ausgerückt, d. h. nach erfolgter Einstellung in dieser Lage festgehalten werden zu können, was mit Hilfe einer in die Riefelung des Triebknopfes eingreifenden Rast am Trieblager geschieht. Das Herausbewegen des Objektivträgers an den beiden mit Rändel versehenen Handhaben (von denen die rechte seitlich nach innen ausweicht) mittels Daumen und Zeigefinger erfolgt bis zu einem fühlbaren Anschlag in der Unendlichkeitsstellung; nach Loslassen der erwähnten Handhaben bewegt sich die rechte infolge Federdrucks nach rechts und stellt damit selbsttätig eine Kupplung zwischen dem Objektivträgerschlitten und dem Anschlag auf dem Laufschlitten her. Die weitere Fortbewegung, d. h. die Einstellung des Objektivs auf näher gelegene Gegenstände ist nur auf zweierlei Weise möglich: entweder durch Herausziehen des Objektivträgerschlittens oder durch Benutzung des Triebknopfes und Verstellung des Laufbodenschlittens. In beiden Fällen dient die nicht federnd, sondern fest auf dem Laufboden gelagerte Skala zur Einstellung.

Der aus einem Stück Profilmessing gezogene Laufschlitten ist so ausgebildet, daß er einerseits zwei außen liegende Nuten für die Führung des Objektivträgerschlittens besitzt und andererseits in zwei Innennuten der Laufbodenschienen gleitet.

β) Die Contessa-Cocarette IV (8×14 cm) ist, was das Prinzip der Schienenführung betrifft, in ganz ähnlicher Art konstruiert; auch sie besitzt eine unsichtbar gelagerte, jedoch nur auf einer Seite angeordnete Zahnstange mit geraden Zähnen auf der unteren Seite des Laufschlittens. Der Triebknopf bewegt das Objektiv bei einer Umdrehung um etwa 8 mm nach vorwärts, so daß die ganze Skala (∞ — 2 m), welche bei einem Objektiv von 15 cm Brennweite eine Länge von 12 mm hat, mit $1^1/_2$ Umdrehungen durchlaufen wird. Der Laufschlitten hat eine Gesamtbreite von etwa 68 mm und ist, was die Profilierung betrifft, in ganz analoger Weise wie bei der unter α) beschriebenen Kamera gestaltet.

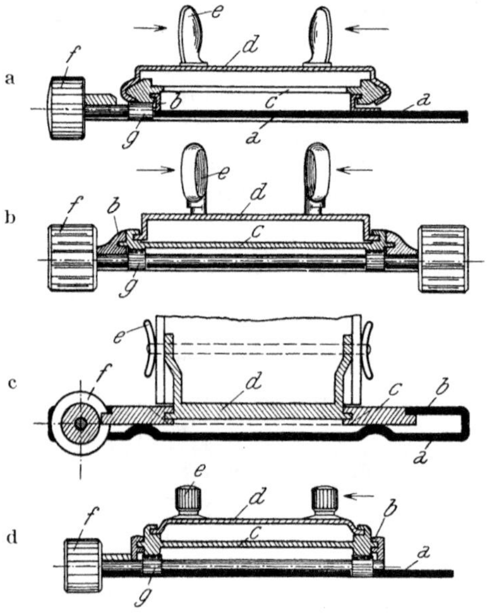

Abb. 48. Verschiedene Ausführungsformen der Laufschlittenanordnung (Querschnitte). a) Avus-Kamera der VOIGTLÄNDER & SOHN A.-G., Braunschweig, b) Bergheil-Kamera der gleichen Firma, c) Roll-Tenax-Kamera der C. P. GOERZ A.G., Berlin, d) Nixe-Kamera der ICA, A. G., Dresden. *a* Laufboden, *b* Laufbodenschienen, *c* Laufschlitten, *d* Objektivträgerschlitten, *e* Handhaben, *f* Triebknopf, *g* Zahnrad

Bei dieser Kamera erfolgt der Anschlag des Objektivträgerschlittens zuerst an einem festen Punkt des arretierten Laufschlittens und zwar in der Stellung auf „Unendlich"; gleichzeitig schnappt der eine Arm des Indexträgers in eine Rast des federnd befestigten Skalenträgers. Gleichgültig, ob man die Einstellung auf näher gelegene Gegenstände ohne Zuhilfenahme des Triebknopfes für den Laufschlitten oder mit diesem vornimmt, in jedem Falle muß der Skalenträger erst herabgedrückt und damit die Hemmung beseitig werden.

Die Anordnung der Handhaben ist ähnlich wie bei a), nur mit dem Unterschied, daß hier die linke seitliche Handhabe verschiebbar ist. Der Triebknopf ist in Richtung seiner Achse aus- und einrückbar und kann in jeder Stellung durch die besondere schneidenartige Ausbildung seines Lagers fixiert werden.

γ) Eine etwas andere Lösung des Problems der Schlittenführung bei Kameras mit doppeltem Auszug hat die Firma VOIGTLÄNDER & SOHN A.-G. bei ihrer Avus-Kamera-Serie gefunden. Zunächst hat das Profil des Laufschlittens eine von der üblichen abweichende Form; der Laufschlitten hat auf der Unterseite zwei innen liegende Nuten zwecks Führung auf zwei räumlich getrennten, aber mit dem Laufboden starr verbundenen Schienen. Der Objektivträgerschlitten umfaßt die beiden gegeneinander geneigten Außenseiten des Laufschlittens, wobei die Passung durch eine natürliche Federung gesichert wird. (Vgl. Abb. 49.)

Die besondere Vorrichtung zur Einstellung des Objektivträgers ist dadurch gekennzeichnet, daß dieser beim Herausziehen in die Aufnahmestellung mit

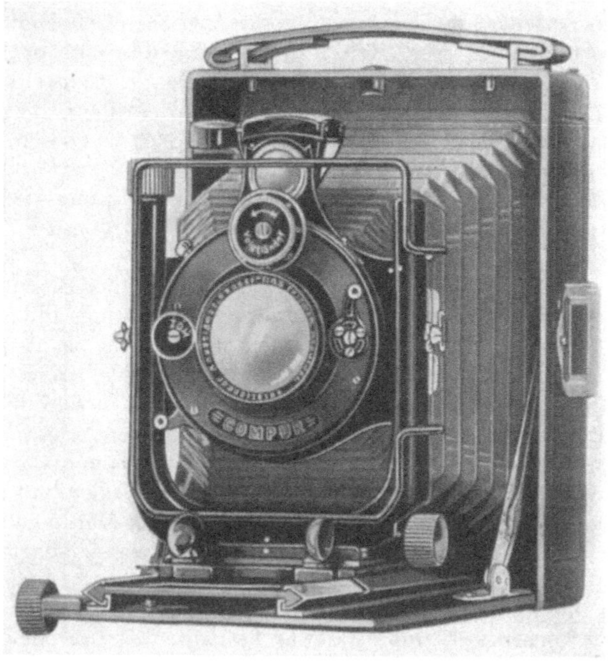

Abb. 49. Kamera mit doppeltem Auszug und selbsttätig ausschaltbarem Anschlag auf „Unendlich". Avus-Kamera 9 · 12 cm der Fa. VOIGTLÄNDER & SOHN A.-G., Braunschweig

einem Anschlag gegen einen am Laufboden der Kamera befindlichen Widerstand stößt; dieser Anschlag ist auf einem senkrecht zur Auszugsrichtung geführten federnden Schieber angebracht, welcher beim Zusammendrücken der Fingergriffe (Handhaben) des Objektivträgers gegen den Widerstand am Laufboden stößt, beim Aufhören des Fingerdrucks aber durch die Feder seitlich verschoben wird und dann am Widerstand des Laufbodens vorbeigleiten kann (D. R. P. Nr. 451565). (Vgl. Abb. 50.)

Die Feststellung des Laufbodenschlittens geschieht in bekannter Weise durch Verhinderung der Drehung des Triebknopfes in eingeschobenem Zustand.

δ) Bei der VOIGTLÄNDER-„Bergheil"-Kamera neuester Konstruktion und der ICA-„Nixe" ist die Anordnung insofern übereinstimmend, als bei beiden der Objektivträgerschlitten in einer Innennut des Laufschlittens und dieser wiederum in einer Innennut der Laufbodenschienen geführt ist; beide Modelle

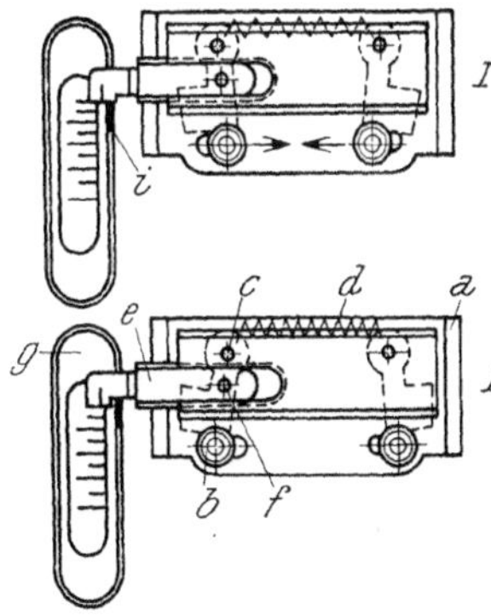

Abb. 50. Selbsttätig wirkende Vorrichtung für den Anschlag des Objektivträgers auf Unendlich (D. R. P. Nr. 451565). *I* zeigt, wie unter dem Druck der beiden Handhaben in den Pfeilrichtungen durch die Wirkung eines der beiden Klemmhebel der Schieber *e* gegen einen Anschlag *i* am Skalenträger *g* stößt, so daß der Objektivträgerschlitten nicht weiterbewegt werden kann. Sobald der Fingerdruck nachläßt, wird unter dem Einfluß der Feder *d* der Schieber *e* nach außen gedrückt und damit der Widerstand für den Objektivträger bei *i* beseitigt (*II*)

haben Doppelzahnstangen an der Unterseite des Laufschlittens. Verschieden ist hingegen sowohl die Art des Anschlages als auch die Feststellung des Triebes. Bei der Bergheil-Kamera muß nach erfolgter Einstellung auf „Unendlich“ der Widerstand am Anschlag durch Umlegen eines zwischen den Handgriffen angeordneten Hebels beseitigt werden; die Arretierung des sehr praktischen, weil reichlich dimensionierten Triebknopfes erfolgt durch Einschwenken eines entsprechend ausgebildeten Hebels in die Verzahnung desselben. Bezüglich Einzelheiten am Kameramodell „Nixe“ sei auf die Abb. 48 (d) verwiesen.

ε) Obwohl die Goerz-„Roll-Tenax“-Kamera keinen vollwertigen doppelten Auszug besitzt, ist der Aufbau ihrer Laufschlittenanordnung doch erwähnenswert; diese Kamera weicht von den bisher beschriebenen zunächst dadurch vollkommen ab, daß sie keine Laufbodenschienen hat. Der Laufboden ist so gestaltet, daß er dem Laufschlitten vermöge entsprechender Biegungen und Prägungen die erforderliche eindeutige Lage und sichere Führung gibt; der Objektivträgerschlitten hat seine Führung in Nuten, welche, wie bei den unter δ) beschriebenen Modellen, innen verdeckt liegen. Die übrigen Einzelheiten dieser interessanten Kamera wurden bereits an anderer Stelle beschrieben.

k) Der dreifache Auszug. Vom rein technischen Standpunkt bestehen keine unüberwindlichen Schwierigkeiten, auch bei Kameras in Hochformat statt eines zweifachen Auszuges einen solchen aus drei Teilen zu schaffen; trotzdem wurden nur ganz wenige derartige Modelle auf den Markt gebracht, so sehr einzelne Lichtbildner die Verwendung außergewöhnlich langer Brennweiten an Handapparaten, z. B. für Jagdaufnahmen, anstrebten. In der Hauptsache wurden nur Kameras in Querformat bzw. in quadratischer Bauart mit dreifachem Auszug konstruiert, und zwar nur deshalb, weil dort der Laufschlitten wesentlich kürzer ist; so hat z. B. die „Alpin“-Kamera 9 × 12 cm, eines der ältesten Modelle mit dreifachem Auszug, bei äußeren Abmessungen von 14 × 11 × 5 cm einen Laufboden von etwa 11 cm Länge; der größte Gesamtabstand von der Bildebene bis zur vordersten Kante der Kamera beträgt etwa 30 cm.

Bei einer Brennweite des Objektivs von 13,2 cm ist es bei vollkommener Ausnutzung des dreifachen Auszugs noch möglich, auf Gegenstände in 25 cm Entfernung vom Objektiv auf der Mattscheibe scharf einzustellen; vergleicht man diese Leistung mit derjenigen der erwähnten Kamera gleichen Formats in Hochformat, so gelangt man zum Ergebnis, daß bei Kameras in Querformat der dreifache Auszug ein notwendiges Übel ist, ohne das die Einstellungsmöglichkeit der Kameras in Hochformat gar nicht erreicht würde.

Bekanntere Modelle mit dreifachem Auszug sind u. a. die „Universal-Juwel“ 9 × 12 cm und 13 × 18 cm in quadratischer Bauart, die „Toska“ 10 × 15 cm und 13 × 18 cm in Querformat der Zeiss-Ikon A.-G. sowie die „Alpin“-Kamera 9 × 12 cm und 10 × 15 cm in Querformat der Voigtländer & Sohn A.-G.[1] Bei letzterer ist, da sie nur einen Triebknopf besitzt, nur der oberste Laufschlitten mit Zahnstange für die Feineinstellung versehen; der zwischen diesem und den Laufbodenführungsschienen liegende Zwischenauszug wird von Hand aus ganz ausgezogen und in dieser Stellung festgeklemmt. (Vgl. Abb. 51.)

l) Der Objektivträger. Während die Befestigung des Objektivs bei Reise- bzw. Stativkameras meist in einfachster Weise durch Einschrauben in einen mit einigen Holzschrauben an der Kamera-Vorderwand befestigten Kamerarıng erfolgt, bildet der Objektivträger bei Laufbodenkameras schon in Anbetracht der Mannigfaltigkeit seiner Gestaltung ein interessantes Problem. In seiner

[1] Erwähnenswert sind auch die Präzisionskameras der Firma Valentin Linhof, München.

einfachsten Form ist er aus Aluminium-, Messing- oder Eisenblech gestanzt bzw. geprägt, während er bei Apparaten in besserer Ausführung in jüngster Zeit fast ausschließlich aus Aluminium-Spritzguß hergestellt wird. Die letztere Art der Herstellung gestattet bei vollkommen ausreichender Festigkeit und Gleichmäßigkeit der einzelnen Stücke eine Herabsetzung des Gewichtes und weitgehende Anpassung an die übrigen mit dem Objektivträger in Verbindung stehenden Teile der Kamera, wie Sucher u. dgl.

Der Objektivträger oder die Standarte ist dazu bestimmt, als Befestigungselement für das Objektiv zu dienen, das für Handkameras mit Laufboden ausschließlich mit einem Zentralverschluß von vorwiegend runder Gestalt ausgerüstet wird. Jeder Objektivträger hat infolgedessen in der Mitte der Wand eine Öffnung, deren Durchmesser vom Anschraubgewinde des Verschlusses abhängig ist; die Verbindung des Verschlusses mit der Standarte einerseits und dem Balgen andererseits wird an anderer Stelle besprochen.

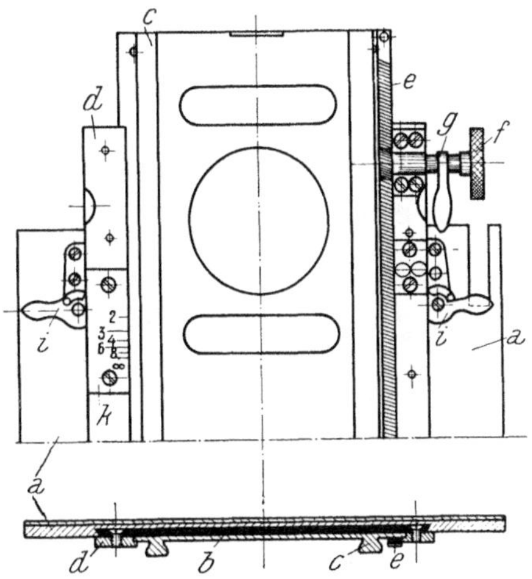

Abb. 51. Der dreifache Auszug. *a* Laufboden, *b* erster Auszug (schwarz), *c* zweiter Auszug mit Gleitschienen und Zahnstange *e*, *d* Führungsschienen für *c*, *f* Einstellknopf für den Zahntrieb, *g* Klemmhebel für die Arretierung des ersten Auszuges, *i* beiderseitige Klemmhebel für die Arretierung des ersten Auszuges, *k* Einstellskala

Der mechanische Aufbau des Objektivträgers wird durch die Anforderungen bestimmt, welche beim praktischen Gebrauch der Kamera gestellt werden; darnach lassen sich folgende Formen unterscheiden:

α) Objektivträger, welche aus einem Stück bestehen und keinerlei Veränderung der Lage des Objektivs zulassen.

β) Objektivträger mit Einrichtung zur Höhen- bzw. Seitenverstellung und Neigung des Objektivs.

γ) Objektivträger mit auswechselbarem Objektivbrett.

δ) Objektivträger mit Einrichtung zur Neigung des Objektivs.

Ad *α*) Das kennzeichnende Merkmal dieses Objektivträgers ist Einfachheit in der Formgebung und daher auch in der Herstellung; entweder besteht er aus einem an der Unterseite winklig gebogenen Träger aus Eisen-, Messing- oder Aluminiumblech, der mit dem Objektivträgerschlitten durch Nieten verbunden ist, oder er besitzt Rippen bzw. Seitenwände, welche zur Rückwand senkrecht stehen und dadurch eine wesentliche Versteifung des Ganzen bewirken. Es wurde bereits mehrmals gesagt, daß die eindeutige Lage des Objektivträgers eine unerläßliche Voraussetzung für den Erfolg bei der Aufnahme ist; eine Folge davon, daß die optische Achse senkrecht zur Bildebene steht, ist die parallele Anordnung der Objektivträgerplatte zur Bildebene bzw. ihre senkrechte Stellung zum Laufboden bzw. Laufschlitten. Außer dem Objektiv ist am Objektivträger bei fast allen Kameras der Aufsichtssucher und in vielen Fällen auch der Rahmensucher befestigt; für ersteren ist entweder genau über der Mitte des Objektivs oder seitlich davon ein besonderer Aufbau mit runder Öffnung zwecks Aufnahme des um seine ideelle optische Achse oder um seine mechanische Achse als Ganzes drehbaren Spiegelsuchers vorgesehen. Der Rahmensucher ist stets seitlich am Objektivträger angeordnet, eine Maßnahme, die sich aus der ganzen Bauart fast von selbst erklärt.

Ad β) Wird, was bei allen besseren Plattenkameras der Fall ist, eine Verstellbarkeit des Objektivs der Höhe nach gefordert, so benötigt man unter allen Umständen einen zweiteiligen Objektivträger, dessen eine Hälfte das Objektivträgerblech, d. i. der der Höhe nach verschiebbare Teil, ist, welcher in seitlichen Führungen der sogenannten Standarte gleitet; letztere wird in jüngster Zeit fast ausschließlich aus Spritzguß in der Gestalt eines U-förmigen, oben offenen Trägers hergestellt, der in Richtung der beiden Schenkel mit parallelen Nuten versehen ist. Ohne zunächst auf die Mittel näher einzugehen, welche zur Ein-

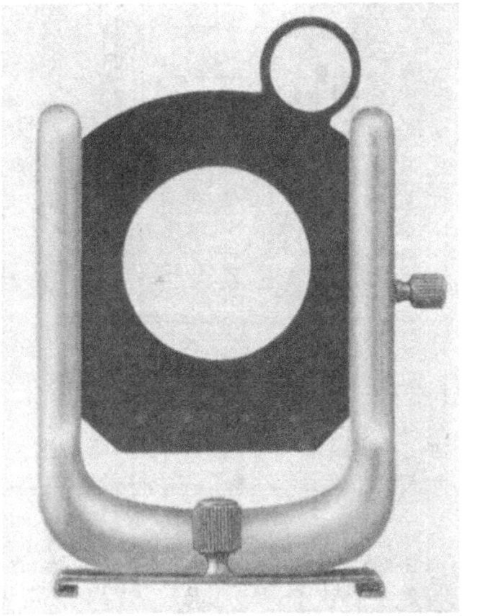

Abb. 52a. Einfacher Objektivträger mit der Höhe nach verstellbarem Objektbrett (Vorderansicht). Der Objektivträger (die Standarte) besteht aus Eisenblech von etwa 1 mm Wandstärke. Er ist mit dem Objektivträgerschlitten durch Nietung oder Schweißung verbunden. Das gestanzte Objektivträgerblech ist in Führungen der Standarte verschiebbar und besitzt Öffnungen für das Objektiv und den Spiegelsucher

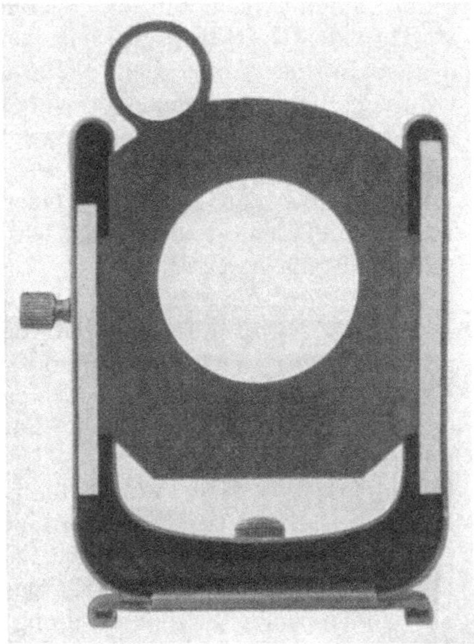

Abb. 52b. Rückenansicht des Objektivträgers in Abb. 52a. Durch die Art der Bearbeitung (Tiefziehprozeß) wird die Form des Stückes teilweise beeinflußt

leitung der Vertikalbewegung des Objektivträgerbleches dienen, sei an dieser Stelle darauf hingewiesen, daß die Größe der Verschiebung durch die Ausmaße der Kamera mehr oder weniger bestimmt wird; dies ist in mancherHinsicht nicht von Vorteil: es ist selbstverständlich, daß ein lichtstarkes Objektiv mit normaler Brennweite nicht beliebig aus seiner Normallage verschoben werden kann, ohne daß die Bildgüte auf einer Seite beeinträchtigt würde, wenn nicht gleichzeitig wenigstens von dem Hilfsmittel der Abblendung Gebrauch gemacht wird. Da jeder Handapparat sowohl für Hoch- als auch für Queraufnahmen Verwendung finden soll, ist die Verstellbarkeit des Objektivbretts auch in horizontaler Richtung erforderlich, so daß die Verschiebung des Objektivbretts in horizontaler und vertikaler Richtung für jede der beiden Arten von Aufnahmen möglich ist.

Bezüglich der Mittel zur Verschiebung des Objektivs mit seinem Träger nach zwei zueinander senkrecht stehenden Richtungen ist festzustellen, daß die eine Bewegung stets in der feststehenden Standarte, die zweite mit dieser erfolgt; für den ersten Fall sind die Gleitbahnen in bzw. an den parallelen Schenkeln der Standarte, für den zweiten Fall in einer Gleitbahn des Objektivträgerschlittens vorgesehen. In den Abb. 52 bis 60 sind charakteristische Bauarten von Objektivträgern dargestellt, und zwar:

1. Objektivträger mit Hochverstellung ohne Seitenverschiebung. Die Standarte ist aus Eisenblech von etwa 1 mm Wandstärke gedrückt, was übrigens nur von der Rückseite zu erkennen ist; von vorne gesehen, hat die Standarte die abgerundete Form eines gegossenen Stückes. Das verschiebbare Objektivblech wird nur durch Reibung zwischen den abgeschliffenen Kanten der Standarte und zweier Führungsbleche gehalten; sie wird von Hand verschoben und in der gewünschten Höhenlage durch eine Klemmschraube fixiert. Mit dem Objektivträgerschlitten wird die Standarte z. B. durch Vernieten oder Schweißen starr verbunden; eine seitliche Verschiebung der ganzen Standarte ist bei dieser Anordnung nicht möglich. (Vgl. Abb. 52a und b).

2. Einen Fortschritt bedeutet die Ausführung der Anordnung nach Abb. 53; der aus Messingblech gestanzte eigentliche Träger des Objektivs gleitet in zwei genau parallelen Nuten der Standarte; letztere ist aus Aluminium-Spritzguß hergestellt, jedoch nicht durch Vernieten direkt mit dem Objektivträgerschlitten verbunden, sondern in einem Querschlitten geführt, der seinerseits einen Bestandteil des Objektivträgerschlittens bildet.

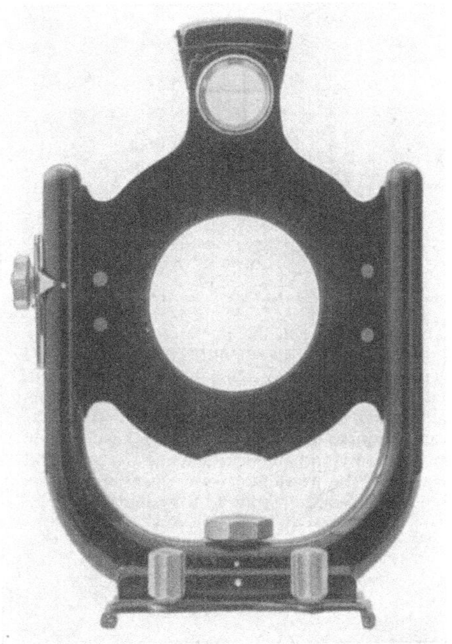

Abb. 53. Der Höhe nach verstellbares Objektivbrett sowie senkrecht dazu verschiebbare Standarte. Die verschiebbaren Teile können in jeder Stellung durch Klemmschrauben fixiert werden. Die Mittelstellung des Objektivträgers ist markiert. (Vag-Kamera von VOIGTLÄNDER & SOHN A.-G., Braunschweig)

Sowohl die Höhen- als auch die Seitenverstellung des Objektivträgers ist durch mechanische Anschläge begrenzt. Eine Klemmvorrichtung in Form einer Druckschraube sichert seine jeweilige Stellung; bei der Höhenverstellung ist die durch einen Punkt an der Standarte gekennzeichnete Normallage des Objektivträgers durch eine federnde Kugelrast fühlbar gemacht.

Trotz der relativ einfachen zur Anwendung gelangenden Mittel ist die Formgebung gefällig und die Handhabung sehr zweckmäßig; der Aufsichtssucher ist drehbar in der über der Mitte des Objektivs vorgesehenen Öffnung des Trägerbleches (oben) angeordnet.

3. Im Gegensatz zu den bisher beschriebenen Einrichtungen kann bei derjenigen nach Abb. 54 a u. b die Höhenverschiebung des Objektivs erst nach dem Zusammendrücken zweier seitlich von den Standartenarmen angeordneter Handhaben erfolgen; beim Loslassen derselben tritt eine federnde Rast in Funktion, welche in eine Verzahnung auf der Rückseite der Standarte einschnappt und dadurch selbsttätig eine Sicherung gegen unbeabsichtigte Verschiebungen bzw. ein Herabsinken des Objektivs gewährleistet. Die Querverstellung der

Standarte erfolgt gemäß Abb. 54 b durch Führung in Schlitzen, welche sich auf der Rückseite des Führungsschlittens befinden.

4. Die bekannteste Methode der Vertikalverstellung des Objektivträgers ist jene, bei welcher zur Einleitung der Bewegung eine Gewindespindel benutzt wird; diese steht mit dem Objektivträgerblech durch seitliche Ansätze mit Innengewinde in direkter Verbindung. Da die Gewindespindel in achsialer Richtung an der Fortbewegung gehindert ist, muß eine Verschiebung des in der Standarte geradlinig geführten Trägers des Objektivs stattfinden, wenn durch den Rändelknopf eine Drehung der Gewindespindel vorgenommen wird. Man spricht hier von einer Mikrometereinstellung, da eine kontinuierliche Hebung oder Senkung des Objektivs um ganz kleine Beträge möglich ist; es mag dahingestellt sein, ob eine solche Einrichtung notwendig ist; sie ist innerhalb der gegebenen Grenzen immer möglich und bewirkt, da das Gewinde der Spindel mehrgängig ist, bei einer Umdrehung immerhin eine Höhenverstellung des Objektivs um etwa 3 mm. (Vgl. Abb. 55 u. 56.)

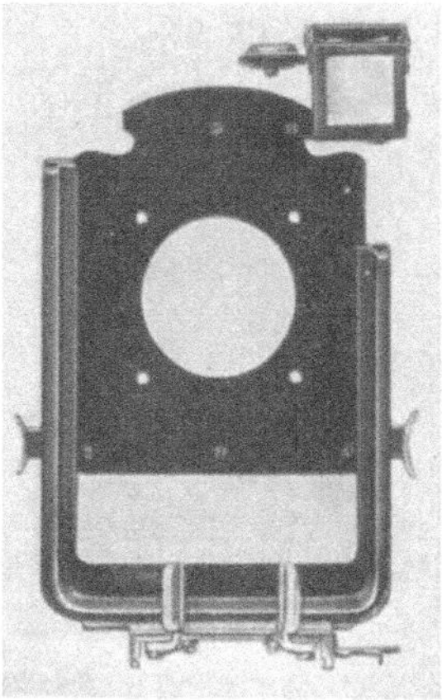

Abb. 54 a. Der Höhe nach verstellbarer Objektivträger an der Rollfilmkamera Bob II (H. Ernemann A. G., Dresden.) Vorderansicht. Die Verschiebung des Objektivbretts nach oben oder unten erfolgt derart, daß die links und rechts von den Standartenschenkeln sichtbaren Handhaben gegeneinander gedrückt werden. Die Wirkungsweise der Vorrichtung ist aus der Abb. 54 b ersichtlich

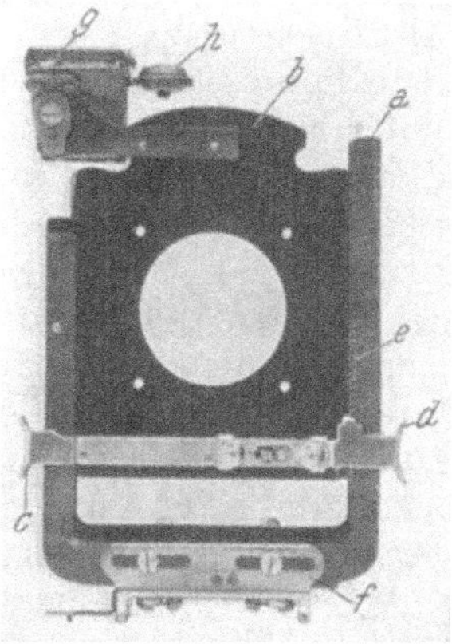

Abb. 54 b. Der Höhe nach verstellbarer Objektivträger der Rollfilmkamera Bob II. Vgl. Abb. 54 a. Rückenansicht. *a* Standarte, *b* Objektivbrett (in Nuten der Standarte verschiebbar), *c* und *d* gegeneinander federnd verschiebbare Handhaben, von denen *d* in eine Verzahnung *e* des längeren Standartenschenkels eingreift, *f* Schlittenführung zur Seitenverschiebung der ganzen Standarte, *g* Aufsichtssucher mit Libelle *h*, befestigt am Objektivbrett *b*

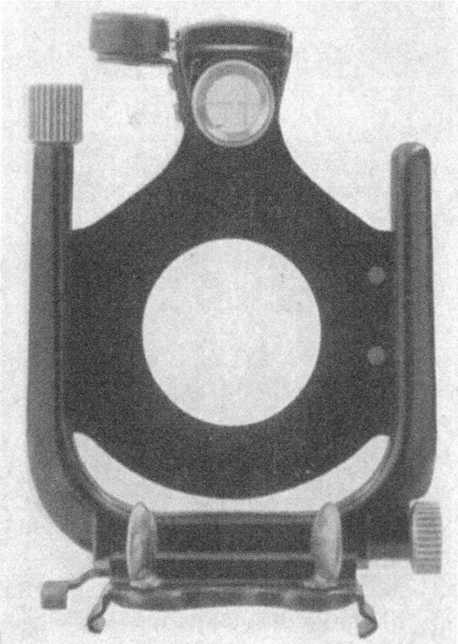

Abb. 55. Durch Spindeltrieb in normal aufeinander stehenden Richtungen verstellbares Objektivbrett mit Spiegelsucher. Bei dieser Anordnung erfolgt die Verstellung nicht ruckweise, sondern stetig (Avus-Kamera der Voigtländer & Sohn A. G.)

Für die Horizontalverschiebung der Standarte werden die gleichen Mittel angewandt. Die an der Fortbewegung verhinderte Querspindel dreht sich in einem Mutterstück mit Innengewinde, das ein fester Bestandteil des Objektivträgerschlittens ist; dadurch findet eine seitliche Verschiebung der ganzen Standarte mitsamt dem Objektivträgerschlitten statt, deren Richtung durch den Drehsinn beim Einleiten der Bewegung bestimmt wird. Der Verschiebung sind auch hier durch den mechanischen Aufbau Grenzen gesteckt.

5. Berücksichtigt man, daß die Beurteilung der Wirkung von Verschiebungen des Objektivs aus seiner Normallage nur bei Beobachtung des Mattscheibenbildes mit Sicherheit möglich ist, so ist es verständlich, daß die wechselweise Bedienung der beiden in Betracht kommenden Einstellelemente meist mit Umständlichkeiten verbunden ist; das Einstellelement für die Querverstellung ist nicht in gleicher Weise zugänglich wie dasjenige für die Höhenverstellung, weil es an ungünstiger Stelle liegt und oft durch die Spreizen verdeckt wird. Diese Tatsachen waren ausschlaggebend bei der Konstruktion der neuen Bergheil-Standarte, deren (von K. A. Barényi erdachte) Einrichtung für die Verstellung des Objektivträgers als außergewöhnlich bezeichnet werden muß; beide Elemente sind an leicht zugänglicher Stelle sehr nahe übereinander koachsial angeordnet, so daß bei ihrer Bedienung die Hand nicht tastend von einem Einstellelement zum anderen greifen braucht. Abb. 57 läßt erkennen, auf welche Weise die Aufgabe gelöst wurde; um die Linienführung der Standarte nicht zu stören, wurden sämtliche Bewegungsmechanismen in das Innere verlegt, und zwar derart, daß die Antriebsachsen für die Horizontal- und Vertikalverstellung des Objektivträgers sich in einem Schenkel der Standarte befinden und daß ihre Umdrehungsachsen zusam-

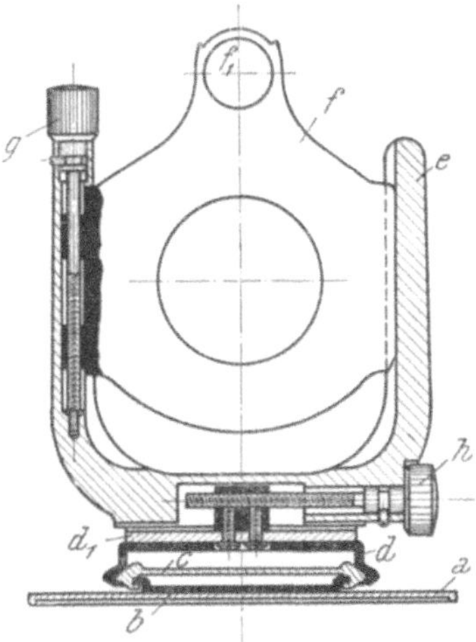

Abb. 56. Schnitt durch den Objektivträger nach Abb. 55. Die Mikrometerspindeln *g* bzw. *h* sind in der Standarte *e* gelagert. Das Muttergewinde befindet sich im Objektivbrett *f* bzw. im Schlitten d_1. In lotrechter Richtung wird das Objektivbrett *f* gegenüber der Standarte *e* verschoben, in horizontaler Richtung wird die ganze Standarte *e* mitsamt dem Objektivbrett *f* quer zum Laufschlitten *c* durch Drehung der Spindel *h* bewegt; *a* ist der Laufboden, *b* die Führungsschiene

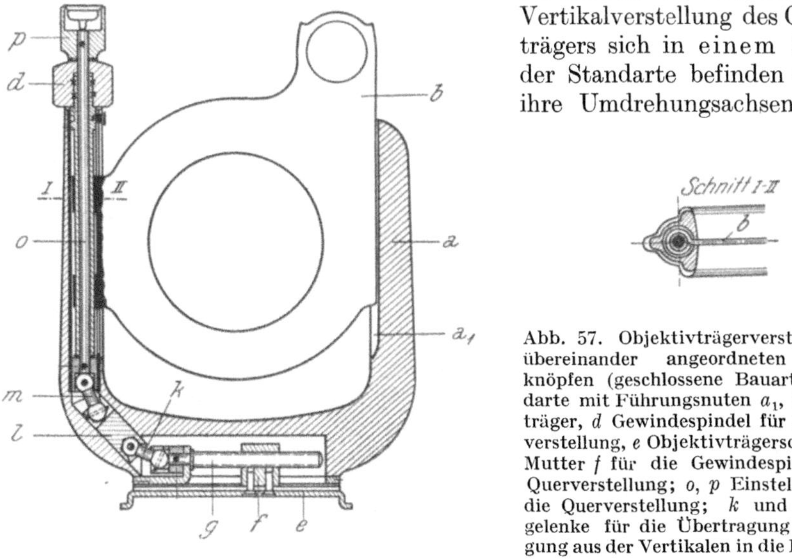

Abb. 57. Objektivträgerverstellung mit übereinander angeordneten Einstellknöpfen (geschlossene Bauart). *a* Standarte mit Führungsnuten a_1, *b* Objektivträger, *d* Gewindespindel für die Höhenverstellung, *e* Objektivträgerschlitten mit Mutter *f* für die Gewindespindel *g* zur Querverstellung; *o*, *p* Einstellglieder für die Querverstellung; *k* und *m* Kugelgelenke für die Übertragung der Bewegung aus der Vertikalen in die Horizontale

menfallen. Die Einleitung der Bewegung für die Querverstellung erfolgt also durch Organe, welche durch jene für die Hochverstellung hindurchgeführt werden; die zwangläufige Verbindung zwischen dem lotrechten Glied und der wagrechten Gewindespindel wird durch Zwischenschaltung zweckdienlich ausgebildeter Gelenke hergestellt.

Wir lesen bereits in der deutschen Patentschrift Nr. 96674 vom 20. März 1897 von einer Erfindung des HEINRICH ERNEMANN, die sich auf eine Magazin-Handkamera mit horizontal und vertikal verschiebbarem Objektiv bezieht; es heißt dort unter anderem wörtlich:

„Die an Balgkameras (gemeint sind Reise- bzw. Stativapparate) bekannte Einrichtung zum Einstellen des Objektives auf die richtige Bildstelle, bestehend in der Anordnung des Objektives auf einer senkrecht und wagrecht verschiebbaren Platte, ist auf Handkameras nicht übertragbar, weil bei diesen das Objektiv, für die Hand unzugänglich, in das Innere der Kamera eingebaut ist.“

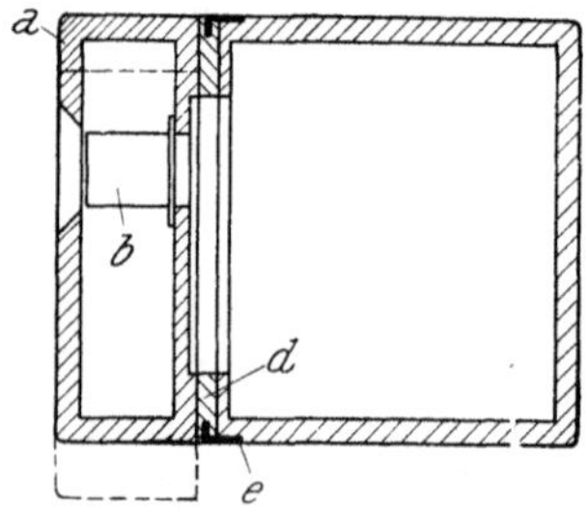

Abb. 58. Konstruktion einer Magazinkamera mit Einrichtung zur Verschiebung des Objektivs nach zwei zueinander senkrecht verlaufenden Richtungen (1897). *a* Vorderteil mit geschützt liegendem Objektiv *b*, senkrecht zum Rahmen *d* verschiebbar; Rahmen *d* mit Vorderteil *a*, wagrecht in den Führungen *e* des hinteren Gehäuses verschiebbar

Nach der Erfindung ERNEMANNS wurde die Aufgabe für die zu jener Zeit vorwiegend im Handel befindlichen Handkameras mit Plattenmagazin derart gelöst, daß die Kamera aus zwei Teilen hergestellt wurde, deren einer den Verschluß mit Objektiv und Blenden, deren anderer das Plattenmagazin enthielt. Zwischen diese beiden Kamerateile wurde ein besonderer Rahmen eingeschaltet, der am Magazingehäuse wagrecht verstellbar war, während sich der vordere Teil der Kamera an ihm senkrecht verschieben ließ. Abb. 58 läßt die Wirkungsweise dieser Einrichtung mit genügender Deutlichkeit erkennen.

DR. RUD. KRÜGENER hat die Anordnung eines Zwischenteiles vermieden, indem er eine Kupplung, bestehend aus zwei Paar parallelen und rechtwinklig zueinander stehenden Schienen anwandte; die Schienen werden in Nuten des Vorder- und Hinterteiles geführt, die lichtdicht aneinander schließen, und in geeigneter Weise in diesen gehalten (D. R. P. Nr. 123751).

Ein Jahr später (1900) trat die Firma KODAK Ges. m. b. H. in Berlin mit einer Neuerung vor die Öffentlichkeit, die sich bereits auf Handkameras mit Balgen und daher zugänglichem Objektivträger bezog; die durch D. R. P. Nr. 124539 geschützt gewesene Vorrichtung war dazu bestimmt, das Objektiv mittels eines einfachen Handgriffes bequem in vertikaler Richtung verstellen zu können: das Objektivträgerblech konnte mittels auslösbarer Federn in Nuten der das Objektiv tragenden Ständer in verschiedener Höhe fixiert werden, wobei die Federn des Objektivblechs mit dem einen Ende in eine in die Ständer eingeschnittene Nut eingreifen, sobald das Objektiv sich in der (normalen) Mittelstellung befindet. (Vgl. Abb. 59.)

Die FABRIK PHOTOGRAPHISCHER APPARATE AUF AKTIEN VORMALS R. HÜTTIG & SOHN in Dresden-Striesen hat ebenfalls eine Einrichtung zum Verstellen des Objektivs in senkrechter Richtung erfunden: eine der dem Objektivbrett Führung gebenden Säulen ist mit steilem Gewinde versehen, an welchem sich eine am Objektivbrett drehbar gelagerte Mutter beim Verschieben des Objektivbrettes fortschrauben läßt (D. R. P. Nr. 132691). Bei richtiger Wahl der Gewindesteigung genügt beim Verstellen des Objektivs ein mäßiger

Druck in der Schubrichtung des Objektivbretts, um die Mutter in drehende Bewegung zu versetzen; auf diese Art schraubt sie sich auf dem Gewinde an der Säule fort. Andererseits reicht die Reibung in und an der Mutter hin, um diese und damit auch das Objektivbrett in einer einmal eingenommenen Stellung festzuhalten.

Die bekannte „Alpin"-Kamera hat ebenfalls ein der Höhe und Seite nach verstellbares Objektiv; die Bewegung in vertikaler Richtung wird durch Doppeltrieb und Zahnstangen eingeleitet, wobei eine in Nuten der Standarte gleitende Trägerplatte mit ovaler Öffnung verschoben wird; auf dieser Platte ist die Triebwelle gelagert und wird bei der Verschiebung mitgenommen, so daß der Triebknopf keine konstante Höhenlage hat. Diese Trägerplatte trägt auch die Führungen

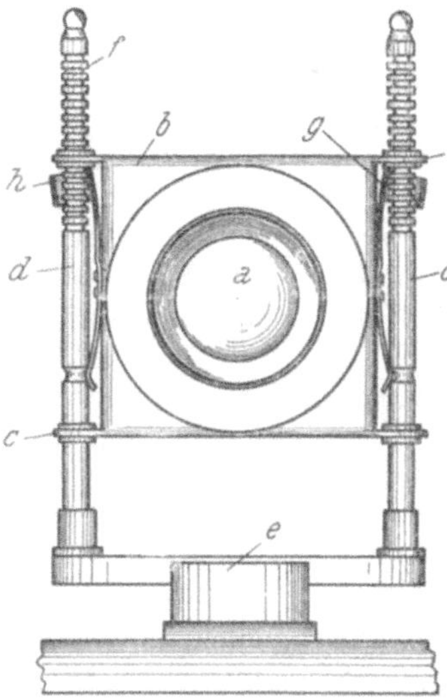

Abb. 59. Anordnung der Objektivbrettverschiebung bei Handkameras mit Balgen aus dem Jahre 1900. *a* Objektiv, *b* verschiebbares Objektivbrett mit 4 Ansätzen *c*, *e* Objektivträger mit 2 Säulen *d* und gewindeartigen Ansätzen *f*; *g* und *h* Haltefedern

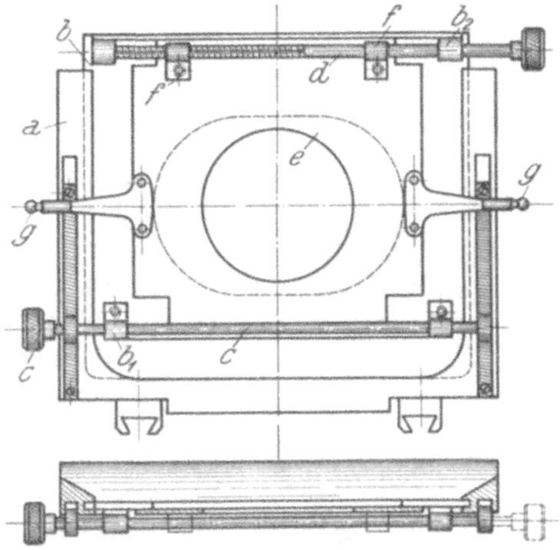

Abb. 60. Verstellung des Objektivbretts der Höhe nach durch Zahnstange und Trieb; die seitliche Verschiebung erfolgt durch Mikrometerschraube. *a* Standarte, *b* Objektivzwischenträger mit Lagern b_1 für die Achse *c* mit Zahnrad (Höhenverstellung) sowie Lagern b_2 für die Gewindespindel *d*. *f* Gewindemutter, befestigt am Objektivbrett *e* mit den Balgenhaltern *g*

und die Lager für das eigentliche Objektivbrett und die Elemente für die Querverstellung, die durch Gewindespindel und Mutter erfolgt. Während die Höhenverstellung in erster Linie durch die Länge der Zahnstangen bzw. des Objektivbretts beschränkt wird, ist die Seitenverstellung durch den Anschlag des Objektivs bzw. des Verschlusses in dem ovalen Ausschnitt begrenzt. Es handelt sich bei dieser Ausführungsform demnach um zwei gegeneinander und zur Standarte verstellbare Objektivbretter, deren kleineres der eigentliche Träger des Objektivs ist. (Vgl. Abb. 60.) Vergleicht man die wenigen hier kurz beschriebenen Einrichtungen zur Verstellung des Objektivs nach zwei zueinander senkrechten Richtungen, so kann man sich des Eindrucks nicht erwehren, daß gerade hier ganz wesentliche Fortschritte erzielt wurden; dies kommt besonders bei einem Vergleich einer der älteren Standartenausführungen z. B. mit der neuen Bergheil-Standarte zum Ausdruck. Während der Konstrukteur sich früher damit begnügte, seine Idee dadurch in die Tat umzusetzen, daß er aus dem Maschinenbau oder der Feinmechanik bekannte Konstruktionselemente in völlig ungeschützter Form auf den Kamerabau übertrug und auf das ästhetische Moment wenig oder gar keine Rücksicht nahm, sieht man z. B. an der Standarte der Bergheil-Kamera keine vorstehenden und freiliegenden Teile; die Aufgabe der Querverstellung des Objektivträgers ist so geschickt gelöst, daß es selbst erfahrenen Technikern schwer fallen dürfte, die Details der Konstruktion zu erfassen, ohne einen Eingriff in das Innere zu machen. Es braucht wohl nicht besonders betont zu werden, daß eine geschlossene Bauart aller Teile auch beim praktischen Gebrauch der Kamera nur von Nutzen sein kann.

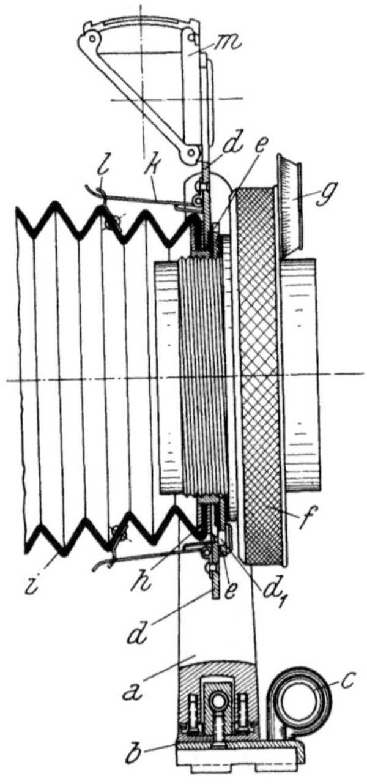

Abb. 61. Vertikalschnitt durch ein mitsamt dem Verschluß auswechselbares Objektiv. (Bergheilkamera der Fa. Voigtländer & Sohn A. G., Braunschweig). *a* Standarte mit dem Objektivträgerschlitten *b* und den Handgriffen *c*, *d* Objektivträger mit den Anschlägen d_1, *e* Bajonettring, *f* Verschluß mit Stellscheibe *g*, *h* Balgenplatte, *i* Balgen; *l*, *k* Balgenstrecker, *m* Spiegelsucher.

Während die meisten Einrichtungen zum Verschieben des Objektivs in senkrechter und wagrechter Richtung so beschaffen sind, daß der Angriff für die Verschiebung in der einen Richtung sich an einer anderen Stelle befindet, als der Angriff für die Verschiebung in der dazu senkrechten Richtung, zeigt die Konstruktion der Firma Emil Wünsche A.-G. für photographische Industrie in Reick bei Dresden insofern einen Fortschritt, als das Objektivbrett sowohl senkrecht als auch wagrecht mittels Zahnstangengetriebes verschiebbar ist und daß sich die Griffe für beide Getriebe auf einer gemeinsamen Achse befinden (D. R. P. Nr. 164996).

Ad γ) Die Standarte mit verschiebbarem Objektivträger und Auswechselfassung. Bei Verwendung der Einzelglieder symmetrischer Objektive bzw. von Vorsatzlinsen in Verbindung mit unsymmetrischen Systemen muß eine Auswechslung der Glieder untereinander leicht durchführbar sein. Handelte es sich früher z. B. darum, von einem Doppelanastigmaten nur das Vorderglied zu verwenden, so mußte zunächst das Hinterglied entfernt werden; dies war gewöhnlich nur durch Herausschrauben aus dem hinteren Teile des Verschlusses möglich, der infolge der räumlichen Beschränktheit (an dieser Stelle ist der konische Balgen enger) schwer zugänglich ist. Selbst bei Verwendung entsprechend geformter Schlüsseln aus gebogenem Draht oder gestanztem Blech ist diese Arbeit auch für geübte Hände nicht angenehm und wird besonders dadurch erschwert, daß die betreffenden Gewinde sehr fein sind, weshalb sich das Auffinden des Gewindeanfanges beim Wiedereinschrauben u. U. etwas schwierig gestaltet; man hat sich aus diesen Gründen veranlaßt gesehen, die bekannten „Schnellfassungen" nach dem Prinzip der „Bajonettverschlüsse" zu schaffen. Die Verwendung des Bajonettverschlusses liegt schon weit zurück; dafür, daß sich dieser an sich praktische Behelf nicht eingebürgert hat, dürfte der Hauptgrund darin zu suchen sein, daß mit der fortschreitenden Entwicklung des Handkamerabaues an Stelle der Normalfassungen fast ausschließlich die Fassungen im Verschluß getreten sind. Dadurch, daß einerseits die Verschlußfabrikation heute in ganz wenigen Händen liegt und andererseits als Material für die betreffenden Gehäusestutzen nur Aluminium-Kokillen- oder Spritzguß in Frage kommen, ist die erwähnte Art der „Schnellfassungen" (mit Ausnahme z. B. jener von Dr. Staeble, München) fast ganz vom Markt verschwunden; an ihre Stelle ist eine zwar nicht billigere, aber in jeder Beziehung zweckmäßigere Form getreten: die Auswechslung des ganzen Verschlusses mitsamt dem optischen System. Durch diese Maßnahme wird erreicht, daß sich die Linseneinzelfassungen aus dem Verschluß mühelos herausnehmen lassen, weil dieser von der Kamera vollkommen losgelöst werden kann und weil kein störender Balg im Wege ist. (Vgl. Abb. 61.)

Die Befestigung des Objektivs an seinem Träger muß natürlich genau so wie seine Entfernung vom Träger sehr rasch durchführbar sein.

Die Vorrichtung, welche unter Vermeidung von Gewinden ihren Zweck am besten erfüllt, ist auch hier der Bajonettverschluß bzw. eine auf diesem Grundprinzip aufgebaute Konstruktion. (Vgl. Abb. 62.)

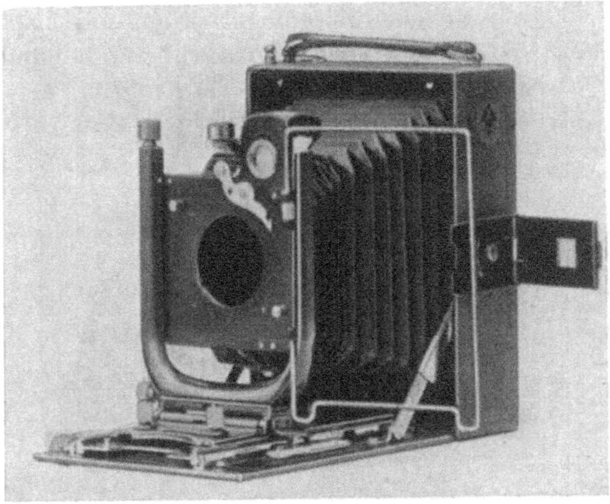

Abb. 62. Ideal-Kamera 9 × 12 cm der ICA A. G., Dresden. Besondere Kennzeichen: Leichtmetallgehäuse, neigbarer Laufboden, Umlegestandarte, auswechselbarer Verschluß mit Objektiv, Anlegekassetten, Rahmensucher. In der Abbildung ist der Verschluß mit dem Objektiv entfernt, um die Haltevorrichtung zu zeigen. Abmessungen in geschlossenem Zustand: 16.5 × 12 × 5 cm, Gewicht mit Objektiv: 1340 g

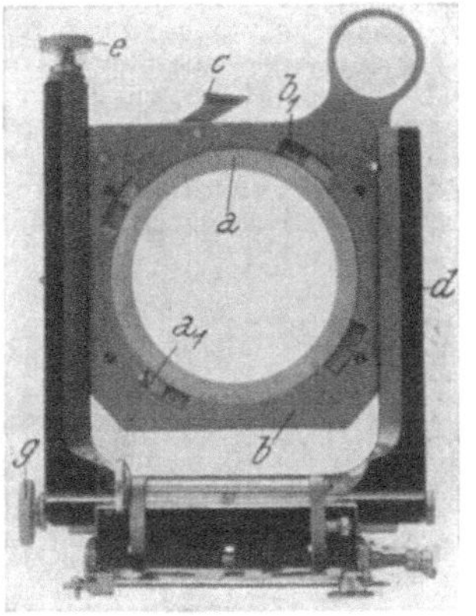

Abb. 63. Standarte (aus Aluminium gepreßt) mit der Höhe nach verstellbarem Objektivbrett und mit Vorrichtung zum Auswechseln des Verschlusses mit Objektiv in Bajonettfassung. *a* Rückwand des Objektivbretts mit 4 Nasen a_1, *b* Vorderwand des Objektivbretts mit 4 Aussparungen b_1, *c* Arretier- bzw. Auslösehebel, *d* Schenkel der Standarte, *e* Rändelknopf zur Gewindespindel für die Hochverstellung, *g* Rändelknopf für die Gewindespindel zur seitlichen Verschiebung der ganzen Standarte. Bergheilkamera, älteres Modell (vor 1926)

Abb. 63 zeigt eine Ausführungsform, bei welcher der Tragring des Verschlusses (mit Objektiv) am Umfang mit vier Ansätzen versehen ist, die in entsprechende Aussparungen der der Höhe nach verschiebbaren Objektivträgerplatte zu liegen kommen; eine geringe Verdrehung genügt, um den Verschluß in die Endlage zu bringen, in der das Ganze durch einen Hebel festgehalten wird. Beim Entfernen des Objektivs mitsamt dem Verschluß wird der in Abb. 63 sichtbare Hebel *c* heruntergedrückt und das optische System im entgegengesetzten Sinne der Uhrzeigerbewegung ganz wenig verdreht: jetzt läßt sich das Ganze in achsialer Richtung entfernen. Voraussetzung für eine zuverlässige Funktion ist die sorgfältige Abdichtung der beiden Bajonett-Teile gegeneinander; zu diesem Zweck ist der Tragring auf der Rückseite mit Tuch oder dgl. beklebt und die Bajonettlappen sind keilförmig abgesetzt, damit das Einsetzen „auf Anzug“, d. h. ohne Spiel, erfolgt. Der Tragring muß mit dem Verschluß auf ganz eindeutige Weise vereinigt werden, weil der Verschluß sonst schief zu liegen kommt bzw. ein Versagen der ganzen Vorrichtung eintreten kann.

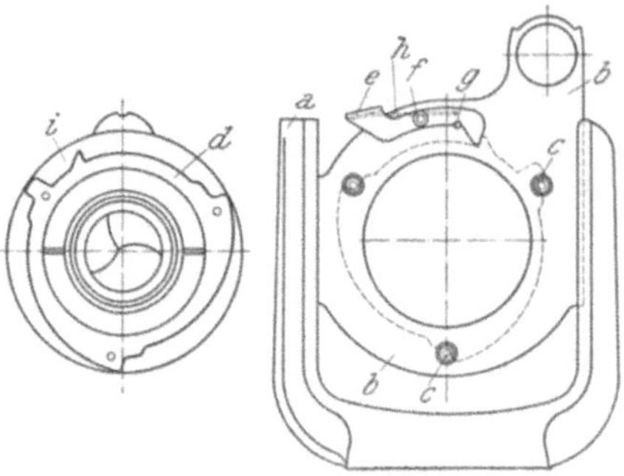

Abb. 64. Schematische Darstellung einer Standarte mit auswechselbarem Objektiv im Sektorenverschluß. Links der herausgenommene Verschluß, rechts die Standarte. *a* Standarte, *b* Objektivträger mit Anschlägen *c*, *d* Bajonettring am Verschluß *i*, *e* Arretierhebel mit Drehpunkt *f*, Anschlag *g* und Feder *h*. Die gestrichelte Linie deutet die Lage des Bajonettringes bei eingesetztem Verschluß an

Mechanisch einfacher ist die in Abb. 64 dargestellte Ausführungsform und doch in jeder Hinsicht zuverlässig. Die Objektivträgerplatte hat drei in gleichen Abständen befindliche Zapfen mit Kopf; an diese legt sich der möglichst zentral (mit Rechtsdrehung) eingesetzte Verschluß mit seinem Bajonettring und wird selbsttätig durch einen unter Federwirkung stehenden Hebel bzw. durch eine Rast festgehalten, sobald die richtige Einstellung erreicht ist. Die Länge der drei zylindrischen Zapfen entspricht der Dicke des Bajonettringes und die überstehenden Köpfe sichern die Lage des Ringes in achsialer Richtung. Auch bei dieser Bauart ist

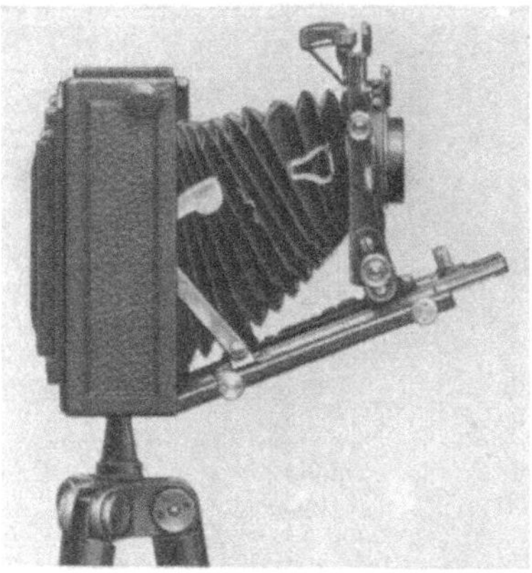

Abb. 65 a. (Vgl. Anm. 1 auf S. 66.) Der Laufboden der Kamera ist nach oben geneigt und in dieser Stellung zwecks Aufnahme hoch gelegener Gegenstände fixiert. Die Standarte ist um den gleichen Winkel geschwenkt, so daß der Objektivträger parallel zur Ebene der Mattscheibe bzw. der Kassette steht. Der Kassettenrahmen ist drehbar, so daß man beim Übergang von Hoch- zu Queraufnahmen die Lage der Kamera auf dem Stativ nicht zu ändern braucht. Das Objektiv läßt sich in der Standarte nach oben verschieben. Die dargestellte Kamera ist die Universal-Juwel-Kamera der Zeiss-Ikon A.-G. (Format 9 × 12 cm, quadratische Bauart, Gehäuse aus Leichtmetall)

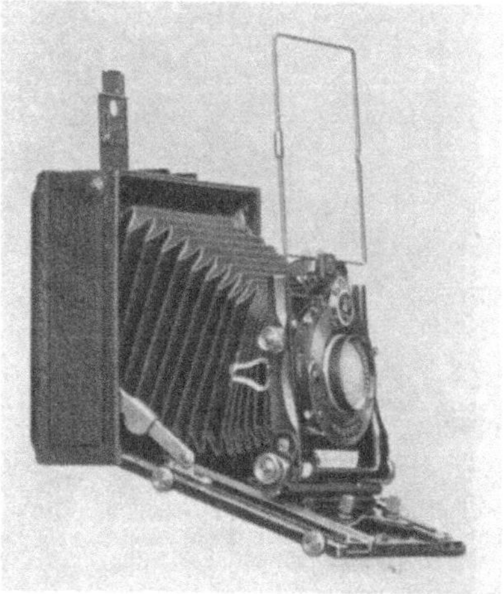

Abb. 65 b. (Vgl. Anm. 1 auf S. 66.) Der Laufboden der Kamera ist zwecks Aufnahme tief gelegener Objekte nach unten geneigt, die Standarte ist um den gleichen Winkelwert geschwenkt, so daß die Parallelität zwischen Objektivbrett und Plattenebene gewahrt bleibt. Ikonometer in Gebrauchsstellung für Aufnahmen in Hochformat. Die dargestellte Kamera ist die gleiche wie in Abb. 65 a

für Abdichtung in Form nachgiebiger Zwischenlagen zu sorgen, wozu im allgemeinen Tuch verwandt wird, das sich für diesen Zweck gut bewährt hat.

Ad δ) Standarte mit Neigungseinrichtung.[1] In jenen Fällen, wo die Verstellung des Objektivträgers für

[1] Die Anordnung eines neigbaren Laufbodens bedingt auch die Konstruktion einer neigbaren Standarte, so daß die Ebenen des Gegenstandes und des Bildes stets parallel zu jener der Standarte sind und die optische Achse immer senkrecht zur Bildebene steht. (Vgl. Abb. 65a und 65b.)

die Aufnahme relativ tief oder hoch gelegener Gegenstände nicht ausreicht, greift man oft zu dem Mittel, die ganze Kamera zu neigen; meistens ist dazu Veranlassung gegeben bei Architekturaufnahmen aus geringer Entfernung oder bei sehr großer Höhenausdehnung der Objekte. Die Folge dieser Kameraneigung ist, daß z. B. Häuser im Bild scheinbar nach oben in sich zusammenfallen; die Ursachen dieser Verzerrungen lassen sich mit Hilfe der Gesetze der Perspektive ohne weiteres feststellen.

Ein Hilfsmittel der einfachsten Art, um diese unerwünschten Verzerrungen bei der Aufnahme relativ hoher Gegenstände zu vermeiden, ist, daß man unter Beibehaltung der lotrechten Stellung der Bildebene den Laufboden nach oben neigt und in dieser Stellung durch eine Schnur o. dgl. mit dem Gehäuse der Kamera verbindet. Da auf diese Weise die Parallelität zwischen den Ebenen des Gegenstandes und des Bildes gewahrt bleibt, ist eine Verzerrung nicht zu befürchten. Voraussetzung für das Gelingen der Aufnahme ist, daß das Objektiv entsprechend abgeblendet wird, da sonst die erforderliche gleichmäßige Verteilung der Schärfe im Bild nicht erzielt werden kann; die Schwierigkeiten in dieser Beziehung wachsen mit kürzer werdendem Abstand vom Objekt und mit der Höhenausdehnung des Gegenstandes. (Vgl. Abb. 66.)

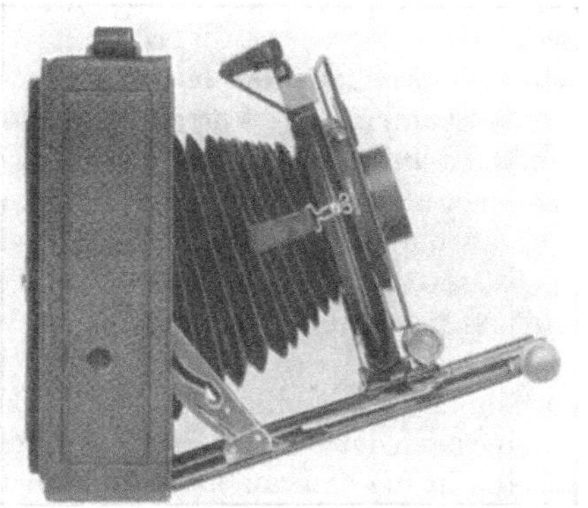

Abb. 66. Um relativ hoch gelegene Gegenstände im Bilde zu erfassen, wird der Laufboden nach oben geneigt und eine provisorische Verbindung zwischen Kameragehäuse und Standarte hergestellt (z. B. mit Hilfe eines Bindfadens). Die im Bilde dargestellte Kamera ist eine Avus-Kamera von Voigtländer & Sohn A.-G., Braunschweig

Man hat sich in der Mehrzahl der in der Praxis vorkommenden Fälle zunächst dadurch geholfen, daß man das Objektiv, falls eine Möglichkeit dazu bestand, mittels einer der beschriebenen Vorrichtungen aus seiner Mittellage verschob; dieses Hilfsmittel ist in jeder Beziehung korrekt, denn es bleiben dabei die Ebenen des Gegenstandes und des Bildes parallel. Bisweilen ist es aber notwendig, die ganze Kamera zu neigen, z. B. um schräg stehende Gegenstände aufzunehmen: wird hier die Bildebene zuerst annähernd parallel zum Objekt gemacht, so ist es trotzdem möglich, daß infolge zu großer Ausdehnung des Gegenstandes der Höhe nach die Einstellung Schwierigkeiten bereitet. Hier hat sich die Einrichtung eines neigbaren Objektivträgers bewährt, der bei manchen Atelier- bzw. Reisekameras besonders geschätzt wird. Ohne auf die technischen Einzelheiten derartiger Konstruktionen aus früherer Zeit näher einzugehen, sei nur erwähnt, daß u. a. Heinrich Gerl in München, Hans Grotefend in Bad Harzburg und Valentin Linhof in München diesen Fragen ihre Aufmerksamkeit geschenkt haben; die D. R. P. Nr. 387249, 428602 bzw. 453446 geben über die bezüglichen Schutzansprüche Aufschluß.

Während es sich beim erstgenannten Patent nur um bauliche Einzelheiten handelt und die Drehpunkte der Standarte getrennt von der Achse für die Seitenverstellung angeordnet sind, handelt es sich bei Grotefend (das zweitgenannte Patent) um einen Objektivträger, der in seinem Lager oder auf einem als Achse dienenden Rundteil des Schlittens auch seitlich verschieb- und verstellbar ist. Bei Linhof (das drittgenannte Patent) ist die Schraubenspindel für die seitliche Bewegung des Objektivträgers in der für seine Neigung vorgesehenen Drehungsachse lose drehbar gelagert, d. h. die Schraubenspindel zur seitlichen Verschiebung des Objektivträgers bildet auch die Drehungsachse für seine Neigung. So nützlich das Vorhandensein eines neigbaren Objektivträgers in vielen Fällen zweifellos ist, so hat er sich bei Handkameras doch verhältnismäßig wenig eingebürgert; bei größeren und Spezialzwecken angepaßten Kameramodellen, wo genügend Platz vorhanden ist, um derartige Einrichtungen zu schaffen, ohne die Stabilität des übrigen Aufbaus zu beeinflussen, findet man sie auch nur fallweise.[1]

Häufiger findet man den neigbaren Laufboden, der in erster Linie das Arbeiten mit Weitwinkelobjektiven von kurzer Brennweite erleichtern soll (um den Laufboden nicht in das Bildfeld zu bekommen); wird die Kamera mit horizontal gestelltem Laufboden und schräg nach hinten stehender Bildebene benutzt, so lassen sich schräg, d. h. parallel zu letzterer, verlaufende Gegenstände von relativ großer Höhenausdehnung günstig abbilden. Bei großen Atelier- und Reisekameras ist die Dreh- und Neigbarkeit der Mattscheibe eine beinahe selbstverständliche Forderung.

6. Kamera mit Vorrichtung zum raschen bzw. selbsttätigen Auswechseln der Mattscheibe gegen die Kassette. Schon frühzeitig wurden Kameras bekannt, bei denen die lichtempfindliche Platte erst im letzten Augenblick vor der Belichtung an die Stelle der Mattscheibe gebracht wurde; bei diesen Apparaten wird die Kassette von Hand aus mit der Mattscheibe gekuppelt und mittels einer Rollvorrichtung unter Federwirkung in die Belichtungsstellung übergeführt. Sobald die Kassette in diese Stellung gelangt ist, öffnet und schließt sich ein entsprechend ausgebildeter Verschluß. Bei dieser Einrichtung muß die Kassette mit der Mattscheibe nach der Belichtung von Hand aus wieder angehoben werden, um die Mattscheibe in die Gebrauchsstellung zu bringen.

Fritz Lewie in Hannover hat im Jahre 1908 eine sehr beachtenswerte Erfindung gemacht, die später unter dem Namen „Bildsicht"-Kamera der breiteren Öffentlichkeit bekannt wurde. (D. R. P. Nr. 228400.) Bei diesen Apparaten erfolgt das Auswechseln der Kassette gegen die Mattscheibe durch eine zum Lichtabschluß dienende Rouleauzugeinrichtung derart, daß diese beim Auslösen die in dem Kassettenträger befindliche Kassette in die Belichtungsstellung überführt.

Die Kuppelung des Kassettenträgers und der Mattscheibe mit dem Schlitzverschluß durch eine mit diesem verbundene Schiene wird dadurch bewirkt, daß letztere beim Aufziehen des Verschlusses gegen einen am Kassettenträger verschieblich befestigten Anschlag des Kupplungskörpers stößt, der vermöge seiner schaufelartigen Ausbildung die Schiene zu fassen vermag und dabei durch seine schräge Auflauffläche zwischen den Kassettenträger und den Verschluß gedrängt wird.

Der Hauptvorteil der Bildsicht-Kamera ist der gleiche wie derjenige der Spiegelreflex-Kameras: die Sichtbarkeit des Bildes bis zum letzten Augenblick. Die Perspektive ist (da aus Augenhöhe) sehr natürlich; sie entspricht derjenigen, die das beobachtende Auge bei der Aufnahme wahrnimmt.

Die Wirkungsweise des Bildsichtsystems ist kurz zusammengefaßt folgende: Die Kassette wird in die Kamera eingeschoben und beim Aufziehen des Schlitzverschlusses in die Höhe gehoben, so daß das Bild auf der Mattscheibe eingestellt werden kann. Beim Auslösen bewirkt der Schlitzverschluß die selbsttätige Auswechslung der Platte gegen die Mattscheibe. Der Transport der Platte in die Bildebene dauert bei der schnellsten Aufnahme etwa $^1/_{16}$ Sek.

---

[1] Vgl. u. a. die Erzeugnisse der Fa. Valentin Linhof, München, sowie z. B. die Universal-Juwel-Kamera der Zeiss-Ikon A.-G. (Vgl. Abb. 65 a u. 65 b.)

An bekannt gewordenen Ausführungsformen seien erwähnt:

a) Der Bildsichtansatz: er wird dort verwandt, wo bereits eine gute Kamera vorhanden ist, und wie eine Kassette eingeschoben.

b) Die Spreizen-Bildsichtkamera: als Ersatz für Spiegelreflexkameras mit Objektiv in Schneckengangfassung.

c) Die Universal-Bildsichtkamera mit doppeltem Laufboden: geeignet für Objektive mit verschiedenen Brennweiten.

Die Bildsichtkamera erfordert eine Spezialkassette, deren Konstruktion durch das ganze System bedingt ist.

Dr. MORITZ WOLFF hat 1916 die Aufgabe in ähnlicher Weise zu lösen versucht: Er bewirkt das Ersetzen der Mattscheibe durch die photographische Platte dadurch, daß die Mattscheibe in der Gebrauchslage durch Greifer festgehalten wird. Oberhalb der Mattscheibe ist in der Kamera ein Schlitz vorgesehen, über welchem die Kassette vor der Aufnahme derart befestigt wird, daß die photographische Platte beim Herausziehen des Kassettenschiebers auf dem oberen Rand der Mattscheibe aufsitzt und beim Lösen des die Mattscheibe haltenden Greifers mit der Mattscheibe zusammen selbsttätig in die Aufnahmestellung gelangt. Dies wird dadurch ermöglicht, daß in der Kamera ein Schlitz unterhalb der Mattscheibe angebracht ist; darunter befindet sich ein Beutel für die Mattscheibe, in welchem sie nach ihrem Herabgleiten Platz findet. Ist die Aufnahme gemacht, wird die in dem Beutel befindliche Mattscheibe durch den unteren Schlitz in der Kamera emporgehoben, die belichtete Platte in die Kassette befördert und nach dem Schließen des Kassettenschiebers wieder von der Kamera entfernt.

Der praktischen Ausführung dieses eigenartigen Vorschlages stehen Schwierigkeiten im Wege, an denen die Verwirklichung der Idee gescheitert sein dürfte.

Es ist unter anderen auch eine Kamera bekannt geworden, bei welcher Kassette und Mattscheibe am Rahmen der Kamera derart drehbar gelagert sind, daß während der Einstellung des Bildes die Mattscheibe wie üblich im Kamerarahmen liegt, die Kassette aber senkrecht zum Rahmen in der Verlängerung einer Kamerawand absteht. Zum Zwecke der Belichtung der lichtempfindlichen Platte in der Kassette wird die Mattscheibe an eine Kamerawand (in das Innere der Kamera) angelegt und an die Stelle der Mattscheibe die Kassette geschwenkt. Diese Kamera hat den Nachteil, daß die Kassette von der Kamera nach hinten absteht und beim Beobachten des Bildes auf der Mattscheibe stört; außerdem ist sie der Lichteinwirkung durch die Sonne ausgesetzt. Beim Einschwenken der Kassette in die Belichtungslage kann durch die erhebliche Schwerpunktverlagerung die Kamera sehr leicht ins Schwanken gebracht werden; die Mattscheibe muß, um der Kassette Platz zu machen, um einen großen Winkel verschwenkt werden.

Diese Nachteile hat (1918) MAX WILCKE in Braunschweig dadurch zu vermeiden gesucht, daß die drehbar angeordnete Kassette während der Einstellung des Bildes auf der Mattscheibe im Innern des Balgens an einer Kamerawand angelenkt ist, und zwar so, daß sie zum Zwecke der Belichtung des Schichtträgers von innen in den Kamerarahmen unter Zurückdrücken der Mattscheibe eingeschwenkt wird. Da sich auch bei dieser Anordnung eine Verschiebung des Schwerpunktes der Kamera bei der Arbeit und eine damit verbundene Erschütterung während der Aufnahme nicht vermeiden läßt, hat WILCKE mit dem Kassettenrahmen ein das Gewicht desselben ausgleichendes Gegengewicht durch eine Bewegungsübertragungsvorrichtung derart verbunden, daß bei einem Verschwenken des Kassettenrahmens das Gegengewicht stets in jene Lage gebracht wird, die der Kassettenrahmen vor Einleitung seiner Verschwenkungsbewegung eingenommen hatte. Auch diese an sich originelle Idee dürfte infolge technischer Schwierigkeiten nicht aus dem Versuchsstadium herausgekommen sein (D. R. P. Nr. 315808, 324054 und 375917 für J. Frühwirth, Kopenhagen).

Erwähnt sei noch eine Vorrichtung zur Einstellung des Bildes auf einer biegsamen Mattscheibe, welche bei Überführung des Trägers der lichtempfindlichen Schicht in die Aufnahmestellung selbsttätig aufgerollt wird; die biegsame Mattscheibe ist mit einem Rollfilm derart verbunden, daß beim Hervorziehen der Mattscheibe eine Feder gespannt wird, die bei ihrer Freigabe die Mattscheibe auf die ihr zugehörige Welle aufwickelt, gleichzeitig aber den Film herauszieht und diesen an die Stelle der Mattscheibe bringt.

Alois Alt in Passau verbesserte diese Vorrichtung dadurch, daß er die aufrollbare Mattscheibe mit einem Schlitzverschluß verband, der durch Herunterklappen eines die lichtempfindliche Platte tragenden Flügels ausgelöst wird (D. R. P. Nr. 345837).

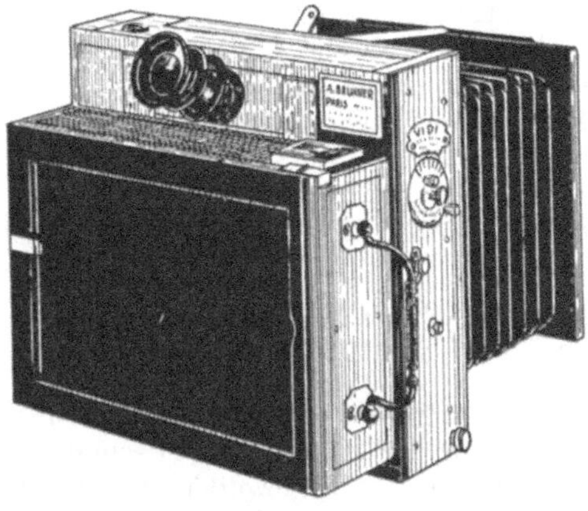

Abb. 67. Einstellung der Bildschärfe mit Hilfe einer über dem Magazin mit den Schichtträgern angeordneten schmalen Mattscheibe. Ein Teil des Bildfeldes kann durch eine Lupe betrachtet werden. Kamera-Modell Klapp-Vidi, 9 · 12 cm. mit Wechselmagazin (Alfred Brunner, Paris)

Der begreifliche Wunsch, die Zeit zwischen der Einstellung auf der Mattscheibe und der Belichtung so kurz als möglich halten bzw. das Bild bis zum letzten Augenblick beobachten zu können, hat schon in den Anfangszeiten des Kamerabaus zu einer Reihe von interessanten Ausführungsformen geführt; so hat z. B. die Firma Voigtländer & Sohn A.-G. in Braunschweig etwa um das Jahr 1900 eine Kamera auf den Markt gebracht, die aus zwei übereinander angeordneten zwangläufig gekuppelten Apparaten mit je einem Objektiv bestand, von denen der eine Apparat nur zur Einstellung benutzt wurde und den Mattscheibenrahmen trug, während der zweite (mit dem ersten fast ganz übereinstimmende) Apparat mit der Kassette ausgestattet war. Wohl ist der Aufwand an Mitteln im Verhältnis zum erreichten Zweck hier relativ groß, aber das Arbeiten mit einem solchen Aggregat ist insbesondere bei Aufnahmen bewegter bzw. veränderlicher Objekte sehr angenehm.

Eine später entstandene Abart dieser Konstruktion, die zum Teil mit gutem Erfolg angewandt wurde, bestand in der verschiebbaren Anordnung nur eines Objektivs auf einem entsprechend langen Schlitten; die eine Hälfte des Rahmens trug die Mattscheibe, die andere die Kassette. Bei dieser Konstruktion ist eine Vergrößerung des Volumens der Kamera unvermeidlich. Um nun mit einem geringeren Umfang der Kamera auszukommen und den absoluten Betrag der Verschiebung des Objektivs möglichst zu verringern, hat Alfred Brunner in Paris eine Neuerung ausgearbeitet, die darauf beruht, daß neben dem lichtempfindlichen Schichtträger ein schmaler Mattscheibenstreifen angebracht ist (D.R.P. Nr. 426212). Abb. 67 zeigt eine Ausführungsform, die unter dem Namen Klapp-„Vidi“ im Handel ist; der hintere Kamerateil umfaßt eine die lichtempfindliche Platte enthaltende Kassette nebst einem schmalen Streifen einer mit einer Kappe versehenen Mattscheibe. Der zwischen der lichtempfindlichen Platte und dem Kamerakörper eingebaute Verschluß ist derart konstruiert, daß er im aufgezogenen Zustande die lichtempfindliche Platte bedeckt, den Mattscheibenstreifen jedoch bloßlegt, um die Feineinstellung eines entsprechenden Streifens des aufzunehmenden Gegenstandes durchführen zu können.

7. Federnder Mattscheibenrahmen. Ununterbrochen zeigt sich das Bestreben, die vor der Aufnahme erforderliche Zahl von Handgriffen auf ein Mindestmaß herabzusetzen und damit die Bereitschaftsstellung der Kamera in der denkbar kürzesten Zeit herbeizuführen. Die Bemühungen zielten in letzter Zeit z. B. auch darauf ab, den Mattscheibenrahmen nach erfolgter Einstellung von der Kamera gar nicht zu entfernen, sondern federnd so zu befestigen, daß er ständig gegen die Rückwand der Kamera gepreßt wird. Um die Kassette mit dem lichtempfindlichen Schichtträger an die Stelle der Mattscheibe setzen zu können, mußte der Mattscheibenrahmen um den Betrag der Kassettenstärke zurückgezogen werden; er legte sich dann selbsttätig an die Kassette an, wobei ganz von selbst diejenige Reibung entstand, welche erforderlich war, um das Gehäuse der Kassette gegen unbeabsichtigtes Herausziehen zu sichern. Trotzdem nicht nur theoretisch interessante, sondern auch praktisch erprobte Ausführungsformen dieser Art im Laufe der Jahre entstanden sind, haben sich eigentümlicherweise nur wenige von ihnen in der Praxis für längere Zeit durchgesetzt. Sei es, daß der für solche Sondereinrichtungen erwachsende höhere Preis, sei es, daß die im allgemeinen bestehende Abneigung gegen die Anwendung außergewöhnlicher Konstruktionsteile da, wo sie entbehrt werden können und unter Umständen nur Nachteile im Gefolge haben, der Einbürgerung solcher Konstruktionen im Wege stehen, sicher ist, daß man es vorzieht, die Kassette bzw. die Mattscheibe durch saubere Führungsrahmen unter Vermeidung jeglichen Spieles mit dem Gehäuse so zu verbinden, daß nennenswerte Unstimmigkeiten nicht auftreten können. Sehr vorteilhaft ist die Anlegekassette.

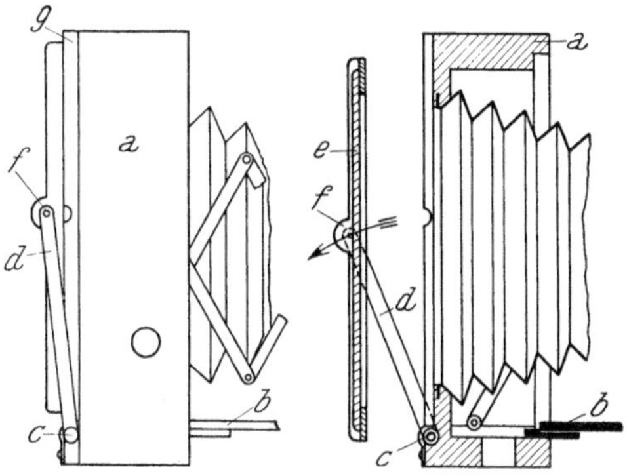

Abb. 68. Federnd angelenkter Mattscheibenrahmen (D. R. P. Nr. 399584 von HUGO MEZGER, Stuttgart). *a* Kameragehäuse, *b* Laufboden, *c* Gelenk für die Streben *d* des Mattscheibenrahmens *e*, welcher bei *f* drehbar angeordnet ist. Die Kassette *g* wird zwischen Gehäuse und Mattscheibenrahmen gebracht und durch diesen unter Federdruck an das Gehäuse gepreßt

In neuerer Zeit (1923) hat sich HUGO MEZGER in Stuttgart (D. R. P. Nr. 399584) wieder mit dieser Frage beschäftigt und sein Augenmerk besonders auf die Verwendung auch stärkerer Kassetten gerichtet; bei den bekannten Einrichtungen dieser Art ist der beim Abziehen des Mattscheibenrahmens von der Rückseite der Kamera freiwerdende Raum auf ein bestimmtes Mindestmaß beschränkt, wobei zum Teil mehrere Hebelpaare in besonderer Weise von Hand bewegt und festgestellt werden müssen. Bei dem Mattscheibenrahmen nach Abb. 68 wird nicht nur ein wesentlich größerer Abstand von der Kamerarückwand erzielt und dadurch z. B. die Verwendung von Filmpackkassetten ermöglicht, der Mattscheibenrahmen kann vielmehr infolge seiner besonderen Aufhängung in einem ungefähr in der Mitte der beiden zueinander senkrechten Seiten des Rahmens angreifenden Hebelpaar herumgelegt, d. h. in wagrechte Lage gebracht werden, so daß die Kamera von hinten ganz frei und zugänglich ist. Das die Mattscheibe tragende Hebelpaar steht unter dem Einfluß einer Feder, welche zweckmäßig um eine die Hebel verbindende Welle gewickelt ist.

8. Sicherungsvorrichtung beim Zurückführen des Objektivträgerschlittens in das Gehäuse bei ausgeschobenem Laufschlitten. Bei allen Kameras mit Schlittenführung auf dem Laufboden und feststehenden Führungsschienen im Gehäuse darf der Objektivträger erst dann in die für das Zusammenklappen der Kamera erforderliche Lage überführt werden, wenn der Laufschlitten sich in der Ausgangsstellung befindet, so daß zwischen den hinteren und vorderen Führungsschienen nur ein geringer Zwischenraum verbleibt, dessen Größe von der Konstruktion abhängt. Vergißt man die Existenz dieses Zwischenraumes und wird der Objektivträger zurückgeschoben, während der Auszug über den Laufboden hinausragt, so verläßt der Objektivträger die Führungsschienen des Auszuges, ohne auf deren Fortsetzungen im Gehäuse angelangt zu sein. Um dies zu verhindern, hat die Firma Voigtländer & Sohn A.-G. im Jahre 1921 folgende interessante Einrichtung getroffen (D. R. P. Nr. 359175): auf dem Auszug ist ein Widerstand angebracht, welcher beim Herausbewegen des Auszuges in die Führungsbahn des Objektivträgers gedrängt wird; dies gilt solange, als der Auszug nicht in die für das Zusammenlegen der Kamera erforderliche Endlage zurückbewegt ist; hier wird der Widerstand durch eine Feder zur Seite gedrängt, so daß der Objektivträger, ohne von den Führungsleisten abzugleiten, in das Kameragehäuse eingeschoben werden kann. Das Auftreffen des Objektivträgers auf den Widerstand erinnert daran, daß vorher der Auszug in seine Endlage gebracht werden muß; die Vorrichtung arbeitet also vollkommen zwangläufig. Eine derartige Maßnahme wird überflüssig, wenn die hinteren Laufschienen mit den vorderen direkt oder indirekt so verbunden sind, daß ein Luftabstand überhaupt nicht vorhanden ist, oder wenn ein Abstand wohl vorhanden, aber konstant ist, sich also beim Herausbewegen des Laufschlittens nicht vergrößert. Die oberwähnte Firma hat schon vor etwa zwei Jahrzehnten bei der bekannten „Alpin“-Kamera Vorkehrungen getroffen, einen hemmungslosen Übergang des Objektivträgers

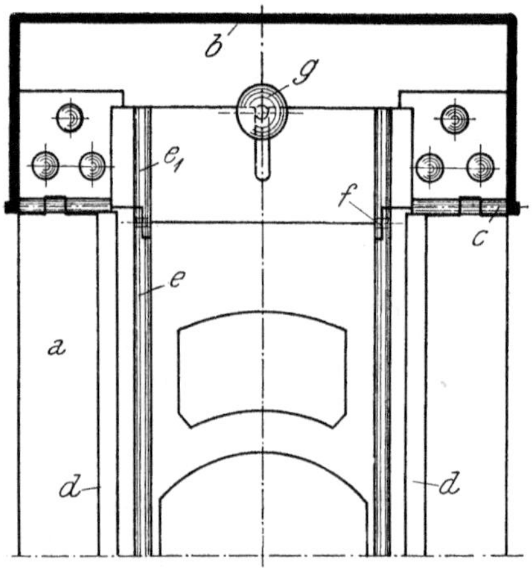

Abb. 69. Scharnierartige Verbindung des hinteren kurzen mit dem vorderen langen Laufschlitten (Ansicht von oben). *a* Laufboden, *b* Gehäuse, *c* gemeinsames Gelenk, *d* Führungsschienen, *e* langer Laufschlitten, e_1 kurzer Laufschlitten, *f* gemeinsames Gelenk, *g* Niederhaltung. Kamera-Modell: Agfa-Standard

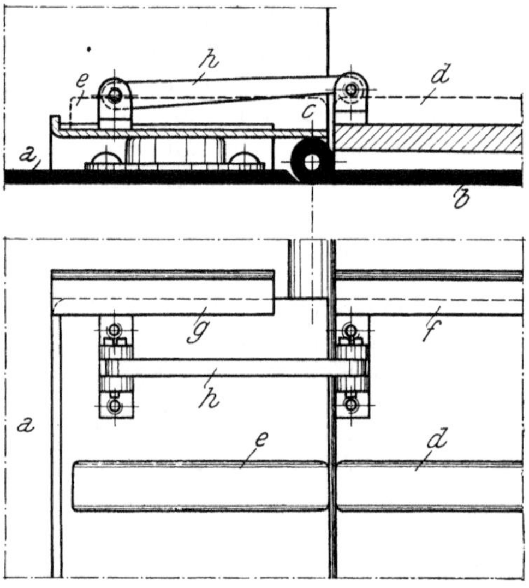

Abb. 70. Zwangläufige Steuerung des hinteren Laufschlittens durch einen Lenker. *a* Gehäuse, *b* Laufboden, *c* gemeinsames Gelenk, *d* vordere lange Laufschiene mit Führung *f*, *e* hintere kurze Laufschiene mit Führungsschienen *g*, *h* Lenker

zu schaffen; grundsätzlich unterscheiden sich die dabei gewählten zwei Anordnungen dadurch, daß in einem Falle die beiden Laufschienen direkt scharnierartig miteinander verbunden sind (s. Abb. 69), während im anderen Falle der hintere, also kurze Laufschlitten beim Zusammenlegen der Kamera durch einen am vorderen Laufschlitten drehbaren Lenker zwangläufig in seinen Führungsschienen zurückgeschoben wird (s. Abb. 70). Abb. 70 zeigt die Wirkungsweise der letztgenannten Einrichtung, und zwar ist nur die eine Seite der Kamera bei aufgeklapptem Laufboden wiedergegeben; beim Schließen des letzteren wird — ohne daß der mechanische Zusammenhang unterbrochen würde — infolge der Lage des Scharnierdrehpunktes der Abstand des hinteren vom vorderen Laufschlitten allmählich größer. Die direkte Verbindung des vorderen mit dem hinteren Laufschlitten bietet, wenn sie ordnungsgemäß ausgeführt ist, eine unbedingte Gewähr dafür, daß sich der Objektivträger ohne fühlbaren Widerstand von der Gebrauchs- in die Ruhestellung im Gehäuse und umgekehrt überführen läßt; da die Drehachse, um welche der Laufboden beim Schließen und Öffnen drehbar ist, nicht mit derjenigen für die beiden Laufschlittenteile übereinstimmen kann (die letztgenannte Drehachse muß aus begreiflichen Gründen höher liegen), ist ein gewisser Spielraum in den hinteren Führungsschienen notwendig; der Laufboden wird zwecks Schließens der Kamera nicht mehr gestreckt, sondern kommt zur unteren Seite des Kameragehäuses unter einem Winkel zu liegen.

An dieser Stelle sei bemerkt, daß die Umlegestandarte ihrem ganzen Aufbau und ihrer fabrikatorischen Herstellung nach die elegantere Lösung des Problems der reibungslosen Überführung des Objektivträgers von der einen in die andere Stellung darstellt, sie bietet allerdings keine Garantie dafür, daß sich die Kamera auch schließen läßt, wenn der Objektivträger aus Versehen nicht ganz in das Gehäuse zurückgeschoben wurde; wird in diesem Falle Gewalt angewandt, so können erhebliche Störungen in der Funktion des Apparates eintreten. Nur dort, wo eine sogenannte „Spreizensicherung“ vorhanden ist, welche das Schließen des Laufbodens nicht eher erlaubt, als bis sich der Objektivträger in seiner Endlage befindet, sind Beschädigungen ausgeschlossen.[1]

9. Objektivträgerschlitten mit federnd angelenktem Objektivträgergestell (Umleg- bzw. Kippstandarte). Bei einem Teil der bisher beschriebenen Klappkameras mit Laufboden hat es sich in der Praxis manchmal gezeigt, daß infolge der oft unbestimmten Lage des Objektivträgers bei zusammengeklappter Kamera das Überführen des Objektivträgers in die bereits erwähnten Schienen des Laufbodens beim Aufklappen der Kamera Mühe verursacht. Eine wesentliche Besserung trat allerdings ein, als auch im Kameragehäuse die schon erwähnten Führungsleisten vorgesehen wurden, welche gewissermaßen Fortsetzungen der Führungsleisten am Laufboden bildeten; durch diese Maßnahme war wohl der Vorteil erreicht, daß der Objektivschlitten im zusammengeklappten Zustande der Kamera festgehalten wurde, andererseits ergab sich aber der Nachteil, daß zwischen den beiden Teilen der Führungsleisten ein Zwischenraum verblieb, über den der Objektivschlitten vor dem Zusammenlegen der Kamera und beim Herausheben aus dem Gehäuse geschoben werden mußte.

Diesem Übelstand hat die (seinerzeit bestandene) Firma Emil Wünsche A.-G. für photographische Industrie in Reick bei Dresden durch die Erfindung D. R. P. Nr. 180509 abgeholfen; die Neuerung bestand darin, daß der Objektivschlitten aus zwei Teilen zusammengesetzt war, welche durch ein Scharnier verbunden sind und durch eine kräftige Spiralfeder auseinandergedrückt werden.

---

[1] Vgl. z. B. das D. R. P. Nr. 203111 von C. P. Goerz A.-G., Berlin-Friedenau.

Der eine Teil des Objektivschlittens befindet sich dabei stets innerhalb der Führungsschienen des Laufbodens, der andere, das Objektivbrett tragende und durch die erwähnte Feder stets gegen den Boden angedrückte Teil verläßt beim Zusammenschieben der Kamera die Führungsschienen des Laufbodens. Die Konstruktion ist aus Abb. 71 ersichtlich; zieht man den Objektivträger nach vorne, so tritt der mit ihm verbundene Teil des Schlittens, der gleichfalls mit entsprechenden seitlichen Federn versehen ist, selbsttätig in die Nuten dieser Führungsschienen, so daß beide Teile des Schlittens ein starres Ganzes bilden.

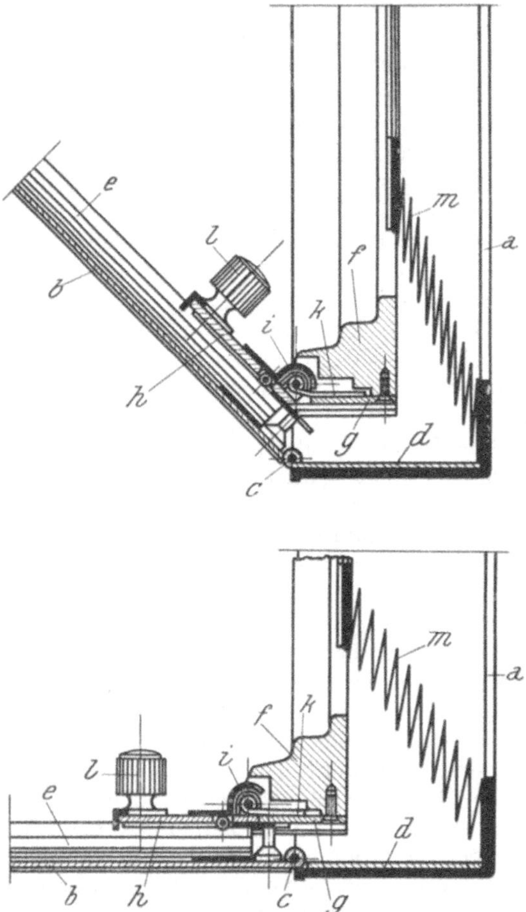

Abb. 71. Anordnung der Umlege- oder Kippstandarte (D. R. P. Nr. 180509 von Emil Wünsche, A. G., Dresden). *a* Kameragehäuse, *b* Laufboden, *c*, *d* gemeinsames Scharnier, *e* Laufschienen, *f* Standarte, *g* und *h* Objektivträgerschlitten mit Gelenk *i*, Feder *k* und Handhabe *l*, *m* Balgen

Später wurde diese Vorrichtung noch dadurch verbessert, daß der Objektivträgerschlitten durch eine Kupplung versteift wurde; diese mußte erst gelöst werden, sollte sie sich nach dem Einschieben des Objektivträgers in die Kamera schließen lassen. Durch die Lösung einer solchen Kupplung wird einerseits ein Hochklappen des Innenschlittens gegen den Objektivträger ermöglicht, andererseits bleibt die Verbindung zwischen dem in der Laufschiene befindlichen Schlittenteil und dem den Objektivträger tragenden Teil bestehen. Schiebt man bei Kameras mit solchen Einrichtungen den Objektivträgerschlitten nicht genügend weit in das Kameragehäuse zurück, so daß er noch zum Teil in seiner Führung verbleibt, so erfolgt beim Versuch, die Kamera zu schließen, ein Abpressen der Laufbodenscharniere und unter Umständen ein Verbiegen des hinteren Teiles des mit dem Objektivträger verbundenen Schlittens; außerdem können die Laufschienen dabei verbogen und auf diese Art unbrauchbar gemacht werden.

Zur Vermeidung dieser Übelstände hat August Nagel in Stuttgart weitere Verbesserungen geschaffen, indem er eine Kupplung anbrachte, welche nach erfolgtem Öffnen der Kamera beim Vorwärtsbewegen des Objektivträgers in Tätigkeit tritt, beim Zurückschieben desselben aber gelöst wird, und zwar beim Erreichen der zum Schließen der Kamera erforderlichen Stellung. Eines seiner beiden Schutzrechte (D. R. P. Nr. 259420, 280802) bezieht sich darauf, dem Objektivträger eine erhöhte Festigkeit in der Gebrauchsstellung zu geben, was durch Anordnung eines Verriegelungsschiebers erreicht wird, welcher im Objektivträgerschlitten und in der Führung des Laufbodens geführt ist; diese Vorrichtung kann, wenn man sie beim Herausziehen des Objektivträgers verschiebt, durch Eingreifen in entsprechende Führungen den Objektivträger nicht nur mit dem Objektivträgerschlitten, sondern auch unmittelbar mit dem Laufboden kuppeln. Dies geschieht dadurch, daß an dem Objektivschlitten Hebel angebracht sind, welche um durch Schlitze des Verriegelungsschiebers hindurchgreifende Achsen drehbar und mit nach entgegengesetzten Seiten gerichteten Führungsorganen versehen sind, von denen das eine in eine Schrägführung, das andere in eine Führung des Verriegelungsschiebers eingreift.

Die Firma Optische Anstalt C. P. Goerz Akt.-Ges. in Berlin-Friedenau hat in gleicher Sache etwas später (1912) eine Konstruktion geschaffen (D. R. P. Nr. 266062). Diese Erfindung besteht in einer besonderen Ausbildung der oben beschriebenen Verriegelungsvorrichtung in der Art, daß der Objektivträger mit einem in seiner Gebrauchsstellung im wesentlichen s e n k r e c h t zum Laufboden stehenden Verriegelungsarm ausgerüstet ist; dieser vermag hinter

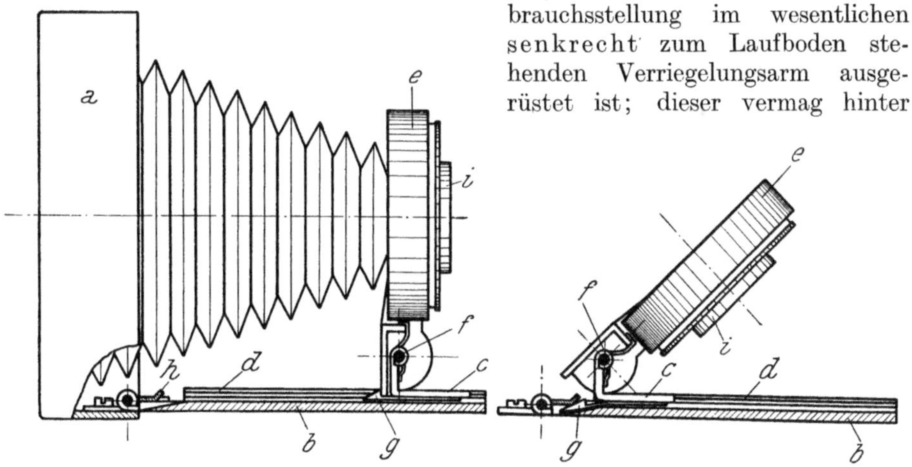

Abb. 72. Kippstandarte. (D. R. P. Nr. 266636 von C. P. Goerz A. G.) *a* Kameragehäuse, *b* Laufboden, *c* Objektivträgerschlitten, *d* Laufschienen, *e* Sektorenverschluß, *f* Objektivträgerscharnier, *g* Verriegelungshaken, *h* Anschlag, *i* Objektiv. Links die Kippstandarte in senkrechter, rechts in geneigter Stellung

einen am Objektivschlitten nahe dem Laufbodenscharnier angeordneten, senkrecht zur Laufbodenebene federnden Verriegelungshaken zu greifen, wobei beim Erreichen der Gehäusenahstellung die Auslösung des Verriegelungshakens durch den Objektivträger mittels eines am Laufboden, und zwar in der Nähe von dessen Scharnier, angebrachten festen Anschlages erfolgt.

Eine andere beachtenswerte von der gleichen Firma geschaffene Ausführungsform wurde noch im gleichen Jahre bekannt. Die Erfindung (D.R.P. Nr. 266636) bestand in einer besonderen Ausbildung der Sperrvorrichtung zur Feststellung des Objektivträgers gegenüber dem Schlitten in der Gebrauchsstellung; die neue Einrichtung ist dadurch gekennzeichnet, daß die Verriegelungsvorrichtung aus einer am Objektivträger angelenkten S t ü t z p l a t t e besteht, welche sich bei vorgeschobenem Schlitten auf diesen oder auf den Laufboden stützt und den Objektivträger gegen Umlegen sperrt; beim Zurückschieben des Schlittens wird sie durch Auftreffen auf feste Widerstände am Laufboden aus ihrer Stützstellung abgelenkt, so daß die Umlegung des Objektivträgers gegenüber dem Schlitten bei gleichzeitiger weiterer Drehung der Stützplatte um ihr Gelenk erfolgen kann. (Vgl. Abb. 72.)

Alle diese Bemühungen liefen darauf hinaus, bei mit dem Objektivträgerschlitten federnd verbundenen Objektivträgern eine Versteifung anzubringen, welche erst in Tätigkeit tritt, wenn der Objektivträger mit seinem Schlitten aus dem Kameragehäuse herausgezogen wird, sich aber selbsttätig wieder löst, sobald er in das Kameragehäuse eingeschoben wird. Da auch die Festklemmung des Objektivträgers in seiner Führung mit Hilfe federnder Handhaben, an welchen der Objektivträger aus dem Kameragehäuse herausgezogen werden konnte, bekannt war, lag es nahe, diese beiden Vorrichtungen zu vereinigen; August Nagel löste diese Aufgabe dadurch, daß er an dem aufklappenden Teil des Objektivträgers eine senkrecht zur Bewegungsrichtung des Objektivträgers auf der Laufbahn bewegliche Klemmvorrichtung anbrachte. Diese versteift einerseits durch Eingreifen in die Führung der Laufbahn den Objektivträger gegen den Objektivträgerschlitten und klemmt ihn andererseits an der Laufbahn fest (D. R. P. Nr. 291827).

A. Hch. Rietzschel G. m. b. H. in München beschäftigte sich (1924) ebenfalls eingehend mit der Frage einer sicheren Überführung des Objektivträgerschlittens in das Gehäuse. Ausgehend von einigen immer noch verbliebenen Nachteilen der bekannten Konstruktionen, vereinigte er ihre Vorzüge durch eine Anordnung, bei welcher zwar auch ein aus zwei durch Scharniere verbundenen

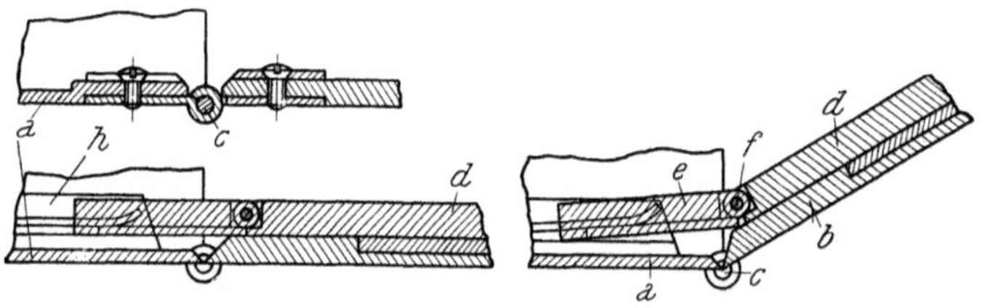

Abb. 73. Querschnitt durch die Anordnung einer scharnierartig durchgebildeten Verbindung des kurzen hinteren mit dem langen vorderen Laufschlitten. *a* Gehäuse, mit welchem der Laufboden *b* durch das Scharnier *c* verbunden ist, *d* vorderer Laufschlitten, an welchem der hintere Laufschlitten *e* durch das Scharnier *f* angelenkt ist, *h* Führungsschiene

Teilen bestehender Objektivträgerschlitten vorhanden war, gleichzeitig aber auch im Gehäuse Verlängerungen für die Aufnahme des hinteren Teiles des Objektivträgerschlittens vorgesehen waren; die Vorrichtung (D. R. P. Nr. 415427) ist dadurch gekennzeichnet, daß der Führungsteil des vorderen klappbaren Teiles des Objektivträgers mit Aussparungen versehen ist, so daß nur eine die Führungsschienen untergreifende Nase verbleibt, um welche sich beim Zusammenlegen der Kamera die vordere Schlittenführung dreht. Der Vorteil dieser Einrichtung besteht darin, daß ein Senken des Objektivträgers und damit ein Beschädigen des Balgens vermieden wird; beim Öffnen der Kamera liegen beide Teile des Objektivschlittens in ihrer Führung und können mit Leichtigkeit herausgezogen werden.

Parallel mit den Bestrebungen, den Objektivschlitten rasch und sicher in die Gebrauchsstellung und aus dieser zurückzuführen, liefen jene, die hintere, d. h. im Kameragehäuse befindliche, kurze Schlittenführung mit der auf dem Laufboden angeordneten langen Schlittenführung gelenkartig zu verbinden; wohl eine der bekanntesten Ausführungen dieser Art ist die „Alpin"-Kamera der Firma Voigtländer & Sohn A.-G. Da beide erwähnten Führungen (sowohl der Höhe als auch der Seite nach) vollkommen übereinstimmend angeordnet sind, läßt sich der Objektivträger mühelos und, ohne daß Widerstände empfunden würden, sowohl in das Gehäuse zurückführen, als auch aus diesem in die Gebrauchslage bringen; Voraussetzung ist im ersten Falle allerdings, daß der Objektivträger stets vollständig in die Endlage gebracht wird. (Vgl. Abb. 69 und 73.)

Auch dadurch versuchte man, den Übergang des Objektivträgers zu erleichtern, daß an den Schlitten eine Brücke angelenkt wurde, welche stets in der Schlittenführung verblieb.

Erwähnenswert ist auch eine Konstruktion von ANTON ARETZ in Stuttgart (D.R.P. Nr. 265612), bei der die Führungsschienen ganz oder teilweise in der Ebene der Schlittenbahn schwingbar sind und so lang gewählt wurden, daß sie bei aufgeklappter Kamera den Schlitten schon aufnehmen, wenn er noch ganz eingeschoben ist, beim Zusammenklappen der Kamera jedoch zur Seite ausweichen und dadurch den Schlitten freigeben.

a) Die Einstellung durch Verschiebung des ganzen Objektivs bei unveränderter Stellung der Standarte. Eine von den bisherigen Methoden vollkom-

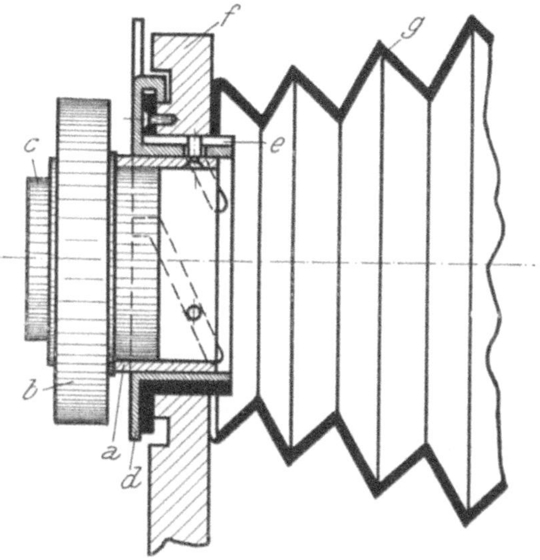

Abb. 74. Naheinstellung der Kamera durch Verschieben des ganzen Objektivs mit dem Verschluß in einer Schneckenfassung. *a* Führungsrohr, *b* Sektorenverschluß, *c* Objektiv, *d* Führungsbüchse mit schrägen Schlitzen, *e* Anschraubring mit geraden Schlitzen, *f* Objektivträger (Standarte), *g* konischer Balgen

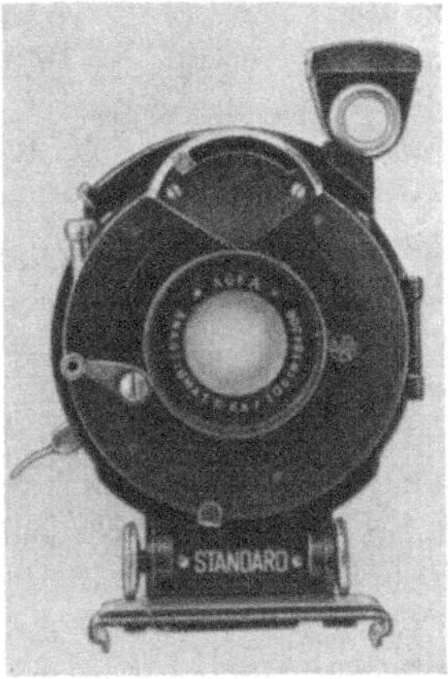

Abb. 75. Vorderansicht des Objektivträgers der Rollfilmkamera 6 × 9 cm Modell Standard B 2 der AGFA A. G. Die Einstellung des Objektivs auf Gegenstände in kürzerer Entfernung als ∞ erfolgt durch achsiale Verschiebung des ganzen Verschlusses mit dem Objektiv in einer Schneckengangfassung; die Betätigung geschieht durch einen Hebel, der einen Winkel von etwa 60° zurücklegt. Der Spezialverschluß von A. GAUTHIER in Calmbach ist besonders durch die sektorartige Anordnung der Zeitenscheibe charakteristisch

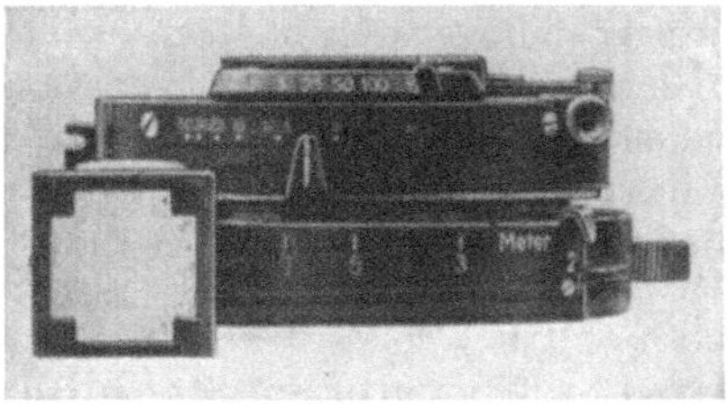

Abb. 75 a. Draufsicht auf den Objektivträger der AGFA - Standard - Rollfilmkamera B 2. Vgl. Abb. 75. Das besondere Kennzeichen der Gesamtanordnung ist, daß sämtliche für die Belichtung und die Einstellung des Verschlusses erforderlichen Größen von oben her abgelesen werden können; dies gilt für die Werte der Entfernungsskala sowie der Blendenskala und für die Geschwindigkeitswerte des Sektorenverschlusses

men abweichende Art der Verstellung des Objektivs gegenüber der Bildebene ist jene, bei welcher auf die Anordnung eines in Führungsschienen verschiebbaren Laufschlittens vollkommen verzichtet wird; der Träger des Verschlusses mit Objektiv wird in der bei Kameras mit einfachem Auszug üblichen Weise bis zu einem fühlbaren Anschlag herausgezogen; in dieser Endlage ist die Kamera auf „Unendlich" eingestellt. Die Naheinstellung wird nun dadurch bewirkt, daß der ganze Verschluß samt Objektiv mit Hilfe einer Spezial-Schnekkengangfassung verschoben wird, wie sie im Prinzip z. B. bei Schlitzverschlußkameras seit Jahrzehnten bekannt ist; der Unterschied besteht lediglich darin, daß bei letzterer nur das optische System gegenüber dem feststehenden Schlitzverschluß seine Lage verändert, während bei den in den Abb. 74, 75 und 75a dargestellten Konstruktionen der Sektorenverschluß mit Sucher in achsialer Richtung um den gleichen Betrag wandert, der sonst auf der geradlinigen Einstellskala abgelesen wird.[1]

Der leitende Gedanke bei dieser Sonderausführung scheint darin bestanden zu haben, alle Einstellungen (also sowohl die der Entfernungs- und Blendenskala als auch die des Verschlusses) in einer Blickrichtung von oben vornehmen zu können; der Aufwand an mechanischen Mitteln ist hier größer als bei der sonstigen Art der Objektivfassungen, zweifellos ist aber diese Art der Einstellung bei Aufnahmen aus freier Hand wertvoll. Die Agfa hat mit ihren Standard-Kameras die Wege gewiesen, mit an sich bekannten Mitteln neue Kombinationen zu schaffen; der Einwand, die Ablesung aller bei der Aufnahme interessierenden Werte von oben sei bei Aufnahmen in Augenhöhe von untergeordneter Bedeutung, kann dadurch entkräftet werden, daß auch bei Apparaten mit der üblichen geradlinigen Einstellskala diese nicht ohne weiteres zu sehen ist, wenn der Durchsichtssucher in Augenhöhe gebraucht wird. Die Tatsache, daß die Einstellskala auf dem Umfang eines Kreises von etwa 60 mm Durchmesser aufgetragen ist, gibt von vornherein die Möglichkeit einer mühelosen Ablesung der eingravierten Intervalle für die verschiedenen Entfernungen und die Möglichkeit der Schätzung dazwischenliegender Werte. Bei einer Brennweite des Objektivs von $f = 10{,}5$ cm beträgt die mit dem Einstellhebel vorzunehmende Verschiebung zwischen den Marken ∞ und 2 m zirka 40 mm; die Intervalle für die Einstellungen ∞, 9, 5, 3 und 2 m betragen etwa 8,5, 7,0, 11,0 und 9 mm. Außer der bei Verschlüssen bekannten Anordnung der Blendenskala am Umfange ist die hier verwendete Aufzeichnung der Verschlußgeschwindigkeiten auf einem Kreissektor erwähnenswert.

Es mag dahingestellt bleiben, ob die Einstellung der jeweiligen Entfernung durch Radialhebel oder Schneckengangfassung in bezug auf die feste Haltung der Kamera in der Hand praktischer ist; da die Belichtung, d. h. die Auslösung des Verschlusses, erst nach der Einstellung erfolgt und die Anordnung des dabei in Betracht kommenden Hebels fast überall die gleiche ist, so scheidet die Frage des Vorzuges der einen oder anderen Art der Einstellung in dieser Hinsicht aus.

b) Die Einstellung der Bildschärfe durch Verschiebung eines Teiles des optischen Systems. Die Konstruktion von sehr kompendiösen Apparaten kleinen Formats ($4 \times 6^1/_2$ cm), insbesondere von solchen mit Scherenspreizen und vollkommen eingebautem Verschluß, hat es mit sich gebracht, daß auf rascheste Bereitschaft großer Wert gelegt werden mußte; man verzichtete daher aus konstruktiven Gründen auf eine besondere Naheinstellung durch Verstellung der Scherenspreizen und auf eine Verschiebung des ganzen Verschlusses. Da aber andererseits bei Verwendung lichtstarker Objektive (1 : 4,5) und der für das Format $4 \times 6^1/_2$ cm allgemein gebräuchlichen Brennweite von $f = 7{,}5$ cm der Tiefenschärfenbereich unter Zugrundelegung eines Zerstreuungskreises von 0,1 mm nicht ausreichte, um bei einer Einstellung alle zwischen „Unendlich“ und etwa 2 m liegenden Gegenstände mit genügender Schärfe zu erfassen, so entschloß man sich zu dem etwas gewagten Schritt, die Linsenabstände des Objektivs zu dem Zwecke zu ändern, um die Brennweite bzw. Bildweite entsprechend zu beeinflussen.

[1] Ähnlich sind die Modelle der Firma Dr. Aug. Nagel in Stuttgart durchgebildet.

Die Firma CARL ZEISS in Jena hat sich am 8. August 1914 eine diesbezügliche Ausführungsform schützen lassen; der Schutzanspruch (D. R. G. M. Nr. 615337) lautet etwa folgendermaßen:

„Mehrgliedriges Objektiv, dessen vorderstes, mit dem nächsten nicht verkittetes und besonders gefaßtes Glied zum Zwecke der Einstellung des Objektivs auf Gegenstände in verschiedenen Entfernungen gegenüber dem nächsten Glied in der Richtung der optischen Achse verschoben werden kann, wobei seine vordere Fassung einen Gewindeteil aufweist, der in einen entsprechenden Gewindeteil der Mittellinsenfassung eingreift und dazu dient, jene Verschiebung zu bewerkstelligen, während sie andererseits zum Zwecke einer genauen Zentrierung einen zylindrischen Teil enthält, der genau in einem zylindrischen Teil der Mittellinsenfassung läuft.“

Der Schutzanspruch bezieht sich auf die rein bauliche Anordnung des ganzen Objektivs und setzt das Prinzip der Verschiebung der Vorderlinse gewissermaßen als bekannt voraus; es liegt ja auch sehr nahe, gerade die Vorderlinse zu verschieben, weil sie am besten zugänglich ist und auch ohne weiteres eine Markierung der Verdrehung gegenüber den feststehenden Teilen zuläßt. Selbstverständlich darf unter dieser Voraussetzung die Vorderlinse höchstens eine ganze Umdrehung machen, damit gleiche Teile der Skala nicht zweimal den Index treffen; dieser Forderung kann ohne weiteres trotz Wahl einer geringen Gewindesteigung entsprochen werden, weil die achsiale Verschiebung der Vorderlinse bei $f = 75$ mm nur etwa 0,8 mm beträgt.[1]

In letzter Zeit haben sich verschiedene Firmen dieses Mittels der Naheinstellung bedient, und zwar: CONTESSA-NETTEL A.-G. bei der Picolette Nr. 201 ($4 \times 6^1/_2$ cm), KODAK A.-G. bei der Folding-Pocket Nr. 1 (Rollfilmkamera 6×9 cm), AGFA A.-G. bei der Billy-Rollfilmkamera 6×9 cm, VOIGTLÄNDER & SOHN A.-G. bei der Rollfilmkamera Bessa und ZEISS-IKON A.-G. bei der Ikonta 6×9 cm (Einzelheiten siehe bei Besprechung der sogenannten Fix-Focus-Kameras.)

10. Vorrichtung zum Verhindern des Einschiebens des verstellbaren Objektivträgers, bevor das Objektivbrett sich genau in der Mittelstellung befindet. Bei Kameras kleineren Formats und solchen, die sehr eng gebaut sind, werden der Balgen und andere Teile sehr oft dadurch zerstört, daß der Objektivträger in die Kamera eingeschoben wird, bevor das Objektiv genau in die durch Markierung gekennzeichnete Mittellage gebracht wurde. Da bei zeitgemäß durchgebildeten Handapparaten im Gehäuse nur sehr wenig freier Platz ist, muß sich der Objektivträger vor dem Zuklappen der Kamera stets in seiner Normallage befinden. Dies wird, wie die Erfahrungen gelehrt haben, oft vergessen und man bemerkt das Versehen erst dann, wenn der Objektivträger bereits zurückgeschoben wurde. Man war daher bemüht, diese Mängel zu beseitigen, d. h. das Einschieben des Objektivträgers solange unmöglich zu machen, als sich das Objektiv nicht in richtiger Stellung befindet. Dies kann z. B. dadurch geschehen, daß durch die Verschiebung des Objektivbretts nach oben oder unten und durch die seitliche Verschiebung des Objektivträgers Anschläge in die Bahn eines Hindernisses gebracht werden, welches auf einem beim Einschieben nicht bewegten Teil der Objektivträgerführung angebracht ist. Ist das Objektiv wieder in die Normalstellung gelangt, so kann z. B. ein Stift durch Schlitze in den Anschlägen hindurchgleiten und die Kamera läßt sich schließen.

Eine andere Möglichkeit besteht in der Anordnung eines am Objektivschlitten angebrachten selbsttätig in seine Sperrlage tretenden Riegels, der durch eine

[1] Vgl. K. PRITSCHOW, Phot. Ind. 1929, S. 577—579.

am Objektivbrett-Träger befestigte durch das in mittlerer Höhenlage befindliche Objektiv in Wirkung zu setzende Auslösevorrichtung nur dann ausrückbar ist, wenn der Objektivbrett-Träger nicht verschoben ist. (Wegen Einzelheiten siehe D. R. P. Nr. 199446 und 210874 der Firma FABRIK PHOTOGR. APPARATE AUF AKTIEN, VORM. R. HÜTTIG U. SOHN in Dresden-A.)

Die Durchführung derartiger Sicherungsvorrichtungen ist heute reiflich zu überlegen; der durch ihre Anwendung bedingte Mehrpreis steht in keinem Verhältnis zum erreichten Erfolg, so daß man jetzt darauf verzichtet, Einrichtungen zu schaffen, die nicht unbedingt eine Erhöhung der Gebrauchsfähigkeit bedeuten. Man begnügt sich damit, die Gebrauchsanweisungen für den Apparat so sorgfältig zu bearbeiten, daß bei deren Beachtung der Verbraucher am sichersten gegen Schäden geschützt wird.

11. Die Befestigung des Balgens am Kameragehäuse. Die Formgebung des Balgens ist durch das jeweilige Kameraformat bedingt; da die meisten Formate rechteckig sind, ergeben sich daraus ohne weiteres die Abmessungen der größten Balgenfalte. Diese wird meist durch Ankleben, durch einen besonderen Metallrahmen o. dgl. mit dem Kameragehäuse verbunden, wobei auf größte Lichtdichtigkeit zu achten ist. Da einerseits die Außenmaße des Kameragehäuses

Tabelle 8.
Blendrahmen-Abmessungen der verschiedenen Plattenkameras

Plattenformat in cm	Bildausschnitt in mm	Fabrikat
4,5 × 6	47 × 64	ZEISS-IKON „Atom“
	44 × 59	VOIGTLÄNDER „Bergheil“
	43 × 63	ERNEMANN „Heag XV“
	42 × 56	ICA „Bébé“
6,5 × 9	67 × 91	ZEISS-IKON „Ideal 111“
	65 × 90	KENNGOTT „Matador“ und MENTOR „Compur.-Reflex“
	64 × 89	VOIGTLÄNDER „Avus“
	64 × 88	ZEISS-IKON „Maximar“ und „Donata“, sowie Dr. NAGEL Mod. Nr. 14 und 18
	64 × 86	VOIGTLÄNDER „Vag“ und IHAGEE „Neugold“
	63 × 87	VOIGTLÄNDER „Bergheil“, PLAUBEL „Makina“, Patent-Etui-Kam.
	62 × 86	ERNEMANN „Heag VII“ und CONTESSA-NETTEL „Deckrouleau“
9 × 12	92 × 122	ZEISS-IKON „Ideal“
	89 × 118	ZEISS-IKON „Simplex“ und „Trona“, WELTA „Watson“
	89 × 115	ZEISS-IKON „Universal-Juwel“
	88 × 120	BENTZIN „Flach-Primar“
	88 × 118	VOIGTLÄNDER „Avus“, ZEISS-IKON „Favorite“, AGFA „Isolar“ und „Standard“, Dr. NAGEL Mod. 30 und 33
	88 × 116	VOIGTLÄNDER „Vag“
	86 × 118	IHAGEE „Derby“
	86 × 117	VOIGTLÄNDER „Bergheil“, Patent-Etui-Kamera
	86 × 116	ZEISS-IKON Tropenkamera (Holz)
10 × 15	101 × 147	IHAGEE „Pionier“
	98 × 147	ICA „Volta“
	96 × 148	VOIGTLÄNDER „Bergheil“
	96 × 146	ERNEMANN „Heag II“
	95 × 142	CONTESSA-NETTEL „Deckrouleau“

durch die Außenmaße der Kassette und andererseits die Dimensionierung des sogenannten Blendrahmens durch möglichst weitgehende Ausnutzung des Formates bestimmt werden, ist auch die Breite der letzten für die Befestigung verbleibenden Balgenfalte innerhalb enger Grenzen festgelegt; hieraus läßt sich schließen, daß die Befestigung des Balgens am Kameragehäuse um so besser durchführbar ist, je größer die Außenmaße der Kamera sind, weil dann die Breite der Balgenfalte bei gleichbleibender Größe des Blendrahmenausschnittes zunehmen kann. Aus dem gleichen Grunde sind die Plüschdichtungsstreifen für die Kassette bzw. den Mattscheibenrahmen bei relativ klein gehaltenem Kameragehäuse schmäler als bei Kameragehäusen von normalen Abmessungen.

Leider zeigen trotz der heute ziemlich einheitlich festgelegten Maße der Trockenplatten die Abmessungen der Blendrahmen bei den verschiedenen Erzeugnissen jener Firmen, die Plattenkameras herstellen, ziemlich starke Abweichungen voneinander: zum Teil stimmen die Schmalseiten, zum Teil die Längsseiten überein, manchmal keine von beiden, wie die Tabelle 8 (s. S. 80) erkennen läßt.

Es ist auch gebräuchlich, vor der äußeren Blendrahmenseite des Kameragehäuses einen zweiten Rahmen mit U-förmig umgebogenem Rand anzubringen, der in die äußerste Balgenfalte greift und diesen lichtdicht gegen den Blendrahmen preßt. Diese an sich einwandfreie Art der Balgenbefestigung verhindert eine Auswechslung des Balgens (z. B. bei Reparaturen), weil der Balgen durch Umbördelung des Rahmenteiles befestigt wird und eine Aufbördelung des umgreifenden Rahmens dessen Zerstörung bedeuten würde. Um dies zu verhindern, wurde von der Certo-Ges. m. b. H. in Dresden-Zschachwitz eine Verbesserung geschaffen: vor der inneren Blendrahmenseite ist ein zweiter mit umgebogenem Rand versehener Rahmen angebracht, der in die Balgenfalten greift; das besondere Kennzeichen sind Befestigungszungen o. dgl., die am Randteil des Rahmens angebracht sind und über den Blendrahmen greifen (D. R. P. Nr. 446331).

Wie bereits oben erwähnt wurde, ist das Ankleben der letzten Balgenfalte an die innere Gehäusewand ein Verfahren, das vielfach angewandt wird und bei fachmännischer Kontrolle auch einwandfrei ist; Voraussetzung dafür ist, daß die innere Gehäusewand (Aluminiumblech) eine entsprechend rauhe Oberfläche hat, damit die mittels Zementleim vorgenommene Verbindung zwischen Lederbalgen und Metall eine innige sei.

12. Die Befestigung des Balgens am Objektiv. Der Lederbalgen photographischer Handkameras ist im Gegensatz zum Lederbalgen bei Stativ- und Reiseapparaten konisch ausgebildet; er hat die Gestalt einer abgestuften Pyramide von rechteckiger Basis und verläuft mehr oder weniger konisch, je nachdem, ob es sich um Kameras mit einfachem oder doppeltem Auszug handelt. Der aus etwa zwölf Falten bestehende Lederbalgen einer 9×12 cm-Kamera mit einfachem Auszug hat in zusammengepreßtem Zustand, wie er der geschlossenen Kamera entspricht, eine Dicke von etwa nur 5 bis 6 mm; die Außenmaße der größten Balgenfalte sind z. B. bei der Vag-Kamera der Firma Voigtländer & Sohn A.-G., Braunschweig, zirka 140×105 mm, während die kleinste Falte zirka 52×52 mm groß ist. Es findet also ein langsamer Übergang von der rechteckigen zur quadratischen Form statt, der sich daraus ergibt, daß die Platte bzw. das Bild durch gerade Linien begrenzt wird, während das aus dem Objektiv austretende Lichtstrahlenbündel einen runden Querschnitt hat.

Bei Kameras mit doppeltem Auszug ist die Zahl der Falten entsprechend größer. Sie beträgt bei einer 9×12 cm-Kamera etwa 18; der zusammengepreßte Lederbalgen nimmt hier einen Raum von etwa 10 bis 12 mm ein. Während die äußeren Abmessungen, d. h. die Maße am Ort der Befestigung des Balgens an der Kamera, die selben sind, gleichgültig, ob es sich um einfachen oder doppelten Auszug handelt, schwanken sie am verjüngten Ende mit der Brennweite und insbesondere mit der Lichtstärke des Objektivs; mit wachsendem Öffnungsverhältnis ist die Verwendung eines Verschlusses von größeren Außenmaßen erforderlich, welcher ein entsprechend größeres Anschraubgewinde besitzt. Die Verbindung des Balgens mit dem Objektivträger ist aus Abb. 76 ersichtlich; sie erfolgt in sehr einfacher Weise dadurch, daß zunächst am Ende des Balgens eine Metalleinlage, die sogenannte Balgenplatte, vorgesehen ist, welche mit dem Balgen durch Verleimen (Zementleim) verbunden wird. Sobald das Verschluß-Anschraubgewinde durch die Öffnung des Objektivträgers von vorne hindurchgeführt ist, wird der Balgen gegen die Rückwand gepreßt und dann der Vorschraubring des Verschlusses aufgeschraubt; da dieser mit Schlitzen zum Einsetzen eines Schlüssels versehen und so gestaltet ist, daß sich der kleinere zylindrische Teil durch die Öffnung in der Balgenplatte hindurchschiebt, während der größere Bund sich auf diese legt, erfolgt eine selbsttätige Zentrierung des Verschlusses mitsamt dem Objektiv; ein Verdrehen des letzteren wird durch Zwischenschaltung eines Gummiringes verhindert, der gleichzeitig gegen Lichteinfall sichert. Bei neueren Verschlüssen (z. B. beim Compurverschluß) wird die Verdrehung des Verschlusses dadurch vermieden, daß ein an diesem befestigter Stift in ein Loch der Objektivträgerplatte greift.

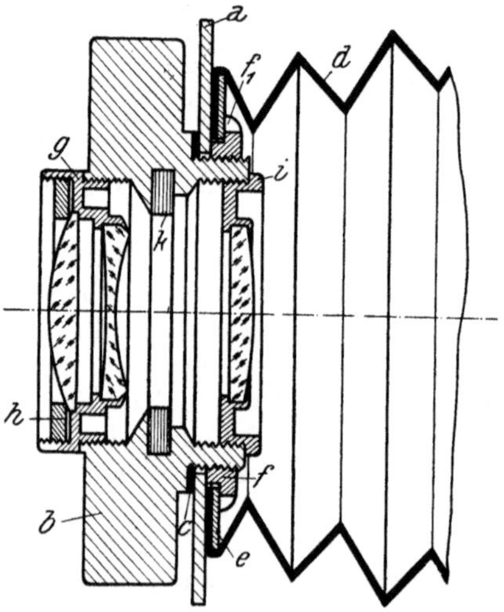

Abb. 76. Verbindung zwischen Verschluß, Objektiv und Balgen. Zwischen dem das Objektiv tragenden Zentralverschluß und dessen Anschraubring liegt der Träger des Verschlusses sowie das Ende des Balgens mit der Balgenplatte. *a* Objektivträger, *b* Verschluß, *c* Zwischenring (Gummi) zum Schutz gegen Verdrehung des Verschlusses, *d* Balgen, *e* Balgenplatte, *f* Anschraubring mit Schlitzen f_1, *g* Objektiv-Vorderfassung mit Vorschraubring *h*, *i* Objektiv-Hinterfassung, *k* Verschluß- und Iris-Lamellen

Zweifellos kann durch unbeabsichtigte Verdrehung des Verschlusses eventuell eine Lockerung des Anschraubringes in seinem Sitz und damit die Lösung des vorderen Balgenendes zwischen den Preßflächen eintreten. Eine zuverlässige Art der Balgenbefestigung, die in einfachster Weise vorgenommen werden kann, ist auch jene, bei der am Rande oder nahe dem Rande der den Objektivverschlußstutzen aufnehmenden Durchbrechung des Objektivträgerbleches Ansätze, z. B. Lappen, vorgesehen sind, die sich gegen die rückwärtige Fläche des im vorderen Abschlußteil des Balgens befindlichen Balgenhaltebleches pressen und damit den Balgen sowie das Balgenhalteblech gegen das Objektivtragblech festlegen.

Ein weiterer Vorzug dieser Art der Balgenbefestigung ist die durch die Halteklappen beim Umbiegen sich vollziehende genaue Einstellung des Balgenbleches (und damit des Balgens) in die Befestigungslage; dies wird durch Aussparungen am Rande der im Balgenblech befindlichen Durchbrechung für den Objektiv- oder Verschlußstutzen erreicht, in die sich die Lappen des Objektivtragbleches legen, bevor ihre Umlegung erfolgt (D. R. P. Nr. 461208 der Firma ZEISS-IKON A.-G., CONTESSA-Werk in Stuttgart).

13. Die Balgenstrecker. Bei Gelegenheit der Besprechung der Einzelheiten des doppelten bzw. dreifachen Auszuges wurde erwähnt, daß die Ausmaße des Balgens von der Länge des Laufbodens und damit auch des Laufschlittens abhängen; wohl wird die Zahl der Balgenfalten nicht verdoppelt, wenn der Auszug eine etwa zweifache Länge annimmt, aber schon die Erhöhung auf das etwa $1^1/_2$fache genügt, um ein „Durchhängen" des relativ langen Balgens infolge seines Eigengewichtes herbeizuführen, wenn Aufnahmen ohne Verstellung des Laufschlittens, d. h. von weit entfernten Gegenständen, gemacht werden. Die Folge davon ist, daß einige Falten des nicht ausgezogenen Balgens, und zwar die der oberen Seite, den Gang der vom Objektiv kommenden Lichtstrahlen stören, wodurch das Bildformat nicht allseitig von geraden Linien begrenzt erscheint. Schon bei Einführung des doppelten Auszuges hat man diesem Umstande Rechnung getragen und im Laufe der Zeit wurde eine Reihe sehr interessanter Konstruktionen bekannt; die Forderung, welche bei den äußerlich zum Teil sehr verschiedenartigen Anordnungen gestellt wurde, war jedoch immer die gleiche: ein Zusammenfassen einiger nebeneinanderliegender Balgenfalten durch mechanische zum Teil federnde Mittel anzustreben; diese Zusammenfassung soll solange wirken, als der Laufschlitten nicht über eine gewisse Grenze hinausgeschoben ist und soll selbsttätig entkuppelt werden, wenn diese Grenze durch Strecken der übrigen Falten überschritten wurde.

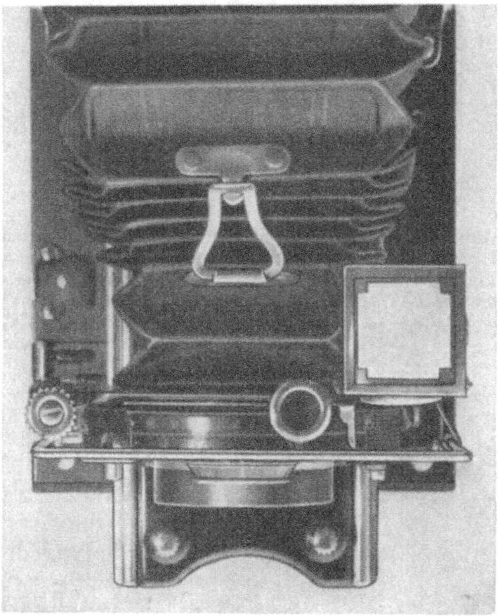

Abb. 77. Selbsttätiger Balgenstrecker. Beide Teile der Vorrichtung sind am Balgen befestigt

Bei allen Bauarten war die selbstverständliche Bedingung zu erfüllen, daß beim Zurückschieben des Objektivträgers in das Kamerainnere eine selbsttätige Kupplung derjenigen Teile erfolgt, aus denen die Balgenstreckvorrichtung besteht, so daß sie bei jeder Aufnahme betriebsfähig ist.

An sich ist es ganz belanglos, ob die vorübergehende Verkürzung des Balgens durch Zusammenhalten der hinteren oder vorderen Falten erzielt wird. Es ist auch nicht unbedingt erforderlich, daß der eine Haltepunkt der Vorrichtung am Balgen und der andere an einem festen Teil der Kamera, z. B. der Standarte oder dem Objektivbrett, angeordnet wird; prinzipiell genügt es, wenn zwecks Verkürzung einige Balgenfalten zusammengehalten werden, was auch durch Befestigung beider Teile der Vorrichtung an verschiedenen Falten des Balgens erreichbar ist. (Vgl. Abb. 77.)

Eine sehr interessante Bauart ist in Abb. 78a und 78b dargestellt; im Gegensatz zu späteren Ausführungen besteht die Balgenstreckvorrichtung hier nicht aus zwei losen Gliedern, die sich selbsttätig kuppeln, sondern aus einem Winkelhebel, dessen beide Schenkel gelenkig verbunden sind. Im zusammengelegten Zustande der Kamera legen sich die aus relativ dünnem Blech gestanzten Hebel mit Reibung aufeinander und halten dadurch die betreffenden Falten zusammen; wird der doppelte Auszug gebraucht, so werden die Schenkel der Hebel um den gemeinsamen Drehpunkt bis zu einem Anschlag auseinandergetrieben und bilden kein Hindernis. Die Einrichtung hat den Vorzug, daß kein Ent- und Wiederkuppeln von Teilen stattfindet und somit auch kein Versagen in dieser Richtung möglich ist.

Bei den meisten im Handel befindlichen Kameras mit Balgenstreckvorrichtungen ist ein Teil derselben am Objektivbrett, der andere an einer Falte des Balgens angebracht; es ist dabei gleichgültig, ob die Befestigung an den seitlichen oder an den oberen und unteren Flächen des Balgens vorgenommen wird. Abb. 79 zeigt eine Ausführungsform letzterer Art, wobei zum besseren Verständnis die beiden Teile entkuppelt sind.

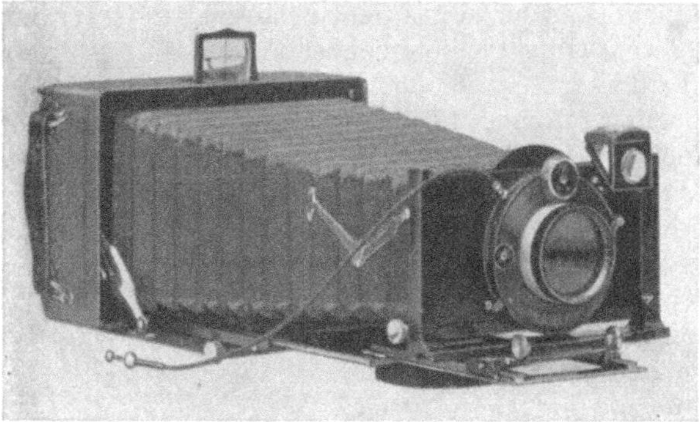

Abb. 78 a. Selbsttätig wirkende Balgenstreckvorrichtung. Der Balgenspanner ist in der Abbildung (langer Auszug) außer Wirksamkeit. Die dargestellte Kamera ist die Alpinkamera 10 × 15 cm der Firma Voigtländer & Sohn, Braunschweig. Abmessungen des Gehäuses in geschlossenem Zustand 18 × 12,5 × 5,5 cm, Gewicht zirka 1100 g, Balgenlänge 34,5 cm

Obwohl eingangs als unerläßliche Voraussetzung die Forderung gestellt wurde, daß sich die beiden Teile der Balgenstreckvorrichtung beim Zusammenlegen der Kamera bzw. beim Zurückschieben des Objektivträgers selbsttätig „fangen" sollen, so gibt es doch Einrichtungen, die bei Apparaten in mittlerer Preislage zu finden sind und vollkommen einwandfrei arbeiten, bei denen aber auf die nicht immer zuverlässige selbsttätige Kupplung der in Betracht kommenden Elemente verzichtet wurde. Ein Beispiel eines derartigen zum Teil von Hand zu bedienenden Balgenstreckers ist in Abb. 80 dargestellt; seine Wirkungsweise ist ohne weiteres verständlich. Ungefähr ein Drittel der Gesamtzahl der Balgenfalten wird für gewöhnliche Aufnahmefälle durch das Zusammenwirken einer federnden Öse und eines Haltepunktes an der Standarte zusammengehalten und erst bei Spannung des Balgens selbsttätig auseinandergezogen. Beim Wiederzusammenlegen der Kamera kann eine selbsttätige Vereinigung der beiden so ausgebildeten Teile nicht stattfinden, sie muß vielmehr von Hand aus vorgenommen werden; da diese ebenso einfache wie unbedingt zuverlässige Balgenstreckvorrichtung ihren Zweck vollkommen erfüllt und Aufnahmen mit doppeltem Auszug nicht zu häufig gemacht werden, findet eine Entkupplung der beiden Teile relativ selten statt.

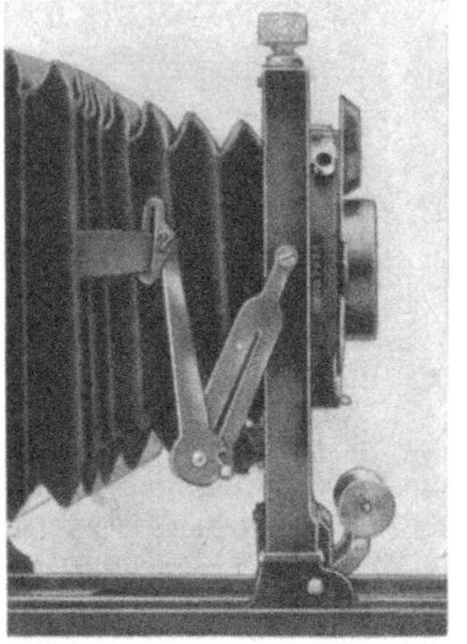

Abb. 78 b. Selbsttätiger Balgenspanner in Funktion (Vorderteil aus Abb. 78 a vergrößert)

Der Wert einer Balgenstreckvorrichtung, gleichviel welcher Bauart, darf nicht überschätzt werden; bei Kameras kleineren Formats, wo die Länge und damit das Eigengewicht des Balgens nicht groß ist, kann eine derartige Einrichtung ohne weiteres entbehrt werden; es gibt sogar eine Reihe von Kameras im

Format 9 × 12 cm mit doppeltem Auszug, welche nicht damit ausgerüstet sind, — vielleicht deshalb, weil der Balgen genügende Steifigkeit besitzt und ein „Durchhängen“ nicht zu befürchten ist. Bei Modellen vom Format 10 × 15 cm aufwärts ist eine Sicherheitsmaßnahme jedoch unbedingt erforderlich.

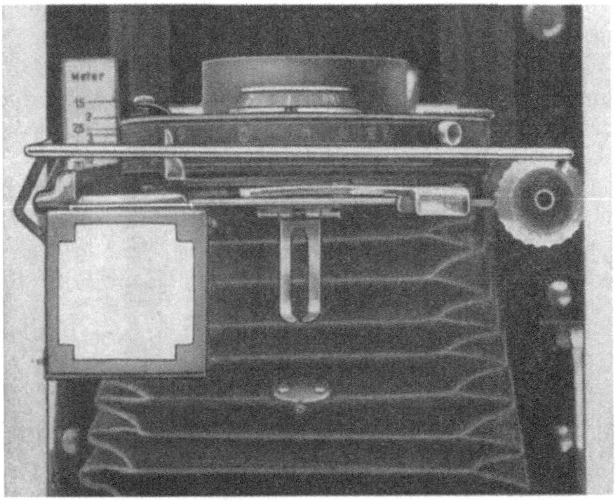

Abb. 79. Selbsttätige Balgenstreckvorrichtung entkuppelt. Beim Einschieben des Objektivträgers in das Gehäuse tritt eine selbsttätige Kupplung, der teils am Objektivträger, teils am Balgen befestigten Bestandteile der Balgenstreckvorrichtung ein. Bergheilkamera von VOIGTLÄNDER & SOHN A.-G., Braunschweig, von oben gesehen

14. Die Einrichtungen zum Beobachten der horizontalen Lage der Kamera. Sowohl beim Arbeiten aus freier Hand als auch beim Arbeiten mit dem Stativ ist es im allgemeinen erforderlich, den Apparat so auszurichten, daß der Laufboden horizontal oder, was das gleiche ist, daß die Bildebene vertikal steht; dadurch ergibt es sich von selbst, daß die optische Achse horizontal verläuft. Es gelingt ohne besondere Hilfsmittel, den Apparat in die richtige Stellung für die Aufnahme zu bringen, indem man entweder die horizontale oder die vertikale Begrenzungslinie des Mattscheibenrahmens bzw. entsprechende parallele Linien auf der Mattscheibe mit horizontal bzw. vertikal verlaufenden Linien am Gegenstand in Übereinstimmung bringt; so werden z. B. die vertikal verlaufenden Kanten von Häusern mit Vorteil zur Orientierung bei der Haltung bzw. Aufstellung der Kamera benutzt, wie denn überhaupt häufiger zur Anlehnung an lotrechte Linien Gelegenheit gegeben ist.

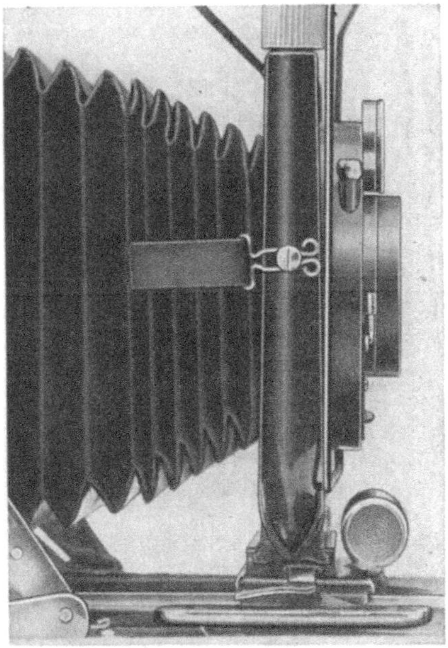

Abb. 80. Halbautomatische Balgenstreckvorrichtung. Durch das Herausbewegen des Objektivträgers zwecks Nahaufnahmen löst sich die am Balgen befestigte federnde Drahtöse selbsttätig vom Halteorgan an der Standarte; das Wiedereinhängen erfolgt von Hand aus. Avus-Kamera von VOIGTLÄNDER & SOHN A.-G., Braunschweig

Von der Tatsache ausgehend, daß in sehr vielen Fällen (besonders bei Aufnahmen aus freier Hand) der Aufsichtssucher zur Einstellung verwandt wird, ist mit diesem meist eine Libelle verbunden, welche zugleich mit dem Bild im Sucher gesehen wird, da sie in ganz geringer Entfernung vom Sucher an diesem befestigt ist. Eine Röhrenlibelle ist entweder ein Glasrohr, welches überall gleich weit und nach einem sehr großen Krümmungsradius gebogen ist, oder (besser) ein sehr sorgfältig faßförmig ausgeschliffenes gerades Rohr.[1]

In der Photographie haben fast nur die Dosenlibellen Eingang gefunden; diese bestehen aus einem dosenförmigen Gefäß aus Metall, welches durch eine sphärisch nach Art des Uhrglases ausgeschliffene Glasplatte abgeschlossen ist, und zwar so, daß der höchste Punkt des Glases über der Mitte der Dose, deren Unterfläche genau plan abgeschliffen ist, zu liegen kommt. Da es sich bei photographischen Apparaten nicht um exakte Messungen, wie z. B. in der Geodäsie handelt, so genügen die zwar ungenauen, dafür aber wohlfeilen Dosenlibellen vollständig; in ihrer einfachsten Form bestehen sie aus einem Stück

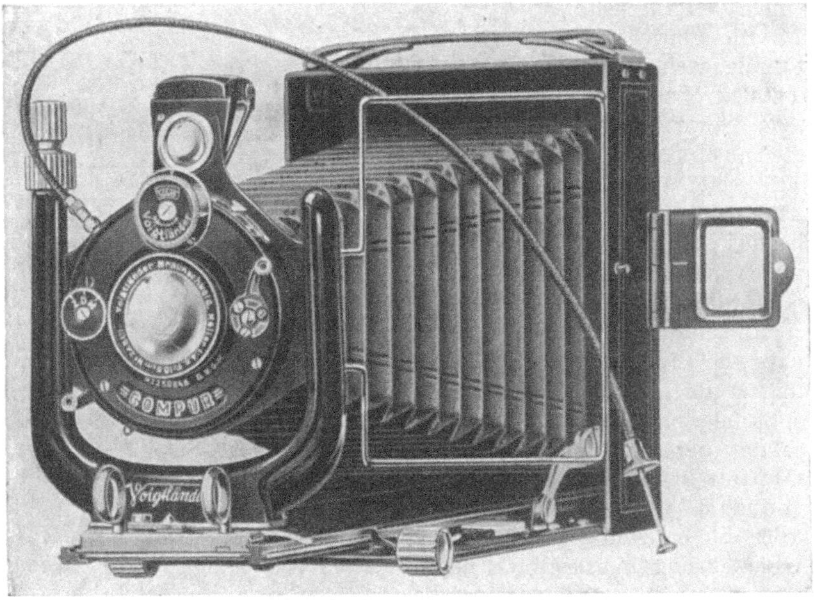

Abb. 81. Platten-Kamera mit doppeltem Auszug. (Objektiv samt Verschluß auswechselbar.) Rahmensucher in Gebrauchs-Stellung. Es sind zwei Libellen vorgesehen, von denen die eine im Stellknopf für die Seitenverstellung des Objektivträgers, die andere im Triebknopf für den Laufboden versenkt angeordnet ist. Bergheil Kamera von Voigtländer & Sohn A. G.

unten zusammengeschmolzenes Glas, das nach dem Ausrichten des Trägers mit einem Bindemittel in diesem befestigt wird.

Im allgemeinen wird, wie bereits erwähnt, die Libelle mit dem Aufsichtssucher verbunden, u. zw. nicht nur, damit die gleichzeitige Beobachtung bei der Beurteilung des Bildausschnittes möglich sei, sondern auch deshalb, weil beim Umlegen des Aufsichtssuchers für Queraufnahmen die gleiche Libelle benutzt wird. Diese verschiedenartige Anordnung des schwenkbaren und zusammenklappbaren Aufsichtssuchers mit Libelle hat leider auch Nachteile; ganz abgesehen davon, daß die Libelle meist an der Fassung der quadratischen Sucherlinse durch einen relativ dünnen Träger befestigt ist und daher leicht Veränderungen ihrer Lage eintreten können, liegt es durchaus im Bereich der Möglichkeit, daß die

[1] Man findet Röhrenlibellen bei Kameras selten: sie sind, falls sie angewendet werden, zumeist als „Kreuzlibellen“, das sind zwei zueinander senkrecht angeordnete Röhrenlibellen, anzutreffen.

Schwenkung des Suchers um 90° beim Übergang von Hoch- zu Queraufnahmen oder umgekehrt nicht immer sorgfältig durchgeführt wird oder daß eine Lockerung in der Lagerung des Suchers durch äußere Einflüsse eintritt. Es ist als ein Fortschritt zu bezeichnen, daß die Firma Voigtländer & Sohn A.-G. bei ihrer neuen Bergheil-Kamera diesem Übelstand ihr besonderes Augenmerk insofern schenkte, als sie die Horizontiervorrichtung nicht mehr mit dem Aufsichtssucher in Verbindung brachte, sondern vollkommen getrennt von diesem — dafür aber geschützt gegen Beschädigungen — in die Stellknöpfe der Kamera verlegte; obwohl diese neue Anordnung zwei Libellen statt einer erforderte, ist doch ein beachtenswerter Gewinn zu verzeichnen, weil die Zuverlässigkeit wesentlich gesteigert wurde (D. R. P. Nr. 449073 für Karl Pritschow, Braunschweig). Bei Kameras, welche je einen Stellknopf für die Höhen- und Seitenverschiebung des Objektivträgers besitzen, können die Libellen dort eingebaut werden; es ist jedoch ohne weiteres möglich, einen der Triebknöpfe für die Fortbewegung des Laufschlittens dafür einzurichten. Vgl. Abb. 79 und 81.

Einen Ersatz für die Dosenlibelle in Verbindung mit dem Spiegelsucher bietet eine kleine Stahlkugel, welche auf einer hohlen (konkaven) Fläche zwischen den zwei Linsen der zweiteiligen Feldlinse frei beweglich angeordnet ist; mit Hilfe eines Fadenkreuzes kann die Horizontierung mühelos vorgenommen werden.

15. Der Laufbodenverschluß. Die bei sämtlichen Plattenkameras mit Laufboden jetzt gebräuchliche scharnierartige Anlenkung des Laufbodens am Kameragehäuse bestimmt die endgültige Laufbodenlage: das Schließen der Kamera muß mit einer Hand erfolgen können, und zwar dadurch, daß man den Laufboden eine Drehung um 90° von der Horizontalen in die Vertikale um seinen Gelenkdrehpunkt ausführen läßt (D. R. P. Nr. 181831 für Gustav Geiger, München). Eine weitere Bewegung ist nicht möglich, weil sich meist der Widerstand von Balgen mit Standarte, Objektiv und Verschluß bemerkbar macht und weil im Gehäuse oder an der Gehäuse-Verschlußfeder mechanische Anschläge vorgesehen sind, welche die Endlage des Laufbodens und dadurch ein für allemal diejenige Stellung bestimmen, in welcher die Verbindung des Laufbodens mit dem Gehäuse erfolgen muß.

Grundsätzlich kann man zwei Arten des Laufbodenverschlusses unterscheiden:

a) Laufbodenverschluß, bei welchem der Druckknopf zum Auslösen der Sperrung in der Mitte des Gehäuses oben liegt und

b) Laufbodenverschluß, bei welchem der Druckknopf zum Auslösen der Sperrung an einer der Seitenwände oben angebracht ist.

Ad a) Bei Kameras kleinen Formats, also mit schmalem Laufboden, und besonders bei solchen in wohlfeiler Ausführung wird fast stets diese Ausführung gewählt; sie findet sich aber auch bei erstklassigen Modellen, und zwar dann, wenn die Gestaltung des Laufschlittens eine andere Möglichkeit nicht zuläßt. Im Prinzip besteht der Laufbodenverschluß aus einer an der oberen Gehäuse-Innenwand befestigten Feder mit Nase, welche in eine Aussparung des Laufbodens oder — in den meisten Fällen — in eine Aussparung im Laufschlitten einschnappt. Um die Kamera zu öffnen, ist ein von außen zu betätigender Zylinder-Druckknopf vorgesehen, durch dessen achsiale Verschiebung der federnde Lappen mit Nase heruntergedrückt und der Laufboden freigegeben wird. Selbstverständlich ist es ohne weiteres auch möglich, die Nase am Laufboden und die Aussparung in der Feder am Gehäuse anzubringen; die Wirkung ist die gleiche.

Da die meisten Kameras, auch wenn sie keinen doppelten Auszug besitzen, doch eine verschiebbare Laufschlittenanordnung haben, wird die erwähnte Aussparung oder dergleichen in dieser vorgesehen werden müssen; das ungehinderte Zusammenarbeiten der beiden Verschlußteile ist in diesem Falle nur dann gewährleistet, wenn sich der Laufschlitten stets in seiner Endlage befindet

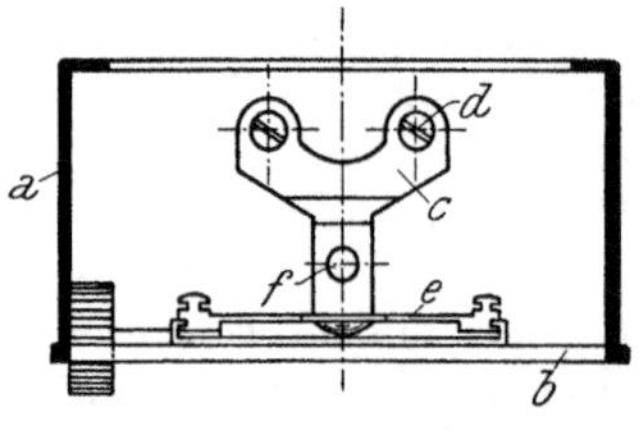

Abb. 82. Laufboden- (Deckel-) Verschluß einfacher Bauart. Der federnde Riegel c ist durch die Schrauben d am Kameragehäuse a befestigt; durch Druck auf den Auslöseknopf bei f, der durch die Wand des Gehäuses a hindurchgeführt ist, wird die Verbindung zwischen dem Riegel c und dem mit dem Deckel b verbundenen Laufschlitten e gelöst, sodaß der Deckel in die Gebrauchsstellung gebracht werden kann

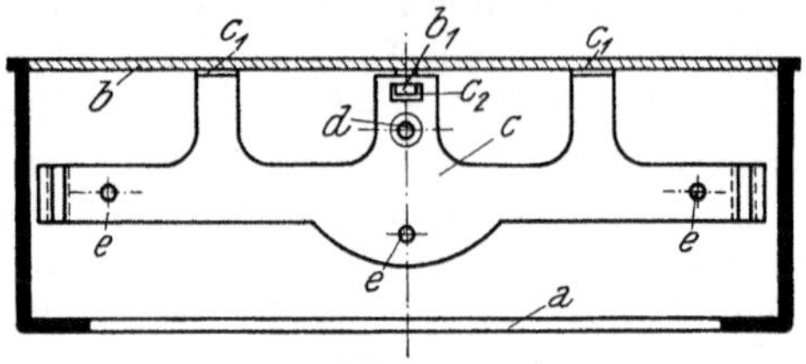

Abb. 83. In der Mitte des Gehäuses angeordnete Vorrichtung für den Verschluß und die doppelseitige Anlage des Laufbodens. a Kameragehäuse, b Laufboden mit Nase b_1, c Laufbodenverschluß mit federnden Ansätzen c_1 und c_2, d Druckknopf, e Befestigungselemente

und diese, sei es durch die Zahntriebsicherung oder eine ähnliche Maßnahme, eindeutig festgelegt wird.

Einer der einfachsten Laufbodenverschlüsse ist in Abb. 82 dargestellt; ein geringer Druck genügt, um die Sperrung aufzuheben, worauf der Laufschlitten sofort freigegeben wird. Besitzt die Kamera eine Umlegestandarte, so wird mit Hilfe einer Feder der Laufboden lediglich durch Druck auf den Verschlußknopf selbsttätig in die Gebrauchsstellung überführt und durch die Spreizenverriegelung darin festgehalten.

Um Einfachheit in der Herstellung mit Zweckmäßigkeit im Gebrauch zu vereinigen, hat die Firma H. Ernemann in Dresden den in der Mitte der oberen Seite des Kameragehäuses angeordneten Druckknopf mit einer Feder in Verbindung gebracht; die Feder ist so ausgebildet, daß der Laufboden sich gegen zwei seitlich vom Verschluß angeordnete federnde Lappen legt. Nach Betätigung des Auslöseknopfes wird der Laufboden so weit geöffnet, daß er von Hand aus in die Gebrauchsstellung überführt werden kann (siehe auch D. R. P. Nr. 428599 der Contessa-Nettel A.-G.). Vgl. Abb. 83.

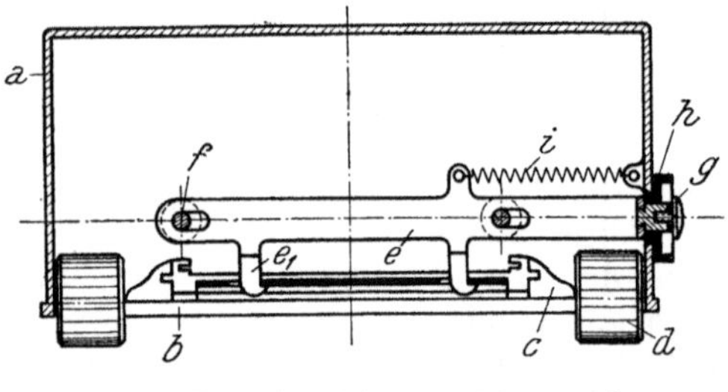

Abb. 84. Doppelt wirkende Haltevorrichtung für den Laufboden mit seitlicher Auslösung. a Kameragehäuse, b Laufboden, c Führungsschienen, d Einstellknopf, e Verschlußschieber mit zwei Nasen e_1, f Führungsschlitze, g Druckknopf mit Schutzring h, i Feder.

Ad b) Die Anordnung der Auslösevorrichtung des Laufbodenverschlusses an einer der Seitenwände ist keine zufällige oder unbeabsichtigte Form; sie ist deshalb notwendig, weil bei der Mehrzahl aller Kameras größeren Formates mit doppeltem Auszug wegen der Breite des Laufbodens eine doppelseitige Festhaltung zweifellos zweckmäßiger ist als eine einzige in der Mitte; dies gilt insbesondere dann, wenn besondere Auflagen für den Laufboden bei geschlossener Kamera vorgesehen sind. Durch diese Maßnahme wird nicht unbedingt die Verlegung des Druckknopfes nach der Seite erforderlich, denn die Betätigung des in Abb. 84

dargestellten doppeltwirkenden federnden Schiebers ließe sich ebenso leicht von oben wie von der Seite durchführen; da man die Kamera beim Öffnen meist so hält, daß der Daumen an der einen Seitenwand liegt, kann der Druckknopf vorteilhaft an dieser Stelle vorgesehen werden. Der Schieber wird in Schienen oder Schlitzen geradlinig geführt und durch eine Feder stets in diejenige Endstellung gezogen, in der die beiden Haken unter entsprechende Aussparungen im Laufschlitten greifen; durch Drücken auf den Knopf, der mit dem Schieber fest verbunden ist und seine Führung in einer besonderen Buchse des Gehäuses erhält, wird die Kupplung zwischen dem Laufboden und dem Gehäuse gelöst und der Laufboden sofort, d. h. unter dem Einfluß der Spreizenfeder, in die Gebrauchslage senkrecht zur Bildebene gebracht. Die Schließung der Kamera erfolgt durch Hochklappen des Laufbodens.

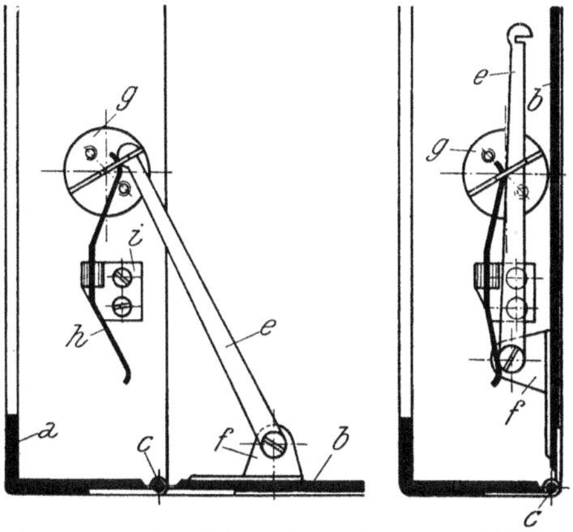

Abb. 85. Spreizenfeder, die gleichzeitig das Öffnen des Laufbodens unterstützt. Bei geöffneter Kamera dient die bei *i* am Gehäuse *a* befestigte Feder *h* zur Sicherung der Lage der Spreize *e* in ihrer Rast bei *g*. Im geschlossenen Zustand des Apparates drückt die Feder *h* auf die Spreize und gleichzeitig über das Lager *f* auf den Laufboden *b*

Eine eigenartige Vereinigung des Laufbodenverschlusses mit dem Kassettenriegel hat die Firma L. O. Bittner A.-G., München, dadurch geschaffen, daß der Verschlußhaken für den Laufboden mit der federnden Verriegelungsvorrichtung für die Kassette zwangläufig verbunden ist; durch diese Maßnahme ist nur e i n e Feder für beide Teile erforderlich (D. R. P. Nr. 402925).

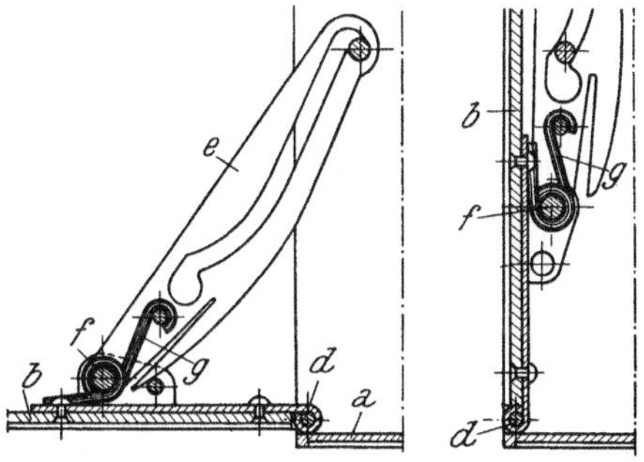

Abb. 86. Selbsttätige Druckfeder zwischen Spreize und Laufboden, unter deren Einfluß letzterer aufspringt. Die am Gelenk *f* angeordnete Feder *g*, die sich mit dem einen Ende auf den Laufboden *b*, mit dem anderen Ende auf die Spreize *e* stützt, ist in der Gebrauchsstellung der Kamera entspannt. Bei geschlossener Kamera ist die Feder *g* gespannt, unterstützt somit die Öffnungs-Bewegung des bei *d* scharnierartig am Gehäuse *a* angelenkten Laufbodens *b*

Bei Besprechung der verschiedenen Bauarten von Plattenkameras mit einfachem oder doppeltem Auszug wurde erwähnt, daß der Laufboden nach dem Betätigen der Auslösevorrichtung sofort in die Gebrauchsstellung springt; dieser Vorzug ist nicht allen Modellen eigen: bei den meisten Apparaten öffnet sich der Laufboden etwas, muß aber dann von Hand aus so weit heruntergedrückt werden, bis die durch die Spreizenrast vorgeschriebene Endstellung erreicht ist. Dieses selbsttätige Öffnen erfolgt unter dem Einfluß von Federn, die an geeigneter Stelle zwischen dem beweglichen Laufboden und dem feststehenden Kameragehäuse angeordnet sein müssen. Eine der bekanntesten Lösungen dieser Aufgabe besteht darin, an den Seitenwänden oder am Boden des Gehäuses Federn zu befestigen, die beim Schließen des Laufbodens zusammengedrückt und daher gespannt werden; im Augenblick des Öffnens drücken die Federn, vorausgesetzt, daß die Reibung zwischen Gehäuse und Laufboden nicht zu groß ist, den Laufboden wenigstens so weit nach außen, daß er von Hand gefaßt und seiner Endlage zugeführt werden kann.

Statt den Laufboden direkt auf im Gehäuse angeordnete Federn drücken zu lassen, können dazu auch die Spreizen benutzt werden; eine sehr geschickte Lösung dieser Art zeigt Abb. 85, in welcher eine einzige entsprechend gebogene Feder sowohl die endgültige Lage der Spreize sichert, als auch als Widerlager für diese beim Zusammenlegen der Kamera dient.

Eine der interessantesten diesbezüglichen Konstruktionen hat in jüngster Zeit die Firma VOIGTLÄNDER & SOHN A.-G., Braunschweig, bei ihren sämtlichen Kameramodellen ausgeführt: es handelt sich um die Anordnung einer Feder am Laufboden-Scharnierdrehpunkt, die um diesen gewickelt und in der Gebrauchslage der Kamera entspannt ist. Vgl. Abb. 86. Beim Schließen des Laufbodens stützt sich das eine freie Ende der Feder auf den Laufboden, während das andere an der Spreize befestigt ist; es tritt somit eine Spannung der Feder ein, die um so größer wird, je mehr sich der Laufboden seiner Endlage am Gehäuse nähert. Dies reicht vollkommen aus, um den Laufboden zurückzudrängen; die Ausführung hat den Vorzug größter Einfachheit und Zuverlässigkeit (D. R. G. M. Nr. 963320).

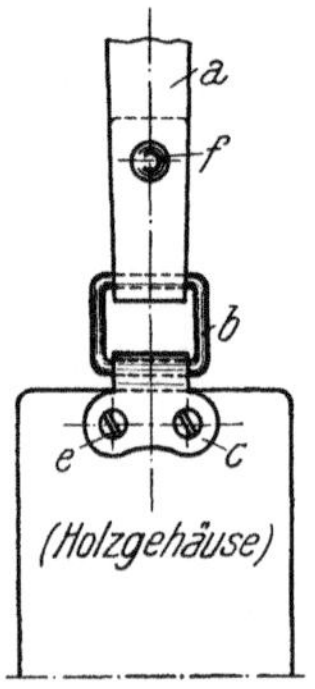

Abb. 87. Einfachste Form der Tragriemenbefestigung. Bei Kameras mit Holzgehäuse erfolgt die Befestigung des Tragriemens *a*, dessen Ende durch den Niet *f* schlaufenartig ausgebildet ist, mittels eines Zwischengliedes *b*, das in der am Kameragehäuse durch die Holzschraube *c* befestigten Riemenöse *e* drehbar gelagert ist

16. Die Tragbügel und deren Befestigung. Mit Ausnahme der ganz kleinen Kameramodelle, der sogenannten Westentaschenkameras, werden fast alle Handkameras mit einer Vorrichtung zum Tragen ohne Behälter versehen; Ausnahmen bilden vielleicht besonders billige Apparate. Der eigentliche Tragbügel ist bei besseren Apparaten durchweg aus Leder, bei einfacheren Modellen aus einem Kunststoff wie Kaliko oder dgl. hergestellt. Die Gesamtanordnung des Tragriemens einschließlich seiner Befestigung zerfällt meist in drei Teile, und zwar:

a) den eigentlichen Tragriemen,
b) die Haltevorrichtung am Gehäuse,
c) das diese beiden Elemente verbindende Zwischenglied.

Die einfachste Form der Tragriemenbefestigung, die sich besonders bei Apparaten mit Holzgehäuse eingebürgert hat, ist jene, bei welcher je eine aus Blech gestanzte Öse durch zwei oder drei Holzschrauben mit den Seitenwänden der Kamera verbunden wird; ein ringförmiges oder rechteckiges Zwischenglied aus Draht ist schon vorher mit der Öse (drehbar) so vereinigt, daß eine gewissermaßen scharnierartige Verbindung entsteht. Abb. 87. Der an beiden Seiten zunächst noch offene Riemen wird durch die beiden Zwischenglieder geschoben; dann wird durch Nieten die endgültige Verbindung der umgelegten Riemenenden mit dem Hauptteil hergestellt. Sehr oft werden auch sogenannte Hohlniete verwandt, welche durch Spezialwerkzeuge (Zangen) so deformiert werden, daß eine solide und saubere Verbindung mit dem Riemen in raschester Zeit hergestellt werden kann. Statt der seitwärts angeordneten Haltevorrichtung können auch von oben Holzschrauben mit einem Kopf solcher Art am Gehäuse befestigt werden, daß sich das Zwischenglied in Form eines Art Schlüsselringes in eine Bohrung des Kopfes einführen läßt; der Riemen kann am Ring befestigt werden, wenn er auch an seinen Enden vernäht statt vernietet ist. In jedem Falle muß die Länge des Riemens so bemessen sein, daß sich mehrere Finger der Hand ohne Zwang darunterschieben lassen.

Bei Kameras mit Metallgehäuse sind verschiedene Befestigungsarten des Tragriemens möglich; Abb. 88 zeigt eine der vielen Ausführungsformen, deren besonderes Kennzeichen die Verbindung der eigentlichen Haltevorrichtung mit dem Gehäuse durch Metallschrauben oder Niete ist. Der Ledertragriemen ist mit einer federnden Metalleinlage versehen, welche dazu dient, den Traggriff beim Nichtgebrauch der Kamera in gestreckter Form an die Gehäusewandung anzulegen, damit nicht unnötig viel Platz für die Unterbringung der Kamera im Behälter erforderlich wird. Bei der Bergheil-Kamera der Firma Voigtländer & Sohn A.-G., ist die Wandung des Aluminiumgehäuses an zwei Stellen dicht an den langen Seitenwänden durch längliche Schlitze unterbrochen, durch welche die Tragriemenhalter aus Messingblech so weit hineingesteckt werden, daß sie mit ihren gerollten Enden auf dem Lederbezug aufliegen; in dieser Lage wird die endgültige Verbindung mit

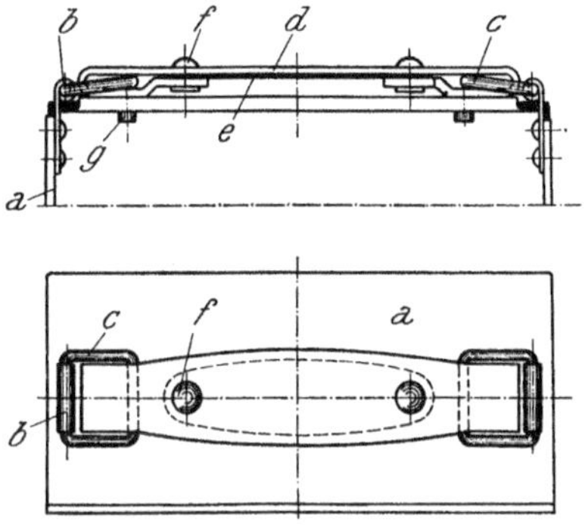

Abb. 88. Gebräuchliche Ausbildung der Tragriemenbefestigung. Mit dem Metallgehäuse *a* ist die Riemenöse *b*, die das Lager für den Ring *c* bildet, durch Vernietung fest verbunden. Der Lederriemen *d*, dessen beide Enden durch die Vernietung bei *f* geschlossene Schlaufen bilden, legt sich einerseits glatt an das Kameragehäuse an und gewährt andererseits in der Gebrauchsstellung der Hand genügend Raum. *e* ist eine Einlage aus Federmetall

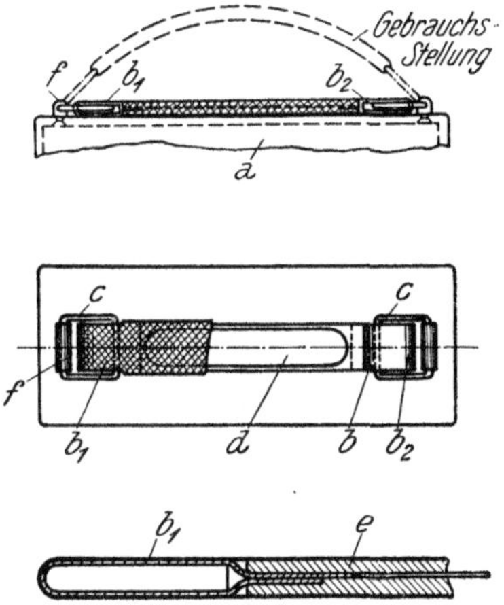

Abb. 89. Federnder Tragbügel für Kameras (Stahlbandeinlage). *a* Gehäuse, *b* Metallbügel mit den geschlossenen Enden b_1 und b_2, *c* Zwischenringe, *d* Aussparung, *e* Lederbelag, *f* Riemenöse

dem Gehäuse durch Nieten hergestellt. Vgl. Abb. 88. Der Tragriemen ist so lang, daß er in gestreckter Lage den Raum zwischen den beiden Haltern ausfüllt; die beiden schlaufenartigen Enden sind so groß gehalten, daß genügend Spielraum für die Endlage des Riemens in der Gebrauchsstellung verbleibt. Im übrigen entspricht die dreiteilige Gesamtanordnung des Tragriemens der zuerst beschriebenen Ausführung. Infolge der Anwendung der erwähnten Metalleinlage, die gleichzeitig als Verstärkung des Tragmittels dient, biegt sich der Tragriemen etwas schwerer; um diesem Übelstand zu begegnen, hat man z. B. die federnde Einlage in mehrere Teile zerlegt, deren ein Ende eine Schlaufe trägt, in welche eine an der Kamera angebrachte Öse eingreift. Die freien Endstücke der Schlaufen sind starr miteinander verbunden. Die dadurch hervorgerufene Spannung im Tragteil sowie die Unterteilung der Einlage können eventuell zu einem Bruch oder zum Zerreißen des Tragriemens an der am meisten auf Biegung und Zug beanspruchten Stelle führen und damit die federnde Wirkung aufheben. Die Firma Contessa-Nettel A.-G. in Stuttgart hat es versucht, die Schmieg- und Biegsamkeit der aus einem Stück bestehenden Einlage zu wahren und gleichzeitig den Spannungswiderstand bei starrer Verbindung der Einlageenden mit der Bewegungsbrücke zu beseitigen; sie hat dieses Ziel dadurch erreicht, daß sie die Enden der Einlage an der unteren Seite der Verbindungsbrücke frei beweglich machte. Dadurch verschieben sich beim Anheben des Tragriemens die freien Enden an der Fläche der Verbindungsbrücke entsprechend der auftretenden Abbiegung und die Spannung des Einlagebügels wird aufgehoben. Weitere Einzelheiten über diese Konstruktion finden sich im D. R. P. Nr. 390893. (Vgl. Abb. 89.)

Die Bestrebungen, in fabrikatorischer Hinsicht Vereinfachungen und damit eine Herabsetzung der Gestehungskosten herbeizuführen, zeitigten die Konstruktion verschiedenartiger Haltevorrichtungen; u. a. hat die I. G. Farben-Industrie A.-G. (Agfa) bei einem ihrer Kameramodelle einen Tragriemenhalter in Anwendung gebracht, der gleichzeitig einen wesentlichen Teil des Kameragehäuseverschlusses enthält, bzw. die den Verschluß des Kameragehäuses bildenden Teile verdeckt (D. R. G. M. Nr. 1003863 und 1015188).

Bezüglich der Tragriemenkonstruktion bei einfachen Kasten- und Rollfilmkameras sei auf die betreffenden Abschnitte verwiesen.

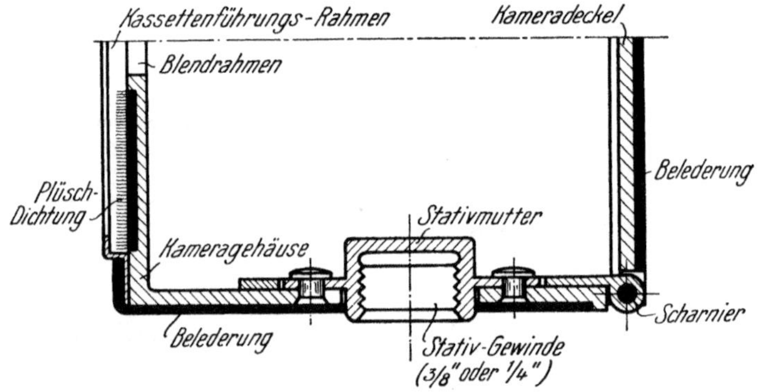

Abb. 90. Stativmutter

17. Die Stativmutter. Um die Kamera auf dem normalen Stativ oder einer Hilfsvorrichtung auf sichere Weise befestigen zu können, ist an jeder Plattenkamera mindestens eine Stativmutter vorgesehen; man versteht darunter eine runde Einsenkung im Kameragehäuse oder im Laufboden von etwa 5 mm Tiefe mit Innengewinde, in die sich der zweckmäßig etwas kürzere Gewindezapfen des Stativs einschrauben läßt.

Die Abmessungen der zwei heute allgemein eingeführten Kameragewinde sind folgende:

Bezeichnung Zoll engl.	Außendurchmesser	Kerndurchmesser	Gewindegänge pro Zoll	Steigung mm
$^3/_8$	9,525	7,492	16	1,5876
$^1/_4$	6,350	4,724	20	1,270

Bei Plattenkameras wird mit sehr wenigen Ausnahmen das größere, das sogenannte „deutsche Kameragewinde" ($^3/_8$") verwandt, während sich das „englische Kameragewinde" ($^1/_4$") vorwiegend bei Rollfilmkameras kleineren Formats (einschließlich der Kleinbildapparate für Normal-Kinofilm) findet, entsprechend dem geringen Umfang und Gewicht dieser Apparate.

Die Stativmutter ist ein meistens aus Messingdraht hergestelltes topfartiges Drehteil mit Flansch, das durch (meist 3) Niete mit dem Kameragehäuse bzw. dem Laufboden (vgl. Abb. 90) verbunden wird; es gibt auch Stativmuttern aus Spritzguß, bei denen das Stativgewinde gleich mitgegossen, also nicht nachträglich angesetzt wird (z. B. im Laufboden der Rollfilmkamera „Billy" der AGFA).

Im allgemeinen ist bei Plattenkameras je ein Stativgewinde auf der Schmal- und Längsseite des Gehäuses angeordnet, um die Kamera sowohl bei Hoch- als auch bei Queraufnahmen auf dem Stativ befestigen zu können; während sich das erstgenannte Gewinde fast stets in der Mitte der Schmalseite anbringen läßt, bestehen auf der Längsseite in dieser Beziehung gewisse Schwierigkeiten, die zumeist auf die Art der Spreizenkonstruktion zurückzuführen sind. Jene Längsseite, an der die Stativmutter befestigt werden muß, ergibt sich aus der Anordnung bzw. jeweiligen Lage des schwenkbaren Aufsichtssuchers.

Bei größeren Kameras mit doppeltem oder dreifachem Auszug ergibt sich leicht eine ungleichmäßige Verteilung der Massen gegenüber dem üblichen Haltepunkt auf dem Stativ, was besonders bei Verwendung lichtstarker schwerer Objektive Schwingungserscheinungen und damit unscharfe Abbildungen zur Folge haben kann; aus diesem Grunde wird bei solchen Kameras zweckmäßig eine dritte Stativmutter, und zwar auf dem Laufboden der Kamera vorgesehen. Mit Rücksicht auf den Teller des Stativs, der im Mittel einen Durchmesser von 40 mm hat, ist die Wahl des Ortes der Stativmutter sorgfältig zu überlegen.

B. Rollfilmkameras

18. Geschichtliche Entwicklung der älteren Rollfilmkameramodelle.[1] Vor etwa 45 Jahren traten GEORGE EASTMAN und WILLIAM HALL WALKER in Rochester (New York) mit einer Erfindung an die Öffentlichkeit, deren Bezeichnung lautete: „Apparat zur Aufnahme und zum Exponieren von biegsamem und lichtempfindlichem photographischem Material". Soweit der Text und die Zeichnungen der bezüglichen deutschen Patentschrift (D. R. P. Nr. 35215) erkennen lassen, scheint es sich bei dieser Neuerung um den grundlegenden Aufbau der Rollfilmkamera zu handeln; die Patentansprüche sind so weitreichend, daß deren Wiedergabe mit Rücksicht auf spätere Ausführungen interessieren dürfte; sie lauten folgendermaßen:

„Ein Apparat zur Aufnahme und zum Exponieren von biegsamem und lichtempfindlichem photographischem Material, charakterisiert durch:

a) eine Unterlage, über die das Band geführt wird, in Kombination mit einer elastischen Spannvorrichtung, bestehend aus einem Federgehäuse, das eine Widerstandsfeder enthält, die mit Hilfe eines Schlüssels die Bewegung der Spule dermaßen zu bewirken imstande ist, daß die gewünschte Quantität sich von der Spule abrollt und das Band dabei gestreckt bleibt.

b) Seiten oder Rahmen, welche die Spulen tragen und so an der Rückplatte angebracht sind, daß man dieselben leicht abnehmen kann zum Zweck einer bequemen Manipulation mit dem biegsamen Material.

c) Rollen oder Zylinder, welche dem biegsamen Material als Führung dienen und gleichzeitig Vorrichtungen in Bewegung setzen, die das Material messen, markieren und ein hörbares Zeichen geben, wenn eine gewisse Länge abgerollt ist.

d) Eine Spannvorrichtung, bestehend aus einer Bremse, zusammenwirkend mit einem Federgehäuse, in dem eine Friktionsfeder befindlich ist."

---

[1] Die Verwendung von Rollkassetten für Negativpapier an Plattenkameras liegt weit zurück; EDER erwähnt in seinem Ausf. Handb. d. Phot., Bd. 1, Heft 5, 2. Aufl. 1892, RELANDIN, MELHUISH und C. J. BURNETT, die bereits um die Mitte des vorigen Jahrhunderts ernst zu nehmende Vorschläge auf diesem Gebiete machten. Besonders bekannt wurde die Rollkassette von L. WARNERKE (1875).

Die Formulierung dieser Ansprüche ist derart umfassend, daß sich die Mehrzahl der späteren einschlägigen Erfindungen in der Hauptsache nur auf bauliche Veränderungen erstrecken konnte. Die Verwendung eines Momentverschlusses mit regelbaren Belichtungszeiten ist allerdings noch nicht vorgesehen. Carl Paul Stirn in Brooklyn (U. S. A.), der sich im Jahre 1887 eine „Neuerung an photographischen Kameras mit Rollenpapier" schützen ließ (D. R. P. Nr. 43359), bezeichnet als Erfindungsgedanken zunächst die Führung des Rollenpapiers in einer kurvenförmigen Bahn, um die sphärische Aberration des Objektivs auszugleichen, und eine besondere Einrichtung, mit deren Hilfe die Anzahl der auf dem Rollenpapier angefertigten Bilder auf einer Skala direkt abgelesen werden kann. Hier wird auch bereits eine Vorrichtung erwähnt, um die Linse zwecks Einstellung auf bestimmte Entfernungen des aufzunehmenden Gegenstandes durch Drehen eines Hebels geradlinig zu verschieben und die betreffenden Einstellungen an einer Skala abzulesen. Über die oberwähnte Erfindung G. Eastmans hinausgehend, sieht Stirn bereits einen gleichzeitig für Zeit- und Momentaufnahmen geeigneten Verschluß vor, welcher eine Belichtung von beliebiger Dauer gestattet.

Auch S. A. Darier-Gide in Genf verwendet bei seiner Spezialkamera (in Form einer Pistole) Rollenpapier. Charles Whitney in Chikago vereinigt die Kamera mit einer Dunkelkammer, in welche das Negativpapier unmittelbar nach der Belichtung übergeführt wird; hier wird es auch in Stücke von geeigneter Größe zerschnitten (D. R. P. Nr. 56697). Paul Nadar in Paris beschreibt 1891 eine Rollkassette, bei welcher die Grenzen der einzelnen Aufnahmen im lichtempfindlichen Papierstreifen durch Messer markiert werden, die in entsprechenden Abständen den Schichtträger durchdringen.

Eine wichtige, noch heute bei vielen Kameramodellen für Rollfilme anzutreffende Vorrichtung hat sich Dr. Rud. Krügener in Bockenheim b. Frankfurt a. M. bereits im Jahre 1891 schützen lassen; es ist dies eine photographische Rollkassette, bei welcher eine Verletzung des Films beim Schleifen über Flächen oder Kanten auf folgende Art vermieden wird: Ein Brettchen oder dgl. wird während des Abrollens vom Film entfernt und erst dann vorgeschoben, wenn das Abrollen für eine neue Aufnahme beendet ist; das vorgeschobene Brettchen preßt den Film gegen einen Rahmen, der in der Bildebene liegt. Auf diese Art wird der Film während der Aufnahme eben erhalten (D. R. P. Nr. 64819).

Die sogenannten Tageslichtrollfilme wurden schon vor dem Jahre 1900 derart hergestellt, daß das Filmband seiner ganzen Länge nach mit schwarzem Papier hinterlegt wurde, auf welchem Zahlen und Striche aufgedruckt sind. Mit Hilfe dieser Marken vermag man die Anzahl der Aufnahmen zu kontrollieren und die Bilder an den Grenzen abzutrennen.[1] Nach dem U. S. A.-Pat. Nr. 591346 wurden auch Filmspulen hergestellt, deren Film nicht mit Papier hinterkleidet ist, sondern nur an beiden Enden einen Papierstreifen hat.

Edouard de Faucompré in Paris beschreibt um die gleiche Zeit eine sogenannte Rollkassette mit Einrichtung zur Fortschaltung des Films und automatischer Bezeichnung der Grenzen der einzelnen Aufnahmen. (Hier ist ebenfalls von „Film" die Rede.)

Alois Delug in München erhielt im Jahre 1892 ein deutsches Patent auf eine Handkamera für Rollfilme mit zwei oder mehreren ineinanderschieb-

[1] In diese Zeit fällt auch die Anordnung eines roten Fensters im Kameradeckel, welches dazu dient, die Marken auf dem Papierstreifen zu erkennen. Diese Einrichtung ist heute allgemein gebräuchlich; die erwähnten Marken (schwarz) befinden sich auf der roten Seite des Papierstreifens (die andere Seite des Papierstreifens ist schwarz).

baren Gehäusen; bezüglich der interessanten Einzelheiten dieser Kamera sei auf die Patentschriften D. R. P. Nr. 67626 und 74154 verwiesen.

In der amerikanischen Patentschrift U. S. A.-Pat. Nr. 564494 wird eine Rollkamera beschrieben, bei welcher die Fortschaltung des Bildbandes nicht direkt durch einen Räderantrieb der Sammelrolle, sondern indirekt durch ein in Bewegung gesetztes endloses Band bewirkt wird, das durch Reibung seine Bewegung auf das Bildband überträgt.

In Deutschland arbeitete Dr. RUD. KRÜGENER an der Weiterentwicklung der Rollfilmkameras und konstruierte ein neues Modell mit einer Einrichtung zur Kenntlichmachung des Augenblicks, in dem eine neue Bildbreite für die Belichtung abgerollt ist; er erreichte dies durch Einstanzen von Schlitzen in das Filmband in Abständen, welche der jeweiligen Bildbreite entsprechen. Am Orte dieser Schlitze wurden die Einzelbilder in der Dunkelkammer mit der Schere voneinander getrennt (D. R. P. Nr. 111046).

Beachtenswert ist auch die von JEAN ANTOINE PAUTASSO in Genf konstruierte aus zwei zusammenklappbaren Teilen bestehende Buch-Rollkamera, in welcher das Bildband beim Auf- bzw. Zusammenklappen der Kamera automatisch fortgeschaltet wird. (D. R. P. Nr. 124534 und 151527.)

Der Wunsch, auch bei Rollfilmkameras das Bild bis zum letzten Augenblick auf der Mattscheibe beobachten zu können, führte zu einer Spezialausführung, welche dem Erfinder GEORG RÄMISCH in Ilmenau geschützt wurde; es handelt sich hier um eine Rollkamera, welche es ermöglicht, den aufzunehmenden Gegenstand auf einer in der Rückwand angebrachten Mattscheibe in der Größe des fertigen Bildes anzuvisieren und unmittelbar darauf die Aufnahme zu machen (D. R. P. Nr. 136060). In Analogie zu einer aus der amerikanischen Patentschrift U. S. A.-Pat. Nr. 657942 bekannt gewordenen ähnlichen Einrichtung ist auch hier ein zur Seite schwenkbares Filmgehäuse vorgesehen, das mit Hilfe von Federn aus der seitlichen Lage vor die Mattscheibe gebracht werden kann. Das schwingbare Gehäuse ist mit einem für den erwähnten Zweck besonders eingerichteten Objektivverschluß derartig verbunden, daß das Objektiv bei der Einvisierung freiliegt, während der Schwenkbewegung abgeschlossen ist und erst zur Belichtung des Films wieder geöffnet wird.

Unter den vielen Abarten von Filmen sei auch der sogenannte Visierfilm erwähnt, der abwechselnd aus Mattscheibenstücken und Schichtträgern besteht; dieser Film hatte nur für solche Aufnahmen Bedeutung, bei denen zwischen der Einstellung und der Aufnahme so viel Zeit vergehen durfte, als zum Weiterdrehen des Filmstreifens von der Mattscheibe bis zum lichtempfindlichen Film notwendig war. HUGO FRITZSCHE in Leipzig beseitigte diese für Momentaufnahmen bestehenden Schwierigkeiten durch eine Einrichtung, welche in der Patentschrift D. R. P. Nr. 155176 eingehend beschrieben ist.

Bei Rollkassetten und Rollkameras kann es u. U. von Vorteil sein, eine Spannvorrichtung für die Filmspulen zu besitzen, welche sowohl die Vorwärts- als auch die Rückwärtsbewegung des Filmbandes gestattet; eine derartige Einrichtung wurde vom SÜDDEUTSCHEN KAMERAWERK, KÖRNER & MAYER, G. M. B. H., in Sontheim-Heilbronn a. N. geschaffen und ist dadurch gekennzeichnet, daß zwei Sperrklinken in entgegengesetztem Sinne wirken; jede Sperrklinke greift in ein mit je einer Spule zwangläufig verbundenes Sperrad ein und kann einzeln durch eine Schieberstange außer Eingriff mit ihrem Sperrad gebracht werden (D. R. P. Nr. 156726). JOSEPH MILLARD JORDAN jr. in Atlantic City, U. S. A., scheint den gleichen Gedankengang gehabt zu haben: er schuf eine Anordnung, bei welcher der Film nach der Belichtung selbsttätig, und zwar innerhalb der Kamera, wieder zurückgewickelt wurde; er benutzte eine an der Filmvorratsspule angebrachte Feder, die beim Abwickeln der Filme von der Vorratsspule derart gespannt wird, daß sie beim Freigeben der Filmaufwickelspule den Film wieder auf die Vorratsspule zurückwindet (D. R. P. Nr. 356868).

Die Bestrebungen, Rollfilmkameras von einfachster Bauart und niedriger Preislage zu schaffen, führten zu einer besonders erwähnenswerten, von der Eastman Kodak Company in Rochester, U. S. A., geschaffenen Ausführungsform einer Rollfilmkamera, auf welche etwas näher eingegangen sei. Bereits früher sind Rollfilmkameras bekannt geworden, bei denen das zur Aufnahme der Filmspulen eingerichtete Gehäuse mit fester nicht abnehmbarer Hinterwand ausgestattet und der Balgen sowie der ausziehbare Träger für das Objektiv an einer abnehmbaren, seitlich in der Achsrichtung der Filmspulen in das Gehäuse einschiebbaren Platte angebracht ist. Bei diesen Kameras sind zwischen Filmkammer und Balgen sowie zwischen Filmdurchgangsschlitz und Balgen doppelte ineinander verschiebbare Trennungswände vorgesehen. Diese Wände werden zum Teil aus einem festen Teil des Kameragehäuses selbst gebildet, zum Teil bestehen sie aus einem abnehmbaren Gleitrahmen. Durch diese Anordnung (doppelte Trennungswände) werden das Gewicht und der Umfang der Kamera unnötigerweise vergrößert.

Gemäß D. R. P. Nr. 262811 der Eastman Kodak Company wird dieser Übelstand dadurch vermieden, daß die beiderseits entsprechend abgebogene Schieberplatte selbst die innere Wand des zur Aufnahme der Filmspulen dienenden oberen und unteren Raumes des seitlich durch einen einzigen abnehmbaren und verriegelbaren Deckel verschlossenen Kameragehäuses und gleichzeitig die vordere Wand des Durchlaßschlitzes für den vor der Hinterwand des Kameragehäuses vorbeigehenden Film bildet. Eine weitere Neuerung besteht darin, daß der abnehmbare Deckel des Kameragehäuses durch Zapfen des Rahmens „zentriert" ist; der Deckel trägt an seiner Innenseite einen Riegel, der mittels eines den Deckel durchsetzenden Knopfes so verschoben werden kann, daß die beiderseits am Riegel vorgesehenen Ausschnitte zwecks Verriegelung des Deckels die Zapfen fassen.

Die Art und Weise, wie die Filmspulen in die Kamera eingelegt bzw. wieder daraus entfernt werden, ist in vielen Fällen für die Ausbildung der Gehäuse- bzw. Deckelform bestimmend gewesen; ein typisches Beispiel dafür ist eine Konstruktion der Firma Heinrich Ernemann A.-G. für Kamerafabrikation in Dresden, deren Einzelheiten aus der Patentschrift D. R. P. Nr. 299735 ersichtlich sind. Die Konstruktion ist dadurch gekennzeichnet, daß das Gehäuse nach hinten und zugleich nach der einen Längsseite (Boden) hin offen ist, der Deckel also L-förmigen Querschnitt hat und zum Anschieben in Richtung der Spulenachsen eingerichtet ist; die Lagerungsmittel für die Spulen sind einerseits an der Längsseite des Gehäuses, andererseits an der Längsseite des Deckels angebracht.

Die Firma Ed. Messter in Berlin erhielt im Jahre 1915 ein Patent (D. R. P. Nr. 309227) für eine Einrichtung zum Anpressen des Films an eine Glasscheibe, welche mit der Fortschaltvorrichtung des Films und dem Auslösehebel des Verschlusses verbunden ist; durch den Handgriff, der die Weiterschaltung des Filmbandes um eine Bildbreite und gleichzeitig die Spannung des Verschlusses bewirkt, wird die Glasscheibe vor Beginn der Filmbewegung zunächst von dem Filmband abgerückt; bei Beendigung der Filmbewegung wird die Glasscheibe wieder angepreßt. Apparate mit derartigen Einrichtungen haben sich im Kamerabau nicht eingebürgert.[1]

[1] Bei vielen Apparaten ist auf der Innenseite des Deckels eine federnde Druckplatte aus dünnem Metallblech angeordnet, die die erforderliche ebene Lage des Films gewährleistet.

Immer wieder findet man Bestrebungen, Einrichtungen zu schaffen, welche selbsttätig die Aufnahme von zwei Bildern auf ein und demselben Filmstück vermeiden sollen. Obwohl (mit ganz wenigen Ausnahmen) bei der praktischen Durchbildung von Rollfilmkameras derartige, meist komplizierte und daher oft betriebsunsichere Einrichtungen keinen Eingang gefunden haben, der Lichtbildner vielmehr noch heute auf seine eigene Aufmerksamkeit angewiesen ist, sei auf eine allgemein anwendbare Zählvorrichtung hingewiesen, deren Erfinder WALTER EVERS in Jersey City, U. S. A., ist (D. R. P. 330758). Vgl. auch D. R. P. Nr. 384071 für E. LEITZ, Wetzlar.

19. Die Kasten-Rollfilmkamera. Für den Anfänger auf dem Gebiete der Photographie kommt nur ein entsprechend durchgearbeitetes einfaches Kameramodell in Frage; die bekanntesten Rollfilmkameras dieser Art sind die von den verschiedenen Firmen hergestellten Apparate in Kastenform.

Eine der interessantesten und ältesten Ausführungsformen dürfte die „Brownie"-Kamera der EASTMAN KODAK Co. sein, die infolge ihrer zweckmäßigen Konstruktion bei billigster Preislage große Verbreitung gefunden hat; sie gehört in die Gruppe der sogenannten Fix-Focus-Kameras, bei denen eine Einstellung auf verschiedene Gegenstandsweiten infolge des lichtschwachen Objektivs (Tiefenschärfe) nicht erforderlich ist. Das Objektiv besteht aus einem einfachen Meniskus in einem EASTMAN-Rotationsverschluß für Zeit- und Momentaufnahmen; zwei Spiegelsucher gestatten, die Kamera für Hoch- und Queraufnahmen zu benutzen. Die in jüngster Zeit aus Metall hergestellte Kamera wird in folgenden Formaten geliefert: Nr. 0: $4 \times 6\frac{1}{2}$ cm, Nr. 2: 6×9 cm, Nr. 2A: $6\frac{1}{2} \times 11$ cm, Nr. 2C: $7\frac{1}{4} \times 12\frac{1}{2}$ cm und Nr. 3: $8 \times 10\frac{1}{2}$ cm. Ähnlich ist die von der gleichen Firma hergestellte „Hawk-Eye" Nr. 2 konstruiert.

Die HOUGHTON BUTCHER LTD. in London bringt eine Fix-Focus-Kamera auf den Markt, die unter der Bezeichnung „All Distance Ensign" $2^1/_4$B ($2^1/_4'' \times 3^1/_4'' = 6 \times 9$ cm) weiten Kreisen bekannt geworden ist; ihre Konstruktion unterscheidet sich von der oberwähnten im wesentlichen dadurch, daß beim Öffnen der Kamera zum Zwecke des Filmeinlegens oder -Herausnehmens der Apparat nicht in einzelne lose Teile zerlegt wird, die Gehäuserückwand vielmehr infolge scharnierartiger Anlenkung mit der Vorderwand in Verbindung bleibt. Ein weiterer Vorzug ist das Vorhandensein eines Ikonometer-Suchers, dessen Rahmen in der Vorderwand versenkbar angeordnet ist; überdies sind zwei Spiegelsucher wie bei allen diesen Apparaten senkrecht zueinander angebracht. Das Gehäuse ist aus Metall, der Verschluß für Zeit- und Momentaufnahmen einstellbar; außerdem ist eine Vorrichtung vorgesehen, welche den Film während der Aufnahme plan preßt, ohne seine freie Beweglichkeit beim Fortschalten zu stören. Die Einstellung der Kamera reicht nach Angabe der Firma von etwa 1 m bis ∞.

Das kleinere Modell „Ensign Cadet" für acht Rollfilmaufnahmen des Formats $1^5/_8'' \times 2\frac{1}{2}'' = 4 \times 6{,}5$ cm ist noch einfacher gebaut; es hat nur einen umklappbaren Rahmensucher, doch kann ohne weiteres ein Aufsichtssucher nachträglich außen angebracht werden. Als Objektiv wird eine einfache achromatische Linse geliefert.

Ein weiteres Modell der erwähnten Firma ist die „Box-Ensign", welche in den Formaten $2^1/_4'' \times 3^1/_4''$ (6×9 cm) und $2\frac{1}{2}'' \times 4^1/_4''$ ($6{,}5 \times 11$ cm) für Rollfilm für sechs Aufnahmen gebaut wird; seine Konstruktionseinzelheiten entsprechen im großen und ganzen denjenigen der bereits erwähnten Apparate; als Objektiv wird ein einfacher Achromat oder ein Rapid-Rectilinear benutzt.

Von deutschen Fabrikaten dieser Art sei in erster Linie die Box-Tengor der ZEISS IKON A.-G. eingehender besprochen; dieses Modell wurde im Jahre 1923 von der Firma C. P. GOERZ A.-G. konstruiert und hat sich infolge seiner zweck-

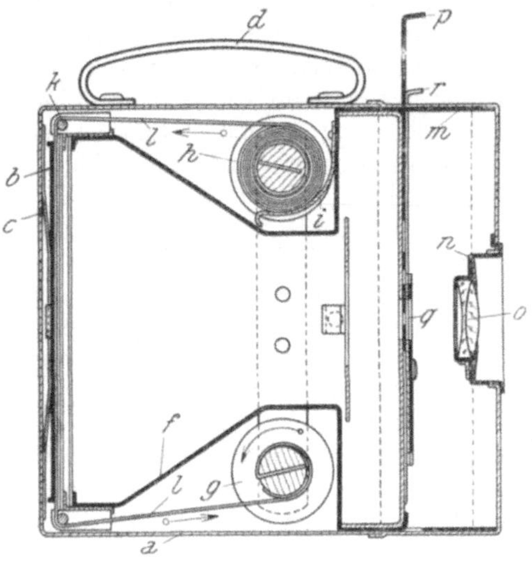

Abb. 91. Vertikalschnitt durch die Kasten-Rollfilmkamera. („Box-Tengor" der C. P. GOERZ A. G., Berlin). *a* abziehbares hinteres Gehäuse, *b* Druckplatte mit Feder *c* zum Plandrücken des Films, *d* Tragbügel, *f* inneres Gehäuse, *g* untere Filmspule, *h* obere Filmspule, *i* Druckfeder, *k* Leitrolle für den Film *l*, *m* Gehäusevorderteil, *n* Objektivfassung, *o* Objektiv, *p* Blendenschieber, *q* Verschlußscheibe, *r* Zeithebel für den Verschluß. Vgl. auch Abb. 92 (a und b)

Format	Außenmaße	Gewicht
5 × 7,5 cm	10 × 9 × 6 cm	370 g
6 × 9 „	11 × 10,5 × 7,5 cm	460 g
6.5 × 11 cm	14,5 × 12,5 × 8 cm	790 g

mäßigen Einrichtung bei mäßigem Preis rasch eingebürgert. Der innere Bau dieses Modells ist aus den Abb. 91 und 92 (a und b) ersichtlich und hauptsächlich dadurch gekennzeichnet, daß in die Kastenvorderwand ein menisken-förmiges Objektiv mit nach außen gekehrter konvexer Fläche so eingebaut ist, daß die Länge der Kamera die Brennweite des Objektivs nicht wesentlich übertrifft; im Kastengehäuse der Kamera ist zwischen Objektiv und Filmebene eine Zwischenwand vorgesehen, die als Träger für einen Objektivverschluß und eine einstellbare Blende dient (D. R. P. Nr. 425783). Das in dieser Kamera eingebaute Objektiv Frontar 1 : 11 ist ein zweilinsiger verkitteter Achromat mit Hinterblende, der recht brauchbare Bilder liefert; weitere Einzelheiten über dieses durch D. R. P. geschützte Objektiv sind aus der bezüglichen Patentschrift zu entnehmen (D. R. P. Nr. 413536). Das Objektiv zeichnet laut Angabe von 4 m bis Unendlich scharf aus; für die Aufnahme von Gegenständen in einer Entfernung von 2 bis 4 m wird eine Zusatzlinse mitgeliefert, für Porträt-

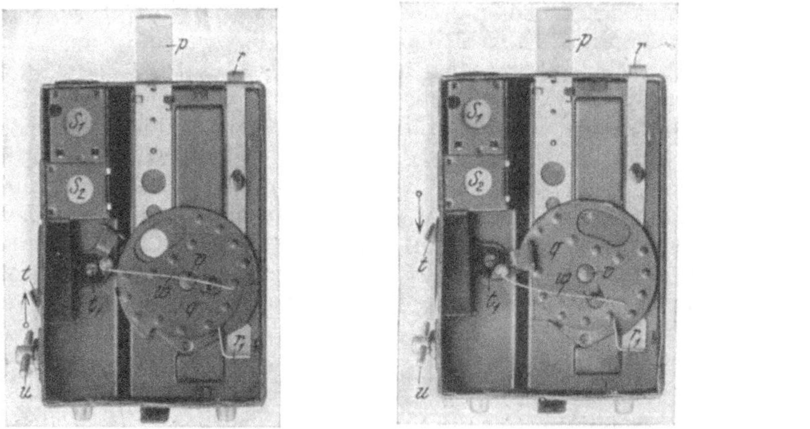

a) Verschluß geschlossen b) Verschluß offen

Abb. 92 a und b. Ansicht des Momentverschlusses, des Blendenschiebers und des Spiegelsuchers der Box-Tengor-Kamera der C. P. GOERZ A. G., Berlin. Vorderwand mit Objektiv abgenommen. Vgl. auch Abb. 91. *p* Blendenschieber, *q* rotierende Verschlußscheibe mit Drehpunkt *v*, *r* Umstellschieber für Zeitaufnahmen, r_1 Feder, s_1 und s_2 Spiegelsucher mit Mattscheibe für Hoch- und Queraufnahmen, *t* und t_1 Auslöse- bzw. Spannhebel des Verschlusses (nach zwei Seiten wirkend), *u* Filmschlüssel, *w* Hauptfeder

aufnahmen im Abstande von 1 bis 2 m ist eine besondere Vorsatzlinse auf Wunsch erhältlich.

Die bei der 6 × 9 cm-Kamera etwa 73 mm voneinander entfernten Filmspulen liegen ungefähr in der Mitte zwischen Bildebene und Kameravorderwand in zwei Hohlräumen, welche hier durch die Einschnürung des inneren Gehäuses gebildet werden, ohne daß diese Einschnürung den Gang der aus dem Objektiv austretenden Strahlen beeinträchtigen würde. Die Halter für die Filmspulen werden nach dem Abziehen des hinteren Gehäuses leicht zugänglich; an der Innenseite der Rückwand ist eine federnde Platte zum Plandrücken des Films angeordnet. Interessant ist ein Einblick in die Kamera von vorne, sobald der vordere Kasten samt Objektiv abgehoben wurde; man sieht den nach zwei Richtungen arbeitenden Kreisschieberverschluß (vgl. Abb. 92a und b), der abwechselnd durch Druck von oben nach unten bzw. Zug nach oben ausgelöst wird. (Eine ausführliche Beschreibung dieses Verschlusses findet sich im Kapitel Momentverschlüsse.) Die Abblendung des Objektivs auf 1 : 18 und 1 : 25 erfolgt durch Betätigung eines Schiebers mit drei verschieden großen Öffnungen; die Zeiteinstellung erfolgt durch einen parallel dazu angeordneten zweiten Schieber.

Ähnliche Apparate dieser Art sind die Modelle „Film-K“ und „Onix“ der Zeiss-Ikon-Werke; beide sind mit Objektiven 1 : 12,5 ausgerüstet. Ein Modell aus allerjüngster Zeit ist die Balda-Rollbox-Kamera (vgl. Abb. 93).

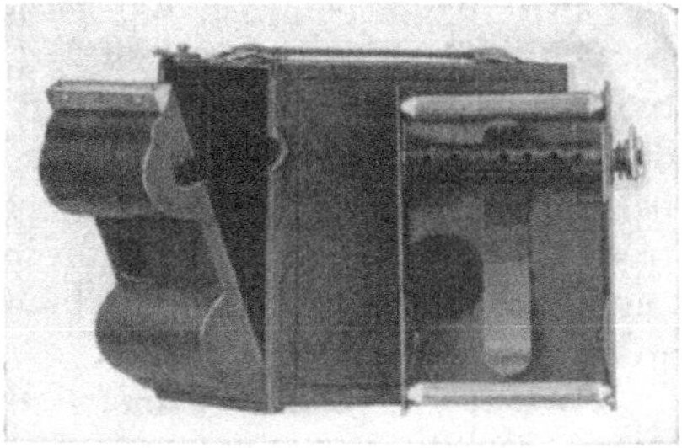

Abb. 93. Balda-Rollbox-Kamera 6 × 9 cm (D.R.P. Nr. 468602) der Balda-Werke, Dresden-Tolkewitz. Objektiv 1 : 13, $f = 100$ mm. Die Konstruktion ist unter Anlehnung an die von der gleichen Firma in den Handel gebrachten Rollfilmkassetten für Plattenapparate entstanden. Der Blecheinsatz mit dem Filmschlüssel und den federnden Trägern der Zapfen für die Filmspulen bildet ein loses Glied, das zwecks Einsetzens bzw. Herausnehmens der Spulen aus dem Apparat entfernt wird. Der Apparat hat einen einfachen Automatverschluß mit einer Geschwindigkeit und Ballzeit. Abmessungen 14 × 11 × 7,3 cm, Gewicht 375 g

20. Rollfilmkameras mit Laufboden. Die neuzeitlichen Rollfilmkameras lassen sich, was ihren äußeren Gehäuseaufbau betrifft, in einige grundsätzlich verschiedene Arten

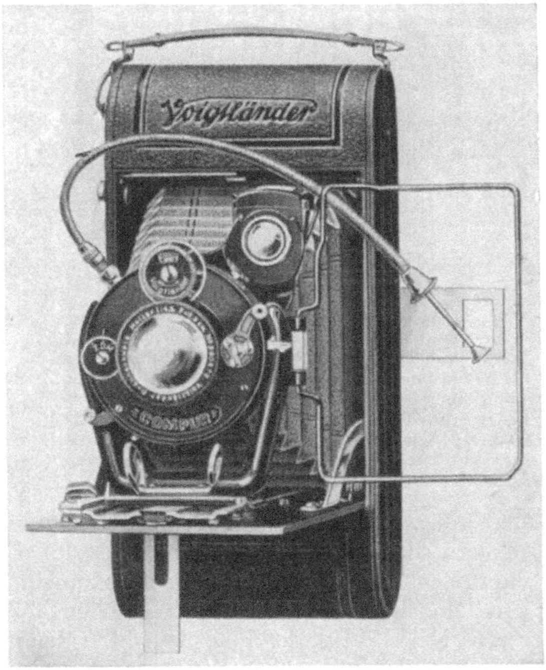

Abb. 94. Rollfilmkamera 5 × 8 cm (2'' × 3'') mit Aufsicht- und Durchsichtssucher, der um die optische Achse schwenkbar ist. Abmessungen 14,1 × 70 × 2,9 cm, Gewicht zirka 350 g. Gehäuse und Laufboden sind aus Aluminiumblech, die Objektivstandarte ist aus Aluminium-Spritzguß. Objektiv 1 : 4,5, $f = 8,3$ cm oder 1 : 6,3, $f = 9$ cm

einteilen; maßgebend für die Gestaltung des Gehäuses ist die Art und Weise, wie die Filmspulen gelagert sind, d. h. wie das Einsetzen der vollen (unbelichteten) sowie das Herausnehmen der belichteten Spule erfolgt. Diesem, das Wesen der Rollfilmkameras kennzeichnenden Gesichtspunkt ist allergrößte Bedeutung beizumessen; wie die nachfolgenden Ausführungen erkennen lassen werden, treten alle übrigen Konstruktionsforderungen gegenüber der Fundamentalforderung nach einfachster Handhabung beim Wechseln der Filmspulen mehr oder weniger zurück.

Wie die Abbildungen einer Reihe neuzeitlicher Modelle zeigen werden, finden sich an Rollfilmkameras sehr viele Einzelteile, die bereits bei den Plattenkameras ausführlich besprochen wurden; es erübrigt sich daher ein näheres Eingehen auf Elemente wie Spreizenanordnung, einfacher und doppelter Auszug, Objektivträger, Elemente der Höhen- und Seitenverstellung des Objektivs, Laufbodenverschluß, Sucheranordnungen, Objektivbefestigung, Radialhebel und Zahntriebeinstellung, Stativgewinde, Balgenbefestigung, Tragriemen und anderes mehr. (Vgl. Abb. 94 und 95.)

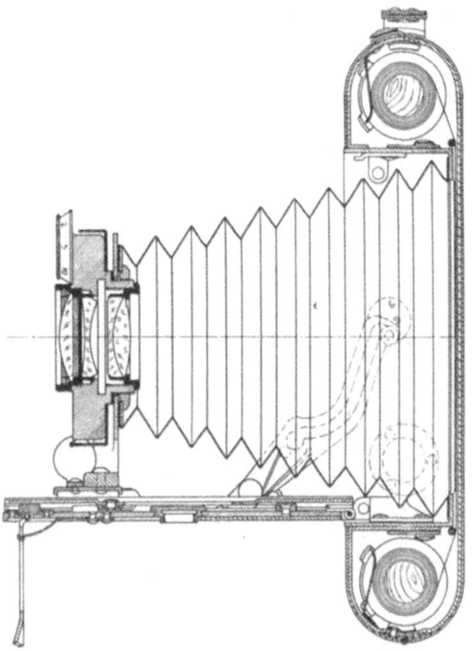

Abb. 95. Vertikalschnitt durch eine Rollfilmkamera mit Laufboden (Bauart Voigtländer & Sohn, A. G., Braunschweig.) Wegen Einzelheiten der Filmspulenlagerung vgl. Abb. 108. Wegen Abmessungen des Gehäuses bei verschiedenen Formaten vgl. Tab. 9 im Text. Die Laufbodenstütze ist in Gebrauchsstellung für Aufnahme ohne Stativ dargestellt

Von diesen Erwägungen ausgehend, können wir die Entwicklung und den heutigen Stand der Konstruktion von Rollfilmkameras mit Laufboden von folgenden Gesichtspunkten aus betrachten:

a) Der Aufbau des Gehäuses (mit Laufbodenstütze und Stativgewinde),

b) Lagerung und Auswechslung der Filmspulen,

c) Fortschaltung und Führung des Films (Filmschlüssel).[1]

Ad a) Das Rollfilmgehäuse und seine Konstruktionsformen. Ausschlaggebend bei der Gestaltung der äußeren Hülle der Rollfilmkameras ist nicht allein der Wunsch nach rationeller Fabrikation und schöner Formgebung bei möglichst praktischer Handhabungsmöglichkeit, sondern die Art, wie die volle Filmspule in die Kamera eingelegt und wieder daraus entfernt wird, nachdem die Aufnahmen hergestellt wurden. Verschiedene Modelle lassen ohne weiteres schon äußerlich erkennen, daß man zuerst die wichtige Frage der Filmspulenlagerung geklärt hat und erst dann an die Konstruktion der äußeren Hülle dachte bzw. daß beide Gesichtspunkte gleichzeitig im Auge behalten wurden, da sie sich getrennt schwer behandeln lassen.

[1] Während der Drucklegung ist ein neues Rollfilmkameramodell bekannt geworden, dessen Rückwand mit seitlichen Scharnieren am Gehäuse befestigt ist. (Dr. A. Nagel, D. R. P. angem.)

a) Das Gehäuse mit abnehmbarer oder scharnierartig angelenkter Rückwand. (Abb. 96 a.) Die bekannteste und am weitesten verbreitete Gehäusekonstruktion ist jene, bei welcher eine scheinbar vollkommen symmetrische Teilung des Gehäuses in zwei Hälften vorgenommen wird, wobei die Teilungsebene durch die beiden Mittenachsen der Spulen verläuft; die beiden Gehäusehälften berühren sich in der äußerlich sichtbaren Trennungslinie, welche rings um das ganze Gehäuse läuft. Bei genauer Betrachtung zeigt sich, daß diese Symmetrie im Innern nicht vorhanden ist, man unterscheidet vielmehr bei dieser Art von Zusammenbau grundsätzlich das Gehäuse und den Gehäusedeckel bzw. den Adapter. Die Verbindung dieser beiden Teile miteinander geschieht

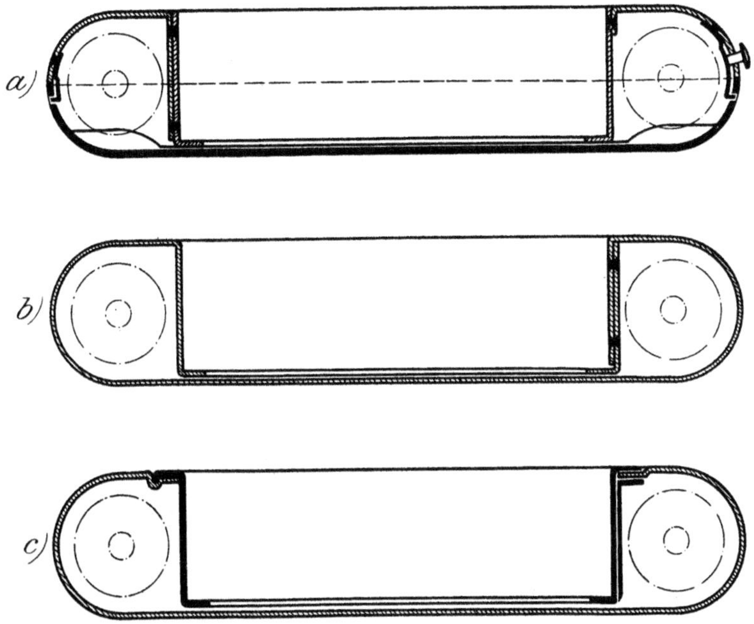

Abb. 96. Verschiedene Gehäusekonstruktionen von Rollfilmkameras aus Metall. a) Gehäuse mit abnehmbarem oder scharnierartig angelenktem Deckel (Adapter), b) Gehäuse mit seitlich abziehbarer Seitenwand und daran befestigten Spulenträgern, c) Gehäuse mit nach vorne herausnehmbarem Innengehäuse

entweder durch ein Gelenk bzw. Scharnier oder durch loses Aneinanderfügen unter Zuhilfenahme orientierender Vorsprünge bzw. Vertiefungen im Gehäuse und Adapter. Allgemein wird die Anordnung mit Scharnier vorgezogen, weil dadurch vermieden wird, daß man beim Laden der Kamera ein loses Teil in der Hand behält, das erst weggelegt werden muß. Streng genommen kann man sich das Gehäuse einer derartigen Rollfilmkamera aus einem Grundgehäuse und dem üblichen Blendrahmen und Laufboden zusammengesetzt denken, wobei sich, genau wie bei den Plattenapparaten, zwischen diesen Teilen der Objektivträger mit Verschluß und Balgen befindet; dadurch, daß an die Stelle der Glasplatte der Film tritt, wird die Mattscheibe und deren Führungsrahmen überflüssig und das rechteckige Gehäuse erhält oben und unten einen Ansatz, dessen Größe hauptsächlich durch den Durchmesser der Filmspulen bestimmt wird.

Tabelle 9 gibt einen ungefähren Anhaltspunkt bezüglich der wichtigsten Gehäuseabmessungen; es ist selbstverständlich, daß Schwankungen der Maße bei Apparaten verschiedener Herkunft bestehen müssen. Die angegebenen Maße beziehen sich auf Kameras mit Metallgehäuse; neueste Modelle zeigen zum Teil noch kleinere Abmessungen, z. B. die Bessa-Kamera von Voigtländer & Sohn A. G.

Tabelle 9. Abmessungen für Rollfilmgehäuse aus Metall (wegen der Bezeichnungen vgl. Abb. 97)

Format in cm	*a*	*b*	*c*	*d*	*e*	*f*	*g*	*h*
4 × 6½	99	127	72	63	19,0	27	13,5	4,5
5 × 8	112,5	140,5	85,5	77	19,6	27	13,5	4,0
6 × 9	136	170	103	88	25,0	33	16,5	7,5
6,5 × 11	162	202	122	108	31,6	38	20,0	7,0
8,2 × 10,7	159	199	119	105	31,6	40	20,0	7,0
8 × 14	194	235,5	154	138	31,6	43,5	20,0	8,0

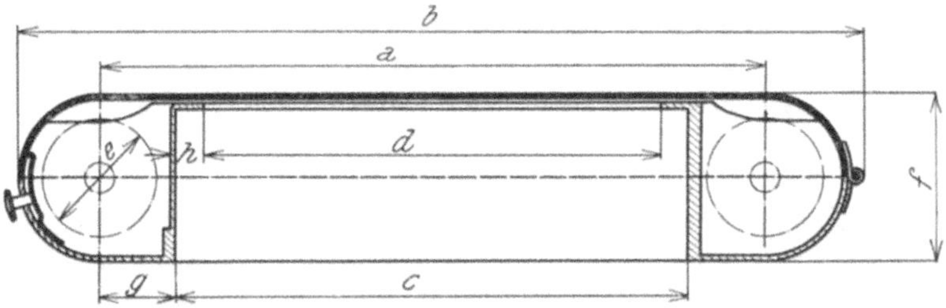

Abb. 97. Schaubild für die mittleren Abmessungen des Metallgehäuses von Rollfilmkameras (vgl. Tabelle 9). *a* Abstand der Filmspulenachsen, *b* Gesamtlänge der Kamera, *c* Länge des inneren Kastens (Laufbodens), *d* Länge des Blendrahmens, *e* Durchmesser der Filmspule, *f* Dicke der Kamera, *g* Abstand der Filmspulenachse von der inneren Kastenwand, *h* verfügbare Fläche für das Ankleben des Leder-Balgens

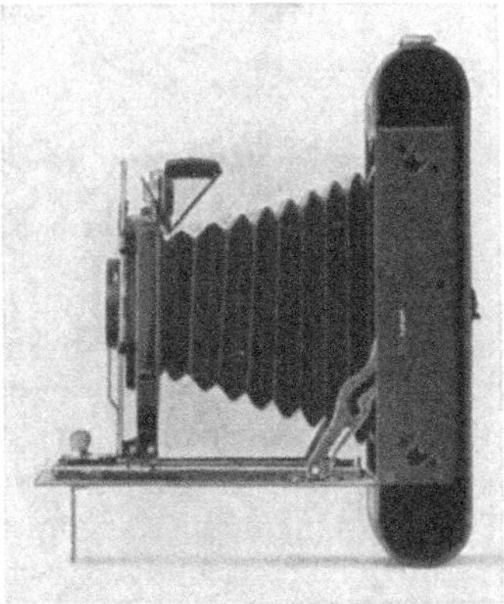

Abb. 98 a. Rollfilmkamera, Modell Cocarette IV (Contessa-Nettel A. G., Stuttgart). Format 8 × 14 cm. Seitenansicht der Kamera, Filmspulenträger (mit Seitenwand aus einem Stück bestehend) herausgenommen. Vgl. Abb. 98 b. Auf der Rückseite des Gehäuses befindet sich ein abnehmbarer Deckel, der geöffnet werden muß, soll die Befestigung des Objektivs an der Standarte vorgenommen werden. Abmessungen: 23 × 11,5 × 4,5 cm. Gewicht samt Objektiv (1 : 4,5, f = 15 cm) 1,5 kg

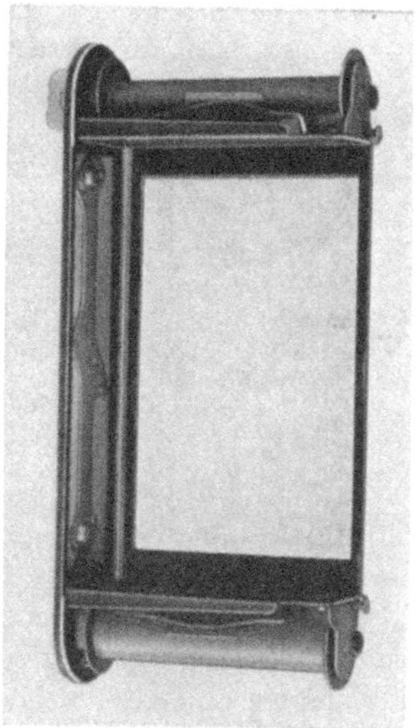

Abb. 98 b. Rollfilmkamera, Modell Cocarette IV (Contessa-Nettel A. G., Stuttgart). Format 8 × 14 cm. Träger aus einem Stück für die Filmspulen. Abstand der Filmspulenmitten 19,4 cm. Die eine Seitenwand, an welcher sich der Filmschlüssel befindet, ist nach Entriegelung einer Haltevorrichtung herausnehmbar. An ihr ist der aus einem Stück bestehende Blendrahmen mit den zum Teil ausschwenkbaren Trägern für die Filmspulenzapfen sowie die Bremsfeder befestigt. Der Film liegt stets plan. D. R. P. Nr. 338770

β) Das Gehäuse mit abnehmbarer Seitenwand und daran befestigtem Spulenträger. (Vgl. Abb. 96b sowie 98a und b.) Einen grundsätzlich verschiedenen Aufbau des Gehäuses zeigt z. B. die Cocarette-Rollfilmkamera der CONTESSA-NETTEL A.-G. in Stuttgart; das Gehäuse ist zum Großteil aus einem einzigen Stück und zwar derart hergestellt, daß um einen gezogenen Topf von rechteckiger Form ein längerer Metallstreifen von gleicher Breite so herumgeführt wird, daß die beiden Filmspulenkammern entstehen; es bleibt dabei ein geringer Luftraum zwischen dem Gehäuse und der so gebildeten Kamerarückwand. Die entstehenden Hohlräume werden durch den sogenannten Doppelfilmspulenträger mit Blendrahmen ausgefüllt; dieses Element ist an der einen Seitenwand befestigt und wird mitsamt dieser seitlich eingeschoben; die andere Seitenwand ist mit dem Gehäuse in eindeutiger Weise verbunden. Sowohl die Frage der Lichtdichtigkeit als auch jene der Befestigung der Seitenwand ist einwandfrei gelöst. Abb. 98b läßt die Beziehung des herausgenommenen Teiles zum Gehäuse in klarer Weise erkennen; nachteilig erweist sich an der Konstruktion beim Gebrauch, daß die Kamera beim Einsetzen oder Herausnehmen des Films aus der Hand gelegt werden muß, was bei den unter *α*) angeführten Apparaten mit angelenktem Adapter nicht notwendig ist. Der Hauptvorzug dieser Art von Rollfilmkameras liegt in der Möglichkeit einer rationellen Fabrikation und einer geschmackvollen Formgebung, da hier kein Scharnier und keine ringsumlaufende Stoßfuge zweier Kamerahälften vorhanden ist. Um das Objektiv einsetzen bzw. befestigen zu können, muß allerdings in der Rückwand eine besondere Öffnung vorgesehen werden, die zumeist gleichzeitig als Träger des Diopters für den Rahmensucher ausgebildet wird.

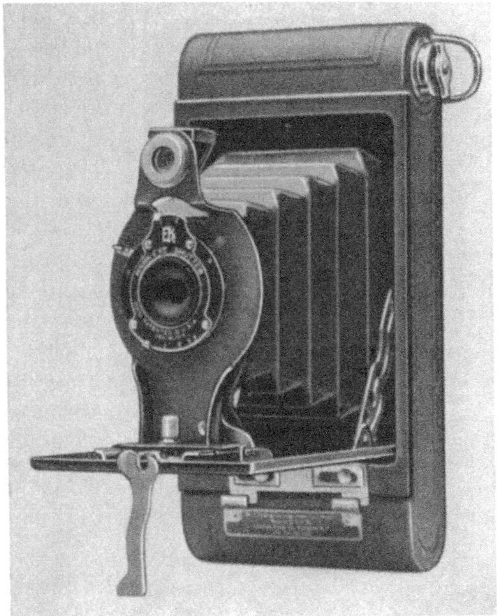

Abb. 99. Rollfilmkamera Folding Nr. 2 Cartridge Hawk-Eye Mod. C der EASTMAN KODAK Co. Kamera in Gebrauchsstellung. Verschluß: Hawk-Eye Shutter. Abmessungen 16,5 × 8 × 3 cm, Gewicht zirka 630 g. Die Laufbodenstütze dient als Verschlußhebel für den Laufboden

γ) Rollfilmkamera mit nach vorne herausnehmbarem Innengehäuse mit Laufboden, Balgen und Objektiv. (Vgl. Abb. 96c.) Diese dritte Möglichkeit der besonderen Ausbildung eines Rollfilmgehäuses ist in jüngster Zeit z. B. bei der Folding Nr. 2 Cartridge Hawk-Eye, Modell C-Kamera der EASTMAN KODAK Co. (vgl. Abb. 99) zur Anwendung gebracht worden; nach Entriegeln eines unterhalb des Laufbodenscharniers angeordneten Verschlusses kann der ganze Innenkasten mit Laufboden und optischem System aus dem die Spulenträger enthaltenden Hauptgehäuse entfernt werden. Das Einsetzen der Spule erfolgt mit den denkbar einfachsten Mitteln; zum Teil besorgen ein paar Leitrollen, zum Teil das Gehäuse selbst die Zentrierung des Randes der Filmspulen. Die Laufbodenstütze ist wie bei fast allen KODAK-Kameras gleichzeitig als Verschlußhebel ausgebildet. (Vgl. Abb. 100, 101 und 102.)

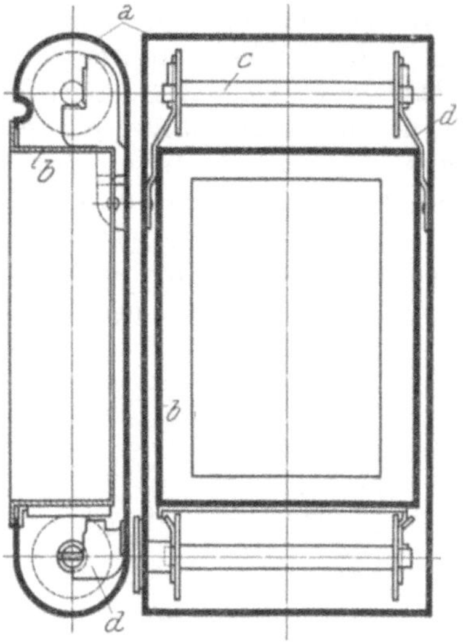

Abb. 100. Gehäuseaufbau der Rollfilmkamera Vest-Pocket der Eastman Kodak Co, Format 4 × $6^1/_2$ cm. Das innere Gehäuse *b* mit Objektiv, Balgen, Laufboden usw. läßt sich nach Entriegelung einer besonderen Vorrichtung aus dem äußeren Gehäuse *a* nach vorne entfernen. Die Spulen *c* werden in einfachster Weise teils durch federnde Träger *d*, teils durch das Gehäuse gehalten (am Gehäuse *b* sind Leitwellen befestigt)

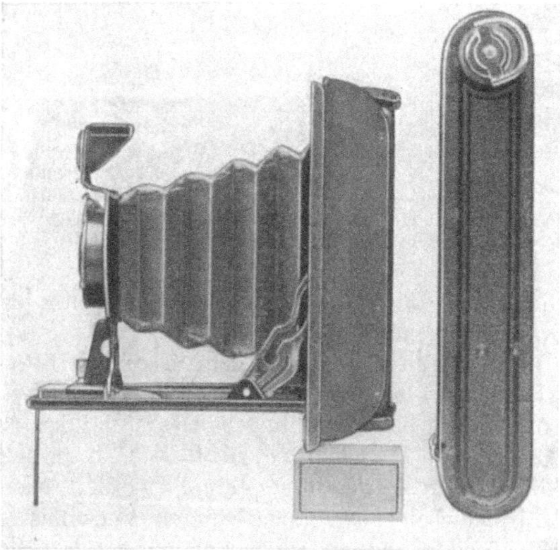

Abb. 101. Rollfilmkamera Hawk Eye mit Kippstandarte der Eastman Kodak Co. Nach Betätigung eines Riegels unterhalb des Laufbodens kann das ganze innere Gehäuse mit Laufboden, Standarte und Objektiv aus der äußeren die Filmspulen tragenden Ummantelung nach vorne herausgenommen werden

δ) Rollfilmkameras mit seitlich abziehbarem Gehäuse. Eine ganz andere Gestaltung erhält der Kameraaufbau, wenn das Gehäuse gewissermaßen nur als Lichtschutzhülle für die Spulen benutzt und der gesamte Mechanismus vom Gehäuse losgelöst wird; so ergibt sich eine sehr kompendiöse, dadurch gekennzeichnete Form, daß die Gehäuserückwand nach dem Entriegeln eines in der Mitte der länglichen Seitenwand befindlichen Verschlusses parallel zur Filmebene abgezogen werden kann. Die aus Blech auf einfachste Art hergestellte die Schauöffnung enthaltende Rückwand besteht in der Hauptsache aus einem oben und unten abgerundeten dem Durchmesser der Filmspulenflanschen angepaßten Blechstreifen mit Nuten, der durch eine über die Rückwand greifende Seitenwand stabilisiert wird. Sämtliche übrigen Teile: das eigentliche Gehäuse mit der anderen Seitenwand und Blendrahmen, Balgen, Laufboden mit Spreize, Objektivträger mit Verschluß, Sucher und Filmspulenlagerung bilden gewissermaßen die eigentliche Kamera; das als viereckiger Topf gezogene innere Gehäuse hat an der oberen und unteren Schmalseite in der Richtung dieser Seite verlaufende Umbördelungen, in denen die nutenartigen Ausbuchtungen der Gehäuserückwand beim Aufschieben geführt werden. Für entsprechende Abdichtung muß bei dieser Art des Gehäuses besonders Sorge getragen werden.

Als Beispiel für Rollfilmkameras nach diesem Prinzip sei zunächst die „Rollette" der Firma G. A. Krauss in Stuttgart genannt; dieses Modell wurde in Deutschland zuerst für das Format 5 × 8 cm hergestellt und dürfte derzeit eine der kleinsten Rollfilmkameras für dieses Format sein; sie hat die Abmessungen 13,0 × 6,7 × 2,7 cm. (In England wurde bereits vor dem Kriege eine Kamera für ein ähnliches Format, und zwar 2×3 engl. Zoll = 5,08×7,62 cm, in den Handel gebracht und

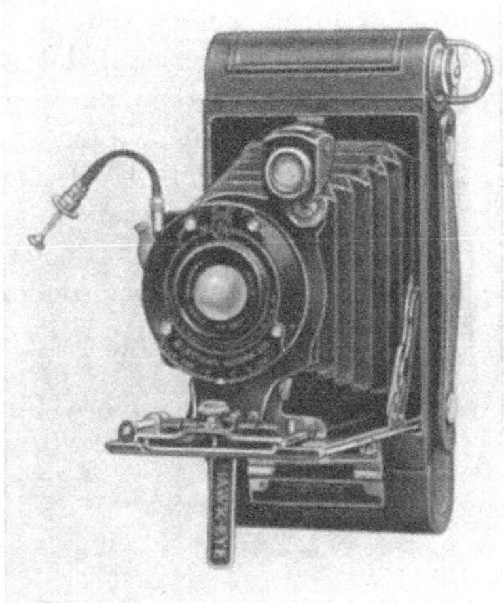

Abb. 102. Rollfilmkamera Hawk-Eye der EASTMAN KODAK Co. Äußere Ansicht der Kamera (Format 6 × 9 cm). Abmessungen 16,5 × 8 × 3,2 cm, Gewicht zirka 665 g. Automatverschluß und Einstellung für Zeit (T), Ball (B) sowie $^1/_{25}$ und $^1/_{50}$ Sek. nom.) Objektiv: KODAK-Anastigmat 1 : 6,3, f = 10,5 cm. Die Betätigung des Filmspulenschlüssels erfolgt in entgegengesetzter Richtung wie bei deutschen Modellen. Besondere mechanische Elemente zum Befestigen der Filmspulen sind nicht vorgesehen; die Zentrierung derselben erfolgt teils durch die äußere Ummantelung, teils durch Rollen auf der Schmalseite des herausnehmbaren Gehäuses

hat sich dort rasch eingebürgert.) Die Firma G. A. KRAUSS stellte die ,,Rollette" zuerst als Spreizenkamera und später als Laufbodenkamera her. Die ZEISS-IKON A.-G. bringt als neuestes Modell (1928) in wohlfeiler Ausführung die Rollfilmkamera ,,Ikonette" für acht Aufnahmen des Formats 4 × 6,5 cm auf den Markt (vgl. Abb. 103); die Abmessungen dieser Taschen-Kamera betragen 12,0 × 6,5 × 2,5 cm; ihr Gewicht ist etwa 300 g. Die Einstellung kann für ,,Unendlich" oder 2 m vorgenommen werden. Der Spezialverschluß gestattet Momentaufnahmen von etwa $^1/_{25}$ Sekunde sowie Zeitaufnahmen. Das Objektiv Frontar hat eine Lichtstärke von etwa 1 : 9 und eine Brennweite von zirka 8,7 cm. Die Kamerastütze ist ähnlich wie bei den KODAK-Modellen gleichzeitig als Laufbodenverschluß ausgebildet.

Ad b) Die Filmspulenlagerung und ihre Abarten. α) In den Seitenwänden achsial verschiebbare Tragzapfen. Bei der Mehrzahl aller der ersten Zeitperiode angehörenden Rollfilmkameras sind die zum Halten der Filmspulen bestimmten Tragzapfen in den Seitenwänden der Kamera gelagert, und zwar so, daß der eine Zapfen feststellbar, der andere in achsialer Richtung verschiebbar ist; bei einigen Modellen sind beide Zapfen verschieblich. Immer ist mit einem der Zapfen ein Mitnehmer verbunden, der zum Drehen der Spule dient und z. B. aus einer Scheibe mit drei in die Spule eingreifenden Stiften o. dgl. besteht. Eine von rückwärts auf den Mitnehmer wirkende Feder hält diesen mit der Spule in Eingriff. Es ist nun möglich, daß der Tragzapfen samt dem Mitnehmer versehentlich zurückgezogen und dabei aus der Spule herausgezogen wird; in diesem Falle kommt die Spule aus ihrer normalen Lage. Da beim Wechseln der Filmspule wegen der vortreibenden Wirkung der Feder Tragzapfen und Mitnehmer mit der Hand in zurückgezogener Stellung gehalten werden müssen, ist für das Herausnehmen der gebrauchten Spule und das

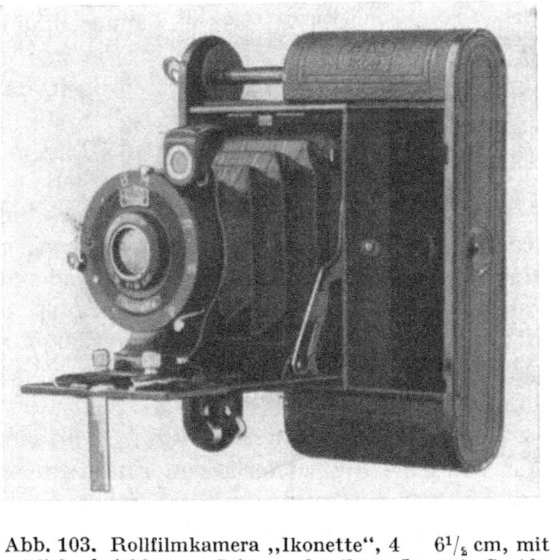

Abb. 103. Rollfilmkamera ,,Ikonette", 4 $6^1/_2$ cm, mit seitlich abziehbarem Gehäuse der ZEISS IKON A. G. Abmessungen: 12 × 6,5 × 2,5 cm, Gewicht zirka 300 g. Wegen Konstruktionseinzelheiten vgl. D.R.P. Nr. 481425

Einsetzen der neuen Spule nur eine Hand frei; das Auswechseln der Spule wird übrigens umso mehr erschwert, als der zu ihrer Aufnahme dienende Raum in der Kamera meistens auf das knappste bemessen ist.

Es lag somit nahe, eine Verriegelungsvorrichtung für die in der Wand achsial verschiebbaren Spulenzapfen und Mitnehmer zu konstruieren, eine Vorrichtung, welche die angegebenen Übelstände beseitigt; die Firma Hüttig & Sohn hat bereits im Jahre 1900 eine Einrichtung getroffen, deren Einzelheiten in der bezüglichen Patentschrift näher beschrieben sind (D. R. P. Nr. 116176). Eigentümlich ist es, daß zur damaligen Zeit immer wieder Konstruktionen bekannt wurden, bei denen der Filmschlüssel nach beiden Seiten, d. h. vor- und rückwärts, gedreht werden kann. (Vgl. auch Henry Frank Purser in London, D. R. P. Nr. 150107; in dieser, die besondere Ausbildung eines Filmschlüssels betreffenden Veröffentlichung wird z. B. die Anordnung von zylindrischen, gegen Keilflächen gepreßten Bolzen bereits als bekannt vorausgesetzt.) Victor Wolny in Hannover schuf (1922) eine wesentliche Vereinfachung insofern, als er zwischen beiden Lagerbolzen der Spule eine Verbindung derart schuf, daß durch Bedienung dieses Zwischengliedes gleichzeitig beide Lagerbolzen verschoben werden, daß also mit einem einzigen Griff die Spule ausgelöst wird (D. R. P. Nr. 400676).

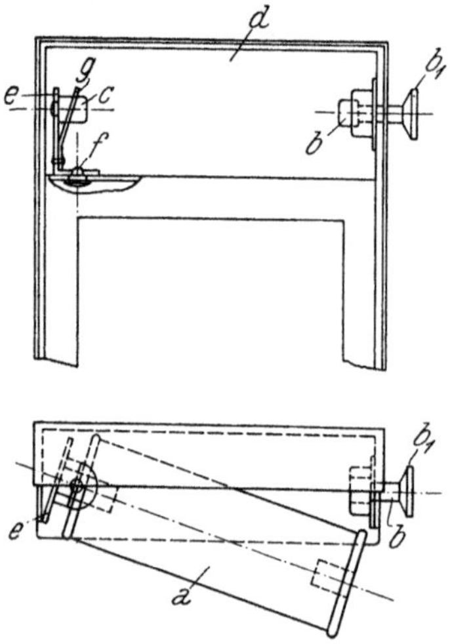

Abb. 104. Filmspulenlagerung mit einem schwenkbaren und einem achsial verschiebbaren Lagerzapfen. (C. P. Goerz A. G.) a Filmspule, b verschiebbarer Zapfen mit Handhabe b_1, d Kameragehäuse, e um den Drehpunkt f am Kameragehäuse schwenkbarer Träger mit Zapfen c und Feder g

β) Zapfenlagerung mit einem achsial verschiebbaren und einem schwenkbaren Lagerzapfen. Die Spulen lassen sich auch dann aus dem Spulengehäuse bequem entfernen, wenn das Lagerstück an dem einen Spulenende um eine die Spulenachse kreuzende Achse am Kameragehäuse drehbar ist. Bei dieser Anordnung bedarf es für die Entfernung einer Spule aus dem Spulengehäuse nach Freigabe des einen Spulenendes durch den zugehörigen Lagerzapfen nur einer Kippbewegung der Spule, welche durch die drehbare Anordnung des Lagerstückes an dem einen Spulenende ermöglicht ist. Eine besonders günstige Form der Kamera hinsichtlich der Raumausnutzung ergibt sich, wenn man dem drehbaren Lagerstück die Form eines Winkels gibt, der mit einem Schenkel drehbar am Spulengehäuse sitzt, während der andere Schenkel den Lagerzapfen für die Spule trägt. Es empfiehlt sich außerdem, den Schenkel des drehbaren Lagerstückes mit einer Feder auszustatten, welche die Spule mit ihrem nicht drehbaren Lagerstück dauernd in Anschlagstellung hält (D. R. P. Nr. 307883). Vgl. Abb. 104.

γ) Auf herausnehmbaren Bügeln angeordnete Tragzapfen. Da das bequeme und zuverlässige Einsetzen der Filmspule in die jeweilige Haltevorrichtung eine wichtige Rolle spielt, ist im Laufe der Zeit eine große Anzahl von Konstruktionen entstanden, die mehr oder weniger Anspruch auf praktische Brauchbarkeit machen können; es handelt sich hier um die Lagerung der Rollfilmspule in U-förmigen Bügeln, welche aus der Kamera vollständig herausgenommen werden, wenn ein neuer Rollfilm eingelegt oder die belichtete Spule entfernt werden soll. Bei dem Modell Bob II der Ernemann-Werke (vgl. Abb. 105) sind im Holzgehäuse schräg verlaufende Nuten eingearbeitet, in welche der Spulenträger eingeschoben wird; so ergibt sich eine ganz sichere Lage des Spulenträgers, die auch dadurch gewährleistet ist, daß der Adapter das Gehäuse abschließt und sich dabei mit seinen Rundungen gegen den Spulenträger legt.

Dr. HANS LÜTTKE in Wandsbek hat (1902) eine ähnliche Konstruktion bekannt gemacht; bei dieser ist der Bügel aus mehreren Teilen in der Weise her-

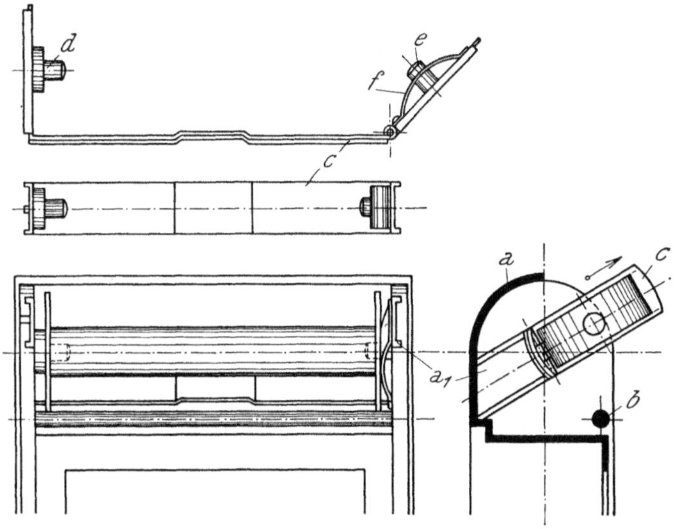

Abb. 105. Aus dem Gehäuse herausnehmbarer Bügel mit einem feststehenden und einem umlegbaren Tragzapfen (Holzseitenwände) Mod. Bob II. der H. ERNEMANN A. G., Dresden. *a* Kameragehäuse mit Führungsnuten a_1; *b* Film-Leitrolle, *c* herausnehmbarer Spulenträger mit feststehendem Zapfen *d* und abklappbarem Zapfen *e*, *f* Bremsfeder

gestellt, daß die beiden die Filmspule aufnehmenden Seitenteile durch eine Spreize aus Federstahl mit Drehzapfen verbunden werden, wodurch eine stärkere Federung nur innerhalb der Spreize stattfindet. (D. R. P. Nr. 157978). Auch die CERTO G. m. b. H., Dresden-Zschachwitz, hat mit ihrem Modell Certonett eine Rollfilmkamera in den Handel gebracht, deren Filmspulenträger ganz aus dem Gehäuse entfernt werden können: Während der eine Spulenzapfen mit seinem Träger um eine Achse geschwenkt werden muß, die senkrecht zum Spulenzapfen steht, wird der andere Spulenzapfen unter dem Einfluß einer Geradeführung in Richtung der Achse des Zapfens nach außen verschoben, sobald eine neue Spule eingelegt bzw. eine volle entfernt werden soll. (Vgl. Abb. 106.)

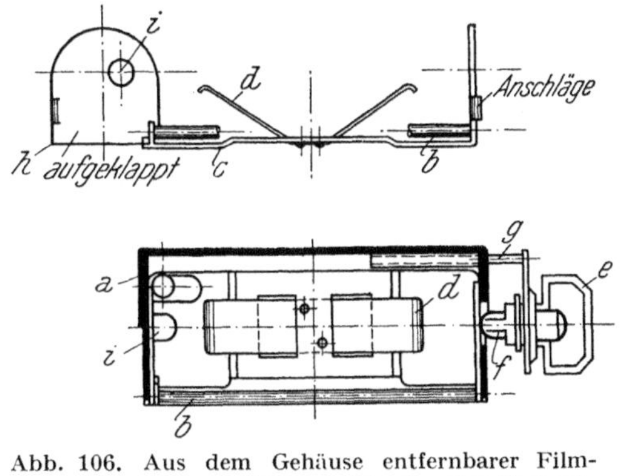

Abb. 106. Aus dem Gehäuse entfernbarer Filmspulenträger (CERTO G. m. b. H., Dresden-Zschachwitz). Die beiden Spulenträger müssen zwecks Einsetzens der Spulen aus dem Kameragehäuse herausgenommen werden. *a* Kameragehäuse, *b* Film-Leitrolle, *c* Spulenträger mit Bremsfeder *d*, *e* Filmschlüssel mit Zapfen *f* und Geradführung *g*, *h* schwenkbarer Träger mit Spulenzapfen *i*

δ) Spulenlagerung mit einem feststehenden und einem parallel zu sich selbst verschwenkbaren Lagerzapfen. Von dem Bestreben geleitet, möglichst wenig Platz für die Elemente der Spulenlagerung zu verbrauchen, hat die Firma Voigtländer & Sohn A.-G. im Jahre 1922 die aus Abb. 107 ersichtliche Form der Spulenlagerung vorgeschlagen; sie bezweckt außerdem ein rasches und müheloses Entfernen der Spulen aus dem Spulengehäuse. Dieses Ziel wird dadurch erreicht, daß das den einen Zapfen tragende

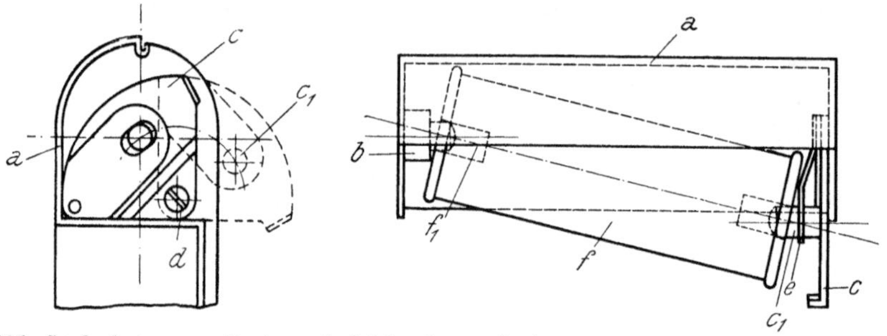

Abb. 107. Spulenlagerung mit einem feststehenden und einem parallel zu sich selbst ausschwenkbaren Spulenzapfen. D.R.P. Nr. 364385 von Voigtländer & Sohn A. G., Braunschweig. Im Kameragehäuse *a* ist auf der einen Seite der Spulenzapfen *b* fest angeordnet; auf der anderen Seite ist der Träger *c* mit dem Zapfen c_1 um den Drehpunkt *d* ausschwenkbar befestigt, *e* ist eine Bremsfeder, *f* die Spule mit dem Loch f_1

Lager parallel zur Seitenwand der Kamera angeordnet und herausziehbar ist, so daß die Achse des Lagerzapfens eine parallele Bewegung zu sich selbst und zur Achse des feststehenden Lagers ausführt. Um diese stets gerade Führung des Films auf der Spule zu gewährleisten, ist in bekannter Weise zwischen dem

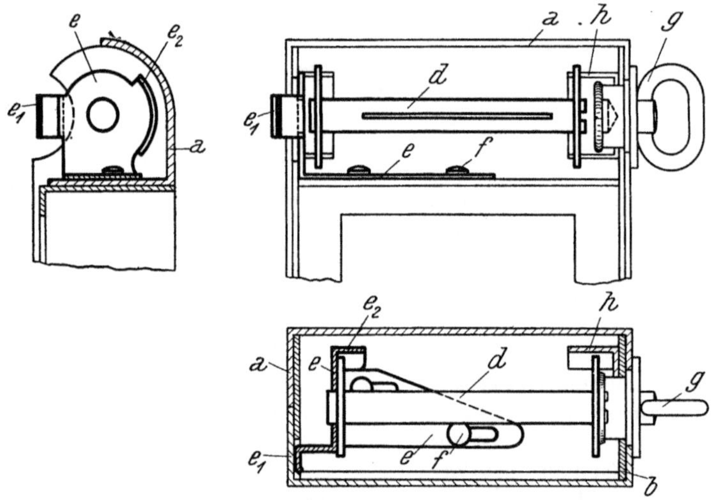

Abb. 108. Anordnung der Filmspulenlagerung mit einem feststehenden und einem geradlinig verschiebbaren Träger für die Spule (Voigtländer & Sohn A.-G., Braunschweig). *a* Kameragehäuse, *b* Kameradeckel (Adapter), *d* Filmspule, *e* verschiebbarer Träger für die Spule mit Handhabe e_1 und Zentriersegment e_2 sowie Führungsnut *f*, *g* Filmschlüssel, *h* Zentriersegment. Die Zeichnung zeigt eine Metallfilmspule mit Zapfen im Aufriß, Grundriß und Seitenriß

Spulenende und dem beweglichen Zapfenlager eine Bremsfeder angeordnet, welche die Spule immer in der richtigen Lage zum nichtbeweglichen Lagerzapfen hält.

ε) Lagerung für Rollfilmspulen mit einem feststehenden und einem in Richtung seiner Achse innerhalb des Gehäuses verschiebbaren Lagerzapfen. Die Firma Voigtländer & Sohn A.-G. hat später bei ihren sämtlichen Rollfilmkameras eine sehr zweckmäßige Spulenlagerung eingeführt (1927), welche sich durch Einfachheit in der Konstruktion und Zuverlässigkeit in der Handhabung auszeichnet. Ausgehend von der Überlegung, daß die parallele Lagerung der oberen und unteren Spulenachse und die geradlinige Verschiebung eines der beiden Lagerzapfen in Richtung der Spulenachsen die sicherste Gewähr für die ordnungsgemäße Fortbewegung des Films von Anfang bis zu Ende ist, wurde von vornherein davon Abstand genommen, den beweglichen Spulenzapfen aus seiner sorgfältig festgelegten Achsenrichtung zu bringen. Die Konstruktion ist gekennzeichnet durch einen beweglichen Träger in Form eines Winkels; der eine, zur Seitenwand der Kamera parallele, Schenkel trägt den Zapfen für die Spule, der andere Schenkel ist parallel zur Spulenachse auf dem Kameragehäuse verschiebbar. Der Träger ist zwecks Zentrierung der Spule mit einem vorstehenden Rand versehen und besitzt eine winkelig ausgebildete Handhabe für seine Fortbewegung, welche sich in der einen Endlage des Kameragehäuses durch eine Aussparung der Seiten-

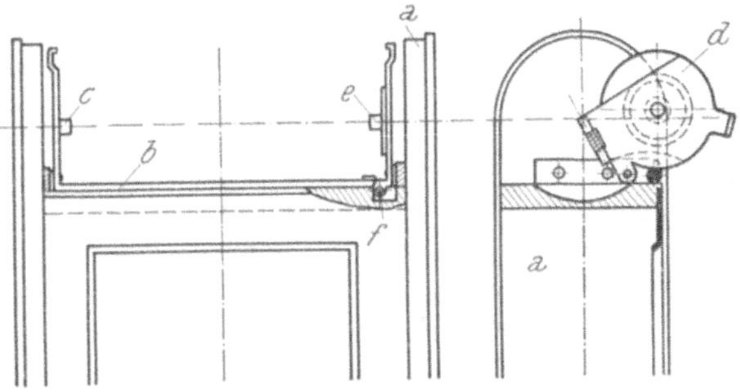

Abb. 109. Spulenlagerung, bei welcher der eine Tragzapfen feststeht, der andere aber ausschwenkbar und umlegbar ist (Welta-Kamerawerk, Freital i. Sa.). *a* Kameragehäuse, *b* Spulenträger mit feststehendem Zapfen *c*, *d* ausschwenkbarer mit Zapfen *e* versehener Arm, der bei *f* scharnierartig ausgebildet ist

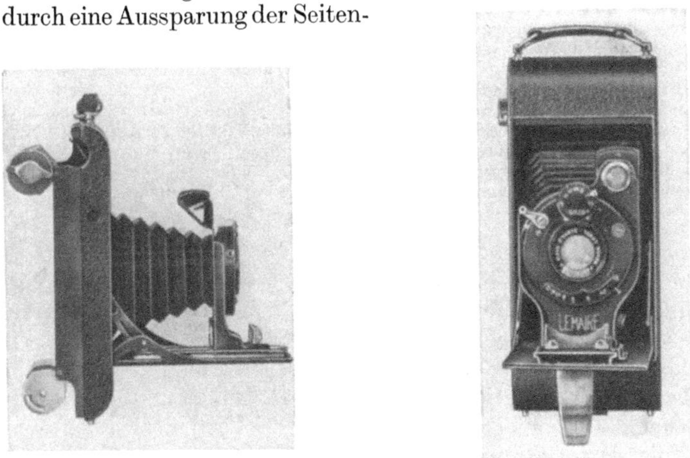

a b

Abb. 110. Rollfilmkamera 6 × 9 cm der Société Baille Lemaire fils, Paris. a Seitenansicht der Kamera ohne Deckel, beide Filmspulenträger ausgeschwenkt; b Vorderansicht der Kamera. Gehäuseabmessungen: 18,2 × 7,8 × 3,75 cm, Gewicht, 675 g. Bezüglich der Spreizenkonstruktion vgl. Abb. 24

wand desselben hindurchschieben läßt, in der entgegengesetzten Endlage jedoch den Spulenträger mittels des aufgesetzten Kameradeckels gegen unbeabsichtigte Verschiebung sichert (D. R. P. Nr. 467575). Vgl. Abb. 108.

ζ) Herausschwingbare Spulenhalter. Die Idee, den Spulenhalter als Ganzes mit dem Kameragehäuse scharnierartig zu verbinden, ist schon frühzeitig aufgetaucht; so hat z. B. FRITZ PFEFFERKORN in Dresden schon im Jahre 1908 eine einschlägige Konstruktion bekanntgegeben: Es war zwischen dem Spulenhalter und dem Kameragehäuse eine Gelenkstelle angeordnet, um den Spulenhalter um seine Lagerstelle bewegen bzw. aus dem Kameragehäuse schwingen zu können. Als besonders vorteilhaft wurde es dort bezeichnet, wenn die Filmlaufrolle als Achse benutzt wird (D. R. G. M. Nr. 357932). Eine ähnliche Bauart hat das WELTA-KAMERAWERK, Freital-Dresden, bei ihren Rollfilmkameras eingeführt (D. R. G. M. Nr. 864354). Vgl. Abb. 109. Ähnlich ist auch die von der SOCIÉTÉ BAILLE-LEMAIRE FILS, Paris, ausgeführte Konstruktion (vgl. Abb. 110).

ALBIN GRÜNLER in Dresden ging (1923) von dem gleichen Grundgedanken aus, stellte aber keine direkte Verbindung zwischen Kameragehäuse und Spulenhalter her, sondern benutzte ein Zwischenglied; er löste das in Rede stehende Problem dadurch, daß er den Spulenhalter an einem in Richtung der optischen Achse aus dem Kameragehäuse herausziehbaren Teil anlenkte; auf diese Art

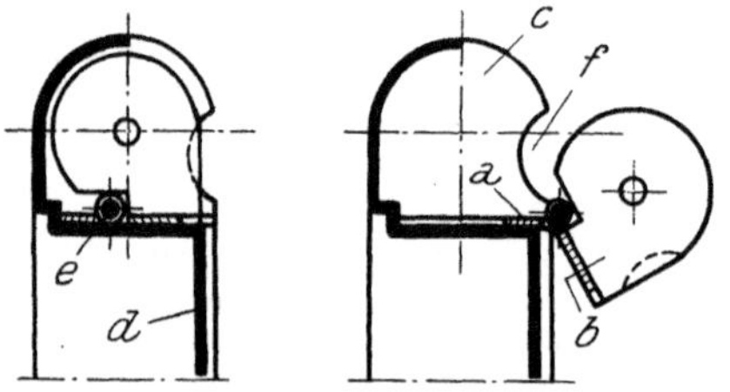

Abb. 111. Spulenhalter, dessen Bestandteile, um die Spulen einsetzen bzw. herausnehmen zu können, zuerst herausgezogen und dann um eine Achse nach unten geschwenkt werden. D. R. P. Nr. 393304 der ICA A. G., Dresden. Die Vorrichtung besteht aus den um die Achse *e* drehbaren Teilen *a* und *b*, welche in gestreckter Lage auf der Schmalseite des Innengehäuses *d* parallel zur optischen Achse verschiebbar sind; *f* ist eine Aussparung in der Seitenwand *c*, um Teil *b* fassen zu können

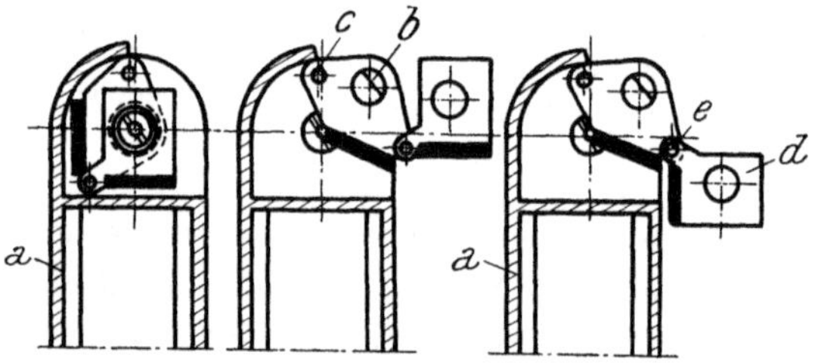

Abb. 112. Filmspulenlagerung mit Doppelgelenk (ICA A. G.; Icarette-Serie). *a* Kameragehäuse, *b* Zwischenstück, das bei *c* am Kameragehäuse drehbar befestigt ist, *d* Träger des Spulenzapfens, *e* gemeinsames Gelenk der Teile *b* und *d*. Die drei Zeichnungen zeigen die verschiedenen Stellungen des Spulenhalters und zwar der Reihe nach von links nach rechts: Ruhelage, Zwischenstellung und Gebrauchsstellung beim Einsetzen der leeren bzw. beim Herausnehmen der vollen Spule

wird das beim Herausziehen des Spulenlagers die Spulenkammer verlassende Teil von einer Feder gegen den Kamerabalgen gedrückt. Aussparungen im Kameragehäuse ermöglichen ein Erfassen des Spulenlagers, das entsprechende Vorsprünge besitzt (D. R. P. Nr. 393304). Vgl. Abb. 111.

Der Umstand, daß diese Art der exzentrischen Anlenkung des Spulenhalters relativ große Abmessungen der Spulenkammer bedingt und die Anordnung von Führungsbahnen für einen herausziehbaren Schlitten ziemlich umständlich ist, hat die ICA Akt.-Ges. in Dresden im Jahre 1924 veranlaßt, die in Abb. 112 dargestellte Verbesserung zu schaffen. Der Spulenhalter ist bei dieser Ausführung an einem schwenkbaren Zwischenstück angelenkt, das verhältnismäßig einfach herzustellen ist (D. R. P. Nr. 428517). Eine der neuesten Ausführungsformen einer Rollfilmkamera mit herausschwingbaren Filmspulenhaltern hat die Firma A. H. RIETZSCHEL G. m. b. H. in München in ihrer „Standard"-Rollfilmkamera auf den Markt gebracht: auf beiden Seiten des Gehäuses sind an ihren unteren Enden drehbare längere Lagerarme angeordnet, die auf ihren oberen Enden die Achsstutzen für die Filmrollen aufnehmen. Diese Lagerarme können dabei seitlich federnd ausgebildet sein, so daß ein leichtes und bequemes Einlegen der Filmspulen möglich wird; zweckmäßiger ist es allerdings, wenn eine der beiden den Spulenkörper tragenden Scheiben an einem die herausschwingbaren Arme verbindenden Steg abklappbar angebracht ist, wobei die Scheibe unter der Wirkung einer Sperrfeder stehen kann, die z. B. durch Einschlitzen des die Arme verbindenden Steges gebildet wird. (D. R. P. Nr. 437860). Vgl. Abb 113.

η) Aus einem Stück bestehender Doppelfilmspulenträger. Während bei allen bisher beschriebenen Ausführungsformen der eine Filmspulenträger der oberen und der zweite der unteren Filmspulenkammer zugeordnet war, ist bei der nachstehend beschriebenen Bauart zwischen beiden insofern ein inniger Zusammenhang, als der Filmspulenträger ein aus einem Stück gestanztes gebogenes oder gezogenes Metallstück darstellt und zur gleichzeitigen Aufnahme der Aufwickel- und Abwickelspule bestimmt, also als Doppelträger ausgebildet ist. Diese Art der Filmspulenlagerung ist nicht etwa willkürlich, sondern in engem Zusammenhang mit dem Aufbau des Gehäuses entstanden; sie ist nur anwendbar bei Rollfilmkameras ohne rückwärtigem Deckel- bzw. Adapterverschluß, also bei solchen Modellen, bei denen die Seitenwand geöffnet wird und bei denen die Elemente des Filmspulenhalters an dieser Seitenwand befestigt sind. Wie bereits bei Besprechung des verschiedenen Aufbaus des Gehäuses für verschiedene Rollfilmkameras erwähnt wurde, ist die Gestaltung dieses Aufbaus nur eine Folge davon, wie die Lagerung bzw. das Einlegen und Herausnehmen der Filmspulen vorgesehen wurde; während bei den meisten deutschen Rollfilmkameras die Spulen von hinten, d. h. dann zugänglich sind, wenn der rückwärts angeordnete Adapter geöffnet ist, wählt z. B. die Eastman-Kodak Co. einen anderen Weg: bei ihren Konstruktionen wird der Hauptbestandteil der Kamera, nämlich das innere Gehäuse mit Balgen, Laufboden und Objektivträger, nach vorne herausgenommen, wodurch die Filmspulenkammern des äußeren Gehäuses zugänglich werden. Eine dritte Konstruktionsart ist die Anordnung des ganzen Filmspulenträgers an der Seitenwand der Kamera; die Kamera muß bei dieser Einrichtung wohl aus der Hand gelegt werden, wenn ein Wechsel des Films vorgenommen wird, aber die einzelnen notwendigen Handhabungen lassen sich in sehr übersichtlicher Weise vollziehen. Abb. 114 (Rollfilmkamera „Cocarette“ der Zeiss-

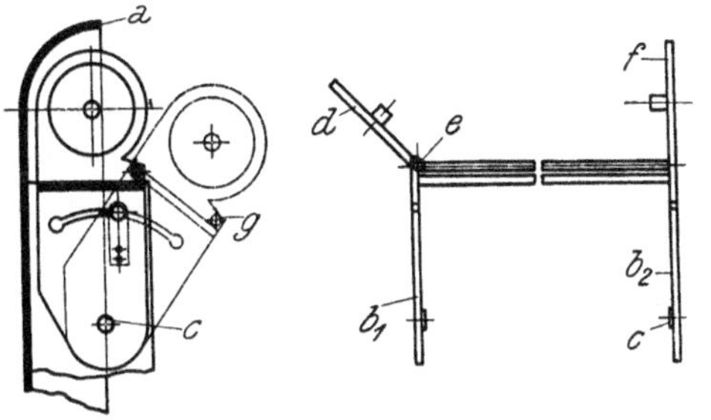

Abb. 113. Herausschwingbarer Spulenhalter mit einem feststehenden und einem scharnierartig angelenkten Zapfenträger (D. R. P. Nr. 426721 und 437860 der A. H. Rietzschel G. m. b. H., München). Der Spulenhalter b_1, b_2 ist bei c am Kameragehäuse a schwingbar angelenkt; der Träger f trägt den feststehenden Spulenzapfen, während der Träger d beim Einsetzen bzw. Herausnehmen der Spule um die Achse e zur Seite geklappt wird, g ist die Filmleitrolle

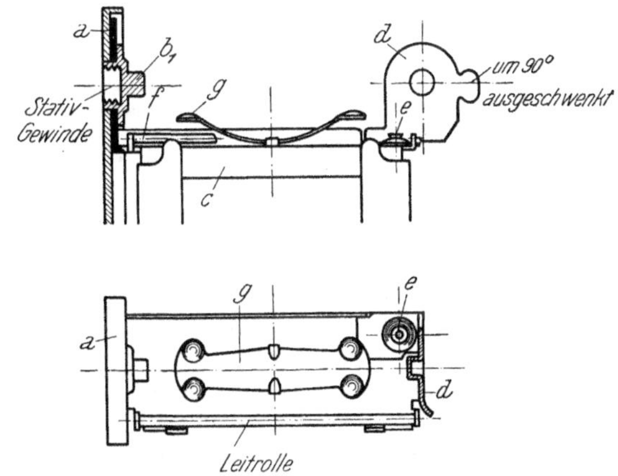

Abb. 114. Aus einem Stück bestehender Rahmen als Träger für beide Spulenhalter. (Zeiss-Ikon A. G. (Cocarette-Serie). a Seitenwand der Kamera mit koachsial zum Stativgewinde angeordnetem feststehendem Spulenzapfen b_1; c Blendrahmen mit Filmführungsleisten und Träger für die Bremsfeder g sowie für den um die Achse e schwenkbaren Spulenzapfenhalter d. Vgl. auch Abb. 98 a und b

IKON-Werke) gibt über alle interessierenden Einzelheiten Aufschluß; besonders günstig gestaltet sich diese Anordnung deshalb, weil das die beiden Filmspulenträger verbindende Stück auf der Langseite mit nutenartigen Umbiegungen versehen werden kann, in denen das Filmband geführt wird (D. R. P. Nr. 338770). Vgl. auch Abb. 98a und b.

c) Der Filmspulenschlüssel. Mit der Einführung eines roten Fensters in der Rückwand von Rollfilmkameras und der dadurch geschaffenen Möglichkeit, die jeweilige Nummer der Aufnahme am Schutzstreifen des Films ablesen zu können, war ein großer Schritt zur Ausbildung des Schlüssels zum Fortbewegen des Films getan; bei Beobachtung entsprechender Vorsichtsmaßregeln genügte dazu ein verhältnismäßig einfacher Mechanismus. Allerdings wurde schon vorher auf Einrichtungen verzichtet, welche zum Ausrücken der (die Drehung in einer Richtung verhindernden) Hemmvorrichtungen für die Spulen dienten; diese Einrichtungen hatten ihrerseits den Zweck, den Spulenzapfen in beiden Richtungen zu drehen, um den Film beliebig auf- oder zurückwickeln zu können (HENRY FRANK PURSER in London, D. R. P. Nr. 150107).

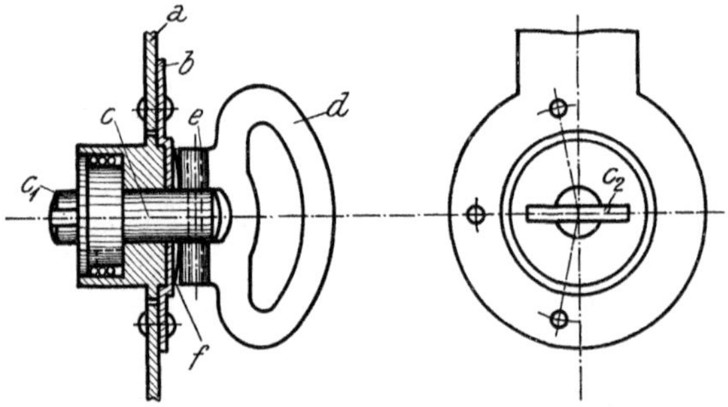

Abb. 115. Nur nach einer Seite drehbarer Filmspulenschlüssel mit Federbremse. VOIGTLÄNDER & SOHN A. G., Braunschweig. *a* Kameraseitenwand, *b* Tragplatte, *c* Achse mit Zapfen c_1 und Steg c_2, *d* umlegbare Handhabe mit Gelenk *e* und Glockenfeder *f*. Das eine Ende der Spiralfeder ist mit der Achse *c* verbunden, das andere ist frei; versucht man den Filmschlüssel nach rückwärts zu drehen, tritt selbsttätig Hemmung ein

Ganz allgemein wird heute zum Aufwickeln des Films von der unteren vollen auf die obere leere Spule eine Einrichtung benutzt, welche die Form eines Schlüssels hat, der sich nur in einer Richtung (meist im Sinne des Uhrzeigers) drehen läßt; da die jeweilig fortzuschaltende Länge des Filmbandes mit Hilfe der oberwähnten Nummern genau eingehalten werden kann, sind die früher vorgeschlagenen komplizierten Zählvorrichtungen, welche dem zunehmenden Umfang der Filmrolle Rechnung trugen, vollkommen überflüssig geworden. Es spielt im praktischen Gebrauch auch gar keine Rolle, ob der Filmspulenschlüssel am Anfang, wo der Durchmesser des aufgewickelten Filmbandes kleiner ist, zum Fortschalten einer Bildlänge etwas länger gedreht werden muß als am Ende; die ganze Aufmerksamkeit richtet sich lediglich auf die Beobachtung der im Bildfenster sichtbaren Nummern. Aus diesem Grunde ist der Filmschlüssel eine Windevorrichtung, die bloß in einer Richtung gebraucht werden kann und gegen Drehung im entgegengesetzten Sinne zwangläufig gesichert ist, damit die ebene Lage des Films stets gewährleistet sei.

Die Mittel, welche angewandt wurden, um ein Rückwärtsdrehen des Schlüssels zu verhindern, sind an sich in der Technik bekannt; meistens wird als hemmendes Glied eine einseitig befestigte Feder benutzt, die beim Vorwärtsdrehen des Schlüssels im Gehäuse bzw. auf der Achse schleift und daher keinen Widerstand leistet, beim Versuch des Rückwärtsdrehens aber eine Hemmung, bzw. Sperrung verursacht, so daß eine sofortige Kupplung zwischen dem beweglichen Teil des Schlüssels und dem feststehenden Gehäuse eintritt. Ein Unterschied zwischen der in Abb. 115 dargestellten Konstruktion der VOIGTLÄNDER & SOHN A.-G. und derjenigen der ZEISS-IKON A.-G. (Abb. 116) besteht z. B. nur darin, daß bei ersterer das eine Ende der Feder mit der sich drehenden Achse, bei letzterer hingegen mit dem feststehenden Gehäuse verbunden ist; die am Umfang streng passende Feder dreht sich demnach im ersten Falle mit, wird aber im zweiten Falle, wo sie auf der Achse ohne Spiel befestigt ist, an der Drehung gehindert.

Eine von der CERTO G. M. B. H. benutzte Ausführungsform ist in Abb. 117 dargestellt; als Mittel zur Verhinderung der Rückwärtsdrehung ist dort ein sich

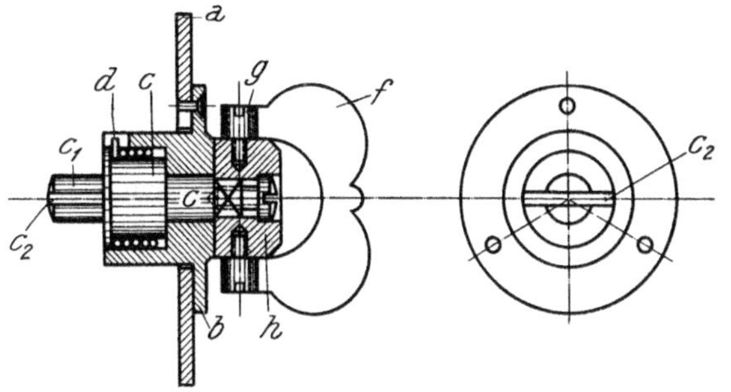

Abb. 116. Filmschlüssel mit Feder-Sicherung gegen Rückwärtsdrehen (ZEISS-IKON A. G., Dresden). An der Seitenwand des Gehäuses *a* ist das Tragstück *b* befestigt, welches die Lagerung für die Achse *c* mit dem Zapfen c_1 und dem Steg c_2 bildet; dieses Tragstück besitzt auch eine Aussparung als Haltepunkt für das eine Ende der Spiralfeder *d*. Die Handhabe *f* ist mittels der Schrauben *g* am Teil *h* umlegbar befestigt, das seinerseits mit der Achse *c* zwangläufig verbunden ist

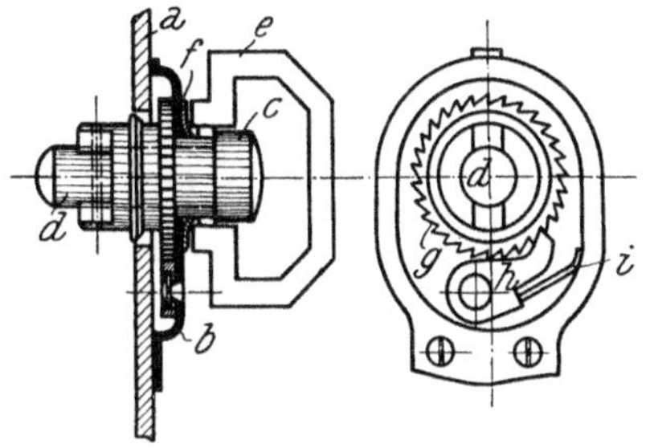

Abb. 117. Filmschlüssel mit Sicherung gegen Rückwärtsdrehung durch Sperr-Rad mit Klinke (CERTO G. m. b. H., Dresden). *a* Seitenwand des Kameragehäuses, *b* Abschlußkappe, *c* Filmschlüsselachse mit Mitnehmersteg *d*, *e* Handhabe, *f* Glockenfeder, *g* Sperr-Rad, *h* Sperrklinke mit Feder *i*

mit dem Schlüssel drehendes Sperrad mit Klinke vorgesehen, eine Anordnung, welche ebenfalls nur eine Drehung in einem Sinne gestattet.

Wesentlich anders ist die Hemmvorrichtung konstruiert, die nachstehend beschrieben wird (vgl. Abb. 118): sie besteht aus einem zylindrischen Gehäuse, welches an der Kamera-Seitenwand unbeweglich befestigt ist; in diesem Gehäuse ist ein entsprechend geformter Mitnehmer konzentrisch gelagert, der mittels dreier Arme und loser zylindrischer Bolzen die Kupplung zwischen dem feststehenden und beweglichen Teil des Schlüssels herstellt. Wird der Mitnehmer durch den gelenkig befestigten Handgriff nach rechts bewegt, so bleiben die zylindrischen Bolzen nach dem Zusammenpressen der dazwischenliegenden Spiralfeder ungefähr in ihrer Lage und bieten keinerlei Widerstand, so daß sich der Filmschlüssel ohne weiteres drehen läßt; wird jedoch der Handgriff in entgegengesetzter Richtung gedreht, so wirken die drei Bolzen gegen die Keilflächen des Mitnehmers und pressen sich zwischen diese und die feststehende Lagerhülse; hierdurch wird eine Drehung der Spule in dieser Richtung verhindert. (Ähnlich ist das Prinzip der Torpedo-Freilaufkupplung!)

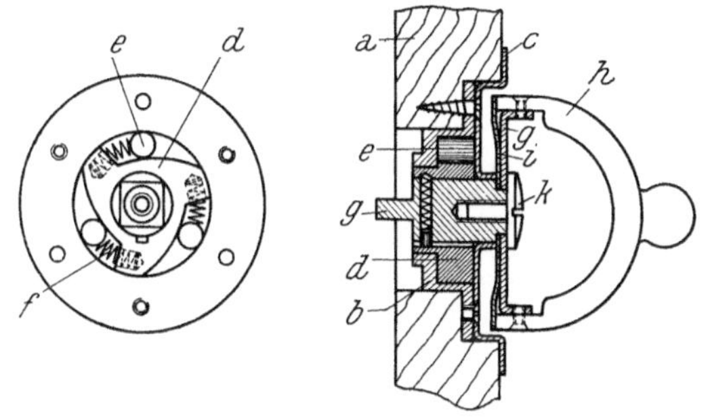

Abb. 118. Filmschlüssel mit Sicherung gegen Rückwärtsdrehen nach dem Prinzip der Freilaufkupplung (Rollfilm-Kameramodell Bob II. der H. ERNEMANN A. G., Dresden). *a* Kameraseitenwand (Holz) mit Lagerhülse *b* und Abschlußblech *c*, *d* Mitnehmer mit exzentrischen Flächen, durch welche die Walzen *e* mit Hilfe der Feder *f* bei Verdrehung des Trägers *g* (für den Schlüssel *h*) festgepreßt werden; es ergibt sich so eine selbsttätige Hemmung, sobald man versucht, den Schlüssel rückwärts zu drehen. *i* federnde Rast, *k* Befestigungsschraube

Die gleiche grundsätzliche Einrichtung zeigt der in Abb. 119 dargestellte Filmspulenschlüssel der Rollfilmkamera „Nixe" der ZEISS-IKON A.-G.; ein Unterschied in der Anordnung gegenüber der oberwähnten liegt darin, daß der ganze Schlüssel achsial verschiebbar ist; er läßt sich zwecks Einsetzen einer neuen Spule zunächst herausziehen, aber erst dann drehen, wenn ein am Ende des Vierkants befindlicher zylindrischer Ansatz in eine entsprechende Ausnehmung gelangt, d. h. wenn die Geradeführung verlassen ist, was am Ende der Bewegung der Fall ist. Fast sämtliche im Gebrauch befindliche Rollfilmspulen haben, wie bereits an anderer Stelle ausgeführt wurde, ein meist ganz durchgehendes Loch und auf der einen Seite einen Schlitz im Holzkern, in welchen der Steg der Filmschlüsselachse eingreift und dort als Mitnehmer wirkt; eine Ausnahme machen lediglich die Metallfilmspulen für die Kameraformate $4 \times 6\frac{1}{2}$ cm und 5×8 cm. Diese Spulen haben vorstehende Zapfen, von denen der eine geschlitzt ist. Bei der Aufwicklung des Films tritt in dem Augenblick, in welchem die Richtung des Schlitzes im Lagerzapfen und des in diesen eingreifenden Filmspulenansatzes oder -steges mit der Zugrichtung des Filmstreifens zusammenfällt, ein seitlicher Zug auf, durch den die Filmspule aus der achsialen Mittellage gebracht wird, was ein Schleifen des Films an der Innenwand des Kameragehäuses und ein Festklemmen zur Folge haben kann. Dr. AUGUST NAGEL hat diesem Umstand Rechnung getragen, indem er das der Filmspulenachse zugewendete zapfenförmige Ende der Filmspulenschlüsselachse mit einer dem Durchmesser der letzteren entsprechenden Ausbohrung versehen und dann beiderseits abgefräst hat, so daß ein mit seitlichen Vorsprüngen versehener Steg entsteht, der in Aussparungen der Filmspulenachse eingreift. Dadurch, daß der in den Schlitz der Spulenachse eingreifende Teil mit einem die Spulenachse umgreifenden Teil versehen ist, wird die Filmspulenachse gegen seitliche Verschiebungen während der Drehung gesichert, indem die seitlichen Vorsprünge über das noch hinter der Längsaussparung des Filmspulenzapfens liegende Stück des Spulenansatzes hinweggreifen (D. R. P. Nr. 350894).

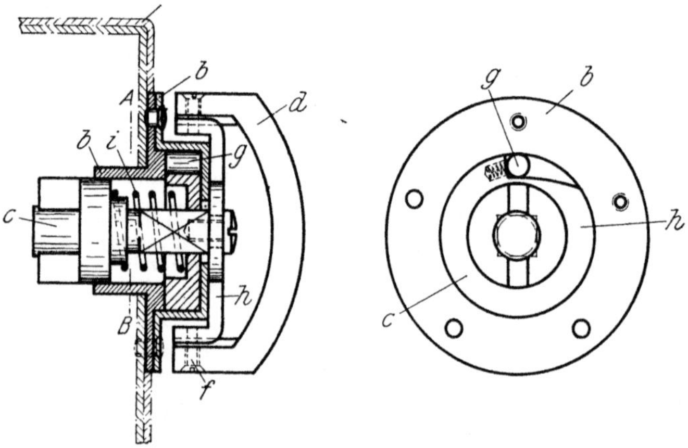

Abb. 119. Achsial verschiebbarer Filmschlüssel mit Sicherung gegen Rückwärtsdrehen (Prinzip der Hemmung wie in Abb. 118.) Rollfilmkamera Nixe der ZEISS-IKON A. G., Dresden. Das Filmschlüssellager b ist an der Kameraseitenwand befestigt und gibt der Achse c Führung. Der Griff d ist mit Hilfe der Schraube f am Bügel h_1 federnd umlegbar angelenkt, g Reibwalze, h Reibscheibe, i Spiralfeder

Während im allgemeinen der Träger des Filmspulenschlüssels durch Schrauben oder Niete mit der Seitenwand des Kameragehäuses verbunden wird, hat die ZEISS-IKON A.-G. im Jahre 1927 eine Änderung dieser Befestigungsmethode vorgeschlagen, die darin besteht, daß der erwähnte Träger (ähnlich wie das bereits bei den Stativmuttern bekannt geworden ist) durch Stauchen bzw. Umbördeln mit der betreffenden Kamerawand fest vereinigt wird (D. R. G. M. Nr. 1007749).

d) Die Filmführung. Wenn auch alle Vorkehrungen für eine sachgemäße

Lagerung der Filmspule getroffen sind (insbesondere jene, die das Abwickeln von der vollen und das Aufwickeln auf die leere Spule — ihre Achsen sind parallel — ermöglichen) und auch die Filmleitrollen parallel zu den Filmspulen angeordnet sind, so kann das rasche Wechseln des Aufnahmematerials unter Umständen doch noch manchmal Schwierigkeiten machen. So z. B. ist es möglich, daß durch Schrägübergang des Filmbandes von einer Spule zur anderen sich Stauungen ergeben, die ein Weiterwickeln verhindern. Um dies unmöglich zu machen und insbesondere eine möglichst ebene Lage des Films in der Bildebene zu erreichen, wurden die verschiedensten Mittel angewandt; das bekannteste dürfte die vielfach angewandte, an der Innenseite der Kamerarückwand angelenkte, federnde Metallplatte sein, welche den Film dauernd gegen den Blendrahmen drückt und verhindert, daß infolge Wölbung des Films in Richtung der Breite Bildunschärfe entsteht. In der Längsrichtung ist dies im allgemeinen weniger zu befürchten, weil durch den Zug beim Fortschalten schon eine gewisse Spannung vorhanden ist. Der im Laufe der Jahre immer wieder auftauchende Vorschlag, eine Glasplatte von hinten gegen den Film zu pressen, konnte sich wegen Platzmangels, wegen der Zerbrechlichkeit der Glasplatte sowie wegen anderer Nachteile in der Praxis nicht durchsetzen.

Ein ebenso einfaches wie zuverlässiges Mittel zur Führung des Films bei Rollfilmkameras besteht darin, den Raum zwischen Blendrahmen und Innenseite der Kamerarückwand so eng zu halten, daß eine zwangläufige Filmführung eintritt, ohne daß dabei die erforderliche Beweglichkeit des Films beim Fortschalten gestört würde; die Firma Voigtländer & Sohn A.-G. in Braunschweig hat bei ihren sämtlichen Rollfilmkameras diese Einrichtung mit bestem Erfolg benutzt. In jüngster Zeit (1920) hat Dr. Aug. Nagel eine bereits früher erwähnte Verbesserung in dieser Richtung angegeben, die sich auf sogenannte Doppelfilmspulenträger bezieht, welche an der seitlich herausnehmbaren Wand der Kamera befestigt sind. Von der Erwägung ausgehend, daß die Filmleitrollen bezüglich der Breite ihre Aufgabe erfüllen, hat Dr. A. Nagel den in das Innere der Kamera einschiebbaren Doppelfilmspulenträger an den Längsseiten des mit dem Blendrahmenausschnitt versehenen Verbindungsstückes so mit Umbiegungen versehen, daß sich dadurch nutenartige Führungen bilden, in welche der Film mitsamt seinem Schutzstreifen eingeführt wird. Dadurch erhält der Film eine zwangläufige beiderseitige Längsführung, so daß ein seitliches Abweichen und dadurch Versagen der Filmspulendrehbewegung beim Abwickeln des Rollfilms ausgeschlossen ist. Dadurch, daß sich die äußeren Längsflächen der Führungen dicht über das Filmband legen und dessen glattes Anlegen am Blendrahmenteil bewirken, ist eine gleichmäßige Lage des Films bei der Aufnahme gewährleistet. Um das Einführen des Filmbandes in die Längsführungen leicht vornehmen zu können, sind die der Abgabespule zunächst liegenden Enden der Längsführungen über das Verbindungsstück hinaus verlängert (D. R. P. Nr. 338770).

Bei zunehmender Länge des Bildformats im Verhältnis zu dessen Breite, wie z. B. bei den Modellen $6\frac{1}{2} \times 11$ cm und 8×14 cm, wird diese Einrichtung zweifellos ihren Zweck erfüllen.[1]

Trotzdem die Breitenabmessungen der verschiedenen Filme ziemlich einheitlich festgelegt sind, sind die aus der Größe des Blendrahmens sich ergebenden nutzbaren Bildflächen bei den einzelnen Erzeugnissen sehr verschieden; nachfolgende Tabelle gibt über die bezüglichen Verhältnisse einen Überblick.

---

[1] Eine Sicherung der Filmspule gegen Längsverschiebung schlägt Dr. A. Nagel vor; nach seiner Erfindung (D. R. P. Nr. 348245) ist ein die Längsverschiebung bewirkender Teil mit einer Federung versehen, welche die Filmspulenachse auch in einer senkrecht zu dieser verlaufenden Richtung gegen Verschiebung sichert.

Tabelle 10.
Blendrahmen-Abmessungen der verschiedenen Rollfilmkameras

Filmformat in cm	Bildauschnitt in mm	Fabrikat
3 × 4	30 × 40	Zeiss-Ikon „Box-Tengor" und „Kolibri"
4 × 6½	40 × 62	Ernemann „Rollfilm II"
	40 × 65	Zeiss-Ikon „Ikonette"; Contessa „Piccolette"
	40 × 65	Goerz „Roll-Tenax"
	42 × 63	Goerz „Roll-Tengor"
	43 × 63	Kodak „Vest Pocket"
6 × 6	56 × 59	Franke & Heidecke „Rolleiflex"
	57 × 58	Ica „Icarette"
5 × 8	45 × 76	Contessa „Cocarette"
	46 × 77	Voigtländer Rollfilmkamera
	47 × 73	Dr. Nagel „Vollenda"; Krauss „Rollette"
6 × 9	54 × 85	Agfa „Billy"; Lumière „Nada"
	55 × 84	Agfa „Billette"
	56 × 86	Foth Rollfilmkamera; Neithold „Ce-Nei-Fix"
	57 × 86	Balda „Rollbox"; Goerz „Box-Tengor"
	57 × 87	Goerz „Roll-Tenax"
	57 × 88	Zeiss-Ikon „Ikonta"; „Ikarette 500/2"
	57 × 88	Zeiss-Ikon „Ikarette"
	58 × 83	Kodak „Hawk-Eye Nr. 2"; „Pocket junior Nr. 1"
	58 × 86	Dr. Nagel Mod. Nr. 65 und Nr. 74; „Vollenda"
	58 × 88	Voigtländer Rollfilmkamera „Bessa"
	59 × 88	Agfa „Standard"
6½ × 11	62 × 107	Ica „Icarette"
	63 × 105	Goerz „Box-Tengor"
	63 × 108	Voigtländer Rollfilmkamera
	63 × 108	Ernemann „Bob V"
	64 × 108	Kodak „Kodax"
8 × 10½	78 × 115	Goerz „Roll-Tengor"
	80 × 104	Contessa „Unitak"
	80 × 107	Ica „Nixe"
	79 × 110	Ernemann „Bob II"
8 × 14	84 × 135	Zeiss-Ikon „Nixe"
	85 × 138	Voigtländer Rollfilmkamera
	87 × 135	Ica „Ikarette IV"

e) Konstruktion und Abmessungen der Filmspule. Zugleich mit der Einführung des roten Filmfensters an der Rückseite aller Rollfilmkameras ist die Ausbildung des Schichtträgers bzw. seines Schutzstreifens vor sich gegangen. Die Anordnung ist heute fast allgemein so, daß der eigentliche Schichtträger auf einer Unterlage von rotem undurchsichtigem Papier nur mit einem Ende befestigt ist, während das andere Ende des Schichtträgers, das frei beweglich ist, nach der Belichtung des letzten Negativs mit der Papierunterlage unter Benutzung des anhängenden Klebestreifens verbunden werden kann. Die Breite des Films ist nur wenig geringer als die des Schutzstreifens, die Länge des letzteren jedoch erheblich größer als die des Films, damit das Aufwickeln am

Anfang reibungslos vor sich geht und damit der Schichtträger gegen Nebenlicht hinlänglich geschützt sei.

Der Film wird an der Spule so befestigt, daß das schräg zugeschnittene Ende des Schutzbandes in den längeren von zwei Schlitzen der Spule so weit als möglich eingeführt und dann umgelegt wird, so daß das Aufwickeln unter dem Druck des Schutzstreifens auf den Kern der Spule erfolgt bzw. das durch die sogenannte Wickelrolle hindurchgesteckte Ende des Bandes vom übrigen Band überwickelt wird. Es ist von Anfang an darauf zu achten, daß der Rollfilm auf die leere Spule gleichmäßig und nicht schief aufgewickelt wird, weil sonst eine Beschädigung bzw. Zerstörung des Films eintreten kann. ROBERT MAYER in Heilbronn a. N. hat vorgeschlagen, statt des in die Wickelrolle der Filmspule eingefrästen Schlitzes einen parallel zur Achse der Spule angeordneten Mitnehmerstab vorzusehen, welcher sich über die ganze Länge der Spule erstreckt. Durch diese Maßnahme ist es möglich, das Papierband in seiner ganzen Breite zwischen Wickelrolle und Mitnehmerstab durchzustecken und umzulegen (D. R. P. Nr. 295925). TH. BUSAM in Lautenbach beanstandet an dieser Lösung, daß in den Film ein Wulst eingedrückt wird und die aufgewickelte Spule ihre Rundung verliert; er sieht deshalb an der Aufwickelrolle einen Haken vor, an dem das Bildband mittels einer in der Mitte des Schutzbandendes befindlichen Öse befestigt wird; die Form des Hakens ist so gedacht, daß er sich durch das Aufwickeln des Bildbandes in eine Ausbauchung der Rolle legt, ohne die Rundung der Rolle zu stören (D. R. P. Nr. 303387 und 307442).

GIOVANNI RIVETTA in Paris schlägt vor, dem Längseinschnitt an der Spule eine im Querschnitt dreieckige Erweiterung zu geben, gegen die sich das gefalzte Ende des Films bzw. Bandes stützt (D. R. P. Nr. 367466).

Die Konstrukteure haben begreiflicherweise ihre Aufmerksamkeit in erster Linie auf die Verbesserung der Verbindung zwischen den beiderseitig auf die Holzrolle aufgepreßten Metallscheiben gerichtet; es ist eine bekannte Tatsache, daß sich diese Metallscheiben infolge Eintrocknens des Holzes lockern und schließlich drehen oder auch abfallen können. HUGO BIELER in Halle a. S. empfiehlt deshalb, die Metallscheibe an der Innenseite des Schaftes umzubördeln und außerdem mit Halterippen zu versehen, damit sich die Scheiben nicht verdrehen können (D. R. P. Nr. 393374).

Um bei den Spulen, die gewöhnlich aus einer Holz- oder Metallachse mit seitlichen Flanschen aus Metall bestehen, zu vermeiden, daß zwischen dem aufgerollten Band und den Spulenflanschen Licht eindringen kann, und um zu verhindern, daß das aufgerollte Band sich bei Nachlassen der Spannung wieder in entgegengesetzter Richtung abrollt, sieht die GEVAERT-PRODUCTEN N. V. in Vieux-Dieu b. Anvers, Belgien, vor, die Innenseite der Flansche mit einer Schicht Plüsch, Wollstoff o. dgl. zu besetzen und außerdem die umlaufenden Kanten nach innen umzubördeln, um den erwähnten Stoff sicher befestigen zu können (D. R. P. Nr. 400281 und 440280). Außerdem schlägt die genannte Firma vor, die auf bekannte Weise mit einer Hülse versehenen Spulenflanschen nach Aufstecken der letzteren auf die Rolle an der Hülse mit einer oder mehreren zentrischen umlaufenden Rillen zu versehen, so daß die Flanschen auf der Rolle starr befestigt sind.

Die Firma PATHÉ CINÉMA ANCIENS ETABLISSEMENTS PATHÉ FRÈRES in Paris beschäftigt sich eingehend mit der fabrikatorischen Herstellung von Metallspulen, deren rohrförmiges Mittelteil aus einem Metallstreifen zusammengerollt ist, während an den beiden Enden dieses zusammengerollten, rohrförmigen Mittelteiles je eine flache Scheibe, ein Flansch oder eine Wange angebracht ist, um auf diese Weise die Metallfilmspule zu bilden (Einzelheiten siehe D. R. P. Nr. 426410, 435058 und 438708). Auch HUGO BIELER in Halle und THOMAS

GEORGE BAXENDEN in Watford, England, wenden der rationellen Fabrikation von Metallspulen ihr Augenmerk zu (D. R. P. Nr. 435844 und 437356).

Obwohl ununterbrochen daran gearbeitet wird, die Spulen so rationell und preiswert als nur irgend möglich herzustellen, läßt sich kein wesentlicher Fortschritt in dieser Richtung feststellen; man unterscheidet in der Hauptsache heute zwei voneinander grundsätzlich verschiedene Konstruktionen, und zwar:

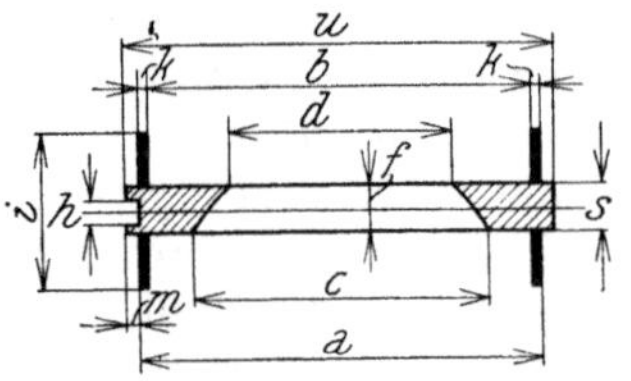

Abb. 120. Metallspule mit Zapfen für die Formate $3^1/_2 \times 5^1/_2$, $4 \times 6^1/_2$ und 5×8 cm. Entsprechend der Bauart dieser Spulen hat der Spulenträger Löcher statt Zapfen. Wegen der Abmessungen vgl. Tab. 11. Die Abmessungen für den Film und das Schutzpapier sind etwa folgende:

Format	Filmbreite	Papierbreite
$4 \times 6^1/_2$ cm	46,0 mm	47,0 mm
$5 \times 7^1/_2$ „	51,2 „	51,85 „

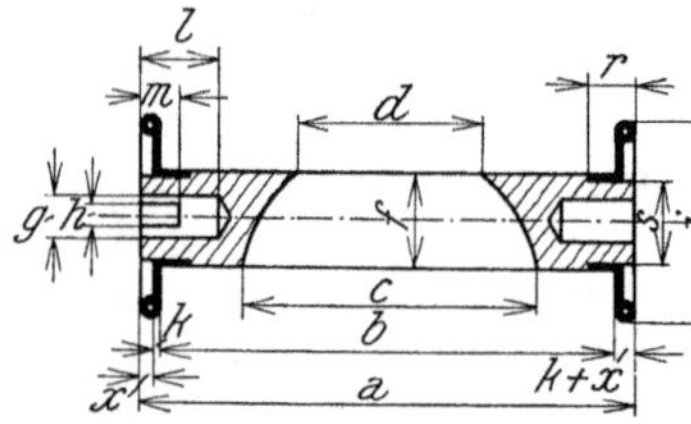

Abb. 121. Holzspule mit umgebördelten Metallflanschen. Wegen der Abmessungen vgl. Tab. 12. *a* Gesamtlänge der Spule, *c*—*d* Einschnitt zur Befestigung des Schutz-Papierstreifens, *i* Durchmesser des Metallflansches, *l* Länge der Bohrungen für den Spulenzapfen, *g* Durchmesser der Bohrungen für den Spulenzapfen, *h* Breite des Einschnittes für den Mitnehmer. Die Abmessungen für den Film und das Schutzpapier sind etwa folgende:

Format	Filmbreite	Papierbreite
$4 \times 6^1/_2$ cm	46,0 mm	47,0 mm
6×9 cm } 6×6 „ }	61,8 „	62,70 „

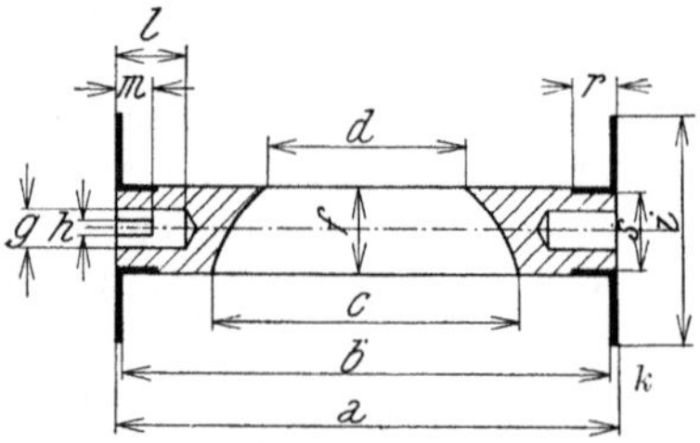

Abb. 122. Holzspule mit glatten Metallflanschen. Wegen der Abmessungen vgl. Tabelle 13. Die Abmessungen für den Film und das Schutzpapier sind etwa folgende:

Format	Filmbreite	Papierbreite
$6^1/_2 \times 11$ cm	70,0 mm	71,20 mm
$8 \times 10^1/_2$ „	87,0 „	87,90 „
8×14 „	92,0 „	94,15 „
$7^1/_4 \times 12^1/_2$ „	78,0 „	79,30 „

α) die Holzspule mit an beiden Seiten befindlichen Löchern zur Aufnahme der Zapfen des Spulenträgers,

β) die Metallspule mit an beiden Seiten befindlichen Zapfen zur Lagerung im Spulenträger.

Beiden ist gemeinsam, daß zur Begrenzung des Films auf dem eigentlichen Spulenkern Metallscheiben in einem Abstand fest angeordnet sind, der meist nur wenig größer als die Breite des schützenden Papierbandes ist; während bei der Holzspule die Gesamtbreite der Spule einschließlich Flansche mit der Länge des Spulenkerns übereinstimmt, ist bei der Metallspule, wie nicht anders möglich, die lichte Weite der beiden Flanschen kleiner als die Länge des Spulenkerns.

Die wichtigsten Abmessungen der gängigsten Filmspulen sind in den Tabellen 11, 12 und 13 auf S. 119 zusammengestellt.

Die Abmessungen der Spule mit ihren für die Lagerung in Betracht kommenden kleinsten Maßen sind nicht selten die Ursache von Beanstandungen seitens der Verbraucher gewesen; es ist auch ganz verständlich, daß Spulen, noch dazu aus weichem Holz, nie die Genauigkeit aufweisen können wie solche aus Metall, die unter Zuhilfenahme von Lehren und unter sorgfältiger Kontrolle hergestellt werden. Trotzdem haben sich Metallspulen nur bei wenigen kleinen Kameras eingebürgert, und zwar anscheinend nur deshalb, weil Spulen, deren Kerndurch-

Tabelle 11. Metallspulen (vgl. Abb. 120). Maße in mm

Format in cm	Abb.	a	b	c	d	e[1]	f	h	i	k	m	s	u
$3^1/_2 \times 5^1/_2$ 4×6	120	42,4 ± 0,1	40,8 ± 0,05	30—36	20—25	1	5	2 ± 0,05	16,9 ± 0,1	0,8 ± 0,05	1,2	5	44,8 ± 0,1
$4 \times 6^1/_2$	120	48,9 ± 0,1	47,3 ± 0,05	30—35	20—25	1	5	1,5 ± 0,05	19 ± 0,1	0,8 ± 0,05	2,9	3,8	55,1 ± 0,1
5×8	120	54,2 ± 0,1	52,2 ± 0,05	35—40	25—30	1	6	3 ± 0,1	19,6 ± 0,1	1 ± 0,05	1,8	6	57,9 ± 0,1

Tabelle 12. Holzspulen mit umgebördelten Metallflanschen (vgl. Abb. 121). Maße in mm

Format in cm	Abb.	a	b	c	d	e[1]	f	g	h	i	k	x	l	m	r	s
$4 \times 6^1/_2$	121	50,3 ± 0,2	47,3 ± 0,1	30—35	20—25	1	12—12,3	5,3 ± 0,1	3 ± 0,1	25 ± 0,1	0,55 ± 0,05	0,95 ± 0,05	10—15	5 ± 0,2	6	10,5
6×6 6×9	121	66 ± 0,2	63 ± 0,1	40—45	25—30	1	12—12,3	5,3 ± 0,1	3 ± 0,1	22 ± 0,1	0,55 ± 0,05	0,95 ± 0,05	10—15	5 ± 0,2	6	10,5

Tabelle 13. Holzspulen mit glattem Metallflansch (vgl. Abb. 122). Maße in mm

Format in cm	Abb.	a	b	c	d	e[1]	f	g	h	i	k	l	m	r	s
6×9	122	64,6 ± 0,2	63,5 ± 0,1	40—45	25—30	1	12—12,3	4 ± 0,1	3 ± 0,1	31,6 ± 0,1	0,55 ± 0,05	10—15	5 ± 0,2	6	10,5
$6^1/_2 \times 11$	122	72,6 ± 0,2	71,5 ± 0,1	45—50	30—35	1	12—12,3	4 ± 0,1	2,4 ± 0,1	31,6 ± 0,1	0,55 ± 0,05	10—15	5 ± 0,2	6	10,5
$8 \times 10^1/_2$	122	89,4 ± 0,2	88,3 ± 0,1	50—55	35—40	1	12—12,3	5,3 ± 0,1	3 ± 0,1	31,6 ± 0,1	0,55 ± 0,05	10—15	5 ± 0,2	6	10,5
$8 \times 10^1/_2$ 8×14	122	95,5 ± 0,2	94,4 ± 0,1	55—60	40—45	1	12—12,3	5,3 ± 0,1	3 ± 0,1	31,6 ± 0,1	0,55 ± 0,05	10—15	5 ± 0,2	6	10,5

[1] e ist die Breite des Schlitzes $c - d$

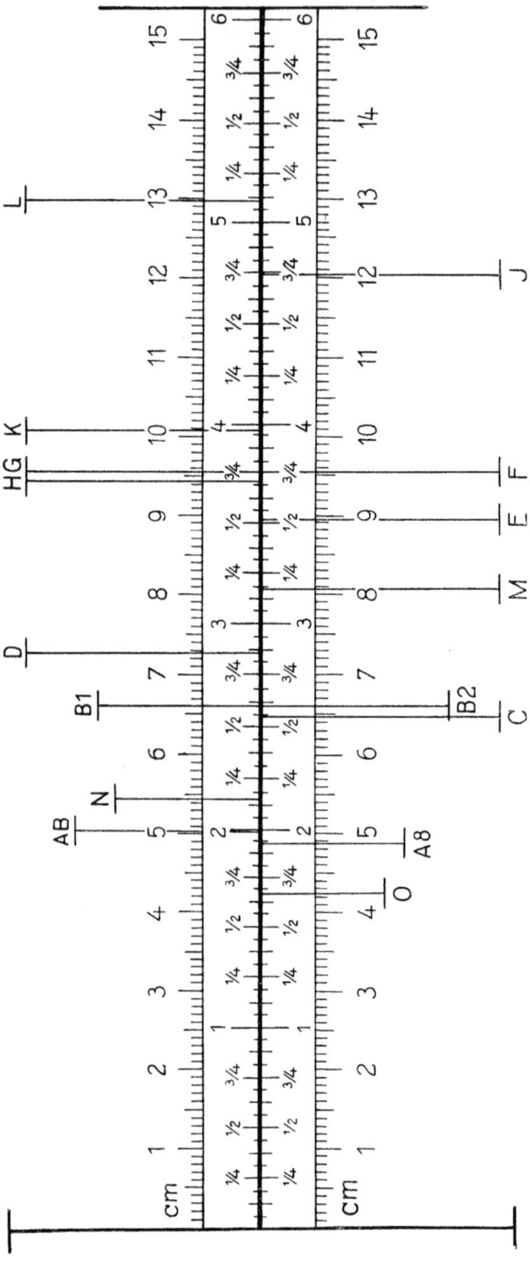

Abb. 123. Meßvorrichtung zur Feststellung der Spulengröße für Agfa-Filme (nat. Größe). Die Buchstaben bezeichnen die Agfa-Filme verschiedenen Formats, und zwar: O $3^1/_2 \times 5^1/_2$ cm, A8 $4 \times 6^1/_2$ cm, C 6×9 cm, B2 6×9 cm, B1 6×6 cm, N $5 \times 7^1/_2$ cm, D $6^1/_2 \times 11$ cm, M $7^1/_4 \times 12^1/_2$ cm, E $8 \times 10^1/_2$ cm, H 9×9 cm. F $8 \times 10^1/_2$ cm, G 8×14 cm, J $10 \times 12^1/_2$ cm, K $10 \times 12^1/_2$ cm, L $12^1/_2 \times 10$ cm

messer nur etwa 5 bis 6 mm beträgt, aus Holz nicht mehr mit der erforderlichen Festigkeit erzeugt und überdies nur schwer mit einer Bohrung für die Zapfen der Spulenträger versehen werden können.[1]

Die Agfa hat einen Spulenmesser für Rollfilm in Form eines Diagramms bekannt gemacht, welche unmittelbar zu ermitteln gestattet, welche Rollfilme für eine beliebige Kamera zu verwenden sind; die Spule wird mit der einen Kopfscheibe an die Ausgangslinie des Diagramms (Abb. 123) gelegt; an der mit der anderen Kopfscheibe zusammenfallenden Linie wird die Bezeichnung des zugehörigen Agfa-Films abgelesen. Die Länge der Querlinien an den betreffenden Stellen im Diagramm, gemessen von der Mittellinie aus, stellt den Durchmesser der Filmspulen-Kopfscheibe dar.

Infolge der allgemein durchgeführten Normung der Filmspulen stimmen die aus diesem Diagramm ermittelten Maße nicht nur für Agfa-Rollfilme, sondern auch für Fabrikate anderer Herkunft. In Tab. 14 sind (ohne Anspruch auf Vollständigkeit) bekannte Rollfilmkameramodelle, geordnet nach der Größe der zu verwendenden Spulen, zusammengestellt.

[1] Ein Nachteil der Metallspulen ist eventuell darin zu sehen, daß hier der Unterschied zwischen dem Durchmesser der vollen Spule und dem Durchmesser des Kerns wesentlich größer ist als bei Holzspulen; dieser Tatsache ist bei der Anordnung von Bremsfedern zur Sicherung gegen unerwünschtes Zurückrollen besondere Beachtung zu schenken.

Tabelle 14. Gängige Rollfilmkameramodelle und ihre Formate

Format in cm	Bezeichnung der Kameramodelle
3 × 4	Box-Tengor und Kolibri (Film A 8)
$3\frac{1}{2}$ × $5\frac{1}{2}$	Ensignette I
4 × $6\frac{1}{2}$	Picolette, Film-K, Bob V, Rolf II, Roll-Tenax, Cocarette, Rollpaff, Bi-Tengor, Icarette, Ultrix-Automat, Brownie, Westentaschen-Kodak, Ikonette
5 × $7\frac{1}{2}$	Cocarette, Film-K, Box-Tengor, Voigtländer-Rollfilmkamera 5 × 8, Krauss-Rolette, Ensignette, Vollenda
6 × 6	Film-K, Bob V, Icarette, Rollpaff-Reflex, Brownie I, Rolleiflex
6 × 9	Standard-Rollfilmkamera, Billy, Nitor, Cocarette. Duroll, Film-K; Bob III, IV u. V; Box-Tengor, Icarette, Ikonta, Rollpaff, Ultrix-Simplex, Ultrix, Neostar, Heda, Voigtländer-Rollfilmkamera 6 × 9, Vollenda, Kodak Junior, Kodak-Spezial-Klapp-Brownie, Kodak-Pocket und -Hawk Eye Nr. 2
$6\frac{1}{2}$ × 11	Standard-Rollfilmkamera, Cocarette, Film-K, Bob V, Box-Tengor, Roll-Tengor, Roll-Tenax, Icarette, Rollpaff, Ultrix-Simplex, Ultrix, Voigtländer-Rollfilmkamera $6\frac{1}{2}$ × 11, Klapptaschen-Brownie, Kodak-Spezial-Brownie und Kodak-Pocket
8 × $10\frac{1}{2}$	Cocarette, Rollco, Unitak, Duroll, Roll-Tengor, Roll-Tenax, Halloh
8 × 14	Nixe, Cocarette, Icarette

21. Rollfilmkameras mit Mattscheibenbeobachtung. Es wurde bereits erwähnt, daß Vorrichtungen zum selbsttätigen Überführen der Mattscheibe in die Ebene des Films bekannt sind, bei denen der Filmträger herausklappbar angeordnet ist; dabei wird die Mattscheibe beim Herausklappen des Filmträgers in die Einstellebene geschwungen, aus dieser aber wieder herausgeschwungen, wenn der Filmträger in die Gebrauchsstellung übergeführt wird. Um die Bewegung des Filmträgers sowie das Ein- und Ausschwingen der Mattscheibe zu vermeiden, erfolgt die Bewegung der Mattscheibe in die Ebene des lichtempfindlichen Films nach einer Erfindung des Edwin Francis Harper in Birmingham (England) vom Jahre 1914 (D. R. P. Nr. 321547) durch das Aufklappen der am Hinterende des Kameragehäuses angebrachten zusammenlegbaren Lichtschutzkappe. Die Arbeitsweise ist folgende: Sobald nach der Einstellung

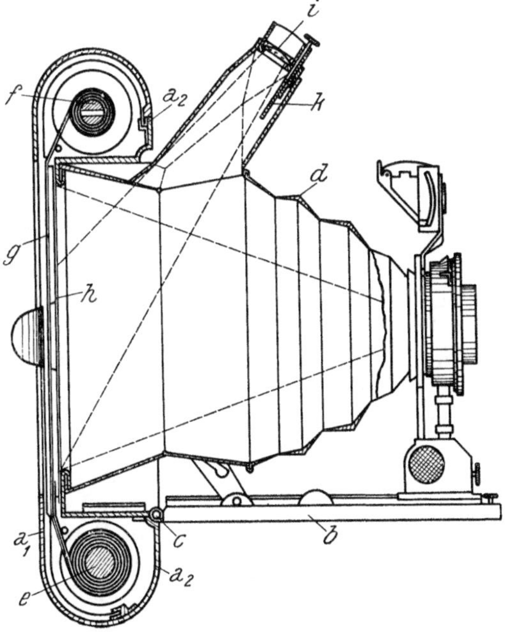

Abb. 124. Rollfilmkamera mit Hilfsvorrichtung zur Beobachtung der Bildschärfe (nach Joseph Mihalyi, U. S. A. Pat. Nr. 1642935). Der Hilfsreflektor *h* (aus Papier o. dgl.) wird vor der Belichtung annähernd in die Ebene des Films *g* gebracht; durch die Lupe *i* wird das Bild betrachtet. a_1 a_2 Kameragehäuse, *b* Laufboden (Deckel), *c* gemeinsames Scharnier, *d* Balgen, *e* untere Filmspule, *f* obere Filmspule, *g* Film, *k* Abdeckklappe für die Lupe

des Bildes die Mattscheibe in ihre Ruhelage zurückgekehrt und die Lichtschutzkappe zusammengelegt ist, wird der Film abgerollt, bis sein lichtempfindlicher Teil in jene Stellung gekommen ist, welche zuvor die Mattscheibe eingenommen hat.

Wesentlich anders (und zwar ohne Benutzung einer Mattscheibe aus Glas) hat JOSEPH MIHALYI (Washington, District of Columbia, U. S. A.) die Frage der Einstellung des Bildes bei Rollfilmkameras zu lösen versucht (U. S. A. Pat. Nr. 1642935); er benutzt einen Hilfsreflektor aus weißem Papier o. dgl., der vor der Aufnahme annähernd an die Stelle des Schichtträgers gebracht wird, und beobachtet mit Hilfe einer lichtdicht an den Kamerabalgen angeschlossenen Lupe die Schärfe des vom Objektiv entworfenen Bildes (vgl. Abb. 124). Nach erfolgter Einstellung wird der Reflektor entfernt, die Lupenöffnung durch eine entsprechende Klappe verschlossen und die Belichtung vorgenommen. Der Reflektor kann z. B. so angeordnet sein, daß man ihn vor jeder Aufnahme seitlich herauszieht, wobei die entsprechende Öffnung sorgfältig gegen Nebenlicht abgedichtet wird, oder er kann ein Bestandteil des Schichtträgers sein, wobei jedem Teilbild ein Reflektor zugeordnet ist, der nach erfolgter Einstellung nach der Seite hin entfernt wird (ähnlich wie die Papierlaschen bei Filmpackkassetten). Letztere Ausführung dürfte daran scheitern, daß dazu eine besondere Beschaffenheit des Negativmaterials erforderlich wäre.

22. Rollfilmkameras, welche auch für Plattenaufnahmen eingerichtet sind. Trotz aller Vorzüge der Rollfilmkamera hat sich das Bestreben, neben Aufnahmen auf Filmen auch solche auf Platten machen zu können, in einer Reihe von Konstruktionen geäußert; ja, man ist in diesen Wünschen sogar so weit gegangen, diesen Wechsel vornehmen zu können, wenn die Filmspule gar nicht entfernt, bzw. noch nicht zu Ende benutzt ist. So ist z. B. vorgeschlagen worden, das Filmband wieder auf die Vorratsspule aufzuwickeln, wobei allerdings der Übelstand auftritt, daß man das an der Aufwindespule befestigte Papierende von dieser ablösen muß, um die Bildöffnung von Fall zu Fall freizulegen. Dr. R. KRÜGENER hatte seinerzeit (1902) eine interessante Lösung gefunden; er verwandte eine Aufwindespule, an welcher zwei kurze und schmale Bänder derart befestigt sind, daß sie sich beim Drehen der Spule auf diese aufwickeln, während die Enden der Spulen mit einem Metallsteg verbunden sind, an dem das Papierende durch Einschlingen und Ankleben befestigt wird. Wird das Filmband, nachdem schon einige Aufnahmen gemacht wurden, wieder auf die Vorratsrolle aufgewickelt, bis die Bänder straff liegen, ist die Bildöffnung freigelegt und der Film wieder ganz mit dem schützenden Papier bedeckt, wobei die Verbindung mit der Aufwinderolle bestehen bleibt. Dreht man diese, so wird das Filmband wieder von der Vorratsrolle abgerollt, bis die Nummer, welche noch nicht belichtet wurde, sich wieder vor der Bildöffnung befindet. Die Einrichtung setzt voraus, daß beide Spulen gedreht werden können, wobei die Sperrung des Aufwindeschlüssels gelöst werden muß; außerdem muß das Filmband, was heute nicht allgemein üblich ist, zu beiden Seiten an Papierbänder angeklebt werden, damit keine Stauchungen und Falten entstehen können (D. R. P. Nr. 144660).

Es wird in der diese Erfindung betreffenden Patentschrift eigentümlicherweise nicht gesagt, wie dem Umstande Rechnung getragen wird, daß Film und Platte meist in verschiedenen Ebenen liegen; eine neue Einstellung beim Übergang vom einen zum anderen lichtempfindlichen Material ist nämlich in diesem Falle unbedingt erforderlich. Benutzt man in Verbindung mit einer Einstellskala einen Doppelzeiger, dessen beide Zeigerspitzen um den Abstand der Schichtseiten des Films und der Platte voneinander entfernt sind, so wird der erwähnte Fehler ausgeglichen. Es ist dabei gleichgültig, ob der Doppelzeiger mit dem Objektiv verschiebbar und die Skala fest ist und die vordere Zeigerspitze zur Einstellung für die hintere lichtempfindliche Schicht und die hintere Zeigerspitze zur Einstellung für die vordere lichtempfindliche Schicht dient oder ob umgekehrt der Doppelzeiger fest und die Skala mit dem Objektiv verschiebbar ist, in welchem Falle die vordere Zeigerspitze zur Einstellung für die vordere Schicht und die hintere Spitze zur Einstellung für die hintere Schicht dient (D. R. P. Nr. 150928). Diese Idee wurde

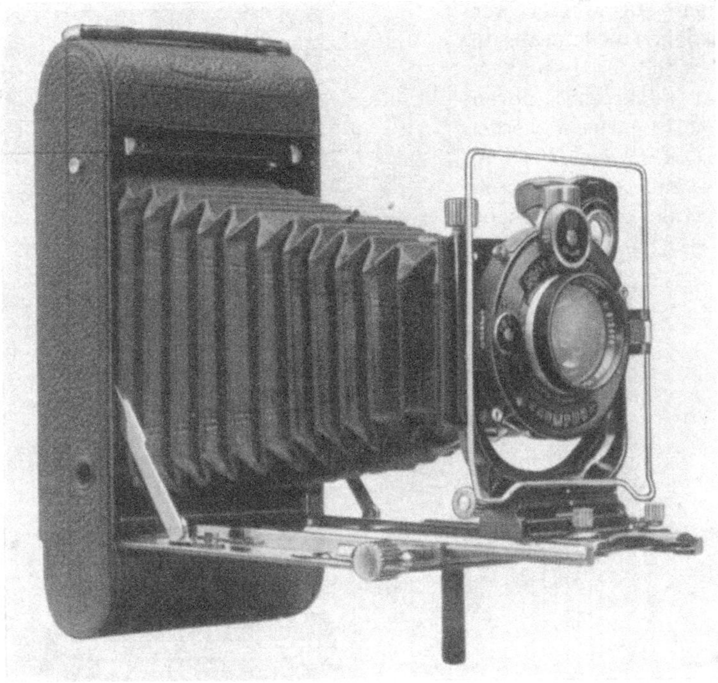

Abb. 125. Rollfilmkamera mit doppeltem Auszug und Einrichtung zur Benützung von Platten 9 × 14 cm oder Filmen 8 × 14 cm. Modell Nixe, ZEISS-IKON A. G., Abmessungen 24 × 11 × 4,5 cm, Gewicht zirka 1470 g. Der Kameradeckel ist zwecks Aufnahme der Visierscheibe bzw. der Kassetten mit einem Führungsrahmen versehen; beim Arbeiten mit Film wird statt dieser Teile ein Verschlußdeckel mit rotem Fenster eingeschoben. Die Skala mit Anschlag für den Index am Objektivträger ist um jene Strecke verschiebbar, um welche die Ebenen der Platte und des Films auseinander liegen (zirka 5 mm)

auch auf die neuesten Modelle sinngemäß übertragen, wie die späteren Darlegungen zeigen werden.

Dr. RUDOLF KRÜGENER hat bereits im Jahre 1903 den Vorschlag gemacht, Rollfilmkameras herzustellen, deren hinterer Deckel als Kassettenträger zu gebrauchen ist (vgl. Abb. 125). Um möglichst flache Kameras zu gewinnen, muß man auch den Deckel tunlichst glatt und ohne vorstehende Teile bauen. KRÜGENERS Idee ging darauf aus, den Metalldeckel der Kamera mit einem der Bildgröße entsprechenden Ausschnitt zu versehen, im übrigen aber möglichst glatt zu lassen, keine Führungen für die Kassette daran zu befestigen, zum Halten der Kassette vielmehr einen Zwischenrahmen zu benutzen, welcher am Deckel befestigt wird, wenn man mit Kassetten arbeitet (D. R. P. Nr. 151776).

Um die beim Wechsel von Platte und Film entstehende Focusdifferenz ohne Verschiebung des Objektivs auszugleichen, wurde z. B. ein beim Einsetzen von

Plattenkassetten als Auflage auf den Film dienender Teil aus der Kamera herausgenommen und beim Arbeiten mit Filmen wieder in die Kamera eingefügt. Das Süddeutsche Kamerawerk Körner & Mayer G. m. b. H. in Sontheim-Heilbronn hat in dieser Beziehung eine Verbesserung geschaffen, indem sie die Focusdifferenz nicht durch lose Teile, sondern durch an der Kamera befestigte bewegliche Organe ausgleichen. Erwähnenswert ist an dieser Stelle die von der Firma Dr. Lüttge & Arndt in Wandsbek seinerzeit geschaffene Einrichtung, bei welcher als Auflage Filmführungsrollen angewendet werden, von denen die eine aus der Bahn der in der Längsrichtung des Films einzuführenden Kassette entfernt werden kann (D. R. P. Nr. 178998).

Eine andere interessante Konstruktion ist jene, bei

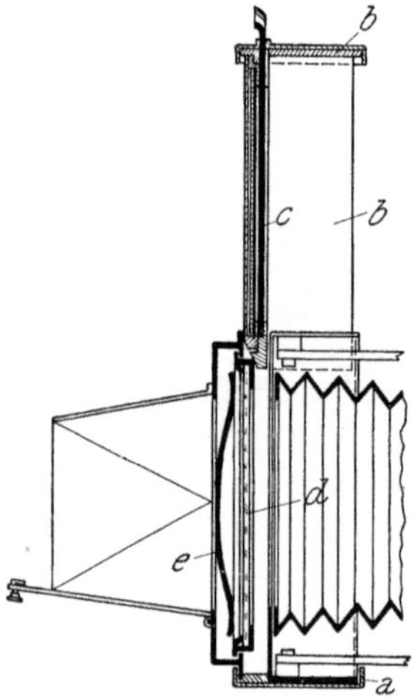

Abb. 126. Kamera mit Rollfilmkassette und federnd angeordneter Mattscheibe zur Einstellung des Bildes (H. Wilms, Düsseldorf, D. R. P. Nr. 366206). *a* äußeres Gehäuse, *b* inneres Gehäuse mit Spulenträger, *c* Deckschieber, *d* Mattscheibe, *e* Feder

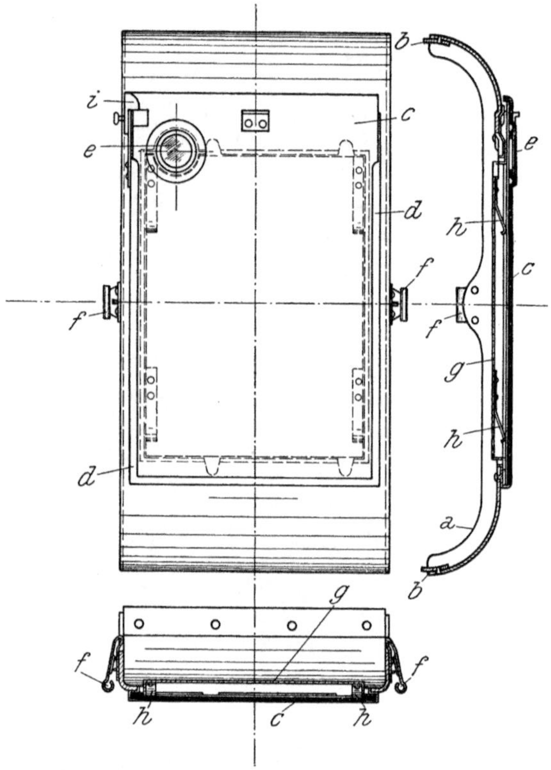

Abb. 127. Rollfilmkamera mit abnehmbarem Adapter für die Benützung von Platten in normalen Kassetten. (H. Ernemann A. G. Bob II, $8 \times 10^{1}/_{2}$ cm in Holzgehäuse.) *a* Adapter mit Abdichtungsleiste *b* und Führungsleisten *d*, in denen der Abschlußschieber *c* sitzt, wenn die Kassette oder der Mattscheibenrahmen nicht eingeschoben ist, *e* Filmfenster, *f* Adapterbefestigung am Kameragehäuse, *i* Arretierungsriegel, *g* Druckplatte mit Federn *h* für den Film

welcher der eine Filmspulenträger mit dem zur Aufnahme fertigen Teil des Bildbandes in einer um den anderen Filmspulenträger drehbaren Kassette untergebracht ist, so daß nach dem Umklappen der Kassette mit der einen Filmspule eine Mattscheibe an Stelle der Kassette an der Kamera angebracht werden kann. Um die Mattscheibe nicht von der Kamera zum Zwecke der Aufnahme abnehmen und nach dem Hochklappen des Filmspulenträgers an ihr wieder anbringen zu müssen, sondern eine unter Federwirkung stehende Mattscheibe vorsehen zu können, die in bekannter Weise durch Anbringung des lichtempfindlichen Schichtträgers an der Kamera selbsttätig aus der Arbeitsstellung entgegen dem Druck der Feder in Ruhestellung übergeführt wird, durch Entfernung des lichtempfindlichen Schichtträgers von der Kamera aber unter Wirkung der Feder wieder in die Arbeitsstellung zurückgeht, hat HEINRICH WILMS in Düsseldorf die Spulenträger mit dem Bildfenster in einem in der Ummantelung der Rollfilme der Kamera verschiebbaren Gehäuse untergebracht (D. R. P. Nr. 366206). Vgl. Abb. 126.

Im allgemeinen wird wenig Gebrauch davon gemacht, statt der Rollfilmeinrichtung auch Adapter für Platten in Kassetten zu verwenden; die meisten Kamerafabriken gestalteten den Deckel der Rollfilmkamera so, daß er nicht mit Scharnier am Kameragehäuse befestigt ist, sondern ein loses Glied bildet. Unter dieser Voraussetzung ist es dann ohne weiteres möglich, statt des einfachen Adapters einen solchen für Platten anzusetzen. Vielfach lautete der Hinweis in den Katalogen der betreffenden Firmen: „Auf Wunsch auch mit Adapter zur Verwendung von Platten in Metallkassetten gegen Mehrpreis lieferbar“ (vgl. Abb. 127). Eine andere Ausführungsform, die sich mehr und mehr eingebürgert hat, ist jene, bei welcher nur ein Adapter, der in diesem Falle auch mit dem Kameragehäuse verbunden sein kann, verwandt wird; dieser trägt außen Führungsbahnen zwecks Aufnahme der normalen Kassette oder eines Abdeckschiebers mit rotem Fenster für das Arbeiten mit Rollfilm. Auf der Innenseite ist meist eine federnde Platte angeordnet, welche die Aufgabe hat, den Film plan zu pressen, eine Vorrichtung, welche fast bei allen Rollfilmkameras in irgendeiner Form vorkommt. Es ist nun selbstverständlich, daß durch die Anordnung der Kassettenführung mit Platte an der allein zugänglichen Stelle des Adapters eine Verlegung der Bildebene eintritt; wird das Objektiv nicht neu eingestellt, was unter Zuhilfenahme einer Mattscheibe und unter Benutzung der Triebeinrichtung ohne weiteres möglich wäre, so müssen andere Mittel in Verwendung treten, von denen einige im folgenden erwähnt seien:

EMIL WÜNSCHE A.-G. in Reick bei Dresden hat sich bereits im Jahre 1907 mit dieser Frage beschäftigt. Es handelt sich um eine Vorrichtung, welche an den inneren Seitenwänden des Kamerakörpers angebracht ist und von außen in Bewegung gesetzt werden kann; das charakteristische Merkmal der Konstruktion ist die Befestigung der gewöhnlich am Kamerakörper fest gelagerten Drehachse des Laufbodens an einer im unteren Teile des Kamerakörpers verschiebbaren Platte. Diese Platte hat auf beiden Seiten rechtwinklig zu ihr und parallel zu den Seitenwänden des Kamerarahmens stehende Seitenwangen. Je nach der Befestigung des Kamerakörpers oder des Laufbodens auf dem Stativ kann entweder der Laufboden mit dem inneren Rahmen oder der äußere Rahmen vor- bzw. rückwärts bewegt werden. Die Vorrichtung dient auf diese Weise nicht allein zur Aufhebung der Focusdifferenz bei Kameras für Film- und Plattenaufnahmen, sondern auch zur Objektiveinstellung (D. R. P. Nr. 196250).

Hauptsächlich wurden Vorrichtungen geschaffen, bei denen ein an einer Skala geführter Hebel die Verstellung des Objektivträgeranschlages bewirkt. Dieser Hebel ist meist um einen festen Drehpunkt beweglich und gleitet längs einer doppelten Skala, die für Platten oder Filme bestimmt ist. Um die Einstellung für verschiedene Schichtträger an einer einzigen sowohl für Platten als auch für Filme bestimmten Skala bewirken zu können, hat die ICA Akt.-Ges., Dresden, im Jahre 1912 die Einrichtung getroffen, daß der Drehpunkt des den Objektivträger beeinflussenden Hebels der Natur des Schichtträgers entsprechend verstellbar ist; zu diesem Zweck sind senkrecht zur Bewegungsrichtung des Objektivträgers Schlitze vorgesehen, in denen der Drehpunkt des Hebels entsprechend der Verschiebung seines anderen Endes an der Rundung der Skala hin und her gleiten kann (D. R. P. Nr. 266063).

Eine sehr einfache Konstruktion hat auch die Firma VOIGTLÄNDER & SOHN A.-G., Braunschweig, geschaffen, um die Einstellunterschiede auszugleichen, die sich bei der Verwendung verschiedenartiger lichtempfindlicher Schichtträger ergeben müssen. Sie besteht, wie Abb. 128 zeigt, im wesentlichen aus einem um 90° umlegbaren Hebel, dessen Drehpunkt gleichzeitig als Anschlag für den Objektivträger ausgebildet ist; ein zweiter Anschlag befindet sich auf dem Objektivträger in der Entfernung x vom ersten Anschlag, wobei der Wert x genau dem Abstand zwischen Platte und Film entspricht. Die Platte, auf welcher der Umschalthebel montiert ist, kann gleichzeitig die Trägerin der Skala sein (D. R. G. M. Nr. 925563).

Die gebräuchlichste Art des Ausgleichs der Focusdifferenz ist wohl jene, bei der die Einstellskala oder der Anschlag für Unendlich verstellt wird. Der Aufbau dieser Konstruktion ist aus Abb. 129 ersichtlich; auf einem mit Schlitzen versehenen, aus Messingblech gestanzten, auf dem Laufboden mit zwei Schrauben befestigten Träger kann ein Winkelhebel verschoben werden, der einerseits als Grundplatte zur Befestigung der Skala, andererseits als Anschlag für den Objektivträger dient. Die Bewegung wird durch Verschieben einer kleinen Handhabe eingeleitet; die beiden Endstellungen dieser Bewegung erscheinen durch die Buchstaben F (Film) und P (Platte) gekennzeichnet.[1] Auch die Anwendung eines um 180° umlegbaren Exzenterhebels hat sich sehr gut bewährt (D. R. G. M. Nr. 794158 und 939450). Nun kommt es bei Kameras, bei denen der Objektivträger bei der Einstellung auf ∞ mit der Skala gekuppelt wird, häufig vor, daß die Verschiebung der Skala zum Ausgleich der Focusdifferenz erst dann vorgenommen wird, wenn der Objektivträger bereits mit der Skala gekuppelt ist. Die Einstellvorrichtung hat in diesem Falle also nicht nur die Skala,

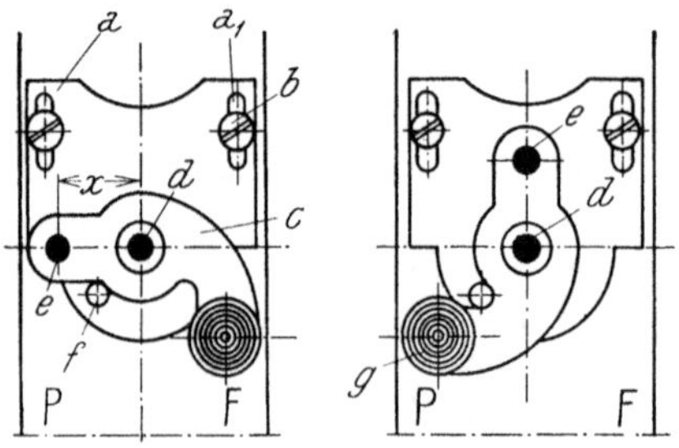

Abb. 128. Umschaltbarer Anschlag für den Objektivträger von Rollfilmkameras mit Plattenadapter. a justierbare Trägerplatte mit Schlitzen a_1, b Befestigungsschrauben, c Umschalthebel bei d drehbar mit Knopf g, d, e Anschläge für den Objektivträger, f Anschlag für die beiden Stellungen des Umschalthebels, P Stellung beim Arbeiten mit Platte, F Stellung beim Arbeiten mit Film

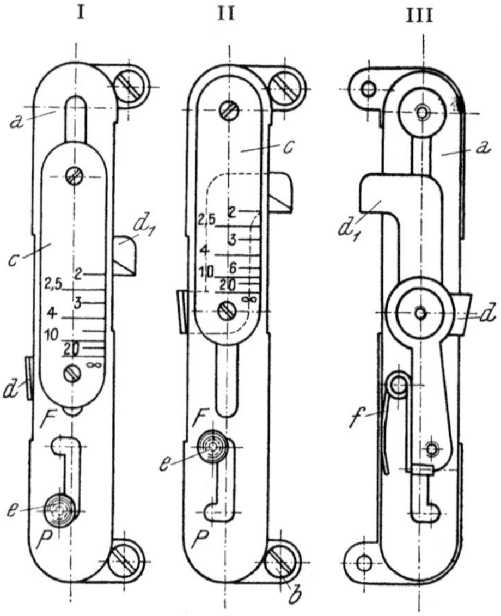

Abb. 129. Verschiebbarer Anschlag des Objektivträgers zum Ausgleich der Lagendifferenz der Bildebene bei wechselweiser Verwendung von Film und Platten, I und II zeigt die Vorrichtung von oben in zwei Stellungen; III von unten. a Träger der Einstellskala c, befestigt durch die Schrauben b am Laufboden (nicht gezeichnet). Die Verschiebung der Skala erfolgt unter Zuhilfenahme des Hebels d mit dem Anschlag d_1 für den Objektivträger; die Bewegung des Objektivträgers wird durch Verschiebung der mit d verbundenen Scheibe e von P (Platte) nach F (Film) eingeleitet

[1]) Eine ähnliche Vorrichtung wird z. B. bei der Rollfilmkamera mit Plattenadapter Modell „Nixe" 8 × 14 cm (Zeiss-Ikon A. G.) verwandt. Siehe D. R. G. M. Nr. 535191, 537078, 585082—585084.

sondern auch den Objektivträgerteil fortzubewegen. Der Angriff auf den fortzubewegenden Objektivträgerteil erfolgt in diesem Falle einseitig; die an sich sehr geringe Verstellung wird auf diese Art ungenau, wodurch die Bildschärfe eine Einbuße erfährt. Fritz Hildebrand in Dresden hat diesem Übelstand dadurch zu begegnen versucht, daß er den Objektivträger für sich auf dem Auszug in Richtung der optischen Achse verstellbar anordnete, wobei als Bewegungselemente Mikrometerschrauben, Hebel oder Exzenter in Betracht kommen (D. R. P. Nr. 436229).

23. Luft-Einlaß- bzw. Auslaß-Vorrichtungen an Rollfilmkameras. Bei Rollfilmkameras muß die Gehäuseabdichtung durch den Deckel, Adapter bzw. durch andere vom jeweiligen Aufbau der ganzen Konstruktion abhängige Elemente im allgemeinen sorgfältiger als bei Plattenkameras erfolgen, weil bei letzteren der in einer besonderen Kassette aufbewahrte Schichtträger nur vorübergehend, also für kurze Zeit mit der Kamera in Verbindung gebracht wird; andererseits kann die Filmspule ohne Benutzung einer Dunkelkammer erst dann herausgenommen werden, wenn alle Aufnahmen belichtet sind. Diese Abdichtung von lediglich zum Zwecke der Auswechslung des Schichtträgers abnehmbaren bzw. abklappbaren Teilen ist zwar unvermeidlich, hat aber den Nachteil, daß die zwischen Objektiv und Filmebene eingeschlossene Luft keine Gelegenheit hat, mit der Außenluft in Verbindung zu treten; dadurch können sich sowohl beim Öffnen als auch beim Schließen der Kamera Störungen ergeben, die sich durch Beeinflussung der Form des Balgens bemerkbar machen. Beim raschen Öffnen der Kamera tritt infolge Vergrößerung des Volumens eine Verdünnung der Luft ein, wodurch ein Einbauchen der Balgenwände nach innen stattfindet, das unter Umständen sehr lästig sein kann. Umgekehrt macht sich beim Zusammenlegen der Kamera bzw. beim Zurückschieben des Objektivträgers ein Widerstand bemerkbar, weil die auf einen kleinen Raum zusammengepreßte Luft nicht rasch genug entweichen kann. Die erwähnten Strömungen treten im allgemeinen nur bedingt und zwar dann auf, wenn das Herausziehen oder Zurückschieben des Objektivträgers sehr rasch erfolgt oder wenn der Unterschied der Luftvolumina bei zusammengelegter und ganz ausgezogener Kamera sehr groß ist. Bei Plattenkameras kann die Luft infolge des vorhandenen Spielraumes in den Führungsleisten des Mattscheibenrahmens stets rasch genug entweichen; außerdem hat die Mattscheibe in den Ecken Luftdurchlaßöffnungen.

Um den angedeuteten Übelstand bei Rollfilmkameras zu beseitigen, kommen bei der bekannten Anordnung der Balgen zwischen der Ebene des Blendrahmens und dem Objektivträger verschiedene Mittel in Betracht und zwar:

a) die entsprechende Gestaltung des Balgens selbst. Hier gibt es nur einen Ausweg: es werden in der Balgenwandung lichtdicht abgedeckte Durchbrechungen vorgesehen, die den Ein- und Austritt der Luft gestatten (D. R. G. M. Nr. 331085 der Fa. R. Hüttig & Sohn in Dresden);

b) die Ausbildung des Gehäuses mit Vorrichtungen zum Belüften des Balgens. Auch in dieser Richtung hat die erwähnte Firma Grundlegendes geschaffen: sie ordnete winkelig gestaltete und gegeneinander versetzte Kanäle an, durch welche Luft nach dem Balginnern und von diesem nach außen gelangen kann. (D. R. G. M. Nr. 333772/3.)

Die Firma Heinrich Ernemann beschäftigte sich (1916) ebenfalls mit der Frage der Luftzuführung in Rollfilmkameras und hat die Aufgabe durch Anordnung von Einsätzen bzw. Auflagen mit winkelig oder gekrümmt verlaufenden Ausprägungen gelöst, die einen an einem Ende nach innen, am anderen Ende nach außen offenen, lichtsicheren Luft-Ein- bzw. -Auslaß bilden. Eine Ausführungsform mit einem besonderen Befestigungsrahmen des Balgens am Kameragehäuse und mit vertieft liegenden gegeneinander versetzten Luftkanälen hat die Firma VOIGTLÄNDER & SOHN A.-G. auf den Markt gebracht. (D. R. P. Nr. 372380.)

Eine Rollfilmkamera mit Luftzuführung durch Kanäle, die sich an einen Längskanal anschließen und einerseits mit der Außenluft, andererseits mit dem Innern der Kamera in Verbindung stehen, hat sich VICTOR WOLNY in Hannover (1922) schützen lassen; das besondere Kennzeichen dieser Erfindung ist, daß der Längskanal an einer oder an beiden Seitenwänden der Kamera angebracht, als Längsnut ausgebildet und mit einer Metallplatte bedeckt ist. (D. R. P. Nr. 402407.)

In allerjüngster Zeit hat die I. G. FARBEN-INDUSTRIE A.-G. (AGFA) eine Vorrichtung zur Luftzuführung in das Balgeninnere bei einem ihrer Kameramodelle (Billy) angebracht, welche ein doppelwandiges Gehäuse haben; die Hohlräume zwischen den Innen- und Außenwänden sowie am Boden werden für die Unterbringung der Luftzufuhrwege benutzt. Abb. 130 gibt über diese Konstruktion Aufschluß (D. R. G. M. Nr. 1023284).

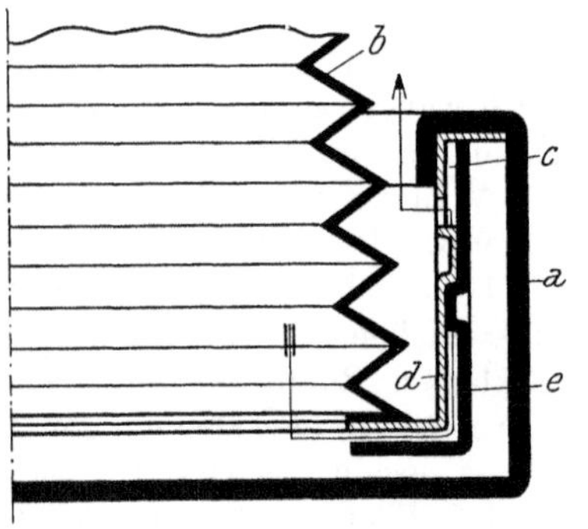

Abb. 130. Luftdurchlaßvorrichtung an Rollfilmkameras unter Verwendung von doppelten Wandungen im Kameragehäuse (I. G. FARBEN-INDUSTRIE A. G., AGFA). *a* äußeres Gehäuse, *b* Balgen, *c* Hohlräume für die Zirkulation der Luft beim raschen Zusammenlegen bzw. Öffnen der Kamera, *d* Innenwände, *e* Mittelwände

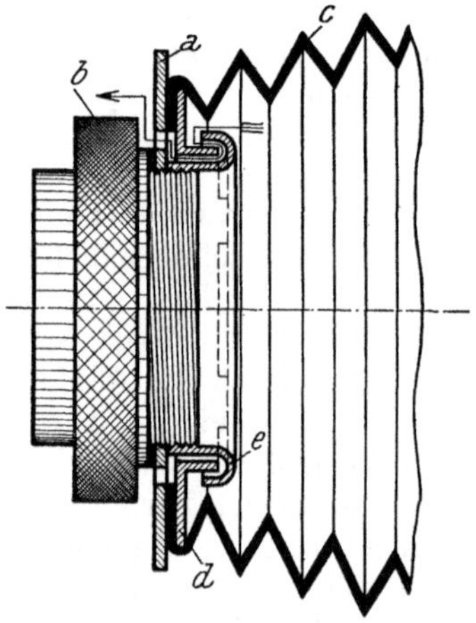

Abb. 131. Vorkehrung zur Entfernung der Luft aus dem Balgeninnern durch besondere Gestaltung der Objektivbefestigungen (bei Vermeidung von Lichtzutritt). D. R. G. M. Nr. 662907. *a* Objektivträger mit Öffnungen, *b* Sektorenverschluß mit Objektiv, *c* Balgen, *d* Balgenplatte, *e* Vorschraubring für den Verschluß

c) Die besondere Formgebung des Objektivbrettes. Bereits im Jahre 1908 hat die Firma ARNDT & LÖWENGAARD in Wandsbek bei den von ihr hergestellten Apparaten eine Anordnung getroffen, welche dadurch gekennzeichnet war, daß am Objektivbrett Luftdurchtrittkanäle mit gegeneinander versetzten Öffnungen vorgesehen waren. (D. R. G. M. Nr. 364342.) Einige Jahre später trat die EASTMAN KODAK COMPANY in Rochester mit einer ähnlichen Vorrichtung an die Öffentlichkeit, die bei einem Teil ihrer Rollfilmkameras praktisch angewendet wurde: zwei zwischen Objektiv und Balg eingeschlossene Platten werden in einem solchen Abstand voneinander gehalten, daß die Luft durch den Zwischenraum zwischen den Platten ein- und ausströmen kann; zwischen Objektivträger und Balg ist also eine mit ersterem und eine zweite mit der letzten Balgenfalte verbundene Platte eingeschaltet, von denen die eine die andere (mit ihr fest verbunden) lichtdicht umschließt, ohne den Luftzutritt zu hindern. Als besonders zweckmäßige Ausführungsform ist jene zu bezeichnen, bei der die eine Platte mit einzelnen Erhöhungen versehen ist, welche sich gegen die andere Platte legen. (D. R. P. Nr. 266687.)

Auf ganz ähnliche Art hat die Firma C. P. GOERZ A.-G. in Berlin-Friedenau im Jahre 1916 das Problem gelöst: die Befestigung des Verschlusses erfolgt durch einen mit Ringnut versehenen Gegenring, welcher gleichzeitig die Balgenplatte zentrisch gegen das Objektivbrett preßt, so daß die Luft aus dem Balgeninnern unter Vermeidung von Lichteintritt schnell entweichen kann. (D. R. G. M. Nr. 662907.) Vgl. Abb. 131. Eine von der Firma A. H. RIETZSCHEL in München geschaffene Konstruktion zeigte gegenüber der oberwähnten keine nennenswerten Unterschiede.

24. Laufbodenstützen an Rollfilmkameras. Wir haben schon früher bemerkt, daß die Gesamtlänge des Gehäuses bei Rollfilmkameras stets größer als bei Plattenkameras sein muß; dies hat seinen Grund darin, daß die Filmspulen einschließlich der dafür erforderlichen Lagerelemente außerhalb des Raumes liegen müssen, den bei Plattenkameras das Gehäuse einnimmt. Ein Vergleich zweier Modelle z. B. der AGFA wird ohne weiteres den Beweis für die Richtigkeit dieser Behauptung bringen; das Modell 6 × 9 cm der Plattenkamera „Isolar" Nr. 404 hat eine äußere Länge von etwa 107 mm, während der lichte Raum des Gehäuses zirka 100 mm beträgt. Die zum Vergleich herangezogene Rollfilmkamera 6 × 9 cm Standard B II hat eine Gesamtlänge von etwa 170 mm; die Maße des inneren rechteckigen Gehäuses stimmen fast genau mit denjenigen des Gehäuses der vorerwähnten Plattenkamera überein, so daß alles, was darüber ist, durch die Konstruktionsteile der Rollfilmkamera bedingt wird. So beträgt z. B. der Abstand der beiden Leitrollen ca. 114 mm und jener der beiden Filmspulenachsen ca. 138 mm; unter Berücksichtigung der Tatsache, daß der äußere Durchmesser der Filmspulen 25 mm beträgt, ergibt sich bei Einrechnung des erforderlichen Spielraumes schließlich ein Außenmaß der Kamera von 170 mm. Die Rollfilmkamera mit aufgeklapptem Laufboden kann demnach nicht ohne Stativ aufgestellt werden, wie dies bei jeder Plattenkamera ohne weiteres möglich ist, weil zwischen dem Laufboden und dem Gehäuseende ein erheblicher Unterschied bezüglich der Höhe besteht, der bei obigem Modell z. B. 25 mm beträgt. Diesem Umstand wurde schon bei der ersten Rollfilmkamera durch Anbringung von Vorrichtungen zum Ausgleich der Höhendifferenz zwischen Objektivträgerlaufbahn und unterer Kante der Kamera Rechnung getragen (vgl. Abb. 95 auf S. 100).

Über die einzelnen wichtigsten Ausführungsformen, die zum Teil erhebliche Wandlungen durchgemacht haben, sei folgendes bemerkt: Von Anfang an war ein umlegbarer Fuß vorgesehen, der durch eine federnde Stütze, eine Verstrebung oder beides in aufgerichteter Lage gesichert wurde; die Achse für die scharnierartig angelenkte Strebe lag dabei meist parallel zu jener des Laufbodengelenkes. Im Gegensatz dazu hat im Jahre 1912 die Firma C. P. GOERZ A.-G. einen Kamerafuß derart ausgebildet, daß er sich in seiner Ruhelage zwar auch flach an die Außenseite des Laufbodens anlegt, zwecks Überführung in die Gebrauchsstellung aber um eine parallel zu den Führungsschienen des Laufbodens liegende Achse drehbar ist. (D. R. G. M. Nr. 531053.) Etwas später (1916) ordnete die gleiche Firma die Laufbodenstütze am vorderen Teil des Laufschlittens drehbar und zwar so an, daß sie sich in der Gebrauchslage an einer feststehenden Nase festklemmte.

Von grundsätzlich anderen Gesichtspunkten ging Dr. AUG. NAGEL in Stuttgart aus: er konstruierte im Jahre 1912 eine Vorrichtung zum Ausgleich der Höhendifferenz zwischen Objektivträgerlaufbahn und unterer Kante der Kamera, bei welcher eine am Gehäuse und an der Laufbahn des Objektivträgers angelenkte Platte vorgesehen war, die bei geöffnetem Apparat mit der unteren Kante des Gehäuses in einer Ebene lag und so als Standfläche für die Kamera diente. (D. R. P. Nr. 266847.)

Etwa um die gleiche Zeit konstruierte A. Nagel eine Laufbodenstütze, bei welcher das Umlegen des Fußes selbsttätig erfolgt; bei dieser Einrichtung ist die Stütze federnd und als Doppelhebel ausgebildet, auf dessen einen Arm ein am Kameragehäuse angebrachter Anschlag einwirkt, so daß das Umlegen der Stütze zwangläufig erfolgt. (D. R. P. Nr. 263973.) Später (1914) ging er dazu über, das selbsttätige Überführen der Laufbodenstütze in die Gebrauchsstellung ohne Zwischenschaltung von Übertragungsgliedern, die in das Gehäuseinnere geführt sind, zu bewirken, und die Laufbodenstütze so zu gestalten, daß sie bei geschlossener Kamera zugleich den Laufboden in der Verschlußlage festhält; erreicht wurde dieser Zweck hauptsächlich dadurch, daß die Laufbodenstütze als Bügel ausgebildet wurde, der an den beiden Seiten des Kameralaufbodens drehbar befestigt ist. (D. R. P. Nr. 290440.)

Eine eigenartige Lösung der Frage der Laufbodenstützenanordnung stellt die von Max Röder angegebene Konstruktion dar; bei dieser erfolgt die Befestigung einer losen Stütze im Laufboden mittels Schraubengewinde und die Aufbewahrung der ausgeschraubten Stütze im Kameragehäuse an einer geeigneten Stelle. Auch die Firma H. Ernemann A. G. in Dresden brachte die Bodenstütze mit dem Verschlußriegel in Verbindung; der Verschlußriegel bestand aus einer Blattfeder und konnte nur durch die Bodenstütze bewegt werden, wobei letztere durch die lebendige Kraft der erwähnten Feder in ihren Einstellungen verriegelt wird.

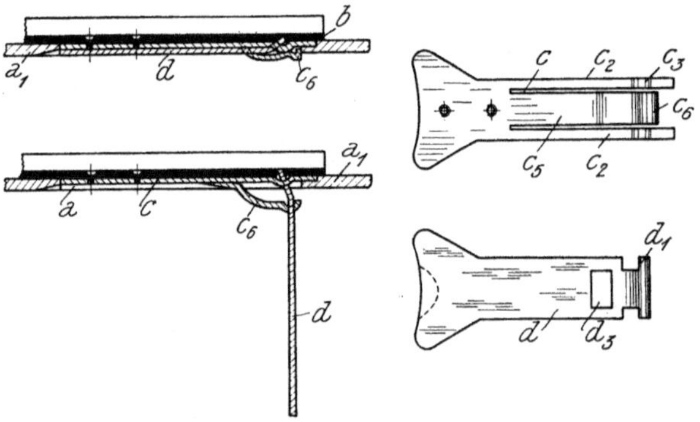

Abb. 132. Laufbodenstütze an Rollfilmkameras. Contessa-Nettel A. G., Stuttgart. a_1 Laufboden mit Durchbrechungen a, b Laufschlitten, c Lagerteil mit Schlitzen c_1, Seitenteilen c_2 und Abbiegungen c_3, c_5 Mittelstück mit hakenförmigem Ende c_6, d Laufbodenstütze mit Ansätzen d_1 und Aussparung d_3

Im allgemeinen war der umklappbare Fuß so angeordnet, daß eine eventuelle Verletzung des an der Kamera Hantierenden unter Umständen möglich war; außerdem war bei den früher beschriebenen Bauarten ein unbeabsichtigtes Aufklappen und dabei ein Abreißen oder Verbiegen des Fußes möglich. Um dies zu verhindern, hat die Contessa-Nettel A.-G. in Stuttgart im Jahre 1922 vorgeschlagen, den Fuß in einer Aussparung des Laufbodens parallel zu diesem verschiebbar anzuordnen. (D. R. P. Nr. 375761.) Eine sehr beachtenswerte einfache und betriebsichere Konstruktion der gleichen Firma wurde durch das D. R. P. Nr. 395544 (Abb. 132) geschützt; die Einrichtung bezweckt eine entsprechende Ausbildung und Lagerung der einzelnen Teile deshalb, weil die meisten Lichtbildner die Stütze beim Öffnen der Kamera, d. h. beim Herausziehen des Laufbodens, als Griff benutzen; dadurch wurde die ein federndes Widerlager bildende Feder überanstrengt. Nach dieser Erfindung ist der Lagerteil für die Laufbodenstütze an der einen Seite mit Längsschlitzen versehen; die dadurch gebildeten Seitenteile sind als Stützenlager ausgebildet und werden mit ihren freien Enden in eine Aussparung des Laufbodens eingeschoben, die das Widerlager gegen Zugwirkung der Stütze bildet. Der mittlere Teil dient als Stützfeder; er ist an seinen äußeren Teilen hakenförmig gebogen, um beim Aufrichten der Stütze zu federn und diese in der Gebrauchslage festzuhalten.

Eine andere durch Federung in der Gebrauchslage festgehaltene Laufbodenstütze zeigt als besonderes Kennzeichen ein doppelt wirkendes federndes Teil, welches an einer auf dem Laufboden verschiebbaren Laufbahn angebracht ist und die Lage der Stütze sowohl bei eingeschobener als auch bei herausgezogener Laufbahn sichert (D. R. P. Nr. 434652).

Die Firma A. Rietzschel in München hat die Stütze in Form einer geschlitzten Platte mit federnden die Drehlagerzapfen tragenden Enden ausgebildet, so daß durch Zusammendrücken der Platte die erwähnten Zapfen in die Bohrungen der Laufbodenstütze eingeführt werden können.

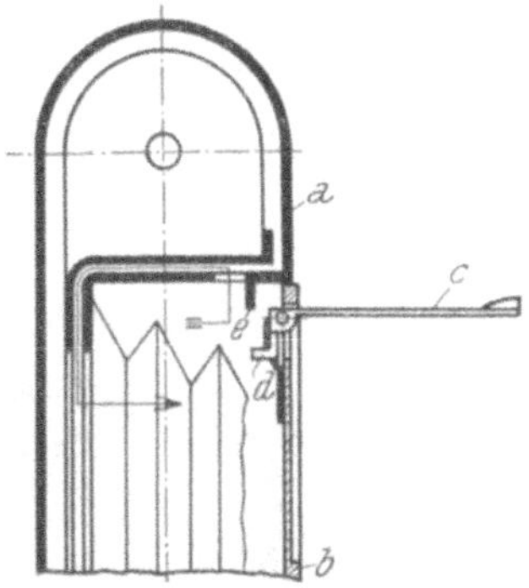

Abb. 133. Verbindung von Stütze und Zuhaltung des Laufbodens (Contessa-Nettel A. G., Stuttgart). Am Kameragehäuse *a* ist der Laufboden (Deckel) *b* in bekannter Weise scharnierartig angelenkt. *c* ist die an *b* schwenkbar befestigte Laufbodenstütze, deren Ende *d* unter die Nase *e* am Kameragehäuse *a* greift. (Die Richtung der Luftzirkulation ist durch den Pfeil angedeutet)

Es ist naheliegend, Laufbodenstütze und Zuhaltung des Kameralaufbodens miteinander in Zusammenhang zu bringen; die Eastman Kodak Co. bringt derartige Einrichtungen seit vielen Jahren an ihren Rollfilmkameras, und zwar derart an, daß die Laufbodenstütze gleichzeitig als Handgriff zum Öffnen und Schließen des Laufbodens dient. Auch die Contessa-Nettel A.-G. in Stuttgart hat (1926) eine derartige Zuhaltung des Laufbodens konstruiert, wobei letzterer durch ein sich vor das Innenende der Laufbodenstütze lagerndes federndes Sperrorgan festgehalten wird; wird die Stütze in die Gebrauchslage gebracht, so wird das Innenende der letzteren vom Sperrorgan weggeschwenkt und dadurch entkuppelt (Abb. 133). Eine besonders einfache Bauart ergibt sich, wenn einer der Zuhaltungsteile durch Ausstanzung der Wandung des Kameragehäuses gebildet wird (D. R. G. M. Nr. 943338 und 952024).

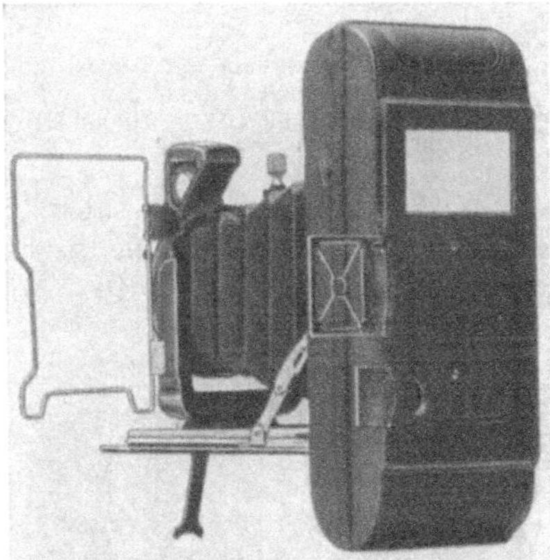

Abb. 134. Rollfilmkamera mit auswechselbarer Celluloidtafel zur Vornahme von Notizen. Rollfilmkamera Certonet XV, 6 9 cm, der Certo G. m. b. H., Dresden. Rückwand scharnierartig am Aluminiumgehäuse angelenkt. Naheinstellung durch Radialhebel. Rahmensucher mit Kreuzvisier, Aluminiumstandarte (Spritzguß) mit Gewindespindel zur Höhenverstellung des Objektivs. Abmessungen 16,5 × 7,5 × 3,8 cm, Gewicht zirka 650 g

25. Vorrichtung zum Auftragen von Notizen an photographischen Kameras. Bei Plattenkameras besteht die Möglichkeit, auf den einzelnen Kassetten Notizen über den aufgenommenen Gegenstand, Blende, Gelbscheibe, Belichtungszeit, Verschlußgeschwindigkeit u. dgl. entweder direkt oder unter Zuhilfenahme aufgeklebter Papieretiketten anzubringen, was vielfach von Vorteil sein kann.

Bei Rollfilmkameras fehlen die Voraussetzungen für ähnliche Maßnahmen: nämlich die Kassetten; man hat deshalb an der Kamera selbst Einrichtungen vorgesehen, welche es gestatten, die Aufnahme betreffende Bemerkungen zu notieren. Es wurde z. B. eine Notiztafel aus weichem Material, z. B. Celluloid, vorgeschlagen, welche an der Rückseite der Kamera auswechselbar angeordnet wird und für eine Reihe von Bemerkungen genügend Platz bietet; Abb. 134 („Certonet XV“, 6 × 9 cm, der Firma

CERTO G. m. b. H. in Dresden) zeigt eine solche Konstruktion, die sich in der Praxis gut bewährt hat. Obwohl sich eine derartige Einrichtung bei jeder Rollfilmkamera ohne Schwierigkeit nachträglich anbringen ließe, ist bei dem erwähnten Modell der abnehmbare Adapter so gebaut, daß vorspringende Teile und sichtbare Befestigungsmittel vermieden sind.

Da derartige Notizen nur für eine beschränkte Zahl von Aufnahmen und nur in entsprechender Kürze gemacht

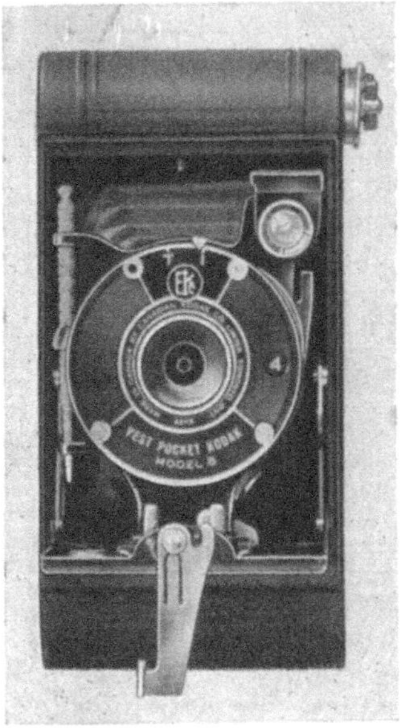

Abb. 135 a. Rollfilmkamera mit Einrichtung zum Bezeichnen der einzelnen Aufnahmen auf dem Film (Vest Pocket Kodak, Modell B)

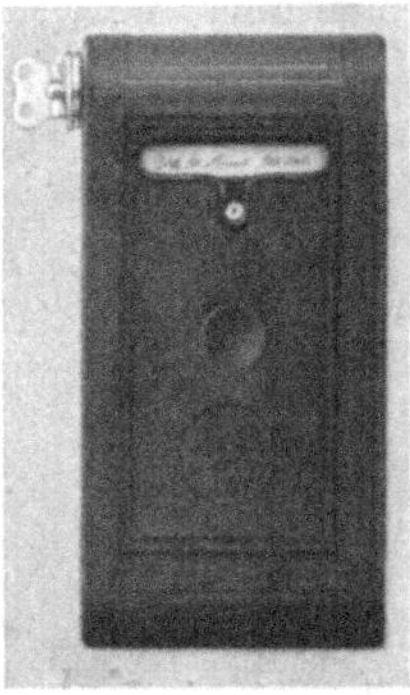

Abb. 135 b. Rückseite der Kamera in Abb. 135 a. Das geöffnete längliche Fenster läßt die angebrachte Beschriftung sehen

werden können, außerdem aber stets wieder entfernbar sein müssen, wenn man es nicht vorzieht, eine Reihe von Ersatznotiztafeln bei sich zu führen, wurde bereits im Jahre 1914 von der EASTMAN KODAK Co. ein Verfahren zum Bezeichnen photographischer Aufnahmen an Kameras angegeben, das dadurch gekennzeichnet ist, daß auf der Rückseite eine photographisch wirksames Licht durchlassende Öffnung angeordnet wird, durch welche hindurch mit einem Stift auf einer lichtdurchlässigen Deckung des Films Zeichen angebracht werden können (vgl. Abb. 135a und b sowie 136). Die später vorgenommene Vervollkommnung der Einrichtung besteht darin, daß gegenüber der oberwähnten Öffnung und auf der *anderen* Seite des lichtempfindlichen Organs eine Unterlage für letzteres angeordnet ist, auf das sich das lichtempfindliche Organ beim Anbringen der Zeichen stützt (D. R. P. Nr. 285897 und 307881.) Ganz allgemein erfolgt nach der Idee der genannten Firma das Auftragen derartiger Zeichen durch eine das *Negativ* überdeckende nachgiebige Fläche hindurch derart, daß diese während des Schreibens und auch während der folgenden Belichtung auf das Negativ so fest aufgedrückt wird, daß Verzerrungen der Schrift infolge gegenseitiger Ver-

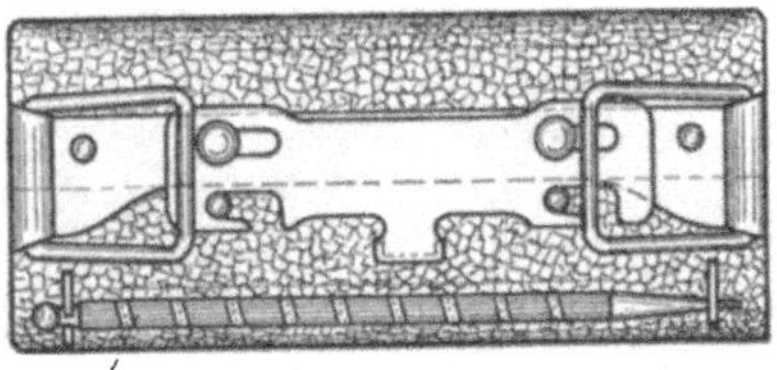

Abb. 136. Adapterzuhaltung bei der Pocket Kodak Rollfilmkamera. Der Schreibstift ist auf der Oberseite der Kamera untergebracht

schiebung der Flächen ausgeschlossen sind, außerdem aber auch ein lichtdichter Abschluß gegen das Negativ erzielt wird; die Einrichtung ist folgendermaßen beschaffen: Auf der Rückseite des Films liegt ein Kohlepapierstreifen, der seinerseits wieder von einem Schutzstreifen aus Papier oder einem anderen geeigneten Stoff bedeckt ist. Die Rückwand der Kamera hat einen Ausschnitt, durch den hindurch die Außenseite des Schutzstreifens bei jeder Aufnahme beschrieben werden kann. Hierbei wird durch den Schreibstift die Kohleschicht auf dem Kohlepapier an der Stelle der Schriftzüge beseitigt, so daß bei Belichtung des Negativs durch die Öffnung hindurch die Schriftzüge sich photographisch auf die lichtempfindliche Schicht übertragen. Dabei ist zu bemerken, daß der Schutzstreifen und der Kohlepapierstreifen zusammen ausreichend lichtundurchlässig sind, um den Film innerhalb der kurzen beim Beschreiben in Betracht kommenden Zeit vor der Einwirkung des Lichts zu schützen, daß aber andererseits der Schutzstreifen für sich allein genügend Licht durchläßt, um unter den Schriftzügen, an denen die Lichtundurchlässigkeit des Kohlepapiers aufgehoben ist, eine Einwirkung auf die lichtempfindliche Schicht des Films zu gewährleisten. Damit hierbei der mit Schriftzügen zu versehende Teil des Films, das Kohlepapier und der Schutzstreifen behufs scharfer Übertragung dicht zusammengepreßt werden, ist eine besondere Klemmvorrichtung vorgesehen, welche die drei Streifen an der in Betracht kommenden Stelle zusammenpreßt und dadurch sowohl beim Schreiben als auch bei der Belichtung eine gegenseitige Verschiebung oder ein Werfen der Streifen gegeneinander verhindert.

Bei einer anderen Ausführungsform ist hinter der Öffnung ein beweglicher Schieber vorgesehen, der zwischen den Träger der lichtempfindlichen Schicht und das diesen Träger abdeckende zum Auftragen der Zeichen dienende Blatt eingeschoben werden kann und in dieser Lage einerseits die lichtempfindliche Schicht gegen die Durchschreibeöffnung abdeckt und anderseits beim Schreiben der Notizen als Schreibunterlage dient, während bei zurückgezogenem Schieber die Übertragung der aufgetragenen Zeichen auf die lichtempfindliche Schicht auf photographischem Wege stattfinden kann (D. R. P. Nr. 288258 und Nr. 291828).

Es ist klar, daß die Anbringung von Notizen auf dem Negativ bzw. auf dem zwischen zwei Aufnahmen befindlichen Teil des Schichtträgers aus verschiedenen Gründen von Vorteil sein kann.

Solange es sich nur darum handelt, Notizen für eine einzige Spule mit sechs Aufnahmen zu machen, genügt meist ein Hilfsmittel der zuerst besprochenen einfachen Art. Wenn es notwendig wird, die einzelnen belichteten Spulen voneinander zu unterscheiden, ist die Möglichkeit des Verwechselns zweifellos größer; dieser Tatsache hat die Eastman Kodak Co. durch die entsprechende Ausbildung ihrer Rollfilme besonders Rechnung getragen.

C. Spreizen-Kameras

26. Entwicklung der Spreizenkamera. Der leitende Gedanke bei der Konstruktion von Spreizenkameras ist zweifellos der gewesen, eine rasche Bereitschaftsstellung der Kamera zu erreichen; dies ist schon ohne weiteres möglich, wenn das Öffnen des Laufbodens fortfällt. Da der Laufboden gleichzeitig Träger der Laufschienen für das Objektivgestell ist, mußte das Spreizensystem — gleichviel welcher Bauart — die Funktionen des Laufbodens meistens ganz übernehmen. Die Aufgabe des Spreizensystems ist es also, eine Verbindung mit dem Objektivträger herzustellen, die einerseits nicht starr ist, damit die Kamera ausgezogen und zusammengelegt werden kann, andererseits aber in der

Gebrauchsstellung der Kamera eine solche Festigkeit besitzt, daß der stets parallel zur Bildebene angeordnete Objektivträger eine ganz eindeutige Stellung einnimmt; außerdem wird bei jeder Spreizenkamera vorausgesetzt, daß mechanische Mittel vorhanden sind, um die Entfernung des Objektivs von der Bildebene verändern zu können.

Schon im Jahre 1888 haben z. B. H. Mader in Isny (Württemberg) und Friedrich Oertel in Augsburg Verbesserungen an zusammenlegbaren photographischen Apparaten bekanntgegeben, die sich zum Teil auf das Spreizensystem erstrecken; es wird in der deutschen Patentschrift Nr. 46944 darauf hingewiesen, daß Einrichtungen zum Verstellen des Objektivs der Höhe nach und zum Regulieren der Entfernung zwischen Objektiv und Mattscheibe vorhanden sind. Unter den Mitteln zur Objektivverstellung in achsialer Richtung ist u. a. auch ein Scherensystem erwähnt, das zwischen den beiden Enden des konischen Balges, also zwischen dem Kameragehäuse und dem Objektivträger, angeordnet ist. Auch Theodore Minot Clark in Newton erwähnt 1894 bereits die Nürnberger Schere, allerdings in Verbindung mit einer ausziehbaren Bodenplatte. (D. R. P. Nr. 84835 und Nr. 92144.) Etwas später beschreibt Gustav Tauer in Berlin eine Vorrichtung für ausziehbare Kameras, durch welche der Objektivträger und der das Gehäuse aufnehmende Teil derart zwangläufig geführt werden, daß sie in allen Zwischenstellungen zueinander parallel sind und senkrecht zur optischen Achse unverschiebbar einander gegenübergestellt bleiben; dies wird durch Anordnung zweier sich überschneidender mit Gelenken versehener Winkelschienen erreicht, deren jede mit einem ihrer Schenkel am Objektivteil, mit dem anderen Schenkel am Kamerahinterteil angelenkt ist und von denen je ein Schenkel einen in einem Schlitz des ihn kreuzenden Schenkels der anderen Winkelschiene gleitenden Stift trägt (D. R. P. Nr. 106090).

Das früher bestandene Camerawerk Palmos in Jena hat etwa um 1901 ebenfalls eine einschlägige Verbesserung angegeben, welche die selbsttätige Verklinkung oder Verriegelung des Objektivträgers zwischen den Spreizen, sobald der Objektivträger in die Endlage (Gebrauchsstellung der Kamera) gelangt ist, betrifft (D. R. P. Nr. 124537 und 154279.)

Flachkameras, bei denen am Hinterrahmen angelenkte Führungen den Auszug des Objektivträgers begrenzen und gleichzeitig zum Festhalten desselben dienen, werden im E. P. Nr. 15577/1900 beschrieben; außerdem machte die Firma C. P. Goerz in Friedenau schon im Jahre 1900 eine Einrichtung bekannt, bei deren Betätigung das Objektivbrett stets bis zum Ende der Führungen ausgezogen wird und mit seinen Stiften in die vorgesehenen Rasten einschnappen muß; sein Verbleiben in einer Zwischenstellung ist ebenso wie das nur einseitige Einschnappen unmöglich. Erreicht wird dies dadurch, daß an den Führungsstellen Federn angeordnet sind; die Folge davon ist, daß die Ebene des ausgezogenen Objektivträgers stets parallel zur Plattenebene sein wird (D. R. P. Nr. 127607).

In Analogie zum D. R. P. Nr. 127607 hat Dr. Fr. W. O. Lischke in Kötzschenbroda eine für Spreizenkameras sehr zweckmäßige Anordnung angegeben, die darin besteht, daß die Kamera zwischen dem das Objektiv tragenden Vorderrahmen und dem die Mattscheibe aufnehmenden Hinterrahmen noch einen Mittelrahmen besitzt, der zur Befestigung am Stativ bestimmt ist und von dem der Auszug nach beiden Seiten ohne Veränderung der Schwerpunktlage gleichmäßig nach vorne und hinten ausgeht. An diesem Mittelrahmen sind Spindeln mit Rechts- und Linksgewinde gelagert, die an mittleren Gelenkpaaren der Gliederscheren angreifen; außerdem ist mit einer der Spindelmuttern ein

Zeiger verbunden, der sich mit der Spindelmutter vor einer Teilung verschiebt (D. R. P. Nr. 135466 und 135467).

Eine für die spätere Entwicklung der Spreizenkameras sehr wertvolle Erfindung hat MAX KÖRNER in Stuttgart im Jahre 1901 gemacht; sie ist aus der unerläßlichen Forderung entstanden, das Objektivbrett bei jeder Einstellung parallel zur Bildebene zu halten, und durch die Anordnung einer besonderen Lenkervorrichtung gekennzeichnet, welche die an verschiedenen Seiten der Kamera befindlichen Scherenhebel miteinander verbindet. Diese noch heute bei der bekannten NETTEL-Kamera zu findende Einrichtung ist in den Abb. 137 und 138 dargestellt (D. R. P. Nr. 136538).

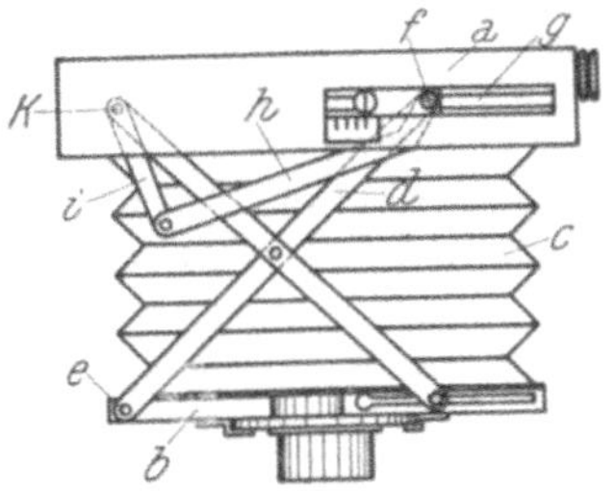

Abb. 137. Scherenspreizenkamera mit Lenkervorrichtung (MAX KÖRNER in Stuttgart). Das Kameragehäuse *a* und der Objektivträger *b*, zwischen denen sich der Balg *c* befindet, bleiben durch die Einwirkung der Spreizen *d* bzw. der Lenker *i* — *k* stets parallel zueinander; die Einstellung des Objektivs für verschiedene Entfernungen erfolgt durch die Mikrometer-Einrichtung *f* — *g*. Bei *e* und *k* sind Wellen angeordnet, welche die obere und untere Spreize verbinden

Der gleiche Konstrukteur schuf etwas später noch eine beachtenswerte Neuerung auf dem Gebiete der Spreizenkonstruktionen; es handelte sich dabei um eine Klappkamera mit Scherenspreizen, deren Fußpunkte durch untereinander gekuppelte Schraubenspindeln unter Vermittlung von Gleitstücken bewegt wurden, die zwecks Zusammenklappens der Kamera von den Schraubenspindeln abgekuppelt werden konnten. Das charakteristische Merkmal der Einrichtung war die Anordnung zweier die Kupplungen der beiden beweglichen Fußpunkte lösender Hebel, die gleichzeitig von einer Welle aus und mit einem Griff bewegt werden konnten (D. R. P. Nr. 179677).

Gänzlich abweichend vom Prinzip der Nürnberger Schere, aber sehr originell, hat JOSEF BARTH in München das Problem der Spreizenkamera gelöst; er konstruierte eine Vorrichtung zum Verspreizen des Vorder- und Hinterrahmens flach zusammenlegbarer Balgkameras, bestehend aus an den Ecken der beiden Rahmen gelenkig befestigten starren Spreizen, die so angeordnet sind, daß das Zusammenklappen der Kamera durch gegen-

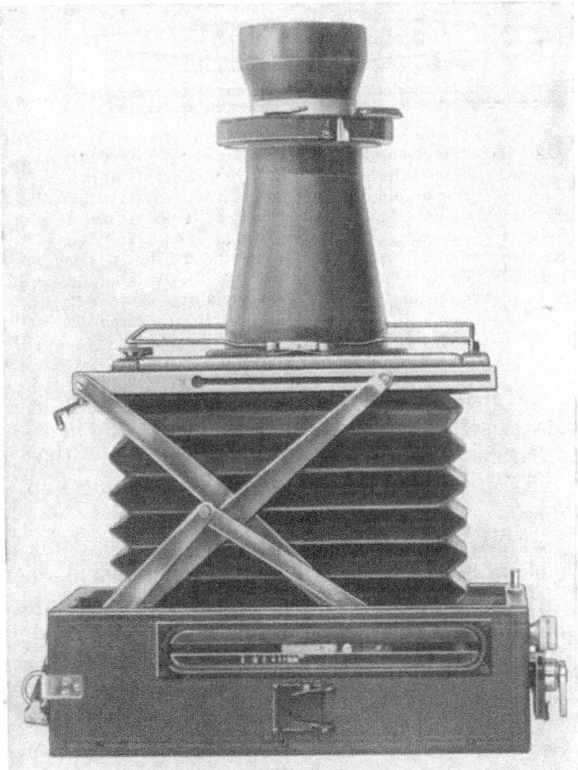

Abb. 138. Spreizenkamera mit Schlitzverschluß und Objektivverschluß. Tele-Dynar in NETTEL-Kamera mit Lenkersystem nach D. R. P. Nr. 136538

seitiges Verdrehen des Vorder- und Hinterrahmens in parallelen Ebenen erfolgt (D. R. P. Nr. 139814 und 252335 für C. P. Goerz A.-G.).

Grundsätzlich kann man die Spreizen, die den Objektivteil mit dem Kamerahinterteil ohne Benutzung eines Laufbodens verbinden, in drei Gruppen einteilen, und zwar:

a) in solche, die aus einem Stück bestehen;

b) in solche, die einmal geknickt sind (Scharnierstreben) und

c) in solche nach Art der Nürnberger Schere.

Dr. R. Krügener hat 1902 eine neue Spreizenart erfunden: jede einzelne Spreize besteht aus zwei ineinander verschiebbaren Teilen, die in bestimmten Auszuglängen durch Federhaken gegeneinander festlegbar sind.

Unter den zahlreichen Konstruktionen von Streben für Klappkameras findet sich auch eine solche, bei der die Streben aus nach außen knickenden Gelenken bestehen; sie sind an beiden Enden, mit denen sie einerseits an der Kamera, andererseits am Objektivträger befestigt sind, mittels Zahnrädern gekuppelt. Durch diese Maßnahme erhalten die Streben einen gleichmäßigen Gang und das Objektivbrett wird so abgestützt, daß es stets in paralleler Stellung zum Hinterteil der Kamera bleibt. Bei dieser Art von Streben ist es nachteilig, daß sie sich in gestreckter Stellung nicht feststellen lassen; Dr. R. Krügener hat diesem Übelstand dadurch abgeholfen, daß er eine entsprechend ausgebildete Klinke einspringen läßt, die eine unbeabsichtigte Drehung der Arme verhindert (D. R. P. Nr. 141582 und 150354).

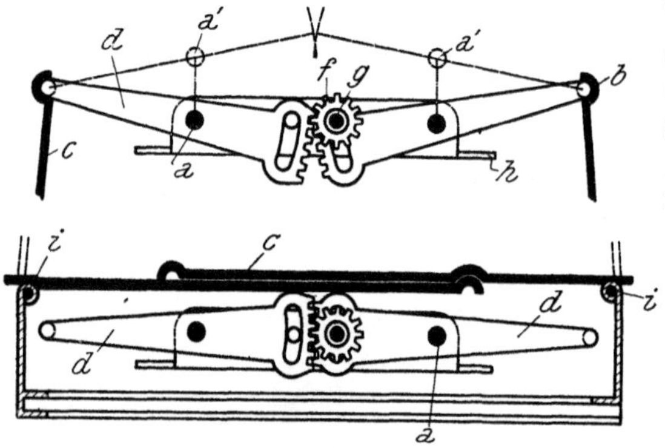

Abb. 139. Spreizenanordnung (P. Martin, München). Die nach innen federnden Spreizen bzw. Deckelklappen *c* sind am Kameragehäuse scharnierartig angelenkt; in der Gebrauchsstellung der Kamera wird der Objektivträger *h* herausgezogen, wobei die um die Zapfen *a* (*a'*) drehbaren Schwingen *d* mit ihren Enden in die Rasten *b* der federnden Deckelklappen einschnappen. Die Verstellung des Objektivs erfolgt durch die zwangläufige Bewegung der Schwingen *d*, deren Bewegung durch die Drehung des bei *g* gelagerten Zahnrades *f* erfolgt

Eine besonders zweckmäßige Verbindung des Objektivträgers mit dem Mattscheibenrahmen durch Gelenkspreizen hat das Süddeutsche Kamerawerk Körner & Mayer G. m. b. H. im Jahre 1903 vorgeschlagen; es handelt sich dabei um eine einwandfreie Parallelführung von Objektivbrett und Mattscheibe durch Anordnung von Doppelspreizen, welche in geeigneter Weise an den genannten Kamerateilen und ihren Verbindungsgliedern befestigt werden. Die gleiche Firma hat etwas später eine Flachkamera angegeben, bei der Vorder- und Hinterrahmen durch vier in der Mitte abknickbare Spreizen derart verbunden sind, daß die Bewegungsebene einzelner dieser Spreizen senkrecht zur Bewegungsebene der anderen Spreizen steht (D. R. P. Nr. 177885).

Bekanntlich erfolgte die Einstellung des Objektivs bei Flachkamera mit federnden meist einteiligen Spreizen durch Anordnung einer Schneckengangfassung; R. Hüttig & Sohn haben 1905 eine Konstruktion vorgeschlagen, bei der die Einstellung des Objektivs durch Änderung der Spreizenweite der das Objektivbrett mit dem Hinterteil verbindenden Gelenkstangen erfolgt (D. R. P. Nr. 170246). Schon etwas früher, nämlich am 23. Februar 1905, erhielt Paul Martin in München ein Patent auf eine Vorrichtung zum Verstellen des Objektivs an Flachkameras, bei welcher der Objektivträger in der Aufnahmestellung in Rasten der nach innen federnden Spreizen ruht. Wie Abb. 139 zeigt, sind am Kameragehäuse zwei um Scharniere drehbare nach innen federnde Deckelklappen oder Spreizen angelenkt; andererseits sind am Objektivbrett zwei um Zapfen drehbare mit Stirnverzahnungen ineinandergreifende Schwingen angelenkt. Beim Vorziehen des Objektivbrettes klinken diese Schwingen in Quernuten der vorgeschwenkten Deckelklappen ein; die Parallelverschiebung des Objektivbrettes erfolgt durch ein an diesem drehbar befestigtes Zahnrad, das in die eine Stirnverzahnung eingreift (D. R. P. Nr. 174620).

Während, wie bereits eingangs erwähnt wurde, die meisten Spreizenkameras keinen besonderen Deckel besitzen, hat die EASTMAN KODAK Co. im Jahre 1905 eine ihrer bekannten Folding-Kodaks mit einem solchen Deckel ausgestattet; dabei war auch eine Einrichtung getroffen, durch die der Objektivträger selbsttätig in seine Arbeitsstellung übergeführt wird, wenn der Verschlußdeckel geöffnet werden soll. Die Neuerung besteht darin, daß der Verschlußdeckel durch ein Glied mit dem Objektivträger gekuppelt ist, das derart bemessen und an beiden Teilen angelenkt erscheint, daß eine unwillkürliche Verschiebung des Objektivs nicht eintreten kann, sobald es einmal in die Arbeitsstellung eingerückt wurde. Abb. 140 gibt über die Wirkungsweise des Modells, das sich in der Praxis gut bewährt hat, Aufschluß (D. R. P. Nr. 176310).

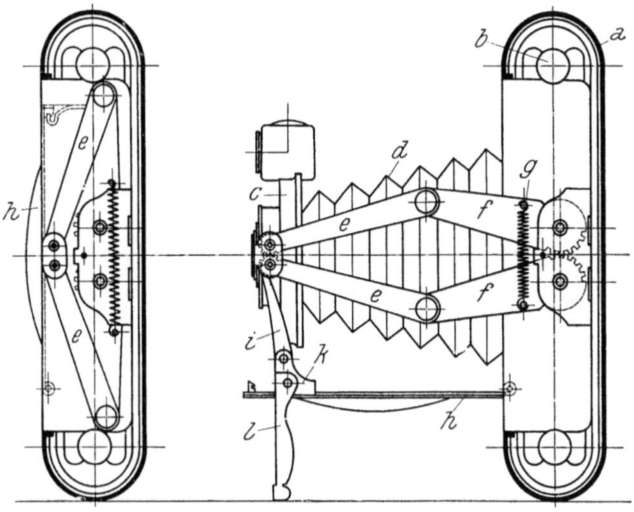

Abb. 140. Rollfilmkamera mit Gelenkspreizen (EASTMAN KODAK Co. 1905). Am Kameragehäuse *a* mit dem Filmspulenlager *b* wird der Objektivträger *c* durch die Gelenkspreizen *e* bzw. *f* sowie durch den bei *k* am Deckel *h* befestigten Hebel *i* festgehalten. Beim Öffnen des Deckels *h* springt der Objektivträger unter dem Einfluß der Feder *g* selbsttätig in die Arbeitsstellung

Auch die Firma EASTMAN KODAK Co. in Rochester beschäftigte sich bei Kameras ohne Laufboden mit dem Problem, den Scherenträger in seiner jeweiligen Stellung zu verriegeln; sie hat die die Verriegelung bewirkenden Teile so angebracht, daß sie sich beim Verriegeln und Entriegeln senkrecht zu jener Ebene bewegen, in der die Scherenträger sich verschieben. Die Verriegelungsvorrichtung des zusammengeklappten Scherenträgers mit dem Kameragehäuse ist am Kreuzungspunkt der beiden Scherenhälften angebracht, und zwar schnappt beim Zusammenlegen der Kamera ein nach innen herausragender Kopf des dem Kameragehäuse zunächst liegenden Scherengelenkbolzens in eine Vertiefung des Kameragehäuses ein, während beim Öffnen der Kamera die Ausbiegung einer an einem Flansch auf der hinteren Seite des Objektivträgers befestigten Feder zwecks Verriegelung des ausgezogenen Scherenträgers über einen Führungszapfen des Scherenträgers greift (D. R. P. Nr. 262035).

Bei Kameras mit einteiligen oder zweiteilig knickbaren Spreizen, die nur eine eindeutig bestimmte Stellung des Objektivträgers zulassen, ist die Anordnung eines Objektivs in Schneckengangfassung unerläßlich, da aber derartige Fassungen die Verwendung eines Sektorenverschlusses im allgemeinen nicht zulassen, sondern nur in Verbindung mit einem Schlitzverschluß verwandt werden können, ist es verständlich, daß man hier Abhilfe zu schaffen sucht. So hat u. a. GUSTAV FISCHER in Dresden-N. eine interessante Vorrichtung zum Verstellen des Objektivs an Flachkameras geschaffen, an deren Hinterrahmen mit einer Einkerbung über Stifte des Objektivs greifende nach innen federnde Spreizen angelenkt sind; das besondere Merkmal dieser an sich bekannten Einrichtung ist, daß die Spreizen an verschiebbar gelagerten Gleitstücken befestigt sind, die von einer geeigneten Antriebsvorrichtung symmetrisch zueinander so bewegt werden, daß die Fußpunkte der Spreizen einander genähert oder voneinander entfernt werden, um durch verschiedene Neigung der Spreizen den Abstand des Objektivs von der Mattscheibe zu ändern.

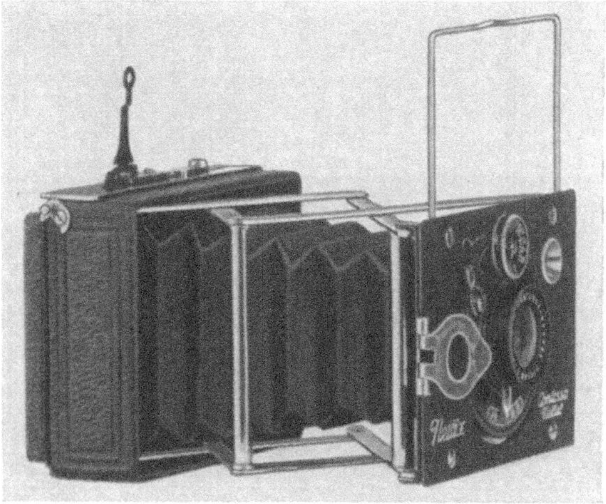

Abb. 141 a. Scherenspreizenkamera ohne Laufboden mit Objektivverschluß (Modell Nettix der CONTESSA-NETTEL A.G., Stuttgart). Seitenansicht Format $4^1/_2 \times 6$ cm, Metallgehäuse. Die Kamera ist für Platten und Filmpack eingerichtet. Für Nahaufnahmen wird auf der Mattscheibe oder nach einer Skala auf der oberen Längsseite der Kamera eingestellt. Durchsichts- und Aufsichtssucher Objektiv $f = 7{,}5$ cm, Ausmaße $8{,}5 \times 6 \times 2{,}5$ cm, Gewicht zirka 220 g

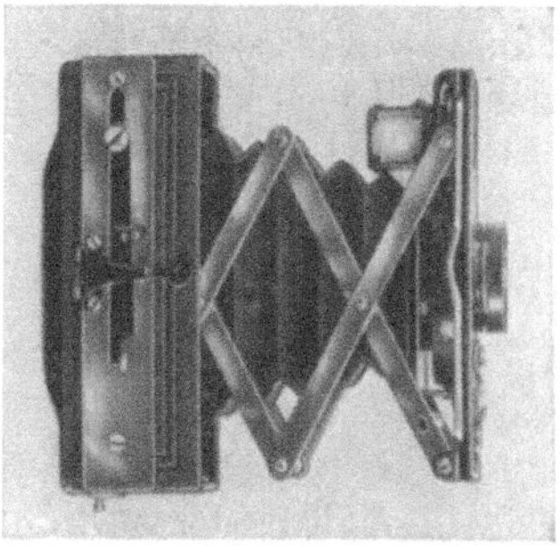

Abb. 141b. Scherenspreizenkamera Modell Nettix (vgl. Abb. 141 a). Ansicht von oben. Der Drahtrahmen des Ikonometers ist in die Vorderwand versenkbar

Aus dem Gesagten folgt, daß sich im Laufe der letzten Jahrzehnte einige bewährte Konstruktionen entwickelt haben; eine klare Gruppierung dieser Konstruktion ist deshalb nicht einfach, weil sich eine Einteilung nach der Art der Spreizenkonstruktion allein nicht durchführen läßt, spielt doch dabei die Einstellung des Objektivs eine wichtige Rolle. Ohne Anspruch auf Vollständigkeit sollen daher im nachstehenden unterschieden werden: Kameras mit Objektivverschluß und solche mit Platten-(Schlitz-)Verschluß.

a) Spreizenkameras mit Objektivverschluß. α) Plattenkameras mit einfachen Scherenspreizen. Eines der bekanntesten Modelle in wohlfeiler Ausführung ist die seinerzeit von den CONTESSA-NETTEL-WERKEN herausgebrachte „Nettix", eine Scherenspreizenkamera im Format $4{,}5 \times 6$ cm in Metallgehäuse, deren Festigkeit durch eine die untere und obere Scherenanordnung verbindende parallel zur Bildebene verlaufende Stange erhöht wird. Als Objektiv ist sowohl ein Achromat 1 : 11 als auch ein Aplanat bzw. Anastigmat vom Öffnungsverhältnis 1 : 8 bzw. 1 : 6,3 vorgesehen (Brennweite $f = 7{,}5$ cm). Die Einstellung auf relativ nahe gelegene Gegenstände kann sowohl mit Hilfe der Mattscheibe als auch mit Hilfe einer von oben ablesbaren Skala vorgenommen werden, die zwangläufig mit dem Scherensystem gekuppelt ist und an einem feststehenden Index vorbeigleitet; für Momentaufnahmen ist ein für Queraufnahmen verwendbarer Aufsichtssucher sowie ein Durchsichtssucher vorgesehen, dessen Rahmen verschiebbar zum Objektivträger angeordnet ist. Ein Acro- bzw. Derval-Verschluß ermöglicht es, Momentaufnahmen von $^1/_{25}$ bis $^1/_{75}$ bzw. $^1/_{100}$ Sek. sowie Zeitaufnahmen zu machen. Vgl. Abb. 141a und b.

Für höhere Ansprüche hat die gleiche Firma die „Duchessa"-Kamera, 4,5 × 6 cm, gebaut, deren Spreizensystem dem des obigen Modells entspricht; im Gegensatz zu obigem Modell besitzt dieses Modell einen Laufboden und zwar deshalb, weil die Naheeinstellung durch Radialhebel vorgenommen wird. Die Brennweite des Objektivs beträgt hier ebenfalls 7,5 cm; die Kamera ist

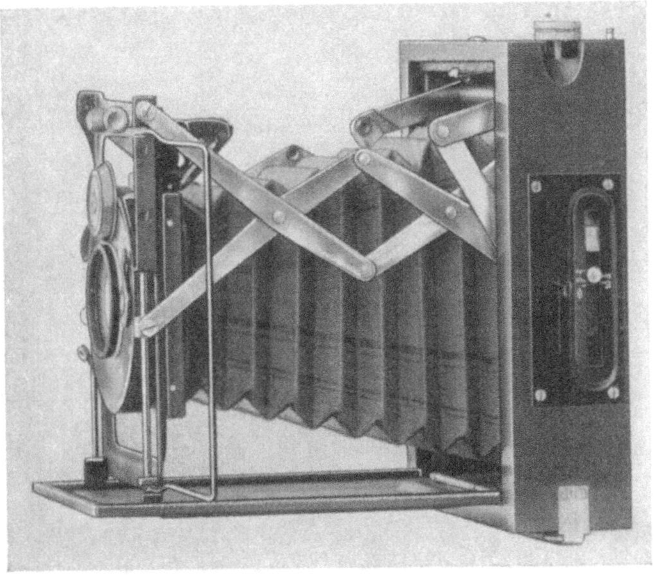

Abb. 142. Scherenspreizen-Laufbodenkamera mit Objektivverschluß ($6^1/_2$ × 9 cm). Modell Sonnet. Tropenausführung in Teak-Holz der Contessa-Nettel A.-G., Stuttgart. Die Einstellung auf nahe Objekte erfolgt mittels eines die Stellung der Spreizen bzw. des Lenkersystems beeinflussenden Mikrometertriebes

mit einem Derval-Sektorenverschluß für $^1/_{25}$ bis $^1/_{100}$ Sek. bzw. einem Compur-Verschluß für 1 bis $^1/_{300}$ Sek. ausgestattet.

Als Spezialmodell in Tropenausführung (Gehäuse aus Teakholz) ist das Modell „Sonnet" entstanden; sowohl das kleinste ($4^1/_2$ × 6 cm) als auch das größte ($6^1/_2$ × 9 cm) Format wird mit Laufboden ausgerüstet; nur das erstere besitzt Radialhebeleinstellung, bei letzterem wird die Naheinstellung durch das verstellbare Scherenspreizensystem mit Lenkereinrichtung vorgenommen. Diese Modelle werden nur mit Anastigmaten 1 : 4,5 in Compur-Verschluß ausgerüstet und zwar für das Format 4,5 × 6 cm mit der Brennweite $f = 7{,}5$ cm, für das Format 6,5 × 9 cm mit der Brennweite $f = 10{,}5$ bzw. $f = 12$ cm (vgl. Abb. 142).

Eine Präzisionskamera mit lichtstarkem Objektiv und ebenfalls einfacher Scherenspreizenanordnung ist z. B. die „Makina" von Plaubel & Co. in Frankfurt a. M.; die zwangläufige Parallelführung beider Scherenpaare ist einwandfrei, so daß in jeder Stellung des Objektivträgers die erforderliche Stellung der optischen Achse des Objektivs zur Bildebene gewährleistet ist. Das Gehäuse besteht aus Leichtmetall, die Spreizen sind aus Neusilber. Die Einstellung kann auf der Mattscheibe oder mittels Mikrometertriebes bis zu einer Objektentfernung von $1/2$ m vorgenommen werden. Als Sucher sind ein zusammenklappbarer Newton-Sucher und ein Ikonometer-Sucher vorgesehen, dessen Rahmen scharnierartig angelenkt ist und auf den Objektivträger heruntergeklappt werden kann. Die Kamera wird in drei Größen hergestellt: $4 1/2 \times 6$ cm, $6 1/2 \times 9$ cm und 6×13 cm (Stereo); die in Compur-Verschlüssen von entsprechender Größe eingebauten Objektive haben ein Öffnungsverhältnis von etwa 1 : 2,9 und Brennweiten von 7,5 bzw. 10 cm (vgl. Abb. 143).

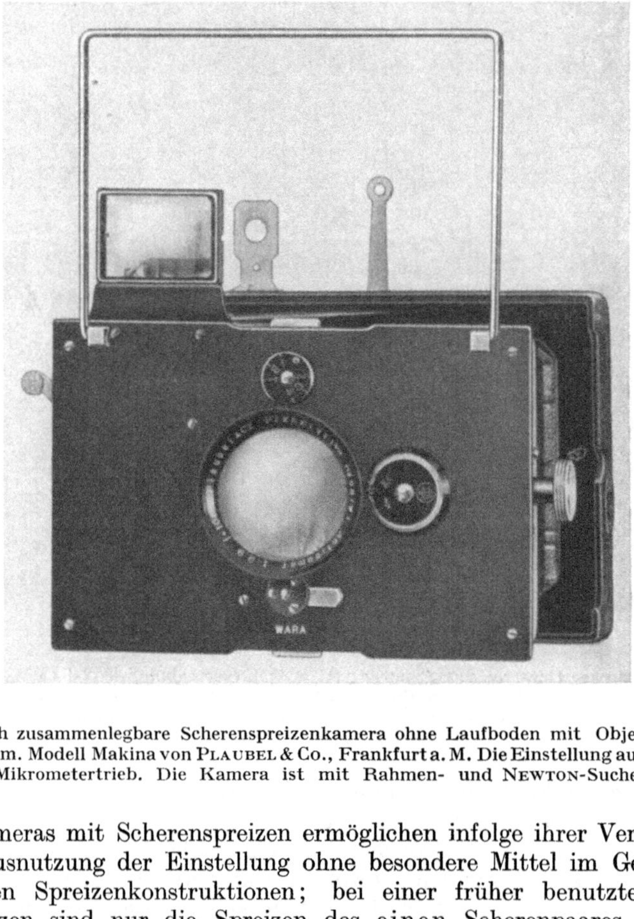

Abb. 143. Flach zusammenlegbare Scherenspreizenkamera ohne Laufboden mit Objektivverschluß, Format $6 1/2 \times 9$ cm. Modell Makina von Plaubel & Co., Frankfurt a. M. Die Einstellung auf nahe Objekte erfolgt durch Mikrometertrieb. Die Kamera ist mit Rahmen- und Newton-Sucher ausgestattet

Die Kameras mit Scherenspreizen ermöglichen infolge ihrer Verstellbarkeit eine gute Ausnutzung der Einstellung ohne besondere Mittel im Gegensatz zu allen anderen Spreizenkonstruktionen; bei einer früher benutzten Art der Scherenspreizen sind nur die Spreizen des einen Scherenpaares durch eine Achse starr miteinander verbunden, während die Spreizen des anderen Paares an der zu verstellenden Vorderwand bzw. dem Objektivträger gelenkartig festgehalten werden, so daß die Kraftübertragung nicht durch starr miteinander verbundene Teile erfolgt. Der dadurch bedingte Übelstand wird beseitigt, wenn die in der Vorderwand drehbar gelagerten Spreizen dort durch eine Achse starr miteinander verbunden werden, so daß die Kraft, die bei der Verstellung einseitig wirkt, auf kürzestem Wege und durch starre Mittel auf die an der anderen Seite befindlichen Scheren übertragen wird und einen genau parallelen Vorschub der Vorderwand bewirkt (D. R. G. M. Nr. 444276 und D. R. P. Nr. 350783 der Contessa-Werke, Stuttgart).

Einer der bekanntesten Vertreter der Rollfilmkameras mit Scherenspreizen ist das zur Cocarette-Serie gehörige Modell „Piccolette" 4 × 6,5 cm. Die aus einem einzigen Stück Leichtmetall gezogene Form des ganzen Kameragehäuses bietet die Gewähr für eine besonders leichte und trotzdem stabile Ausführung; die Filmführung ist nach D. R. P. Nr. 338770 durchgeführt: der aus einem Stück bestehende, herausnehmbare Doppelfilmspulenträger ist an den Längsseiten seines mit dem Blendrahmenausschnitt versehenen Verbindungsstückes so mit Umbiegungen versehen, daß sich dadurch nutenartige Führungen bilden, in die der Film mitsamt seinem Deckungsmittel eingeführt wird. Dadurch, daß die äußeren Längsflächen der Führungen sich dicht über das Filmband legen und dessen glattes Anlegen an den betreffenden Blendrahmenteil bewirken, ist eine vollkommen ebene Lage des Films bei der Aufnahme gewährleistet.

Während die „Piccolette" bei allen Ausführungsformen mit Objektiven unter 1 : 4,5 eine eindeutige Stellung der Spreizen hat und Naheinstellung nur mit Hilfe von Vorsatzlinsen für 1 bzw. 2 m möglich ist, kann bei Ausrüstung mit einem Objektiv 1 : 4,5 eine sogenannte Einstellfassung vorgesehen werden; durch Veränderung des Abstandes der Vorderlinse gegenüber den übrigen Systemteilen wird die Brennweite der jeweiligen Entfernung des Gegenstandes angepaßt (D. R. G. M. Nr. 615337 für Carl Zeiss, Jena).

Die „Luxus-Piccolette", 4,5 × 6 cm, besitzt außer der Scherenspreizenanordnung zwecks Verschiebung des Objektivträgers für Nahaufnahmen eine bis zur Einstellung auf 1,5 m Entfernung wirkende Radialhebeleinrichtung sowie ein Objektiv mit $f = 7{,}5$ cm in Compurverschluß.

β) Kameras mit Knickspreizen. Dr. A. Nagel, Stuttgart, wies in seiner Broschüre „Über den Werdegang der Handkamera" (1918), S. 17, auf eine der älteren Kameras mit Kniegelenkstreben hin; diese sind durch Schlitze und darin gleitende Führungsorgane derart miteinander verbunden, daß sie ein Parallelogramm bilden. Im Gegensatz dazu weist die Kamera mit Knickspreizen an den beiden Schmalseiten des Gehäuses je ein Paar Spreizen auf, die ihrerseits mit dem Objektivträger gelenkig verbunden sind. Die Spreizenhälften sind ungefähr gleich lang und lassen sich an ihrer Verbindungsstelle nach Art eines Taschenmessers einknicken; bei richtiger Bemessung der Längen und richtiger Lagerung der Drehpunkte erfolgt eine zur Bildebene parallele Bewegung des Objektivträgers, so daß die Kamera entweder ganz aufgeklappt oder ganz zugeklappt werden kann.

Neben den bekannten französischen Modellen „Block-Notes" der Société des Etablissements Gaumont in Paris dürfte die kleine Taschenkamera „Bébé" der Ica A.-G. eine der wenigen im Format 4,5 × 6 cm bzw. 6,5 × 9 cm hergestellten Apparate mit Objektivverschluß sein, deren Objektivträger durch zweiteilige Knickspreizen (nach Art eines Taschenmessers) getragen und in der Gebrauchsstellung für „Unendlich" festgehalten wird. Die Einstellung des Objektivs auf Nähe erfolgte früher durch Schneckengangfassung, jetzt durch Verstellen der Fassung der Vorderlinse. Das größere der beiden Modelle (6,5 × 9 cm) besitzt ein hoch und quer verstellbares Objektivbrett; die Brennweite der Objektive, welche nur in Compurverschlüssen geliefert werden, beträgt 7,5 bzw. 12 cm.

γ) Kameras mit einteiligen, festen Spreizen. Die Firma H. Ernemann in Dresden hat mit ihrem Modell „Liliput" seinerzeit eine kleine Spreizenkamera geschaffen, die infolge ihres einfachen und doch zweckmäßigen Aufbaues bemerkenswert ist; die Spreizen, welche ungefähr so breit sind, wie die Schmalseite der Platte, sind von außen überhaupt nicht zu sehen, da sie im Innern des Balgens scharnierartig angelenkt sind und die Nebenaufgabe haben, den Balgen zu stützen. Das Objektiv besteht aus einfachen Linsen vom Öffnungsverhältnisse 1:16 in Automatverschluß für Zeit- und Momentaufnahmen; dieser Apparat wurde in den Formaten 4,5×6, 6,5×9 und 4,5×10,7 cm (Stereoformat) hergestellt.

Hierher gehört u. a. auch das Modell „Photoknips" der Ihagee A.-G. in Dresden, das vier einteilige Spreizen mit Führungsschlitzen besitzt, in denen am Objektivträger befestigte Zapfen gleiten; nach dem Ausziehen des Verschlußträgers schnappen die Spreizen in entsprechende Rasten federnd ein. Ferner gehört hieher die Vest-Pocket Ensign (4 × 6,5 cm) der Houghton Butcher Ltd. in London.

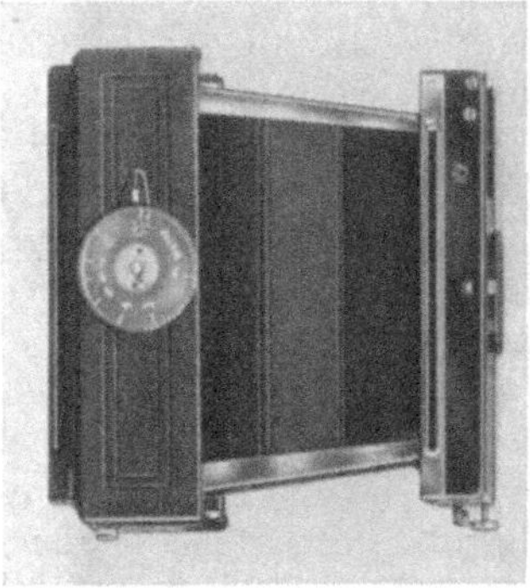

Abb. 144. Westentaschen-Tenax, $4^1/_2$ × 6 cm (C. P. Goerz A.-G., Berlin). Für Platten und Filmpack (Ansicht von oben). Das besondere Kennzeichen dieser kleinen Präzisionskamera ist, daß vorstehende Teile an ihr so weit als möglich vermieden sind (vgl. die Vorderansicht der Kamera in Abb. 145). Wegen Konstruktionseinzelheiten der Spreizenführung vgl. Abb. 146

Auch die Firma Optische Anstalt C. P. Goerz A.-G. in Berlin-Friedenau hat einige bemerkenswerte Spreizenkameras konstruiert; zunächst eine Kamera mit durch Zugorgane bewegten Scherenspreizen, die aber der großen Öffentlichkeit nicht bekannt wurde. Ferner eine typische Spreizenkamera mit Einrichtung zur Regelung der Objektiveinstellung, die unter dem Namen „Westentaschen-Tenax" infolge ihrer überaus kompendiösen Form und eleganten Ausführung viel Anhänger gefunden hat. Dieses Modell gehört in die Gruppe jener photographischen Flachkameras, bei denen Vorder- und Hinterrahmen durch starre Spreizen miteinander verbunden sind (vgl. Abb. 144). Die im Kameragehäuse gelagerten Gelenke der Spreizen sind in Lagerstücken untergebracht, die sich im Kameragehäuse in der Richtung der optischen Achse bewegen lassen, so daß durch Verstellung der dauernd im Kameragehäuse verbleibenden Lagerstücke der Abstand zwischen Objektiv und Bildebene entsprechend der jeweiligen Gegenstandsweite geändert werden kann. Diese Anordnung, die sich im Laufe vieler Jahre in der Praxis bewährt hat, hat gegenüber der bekannten Objektiveinstellvorrichtung für Flachkameras, bei der die Einstellorgane in Form von Schwingen drehbar am Objektivbrett gelagert sind und mit ihren freien Enden in Rasten der Spreizen einzugreifen vermögen, den Vorteil, daß Beschädigungen der Einstellorgane ausgeschlossen sind, weil diese dauernd im Kameragehäuse verbleiben; ein weiterer Vorteil dieser Konstruktion ist besonders für sogenannte

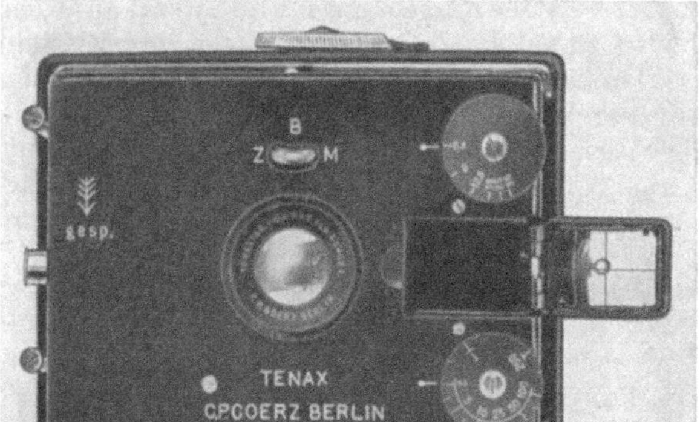

Abb. 145. Plattenkamera mit einteiligen festen Spreizen. Modell Westentaschen-Tenax von C. P. Goerz, Berlin (Konstrukteur Paul Kämmerer, Berlin), Format $4^1/_2$ × 6 cm. Außenmaße 9 · 7 · 2 cm, Gewicht zirka 345 g. Objektiv f = 7,5 cm, Newton-Sucher versenkbar. Vorderansicht. Vergleiche auch Abb. 144 (Seitenansicht)

Westentaschenapparate, daß das Objektivbrett eine einfache glatte, von Vorsprüngen freie Form aufweist (D. R. P. Nr. 206814). Vgl. Abb. 144 und 145.

Die Firma C. P. GOERZ A.-G. in Berlin stellte die „Westentaschen-Tenax“ im Format $4\frac{1}{2} \times 6$ cm mit Objektiven 1 : 4,5 und die „Taschen-Tenax“ im Format $6\frac{1}{2} \times 9$ cm her; der Compur-Verschluß ist vollständig eingebaut und hat eine Höchstgeschwindigkeit von $^1/_{250}$ Sek. Durch Druck auf einen Knopf wird die Kamera geöffnet und dann durch einfaches Vorziehen des Objektivträgers in Gebrauchsstellung gebracht; die Naheinstellung auf 1,5 bzw. 2 m erfolgt durch Drehen des mit Entfernungsskala versehenen Einstellknopfes auf der oberen Schmalseite der Kamera. Ein geschickt eingebauter NEWTON-Sucher unterstützt das Wählen des Bildfeldes. Auch bei diesen Modellen sind die Brennweiten $f = 7{,}5$ bzw. 10 cm in Gebrauch. Wegen Einzelheiten bezüglich der Art der Naheinstellung bzw. Spreizenverstellung vgl. Abb. 146.

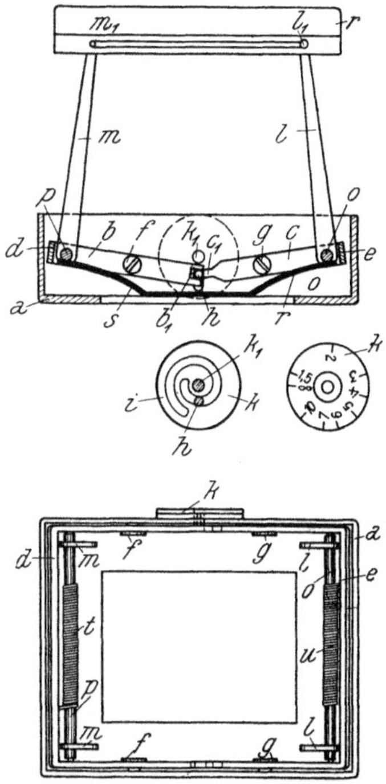

Abb. 146. Spreizenanordnung und Spreizenverstellung bei der Westentaschen-Tenax-Kamera (D. R. P. Nr. 206814). Am Kameragehäuse a sind die Hebel b b_1 bzw. c c_1 um die Achsen f bzw. g drehbar angeordnet; die Spreizen l bzw. m sind einerseits mit ihren Endpunkten l_1 und m_1 in Schlitzen des Objektivträgers r geführt, andererseits sind sie mit den erwähnten Hebeln b und c bei o und p gelenkartig verbunden. Die Einstellung der Kamera auf Nähe geschieht durch Verdrehen der Scheibe k mit der Schnecke i, die mit den Hebeln b_1 bzw. c_1 in zwangläufiger Verbindung steht. Vgl. auch Abb. 144 und 145

b) Spreizenkameras mit Schlitzverschluß. *α*) Kameras mit Scherenspreizen. Die Schlitzverschlußkameras sind das eigentliche Anwendungsgebiet für Spreizen aller Systeme, sei es mit, sei es ohne Laufboden; die im allgemeinen, besonders aber bei Sportaufnahmen, geforderte Möglichkeit rascher Bereitschaftsstellung räumt diesen Modellen von vornherein einen besonderen Platz unter allen Arten von Kameras ein. Wohl die größte Anzahl aller Apparate mit Schlitzverschluß, die nicht mit Spiegelreflexeinrichtung versehen sind, hat Scherenspreizen, der kleinere Teil einteilige bzw. Knickspreizen. Es sei hier zunächst die kleine „Deckrullo“ der CONTESSA-NETTEL A.-G. erwähnt; diese kompendiöse Schlitzverschlußkamera der NETTEL-Serie ist zum Mitführen in der Tasche bestimmt, trotzdem sie etwa 5 cm dick ist. Für einen Apparat der Größe $4{,}5 \times 6$ cm ist das reichlich viel und dadurch begründet, daß in diesem Raum sowohl der Schlitzverschluß als auch das lichtstarke Tessar 1 : 2,7 untergebracht ist. Wegen des relativ hohen Gewichtes dieses Objektivs ist die die untere und obere Schere miteinander verbindende Achse kräftig gebaut. Die Einstellung auf Nähe wird in der bei solchen Kameras üblichen Weise, d. i. durch Drehen eines Knopfes mit Entfernungsskala, hergestellt, der in zwangläufiger Verbindung mit den beiden Armen der oberen Schere steht. Die Geschwindigkeit des verdeckt aufziehbaren Schlitzverschlusses ist mit $^1/_7$ bis $^1/_{1200}$ Sekunde angegeben.

Eine Scherenspreizeneinrichtung mit Lenkern der eingangs beschriebenen Art besitzt die von der oberwähnten Firma hergestellte „Deckrullo-Nettel“, die in den Größen $6{,}5 \times 9$, 9×12, 10×15 und 13×18 cm hergestellt wird, ebenso wie die „Tropen-Deckrullo-Nettel“. Die verstellbaren Scherenspreizen gewährleisten unbedingte Parallelität des Objektivbrettes zur Mattscheibe und große Stabilität; sie ermöglichen ferner eine Veränderung der Auszugslänge in weiten Grenzen, so daß die Verwendung von Objektiven mit verschiedenen Brennweiten möglich ist. Auf die jeweilige Entfernung kann schon bei geschlossener Kamera eingestellt werden. Beide Modelle besitzen einen sehr zuverlässig vor der Platte arbeitenden Schlitzverschluß mit verdecktem Aufzug, dessen nominelle Höchstgeschwindigkeit je nach dem Format verschieden ist; die angegebenen Zahlen schwanken zwischen $^1/_{1000}$ und $^1/_{2000}$ Sekunde. Durch die außerordentlich hohe Geschwindigkeit des Verschlusses können die Vorteile der neuerdings viel angewandten lichtstarken Objektive sowie des in letzter Zeit in den Handel kommenden Negativmaterials von stark gesteigerter Empfindlichkeit voll und ganz ausgenutzt werden; der Verschluß besitzt eine Räderbremse, durch die auch alle für das praktische Arbeiten erforderlichen geringen Belichtungszeiten bis zu ½ Sekunde erzielt werden können.

Tabelle 15. Brennweiten und Öffnungsverhältnisse des Triotar und Tessar für verschiedene Formate

Format	Öffnungsverhältnis		
	1:2,7 f =	1:3,5 f =	1:4,5 f =
6,5 × 9 cm	12 cm	12 cm	12 cm
9 × 12 „	16,5 „	15 „	15 „
10 × 15 „	—	18 „	18 „
13 × 18 „	—	21 „	21 „

Die für die einzelnen Formate und Öffnungsverhältnisse erforderlichen Brennweiten sind in Tabelle 15 für das Triotar (1 : 2,7) und die Tessare (1 : 3,5 und 1 : 4,5) angegeben.

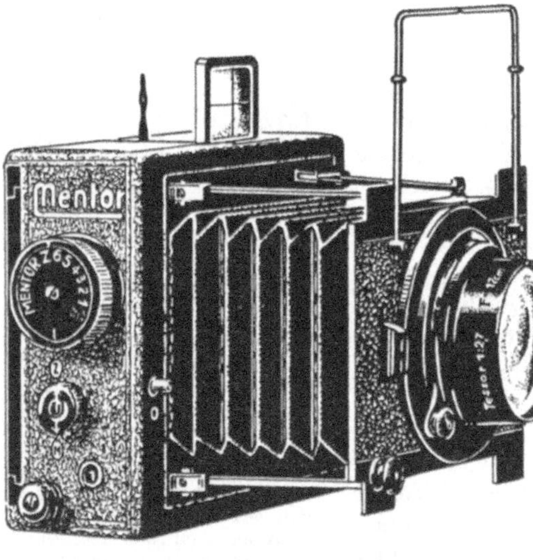

Abb. 147. Spreizenkamera mit Schlitzverschluß (Mentor-Kamerafabrik Goltz & Breutmann, Dresden). Die Spreizen sind einteilig und besitzen Längsschlitze, in denen Zapfen gleiten, die am Objektivträger befestigt sind. Objektiv in Schneckenfassung. Wegen Einzelheiten des Schlitzverschlusses vgl. S. 475. Der an der Kamera angebrachte Diopter kann in Verbindung mit dem Newton-Sucher und mit dem Ikonometer verwendet werden

β) Kameras mit einteiligen Spreizen. Die Klappkamera „Mentor II" der Firma Mentor-Kamerafabrik Goltz & Breutmann in Dresden A 1, ist ein typisches Beispiel eines Apparates mit Spreizen, die in zusammengeklapptem Zustand der Kamera übereinander, im Gebrauchszustand der Kamera jedoch vollkommen getrennt voneinander liegen, d. h. ohne direkte Verbindung sind. Die am Objektivträger angebrachten Zapfen gleiten in Schlitzen der Spreizen, wenn die Kamera in Gebrauchsstellung und in Ruhelage gebracht wird; entsprechend ausgebildete federnde Rasten sichern die Einstellung des Objektivträgers parallel zur Bildebene. In Anbetracht dieser starren Konstruktion der Spreizen, die keinerlei Veränderung, also weder eine Verkürzung noch eine Verlängerung des Abstandes zwischen der Mattscheibe und dem Träger des Objektivs, zuläßt, muß das Objektiv unter Beibehaltung der Richtung der optischen Achse so befestigt werden, daß die Einstellung auf näher gelegene Gegenstände möglich ist; mit anderen Worten: das Objektiv muß eine sogenannte Einstellfassung erhalten, bei welcher die durch Verdrehung des Einstellhebels eingeleitete Bewegung die achsiale Verschiebung des Objektivs zur Folge hat. Einzelheiten hierüber finden sich im Abschnitt Spiegelreflexkameras. Wie eine nähere Betrachtung der Konstruktion der Einstellfassung ergibt, ist das Maß der möglichen Verstellung begrenzt, gleichgültig, ob als Mittel zur Verschiebung Spiralnuten oder Gewinde von relativ starker Steigung benutzt werden; wenn auch der erreichbare Wert der Objektivverstellung für die meisten Fälle in der Praxis ausreicht, so liegt im System dieser Spreizenart doch eine Beschränkung gegenüber dem System der Doppelscherenspreize (vgl. Abb. 147).

Über Einzelheiten der Ausführung der „Mentor II" gibt der Katalog der genannten Firma Aufschluß; sie wird in den Formaten 6,5 × 9 bis 18 × 24 cm sowie in den Stereoformaten 6 × 13, 10 × 15 und 9 × 18 cm mit Objektiven von der Lichtstärke 1 : 4,5 bis 1 : 2,7 ausgeführt. Der verdeckt aufziehbare „Mentor-Rouleau-Verschluß" für Zeit- und Momentaufnahmen ist durch D. R. P. Nr. 399929 geschützt.

In nachstehender Tabelle sind die Dimensionen in Zentimetern sowie die Gewichte für verschiedene Formate dieser Kameratype, ferner der in diesen Kameras verwendeten Objektive verschiedener Lichtstärke zusammengestellt:

Tabelle 16.
Dimensionen und Gewichte verschiedener „Mentor II"-Kameras

Bildgröße in cm		6,5 × 9	9 × 12	10 × 15	13 × 18	18 × 24	Stereo 6 × 13	Stereo 10 × 15	Stereo 9 × 18
Kamera-	Dicke	5,0	5,5	6,0	6,5	7,0	5,0	6,0	5,5
	Breite	14,5	17,0	20,0	23,0	30,0	19,0	20,0	23,0
	Höhe	12,0	15,0	16,0	19,0	25,0	12,5	16,0	15,0
Gewicht ohne Objektiv		0,8 kg	1,25 kg	1,5 kg	1,75 kg	2,45 kg	0,95 kg	1,5 kg	1,5 kg
Kamera-Auszug		9/13	12/15,2	15/19	18/21,9	22/27	9/13,5	12/13,5	12/15,0
Brennweite in cm	Objektiv 1:4,5	12	15	16,5	21,0	25,0	10,5	12,0	13,5
	„ 1:3,5	12	15	18,0	21,0	—	10,0	12,0	15,0
	„ 1:2,7	12	16,5	—	—	—	10,0	14,5	14,5
	Teleobjektiv 1:6,3	18	25	32,0	—	—	—	—	—

Eine der leistungsfähigsten Spreizenkameras ist wohl die „Ermanox" (mit Schlitzverschluß) und lichtstärksten Objektiven der Zeiss-Ikon-Werke (vgl. Abb. 148) in Dresden; zuerst war sie mit einem Tessar 1 : 2,7 ausgerüstet, später wurden Objektive 1 : 2 und zuletzt 1 : 1,8 verwendet. Dieser Spezialapparat eignet sich insbesondere für Nacht- und Innenaufnahmen ohne Blitzlicht und allerschnellste Momentaufnahmen bei Tageslicht. Die Brennweite des Objektivs 1 : 1,8 ist beim kleinen Modell 4,5 × 6 cm, $f = 8{,}5$ cm, beim größten Modell 6,5 × 9 cm $f = 12{,}5$ cm; in Anbetracht des sehr großen Öffnungsverhältnisses müssen die angegebenen Werte als klein bezeichnet werden. Der von den Ernemann-Werken seit vielen Jahren erprobte Schlitzverschluß mit verdecktem Aufzug hat eine Höchstgeschwindigkeit von etwa $^1/_{1000}$ Sekunde. Die Einstellung auf beliebige an einer Skala am Umfange des Objektivs ablesbare Entfernungen erfolgt durch eine besondere Spezialfassung des Objektivs, das zu diesem Zweck mittels eines mehrgängigen schnellsteigenden Gewindes in seiner Fassung gedreht und dabei achsial verschoben wird. Als Suchereinrichtung

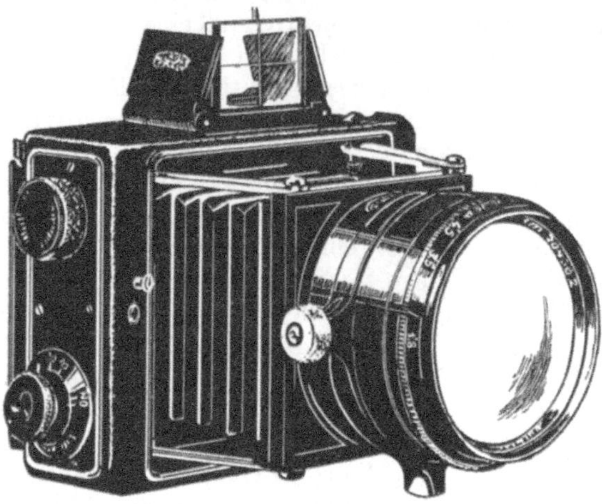

Abb. 148. Spreizenkamera Ermanox mit Schlitzverschluß (ZEISS-IKON-WERKE, Dresden) für Platten und Filmpack für die Formate $4^1/_2 \times 6$ und $6^1/_2 \times 9$ cm. Spreizen einteilig mit Schlitzen (vgl. Abb. 147). Objektiv: Ernostar 1 : 1,8 in Schneckenfassung. Schlitzverschluß mit verdecktem Aufzug

ist ein auf dem Gehäuse angeordneter großer NEWTON-Sucher mit Lichtschutzklappen vorgesehen, die sich beim Nichtgebrauch der Kamera schützend auf die Linse legen.

Trotzdem Kamera und Objektivtubus aus Leichtmetall hergestellt werden, beträgt das Gewicht der Kamera des Formates $4{,}5 \times 6$ cm doch etwa 1,2 kg.

Gewissermaßen als Fortsetzung zu obiger Serie in größeren Formaten sind die „ERNEMANN - Klappkameras“ mit einteiligen Spreizen in den Größen 9×12, 10×15 und 13×18 cm gebaut worden.

γ) Kameras mit Knickspreizen. Außer den bereits erwähnten Knickspreizen, welche nach Art des Taschenmessers so ausgebildet sind, daß der einfache Teil der beiden scharnierartig miteinander verbundenen Spreizenhälften sich in den doppelwandig ausgebildeten Teil hineinlegt, gibt es noch eine andere, und zwar ältere Konstruktion, welche die Firma VOIGTLÄNDER & SOHN A.-G. in Braunschweig bereits vor Jahrzehnten bei ihren Klapp- bzw. Springkameras mit Schlitzverschluß verwendet hat. Abb. 149 zeigt den Aufbau bzw. die Wirkungsweise dieser Spreizen: Sowohl am Gehäuse als auch am Objektivträger sind links und rechts (auch oben und unten) einteilige Spreizen paarweise parallel angeordnet, von denen je eine obere und eine untere durch eine Hohlwelle starr verbunden sind, in deren Innerem sich eine Spiralfeder befindet; durch entsprechende Verbindung dieser Feder mit dem Gehäuse bzw. der Hohlwelle als Träger der Spreizen werden die sowohl mit dem Objektivträger als auch mit dem Gehäuse gelenkig verbundenen Spreizen ständig nach außen gedrängt. Es ist wohl verständlich, daß dann,

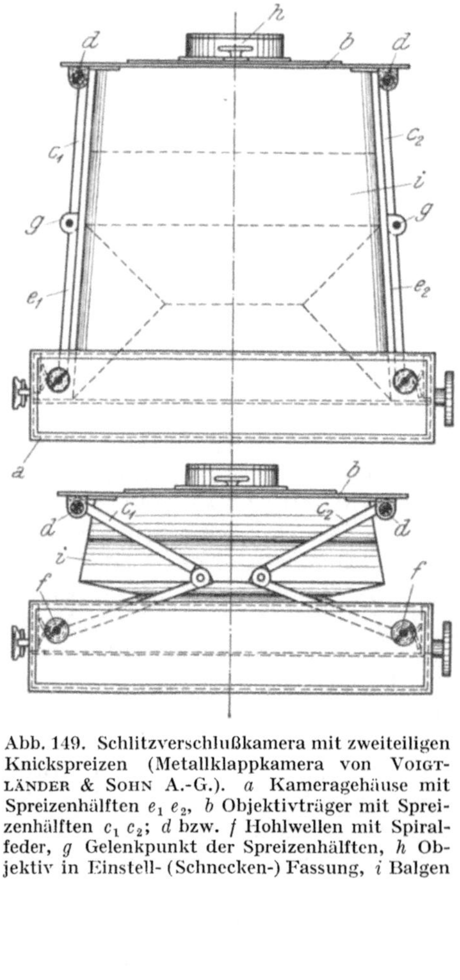

Abb. 149. Schlitzverschlußkamera mit zweiteiligen Knickspreizen (Metallklappkamera von VOIGTLÄNDER & SOHN A.-G.). *a* Kameragehäuse mit Spreizenhälften e_1 e_2, *b* Objektivträger mit Spreizenhälften c_1 c_2; *d* bzw. *f* Hohlwellen mit Spiralfeder, *g* Gelenkpunkt der Spreizenhälften, *h* Objektiv in Einstell- (Schnecken-) Fassung, *i* Balgen

wenn die mit Anschlägen versehenen Spreizen in der Mitte scharnierartig verbunden werden, eine vollkommen gestreckte Lage der so entstandenen Knickspreizen gewährleistet ist, welche ihrerseits, d. h. bei richtig bemessenen Längen der Einzelteile, die Parallelität des Objektivträgers zur Bildebene verbürgen. Beim Zusammenlegen der Kamera, d. h. nach erfolgtem Einknicken der Spreizen, werden die Federn gespannt und ermöglichen so das selbsttätige Vorspringen des Objektivträgers in die Gebrauchsstellung für Unendlich. Infolge der Starrheit der Spreizen nur bei dieser Lage ist auch bei dieser Art von Spreizenkameras die Einstellung auf nahe gelegene Gegenstände nur durch Verwendung einer Spezialfassung des Objektivs mit Schneckenantrieb möglich.

Die Fokal-Primarkameras der Firma CURT BENTZIN in Görlitz sind nach diesem Prinzip gebaut (vgl. Tab. 17 und 18). Das Objektivbrett ist sowohl der Höhe, als auch der Seite nach verstellbar; die Spreizen sind aus Neusilber, das Kameragehäuse aus Hartholz. Ein NEWTON-Sucher erleichtert das Arbeiten ohne vorherige Mattscheibeneinstellung; Tabelle 17 gibt über die Lichtstärke und die Brennweite (in Zentimetern) der für die einzelnen Formate verwendeten Objektive Aufschluß.

Tabelle 17. Fokal-Primar-Kameras

Format in cm bzw. Zoll	$6^1/_2 \times 9$ cm ($2^1/_2 \times 3^1/_2$ Zoll)	$3^1/_4 \times 4^1/_4$ Zoll	9×12 cm	10×15 cm (4×5 Zoll)	13×18 cm (5×7 Zoll)
Anastigmat	Brennweite des Objektivs in cm				
1 : 2,7	12 bzw. 14,5	14,5	16,5	—	—
1 : 4,5	10,5 bzw. 12	13,5 bzw. 15	15,0	16,5	21,0
1 : 6,3	10,5 bzw. 12	13,5 bzw. 15	13,5 bzw. 15	16,5	21,0
1 : 3,5	12,0	15 bzw. 18	15 bzw. 18	18 bzw. 21,0	21,0
Teleobjektiv 1 : 6,3	18,0	25,0	25,0	32,0	32,0

Auch diese Spreizenkamera hat einen verdeckt aufziehbaren Schlitzverschluß mit Geschwindigkeitsregler für Momentbelichtung bis zu etwa $^1/_{1000}$ Sekunde.

Tabelle 18. Minimal-Verschluß-Geschwindigkeiten des Schlitzverschlusses der Fokal-Primar-Kameras

Zeit in Sek.	$^1/_8$	$^1/_5$	$^1/_5$	$^1/_5$	$^1/_4$
Format	$6^1/_2 \times 9$ cm	$3^1/_4 \times 4^1/_4$ Zoll	9×12 cm	10×15 cm	13×18 cm

Von ausländischen in die Gruppe der Spreizenkameras mit Schlitzverschluß gehörigen Modellen sei u. a. die Spido Pliant Gaumont-Kamera erwähnt, die in den Formaten $6^1/_2 \times 9$, 9×12 und 10×15 cm von der SOCIÉTÉ DES ETABLISSEMENTS GAUMONT mit Knickspreizen hergestellt wird. Das Objektiv (Tessar ZEISS-KRAUSS oder FLOR-BERTHIOT 1 : 4,5) in Schneckenfassung hat eine Brennweite von 10,5 bis 13,5 bzw. 16,5 cm. Als Sucher ist nur ein NEWTON-Sucher vorgesehen.

D. Die Spiegelreflexkamera

27. Theorie der Spiegelreflexkamera. a) Wirkungsweise und Anordnung des Spiegels. Die Bezeichnung „Spiegelreflexkamera" kommt daher, daß in den Strahlengang des Objektivs — also zwischen Objektiv und Bildebene —

ein unter 45° zur Horizontal- bzw. Vertikalebene geneigter Spiegel eingeschaltet ist. Ein derartiger Spiegel wirkt, wie aus der schematischen Abb. 150 hervorgeht, derart, daß die Ebene des vom Objektiv entworfenen Bildes nicht parallel zum Gegenstand, sondern senkrecht dazu liegt. Daraus ergibt sich weiter, daß auch die Richtung des Einblicks sich ändert, und zwar muß der Einblick bei horizontal gehaltener Kamera senkrecht von oben erfolgen; wichtiger als diese unvermeidliche Folgeerscheinung, die kaum als Vorzug bezeichnet werden kann (denn das Aufsuchen eines — besonders in Bewegung befindlichen — Gegenstandes wird dadurch nicht gerade erleichtert), ist die Tatsache, daß wenigstens eine Richtung im Bild, und zwar die Höhenrichtung nicht mehr vertauscht erscheint. Abb. 150 läßt erkennen, daß z. B. die in der Vertikalebene verlaufenden Strahlen, welche unter normalen Umständen vom Gegenstand $A\,B$ ein auf dem Kopf stehendes Bild $A'\,B'$ erzeugen würden, nunmehr infolge Einwirkung des Spiegels abgelenkt werden, und zwar so, daß das parallel zur optischen Achse liegende Bild $A''\,B''$ höhenrichtig erscheint; da die senkrecht dazu verlaufenden Strahlen durch die Dazwischenschaltung des Spiegels gar nicht beeinflußt werden, ist das Bild bei sämtlichen Spiegelreflexkameras der Seite nach wie bei allen übrigen Apparaten verkehrt. Bei der Aufnahme bewegter Gegenstände ist dies zweifellos ein Übelstand, weshalb für diesen Zweck mit Vorliebe Kameras benutzt werden, bei denen der Aufnehmende mit in Augenhöhe gehaltener Kamera mit Hilfe des Durchsichts-(Rahmen-)Suchers auf den Gegenstand „zielt“ und im geeigneten Augenblick den Verschluß auslöst.

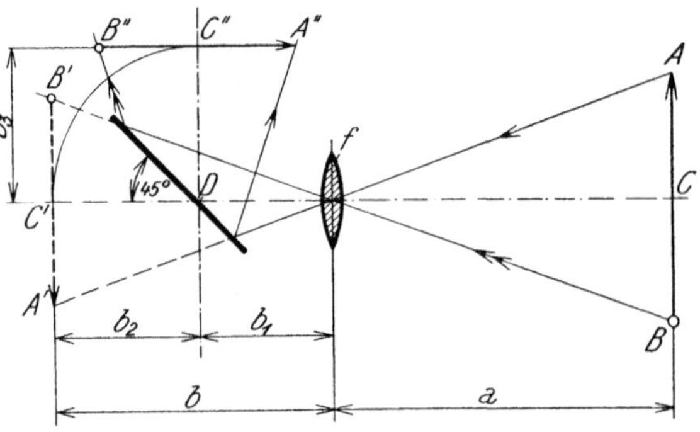

Abb. 150. Anordnung und Wirkungsweise des Spiegels im Strahlengang einer Spiegelreflexkamera. Am Ort des Bildes $A'\,B'$ befindet sich der Schichtträger, am Ort des Bildes $A''\,B''$ die Mattscheibe. a Entfernung des Gegenstandes $A\,B$ vom Objektiv f, b Entfernung des Bildes $A'\,B'$ vom Objektiv f. Die Bilder $A'\,B'$ und $A''\,B''$ sind gleich groß, ebenso die Strecken b_2 und $b_3 = b - b_1$. Beim Einblick von oben (in Richtung $C''\,D$) erscheint das Bild $A''\,B''$ höhenrichtig, aber seitenverkehrt

Bei Betrachtung der Abb. 150 wird es ohne weiteres verständlich, daß die Abstände b_2 des verkehrten Bildes bzw. b_3 des aufgerichteten Bildes vom Spiegel gleich groß sein müssen. Die Größe der Bildeinzelheiten sowie diejenige des Bildausschnittes erfährt bei richtiger Lage des Spiegels keinerlei Veränderung; von Wichtigkeit ist es, daß der Spiegel vollkommen einwandfrei ist, damit zwischen dem im reflektierten Licht eingestellten Mattscheibenbild und der Aufnahme auf der lichtempfindlichen Schicht keine Verschiedenheiten bestehen. Im allgemeinen kommt nur die Anwendung von Spiegeln mit Oberflächenversilberung in Frage; als Ersatz dafür hat die Firma Ernemann-Werke A.-G. in Dresden besonders für Tropenkameras vorgeschlagen, hochglanzpolierte nicht rostende Stahlplatten zu verwenden. (D. R. P. Nr. 426850.) Für die Konstruktion einer Spiegelreflexkamera müssen die Abmessungen des Spiegels richtig gewählt werden, damit das Mattscheibenbild gleichmäßige Helligkeitsverteilung aufweise; wie bereits erwähnt, kommt nur ein Spiegel mit Oberflächenversilberung in Betracht, weil ein Spiegel mit Rückenversilberung doppelte Bildkonturen zeigt, die um so deutlicher in Erscheinung treten, je dicker der Spiegel und je größer der Bildwinkel ist. Da die Schicht des Oberflächen-Silberspiegels sehr empfindlich ist, darf seine Reinigung nur vorsichtig mit einem ganz weichen Lappen oder einem Staubpinsel vorgenommen werden.

Die Größe des Spiegels muß nicht nur für Aufnahmen weit entfernter Gegenstände, sondern auch für Aufnahmen aus relativ großer Nähe ausreichend sein; selbstverständlich ist die Einstellung auf Nähe für die Bestimmung der Spiegelausmaße maßgebend. Infolge der Schräglage des Spiegels treffen z. B. die Hauptstrahlen, die von hochgelegenen Gegenständen kommen, den Spiegel früher als jene Strahlen, die von tiefer gelegenen Punkten kommen; daraus ergibt sich zunächst, daß die optische Achse des Objektivs den Spiegel nicht in der Mitte, sondern so schneidet, daß der dem Objektiv näher gelegene untere Teil ungefähr dreimal so klein ist als jener, der dem Bilde näher liegt, wenn man eine Brennweite von 15 cm für die 9 × 12 cm Platte zugrunde legt. Bei Verwendung eines Objektivs 1 : 4,5 verschiebt sich dieses Verhältnis der Spiegelteile bei Einstellung auf Unendlich auf etwa 1 : 2,2 und steigt bei Abbildung eines Gegenstandes in natürlicher Größe auf zirka 1 : 1,43 (vgl. Abb. 151).

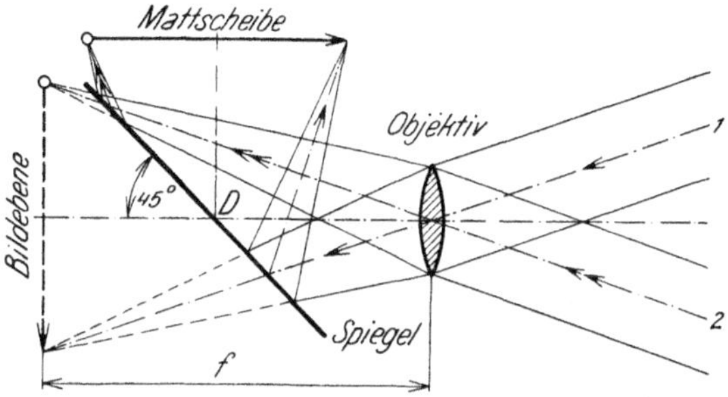

Abb. 151. Bestimmung der Abmessungen des Spiegels einer Spiegelreflexkamera. Die mit 1 bezeichneten Hauptstrahlen treffen den Spiegel früher als die vom unteren Teil des Gegenstandes kommenden Strahlen 2; der Spiegel liegt nicht symmetrisch zum Punkt D, vielmehr ist der untere Teil des Spiegels kürzer: das Verhältnis zwischen oberem und unterem Spiegelteil hängt von der Lichtstärke des Objektivs ab (vgl. Text)

Da der Spiegel lediglich zur Betrachtung des Bildes auf der oberen horizontal liegenden Mattscheibe dient, kurz vor der Aufnahme aber fortgeklappt werden muß, ist seine zwangläufige Verbindung mit dem Verschluß unerläßlich, d. h. der Verschluß muß sofort, nachdem der Spiegel aus dem Bereich der vom Objektiv kommenden Strahlen gebracht wurde, ausgelöst werden, damit zwischen der Beobachtung und der Aufnahme des Bildes möglichst wenig Zeit vergeht (vgl. Abb. 152).

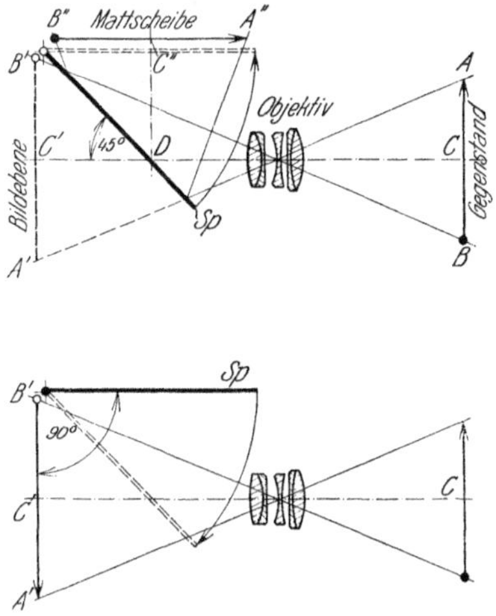

Abb. 152. Schematische Darstellung der Anordnung des Spiegels im Strahlengang vor und nach der Aufnahme. Die obere Abbildung zeigt den Spiegel Sp während der Einstellung des Bildes A'' B'' auf der horizontalen Mattscheibe; dabei darf von oben her kein Licht auf die bereits in der Kassette befindliche Platte bei A' B' fallen. In der unteren Abbildung ist der Spiegel Sp bereits aus dem Bereich der vom Objektiv kommenden Strahlen herausgebracht; dabei wurde zwangläufig die Auslösung des Schlitzverschlusses bewirkt

Bezüglich der Anordnung des Spiegels unterscheidet man grundsätzlich zwischen Spiegeln mit und ohne Federantrieb. Bei ersteren ist unter dem Spiegel eine Feder befestigt, welche durch Druck auf einen Knopf ausgelöst wird, so daß der Spiegel aus seiner Schräglage hochschnellt; für die nächste Aufnahme muß der Spiegel durch einen Hebel wieder heruntergedrückt werden. Die Verbindung mit dem Verschluß ist bei Spiegeln mit Federantrieb meistens so beschaffen, daß mit dem Spannen des Verschlusses gleichzeitig das Niederdrücken des Spiegels erfolgt; Spiegel ohne Federantrieb, bei denen das Anheben des Spiegels durch einen besonderen Hebel erfolgt, haben den Vorteil, daß sie das Bild sofort nach der Aufnahme wieder zeigen, weil der Spiegel infolge seiner Schwere von selbst niederfällt, sobald der Druck auf den Hebel aufhört.

Beide Formen der Spiegelanordnung sind bei einer Reihe von Konstruktionen ausgeführt und erprobt worden; es ist nicht ohne weiteres zu entscheiden, welcher der Vorzug gebührt. Beim Spiegel ohne Federwirkung genügt zwar ein sanfter Druck, um den Verschluß auszulösen; dieser Druck muß (durch Erfahrung) so bemessen sein, daß der Anstoß kräftig genug ist, die angestrebte Wirkung zu erzielen; tritt in dieser Beziehung ein Versagen ein, so wiederhole man das Inbewegungsetzen nach vorausgegangenem Fallenlassen des Spiegels. Spiegel mit Federwirkung setzen eine gute Dämpfung der Feder voraus, wie denn überhaupt sehr darauf zu achten ist, daß das Anschlagen des Spiegels beim Auslösen des Verschlusses nicht hart erfolgt: einerseits, um das Geräusch zu vermeiden, andererseits, um den Apparat nicht zu erschüttern; es sind verschiedene Vorrichtungen zur Dämpfung des Schalles und des harten Anschlages in Form von Luftkissen oder Federn vorgeschlagen und zum Teil auch ausgeführt worden. (Siehe D. R. G. M. Nr. 274391 der Firma R. Hüttig & Sohn, Dresden.)

Der Konstrukteur einer Spiegelreflexkamera (sei es einer zusammenlegbaren oder einer solchen in Kastenform) steht vor einer Schwierigkeit, wenn es sich darum handelt, nach erfolgter Festlegung des Spiegeldrehpunktes die kürzeste Brennweite des Objektivs zu bestimmen, bei der einerseits das betreffende Format bis in die Ecken gut ausgezeichnet wird und die doch nur so lang ist, daß der Spiegel beim Überführen aus der Gebrauchs- in die Ruhelage nicht an der Fassung des Objektivs anstößt; über diese Einzelheiten bzw. über die zweckmäßige Bemessung der Brennweite und Fassungsart des Objektivs gibt der nächste Abschnitt Aufschluß.

b) Das Objektiv und seine Brennweite. Für Spiegelreflexkameras kommen nur sehr lichtstarke und gut korrigierte Objektive in Frage, weil bei derartig teuren Kameramodellen die Anforderungen in optischer Hinsicht recht große sind und weil die hohen Geschwindigkeiten der fast ausschließlich in Betracht kommenden Schlitzverschlüsse nur mit lichtstarken Objektiven ausgenutzt werden können. Wie die Beschreibung einzelner Kameramodelle zeigen wird, kommen für Spiegelreflexkameras nur erstklassige Anastigmate mit einer Lichtstärke von 1 : 4,5 bis 1 : 1,8 in Betracht; diese erleichtern auch bei ungünstigen Lichtverhältnissen das Einstellen des Bildes auf der Mattscheibe, was durch den Lichtschacht noch wesentlich unterstützt wird. Es muß an dieser Stelle darauf hingewiesen werden, daß zwischen der größten freien Öffnung des Objektivs, dem Abstand des Schlitzes von der Bildebene und der Schlitzbreite eine ganz bestimmte Beziehung besteht, auf die im Kapitel „Verschlüsse“ näher eingegangen wird; diese Beziehung läßt sich kurz dahin kennzeichnen, daß unter eindeutig gegebenen baulichen Verhältnissen der Kamera eine zu klein gewählte Schlitzbreite gleichbedeutend mit einer unbeabsichtigten Abblendung des Objektivs ist; das heißt mit anderen Worten: die oft angegebene Maximalgeschwindigkeit eines Momentverschlusses von z. B. $^1/_{2800}$ Sek. läßt sich unter Umständen durch Verwendung einer sehr kleinen Schlitzbreite bei hoher Federspannung technisch wohl erreichen, allerdings ohne Rücksicht auf die erforderliche Belichtungszeit. Der konstante Abstand des Schlitzes von der Bildebene spielt hierbei eine große Rolle; eine einmalige Prüfung gibt ohne weiteres Aufschluß, welches die für die betreffende Kamera in Betracht kommende brauchbare, kleinste Schlitzbreite bei voller Öffnung des Objektivs ist.

Bei der Wahl der Brennweite und Fassung des Objektivs für die Spiegelreflexkamera muß man sehr vorsichtig vorgehen, damit bei dem praktisch kürzesten Abstand der Hinterlinsenfassung (Einstellung auf ∞) der Spiegel beim Hochklappen nicht an diese anstößt; andererseits muß bei zusammenklappbaren Spiegelreflexkameras der Abstand zwischen Mattscheibe bzw. Schichtträger oder Spiegel und Objektiv so gewählt sein, daß eine Beschädigung des Spiegels bzw. seiner Oberfläche nicht eintreten kann. Bei neueren Konstruktionen, z. B. der „Miroflex"-Kamera, sind sehr geschickte Maßnahmen getroffen worden, um dies zu verhindern; hierüber wird weiter unten berichtet.

Wie Abb. 152 zeigt, ist die Festlegung des Wertes der Objektivbrennweite in erster Linie davon abhängig, ob die Kamera Querformat oder quadratisches Format hat; im ersten Falle, in dem die schmale Seite des Bildes als größtes Maß zugrunde gelegt werden muß, ergibt sich eine geringere Länge des Spiegels, als wenn wechselweise auch Aufnahmen im Hochformat verlangt werden. Im zweiten Falle muß stets das quadratische Plattenformat mit der entsprechend größeren Diagonale als Ausgang für die Festsetzung der Brennweite gewählt werden. Während also bei Kameras gewöhnlicher Bauart in dieser Hinsicht keinerlei Rücksichten zu nehmen sind, legt die Konstruktion von Spiegelreflexkameras Beschränkungen auf: vor allem müssen längere Objektivbrennweiten gewählt werden. Es gibt wohlfeile Spezialmodelle, wie z. B. die „Simplex-Ernoflex", bei welcher für die Formate $4{,}5 \times 6$ cm, $6{,}5 \times 9$ cm und 9×12 cm die gleichen kurzen Brennweiten vorgesehen sind, wie bei den entsprechenden üblichen Plattenkameras mit Laufboden, nämlich $f = 7{,}5$, 10,5 und 13,5 cm; wie Tabelle 19 zeigt, sind die Brennweiten sonst durchwegs länger.

Tabelle 19. Brennweiten lichtstarker Anastigmate für Spiegelreflexkameras verschiedener Formate

Format	$4^1/_2 \times 6$ cm		$6^1/_2 \times 9$ cm		9×12 cm		10×15 cm
	quer	quadr.	quer	quadr.	quer	quadr.	quer
Diagonale in cm	7,5	8,5	11,1	12,75	15,0	17,0	18,0
Objektiv 1:1,8	10,5	—	10,5	—	—	—	—
„ 1:2,7	7,5	10,5	12,0	13,5—15,0	16,5	16,5	—
„ 1:3,5	7,5	10,5	12,0	13,5—15,0	16,5	16,5—18	18,0
„ 1:4,5	7,5	10,5	10,5—12,0	12,0—13,5	15—16,5	15—16,5	16,5
Tele-Objektiv 1:6,3	—	—	18,0	25,0	25,0	32,0	32,0

28. Allgemeine Konstruktionsvoraussetzungen bei einer Spiegelreflexkamera. Vergleicht man den Aufbau einer Klappkamera mit Laufboden mit demjenigen einer Spiegelreflexkamera, so findet man eine Reihe grundsätzlicher Unterschiede, deren wichtigste im folgenden zusammengefaßt seien.

a) Mattscheibe mit Lichtschutz. Die Spiegelreflexkamera, gleichviel welcher Bauart, hat stets zwei Mattscheiben, die im Gebrauchszustande senkrecht zueinander stehen; die horizontal liegende Mattscheibe, auf der das Bild während der Einstellung beobachtet wird, muß stets mit einer Lichthaube umgeben sein, deren zweckmäßiger Konstruktion große Bedeutung beizumessen ist. Man verlangt von einer zeitgemäßen Spiegelreflexkamera, daß der Lichtschacht durch einen Druck auf einen Knopf in die Gebrauchsstellung springt; er muß also so versteift sein (was heute meist unter Zuhilfenahme von Federn geschieht), daß er nicht in sich zusammenfallen kann. Bei einer der früheren Konstruktionen wurde der Lichtschacht durch den Deckel desselben, der mit entsprechenden Spreizen ausgerüstet war, versteift. (Fallowflexkamera von Fallowfield).

Zwecks Prüfung von Einzelheiten des Mattscheibenbildes mit der Lupe ist unter Umständen ein sehr niedriger Lichtschacht erwünscht; R. Lechner in Wien hat seinerzeit einen Lichtschacht von verstellbarer Höhe vorgeschlagen und unter Verwendung einer Scherenspreizenanordnung auch konstruiert.

Die Höhe des Lichtschachtes, d. h. der Abstand des Auges von der Mattscheibe, soll im allgemeinen nicht kleiner sein als etwa 20 cm; jugendliche normale Augen, welche noch fähig sind zu akkommodieren, kommen mit einem niedrigeren Lichtschacht aus, wogegen alterssichtige Personen, wenn sie sich keiner Brille bedienen, einen höheren Lichtschacht benötigen. Sehr angenehm ist es, wenn am Lichtschacht ein Vergrößerungsglas angeordnet ist; da ein solches einen bestimmten, womöglich aber auch veränderlichen, Abstand von der Mattscheibe haben muß und beim Zusammenlegen des Lichtschachtes stets stören würde, haben sich derartige Einrichtungen nicht durchzusetzen vermocht. Der vollkommen zusammengefaltete Lichtschacht wird meist durch einen besonderen Deckel staubdicht abgeschlossen. Der obere Teil des Lichtschachtes soll sich so weit als möglich der Form des menschlichen Gesichtes anpassen, damit ein vollkommener Abschluß gegen Nebenlicht erzielt wird; um ein Beschlagen der Mattscheibe zu vermeiden, ist es empfehlenswert, die Nase außerhalb des Lichtschachtes zu lassen.

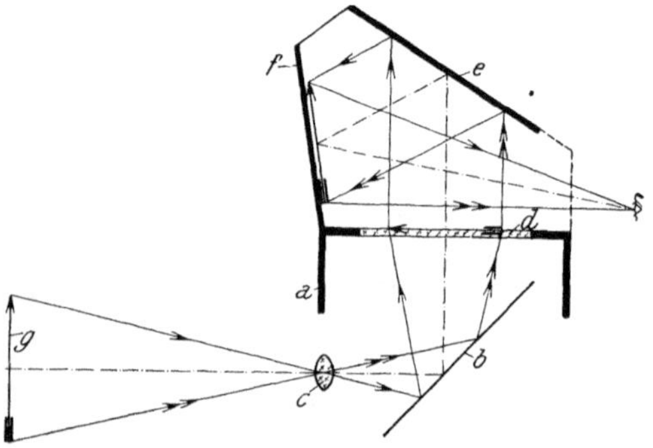

Abb. 153. Spiegelaufsatz zum Beobachten des Bildes in Augenhöhe. Das vom Objektiv *c* auf der Mattscheibe *d* entworfene Bild des Gegenstandes *g* erscheint infolge Zwischenschaltung des Spiegels *b* beim Einblick von oben höhenrichtig. Daran wird durch die Vorschaltung des auf das Gehäuse *a* gesetzten Aufsatzes mit den beiden Spiegeln *e* und *f* nichts geändert

Es ist oft nicht ganz zu vermeiden, daß durch die Befestigung des Lichtschachtes etwas vom Bild auf der oberen Mattscheibe verloren geht; es ist in mancher Hinsicht ein Vorteil, wenn die Platte etwas mehr zeigt als die Mattscheibe bei der Einstellung; die etwa vorhandene Differenz darf allerdings nicht allzu groß sein. Sehr wichtig ist es, daß die Lage der oberen Mattscheibe mit jener der Platte genau übereinstimmt. Dasselbe gilt auch bezüglich der Stellung der vertikalen Mattscheibe; hier könnte ein Fehler zunächst nur durch Verschlußdifferenz entstehen, weil diese Mattscheibe bei der Justierung eine Rolle spielt.

Um das Arbeiten mit Spiegelreflexkameras in Augenhöhe zu erleichtern, wurden Hilfsvorrichtungen konstruiert (vgl. Abb. 153); gegenüber dem parallel zur optischen Achse des Objektivs liegenden Mattscheibenbild (also außen) ist ein geneigter zweiter Spiegel angebracht, so daß das Mattscheibenbild auch in der Richtung der optischen Achse betrachtet werden kann. Dabei wird das vom Objektiv verkehrt entworfene und durch den innerhalb der Kamera befindlichen Spiegel aufgerichtete Bild auf der Mattscheibe bei der Betrachtung in Richtung senkrecht zur optischen Achse aufrecht, durch Einschaltung des um 45° zur optischen Achse geneigten und parallel zum Spiegel in der Kamera angebrachten Spiegels bei der Betrachtung in Richtung parallel zur optischen Achse aber verkehrt gesehen.[1] Um das bei dieser Betrachtungsweise umgekehrt erscheinende Mattscheibenbild aufrecht stehend zu sehen, hat WILHELM KROSSE in Leipzig gegenüber dem das Mattscheibenbild reflektierenden Spiegel noch einen zweiten Spiegel angeordnet, in dem das Bild durch einen Spalt zwischen dem ersten Spiegel und der Mattscheibe beobachtet wird (D. R. P. Nr. 430261). Obgleich die Vorrichtung zusammenlegbar gedacht ist, dürfte sie doch in der Praxis schwerlich Eingang finden.

b) Kassetten- bzw. Mattscheibenrahmen. Die bekannten Vorzüge jeder Spiegelreflexkamera: Einstellen des (scharfen) Bildes unter Zuhilfenahme eines Lichtschachtes, der alles Nebenlicht abhält, sowie Beobachten des aufrechtstehenden Bildes in vollem Umfang bis kurz vor der Belichtung lassen sich nur dann voll ausnützen, wenn die Kamera für Aufnahmen gebraucht wird, bei denen das Bild auf der oberen Mattscheibe (unter Verwendung der Spiegelreflexeinrichtung) benutzt wird. Bei Aufnahmen in Augenhöhe gehen alle diese Vorteile verloren, denn es kann weder der obere Lichtschacht noch der Spiegel bei der Einstellung verwandt werden; die Spiegelreflexkamera hat in diesem Falle vor einer gewöhnlichen Kamera nichts voraus, da das auf dem Kopfe stehende Bild unter Zuhilfenahme der hinteren Mattscheibe oder mittels eines Durchsichtsuchers eingestellt werden muß. Dies ist eine nicht zu ändernde Tatsache; schon bei dem Versuch, Aufnahmen sowohl in Quer- als auch in Hochformat zu machen, stößt man bei vielen Spiegelreflexkameras auf Schwierigkeiten, besonders dann, wenn sie von vornherein nur für das eine der beiden Formate konstruiert sind. Oft wird, um an Volumen zu sparen, die Kamera nur für Querformat gebaut; es ist einleuchtend, daß dann der Spiegel und damit die ganze Kamera kleinere Abmessungen erhält. Wird nun der Versuch gemacht, eine

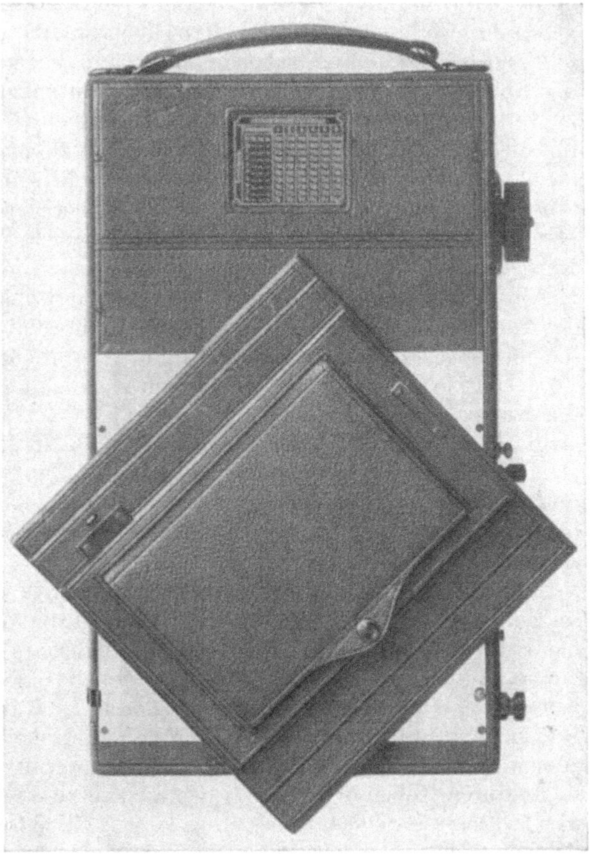

Abb. 154. Drehbarer Rahmen für die Mattscheibe bzw. Kassette zwecks Übergang von Quer- auf Hochformat bei unveränderter Stellung der Kamera. Mentor-Schlitzverschlußkamera 9 × 12 cm der Firma GOLTZ & BREUTMANN, Dresden

[1] Vgl. z. B. die Anordnung des zweiten Spiegels für die Beobachtung in Augenhöhe beim „Heidoskop" (FRANKE & HEIDECKE, Braunschweig).

solche Kamera durch Umdrehen auch für Aufnahmen in Hochformat zu benutzen, so zeigt sich, daß nicht nur die Bildaufrichtung im vertikalen Sinne verloren gegangen ist, sondern auch gewissermaßen um die Ecke photographiert werden muß, wobei sich allerdings der Vorteil eines in der Horizontalen richtig verlaufenden Bildes ergibt.

Man könnte nun einwenden, daß beim Arbeiten mit umgehängter Kamera die Blickrichtung ja auch senkrecht zur optischen Achse verläuft; das ist zwar richtig, aber die Erfahrung hat gelehrt, daß das Anvisieren von Gegenständen in der Horizontalebene unter 90° mit Schwierigkeiten verbunden ist, die nur von sehr erfahrenen Lichtbildnern überwunden werden.

Auf Grund dieser Tatsache und, um die schätzenswerten Eigenschaften der Spiegelreflexkamera beim Übergang von einem Format zum anderen nicht zu verlieren, hat man sich bereits frühzeitig entschlossen, den Führungsrahmen für die Kassette bzw. Mattscheibe drehbar zu machen, und zwar so, daß die ideelle Achse des Drehrahmens mit der optischen Achse des Objektivs zusammenfällt. Abb. 154 zeigt den aus einer seiner beiden Gebrauchslagen um 45° herausbewegten Rahmen einer Mentorkamera; durch diese zweckmäßige Einrichtung ist man in der Lage, die Umschaltung auch bei bereits geöffneter Kassette vornehmen zu können. Es ist nun wünschenswert, daß bei Drehung des Hinterrahmens das entsprechende Bildformat auch auf der oberen Mattscheibe abgegrenzt wird; die bekannt gewordenen Einrichtungen, die dieser Forderung gerecht werden sollten, sind ziemlich kompliziert gewesen und haben die Kamera nicht unerheblich verteuert; es sei an dieser Stelle an die Konstruktionen von R. Hüttig & Sohn (D. R. P. Nr. 169534), Goltz & Breutmann (D. R. G. M. Nr. 327826 und 328589) sowie H. Ernemann (D. R. G. M. Nr. 315559 und 332981) erinnert. In den meisten Fällen begnügt man sich damit, auf der oberen Mattscheibe die betreffenden Abgrenzungen beider Formate zu kennzeichnen.

29. Die Entwicklung der Spiegelreflexkameras. Nach Angaben J. M. Eders in seinem „Ausführlichen Handbuch der Photographie“, Bd. 1, Heft 5, 2. Aufl., 1892, hat Sutton bereits im Jahre 1860 ein englisches Patent auf eine Kamera für Momentaufnahmen erhalten, bei welcher das Einstellen dadurch erleichtert wurde, daß ein geneigter Spiegel im Innern der Kamera angebracht war, der das Bild nach aufwärts auf eine horizontale Visierscheibe warf. Eine Klappe diente zum Verdecken der Visierscheibe während der Aufnahme. Die Belichtung erfolgte durch Heben des Spiegels, worauf die vom Objektiv kommenden Strahlen zur lichtempfindlichen Schicht gelangen konnten. Der Unterschied dieser Kamera gegenüber der viel früher bekannt gewordenen Spiegelreflexkamera besteht also nur darin, daß der unter 45° geneigte Spiegel nicht fest, sondern beweglich angeordnet ist.

An der selben Stelle wird auch Lomans Reflex-Detectivcamera erwähnt, welche bereits mit einem zwangläufig arbeitenden Schlitzverschluß versehen war.

Die Einführung der eigentlichen Spiegelreflexkamera liegt etwa 45 bis 50 Jahre zurück; Manenizza Marco in Triest erhielt im Jahre 1883 ein deutsches Reichspatent mit dem Titel: „Camera an photographischen Apparaten, genannt ‚Camera obscura‘ mit sich kreuzendem Focus“ (D. R. P. Nr. 25292). Dieser etwas unklare Titel läßt nicht ohne weiteres erkennen, daß es sich um eine Spiegelreflexkamera handelt; dies kommt jedoch im Patentanspruch, welcher wörtlich folgendermaßen lautet, klar zum Ausdruck:

„In Cameras bei photographischen Apparaten das Anbringen eines unter 45° geneigten, um seine verticale Achse drehbaren Metallglasspiegels zu dem Zwecke, um ohne Objektivdeckel oder Momentverschluß und bei geöffneter Cassette in der Weise arbeiten zu können, daß das vom Objektiv auf den Metallglasspiegel reflectierte Bild in der in die Seitenwand der Camera eingefügten Visierscheibe beobachtet und im richtigen Moment der scharfen Einstellung durch Drehung bzw. Öffnen des Metallspiegels das vom Objektiv hervorgerufene Bild auf der präparierten Platte der offenen Cassette als Negativ fixiert wird."

Trotzdem hier von einem um seine vertikale Achse schwenkbaren Spiegel die Rede ist und demnach die Einstellung von der Seite her vorgenommen werden mußte, ist schon in einwandfreier Weise der Aufbau der späteren Spiegelreflexkamera — wenigstens grundsätzlich — erkennbar; einige Jahre später (1891) erhielt A. Priester in Altona ein Patent auf eine photographische Reflex-Magazinkamera, bei welcher am vorderen Rande des Spiegels ein mit einer Belichtungsöffnung versehenes Tuch als Momentverschluß befestigt ist, das den Spiegel beim Hochklappen nach sich zieht; in dieser Patentschrift ist bereits zum Ausdruck gebracht, daß das Objektiv der Höhe und Seite nach verstellbar angeordnet ist.

H. Riedel in München benutzte das Prinzip der Spiegelreflexeinrichtung, um einen Innenverschluß für photographische Objektive herzustellen, welcher mit einem Spiegel derart verbunden ist, daß letzterer bei gespanntem Verschluß unter einem Winkel von 45° zur optischen Achse des Objektivs steht und den lichtdichten Abschluß zwischen Objektiv und dem zu belichtenden Schichtträger herstellt und damit die Einstellung mittels einer in der darüber liegenden Kamerawand angebrachten Visierscheibe ermöglicht. Wird der Verschluß ausgelöst, so findet eine Verschiebung des Spiegels in der Weise statt, daß er aus dem Bereich des Lichtkegels kommt (D. R. P. Nr. 67023).

Da um diese Zeit die Kamera mit Plattenmagazin am gebräuchlichsten war (z. B. Steinheils Detektivkamera), ist auch eine Magazin-Reflexkamera von Rich. Nerrlich in Berlin erwähnenswert, bei welcher die Plattenwechselvorrichtung, der Einstellspiegel und der Objektivverschluß zwangläufig miteinander verbunden waren. (D. R. P. Nr. 83032; vgl. auch D. R. P. Nr. 89200 von L. J. R. Holst in Amsterdam.)

Daß der Grundgedanke der zusammenlegbaren Spiegelreflexkamera von Hugo Breutmann in Berlin stammt, der auf diese Erfindung am 19. Juli 1895 ein deutsches Reichspatent erhielt (D. R. P. Nr. 87734), ist an dieser Stelle gleichfalls erwähnenswert.

Die Konstruktion einer Magazin-Reflexkamera mit beim Plattenwechsel erfolgender Überführung des Spiegels und eines dicht hinter dem Objektiv arbeitenden Verschlußvorhanges in die Bereitschaftsstellung war das Verdienst von R. Hüttig & Sohn in Dresden-Striesen (D. R. P. Nr. 93395). Sehr bald erkannte man, daß bei Spiegelreflexkameras gewisse Schwierigkeiten beim Einstellen bestehen, wenn die Kamera in Augenhöhe gebracht wird oder ein Bild in Hochformat gemacht werden soll; die Kamera muß im letzteren Falle so aufgestellt werden, daß der Gegenstand im rechten Winkel zur Blickrichtung steht. Hier hat Lodewyk Jan Rutger Holst in Amsterdam Abhilfe geschaffen, indem er über der Mattscheibe einen zweiten Spiegel anordnete; dadurch, daß die beiden Spiegel parallel liegen, wird ihre optische Wirkung vollkommen aufgehoben und die Blickrichtung wieder parallel zur optischen Achse, gegen diese aber um einen Betrag versetzt, der dem Abstand beider Spiegel entspricht. Selbstverständlich geht durch diese Maßnahme der Vorzug der Bildaufrichtung wieder vollständig verloren. Derartige Kameras für Jagdzwecke hat die Firma Voigtländer & Sohn A.-G., Braunschweig, unter dem Namen „Doppelspiegel-Reflexkamera" etwa schon im Jahre 1910 gebaut (D. R. P. Nr. 94513).

Um Reflexkameras mit nur einem Spiegel während der Beobachtung und

Aufnahme in Augenhöhe halten zu können, hat Mario Ganzini in Mailand (1913) vorgeschlagen, die Mattscheibe lotrecht und die lichtempfindliche Schicht horizontal anzuordnen und als Reflektor einen durchsichtigen Spiegel zu verwenden. Dies würde bedeuten, daß der Strahlengang vom Objektiv zum Schichtträger über den Spiegel führt, und eine vorzügliche optische Beschaffenheit des letzteren voraussetzen.

Während bei der Doppelspiegel-Reflexkamera der zweite Spiegel außerhalb der Mattscheibe und damit auch außerhalb des Strahlenkegels liegt, hat Dr. Eugène Louis Doyen in Reims im Jahre 1897 eine Reflexkamera in dem Bestreben konstruiert, Raumersparnis dadurch zu erzielen, daß zwei Spiegel innerhalb des Strahlenkegels unter einem solchen Winkel zueinander angeordnet sind, daß bei Verwendung planparalleler rückenversilberter Spiegel Nebenbilder tunlichst vermieden werden.

Fritz Kricheldorff in Berlin ist einer der Pioniere im Bau von Spiegelreflexkameras; seine Modelle, die etwa um 1902 entstanden, waren ernstzunehmende Konstruktionen und hielten sich längere Zeit auf dem Markt. Er war einer der ersten, der brauchbare Spiegelreflexkameraapparate mit Schlitzverschluß konstruierte, die dadurch gekennzeichnet waren, daß die Rouleauwalzen senkrecht zur Visierscheibe und seitlich vom Spiegel angeordnet waren, wodurch auch für zusammenschiebbare Reflexkameras günstige Voraussetzungen geschaffen wurden (D. R. P. Nr. 135582 und 143487).

Es wurde seinerzeit bei den ersten Reflexkameras in Kastenform als Übelstand empfunden, daß die Kamera bei Hochaufnahmen nicht in ihrer natürlichen Lage verwendet werden konnte, weil das Spiegelbild sich in diesem Falle seitlich befindet. Um dies zu vermeiden und sowohl Hoch- als auch Queraufnahmen ohne weiteres von oben beobachten zu können, ohne die Kamera drehen zu müssen, hat die Firma R. Hüttig & Sohn in Dresden-A. die Mattscheibe drehbar gemacht, und zwar derart, daß die Mattscheibe oder eine vor dieser liegende entsprechend geformte Maske unter Verwendung geeigneter mechanischer Mittel (Zahnkranzsegmente usw.) mit dem zur Erreichung von Hoch- und Queraufnahmen drehbaren Kassettenrahmen drehbar verbunden ist, so daß zugleich mit der Drehung des Kassettenrahmens eine entsprechende Drehung der Mattscheibe oder Maske stattfindet (D. R. P. Nr. 169534).

Ludwig Bode in Braunschweig hat die Aufgabe in etwas anderer Weise gelöst; unter Benutzung einer quadratischen Mattscheibe hat er die bei der jeweiligen Bildstellung fortfallenden Teile des Bildfeldes durch undurchsichtige Streifen abgedeckt, deren jeder um seine eigene, außerhalb der Bildfläche liegende Achse drehbar ist (D. R. P. Nr. 200490). Der Genannte hat seinerzeit bei der Spiegelreflexkamera „Vida“ der Firma Voigtländer & Sohn A.-G. eine beachtenswerte Neuerung geschaffen; sie bestand in der Vereinigung der Aufziehvorrichtung des Verschlusses mit einer Vorrichtung zum Bereitstellen des Spiegels bei solchen Reflexkameras, bei denen der (im übrigen unabhängig vom Verschluß bewegliche) Spiegel im Augenblick der Verschlußauslösung durch Federkraft in eine solche Lage geschwenkt wird, daß er den durch das Objektiv fallenden Lichtstrahlen den Weg zur lichtempfindlichen Platte freigibt. Durch gemeinsames Spannen und getrennt erfolgendes Entspannen beim späteren Auslösen beider Federn wurde die gestellte Bedingung erfüllt (D. R. P. Nr. 202924).

Schon in der Entwicklungszeit des Baues von Spiegelreflexkameras zeigte sich das Bestreben, das relativ große Volumen dieser Apparate zu verringern, bzw. die Bauart so abzuändern, daß sie wie andere Flachkameras zusammengelegt werden können. Bereitet schon die Durchbildung der kastenförmigen

Spiegelreflexkamera dem Konstrukteur Schwierigkeiten, so ist dies in noch höherem Maße der Fall, wenn die Kamera zusammenlegbar sein soll. Eine sehr interessante Lösung des Problems einer zusammenlegbaren Spiegelreflexkamera ist durch die Washington Camera Company in New York im Jahre 1904 bekannt geworden; sie ordnete den Spiegel außerhalb des nur zum Zwecke der Aufnahme an das Objektiv angeschlossenen Balgens derart an, daß sich das Objektiv im Scheitelpunkt eines aus zwei Teilen bestehenden Gehäuses befindet, während der Balgen mit einer an der Kassette befestigten Spreizvorrichtung versehen ist, die ihn an das Objektiv anzuschließen strebt. (D. R. P. Nr. 169912 sowie D. R. P. Nr. 423372.) Mit Rücksicht auf die weitere Entwicklung des Baues zusammenlegbarer Spiegelreflexkameras wollen wir darauf hinweisen, welche grundsätzlichen Schwierigkeiten dabei zu überwinden sind: Während sich z. B. bei der gewöhnlichen Kamera zwischen Objektiv und Platte überhaupt keinerlei mechanische Teile befinden, liegt dort bei der Reflexkamera sowohl der Spiegel als auch die Mattscheibe, die beide während der Aufnahme absolut lichtdicht abgedeckt sein müssen. Außerdem ist an einer der Seitenwände eine Vorrichtung zum Entfernen des Spiegels aus dem Bildfeld sowie eine Verbindung dieser Teile mit dem Verschlusse erforderlich, um letzteren sofort nach erfolgtem Aufheben des Spiegels auszulösen; aus diesem Grunde ist es nicht angängig, Objektiv und Kassettenführungsrahmen einfach durch einen Balg zu verbinden. Dieser letztere Teil, der gleichzeitig Träger des Schlitzverschlusses ist, muß vielmehr starr sein. Wie bereits an anderer Stelle erwähnt wurde, ist die eindeutige Lage des Spiegels von größter Bedeutung, denn davon hängt die Einstellung auf der Mattscheibe und damit die Schärfe des Bildes auf dem Schichtträger ab. Im Gegensatz zu den kastenförmigen Modellen, bei denen die gleichmäßige Auflage des Spiegels ohne Schwierigkeit durchführbar ist, muß bei den zusammenlegbaren Reflexkameras dafür Sorge getragen werden, daß die sich gegeneinander bewegenden Teile immer wieder die gleiche Lage einnehmen; es ist dabei eine selbstverständliche Forderung, daß die in hohem Maße bedingte Stabilität mit dem geringsten Aufwand von Mitteln erreicht werde und daß insbesondere das Gewicht der Kamera so niedrig wie nur möglich gehalten wird. Im Nachstehenden sollen nur einige der wichtigsten Erfindungen auf dem Gebiete des Baues zusammenlegbarer Spiegelreflexkameras unter Hinweis auf die deutschen Patentschriften Erwähnung finden. Die zusammenlegbare Spiegelreflexkamera ist ebensowenig wie andere große technische Schöpfungen auf einmal erfunden worden; nach und nach wurden unter Überwindung vieler Schwierigkeiten einige brauchbare Modelle geschaffen, die, wie die weitere Darstellung zeigen wird, Anspruch darauf machen dürfen, als vollwertige Erzeugnisse bezeichnet zu werden.

Jules Frennet in Brüssel beschäftigte sich 1907 mit der wichtigen Frage nach einer zweckmäßigen Auslösung des Spiegels und des Verschlusses mit Hilfe ein- und derselben Handhabe; bei seiner Konstruktion war die Kupplung zwischen dem Spiegel und der Verschluß-Auslösevorrichtung so einstellbar, daß die Bewegung des Spiegels und des Verschlusses durch eine Bewegung der Handhabe zwangläufig gleichzeitig oder getrennt bewirkt wird (D. R. P. Nr. 213342).

Um diese Zeit war es bereits bekannt, Spiegelreflexkameras mit einem in einem Gehäuse verschiebbaren Rahmen zu versehen, der einen mit Balg versehenen Auszug hat, um die Einstellung zu bewirken; die Überführung des Spiegels in die Gebrauchsstellung mußte dabei mittels eines besonderen Handgriffes vorgenommen werden.

Etwas später wurde eine recht interessante Bauart einer zusammenlegbaren

Spiegelreflexkamera des gleichen Erfinders bekannt, bei welcher der Spiegel und der die Mattscheibe tragende Rahmen sich um eine gemeinschaftliche Achse drehen und das Objektivbrett von dem die Mattscheibe tragenden Rahmen getrennt ist; sowohl dieser Rahmen als auch die Arme für das Objektivbrett schwingen um getrennte am Kameragehäuse befestigte Achsen. Dabei sind die Arme für das Objektivbrett mit dem Rahmen der Mattscheibe einerseits durch Streben verbunden, andererseits werden sie durch einen beim Aufstellen der Kamera sich lichtdicht anschließenden um eine besondere Achse schwingenden Rahmen abgestützt (D. R. P. Nr. 232508).

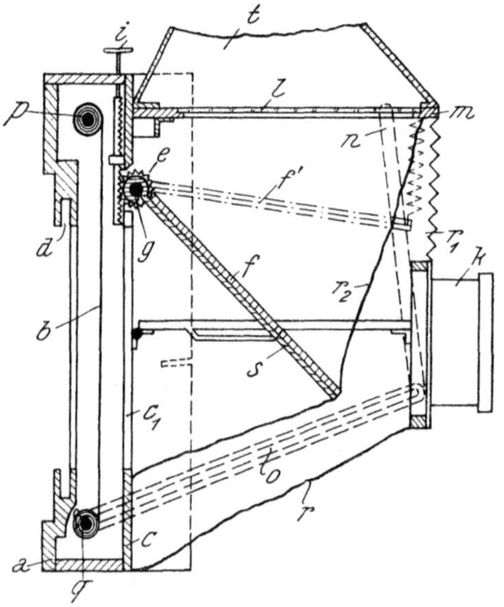

Abb. 155. Zusammenlegbare Spiegelreflexkamera mit Schlitzverschluß nach P. J. Mikmak in Amsterdam. *a* Kameragehäuse mit Rouleauverschluß *b* und den Wellen *p*, *q*; *c* Kamerazwischenwand mit Öffnung c_1, *d* Führungsrahmen für die Kassette bzw. Mattscheibe, *e* Achse mit Zahnrad *g* für den Träger *s* des Spiegels *f*, *i* Druckknopf, *k* Objektiv, *l* Mattscheibe, *m* horizontaler Mattscheibenrahmen, *n o* Verbindungsstreben, *r*, r_1, r_2 Lederbalgen, *t* Lichtschacht

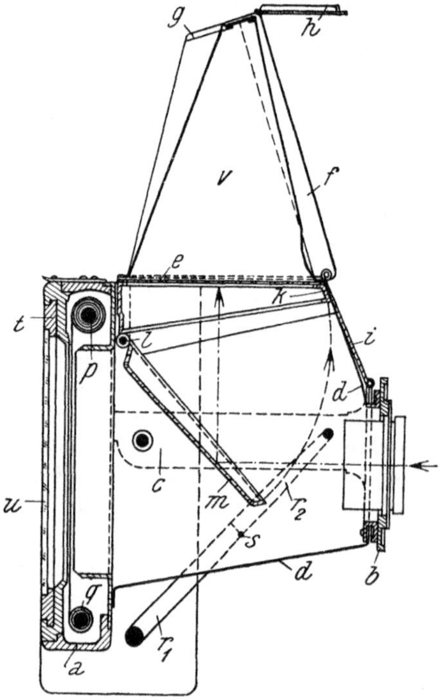

Abb. 156. Zusammenlegbare Spiegelreflexkamera mit Schlitzverschluß (C. P. Goerz A.-G., Berlin). Das Kameragehäuse *a* und der Objektivträger *b* werden durch die Streben *c* sowie durch die bei *s* scharnierartig miteinander verbundenen Spreizen r_1 und r_2 eindeutig festgehalten. *i* ist eine Versteifungsplatte, die mit dem oberen Mattscheibenrahmen *e* verbunden ist, *d* ist der Balgen, *v* der Lichtschacht mit den Verstrebungen *f* bzw. *h*. Der Träger *m* des Spiegels ist bei *l* angelenkt, *t* Rahmen mit Mattscheibe; *u*, *p*, *q* Verschlußwellen

Richard Walascheck in Wien stellte den Mattscheibenträger aus zwei miteinander gelenkig und überdies mit den oberen Rändern des Balgens verbundenen Teilen her, von denen der eine am Kassetten-, der andere am Objektivteil der Kamera drehbar befestigt ist (D. R. P. Nr. 233753).

Goltz & Breutmann in Dresden-A. verbesserten diese Einrichtung, indem sie den inneren Rahmen an beiden Seiten mit einer Auflage versahen, welche den Spiegel beim Herausbewegen des inneren Rahmens erfaßte und selbsttätig in die Gebrauchsstellung überführte (D. R. P. Nr. 216936).

Eine interessante Konstruktion hat u. a. Fritz Vollmann in Berlin bekannt gemacht (1907); er schuf eine Spiegeleinrichtung an zusammenklappbaren Kameras, mit deren Hilfe das Einstellen des Bildes sowohl in der Bildebene ohne

Verwendung des Spiegels als auch in einer zur Bildebene senkrecht stehenden Ebene möglich war. Das besondere Kennzeichen der Erfindung (D. R. P. Nr. 198569) war das Vorhandensein nur einer Mattscheibe, welche nicht einschiebbar, sondern an der Kamera an Armen schwingend angeordnet war; dadurch war es möglich, die Mattscheibe entweder für gewöhnliche Aufnahmen an den Hinterrahmen oder zwecks Benutzung der Spiegeleinrichtung an dessen oberen Ausschnitt zu bringen und dort in einer durch die erwähnten Arme gesicherten Stellung festzuhalten.

Besondere Beachtung verdient die etwa um 1909 entstandene Konstruktion einer zusammenlegbaren Spiegelreflexkamera nach den Ideen von Pieter Johannes Mikmak in Amsterdam; die Anordnung ist dort so getroffen, daß das Objektiv nach unten hängt, wenn der Apparat geschlossen ist. Im übrigen handelt es sich dabei um eine Bauart, bei welcher die Streben für das Objektivbrett, der Spiegel und die Mattscheibe um getrennte Achsen drehbar am Kameragehäuse gelagert sind; der Spiegelträger ist mit Zapfen versehen, die in Schlitzen der die Objektivplatte tragenden Streben geführt werden (D. R. P. Nr. 227628). Vgl. Abb. 155. Ähnlich (was die Richtung der Objektivachse nach unten bei geschlossener Kamera betrifft) hat die Firma C. P. Goerz A.-G. in Berlin-Friedenau ihre zusammenlegbare Spiegelreflexkamera konstruiert: die Rollen des Schlitzverschlusses sind nach dem Innern der Kamera gerichtet, ferner ist das Objektivbrett nicht unmittelbar an den Mattscheibenrahmen, sondern unter Verwendung eines Zwischenstückes angelenkt. Dieses Zwischenstück bietet die Möglichkeit, den Objektivrahmen beim Zusammenklappen der Kamera vom Drehpunkt des Mattscheibenträgers abzurücken, bei Überführung der Teile in die Betriebsstellung dem genannten Drehpunkt und dem Hinterrahmen der Kamera aber anzunähern (D. R. P. Nr. 229243). Vgl. Abb. 156.

John Edward Thornton in Altrincham (England) beschäftigte sich etwa um 1908 mit der Konstruktion einer Kamera, bei der das Bild vom Objektiv auf eine unmittelbar vor der lichtempfindlichen Platte liegende während der Belichtung entfernbare weiße Fläche geworfen wird; von diesem Bild wird durch einen ebenfalls im Inneren der Kamera befindlichen konkav gekrümmten Spiegel neuerdings ein Bild entworfen, das durch eine vor der Belichtung verschließbare Beobachtungsöffnung betrachtet werden kann. Diese bereits früher bekannt gewordene Idee taucht eigentümlicherweise in gewissen Zeitabständen immer wieder auf, ohne in der Praxis eine nennenswerte Bedeutung erlangt zu haben (vgl. D. R. P. Nr. 231525).

Der Stand der Technik im Bau von zusammenlegbaren Spiegelreflexkameras war um 1910 etwa folgender:[1] Bei einigen Modellen wurde der Spiegel durch eine besondere Vorrichtung in die Gebrauchsstellung übergeführt, bei einigen Modellen war er mit dem Vorderteil der Kamera so verbunden, daß er bei Überführung der Kamera in die Gebrauchsstellung gleichfalls in die Gebrauchsstellung überführt wurde, oder er war mit der Mattscheibe verbunden; diese nimmt bei der durch Drehen (von Hand aus) der an ihr befestigten Welle erfolgenden Überführung in die Gebrauchslage den Spiegel selbsttätig mit und bringt ihn in die zum Suchen des Bildes erforderliche Lage. Es ist also nach dem Öffnen der Kamera noch erforderlich, entweder den Spiegel oder die Mattscheibe durch einen besonderen Handgriff in die Gebrauchsstellung zu bringen. Es ist auch möglich, diesen Handgriff durch Verwendung einer Feder zu ersetzen; in diesem Falle muß aber eine Sperrvorrichtung vorhanden sein, um den federnden Teil in der Gebrauchslage festzu-

[1] Anton Mayer, Die Spiegelreflexkamera, ihr Wesen und ihre Konstruktion, 3. Aufl., neu bearb. von P. Hanneke, W. Knapp, Halle a. S., 1929.

halten. Vor dem Zusammenlegen der Kamera muß die Sperrvorrichtung wieder ausgelöst werden. William Brandsma in Amsterdam hat (1909) ein Kameramodell konstruiert, bei dem ohne Anwendung von Federn durch das Öffnen der Kamera sowohl der Spiegel als auch die Mattscheibe in die Gebrauchsstellung überführt werden können; dies ist dadurch möglich, daß von den die Kamera versteifenden Kniehebeln der eine untere oder beide unteren mit dem Halter für den Spiegel und der eine obere oder beide oberen mit dem Mattscheibenrahmen zwangläufig verbunden sind. Dies geschieht durch an der einen Seite oder an beiden Seiten im Gehäuse gelagerte Schlitten mit zwei Lenkern, deren einer mit dem Spiegelrahmen, deren anderer mit dem Kniehebel verbunden ist, sowie durch die feste Verbindung des Mattscheibenrahmens mit einem Glied eines oder der beiden oberen Kniehebel. Auf diese Art wird erreicht, daß die Kamera durch einen Handgriff geöffnet und zusammengelegt werden kann und daß die Lage des Spiegels und der Mattscheibe zueinander und zur lichtempfindlichen Fläche gesichert ist. Zur Sicherung der Strecklage für die Kniehebel, welche den Spiegel und die Mattscheibe bewegen, hat Brandsma weitere Kniehebel vorgesehen, welche durch geeignete Sperrvorrichtungen in ihrer Strecklage gesichert sind (D. R. P. Nr. 236867 und 237219). Vgl. Abb. 157.

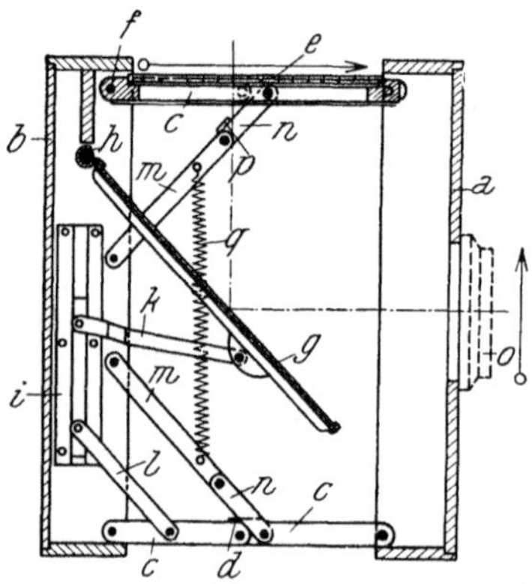

Abb. 157. Zusammenklappbare Spiegelreflexkamera nach W. Brandsma in Amsterdam. Der vordere Träger *a* mit Objektiv *o* ist am Kameragehäuse *b* durch die Gelenkglieder *c* befestigt; *d* sind feste Anschläge. Die obere Mattscheibe *e*, die bei *f* am Gehäuse *b* drehbar angebracht ist, wird durch die oberen Streben *m* bzw. *n* in der Gebrauchslage festgehalten. Der Spiegel *g* ist bei *h* scharnierartig gelagert und wird durch die Strebe *k* fixiert; *q* sind Spiralfedern

Bei solchen Reflexkameras, deren Spiegel sich beim Hochklappen gegen den Boden des die Mattscheibe tragenden Gehäuses legt, um zu verhindern, daß bei der Belichtung von der Mattscheibe her Licht in die Kamera gelangt, ist das Gehäuse meist mit starren Wänden versehen. Um die Anfertigung derartiger Wände zu umgehen, hat Hugo Kobetzky in Dresden (1914) vorgeschlagen, die Seitenwände des die Mattscheibe tragenden Gehäuses aus nach innen umgeklappten Verlängerungen der Seitenteile des U-förmigen oben offenen Balgens zu bilden (D. R. P. Nr. 289147).

Um das Objektiv von Spiegelreflexkameras, bei denen der die Mattscheibe tragende Rahmen mit dem Objektivträger durch einen umlegbaren Teil verbunden ist, beim Zusammenlegen gegen äußere Einflüsse zu schützen, hat Ernst Rimpler in Berlin eine Konstruktion vorgeschlagen, bei welcher sich der Verbindungsteil zwischen dem Objektivträger und oberen Mattscheibenrahmen beim Zusammenklappen der Kamera nach Drehung um 180° vor das Objektiv legt (D. R. P. Nr. 313867).

Bei den meisten der beschriebenen Spiegelreflexkameras, bei denen der in Arbeitsstellung befindliche Spiegel durch die Bewegung der Auslösevorrichtung hochgeklappt wird, fällt dieser sofort nach dem Loslösen der Auslösevorrichtung wieder in seine Gebrauchslage zurück; es ist daher bei langsamem Ablauf des Verschlusses möglich, daß bei unbeabsichtigtem Loslassen der Auslösevorrichtung der Spiegel schon vor beendetem Ablauf herunterklappt und so die auf die Platte fallenden Strahlen abschneidet. Bei diesen Verschlüssen ist ferner zum Zwecke von Zeitaufnahmen die Einrichtung bekannt, daß bei einer vor der beabsichtigten Aufnahme vorzunehmenden Umschaltung des Verschlusses auf „Zeit“ eine Sperrung für den Spiegel mit eingerückt wird, welche diesen nach dem Hochklappen oben hält und so lange nicht zurückfallen läßt, bis die Umschaltevorrichtung des Verschlusses wieder zurückgestellt wurde. Hierdurch ist man gezwungen, nach jeder erfolgten Zeitaufnahme die Umschaltevorrichtung des Verschlusses, welche die Zeitschaltung in Tätigkeit setzt, wieder zurückzudrehen, damit der Spiegel in seine Gebrauchslage zurückkehrt. Weil der hochgeklappte Spiegel ein Zusammenlegen der Kamera unmöglich macht, ist die Gefahr vorhanden, daß die Kamera und der Spiegel bei gewaltsamen Versuchen, die Kamera zusammenzuklappen, beschädigt werden.

Das früher bestandene NETTEL-CAMERAWERK G. m. b. H. in Sontheim a. d. N. hat (1914), um den erwähnten Übelstand zu vermeiden, eine Einrichtung getroffen, daß die Sperrvorrichtung für den vor der Aufnahme hochgeklappten Spiegel durch einen Teil des Verschlusses kurz vor dessen Ablauf selbsttätig ausgelöst wird (D. R. P. Nr. 287031 sowie Nr. 425386 für R. MAYER, Stuttgart).

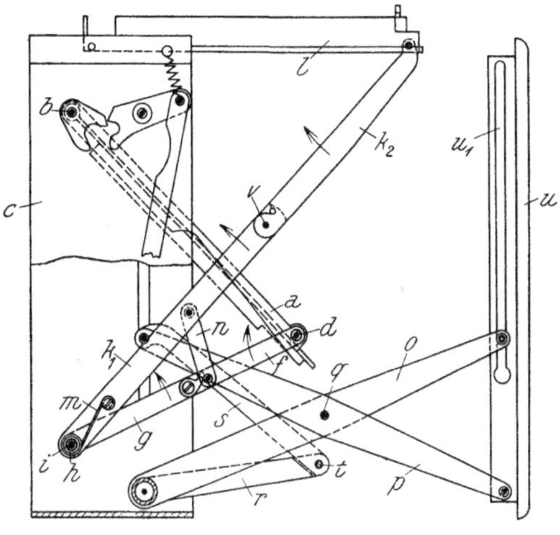

Abb. 158. Zusammenlegbare Spiegelreflexkamera mit Schlitzverschluß nach ANTON ARETZ, Stuttgart. Der Spiegel *a* ist mit seiner Achse *b* im Kameragehäuse *c* drehbar gelagert und wird durch die bei *i* angelenkte zweiteilige Spreize *f g* infolge der Verbindung bei *d* in der Gebrauchsstellung gehalten. Der Träger *l* der oberen Mattscheibe wird durch die Spreizen k_1 und k_2 (mit dem Drehpunkt *v*) gehalten. Die Scherenspreize *o* bzw. *p* mit dem Drehpunkt *q* und dem Lenker *r s* (mit dem Gelenk *t*) dienen zur Verstellung des Objektivträgers *u* mit den Schlitzen u_1

Daß es bei allen Spiegelreflexkameras, gleichviel welchen Systems, ebenso wichtig wie schwierig ist, sowohl den Spiegel als auch die Mattscheibe bei aufgeklappter Kamera genau in die· richtige der Stellung der Platte zum Objektiv entsprechende Lage zu bringen und darin unveränderlich festzuhalten, ist selbstverständlich; es ist auch verständlich, daß die Bemühungen, in dieser Richtung das Beste zu leisten, ununterbrochen fortgesetzt wurden. So z. B. hat ANTON ARETZ in Stuttgart vorgeschlagen, für den schwingbar gelagerten Spiegelrahmen und eventuell auch für den Mattscheibenrahmen Kniegelenkstützen getrennt von den Kameraspreizen anzubringen, welche in der Strecklage den Spiegel und die Mattscheibe in der Gebrauchsstellung halten; das besondere Kennzeichen dieser Ausführungsform ist, daß die nicht am Spiegel- und Mattscheibenrahmen angreifenden Gelenkarme der Kniegelenkstützen um eine gemeinsame Achse schwingen (D. R. P. Nr. 290412). Vgl. Abb. 158.

Um bei Spiegelreflexkameras, bei denen der Objektivträger durch Lenker mit der Kamerarückwand verbunden ist, genau so wie bei anderen Apparaten den Objektivträger beim Zusammenklappen parallel zur Kamerarückwand zurückdrücken zu können, so daß das Objektiv sich bei geschlossener Kamera innerhalb des Gehäuses befindet, hat die MENTOR-CAMERA-FABRIK GOLTZ & BREUTMANN in Dresden (D. R. P. Nr. 402375) ein Modell geschaffen, bei dem die um eine am Gehäuse angebrachte Achse schwingenden Spreizen in Schlitzen des Objektivträgers und dieser mit Stiften in Schlitzen des Mattscheibenrahmens gleiten. Da es Schwierigkeiten macht, den Drehpunkt der Achse in der Kamera so weit nach hinten zu verlegen, daß der Spiegel bei zusammengeklappter Kamera sich möglichst nahe an die hintere gegenüber dem Objektiv gelegene Mattscheibe legt, hat die erwähnte Firma vorgeschlagen, den Spiegelrahmen um zwei Achsen drehbar abzuordnen, von denen die eine nach der Mitte des Rahmensuchers zu gelegen ist (D. R. P. Nr. 427307 und 428604).

Die Gehäuseformen der Spiegelreflexkameras kann man in zwei Gruppen teilen, wobei grundsätzlich zwischen Kastenkameras und zusammenklappbaren Kameras zu unterscheiden ist.

a) Die Kastenkamera mit Zahnstangentrieb. Die Kastenkamera ist dadurch gekennzeichnet, daß die obere (horizontale) zur Betrachtung des Bildes bei Benutzung der Spiegel dienende und die hintere parallel zum Schlitzverschluß liegende lotrechte Mattscheibe in einem festen Metallgehäuse unveränderlich rechtwinkelig zueinander angeordnet sind. Abb. 159 zeigt eine der ältesten hierher gehörigen Ausführungsformen, und zwar die „Vida"-Kamera der Firma Voigtländer & Sohn A.-G. in Braunschweig; dieses Modell war für das Format 9 × 12 cm mit einem Heliar 1 : 4,5, $f = 18$ cm ausgerüstet. Der Bildwinkel, bezogen auf die Diagonale, betrug bei dieser langen Brennweite bei Einstellung auf Unendlich nur etwa 45°, so daß die Platte bis in die Ecken scharf ausgezeichnet wurde; es ist die Einstellung auf sehr nahe gelegene Gegenstände möglich und zwar bis 60 cm, wofür ein Vorschieben des Objektivbrettes um etwa 8 cm erforderlich ist. (Der Bildwinkel beträgt bei dieser Stellung des Objektivs etwa 32°). Diese namhafte achsiale Objektivverstellung ist nur in einem kastenförmigen Gehäuse erreichbar, und zwar zweckmäßig durch ein ausziehbares Objektivbrett, das mit vier parallel zur optischen Achse angeordneten Zahnstangen verbunden ist; die Verbindung mit dem oberen und unteren Zahnstangenpaar erfolgt durch Vermittlung zweier paralleler lotrecht verlaufender Wellen und einer wagrecht verlaufenden Welle, die untereinander mittels Stirn- bzw. Kegelrädern in zwangläufiger Verbindung stehen (D. R. G. M. Nr. 328119 und 328122). Die Gesamtanordnung der Kastenkameras ist eine klare und übersichtliche; der für die Einstellung auf näher als Unendlich gelegene Gegenstände erforderliche Balgen liegt innerhalb der vier Zahnstangen und ist bei eingeschobenem Objektivträger nicht zu sehen. Während Abb. 159 die geschlossene „Vida" mit Heliar $f = 18$ cm (in versenkter Fassung) zeigt, ist die Kamera in Abb. 160 in Gebrauchsstellung bei geöffnetem Lichtschacht und mit eingeschraubtem „Tele-Dynar", 1 : 6,3, $f = 32$ cm in Compurverschluß dargestellt. Eine solche „Zweiverschlußkamera" mit einem Teleobjektiv ist besonders dann vorteilhaft, wenn z. B. Aufnahmen weit entfernter Tiere gemacht werden sollen. Kann auf die relativ hohe Lichtstärke 1 : 6,3 eines Tele-Anastigmaten verzichtet werden, so ist der gleiche Zweck — aller-

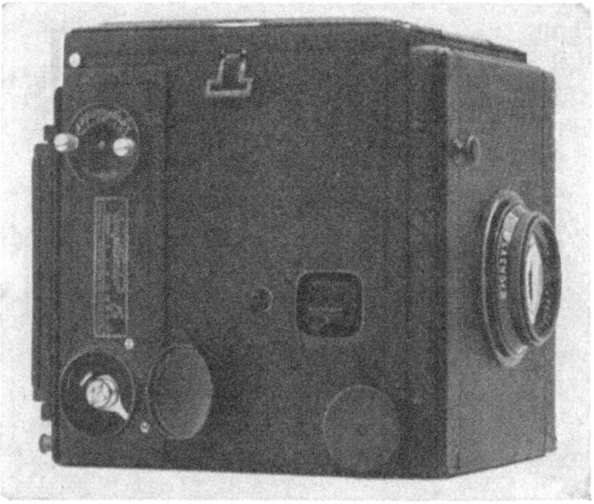

Abb. 159. Kasten-Spiegelreflexkamera mit Schlitzverschluß. Modell Vida der Firma Voigtländer & Sohn A.-G., bei Einstellung auf Unendlich. Der Träger des Objektivs (die Kameravorderwand) wird zwecks Einstellung auf nähergelegene Gegenstände durch vier im Gehäuse geführte, zwangläufig gekuppelte Zahnstangen parallel zur Bildebene nach vorne bewegt (vgl. Abb. 160). Objektiv in versenkter Fassung

dings bei starker Abblendung — auch mit einer Vorsatzlinse zu erreichen. Die beschriebene Kasten-Spiegelreflexkamera ist zwar eine etwas umfangreiche, dafür aber unbedingt zuverlässige Kamera; der durch die erwähnte Zahnstangenführung absolut parallel zur Mattscheibe bewegte Objektivträger ist in der Vertikalrichtung verstellbar. Der Mattscheibenrahmen ist drehbar, so daß Hoch- und Queraufnahmen ohne Umsetzen der Kamera gemacht werden können.

Die Firma Curt Bentzin in Görlitz bringt ihre „Spiegelreflexkamera Primar" noch heute mit Vier-Zahnstangenantrieb auf den Markt, ein Beweis dafür, daß sich diese Bauart durchaus bewährt hat; auch dieses Modell ist quadratisch gebaut; der Rahmen, welcher die vertikale Mattscheibe bzw. die Kassette aufnimmt, ist für Aufnahmen im Hoch- bzw. Querformat bequem drehbar. Auf der oberen horizontalen Mattscheibe sind beide Formate deutlich sichtbar markiert, so daß ein Drehen bzw. Umstellen der Kamera nicht erforderlich ist. Die Kamera wird vorzugsweise in Verbindung mit lichtstarken Objektiven benutzt. Vgl. Tabelle 20.

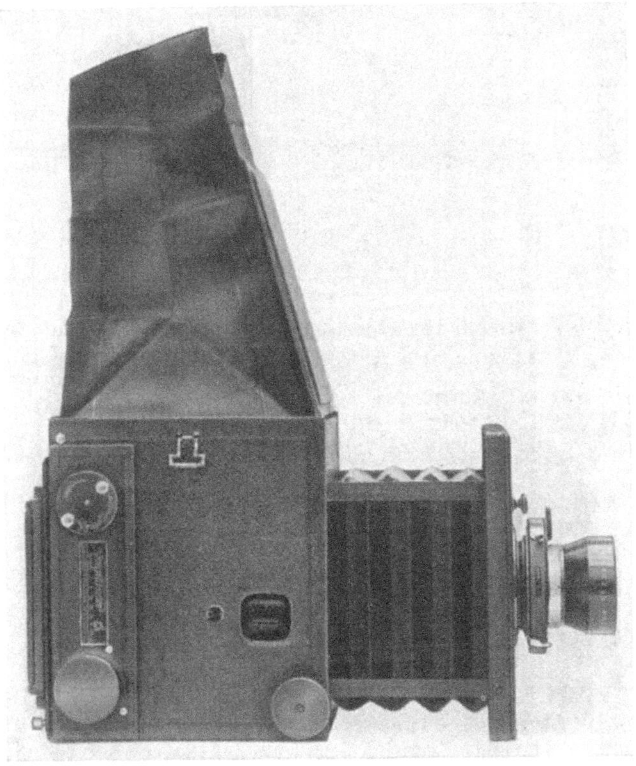

Abb. 160. Spiegelreflexkamera Vida der Firma Voigtländer & Sohn A.-G., Braunschweig, mit Schlitzverschluß vor der Platte und Objektivverschluß (das Objektiv ist ein Teleobjektiv). Mattscheibenrahmen drehbar für Hoch- und Queraufnahmen. Vgl. Abb. 159

Die „Mentor-Spiegelreflexkamera" wird als Kastenkamera mit hoch- und quer verstellbarem Objektivträger in verschiedenen Größen sowohl „rechteckig für Queraufnahmen" als auch „quadratisch" hergestellt und unterscheidet sich von der vorerwähnten Kamera hauptsächlich dadurch, daß sie einen sogenannten „Zweizahnstangentrieb" besitzt, der an der Unterseite des Gehäuses angeordnet ist.

Tabelle 20. Spiegelreflex-Kamera Primar. Formate, Lichtstärke und Brennweite der Objektive, Abmessungen der Kamera bei eingeschobenem Objektivbrett, Gewicht der Kamera

Format in cm	Lichtstärke und Brennweite des Objektivs in cm		Größe der Kamera	Gewicht der Kamera ohne Objektiv
$6^1/_2 \times 9$	1 : 4,5 1 : 3,5	$f = 13,5$ $f = 13,5$	14 × 15 × 16 cm	ca. 1,3 kg
9 × 9	1 : 4,5 1 : 3,5	$f = 13,5$ $f = 15,0$	14 × 15 × 16 cm	ca. 1,3 kg
9 × 12	1 : 4,5 1 : 3,5	$f = 18,0$	16 × 17 × 18 cm	ca. 1,5 kg
10 × 15	1 : 4,5 1 : 3,5	$f = 21,0$	20 × 21 × 22 cm	ca. 2,5 kg
$12 \times 16^1/_2$	1 : 4,5 1 : 3,5	$f = 24,0$ $f = 25,0$	21,5 × 25 × 25 cm	ca. 3,5 kg
13 × 18	1 : 4,5 1 : 3,5	$f = 25,0$ $f = 30,0$	22 × 25,5 × 26 cm	ca. 4,0 kg
18 × 24	1 : 4,5	$f = 36,0$	33 × 33 × 33,5 cm	ca. 6,5 kg

Das rechteckige Modell für Querformat hat einen feststehenden Kassettenrahmen im Gegensatz zum quadratischen Modell, das stets mit einem drehbaren Kassettenrahmen ausgestattet ist; das rechteckige Modell zeichnet sich infolgedessen stets durch geringere Abmessungen und dementsprechend geringeres Gewicht aus, wie aus Tabelle 21 hervorgeht:

Tabelle 21. Maße und Gewichte der Mentor-Spiegelreflex-Kamera (rechteckig für Querformat) der Firma Goltz & Breutmann, Dresden; Brennweiten der darin verwendeten Objektive

Format in cm	Brennweite des Objektivs				Abmessungen der Kamera in cm	Kamera-auszug in cm	Gewicht ohne Objektiv in kg
	1:4,5	1:3,5	1:2,7	1:6,3 Tele-objektiv			
$6^1/_2 \times 9$	12 cm	12 cm	12 cm	18—20 cm	9 × 12 × 14	9,0/13,7	1,1
9 × 12	15 cm	15 cm	16,5 cm	25—27 cm	13,5 × 16 × 16	13/19,4	1,8
10 × 15	16,5 cm	18 cm	—	32 cm	15 × 20 × 18	14,5/22,6	2,4
13 × 18	21 cm	21 cm	—	40 cm	18 × 22 × 21	17,5/30,4	3,3

Ein Spezialmodell der erwähnten Kamera mit besonders langem Auszug, das in Verbindung mit Objektiven höchster Lichtstärken bzw. langer Brennweite verwendet werden kann, ist die Mentorkamera 1926; bei den Formaten 6,5 × 9 cm bzw. 9 × 9 cm hat sie einen Auszug von 135 bis 280 mm, beim Format 9 × 12 cm einen Auszug von 165 bis 350 mm. Das leicht auswechselbare Objektivbrett ist nach oben und unten verschiebbar. Das Objektiv ist in einem besonderen Gehäuse mit Klappe (Sonnenblende) verdeckt eingebaut. Für Aufnahmen in Augenhöhe ist ein Rahmensucher mit Diopter vorgesehen, der es ermöglicht, den Bildausschnitt noch im letzten Augenblick kontrollieren zu können. Die Kamera besitzt drehbaren Kassettenrahmen mit selbsttätiger Abdeckung des Hoch- und Querformats auf der oberen Mattscheibe. Sehr zweckmäßig ist eine Vorrichtung zum mechanischen Heben und Senken der oberen Mattscheibe für Farbenaufnahmen. Der verdeckt aufziehbare Mentor-Rouleauverschluß (D. R. P. Nr. 399929) ist auf Moment-, Halb- und Doppelzeit einstellbar.

Eine der neuesten von dieser Firma hergestellten Spiegel-Reflex-Kameras ist die „Mentor-Atelierreflexkamera"; diese nur im Format 13 × 18 cm in den Handel gebrachte Kamera gestattet bei einem Auszug von 45 bzw. 55 cm die Verwendung von Objektiven mit Brennweiten von 25 cm aufwärts; ihrem Verwendungszweck im Atelier angepaßt, hat sie einen von links nach rechts drehbaren sowie nach vorn und hinten neigbaren Objektivträger. Außer der üblichen Lichthaube zur Beobachtung des Bildes von oben ist eine zweite aufsetzbare, niedrige Lichthaube mit einem zweiten Spiegel zur Beobachtung des Bildes in Augenhöhe vorgesehen; wie Abb. 161 zeigt, kann diese Lichthaube in einem Deckel vollkommen untergebracht werden, sobald die Kamera geschlossen getragen oder aufbewahrt wird.

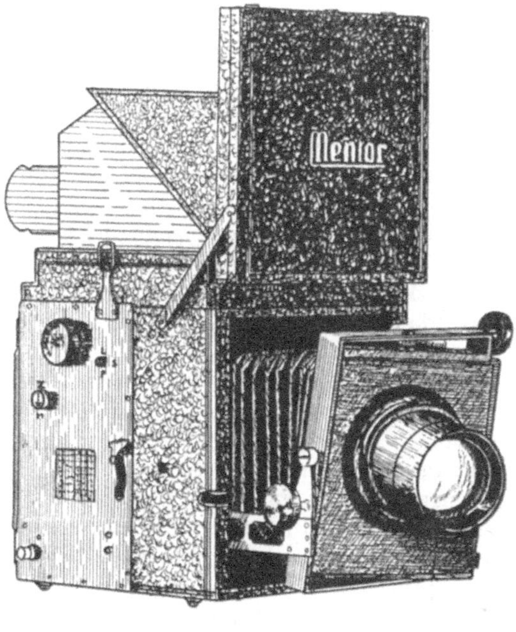

Abb. 161. Atelier-Spiegelreflexkamera der Mentor-Camerafabrik Goltz & Breutmann, Dresden. Format 13 × 18 cm. Anordnung eines zum gebräuchlichen Spiegel parallelen Spiegels zwecks Erzeugung eines Bildes in Augenhöhe. Objektiv in Normalfassung, $f > 25$ cm

Über die bildumkehrende Wirkung des zweiten Spiegels wurde bereits an anderer Stelle gesprochen.

Von ähnlichen in diese Gruppe gehörigen Fabrikaten sei u. a. die Ica-Tudor-Spiegelreflexkamera, welche in den Formaten $6\frac{1}{2} \times 9$, 9×9, 9×12 und 10×15 cm in Querformat und in quadratischer Bauart hergestellt wurde, sowie die Ica-Künstlerspiegelreflexkamera im Format 9 × 12 cm erwähnt. Beide Modelle hatten einen Rouleau-Schlitzverschluß mit Schlitzbreiten von 5, 10, 20, 40 und 115 mm (Record).

Die Firma Houghton-Butcher (Ltd.) in London brachte schon vor längerer Zeit ihre ganz ähnlich wie die deutschen Modelle gebaute Popular Pressman Reflexkamera im Format $4^1/_4 \times 3^1/_4''$ (8,3 × 10,8 cm) sowie im Postkartenformat $3\frac{1}{2} \times 5\frac{1}{2}''$ (9 × 14 cm), ausgerüstet mit Aldis Butcher-Linsen 1 : 3,5 und 1 : 4,5 in den Handel; außerdem wurden die Modelle Ensign-Spezialreflex, Ensign de Luxe-Reflex sowie Ensign Tropical-Reflex der gleichen Firma bekannt, denen als besonderes Kennzeichen die Verstellbarkeit des Objektivbretts mittels Zahnstangentriebes eigen ist, welch letzteres im kastenförmigen Gehäuse geführt wird.

Von amerikanischen Erzeugnissen ähnlicher Bauart seien erwähnt die Graflex-Modelle der Eastman Kodak Co., und zwar die „Auto-Graflex Junior", die „Auto-Graflex", die „Graflex-Junior" sowie die „Graflex-Teleskopical"; da diese Apparate gegenüber den deutschen Erzeugnissen keine erwähnenswerten Vorzüge oder Besonderheiten aufweisen, sei auf ihre Konstruktion nicht näher eingegangen, vielmehr lediglich auf die betreffenden Kataloge verwiesen. Erwähnenswert ist die „Graflex" Serie B mit verstellbarer Rückwand für die Bildgröße 6 × 9 und 8 × 10½ cm; bei diesem Apparat wird das Objektiv mittels Zahn und Trieb eingestellt, ist aber auf einem relativ kleinen Objektivbrett mit entsprechend bemessenem kleinem Balgen angeordnet und auf einem besonderen Laufboden geführt. Als Objektiv wird der Kodak-Anastigmat 1 : 4,5 verwendet.

b) Die Kasten-Spiegelreflexkamera mit Schlitzverschluß und Objektiv in Einstellfassung. Bei Besprechung der Kastenspiegelreflexkameras wurden die Vorzüge des durch Zahnstangentrieb verstellbaren Objektivträgers betont, die in erster Linie darin bestehen, daß entweder Objektive mit relativ langen Brennweiten Verwendung finden können oder daß mit Objektiven normaler Brennweite auf sehr nahe gelegene Gegenstände eingestellt werden kann. Bei Kastenkameras mit unveränderlichem Abstand zwischen Vorder- und Hinterwand muß in jenen Fällen, in denen eine Einstellung auf nahe gelegene Gegenstände infolge unzureichender Tiefenschärfe erforderlich ist, das Objektiv in seiner Fassung verstellt werden; bei feststehendem Objektiv eventuell die Ebene des Schichtträgers zu verlegen, ist bei Spiegelreflexkameras nicht möglich, weil beide Mattscheiben entsprechend der jeweiligen Entfernung des Gegenstandes gleichzeitig um den gleichen Betrag verstellt werden müßten. Somit bleibt bei den kastenförmigen Apparaten mit Schlitzverschluß nur die achsiale Verschiebung des Objektivs übrig, eine Maßnahme, die sich trotz gewisser Beschränkungen bezüglich der Grenzen auch bei sämtlichen Spreizenkameras bestens bewährt hat.

Unter den vielen Modellen von Kasten-Spiegelreflexkameras mit Schlitzverschluß und Objektiv in Einstellfassung sei zunächst die „Ermanox-Reflex" der Zeiss-Ikon A.-G. erwähnt; dieses Spezialmodell mit dem lichtstarken „Ernostar" ist eine sehr brauchbare Spiegelreflexkamera des Formats 4,5 × 6 cm; sie ist mit einem Objektiv der Lichtstärke 1 : 2,7 und der Brennweite 9,5 cm bzw. der Lichtstärke 1 : 1,8 und der Brennweite 10,5 cm ausgerüstet. Die freie Öffnung beträgt im ersten Falle 35 mm, im zweiten 58 mm. Die „Simplex-Ernoflex" der gleichen Firma ist ein einfacheres Modell, für das Objektive vom Öffnungsverhältnis 1 : 2,7 bis 1 : 4,5 mit den Brennweiten $f = 7{,}5$, 10,5 bis 13,5 cm für die Formate 4,5 × 6 bis 6½ × 9 und 9 × 12 cm vorgesehen sind.

Eine preiswerte Spiegelreflexkamera quadratischer Bauart in Kastenform mit Objektiv in Einstellfassung stellt das Ihagee Kamerawerk in Dresden-Striesen her: die Ihagee-Spiegelreflexkamera. Als Objektiv ist ein Ihagee-Anastigmat 1 : 4,5 vorgesehen.

c) Die Objektivfassungen bei Spiegelreflexkameras. Die bei Kameras mit Schlitzverschluß so geschätzte Scherenspreizenanordnung mit Lenker (Nettel-Kamera) findet bei Spiegelreflexkameras aus begreiflichen Gründen keine Anwendung; bei einer Spiegelreflexkamera muß zwischen Objektivträger und Plattenebene ein unveränderlicher Mindestabstand bestehen, damit das Funktionieren der einzelnen Bewegungsmechanismen, insbesondere jener für den Spiegel, möglich ist. So ergibt sich ganz von selbst eine Unterteilung der Objektivfassungen nach der Art des Kameragehäuses, und zwar:

α) die versenkte Fassung für kastenförmige Kameras mit und ohne Auszug,

β) die Spezial- oder Schneckengangfassung für alle übrigen Kameras mit unveränderlichem Abstand des Objektivträgers oder mit festen Spreizen gleichviel welcher Art.

Ad α) Die versenkte Fassung ist eine Abart der Normalfassung, wie sie allgemein bei Reise- und Stativkameras Verwendung findet, wo zwecks Änderung des Abstandes zwischen Objektiv und Mattscheibe mechanische Einstellvorrichtungen vorhanden sind; während bei diesen Apparaten nur wenig Anlaß besteht, das Objektiv in das Kamerainnere ganz oder teilweise zu versenken, weil es bei der Mehrzahl der bekannten Reisekameramodelle nicht als störend empfunden wird, wenn das Objektiv dauernd an der Kamera verbleibt, liegen die Verhältnisse bei der meist als Handapparat konstruierten Spiegelreflex-Kastenkamera anders. Man fordert dort mit Recht, daß das Objektiv als wertvollster Teil der Kamera so geschützt wie möglich liegt; aus diesem Grunde ist bei der versenkten Fassung das gesamte optische System gegenüber dem Anschraubring so weit nach innen verschoben, daß außen nur die Vorderfassung mit dem zum Betätigen der Irisblende nötigen Drehring zu sehen ist. An der Kameravorderwand ist mit Holz- oder Metallschrauben ein Ring befestigt, in den der eigentliche Haltering des ganzen Objektivs eingeschraubt ist; dieser Haltering ist gleichzeitig der Träger für den Index, an dem die Irisblendenteilung abgelesen wird. Letztere ist meistens auf einer koachsialen konischen Fläche angeordnet, damit sie von vorne gut ablesbar sei; die Vorderlinsenfassung ragt mit einem zylindrischen Teil aus dem Irisdrehring heraus, der groß genug ist, um dort eventuell Vorsatzlinse, Gelbfilter bzw. einen Schutzdeckel anzubringen (vgl. Abb. 162).

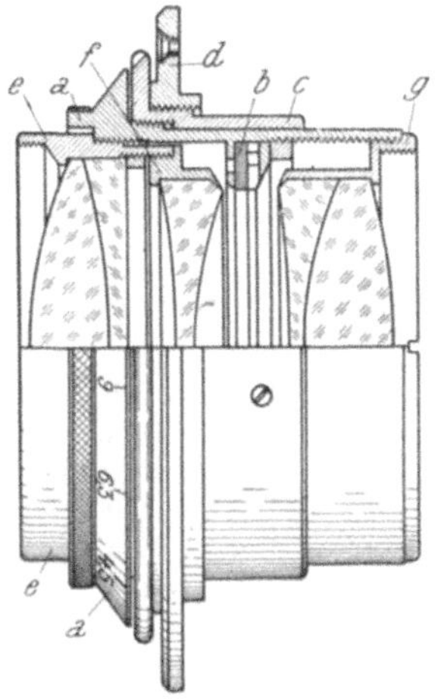

Abb. 162. VOIGTLÄNDER-Anastigmat „Heliar" in versenkter Fassung. Die Fassung *e* der Vorderlinse darf sich nur wenig über den Anschraubring *d* erheben. Der Hauptrohrstutzen *a*, welcher die Lamellen *b* für die Irisblende trägt, ist im Zwischenrohr *c* mittels Gewinde befestigt; der Hauptstutzen ist im Anschraubring *d*, welcher mit der Kameravorderwand verschraubt ist, befestigt. Die Verstellung der Irisblende erfolgt durch Verdrehen des ganzen Objektivs im Ring *c*. *f*, *g* Fassung der Mittel- bzw. Hinterlinse

Die versenkte Fassung hat natürlich nur dort ihre Berechtigung, wo im Innern der Kamera genügend Platz vorhanden ist, was nur bei Kastenkameras zutrifft; der Gewinn gegenüber der Normalfassung ist zum Teil erheblich, doch setzt die Anwendung der versenkten Fassung stets voraus, daß zur Einstellung der Kamera mechanische Elemente vorhanden sind, wie z. B. der vierfache Zahnstangentrieb bei der von der Firma VOIGTLÄNDER & SOHN A. G. früher hergestellten oben beschriebenen Spiegelreflexkamera „Vida".

Ad β) Die Spezial-Schneckengang- oder Einstellfassung findet überall dort Verwendung, wo der Abstand des Objektivträgers von der Bildebene ein- für allemal festliegt; infolgedessen müssen alle Kastenkameras ohne sonstige Mittel zur Einstellung sowie alle Spreizenkameras und zusammenlegbaren Spiegelreflexkameras mit Einstellfassung ausgerüstet sein.

Das charakteristische Merkmal der Einstellfassung ist, daß sich das eigentliche Objektiv, d. h. die in einem gemeinsamen Rohrstutzen gefaßten Einzellinsen des jeweils verwendeten optischen Systems, gegenüber ihrem Träger, d. i. dem am Objektivbrett befestigten Kameraring, in achsialer Richtung verstellen läßt; das Maß dieser Verschiebung ist durch die jeweilige Konstruktion gegeben und von der Entfernung des Gegenstandes sowie von der Brennweite abhängig. Würde man z. B., wie dies bei älteren Kameras zum Teil der Fall war, die Verstellung des Objektivs gegenüber der Bildebene durch Zahn und Trieb vornehmen und die achsiale Verschiebung des optischen Systems gegenüber seinem feststehenden Rohrstutzen an diesem markieren, so erhielten wir die einfachste Form der Ablesung der Verschiebung eines Objektivs mit Einstellfassung; die einzelnen Werte der Intervalle ergeben sich als Differenzen zwischen der jeweiligen Bildweite und der Brennweite nach der Formel

$$\triangle = \frac{a \cdot f}{a - f} - f = \frac{f^2}{a - f}$$

In Tabelle 22 sind die Werte $\triangle$ für die gängigsten Objektivbrennweiten bei Einstellung auf die gebräuchlichsten Entfernungen in Millimeter zusammengestellt:

Tabelle 22. $\triangle$-Werte für verschiedene Gegenstandsentfernungen und Objektivbrennweiten

Brennweite f in cm	Entfernung a des Gegenstandes in m													
	1	1,2	1,5	1,75	2	2,5	3	4	5	7,5	10	20	40	∞
7,5	6,1	5,0	3,9	3,4	2,9	2,3	1,9	1,4	1,1	0,8	0,6	0,3	0,15	0
10,5	12,3	10,1	7,9	6,7	5,8	4,6	3,8	2,8	2,3	1,5	1,1	0,6	0,3	0
12,0	16,4	13,3	10,4	8,8	7,65	6,0	5,0	3,7	3,0	2,0	1,5	0,7	0,4	0
13,5	21,1	17,1	13,3	11,3	9,8	7,7	6,4	4,7	3,7	2,5	1,8	0,9	0,5	0
15,0	26,5	21,4	16,7	14,1	12,2	9,6	7,9	5,9	4,6	3,1	2,3	1,1	0,6	0
16,5	32,6	26,3	20,4	17,2	14,8	11,7	9,6	7,1	5,6	3,7	2,8	1,4	0,7	0
18,0	39,5	31,8	24,5	20,6	17,8	14,0	11,5	8,5	6,7	4,4	3,3	1,6	0,8	0
21,0	55,8	44,6	34,2	28,6	24,6	19,2	15,8	11,6	9,2	6,1	4,5	2,2	1,1	0

Wie Tabelle 22 zeigt, sind die durch achsiale Verschiebung des Objektivs bei der Einstellung auf verschiedene Entfernungen sich ergebenden Werte $\triangle$ (besonders bei den kurzen Brennweiten) zum Teil sehr gering; dieses Verfahren der Einstellung ist daher viel zu grob. Aus diesem Grunde wurde dazu übergegangen, die Teilung am Umfang des feststehenden Kameraringes aufzutragen. Bei Anwendung einer schraubenförmigen Bewegung (Gewinde) ist eine wesentlich größere Ablesegenauigkeit erzielbar, da in diesem Falle ein dem Wert der achsialen Verschiebung entsprechender Betrag auf einem Kreise aufgetragen wird, dessen Umfang das 3,14fache seines Durchmessers beträgt. So läßt sich z. B. bei Wahl der Steigung des Gewindes von 1 mm und bei Annahme eines Durchmessers der Teilung von 32 mm eine achsiale Verschiebung von 1 mm auf eine Länge von $32 \times 3{,}14 \doteq 100$ mm übertragen, was eine wesentlich größere Ablese- bzw. Einstellgenauigkeit mit sich bringt. Abgesehen davon ist eine Schneckengangfassung bezüglich Handhabung und geschlossenen Aufbaus wesentlich günstiger als eine Triebfassung. Allerdings sind hier gewisse Grenzen dadurch gezogen, daß man bei der Verdrehung des Ringes mit den eingravierten Zahlen mit jeder Zahl am feststehenden Index nur einmal einstellen darf, weil sonst Irrtümer entstehen; mit anderen Worten: man darf bei der Einstellung höchstens eine ganze Umdrehung (meistens aber noch weniger) machen, und zwar mit Rücksicht auf die Gestaltung des Einstellhebels und auf konstruktive Hindernisse anderer Art. Ein Beispiel wird das Gesagte ohne weiteres erklären:

Gegeben sei ein Objektiv mit der Brennweite 12 cm in Einstellfassung mit Rändelring, also ohne Einstellhebel; wie bei allen Spiegelreflexkameras, deren Objektiv von einem Schutzdeckel bedeckt ist, soll die Gesamtfassung so niedrig als möglich sein. Die Kamera, für die das Objektiv bestimmt ist, hat das Format $6\frac{1}{2} \times 9$ cm. Abb. 163 zeigt, daß der verstellbare Objektivträger Außengewinde, der feststehende Führungsteil hingegen Innengewinde trägt; unter der Voraussetzung, daß das Objektiv auf Entfernungen von mindestens 2 m eingestellt werden kann, ergibt sich in unserem Falle aus Tabelle 22 eine achsiale Verschiebung von 7,65 mm. Die theoretisch günstigste Ausnützung der Einstellvorrichtung ergäbe sich, wenn eine Gewindesteigung von dieser Größe (zirka 8 mm) gewählt würde, in welchem Falle der ganze Umfang des geteilten Ringes ausgenutzt werden könnte; allerdings würden diesfalls die Strichmarken für Unendlich und 2 m zusammenfallen, was praktisch nicht durchführbar ist. Eine derartige Maßnahme würde außerdem bedeuten, daß man beim Übergang von Unendlich auf 2 m eine ganze Umdrehung mit dem Einstellhebel bzw. Einstellring machen müßte. Aus diesen Erwägungen heraus, d. h. um nur die im Bereiche der Hand liegende kürzeste Bewegung ausführen zu müssen, wird stets eine wesentlich größere Gewindesteigung verwendet, und zwar wird sie meist so bemessen, daß mit dem Einstellelement nicht mehr als $^1/_4$ bis $^1/_3$ Umdrehung ausgeführt zu werden braucht. Im vorliegenden Falle müßte die Gewindesteigung etwa $3 \times 8 = 24$ mm betragen; um bei den recht dünnen Wandungen der Rohre mit einem Gewinde von nicht zu großem Tiefgang auszukommen, wird dasselbe mehrgängig gewählt, und zwar wählt man in unserem Falle 16 Gänge zu je 1,5 mm Steigung ($16 \times 1,5 = 24$ mm).

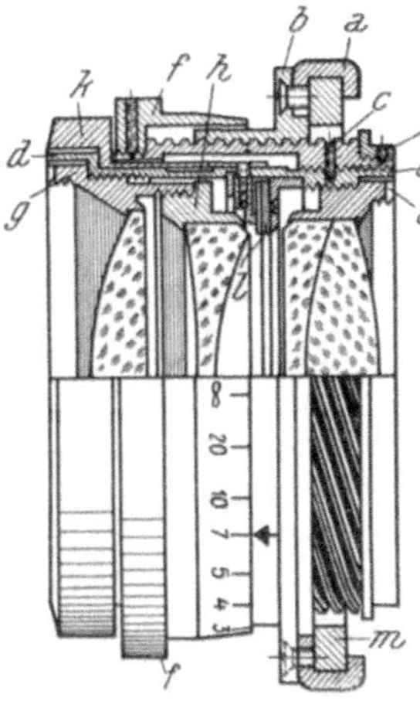

Abb. 163. Die Gewindeeinstellfassung (für Kameras mit unveränderlichem Abstand zwischen der Bildebene und dem Objektivträger). ZEISS-Tessar 1:4,5. Das im Hauptrohrstutzen *b* mit Innengewinde achsial verstellbare Objektiv ist am Rahmen *a* befestigt und in der Führung *c* seitlich verschiebbar; die Einleitung der achsialen Verstellung erfolgt durch Verdrehen des Teilungsringes *f*, der mit dem Träger *e* des Außengewindes verschraubt ist. Der Ring *k* dient zur Einstellung der Irisblende *l*. *g* ist die Vorder-, *h* die Mittel-, *i* die Hinterlinsenfassung

Die Entfernung der einzelnen Teilstriche voneinander läßt sich, nachdem die Gewindesteigung festliegt, praktisch dadurch ermitteln, daß entweder auf die einzelnen Entfernungen sorgfältig eingestellt oder ein Kollimator benutzt wird; in Anbetracht der Brennweitendifferenzen von 1 bis 2%, die sich bei der Fabrikation unvermeidlich ergeben, ist der erstgenannte Weg stets vorzuziehen. Aber auch theoretisch läßt sich der Abstand der einzelnen Teilstriche in Graden schon vorher ermitteln, wenn bezüglich des zugestandenen Gesamthebelweges eine bestimmte Voraussetzung gemacht wurde; beträgt dieser z. B. ein Drittel der Gesamtsteigung, d. i. $\frac{360^0}{3} = 120^0$, so wird bei diesem Wert (Einstellung 2 m) der Weg von 8 mm zurückgelegt. Für eine Brennweite von $f = 120$ mm und einen Durchmesser des Ringes von 45 mm ergeben sich die in Tab. 23 zusammengestellten Winkelausschläge und Abstände der einzelnen Striche in Millimetern (Bogenmaß):

Tabelle 23

Objektentfernung in m	1	1,2	1,5	1,75	2	2,5	3	4	5	7,5	10	20	40	∞
Grade (°)	246	200	156	132	115	90	75	55,5	45	30	22,5	10,5	6	0
Intervall in mm	18	17,3	9,4	6,6	9,8	5,9	7,7	4,1	5,9	3	4,7	1,7	2,4	0

Würde man, was in letzter Zeit wiederholt vorgeschlagen wurde, eine ganz gleichmäßige Teilung des Einstellringes anstreben und beispielsweise zehn Winkelgrade als Intervall annehmen, so ergäben sich unter den obigen Voraussetzungen praktisch ungünstige Entfernungszahlen; wir hätten einen Abstand der einzelnen Striche von 3,925 mm und folgende Entfernungsskala: ∞, 22,7, 11,4, 7,5, 4,65, 3,88, 3,35, 2,95, 2 m.

Bezüglich der mechanischen Konstruktion der Einstellfassung kann man zwei Ausführungsformen unterscheiden, und zwar:

I. die soeben beschriebene Form mit schnell steigendem mehrfachem Gewinde (vgl. Abb. 164),

II. die Objektivfassung mit Spiralnuten (vgl. Abb. 165).

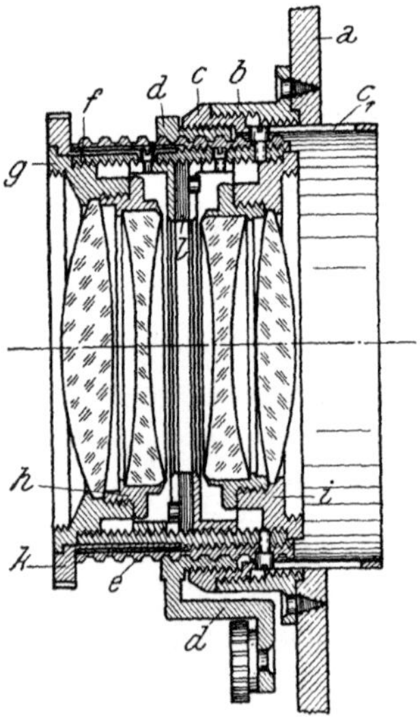

Abb. 164. Einstellfassung für Kameras mit unveränderlichem Abstand zwischen Bildebene und Objektivträger. Dogmar 1 : 4,5 (C. P. Goerz A.-G.), Fassung halb ausgeschoben. Am Träger *a* des Objektivs ist der Kameraring *b* und der Rohrstutzen *c* (mit geraden Nuten c_1) und in diesem der mit (mehrgängigem) Innengewinde von relativ starker Steigung versehene Ring *d* befestigt; durch Verdrehung dieses Ringes wird der ein entsprechendes Außengewinde tragende Rohrstutzen *e f* mit dem ganzen Objektiv achsial verschoben, und zwar nach Maßgabe der Länge der Nut c_1. *k* ist der Einstellring für die Irisblende *l*. *g*, *h* und *i* sind die Linsenfassungen

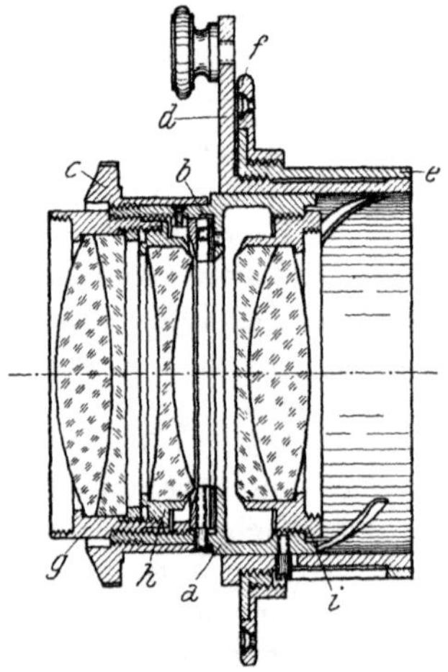

Abb. 165. Archimedes-Einstellfassung mit ganz ausgeschobenem Objektiv (Heliar 1 : 4,5, Voigtländer & Sohn A.-G.). Im Hauptkörper *a* sind die Bestandteile für die Irisblende *b* eingebaut, welche durch Verstellung des mit entsprechender Teilung versehenen Ringes *c* betätigt wird. Die achsiale Verschiebung des Objektivs erfolgt durch Verdrehen des mit Schraubennuten versehenen Ringes *d* im Stutzen *e*, der geradlinige Nuten trägt. *f* ist der Anschraubring, *g*, *h* und *i* sind die Fassungen für die Linsen

Rein äußerlich ist zwischen diesen Ausführungsformen nur insofern ein Unterschied, als das Gewinde bei der ersteren Art der Einstellfassung bei größtem Auszug freiliegt, während die Spiralnuten (Fall II) stets verdeckt sind; bei der Fassung mit Gewinde dreht sich bei der Einstellung das ganze Objektiv, während es im anderen Falle achsial geradlinig in einer Nut geführt wird. In beiden Fällen soll die Führung des verschiebbaren Teiles im feststehenden Teil so lang als möglich sein, damit insbesondere bei ganz ausgeschobenem Objektiv noch genügend Stabilität gewährleistet ist. In der „eingeschobenen“ Endlage ist ein fühlbarer Anschlag, der die „Unendlichkeits-Stellung“ kennzeichnet; auch die andere Endstellung ist durch einen fühlbaren Anschlag begrenzt, um zu verhindern, daß das Objektiv unbeabsichtigterweise ganz herausgezogen wird.

Bei sehr lichtstarken Objektiven gestaltet sich die Anordnung etwas schwieriger, weil die Forderung gestellt wird, einen Teil der Fassung möglichst im

Gehäuse unterzubringen; die Firma ZEISS-IKON A. G. in Dresden hat eine interessante Schneckengangfassung konstruiert, welche gewissermaßen halb versenkt ist. Sie besteht aus zwei durch eine Wand verbundene Rohrstutzen verschiedenen Durchmessers; am hinteren kleineren Rohrstutzen ist das Schneckenganggewinde angeordnet. Abb. 166 läßt den Aufbau ohneweiters erkennen. Von der vorher beschriebenen Einstellfassung mit Gewinde unterscheidet sich die hier erwähnte dadurch, daß das Objektiv infolge einer Geradführung in einer Nut nur eine achsiale Bewegung, aber keine Drehbewegung ausführt.

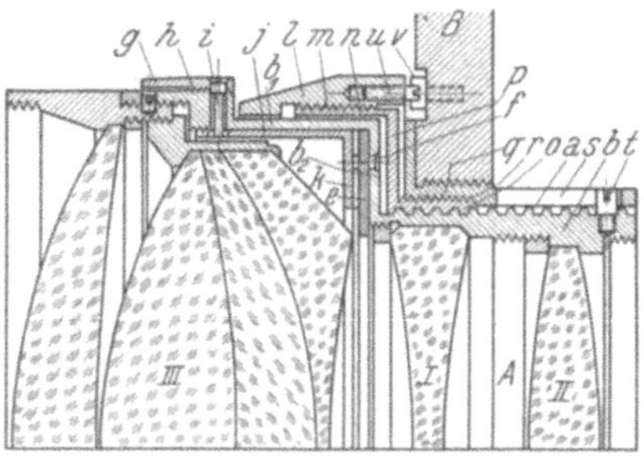

Abb. 166. Einstellfassung für lichtstarke Objektive. Die Vorderlinse ist am größten; es folgen dann: Linsengruppe III, die Negativlinse I und die Sammellinse II. Aus dieser Verschiedenheit der Linsendurchmesser ergibt sich der Gesamtaufbau der Spezialfassung; die Einstellung erfolgt durch Verdrehung des Ringes *l* bzw. *m*, *n*, *o*, *p*, wodurch der mit Außengewinde *a* versehene Hauptrohrstutzen *b* mit dem Objektiv infolge Anordnung der Führung *s* im Anschraubring *q* geradlinig fortbewegt wird. Die Irisblende *e f* wird durch Verdrehen der Elemente *g* und *h* betätigt

Ein Nachteil der Einstellfassung bei zusammenlegbaren Spiegelreflexkameras ist der, daß ihre Abmessungen durch die Konstruktion der Kamera beschränkt sind, wodurch achsiale Verstellbarkeit und damit Einstellbarkeit des Objektivs auf näher gelegene Gegenstände eine Beschränkung erfahren. Wohl wäre es technisch ohneweiters möglich — vorausgesetzt, daß die Durchmesser groß genug gehalten werden, daß keine Vignettierung der Randstrahlen eintritt —, die Gewindehülse, in der sich das Objektiv verschiebt, so lang zu machen, daß sich noch auf Gegenstände in sehr kurzer Entfernung einstellen läßt; leider läßt der besondere Bau der Spiegelreflexkamera dies aber nicht zu, und zwar einerseits deshalb, weil bei der Gebrauchslage der Kamera die Gefahr besteht, daß der Spiegel beim Hochklappen gegen die Gewindeführungshülse stößt, und andererseits weil im geschlossenen Zustand der Kamera eine lange Hülse ein Hindernis wäre, das wegen des Spiegels zu ernsten Störungen führen könnte und außerdem die Dicke der Kamera im geschlossenen Zustand ungünstig beeinflussen würde.

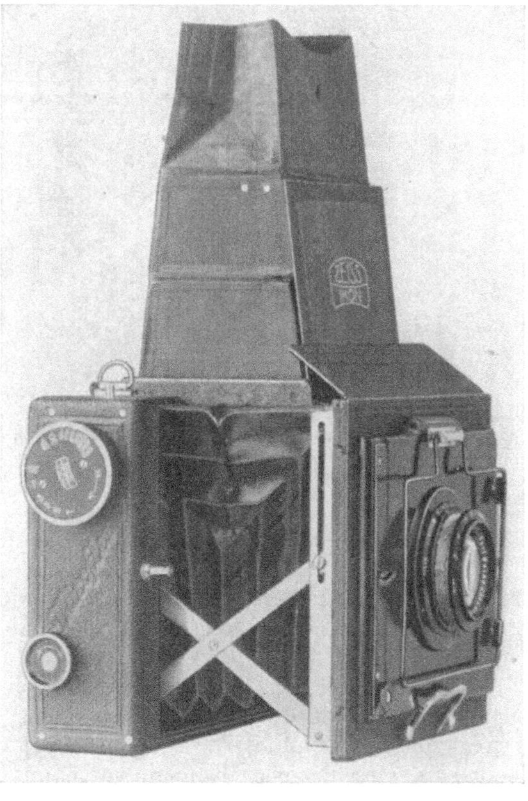

Abb. 167. Zusammenklappbare Spiegelreflexkamera mit Scherenspreizen. Miroflexkamera der ZEISS-IKON A.-G. Schlitzverschluß mit verdecktem Aufzug. Objektiv in Einstellfassung. Abmessungen beim Format 6 × 9 cm: 17,5 × 138,5 × cm, beim Format 9 × 12 cm: 19 × 15 × 13 cm

Der zur Betätigung der Irisblende dienende Rändelring muß stets so angeordnet sein, daß er vor dem Einstellring mit der Entfernungsskala liegt und beim Verstellen derselben mit verschoben wird, ohne sich zu drehen; andererseits darf sich der Irisdrehring beim Verstellen des Einstellringes für die verschiedenen Entfernungen des Gegenstandes nicht von selbst verstellen.

d) Zusammenklappbare Spreizen-Spiegelreflexkameras mit Objektiv in Einstellfassung. Die „Miroflex" 9 × 12 cm (vgl. Abb. 167) der Zeiss-Ikon A. G. in Dresden stellt derzeit eine Höchstleistung auf dem Gebiete der zusammenlegbaren Spiegelreflexkameras dar, und zwar deshalb, weil sie bei

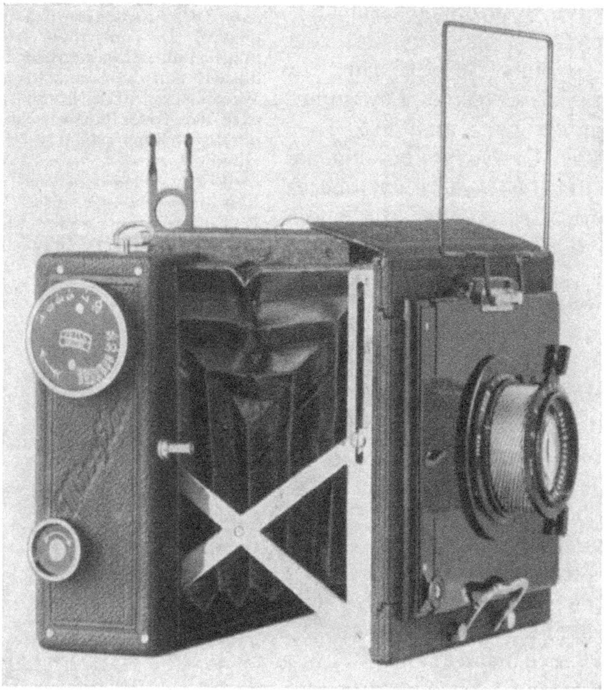

Abb. 168. Scherenspreizenkamera mit Schlitzverschluß und Objektiv in Einstellfassung. Die Abbildung zeigt die Kamera Miroflex der Zeiss-Ikon A.-G. als Sportkamera mit Ikonometer-Rahmensucher. Der Spiegel ist hier außer Gebrauch und liegt parallel zur oberen Mattscheibe

kleinstem Volumen eine kombinierte Sport- und Spiegelreflexkamera mit Schlitzverschluß ist; sie weist alle Vorteile der Scherenspreizenkamera (z. B. der „Deckrullo") als Sportkamera auf und ist außerdem nach Ausführung eines Handgriffs als Spiegelreflexkamera mit allen Vorzügen einer solchen verwendbar; der einzige Nachteil ist das Fehlen des drehbaren Mattscheibenrahmens.[1]

Die Konstruktion ist diejenige einer einfachen Scherenkamera mit fester Spreizeneinstellung bei ∞; die Einstellung auf näher gelegene Gegenstände erfolgt mittels des Objektivs in Schneckengangsfassung, wobei diese Einstellung bereits bei geschlossener Kamera vorgenommen werden kann. Im zusammengelegten Zustand der Kamera liegt der Spiegel vollkommen geschützt zwischen

[1] Der Übergang vom Hoch- zum Querformat ist beim Gebrauch als Spiegelreflexkamera also nicht ohneweiters möglich; dies ist nur dann der Fall, wenn der Einblick von der Seite erfolgt.

den beiden nahezu parallelen Mattscheiben; zum Gebrauch als Spiegelreflexkamera wird der Spiegel nach dem Herausziehen der Vorderwand durch Drehen eines auf der rechten Seite der Kamera unterhalb des Verschlußeinstellknopfes befindlichen Knopfes (in der Pfeilrichtung) in seine Reflexgebrauchslage gebracht. Bei der Verschlußauslösung geht der Spiegel mechanisch in seine Ruhelage zurück. Der Lichtschacht darf nur bei vollkommen ausgezogener Kamera geöffnet werden, und zwar geschieht dies automatisch durch Druck mit dem Zeigefinger der rechten Hand auf den rechts neben dem Lichtschacht befindlichen Knopf; durch Beobachtung des Bildes im Lichtschacht, was bis zum letzten Augenblick möglich ist, ist die Kontrolle der Scharfeinstellung dauernd durchführbar. Die Objektiveinstellung von ∞ bis 2 m erfolgt mit der linken Hand durch Drehen der Schneckengangfassung um etwa 90°, während der Zeigefinger der rechten Hand am Auslöseknopf liegt, um im günstigsten Moment (Bildbeobachtung und Scharfeinstellung) den Verschluß auslösen zu können; das Objektivbrett ist nicht nur der Höhe und Seite nach verstellbar, sondern auch in kürzester Zeit auswechselbar.

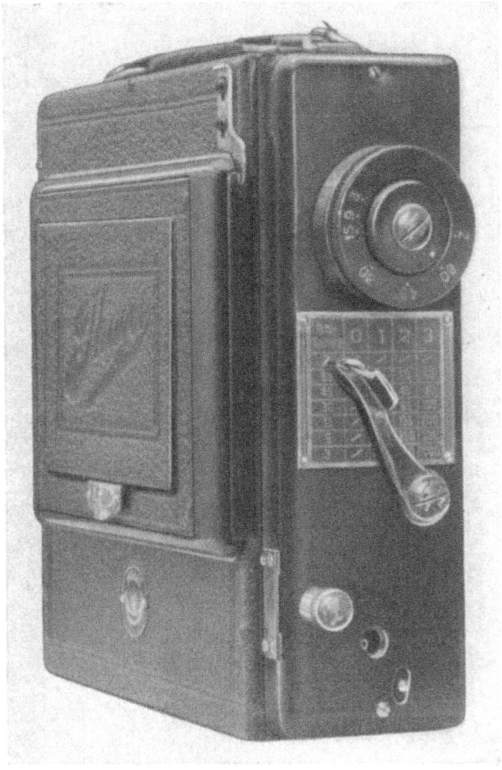

Abb. 169. Ihagee - Patentreflexkamera mit Schlitzverschluß in zusammengeklapptem Zustande. Wegen Abmessungen der Kamera vgl. Tab. 24. Die den verschiedenen Schlitzbreiten des Verschlusses (3, 9, 15, 30, 45 und 60 mm) bzw. den Federspannungen 0, 1, 2 und 3 entsprechenden Verschlußgeschwindigkeiten sind in einer an der Kamera befestigten Tabelle (im Bilde vorne sichtbar) zusammengestellt. Der Mattscheibenrahmen der Kamera ist drehbar

Bei Verwendung der „Miroflex“ als Sportkamera (vgl. Abb. 168) in Augenhöhe sowie bei Stativaufnahmen wird ohne Spiegel gearbeitet; letzterer liegt dann parallel zur oberen Mattscheibe und deckt gleichzeitig gegen Nebenlicht ab. Nach Freimachen der Mattscheibe in der Kamerarückwand erfolgt die Kontrolle der Scharfeinstellung, wie dies bei jeder Kastenspiegelreflexkamera üblich ist. Als Suchereinrichtung dient für diese Art von Aufnahmen ein Ikonometer, dessen Rahmen am Objektivbrett drehbar gelagert ist, während der Diopter in bekannter Weise umlegbar angeordnet erscheint.[1]

Die Kamera wird für das Format 9 × 12 cm mit Zeiss-Tessar 1 : 2,7, 1 : 3,5, oder 1 : 4,5, $f = 16{,}5$ cm, oder 1 : 4,5, $f = 15$ cm, ausgerüstet; außerdem ist die Verwendung eines Tele-Tessars 1 : 6,3, $f = 25$ cm in Schneckengangfassung vor-

[1] Vgl. K. Wiedemann, Camera (Luzern) 1926 (Juliheft).

gesehen. Das Gewicht des Apparates mit Tessar 1:4,5, $f = 15$ cm beträgt etwa 2,25 kg.[1]

Die Ihagee-Patent-Klappreflexkamera gehört, wie schon ihr Name sagt, gleichfalls in die Gruppe der zusammenlegbaren Spiegelreflexkameras mit Spreizen; die Firma Ihagee-Kamerawerk Steenbergen & Co. in Dresden hat im Jahre 1924 eine Kamera mit Rollverschluß konstruiert, bei welcher der Spiegel während der Aufnahme in die die obere Mattscheibe abschließende Stellung gepreßt und die Sperrvorrichtung des Spiegels durch Ablauf des Verschlusses ausgelöst wird; das besondere Kennzeichen der Kamera ist, daß die Sperrvorrichtung des Spiegels kraftschlüssig mit einem die Kamera verspreizenden Teil verbunden ist, so daß die Sperrung des Spiegels beim Zusammenlegen der Kamera aufgehoben wird und eine Spreize der Kamera einen doppelarmigen Hebel beeinflußt, der mit seinem freien Ende einen Hebel zur Seite drückt, der ein den Spiegel sperrendes Gestänge freigibt (D. R. P. Nr. 428477). Eine weitere durch die erwähnte Firma durchgeführte Verbesserung bezieht sich auf eine Ausführungsform, deren Spiegel in bekannter Weise durch den Auslösehebel für den Verschluß angehoben und durch einen Sperrhebel in der Abschlußstellung festgehalten wird, wobei der beim Niederdrücken des Auslösehebels in eine Aussparung des Aufzugrades eingreifende Sperrhebel für den hochgeklappten Spiegel beim weiteren Niederdrücken des Auslösehebels durch einen Hebel für das zweite Ablaufrad des Verschlusses freigegeben wird, so daß der Spiegel beim Loslassen des Auslösehebels niederfällt (D. R. P. Nr. 433007). Der äußere Aufbau der erwähnten Kamera ist aus den Abb. 169 und 170 zu ersehen; das Objektivbrett wird von einer einfachen Scherenspreize getragen und in der Endstellung parallel zur Ebene des Kassettenrahmens in eindeutiger Weise gehalten. Wie die einzelnen Teile zwangläufig zusammenarbeiten, geht aus den obigen Erklärungen hervor. Der am Verschlußrahmen scharnierartig angelenkte Träger der oberen Mattscheibe nebst Lichtschacht liegt in der Gebrauchsstellung parallel zur optischen Achse und senkrecht zur Ebene des Schlitzverschlusses; beim Schließen der Kamera bewegt sich der Spiegel allmählich selbsttätig in seine frühere Lage, nämlich parallel zur vertikal stehenden Mattscheibe, zurück. Der Träger des Objektivs wird zwangläufig parallel zu diesen Teilen zurückgeschoben; gleich-

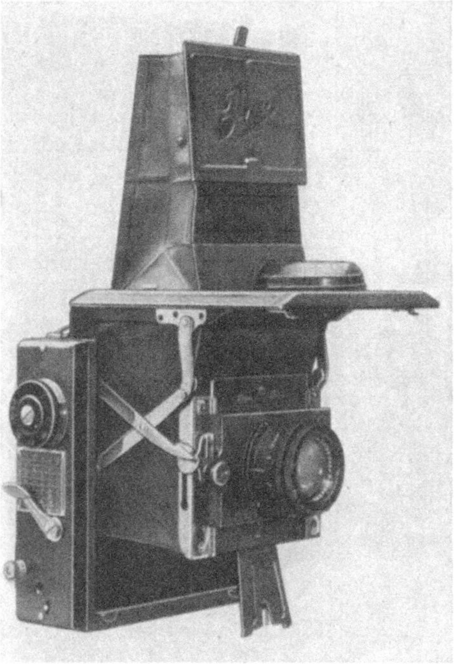

Abb. 170. Zusammenklappbare Spiegelreflexkamera mit Schlitzverschluß in Gebrauchsstellung (Ihagee-Patentklappreflexkamera). Die Einstellung auf Nähe erfolgt durch achsiale Verschiebung des Objektivs in einer Schneckengangfassung

[1] Für das Format 6 × 9 cm kommen die Brennweiten $f = 12$ cm und $f = 14,5$ cm in Frage, je nachdem es sich um ein Objektiv mit dem relativen Öffnungsverhältnis 1:4,5 oder 1:2,7 handelt.

zeitig wird der Träger der oberen Mattscheibe, der entsprechend verlängert und mit einer Schutzhaube für das Objektiv versehen ist, zwangläufig über das Ganze geklappt, so daß die beiden Mattscheiben die äußersten Glieder des zusammengeklappten Apparates bilden. Ein einziger Griff öffnet die Kamera, zugleich kommt der Spiegel in seine für die Beobachtung des Bildes erforderliche Lage (unter 45° geneigt zur optischen Achse); die Kamera ist nunmehr aufnahmebereit und auf Unendlich eingestellt, während für Naheinstellung die an anderer Stelle eingehend beschriebene Schneckengangfassung des Objektivs dient. Interessant ist u. a., daß der Spiegel, wenn Zeitaufnahmen gemacht werden sollen, nicht erst hochzuklappen ist: er bleibt von selbst oben.

Tabelle 24. Verschiedene IHAGEE-Patent-Klapp-Reflexkameras

Bildgröße	Objektiv	Abmessungen	Gewicht in kg
6,5 × 9 cm	1 : 4,5, f = 12 cm	14,5 × 6 × 14 cm	1,25
9 × 12 cm	1 : 4,5, f = 15 cm	18,5 × 6 × 17 cm	1,70
10 × 15 cm	1 : 4,5, f = 16,5 cm	21,0 × 7 × 20,5 cm	2,5

In dem Bestreben, das bei Spiegelreflexkameras im allgemeinen gefürchtete große Volumen und Gewicht auf ein Mindestmaß herabzudrücken und dabei eine tunlichst leistungsfähige Kamera zu bauen, hat die Firma H. ERNEMANN-WERKE A. G. in Dresden die Ernoflex-Serie auf den Markt gebracht; an erster Stelle ist die „Miniatur Ernoflex" 4,5 × 6 cm zu nennen, die in Anbetracht der Tatsache, daß dieses Modell für Querformat konstruiert ist, als kleinste Spiegelreflexkamera mit Schlitzverschluß bezeichnet werden muß. Das Objektivbrett wird von einem einfachen Scherenspreizensystem getragen und ist der Höhe nach verstellbar; als Objektiv ist der Anastigmat „Ernotar" 1 : 4,5 bzw. „Ernon" 1 : 3,5 von der Brennweite f = 7,5 cm vorgesehen. Das Gehäuse ist rechteckig, da ein Drehrahmen nicht vorhanden ist. Wie bei vielen Spreizenkameras ist das Objektiv in einer Einstellfassung montiert und läßt sich in vertikaler Richtung verschieben. Die Außenmaße sind etwa 6 × 9,5 × 12,5 cm, das Gewicht der Kamera beträgt zirka 1 kg.

Das größere Modell I dieser Serie hat das Format 9 × 12 cm, ist quadratisch gebaut und hat einen Drehrahmen, so daß man, ohne die Lage des Apparates zu ändern, ohneweiters Hoch- und Queraufnahmen machen kann; der Übergang vom Hoch- zum Querformat kann auch bei bereits geöffneter Kassette erfolgen, da die Stellung des Drehrahmens infolge automatischer Übertragung stets der Bildbegrenzung auf der oberen Mattscheibe entspricht. Auch bei dieser Kamera mit Schlitzverschluß befindet sich das Objektiv in Einstellfassung, welche seine entsprechende achsiale Verschiebung für Naheinstellung zuläßt. Als Objektive waren „Ernostar" 1 : 4,5, „Ernon" 1 : 3,5 und ZEISS-Tessar 1 : 4,5 von der Brennweite f = 16,5 cm, sowie Tele-Tessar 1 : 6,3, f = 32 cm, vorgesehen.

Wesentlich anders ist das ERNEMANN-Ernoflex-Modell II konstruiert. Das leitende Motiv bei der Konstruktion dieser Kamera war, eine Spiegelreflexkamera mit Schlitzverschluß zu schaffen, welche die Verwendung langbrennweitiger Objektive (insbesondere Tele-Objektive) sowie der Einzelglieder von symmetrischen Objektiven und Vorsatzlinsen ermöglichen sollte; zu diesem Zweck war die Kamera zunächst als Spreizenkamera gebaut, und zwar mit einem Objektiv f = 18 cm in versenkter Fassung. Mit Hilfe eines zweiten Balgens und einer an der Vorderwand angelenkten Laufbodeneinrichtung mit Trieb läßt sich ein Gesamtauszug von etwa 38 cm erreichen; dadurch ist es möglich, Gegenstände in natürlicher Größe abzubilden, was bei Verwendung des erwähnten

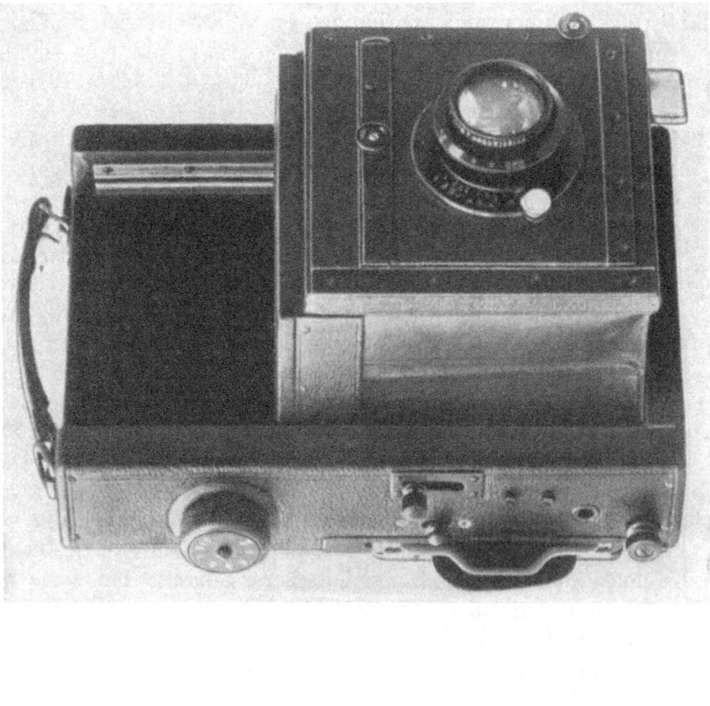

Abb. 171a. Mentor-Klappreflexkamera der Firma Goltz & Breutmann, Dresden, mit verdeckt aufziehbarem Schlitzverschluß und Objektiv in Einstellfassung, D. R. P. Nr. 399929 (Vorderansicht). Federspannung regulierbar in 6 Stufen. Schlitzbreiten $^1/_5$, $^1/_2$, 1, 2, 3, 4, 5, 6, 7 und 8 cm. Vorderansicht der Kamera. Vgl. auch Abb. 171b und 171c. Bezüglich der Abmessungen dieser Kameramodelle vgl. Tab. 25

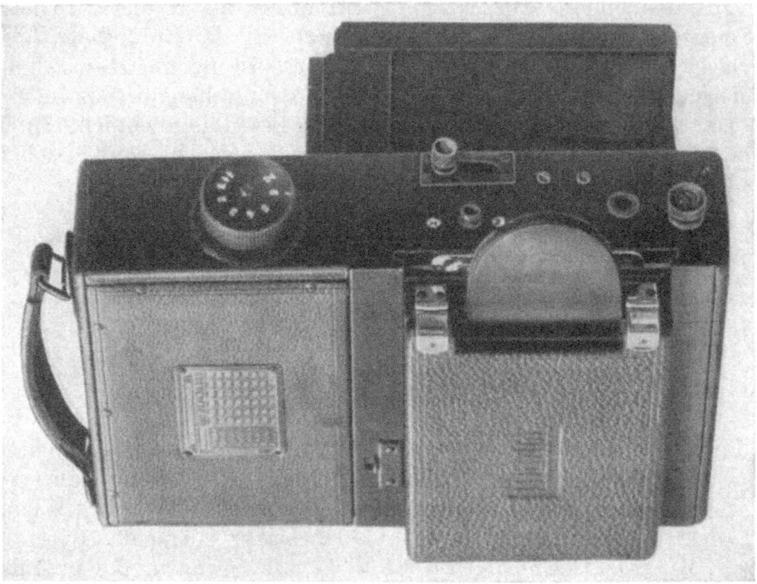

Abb. 171b. Die gleiche Kamera wie in Abb. 171a (Ansicht von rückwärts). Eine Filmpackkassette ist angeschoben. Vgl. Abb. 171a und 171c

Objektivs mit der Brennweite 18 cm mit keiner anderen Schlitzverschlußkamera des Formates 9 × 12 cm erreichbar ist. Abmessungen der Kamera etwa 11,5 × 20 × 20 cm; Gewicht zirka 3,8 kg.

Eine ganz besondere Gruppe von zusammenlegbaren Spiegelreflexkameras mit Schlitzverschluß und unveränderlichem Auszug für Unendlich bilden die Mentor-Klappreflexkameras; von dem Gedanken geleitet, einen möglichst flachen Kamerakörper zu erhalten, wurde eine der drei Ausdehnungen, und zwar die Kamerahöhe, entsprechend größer gewählt. Die von anderen Modellen mit sichtbaren Spreizen wesentlich abweichende Konstruktion ist aus den Abb. 171 a, b und c ersichtlich; im zusammengelegten Zustand der Kamera liegt der Spiegel dicht neben dem Vorhang des Schlitzverschlusses, also parallel zu diesem bzw. zur vertikalen Mattscheibe. Die beim Gebrauch der Kamera horizontal liegende Visierscheibe verläuft, wenn die Kamera geschlossen ist, ungefähr in einer Richtung mit dem Objektivträger, aber über diesem. Wird die Kamera durch Druck auf einen Auslöseknopf an der linken Seite der Kamera geöffnet, so gleitet der in annähernd senkrechten Schlitzen geführte Mattscheibenrahmen mit Lichtschutz allmählich nach unten und schiebt dabei den Objektivträger so lange nach vorn, bis die obere Mattscheibe nahezu horizontal liegt; in die endgültige Lage wird die Mattscheibe durch kräftiges Herabdrücken übergeführt, wobei gleichzeitig der Spiegel in seine unter 45^0 geneigte Lage kommt. Zwei innerhalb des Balgens zu beiden Seiten angeordnete federnde Klappenscharniere sorgen dafür, daß der Objektivträger seine parallele Lage zur Bildebene in der Stellung auf Unendlich beibehält; das vollkommen geschützt liegende Objektiv in Schneckengangfassung gestattet Einstellung auf näher gelegene Gegenstände.

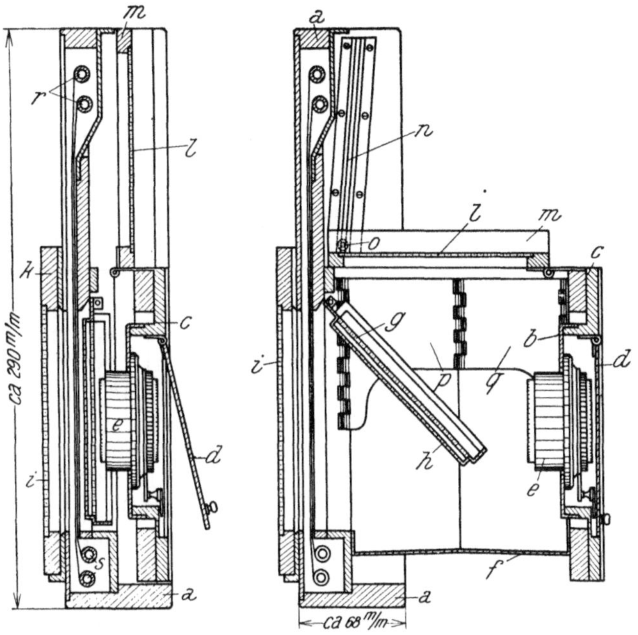

Abb. 171 c. Die gleiche Kamera wie in Abb. 171 a und b. Schnittzeichnungen: links im geschlossenen, rechts im ausgezogenen Zustand. Am Kameragehäuse *a* ist der Träger *b c* des Objektivs *e* mitsamt der Schutzklappe *d* durch die scharnierartig verbundenen Bänder *p q* angelenkt, die im Inneren des Balgens *f* liegen. Der Spiegel *g* mit seinem Träger *h* ist in bekannter Weise am Gehäuse *a* angelenkt. Die obere Mattscheibe *l* mit dem Rahmen *m* ist in die Nuten *n* verschiebbar, während die rückwärtige Mattscheibe *i* im Rahmen *k* fest angeordnet ist. *r* und *s* sind die Wellen des Schlitzverschlusses

Die wichtigsten Angaben bezüglich dieser Modelle sind in Tabelle 25 (siehe S. 178) zusammengestellt

Das Kameramodell Mentor-Klappreflex (quadrat. Modell 1925) ist noch gedrängter gebaut als die eben beschriebene schmale Klappreflexkamera. Hier lagert im geschlossenen Zustand der Kamera die obere Mattscheibe mit Rahmen, Lichthaube und Deckel vor dem Objektivträger und schließt die Kamera nach

Tabelle 25. Verschiedene Mentor-Klapp-Reflexkameras

Bildgröße in cm	Form	Abmessungen in cm	Gewicht ohne Objektiv	Brennweite des Objektivs in cm				Kamera-Auszug in cm
				1:4,5	1:3,5	1:2,7	Teleobj. 1:6,3	
6½ × 9	rechteckig	4,5 × 14,5 × 21	1,25	12,0	12,0	12,0	18,0	11,5
	quadratisch	6,0 × 14,0 × 25	1,90	13,5	15,0	14,5	25,0	13,5
9 × 9	quadratisch	6,0 × 14,0 × 25	1,90	13,5	15,0	14,5	25,0	13,5
9 × 12	rechteckig	5,0 × 17,0 × 25	1,50	15,0	15,0	16,5	25,0	15,0
	quadratisch	6,0 × 17,5 × 27	2,25	15,0	18,0	16,5	32,0	15,0
10 × 15	rechteckig	5,5 × 20,0 × 27	2,00	16,5	18,0	—	32,0	17,5
13 × 18	rechteckig	6,0 × 23,0 × 34	3,00	21,0	—	—	—	21,3

Tabelle 26. Mentor-Klapp-Reflexkamera (quadrat. Modell 1925)

Bildgröße in cm	Abmessungen in cm	Gewicht in kg	Brennweite des Objektivs in cm				Kamera-auszug in cm
			1:4,5	1:3,5	1:2,7	Teleobj. 1:6,3	
6½ × 9	7 × 13,5 × 15	1,700	12,0	12,0	12,0	25,0	11,5
9 × 9	7 × 13,5 × 15	1,700	12,0	12,0	12,0	25,0	11,5
9 × 12	8 × 17,0 × 18	2,400	15,0	—	—	—	15,0
10 × 15	8,5 × 20,0 × 21	3,200	18,0	—	—	—	19,0

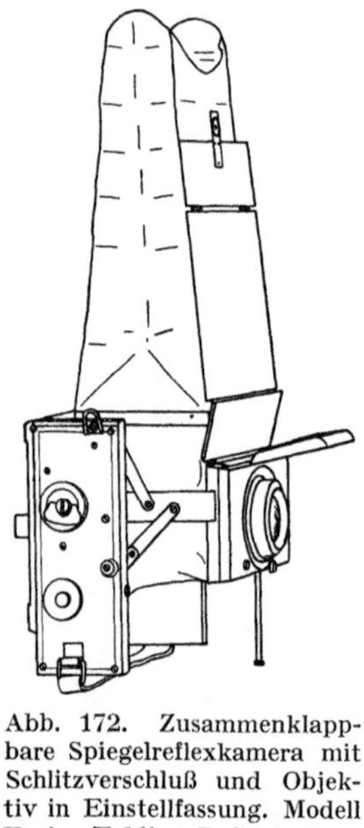

Abb. 172. Zusammenklappbare Spiegelreflexkamera mit Schlitzverschluß und Objektiv in Einstellfassung. Modell Ensign-Folding Reflexkamera der Houghton-Butcher Ltd., London. Für Aufnahmen ohne Stativ ist am Objektivträger eine Fußstütze vorgesehen; das Objektiv ist mit einer Schutzklappe versehen

vorne hin ab, wodurch das Objektiv vollkommen geschützt liegt. Der Objektivträger, durch Hebeldruck nach vorn gebracht, steht unter dem Einfluß innerer starker Klappenscharniere und äußerer Versteifungsspreizen parallel zur hinteren Mattscheibe. Bei einem einzigen Druck auf den oberen Mattscheibenrahmen springt der Spiegel selbsttätig in seine Normallage unter 45° gegen die beiden Mattscheiben.

Als Vertreter von zusammenlegbaren Spreizen-Spiegelreflexkameras mit Schlitzverschluß und freiliegender Objektiveinstellfassung sei schließlich die „Klappreflex-Primar“ mit Knickspreizen der Firma Curt Bentzin in Görlitz genannt; sie ist von quadratischer Bauart und wird in den Formaten 6½ × 9, 8 × 10½, 9 × 12 und 10 × 15 cm hergestellt. Die Brennweiten der Objektive sind 15, 16,5, 18 und 21 cm. Im Gegensatz zur „Fokal-Primar“-Spreizen-Schlitzverschlußkamera sind bei dieser Kamera die Spreizen in der Vertikalebene knickbar.

Die „Ensign Folding-Reflexkamera“ (vgl. Abb. 172), welche die Firma Houghton-Butcher Ltd. in London herstellt, ist ebenfalls eine zusammenklappbare Spiegelreflexkamera mit Schlitzverschluß und Objektiv in Einstellfassung; der Objektivträger wird von einem mehrgliedrigen Gelenksystem in eindeutiger Stellung parallel zur Bildebene festgehalten.[1]

[1] Wegen einer interessanten Zusammenfassung der bekanntesten Modelle von Spiegelreflexkameras vgl. H. Schmidt, Phot. Ind. 1927, Heft 34—37.

30. Die Apparate zum Photographieren freilebender Tiere. Im Jahre 1905 übergab H. MEERWARTH in Braunschweig der Öffentlichkeit ein kleines Handbuch: Photographische Naturstudien, erschienen im Verlage von J. F. Schreiber, Eßlingen und München, das besonders für Jäger, Naturfreunde und alle jene bestimmt war, die Beruf oder Liebhaberei in engere Berührung mit der belebten Natur brachte. Wie MEERWARTH in der Einleitung seines Buches sagt, wurde er zu seiner Arbeit durch ein amerikanisches Buch mit dem Titel „Camera and Countryside" von A. REDCLYFFE DUGMORE (Verlag Doubleday Page & Cie., New York) angeregt; im angelsächsischen Ausland wurde die Photographie der lebenden Natur nicht nur schon viel früher geübt, vielmehr wurden deren Ergebnisse auch in vielgelesenen Büchern niedergelegt. Erwähnt seien hier vor allem das bekannte Werk von DOUGLAS ENGLISH sowie die noch weiter zurückliegenden Arbeiten der Gebrüder KEARTON. Das MEERWARTHsche Buch erregte als eines der ersten dieser Art in Deutschland in all den Kreisen, an die es gerichtet war, Aufsehen; es verfolgte einen doppelten Zweck: es sollte dem Amateur die etwa fehlende naturwissenschaftliche, insbesondere jagdliche Anleitung geben und den erfahrenen Naturfreund, sei er Jäger oder Sammler, in die photographische Technik einführen, damit beide der Wissenschaft vereint dienen können.

Es ist nun interessant festzustellen, mit welchen photographischen Apparaten MEERWARTH seine recht anerkennenswerten Erfolge erzielt hat. Es ist selbstverständlich, daß kleinere, etwa gar zusammenklappbare, in der Tasche tragbare Handapparate für diesen Zweck völlig ausscheiden, erstens weil sie die erforderliche sorgfältige Einstellung infolge Fehlens einer Mattscheibe oft gar nicht zulassen, so daß auch die Benutzung eines Stativs mehr oder weniger überflüssig wird, und zweitens, weil infolge der kurzen Objektivbrennweiten die Bildeinzelheiten wegen der meist in Frage kommenden großen Entfernungen viel zu klein werden. Würde für diesen Zweck z. B. eine Rollfilmkamera 5×8 cm mit einem Objektiv von der Brennweite 9 cm verwandt werden, so ergäbe ein in voller Breite aufgenommener Rehbock von etwa 1 m Länge bei einer sogenannten jagdlichen Entfernung von 100 m eine Abbildung in der Größe von 1 mm. Selbst wenn man dieses Bild vier- bis fünfmal vergrößert — vorausgesetzt, daß es die hiefür erforderliche Schärfe besitzt —, wird der Rehbock nur eine Größe von 5 mm erhalten.

Es sei festgestellt, daß der Gebrauch nur *eines* bestimmten Apparates für die Zwecke photographischer Naturstudien nicht ausreicht; die Art der Ausrüstung wird häufig wechseln müssen, je nachdem, ob Insekten, Vögel oder Wild aufgenommen werden sollen. Wo es angängig ist, sollen die Aufnahmen aus freier Hand gemacht werden, da dies die größte Bewegungsfreiheit ermöglicht und das Heranpirschen an das Wild viel leichter macht. Wo Gelegenheit zum Arbeiten mit dem Stativ gegeben ist, soll die Handkamera solid gebaut sein und einen sicher geführten doppelten Auszug des Schlittens besitzen, so daß Verwacklungen nicht zu befürchten sind; dies ist insbesondere dann notwendig, wenn mit Objektiven von längeren Brennweiten und entsprechend größerem Gewicht gearbeitet wird. Bei Schlitzverschlußkameras mit festen Spreizen kommt eventuell die Anwendung eines Verlängerungsansatzes in Betracht, der hinten an Stelle der Mattscheibe eingeschoben wird.

Wenn der Apparat nicht zu unförmig werden soll, sind der Verwendung von gewöhnlichen Objektiven mit langen Brennweiten sehr bald Grenzen gesetzt. Als Plattengröße genügt fast stets das Format 9×12 cm: erstens wegen der Handlichkeit und zweitens, weil die interessierenden Einzelheiten doch immer nur einen kleinen Teil dieses Formats decken. Bei der Wahl einer Brennweite von 18 cm kommt ein Bildwinkel von etwa 45° in Frage, der fast nie voll ausgenutzt wird. Meerwarth hat den größten Teil seiner Aufnahmen mit Voigtländer-Objektiven gemacht, und zwar mit dem Dynar 1 : 6, $f = 18$ cm, Heliar 1 : 4,5, $f = 18$ cm und Collinear 1 : 6,3, $f = 30$ cm; als Kamera benutzte er die gewöhnliche Handkamera mit Spreizen, meist aber die Spiegelreflexkamera ,,Vida“ mit Schlitzverschluß, die eine sichere und weitgehende Verstellung des Objektivbrettes nach vorne erlaubte. Daß auch bei Verwendung eines Objektivs von 18 cm Brennweite eine spätere Vergrößerung notwendig wird, ist wohl verständlich, denn ein Rehbock würde unter den gemachten Voraussetzungen (vgl. S. 179) bei Verwendung eines Objektivs von 18 cm Brennweite auf der Platte nur etwa 2 mm groß erscheinen; es bleibt infolgedessen die Hauptschwierigkeit, dem Bilde bei jeder Aufnahme die denkbar größte Schärfe zu geben, in jedem Falle bestehen. Der Aufnehmende muß bei der Einstellung unausgesetzt den Bewegungen des Gegenstandes folgen, was um so schwieriger ist, je näher man dem Gegenstande steht; die Einstellung muß um so sorgfältiger vorgenommen werden, je länger die Brennweite und je größer die Lichtstärke ist, da die Tiefenschärfe von diesen beiden Faktoren ungünstig beeinflußt wird. Die Lichtstärke ist so groß als nur möglich zu wählen, denn die Wahrscheinlichkeit, z. B. im Walde unter sehr ungünstigen Lichtverhältnissen belichten zu müssen, ist außerordentlich groß; da bei Verwendung lichtstarker und langbrennweitiger Objektive nur ein kleiner Raum vor und hinter dem scharf eingestellten Gegenstand noch mit genügender Schärfe abgebildet wird, muß man mit der Lupe scharf einstellen und darf sich nicht auf das Schätzen von Entfernungen verlassen. Die einzige für diese Zwecke gut geeignete Kamera, welche erlaubt, das Aufnahmeobjekt bis zum letzten Augenblick auf der Mattscheibe zu beobachten und darauf einzustellen, ist die Spiegelreflexkamera. Berücksichtigt man, daß durch ein Objektiv von 18 cm Brennweite, wie es Meerwarth bei seinen Aufnahmen verwandt hat, ein Rehbock in 50 m Entfernung etwa in der Größe von 4 mm und in 100 m Entfernung halb so groß abgebildet wird, so kann man sich des Eindrucks nicht erwehren, daß das Größen sind, mit denen nicht viel anzufangen ist. Hier füllte das Teleobjektiv eine Lücke aus, indem es die Anwendung von Objektiven mit langer Brennweite bei kurzem Balgauszug gestattete. Die damaligen ,,Teleobjektive“, richtiger ,,Teleansätze“ genannt, stellten eine Kombination eines gewöhnlichen kurzbrennweitigen Objektivs mit einer in veränderlicher Entfernung dahinterstehenden Negativlinse dar; die Negativlinse hatte die Aufgabe, einen kleinen Teil des vom positiven Teil des Objektivs entworfenen Bildes vergrößert auf die Platte zu werfen, wobei das Öffnungsverhältnis mit zunehmender Vergrößerung sank und die Belichtungszeit dementsprechend verlängert werden mußte. Dieses Teleobjektiv konnte die ihm zugewiesene Aufgabe nur teilweise erfüllen, weil bei starker Vergrößerung infolge der geringen Lichtstärke die Belichtungszeit zu lang wurde und bei schwacher Vergrößerung der erstrebte Nutzen naturgemäß verloren ging. Die fortschreitende photographische Technik schuf bald die für diese Zwecke notwendigen lichtstarken Objektive in Gestalt der neuen ,,Teleanastigmate“, wie z. B. das ,,Teletessar“ und das ,,Teledynar“. Diese Spezialobjektive wurden von vornherein als selbständige Systeme ohne jede Verstellbarkeit der einzelnen Glieder gegeneinander errechnet; ihre Leistung ist gerade für den vorliegenden Zweck als ganz außerordentlich groß anzusprechen. Die Lichtstärke von 1 : 6,3, die derjenigen eines normalen Anastigmaten entspricht, reicht fast für alle praktisch vorkommenden Fälle aus; die Bildgüte ist vollkommen befriedigend; zwar ist der Bildwinkel, bezogen auf die 9×12 cm-Platte, bei einer Brennweite von etwa 40 cm nur etwa 22°, reicht aber vollkommen aus, weil damit in 100 m Entfernung eine Fläche von etwa 22 × 30 m, also viel mehr als meist erforderlich, gedeckt wird.

Einer der Pioniere auf dem Gebiete der Aufnahme freilebenden Wildes ist MAX STECKEL; in seinem sehr interessanten Buch „Kamera-Weidwerk", das im Jahre 1927 im Verlag von J. Neumann in Neudamm erschien, schildert er die Entwicklung der Tierphotographie in den Jahren 1896 bis 1924, wie er sie selbst erlebt hat. STECKEL hat eine ganze Reihe von Apparaten nicht nur erprobt, sondern zum Teil selbst konstruiert; er hat in engster Zusammenarbeit mit der Firma VOIGTLÄNDER & SOHN A.-G. fast nur Erzeugnisse dieser Firma benutzt und im Gegensatz zu MEERWARTH fast ausschließlich mit langbrennweitigen Objektiven gearbeitet. Er benutzte seinerzeit bei Nahaufnahmen VOIGTLÄNDERS „Tripletanastigmat" 1 : 7,7 mit der Brennweite 42 cm, ferner das „Collinear" 1 : 6,8 mit 60 cm Brennweite und dessen Hinterlinse allein mit etwa 120 cm Brennweite bei 1 : 12,5 Öffnungsverhältnis. Besonders bemerkenswert ist, daß STECKEL eine Spezialkamera des Formats 13 × 18 cm mit einem VOIGTLÄNDER-„Euryskop" von der Lichtstärke 1 : 12,5 und 142 cm Brennweite konstruierte, dem später ein noch längerer Apparat mit DALLMEYERS „Telephotorapid" 1 : 15 von 2 m Brennweite folgte. Nur für sogenannte Fallenapparate, die in unmittelbarer Nähe des Wildes aufgestellt waren, benutzte STECKEL kurzbrennweitige Objektive, und zwar das „Dynar" 1 : 6 mit $f = 12$ cm.

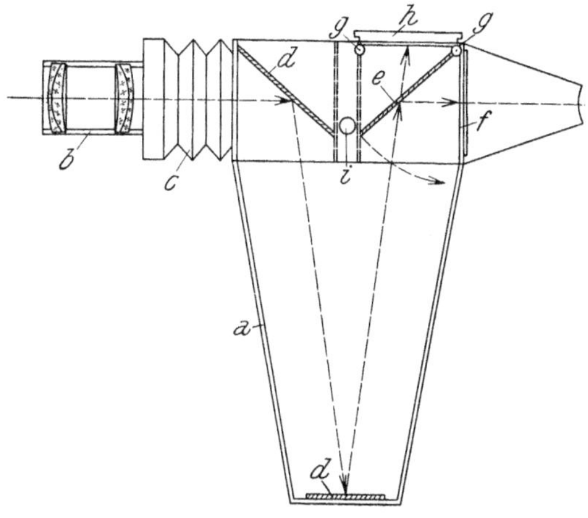

Abb. 173. Spiegelreflexkamera mit drei Spiegeln nach MAX STECKEL. Durch die Ablenkung des Strahlenganges nach unten wird eine Verkürzung der Kamera erzielt und eine Gelegenheit zum Aufstellen derselben geschaffen. *a* Kameragehäuse mit Objektiv *b* und Balgen *c*, *d* feststehender Spiegel, *e* schwenkbarer Spiegel, *f* Mattscheibe, *gg* Schlitzverschluß, *i* Einstellknopf, *h* Kassette und Platte. Die Spiegel müssen optisch einwandfrei sein

Interessant sind die Versuche STECKELS, die aus der Anwendung derartig langer Brennweiten sich ergebenden großen Dimensionen der Kameras zu verringern. Sein Apparat aus dem Jahre 1902 bestand aus einem langen Pappetubus, bei dem an der Oberseite eine in Führungen gleitende Zahnstange mit Trieb vorgesehen war, mittels dessen das Objektiv eingestellt wurde; sowohl an der dem Beschauer zugewandten als auch an der entgegengesetzten Seite gestattete überdies ein kurzer Balgen innerhalb enger Grenzen eine ausreichende Verstellbarkeit sowohl des Objektivs als auch der Mattscheibe. Die Beobachtung der Bildbegrenzung erfolgte durch einen Ikonometersucher; außerdem war ein sogenannter Schaufelradentfernungsmesser vorgesehen, so daß die jeweilige Entfernung des Gegenstandes von der Kamera beim Visieren abgelesen werden konnte.

Eine später (1904) entstandene Kamera dieser Art für das Format 9 × 12 cm, die im großen und ganzen auf der gleichen Grundlage aufgebaut und gleichfalls mit Schlitzverschluß ausgerüstet war, zeigte eine abgeänderte Visiereinrichtung mit einer über der Ebene des Verschlusses liegenden und starr angeordneten Visierscheibe. Zur Einstellung wurde die Mattscheibe benutzt; nach Senkung des Apparates wurde hierauf (unter Beobachtung durch das Visier) die Belichtung vorgenommen. Noch später ging STECKEL zur Konstruktion einer Dreispiegelkamera in der Absicht über, die Ausdehnung des Apparates der Länge nach zu verringern, was natürlich nur durch Knickung des Strahlenganges möglich war; Abb. 173 gibt Aufschluß über den Bau dieser Kamera, wozu noch zu bemerken ist, daß das Bild, weil es sich um eine ungerade Zahl von Spiegeln

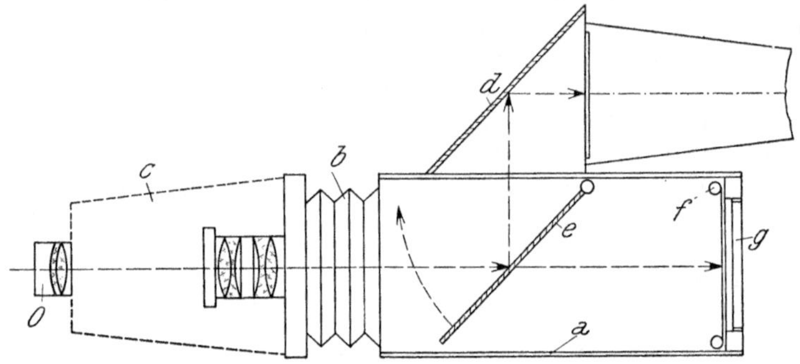

Abb. 174. Zweispiegelkamera nach Max Steckel. Im Kameragehäuse a, das durch den Balgen b in üblicher Weise mit dem einstellbaren Träger des Objektivs verbunden ist, befindet sich der unter 45⁰ zur optischen Achse des Objektivs geneigte und schwenkbare Spiegel e; parallel dazu liegt außerhalb des Gehäuses der Spiegel d. f ist der Schlitzverschluß, g die Kassette. Um Objektive mit längeren Brennweiten verwenden zu können, ist der Ansatz c mit dem Objektiv o vorgesehen

handelt, höhenrichtig, aber seitenverkehrt ist. Selbstverständlich erscheint, weil die Spiegel dauernd im Strahlengang zwischen Objektiv und Bildebene liegen, nur die Verwendung optisch einwandfreier Planparallelspiegel bzw. solcher mit Oberflächenversilberung angängig, wobei eine unveränderliche Lage der optischen Teile zueinander unerläßliche Voraussetzung ist.

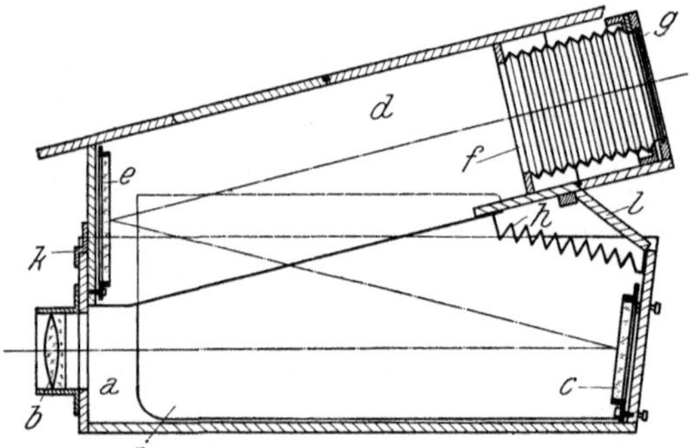

Abb. 175. Spiegelreflexkamera mit zwei Reflektoren zwecks Verwendung von Objektiven mit langer Brennweite. (Konstruktion von August Vautier, D. R. P. Nr. 257901). a unterer Teil des Gehäuses mit Objektiv b und Spiegel c, d oberer Teil des Gehäuses mit Spiegel e, Balgen f und Rahmen g für die Visierscheibe bzw. Kassette, h Balgen; k, l Abstützglieder

Etwa im Jahre 1910 konstruierte die Firma Voigtländer & Sohn A. G. nach Angabe von Max Steckel ihre „Zweispiegelkamera“ (vgl. Abb. 174) für Objektivbrennweiten von 24 bis 42 cm; der Grundgedanke dieses für jagdliche Zwecke mit größtem Erfolge von Steckel angewandten Apparates ist der, das Wild nicht, wie mit allen übrigen Spiegelreflexkameras, senkrecht von oben, sondern parallel zur optischen Achse zu beobachten, eine Maßnahme, die ein wesentlich sichereres Erfassen des Aufnahmeobjekts im gewünschten Augenblick und die Scharfeinstellung auf der Mattscheibe gestattet. Zwar geht durch die Verwendung zweier parallel zueinander liegender Spiegel der Vorzug des höhenrichtigen Bildes wieder verloren, aber das ist gegenüber dem Vorteil der Möglichkeit, langbrennweitige Objektive unterbringen zu können, das kleinere Übel. Steckel verwandte bei diesen Kameras stets das „Triplet-anastigmat“ 1 : 7,5, $f = 42$ cm.

Schon August Vautier in Grandson (Schweiz) beschäftigte sich im Jahre 1901 (D. R. P. Nr. 133287 und 257901) mit der Konstruktion von Kameras mit langen Objektivbrennweiten; auch er ordnete zwei zueinander parallele Spiegel zwischen Objektiv und Mattscheibe so an, daß die Länge des Apparates nur etwa ein Drittel von derjenigen war, die sich ergeben hätte, wenn die Spiegel nicht dazwischengeschaltet worden wären. Die schematische Abb. 175 veranschaulicht den Gesamtaufbau dieser Kamera, wozu noch zu bemerken ist, daß der Apparat für den Transport zusammenklappbar war. Etwas später (1912) verbesserte VAUTIER seine Spezialkamera dahin, daß auch Objektive mit normalen Brennweiten verwandt werden konnten.

Aus vorstehendem ergibt sich, daß für photographische Naturstudien in erster Linie Apparate mit lichtstarken und möglichst langbrennweitigen Objektiven in Betracht kommen; da auch Negative, die mit solchen Systemen gewonnen wurden, nachträglich vergrößert werden müssen, ist sorgfältige Einstellung bei denkbar kürzester Vorbereitungszeit für die Aufnahme wichtigste Voraussetzung.

Berufene Autoren haben ihre in biologischer und photographisch-technischer Richtung hochinteressanten Erfahrungen schriftlich niedergelegt; es sei diesbezüglich auf die einschlägigen Publikationen verwiesen.[1]

31. Spiegelreflex-Kastenkameras mit Objektivverschluß. Nach einfachen und wohlfeilen Spiegelreflexkameras war stets ein gewisses Bedürfnis vorhanden, denn die Möglichkeit, das Bild des aufzunehmenden Gegenstandes bis zum Augenblick der Belichtung beobachten zu können, ist der besondere Vorzug aller Spiegelreflexkameras. Bei den hochwertigen Modellen dieser Art werden fast durchwegs lichtstärkste Objektive benutzt, bei denen das Bild knapp vor der Aufnahme scharf eingestellt werden muß; lange Objektivbrennweiten und eingebauter Schlitzverschluß bedingen von vornherein einen außergewöhnlichen Umfang der Kamera. Wenn diese Nachteile auch durch wertvolle Vorteile anderer Art wieder aufgewogen werden, so blieb doch der Wunsch nach einer Spiegelreflexkamera bestehen, die unter Verzichtleistung auf höchste Lichtstärke des Objektivs die Vorzüge der Spiegelreflexkamera mit jenen der gewöhnlichen Handkamera verbindet.

Von diesen Erwägungen ausgehend, hat das IHAGEE-KAMERAWERK STEENBERGEN & Co. in Dresden-Striesen seine Apparate „Plan-Paff" und „Roll-Paff" konstruiert; beide besitzen im Gegensatz zu den sonst bekannten Spiegelreflexkameras mit Schlitzverschluß einen Objektivverschluß. Erstgenannte Kamera ist für die Verwendung von Platten und Filmpack der Größe 4,5 × 6 cm

[1] „Kamera-Weidwerk" von MAX STECKEL, Verlag J. Neumann in Neudamm. Vgl. auch Atel. d. Phot. 1930, Heft 5.

„Tierstudien mit der Kamera" von Prof. Dr. BENNO WANDOLLECK, Verlag Union Deutsche Verlagsgesellschaft, Berlin.

„Mit Blitzlicht und Büchse", von C. G. SCHILLINGS, R. Voigtländers Verlag, Leipzig.

„Der Terragraph" von HEGENDORF, Verlag J. Thomas, Leipzig.

„Anleitung zum Photographieren freilebender Tiere" von MARTIN KIESLING, R. Voigtländers Verlag, Leipzig.

„Photographische Naturstudien" von H. MEERWARTH, Verlag J. F. Schreiber, Eßlingen und München.

„Lebensbilder aus der Tierwelt Europas" von H. MEERWARTH und KARL SOFFEL, Verlag J. F. Schreiber, Eßlingen und München.

„Camera and Countryside" von A. RADCLYFFE DUGMORE, Verlag Doubleday Page & Cie., New York.

„Photographische Tierbilder" von R. ZIMMERMANN, Verlag Strecker & Schröder, Stuttgart.

„Naturkunden" von C. F. SCHULZ, Verlag P. Parey, Berlin.

und 6,5 × 9 cm, letztgenannte Kamera nur für Rollfilm 6 × 6 cm eingerichtet. Diese Modelle besitzen einen um eine Achse schwenkbaren Spiegel und eine darüber liegende Visierscheibe mit Lichtschutz. Der einfache Objektivverschluß ist für Zeit- und Momentaufnahmen eingerichtet; drei verschiedene Blenden gestatten, die fehlende Objektivverstellung bis zu einem gewissen Grad zu ersetzen. Die optische Ausrüstung besteht entweder aus einer achromatischen Linse oder aus einem Anastigmat 1 : 6,8 bzw. 1 : 6,3. Um die Einstellung der Kamera für kurze Entfernungen günstiger zu gestalten, werden den Apparaten Porträt-Vorsatzlinsen beigegeben.

Diese Apparate ähneln im Prinzip den hochwertigen Apparaten mit Schlitzverschluß: durch einen Handgriff wird zuerst der Spiegel aus dem Strahlenbereich für den Schichtträger gebracht und dann der Verschluß ausgelöst. Die Ausstattung dieser Modelle ist selbstverständlich ihrer Preislage entsprechend einfach; das Holzgehäuse ist mit Kunstleder bezogen.

Im allgemeinen besteht bei Anwendung von Objektivverschlüssen bei Spiegelreflexkameras die Schwierigkeit, daß das Objektiv zum Zwecke der Beobachtung des Bildes auf der Mattscheibe vor der Belichtung geöffnet sein muß; der Verschluß muß mit dem Spiegel in einem solchen Zusammenhang stehen, daß mit der Bewegung oder mit der Einleitung der Bewegung des Spiegels in die den Strahlen den Durchtritt zur Platte gestattende Lage das Objektiv selbsttätig verschlossen wird. Der Spiegel muß also mit einer die drei Lagen „zu — auf — zu" herbeiführenden Verschlußvorrichtung derart in Zusammenhang stehen, daß durch die Bewegung des Spiegels aus der reflektierenden Lage in die Ruhelage auch der Verschluß in die drei genannten Lagen gebracht wird.

Die Firma VOIGTLÄNDER & SOHN A.-G. in Braunschweig hat sich gelegentlich der Konstruktion der kleinen Spiegelreflexkamera $4\frac{1}{2} \times 6$ cm mit Zentralverschluß im Jahre 1915 mit dieser Frage eingehend beschäftigt und eine brauchbare Lösung des Problems durch entsprechende Umgestaltung des Sektorenverschlusses gefunden; Einzelheiten hierüber finden sich im D. R. G. M. Nr. 691 879 beschrieben.

Bei Reflexkameras mit Objektivverschluß darf die den Belichtungsvorgang herbeiführende Öffnung des Objektivverschlusses erst dann erfolgen, wenn der Spiegel aus seiner um 45° gegen die Horizontale geneigten Lage genügend entfernt und in eine die Belichtung der Platte nicht störende Lage gelangt ist. Um dies mit Sicherheit zu erreichen, kann z. B. durch die vom Operateur zu betätigende Handhabe zur Herbeiführung der Belichtung nur das Verschließen des bis dahin zum Zwecke der Bildbeobachtung durch den Spiegel offenen Objektivs und die Freigabe des unter Federspannung stehenden durch eine Sperre in der Gebrauchslage gehaltenen Spiegels herbeigeführt werden, wogegen das Öffnen des Objektivverschlusses zum Zwecke der Belichtung und das Schließen desselben durch den sich bewegenden Spiegel zu einer Zeit bewirkt wird, zu der sich der Spiegel aus der Bahn der Lichtstrahlen bereits völlig entfernt hat. (Siehe D. R. P. Nr. 356473 für VOIGTLÄNDER & SOHN A. G.)[1]

FRITZ SCHIEBER in Dresden hat eine andere Lösung dieses Problems angegeben: um die zwangläufige Verbindung zwischen dem Auslösehebel für den Verschluß und dem Spiegel durch Lenker und Hebel zu vermeiden, weil eventuell Schwierigkeiten entstehen können, wenn der Verschluß zwecks Scharfeinstellung relativ zur Vorderwand der Kamera bewegt werden soll, schlägt SCHIEBER vor, den Auslösehebel

[1] Ähnlich ist die „Mentor"-Compur-Reflex-Kamera (1930) der MENTOR-KAMERA-FABRIK, Dresden A 1, konstruiert; sie wird im Format 6 × 9 cm (quer) mit Anastigmat 1 : 4,5, f = 10,5 im neuen Compur-Verschluß mit Vorlaufwerk hergestellt. Abmessungen: 12 × 10 × 9,5 cm; Gewicht mit Objektiv ca. 750 g.

des Verschlusses mit der Spiegelauslösung durch einen biegsamen Drahtauslöser zu verbinden, dessen eines Ende fest am Zentralverschluß angebracht und dessen anderes Ende an der Kameravorderwand befestigt ist. (D. R. P. Nr. 429074). Hieher gehört auch eine von W. HERBERT HOLMES im Jahre 1912 angegebene Spiegelreflexkamera. Vgl. E. P. Nr. 2446/1912.

32. Rollfilm-Spiegelreflexkamera. Trotz aller schätzenswerten Vorzüge, welche die Rollfilmkamera wegen ihrer raschen Bereitschaftsstellung einerseits und ihres kompendiösen Aufbaus anderseits zweifellos besitzt, ist die stets erforderliche Schätzung der jeweiligen Entfernung der Kamera vom Aufnahmeobjekt doch ein aus dem Fehlen der Mattscheibeneinstellung sich ergebender Nachteil; wohl füllen die neuerdings oft in Anwendung kommenden kleinen Entfernungsmesser eine bestehende Lücke aus, doch steht ihrer allgemeinen Einführung ihr relativ hoher Preis im Wege. Solange die Lichtstärke der Objektive nicht zu groß ist (z. B. 1 : 6,3), wird die durch falsche Entfernungsschätzung bedingte teilweise Unschärfe infolge der günstigen Tiefenschärfeverhältnisse meist nicht störend empfunden; diese Sachlage ändert sich bei Verwendung der heute allgemein gebräuchlichen Objektive mit der Lichtstärke 1 : 4,5 und darüber: Objektive mit diesem großen Öffnungsverhältnis erfordern eine sehr sorgfältige Einstellung des Bildes. Diese Tatsachen mögen die Firma FRANKE & HEIDECKE in Braunschweig dazu bestimmt haben, eine Rollfilmkastenkamera mit Spiegelreflexeinrichtung zur Scharfeinstellung zu schaffen. Das neue Modell, das also die Vorzüge der Rollfilmkamera bezüglich Verwendung normalen Negativfilmmaterials für die Bildgröße 6 × 6 cm und die Vorzüge der Spiegelreflexkamera verbindet, ist in den Abb. 176a und 176b dargestellt; es ist im wesentlichen durch die Übereinander-Anordnung von zwei Kameras mit Objektiven gleicher Brennweite ($f = 7{,}5$ cm) gekennzeichnet. Dieses Prinzip ist an sich nicht neu und bereits vor Jahrzehnten bekannt geworden, wesentlich ist jedoch, daß die lediglich als Suchereinrichtung ausgebildete obere Kamera ein Objektiv von größerer Lichtstärke (1 : 3,1) besitzt als die Aufnahmekamera (1 : 4,5); durch Zwischenschaltung eines unter 45° geneigten feststehenden Spiegels werden die Lichtstrahlen zu einer horizontal angeordneten Mattscheibe (mit Lichtschutzschacht) abge-

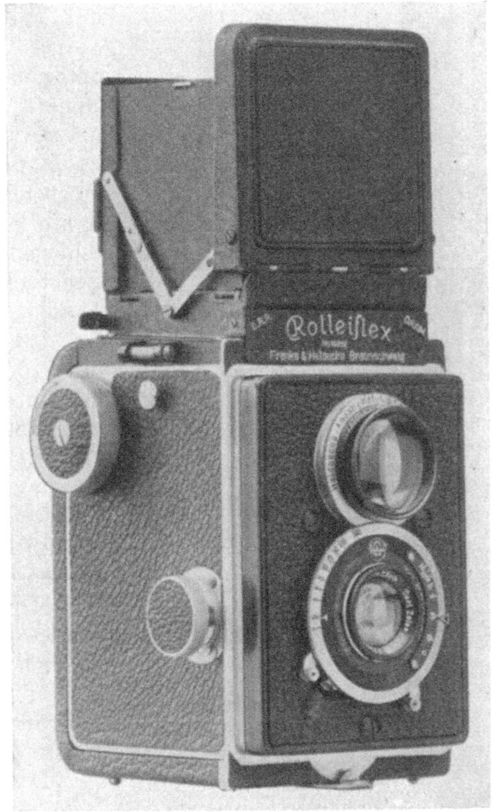

Abb. 176 a. Rollfilmspiegelreflexkastenkamera. Objektivverschluß für das Format 6 × 6 cm. Modell „Rolleiflex“ der Firma FRANKE & HEIDECKE, Braunschweig

lenkt, auf der ein aufrechtstehendes Bild von gleicher Größe wie auf der Platte entsteht.

Von zwei Objektiven mit gleicher Brennweite hat dasjenige die geringere Tiefenschärfe, das die größere Lichtstärke besitzt; dadurch wird bei dieser Kamera die Einstellung wesentlich erleichtert. Dazu kommt die Beobachtung von oben. (D. R. P. Nr. 326517). Bei Betätigung des keinerlei Teilung tragenden Einstellknopfes für die Einstellung auf Nähe wird durch Übertragung mit Hilfe von Kegel- und Stirnrädern der Träger beider Objektive in Richtung der optischen Achse verschoben, und zwar bei Einstellung von Gegenständen in 1 m Entfernung um etwa 8 mm; das Aufnahmeobjektiv (Tessar) ist in den neuen Compurverschluß ($^1/_{300}$ Sek. Höchstgeschwindigkeit) mit zur optischen Achse konzentrischem Einstellring für die verschiedenen Geschwindigkeiten einmontiert; das Sucherobjektiv hat einfache zylindrische Fassung ohne jede Blende.

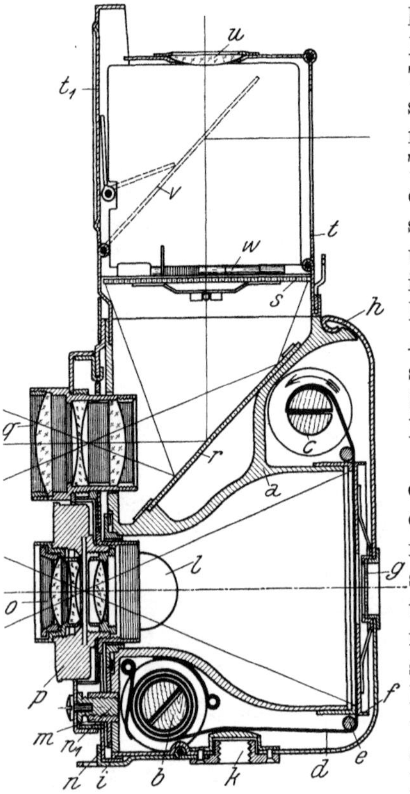

Abb. 176 b. Kamera „Rolleiflex" im Schnitt. Vgl. Abb. 176 a. *a* Kameragehäuse, *b* Abwickelfilmspule, *c* Aufwickelfilmspule, *d* Film (6 × 9 cm), *e* Filmgleitwelle, *f* federnde Druckplatte, *g* Filmfenster, *h* Kameradeckel mit Verschluß *i*, *k* Stativmutter, *l* Einstellknopf für die Trägerplatte *m*, *n* Zahnräder, n_1 Gewindestutzen, *o* Aufnahmeobjektiv (1 : 4,5) in Compurverschluß *p*, *q* Sucherobjektiv (1 : 3,1), *r* Spiegel (fest stehend), *s* Mattscheibe, *t* Lichtschachtwände, t_1 Lichtschachtdeckel, *u* Lupe, *v* Hilfsspiegel, *w* Scharnier

Der auf Grund der Gesamtanordnung und des Strahlenganges frei bleibende Platz ist für die Unterbringung des Negativträgers ausgenutzt, und zwar befindet sich die Abwickelspule in dem unterhalb des Aufnahmeobjektivs entstehenden Raum; diese Spule ist nicht achsial gelagert, sondern wird durch zwei sich an den Rand der Spule legende federnde Halteorgane zentrisch gemacht. Die Aufwickelspule ist in der üblichen Weise angeordnet und nach achsialer Verschiebung des Fortschalteknopfes nach innen eindeutig gelagert. Der Film wird wie üblich über zwei Leitrollen geführt und durch eine federnde Platte stets eben gepreßt.

Die ganze Rückwand einschließlich Unterseite mit Stativmutter ist abnehmbar, damit der unbelichtete Film eingelegt bzw. der belichtete Film entfernt werden kann.

Momentkameras mit zwei übereinanderliegenden gleichen Objektiven, von denen das eine als Sucher dient, das Bild in der gleichen Größe zeigt wie das Aufnahmeobjektiv und das Einstellen während des Suchens gestattet, wurden bereits Ende des vorigen Jahrhunderts bekannt; unter anderen sei das Modell „Cosmopolite" oder „Kinegraphe" von Français in Paris erwähnt, das für Platten im Format 9 × 12 cm um 1890 in den Handel gebracht wurde.[1]

Die Houghton-Butcher Ltd. in London hat sich mit Erfolg der Konstruktion guter Rollfilmkameras mit Spiegelreflexeinrichtung und Objektivverschluß zugewandt; wegen Einzelheiten vgl. die Kataloge dieser Firma.

[1] Vgl. J. M. Eder, Ausf. Handb. d. Phot. Bd. 1, Heft 5 (1892), S. 539.

33. Mattscheibenlichtschutz mit Spiegel. Die großen mehrfach erwähnten Vorzüge der Spiegelreflexkamera haben erfinderische Köpfe veranlaßt, ähnliche Vorrichtungen auch an gewöhnlichen Klappkameras mit Laufboden und Balgen anzubringen, um das verkehrte Mattscheibenbild aufzurichten und gleichzeitig eine Einstellung von oben zu ermöglichen. Man wollte dabei den Spiegel nicht in den Strahlengang zwischen Objektiv und Bildebene bringen (wie z. B. schon früher bei der Camera obscura), ihn vielmehr lediglich als Ergänzung des Mattscheibenrahmens und Lichtschutzes benutzen.

Wie J. M. Eder in seinem ‚Ausführlichen Handbuch der Photographie', Bd. 1, Heft 5 (1892), S. 400, angibt, brachte Clinedinst in Baltimore schon um 1878 hinter der Visierscheibe einen Umkehrspiegel an, der unter 45° zur Mattscheibe geneigt und mit balgartigen Seitenwänden versehen war, welche das Nebenlicht abhielten und das Zusammenlegen der Kamera gestatteten.

Layman Magarry Sternbergh in Peterson, U. S. A., erhielt im Jahre 1908 das D. R. P. Nr. 225966 auf die besondere Gestaltung bzw. Befestigung eines Mattscheibenrahmens für photographische Kameras mit einem Spiegel, der um zwei aneinanderstoßende Kanten der rechteckigen Mattscheibe drehbar war. Die Neuerung hatte den Vorteil, daß die Kamera in beliebige Stellungen gebracht werden konnte, ohne daß ein Herausfallen des Spiegels zu befürchten war.

J. Freislinger in Mittweida konstruierte etwa zu gleicher Zeit eine Lichtschutzkappe mit Lederfaltenwänden, die mit einem bis zu 45° neigbaren Planspiegel versehen und vor der Mattscheibe schwingbar angeordnet war; zum Schutz der Vorrichtung gegen äußere Einflüsse diente ein Deckel, der in der Gebrauchsstellung zum Abhalten des Nebenbildes bestimmt war.

Kurt Franke, Berlin, machte die abnehmbare und zusammenklappbare Spiegelreflexeinrichtung sowohl für Hoch- als auch für Queraufnahmen brauchbar. Um gleichzeitig mit der Aufrichtung eine Vergrößerung des Mattscheibenbildes zu erreichen, schlug Dr. Joseph Schütz in Frankfurt a. M. (1913) vor, statt des Planspiegels einen Hohlspiegel zu verwenden (D. R. P. Nr. 274985).

Josef Karg in Wien beschäftigte sich im Jahre 1920 mit der Konstruktion einer sowohl bei Hoch- als auch bei Queraufnahmen verwendbaren Spiegelvorrichtung zum Umkehren des Mattscheibenbildes photographischer Kameras. Bei den bisher beschriebenen Einrichtungen dieser Art kann der Spiegel erst durch eine Reihe von Handgriffen nach erfolgter Lageveränderung der Kamera wieder in die Beobachtungsstellung gebracht werden; um dies zu verhindern und ein Umstellen der Kamera aus der Hoch- in die Querlage und umgekehrt zu ermöglichen, ohne dabei die Betrachtung des Spiegelbildes unterbrechen zu müssen, hat Karg den Träger des Spiegels in einer senkrecht zur optischen Achse des Kameraobjektivs gelegenen Ebene drehbar angeordnet, wie dies bereits bei den Mattscheibenrahmen quadratischer Spiegelreflexkameras bekannt ist (D. R. P. Nr. 342576).

Die gleiche Aufgabe hat H. Wilms in Düsseldorf mit anderen Mitteln gelöst und das D. R. P. Nr. 364384 erhalten.

Dr. Hermann Rom in Berlin wandte 1924 sein besonderes Augenmerk darauf, eine von der Kamera getrennte zusammenlegbare Vorrichtung zu schaffen, die z. B. in einer Tasche untergebracht werden kann und die gleiche Aufgabe erfüllen soll; zu diesem Zweck ist der Spiegelhalter an einer mit aufklappbaren Führungswänden versehenen Bodenfläche angebracht, so daß er mit dieser in einen mit der Mattscheibe verbundenen Lichtschacht eingesetzt werden kann (D. R. P. Nr. 420164).

Im vorstehenden wurde nur ein kleiner Teil der Erfindungen erwähnt, die auf diesem Gebiet im Laufe der letzten 20 Jahre gemacht wurden; in der

Praxis hat sich fast keine der erwähnten Einrichtungen bewährt. In Unkenntnis bereits früher bekannt gewordener und teilweise auch patentierter Vorrichtungen wurden manchmal auch die gleichen Konstruktionen aufs neue gesetzlich einge-

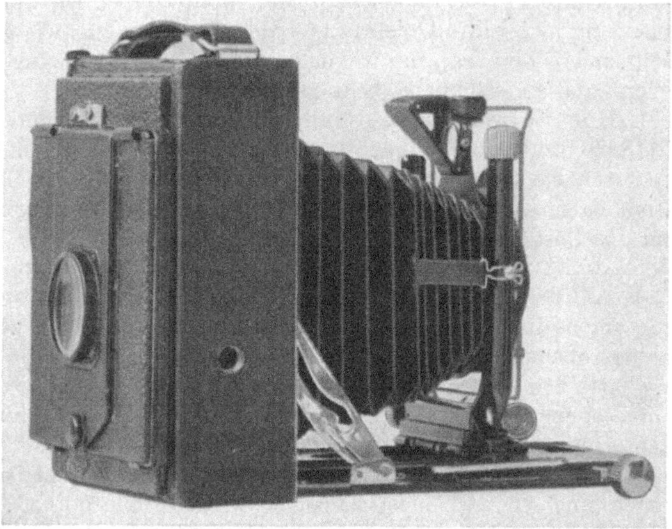

Abb. 177 a. Mattscheibenrahmen mit Lichtschutzvorrichtung und Umkehrspiegel sowie Lupe zur Beobachtung des Bildes in aufrechter Stellung. Zusammengeklappt. Kameramodell Avus von Voigtländer & Sohn A.-G., Braunschweig

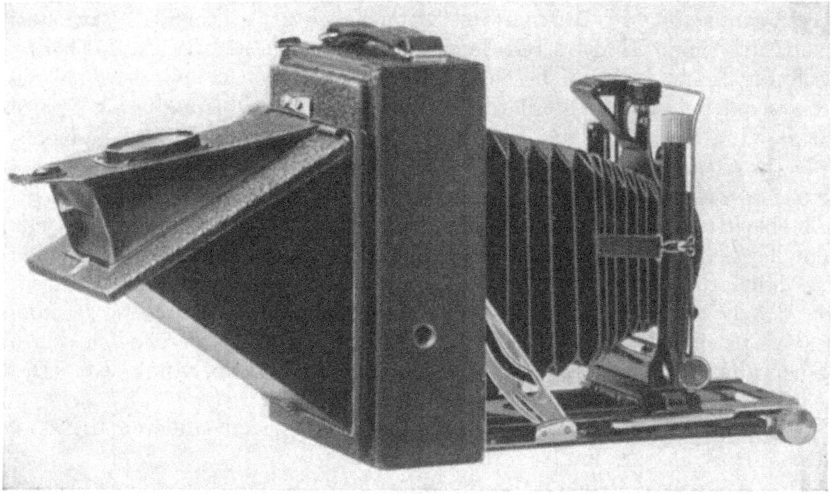

Abb. 177 b. Mattscheibenrahmen mit Lichtschutzvorrichtung und Umkehrspiegel zur Beobachtung des Bildes in aufrechter Stellung. (Vgl. auch Abb. 177 a). Aufgeklappt. Die Lupe gestattet, das Bild in zirka 2 ½ facher Vergrößerung zu betrachten, wodurch die Einstellung erleichtert wird

tragen; so kommt es, daß man beim Studium der Literatur nahezu die gleiche Idee bei verschiedenen Erfindern findet.

Der Grund, warum sich der Mattscheibenlichtschutz mit Spiegeleinrichtung nicht eingebürgert hat, obwohl zweifellos ein Bedürfnis danach besteht, ist wohl hauptsächlich in dem relativ hohen Preise einer solchen Vorrichtung zu suchen; außerdem spielt neben dem Gewicht das Volumen der Kamera und die Zerbrechlichkeit des Spiegels eine Rolle. Letzterer muß, damit keine Doppelbilder entstehen, an der Oberfläche sorgfältig versilbert sein (er ist diesfalls sehr empfindlich gegen äußere Einflüsse), und infolgedessen ziemlich kostspielig. Wird, wie Abb. 177 a und b zeigen, außer der Spiegeleinrichtung noch eine Lupe zur Vergrößerung des Mattscheibenbildes angeordnet, so kann das Bildfeld nicht bis an die Ecken übersehen werden; eine Verstellbarkeit der Lupe für verschiedene Augen bedeutet eine weitere Komplikation.

E. Fix-Focus-Kameras

34. Klappkameras mit Vorrichtung zum selbsttätigen Vorbewegen des Objektivs in die Aufnahmestellung. Mit der ununterbrochen fortschreitenden Entwicklung der photographischen Apparate für den Handgebrauch entwickelte sich das Verlangen nach einer raschesten Bereitschaftsstellung der Kamera bei Momentaufnahmen; die hohe Geschwindigkeit der Schlitzverschlüsse war oft nicht ausnutzbar, wenn die Vorbereitung zum Öffnen des Apparates so viel Zeit in Anspruch nahm, daß der bewegte Gegenstand sich bereits in einer für die Aufnahme ungeeigneten Entfernung oder in einer ungünstigen Stellung zur optischen Achse des Objektivs befand. Es war daher bei Sportkameras mit Schlitzverschlüssen eine beinahe selbstverständliche Forderung, das Objektiv solle nach erfolgtem Druck auf den Auslöseknopf sofort in die Gebrauchslage für Unendlich springen, was besonders bei Verwendung der meist üblichen Spreizen- oder Scherenspreizenanordnung ohne Schwierigkeiten durchführbar war (Springkamera).

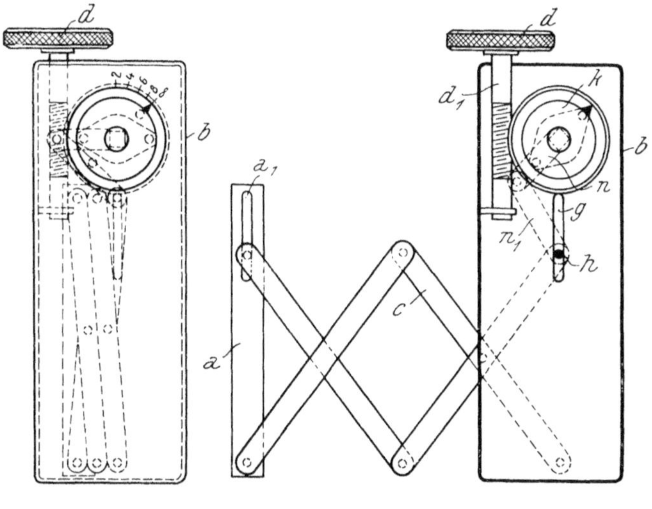

Abb. 178. Vorrichtung zum Einstellen auf einen Gegenstand bei geschlossenen Spreizenkameras. D. R. P. Nr. 462393 der ZEISS-IKON A.-G., Dresden. *a* Objektivträger mit Schlitz a_1, *b* Kameragehäuse mit Schlitz *g*, *c* Scherenspreizen, *d* Einstellknopf mit Gewindespindel d_1 (Mikrometerschraube), *k* Einstellscheibe mit Index, *n* n_1 Kniehebelgelenk. Wegen Einzelheiten der Konstruktion vgl. die obzitierte Patentschrift

In Abb. 178 ist eine Spreizenkamera dargestellt, bei welcher die Einstellung auf den aufzunehmenden Gegenstand bereits bei geschlossener Kamera vorgenommen werden kann.

Auch bei Plattenkameras mit Laufboden und Objektivverschluß wurde die oberwähnte Forderung nach raschester Bereitschaftsstellung gestellt, denn wohl brachte das selbsttätige Aufspringen des Laufbodens beim Drücken auf einen Knopf bei manchen Kameras schon eine ziemliche Zeitersparnis, aber das Überführen des Objektivträgers aus dem Gehäuse auf die Laufschienen war unter Umständen nicht nur zeitraubend, sondern auch ärgerlich, und zwar dann, wenn durch äußere Einflüsse oder unsachgemäße Eingriffe das ordnungsgemäße Funktionieren der Apparatur gestört war. Im nachstehenden seien einige der interessantesten hieher gehörigen Erfindungen beschrieben:

Schon in einer älteren amerikanischen Patentschrift (Amer. Pat. Nr. 613310) wird eine beim Öffnen des Deckels sich selbsttätig spreizende Kamera beschrieben, bei welcher das Aufrichten des Objektivträgers durch Verbindungsstangen oder Hebel erfolgt, die teils am Objektivträger, teils am Deckel angelenkt sind. Bei dieser Art von Kameras ist am Hinterrahmen ein Schieber angelenkt, der beim Auf- und Zuklappen des Deckels mit dem über seinen Drehpunkt hinaus verlängerten Ende mit einer der den Objektivträger tragenden Verbindungsstangen in Eingriff tritt und dadurch das Aufrichten des Objektivträgers beim Öffnen der Kamera zu bewirken vermag. Henry M. Reichenbach in Dobbs Ferry (U. S. A.) hat (1901) eine Konstruktion angegeben, die sich auf das Einstellen solcher Kameras für verschiedene Entfernungen erstreckt; die Vor- und Rückwärtsbewegung des Objektivträgers wurde dadurch erzielt, daß der erwähnte zum Aufrichten dienende Schieber zweiteilig ist und so angeordnet wird, daß der eine Teil desselben auf dem anderen gleiten kann und während dieser Bewegung ständig mit den Verbindungsstangen gekuppelt bleibt, die den Objektivträger mit der verschiebbaren Grundplatte verbinden (D. R. P. Nr. 152831).

Im allgemeinen bedarf es bei dieser Art von Kameras entweder einer Nachhilfe von Hand, um den ihre Lage ändernden Teilen die richtige Endstellung zu geben, oder man benötigt für die als zusammenklappbare Streben sich darstellenden Organe Streckfedern, welche durch ihre während des Aufklappens erfolgende Streckung die erwähnten Teile in die Arbeitsstellung bringen. Beim Zusammenlegen der Kamera muß der Spannung dieser Federn, die nach Festlegung des Deckels in der Verschlußstellung einen ständigen Druck auf die Verriegelungseinrichtung dieses Deckels ausüben, eine Kraft entgegengesetzt werden. Henry Percy Tattersall in Altrincham (England) hat 1903 eine Klappkamera konstruiert, bei welcher zugleich mit dem Herumklappen des den Deckel bildenden Laufbrettes das Aufrichten und der Vorschub des Objektivbrettes selbsttätig erfolgt.

Gustav Fischer in Dresden hat im Jahre 1905 eine Vorrichtung zum vollkommen selbsttätigen Einstellen photographischer Klappkameras konstruiert; dabei wird das Objektiv in die Aufnahmestellung vorbewegt; der Objektivträger ist mit einem unter Federwirkung stehenden, in eine Zahnstange des Laufbodens eingreifenden Zahnrad versehen. Die Arbeitsweise dieses ganz (nicht wie die oberwähnten Geräte halb) automatisch arbeitenden Apparates ist folgende: Durch einen Druck auf den Halteknopf für den nach oben geklappten Laufboden wird dieser freigegeben und fällt so weit vor, bis die seitlich angeordneten Streben das Laufbrett in horizontaler Stellung festhalten; eine entsprechend ausgebildete Sperrung wird ausgelöst. Der Objektivträger, an dem das unter Federspannung stehende Zahnrad drehbar befestigt ist, bewegt sich dadurch vor, daß das Zahnrad sich an der neben der Laufschiene liegenden Zahnstange abwälzt. Um nach erfolgter Aufnahme den Apparat zusammenklappen zu können, wird zunächst unter Überwindung der Spannung der im Federgehäuse eingeschlossenen Feder der Objektivträger soweit zurückgeschoben, bis der vorgesehene Anschlag hinter die Haltefeder des Laufbodens greift. Dabei wird die (wie bereits erwähnt) fest mit dem Zahnrad verbundene Spiralfeder angespannt und der Laufboden nach Auslösung der seitlichen Streben nach oben geklappt. Fischer hat seine Erfindung später dahin erweitert, daß zwecks Erzielung einer guten, ein vollkommen gleichmäßiges Verschieben des Objektivträgers gewährleistenden Parallelführung zwei Zahnräder vorgesehen sind, die in parallel verlegte Zahnstangen eingreifen (D. R. P. Nr. 177424 und 180907). Während der Objektivträger bei der verschiebbaren Anordnung unter dem Einfluß von Druckorganen steht, hat die Firma OPTISCHE ANSTALT C. P. GOERZ A.-G. in Berlin-Friedenau im Jahre 1905 eine Klappkamera herausgebracht, bei welcher der Objektivteil unter dem Einfluß von Zugorganen steht, die ihn nach dem Aufklappen des Kameradeckels selbsttätig in die Stellung für „Unendlich" herausziehen. Die Wirkungsweise der Kamera ist folgende: Sobald der Kameradeckel völlig geöffnet ist, zieht eine Federwalze vermittels geeigneter Zugorgane, z. B. Stahlbänder oder

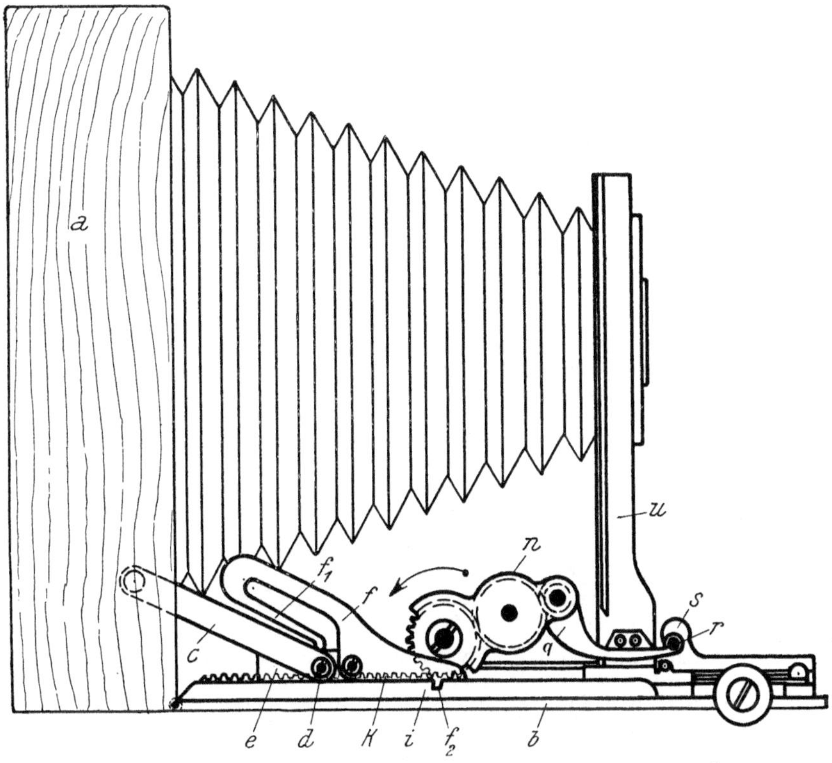

Abb. 179. Schematischer Aufbau einer photographischen Klappkamera mit beim Öffnen des Laufbodens sich selbsttätig in die Gebrauchsstellung vorbewegendem Objektivträger. D. R. P. Nr. 195163 für EMIL WÜNSCHE A. G., Dresden. *a* Gehäuse, *b* Laufboden, *c* Spreize, durch Niete *d* mit Schlitten *e* verbunden, *f* Einschnapphebel mit federndem Arm f_1 und Nase f_2; *i* Schlittenführung, *k* Zahnstange am Schlitten *e*; *n*, *q*, *r* Hebelverbindung, am Laufboden drehbar gelagert; *s* Haken am Schlitten des Objektivträgers *u*

dergleichen, den Objektivteil aus dem Kameragehäuse heraus, so daß der Objektivteil auf die Schienen des Laufbodens überzutreten vermag. Entsprechend ausgebildete Anschläge sorgen dafür, daß die Einwirkung der Federwalze aufhört, sobald das Objektiv die für die Einstellung auf Unendlich erforderliche Lage angenommen hat (D. R. P. Nr. 177372 und 213344 sowie D. R. G. M. Nr. 330365).

Es folgt nun eine Reihe ähnlicher sehr interessanter Konstruktionen von Klappkameras mit zwangläufig sich aufrichtendem Objektivträger; so hat u. a. die Firma FABRIK PHOTOGRAPHISCHER APPARATE VORMALS R. HÜTTIG & SOHN in Dresden die unter dem Namen „Atom" und „Cupido" bekannt gewordenen Modelle auf den Markt gebracht; das Kennzeichen dieser Kameras mit sich selbsttätig aufrichtendem Objektivträger war die besondere Gestaltung des letzteren in Form von Hebeln, die am Bodenbrett drehbar waren und beim Aufklappen der

Kamera durch im Inneren der Kamera exzentrisch zum Scharnier des Bodenbrettes gelenkig befestigte Zugstangen aufgerichtet wurden (D. R. P. Nr. 179377, 186557 und 197748 sowie D. R. G. M. Nr. 377172). Emil Wünsche A.-G. für Photographische Industrie in Reick b. Dresden versuchte 1907 das in Rede stehende interessante Problem auf andere Weise zu lösen; die Neuerung bestand darin, daß von den Kameraspreizen aus ein Hebelgetriebe in Bewegung gesetzt wurde: das eine eine geradlinige Bahn durchlaufende Ende dieses Getriebes verschiebt den Objektivschlitten. Um trotz der zwangläufigen Verbindung aller Hebel den Objektivträger z. B. für Nahaufnahmen nötigenfalls über die

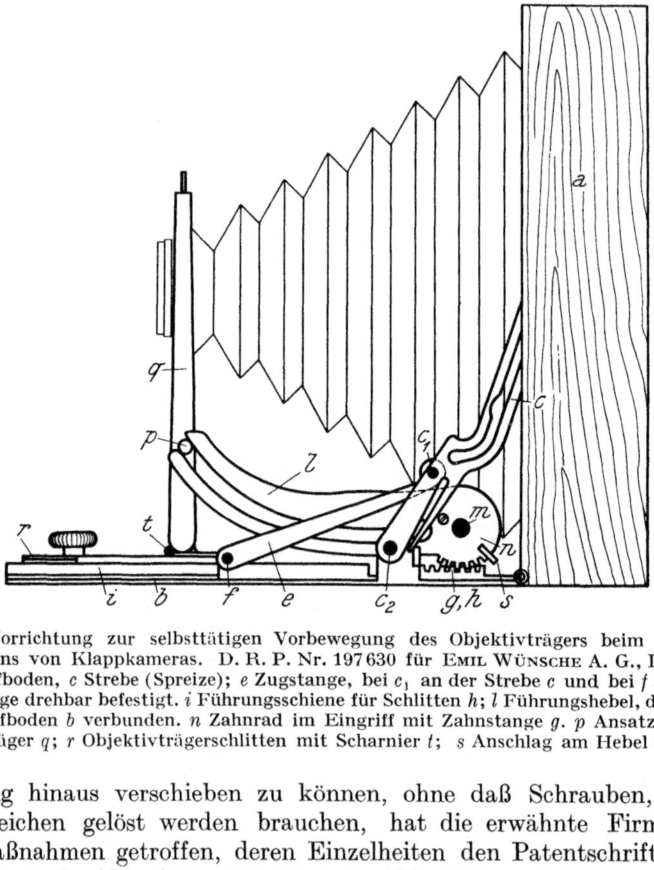

Abb. 180. Vorrichtung zur selbsttätigen Vorbewegung des Objektivträgers beim Herabklappen des Laufbodens von Klappkameras. D. R. P. Nr. 197630 für Emil Wünsche A. G., Dresden. *a* Gehäuse, *b* Laufboden, *c* Strebe (Spreize); *e* Zugstange, bei c_1 an der Strebe *c* und bei *f* am Schlitten *h* mit Zahnstange drehbar befestigt. *i* Führungsschiene für Schlitten *h*; *l* Führungshebel, durch Bolzen *m* mit dem Laufboden *b* verbunden. *n* Zahnrad im Eingriff mit Zahnstange *g*. *p* Ansatz am Objektivträger *q*; *r* Objektivträgerschlitten mit Scharnier *t*; *s* Anschlag am Hebel *l n*

Endstellung hinaus verschieben zu können, ohne daß Schrauben, Zahnräder oder dergleichen gelöst werden brauchen, hat die erwähnte Firma entsprechende Maßnahmen getroffen, deren Einzelheiten den Patentschriften D. R. P. Nr. 195163 (vgl. Abb. 179), 197630 (vgl. Abb. 180) und 198568 entnommen werden können.

Unter den Konstrukteuren, die sich auch auf anderen Gebieten der Feinmechanik einen Namen gemacht haben und besonders im Kamerabau mit Erfolg tätig waren, ist Christian Bruns in München zu nennen; er bewirkte die Bewegung des Objektivträgers durch einen in feststehenden Seitenwangen drehbar gelagerten Doppelhebel, der mit dem Objektivträger durch einen in einem Schlitz gleitenden Stift gekuppelt ist, auf folgende Art: der Doppelhebel wird durch eine an der Kamerastrebe befindliche an ihm selbst entlang gleitende Rolle während des Aufklappens der Kamera gedreht. Die Festlegung des Objektivbrettes in der Gebrauchsstellung erfolgt durch einen am Objektivträger angelenkten Hebel, der mittels eines Hakens einen am Objektivbrett befindlichen Stift umfaßt und dessen anderes Ende einen in einem Schlitz der Seitenwange geführten und in der Endstellung durch einen federnden Haken festgehaltenen Stift trägt (D. R. P. Nr. 199232). Vgl. Abb. 181.

Die wichtigsten Konstruktionen von Kameras mit Objektivträgern, die sich beim Aufklappen des Deckels durch Zugstangen selbsttätig aufrichten, fallen in die Jahre 1906, 1907 und 1908; so hat auch MAX LANGE in Dresden um diese Zeit eine derartige Klappkamera zum Patent angemeldet, bei der das Objektiv über die normale Gebrauchsstellung hinaus vorgezogen werden kann. Dabei ist die Zugstange, die den am Laufboden drehbar angelenkten Objektivträger beim Öffnen der Kamera aufrichtet, mittels eines an ihrem hinteren Ende befindlichen Zapfens in einem an der Kamerastrebe oder im Kamerainnern angebrachten, am Umfange mit einer Öffnung versehenen Lager so angeordnet, daß der Zapfen sich in diesem Lager beim Öffnen und Schließen der Kamera drehen und bei aufgeklapptem Laufboden aus diesem Lager entfernen kann (D. R. P. Nr. 199233 [vgl. Abb. 182], 205003, 223088 und 235915 [vgl. Abb. 183], 231307).

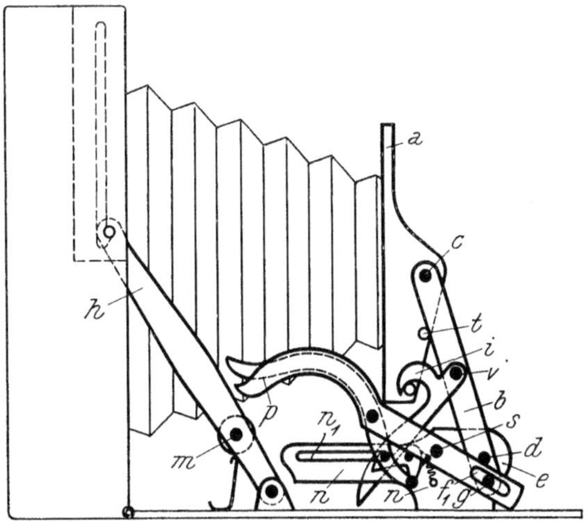

Abb. 181. Klappkamera mit Objektivträger, der beim Herabklappen des Laufbodens aufgerichtet wird und dabei das Objektivbrett in die Gebrauchsstellung vorbewegt. D. R. P. Nr. 199232 für CHRISTIAN BRUNS, München. *a* Objektivbrett mit Anschlag *t*, bei *c* an den Doppelhebeln *b* drehbar angelenkt, die durch eine Achse *d* mit den Stegen *e* des Laufschlittens verbunden sind, wo auch der Doppelhebel *p* mit Schlitz f_1 bei *s* gelenkig befestigt ist. *g* Stift am Objektivträgerhebel *b*, *i* Feststellhebel für das Objektivbrett *a*, bei *v* mit Doppelhebel *b* verbunden und im Schlitz n_1 der feststehenden Wange *n* geführt. *h* Spreize (Strebe) mit Rolle *m*

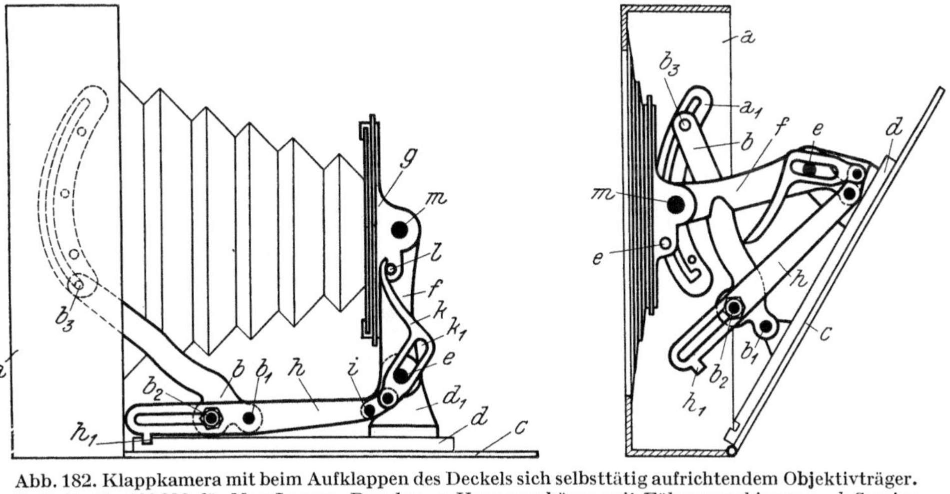

Abb. 182. Klappkamera mit beim Aufklappen des Deckels sich selbsttätig aufrichtendem Objektivträger. D. R. P. Nr. 199233 für MAX LANGE, Dresden. *a* Kameragehäuse mit Führungsschienen a_1, *b* Spreize mit den Drehpunkten b_1, b_2 und dem Führungsstift b_3, *c* Kameradeckel, *d* Laufboden (verschiebbar) mit Lagerböcken d_1, *e* Bolzen, *f* Träger für das Objektivbrett *g*, *h* Zugstange mit Nase h_1, *i* Verbindungsgelenk, *k* Fanghebel mit Schlitz k_1, *l* Anschlag, *m* Achse des Objektivbretts

Carl Zeiss in Jena veröffentlichte in dieser Zeit die Konstruktion einer Klappbodenkamera, deren Objektivträger mittels Scharnier auf dem Schlitten

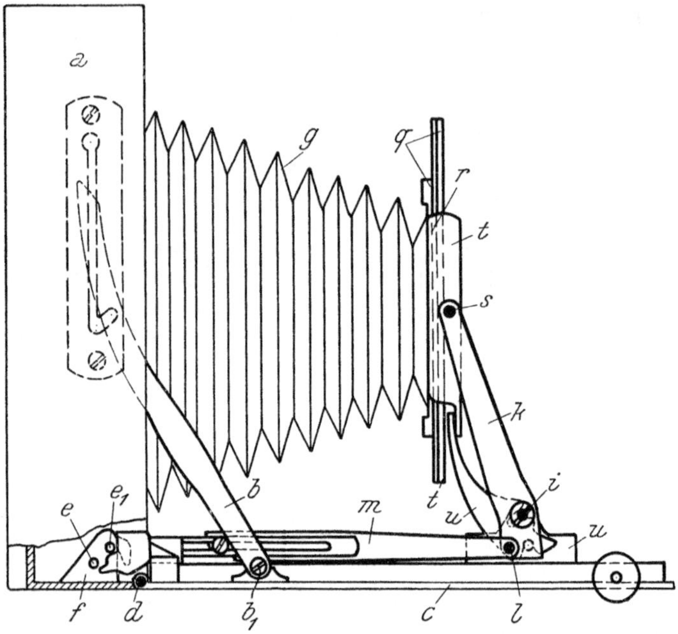

Abb. 183. Schematische Darstellung einer Springkamera mit Objektivträger, der sich beim Aufklappen des Deckels durch Einwirkung von Lenkstangen von veränderlicher Länge selbsttätig aufrichtet. D. R. P. Nr. 235915 für Max Lange, Dresden. *a* Kameragehäuse, *b* Spreizen mit Drehpunkt b_1 am Laufboden (Deckel) *c*, der durch das Scharnier *d* mit dem Kameragehäuse gelenkig verbunden ist. *e*, e_1 Stifte im Lagerbock *f*, *g* Balgen, *k* Standarte mit den Drehpunkten *i* und *s*, *l* Verbindungsgelenk zwischen den Hebeln *k* und *m*; *q* Balgenplatte, *r* Objektivträger mit Führungsleisten *t*; *u* Stützhebel

des Laufbodens ruht, wobei das Scharnier so angeordnet ist, daß die Achse des Schlittens bei seiner inneren Endstellung ungefähr mit der des Klappbodenscharniers zusammenfällt.

Die Firma Dr. R. Krügener in Frankfurt a. M. hat im Jahre 1907 eine von den beschriebenen Klappkameras (mit Vorrichtungen zum selbsttätigen Vorbewegen des Objektivs in die Aufnahmestellung) abweichende Klappkamera konstruiert; es handelt sich dabei um eine Einrichtung, bei der der Objektivträger zwar in bekannter Weise aus dem Kameragehäuse herausgeholt, aber nicht selbst-

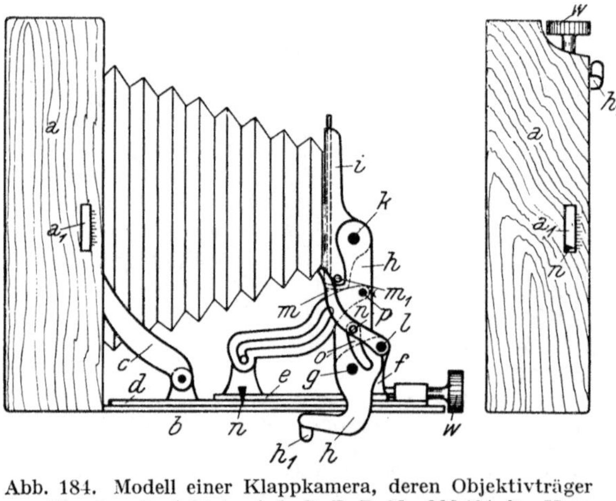

Abb. 184. Modell einer Klappkamera, deren Objektivträger von Hand aufgerichtet wird. D. R. P. Nr. 228401 für Hch. Theod. Eppler, Dresden. *a* Kameragehäuse mit Bodenbrett *b* und Spreizen *c*, *e* Einstellschlitten, der gegenüber dem Führungsschlitten *d* mit Hilfe der Schraube *w* verstellbar ist, *f* Lagerböcke mit Zapfen *g*, an denen der Objektivtraghebel *h*, h_1 angelenkt ist, *i* Objektivbrett mit Zapfen *k*. Der Fanghebel *m* ist bei *l* am Lagerbock *f* befestigt und wird durch die Bewegung des Hebels *h* gesteuert. a_1 Schlitz am Gehäuse mit Skala, *n* Zeiger am Einstellschlitten

tätig aufgerichtet wird; dieses Aufrichten geschieht vielmehr, nachdem der Laufboden ganz umgelegt und verspreizt ist, von Hand aus.

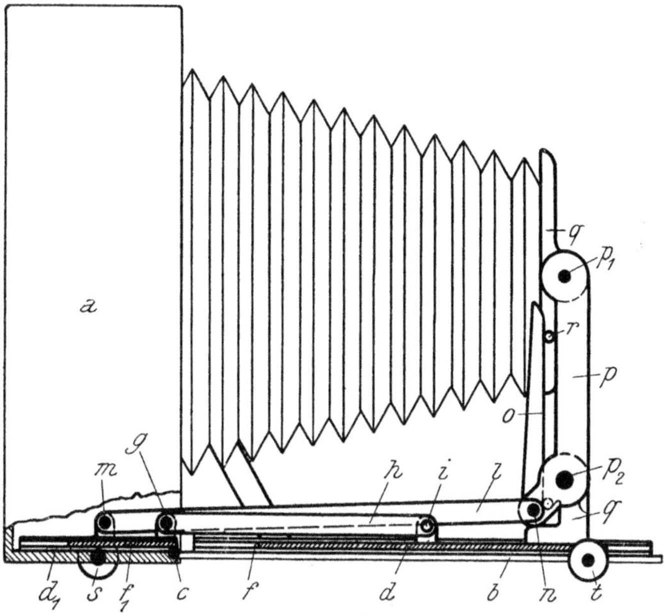

Abb. 185. Vorrichtung zum Einstellen des Objektivträgers für verschiedene Entfernungen an einer geschlossenen Kamera, deren Objektivträger selbsttätig aufgerichtet wird. D. R. P. Nr. 231307 für ICA A. G., Dresden (M. LANGE). *a* Kameragehäuse mit Laufboden *b* und Scharnier *c*; *d*, d_1 Führungsschienen, *f* Objektivträgerschlitten, f_1 beweglicher Schlitten im Gehäuse mit Drehpunkt *g* für die Zugstange *h*, welche bei *i* am Objektivführungsschlitten drehbar angeordnet ist. *l* Zugstange mit den Drehpunkten *m* und *n*, *o* Feststellhebel für den Objektivträger *q* (bei *n* gelenkig befestigt), *r* Anschlag, *p* Standarte mit Drehpunkt p_2; *s* und *t* Einstellknöpfe

Um bei Klappkameras, deren Objektivträger mittels eines Greifbügels von Hand aus aufgerichtet werden, auch eine Einstellung des Objektivs auf verschiedene Entfernungen — insbesondere bei geschlossener Kamera von außen — zu ermöglichen, ist es erforderlich, die Aufrichtevorrichtung mit ihren Stützen auf einem besonderen Schlitten anzubringen; HCH. THEOD. EPPLER löste diese Aufgabe dadurch, daß am Objektivträger Stützen angelenkt wurden, die bei der Überführung des Objektivträgers in die Gebrauchsstellung mittels einer Aussparung in Zapfen eingreifen, die auf dem mittels eines Triebrades von außen verstellbaren Einstellschlitten befestigt sind (vgl. Abb. 184).

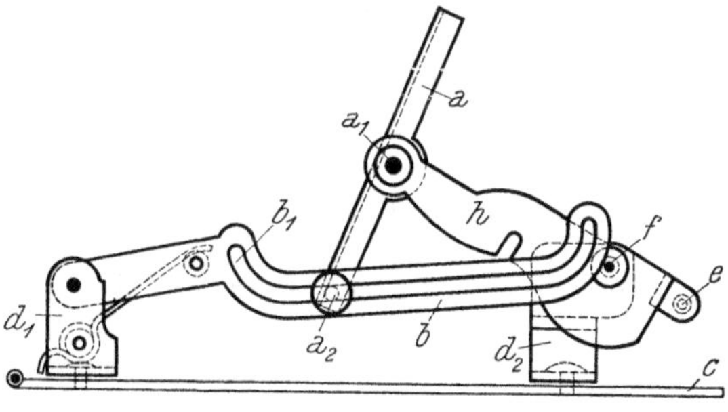

Abb. 186. Schematische Darstellung einer Klappkamera, deren Objektivbrett an Objektivträgern angelenkt ist, die mit dem Bodenbrett drehbar verbunden sind; das Objektivbrett wird von Abstützstreben in der Gebrauchsstellung festgehalten. D. R. P. Nr. 200127 für Dr. R. KRÜGENER, Frankfurt a. M. *a* Objektivträger mit den Drehpunkten a_1 und a_2, *b* Stützstreben mit Schlitz b_1, *c* Laufboden mit den Lagern d_1 und d_2, *e* Querstange zur Verbindung der zweiarmigen Hebel *b* mit dem Drehpunkte *f*. Vgl. Abb. 195

Einige Jahre später (1910) konstruierte M. LANGE in Dresden eine Vorrichtung zum Einstellen des Objektivträgers für verschiedene Entfernungen an einer geschlossenen Kamera, deren Objektivträger durch Zugstangen beim Aufklappen des Deckels selbsttätig aufgerichtet wird; das besondere Kennzeichen dieser Einrichtung war, daß der Gehäuseschlitten bei geschlossener Kamera mittels eines Antriebs unabhängig vom Objektivschlitten verschoben werden konnte (D. R. P. Nr. 231307). Vgl. Abb. 185. Es ist interessant, daß die neuesten Konstruktionen, wie z. B. die „Billy“-Rollfilmkamera der Agfa und die „Pocket-Kodak“ der Eastman Kodak Co., nach diesem Prinzip gebaut sind. Dr. R. Krügener geht bei seiner Konstruktion davon aus, daß bei den ganz automatischen Apparaten eine besondere Kraftanstrengung erforderlich ist, bis die den Laufboden gegen das Gehäuse abstützenden Streben in ihre Rasten eingesprungen sind, was eventuell zu einer Beschädigung des Laufbodens führen kann. Die Anordnung ist aus Abb. 186 ersichtlich (D. R. P. Nr. 200127).

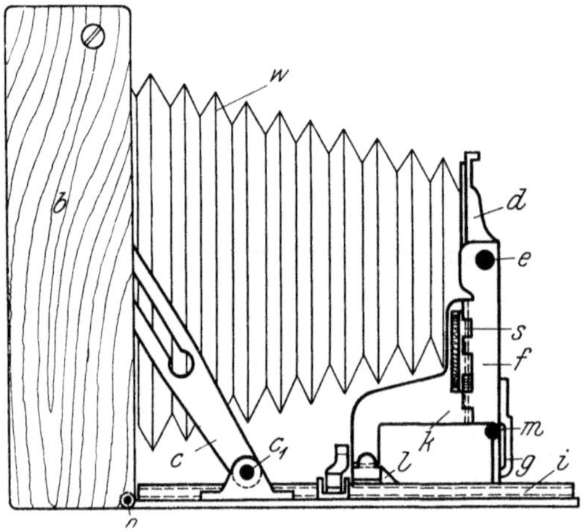

Abb. 187. Kamera mit selbsttätig unter Federdruck in die Gebrauchsstellung einspringendem Objektivträger. D. R. P. Nr. 213770 für Wilhelm Kabelitz, Frankfurt a. M. Der Laufboden *a* ist am Gehäuse *b* in bekannter Weise durch ein Scharnier angelenkt, auf dessen Achse *o* sich eine Feder befindet. Die Spreize *c* ist am Laufboden bei c_1 angelenkt. *i* Führungsschlitten für den Schlitten des Objektivträgers *f*, *m* Gelenk, *g* Anschlag, *k* Schwenkstützen mit Scharnier *s*, *l* Anschlagböcke, *w* Balgen

Heinrich Ernemann A.-G. für Camera-Fabrikation in Dresden hat um diese Zeit dauernd und mit Erfolg an der Weiterentwicklung dieser Art von Klappkameras gearbeitet; bei den bekannten Modellen dieser Firma, z. B. Heag XIV und XV, ist der im Kameragehäuse liegende Drehpunkt der Zugstange auf einem mit dem eigentlichen Objektivschlitten gelenkig verbundenen in das Kameragehäuse hineinragenden Verlängerungsstück angebracht, wobei die Scharnierachse der beiden Schlittenteile in der Achse des Klappdeckelgelenks liegt. Dadurch wird erreicht, daß die Gelenkpunkte des die Aufrichtung des Objektivträgers bewirkenden Gelenkvierecks während des Aufklappens des Deckels starr sind und daß die Bewegung des Gelenkvierecks so stattfindet, als ob der gedachte Drehpunkt am Kamerakörper selbst säße. Ist der Boden aufgeklappt, wobei Auszug und Fortsatz in gestreckte Lage kommen, so kann der Auszug verschoben werden, da ja der hintere Drehpunkt der Zugstange nicht mehr am Kamerakörper, sondern an dem jetzt mit dem Auszug verschiebbaren Fortsatz sitzt (D. R. P. Nr. 202922; siehe auch D. R. G. M. Nr. 316459, 318686, 334887, 350858, 362289, 479452/53, 480175/76).

In dem Bestreben, die Vorzüge der Klappkameras mit sich durch Zugstangen selbsttätig aufrichtendem Objektivträger auch auf Kameras mit doppeltem Auszug zu übertragen, entstanden verschiedene Konstruktionen; u. a. hat die Firma ARNDT & LÖWENGAARD in Wandsbek eine interessante Lösung gefunden. Während bei den bekannten Modellen dieser Art die Zugstange nicht unmittelbar, sondern erst durch ein Verbindungsglied mit dem auf dem Objektivträgerschlitten befindlichen Lagerbock in Verbindung tritt, schlägt die genannte Firma vor, den das Lager für die Zugstangen tragenden Lagerbock nicht fest oder gelenkig mit dem Objektivträgerschlitten zu verbinden, sondern von diesem getrennt verschiebbar anzuordnen. Diese Lösung hat den Vorzug, daß das bekannte Klappdeckelgelenk in seiner ursprünglichen Lage und Form beibehalten werden kann und ein zweites die Bauart erschwerendes Gelenk vollständig fortfällt, so daß unter Wahrung einfachster Konstruktion eine vollkommen zwangläufige Bewegung des Objektivträgers beim Aufrichten und Niederlegen desselben erzielt wird (D. R. P. Nr. 216185 und 223818).

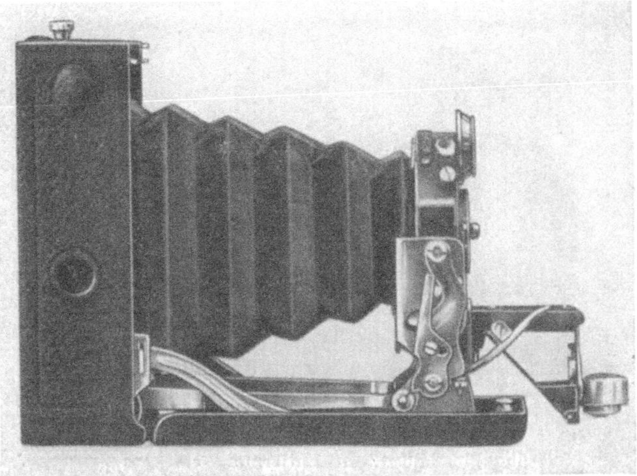

Abb. 188a. Taschenkamera (für Platten in Anlegekassetten und für Filmpack) mit automatischer Einstellung auf Unendlich in Gebrauchsstellung. Kameramodell „Atom“ (für Hochformat) der ICA A. G., Dresden, Format 4 ½ × 6 cm. Die Kamera besitzt eine Vorrichtung zur Einstellung auf Nähe sowie einen zusammenklappbaren Aufsichtssucher mit Libelle. Abmessungen: 8,5 × 6,5 × 3 cm, Gewicht: zirka 360 g

Auch ERNST ZEH in Dresden gehört zu den Pionieren des Kamerabaues dieser Zeitepoche (1908); er hat verschiedene interessante Ideen in die Praxis umgesetzt, von denen u. a. die durch D. R. G. M. Nr. 341927, 355401 und 357607 geschützten bekannt wurden.

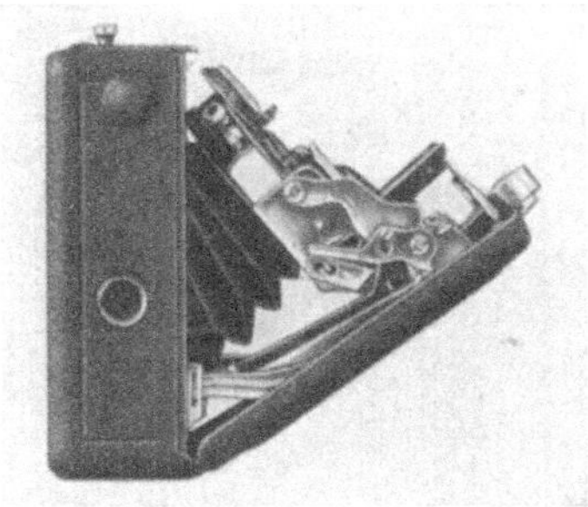

Abb. 188 b. Die gleiche Kamera wie in Abb. 188 a, halb geöffnet. Beim Aufklappen des Laufbodens richtet sich der Objektivträger unter dem Einfluß des zwangläufig arbeitenden Hebelsystems selbsttätig auf und wird in dieser Stellung eindeutig festgehalten. Die Ausführung der Kamera in Querformat ist ähnlich; Objektive bis zur Lichtstärke 1 : 4,5 ($f = 6{,}5$ cm). Man kann auf Entfernungen von 1 m aufwärts einstellen

Eine von den bisher beschriebenen Konstruktionen vollkommen abweichende Bauart hat WILHELM KABELITZ in Frankfurt a. M. mit seiner Erfindung bekanntgemacht; es handelt sich dabei um eine Kamera mit umlegbarem Objektivträger, dessen Feststellung mit Hilfe zweier parallel zum Objektivträger umlegbarer und während des Aufspringens unter Federdruck nach außen gegen keilförmige Anschläge schwenkbarer Füße erfolgt, wobei gleichzeitig das Objektivbrett mit dem Objektivträger verriegelt wird (D. R. P. Nr. 213770). Vgl. Abb. 187.

Von den zahlreichen Konstruktionen, die ernst genommen werden können, haben sich eigentümlicherweise nur wenige längere Zeit auf dem Markt halten können; es sind dieses die bereits erwähnten Modelle „Atom“ (vgl. Abb. 188a und b) und „Cupido“ der Ica-A.-G. sowie „Heag XIV und XV (vgl. Abb. 189a

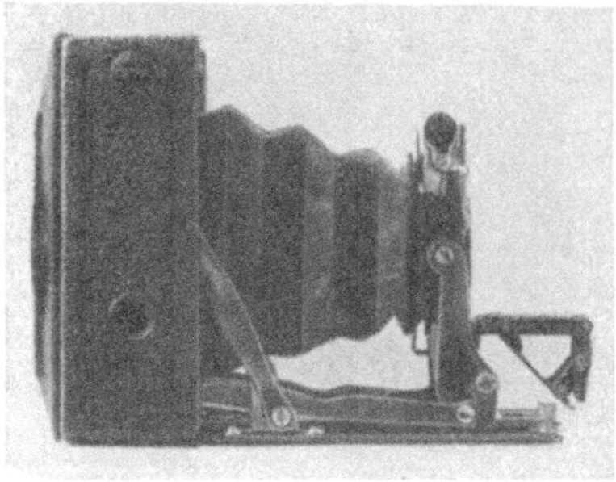

Abb. 189 a. Taschenkamera mit selbsttätiger Einstellung auf Unendlich für Platten und Filmpack. Format 4½ × 6 cm und 6½ × 9 cm. Kameramodell Heag XV der Ernemann-Werke A. G. Die Einstellung bis auf 1,5 m Entfernung erfolgt mit Hilfe eines Exzenterhebels. Kamera in Gebrauchsstellung (vgl. auch Abb. 189 b)

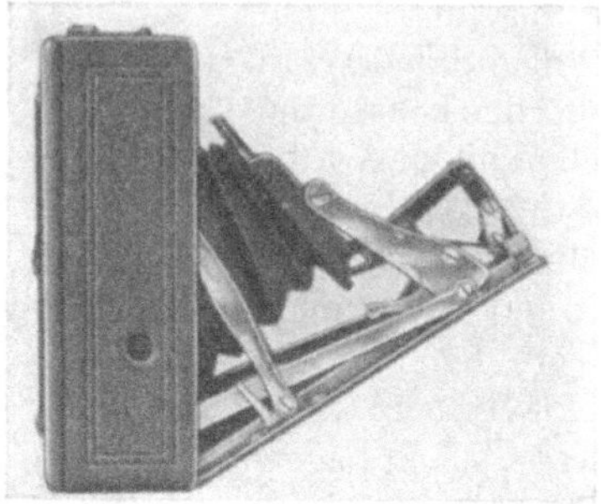

Abb. 189 b. Die gleiche Kamera wie in Abb. 189 a; die Kamera ist halb geöffnet

Format	Abmessungen	Gewicht
4½ × 6 cm	9 × 6,5 × 3.5 cm	0,30 kg
6½ × 9 „	11,5 × 8 × 4 „	0,45 „

und b) der Ernemann-Werke. Wenn die Anzeichen nicht trügen, werden auch diese Konstruktionen bald durch neue verdrängt sein.

In jüngster Zeit (1919) hat die Firma L. O. Bittner & Co. in München eine Klappkamera zum Patent angemeldet, bei der die Objektivstandarte drehbar am Laufboden angeordnet war und unter Federdruck selbsttätig in die Gebrauchsstellung übergeführt und hier festgestellt werden konnte. Diese Erfindung bezweckt in erster Linie eine Vereinfachung der Ausführung, insbesondere durch Verminderung der Zahl der Konstruktionselemente, und zwar vor allem der Federn; die Bereitstellung der Kamera für die Aufnahme erfolgt mit Hilfe einer einzigen Feder und zweier Hebel, wobei die die Aufrichtung der Standarte bewirkende Feder auch die den Objektivträger drehenden und versteifenden Teile beeinflußt (D. R. P. Nr. 331214). Vgl. Abb. 190.

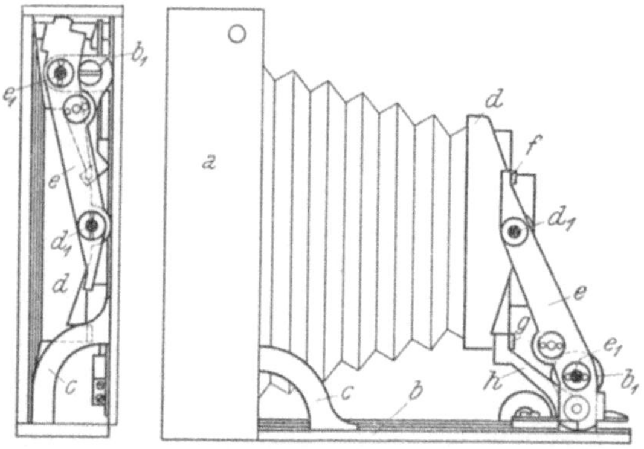

Abb. 190. Klappkamera mit am Laufboden drehbar angeordneter Objektivstandarte, welche unter Federdruck selbsttätig in die Gebrauchsstellung übergeführt wird. D. R. P. Nr. 331214 für L. O. Bittner & Co., München. *a* Gehäuse, *b* Laufboden mit Lager b_1, *c* Spreize, *d* Objektivträger mit Drehpunkt d_1, *e* Tragbügel mit den Gelenken d_1 und der feststehenden Achse e_1 mit Feder. *f* und *g* Anschläge, *h* Stützhebel für den Objektivträger

Werfen wir nun einen Blick auf die mannigfaltigen Ideen zurück, die damals auf diesem Gebiete von namhaften Konstrukteuren der Öffentlichkeit übergeben und größtenteils auch praktisch verwertet wurden, so können wir uns des Eindrucks nicht erwehren, daß hier viel Arbeit fast nutzlos geleistet wurde; es wurde eine geradezu fieberhafte Tätigkeit entfaltet, automatisch arbeitende Kameras herzustellen, und die einzelnen Firmen überboten einander manchmal ohne Rücksicht auf den Aufwand an technischen Mitteln in der Absicht, eine Spezialkamera zu schaffen, die auf einen Druck aufspringt und bei der der Objektivträger dann sofort die Ausgangsstellung bei „Unendlich" einnimmt. Die Konstruktionen wurden immer komplizierter und damit unzuverlässiger, weil man sich mit dem Erreichten nicht begnügte, sondern bei diesen Apparaten auch die Einstellung auf näher gelegene Gegenstände und sogar die Möglichkeit forderte, die Hinterlinse von Doppelanastigmaten verwenden zu können.

Es ist zu begrüßen, daß in den letzten Jahren hier eine vollständige Wandlung eingetreten

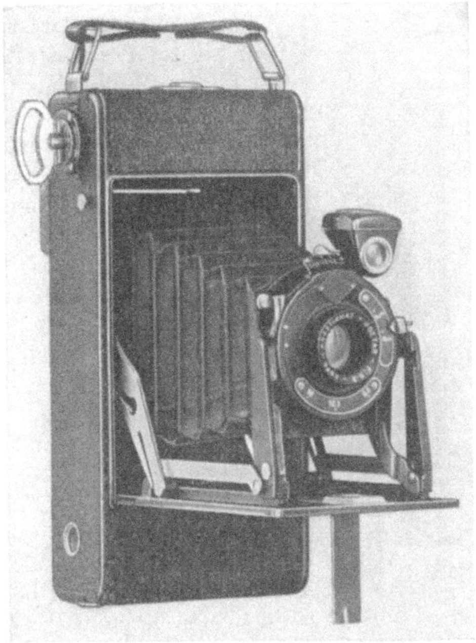

Abb. 191 a. Fix-Fokus Rollfilmkamera „Billy" der AGFA (Format 6 × 9 cm) in Gebrauchsstellung. Abmessungen: 16,5 × 8,0 × 3,5 cm. Gewicht zirka 490 g. Objektiv Anastigmat „Igetar", $f = 9{,}5$ cm. Lichtstärke zirka 1 : 8,8, Automatverschluß für Zeit sowie $^1/_{50}$ und $^1/_{100}$ Sek. Vgl. auch Abb. 191 b

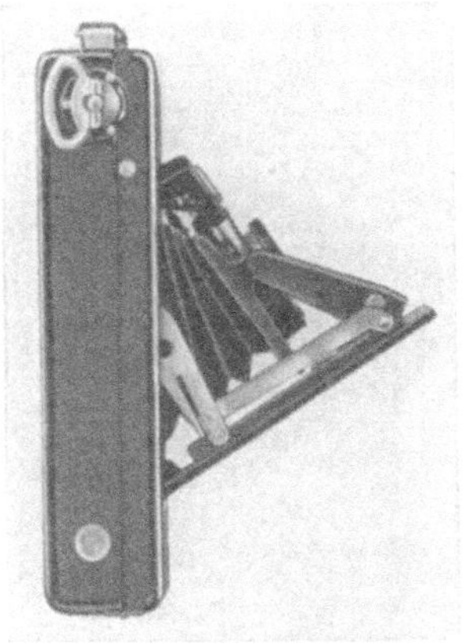

Abb. 191 b. Die gleiche Kamera wie in Abb. 191 a. Objektivträger und Laufboden sind geneigt. Der Objektivträger steht zwangläufig unter dem Einfluß der jeweiligen Spreizenstellung, die wiederum von der Lage des am Gehäuse scharnierartig angelenkten Kameradeckels abhängig ist. Das Modell 1930 dieser Kamera, die Billette, hat ein Objektiv mit der Lichtstärke 1 : 7,7 und ist von ∞ bis 5 m und von 5 m bis 2 m einstellbar

ist; die Forderung nach größter Einfachheit bei möglichst praktischer Handlichkeit hat sich — allerdings unter Verzichtleistung auf den doppelten Auszug — durchgesetzt. Dies war nur dadurch möglich, daß man in den meisten Fällen von vornherein auf das früher allgemein angestrebte nur unter Federdruck erreichbare sprunghafte „Instellunggehen" des Objektivträgers verzichtete. Man begnügte sich damit, den Laufboden nach dem teilweisen Öffnen derselben von Hand aus herunterzudrücken, wodurch die Kamera zunächst auf Unendlich eingestellt war.

Wie seinerzeit bei der Spreizenkamera „Piccolette" mit lichtstarkem Objektiv der Firma CONTESSA-NETTEL wurde die Einstellung auf Nähe nicht auf mechanischem, sondern auf optischem Wege, u. z. dadurch erzielt, daß der Abstand des vorderen Objektivgliedes von der Blende bzw. den übrigen Objektivgliedern geändert wurde (eine von J. PETZVAL schon 1850 vorgeschlagene Lösung). Wir werden einige der neuesten Modelle dieser Art beschreiben; obgleich es sich in beiden Fällen um Rollfilmkameras handelt, sei darauf hingewiesen, daß die Art des Gelenkspreizensystems sowie der Objektiveinstellung ohneweiters auch auf Plattenkameras übertragbar ist. Daß durch die Inanspruchnahme des Druckes der Hand zur Herbeiführung der Gebrauchsstellung des Objektivträgers und durch den Verzicht auf eine Naheinstellung mit komplizierter Schlittenführung der ganze Aufbau sehr einfach geworden ist, unterliegt keinem Zweifel; damit ist auch die Zuverlässigkeit einer solchen Kamera trotz günstigster Preisgestaltung in hohem Maße gesteigert.

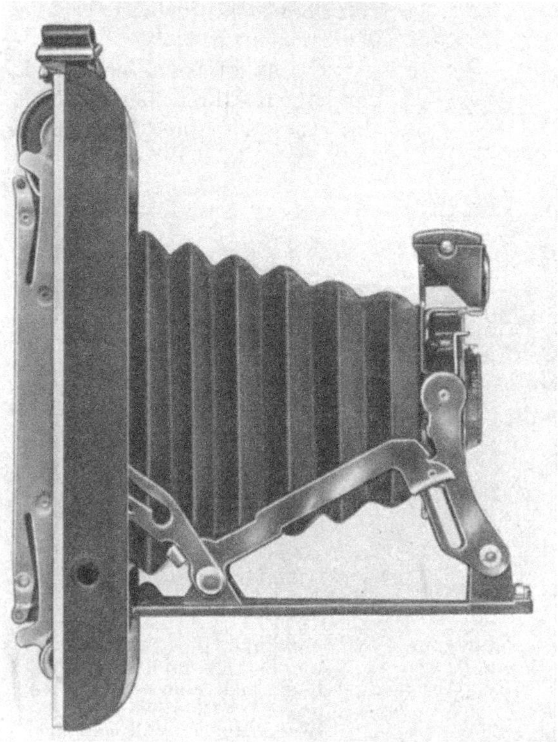

Abb. 192 a. Pocket-Kodak-Kamera mit selbsttätiger Aufrichtung des Objektivträgers (Eastman Kodak-Co., Rochester). Die Scharfeinstellung auf die Entfernungen von 30 bis 1,5 m erfolgt durch achsiale Verschiebung der Vorderlinse des Objektivs. Kamera (Format 6 × 9 cm) in Gebrauchsstellung; die Rückwand ist abgenommen, um den Film einlegen zu können. Objektiv: Kodak-Anastigmat 1 : 7,9

a) Apparate ohne Laufschienen (Apparate mit Objektiveinstellung). Eine der jüngsten Konstruktionen (1928) der Kameraindustrie ist die Rollfilmkamera „Billy“ der Agfa; schon in ihrer äußeren Form weicht sie von den bekannten Modellen dadurch ab, daß ihr Gehäuse, von der Seite gesehen, nahezu rechteckige Gestalt hat. Diese Formgebung ergibt sich aus der an sich bekannten Filmspulenlagerung, bei der das eine Zapfenlager seitlich umlegbar ist und dadurch eine unsymmetrische Teilung des Gehäuses bedingt; auf diese Art ist die übliche halbkreisförmige Abrundung des Gehäuses oben und unten technisch nicht mehr ohneweiters durchführbar. Die scharnierartig angelenkte Rückwand ist infolge dieser Teilung höher als das äußere Gehäuse; es besitzt im Innern die bekannte federnde Andrückplatte und einen außen liegenden parallel zur Schmalseite des Gehäuses verschiebbaren Deckelverschluß. Keiner der Spulenzapfen, auch nicht jener am Filmschlüssel, ist achsial verschiebbar, zwei Spulenzapfen sind um 90° umlegbar (eine an sich bekannte Einrichtung). Vgl. Abb. 191 a und b.

Diese Kamera gehört in die Gruppe jener Apparate, bei denen der Objektivträger durch das Herunterdrücken des Laufbodens selbsttätig in die Gebrauchsstellung überführt wird; man erreicht dies durch ein an sich bekanntes Gelenkhebelsystem, das unter dem Einfluß der Spreizenbewegung den Objektivträger zunächst in die für „Unendlich“ erforderliche Entfernung vom Schichtträger zieht und in dieser Lage durch einen zwangläufig gesteuerten Sicherungshebel eindeutig festhält. Das Zusammenlegen der Kamera kann erst nach dem gleichzeitigen Eindrücken beider Spreizen erfolgen. Die Einstellung auf relativ nahe gelegene Gegenstände erfolgt durch Veränderung des Abstandes der Vorderlinse von den übrigen Systemteilen (D. R. G. M. Nr. 615337 CARL ZEISS, Jena); die achsiale Verschiebung dieser Linse beträgt etwa 2 mm und wird durch Verdrehung eines zu diesem Zweck am Verschluß angeordneten Hebels erreicht, der beim Schließen der Kamera selbsttätig wieder in die Grundstellung zurückgeht. Das Objektiv (Anastigmat Igetar) hat eine Brennweite von etwa 95 mm und ein Öffnungsverhältnis von etwa 1 : 8,8. Verschluß: $^1/_{25}$, $^1/_{50}$, $^1/_{100}$ Sek. und Halbzeit.

b) Die „Pocket-KODAK"-Kamera 6 × 9 cm der EASTMAN KODAK Co. ist nach ähnlichen Prinzipien gebaut; auch bei diesem Modell ist von vornherein auf jede Verstellbarkeit des Hebelsystems zur Einstellung auf nahe gelegene Gegenstände verzichtet, wodurch sich eine sehr einfache Bauart ergibt (Amerikanische Patente Nr. 1380810, 1435646 und 1602582). Im Gegensatz zur „Billy", deren Objektiv nur für zwei Entfernungen eingestellt werden kann („Unendlich" und „Nah"), läßt sich die Vorderlinse des „KODAK-Anastigmaten" 1 : 7,9 achsial etwas mehr verschieben, so daß unter Beibehaltung der Schärfe auf dem Schichtträger Gegenstände in 30 m bis 1,5 m Entfernung eingestellt werden können. Während bei der „Billy" beim Zusammenlegen der Kamera die Spreizen direkt aus ihrer Rast gedrückt werden müssen, geschieht dies bei der „Pocket-KODAK" vorn an leicht zugänglicher Stelle durch Anheben des am Spreizendrehpunkt gelagerten Zwischenhebels, der gleichzeitig die Aufgabe hat, den Objektivträger in eindeutiger Lage festzuhalten. Bei beiden Modellen besteht der Laufboden aus Aluminiumspritzguß; die Stativmutter braucht nicht erst daran befestigt zu werden, sondern besteht mit diesem aus einem Stück. Die Laufbodenstütze ist wie bei anderen KODAK-Konstruktionen gleichzeitig als Laufbodenverschluß ausgebildet. Im Innern des Adapters befinden sich zwei federnde Bleche, welche den Film stets an den Blendrahmen anpressen und so für eine möglichst ebene Anlage sorgen. Vgl. Abb. 192a und b. Die Autograph-Einrichtung wurde bereits an anderer Stelle eingehend beschrieben.

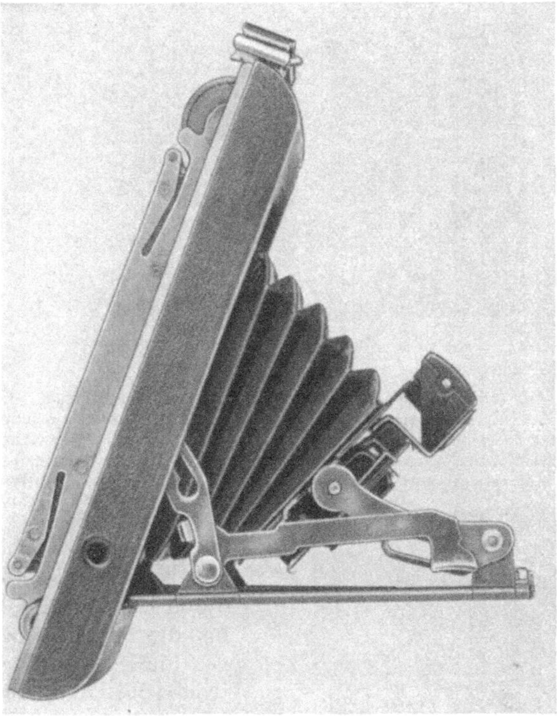

Abb. 192 b. Die gleiche Kamera wie in Abb. 192 a. Die Abbildung zeigt die Kamera in einer Übergangsstellung mit geneigtem Laufboden; man beachte die sich dabei ergebende Stellung der Spreizen- und Stützhebel

Nach ähnlichen Prinzipien hat die Firma W. KENNGOTT in Stuttgart ihre neue Plattenkamera $6\frac{1}{2} \times 9$ cm „Matador“ 1928 aufgebaut: der grundsätzliche Unterschied ist die Anordnung eines vierten Hebels; die am Laufboden drehbar angelenkte Kameraspreize ist nicht direkt mit dem Gestänge für die Aufrichtung des Objektivträgers gekuppelt. Der Apparat wird nach dem Öffnen dadurch in Gebrauchsstellung gebracht, daß der Laufboden kräftig bis zum Anschlag heruntergedrückt wird, und zwar so weit, bis die Spreizen mit einem hörbaren Ruck einschnappen und der Laufboden unbeweglich festsitzt; in dieser Lage steht der Objektivträger senkrecht zum Laufboden. Die Naheinstellung erfolgt auch bei diesem „Fix-Focus“-Modell durch Verdrehen der mit einem Fenster versehenen Fassung der Vorderlinse; die jeweilige Entfernungsangabe erscheint in diesem Fenster, wobei immer nur eine Zahl zu sehen ist (vgl. Abb. 193a und b).

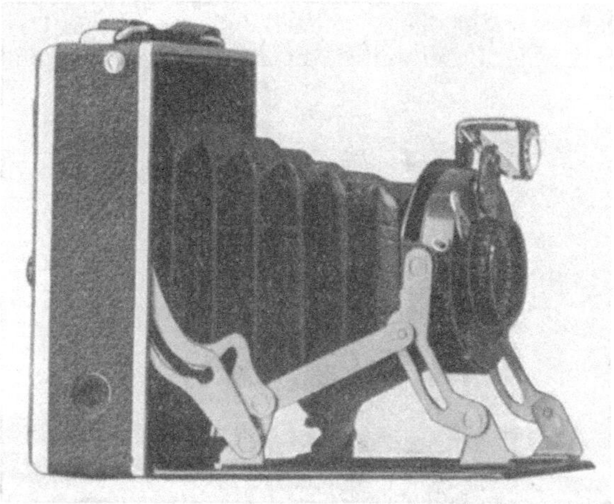

Abb. 193 a. Fix-Fokus-Kamera „Matador“ der Firma W. Kenngott, Stuttgart, für Platten und Filmpack. Format $6\frac{1}{2} \times 9$ cm. Abmessungen zirka $12 \times 8 \times 3{,}5$ cm, Gewicht zirka 470 g. Kamera in Gebrauchsstellung. Die Einstellung auf Nähe erfolgt durch Verdrehen der Vorderlinse des Objektivs

Die Kamera wird sowohl mit „Spezial-Aplanat“ als auch mit Anastigmat 1:6,3 im Original-„Vario“- oder „Ibsor“-Verschluß hergestellt. Das Schließen des Apparates geschieht in der üblichen Weise durch Eindrücken der rechten und linken Spreize, bis der Objektivträger fällt.

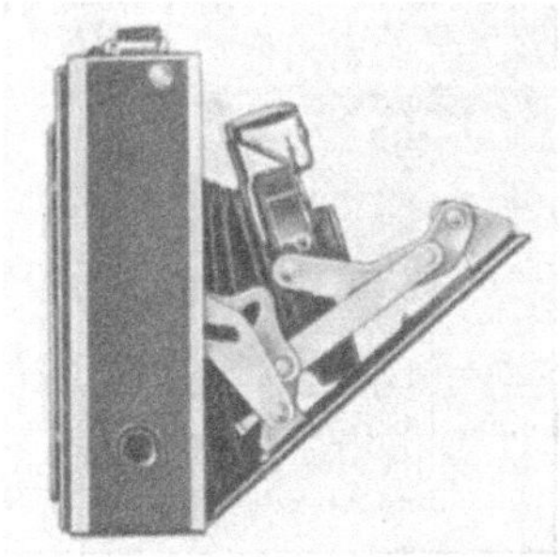

Abb. 193 b. Die gleiche Kamera wie in Abb. 193 a. Kamera in Übergangsstellung mit geneigtem Laufboden

c) Fix-Focus-Kamera „Bessa“. Die neueste Konstruktion auf dem Gebiete der Fix-Focus-Rollfilmapparate schuf im Jahre 1929 K. A. Barényi. Grundsätzlich handelt es sich auch hier um eine Kamera, deren Objektivträger beim Herabdrücken des am Gehäuse scharnierartig angelenkten Laufbodens zwangläufig in die Gebrauchsstellung übergeführt wird, und zwar wird die endgültige Lage dann erreicht, wenn die Ebene des Laufbodens, wie allgemein üblich, zur Ebene des Bildes senkrecht steht. Die dabei zur Verwendung kommenden mechanischen Mittel sind ebenso einfach wie zuverlässig, und zwar handelt es sich um das Zusammenarbeiten zweier auf dem Laufboden geradlinig geführter, paralleler Zahnstangen mit dem Träger des Objektivbrettes (Standarte), dessen beide mit der Querverbindung aus einem Stück bestehende seitliche Arme im Laufboden drehbar gelagert sind und eine entsprechende Verzahnung tragen. Infolge Vorhandenseins eines Schlitzes am hinteren Ende der Zahnstangen, in die beiderseits in der seitlichen Gehäusewandung nach ganz bestimmten Grundsätzen angeordnete Stifte greifen, ist der Hub der Zahnstange begrenzt; wegen der ohne jeden toten Gang arbeitenden Verzahnung ist die senkrechte Stellung der Standarte eindeutig bestimmt. Das eigentliche Objektivträgerblech ist zu beiden Seiten der Standarte drehbar gelagert und wird in der senkrechten Endstellung einerseits durch einen unter dem Einfluß der sich drehenden Standarte befindlichen Greifer festgehalten, anderseits findet gleichzeitig eine Abstützung gegen den Quersteg der Standarte statt (vgl. Abb. 194a und b).

Die Spreizenanordnung ist neuartig und völlig abweichend von der üblichen Form; die in der Gebrauchsstellung der Kamera erforderliche Sicherung der Endlage der Spreize erfolgt durch eine im Drehpunkt derselben angeordnete, jedoch nicht sichtbare Torsionsfeder. Das Zusammenlegen der Kamera geschieht nach dem Einknicken der Spreize derart, daß die unsichtbaren Zahnstangen sich in ihrer Führung verschieben und infolge Eingriffs in die ebenfalls unsichtbare Verzahnung der Standarte diese umlegen, bis ihre beiden Arme nahezu parallel zum Laufboden liegen; das Objektivträgerblech hat am Ende der Bewegung wieder die gleiche Lage wie am Anfang, nämlich parallel zur Bildebene. Dies ergibt sich schon durch die normale Anordnung des Balgens, ermöglicht ist die Ausführung jedoch nur dadurch, daß, wie bereits erwähnt, das Objektivblech nicht starr, sondern drehbar mit der Standarte verbunden ist.

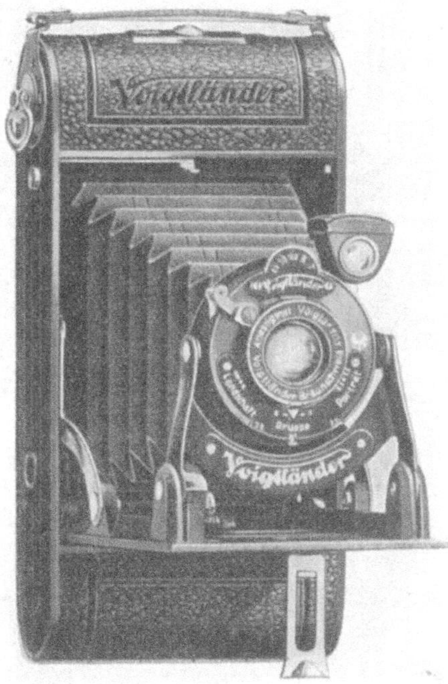

Abb. 194 a. Fix-Focus-Rollfilmkamera „Bessa" von VOIGTLÄNDER & SOHN A. G., Braunschweig. Die Aufrichtung des Objektivträgers erfolgt selbsttätig beim Öffnen des Laufbodens. Objektiv: Anastigmat Voigtar 1 : 7,7 mit sogenannter Dreipunkteinstellung: Landschaft, Gruppe, Porträt. Abmessungen: 17 × 8,5 × 3,6 cm, Gewicht 450 g

Da die „Bessa" mit einem Objektiv von relativ hoher Lichtstärke (Voigtar 1 : 7,7) ausgestattet ist, dessen Brennweite für das zunächst vorgesehene Format von 6 × 9 cm etwa 12 cm beträgt, ist eine Universaleinstellung für alle Entfernungen nicht zulässig; die Tiefenschärfe reicht (unter Zugrundelegung des üblichen Zerstreuungskreises von 0,1 mm) bei einer mittleren Entfernung von z. B. 6 m weder nach hinten noch nach vorn weit genug; weil mit Rücksicht auf die Gesamtkonstruktion die Verstellung des ganzen Objektivs zwecks Einstellung von vornherein ausscheidet, wurde die an sich bekannte Methode angewandt, den Abstand der beiden Vorderglieder des Objektivs zu verändern, um dadurch die den verschiedenen Entfernungen entsprechenden Brennweiten zu erhalten. Eingehende Versuche haben den Beweis erbracht, daß die für Nahaufnahmen notwendige geringe Abstandsänderung der Linsen ohne jeden Einfluß auf die Bildgüte erfolgen kann. Damit der unerfahrene Lichtbildner bezüglich der Entfernungsschätzung keine Überlegungen anzustellen braucht, ist der ganze Bereich von 1,5 — ∞ in drei Teile geteilt, die folgendermaßen bezeichnet sind: „Landschaft“ für weit entfernte Gegenstände, „Gruppe“ für Entfernungen von 3 bis 6 m, „Porträt“ für Entfernungen von zirka 2 m. Die achsiale Verschiebung der Vorderlinse gegenüber der feststehenden Mittellinse wird durch die Verdrehung eines mit der optischen Achse konzentrischen

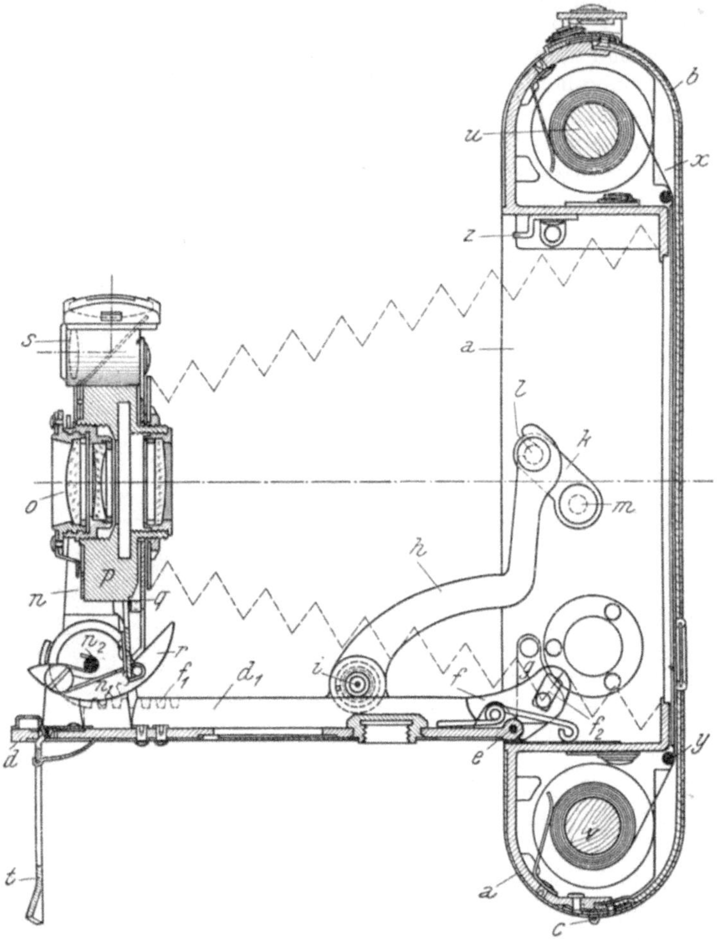

Abb. 194 b. Die gleiche Kamera wie in Abb. 194 a. Vertikalschnitt durch die ganze Kamera. Am Kameragehäuse *a* ist der Deckel *b* durch das Scharnier *c* befestigt; der Laufboden *d* mit den Schienen d_1 ist am Gehäuse *a* mittels des Scharniers *e* gelenkig angeordnet. Beim Öffnen des Laufbodens *d* wird die bei *g* zwangläufig geführte Schubstange *f*, welche am einen Ende die Verzahnung f_1, am anderen Ende den Schlitz f_2 aufweist, in den Schienen d_1 verschoben und richtet dadurch die Standarte *n* (mit Verzahnung n_1), die bei n_2 am Laufboden drehbar gelagert ist, automatisch auf. Die Spreize *h* ist bei *i* am Laufboden angelenkt und wird durch die Elemente *k*, *l* und *m* an den Seitenwänden des Gehäuses *a* geführt. Das Objektiv *o* ist im Sektorenverschluß *p* montiert; *q* ist das Objektivbrett, *r* dessen Stützhebel, der selbsttätig gesteuert wird. *s* Sucher, *t* Laufbodenstütze, *u* obere, *v* untere Spule, *x* Film, *y* Film-Leitrolle, *z* Laufbodenverschluß

Ringes mit Zeiger eingeleitet; die Drehung beträgt etwa 160° und ist bezüglich der beiden Endstellungen durch mechanische Anschläge begrenzt. Durch die Einführung der drei erwähnten Bezeichnungen an Stelle von Zahlenangaben ist eine mühelose Bedienung des Apparates gewährleistet, und zwar um so mehr, als auch die für die Bestimmung der Belichtung in Frage kommenden Werte (Verschlußgeschwindigkeit und Blenden) an der Kamera ablesbar sind.

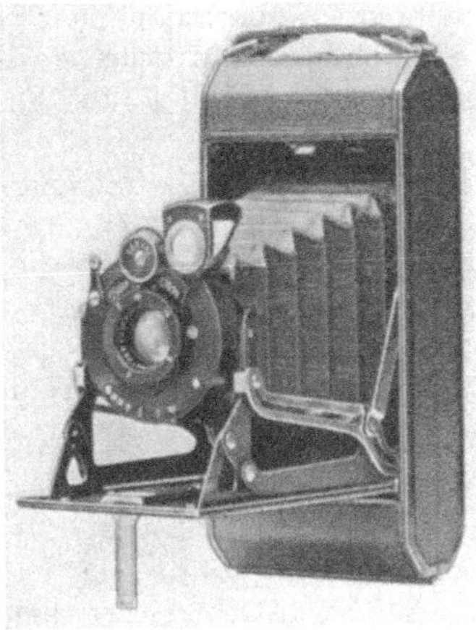

Abb. 195a. Rollfilmspringkamera „Ikonta“ der Zeiss-Ikon A. G. Format: 6 × 9 cm, Objektiv: Novar-Anastigmat 1 : 6,3, $f = 10{,}5$ cm. Kamera in Gebrauchsstellung. Abmessungen: 17 × 8,3 × 3,6 cm; Gewicht zirka 620 g. Die Einstellung der Kamera für Nahaufnahmen bis 2 m erfolgt durch achsiale Verschiebung der Frontlinse. Vgl. Abb. 186

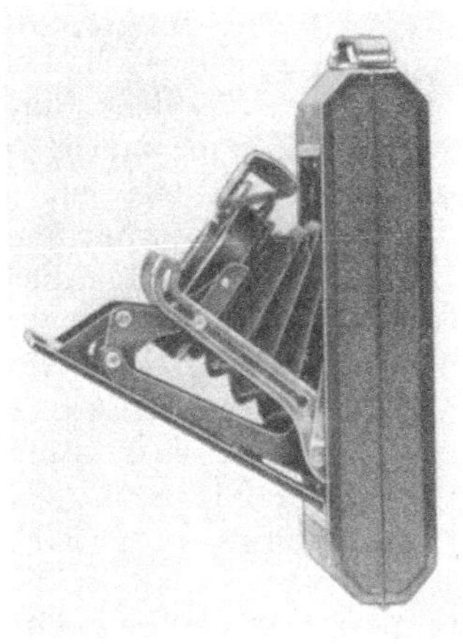

Abb. 195 b. Die gleiche Kamera wie in Abb. 195 a im Augenblick des selbsttätigen Springens in die Gebrauchsstellung nach Betätigung des Kameraverschlußknopfes. Die eigentliche Spreize ist als Winkelhebel ausgebildet, an dessen einem Ende eine Spiralfeder wirkt, welche an der Gehäuseseitenwand so befestigt ist, daß die mit der Spreize in Verbindung stehenden Teile unter dem Einfluß der Feder den Objektivträger zwangläufig in die Gebrauchslage drücken

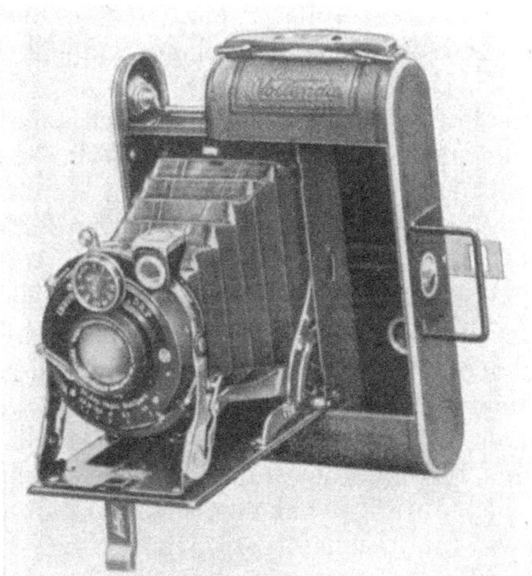

Abb. 196. Fix-Fokus-Rollfilmkamera „Vollenda“ der Firma Dr. A. Nagel, Stuttgart. Format 6 × 9 cm, Objektiv Nagel-Anastigmat 1 : 4,5, $f = 10{,}5$ cm. Die Einstellung auf Nähe geschieht durch Betätigung eines Hebels hinter dem Verschluß; dadurch wird dieser mit dem ganzen Objektiv und Balgen geradlinig verschoben (um zirka 8 mm). Die Ummantelung samt dem Rahmensucher ist seitwärts abziehbar, damit die Lagerelemente für die Filmspule freigelegt werden. Abmessungen: 15,5 × 8,0 × 3,5 cm, Gewicht 585 g. Das Modell 5 × 8 cm besitzt eine neuartige durch seitliche Scharniere mit der eigentlichen Kamera verbundene Rückwand

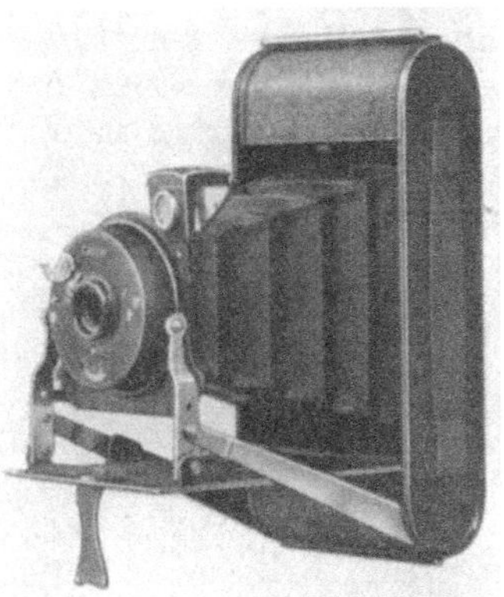

Abb. 197. Fix-Fokus-Rollfilmkamera „Ce-Nei-Fix“ der Firma C. Neithold, Frankfurt a. M. Format 6 × 9 cm. Außenmaße: 15 × 8,0 × 3,2 cm, Gewicht 445 g. Automatverschluß mit zwei Lamellen (Zeit und Moment). Der Verschluß des Deckels erfolgt mit der Laufbodenstütze, die Rückwand ist scharnierartig angelenkt

Im übrigen entspricht die Kamera in ihrer Ausführung den anderen von der Firma Voigtländer & Sohn A. G. hergestellten Kameramodellen; auch die bei diesen Modellen gebräuchliche überaus einfache und zuverlässige Lagerung der Spule für den Film wurde beibehalten. Das Modell im Format $6^1/_2 \times 11$ cm ist ganz analog konstruiert.

Als neueste Modelle von Fix-Focus-Rollfilmkameras seien folgende genannt: Die Rollfilmspringkamera „Ikonta“ der Zeiss-Ikon A. G., Dresden (vgl. Abb. 195a und b), die Fix-Focus-Rollfilmkamera „Vollenda“ von Dr. A. Nagel, Stuttgart (vgl. Abb. 196), die Fix-Focus-Rollfilmkamera Ce-Nei-Fix der Firma C. Neithold, Frankfurt a. M. (vgl. Abb. 197), die Patent-Balda-Klappkamera der Balda-Werke, Dresden A, die Fix-Focus-Rollfilmkamera Pocket Kodak Junior, Modell 1929, der Eastman Kodak Co. Rochester, N. Y., U. S. A., bei der die mechanischen Mittel zum Aufrichten des Objektivträgers die gleichen sind, wie bei der in Abb. 192a und b dargestellten Pocket-Kodak-Kamera (diese Kamera ist durch zahlreiche Patente geschützt); interessant ist beim Modell Junior die Verbindung zwischen der eigentlichen Kamera und der die Filmspule enthaltenden Umhüllung.

F. Kleinbild-Kameras

Die Entwicklung des Kamerabaus hat mit Naturnotwendigkeit dazu gedrängt, immer kleinere Formate für Aufnahmeapparate zu verwenden; etwa um die Jahrhundertwende war die 13×18 cm Kamera üblich und erst allmählich ging man zu den Formaten 10×15 cm und 9×12 cm über. Zweifellos hat sich das letztgenannte Format bis heute als sogenanntes Standardformat (wenigstens auf dem europäischen Markt) erhalten; daneben äußerte man immer wieder Wünsche nach kleineren sogenannten Taschenapparaten; diesen Anregungen verdanken wir die Einführung der kleinen Formate $6\frac{1}{2} \times 9$ cm, 5×8 cm, 6×6 cm und $4\frac{1}{2} \times 6$ cm. Eine Reihe gefälliger und vor allem kompendiöser von bedeutenden Firmen hergestellter Konstruktionen entstand in kurzen Zeitabständen; im Weltkrieg waren die kleineren Kameras wegen ihres geringen Volumens sehr beliebt; während nach Bildern des Formates $6\frac{1}{2} \times 9$ cm in vielen Fällen, ohne daß erst Vergrößerungen notwendig wären, direkt Kontaktkopien angefertigt werden können, trifft dies beim Format $4\frac{1}{2} \times 6$ cm wohl nicht mehr zu. Zwischen den Formaten $6\frac{1}{2} \times 9$ cm und $4\frac{1}{2} \times 6$ cm besteht eine ziemlich große Spanne, die am besten am Flächenmaß erkennbar ist (58,5 : 27 qcm); trotzdem bei Benutzung einer Aufnahmekamera $4\frac{1}{2} \times 6$ cm damit gerechnet werden muß, daß die Negative vergrößert werden, hat sich dieses Modell erhalten, ein Umstand, der zweifellos zum Teil auf die praktische Entwicklung der Vergrößerungsgeräte sowie auf die bekannte Tatsache zurückzuführen ist, daß die mit Apparaten kleinen Formats (und dementsprechend kurzer Objektivbrennweite) hergestellten Aufnahmen eine bedeutend größere Tiefenschärfe besitzen als die mit größeren Kameras hergestellten Bilder.[1]

Auf Grund dieser Erkenntnis sowie unter Hinweis auf das feine Korn des bei Kinoaufnahmen bereits erprobten Negativmaterials ging man dazu über, „Kleinbildapparate“ in des Wortes vollster Bedeutung zu schaffen; es entstand eine Reihe wohldurchdachter sehr kleiner Aufnahmeapparate unter Verwendung von Normalkinofilm sowohl mit als auch ohne Perforation. Der Gedanke, an Stelle der teueren, schweren und leicht zerbrechlichen großen Glasplatten

[1] Vgl. P. Hanneke, Das Arbeiten mit Klein-Kameras, 6. bis 7. Aufl., W. Knapp, Halle a. d. S., sowie M. v. Karnitschnigg, Nachr. üb. Phot., Opt., Proj. und Kinemat. der Fa. Hausamann & Co., St. Gallen, Schweiz), 1926, Heft 3.

Film im Format 18 × 24 mm zu verwenden und dabei hochempfindliche und orthochromatische Emulsionen benützen zu können, war zu bestechend. Die Feinkörnigkeit ist beim Kinofilm so außerordentlich groß, daß die Vergrößerung des kleinen Negativs im Format 18 × 24 mm auf die für die bildmäßige Photographie üblichen Formate keine Schwierigkeiten bereitet.

Es ist sicher reizvoll, mit Hilfe eines Filmstreifens von zirka 1 m Länge 50 Negative herstellen zu können, deren Preis nur einen Bruchteil desjenigen gleich vieler Platten beträgt. Das kleine Aufnahmeformat gestattet die Verwendung von Objektiven mit sehr kurzer Brennweite; auf diese Art ergibt sich eine große Tiefenschärfe, ohne daß eine Abblendung und damit eine Herabsetzung der meist großen Lichtstärke erforderlich wäre.

Als Nachteil könnte beim Arbeiten mit Kinofilm bezeichnet werden, daß die Entwicklung des nicht zerschnittenen Negativfilms mit Hilfe besonderer Vorrichtungen vorgenommen werden muß und nicht so individuell durchgeführt werden kann wie die Entwicklung einer Einzelaufnahme; die Erfahrung hat jedoch gelehrt, daß die im Handel befindlichen Entwicklungstrommeln (z. B. von der Firma E. Leitz) die Arbeit wesentlich erleichtern und Erfolg verbürgen. Die Herstellung des Positivfilms für die Zwecke der Projektion ist infofern etwas umständlich, als die Negative in einem Spezialkopierapparat der Reihe nach einzeln kopiert werden müssen; gerade beim Kopieren ist es aber möglich, der jeweiligen Eigenart des Negativs durch entsprechende Bemessung der Belichtungsdauer Rechnung zu tragen.

Am bestechendsten ist bei einer Kleinbildkamera mit Kinofilm zweifellos das geringe Volumen und Gewicht sowie die Möglichkeit, in unauffälligster Weise ohne Stativ eine große Anzahl von Aufnahmen herstellen zu können; die Tatsache, daß einige Apparate, wie z. B. die „Leica", Präzisionsausführungen darstellen, deren Beschickung auch bei Tageslicht leicht möglich ist, hat dazu beigetragen, daß dieser Apparattypus trotz der angedeuteten Nachteile bzw. Erschwerungen bei der Weiterverarbeitung des belichteten Films für den die Aufnahme selbst verarbeitenden Anfänger heute nicht mehr entbehrt werden kann.

Über den Aufbau und alle interessierenden Einzelheiten bekannt gewordener Apparate geben die nachfolgenden Ausführungen Aufschluß; das Bildformat ist rechteckig (und zwar 18 × 24 mm) oder quadratisch (24 × 24 mm). Manche Firmen legen das Format 24 × 36 mm bzw. 30 × 30 mm sowie 30 × 40 mm, wieder andere 30 × 45 mm zugrunde. Neuerdings wurden kleine Aufnahmeapparate bekannt, bei denen statt Normalkinofilm der überall erhältliche Rollfilm auf Metallspulen (z. B. A—8 oder AB—6 der Agfa) verwendet werden kann; da diese Filme in der gleichen Feinkörnigkeit wie der Normalkinofilm hergestellt werden (z. B. von der Firma O. Perutz, München), hat der Bau von Kleinbildkameras wohl große Aussichten. Die erwähnten Rollfilme werden für 16 Aufnahmen im Format 3 × 4 cm oder für 12 Aufnahmen hergestellt.

35. Die Leica-Kamera. Dieses Erzeugnis der Firma Ernst Leitz, Optische Werke in Wetzlar, erschien etwa um das Jahr 1925 auf dem Markt; die Konstruktion ist deshalb erwähnenswert, weil diese Kamera ein bis ins kleinste durchgearbeitetes hochwertiges Spezialmodell in präziser Ausführung ist, mit welchem 36 Einzelaufnahmen auf dem allgemein eingeführten perforierten Normalkinofilm (ganze Länge 1,60 m) gemacht werden können. Als Bildgröße wurde die doppelte Kinobildgröße, also (statt 18 × 24 mm) 24 × 36 mm zugrunde gelegt; bei den sich daraus ergebenden geringen äußeren Abmessungen von 13,2 × 5,5 × 3 cm ergibt sich ein Gewicht der Kamera von nur etwa 425 g, wozu noch dasjenige einer geladenen Kassette mit 50 g kommt. Man kann die Leica-Kamera zurzeit wohl als die leistungsfähigste Kleinkamera bezeichnen (vgl. Abb. 198).

a) Das optische System der Leica-Kamera. Die Einstellung des Apparates auf kurze Entfernungen erfolgt in bekannter Weise durch ein Objektiv in Schneckengangfassung. Da die Brennweite des Objektivs 50 mm, die Dicke der Kamera jedoch nur etwa 30 mm beträgt, muß das Objektiv zuerst durch Herausziehen eines Rohrstutzens von entsprechender Länge in die Gebrauchsstellung für ∞ gebracht werden. Die Verriegelung erfolgt dann durch einen Bajonettverschluß. Der Leitz-Anastigmat „Elmar“ hat bei einem Öffnungsverhältnis 1 : 3,5 eine Brennweite von $f = 5$ cm; hieraus ergibt sich unter Zugrundelegung der Bilddiagonale von 43 mm ein Bildwinkel von ca. 47°. Bei Einstellung auf 1 m, die durch achsiales Herausbewegen des Objektivs in

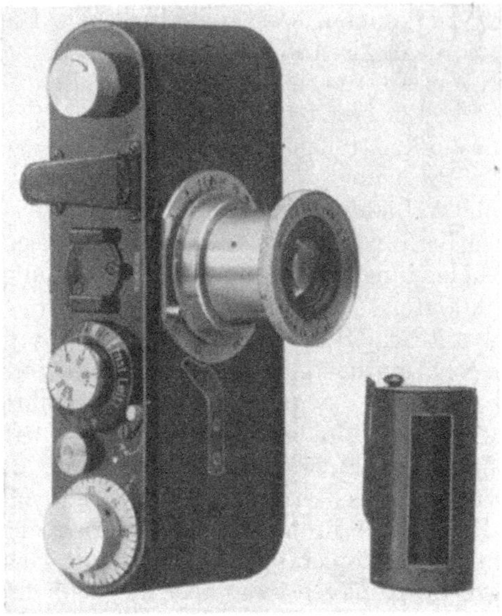

Abb. 198. Kleinbildkamera Leica der Firma E. Leitz, Wetzlar, für Normalkinofilm (Bildformat 24 × 36 mm). Abmessungen 13,2 × 5,5 × 3 cm, Gewicht zirka 475 g (samt einer Filmrolle). Objektiv: Anastigmat Elmar 1 : 3,5, f = 5,0 cm; die Einstellung des Objektivs erfolgt mit Hilfe einer Schneckengangfassung. Verschluß: Schlitzverschluß mit verdecktem Aufzug (1/20 bis 1/500 Sek.) Rechts die Kassette für 36 Aufnahmen

Tabelle 27. Tiefenschärfentabelle für „Elmar“-Anastigmat 1: 3,5, $f = 5{,}0$ cm (unter Zugrundelegung eines Zerstreuungs-Kreisdurchmessers = 0,03 mm)

	0,95	1,15	1,4	1,6	1,8	2,3	2,7	3,4	4	5,4	7,1	10,5
1 : 3,5	**1**	**1,25**	**1,5**	**1,75**	**2**	**2,5**	**3**	**4**	**5**	**7**	**10**	**20**
	1,05	1,3	1,6	1,9	2,2	2,8	3,4	4,8	6,3	11,0	18	∞
	0,9	1,15	1,4	1,6	1,8	2,2	2,6	3,3	3,9	5,0	6,3	9,2
1 : 4,5	**1**	**1,25**	**1,5**	**1,75**	**2**	**2,5**	**3**	**4**	**5**	**7**	**10**	**20**
	1,1	1,4	1,7	2,0	2,3	2,9	3,6	5,2	7,1	11,7	24	∞
	0,9	1,15	1,3	1,55	1,7	2,1	2,4	3	3,5	4,4	5,5	7,5
1 : 6,3	**1**	**1,25**	**1,5**	**1,75**	**2**	**2,5**	**3**	**4**	**5**	**7**	**10**	**20**
	1,1	1,4	1,7	2,0	2,4	3,2	4	6	8,6	19	60	∞
	0,9	1,1	1,3	1,5	1,7	2	2,3	2,8	3,2	3,9	4,7	6
1 : 9	**1**	**1,25**	**1,5**	**1,75**	**2**	**2,5**	**3**	**4**	**5**	**7**	**10**	**20**
	1,1	1,4	1,8	2,15	2,6	3,4	4,5	7,2	11,2	26	∞	∞
	0,9	1,05	1,2	1,4	1,5	1,8	2	2,4	2,7	3,25	3,8	4,6
1 : 12,5	**1**	**1,25**	**1,5**	**1,75**	**2**	**2,5**	**3**	**4**	**5**	**7**	**10**	**20**
	1,2	1,5	2,0	2,5	3	4,3	6	12	30	∞	∞	∞
	0,9	1,0	1,2	1,3	1,4	1,6	1,8	2,1	2,5	3,0	3,4	4
1 : 18	**1**	**1,25**	**1,5**	**1,75**	**2**	**2,5**	**3**	**4**	**5**	**7**	**10**	**20**
	1,2	1,6	2,2	2,7	3,5	6	8	20	∞	∞	∞	∞

Die fett gedruckten Zahlen sind die Entfernungen, auf welche eingestellt wird; die darüber und darunter stehenden Zahlen definieren denjenigen Bereich, innerhalb dessen gelegene Objekte bei der betreffenden Einstellung scharf abgebildet werden.

der Schneckengangfassung um etwa 2,5 mm erfolgt, sinkt der Bildwinkel auf etwa 45°. Trotzdem das Objektiv so gut als möglich korrigiert und die Tiefenschärfe entsprechend der kurzen Brennweite sehr groß ist, kann diese Naheinstellung wegen der großen Öffnung des Objektivs nicht entbehrt werden. Wegen der fast unvermeidlichen mehr oder weniger starken (bis zu 10fachen) Vergrößerung müssen die Negative je nach Art des aufgenommenen Gegenstandes entsprechend „scharf" sein; da eine direkte Prüfung der Einstellung wie bei Plattenkameras mit Mattscheibe nicht möglich ist, empfiehlt es sich, die von der Firma E. Leitz ihren Apparaten beigegebene Tiefenschärfetabelle zu beachten, der ein Zerstreuungskreis von etwa 0,03 mm Durchmesser zugrunde gelegt ist.

Weil die Negative der Leica-Kamera stets photographisch vergrößert oder projiziert werden, ist, wie Tab. 27 erkennen läßt, eine sorgfältige Einstellung insbesondere beim Arbeiten mit der vollen Öffnung des Objektivs unbedingt erforderlich; da die Anordnung einer Mattscheibe bei dieser Kamera weder möglich noch zweckmäßig wäre und bei der Beurteilung des Bildausschnittes mittels des an sich einwandfreien optischen Durchsichtssuchers nicht gleichzeitig die Beurteilung der Bildschärfe stattfinden kann, hat die Firma E. Leitz in Wetzlar den Nahdistanzmesser „Fodis" konstruiert, der eine Basis von etwa 85 mm Länge besitzt, auf dem Koinzidenzprinzip beruht und für Entfernungen von 1 m bis 10 m eingerichtet ist. (Ausführliche Einzelheiten findet man im Abschnitt über Entfernungsmesser.) Im Interesse schnellen Arbeitens wird empfohlen, den Index sowohl des Nahdistanzmessers als auch der Objektivfassung von vornherein auf die gewünschte Entfernungszahl einzustellen und dann durch Annäherung zum, bzw. Entfernung vom Gegenstand die Verschmelzung des im Gesichtsfeld des Entfernungsmessers erscheinenden Doppelbildes herbeizuführen.

b) Momentverschlüsse. Die Leica-Kamera wird in zwei verschiedenen Ausführungen hergestellt, und zwar mit Schlitzverschluß oder mit Sektorenverschluß.

Das Wesen und die Arbeitsweise des Schlitzverschlusses ist im Abschnitt über Momentverschlüsse eingehend beschrieben (S. 492); es sei aber auch hier darauf hingewiesen, daß beim Spannen des Schlitzverschlusses das Filmband um eine Bildlänge weitertransportiert wird (vgl. D. R. P. Nr. 120441, 161634, 290441, 384071); durch diese Maßnahme wird die doppelte Belichtung ein und derselben Filmstelle selbsttätig verhindert. Zweifellos trägt diese Einrichtung sehr wesentlich zur schnellen Aufnahmebereitschaft bei; beim Aufziehen des Verschlusses fühlt man in der Endlage einen harten Anschlag, was die Bestätigung dafür ist, daß der Film richtig weitergeschaltet wurde und der Schlitzverschluß gespannt ist. Die Momentgeschwindigkeiten liegen zwischen $^1/_{20}$ und $^1/_{500}$ Sekunde, während Zeitaufnahmen mittelst Druckknopf bzw. Drahtauslöser auszuführen sind.

Es ist klar, daß die zwangläufige Kupplung des Filmbandes mit dem Rouleau des Schlitzverschlusses weniger Schwierigkeiten macht als die Kupplung mit einem Objektivverschluß, da Filmband und Rouleau dicht nebeneinander liegen.

Bei dem zweiten, mit einem Compurverschluß ausgerüsteten Leica-Modell erfolgt, wie bei allen Rollfilmkameras größeren Formats, das Spannen des Verschlusses und der Weitertransport des Films vollkommen unabhängig voneinander; es erübrigt sich daher, auf diesen Punkt näher einzugehen, obgleich es an Versuchen nicht gefehlt hat, diese beiden Bewegungen in Abhängigkeit voneinander zu bringen. Vgl. z. B. D. R. P. Nr. 183177 und 274841.

Der Objektivstutzen mit Verschluß muß vor der Aufnahme herausgezogen werden und läßt sich durch Rechtsdrehen an drei verschiedenen Stellen verriegeln;

es ist daher möglich, den Compurverschluß stets so zu drehen, daß die Einstellscheibe nach oben zu liegen kommt.

Beide Modelle der „Leica“ sind mit einer Zählvorrichtung versehen, welche die Anzahl der vorgenommenen Belichtungen selbsttätig registriert.

c) Die Kassetten. Die zur Aufnahme des Negativfilms in der Dunkelkammer bestimmte zylindrische Rollkassette (vgl. Abb. 198, rechts) aus Messing, die nach Abnehmen des einen seitlichen Deckels aus der Kamera her-

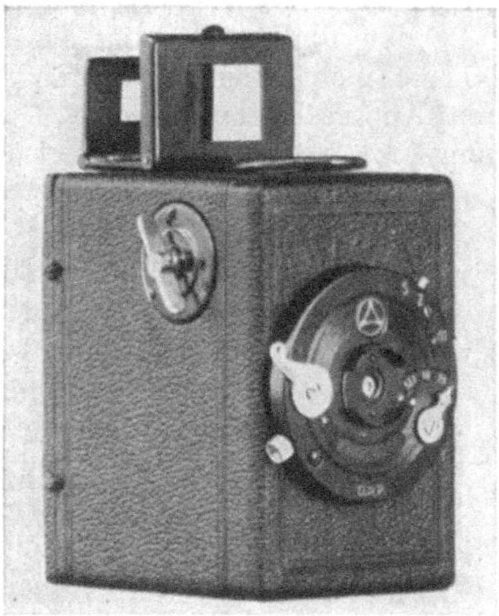

Abb. 199 a. Kleinbildkastenkamera „Unette“ der ERNEMANN-WERKE A. G., Dresden, für Verwendung von Kino-Normalfilm, Bildgröße 22 × 31 mm. Objektiv 1 : 12,5, f = 40 mm, ohne Einstellvorrichtung. Automatverschluß für Zeit und Moment (zirka $^1/_{25}$ Sek.). Ansicht der Kamera

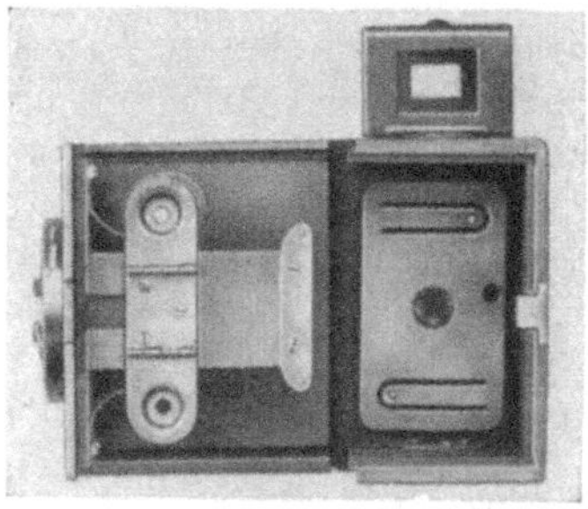

Abb. 199 b. Inneres der Kleinbildkastenkamera „Unette“ für Normalkinofilm (vgl. Abb. 199 a). Man sieht die Filmspulenlagerung sowie die federnde Druckplatte, welche zum Planhalten des Films dient. Die Fortschaltung des Films um je eine Bildbreite wird durch ein rotes Fenster beobachtet. Abmessungen: 9 × 8 × 5,5 cm, Gewicht zirka 195 g, Material des Gehäuses: Holz

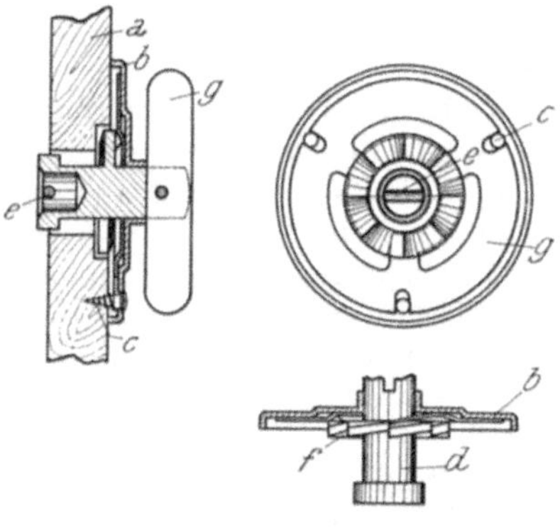

Abb. 199 c. Mechanischer Aufbau des Filmschlüssels der Kleinbildkastenkamera „Unette“. Vgl. Abb. 199 a und b. *a* Kameraseitenwand, an welcher die Lagerplatte *b* durch die Schrauben *c* befestigt ist. *d* Filmschlüsselachse mit Stift *e*, Federrast *f* und Handhabe *g*

ausgenommen werden kann, besteht aus drei Teilen: der äußeren Kassettenhülse, der inneren Hülse und der eigentlichen Spule; ihre Konstruktion und Arbeitsweise ist in der der Kamera beigegebenen ausführlichen Gebrauchsanweisung beschrieben. Außer dieser Spule stellt die Firma E. LEITZ, um das Einlegen des Films in die Kassette von einer Dunkelkammer völlig unabhängig zu machen, neuerdings eine Tageslichtspule her, in welcher der Film bereits fertig aufgerollt ist.

Nachdem der ganze Filmstreifen belichtet wurde (oder wenn man einen teilweise belichteten Film herausnehmen will), wird er von der Aufwickelspule in die Kassette zurückgewickelt; das Herausnehmen der Kassette kann bei Tageslicht erfolgen.

36. Die Kleinbildkameras der Ernemann-Werke A. G. Die Firma ERNEMANN-WERKE A. G., Dresden, brachte Ende 1925 eine wohlfeile Kleinkamera für Kinofilme auf den Markt, die unter dem Namen „Unette“ bekannt wurde (vgl. Abb. 199 a, b und c); diese Kamera gestattete die Verwendung von Kinofilm in Tageslichtpackungen (24 Aufnahmen von der Größe 18 × 24 mm). Das Gehäuse, das die Abmessungen 9 × 8 × 5,5 cm hat, ist aus Holz und mit Kunstleder bezogen; Gewicht zirka 195 g. Die Vorderwand mit der einen Seitenwand ist aufklappbar, so daß das ganze Innere frei zugänglich wird, was beim Einlegen bzw. Herausnehmen des Films angenehm empfunden wird. An der Innenfläche der Rückwand ist eine federnde Platte zum Plandrücken des Films angeordnet, eine Einrichtung, die bereits bei Rollfilmkameras größeren Formats beschrieben wurde. Eine einfache Linse mit dem Öffnungsverhältnis 1 : 12,5 und der Brennweite 4 cm ist in einem im Kapitel „Verschlüsse" beschriebenen Spezialverschluß untergebracht, der Zeit- und Momentaufnahmen gestattet; eine Revolverblende erlaubt, auf 1 : 18 bzw. 1 : 25 abzublenden.

Ein auf der Kamera angebrachter Ikonometer gestattet, den jeweiligen Bildausschnitt in einwandfreier Weise zu beobachten, und zwar ohne seitliche Parallaxe bei Queraufnahmen bzw. ohne Höhenparallaxe bei Hochaufnahmen.

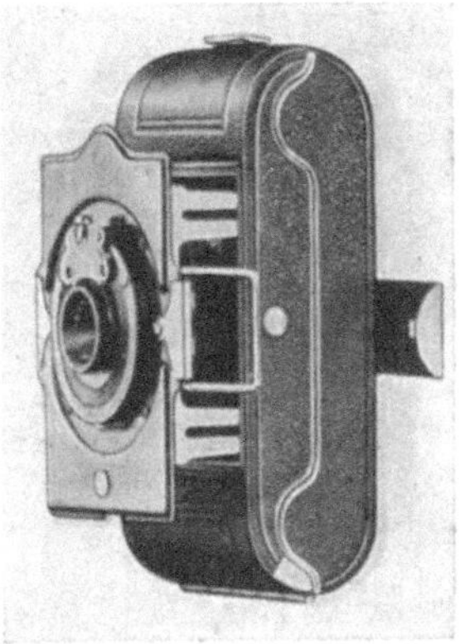

Abb. 200 a. Kleinbildkamera „Bobette" ohne Laufboden der H. ERNEMANN A. G., Dresden. Bildgröße 18 × 24 mm (Normalkinofilm). Ikonometersucher. Abmessungen: 10,5 × 5 × 3 cm, Gewicht 265 g. Äußere Ansicht der Kamera in Gebrauchsstellung

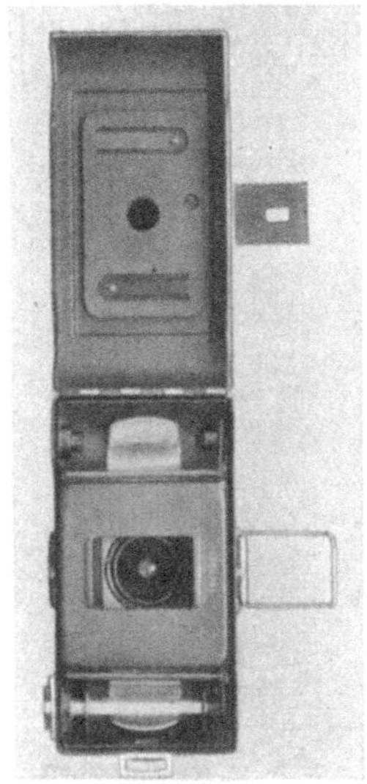

Abb. 200 b. Die gleiche Kamera wie in Abbildung 200 a. Inneres der Kamera bei aufgeklappter Rückwand

Später brachte die eben erwähnte Firma die Modelle „Bobette" I und II (vgl. Abb. 200 a und b) für unperforierten Kinofilm auf den Markt; die erstere ist eine Spreizenkamera aus Metall (Abmessungen 10,5 × 5 × 3 cm), deren Gehäuse ebenfalls mit Kunstleder bezogen ist; als Objektiv wurde verwendet: entweder ein einfacher Achromat 1 : 9 mit der Brennweite $f = 5$ cm oder ein Anastigmat (Ernoplast) 1 : 4,5 mit der Brennweite $f = 5$ cm. Bei Benutzung des lichtschwächeren Achromaten war zwecks Einstellung auf nähergelegene Objekte eine Vorsatzlinse vorgesehen, während diese Einstellung beim Anastigmaten durch achsiale Verschiebung der Vorderlinse bewerkstelligt wurde.

Bei der „Bobette I" gestattet der Verschluß Belichtungszeiten von $^1/_{25}$, $^1/_{50}$, $^1/_{100}$ Sek., die Irisblende kontinuierliche Abblendung des Objektivs.

Die „Bobette II" hat nicht nur die äußere Form, sondern auch die Einrichtung einer Rollfilmkamera größeren Formates; sie hat ein Metallgehäuse mit Lederbezug und Lederbalgen sowie einen Laufboden mit Knickspreizen und Radialhebeleinstellung. Außer einem Ikonometer ist ein Aufsichtssucher angeordnet. Auch der Verschluß (Chronos) weist eine größere Vollkommenheit auf als derjenige bei „Bobette I", die sich in erster Linie auf die Regulierbarkeit der Geschwindigkeiten von $^1/_2$ bis $^1/_{100}$ Sekunde erstreckt. Dieses kleine Spezialmodell für die Verwendung lichtstarker Objektive wurde mit folgenden Anastigmaten ausgerüstet: Ernon 1 : 3,5, $f = 5$ cm und Ernostar 1 : 2, $f = 4{,}2$ cm Abmessungen der Kamera: 11 × 6 × 3 cm, Gewicht 365 g.

Die richtige Fortschaltung des Films um je eine Bildweite wird bei den Modellen „Unette" und „Bobette" in der bei Rollfilmkameras üblichen Weise durch ein rotes Fenster beobachtet.

37. Die Amourette-Einbild-Kinofilmkamera. Dieses von der Firma Robert Glombeck, Berlin SW 68, und von der Österreichischen Telephon A. G., vomals J. Berliner, in Wien XIII, auf den Markt gebrachte Modell einer wohlfeilen Kleinbildkamera ist für 50 Aufnahmen auf perforiertem Normalfilm eingerichtet. Die Abmessungen der aus Metall gefertigten Kamera sind etwa 10 × 5,0 × 4,3 cm, das Gewicht der Kamera beträgt zirka 330 g. Das Objektiv ist ein Spezialaplanat bzw. Anastigmat vom Öffnungsverhältnis 1 : 6,3 bzw. 1 : 4,5 und hat eine Brennweite von nur 3,5 cm, so daß sich ein Bildwinkel von nahezu 60° ergibt; in Anbetracht dieser sehr kurzen Brennweite des Objektivs ist die Tiefenschärfe groß, weshalb die Verstellbarkeit des Objektivs für überflüssig erachtet wurde; diese Verstellbarkeit ist insbesondere dann überflüssig, wenn die zweite Blende benutzt wird, die ein Öffnungsverhältnis des Objektivs von 1 : 12,3 herbeiführt. Vgl. Abb. 201 a und b sowie Tabelle 28.

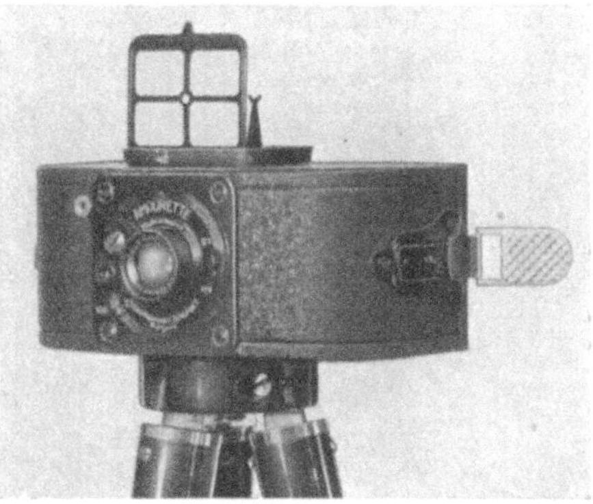

Abb. 201 a. Ansicht der Kleinbildkamera „Amourette" für perforierten Normalkinofilm. Abmessungen: 10 × 5,0 × 4,3 cm, Gewicht zirka 330 g. Das Negativmaterial für je 50 Aufnahmen befindet sich in Spezialpackungen (kleine Holzbehälter). Der Sammelbehälter besteht aus Metall

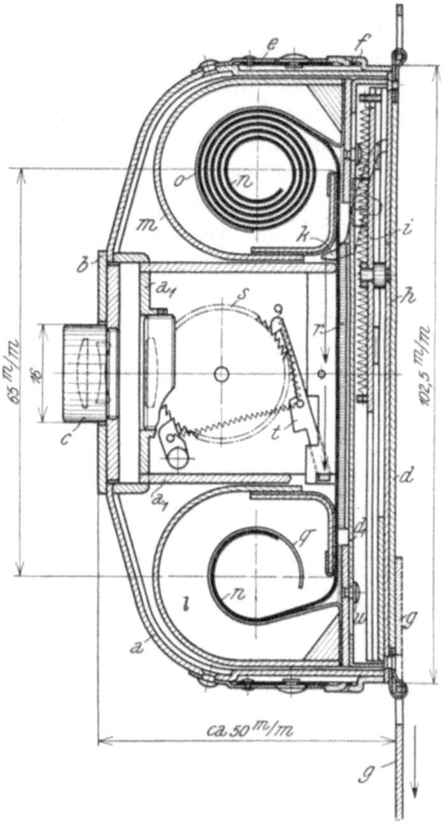

Abb. 201 b. Schnitt durch die Kleinbildkamera Amourette (Rob. Glombeck, Berlin). Am Kameragehäuse a mit der Zwischenwand a_1 ist der Träger b mit dem Objektiv c (f = 35 mm) befestigt. $d\,d_1$ ist die abnehmbare Rückwand der Kamera, an der die Elemente zur Fortschaltung des perforierten Films angeordnet sind. e bzw. f Verschluß zur Befestigung der Rückwand. g, h, i und k Greifermechanismus zum Fortschalten um Bildbreite. l Sammelbehälter mit Federführung q; n Film, m Abwickelspule mit Führungsbahn o; r Plüschdichtung; s, t Übertragungshebel zum Zählwerk, u Halteorgane für die Rückwand

Der Objektivverschluß ist von einfachster Bauart und gestattet Belichtungen von $^1/_{25}$, $^1/_{50}$ und $^1/_{100}$ Sek. (nominell) sowie Zeitaufnahmen.

Tabelle 28. Tiefenschärfetabelle für ein Objektiv $f = 3{,}5$ cm (Zerstreuungskreis 0,03 mm)

Einstellung auf m	Öffnungsverhältnis									
	1:3,5		1:4,5		1:6,3		1:9		1:12,5	
	vorne	rückw.	vorne	rückw.	vorne	rückw.	vorne	rückw.	vorne	rückw.
∞	11,70	∞	9,10	∞	6,50	∞	4,50	∞	3,30	∞
10	5,40	68,00	4,80	∞	4,00	∞	3,10	∞	2,50	∞
7	4,40	17,30	4,00	30,00	3,40	∞	2,80	∞	2,20	∞
5	3,50	8,70	3,20	11,00	2,80	21,50	2,40	∞	2,00	∞
3	2,39	4,01	2,26	4,45	2,06	5,50	1,82	8,60	1,57	32,00
2	1,72	2,40	1,64	2,55	1,54	2,87	1,40	3,52	1,25	5,00
1	0,92	1,09	0,90	1,12	0,87	1,18	0,82	1,27	0,77	1,42

Die Zahlen unter „vorne“ und „rückwärts“ definieren denjenigen Bereich, innerhalb dessen gelegene Objekte bei der betreffenden Einstellung scharf abgebildet werden.

Zum Zwecke der Fortschaltung des Films um Bildbreite ist ein Transportmechanismus vorgesehen, der im wesentlichen aus zwei Greifzähnen besteht, die durch eine Schnalle betätigt werden; eine Uhrwerkfeder sorgt für die dauernde Spannung des Films. Die Rückwand der Kamera läßt sich durch leichten Druck öffnen und dann herausnehmen, so daß das Einlegen des Filmpacks ohne Schwierigkeiten möglich ist (vgl. Abb. 201 b).

38. Die „Eka“-Kleinfilmkamera von G. A. Krauß, Stuttgart, u. a. Die Bildgröße dieser Präzisionskamera ist 3 × 4,5 cm; als Negativmaterial dient unperforierter Kinofilm. Als Objektiv ist ein KRAUSS-ZEISS-Tessar 1 : 4,5 bzw. 1 : 3,5 von der Brennweite $f = 5$ cm vorgesehen, so daß der Bildwinkel, bezogen auf die Diagonale von 5,4 cm, zirka 57° beträgt; das Objektiv ist in einem Compurverschluß montiert. Die Maße der Kamera sind 15 × 5 × 4,5 cm, das Gewicht beträgt zirka 700 g. Die Einstellung auf nahe gelegene Gegenstände erfolgt mit Hilfe einer Spezialfassung mit mehrgängigem Gewinde, die durch eine größere gerändelte Stellscheibe derart betätigt wird, daß das Objektiv samt Verschluß bei Einstellung auf 1 m Entfernung um etwa 2,5 mm achsial verschoben wird; die Entfernungen, auf welche eingestellt wird, sind auf einer Skala ablesbar, die in einer Fensteröffnung sichtbar ist. Der Rahmensucher richtet sich bei der Einstellung selbsttätig auf; sowie das Objektiv in seine ursprüngliche Lage zurückgebracht wird, ist der Verschluß in die Kamera versenkt. Das Gehäuse der Kamera besteht aus Messing mit einem Überzug aus Hartgummi, der lederartig geprägt, auf dem Mantel aber vulkanisiert ist. Vorteilhaft ist bei dieser Kamera eine besondere Einschnappvorrichtung, durch welche jeweils nur Film für eine Aufnahme transportiert wird, wobei dieses Stück eben gehalten wird.

Eine sehr wohlfeile Westentaschen-Rollfilmkamera kleinsten Formats für die Bildgröße 3 × 3 cm ist die „Ce-Nei-Knirps“ der Firma CARL NEITHOLD AKT.-GES. in Frankfurt a. M. Die äußeren Abmessungen dieser Kamera sind nur 9 × 5 × 3,5 cm, das Gewicht demgemäß sehr gering, und zwar nur 150 g. Als Objektiv ist ein LAACK-Polynar 1 : 6,8, $f = 4{,}5$ cm, in Verwendung; der Bildwinkel, bezogen auf die Diagonale von 4,5 cm, beträgt demnach zirka 53°.

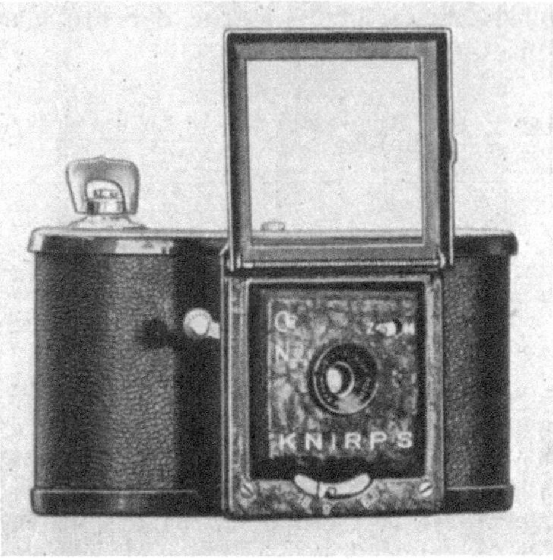

Abb. 202. Kleinbildkamera „Ce-Nei-Knirps“ der Carl Neithold A. G., Frankfurt a. M. Bildformat: 3 3 cm, Objektiv 1 : 6,8, $f = 4{,}5$ cm. Das Gehäuse ist aus Mahagoniholz. Abmessungen: 9 5 2,5 cm, Gewicht 150 g

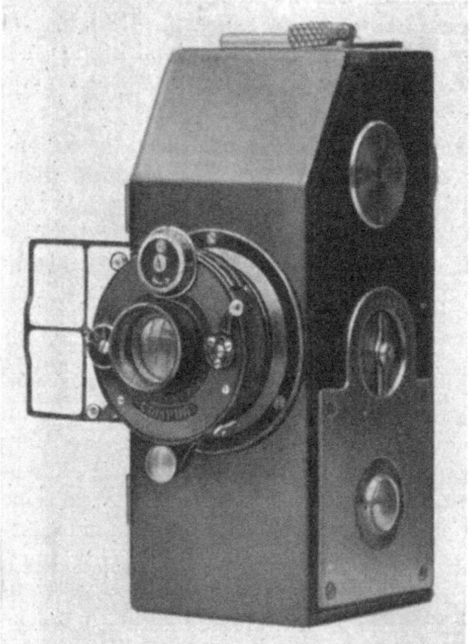

Abb. 203. Kleinbildkamera „Sico“ von Simons & Co., Bern, für nicht perforierten Kino-Normalfilm. Format 25 × 35 mm, Objektiv $f = 6$ cm in Compurverschluß 00 und Schneckengangfassung. Die Fortschaltung des Films um Bildbreite erfolgt durch eine federnde Zugstange. Die Kamera ist mit Bildzähler, Kontrollfenster und Ikonometer ausgestattet; auch eine Belichtungstabelle ist an ihr angebracht

Wegen dieser kurzen Brennweite wurde auf eine Objektivverschiebung vollständig verzichtet; lediglich zur Steigerung der an sich schon großen Tiefenschärfe sind zwei weitere Blenden vorgesehen, und zwar 1 : 9 und 1 : 18, durch deren Benutzung noch Gegenstände in etwa 2 m Entfernung scharf abgebildet werden (vgl. Abb. 202).

Der Verschluß ist ein immer funktionsbereiter Automatverschluß für Moment und Zeit, der nach erfolgtem Druck auf einen Knopf mit dem Vorderteil herausspringt, wodurch das Objektiv und der Rahmensucher gleichzeitig in Gebrauchsstellung gebracht werden; geschlossen wird die Kamera, indem man zuerst den Rahmensucher nach vorn klappt und dann das Vorderteil eindrückt, bis es einschnappt.

Die Kamera wird mit einer Spezial-Agfa-Filmrolle für 12 Aufnahmen geladen (vier Rollen bilden eine Packung). Der Film ist nicht perforiert und wird in der bei Rollfilmkameras größeren Formates üblichen Weise fortgeschaltet; die jeweilige Nummer der Aufnahme, die auf einem rotschwarzen Papier aufgedruckt ist, kann durch ein rotes Fenster hindurch abgelesen werden.

Eine der ersten vollwertigen Kleinbildkameras war die „Sico“ (vgl. Abb. 203) der Firma Simons & Co., Bern; diese wurde gemeinsam mit einer Kopiereinrichtung und einem Vergrößerungsapparat geliefert. Die bekannteste Kleinbildkamera des Auslands ist wohl die „Ansco“-Kamera der Ansco Photoproducts, Inc. (vgl. Abbildung 204a, b, c und d). Diese Kamera ist ganz aus Holz von 6 bis 7 mm Wandstärke hergestellt und hat die äußeren Abmessungen 5,0 × 6,5 × 10,5 cm. Das Objektiv ist ein Bausch & Lomb-Anastigmat

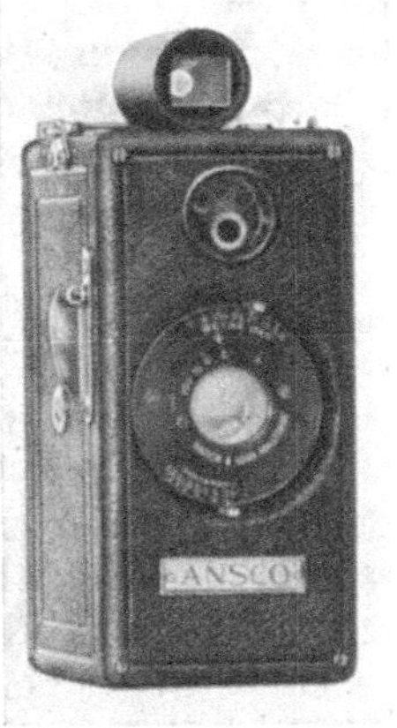

a

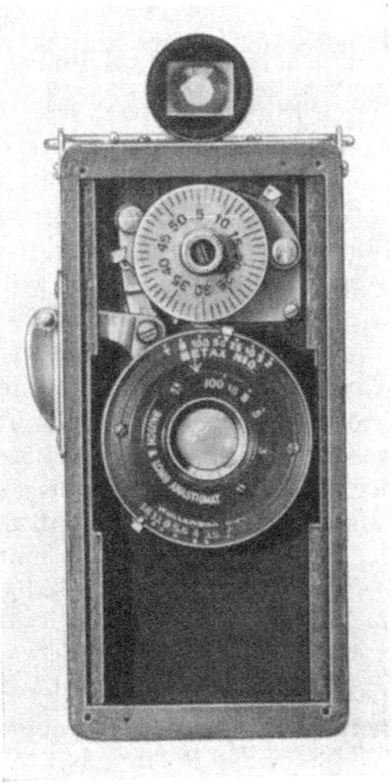

b

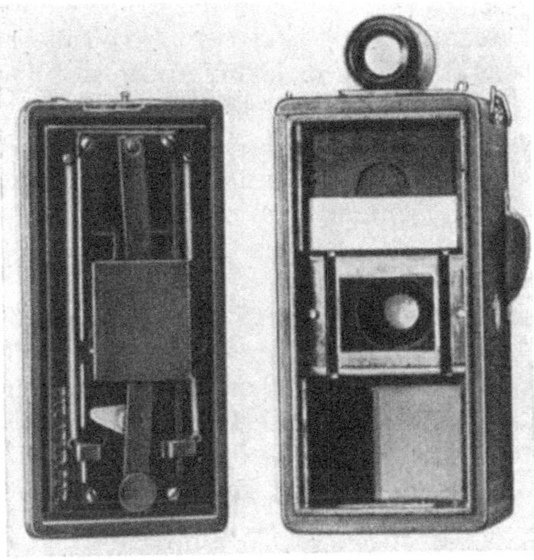

c

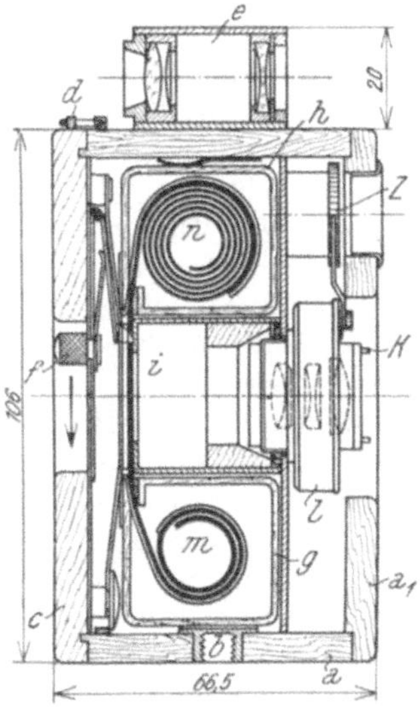

d

Abb. 204.

a) Ansco-Kamera der Ansco Photoproducts, Inc., Binghamton, New York, U. S. A. Außenansicht

b) Innenansicht der Kleinbildkamera „Ansco“ bei abgenommener Vorderplatte. Der Auslösemechanismus des Automatverschlusses ist in zwangläufiger Verbindung mit einem Zählwerk für 50 Aufnahmen

c) Kleinbildkamera „Ansco“ für Normal-Kinofilm. Innenansicht der Kamera bei abgenommener Rückwand (links); man sieht auf dieser den Mechanismus zum Fortschalten des perforierten Normal-Kinofilms sowie die federnde Druckplatte, welche den Film gegen den Blendrahmen preßt

d) Kleinbildkamera „Ansco“. Schnitt. *a* Kameragehäuse (Holz), a_1 Vorderwand, *b* Stativmutter, *c* abnehmbare Kamerarückwand mit Verschlußriegel *d*; *e* optischer Durchsichtssucher, *f* Handhabe zum Fortschalten des Films um eine Bildbreite, *g* und *h* untere und obere Kassette, *i* Film, *k* Objektiv mit Vorrichtung zur Verschiebung der Vorderlinse, *l* Momentverschluß, *m* Sammelspule, *n* Abwickelspule, *z* Zählwerk, gekuppelt mit dem Verschluß-Auslösehebel. Vgl. D. R. P. Nr. 183 177

1:3,5, $f = 5{,}0$ cm (Blendenteilung: 3,5, 4, 5,6, 8, 11, 16). Einstellung: Schneckengangfassung mit der Einteilung 3, 5, 8, 18, ∞. Objektivverschluß: Betax Nr. 0, Zeiten: $^1/_2$, $^1/_5$, $^1/_{10}$, $^1/_{25}$, $^1/_{50}$, und $^1/_{100}$ Sek. sowie Zeit- und Dauerstellung. Sucher: Durchsichtssucher nach Art eines umgekehrten Galileischen Fernrohres. Bildwechsel: Auf der Rückseite des Apparates (im Deckel) ist ein Schieber angeordnet, durch dessen Betätigung ein Hebelsystem gesteuert wird, das in die Perforation des Films eingreift und diesen jeweilig um ein Bild fortschaltet. Durch den Auslösehebel des Verschlusses wird ein von vorne sichtbares Zählwerk beeinflußt, das jederzeit die Anzahl der bereits belichteten Bilder abzulesen gestattet; es ist für 50 Bilder beziffert.

Das Negativ-Material besteht aus einem Streifen perforierten Normal-Kinofilm von etwa 1 m Länge und wird in kleinen Kassetten von etwa $3 \times 3 \times 4$ cm Größe bezogen, die von der Rückseite der Kamera her als ganzes eingeschoben werden; bei offenem Gehäusedeckel wird zunächst ein kurzes Stück Film aus der oberen Kassette herausgezogen und dessen Ende in den Spalt der unteren Kassette so eingeführt, daß die am Deckel befestigte Fortschaltvorrichtung in die Perforation des Films eingreift. Nachdem der ganze Film von der oberen auf die untere Kassette abgewickelt ist, wird diese zur Weiterbehandlung herausgenommen.

Die neuesten deutschen Kleinbildkameras (1930) sind die „Box-Tengor“ und „Kolibri“ 3×4 cm der Zeiss-Ikon A.-G. für normale Filmrollen des Formats $4 \times 6^1/_2$ cm (16 Aufnahmen). Ein Vorläufer dieses Modells ist die „Bi-Roll-Tengor“ der C. P. Goerz, A.-G., Berlin; mit dieser Kamera konnte man entweder 8 Aufnahmen im Format $4 \times 6^1/_2$ cm oder nach Einsetzen eines besonderen Blendrahmens 24 Aufnahmen im Format 22×35 mm anfertigen.

G. Reise-Kameras

Wie J. M. Eder in Band 1, Heft 5, seines Handbuches (1892) berichtet, sind zusammenlegbare Kameras, sogenannte „Reisekameras“, bereits im Jahre 1852 bekannt geworden; als etwa 20 Jahre später die Trockenplatte erfunden wurde, erfuhr auch die Konstruktion der Reisekamera wesentliche Verbesserungen. Wir können behaupten, daß die Bauart der damaligen Apparate bereits ziemlich vollkommen war. Die an eine Reisekamera der damaligen Zeit gestellte Forderung lautete etwa folgendermaßen:

Geringer Umfang und geringes Gewicht bei größter Stabilität, angelenkte Visierscheibe, nach oben und unten verstellbares Objektivbrett, langer Auszug, Verwendbarkeit von Weitwinkelobjektiven, bewegliches Vorder- und Rückteil, Umstellbarkeit von Hoch- zu Querformat, Neigbarkeit des Objektivbrettes und der Visierscheibe usw. Der nach vorn verjüngte und drehbare Balgen (sogenannter Blasebalg) war bereits im Jahre 1860 bekannt.

In dem Bestreben, die Kamera beim Transport vollständig schließbar zu machen, entstand etwa im Jahre 1877 die Kamera in Kofferform von Ed. Liesegang (D.R.P. Nr. 697, vgl. Abb. 205.) Bereits im Jahre 1891 waren Reisekameras mit doppeltem Auszug bekannt, und zwar u. a. die Courier-Kamera von Harbers sowie die Reisekamera von Werner in Wien.

Bei einer englischen Reisekamera aus der gleichen Periode findet sich bereits eine federnde Anlenkung der Visierscheibe am Hinterrahmen, so daß sich die Kassette bequem dazwischen schieben läßt; auch die Anordnung eines drehbaren Mattscheibenrahmens (wie er sich noch heute z. B. bei Schlitzverschlußkameras findet) sowie die Kassettenführung sind schon vor dem Jahre 1890 bekannt gewesen (z. B. war diese Anordnung bei der englischen Houghton-Kamera anzutreffen).

Es hat auch in dieser Zeit nicht an Versuchen gefehlt, die zusammenlegbare Kamera nicht aus Holz, sondern ganz aus Metall herzustellen; gelegentlich der Elektrotechnischen Ausstellung in Wien (1891) stellte R. LECHNER, Wien, bereits eine Kamera aus Aluminiumblech aus.

Um Volumen und Gewicht der Kamera zu vermindern, wurden damals Wechselkasten für 10 bis 12 Platten konstruiert: entweder wurde die lichtempfindliche Platte aus einem Wechselkasten erst in eine Kassette gebracht oder der Wechselkasten war direkt mit der Kamera verbunden und konnte an die

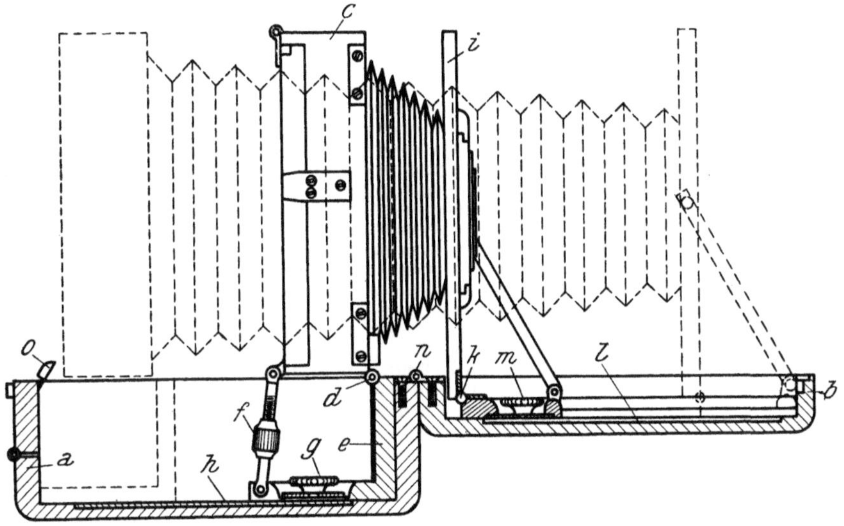

Abb. 205. Reisekamera in Kofferform von ED. LIESEGANG, D. R. P. Nr. 697. Abmessungen: 25 × 20 × 9 cm. Abstand zwischen Visierscheibe und Objektiv veränderlich, und zwar 6 bis 30 cm. (Verwendungsmöglichkeit von Objektiven mit kurzer, mittlerer und langer Brennweite). Der Kofferkasten *a* und der Deckel *b* werden durch das Scharnier *n* und den Verschluß *o* zusammengehalten. Der Träger der Visierscheibe *c* ist mit dem im Kasten *a* verschiebbaren Rahmen *e* durch das Scharnier *d* verbunden und mittels der Spindel *f* neigbar. Die Verschiebung der Visierscheibe erfolgt durch das Zahnrad *g* und die Zahnstange *h*. Der Objektivträger *i* ist durch das Scharnier *k* mit einem beweglichen Bodenstück verbunden, das sich in der Nut *l* verschieben und durch die Schraube *m* festklemmen läßt

Stelle der Visierscheibe gebracht werden; diese Apparate nannte man „Kameras mit Plattenmagazin“.

Konstruktionen dieser Art (einschließlich Wechselsäcken), die J. M. EDER a. a. O. eingehend beschrieben hat (S. 483), sind vom Markte bald wieder ganz verschwunden; die letzte Andeutung dieser Konstruktionen findet sich in den Wechselmagazinen für Handkameras, und zwar bei den Formaten 4,5 × 10,7 cm und 6 × 13 cm (Stereoformat), seltener beim Format 9 × 12 cm.

Dr. RUDOLF KRÜGENER machte etwa um das Jahr 1894 eine zusammenlegbare photographische Kamera bekannt, welche den Vorzug hatte, daß die Kassetten in der geschlossenen Kamera Platz fanden (vgl. Abb. 206).

Unter der Bezeichnung „Reisekamera“ findet man eigentümlicherweise noch heute in fast allen Fachkatalogen photographische Apparate vom Format 13 × 18 cm aufwärts angeführt; nach jetzigen Begriffen ist eine Kamera von diesen Ausmaßen und dementsprechendem Gewicht keine Reise-, sondern eine tragbare Stativkamera, die in erster Linie für Berufsphotographen und vorwiegend für Aufnahmen im Freien bestimmt ist. Man legte früher, als die Ausübung der Photographie noch auf das Atelier beschränkt blieb, mit Recht das Hauptgewicht auf eine solide Bauart; die „Atelierkamera" des Fachphotographen entsprach diesen Forderungen am besten. Als sich nach Einführung der transportablen lange haltbaren Trockenplatte der Amateur der Photographie mehr und mehr

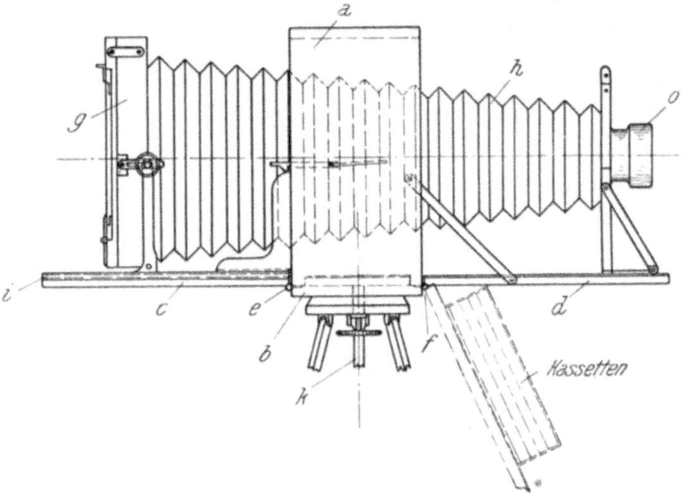

Abb. 206. Zusammenlegbare Kamera von Dr. Rud. Krügener (D. R. P. Nr. 83061). *a* Kamerarahmen mit Bodenbrett *b*, an das die Deckel *c* und *d* mittels der Scharniere *e* und *f* angelenkt sind. Der Mattscheibenrahmen *g* ist in den Schienen *i* geführt. Der die Visierscheibe *g* mit dem Objektiv *o* verbindende Balgen *h* ist konisch ausgebildet. Die Kassetten können im Gehäuse untergebracht werden

zuwandte und mit seiner Kamera auch Aufnahmen im Freien machen wollte, wurde die für damalige Anschauungen relativ leichte „Reisekamera" gebaut, deren Konstruktion sich mehr oder weniger an diejenige der Atelierkamera anlehnte. Jahrzehnte hindurch war das Format 13 × 18 cm vorherrschend; dieses Format ist erst ziemlich spät — aber dann fast restlos — vom Postkartenformat 10 × 15 cm verdrängt worden, das seinen Platz als Handkameraformat bis heute neben dem kleineren Format 9 × 12 cm und 6½ × 9 cm behauptet hat.

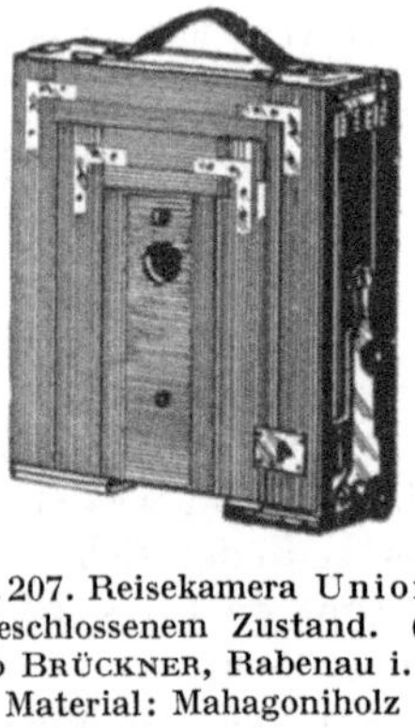

Abb. 207. Reisekamera Union II in geschlossenem Zustand. (Alfred Brückner, Rabenau i. S.). Material: Mahagoniholz

Größe	Auszugslänge	Gewicht
10 × 15 cm	38 cm	1,5 kg
13 × 18 „	44 „	1,9 „
18 × 24 „	55 „	2,7 „

Im nachstehenden sei die derzeitige Bauart der Reisekamera, die sich im Laufe der Jahrzehnte nur wenig verändert hat, kurz besprochen; sie wird fast ausschließlich aus Holz, und zwar zumeist aus deutschem oder amerikanischem Nußholz oder Mahagoniholz hergestellt. In ihrer einfachsten Form besteht sie aus der rechteckigen Vorderwand (an welcher das Objektiv befestigt wird), die mit dem Laufboden scharnierartig verbunden ist; diese Teile, zwischen denen sich der Balgen befindet, lassen sich aufeinanderlegen; das Laufbrett, an welchem der Träger der Visierscheibe solid, aber lösbar oder umsetzbar befestigt ist, wird durch Schienen im Laufboden geführt und durch doppelten Zahnstangentrieb zum Zwecke der Einstellung fortbewegt. Bei derartigen Reisekameras wird (im Gegensatz zu allen modernen Handkameras) zwecks Einstellung die Lage der Visierscheibe zum feststehenden Objektiv verändert; diese Anordnung hat sich bis heute deshalb erhalten, weil schon bei einer 13 × 18 cm-Kamera der größte Auszug des Balgens zirka 45 cm lang ist und deshalb die Einstellung durch das Objektiv sehr unbequem wäre. Um Queraufnahmen machen

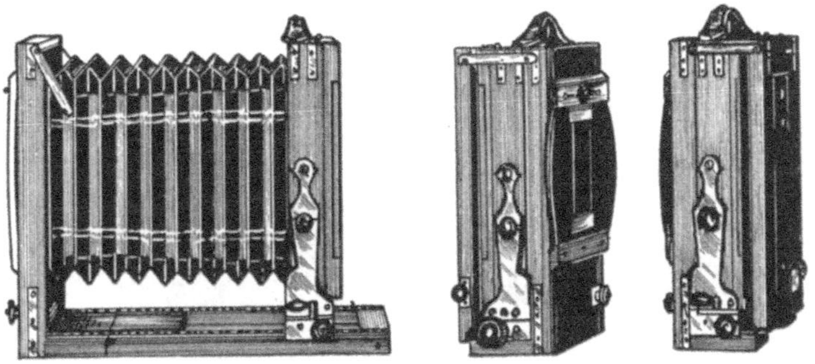

Abb. 208. Reisekamera Union III. Links offen, rechts in geschlossenem Zustand (von zwei Seiten gesehen). ALFRED BRÜCKNER, Rabenau i. Sa. Material: Mahagoniholz mit Metallbeschlägen

Größe	Auszugslänge	Gewicht	Größe	Auszugslänge	Gewicht
13 × 18 cm	44 cm	2,3 kg	24 × 30 cm	70 cm	6,2 kg
18 × 24 „	50 „	3,1 „	30 × 40 „	94 „	10,0 „

zu können, ist bei rechteckigen Kameras der aus Kaliko oder Leder bestehende konische Balgen an der Objektivseite drehbar und der Visierscheibenrahmen um 90° umsetzbar. Die Visierscheibe ist scharnierartig angelenkt; zur Ausrüstung gehören im allgemeinen ein Reserveobjektivbrett und drei Doppel-Holzkassetten. Bei den quadratischen Kameramodellen ist der Balgen quadratisch und fest angeordnet; die Visierscheibe ist in einem Umsatzrahmen für Hoch- und Queraufnahmen befestigt und außerdem neigbar. Die Kamera vom Format 18 × 24 cm hat einen größten Auszug von etwa 55 cm. Wegen dieses langen Auszugs lassen sich Objektive der verschiedensten Brennweiten unterbringen; das ist gegenüber der Handkamera wohl der größte Vorzug, denn dort macht schon die Anbringung eines anderen Objektivs am Verschluß bzw. an der Standarte die größten Schwierigkeiten. Alle sogenannten Reisekameras lassen sich für den Transport sehr bequem zusammenlegen, wobei eine doppelseitige Verriegelung die Verbindung zwischen dem Objektivträger und der Mattscheibe herstellt. Auf die Ausführung der Metall-

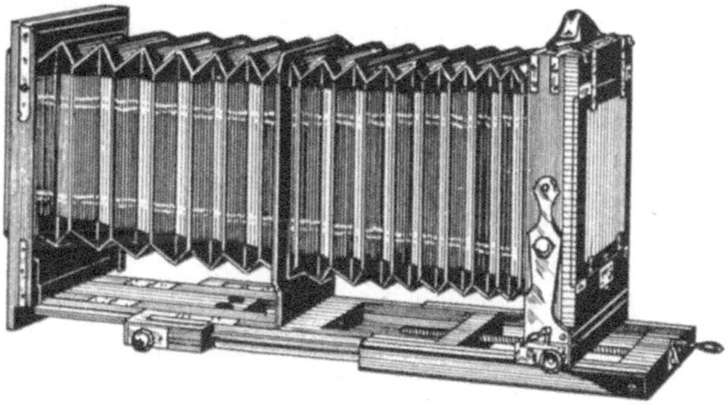

Abb. 209. Reisekamera Union IV. (ALFRED BRÜCKNER, Rabenau i. Sa.) Material: Mahagoniholz

Größe	Auszugslänge	Gewicht ohne Kassetten
13 × 18 cm	65 cm	zirka 3,25 kg
18 × 24 „	80 „	„ 4,6 „
24 × 30 „	100 „	„ 8,8 „

beschläge wird je nach der Preislage der Kamera besonderes Gewicht gelegt; bei hochwertigen Kameras ist der Rahmen für die Visierscheibe sowohl horizontal als auch vertikal beweglich.

Die Firma Alfred Brückner in Rabenau i. Sa. stellt außer den Modellen Union II (vgl. Abb. 207) und Union III (vgl. Abb. 208) eine kräftige Reisekamera

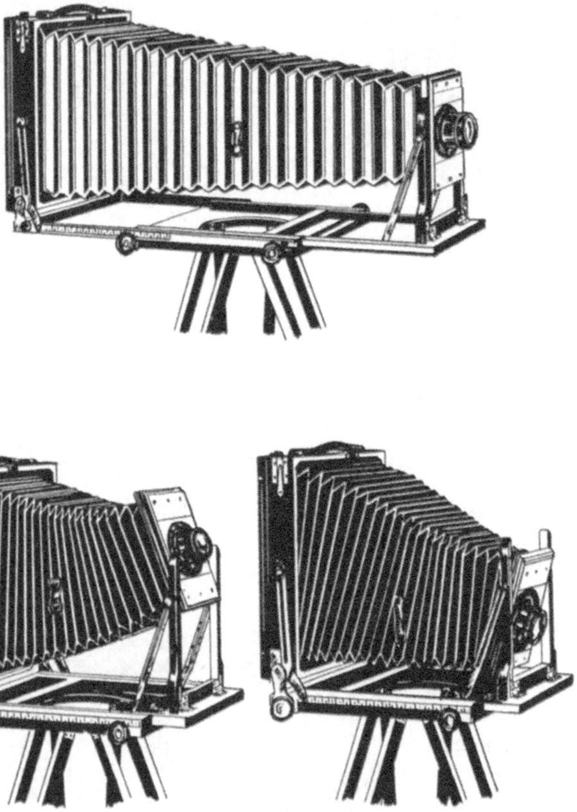

Abb .210 a. Reisekamera „Perfekt“ der Zeiss-Ikon A. G., Dresden. An dieser Kamera sind zahlreiche Verstellungen möglich. Oben dreifacher Auszug, unten links Objektivbrett nach oben, unten rechts Objektivbrett nach unten verstellt. Die Kamera ist aus Mahagoniholz gefertigt

Format	Maße (zusammengelegt)	Auszugslänge	Gewicht mit 3 Kassetten
13 × 18 cm	21 × 21 × 6 cm	54 cm	2,6 kg
18 × 24 „	27 × 27 × 7,5 „	67 „	4,0 „

Die Kassetten sind aufklappbare Buchkassetten oder feste Doppelkassetten

„Union“ Mod. IV (vgl. Abb. 209) her, welche sogar dreifachen Auszug besitzt; die Länge desselben beträgt beim Format 13 × 18 cm etwa 65 cm, beim Format 18 × 24 cm etwa 80 cm, beim Format 24 × 30 cm etwa 100 cm.

Anders als bei den bisher beschriebenen Modellen läßt sich hier die eine Hälfte des Balgens nach vorne, die andere nach hinten bewegen; der Laufboden ist besonders kräftig ausgeführt. Infolge der Gesamtanordnung ist stets eine gute Ausbalancierung der Kamera gewährleistet. Noch größere Auszüge (dreifach) haben die Modelle „Gloria“ II und III: sie betragen beim Format 10 × 15 cm zirka 50 cm, beim Format 13 × 18 cm etwa 60 cm; diese Modelle sind besonders für Architekturaufnahmen geeignet.

Ähnlich sind z. B. die nachstehend angeführten Modelle der ZEISS-IKON A.-G. gebaut:

a) Quadratische Reisekamera „Elegant" 13 × 18 und 18 × 24 cm; bei dieser ist die Mattscheibe nach oben umlegbar und das Objektivbrett nach allen Seiten verstellbar.

b) Quadratische Reisekamera „Hochtourist" und „Kosmopolit" in den Formaten 13 × 18 bis 24 × 30 cm.

c) Reisekamera „Perfekt" mit dreifachem Auszug; besonders bemerkenswert an dieser Kamera ist, daß einzelne Bestandteile derselben vielfach verstellt werden können (vgl. Abb. 210 a und b). Der Auszug ist innerhalb weiter Grenzen veränderlich; die Kamera gestattet sowohl Weitwinkelaufnahmen mit ganz kurzbrennweitigen Objektiven als auch Aufnahmen weit entfernter Gegenstände mit Hilfe von Objektiven mit langen Brennweiten, ist also für Landschafts-, Porträt-, Architektur- und Innenaufnahmen wie auch zur Herstellung von Reproduktionen verwendbar.

d) Die „Raupp-Camera" für die Formate 13 × 18 und 18 × 24 cm.

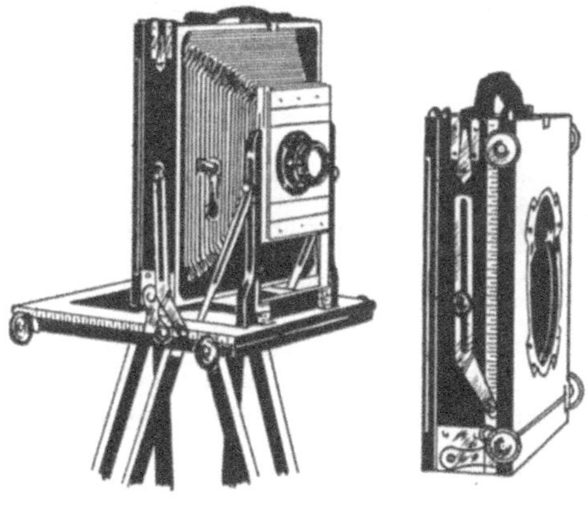

Abb. 210 b. Die gleiche Kamera wie in Abb. 210 a. Links: die Kamera in Gebrauchsstellung für Weitwinkelaufnahmen, rechts: die Kamera im geschlossenen Zustand

Von den Reisekameras der Firma CURT BENTZIN in Görlitz sei zunächst die Schlitzverschlußkamera „Primar" genannt, eine quadratische Reisekamera im Format 13 × 18 cm aus Mahagoni mit eingebautem Schlitzverschluß mit verdecktem Aufzug. Die Visierscheibe ist für Hoch- und Queraufnahmen umsetzbar und um ihre wagerechte Achse beweglich.

Der eingebaute Doppelschlitz-Rouleauverschluß kann für Zeitaufnahmen sowie für die in der Praxis so wichtigen sogenannten kurzen Zeitaufnahmen von $^1/_2$ bis $^1/_5$ Sek. benutzt werden. Die äußeren Abmessungen der Kamera sind 10 × 24 × 26,5 cm, das Gewicht beträgt zirka $2^1/_2$ kg. Gewöhnlich wird die Kamera mit Objektiven von 21 cm Brennweite ausgerüstet.

Die „Universal-Quadrat-Primar" der gleichen Firma des Formats 13 × 18 cm gehört gleichfalls in die Kategorie der Reisekameras; sie besitzt dreifachen Auszug und ist sowohl für Einzel- als auch für Stereoaufnahmen geeignet. Der Laufboden ist neigbar und z. B. bei Verwendung kurzbrennweitiger Weitwinkelobjektive herunterklappbar. Ein Vorzug dieser Kamera ist, daß das Objektivteil auch zur Aufnahme relativ großer Objektive eingerichtet ist und der Höhe sowie der Seite nach verstellt werden kann. Besonders erwähnenswert ist, daß der Mattscheibenrahmen und der ansetzbare Schlitzverschluß unabhängig voneinander und vom Kameragehäuse, also unter Rücksichtnahme auf die jeweilige Bewegung des Gegenstandes eingestellt werden können (vgl. Abb. 211).

Außer diesen Modellen empfiehlt die erwähnte Firma ihre quadratischen Reisekameras Modell VII und VII a, die in den Formaten 10 × 15 bis 40 × 50 cm ausgeführt werden; sie zeichnen sich besonders dadurch aus, daß sie sowohl nach hinten als auch nach vorn ausgezogen werden können, wodurch eine gleichmäßige Belastung des Stativs erreicht wird. Das Modell VII a besitzt Spindeltrieb, mit dessen Hilfe sich das Objektivteil der Visierscheibe nähern und von dieser entfernen läßt; auf diese Art ist es möglich, die jeweils gewünschte Bildgröße auch ohne Verrücken des Stativteiles zu erzielen. In Abb. 212 ist eine Reisekamera in Schrägstellung nach oben dargestellt; dabei wird ein Stativaufsatz mit feststellbarer Neigungseinrichtung benutzt (vgl. den Abschnitt Stative). Das Modell VIIc ist ein Spezialmodell für die Tropen und für wissenschaftliche Expeditionen; es ist aus Teakholz hergestellt, das von allen Holzarten dem Verquellen am wenigsten ausgesetzt ist. Die Holzfugen sind, um die Kamera gegen Witterungseinflüsse möglichst zu schützen, durch Messingbeschläge geschützt.

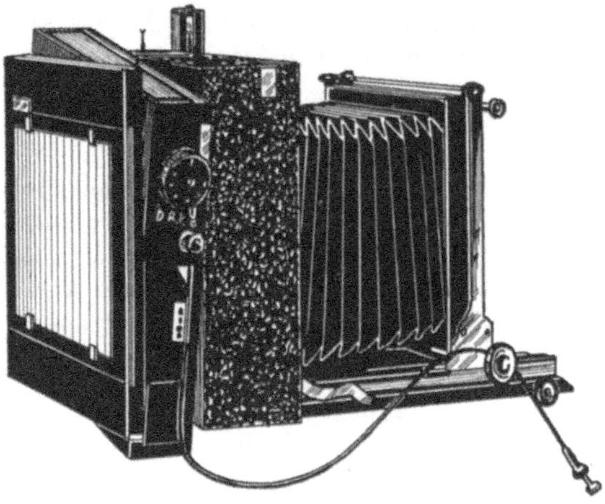

Abb. 211. Universal Quadrat-Primarkamera (Curt Bentzin, Görlitz). Format 13 × 18 cm, Schlitzverschluß ansetzbar und drehbar, Laufboden und Visierscheibe neigbar, Auszug: 60 cm, Objektivbrett der Höhe nach verstellbar

Erwähnenswert sind ferner die Reisekameras „Maddox“ der Firma Kolbe & Schulze in Dresden, das Modell „Corona“ der Ihagee A. G., die „Royal Ruby“ und die „Imperial“ der Thornton-Pickard Mfg. Co., Ltd. Die letztgenannte Kamera ist ein Spezialmodell, das seitens der englischen Luftfahrtruppen für ihre Zwecke brauchbar befunden wurde.

Schließlich sind die Globus-Serien der Firma Heinrich Ernemann A. G. (vormals Ernst Herbst & Firl) in Görlitz zu nennen; während das Modell A, Ausführung II und III, in den Größen 13 × 18 bis 40 × 50 cm in rechteckiger Form mit Umstellrahmen, besonders leicht und schmal mit Auszügen von 45 bis 100 cm hergestellt wurde, war das Modell B durch quadratische Bauart und eingebauten Schlitzverschluß gekennzeichnet. Für die Tropen sowie für wissenschaftliche Expeditionen eignet sich besonders das Modell C aus Teakholz mit doppeltem Bodenauszug und Spindeltrieb.

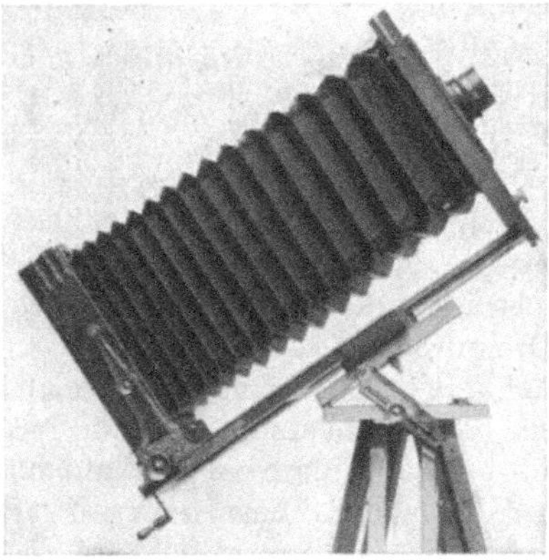

Abb. 212. Reisekamera VIIa mit Spindeltrieb auf Stativaufsatz mit Neigungseinrichtung von Curt Bentzin, Görlitz

Beachtenswert sind unter andern auch die Reisekameras der Neuen Görlitzer Kamerawerke (Inh. Rob. Reinsch) in Görlitz, die sich übrigens auch mit der Fabrikation verschiedener photographischer Spezialapparaturen (zur Herstellung von Miniaturbildern, von klinischen Aufnahmen, von Aufnahmen für kriminalistische Zwecke usw.) befassen.

H. Die Atelier-Kamera

Die Kamera des Fachphotographen für Porträtaufnahmen im Atelier zeigt in ihrer einfachsten Form den Aufbau der bekannten Reisekamera (aus Mahagoniholz), ihr Format ist aber selten unter 18 × 24 cm. Sie besitzt fast durchwegs quadratische Form, hat eine in horizontaler und vertikaler Richtung bewegliche Visierscheibe und doppelten Laufboden; dieser ist z. B. bei den Modellen 18 × 24 cm der Firma GEBR. HERBST in Görlitz sehr lang, und zwar 100 cm, bei den größeren

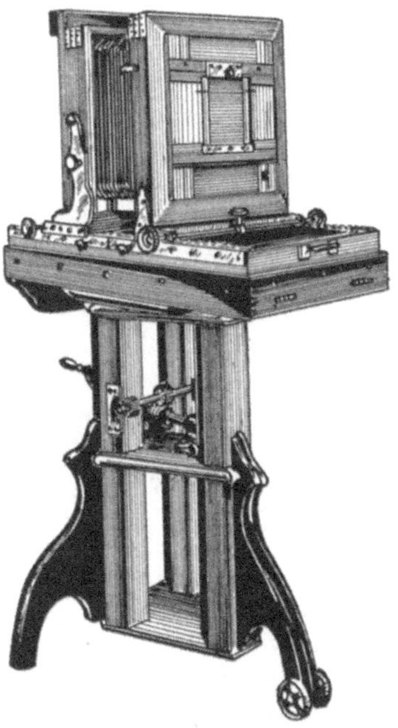

Abb. 213. Atelierkamera Modell I mit Salonstativ für die Formate 18 × 24, 24 × 30 und 30 × 40 cm von ALFRED BRÜCKNER, Rabenau i. Sa. Die Kamera ist aus Mahagoniholz oder aus amerikanischem Nußholz gefertigt und mit Messingbeschlägen versehen. Balgen aus Kaliko mit Ledérecken. Vorder- und Hinterteil der Kamera durch doppelten Zahnstangenantrieb verstellbar. Doppelter Auszug, Visierscheibe neigbar, Objektivbrett nach oben und unten verschiebbar. Salonstativ mit dreifachem Triebwerk und Einrichtung zur Schrägstellung durch Kurbelantrieb, Jalousiekassetten und Multiplikator mit Schieberkassetten

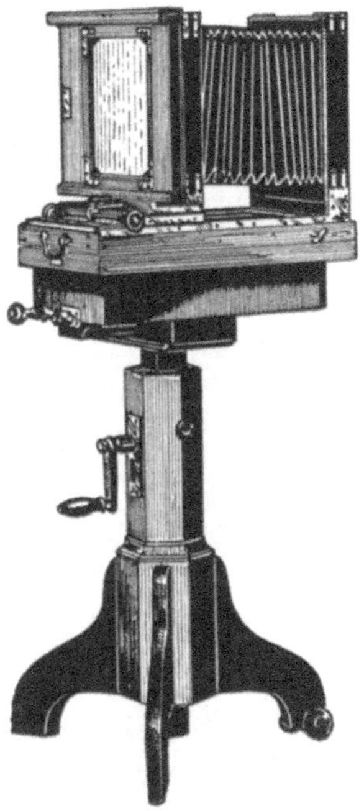

Abb. 214. Atelierkamera mit Einsäulenstativ (HERLANGO A.G., Wien). Format 18×24 cm, Gewicht zirka 26 kg. Objektivträgerwand-feststehend; die ganze Kamera ist auf dem Stativ neigbar. Kassetten: Rollschieberkassetten 18 × 24 cm mit Einlagen. Stativ durch Kurbeltrieb der Höhe nach verstellbar. Die Kamera ist aus imitiertem Ebenholz gefertigt und mit Nickelbeschlägen versehen.

Apparaten 24 × 30 bzw. 30 × 40 cm ist er sogar 125 bis 135 cm lang. Der Anwendung langbrennweitiger Objektive steht also nichts im Wege. Der Träger der Visierscheibe wird mittels doppelten Zahntriebs fortbewegt; als Kassetten kommen entweder einfache Schieber- oder Jalousiekassetten in Frage.

Da bei der Anfertigung von Porträts sitzender Personen eine Neigbarkeit der Kamera unbedingt erforderlich ist, muß diese Vorrichtung im Stativ vorgesehen sein; Abb. 213 zeigt diese Einrichtung, und zwar an der Atelierkamera Mod. I mit Salonstativ von A. BRÜCKNER. Das aus poliertem Rotbuchenholz bestehende Stativ ist mit Zahnstangentrieb zum Heben und Senken der Kamera, mit Spindeltrieb zum Neigen des Apparates und mit einer Doppelrolle am Vorderfuß versehen. Das Gewicht der Kamera beträgt etwa 8 kg, das des Stativs zirka 12 kg.

39. Die Kamera mit Einsäulen-Stativ. Eine etwas schwerere Ausführungsform ist die in Abb. 214 dargestellte Atelierkamera für das Format 18 × 24 cm mit Einsäulenstativ; sie ist für mittelgroße Betriebe bestimmt. Ihr besonderes Kennzeichen ist ein feststehendes Objektivbrett. Die Visierscheibe kann infolge des doppelten Auszuges etwa 72 cm weit vom Objektivbrett entfernt werden; bei Verwendung eines lichtstarken Objektivs 1 : 4,5 von der Brennweite 36 cm lassen sich also noch Aufnahmen in natürlicher Größe machen. Im allgemeinen empfiehlt sich, für die im Atelier meist vorkommenden Porträtaufnahmen — gleichgültig, ob es sich um Brustbild, Kniestück oder ganze Figur handelt — eine möglichst lange Objektivbrennweite zu wählen, damit perspektivische Verzerrungen vermieden werden; für das Format 18 × 24 cm kommt ein Objektiv mit einer Brennweite von mindestens $f = 24 \, . \, 1{,}5 = 36$ cm in Frage, und zwar in Normalfassung mit Irisblende.[1]

Als Verschluß findet bei Atelierkameras ganz allgemein entweder der bekannte im Innern der Kamera, also hinter dem Objektiv, unsichtbar angeordnete Grundner-Verschluß mit Gummiballauslösung oder ein auf die Sonnenblende des Objektivs aufsteckbarer Verschluß mit Drahtauslöser Anwendung; bei beiden wird unter Rücksichtnahme auf die im Atelier herrschenden Lichtverhältnisse auf Momentaufnahmen verzichtet. Das Stativ ist von gediegener Konstruktion; den oberen Teil des soliden Dreifußes mit Doppelrolle am Vorderfuß bildet die sechskantige Säule, in deren Innerem der Träger für die Kamera durch Zahnstangentrieb hoch und tief verstellt werden kann. Die für Atelierkameras unerläßliche Neigungsvorrichtung wird mittels Kurbel betätigt. Die Kassetten besitzen Rollschieber. (Gewicht der Kamera mit Stativ zirka 26 kg.)

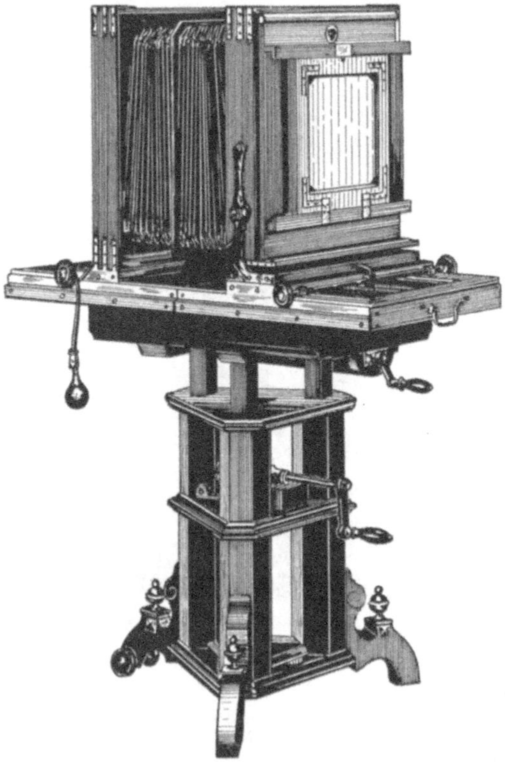

Abb. 215. Atelierkamera mit Dreisäulenstativ (Herlango A. G., Wien)

Format	Auszugslänge	Gewicht mit Stativ
24 × 30 cm	zirka 125 cm	zirka 54 kg
30 × 40 „	„ 150 „	„ 60 „

40. Die Atelierkamera mit Dreisäulen-Stativ. Der wesentliche Unterschied dieser für größere Ateliers bestimmten, als vollendet zu bezeichnenden Kamerakonstruktion gegenüber der soeben beschriebenen besteht im Aufbau des Stativs; von dem zweifellos richtigen Gedanken ausgehend, daß eine schwere Kamera (die in Abb. 215 dargestellte Kamera wiegt im Format 24 × 30 cm allein zirka

[1] Vgl. Hans Schmidt, Optisches Nachschlagebuch für Photographierende, Verlag L. Fernbach, Bunzlau i. Schles., 1927.

20 kg und im Format 30 × 40 cm etwa 28 kg) sich auf einem sehr stabilen Untergestell befinden muß, fertigt man dieses aus drei Säulen, in denen die Führungselemente durch ein dreifaches Triebwerk für die Hoch- und Tiefverstellung gleichzeitig verschoben werden. Es wird so eine solidere Fixierung der Kamera erreicht, was in Anbetracht der dem Format entsprechenden großen Dimension des Laufbodens der Kamera notwendig ist, wenn erschütterungsfreies Arbeiten gewährleistet sein soll. Wie fast alle Atelierkameras besitzt auch diese doppelten Zahntrieb zur Bewegung des Objektiv- und Kassettenträgers; der Auszug bei den angegebenen Formaten beträgt 125 bzw. 150 cm, ist also viel länger als der doppelte Betrag der in Frage kommenden kürzesten Objektivbrennweiten (48 bzw. 60 cm). Die Visierscheibe ist sowohl um die horizontale als auch um die vertikale Achse drehbar.

Für derartige Atelierkameras kommt fast nur hochglänzend poliertes Mahagoniholz in Betracht, die massiven Messingbeschläge sind poliert oder vernickelt. Das dreisäulige Stativ ist aus imitiertem Ebenholz (matt schwarz oder nußbaumfarbig poliert); es hat ein Gewicht von etwa 32 kg.

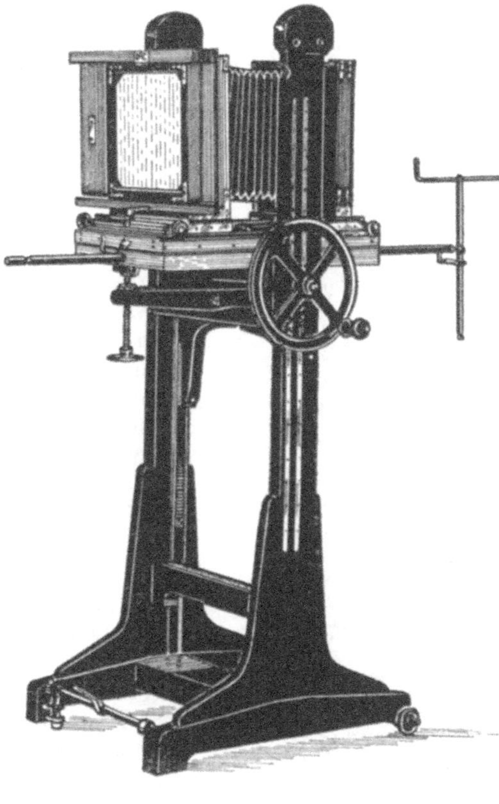

Abb. 216. Atelier-Salonkamera mit Gabelstativ. Zur Kamera gehören Rollschieberkassetten mit Anhang bzw. Einlagen. Stativ mit Lenkrollen und Fußbremse

Größe	Auszug	Gewicht komplett
18 × 24 cm	etwa 75 cm	zirka 45 kg
24 × 30 ,,	,, 125 ,,	,, 70 ,,
30 × 40 ,,	,, 150 ,,	,, 92 ,,

41. Die Salonkamera mit Gabelstativ. Diese Spezialkamera verdankt ihre Entstehung dem Wunsche, insbesondere bei der Aufnahme von Kindern die Kamera der Höhe nach sehr stark verstellen zu können; dies wird bei Verwendung eines Stativs von der Form einer Gabel erreicht, welche oben offen ist und solche Abmessungen hat, daß sich gegenüber dem Dreisäulenstativ in der in Rede stehenden Beziehung unbedingt Vorzüge ergeben. Die Bewegung der Kamera nach oben und unten wird durch ein Rad mit Handgriff eingeleitet und mittels einer durchgehenden Welle mit Zahnrädern auf die links und rechts von der Kamera in den Stativbeinen angeordneten Zahnstangen übertragen. Die Neigungsvorrichtung ist folgendermaßen konstruiert: Der Laufboden der Kamera, der mit seiner Lagerplatte scharnierartig verbunden ist, wird durch Betätigen einer Vertikalspindel, deren nachgiebig gelagerte Mutter ein Bestandteil des Stativs ist, gehoben; auf diese Weise kann die optische Achse des Objektivs innerhalb der durch die ganze Konstruktion gegebenen Grenzen zwar nur nach unten gerichtet werden, doch ist dies der in der Praxis des Atelierphotographen am häufigsten vorkommende Fall. Kameras dieser Art liefern u. a. die Firma Herlango A. G. in Wien sowie Gebr. Herbst in Görlitz.

42. Die Künstler-Kamera mit Rahmenstativ. Von wesentlich anderen Gesichtspunkten ging die Herlango A. G. in Wien III bei der Konstruktion ihrer Künstlerkamera (vgl. Abb. 217) im Format 18 × 24 cm aus; das Gestell, in dem die Kamera aufgehängt ist, hat die Form eines Rahmens, ist also auch oben geschlossen und besitzt dadurch eine besonders große Festigkeit. Die Kamera ist in einem eigenen Rahmen um horizontale Zapfen drehbar gelagert; dieser Rahmen besitzt seinerseits eine Vorrichtung zum Neigen des Apparates unter und über die Horizontale. Diese Bewegung erfolgt durch Zahntrieb, also kontinuierlich und nicht sprunghaft. Der Rahmen, in dem die Kamera neigbar befestigt ist, wird in den beiden Seitenteilen des Stativs geführt und ist samt der Kamera durch ein Gegengewicht vollständig ausbalanciert; die Verstellung mittels Kurbel und Zahnrad ist infolgedessen mühelos und sehr schnell durchführbar. Die Ausführung der Kamera selbst ist ebenso zweckmäßig wie sauber; zum Zwecke der Einstellung des Gegenstandes ist die Kamera in Metallschienen geführt, das Grundbrett ist für doppelten Auszug eingerichtet; in bekannter Weise kann der Träger der Mattscheibe mittels Trieb sowohl um die vertikale als auch um die horizontale Achse um Beträge verdreht werden, die für die Anforderungen der Praxis genügen; das Objektivbrett ist heb- und senkbar, und zwar durch eine Triebbewegung, wie sie zum Teil auch bei Handkameras verwendet wird.

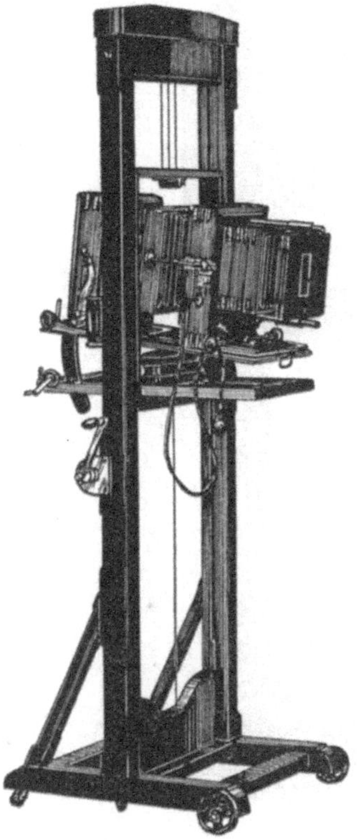

Abb. 217. Salonkamera mit Rahmenstativ (Herlango A.G., Wien). Verschluß: Grundner-Verschluß im Innern der Kamera. Format 18 × 24 cm, Auszug zirka 100 cm. Gewicht zirka 77 kg. Die Kamera ist aus Mahagoniholz gefertigt und mit vernickelten Beschlägen versehen. Zur Kamera gehören Rollschieberkassetten mit Einlagen

Eine zweifellos sehr beachtenswerte, in vielen Fällen sich bewährende Einrichtung ist ein umlegbarer Reflexschutzkasten, der in geeigneter Weise vor- und rückwärts verschoben werden kann und dazu dient, den Gang der in das Objektiv von der Seite eintretenden Lichtstrahlen zu regeln.

Ähnlich ist der Grainer-Kameravorbau mit verstellbaren Jalousien (D. R. G. M. Nr. 312052), der ebenfalls den Zweck hatte, falsches oder schädliches Licht von der Platte fernzuhalten. Als Verschluß dient auch hier der bekannte im Innern der Kamera hinter dem Objektiv angeordnete geräuschlos arbeitende Grundner-Verschluß. Bemerkenswert ist, daß jede Stellung des Apparates in eindeutiger Weise festgelegt werden kann und daß alle Handgriffe von der Einstellseite aus zu betätigen sind; dies gilt auch für die Fixierung der Lage des auf Rollen beweglichen Stativs mittels einer durch den Fuß zu betätigenden Exzenterbremse. Der Auszug der Kamera ist sehr groß; er beträgt zirka 100 cm, das Gesamtgewicht etwa 77 kg.

An dieser Stelle sei auf eine aus dem Jahre 1866 stammende große Atelier-Kamera von L. Angerer hingewiesen, die in Abb. 218 dargestellt ist.[1]

[1] Vgl. Phot. Korr. 1866 sowie Phot. Korr. 64, 1928, S. 261. Wegen älterer photographischer Kameras vgl. auch Phot. Korr. 1920 (Nr. 714).

43. Die Atelier-Spiegelreflexkamera. Es ist das Verdienst der MENTOR-KAMERA-FABRIK GOLTZ & BREUTMANN in Dresden, eine vielseitig verwendbare Spiegelreflexkamera geschaffen zu haben, die infolge ihrer Größe vorwiegend für Atelierzwecke gedacht ist; in folgendem seien die Vorzüge dieser Neukonstruktion erwähnt:

Das in Abb. 219 dargestellte Modell wird für das Format 13 × 18 cm hergestellt, und zwar mit einem Auszug von 45 bzw. 55 cm; im ersten Falle können Objektive von 25 cm, im zweiten Falle von 30 cm Brennweite Verwendung finden. Die besonderen Kennzeichen der Kamera sind:

a) Nach links und rechts drehbarer sowie nach vorn und hinten neigbarer Objektivträger (zwecks Vermeidung von Verzerrungen).

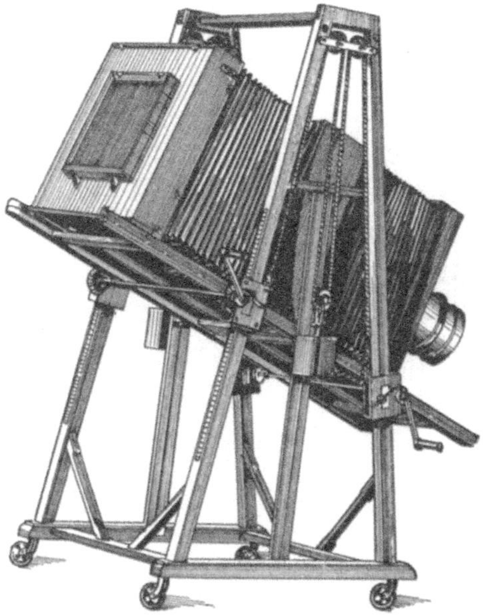

Abb. 218. Atelierkamera von L. ANGERER, Wien. Plattenformat 24 × 30 Zoll (60 × 75 cm)

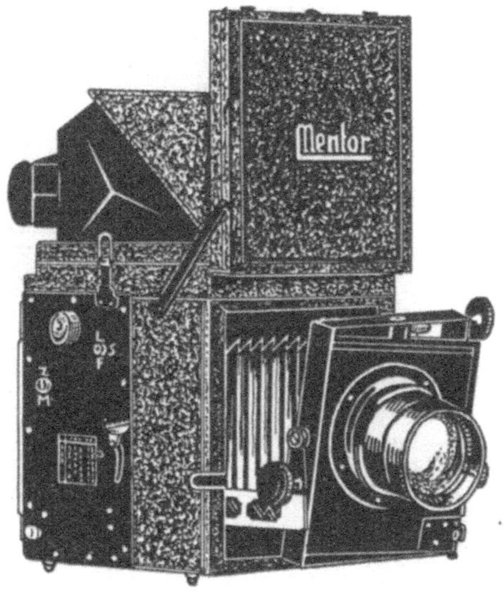

Abb. 219. Spiegelreflexkamera für Atelierzwecke mit Schlitzverschluß. Format 13 × 18 cm. (MENTOR-KAMERA-FABRIK GOLTZ & BREUTMANN, Dresden)

b) Eine zweite aufsetzbare niedrige Lichthaube mit einem zweiten Spiegel zur Beobachtung des Bildes in Augenhöhe. Durch diese Vorrichtung geht allerdings der größte Vorzug der Spiegelreflexkamera, das aufrechtstehende Bild, verloren, was aber unvermeidlich ist; dies ergäbe sich auch dann, wenn man ausnahmsweise die hintere vertikale Mattscheibe zur Einstellung benutzen würde.

c) Mechanisches Heben und Senken der oberen horizontalen Mattscheibe für die Zwecke der Farbenphotographie (dies ist nötig, weil die Farbrasterplatte mit der Schicht nach rückwärts eingelegt wird).

d) Der neu konstruierte verdeckt aufziehbare Mentor-Rouleauverschluß gestattet Moment-, Halbzeit- und Doppelzeitaufnahmen.

44. Sonstige Atelier-Kamera-Konstruktionen. Spezialapparate bzw. Stative für Aufnahmen pathologisch-anatomischer Objekte sowie vollständige Ausrüstungen für anthropometrische Meßbildaufnahmen für kriminalistische Zwecke erzeugen u. a. die Firmen GEBR. HERBST, Fabrik photographischer Apparate in Görlitz und die NEUEN GÖRLITZER CAMERA-WERKE (R. REINSCH).

Außer den genannten Ausrüstungen für Berufsphotographen seien u. a. noch erwähnt: die Klimax-Universal-Kamera, Modell D, für das Format 13 × 18 cm mit Klimax-Heimstativ von CH. HARBERS in Leipzig; die einseitig gelagerte „Century Studio-Ausrüstung" der EASTMAN-KODAK Co. in Rochester, die ERNEMANN-Wechselmagazin-Atelierkamera „Norka" für 12 Platten, Format 12 × 16,5 cm, und die Atelierkamera für Tageslichtladung der Firma MARION & Co. in London. Wegen Einzelheiten vgl. J. M. EDERS Jahrbuch für Photographie und Reproduktionsverfahren für die Jahre 1921 bis 1927, S. 132 bis 134.

45. Balgenkameras mit Laufschienen. Eine besondere Kategorie bilden die Balgenkameras mit Laufschiene (vgl. EDUARD KUCHINKA, Phot. Korr. 1929, S. 75 bis 78); es sind dies Kameras, bei denen eine prismatische Schiene —

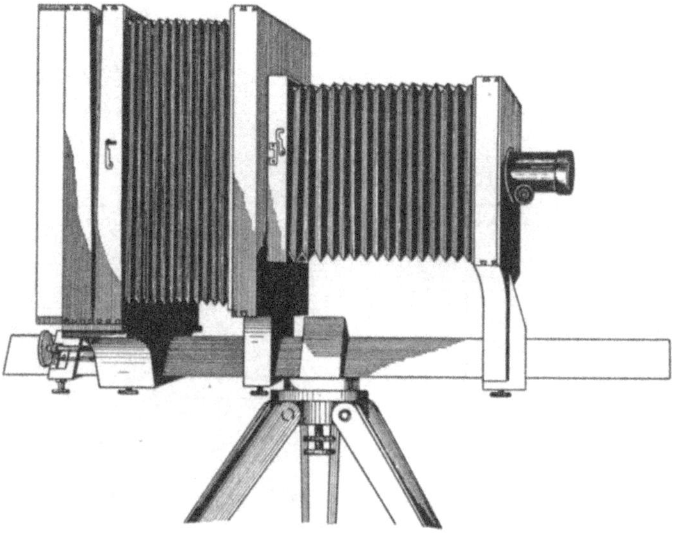

Abb. 220. Große Atelierkamera mit Orthoskop nach J. PETZVAL

eine bei optischen Bänken bekannte Einrichtung — die Funktion des Laufbodens übernimmt. Wie E. KUCHINKA in obzitierter Arbeit mitteilt, befindet sich in den Sammlungen der Graphischen Lehr- und Versuchsanstalt in Wien eine aus dem Nachlaß von Prof. Dr. J. J. POHL stammende Kamera dieser Art, welche zwischen 1850 und 1860 hergestellt worden sein soll; als Laufschiene der Holzkamera mit Balgen (Format 10 × 10 cm) erscheint ein Prisma mit rechteckigem Querschnitt verwandt, welches die Führung für den Objektiv- und den Kassettenteil bildet.

Eine der ersten Kameras mit dreiseitigem Prisma dürfte der von J. PETZVAL im Jahre 1857 beschriebene, bereits an anderer Stelle erwähnte Apparat sein (vgl. Abb. 220).[1] Die als Führung für die Träger der Mattscheibe und des Objektivs dienende Schiene war aus Holz, war etwa 10 cm breit und hatte eine Länge von etwa 1,60 m; sie wurde von einem sehr kräftigen Stativ getragen, was deshalb notwendig war, weil die Abmessungen des Visierscheibenrahmens 1,25 × 0,90 m betrugen.

[1] Vgl. J. M. EDER, Ausf. Hdb. d. Phot. Bd. 1, Heft 5, W. Knapp, Halle a. S. 1892, sowie M. v. ROHR, Das photographische Objektiv, J. Springer, Berlin 1899.

Der bekannte Kunstphotograph Hans Watzek schätzte das Prinzip der Bauart der Petzvalschen Kamera, weil sie einfach, billig und leicht transportabel ist, und Ludwig David stützte sich bei der Konstruktion eines ähnlichen Modells für die Bildgröße 30 × 40 cm auf die von Watzek gemachten Erfahrungen; Einzelheiten über dieses Modell, das gleichfalls eine dreikantige Schiene, jedoch von nur 1 m Länge besaß, finden sich in der oben erwähnten Arbeit; besonders bemerkenswert ist, daß die Visierscheibe aus Zelluloid war. Die Führungsschiene von dreieckigem Querschnitt war bei allen drei Modellen mit einer Kante nach oben gerichtet.

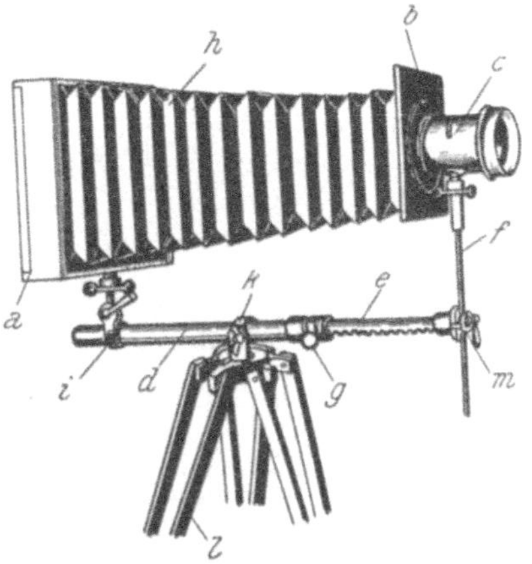

Abb. 221. Reisekamera von Georg Peck, Amsterdam. Die aus dem Visierrahmen a und dem Träger b des Objektivs c bestehende Kamera mit dem Balgen h ist auf dem Rohr d bzw. der Zahnstange e mittels der Klemmen i bzw. m befestigt und durch den Trieb g einstellbar. Das Objektiv c ist durch die Stange f der Höhe nach verschiebbar. Die Verbindung des Rohres d mit dem Stativ l erfolgt durch die Klemme k

Die in Abb. 221 dargestellte Reisekamera (aus dem Jahre 1894) von Georg Peck, Amsterdam, hatte ebenfalls einen schienenartigen Träger, innerhalb dessen sich eine mit dem Objektivträger verbundene Zahnstange verschieben ließ.

Von Lichtbildnern der neueren Zeit hat besonders Heinrich Kühn der Verwendung solcher Spezialkameras großes Interesse entgegengebracht und schon im Jahre 1916 durch die Berliner Kamerafabrik von O. Stegemann eine sogenannte „Studienkamera" mit Dreikantlaufschiene herstellen lassen; im Gegensatz zu früheren Apparaten zeigt die im Jahre 1927 entstandene „Studienkamera C" eine Dreikantschiene mit nach oben gerichteter Basis; wie Abb. 222 erkennen läßt, macht der Gesamtaufbau einen durchaus soliden Eindruck, der noch durch die Verwendung eines kräftigen Stativs erhöht wird.

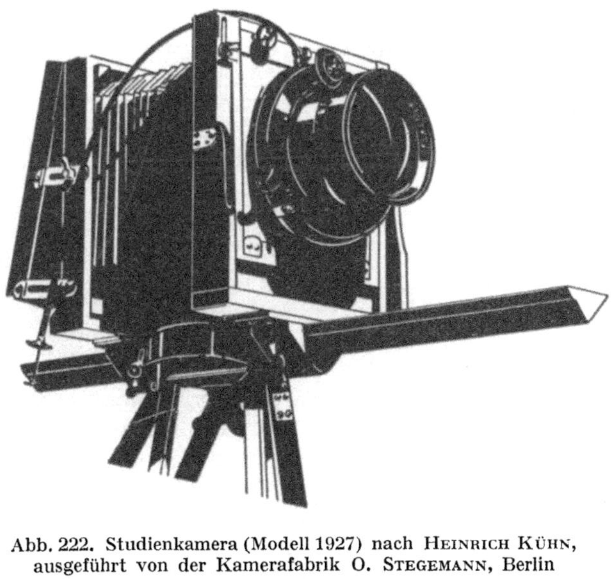

Abb. 222. Studienkamera (Modell 1927) nach Heinrich Kühn, ausgeführt von der Kamerafabrik O. Stegemann, Berlin

Hans Elsner in Berlin beschäftigte sich in jüngster Zeit ebenfalls mit dieser Kameraart und brachte eine sogenannte „Photoschiene" in den Handel; auf einer von einem Metalluntersatz getragenen Dreikantschiene von etwa 1 m Länge sind einzelne Reiter verschiebbar angeordnet, auf denen das aufzunehmende Objekt, die Kamera, usw. befestigt werden können.

46. Die Objektive des Berufsphotographen und die üblichen Plattenformate. Im allgemeinen ist mit der Entscheidung über das Format der Kamera bzw. der

Platte oder des Films auch diejenige über die Länge der Brennweite des Objektivs getroffen; bei Handkameras trifft dies stets zu, bei den Apparaten für das Format von 13 × 18 cm aufwärts sind die Grenzen nicht so eng gezogen. Die bekannte Regel, die Brennweite möglichst so lang wie die Diagonale der Platte zu wählen, gilt für Porträt- und Gruppenaufnahmen nur mit Einschränkung; da die hier zumeist in Betracht kommenden Spiegelreflex-, Reise- oder Atelierkameras so große Abmessungen besitzen, daß dem Einbau langbrennweitiger Objektive nichts im Wege steht, wird trotz des Verlustes an Bildfeld stets empfohlen, mit der Brennweitenlänge über die durch obige Regel festgesetzte Grenze hinauszugehen. Da hier auch die Lichtstärke eine ausschlaggebende Rolle spielt, lassen sich bestimmte Anhaltspunkte nur von Fall zu Fall geben; die nachfolgenden Tabellen gelten für hochwertige Anastigmate, wie z. B. das Heliar oder Tessar.

Tabelle 29. Lichtstärken, Brennweiten, Formate bei voller Öffnung, Durchmesser der ausgezeichneten Bildkreise bei starker Abblendung hochwertiger Anastigmate

Lichtstärke 1 : 6,3 (Doppelanastigmat)	Format in cm bei voller Öffnung	13 × 18	18 × 24	24 × 30	30 × 40
	Brennweite in cm	21,0	30,0	50,0	60,0
	Bildkreis in cm bei Blende 1 : 36	30,0	45,5	70,0	85,0

Lichtstärke 1 : 4,5	Format in cm bei voller Öffnung	13 × 18	13 × 21	16 × 21	18 × 24		24 × 30	30 × 40
	Brennweite in cm	21,0	25,0	30,0	36,0	40,0	50,0	60,0
	Bildkreis in cm bei Blende 1 : 36	26,0	31,0	37,0	43,0	50,0	60,0	70,0

Lichtstärke 1 : 3,5	Format in cm bei voller Öffnung	13 × 18	13 × 21	16 × 21
	Brennweite in cm	21,0	25,0	30,0
	Bildkreis in cm bei Blende 1 : 36	26,0	31,0	37,0

Um perspektivische Verzerrungen bei Personenaufnahmen im Atelier zu vermeiden, empfiehlt es sich, die Brennweite stets etwas länger zu wählen, als dies für allgemeine Zwecke erforderlich wäre; es hat sich in der Praxis als vorteilhaft erwiesen, bei Aufnahmen von Brustbildern, Kniestücken und ganzen Figuren die Brennweite mindestens 1,5mal so groß als die lange Plattenseite zu wählen, und, wenn der Kopf die ganze Platte ausfüllt, die Brennweite sogar zweimal so lang als die lange Plattenseite zu wählen.

Im Gegensatz dazu genügen bei Weitwinkelobjektiven wesentlich kürzere Werte der Brennweite, wie aus Tabelle 30 deutlich hervorgeht.

Es empfiehlt sich auch hier, wenn angängig, die Brennweite stets länger als unumgänglich notwendig zu wählen, damit keine störenden Verzerrungen am Rande des Bildes auftreten; um eine Weitwinkelwirkung zu erzielen, genügt meist schon eine Brennweite, deren Länge zwischen der Länge der kurzen und langen Seite der Platte liegt.

Tabelle 30. Brennweiten und Formate für Weitwinkelobjektive 1 : 12,5

Lichtstärke 1 : 12,5	Format in cm bei voller Öffnung	12 × 15	15 × 20	21 × 26	24 × 20
	Brennweite in cm	10,5	12,0	15,0	18,0
	Format in cm bei voller Öffnung	26 × 31	30 × 40	45 × 55	
	Brennweite in cm	20,0	25,0	32,0	

Als Fassung des Objektivs für Stativ- und insbesondere Atelierkameras kommt fast ausschließlich die sogenannte Normalfassung mit Irisblende in Frage (vgl. Abb. 223); es ist dies die älteste Form der Objektivfassung für alle jene Kameras, bei denen früher stets und heute noch ziemlich oft die Belichtung einfach durch Abnehmen des Objektivdeckels vorgenommen wird. In jenen Fällen, wo ein Verschluß benutzt wird, wird dieser entweder unmittelbar hinter dem Objektiv angeordnet oder aber vorn auf die Sonnenblende gesteckt (z. B. der Georgen-Verschluß); selbstverständlich ist es auch ohneweiters möglich, ein Objektiv mit eingebautem Sektorenverschluß zu verwenden. Da eine besondere Ursache, Platz zu sparen, hier nicht vorliegt, scheidet die bei Spiegelreflexkameras angewandte „versenkte Fassung" sowie die Spezial- oder Schneckengangfassung ganz aus, weil die Einstellung des Bildes entweder durch Verschieben der Mattscheibe oder der Objektiv-Vorderwand erfolgt.

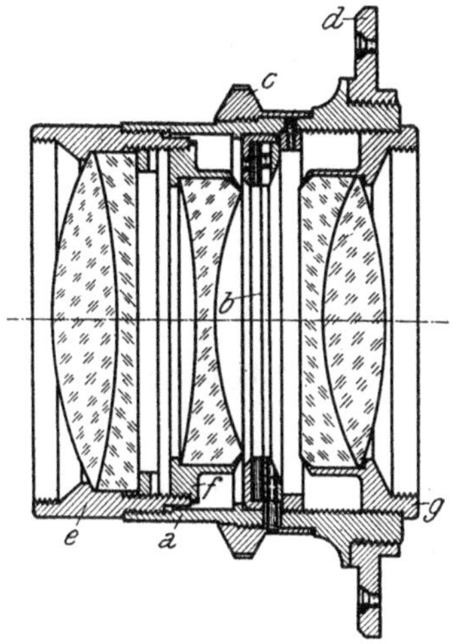

Abb. 223. Objektiv Heliar 1 : 3,5 in Normalfassung für Atelierkameras. Der Rohrstutzen *a* ist sowohl der Träger der Irisblende *b*, welche durch den Rändelring *c* betätigt wird, als auch der Linsenfassungen *e*, *f*, *g*. Der Anschraubring *d* ist am Objektivbrett der Kamera befestigt, das beim Wechsel des Objektivs eventuell mit herausgenommen wird

Über die Beziehungen zwischen dem Abstand des Objektivs vom Objekt bei Porträt- und Gruppenaufnahmen sowie über die dabei resultierenden Kopfgrößen bei verschiedenen Porträtaufnahmen hat Hans Schmidt in seinem „Optischen Nachschlagebuch für Photographierende" (Verlag des „Photograph", L. Fernbach in Bunzlau i. Schl.) praktische Tabellen zusammengestellt; daselbst finden sich auch Bemerkungen über die Wahl der Objektivbrennweite für ein Atelier von gegebener Länge und alle damit zusammenhängenden Fragen.

In nachstehenden Tabellen sind die Abmessungen der im Handel erhältlichen Trockenplatten verschiedener Länder zusammengestellt.

Tabelle 31. Deutsche und österreichische Normalformate für Bromsilbergelatinetrockenplatten

Plattenformat in cm	Diagonale in cm	Plattenformat in cm	Diagonale in cm
4 × 4	5,7	10 × 15 (Postkartenformat)	18
4½ × 6 } für Handkameras	7,5	9 × 18 } (Stereoskop)	—
6 × 9 } für Handkameras	11	6 × 13 } (Stereoskop)	—
6½ × 9 } für Handkameras	11,1	4,5 × 10,7 } (Stereoskop)	—
9 × 12 (Visit)	15	12 × 16 (Kabinett)	20

Plattenformat in cm	Diagonale in cm	Plattenformat in cm	Diagonale in cm
12 × 16½ (Kabinett)	21	30 × 40	50
13 × 18 (Großkabinett)	22,2	40 × 50	64
18 × 24	30	50 × 60	78
24 × 30	38,4		

Bisweilen werden noch folgende Zwischengrößen verwendet:

Plattenformat in cm	Plattenformat in cm	Plattenformat in cm
6 × 8	12 × 15	26 × 31
8 × 10,5	13 × 16	27 × 33
8,2 × 10,7	12 × 21	28 × 34
9 × 14	15 × 18	30 × 36
10 × 13	16 × 21	34 × 39
10 × 15	21 × 26	36 × 42
10,2 × 12,7	21 × 27	40 × 50
8,5 × 17	23 × 28	50 × 60

Tabelle 32. Französische Normalformate für Bromsilbergelatinetrockenplatten

Plattenformat in cm	Diagonale in cm	Plattenformat in cm	Diagonale in cm
4 × 4	5,65	18 × 24	30
4½ × 6	7,50	21 × 27	34,20
6½ × 9	11,10	24 × 30	38,42
9 × 12	15	24 × 36	43,27
9 × 18	20,12	27 × 33	42,64
11 × 15	18,60	30 × 40	50
12 × 16	20	36 × 48	60
12 × 20	23,32	40 × 50	64
13 × 18	22,20	50 × 60	78
6 × 13 (Stereo)	—		
4,5 × 10,7 „	—		

Tabelle 33. Englische und amerikanische Normalformate für Bromsilbergelatinetrockenplatten

Plattenbezeichnung	Zoll	cm
1/4 Platte	3 1/4 × 4 1/4	8,3 × 11
1/3 Platte	4 × 5	10,1 × 12,7
1/2 Platte	4 3/4 × 6 1/2	12 × 16,5
gebräuchl. amerik. Format.	5 × 7	12,7 × 17,8
ganze Platte	6 1/2 × 8 1/2	16,5 × 21,6
	8 × 10	20,3 × 25,5
	10 × 12	25,5 × 30,5
	12 × 15	30,5 × 38,1
	16 × 20	40,6 × 50,8
	17 × 23	43,2 × 58,4
	18 × 20	45,7 × 50,8
	20 × 24	50,8 × 60,9

I. Die Panorama- und Rundblickkameras

Diese photographischen Aufnahmegeräte gestatten, den ganzen Horizont oder Teile desselben durch die lückenlos aufeinanderfolgende Aufnahme einzelner Teilbilder auf einem lichtempfindlichen Schichtträger festzuhalten. Dem schon im frühesten Stadium der Photographie auftretenden begreiflichen Verlangen, solche Bilder herstellen zu können, wurde durch eine Reihe zum Teil sehr sinnreicher Konstruktionen entsprochen, von denen im nachfolgenden die wichtigsten kurz beschrieben werden sollen.

Daß es möglich ist, den ganzen Horizont oder einen Teil desselben von einem bestimmten Standpunkt aus auch mit jeder gewöhnlichen Kamera aufzunehmen, ist klar; erforderlich ist lediglich eine vorausgehende zuverlässige Ermittelung des Bildwinkels des betreffenden Objektivs für eine gegebene Größe des Mattscheibenausschnittes sowie die Möglichkeit der Fixierung der Kamera auf dem Drehzapfen des Stativs. Unter Zugrundelegung eines relativ kleinen Bildwinkels von 40° sind z. B. 360 : 40 = 9 Einzelaufnahmen zur Aufnahme des ganzen Horizontes erforderlich, während unter Ausnutzung des ganzen Bildwinkels eines neuzeitlichen Anastigmaten von 60 bis 75° schon fünf bis sechs Teilaufnahmen genügen. Selbstverständlich muß, wenn man die Einstellung auf der Mattscheibe vornehmen will, der Stativkopf entsprechend ausgebildet sein.

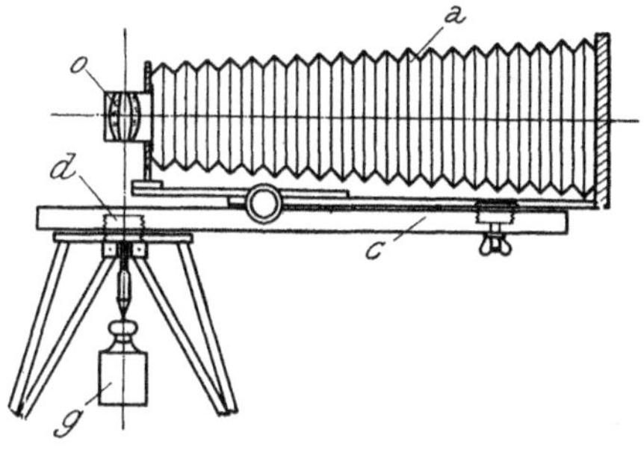

Abb. 224. Adaptierung einer Kamera für vollständige Rundblickaufnahmen mit Hilfe eines einfachen Stativs. Die Blende bzw. der erste Hauptpunkt des Objektivs *O* muß über dem Mittelpunkt *d* des Stativs liegen; um diesen Punkt *d* wird die Stativplatte *c* mitsamt der Kamera geschwenkt

47. Panoramaaufnahmen mit einer gewöhnlichen Kamera. Die Panoramaaufnahme ist eine spezielle Art Landschaftsaufnahme, die leider selbst von geschulten Lichtbildnern ziemlich vernachlässigt wird. Es ist allerdings Tatsache, daß die am nächsten liegende Methode, die darin besteht, den in bekannter Weise auf das Stativ geschraubten Apparat in der Runde zu drehen und die einzelnen Aufnahmen der Reihe nach zu machen, beim Kopieren große Überraschungen bringen kann, falls die Aufnahmen nicht vollkommen einwandfrei hergestellt wurden: die Bilder passen entweder in keiner Weise zusammen oder neigen nach dem Zusammenkleben nach einer Seite.

Es ist klar, daß Panoramaaufnahmen stets mit Stativ gemacht werden müssen; dabei muß der Stativkopf dreh- und feststellbar sein, damit die Kamera bzw. die optische Achse des Objektivs in der Horizontalebene in beliebige Richtungen eingestellt werden kann. Ein Kugelgelenkkopf ist für Panoramaaufnahmen nicht geeignet, da er das Ausrichten erschwert und sehr leicht Veranlassung zu geneigten Aufnahmen gibt.

Ist Vordergrund in nächster Nähe vorhanden, so genügt — soll das exakte Zusammenpassen der Bilder gelingen — ein derartig einfacher Stativkopf nicht, vielmehr muß ein besonderer Panorama-Stativkopf bzw. eine besonders eingerichtete Panoramaplatte verwendet werden; das wesentliche Kennzeichen einer solchen Einrichtung ist, daß zwischen Kamera und Stativschraube eine Holz- oder Metallplatte liegt und daß sich die Mitte des Objektivs (die Blende) möglichst genau über der ideellen Achse des Drehzapfens befindet (vgl. Abb. 224). Aus dieser Forderung ergibt sich von selbst, daß diese Platte relativ lang sein muß, damit die Befestigung der Kamera durch das Stativgewinde, das sich im Laufboden oder im Kameragehäuse befinden kann, auch bei größtem Auszug des Balgens möglich ist; um in dieser Beziehung genügend Spielraum zu haben, ist in der Platte ein längerer Schlitz angeordnet, in welchem sich die Befestigungsschraube verschieben läßt. Auf diese Art wird erreicht, daß die Drehung der Kamera nicht um einen beliebigen Punkt erfolgt, sondern um die Mitte des Objektivs; die so hergestellten Teilbilder müssen sich — wenn die optische Achse horizontal ausgerichtet war, was mit Zuhilfenahme einer Libelle mühelos durchführbar ist — ohne Schwierigkeit aneinanderreihen lassen. Im allgemeinen dürften drei Aufnahmen genügen, doch ist diesbezüglich keine Einschränkung durch die Methode gegeben; bei Beobachtung des Mattscheibenbildes läßt sich unschwer feststellen, wo der Anfang des zweiten und das Ende des ersten Bildes übereinandergreifen. ALFRED MANZ in Hamburg hat einen sinnreichen Apparat für Panoramaaufnahmen mit einer Kamera konstruiert, der seit 1926 unter dem Namen „Panograph MANZ" im Handel ist.[1]

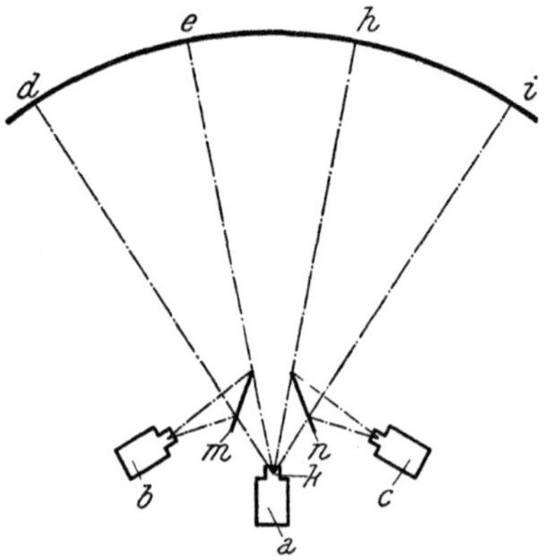

Abb. 225. Schematische Anordnung dreier Kameras zwecks Aufnahme von Panoramabildern. *a*, *b* und *c* sind die drei Kameras mit Objektiven gleicher Brennweite, deren optische Achsen sich in *k* schneiden. *m* und *n* sind Spiegelsysteme. *de*, *eh* und *hi* sind die einzelnen einander berührenden Abschnitte des Panoramas

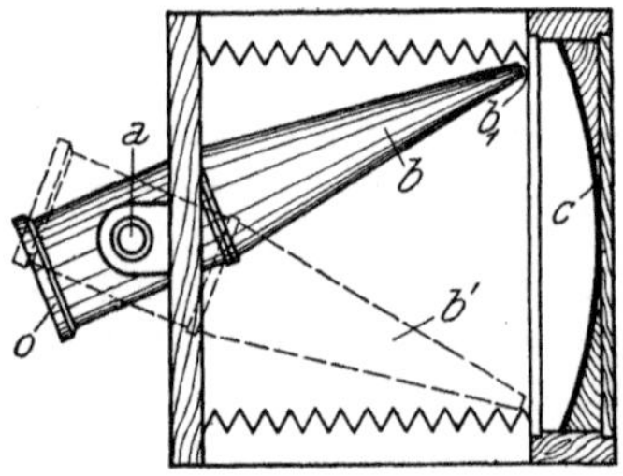

Abb. 226. Schema einer Spezialkamera zur Herstellung von Panoramateilaufnahmen (W. PINKERNELLE, Hamburg, D. R. P. Nr. 55660). Das Objektiv *o* ist um den Drehpunkt *a* des Gehäuses schwenkbar; es trägt an seiner Hinterfassung den konischen Ansatz *b* mit dem Spalt b_1; der kreisförmig angeordnete Schichtträger wird durch diesen Spalt hindurch streifenweise belichtet, indem das Objektiv von der einen Endlage in die andere Endlage bewegt wird

48. Panoramaaufnahmen mit mehreren Kameras. Man kann auch mit mehreren Apparaten ein zusammenhängendes Panoramabild herstellen; ordnet man diese Apparate so an, daß die optischen Achsen des Objektivs sich in einem Punkte schneiden, so passen, da jedes einzelne Teilbild des Panoramas von einem anderen Standpunkt aufgenommen ist, ihre Ränder nicht genau zusammen. Dieser Übelstand läßt sich beseitigen, wenn man durch Einschaltung von Spiegeln in den Strahlengang der seitlich neben der mittleren Kamera liegenden Kameras die virtuellen optischen Mittelpunkte der seitlichen Objektive mit dem optischen Mittelpunkt des mittleren Objektivs zusammenfallen läßt (D. R. P. Nr. 198197, vgl. Abb. 225).

49. Spezialkameras für Panoramaaufnahmen. Schon eine der ersten Panorama- oder Wandelkameras funktionierte vollkommen zwangläufig; sie beruhte auf dem Synchronismus der Bewegung des optischen Zentrums bei der Drehung des Objektivs und der Bewegung des lichtempfindlichen Schichtträgers. Während der durch ein Uhrwerk bewirkten Drehung der Kamera wurde der Schichtträger um eine mit Hilfe eines Zählwerkes meßbare Länge abgewickelt und am Objektiv vorbeigeführt.

[1] Vgl. Phot. Korr. 65, 1929, S. 59, sowie D. R. P. Nr. 505241.

Um bei Aufnahmen relativ ausgedehnter Landschaftspartien, für welche der Bildwinkel des Objektivs nicht ausreicht, am Rande die gleiche Bildschärfe wie in der Mitte zu erzielen, wurde seinerzeit eine Vorrichtung angegeben, deren besonderes Kennzeichen die Anordnung eines um seine optische Mitte schwingenden Objektivs war, das eine nach dem Bilde zu spaltartig ausgebildete Hülse trug, welche an dem konzentrisch und mindestens im Abstande der Brennweite befestigten Schichtträger (Film bzw. lichtempfindliches Papier), von einem Uhrwerk angetrieben, vorbeiglitt (D. R. P. Nr. 55660, Abb. 226).

Eine Verbesserung dieser jeweilig nur einen Teil des Horizontes wiedergebenden Einrichtung hat G. Dedreux in München durch die Konstruktion einer Panoramakamera geschaffen, bei welcher das mit einem schmalen Spalt versehene Objektivgehäuse an einem durch ein Uhrwerkgetriebe drehbaren Holzzylinder befestigt ist; in diesem Zylinder ist ein mit einem Längsschlitz versehener feststehender Hohlzylinder angeordnet, über den das lichtempfindliche Papier gelegt wird, dessen Fortbewegung durch zwei im Innern des feststehenden Zylinders gelagerte (durch eine Feder bzw. Kurbel beeinflußte) Walzen erfolgt (D. R. P. Nr. 56515, Abb. 227).

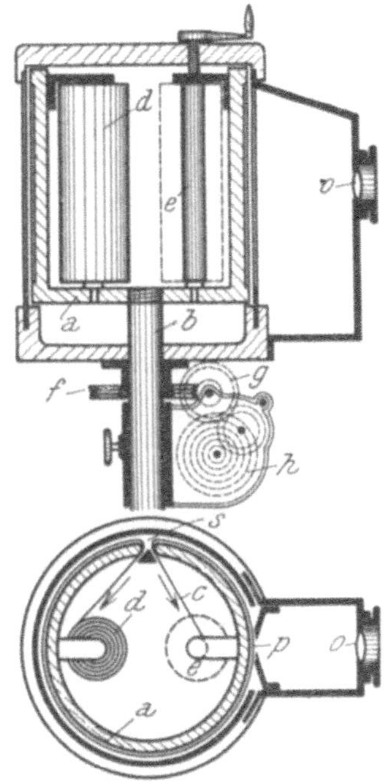

Abb. 227. Schematische Darstellung der Panoramakamera nach G. Dedreux, München, D. R. P. Nr. 56515. Das Objektiv *o* entwirft durch den Spalt *p* hindurch ein Bild auf dem Film bzw. Negativpapier *c*; der Film wird von der Rolle *d* abgewicket, über den Umfang des zylindrlichen Gehäuses *a* geführt und auf die Rolle *e* geleitet; durch Verdrehung der Rolle *e* mittels einer Kurbel wird das Negativ fortbewegt. Das Objektiv *o* kann mit Hilfe des Uhrwerks *h* und des Schneckengetriebes *f*, *g* eine ganze Umdrehung um die Achse *b* machen. Vgl. D. R. P. Nr. 508357

Im Gegensatz zu den bisher beschriebenen Konstruktionen wird bei dem Apparat nach D. R. P. Nr. 68503 eine ebene Platte belichtet; auch hier erfolgt die Belichtung der ganzen Platte nicht gleichzeitig, vielmehr wird ein Belichtungsspalt an der Platte entlang geführt, wobei der vom Objektiv kommende Lichtstrahl immer im rechten Winkel auf die Platte fällt. Erreicht wird dies dadurch, daß der Träger der Kassette in einem Bügel drehbar gelagert ist, während das Objektiv einerseits mit einem in Führungen des Kassettenträgers gleitenden mit einem Belichtungsspalt versehenen und durch ein elastisches Band oder dergleichen bewegten Schieber verbunden ist, andererseits aber in (am Bügel drehbar gelagerten) Rollen derart geführt wird, daß das Objektiv sich bei der Seitwärtsbewegung des Schiebers vor- und zurückbewegt.

In der amerikanischen Patentschrift Nr. 624553 wird eine Einrichtung beschrieben, bei welcher das um eine vertikale Achse schwenkbare Objektiv nur in einer Richtung durch eine Feder geschwenkt wird, während es in entgegengesetzter Richtung mit der Hand zurückgeführt werden muß; die Firma Eastman Kodak Co. hat in dieser Beziehung insofern eine Verbesserung geschaffen, als bei ihrem Apparat eine Belichtung des Schichtträgers sowohl bei der Hin- als auch bei der Rückbewegung des Objektivs möglich ist, d. h. also wenn das Objektiv aus der einen Endstellung in die andere übergeführt wird (D. R. P. Nr. 122615, Abb. 228).[1]

[1] Die von der Eastman Kodak Co. seit Jahren in den Handel gebrachte

Während bei den bisher beschriebenen Panoramakameras das Objektiv an einer lichtempfindlichen senkrecht zur Achse des Objektivs stehenden Fläche entlangglitt, wurde auch eine Konstruktion bekannt, bei welcher das Objektiv in einem horizontal gelagerten Kreise bewegt wird, in dessen Mittelpunkt ein Spiegel angebracht ist. Dieser Spiegel wirft die durch das Objektiv eintretenden Strahlen senkrecht auf eine zur optischen Achse des Objektivs parallel verlaufende zylindrische Fläche, während der Spiegel oder die lichtempfindliche Fläche mit einer der Bewegung des Objektivs entsprechenden Geschwindigkeit um die optische Achse des Objektivs gedreht wird (D. R. P. Nr. 122499, Abb. 229).

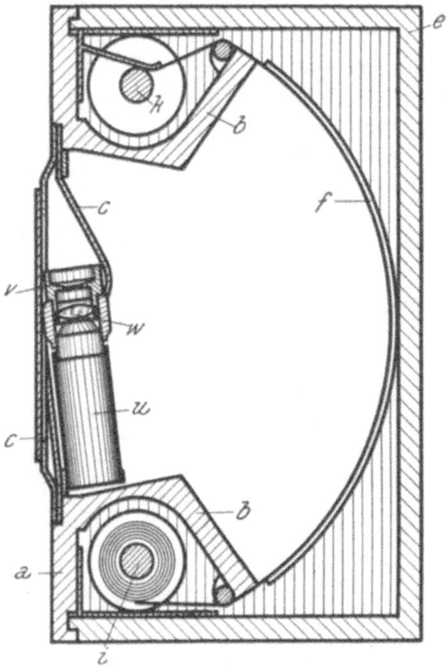

Abb. 228. Kamera zur Herstellung von Panoramateilaufnahmen, D. R. P. Nr. 122615. (Eastman Kodak Co., Rochester, New York, U. S. A.) Im Kameravorderteil *a* mit den Zwischenwänden *b* befindet sich das Objektiv *v* mit dem Tubus *u* (um die Achse *w* drehbar gelagert); *w* liegt im Mittelpunkt des Kreisbogens, längs welchem der Film *f* angeordnet ist. *i* ist die Abwickelrolle, *k* die Aufwickelrolle für den Film

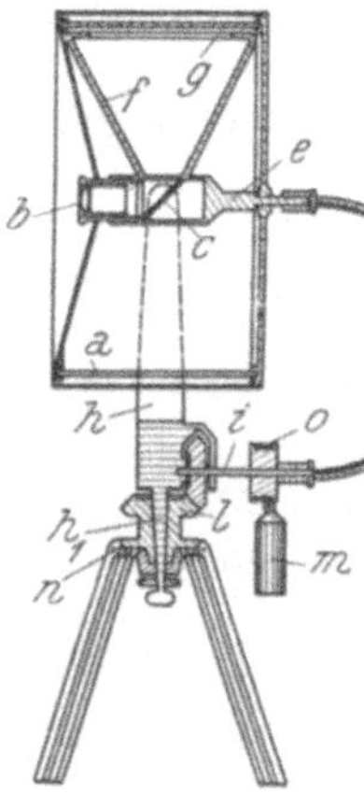

Abb. 229. Schema der Rundblickkamera von H. F. C. Hinrichsen, Hamburg (D. R. P. Nr. 122499). Der Hohlzylinder *a*, in dessen Mitte sich das Objektiv *b* und der Spiegel *c* befinden, trägt auf der Innenseite die lichtempfindliche Schicht. *f* ist ein Lichtschacht mit dem schmalen Spalt *g*. Die ganze Kamera hängt im Gabelträger *h*, an dessen unterem Ende sich der im Stativ *n* gelagerte Drehzapfen h_1 befindet. Die Bewegung des optischen Teiles wird durch das Gewicht *m* eingeleitet, das an der Schnurscheibe *o* hängt; gleichzeitig dreht sich der ganze Hohlzylinder *a* um die Objektivachse im Lager *e* und (infolge der Anordnung der Kegelräder *l*) die Gabel *h* mitsamt der Trommel um die Vertikalachse

Um den Film (Schichtträger) während der Bewegung zu führen, verwendete man z. B. für Panoramakameras mit schwingendem Objektiv eine Filmbahn, welche aus einem dem Film als Anlage dienenden Glaszylinder bestand, dessen Radius ungefähr der Brennweite des Objektivs entsprach. Da sich diese Filmbahn in unmittelbarer Nähe der Bildebene befand, kam nur ganz einwandfreies Glasmaterial in Betracht, das weder Blasen, Schlieren noch Schmutzstellen zeigen durfte (D. R. P. Nr. 131325).

Daß das Problem der Kupplung der Drehung des Objektivträgers mit

---

Panoramakamera (Panorama-Kodak, Nr. 3 A) ist nach diesem Prinzip gebaut und liefert gute Bilder von der Größe $3^1/_4 \times 10^3/_8$ Zoll (83 × 263 mm). In jüngster Zeit schuf die gleiche Firma die Cirkut-Kamera; vgl. hiezu Phot. Korr. 1930, S. 26.

dem Objektivverschluß bei den Panoramakameras stets eine bedeutende Rolle gespielt hat, ist verständlich; es wurden z. B. Erfindungen bekannt, nach denen der drehbare Objektivträger nach Passieren eines bestimmten Punktes mit einem auf den Objektivverschluß einwirkenden Hebel einen Anschlag betätigt, der in verschiedenen Stellungen einstellbar war; dadurch war es möglich, verschieden lange Teile des Films zu belichten, indem der Anschlag bei einer bestimmten Stellung des Linsenträgers das Schließen der Objektivöffnung bewirkte. Bei den meisten dieser Rundblickkameras wirkt die Triebkraft entweder auf die Achse der zur Aufnahme des lichtempfindlichen Materials dienenden Spule oder auf die Drehungsachse der Kamera. Im ersteren Falle ist die Umlaufgeschwindigkeit der Kamera und somit die Belichtung der lichtempfindlichen Schicht ungleichförmig, im anderen Falle wird das belichtete Material nicht sicher und gleichmäßig aufgewickelt. Als Fortschritt kann in dieser Beziehung die Vereinigung beider Antriebsarten bezeichnet werden, indem die Haupttriebkraft auf die Umdrehungsachse der Kamera wirkt, während außerdem ein davon ganz unabhängiger Antrieb für die zur Aufnahme des lichtempfindlichen Materials dienende Spule vorhanden ist. Durch das Zusammenwirken der die Kamera und zugleich die Transportwalzen für den Film antreibenden Kraft und der auf die Abwickelspule wirkenden den Film nachziehenden Kraft wird ein gleichmäßiger Gang der Kamera und ein gleichförmiges Vorbeiführen des lichtempfindlichen Materials an der Belichtungsstelle sowie die gleichmäßige Belichtung aller Stellen des Bildes gewährleistet.

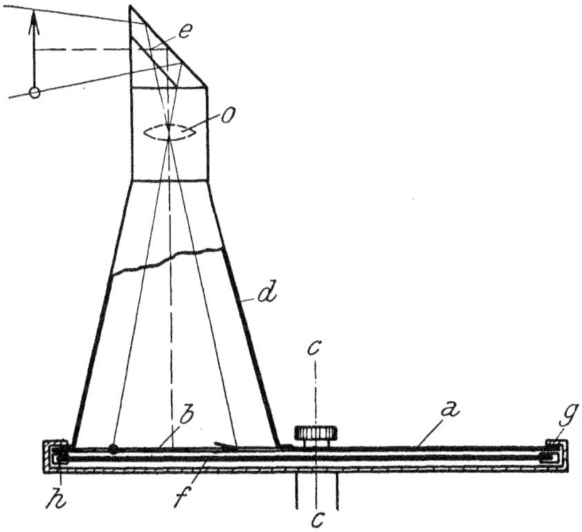

Abb. 230. Schematische Darstellung einer Rundblickkamera, bei der das Bild auf einer ebenen Fläche entworfen wird (KARL MAYER, Kirchseeon bei München, D. R. P. Nr. 380102). Die Scheibe *a* mit dem Schlitz *b* ist um die Achse *c* im Gehäuse *g* drehbar. *d* (das Kameragehäuse) ist der Träger des Objektivs *o* und des Dachkantprismas *e*. *f* ist die kreisrunde Aufnahmeplatte in der Kassette *h*

Anders als bei den Apparaten, bei denen sich das bewegliche Objektiv an einem zylindrischen Schichtträger vorbeibewegt, hat in jüngster Zeit KARL MAYER in Kirchseeon bei München die Idee einer photographischen Rundbildaufnahmekamera in der Weise verwirklicht, daß er ein mit einem Prisma verbundenes Objektiv über einem Schlitz einer im rechten Winkel zur optischen Achse des Objektivs angeordneten Platte anbrachte. Das über diesem Schlitz auf der oberwähnten Platte montierte Kameragehäuse ist mitsamt dem Schlitz über der kreisförmigen photographischen Platte drehbar. Auf diese Weise ist ein in sich geschlossenes ringförmiges Bild erhältlich (D. R. P. Nr. 380102, Abb. 230).

Es hat auch nicht an Versuchen gefehlt, Verfahren und Vorrichtungen zur Aufnahme und Vorführung stereoskopischer Panoramabilder auszuarbeiten; die Hauptschwierigkeit bestand im Teilen und Wiedervereinigen der Positive. WILLIAM KENNEDY-LAURENCE DICKSON in London erhielten ein Patent (D. R. P. Nr. 158113) auf eine Erfindung, welche die erwähnten Schwierigkeiten beseitigt.

J. Die Stereokamera

50. Die theoretischen Grundlagen der Stereoskopie. Der Vorgang des Sehens mit zwei Augen ist wesentlich schwieriger zu erklären, als jener mit einem Auge.

In Abb. 231 sind L und R die beiden Augen, A und B zwei in verschiedenen Entfernungen vor den Augen befindliche Gegenstände. Wird der näher gelegene Gegenstand A fixiert (vgl. Abb. 231 a), so werden die beiden Augenachsen auf diesen Punkt gerichtet und schließen miteinander den Konvergenzwinkel α ein; das Bild von A erscheint in jedem Auge auf der Mitte der Netzhaut (m bzw. m_1). Fixiert man hingegen den entfernteren Gegenstand B (vgl. Abb. 231 b), so wird der von den beiden Augenachsen gebildete Konvergenzwinkel kleiner (β); das Bild dieses Punktes erscheint wieder auf der Mitte (m bzw. m_1) der Netzhaut jedes Auges. Bei Annahme einer Nahpunktentfernung (für normale Augen) von 250 mm ergibt sich bei einem mittleren Augenabstand von 65 mm ein Konvergenzwinkel von etwa 15°; dieser Winkel wird gleich 0°, wenn der Gegenstand ins Unendliche rückt.

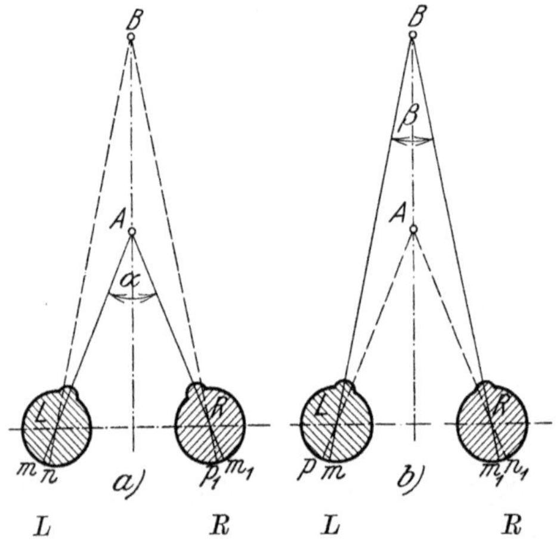

Abb. 231. Zum Sehen mit zwei Augen. L bzw. R ist das linke bzw. das rechte Auge. α bzw. β sind die Konvergenzwinkel ($\alpha > \beta$) bei der Betrachtung der Punkte A bzw. B; m, n, p, bzw. m_1, n_1, p_1 sind die Bildpunkte der Gegenstände A bzw. B, entworfen von der Augenlinse auf der Netzhaut

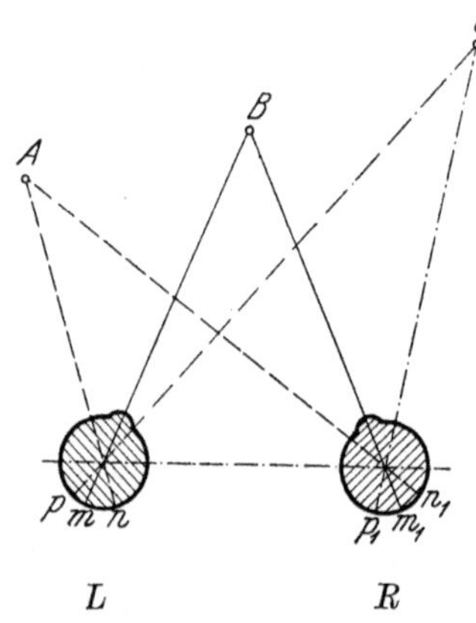

Abb. 232. Zum stereoskopischen Sehen. Das Bild des jeweils mit beiden Augen anvisierten Punktes liegt in der Mitte der Netzhaut. $m\,m_1$ sind die Bilder von B, $n\,n_1$ sind die Bilder von A, $p\,p_1$ sind die Bilder von C. Die Reihenfolge der Bildpunkte ist in beiden Augen die gleiche (p, m, n bzw. p_1, m_1, n_1)

Bei Fixierung des Punktes A (vgl. Abb. 231 a) liegt das Bild des Punktes B im linken Auge rechts (n), im rechten Auge aber links (p_1) von der Mitte m der Netzhaut; die Bilder n und p_1 liegen also in beiden Augen nicht auf entsprechenden Stellen der Netzhaut; darin ist wohl der Grund zu sehen, warum der Gegenstand B hier nicht einfach, sondern doppelt gesehen wird. Da das Bild n (von B) im linken Auge rechts von m liegt, so scheint B links von A zu liegen, während das rechte Auge den Gegenstand B rechts von A sieht, weil das Bild p_1 links von m_1 liegt.

Um einen Gegenstand mit beiden Augen einfach zu sehen, ist es, wie die Praxis lehrt, nicht nötig, daß die beiden Augenachsen genau auf ihn gerichtet sind, d. h. daß sein Bild in jedem Auge genau auf der Mitte der Netzhaut liegt; wäre dies nötig, so könnte man ja immer nur einen einzigen Gegenstand einfach sehen und alles Andere würde doppelt erscheinen. Mehrere Gegenstände können mit beiden Augen dann gleichzeitig einfach gesehen werden, wenn ihre Bilder in beiden Augen auf entsprechenden Stellen der Netzhaut liegen. Sind in Abb. 232 wieder L und R die beiden Augen und A, B und C drei verschiedene Gegenstände in verschiedenen Entfernungen, so zeigt sich zunächst, daß ihre Bilder in beiden Augen in der gleichen Reihenfolge liegen; auf der Netzhaut jedes der beiden Augen liegt das Bild von B in der Mitte, das von C links und jenes von A rechts. Da die Netzhautbilder p und p_1 links von m und m_1 liegen, erblicken beide Augen den Gegenstand C rechts von B; den Gegenstand A sehen beide Augen links von B, weil die Netzhautbilder n und n_1 rechts von m und m_1 liegen.

Das Sehen mit zwei Augen verhilft beim Betrachten naher Gegenstände zur richtigen Schätzung von Entfernungen, denn mit dem rechten Auge sehen wir einen nahen Gegenstand auf einen anderen Punkt des Hintergrundes projiziert als mit dem linken und dieser Unterschied ist um so größer, je näher der Gegenstand rückt. Die Größe des Konvergenzwinkels, den die beiden Augenachsen miteinander einschließen, gibt ein Maß für die Entfernung der Gegenstände; dieser Augenachsenwinkel spielt in der Stereoskopie eine große Rolle.

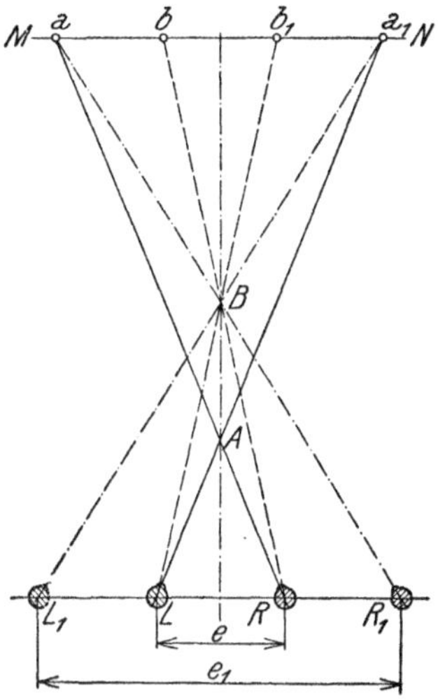

Abb. 233. Zum stereoskopischen Sehen. Die Strecken a bis a_1 bzw. b bis b_1 in der Ebene MN nennt man die parallaktische Verschiebung. L bzw. R linkes bzw. rechtes Auge im normalen Abstand e, L_1 bzw. R_1 linkes bzw. rechtes Auge im größeren Abstande e_1

Der erwähnte Augenachsenwinkel ist wohl nicht ohne weiteres meßbar, doch wird seine Schätzung dadurch möglich, daß wir eben einen beliebigen Punkt, z. B. A (vgl. Abb. 233), mit dem rechten Auge an einer anderen Stelle des Hintergrundes projiziert sehen als mit dem linken. Mit dem rechten Auge betrachtet, scheint der Punkt A vor a, mit dem linken gesehen jedoch vor a_1 zu stehen, das heißt a bzw. a_1 sind die Projektionen des Punktes A auf dem Hintergrund MN für das rechte bzw. linke Auge.

Je weiter sich der betrachtete Gegenstand vom Auge entfernt, desto kleiner wird der gegenseitige Abstand dieser beiden projizierten Punkte und damit der Konvergenzwinkel; so liegen z. B. die beiden Projektionen b und b_1 näher beieinander als a und a_1, weil der Punkt B von den Augen weiter entfernt ist als A (Abb. 233). Das Sehen mit zwei Augen läßt uns also bei Betrachtung der näheren Umgebung deutlich unterscheiden, welche Punkte näher, welche entfernter liegen.

Durch die Vereinigung zweier perspektivischer, von verschiedenen Standpunkten aus aufgenommener Bilder eines und desselben räumlich ausgedehnten Gegenstandes, wobei das eine Bild nur mit dem rechten, das andere nur mit dem linken Auge betrachtet werden kann, entsteht ein plastisches körperliches Bild des betreffenden Gegenstandes.

Die durch solche verschiedenartige zweckentsprechend montierte Bilder erzeugten Eindrücke müssen zweifellos den gleichen körperlichen Gesamteindruck hervorbringen, den das direkte Betrachten des betreffenden abgebildeten Gegenstandes hervorgerufen hätte, denn das eine dieser Bilder erzeugt auf der Netzhaut des rechten, das andere auf der Netzhaut des linken Auges genau das selbe Bildchen, das vom Gegenstand selbst erzeugt worden wäre.

Die Orte der im gegenseitigen Abstand e befindlichen Augen seien L und R (vgl. Abb. 233), die Linie MN stellt den sehr weit entfernten Hintergrund dar; die Gegenstände A und B (z. B. zwei vertikale Stangen) befinden sich in verschiedenen Entfernungen vom Hintergrund und damit auch von unseren Augen. Die Abb. 233 läßt ohne weiteres erkennen, daß der Gegenstand A bei Betrachtung mit dem linken Auge L die Stelle a_1, bei Betrachtung mit dem rechten Auge R die Stelle a auf dem Hintergrund verdecken wird. Bei rasch abwechselnder Betrachtung des Gegenstandes A mit dem rechten und linken Auge entsteht die Empfindung, als verschiebe sich dieser gegenüber dem Hintergrund um den Betrag a bis a_1, d. i. die „parallaktische Verschiebung". Wiederholt man den gleichen Versuch mit dem Gegenstand B, so ergibt sich dabei die wesentlich kleinere parallaktische Verschiebung b bis b_1. Hieraus folgt, daß bei konstantem Augenabstand die parallaktische Verschiebung um so größer wird, je kleiner die Entfernung des Gegenstandes von den Augen ist. Wird der Augenabstand e vergrößert, sodaß die Augen im Abstande e_1 bei L_1 und R_1 liegen, so zeigt sich, daß die parallaktische Verschiebung wächst, und zwar ist in Abb. 233 der Fall dargestellt, daß die parallaktische Verschiebung a bis a_1 bei Betrachtung des Gegenstandes B mit dem Augenabstand e_1 den selben Wert wie bei Betrachtung des Gegenstandes A mit einem Augenabstand e hat.

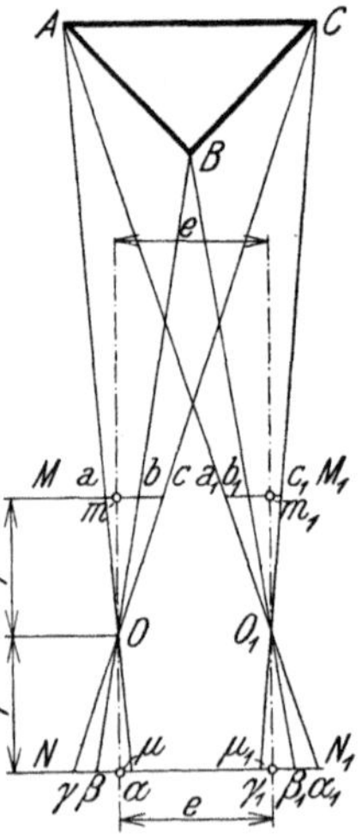

Abb. 234. Zum stereoskopischen Sehen. $A\,B\,C$ Gegenstand, $O\,O_1$ Objektive bzw. Augen, e Abstand derselben, f Brennweite der Objektive bzw. kürzeste Sehweite, $M\,M_1$ gedachte Bildebene, $N\,N_1$ Ebene des Schichtträgers, $\alpha\,\beta\,\gamma$ bzw. $\alpha_1\,\beta_1\,\gamma_1$ Bilder der Punkte A, B und C, $a\,b\,c$ bzw. $a_1\,b_1\,c_1$ Bilder der gleichen Punkte in der Ebene $M\,M_1$. $m\,m_1$ bzw. $\mu\,\mu_1$ Durchstoßpunkte der parallel gerichteten Objektiv- bzw. Augachsen mit den Ebenen $M\,M_1$ bzw. $N\,N_1$

Wegen näherer Details bezüglich der physiologischen Grundlagen, Grenzen und Erweiterungsmöglichkeiten der stereoskopischen Wahrnehmung vergleiche man die Darstellungen von L. E. W. van ALBADA über Stereophotographie in Bd. VI/1 dieses Handbuches sowie das Kapitel Stereophotogrammetrie in dem von R. HUGERSHOFF bearbeiteten Bd. VII dieses Handbuches. Vgl. des ferneren Abb. 234.

51. Geschichte der Stereoskopie. Es ist nicht mit Sicherheit nachzuweisen, wie weit die Anfänge der Stereoskopie zurückliegen, doch hat es den Anschein, daß das Prinzip des Stereoskops schon BATTISTA PORTA (1593) bekannt gewesen ist; wie WILH. DOST[1] mitteilt, soll PORTA vollständige Zeichnungen der beiden Bilder, wie sie jedes Auge einzeln sieht, und des Gesamtbildes, wie es beide Augen sehen, entworfen haben, aus denen sowohl die Theorie des Sehvorganges als auch die Konstruktion eines Stereoskops zu entnehmen war. Ferner sollen sich im „Wicar-Museum" zu Lille zwei Federzeichnungen von JACAPO CHIMETI, einem Maler der florentinischen Schule (1554 bis 1640) befinden, die ein- und denselben Gegenstand, von zwei verschiedenen Standpunkten aus gesehen, darstellen; die beiden Bilder lassen sich zu einem stereoskopischen Gesamtbilde vereinigen (Phot. Korr. 1897, S. 554).

Etwa 200 Jahre später (1838) erfand CH. WHEATSTONE das nach ihm benannte Spiegelstereoskop; CH. WHEATSTONE betrachtete zwei getrennt voneinander angeordnete zeichnerische Darstellungen eines Körpers, von denen die eine der Beobachtung durch das rechte, die andere der Beobachtung durch das linke Auge entsprach, mit Hilfe zweier Spiegel und gewann so einen körperlichen Eindruck.

[1] Vgl. Das plastische Bild, 1928, Heft 7 und 8.

Als die Photographie erfunden war (1839), gelang es sehr bald, photographische Aufnahmen stereoskopisch zu betrachten. Schon im Jahre 1844 hat C. MOSER in Königsberg ein Verfahren angegeben, um stereoskopische Bilder ein und desselben Gegenstandes zu gewinnen; das Verfahren bestand darin, daß jedes der beiden Aufnahmezentren eine bestimmte Strecke von einer Symmetrieebene entfernt war.

Wie E. STENGER im „Atelier des Photographen", 1921, S. 63, mitteilt, wurde dem Amerikaner J. F. MASCHA im Jahre 1853 das amerikanische Patent Nr. 9611 erteilt, das folgendermaßen beschrieben wurde: „Die Natur dieser Erfindung besteht in der Konstruktion eines Kastens mit einem Deckel und einer beweglichen Klappe, welche gegeneinander verstellbar sind. Die Klappe, welche innerhalb des Kastens Raum hat, trägt zwei gewöhnliche Linsen; eine Daguerreotypie ist gegenüber jeder dieser Linsen befestigt. Durch diese Anordnung entsteht ein vollständiges Stereoskop und die Daguerreotypien erscheinen bei zweiäugiger Betrachtung wie plastische lebenswahre Bilder."

Es ist wohl verständlich, daß mit der Erfindung der Photographie auf Kollodium — ganz besonders aber mit der Einführung der Bromsilbergelatine-Trockenplatte — die Photographie allmählich in die breiten Massen des Volkes getragen wurde; die Anwendung der Stereoskopie ist leider lange Zeit fast nur der Wissenschaft vorbehalten geblieben, obwohl weite Kreise diesem Spezialgebiet der Photographie das größte Interesse entgegenbrachten.

Die Engländer THOMAS MATHEW BEAR und HARRY RANSOM beschäftigten sich um 1889 mit der Konstruktion von photographischen Kameras zur Aufnahme stereoskopischer Bilder; das durch das D. R. P. Nr. 51834 bekannt gewordene Kameramodell war durch einen an den blasebalgartig gefalteten Kamerakörper rückwärts angeschlossenen Kasten gekennzeichnet, dessen obere Wand durch einen angelenkten mit einem Reflektor ausgestatteten Rahmen gebildet wurde, welcher einerseits die Kamera lichtdicht abschloß, andererseits aber in beliebiger Schrägstellung fixiert werden konnte, um die zur Aufnahme stereoskopischer Bilder dienende Kamera auch als Stereoskop benutzen zu können.

A. WANSER in Cannstadt verbesserte im Jahre 1895 eine durch D. R. P. Nr. 83558 geschützt gewesene Ausführungsform einer Stereokamera dadurch, daß die Bilder mit Hilfe einer Spiegelreflexeinrichtung aufrechtstehend beobachtet werden konnten (D. R. P. Nr. 88854).

Charakteristisch für den Stand der Stereophotographie zu Ende des vorigen Jahrhunderts ist eine Idee von F. A. HINTZE in Berlin, der einen sogenannten Refraktionsvorsatz für Stereoskopkameras erfand; er ging dabei von folgenden Überlegungen aus (D. R. P. Nr. 84237): Stereoskopische Aufnahmen mit zwei Objektiven, welche gleichzeitig auf einem Schichtträger erzeugt werden, haben, wenn die Objektive in einer Entfernung gleich dem mittleren Augenabstand (zirka 65 mm) angeordnet werden, eine relativ geringe Breite; bei größerem Abstand der Objektive (z. B. 80 bis 90 mm) zeigen die Bilder, im Stereoskop betrachtet, unnatürliche Tiefendimensionen. Um dies zu vermeiden, empfahl HINTZE einen zweckmäßig vor den beiden Objektiven anzuordnenden Refraktionsvorsatz, bestehend aus zwei Glasprismen, zur Verbreiterung der Bilder bei gleich bleibendem Bildwinkel. Die Prismen bewirken die Parallelverschiebung der einfallenden Strahlen.

Um zu vermeiden, daß bei der Herstellung stereoskopischer Bilder mit normalen Stereokameras entweder die Negative oder die Positive zerschnitten werden müssen, wurde von JULES CARPENTIER und LÉON GAUMONT in Paris im Jahre 1896 (D. R. P. Nr. 88034) vorgeschlagen, die Apparate mit

Spiegeln bzw. Prismen zwecks Vertauschung von Rechts und Links auszurüsten.[1]

Die DEUTSCHE MUTOSKOP- UND BIOGRAPH-GESELLSCHAFT m. b. H. in Berlin wollte die beiden im Vorstehenden erwähnten Wirkungen gleichfalls erreichen und ordnete zu diesem Zweck vor jedem Objektiv je einen unter 45° zur optischen Achse geneigten Spiegel (Prisma) so an, daß beide Reflektoren parallel zueinander und außerdem in Richtung der optischen Achse gegeneinander verschoben werden können (D. R. P. Nr. 113873).

Auch durch die englische Patentschrift E. P. Nr. 21406/1894 wurde eine Stereoskopkamera bekannt, mit deren Hilfe Teilbilder erzeugt werden können, deren direkte Kopien ohne weiteres bei der Betrachtung durch ein Stereoskop ein richtiges Bild ergeben. Bei dieser Kamera sind die zur seitlichen Umkehrung des Bildes dienenden Spiegel außerhalb der Kamera angeordnet; die in den Spiegeln erscheinenden Bilder werden mit Hilfe eines Objektivs auf den Schichtträger geworfen.

MAURICE VINCENT in Genf verbesserte 1904 diese Konstruktion einer Stereoskopkamera zur Herstellung unmittelbar kopierfähiger Stereoskopnegative, bei welcher jedes Halbbild durch doppelte Spiegelung umgekehrt und gegen das zweite Halbbild versetzt wird, dadurch, daß er die zur seitlichen Umkehrung der von den Objektiven erzeugten Bilder dienenden paarweise parallel zueinander stehenden Spiegel im Innern der Kamera anordnete (D. R. P. Nr. 164016).

Eine photographische Kamera mit einem Objektiv, die sowohl als einfache als auch als Stereoskopkamera zu benutzen ist, konstruierte B. E. FISCHER in Dresden im Jahre 1904: das Objektiv ist auf einem Träger angeordnet, der in dem seitwärts verschiebbaren Objektivbrett gleitet und mit einem endlosen, über Rollen laufenden Band verbunden ist, das den Endstellungen des Objektivs entsprechende Öffnungen und Anschläge besitzt (D. R. P. Nr. 159344).

Um mit Stereoskopkameras für Platten auch Einzelaufnahmen in ganzer Plattenlänge herstellen zu können, wurden Einrichtungen geschaffen, die eine seitliche Verschiebung der Zwischenwand im Innern der Kamera ermöglichten, ohne daß die Kamera geöffnet oder die bereits eingeschobene Kassette entfernt zu werden brauchte; dies wurde dadurch ermöglicht, daß die Zwischenwand mit einem nach außen führenden, im Gehäuse lichtdicht geführten Stift verbunden ist. Bei Rollfilmkameras bestanden in dieser Beziehung insofern Schwierigkeiten, als die Filmspulen seitlich vor der Bildebene liegen und das Durchführen des Stiftes nach der Seitenwand des Gehäuses hindern. Die FABRIK PHOTOGRAPHISCHER APPARATE AUF AKTIEN, VORM. R. HÜTTIG & SOHN in Dresden-A. hat hier eine zweckmäßige Lösung gefunden, die in der deutschen Patentschrift Nr. 172324 beschrieben und abgebildet ist.

In DINGLERS Polytechn. Journ. (1855), Bd. 135, S. 440ff. und im Amer. Journ. of science, 2. Ser., Bd. 16 (1853), S. 348 bis 350, ist ein Verfahren erörtert, nach welchem man stereoskopische Photographien mit Hilfe zweier scharnierartig miteinander verbundener Spiegel herstellen kann, welche gegeneinander leicht drehbar sind und dem abzubildenden Gegenstand gegenübergestellt werden, während der photographische Apparat mit seinem Objektiv auf die Spiegelbilder zu richten ist. Dieses nur auf der Beobachtung der Mattscheibe beruhende Instellungbringen der Spiegel in die für die Aufnahme erforderliche Lage ist für den Gebrauch in der Praxis zeitraubend und unsicher. KARL LENK in Berlin beseitigte diese Übelstände dadurch, daß an dem Spiegelsystem Marken, Rasten oder Anschläge vorgesehen werden, welche für gegebene

[1] Vgl. H. FRICKE, Phot. Korr., 1907, S. 205.

Kameratypen die für die Aufnahme erforderliche richtige Lage der Spiegel festlegen (D. R. P. Nr. 186486).

Wesentlich einfacher ist die von WILHELM SALOW in Elberfeld geschaffene Vorrichtung zur Herstellung von Stereoskopbildern mit Hilfe einer einfachen photographischen Kamera durch zwei nacheinander folgende Aufnahmen; die Vorrichtung besteht aus einem Doppelspiegelsystem oder einem Rhomboederprisma, das in zwei um 180° gegeneinander versetzten Lagen vor das Objektiv gebracht wird. Die dem Gegenstand zugewandte Fläche des Prismas bzw. Prismensystems nimmt in den beiden Grenzlagen Stellungen ein, die in der Horizontalen um etwa 32 mm (das ist die Hälfte des mittleren Augenabstandes) voneinander entfernt sind; zwei bei diesen Stellungen mit der Kamera nacheinander gemachte Aufnahmen sind demnach Stereoskopbilder (D. R. P. Nr. 176312). Vorsatzsysteme dieser Bauart werden noch heute unter dem Namen „Sterean“ in den Handel gebracht.

H. NEUHAUS in Wolfratshausen konstruierte als Ergänzung für Kameras mit Prisma oder Spiegelansatz zur Erzeugung stereoskopischer Bilder mit einem einzigen Objektiv eine besondere Kassette, bei welcher die den beiden Teilbildern entsprechenden Platten in einem solchen Winkel zueinander stehen, daß die durch das optische System hindurchgehenden Mittelstrahlen senkrecht auf die Platte auftreffen.

Im Jahre 1906 machte EMIL WÜNSCHE A.-G. FÜR PHOTOGRAPHISCHE INDUSTRIE in Reick bei Dresden eine mechanische Vorrichtung zur gleichmäßigen und zwangläufigen Änderung des Achsenabstandes der Objektive an photographischen Stereokameras und Stereoskopen bekannt: Die beiden die Objektive tragenden und im Objektivbrett gleitenden Platten sind mit Zahnstangen ausgerüstet, die in einen zwischen ihnen liegenden Trieb eingreifen. (Bei den bis dahin bekannt gewordenen Geräten wurde die Verstellung entweder in einfacher Weise von Hand aus oder dadurch bewerkstelligt, daß die beiden Objektive durch eine am Objektivrahmen angebrachte Schraubenspindel mit Rechts- und Linksgewinde in entgegengesetzte Richtungen bewegt wurden.

Im Gegensatz zu heute wurde seinerzeit die Verwendbarkeit einer Kamera für Panoramaaufnahmen und für stereoskopische Aufnahmen sehr oft gefordert; bei solchen in eine Panoramakamera umwandelbaren Stereoskopkameras spielt die bei der Verschiebung des Objektivträgers selbsttätig erfolgende Umschaltung der Zwischenwand eine wichtige Rolle. Einerseits ist es möglich, die selbsttätig umlegbare Zwischenwand starr zu gestalten: dann kann bei einer Verschiebung des Objektivträgers in Richtung der optischen Achse zwischen den Objektiven und der starren Zwischenwand eventuell ein Spalt entstehen und dadurch eine Überstrahlung der beiden Stereobilder hervorgerufen werden; andererseits ist die Anbringung einer unter Federwirkung stehenden Stoffzwischenwand bekannt; die Firma HCH. RIETZSCHEL G. m. b. H. in München hat in dieser Richtung eine wesentliche Verbesserung geschaffen, die im D. R. P. Nr. 285560 beschrieben ist.

Rückblickend und zusammenfassend können wir sagen, daß viel Arbeit darauf verwandt wurde, die Aufnahme von vornherein so zu machen, daß ein späteres Zerschneiden der Negative oder Positive erspart bleibt; eine Unsumme von Versuchen mit zum Teil kostspieligen Mitteln wurde gemacht, mit Hilfe von Spiegeln oder Prismen die Umkehrung der Teilbilder zu bewerkstelligen, bevor die Lichtstrahlen das Negativ treffen. Es ist an sich gleichgültig, ob die bildumkehrenden optischen Reflektoren vor oder hinter dem Objektiv angeordnet werden: in jedem Falle war damit ein Lichtverlust und die Gefahr des Entstehens von Doppelbildern sowie einer Beeinträchtigung der Bildqualität verbunden. Werden solche optische Zusatzmittel mit der erforderlichen Präzision ausgeführt und angeordnet, so bringt dies eine nicht unerhebliche Erhöhung des Preises der Kamera mit sich.

Betrachten wir den heutigen Stand der Technik der Stereoskopie, so müssen wir feststellen, daß die Aufnahmeapparate in optischer Hinsicht außerordentlich einfach sein können, weil die Bildumkehrung sowohl bei der Herstellung von Diapositiven als auch von Papierbildern in ganz mechanischer Weise mit Zuhilfenahme eines Stereokopierrahmens — allerdings in zwei Operationen — so einwandfrei vor sich geht, daß auf alle bildumkehrenden optischen Zusatzmittel bei der Aufnahme vollkommen verzichtet werden kann. Selbst wenn man sich des wenig benutzten optischen Umkehrapparates bedient, bei welchem beide Teilbilder gleichzeitig in gleicher Größe vom Negativ auf den Träger des Positivs projiziert werden, ist dies immer noch viel billiger, als wenn man eines der vielen vorgeschlagenen optischen Zusatzaggregate vor oder hinter den Aufnahmeobjektiven benutzt.

Der heute verwendete Betrachtungsapparat zeigt mit Ausnahme einiger weniger Verbesserungen gegenüber dem Linsenstereoskop von H. v. Helmholtz im Prinzip keine wesentliche Änderung.[1]

Die vom Normenausschuß der deutschen Industrie vorgeschlagenen Grundsätze für die Ausgestaltung von Stereokameras und Stereobetrachtungsgeräten lassen erkennen, daß der mittlere Augenabstand von 65 mm in Zukunft allen Konstruktionen, sei es für die Aufnahme oder Betrachtung, zugrunde gelegt werden wird; so ist es zu verstehen, daß den Plattenformaten $4{,}5 \times 10{,}7$ cm sowie 6×13 cm die Zukunft gehört; besonders das zuletzt genannte Format entspricht allen Bedingungen, die bezüglich Lage der optischen Achse zu den Mitten der Einzelbilder und bezüglich restloser Ausnutzung des Bildformats gestellt werden müssen, am vollkommensten.

52. Die verschiedenen Ausführungsformen von Stereokameras. Unter der großen Anzahl von Kameramodellen, die besonders im Laufe der letzten Jahrzehnte im scharfen Wettkampf der einzelnen Firmen entstanden sind, finden sich sowohl solche, die von vornherein ausschließlich zur Aufnahme plastischer Bilder bestimmt sind, als auch solche, die nach Vornahme unwesentlicher Änderungen ohneweiters dafür herangezogen werden können; im nachfolgenden wird eine Gruppierung der wichtigsten Stereokameras vorgenommen, welche die einzelnen Modelle zu kennzeichnen gestattet. Auf konstruktive Einzelheiten allgemeiner Natur, welche bereits bei Apparaten mit einem Objektiv ausführlich behandelt wurden und mit der Verwendbarkeit der Kameras für Stereoaufnahmen nicht in Zusammenhang stehen, wird hier nicht näher eingegangen.

a) Laufbodenkameras für Platten und Filmpacks. Es ist selbstverständlich, daß jede Laufbodenkamera, welche die mühelose Anbringung eines Objektivbretts mit zwei Objektiven gestattet, als Stereokamera verwendet werden kann; da dies bei Apparaten in Hochformat mit Rücksicht auf das Bildformat nicht ohneweiters möglich ist, scheiden diese von vornherein aus; wir finden tatsächlich in den Katalogen der einzelnen Firmen fast ausschließlich Modelle in Querformat, bei denen die Auswechslung des normalen Objektivs

[1] Es sei an dieser Stelle an ein von der Firma Optische Anstalt C. P. Goerz A.-G., Berlin, konstruiertes Gerät erinnert, das etwa um das Jahr 1900 entstanden ist; dieser Apparat (Goerz Photo-Stereo-Binocle), der die Aufnahme und Betrachtung von einfachen Bildern und Stereobildern gestattete, war auch als binokulares Fernrohr von $2^1/_2$- bis $3^1/_2$facher Vergrößerung zu gebrauchen.

gegen zwei Objektive (mit meist kürzerer Brennweite) für Stereoaufnahmen möglich ist.

Ein bekanntes Erzeugnis dieser Art ist die ICA-Toska-Kamera für das Format 10 × 15 cm mit dreifachem Auszug; nach Einschalten einer Stereozwischenwand und Ersatz des Objektivbrettes durch ein solches mit zwei identischen Stereoobjektiven ist die Stereokamera fertig. Infolge der Möglichkeit, das Objektivbrett seitlich relativ weit verschieben zu können, läßt sich eines der beiden Objektive in die Mitte rücken; mit diesem kann man bei entsprechender Abblendung Weitwinkelaufnahmen machen. Die Stereoscheidewand schiebt sich beim Schließen der Kamera selbsttätig zusammen und läßt sich auch leicht herausnehmen. Die Stereoobjektive, gleichviel welcher Herkunft, haben eine relativ lange Brennweite, und zwar $f = 13{,}5$ cm. Die für Platten und Filmpack in gleicher Weise geeignete Kamera hat die Abmessungen 20 × 14 × 7 cm und wiegt 1900 g.

Diese Kamera wurde auch im Querformat 13 × 18 cm hergestellt, und zwar mit Objektiven der gleichen Brennweite ($f = 13{,}5$ cm) in Automat- oder Compur-Verschluß (Abmessungen 22 × 17,5 × 7,5 cm, Gewicht 2600 g).

Eine ähnliche Bauart weist die VOIGTLÄNDER Alpin-Kamera 10 × 15 cm auf; auch sie hat dreifachen Bodenauszug und eine selbsttätig sich aufrollende Stereozwischenwand. Das Stereoobjektivbrett trägt zwei Collineare 1 : 6,3, $f = 10{,}5$ cm, in Compur-Verschluß.

Auch die Präzisionskameras Modell Perka I Stereo-Quer, 9 × 12 und 10 × 15 cm, welche mit Doppel-Anastigmaten 1 : 5,4, $f = 9$ cm, bzw. 1 : 4,5, $f = 12$ cm, ausgerüstet sind, stellen vollwertige Erzeugnisse der photographischen Technik dar. Mit beiden Kameras sind auch Panoramaaufnahmen herstellbar: die Scheidewand kann ausgehängt, das eine Stereoobjektiv kann mittels vierfachen Spindeltriebes bis zur Mitte seitlich verstellt werden; das andere Stereoobjektiv wird während der Aufnahme abgedeckt. In die gleiche Kategorie gehört die Präzisionskamera „Unoplast" der Dr. STAEBLE-WERKE in München, eine quadratische Kamera mit dreifachem Auszug für höchste Ansprüche, bei der alle in Betracht kommenden Bestandteile (insbesondere der Objektivträger) verstellbar sind. Als besonders vorteilhaft wird an dieser Kamera u. a. die federnd angelenkte Mattscheibe bezeichnet, welche es gestattet, die Kassette bei der Aufnahme zwischen Kameragehäuse und Mattscheibenrahmen einzuschieben, ohne daß letztere von der Kamera abgenommen wird. Der Vorteil der quadratischen Bauart im allgemeinen wurde zwar bereits an anderer Stelle hervorgehoben, doch sei darauf nochmals hingewiesen:

1. Man kann durch einfaches Drehen des Mattscheibenrahmens vom Hochformat zum Querformat übergehen, ohne die Kamera vom Stativ abzunehmen.

2. Die Verschiebbarkeit des Objektivträgers ist ausgiebig und für beide Aufnahmearten gleich groß, während sie bei Kameras im Hoch- oder Querformat nach einer Richtung hin beschränkt ist.

3. Der Laufboden ist bei beiden Aufnahmearten neigbar.

Das Modell 10 × 15 cm wird normal entweder mit einem „Polyplastsatz" in Compur-Verschluß oder mit dem „Tetraplast" 1 : 4,5, $f = 18$ cm, in Schnellfassung geliefert; für den Gebrauch als Stereokamera dient ein besonderes Objektivbrett mit zwei ganz gleichen Doppelanastigmaten „Polyplast" 1 : 4,5, $f = 10{,}5$ cm, in Stereo-Compur-Verschluß.

Eine Zweiverschlußkamera des gleichen Formats für Stereoaufnahmen stellt die Firma IHAGEE KAMERAWERK in Dresden her; das Modell hat sowohl Zentral- als auch Schlitzverschluß mit verdecktem Aufzug für Zeit- und Momentaufnahmen von $^1/_{15}$ bis $^1/_{1000}$ Sek.

Eine Stereokamera mit Laufboden und Radialhebeleinstellung ist die „Ica-Stereolette“ 4,5 × 10,7 cm mit zwei getrennten Balgen. Vgl. hiezu die Abb. 235, welche eine Kamera ähnlicher Bauart zeigt.

Selbstverständlich gestatten alle Stereo-Laufbodenkameras die Verwendung verschiedenartiger Objektive, sowohl was Lichtstärke als auch was Brennweite betrifft; eine Beschränkung in dieser Hinsicht kann nur durch die Abmessungen des Zentralverschlusses eintreten, weshalb dieser so groß wie möglich gewählt werden soll, soweit dadurch keine Beschränkung seiner Höchstgeschwindigkeit eintritt. Andererseits besteht bei Verwendung relativ kurzbrennweitiger Objektive die Gefahr, daß der Laufboden das Gesichts- bzw. Bildfeld abschneidet; aus diesem Grunde ist eine Neigbarkeit des Laufbodens nicht unerwünscht.

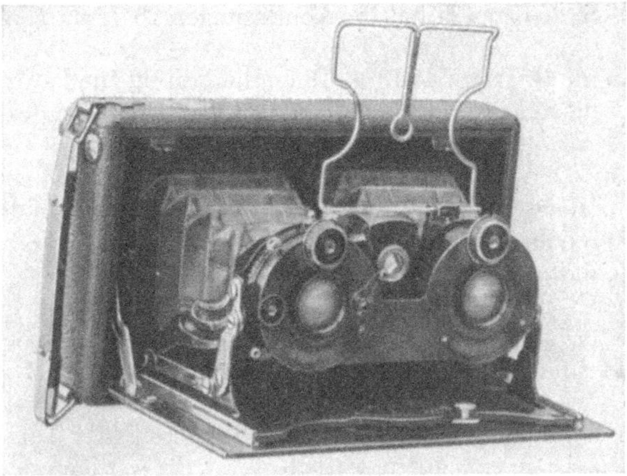

Abb. 235. Stereokamera mit Laufboden und getrennten Balgen (Format 6 × 13 cm). Modell Photoklapp Stereo-Automat des Ihagee-Kamerawerks, Dresden-Striesen. Die Einstellung auf näher als Unendlich gelegene Gegenstände erfolgt mittels eines in der Mitte des Laufbodens angeordneten Radialhebels. Abmessungen: 16 × 9,5 × 3,5 cm, Gewicht: zirka 580 g

Infolge der Starrheit des Stereo-Zentralverschlusses ist eine Annäherung der Objektive, wie sie für Stereoaufnahmen erwünscht ist, nicht durchführbar, ein Nachteil, der bei einer Schlitzverschlußkamera nicht empfunden werden dürfte; durch ein zweites austauschbares Objektivbrett mit zwei gleichen Objektiven in Normalfassung könnten die Zubehörteile vorteilhaft ergänzt werden.

Während die bisherigen Modelle von Stereokameras mit Laufboden sämtlich mit Objektivverschlüssen ausgerüstet waren, besitzt die „Ica-Klapp-Stereo-Palmos“ einen verstellbaren Schlitzverschluß und zwei gleiche Objektive von der Brennweite $f = 9$ cm, deren seitlicher Abstand veränderlich ist; diese in der Hauptsache für Aufnahmen besonders nahe gelegener Gegenstände bestimmte und bewährte Verschieblichkeit (nach W. Scheffer) ist eben nur möglich, weil die Durchmesser der Objektive sehr klein gehalten wurden, so daß sie innerhalb gewisser Grenzen einander genähert werden können.

Die Ica-Stereo-Ideal, eine Laufbodenkamera mit Triebeinstellung, welche in den Formaten 9 × 18 und 6 × 13 cm für Platten und Filmpack hergestellt wurde, hat zwei getrennte Balgen, deren jeder den lichtdichten Abschluß zwischen Objektiv und Blendrahmen bildet; der Objektivträger ist kräftig ausgebildet, steht fest und ist genau parallel zur Bildebene angeordnet, so daß der erforderliche gleich große Abstand beider Objektive von der Bildebene gewährleistet ist. Für das Format 9 × 18 cm sind Objektive mit der Brennweite $f = 12$ cm, für das Format 6 × 13 cm solche von 9 cm Brennweite vorgesehen.

b) Stereo-Kastenkamera ohne Einstellungsmöglichkeit. Eines der bekanntesten hierher gehörigen Stereomodelle (4,5 × 10,7 cm) französischer Herkunft ist die „Verascope“ der Société des Établissements J. Richard in Paris; dieses Gerät wird in verschiedenen Variationen hergestellt, die sich voneinander zum Teil durch besondere mechanische, zum Teil durch besondere optische Einrichtungen unterscheiden. So ist das „Verascope simple" durch Objektive von der Lichtstärke 1 : 8 bis 1 : 10 gekennzeichnet, die auf einem Schieberverschluß montiert sind; trotz aller Einfachheit dieses Apparates ist sowohl ein Aufsichts- als auch ein Durchsichtssucher und, was besonders bemerkenswert ist, ein Wechselmagazin für 12 Platten vorgesehen. Das besser ausgeführte Modell der „Verascope" ist daran zu erkennen, daß der Höhe nach verschiebbare lichtstarke Objektive 1:4,5 (z. B. von LACOUR-BERTHIOT oder ZEISS-KRAUSS) in den Verschluß eingesetzt sind; der Verschluß arbeitet in Verbindung mit einem automatisch betätigten Selbstauslöser. Da der Apparat keine Einstellungsmöglichkeit besitzt, wird empfohlen, beim Arbeiten mit Blende 1 : 4,5 bzw. 1 : 6,3 als mittlere Entfernung des Gegenstandes 6 bzw. 7 m zu wählen; für noch kürzere Entfernungen können als Ergänzung Vorsatzlinsen benutzt werden. Für Aufnahmen ganz besonders rasch bewegter Gegenstände hat die Firma J. RICHARD einen Spezialverschluß geschaffen, der eine Höchstgeschwindigkeit von $^1/_{400}$ Sek. haben soll.

Neben der „Verascope" stellt die erwähnte Firma auch die bekannte „Glyphoscope", und zwar in den Formaten 4,5 × 10,7 und 6 × 13 cm, her; es sind dies billige Stereoapparate, deren Gehäuse aus gepreßtem Hartgummi bzw. Holz besteht und an der Vorderseite einen einfachen Schieberverschluß trägt. Das Objektiv besteht aus zwei achromatischen Linsen von der Brennweite $f = 5{,}4$ cm bzw. 8,5 cm. Das charakteristische Kennzeichen des „Glyphoscops" ist, daß die Kamera unter Benutzung der Aufnahmeobjektive auch als Betrachtungsapparat gebraucht werden kann, sobald an Stelle der Mattscheibe bzw. der Kassette ein besonderer Rahmen zur Aufnahme der Diapositive gesetzt wird.

Da bei Stereokameras die Brennweiten der beiden Objektive gleiche Größe haben müssen und die Parallelität zwischen Bild- und Blendenebene unerläßlich ist, erscheint die Konstruktion eines starren Kameragehäuses ohne Balgen sehr empfehlenswert; sie hat sich auch bei einer ganzen Reihe von kleinen Modellen eingebürgert und bestens bewährt.

α) Apparate ohne Einstellung. Einer derjenigen Apparate, die trotz niedriger Preislage ebenso wie das erwähnte Modell „Glyphoscope" von J. RICHARD bei richtiger Handhabung zufriedenstellende Ergebnisse zeitigen, ist die ERNEMANN-„Stereo-Simplexkamera", Format 4,5 × 10,7 cm, für Platten; sie ist mit zwei (dem STEINHEILschen Periskop ähnlichen) Objektiven vom Öffnungsverhältnis 1 : 11 in Stereo-Automatverschluß ausgerüstet, die eine Brennweite von 6,0 cm besitzen. Diese Kamera erfüllt bei guten Lichtverhältnissen alle Bedingungen, die an einen derartigen Apparat gestellt werden können. Das kleine Modell ist mit einem unverständlicherweise einseitig angeordneten Ikonometer-Durchsichtssucher ausgerüstet, so daß Parallaxe bei Nahaufnahmen unvermeidlich ist; aus diesem Grunde empfiehlt sich die Benutzung der aus Zelluloid bestehenden Mattscheibe.

In ähnlicher Weise sind die ICA-Plascopkameras 4,5 × 10,7 und 6 × 13 cm (Gehäuse aus Holz) aufgebaut; als Objektive sind bei dem kleinen Modell zwei Achromate 1 : 12,5, $f = 6{,}5$ cm, oder Anastigmate 1 : 6,8, $f = 6{,}0$ cm, beim größeren Modell Anastigmate 1 : 6,8, $f = 7{,}5$ cm, vorgesehen. Während die beiden kleinen Apparate nur mit einem in der Mitte angeordneten umklappbaren Ikonometer-Durchsichtssucher und Kimme ausgestattet sind, hat das größere Modell außerdem einen Brillant-Aufsichtssucher zwischen den Objektiven. Der Schieberverschluß hat verdeckten Aufzug. Im Gegensatz zu den bisher beschriebenen Modellen hat die ICA-Stereofix-Camera 4,5 × 10,7 cm für Platten und Filmpack ein aus Metall gezogenes konisches Gehäuse und außer einem großen Brillantsucher für Aufsicht-Einstellung noch einen Newton-Sucher für Durchsicht-Einstellung; als Objektive sind zwei Anastigmate 1 : 6,8, $f = 6{,}0$ cm, vorgesehen, welche in Stereo-Sektoren- oder Automatverschluß geliefert werden.

Eine Ausnahme bezüglich der Brennweite der verwendeten Objektive macht das nach ähnlichen Grundsätzen aufgebaute Voigtländer-„Stereofotoskop"; es wurde seinerzeit mit zwei Dynaren 1 : 5,5, $f = 5{,}5$ cm, im gegenseitigen Abstande von 6,3 cm ausgerüstet (Abb. 236).

In die Gruppe der Stereo-Kastenkameras ohne Naheinstellung gehört auch die einfachste Form der Ica-Polyskope 4,5 × 10,7 cm; sie ist fast ganz aus Leichtmetall hergestellt und mit einem zwischen den Objektiven eingebauten Brillantsucher sowie einem seitlich angeordneten Newton-Sucher ausgerüstet. Wegen der relativ kurzen Brennweite der Objektive (6 cm beim Öffnungsver-

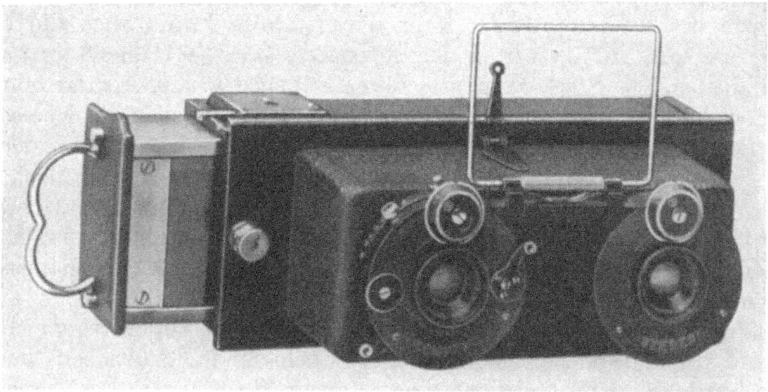

Abb. 236. Stereo-Kastenkamera ohne Einstellvorrichtung mit Wechselmagazin für 12 Platten (Voigtländer-Stereofotoskop 4,5 × 10,7 cm mit Compur-Verschluß Nr. 00). Abstand der Objektive 6,3 cm, Brennweite der Objektive 5,5 cm

hältnis 1 : 6,8 bzw. 6,5 cm beim Öffnungsverhältnis 1 : 4,5), wurde auf die Möglichkeit einer Naheinstellung verzichtet. Der Apparat kann mit Wechselkassette für 12 Platten oder mit Einzelkassetten gebraucht werden; im letzteren Falle ist ein Adapter erforderlich.

β) Apparate mit Objektiveinstellung. Trotz der besonders bei den Apparaten im Format 4,5 × 10,7 cm (soweit als praktisch möglich) herabgesetzten Werte der Objektivbrennweiten ist die Schärfentiefe bei Nahaufnahmen doch nicht hinreichend, wenn lichtstarke Objektive z. B. mit dem Öffnungsverhältnis 1 : 4,5 verwendet werden; berücksichtigt man außerdem, daß gerade die mit kurzen Brennweiten aufgenommenen Stereobilder im Betrachtungsapparat oder bei der Projektion eventuell nicht unerheblich vergrößert werden, so genügt es nicht, wie sonst üblich, der Tiefenschärfetabelle einen Zerstreuungskreis von 0,1 mm Durchmesser zugrunde zu legen, man muß vielmehr einen Zerstreuungskreis von mindestens 0,05 mm, wenn nicht 0,03 mm Durchmesser fordern.

Nachstehende Tabelle 34 gibt die für verschiedene Einstellentfernungen berechneten nach vorne (v) und hinten (h) reichenden Tiefen im Dingraum in Metern an, und zwar für ein Objektiv von $f = 6{,}0$ cm Brennweite bei der Öffnung 1 : 4,5 unter Zugrundelegung eines Zerstreuungskreisdurchmessers von 0,03 mm.

Tabelle 34. Einstellentfernungen und Tiefen im Dingraum für ein Objektiv 1 : 4,5, $f = 6{,}0$ cm. Durchmesser des Zerstreuungskreises = 0,03 mm

Tiefe	Einstellentfernung in m										
	∞	15,0	6,0	3,5	2,5	2,0	1,6	1,3	1,1	0,9	0,7
v	27,0	9,6	4,9	3,1	2,3	1,87	1,51	1,24	1,06	0,97	0,68
h	∞	34,0	7,7	4,0	2,8	2,15	1,70	1,36	1,14	0,93	0,72

Erfolgt also die Einstellung des Apparates auf 6 m, so zeigt die Tabelle 34, daß die Schärfe unter den angeführten Umständen nur bis 4,9 m nach vorn und 7,7 m nach hinten reicht; das ist nicht zu ändern, wenn man nicht abblenden kann. Um die angegebenen Werte überhaupt zu erreichen, muß der Apparat für eine Reihe von Entfernungen einstellbar sein, d. h. der Abstand zwischen Bildebene und Blendenebene muß innerhalb der gegebenen Grenzen (Entfernungen von ∞ bis etwa 1 m) veränderlich sein, was durch gemeinsame achsiale Verschiebung beider Objektive um etwa 4 mm erreicht wird.

Die Contessa-Nettel-Werke in Stuttgart haben seinerzeit mit ihrem „Steroco" eine Stereo-Kastenkamera der Größe 4,5 × 10,7 cm für Platten und Filmpack geschaffen, deren besonderes Kennzeichen (gegenüber den bereits beschriebenen Apparaten) die bequeme Einstellbarkeit durch Hebel auf zirka 2 m ist, wobei der ganze Verschluß mitsamt den Objektiven gegen die Bildebene verschoben wird. Die zur Verwendung kommenden Verschlüsse, nämlich Stereo-Derval und Stereo-Compur, gestatten Zeitaufnahmen sowie Momentaufnahmen (bei erstgenanntem Verschluß bis $^1/_{100}$ Sek., bei letztgenanntem Verschluß bis $^1/_{250}$ Sek.) Der Abstand der beiden Objektive, welche die kurze Brennweite von 5,5 cm haben, beträgt 6,3 cm.

Während alle bisher erwähnten Apparate verhältnismäßig billig waren, sind die bekannten Ica-Polyskop-Kameras für Stereoaufnahmen im Format 4,5 × 10,7 bzw. 6 × 13 cm Präzisions-Kastenkameras, die sich schon durch die vorgesehene Wechselkassette für 12 Platten und die optische Ausrüstung wesentlich von den einfachen Modellen unterscheiden. Die besseren Ausführungsformen der Polyskopkameras besitzen eine Einstellvorrichtung zur Aufnahme näher gelegener Gegenstände; die dazu erforderliche achsiale Bewegung der Objektive wird durch einen Hebel eingeleitet, dessen Verstellung die Verschiebung des Verschlusses mitsamt den beiden Objektiven senkrecht zur Bildebene bewirkt, wobei Schneckenfassungen die mechanischen Mittel zur Fortbewegung sind. Der Verschluß bzw. sein Träger ist in vertikalen Führungen derart angeordnet, daß eine Verschiebung des Objektivs nach oben bewerkstelligt werden kann; dies ist notwendig, um Gegenstände von relativ großer Ausdehnung nach oben hin im Bilde erfassen zu können.

Auch im Format 6 × 13 cm wurde das Ica-Polyskop hergestellt, und zwar in Präzisionsausführung; das besondere Kennzeichen des älteren Spezialmodells ist eine so wesentliche Verschiebbarkeit des Objektivbretts, daß das eine Stereoobjektiv in die Mitte kommt und Panoramaaufnahmen möglich sind. Durch diese Maßnahme wurde die Unterbringung eines Brillantsuchers zwischen den Objektiven verhindert; die Kamera besitzt daher nur einen seitlich angeordneten Newton-Sucher für Aufnahmen in Augenhöhe mit dem bekannten Parallaxefehler bei Nahaufnahmen.

Bei der neueren Konstruktion des Polyskops wird die Naheinstellung durch achsiale Verschiebung der Vorderlinsen gegenüber den übrigen Linsen des Objektivs bewirkt; an Stelle des fehlenden Aufsichtssuchers ist beim Modell 6 × 13 cm ein zweiter Durchsichtssucher in Form eines Ikonometers vorgesehen.

Daß die Betätigung der Irisblenden zwangläufig für beide Objektive gleichzeitig erfolgen muß, ist eine bei allen Stereokameras selbstverständliche Maßnahme.

Im neuen Katalog der ZEISS IKON A.-G. sind die Brennweiten für die Objektive wesentlich kürzer als früher angegeben, und zwar statt 9 bzw. 10,5 cm nur 7,5 cm bei einem Öffnungsverhältnis von 1 : 4,5. Verschluß: Stereo-Compur.

Von den ausländischen Erzeugnissen seien auch an dieser Stelle die Fabrikate der Firma ÉTABLISSEMENTS J. RICHARD in Paris erwähnt, die sowohl im Format 6 × 13 cm als auch im Format 7 × 13 cm mit Einstellvorrichtung für die Objektive hergestellt werden.

Die im Jahre 1885 gegründete SOCIÉTÉ DES ÉTABLISSEMENTS GAUMONT in Paris ist besonders durch ihre Modelle Stéréo-Block-Notes bekannt geworden; es sind dies zusammenklappbare Spreizenkameras, welche in den Formaten 4,5 × 10,7 und 6 × 13 cm hergestellt werden. Das Format 4,5 × 10,7 cm wird mit zwei Objektiven 1 : 6 bzw. 1 : 6,3 von der Brennweite $f = 5{,}5$ cm ausgerüstet, während das Modell 6 × 13 cm Objektive mit 8,0 cm Brennweite besitzt; ein Vorteil des Apparates ist, daß die Objektive bei Nichtgebrauch vollkommen geschützt liegen. Im Gegensatz zu obigen Apparaten wird die „Stéréospido“ der gleichen Firma als Kastenkamera mit konischem Körper aus Holz oder Metall gebaut, und zwar in den Formaten 6 × 13 und 8 × 16 cm; die Brennweite der Objektive, gleichviel welcher Lichtstärke, ist 8,4 bzw. 11,0 cm.

Die Apparate sind teils als eigentliche Stereokameras, teils als Panorama- und Stereokameras konstruiert und zwar sowohl mit Holz- als auch mit Metallgehäuse und vertikal verschiebbarem Objektivbrett, auf welchem die in Schneckenfassungen montierten Objektive aus den Werkstätten von ROUSSEL, BOYER, BERTHIOT, HERMAGIS oder ZEISS-KRAUSS angebracht sind. Ein in der Mitte angeordneter NEWTON-Sucher gestattet die Beobachtung des Bildausschnittes in Augenhöhe; das Wechselmagazin 6 × 13 cm kann entweder mit 12 Platten oder mit 24 Schnittfilmen geladen werden.

Die „Ontoscope“-Kameras der ÉTABLISSEMENTS G. CORNU in Paris werden nur in den Formaten 4,5 × 10,7 und 6 × 13 cm teils als eigentliche Stereo-, teils als Stereo-Panoramakameras in den Handel gebracht; der Verschluß besitzt eine Luftbremse zur Regelung der einzelnen Geschwindigkeiten, deren größte beim kleinen Modell mit $^1/_{400}$ Sek., beim größeren Modell mit $^1/_{300}$ Sek. angegeben wird. Die Einstellung der Objektive von ∞ bis 1 m (BOYER 1 : 6,3, ROUSSEL 1 : 6,3, BERTHIOT 1 : 4,5, ZEISS 1 : 4,5) erfolgt auch hier mittels zwangläufig gekuppelter Schneckengangfassungen; die Brennweite ist beim Format 4,5 × 10,7 cm mit $f = 5{,}5$ cm, bei 6 × 13 cm mit $f = 8{,}5$ cm angegeben. Ein Spiegelsucher ist in der Mitte zwischen den Aufnahmeobjektiven, ein NEWTON-Sucher in der Mitte oder an der Seite angeordnet.

c) Stereo-Rollfilmkameras. Der Vollständigkeit halber seien auch einige Stereo-Rollfilmkameras erwähnt, die selbstverständlich nur in Querformat Anwendung finden können; so ist die „Ultrix-Stereo“ der IHAGEE-WERKE für die Bildgröße $7^1/_4 \times 12^1/_2$ cm konstruiert und mit Objektiven von 8,0 bis 9,0 cm Brennweite in Pronto- bzw. Compur-Verschluß ausgerüstet. Die Kamera besitzt zwei Balgen, die vollkommen getrennt voneinander angeordnet sind.

Im Gegensatz dazu hat die „Ica-Stereo-Lloyd-Kamera“ einen durchgehenden gemeinsamen Balgen; man kann die Stereo-Scheidewand zwecks Aufnahme von Panoramabildern von außen beiseiteschieben und das eine Stereoobjektiv in die Mitte des Apparates bringen. Für das Format 9 × 18 cm sind zwei Objektive mit der Brennweite $f = 12{,}0$ cm, für das Format 8×14 cm hingegen solche mit $f = 13{,}5$ cm vorgesehen.

d) Stereo-Rollfilmkamera mit Spiegelreflexeinrichtung. Das einzige bekannte Modell dieser Art wird von der Firma FRANKE & HEIDECKE, Braunschweig, hergestellt (vgl. Abb. 237); es ist eine geschickte Kombination der Stereo-Spiegelreflexkamera mit einer Rollfilmkamera und gestattet, was besonders erwähnenswert ist, die Verwendung nachstehend angeführten normalen Negativmaterials:

α) Für das „Rolleidoskop" $4{,}5 \times 10{,}7$ cm: Rollfilm $4 \times 6{,}5$ cm für fünf Stereoaufnahmen oder zehn Einzelaufnahmen.

β) Für das „Rolleidoskop" 6×13 cm: Rollfilm 6×9 cm für vier Stereoaufnahmen oder acht Einzelaufnahmen.[1]

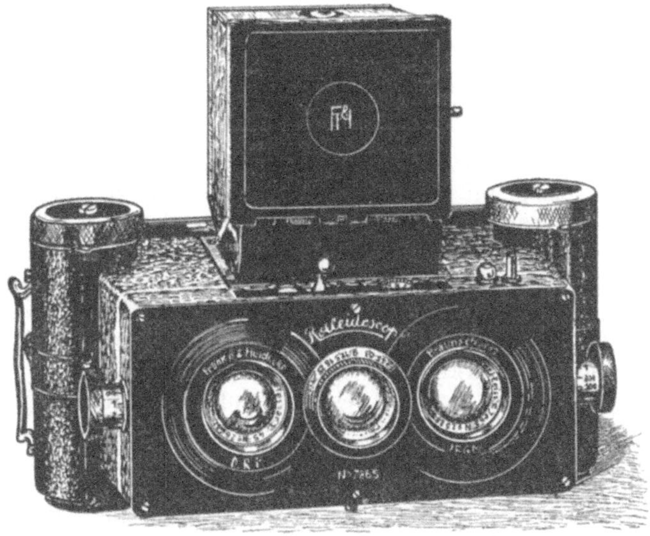

Abb. 237. Rolleidoskop von FRANKE & HEIDECKE, Braunschweig. Die Kamera stellt eine Verbindung einer Stereo-Spiegelreflexkamera 6×13 cm mit einer Rollfilmkassette dar

Die optische Ausrüstung ist die gleiche wie beim „Heidoskop", und zwar:

α) Für das Format $4{,}5 \times 10{,}7$ cm: zwei ZEISS-Tessare 1 : 4,5, $f = 5{,}5$ cm, und ein ZEISS-Sucher-Anastigmat 1 : 3,2.

β) Für das Format 6×13 cm: zwei ZEISS-Tessare, 1 : 4,5, $f = 7{,}5$ cm, und ein ZEISS-Sucher-Anastigmat 1 : 4,2.

Die Rolleidoskope sind in Anbetracht ihrer kompendiösen Bauart und des relativ geringen Gewichtes (800 bzw. 1100 g ohne Tasche) besonders zur Mitnahme auf Hochgebirgstouren geeignet, da sie die bequeme Auswechslung des Films (wie bei allen Rollfilmkameras) bei Tageslicht, also ohne Benutzung einer Dunkelkammer, gestatten. Die Bauart des vorderen Gehäuses dieser Spezialkameras entspricht im wesentlichen vollkommen jener der Heidoskope, insbesondere was Spiegelreflexeinrichtung, Verschluß und Einstellung auf nähere Entfernungen durch Verschiebung der Vorderlinse betrifft.

[1] Da normales Filmmaterial mit der gebräuchlichen Bezifferung verwendet wird, ist die Anbringung eines zweiten Fensters an der Rückseite der Kamera erforderlich; derartige Einrichtungen sind nicht neu: vgl. D. R. G. M. 816 304 aus dem Jahre 1922.

e) Spreizen-Stereokameras ohne Laufboden. Es ist nicht auffällig, daß die im Laufe der Jahrzehnte geschaffenen Spreizenkonstruktionen auch bei Stereokameras angewandt wurden: die zweifellos vorhandene Möglichkeit raschester Bereitschaftsstellung in Verbindung mit sparsamster Raumbemessung war von jeher im Kamerabau eines der höchsten Ideale; im nachstehenden finden wir einige zum Teil raffiniert ausgeklügelte Modelle von höchster Präzision und größter Festigkeit beschrieben. Im großen und ganzen sind Spreizenkameras meist mit Schlitzverschluß versehen, doch gibt es auch Modelle mit Zentralverschluß; diese Unterteilung ermöglicht eine klare und übersichtliche Gruppierung:

α) Stereo-Spreizenkameras mit Zentralverschluß. Einer der bekanntesten Vertreter dieser Gruppe ist die „Goerz-Stereo-Tenax" (Konstrukteur Paul Kaemmerer, Berlin), welche für Platten und Filmpack im Format 4,5 × 10,7 cm bestimmt ist; bei einem Umfang von 3 × 6,8 × 14 cm und einem Gewicht von nur 500 g zeigt dieses Modell fast gar keine vorstehenden Teile, sodaß diese Kamera mit Recht als „Taschenapparat" bezeichnet wurde. Der Compur-Verschluß ist vollkommen eingebaut; die beiden Objektive von 6,0 cm Brennweite liegen unter der Deckplatte des Verschlusses. Die Bereitstellung zur Aufnahme erfolgt durch Fingerdruck und rasches Straffziehen der vier einteiligen Spreizen, sodaß der Apparat in kürzester Zeit gebrauchsfertig ist. Die Einstellvorrichtung auf nahe gelegene Gegenstände ist überaus sinnreich durchgearbeitet und wurde bereits bei Besprechung der einfachen verwandten Modelle (Westentaschentenax) ausführlich beschrieben.

β) Stereo-Spreizenkameras mit Schlitzverschluß. Die Contessa-Nettel-Werke in Stuttgart brachten neben anderen beachtenswerten Apparaten das Modell „Stereax" mit verdeckt aufziehbarem Schlitzverschluß für Platten und Filmpack auf den Markt; die Naheinstellung erfolgt durch die bekannte Scherenspreize mit Lenker, wodurch eine absolut einwandfreie Parallelstellung des Objektivbrettes zur Bildebene gewährleistet wird. Die Objektive können, da sie vollkommen unabhängig vom Verschluß angeordnet sind, in Normalfassung oder in halb versenkter Fassung eingebaut sein; es ist notwendig, daß die Irisblenden der Objektive zwangläufig gekuppelt sind, damit eine vollkommen gleichmäßige Veränderung der Lichtstärke in beiden Objektiven herbeigeführt werden kann. Der Objektivabstand ist mit 6,5 cm richtig gewählt; die Brennweiten der Objektive sind relativ lang und zwar bei einem Öffnungsverhältnis 1 : 4,5, $f = 9$ bzw. 12 cm.

Bezogen auf die Diagonale des einzelnen Teilbildes (6 × 6 cm) ergeben sich bei den genannten Brennweiten Bildwinkel von etwa 47° bzw. 36°, während sich bei der jetzt allgemein üblichen Objektiv-Brennweite von $f = 7{,}5$ cm unter den gleichen Voraussetzungen ein Bildwinkel von 55° ergibt.

Daß die „Deckrullo-Nettel"-Kamera außer im Format 10 × 15 cm auch in den Formaten 9 × 12 und 9 × 18 cm als Kamera für Stereo- und Panoramaaufnahmen unter Verwendung von nur zwei Objektiven gebaut wurde, sei nur nebenbei erwähnt; bei der Kamera im Format 10 × 15 cm ist der Objektivabstand mit 7 cm, die Brennweite der beiden Objektive mit $f = 12$ cm angegeben.

Die „Ica-Stereo-Minimum-Palmos" für Platten und Filmpack des Formates 6 × 13 cm ist eine Spreizenkamera mit Schlitzverschluß; da hier sowohl die Objektive als auch die zwangläufig gekuppelten Vorrichtungen (Schneckengangfassungen) zur Einstellung auf die Entfernungen und zur Einstellung der Irisblenden vollkommen offen liegen, wird diese Kamera wohl nur dann bevorzugt werden, wenn es auf höchste Ausnutzung des Schlitzverschlusses bei relativ geringem Volumen ankommt (Gewicht 1100 g). Da dieser Apparat nur einen Sucher für Durchsicht hat (Ikonometer), so ist man in allen jenen Fällen, wo auf die Benutzung der Mattscheibe verzichtet werden muß, auf Schätzung der Entfernungen angewiesen. Die Brennweite der Objektive ist bei den Öffnungsverhältnissen 1 : 3,5 und 1 : 4,5 mit $f = 7{,}5$ cm angegeben, sodaß, was Tiefenschärfe und Bildwinkel betrifft, Höchstleistungen geboten werden.

Die „Stereo-Fokal-Primar"-Kamera der Firma CURT BENTZIN in Görlitz ist eine Kamera mit Neusilber-Knickspreizen und verdecktem aufziehbarem Schlitzverschluß, der Momentbelichtungen von $^1/_5$ bis $^1/_{1000}$ Sek. zuläßt.

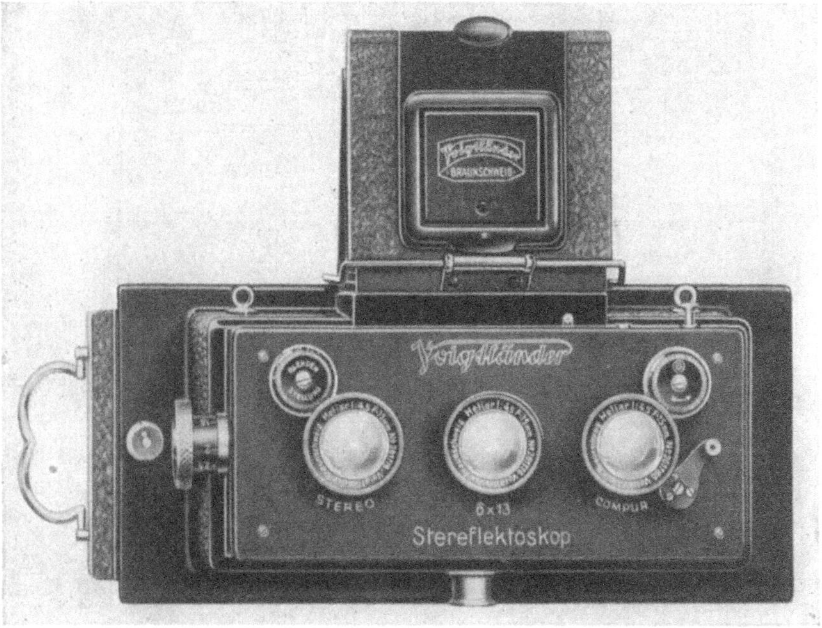

Abb. 238 a. Stereokamera mit Spiegelreflexsucher-Einrichtung. Die Kamera ist in Gebrauchsstellung mit aufgeklapptem Lichtschacht (zum Schutze der oberen Mattscheibe gegen Nebenlicht) dargestellt. Brennweite der drei Objektive (Heliar 1 : 4,5) f = 7,5 cm. Abstand der zwei äußeren Objektive 6,7 cm

Das besondere Kennzeichen dieses aus Hartholz bestehenden Spezialmodells, das in den Formaten 6 × 13, 10 × 15 und 9 × 18 cm hergestellt wird, ist eine Einrichtung zur Verstellung des Objektivabstandes von 5,6 bis 6,4 cm. Die beim Format 6 × 13 cm zur Anwendung kommenden Objektive sind ZEISS-Tessare 1 : 2,7, $f = 10$ oder 12 cm, bzw. ZEISS-Tessare 1 : 4,5, $f = 10{,}5$ oder 12 cm.

Die gleichzeitige Einstellung der beiden Objektive auf nahe gelegene Objekte erfolgte auch hier durch zwei zwangläufig gekuppelte Schneckengangfassungen. Ein NEWTON-Sucher erleichtert die Einstellung des Bildausschnittes bei Aufnahmen in Augenhöhe.

f) Die Stereo-Spiegelreflexkamera. Grundsätzlich kann man diese Gruppe der Stereoapparate einteilen in solche

α) mit hochklappbarem Spiegel und Schlitzverschluß,

β) mit feststehendem Spiegel und Zentralverschluß (vgl. Abb. 238 a, b, c und d).

Ad α) Da die Apparate mit Schlitzverschluß derzeit etwa vier- bis fünfmal größere Höchstgeschwindigkeiten aufweisen als die Apparate mit Zentralverschluß, so ist damit das spezielle Anwendungsgebiet dieser Kameras von vornherein gegeben; Sportaufnahmen und Aufnahmen von spielenden Kindern bilden vorzügliche Motive für Stereoapparate mit Spiegelreflexvorrichtung, besonders in Verbindung mit lichtstarken Objektiven. Von diesem Gesichtspunkt ausgehend, hat die Firma H. Ernemann seinerzeit ihre „Ernoflex"-Kamera 4,5 × 10,7 cm für Platten konstruiert, einen Präzisionsapparat von hoher Vollendung; es ist eine

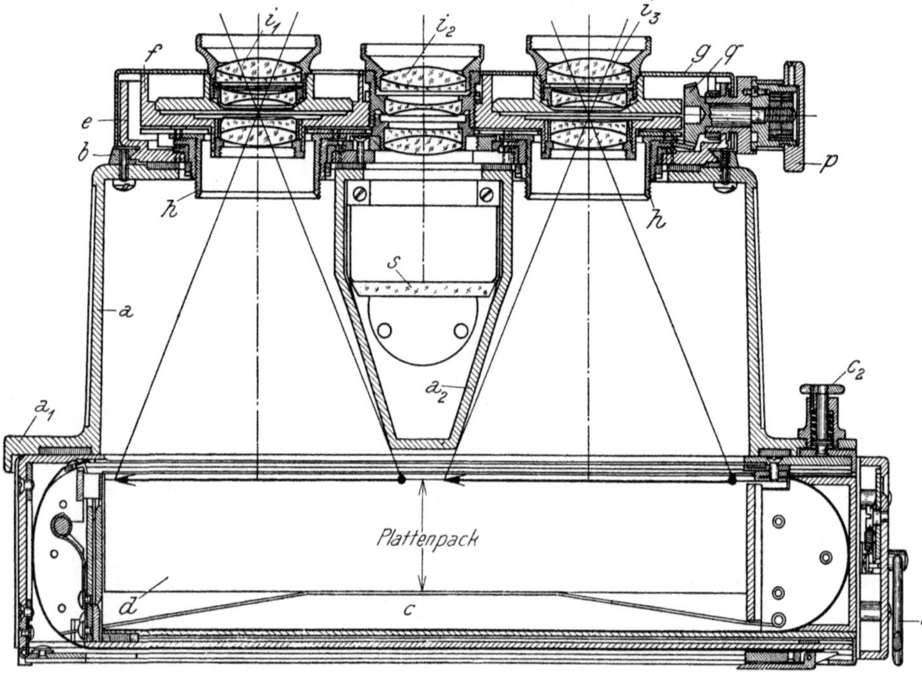

Abb. 238 b. Querschnitt durch die in Abb. 238 a dargestellte Kamera (Voigtländer-Stereflektoskop 6 × 13 cm). *a* Kameragehäuse aus Aluminium-Spritzguß mit Ansätzen a_1 für das Wechselmagazin *c*, *d* (12 Platten) und Zwischenwänden a_2. *s* Spiegel. Das in Nuten des Kameragehäuses geführte Wechselmagazin wird durch eine federnde Rast c_2 eindeutig festgehalten. Der Träger *e* des Stereoverschlusses *f g* ist in den mit dem Kameragehäuse starr verbundenen Schienen *b* in vertikaler Richtung verschiebbar. Die optischen Achsen der 3 Objektive i_1, i_2 und i_3 liegen in einer Ebene; ihre gleichzeitige Verstellung gegenüber der Bildebene wird durch den Triebknopf *p* und die Zahnräder *q* bewirkt. Abstand der äußeren Objektive voneinander 6,7 cm

Scherenspreizenkamera mit einfachem Auszug und fester Einstellung auf „Unendlich"; die beiden Objektive sind mit Schneckengangfassungen für die Scharfeinstellung auf näher gelegene Gegenstände ausgerüstet und ebenso wie die Irisblenden zwangläufig gekuppelt. Das von dem einen Objektiv entworfene Teilbild wird auf eine horizontale Mattscheibe gespiegelt und erscheint hier aufrecht; bei sehr kurzer Entfernung des Gegenstandes sind „Parallaxe-Fehler" also unvermeidlich. Die in einem Abstande von 6,3 cm voneinander angeordneten Objektive haben für die Öffnungsverhältnisse 1 : 4,5 und 1 : 3,5 die für das hier verwendete Format relativ lange Brennweite $f = 7,5$ cm, sodaß sich in Bezug auf die Diagonale des Einzelbildes ein Bildwinkel von nur etwa 40° ergibt.

Im Gegensatz dazu hat die Bentzin-„Stereo-Reflex-Primar-Kamera" 6 × 13 cm mit Zweizahnstangentrieb einen größeren Spiegel, welcher beide

Teilbilder auf die horizontale Mattscheibe reflektiert, sodaß man die Begrenzung des tatsächlich stereoskopisch brauchbaren Bildfeldes, insbesondere bei Nahaufnahmen, genau feststellen kann. Der Abstand der auf einem nach oben und unten verschiebbaren Brett angeordneten Objektive (mit einer Lichtstärke bis zu 1 : 4,5) ist innerhalb 5,6 und 6,4 cm verstellbar; bei größeren Objektiven vom Öffnungsverhältnis 1 : 3,5 oder 1 : 2,7 ist das Objektivbrett feststehend. Die Blendenverstellung erfolgt gemeinsam durch einen Metallsteg.

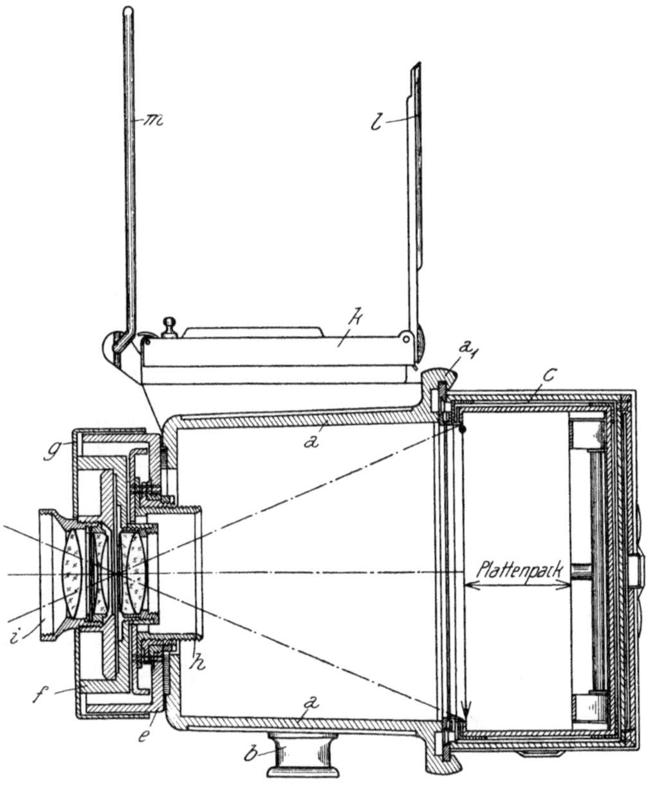

Abb. 238 c. Vertikalschnitt durch eines der beiden Aufnahmeobjektive der in Abb. 239 a dargestellten Kamera. a Kameragehäuse mit Führungsnuten a_1; b Stativgewinde, c Wechselmagazin, e verschiebbarer Träger des Verschlusses f mit Deckplatte g; h Schneckenrohr für die achsiale Verstellung des Objektivs i; k zusammengelegter Lichtschacht über der Mattscheibe, m Rahmen zum Durchsichtsucher, l Diopter zum Durchsichtsucher

Die Brennweite der Objektive schwankt zwischen 10,5 und 12 cm, je nach der Lichtstärke.

Ad β) Während bei den beschriebenen Spiegelreflex-Stereokameras mit Schlitzverschluß das Bild genau so wie bei Spiegelreflexkameras mit einem Objektiv nur bis zu dem Augenblick sichtbar ist, in welchem die Belichtungszeit beginnt und der Spiegel verschiedene Stellungen von der vertikalen bis zur horizontalen Lage einnimmt, ist die Gesamtanordnung bei Kameras mit feststehendem unter 45° geneigtem Spiegel und Objektivverschluß eine wesentlich andere. Der grundsätzliche Unterschied zwischen beiden Kameraarten ist zunächst der, daß im ersten Falle ein oder beide Aufnahmeobjektive zur Erzeugung des Sucherbildes benutzt werden, während im zweiten Falle ein besonderes Sucherobjektiv vorgesehen ist (vgl. Abb. 238 d). Damit das von diesem

Sucherobjektiv nach erfolgter Reflexion der Lichtstrahlen an einem Spiegel auf einer horizontalen Mattscheibe entworfene Bild mit dem Bild bei der Aufnahme völlig übereinstimmt (sowohl bezüglich der Größe der Bildeinzelheiten als auch bezüglich Bildwinkel), müssen die Brennweiten der drei Objektive vollkommen gleich sein. Auf dieser Grundlage sind verschiedene Stereokameras entstanden, bei denen das Bild im Sucher nicht nur bis zum Augenblick der Aufnahme, sondern beliebig lange beobachtet werden kann. Beim Format 4,5 × 10,7 cm liegen die Verhältnisse insofern günstig, als der zwischen den

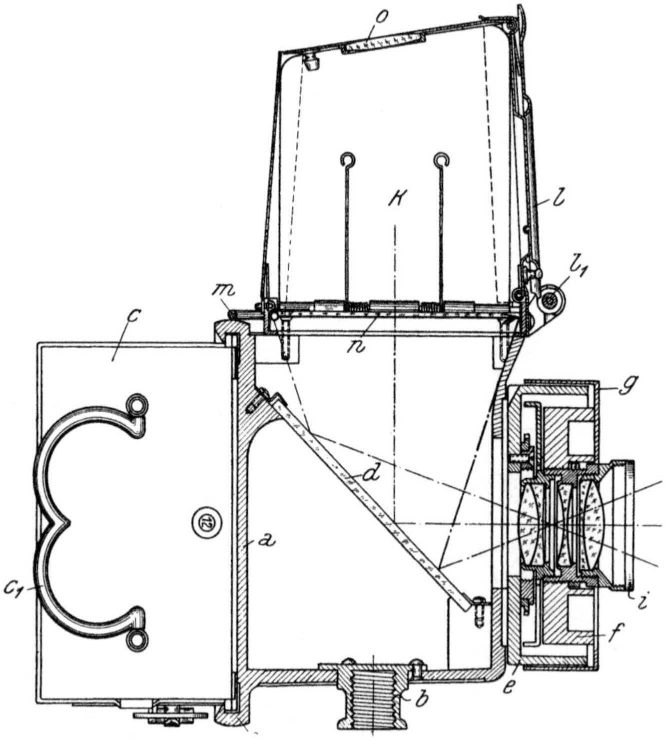

Abb. 238 d. Vertikalschnitt durch das Sucherobjektiv des Stereflektoskops 6 × 13 cm. *a* Kameragehäuse mit Führungsleisten a_1 für das Wechselmagazin *c* mit Handgriff c_1, *b* Stativgewinde, *e* Träger des Stereoverschlusses *f*—*g*; *d* unveränderlich gelagerter Spiegel mit Oberflächenversilberung, *i* Sucherobjektiv, *k* Lichtschacht (zusammenlegbar) mit Lupe *o*; *m* und *l* Rahmensucher, *n* Mattscheibe (vgl. Abb. 238 a bis c)

beiden Teilbildern verbleibende Raum ziemlich groß ist (etwa 22 mm), so daß sich für die Unterbringung des Spiegels in der Mitte des Kameragehäuses ohneweiters Platz schaffen läßt; wesentlich schwieriger gestaltet sich die Aufgabe für den Konstrukteur beim Format 6 × 13 cm, wo der zwischen den beiden Teilbildern verbleibende unbelichtete Streifen nur etwa 1 cm breit ist.

Früher begnügte man sich damit, in den Raum zwischen den beiden Objektiven bzw. in den zwischen den beiden bildseitigen Strahlenbündeln verbleibenden Zwischenraum des Gehäuses einen Brillantsucher einzubauen; dieser genügte zwar dazu, den jeweiligen Bildausschnitt beurteilen zu können, wurde aber auf die Scharfeinstellung mit Hilfe der Mattscheibe verzichtet, mußte man die jeweilige Entfernung des Gegenstandes schätzen und die zwangläufig gekuppelten Objektive gemeinsam entsprechend achsial verschieben. Die Firma VOIGTLÄNDER & SOHN A.-G. stellte derartige Apparate aus Leichtmetall mit Wechselmagazin für 12 Platten schon um 1907 her; einige Jahre später setzte sie an Stelle des Brillantsuchers einen Spiegelreflex-Sucher, dessen wesentliches Kennzeichen die Anordnung eines dritten Objektivs von der Brennweite der Aufnahmeobjektive war, sodaß eine präzise Einstellung der Bilder auf einer feinkörnigen, von einem zusammenlegbaren Metall-Lichtschacht umgebenen Mattscheibe möglich war.

Eine moderne Spiegelreflex-Stereokamera mit Zentralverschluß ist in der Ansicht sowie in etlichen Schnitten in den Abb. 238a bis d dargestellt: es ist das „Stereflektoskop" der Firma VOIGTLÄNDER & SOHN A.-G., Braunschweig, das seit einer Reihe von Jahren in den Formaten 4,5 × 10,7 und 6 × 13 cm (jetzt in Serienfabrikation) hergestellt wird. Die Objektive dieser Kamera sind Heliare 1 : 4,5.

Ganz ähnlich ist auch das „Heidoscop" von FRANKE & HEIDECKE in Braunschweig konstruiert. Diese Firma hat es sich seit dem Jahre 1921 zur Aufgabe gemacht, zunächst hochwertige Stereoapparate mit Spiegelreflexeinrichtung zu fabrizieren, und zwar im Format 4,5 × 10,7 und 6 × 13 cm. Die Brennweite *f* der drei Objektive ist 5,5 bzw. 7,5 cm, das Öffnungsverhältnis der Aufnahmeobjektive beträgt 1 : 4,5, das des Sucheranastigmats 1 : 4,2. Das Sucherobjektiv hat somit eine geringere Tiefenschärfe als die Aufnahmeobjektive, was das Einstellen des Bildes zweifellos erleichtert (D. R. P. Nr. 326517). Die Regulierung der einzelnen Zeiten des Verschlusses (besonderer Konstruktion) erfolgt mittels Luftbremse. Die Naheinstellung des „Heidoscops" geschieht durch geringe achsiale Verschiebung der Vorderlinsen gegenüber den übrigen Teilen des optischen Systems, eine Methode, die 1914 der Firma CARL ZEISS, Jena, gesetzlich geschützt war (D. R. G. M. Nr. 615337).

Während das „Stereflektoskop" neuerdings einen auf dem Lichtschacht bzw. um den Lichtschacht herum angeordneten Ikonometer besitzt, hat das „Heidoscop" einen zweiten, zum ersten parallelen Spiegel im Lichtschacht angeordnet, welcher das — allerdings wieder auf dem Kopfe stehende — Mattscheibenbild in Augenhöhe zu beobachten gestattet (D. R. P. Nr. 345836).

Schließlich sei das „Citoskop" 4,5 × 10,7 cm der CONTESSA-NETTEL-WERKE erwähnt, das zeitlich nach dem „Heidoscop" entstanden ist; auch dieses Modell besitzt einen unter Fingerdruck automatisch aufspringenden Metall-Lichtschacht und zeigt das aufzunehmende Bild auf der Mattscheibe auch während der Aufnahme in Originalgröße. Sucherobjektiv und Aufnahmeobjektiv (zwei Tessare 1 : 4,5, $f = 6{,}5$ cm) sind mit Einstellfassung versehen, die durch eine Mikrometerschraube bewegt wird. Infolgedessen macht das Sucherobjektiv bei der Einstellung auf die verschiedenen Objektentfernungen — ähnlich wie beim Stereflektoskop — alle Bewegungen der Aufnahmeobjektive zwangläufig mit, wodurch eine absolut zuverlässige Einstellung auf Bildschärfe gewährleistet wird.[1] Originell ist die Konstruktion des Durchsichtssuchers; es ist ein NEWTON-Sucher, dessen beide Bestandteile in zwei parallele Wände des Lichtschachtes eingebaut sind (D. R. P. Nr. 362517).

53. Das Kameraformat. Die Frage nach der zweckmäßigen Größe des stereoskopischen Bildes war lange Zeit sehr umstritten und es ist noch gar nicht so lange her, daß die in Deutschland gebräuchlichsten Stereoformate 8,5 × 17 und 9 × 18 cm waren. Auch die Größen 13 × 18, 10 × 15 und 9 × 14 cm wurden

---

[1] Eine derartige Kupplung von Aufnahme- und Sucherobjektiv erwähnt J. M. EDER in Bd. 1, Heft 5 (1892) seines Ausführlichen Handbuches der Photographie auf S. 540 bei Besprechung der sogenannten „Cosmopolitekamera."

von verschiedenen Seiten als zweckmäßig bezeichnet; in jüngster Zeit außerdem das Format 9 × 12 cm. Im Ausland, vor allem in Frankreich, war man schon längst zu kleineren Formaten übergegangen. Es scheint diesbezüglich auch in Deutschland eine Wandlung einzutreten, seit der Normenausschuss für die deutsche Industrie sich der Angelegenheit annimmt; er stellte sich mit Recht auf den Standpunkt, daß allen Kameras, deren Objektivabstand nicht dem mittleren Augenabstand von 65 mm entspreche, die Existenzberechtigung mehr oder weniger abgesprochen werden müsse; nur solchen Stereoformaten sei Beachtung zu schenken, welche dem Sehvermögen des Auges in jeder Hinsicht angepaßt sind. Hierzu gehören das Format 9 × 12 cm, sowie besonders die kleineren Formate 4,5 × 10,7, 6,0 × 13,0 bzw. 7,0 × 13,0 cm.

Der Fachnormausschuß für Stereoskopie schlägt in seinem Entwurf vom Juli 1926 (Din 822) folgendes vor:

Abstand der Objektivachsen 60 ± 3 mm, und zwar
beim Plattenformat 6 × 13 cm möglichst groß (63 mm)
„ „ 9 × 12 cm „ klein (57 mm).

Brennweite der Aufnahmeobjektive in der Regel zwischen 6 und 9 cm.

Bei einem mittleren Augenabstand von 65 mm sind die Augenachsen demnach bei der Betrachtung der Stereogramme im Format 9 × 12 und 4,5 × 10,7 cm **konvergent** gerichtet; dies stört aus den bereits an anderer Stelle angegebenen Gründen deshalb nicht, weil unsere Augen von Jugend an daran gewöhnt sind, nahe gelegene Gegenstände mit im Dingraum konvergierenden Augenachsen zu betrachten.

Unter der Voraussetzung, daß das Bildfeld links und rechts von der optischen Achse gleichmäßig verteilt ist, ergeben sich theoretisch nachstehende Objektivabstände *d* für die bekanntesten Stereoformate:

Tabelle 35. Stereoformate und zugehörige Objektivabstände *d*

Format in cm	8 × 16 8,5 × 17	13 × 18 9 × 18	10 × 15	9 × 14	9 × 12	7 × 13 6 × 13	4,5 × 10,7
d in mm	85	90	75	70	60	65	62—63

Wie ersichtlich, ist bei allen älteren bzw. größeren Formaten die Objektiventfernung 75 bis 90 mm, also wesentlich größer als 65 mm; wenn man eine gewisse Toleranz nach oben gelten lassen will, könnte eventuell das früher sehr beliebte Format 9 × 14 cm mit dem Objektivabstand 70 mm noch in die Reihe der brauchbaren Stereoformate einbezogen werden. Das Mittel, die Teilbilder willkürlich aneinanderzurücken, wird auf Kosten der Breite der Einzelbilder anwandt und bedingt stets eine ungewollte aber notwendige Beschneidung des Gesichtsfeldes.

Sollten die Arbeiten des Fachnormenausschusses für Stereoskopie die ihnen zweifellos gebührende Beachtung finden, so muß eine ganze Reihe der früheren Stereokameras großen Formats ausscheiden; dem Stereoformat 6 × 13 cm gehört die Zukunft, das kleinere Format 4,5 × 10,7 cm rangiert an zweiter Stelle. Zuletzt kommt das Format 9 × 12 cm, das jedoch, wie die ganze Entwicklung der letzten Jahre zeigt, trotz der manchmal bevorzugten rechteckigen Bilder in Hochformat als Stereoformat keine nennenswerte Rolle mehr spielen dürfte.

Die wesentlichen Konstruktionsgrundlagen einer modernen Stereokamera sind demnach etwa folgende:

a) Der Objektivabstand (die Basis) ist durch die Forderungen des Normenausschusses vermutlich mit Rücksicht auf die möglichst konvergente Stellung der Augenachsen relativ klein gewählt worden; das vorgeschlagene Maß 60 ± 3 mm wird in der Praxis aber schon jetzt annähernd eingehalten. Die neueren Erzeugnisse namhafter Firmen zeigen bei

Stereoapparaten	6×13 cm	einen Objektivabstand von etwa	65 mm
„	$4{,}5 \times 10{,}7$ cm	„ „ „ „	63 mm
„	9×12 cm	„ „ „ „	60 mm

b) Die optischen Achsen der Aufnahmeobjektive müssen vollkommen parallel verlaufen und senkrecht zur gemeinsamen Bildebene stehen; die Einstellung auf Unendlich muß mit Rücksicht auf die geringe Tiefenschärfe der allgemein verwandten lichtstarken Objektive (1 : 4,5) sehr sorgfältig unter Zuhilfenahme einer Lupe vorgenommen werden und auf beiden Teilbildern genau übereinstimmen; die optische Achse jedes Objektivs soll durch die Mitte des stereoskopisch nutzbaren Bildfeldes gehen.

c) Die Brennweiten der beiden Aufnahmeobjektive müssen unter allen Umständen genau gleich sein, damit die Einzelheiten auf beiden Teilbildern die gleiche Größe haben; es kommt also nicht so sehr auf die strenge Einhaltung eines bestimmten absoluten Wertes, als auf vollkommene Übereinstimmung der Werte an. Im Interesse eines großen Bildwinkels und ausreichender Tiefenschärfe ist der Wert der Brennweite möglichst kurz, doch immerhin so zu wählen, daß auch bei Verschiebung des Objektivträgers der Höhe nach das Format bei voller Öffnung noch gut gedeckt wird. Grundsätzlich ist zu empfehlen, die Brennweite des Objektivs nicht kleiner als die Diagonale des Teilbildes zu wählen, weil dann das Bild auch durch eine eventuelle seitliche Verlagerung der optischen Achse, wie sie bei der Höhenverschiebung des Objektivträgers eintritt, nicht ungünstig beeinflußt wird. Die für die Formate $4{,}5 \times 10{,}7$ cm von einzelnen Firmen verwendeten Brennweiten von 5,5 cm sind relativ kurz, wenn mit einem Öffnungsverhältnis 1 : 4,5 gearbeitet wird; dasselbe gilt für die Brennweiten unter 7,5 cm für das Format 6×13 cm.

d) Die Forderung, daß die Ebene der Mattscheibe mit der des Schichtträgers zusammenfallen soll, ist selbstverständlich und wird auch bei jeder Kamera mit einem Objektiv gestellt; bei Stereoapparaten (insbesondere mit lichtstarken Objektiven) muß besonders darauf geachtet werden, daß nicht durch Kassettendifferenzen die Güte eines der beiden Teilbilder beeinträchtigt wird.

e) Die zwangläufig gekuppelten Irisblenden müssen in jeder Stellung die gleiche Größe haben, damit die beiden Teilbilder gleichartig belichtet werden.

f) Der Objektivverschluß muß sich auf beiden Seiten vollkommen gleichmäßig öffnen und schließen lassen; es darf also zwischen den in Betracht kommenden mechanischen Elementen, welche die Bewegung von der einen Verschlußseite auf die andere übertragen, kein toter Gang vorhanden sein. Bei Kameras mit Schlitzverschluß sind derartige Differenzen nicht zu befürchten.

54. Die gewöhnliche Kamera als Stereo-Aufnahmeapparat. Nach dem bisher Gesagten ist es ohne weiteres klar, daß Stereoaufnahmen auch mit einer normalen Kamera mit einem Objektiv hergestellt werden können, indem nacheinander zwei Aufnahmen von verschiedenen Standpunkten aus gemacht werden. Zu diesem Zweck wird unter Benutzung eines hiefür besonders geeigneten Stativaufsatzes die Kamera nach der ersten Aufnahme — ohne Verdrehung — um einen Betrag von etwa 65 mm seitwärts verschoben; dann wird die zweite Belichtung von gleicher Dauer wie die erste vorgenommen. Es besteht dabei die Möglichkeit, die beiden Aufnahmen entweder auf getrennten Platten oder auf einer einzigen genügend großen Platte herzustellen; im letzteren Falle ist es nötig, jeweilig die eine Hälfte der Platte abzudecken (vgl. Abb. 239).

Obgleich Aufnahmen nach einer dieser beiden Methoden den schätzbaren Vorzug haben, von einer starren Basis in weiten Grenzen unabhängig zu sein, können sie doch nur als Notbehelfe betrachtet werden, weil sie nur für unbewegte Gegenstände in Frage kommen und ziemlich umständlich herzustellen sind.

Es lassen sich auch mit einer gewöhnlichen Kamera mit einem Objektiv zwei stereoskopische Halbbilder erzeugen, wenn man vor das Objektiv eine entsprechende Prismen- bzw. Spiegelanordnung setzt; Stolze beschreibt eine derartige von Fallowfield angegebene Anordnung (Stereophoto-Duplicon). Die Firma E. Pogade in Berlin brachte mit ihrem „Sterean" etwa um 1910 ein Gerät auf den Markt, das prinzipiell mit dem eben genannten verwandt ist. (Siehe auch das D. R. P. Nr. 176312 von W. Salow.)

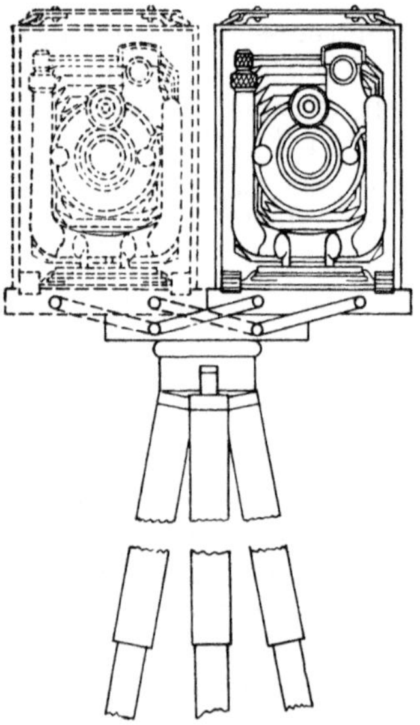

Abb. 239. Stereo-Aufnahmevorrichtung unter Benützung einer normalen Kamera. Zwischen Stativ und Kamera befindet sich ein Stativaufsatz, der so ausgebildet ist, daß eine Schwenkung der Kamera um z. B. 35 mm nach jeder Seite von der Stativmitte möglich ist. Dieser Betrag kann eventuell veränderlich sein

O. Schilling geht in seinem „Handbuch der Stereoskopie" (Photogr. Bücherschatz, Bd. 13, Ed. Liesegangs Verlag — M. Eger in Leipzig) etwas näher auf die Bauart dieses Geräts ein und erwähnt u. a., daß bei zahlreichen Vorzügen dieses Geräts, unter denen vor allem die Seitenrichtigkeit der Bilder hervorzuheben ist, der brauchbare Bildwinkel viel zu klein sei, was allerdings dem ganzen Aufbau des Geräts nach gar nicht anders möglich ist.

55. Die Mittel zur Herstellung stereoskopischer Nahaufnahmen. Während bei der Aufnahme mit einem Objektiv in bezug auf die Entfernung des Gegenstandes keine Grenzen gezogen sind, vorausgesetzt, daß der Balg die erforderliche Länge besitzt, treten bei Stereoaufnahmen hier Schwierigkeiten auf, die wir im nachstehenden aufzeigen wollen.

Bei Einstellung einer Stereokamera mit einem Objektivabstand von z. B. 65 mm auf sehr weit entfernte Punkte müssen die auf dem Negativ bzw. den Negativen korrespondierenden Bilder der Fernpunkte 65 mm voneinander entfernt liegen; die beiden Teilbilder werden in diesem Falle unter der Voraussetzung, daß die Durchstoßpunkte der optischen Achsen der Objektive in der Bildebene die Mitten der Teilbilder sind, fast den gleichen Inhalt haben. Das ändert sich, wenn unter Beibehaltung des Objektivabstandes auf näher gelegene Gegenstände eingestellt wird: der Bildinhalt der Teilbilder wird immer verschiedener, d. h. der gemeinsame stereoskopische Teil wird immer kleiner. Theoretisch ist es leicht nachweisbar, daß bei Abbildung kleiner Gegenstände selbst in natürlicher Größe durch Verkleinerung der Objektivbasis die Gleichheit der Teilbilder erreicht werden kann; praktisch bestehen jedoch diesbezüglich zahlreiche Schwierigkeiten, die meist auf die starre Verbindung der Objektive durch den Verschluß zurückzuführen sind. Ist das Objektivbrett seitlich verschiebbar, so kann man die Teilbilder nacheinander getrennt aufnehmen, eine Maßnahme, die selbstverständlich nur bei unbewegten Gegenständen unter Beobachtung des Mattscheibenbildes durchführbar ist, wobei die Kamera so aufgestellt wird, daß die Trennungswand auf die Mitte des Gegenstandes gerichtet ist.

Wesentlich einfacher gestaltet sich die Aufnahme, wenn die Stereokamera eine Einrichtung besitzt, welche die Objektive seitlich einander zu nähern gestattet, in welchem Falle beide Aufnahmen gleichzeitig gemacht werden können. W. SCHEFFER hat seinerzeit für die „Stereo-Palmos" mit Schlitzverschluß ein sogenanntes „Nahbrett" konstruiert, bei welchem die Entfernung der Objektive für Einstellung auf Nähe verkleinert werden kann und zwar bis etwa 30 mm. (Siehe auch D. R. P. Nr. 206736 für C. P. GOERZ A.-G.)

Bei einer modernen Stereokamera im Format 6 × 13 cm mit einem Objektiv $f = 7{,}5$ cm müßte man die Abstände der Objektive für verschiedene Objektentfernungen wie folgt verkleinern:

Entfernung des Gegenstandes	$2f$	$3f$	$4f$	$5f$	$10f$	$20f$
Aufnahme-Basis in mm	32,5	43,0	48,8	52,0	58,4	61,8

Die Möglichkeit zur Herstellung von Stereoskop-Nahaufnahmen besteht, wenn man von dem Mittel, die Entfernung der Objektive zu verkleinern, Gebrauch machen will, in der Praxis nur bei Kameras mit Schlitzverschluß, bei welchen die Objektive, da in Normalfassung, am wenigsten Platz beanspruchen; selbst unter der Voraussetzung, daß es möglich wäre, zwei unabhängig nebeneinander angeordnete Sektorenverschlüsse gemeinsam auszulösen und abzublenden, wäre eine Annäherung derselben nur bis zu einer Objektiventfernung von etwa 45 mm möglich, weil dies das ungefähre Maß des Außendurchmessers der kleinsten im Handel befindlichen Zentralverschlüsse ist. Daraus ergäbe sich für $f = 7{,}5$ cm die Möglichkeit, an den Gegenstand auf 30 cm heranzukommen.

Bei sämtlichen modernen Stereoapparaten 4,5 × 10,7 bzw. 6 × 13 cm wird auf die Möglichkeit solcher Nahaufnahmen verzichtet, weil der Stereoverschluß ein geschlossenes Ganzes bildet; eine Veränderung des Objektivabstandes ist bei Konstruktionen dieser Art völlig ausgeschlossen, so daß für Spezialaufnahmen der in Rede stehenden Art zweckmäßig Kameras mit Schlitzverschluß verwandt werden, die nebenbei den Vorzug haben, daß die Belichtung beider Teilbilder vollkommen gleichmäßig erfolgt.

Eine weniger empfehlenswerte Methode zur Aufnahme relativ nahe gelegener Gegenstände mit einer normalen Stereokamera, welche entweder einen hinreichend langen Balgen hat oder die Anbringung eines Verlängerungsansatzes gestattet, besteht darin, auf die Objektive zwei genau gleiche optische Keile aufzusetzen, deren brechende Kanten untereinander und zur Bildebene vollkommen parallel stehen müssen: die dicken Seiten der Glaskeile kommen gegeneinander nach innen, die schwachen Seiten nach außen zu liegen.

Die erwähnten Glaskeile, welche achromatisch sein müssen, verlegen bei entsprechend gewähltem brechenden Winkel die Teilbilder nach innen. Theoretisch müßte für jede Entfernung innerhalb gegebener Grenzen der brechende Winkel der Prismen ein anderer sein; das Verfahren bewährt sich nur in einzelnen Fällen für besondere Zwecke (z. B. Abbildung in natürlicher Größe), falls auf besondere Schärfe kein Anspruch gemacht wird.

Bei Kameras mit starrem Auszug hat sich für nicht zu kleine Entfernungen des Gegenstandes die Benutzung von Vorsatzlinsen mit schwacher Keilwirkung bewährt; die Brechkraft der Linse gewährleistet die erforderliche Schärfe des Bildes für einen bestimmten Abstand des Gegenstandes, während die Keile im eben beschriebenen Sinne wirken.

56. Die Stereoskope oder Betrachtungsapparate. Der normale Betrachtungsapparat dient zur Vereinigung der beiden Teilbilder zu einem virtuellen Raumbild von natürlicher Plastik — bei seiner Benützung sollen die Augen nicht angestrengt werden; man benutzt heute fast ausschließlich Apparate mit zwei im mittleren Augenabstand angeordneten Sammellinsen von vergrößernder Wirkung. Das erste bekannt gewordene Stereoskop hat Ch. Wheatstone im Jahre 1833 erfunden und im Jahre 1838 ausführlich beschrieben; es bestand aus zwei unter 90° gegeneinander angeordneten, mit einer Kante zusammenstoßenden Spiegeln, welche zur Blickrichtung unter 45° geneigt waren; ein Spiegel war dem linken, ein Spiegel dem rechten Auge zugeordnet. Die damals verwendeten gezeichneten und relativ großen Halbbilder erfuhren keine optische Vergrößerung.[1]

Etwas später, etwa um 1850, wurden die erwähnten Teilbilder bereits photographisch verkleinert; zur Betrachtung dieser Bilder war das Brewstersche Prismenstereoskop (1843) sehr beliebt,[1] dessen besondere Kennzeichen einerseits die Anordnung zweier exzentrisch benutzter Linsenhälften, andererseits die Anordnung der beiden Teilbilder nebeneinander in einer Ebene waren. Da die Stereoeinzelbilder früher meist mit einem Fernpunktabstand von etwa 85 mm angeordnet wurden, war die Prismenwirkung erforderlich. Helmholtz konstruierte schließlich etwas später das heute allgemein verwandte Linsenstereoskop, was einen großen Fortschritt bedeutete; Helmholtz ersetzte die Prismen durch Linsen, welche in einem innerhalb bestimmter Grenzen (60 bis 70 mm) veränderlichen Abstand voneinander angeordnet waren und die Einzelbilder nicht unwesentlich vergrößerten. Unter der Voraussetzung, daß der Abstand zwischen den Linsen und den Teilbildern veränderlich ist, läßt sich mit Hilfe eines solchen Gerätes und vorschriftsmäßig hergestellter Teilbilder eine natürliche Raumvorstellung erzielen.

Das von H. v. Helmholtz konstruierte und verbesserte Stereoskop mit seitlich verstellbaren Linsen, welche zwecks Herbeiführung der individuellen Scharfeinstellung gemeinsam gegen die Bildebene verschoben werden können, erfüllt alle Bedingungen, die an ein derartiges Gerät gestellt werden können. Stimmt der Augenabstand mit dem Abstand zweier korrespondierender Fernpunkte, welcher demjenigen der Aufnahmeobjektive gleich ist, nicht überein, so kann durch die seitliche Linsenverstellung die erforderliche Korrektur vorgenommen werden, was natürlich nur innerhalb bestimmter Grenzen möglich ist.

Der Beobachter sieht den Fernpunkt im stereoskopischen Bild mit konvergent gerichteten Augenachsen, wenn der Abstand der Fernpunkte auf den Teilbildern kleiner ist als der Abstand der Okulare, jedoch mit divergent gerichteten Augenachsen, wenn der Okularabstand kleiner ist als der Abstand der korrespondierenden Fernpunktbilder. Nur wenn der Abstand der Fernpunkte mit jenem der Okulare übereinstimmt, sind die Augenachsen parallel gerichtet. Wie die Praxis lehrt, stört die konvergente Stellung der Augenachsen bei der Betrachtung deshalb nicht, weil unsere Augen von Jugend an daran gewöhnt sind, nahe gelegene Gegenstände mit konvergierenden Augenachsen zu betrachten. Soll das stereoskopische Bild unter dem richtigen Sehwinkel betrachtet werden, muß die Brennweite der Betrachtungslinsen des Stereoskops mit jener der Aufnahmeobjektive übereinstimmen; in der Praxis sind Abweichungen zulässig, und zwar wird die Brennweite der Okulare u. a.

---

[1] Vgl. Ostwalds Klassiker der exakten Wissenschaften, Nr. 168, W. Engelmann, Leipzig, 1908 (jetzt Akad. Verlagsges. m. b. H., Leipzig).

wegen der Bildwölbung oft etwas länger als die Brennweite der Aufnahmeobjektive gewählt.

Wesentlich ungünstiger liegen die Verhältnisse, wenn die Augenachsen divergent sind, also auseinander laufen; da es den wenigsten Menschen möglich ist, ihre Augenachsen in eine solche Lage zu zwingen, so empfiehlt es sich, die entsprechenden Fernpunkte auf den Einzelbildern aneinander zu rücken.

Was die charakteristische Ausführungsform der Linsenstereoskope — denn nur diese kommen noch in Betracht — betrifft, kann man mehrere Gruppen unterscheiden; die wichtigsten Forderungen. die an ein solches Stereoskop zu stellen sind. gleichviel um welche Bauart es sich handelt, sind nach den Bestimmungen des Fachnormenausschusses für Stereoskopie folgende (Din 822 vom Juli 1926):

> „Abstand der Linsenachsen 65 mm; Durchmesser der Linsen möglichst größer als 30 mm. Brennweite mit Rücksicht auf das Rasterkorn gedruckter Bilder 15 cm; für richtige Perspektive sind Linsen zu nehmen, deren Brennweite nicht mehr als $\pm$ 20% von der Brennweite der Aufnahmelinsen abweicht.“

Diese ganz allgemeinen Richtlinien lassen sich für ein modern gebautes Universalstereoskop noch etwas ergänzen; die Konstruktionsbedingungen für ein solches Gerät sind nachstehend angegeben:

1. Der Abstand der Okularmitten soll veränderlich sein, und zwar mindestens innerhalb der Grenzen von 55 bis 75 mm; dadurch wird die Forderung erfüllbar, daß die Augenachsen bei Betrachtung korrespondierender Fernpunkte parallel gerichtet sind.

2. Damit die Bildpunkte im Betrachtungsapparat unter den gleichen Winkeln erscheinen, unter denen die Dingpunkte in der Wirklichkeit vom Standpunkt der Aufnahme aus gesehen wurden, ist Übereinstimmung der Brennweiten der Aufnahme- und Betrachtungslinsen anzustreben; eine Abweichung ist nur in der Richtung zulässig, daß die Brennweite der Betrachtungslinsen größer als jene der Aufnahmeobjektive ist.

3. Die Frage der Verzeichnungsfreiheit läßt sich bei Apparaten mit der Seite nach verstellbaren Okularen in ziemlich einwandfreier Weise lösen; Voraussetzung ist, daß der jeweilige Augenabstand des Betrachters bekannt ist. Wird schon bei der Herstellung der Positive darauf geachtet, daß der Abstand der Fernpunkte dem mittleren Augenabstand entspricht, so können die Teilbilder stets nur unter Beanspruchung der Linsenmitte betrachtet werden.

Wichtig ist, daß, falls Stereo-Diapositive betrachtet werden, die Mattscheibe hinter der Brennebene der Okulare angebracht wird, in welcher sich das Diapositiv befindet, und daß sie recht feinkörnige Struktur hat. Außerdem ist die Anordnung eines Blendrahmens knapp vor dem Bilde empfehlenswert, welcher u. a. die Aufgabe hat, alle nicht zum Bilde gehörigen Teile zu verdecken.

Die früher gestellte Forderung, daß ein richtig konstruierter Betrachtungsapparat für sämtliche Stereoformate brauchbar bzw. einstellbar sein soll, ist heute nur bedingt berechtigt; abgesehen davon, daß jeder Besitzer einer Stereokamera sich meist nur das für das betreffende Format bestimmte Stereoskop beschaffen wird und selten in die Lage kommen dürfte, Bilder anderer Formate darin zu betrachten, muß man bei einer derartigen Universalkonstruktion auch stets Zugeständnisse machen. Überdies wird die Verringerung der Zahl von Stereoformaten ganz von selbst dazu führen, Spezialmodelle für die wenigen verbleibenden Größen zu schaffen.

Unter den im Laufe der Jahre bekannt gewordenen Erzeugnissen auf diesem Gebiete seien die folgenden Geräte genannt:

Stereoskop (Abb. 240) und Verant-Stereoskop von C. Zeiss, Jena; Ortho-Stereoskop und Universalstereoskop der Ica A.-G.; Präzisionsstereoskop der C. P. Goerz A.-G.; Ernemanns Universalstereoskop.

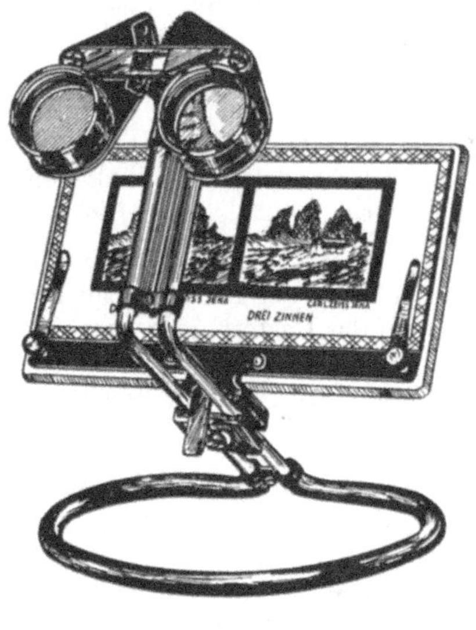

Abb. 240. Stereoskop von Carl Zeiss, Jena. Universalgerät zur Betrachtung von Glas- und Papierbildern verschiedener Formate mit abnehmbarem Lupenträger, der zur Betrachtung von Stereobildern in Büchern verwendet werden kann. Die Okulare, die gegeneinander und gegen die Bildebene verschiebbar sind, sind auswechselbar und haben Brennweiten von 6 bis 15 cm

Das Busch-Stereo-Dioskop für Diapositive 4,5 × 10,7 und 6 × 13 cm in Opernglasform mit Mitteltrieb zur Scharfeinstellung (Abb. 241 a und 241 b) und Ernemanns Stereoskop (Abb. 242) in der Form des Brewsterschen Kastenstereoskops für Glas- und Papierbilder gehören noch heute zu den gängigen Modellen. Von den ausländischen Erzeugnissen sei u. a. erwähnt: Le Stéréoscope Corollaire von Gaumont (4,5 × 10,7, 6 × 13, 8,5 × 17 cm).[1]

Um eine größere Anzahl von Bildern ohne das lästige Auswechseln betrachten zu können, wurde eine Reihe von Spezialgeräten geschaffen, von denen einige erwähnt werden sollen:

Das sogenannte „Revolverstereoskop“ von H. Ernemann gestattet, eine Reihe (24,48 oder mehr) Diapositive oder Papierbilder an endlosen über zwei Wellen laufenden Ketten zu befestigen und mittels eines Knopfes bzw. einer Kurbel fortzuschalten. Ein anderes hieher gehöriges Gerät dieser Art ist das „Stereospekt“ der Ica A.-G., Dresden.

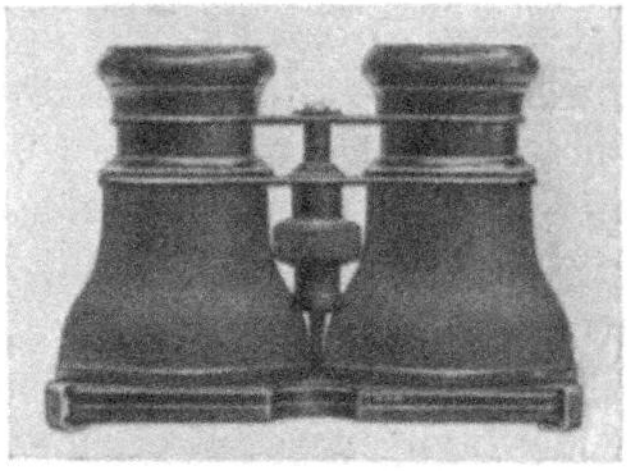

Abb. 241 a. Stereo-Dioskop für Diapositive 4,5 × 10,7 cm (Emil Busch A. G., Rathenow). Abstand der Okulare: 64 mm. Brennweite der Okulare: zirka 6,5 cm. Die Rückseite des Apparates, welche eine Mattscheibe bzw. ein Opalglas trägt, ist an den vorderen Teil scharnierartig angelenkt und wird durch zwei Riegel festgehalten; zwischen beide Teile wird das Diapositiv eingelegt. Gewicht des Apparates 250 g

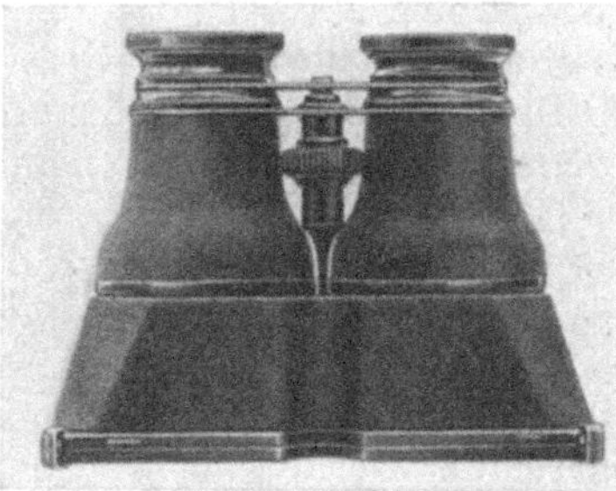

Abb. 241 b. Stereo-Dioskop für Diapositive 6 × 13 cm (Emil Busch A. G., Rathenow). Abstand der Okulare: 64 mm. Brennweite der Okulare zirka 90 mm. Vgl. hierzu Abb. 241 a. Gewicht des Apparates (Leichtmetall) 450 g

Von ausländischen Fabrikaten seien besonders diejenigen der französischen Firmen Société des Établissements Gaumont, J. Richard und Jeaueret & Co.

[1] Auch die Firma A. Mattey in Paris stellt stereoskopische Betrachtungsgeräte her.

Paris, genannt; erstere erzeugt die bekannten „Stéréodromes Gaumont“ für die Formate 4,5 × 10,7, 6 × 13 und 8,5 × 17 cm, welche nicht nur für die Betrachtung, sondern auch für die Projektion von Stereobildern eingerichtet sind. Das „Taxiphote“ der Firma J. RICHARD ist ein bekannter Betrachtungsapparat mit Wechselvorrichtung für Diapositive in größerer Zahl; das besondere Kennzeichen dieses Apparats, der auch für Projektion eingerichtet ist, ist die Anordnung von je 25 Stück Diapositiven in einem Nutenkasten, welcher jeweils automatisch um eine Nutendicke vorgeschoben wird, wobei jedes einzelne Bild in die Höhe des Okulars gehoben und dann wieder gesenkt wird.[1]

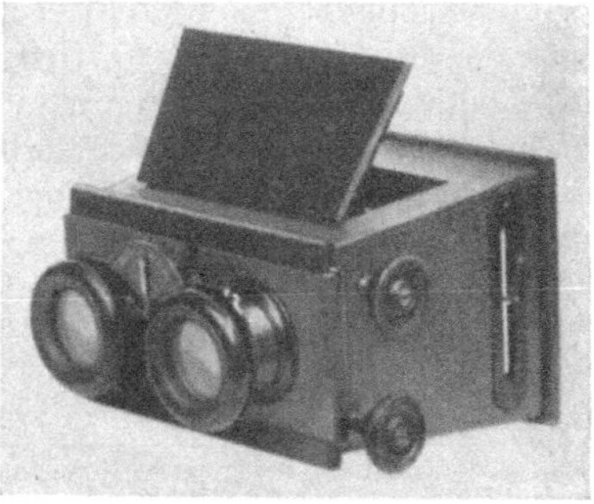

Abb. 242. Stereobetrachter für Papierbilder und Diapositive für die Formate 4,5 × 10,7 und 6 × 13 cm. Brennweite der Okulare 6,5 bzw. 10 cm. Das Gerät ist mit einem aufklappbaren Spiegel ausgerüstet, der zur Beleuchtung der Papierbilder dient. Die Einführung der Stereobilder erfolgt durch einen seitlich angebrachten schmalen Schlitz mit Riegel. Der seitliche Abstand der Okulare kann zwischen 58 und 74 mm verstellt werden (unterer Knopf rechts); die Einstellung für die individuelle Sehschärfe erfolgt mit Hilfe des oberen Knopfes rechts. Der Apparat für das Format 4,5 × 10,7 cm wiegt 560 g, der Apparat für das Format 6 × 13 cm 650 g

57. Der Stereo-Kopierrahmen. Die einfachste Methode zur Herstellung von Stereobildern, welche im Betrachtungsapparat den richtigen plastischen Effekt geben, ist das Kopieren des Negativs mit Hilfe eines Stereo-Kopierrahmens. Das Verfahren bei der Herstellung der Kopien von Stereobildern ist das gleiche, ob es sich nun um Papier- oder Glasbilder handelt. Der Vorgang beim Kopieren im Stereo-Kopierrahmen geht aus der schematischen Darstellung in Abb. 243 in eindeutiger Weise hervor; Voraussetzung dabei ist, daß der Abstand e der Fernpunkte, welcher jenem der Aufnahmeobjektive entspricht, streng eingehalten wird, eine Bedingung, welche durch die richtige Konstruktion des Kopierrahmens erfüllt werden kann.

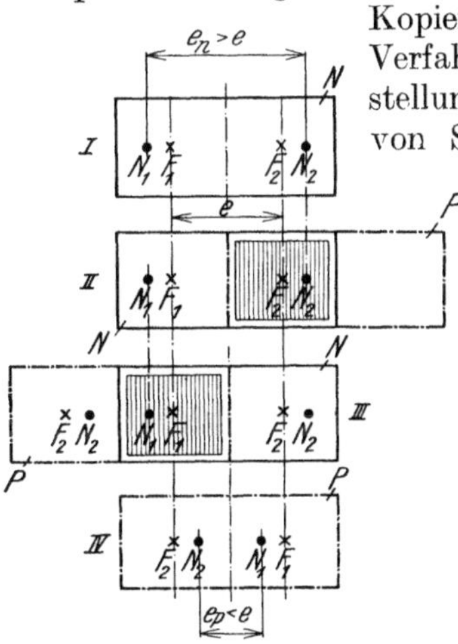

Abb. 243. Herstellung von Stereopositiven im Kopierrahmen (schematische Darstellung). *I* Beim Negativ *N* liegen die Bilder der Nahpunkte N_1 und N_2 weiter auseinander als diejenigen der Fernpunkte F_1 und F_2, d. h. $e_n > e$. *II* und *III* Beim Kopieren, wobei Negativ und Positiv in zwei Operationen gegeneinander verschoben werden, erfolgt die Links- und Rechtsvertauschung der Einzelbilder. *IV* zeigt das fertige Positivbild *P*, bei welchem der Abstand der Nahpunkte e_p kleiner ist als jener der Fernpunkte e bzw. jener der optischen Achsen der Aufnahmeobjektive d. h. $e_p < e$.

Im Negativ ist der Abstand e_n der Nahpunkte größer, im Positiv kleiner als jener der Fernpunkte; die Herstellung der beiden Teilbilder erfolgt nacheinander, indem jeweilig die entsprechende Hälfte des Negativs und Positivs vor die Belichtungsöffnung des Kopierrahmens gebracht wird.

Die Bauart eines zweckmäßigen Stereo-Kopierrahmens geht aus Abb. 244 hervor; er besteht aus zwei scharnierartig miteinander verbundenen Teilen, die durch irgend eine Verschlußvorrichtung während der Belichtung zu-

[1] Erwähnenswert sind auch Konstruktionen, bei denen eine größere Anzahl von Diapositiven in einer Trommel angeordnet ist. (D. R. P. Nr. 152 348 für E. JEHN und D. R. G. M. Nr. 904 240 für VOIGTLÄNDER & SOHN A. G.)

sammengehalten werden; die in Abb. 244 eingetragenen Maße beziehen sich auf die Formate 4,5 × 10,7 bzw. 6 × 13 cm. Die innere Länge ist sehr wichtig und setzt sich zusammen aus der Gesamtlänge der Platte (10,7 bzw. 13 cm) und dem Objektivabstand. Ist dieser beim Format 4,5 × 10,7 z. B. 63 mm, so ergibt sich daraus eine innere Rahmenlänge L von $107 + 63 = 170$ mm, während die Rahmenlänge beim Format 6 × 13 cm mit einem Objektivabstand von 67 mm den Wert $L = 130 + 67 = 197$ mm annimmt.

Um eine unbedingt sichere Anlage der Positivplatte an der Negativplatte

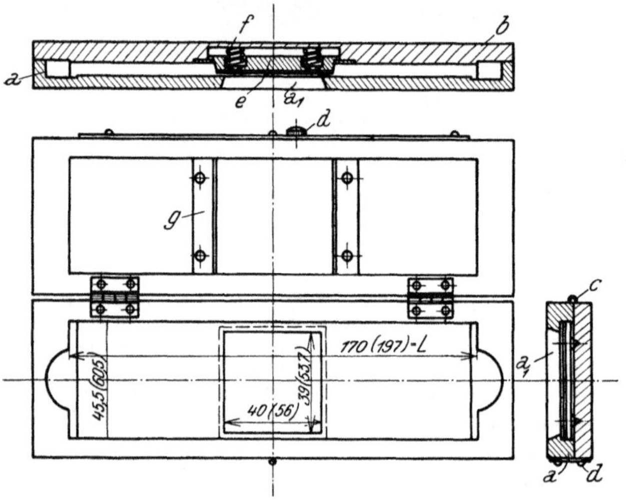

Abb. 244. Stereokopie-Rahmen von Voigtländer & Sohn A. G. Der für die Herstellung von Positiven (Papier oder Glas) bestimmte Kopierrahmen besteht aus den Teilen a und b, welche durch das Scharnier c miteinander verbunden sind und durch den Verschluß d zusammengehalten werden. Die nacheinander erfolgende Belichtung der Einzelbilder geschieht durch die Öffnung a_1 hindurch; der erforderliche innige Kontakt zwischen Negativ und Positiv wird durch die Platte e mit Hilfe der Federn f bewirkt. L = Plattenlänge + Objektivabstand. Die nicht eingeklammerten Maße beziehen sich auf das Format 4,5 × 10,7 cm, die eingeklammerten Maße auf das Format 6 × 13 cm

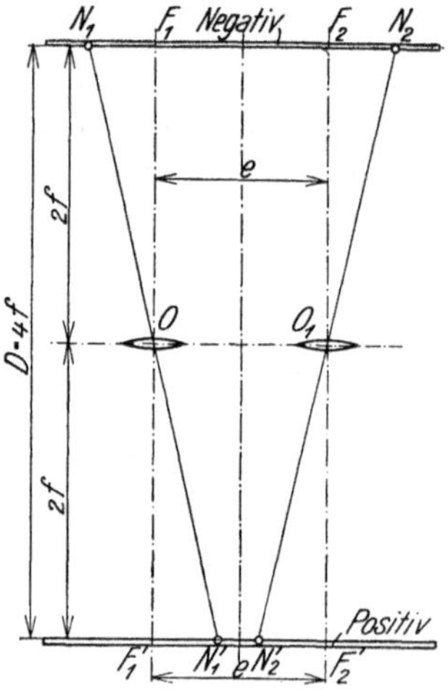

Abb. 245. Optischer Stereokopierapparat. Die Herstellung des Positivs erfolgt optisch mit Hilfe der im Abstand e angeordneten Umkehrsysteme O und O_1 mit der Brennweite f. F_1 F_2 sind die Fernpunkte, N_1 N_2 die Nahpunkte

zu erzielen, ist beim Kopierrahmenmodell der Firma Voigtländer & Sohn A. G., Braunschweig, im Innern eine federnde Platte vorgesehen, welche über dem Fenster angeordnet ist.

Die Herstellung von Diapositiven im Kopierverfahren mit Hilfe eines richtig konstruierten Kopierrahmens ist ebenso einfach wie sicher

58. Der optische Stereo-Umkehrapparat. Das Prinzip der optischen Bildvertauschung ist durch Abb. 245 veranschaulicht; sowohl das Negativ als auch das Positiv haben bei der angestrebten Wiedergabe im Maßstabe 1 : 1 (natürliche Größe) einen Abstand vom Objektiv, der gleich der doppelten Brennweite des letzteren ist. Die Gesamtlänge D des Apparates ist demnach gleich $4\,f$.

Bezüglich der Objektive, deren Abstand e demjenigen der Aufnahmeobjektive entspricht, ist zu sagen, daß hier im allgemeinen einfache Achromate bzw. Periskope genügen, wenn man ein kleines Öffnungsverhältnis wählt, also auf kurze Belichtungszeit verzichtet. Je länger die Brennweite und je kleiner die Blende gewählt wird, desto kleiner wird der ausgenutzte Bildwinkel und desto besser sind die Erfolge bezüglich Schärfe des Bildes am Rande; hier wird ja nur verlangt, eine Ebene wieder als Ebene abzubilden. Es können auch die Objektive der Aufnahmekamera zur Wiedergabe benutzt werden, vorausgesetzt, daß die Möglichkeit besteht, sie aus dem Apparat herauszunehmen. Ist dies nicht der Fall, so kann eventuell die ganze Kamera samt Objektiven und Verschluß mit einem lichtdichten Gehäuse umgeben werden, an dessen einem Ende sich die Kassette mit dem Positiv, an dessen anderem Ende sich der Träger des Negativs mit einer in einem bestimmten Abstand davor angeordneten Mattglas- oder Milchglasscheibe für die Lichtzuführung befindet. Heute gibt es sehr preiswerte fertige Apparate für die gängigsten Formate 4,5 × 10,7 und 6 × 13 cm im Handel.

Abb. 245 zeigt folgendes: Durch die Projektionssysteme O, O_1 erfolgt, wie durch jedes optische System sammelnden Charakters, eine vollständige Umkehrung jedes Teilbildes in Bezug auf die optischen Achsen $F_1 O F_1'$ bzw. $F_2 O_1 F_2'$; dadurch wird, genau so wie dies in Abb. 234 der Fall war, oben mit unten und links mit rechts vertauscht. Gleichzeitig werden die Bilder N_1' und N_2' der Nahpunkte so zueinander verlegt, daß ihr Abstand kleiner wird als jener der Objektive O, O_1 und der Fernpunkte F_1' bzw. F_2'.

Das Arbeiten mit dem optischen Umkehrapparat ist zwar einfacher, die Bildgüte entspricht aber selten der im Kontaktverfahren erzielten, bei dem keine optischen Fehler zu befürchten sind.

59. Kopierverfahren ohne besondere Hilfsmittel. Folgende Forderung wird gestellt: Das vom rechten Aufnahmeobjektiv erzeugte Teilbild muß im Positiv rechts, das vom linken Objektiv erzeugte Bild muß im Positiv links stehen; dieses Ziel läßt sich bei Anwendung gewöhnlicher Kopierrahmen dadurch erreichen, daß man entweder das Negativ oder das Positiv zerschneidet und die so erhaltenen beiden Hälften miteinander vertauscht. Hat man das Negativ zerschnitten, die beiden Teilbilder sorgfältig gegeneinander ausgerichtet und ihrer Lage nach eindeutig gesichert, so können die Kopien, gleichviel, ob auf Papier oder Glas, bei einmaliger Belichtung hergestellt werden; abgesehen von der immerhin bestehenden Gefahr des Zerbrechens beim Schneiden ist dieses Verfahren dann empfehlenswert, wenn eine größere Zahl von Abzügen hergestellt werden soll. Die beiden Teilbilder sind nach diesem Verfahren stets gleichmäßig belichtet. Analog kann man unter Schonung des Negativs das im Kontaktverfahren erhaltene Positiv zerschneiden und seine Hälften gegeneinander vertauschen. Daß die Begrenzung der Teilbilder stets mit Rücksicht auf die beiden Hälften gemeinsamen Bildeinzelheiten vorgenommen werden muß, ist selbstverständlich; diese Maßnahme erübrigt sich bei speziellen Stereo-Kopierrahmen.

60. Stereo-Farbenphotographie. Die Farbenphotographie mit Hilfe von Farbrasterplatten erfordert keinerlei besondere Apparatur; die einzige Vorschrift, welche beachtet werden muß, ist, daß die Platte mit der Glasseite nach vorne in die Kassette eingelegt und dementsprechend die Mattscheibe bei der Einstellung verkehrt, d. h. mit der matten Seite nach außen, eingesetzt wird. Die Farbrasterplatte muß natürlich zerschnitten, ihre Hälften müssen vertauscht werden, wenn sie im Stereoskop einen plastischen Effekt ergeben sollen.

Die Struktur des Farbrasters kann bei der Betrachtung im Stereoskop besonders dann störend wirken, wenn Linsen von kurzer Brennweite verwandt werden, welche eine starke Vergrößerung des Bildes bewirken. (Vgl. dieses Handbuch Bd. VIII, Beitrag von E. J. Wall.)

K. Kameras für Farbenphotographie

61. Grundlagen der Farbenphotographie. Der berühmte Chemiker Gay-Lussac erstattete am 30. Juli 1839 der Kammer der Pairs in Paris Bericht über die Erfindung der beiden französischen Forscher Nièpce und Daguerre und äußerte sich dabei wie folgt:

„Ohne diese schöne Entdeckung herabsetzen zu wollen, müssen wir doch eingestehen, daß die Palette des Malers hier nicht sehr reich an Farben ist; die Farben, aus welchen jenes fixierte Bild besteht, sind nur Schwarz und Weiß. Das Bild in natürlichen Farben wird noch lange Zeit — vielleicht für immer — einen Anreiz für den menschlichen Scharfsinn bleiben, aber wir wollen nicht die Verwegenheit haben, der Erreichung dieses Ziels unüberschreitbare Grenzen zu setzen; die Ergebnisse des Herrn Daguerre weisen schon heute auf eine Reihe von Möglichkeiten hin."

Die sehr interessante Entwicklung der Farbenphotographie hat J. M. Eder in seiner „Geschichte der Photographie" (Ausf. Hdb. d. Phot., Bd. 1, Teil 1 [1905]) eingehend beschrieben; wir wollen uns hier damit begnügen, auf dieses ausführliche Werk hinzuweisen.

Die Verfahren zur Herstellung farbiger Photographien können nach dem heutigen Stand der Technik in zwei Klassen eingeteilt werden, und zwar in die Methoden der direkten und jene der indirekten Farbenphotographie.[1]

a) Die direkten Methoden der Farbenphotographie. Die direkte Farbenphotographie strebt, wie schon der Name sagt, an, durch eine Aufnahme mit der Kamera direkt ein naturfarbiges Bild zu erzielen. Die im Laufe der Jahre bekannt gewordenen, hierher gehörigen Methoden sind folgende:

α) Das Seebecksche Verfahren: es beruht darauf, daß Chlorsilber bei der Bestrahlung mit farbigem Licht eine diesem ähnliche Färbung annimmt. Diese Beobachtung wurde bereits im Jahre 1810 durch den Physiker Seebeck in Jena gemacht; die Franzosen Becquerel und Poitevin befaßten sich später eingehend mit dem Studium der erwähnten Reaktion, die wohl von wissenschaftlichem, nicht aber von praktischem Interesse war.

β) Das Ausbleichverfahren beruht darauf, daß lichtunechte Farbstoffe von denjenigen Lichtstrahlen zerstört bzw. gebleicht werden, die durch sie absorbiert werden. Praktisch spielt das Ausbleichverfahren keine nennenswerte Rolle.

γ) Das Lippmannsche Verfahren wurde von G. Lippmann, Paris, im Jahre 1891 bekannt gemacht; es beruht, wie O. Wiener nachgewiesen hat, auf der Interferenz stehender Lichtwellen innerhalb einer lichtempfindlichen Schicht. Da die Farben der Lippmannschen Bilder scheinbare sind und nur unter einem bestimmten Betrachtungswinkel gesehen werden können, kommen diese in physikalischer Beziehung sehr interessanten Photographien für die Praxis wenig oder gar nicht in Betracht. (Vgl. Bd. VIII dieses Handbuches, Beitrag von E. J. Wall.)

b) Die indirekten Methoden der Farbenphotographie. Die indirekten Methoden der Farbenphotographie stützen sich auf die Youngsche Theorie, welche besagt, daß drei sogenannte Grundfarben in ihrer Mischung (subtraktiv oder additiv) alle Farben des Spektrums ergeben. Maxwells interessanter Versuch der Übereinanderprojektion dreier Diapositive nach drei Farbenauszügen (d. s. Negative des gleichen Gegenstandes, hergestellt hinter einem roten, grünen bzw. blauen Lichtfilter) ist bereits um das Jahr 1856 bekannt geworden. Etwas später beschäftigten sich der Franzose Ducos du Hauron sowie seine Landsleute Cros und Vidal eingehend mit der Farbenphotographie, ohne indes zu praktisch verwertbaren Resultaten zu gelangen, eine Tatsache, die lediglich darauf zurückzuführen ist, daß die damals der Photographie zu Gebote stehenden Hilfsmittel als in jeder Hinsicht unzureichend bezeichnet werden müssen. Auch die späteren und neuesten Verfahren beruhen im wesentlichen auf

[1] Vgl. Bd. VIII dieses Handbuches.

dem oben erwähnten Gedanken; wenn wir auf dem Gebiet der Dreifarbenphotographie in jüngerer Zeit vorwärts gekommen sind, so ist der Grund darin zu suchen, daß die Farbenchemie außerordentliche Fortschritte gemacht hat. Unterstützt wurden alle Bestrebungen in dieser Richtung durch die Leistungen auf dem Gebiete der Konstruktion lichtstärkster photographischer Objektive und exakt konstruierter Aufnahmeapparate.

Die indirekten Methoden der Farbenphotographie (Dreifarbenphotographie) beruhen zum Teil auf der additiven Farbenmischung (rot, grün, blau), zum Teil auf der subtraktiven Farbenmischung (rot, gelb, blau).

In die Gruppe der additiven Verfahren gehört das Farbrasterverfahren, dem das Prinzip des Pointillismus zugrunde liegt. Wegen Details vgl. Bd. VIII des vorliegenden Handbuches.

α_1) Das JOLYsche Verfahren mittels Strichraster. JOLY legte bei der Aufnahme vor eine panchromatische Platte einen Glasraster, der mit feinen durchsichtigen roten, grünen und blauen Linien bedeckt war; diese wirken wie Lichtfilter, d. h. die roten Linien lassen im wesentlichen nur rotes, die grünen nur grünes und die blauen nur blaues Licht hindurch.

α_2) Das LUMIÈREsche Autochromverfahren. Im Gegensatz zu JOLY verwenden die GEBR. LUMIÈRE seit dem Jahre 1907 einen sogenannten Kornraster, dessen Aufbau u. a. durch das D. R. P. Nr. 172851 vom Jahre 1904 geschützt wurde. Als Material für die Filterelemente dienen zinnoberrot, gelbgrün und ultramarinblau gefärbte Stärkekörnchen, deren Durchmesser etwa 0,010 bis 0,015 mm beträgt. Nach erfolgter sorgfältiger Mischung dieser Körnchen mit sehr fein zerteilter Holzkohle, die zum Ausfüllen der Zwischenräume zwischen den farbigen Körnchen auf der Platte dient, werden mit einem sehr dünn aufgetragenen Klebstoff versehene Glasplatten mit diesem Pulver gleichmäßig bestreut und dann mit einer sehr dünnen lichtempfindlichen Schicht (panchromatische Bromsilbergelatineemulsion) überzogen. Die Belichtung der lichtempfindlichen Schicht erfolgt durch die Glasschicht und die sie bedeckenden Stärkekörnchen hindurch; es entsteht zunächst eine aus mikroskopisch kleinen Elementen bestehende Dreifarbenphotographie in komplementären Farben; durch den sogenannten Umkehrprozeß erfolgt die Umwandlung dieses Negativs in ein Diapositiv, das die Farben des Objekts richtig wiedergibt.

α_3) Die AGFA-Farbenplatte kam 1913 in den Handel und wird nach Patenten von JENS HERMAN CHRISTENSEN (Dänemark) hergestellt; der Farbraster besteht aus Harzkörnchen, die in den drei Grundfarben angefärbt sind. Die lichtempfindliche Schicht ist sehr feinkörnig und dünn; die Größe der Farbkörnchen schwankt zwischen 0,002 und 0,015 mm.

Die notwendige Belichtungszeit bei Verwendung von Farbrasterplatten ist etwa 50- bis 60mal so lang als bei gewöhnlichen Platten; in diesem Verlängerungsfaktor ist der Multiplikator für die unbedingt zu verwendende Gelbscheibe mit inbegriffen.

62. Das Einstellen der Kamera beim Arbeiten mit Farbrasterplatten. Die Farbrasterplatten werden so eingelegt, daß die blanke Glasfläche gegen das Objektiv zu liegen kommt, weil das vom Objektiv kommende Licht den Farbraster durchdringen muß, bevor es zur lichtempfindlichen Schicht gelangt. Aus diesem Grunde muß die Einstellung auf das Bild anders als bei Schwarz-Weißaufnahmen vorgenommen werden.

a) Das Gelbfilter liegt hinter dem Objektiv. Man stellt wie gewöhnlich auf der Mattscheibe ein und setzt das Filter rückwärts an das Objektiv (es befindet sich also innerhalb der Kamera); durch entsprechende Wahl der Filterdicke wird die Bildebene um die Dicke einer Farbenplatte (etwa

1,5 mm) nach rückwärts verlegt. In diesem Falle kann die an der Kamera angebrachte Entfernungsskala benutzt werden.

b) Umkehren der Mattscheibe. Da es bei den meisten modernen photographischen Apparaten möglich ist, die Mattscheibe ohne Schwierigkeit herauszunehmen, kann diese leicht umgekehrt werden, sodaß beim Einstellen ihre mattierte Seite dem Auge zugewandt ist; nun wird das Lichtfilter vor das Objektiv gesetzt und auf das Bild eingestellt. Unter der Voraussetzung, daß die Dicke der Mattscheibe mit jener der Farbrasterplatte übereinstimmt, erhält man auf dieser ein scharfes Bild.

c) Nachträgliche Korrektion der Einstellung. Es wird bei normaler Lage der Mattscheibe das Bild scharf eingestellt und das Lichtfilter vorne an das Objektiv gesetzt; nun wird der Abstand zwischen Objektiv und Plattenträger (Kassette) durch die Einstellvorrichtung um 0,8 bis 1 mm verringert und die Belichtung vorgenommen.

d) Benutzung des Dukarfilters. Eine sehr beachtenswerte Lösung des Problems, die vorerwähnte nachträgliche Korrektion der Einstellung zu vermeiden bzw. das Umdrehen der Mattscheibe zu erübrigen, gelang der Firma Carl Zeiss in Jena im Jahre 1907 (D. R. P. Nr. 202925) mit der Einführung des „Dukarfilters“; es ist dies ein vor dem Objektiv der Kamera anzubringendes Gelbfilter, das eine schwache sphärische Zerstreuungslinse bildet. Da diese negative Linse ihre Wirkung mit der des positiven Objektivs vereinigt, ist die Brennweite des ganzen Systems länger als diejenige des Objektivs allein, und zwar um ein Stück, welches der Rückwärtsverlegung der lichtempfindlichen Schicht um die Plattendicke entspricht. Hat der Schichtträger z. B. eine Dicke von 1,5 mm, so muß der Zuwachs der Objektivbrennweite etwa 1 mm betragen. Bei einer Brennweite des Objektivs von z. B. 150 mm wäre eine Brennweite der Filterlinse von etwa 22500 mm, d. i. 22,5 m nötig, um die erforderliche Bildverlagerung herbeizuführen. Die Verschiebung des Bildes infolge Vorschaltens der negativen Filterlinse ist von der Entfernung des jeweils abzubildenden Gegenstandes abhängig, doch sind diese Verschiebungsschwankungen, wie eine Berechnung ergibt, für die üblichen Gegenstandsentfernungen kleiner als die zufälligen Unterschiede in der Dicke des Schichtträgers; dies kommt daher, daß der Wert der Objektivbrennweite meist nur einen kleinen Bruchteil der Gegenstandsentfernung ausmacht.

Da Autochromplatten für Projektionszwecke ohne weiteres Verwendung finden können, wird der ihnen anhaftende Nachteil, daß jede Aufnahme nur ein Bild liefert, zum Teil wettgemacht. Einen wesentlichen Anteil an der Verbreitung der Farbenphotographie nach dem Rasterverfahren hat wohl die Entwicklung der lichtstarken Objektive; seit es solche mit dem Öffnungsverhältnis 1 : 2,5 und mehr gibt, sind die Schwierigkeiten, Momentaufnahmen auf Farbrasterplatten zu machen, immer mehr geschwunden.

63. Die Ausführungsformen der Dreifarben-Aufnahmeapparate. Im Gegensatz zur Farbenphotographie mit Hilfe des Rasterverfahrens, wo jede zusätzliche Apparatur überflüssig ist, erfordert die eigentliche Dreifarbenphotographie etwas mehr Aufwand.

Es bestehen grundsätzlich drei Möglichkeiten: 1. drei aufeinanderfolgende Aufnahmen (hinter farbigen Filtern) von einem Standpunkt aus mit einer gewöhnlichen erschütterungsfrei aufgestellten Kamera mit einem Objektiv; 2. gleichzeitige Herstellung der drei Teilaufnahmen mit einem Objektiv und einem zweckentsprechend konstruierten „Lichtzerteiler“ (die Teilbilder haben in diesem Falle Parallaxe); 3. gleichzeitige Herstellung der drei Teilaufnahmen mit drei Objektiven (die Teilbilder haben auch Parallaxe).

Eine originelle, aber von den späteren Konstruktionen ganz verschiedene Konstruktion stammt von JACOB MAYER in Köln, und zwar aus dem Jahre 1896; nach diesem Verfahren wird an Stelle des Gegenstandes ein durch ein Linsensystem erzeugtes reelles Bild dieses Gegenstandes mit Hilfe mehrerer nebeneinander liegender Linsen gleicher Brennweite abgebildet; diese Bilder werden durch Prismen oder Spiegel auf seitlich angeordnete lichtempfindliche Platten gelenkt. Die Ausführungen im D. R. P. Nr. 93951 für JACOB MAYER lassen erkennen, daß jede Linse mit einem besonderen Momentverschluß versehen ist, um die Belichtungszeiten für die drei Teilaufnahmen regulieren zu können, die notwendigen Farbfilter werden vor den Linsen selbst oder an den Kathetenflächen der Prismen angeordnet.

a) Nacheinander folgende Aufnahmen mit gewöhnlichen Apparaten (mit einem Objektiv). Dr. med. GUSTAV SELLE in Brandenburg a. H. richtete (1896) sein Augenmerk darauf, die Farbenauszüge (Aufnahmen hinter den Farbfiltern) nacheinander mittels einer gewöhnlichen Kamera unter Zuhilfenahme einer sogenannten Multiplikationskassette herzustellen, wie sie für die Schwarz-Weißphotographie bereits bekannt war. Die hier verwendete Kassette unterschied sich von den üblichen Multiplikationskassetten dadurch, daß vor den Platten nebeneinander liegende Farbfilter angeordnet waren, so daß durch Verschiebung der Kassette nicht nur ein Wechsel der Platte, sondern auch des Lichtfilters bewirkt wurde (D. R. P. Nr. 95790 und 154100).

A. MIETHE hat mit einer derartigen Vorrichtung im Jahre 1902 sehr schöne Erfolge erzielt und seine Arbeitsweise ausführlich beschrieben. („Atelier des Photographen“ 1902, Heft 6). Der erste sogenannte „Farbenschlitten“ wurde nach Angaben von MIETHE ausgeführt und später (1904) von W. BERMPOHL in Berlin dadurch verbessert, daß die Wechselung der Platten und Farbfilter beim jedesmaligen Schließen des Objektivverschlusses selbsttätig erfolgte, während vorher der Filter- und Plattenwechsel durch je eine besondere Vorrichtung bewirkt wurde, die der Photographierende nebst dem Verschluß selbst auslösen mußte. Nach der sehr beachtenswerten Erfindung BERMPOHLS (D. R. P. Nr. 157781) ist nämlich die Filter- und Plattenwechseleinrichtung mit der Auslösevorrichtung für den Objektivverschluß derart gekuppelt, daß der Platten- und Filterwechsel in dem Augenblick von selbst erfolgt, in dem das Objektiv sich schließt; es wird also Belichtung und Platten- bzw. Filterwechslung durch einen einzigen Handgriff bewirkt. Die gesamte Aufnahmezeit für die drei Teilbilder kann durch diese praktische Vorkehrung sehr stark herabgesetzt werden. WILLIAM NORMAN LASCELLES DAVIDSON in Southwick (England) konstruierte etwa um die gleiche Zeit eine Kassette für die Photographie in natürlichen Farben in der Absicht, gewöhnliche Kameras ohne jede Veränderung dazu verwenden zu können, doch scheint diese Kassette sich nicht eingebürgert zu haben; der Unterschied gegenüber der oben beschriebenen Kassette bestand darin, daß zwei Platten gleichzeitig der Belichtung ausgesetzt wurden, was durch Anordnung eines unter 45° geneigten zum Teil durchsichtigen Spiegels ermöglicht wurde.

Der auf Veranlassung MIETHES konstruierte, oben erwähnte sogenannte Dreifarbenschlitten in vertikaler Anordnung ist auch in jüngster Zeit wieder mit bestem Erfolge angewandt worden, und zwar durch die UVACHROM A.-G. in München; solche an jeder Kamera von stabiler Bauart anbringbare Schlitten mit Kassette wurden von VAL. LINHOF in München und später (1914) von der VOIGTLÄNDER & SOHN A.-G. in Braunschweig ausgeführt (vgl. Abb. 246a bis d); letztgenannte Firma hat noch eine Bremsvorrichtung für die durch ihr Gewicht in einer Führung herabgleitende Kassette geschaffen, deren Sperrvorrichtung mit der Auslösevorrichtung des Verschlusses gekuppelt ist. Das besondere Merkmal dieser Erfindung war die Anordnung einer Luftbremse in Verbindung mit einer Feder, damit die Kassette mit gleichförmiger Geschwindigkeit falle (D. R. P. Nr. 416644).

Es ist verständlich, daß die großen Erfolge Miethes seinerzeit auch andere Erfinder angeregt haben, sich mit der mechanisch-technischen Seite des Problems

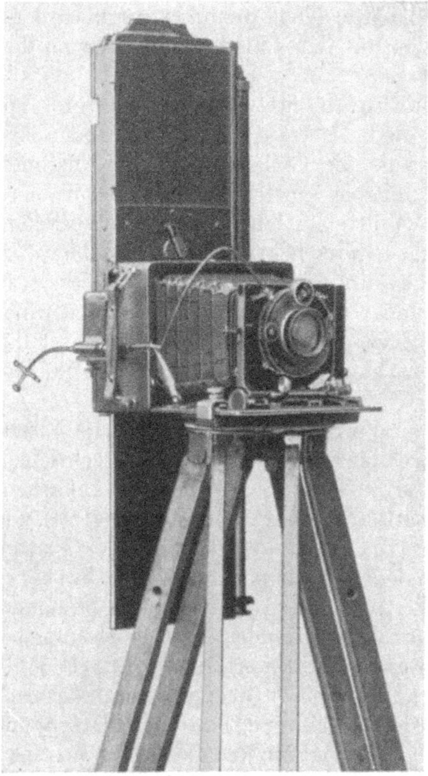

Abb. 246a. Vorderansicht des Dreifarbenschlittens von Voigtländer & Sohn A. G. in Verbindung mit der Voigtländer-Alpinkamera (9 × 12 cm quer, Kassette eingeschoben). Der Mechanismus zur Fortschaltung des Schlittens um eine Bildbreite ist mit der Auslösevorrichtung für den Objektivverschluß zwangläufig gekuppelt; es finden bei zwei Fortschaltungen drei Belichtungen statt (D. R. G. M. Nr. 779800 für Val. Linhof). Das Einzelbild hat das Format 8 × 9 cm

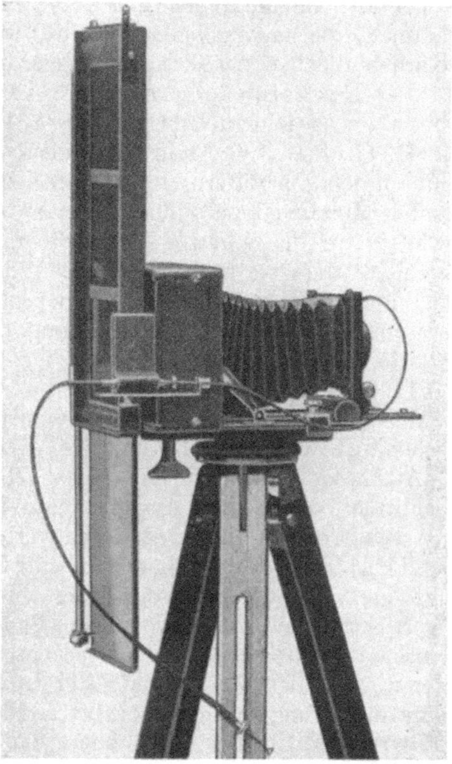

Abb. 246 b. Voigtländer-Dreifarbenschlitten in Verbindung mit der Alpinkamera (9 × 12 cm quer). Seitenansicht ohne Kassette. Zuerst wird der Verschluß geöffnet und die erste Platte bei vorgeschaltetem Filter belichtet. Beim Nachlassen des Fingerdruckes auf den Auslöser sinkt der Schlitten herab, wodurch das nächste Filter vor die zweite Platte gebracht wird; nun wird belichtet. Genau so ist der Vorgang bei der dritten Belichtung

der Farbenphotographie zu befassen; es wurde im Laufe der Jahre eine ganze Reihe sehr interessanter Neuerungen bekannt: so bezieht sich eine Erfindung (D. R. P. Nr. 172049) von Arthur Kolbe in Dresden und Eugen Friedenau in Leipzig darauf, daß sowohl der Plattenträger als auch der Lichtfilterträger drehbar in je einem besonderen Gehäuse angeordnet sind, das mit entsprechenden Lichteintrittsöffnungen und mit Vorrichtungen zum Anfügen an die Kamera versehen ist. Ungefähr um die gleiche Zeit (1898) trat A. Hofmann in Köln a. Rh. mit einer Multiplikationskassette vor die Öffentlichkeit; während sich beim Bermpohl-Schlitten, wie bereits beschrieben, die drei Platten in einer Ebene nebeneinander befinden und in gerader Linie verschoben werden, soll bei der HOFMANNschen Anordnung, um nicht die Aufmerksamkeit des Aufzunehmenden durch den langen Kassettenschlitten zu erregen, der Kassettenrahmen als **drehbares Prisma** ausgebildet werden, an dessen Seitenflächen die Platten mit den Filtern angeordnet sind. Durch zweckentsprechende Anordnung einer Feder wird die Drehung dieses Prismas ebenso wie dessen Fixierung in den drei Aufnahmestellungen selbsttätig bewerkstelligt (D. R. P. Nr. 120793). Dr. H. MEYER in Brandenburg a. H. arbeitete mit Erfolg an der Verbesserung des Apparates mit drehbarem Prisma; er richtete sein besonderes Augenmerk auf die automatisch (und zwar **elektromagnetisch**) erfolgende Fortschaltung und Kupplung zwischen dem Träger der Filter und Platten bzw. dem Verschluß für die Belichtung (D. R. P. Nr. 155614). Etwas später ersetzte man die elektrische Einrichtung durch ein Uhrwerk.

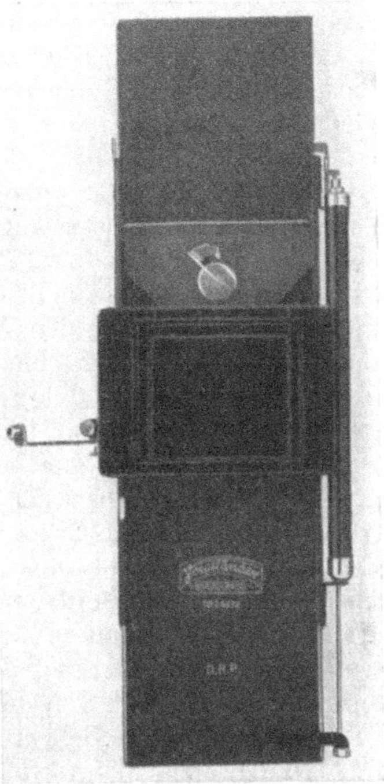

Abb. 246 c. Dreifarbenschlitten von innen gesehen (vgl. Abb. 246 a und b). Das Gerät besteht aus dem eigentlichen Schlitten, in welchem die Filter (rot, grün und blau) eingebaut sind, und der Mattscheibe bzw. Kassette. Das Ganze wird mittels eines besonderen Rahmens an Stelle der Mattscheibe gebracht. Die Bewegung der Kassette beim Herabgleiten wird durch eine Luftpumpe mit Ventil gleichförmig gemacht (D. R. P. Nr. 416644)

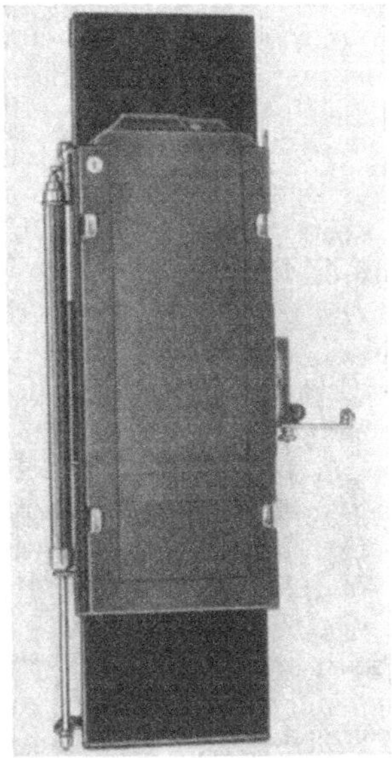

Abb. 246 d. Dreifarbenschlitten mit angeschobener Holzkassette (vgl. Abb. 246 a bis c). Gewicht des Schlittens mit Mattscheibe und 3 Farbfiltern: zirka 1050 g, Gewicht der Kassette ohne Platten: zirka 330 g. Gesamtlänge des Schlittens: zirka 45 cm, Abmessungen der Kassette: zirka 30 × 12 × 1,8 cm

b) **Magazinkameras mit Sondereinrichtungen.** JEAN FRACHEBOURG in Paris befaßte sich etwa um 1902 mit der Konstruktion einer Spezialkamera mit auswechselbaren in einem Magazin hintereinanderstehenden Platten; mit dieser Kamera sollen sowohl Dreifarben- als auch gewöhnliche Schwarz-Weißaufnahmen gemacht werden können; besonders bemerkenswert an dieser Kamera war eine unter gleichzeitigem Plattenwechsel sich absatzweise drehende die Farbfilter tragende Verschlußscheibe. Eine entsprechend ausgebildete Sicherung sorgte dafür, daß entweder nur Farbfilteraufnahmen oder nur Schwarz-Weißaufnahmen gemacht werden konnten (D. R. P. Nr. 155171 und 176305). Später (1904) befaßte sich der gleiche Erfinder mit der Konstruktion einer Magazinkassette, bei welcher die drei Platten mit den zugehörigen Farbfiltern in besonderen Rahmen in dem Magazin so angeordnet waren, daß der jeweils vorderste Rahmen in an sich bekannter Weise in den Belichtungsraum gekippt, der hinter diesem Rahmen befindliche Rahmen aber in die Bildebene gerückt wird. Um das Einstellen des Bildes zu erleichtern, verwendet Friedrich Hemsath in Frankfurt an Stelle eines dreiseitigen ein vierseitiges Prisma, dessen vierte Seite zur Aufnahme der Visierscheibe dient.

Im Gegensatz zu den bisher beschriebenen Konstruktionen bestand eine Vorrichtung für Mehrfarbenaufnahmen nach der Idee von H. Boekholt in Berlin (1905) darin, daß die Wechselung der Platten durch einen Rollenverschluß bewirkt wurde (D. R. P. Nr. 185345); dieser Gedanke wurde in späteren Jahren von Zimmer wieder aufgegriffen.

Immer zeigte sich das Bestreben, die Gesamtzeit für die aufeinander folgenden Belichtungen der drei Teilnegative abzukürzen und eine zwangläufige Kupplung zwischen Auslösung des Verschlusses und Farbfilter- bzw. Plattenwechsel vorzusehen; so erstreckte sich z. B. die Erfindung der Huebner Bleistein Patents Company in Buffalo, U. S. A., vom Jahre 1912 darauf, den Wechsel der Farbfilter für die Teilaufnahmen und die Auslösung des Verschlusses zu kuppeln. Die betreffende Kamera besitzt zu diesem Zweck zwei durch Federwerk angetriebene Wellen, von denen die eine den Wechsel der Farbfilter, die andere das Öffnen und Schließen des Verschlusses bewirkt; zu diesem Zweck ist eine entsprechende Kupplungsvorrichtung zwischen den beiden Antriebswellen vorgesehen, die im D. R. P. Nr. 276456 eingehend beschrieben ist. Im Gegensatz zu Dr. Selle, welcher den in Führungen gleitenden Schlitten mit nebeneinander angeordnetem Plattenrahmen mit Erfolg verwandte und zu A. Hofmann, der einer drehbaren Trommel den Vorzug gab, ging Hermann Diernhofer in Zittau im Jahre 1918 ganz neue Wege; er konstruierte einen Rahmenansatz, der mit schwenkbar angebrachten Plattenrahmen versehen ist, die nach verschiedenen Seiten aus- und zurückschwingen, um so die aufeinanderfolgende Belichtung der einzelnen Schichtträger zu ermöglichen (D. R. P. Nr. 312556). Während bei den vorerwähnten Kameraansätzen bzw. Schlitten stets alle Plattenrahmen um eine Rahmenlänge bewegt werden müssen, wodurch leicht Erschütterungen eintreten, deren Aufhören vor jeder Aufnahme abgewartet werden muß, funktioniert dieser Kameraansatz sehr ruhig und gestattet rasch aufeinanderfolgende Belichtungen; bei dieser Bauart können die Einzelaufnahmen in Abständen von je einer Sekunde oder in noch kürzeren Zeitintervallen aufeinander folgen. Das Aus- und Wiederzurückschwingen der Rahmen erfolgt zwangläufig durch ein Uhrwerk: nach jeder einzelnen Teilaufnahme wird der jeweils vorderste Kassettenrahmen mit dem schon vorher in die Ruhestellung zurückgelangten Kassettenrahmen so weit zurückgedrängt, daß der nächste Kassettenrahmen seine Arbeitsstellung einnehmen kann. Der leitende Gedanke bei den Arbeiten Diernhofers war, die Handhabung des Apparates so einfach wie nur möglich zu gestalten; Diernhofer ging darauf aus, durch entsprechende Ausbildung des Momentverschlusses und Verbindung desselben mit dem Plattenwechsel- bzw. Filterwechselmechanismus die gesamte dreiteilige Aufnahme durch einen Druck auf den Auslöser auszuführen. Die mit großer Mühe fertiggestellten Modelle arbeiteten vollkommen einwandfrei; es ist nur bedauerlich, daß die äußerlich einfach erscheinende Apparatur in Wirklichkeit ziemlich kompliziert war, so daß einer Massenfabrikation ziemlich große Schwierigkeiten im Wege standen: so spielte die besondere Ausbildung des Momentverschlusses eine große Rolle;

dieser mußte folgendermaßen arbeiten: er wurde auf die den einzelnen Teilaufnahmen entsprechenden Belichtungszeiten eingestellt und mußte nach jeder Teilaufnahme zunächst das Objektiv schließen und hierauf eine Einstellscheibe selbsttätig in eine für die nächste Teilaufnahme erforderliche Stellung bringen. Hierauf wird das den Kassettenwechsel bewirkende Laufwerk automatisch ausgelöst, worauf dieses den Verschluß für die folgende Teilaufnahme wieder spannt; dieser Vorgang wiederholt sich selbsttätig so oft, als Teilaufnahmen erfolgen sollen. Eine besonders günstige Ausführungsform ergab sich dadurch, daß das den Verschluß betätigende Laufwerk in dem die Wechselvorrichtung für die lichtempfindlichen Schichtträger enthaltenden Kameraansatz angeordnet wurde und daß in dem den Verschluß mit dem Laufwerk verbindenden Auslöser (Bowden-Zug) eine lösbare Kupplung eingeschaltet war, welche durch den Aufzug oder Ablauf des Laufwerkes selbsttätig geschlossen und ausgelöst wurde. Die Brüder Hermann und Anton Diernhofer haben unter Aufwand von viel Zeit und nicht unbeträchtlichen Mitteln solche Dreifarbenkameras hergestellt und damit auch sehr brauchbare Aufnahmen erzielt, nach denen Diapositive nach dem Verfahren Traubes von der Uvachrom A.-G. in München hergestellt wurden. Durch den Tod des erstgenannten der Brüder Diernhofer sind die Arbeiten an diesen Kameras ins Stocken geraten.

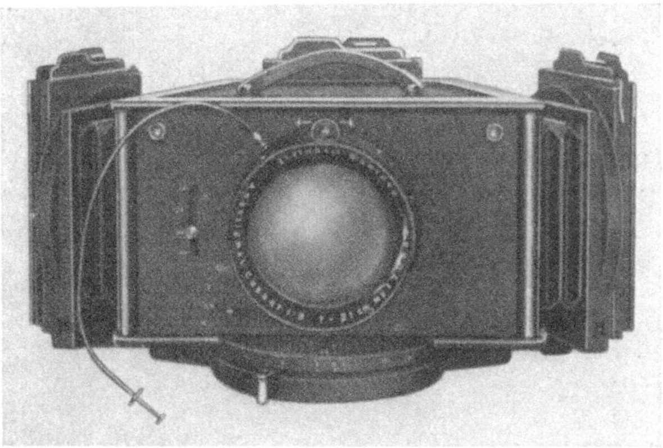

Abb. 247 a. Jos-Pe-Dreifarbenkamera mit einem Objektiv und Lichtteilungssystem (Vorderansicht)

c) Apparate mit einem Objektiv und einem Lichtteilungskörper. Im Gegensatz zu den bisher beschriebenen Geräten erfolgt hier die Aufnahme der drei Teilbilder nicht nacheinander sondern gleichzeitig; wir beabsichtigen nicht, die große Reihe der hieher gehörigen zum Teil sehr beachtenswerten und originellen Gedanken, die im Laufe der Jahre bekannt wurden, an dieser Stelle wiederzugeben, verweisen vielmehr auf Band VIII dieses Handbuches, Beitrag von E. J. Wall. Eine Konstruktion sei jedoch erwähnt, und zwar die Spezialkamera der Jos-Pe-Farben-photo-Gesellschaft m. b. H. in Hamburg. Das Konstruktionsprinzip dieser Kamera ist folgendes (vgl. Abb. 247a und b):

Ein Lichtstrahlenbündel, welches durch das Objektiv eintritt, wird durch einen Lichtteilungskörper in drei Teile zerlegt, wobei die Lichtmengenanteile der Plattenempfindlichkeit der verwendeten Platten bzw. den benutzten Filtern angepaßt sind.

Die gleichzeitige Scharfeinstellung aller drei Bilder erfolgt durch Drehung eines an der Vorderwand angebrachten Hebels mittels einer besonderen Vorrichtung (D. R. P. Nr. 420478, 420733, 420787 und 421495). Es genügt also, an Stelle einer Kassette eine Mattscheibe einzuschieben und auf dieser scharf einzustellen; dann haben ohneweiters auch die beiden anderen Bilder die gewünschte Schärfe. Die Apparate werden zur Zeit in zwei Größen hergestellt, und zwar:

α) Jos-Pe-Spezialkamera für Amateure. Plattengröße $4\frac{1}{2} \times 6$ cm (Querformat) mit Steinheil-Anastigmat 1 : 4, Brennweite $f = 10{,}5$ cm (Bildwinkel 40°), in Compur-Verschluß (1 Sek. bis $^1/_{100}$ Sek.), Gewicht zirka 2570 g.

β) Jos-Pe-Spezialkamera „Typ Uka". Plattengröße 9×12 cm (Hochformat) mit Steinheil-Spezialobjektiv 1 : 3,0, Brennweite $f = 18$ cm (Bildwinkel zirka 45°), in Compound-Verschluß (1 Sek. bis $^1/_{50}$ Sek.), Gewicht zirka 9000 g.

Jan Szczepanik in Wien hat schon vor etwa 25 Jahren eine Vorrichtung zur Erzielung gleicher Belichtungszeiten für alle Teilaufnahmen an Mehrfarbenkameras konstruiert, in denen die gleichzeitige Herstellung mehrerer Bilder mit Hilfe eines die Objektivöffnung teilenden Spiegel- bzw. Prismenkörpers erfolgt. Außerdem seien die Franzosen Rodolphe Berton in Assieu,

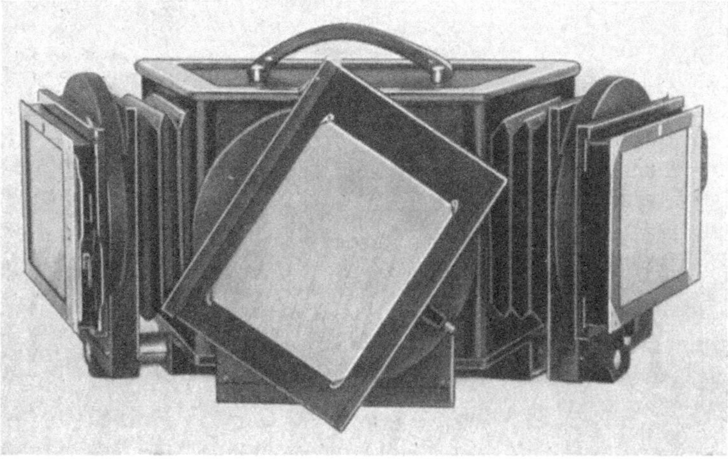

Abb. 247 b. Jos-Pe-Dreifarbenkamera (Rückenansicht, vgl. Abb. 247 a)

Maurice Audibert in Villeurbanne sowie Camille Nachet in Paris als Pioniere auf dem Gebiet der Konstruktion solcher Dreifarbenkameras erwähnt, bei welchen die drei Farbenauszüge gleichzeitig mittels eines Objektivs und entsprechender Prismen- bzw. Spiegelsysteme hergestellt werden.

d) Die Kleinbild-Farbenkamera. Josef Mroz in Wien beschäftigt sich seit Jahren mit der Farbenphotographie; er konstruierte eine Spezialkamera (D. R. P. Nr. 383 864), bei welcher ein Filmband als Schichtträger verwendet wird. Mroz bediente sich des gleichen Grundprinzips wie jene Vorgänger, welche die Aufgabe mit einem Objektiv und nacheinander erfolgenden Aufnahmen zu lösen anstrebten; der wesentliche Unterschied ist jedoch der, daß bei ihm die drei Teilbilder nicht auf Platten, sondern auf einem Filmband von der doppelten Breite des Normal-Kinofilms erzeugt werden, wobei für jede Teilaufnahme das notwendige Farbfilter automatisch vorgeschaltet wird. Die Einleitung der Bewegung von Filmband, Filter und Verschluß kann sowohl von Hand aus als auch durch ein Uhrwerk erfolgen; bei bester Beleuchtung und Verwendung von Filmen geeigneter Empfindlichkeit soll eine Gesamtbelichtungszeit von nur etwa $^1/_{20}$ Sek. genügen; vorausgesetzt ist dabei ein Objektiv vom Öffnungsverhältnis 1 : 3,1. Das Einzelbild ist quadratisch und hat die Größe 6×6 cm; die Spezialfilmrollen können bei Tageslicht ausgewechselt werden und reichen für 50 Aufnahmen. Die Herstellung von Diapositiven erfolgt zweckmäßig nach dem Uvachrom-Verfahren; Kopien auf Papier sind nach einem der bekannten Verfahren herzustellen.[1]

e) Apparate mit drei Objektiven. Nur wenig Apparate dieser Art sind bekannt geworden; u. a. ersann um 1900 William Norman Lascelles Davidson in Southwick eine Anordnung. welche aus drei parallel nebeneinander liegenden Einzelkameras bestand; diese waren (unter Einwirkung einer Feder) auf einem Schlitten so verschiebbar, daß sie nach Lösung von Sperrungen der Reihe nach an die gleiche Stelle gebracht werden konnten. Die Emil Busch A.-G. in Rathenow erhielt 1904 das D. R. P. Nr. 167 478 auf eine Kamera für Mehrfarbenphotographie zur gleichzeitigen Aufnahme der Teilbilder mit ganz nahe aneinander gerückten Objektiven; durch diese Annäherung der Objektive sollte der Fehler der Parallaxe so klein als möglich gemacht werden.

IV. Die Zubehörteile der photographischen Kamera

A. Die Kassetten

An den zur Aufnahme des Schichtträgers bestimmten Behälter, die „Kassette", wird, wie immer die Konstruktion dieses wichtigen Zubehörteiles beschaffen sein mag, die Forderung gestellt, daß sie lichtdicht abgeschlossen sei und daß die Ebene der lichtempfindlichen Schicht mit jener der matten Seite der Visierscheibe genau übereinstimme. Dem letzteren Umstande Rechnung zu tragen, wurde, wie eine große Zahl von diesbezüglichen Veröffentlichungen erkennen läßt, bereits frühzeitig versucht; das Problem ist keineswegs einfach und nur ein verhältnismäßig kleiner Teil der bezüglichen Vorschläge konnte in die Tat umgesetzt werden.

Die vollständige Übereinstimmung der Anliegeflächen für den Mattscheibenrahmen und die Kassette an der Kamera einerseits, die genaue Einhaltung eines bestimmten Abstandes der Schichtseite der Platte bzw. der mattierten Seite der Einstellscheibe von diesen Anliegeflächen andererseits ist infolge der jetzt so wesentlich gesteigerten Lichtstärke der Objektive sehr wichtig, da wegen der relativ geringen Schärfentiefe dieser Systeme der zulässige Spielraum bei der Einstellung an und für sich sehr gering ist. Schon im Jahre 1879 wurde nach Einführung der Bromsilber-Gelatine-Trockenplatten von E. Buchler vorgeschlagen, die Visierscheibe und die lichtempfindliche Platte an vier Metallstiften anliegen zu lassen, wodurch eine unbedingte Übereinstimmung der beiden in Betracht kommenden Ebenen erreicht wird; obwohl dieser Vorschlag für die Handkamera der Gegenwart nicht anwendbar ist, so zeigt er doch das Verständnis der damaligen Zeit für die Wichtigkeit der Frage. Als noch das sogenannte „nasse Verfahren" vorwiegend in Anwendung war, trugen die Kassetten im Inneren Ecken aus Glas, die zum Halten der Platte dienten; vergleicht man damit die überaus kompendiöse Form und den einfachen Aufbau der heutigen Blechkassetten für Handapparate, so erkennt man, wie sehr die Einführung der Trockenplatte auf die Entwicklung der Kassetten bestimmend wirkte.

64. Die Blechkassetten für Handkameras. Die bekannteste Form der einfachen Blechkassette, welche unter dem Namen „Millionenkassette" noch heute (als einziges Modell ohne Falz) im Handel ist, besteht aus drei Teilen: dem eigentlichen Blechgehäuse, dem Fokusfedereinsatz und dem Schieber, der zwischen den beiden erstgenannten Teilen seine Führung findet; der Fokusfedereinsatz trägt, wie schon sein Name sagt, die Federn, die den Schichtträger

[1] Vgl. Die Kinotechnik, 1928, S. 163.

von unten gegen seine Anlage drücken und somit seine Lage fixieren. Die Abdichtung der Kassette wird durch einen Plüschstreifen erzielt, der an der Einführungsseite des Schiebers auf dem Fokusfedereinsatz befestigt ist; letzterer wird durch Umlegen der offenen schmalen Gehäusekante gegen das Herausfallen gesichert. Gustav Geiger in München erhielt im Jahre 1906 das beachtenswerte D. R. P. Nr. 179929 auf eine durch die Belichtungsöffnung zu beschickende photographische Kassette mit Gegendruckfeder und einem Fingerausschnitt in der die Platte übergreifenden Rahmenleiste.

Bei allen Kassetten dieser Art, bei denen die Platten von der Seite des Belichtungsschiebers her eingelegt, mittels Federn unter eine übergreifende Brücke gedrückt und so festgehalten werden, geschieht es zuweilen, daß die Platte durch einen Stoß unter der Brücke fortgleitet und in die Höhe springt; wird jetzt der Kassettenschieber herausgezogen, so hebt sich die Platte noch mehr und kann in die Kamera fallen bzw. der Schieber kann nicht mehr eingeschoben werden. Dr. Rud.

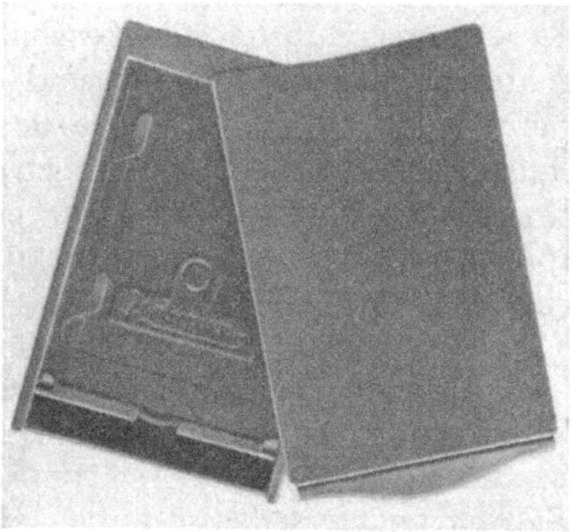

Abb. 248 a. Normalfalzblechkassette für Platten 9 × 12 cm (Ausführung von Voigtländer & Sohn A.-G., Braunschweig). Die Kassette besteht aus dem eigentlichen Gehäuse, dem mit diesem durch Nietung oder Schweißung fest verbundenen Fokusfedereinsatz, der Plattenhaltevorrichtung, der Plüschabdichtung und dem Kassettenschieber (vgl. Abb. 248 b). Äußere Abmessungen der Kassette samt Schieber 16,4 × 10,1 × 0,45 cm, Gewicht leer zirka 140 g

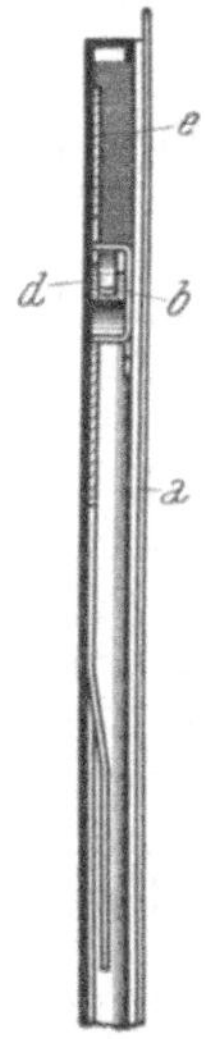

Abb. 248 b. Normalfalzblechkassette (Schnitt, vgl. Abb. 248 a). *a* Gehäuse, *b* Fokusfedereinsatz, *d* federnde Haltevorrichtung, *e* Abdichtung (Plüsch zirka 19 mm breit). Die Kassette ist aus doppelt gebeiztem Eisenblech mit besonders glatter Oberfläche hergestellt. Durch die Plattenhaltevorrichtung geht ein kleiner Teil der Bildfläche verloren

Krügener in Frankfurt a. M. hat bereits um das Jahr 1900 Verbesserungsvorschläge in dieser Richtung gemacht (D. R. P. Nr. 121804) und einige Jahre später (1905) eine Kassette mit einer Festhaltevorrichtung für die Platten (D. R. P. Nr. 181562) konstruiert; diese besteht aus einer die Kassette nahezu ihrer ganzen Breite nach durchsetzenden, federnd gegen die Platte gedrückten und diese in geeigneter Weise übergreifenden Leiste. Diese Art von Kassetten, bei denen die Platte auf der einen Schmalseite gegen den Fokusfedereinsatz drückt und erst nach Betätigen einer federnden Haltevorrichtung auf der Einführungsseite des Schiebers herausgenommen werden kann, haben sich bis heute prinzipiell erhalten; die in Abb. 248 a und b dargestellte Kassette (Voigtländer & Sohn, A. G.) läßt die innere Einrichtung einer solchen Kassette erkennen.

Um die Platte sicher festzuhalten und ihr Herausnehmen doch leicht zu machen, hat das Süddeutsche Camerawerk G. m. b. H. Körner & Mayer in Sontheim — Heilbronn a. N. im Jahre 1902 eine eigenartige Vorrichtung konstruiert: sie besteht aus einer scharnierartig nach außen klappenden Platte, die durch Federn gegen einen Anschlag gepreßt wird, die stärker als die Kassetten-Fokusfedern sind; beim Einlegen einer Platte wird die Klappe entgegen der Federwirkung hochgeklappt. G. HOHMANN in Barmen verbesserte diese Einrichtung dadurch, daß er die federnde Klappe mit einer durchgehenden Stange verband, welche durch einen an der Außenseite der Kassette in einer Vertiefung liegenden Hebel bewegt werden kann und gegen unbeabsichtigtes Verdrehen gesichert ist. E. KONTOROWICZ in Charlottenbrunn (Schlesien) machte 1919 eine Vorrichtung bekannt, bei welcher der Kassettenkörper an einer Seite eine nach außen federnde Klappe trägt, die beim Nach-Innendrehen das herausfedernde Plattenende erfaßt, bis in die Fokusebene mitnimmt und in dieser Lage durch einen federnden, einschnappenden Riegel festgehalten wird (D. R. P. Nr. 319491).

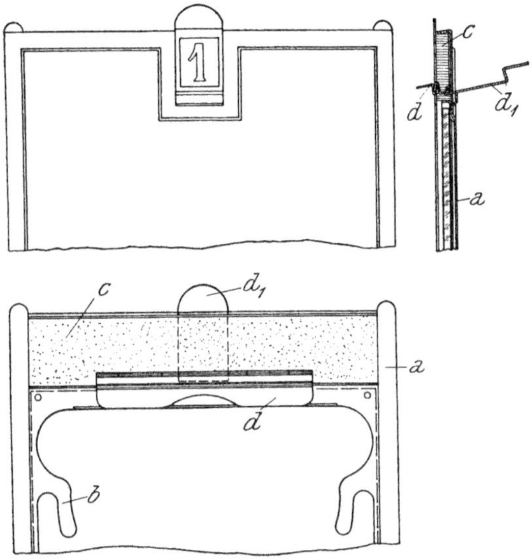

Abb. 249. Normalfalzblechkassette mit außerhalb angeordneter Handhabe (AGFA-Kassette, D. R. P. Nr. 486987). Im äußeren Gehäuse *a*, das auf den Längsseiten die Führungsnuten trägt, ist der Fokusfedereinsatz *b* durch Nietung oder Schweißung befestigt. Durch das Dichtungsmaterial *c* (Plüsch) wird verhindert, daß der Schichtträger von Nebenlicht getroffen wird. Die Handhabe *d* d_1 ist scharnierartig am Gehäuse *a* angelenkt und von außen zu betätigen

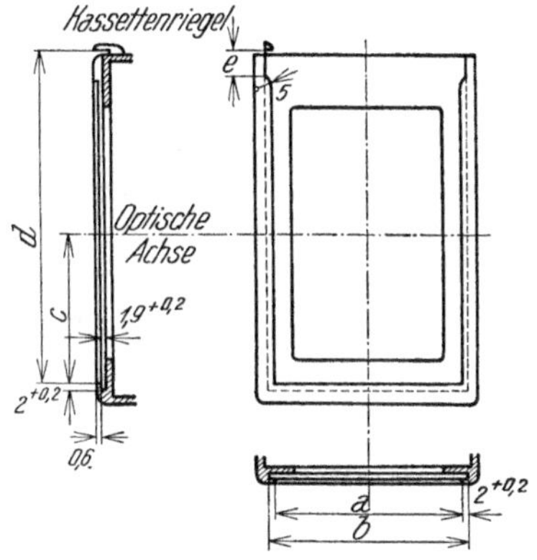

Abb. 250. Normalisierung des Falzes für die Mattscheibe bzw. Kassette an Plattenkameras. Die größte Breite des Falzes *b* ergibt sich aus *a* + 2 mm (einschließlich einer Toleranz von + 0,2 mm) auf jeder Seite. Die Gesamtlänge des Falzes, welcher oben offen ist, wird durch das Maß *d* bestimmt, wozu auf der unteren Seite noch 2 mm (+ 0,2 mm Toleranz) kommen. Die Dicke des Falzes beträgt 1,9 + 0,2 mm. Vgl. Tab. 36 (Din 4501)

Da der Wunsch nach bequemer Handhabung der Kassette unter Berücksichtigung der Lichtverhältnisse in der Dunkelkammer begreiflich ist, war der Erfindergeist bei der Vervollkommnung der Blechkassetten besonders rege. Weil die Dimensionen dieser Kassetten mit Rücksicht auf ihr Gewicht gewisse Größen nicht überschreiten durften, sind nur wenige der vielen einschlägigen Vorschläge zur Ausführung gelangt. Eine eigenartige Konstruktion zeigt die neue AGFA-Kassette, bei welcher die Haltevorrichtung für die Platte in bereits früher bekannt gewordener Weise am Gehäuse scharnierartig, jedoch so angelenkt ist, daß die Platte ohne jede Federwirkung, lediglich durch Umlegen einer durch die Gehäusewandung nach außen durchgeführten Handhabe freigegeben bzw. festgelegt wird. Die Idee ist zweifellos originell; Einzelheiten sind aus Abb. 249 ersichtlich. (Ebenfalls von außen zu betätigen ist z. B. die Anlegekassette der ICA A. G., wobei hier die federnde Haltevorrichtung der Platte durch Verschiebung eines durch die Rückwand geführten Griffes betätigt wird.)

Oft ist es aus irgend einem Grunde erwünscht, den Kassettenschieber nicht ganz herausziehen bzw. aus der Hand legen zu müssen; um die Gewißheit zu haben, daß die Platte vollkommen freigelegt ist, genügt eine äußere Markierung am Schieber, die jederzeit angebracht werden kann. M. BALDEWEG in Dresden hat 1920 diesem Wunsche dadurch Rechnung getragen, daß er den Schieber fabrikmäßig mit Einprägungen (z. B. einer Reihe zur Schmalseite des Schiebers parallel laufender punktförmiger Vertiefungen) versehen hat (D. R. G. M. Nr. 754384).

Die Ausbildung des Falzes hat im Laufe der Jahre sehr viel Wandlungen durchgemacht; es ist verständlich, aber sehr bedauerlich, daß hier jede Firma ihre eigenen Wege gegangen ist. Neben der erwähnten Millionenkassette ohne Falz kam (ganz abgesehen von den äußeren Maßen der Kassetten) eine große Reihe von Kassettenabarten auf den Markt, die sich äußerlich oft nur wenig, aber doch so viel unterschieden, daß ein Austausch untereinander unmöglich war. Allmählich scheint hier durch Einführung der Normalfalzkassette, deren Maße vom NORMENAUSSCHUSS DER DEUTSCHEN INDUSTRIE festgesetzt wurden, eine Besserung einzutreten. Eine der ersten Firmen, die sich mit der Ausbildung des Falzes der Blechkassette beschäftigte, war R. HÜTTIG & SOHN in Dresden. Diese Firma schuf bereits im Jahre 1904 Modelle mit eingedrückten Nuten auf zwei Seiten der Kassette; die Nuten dienten zum Einschieben der Kassette in die Kamera (D. R. G. M. Nr. 235255 und 235256).

Tabelle 36. Din-Blatt 4501. Kamerafalz für Blechkassetten (Vgl. hiezu Abb. 250)

Kamerafalz			Phototechnik					Din 4501		
Plattenformat	*a*	Zulässige Abweichung	*b*	Zulässige Abweichung	*c*	Zulässige Abweichung	*d*	Zulässige Abweichung	*e*	Zulässige Abweichung
4,5 × 6 cm	52,5		56,5		39,5		86		7	
(6 × 9 cm) 6,5 × 9 cm	72		76		54		118		9	
9 × 12 cm	97		101		72,5		149		9	
13 × 18 cm	141	+ 0,3	145	+ 0,3	101	± 1	208	+ 0,3	9	+ 0,5
4,5 × 10,7 cm	52,5		56,5		68,5		139		7	
6 × 13 cm	67		71		76,5		158		9	
(9 × 14 cm)	97		101		83		170		9	
10 × 15 cm	108		112		87,5		180		9	
$3^{1}/_{4} \times 4^{1}/_{4}$ Zoll[1]	90		94		66,5		137		9	

Die eingeklammerten Werte sind möglichst zu vermeiden. Maße in mm.

Januar 1928. Verein der Fabrikanten photographischer Artikel.

Im Jahre 1911 machten die CONTESSA-CAMERA-WERKE G. m. b. H. in Stuttgart eine Ausführungsform bekannt, bei welcher die Kassette an den Längsseiten schräge Führungsflächen besitzt; der leitende Gedanke dabei war, eine Verwendung der Kassette bei verschiedenen Kameras des gleichen Formats zu ermöglichen.

[1] Auslandsformat.

Es gibt zahlreiche Vorschläge, das Eindringen von Licht bei ganz herausgezogenem Kassettenschieber zu verhindern: z. B. in Form einer sich federnd über den Schlitz legenden Drehklappe (D. R. P. Nr. 339067 für VOIGTLÄNDER & SOHN A.-G. und D. R. P. Nr. 343992 für E. KOHLHAMMER); noch häufiger waren die Bemühungen, eine Anordnung ähnlich wie bei Holzkassetten zu treffen, bei denen der Schieber nach dem Ausziehen umlegbar ist (Dr. KRÜGENER, PETER RODA, WILHELM CHELIUS usw.).

Der als Lichtdichtung heute allgemein verwendete Plüschstreifen ist so zuverlässig, daß der etwa 0,35 mm dicke Schieber während der Aufnahme ohne Nachteil ganz herausgezogen werden kann; nach einer Anregung M. BALDEWEGS in Dresden kann der Deckschieber zwecks Erhöhung der Dichtigkeit eventuell am Rand sägezahnartig durchgedrückt werden, so daß die durchgedrückten Stellen in den Plüsch hineinragen. Bei der Balda-Patentkassette ist außerdem eine Schiebermarkierung vorgesehen, welche das vollständige Herausziehen des Schiebers überflüssig macht. Der Plüsch ist beim Nichtgebrauch der Kassette am besten geschützt, wenn der Schieber nicht in der Kassette, sondern getrennt davon aufbewahrt wird.

Bei den Millionenkassetten wurde von Dr. KRÜGENER auf der Rückseite ein durchbrochenes Metallblech vorgesehen, das zum Festhalten eines unter ihm liegenden Notizstreifens dient.

Bezüglich der Ausführung der Blechkassetten ist zu bemerken, daß hauptsächlich auf unbedingte Sicherheit gegen Eindringen von Licht zu achten ist; diese Forderung erstreckt sich insbesondere auf die Eckverbindungen der Kassette sowie auf die Befestigung der Fokusfedereinsätze. Während die Befestigung der Fokusfedereinsätze vielfach durch Vernietung mit dem Hauptkörper bewerkstelligt wurde, fand für die Eckverbindung meist Lötung oder elektrische Schweißung Verwendung; MAX BALDEWEG, Inhaber der BALDAWERKE in Dresden, ersetzte im Jahre 1915 dieses Verfahren durch autogene Schweißung, wodurch die aufeinanderliegenden Flächen nicht nur eine nahezu unlösbare, sondern auch dichte Verbindung eingehen, ohne daß irgendwelche vorspringenden Teile entstehen (D. R. P. Nr. 294752).

In letzter Zeit macht sich das Bestreben geltend, Metalldoppelkassetten, ähnlich den Holzdoppelkassetten, herzustellen. M. BALDEWEG benutzt den einfachsten Weg, indem er die Doppelkassette aus zwei einfachen Kassetten zusammensetzt, deren Rückwände in beliebiger Weise zusammengesetzt sind.

65. Kassetteneinlagen. Auch bei Blechkassetten ist die Benutzung von Einlagen möglich, die jedoch meist die Bildebene um eine Blechstärke, d. i. um etwa 0,3 mm verlegen; daß dieser Betrag bei Verwendung lichtstarker Objektive eine Rolle spielt, bedarf keiner besonderen Betonung.

Die Firma VOIGTLÄNDER & SOHN A.-G. hat diesem Umstand durch Schaffung einer Neukonstruktion Rechnung getragen; diesbezügliche Einzelheiten sind im D. R. G. M. Nr. 1075536 niedergelegt.

Die üblichen Abstufungen der Einlagen für Blechkassetten sind in Tabelle 37 zusammengestellt.

Tabelle 37. Einlagen in Blechkassetten

In Kassetten	6,5 × 9 cm	9 × 12 cm	10 × 15 cm	13 × 18 cm
Einlagen für Platten	4,5 × 6 cm	4,5 × 6, 6,5 × 9, 8 × 10,5, 8,5 × 8,5 cm	6,5 × 9, 9 × 12 cm	9 × 12, 10 × 15 cm

Um das Einlegen von Farbrasterplatten zu erleichtern und deren Schicht zu schonen, hat die Ica A. G. besondere Autochromkassetten auf den Markt gebracht, die auch für gewöhnliche Platten und Flachfilme verwendbar sind; diese Kassetten sind sowohl zum Anlegen als auch zum Einschieben geeignet.

Bei dieser Gelegenheit sei der von der gleichen Firma hergestellte „Briefmarken-Multiplikator" erwähnt, der dazu dient, auf einer 9 × 12 cm-Platte 12 Aufnahmen in Briefmarkengröße herzustellen; dazu kann das Normalobjektiv der Kamera Verwendung finden (es handelt sich dabei entweder um Reproduktionsaufnahmen oder um direkte Personenaufnahmen).

66. Vorrichtungen zur Verhütung von Doppelbelichtungen. Schon bei Einführung der Doppelkassetten für Reiseapparate (diese waren meist mit Doppelkassetten ausgestattet) ereignete es sich häufig, daß trotz Numerierung aus Versehen eine Platte doppelt, eine andere Platte gar nicht belichtet wurde. Als Mittel zur Verhütung solcher oft nicht wieder gut zu machender Fehler wurde und wird die Kassette einfach durch Bleistiftmarkierung oder ein Papieretikett gekennzeichnet; überdies hat es nicht an verschiedenen Versuchen gefehlt, eine ganz oder teilweise selbsttätige Sicherung zu schaffen. Es sind fast immer die gleichen Mittel, die dabei angewandt wurden, und zwar handelt es sich fast stets um Vorrichtungen folgender Art: sobald der Kassettenschieber einmal herausgezogen ist, tritt irgend eine Kennmarke oder ein Hindernis (am Kassettenrahmen oder am Schieber angebracht) mechanisch selbsttätig oder halbautomatisch in Funktion und erregt die Aufmerksamkeit des Arbeitenden. Die Zahl der Erfindungen auf diesem Gebiete ist außerordentlich groß; fast keine dieser Konstruktionen hat sich länger auf dem Markt erhalten, und zwar wohl deshalb, weil eine derartige Anordnung den Preis der Kassette erheblich erhöht, nicht zuverlässig genug arbeitet und meist die Lichtdichtigkeit gefährdet. Die Einsichtnahme in die Patente und Gebrauchsmuster der Klasse 57 a, Gr. 11 (Deutschland) zeigt, wie viele einschlägige Erfindungen vorliegen. Eine der ersten hieher gehörigen Vorrichtungen war folgendermaßen beschaffen: ein im Rahmenstück der Kassette angebrachter Schieber wird durch einen aus der Kamerawand hervorstehenden Anschlagstift beim Einschieben der Kassette in seiner Führung derart verschoben, daß er eine vorher durch ihn zurückgehaltene federnde Klinke so weit über die Oberfläche der Kassette hervortreten läßt, daß ein erneutes Einschieben der Kassette verhindert wird. Weitaus größer ist die Zahl der bekannt gewordenen Ausführungsformen, bei denen die Sicherung lediglich zwischen der Kassette und deren Schieber angeordnet ist; so hat z. B. K. Gödeke in Zittau einen Belichtungsanzeiger erfunden (D. R. P. Nr. 423 202), bei dem ein mit Marken (Zahlen) versehenes Schaltrad durch Öffnen und Schließen des Deckschiebers verstellt wird. Die Fortbewegung des Schaltrades erfolgt selbsttätig, sobald ein entsprechend ausgebildeter Winkelhebel am Schieber beim Einführen desselben in die Kassette an den Rand des Gehäuses stößt.

Einen verhältnismäßig sehr einfachen Belichtungsanzeiger für Blechkassetten hat die Firma Balda-Werke in Dresden eingeführt; er besteht aus einer scharnierartig und federnd am Schieber angebrachten kleinen Klappe mit der Bezeichnung „Belichtet", welche nach dem Einlegen der Platte zwischen Schieber und Plüschdichtung geklemmt wird, in dieser Lage also unsichtbar ist; beim Aufziehen des Schiebers wird diese Markierung freigelegt und dadurch der Vermerk „Belichtet" lesbar. Unbedingte Sicherheit dafür, daß die Vorrichtung richtig anzeigt, ist nur dann vorhanden, wenn man nicht vergessen hat, die Klappe beim Einführen des Schiebers umzulegen (vgl. Abb. 251).

Das einfachste und zuverlässigste Mittel zur Verhütung einer Doppelbelichtung ist zweifellos dadurch gegeben, daß der Schieber der Kassette mit deren Gehäuse durch ein dünnes Etikett verklebt wird, das beim Aufziehen des Schiebers zerreißt.

67. Anlegekassetten. Die meisten Kassetten für Handapparate werden an der Kamera dadurch festgehalten, daß sie der Länge nach in Falze bzw. unter Nuten geschoben werden, welche auch zum Festhalten des Mattscheibenrahmens dienen und entweder einen Teil des Gehäuses bilden oder durch Anordnung eines besonderen Führungsrahmens am Gehäuse gebildet werden. Es wurden bereits vor Jahrzehnten Einrichtungen bekannt, welche gestatten, die Kassette zunächst einzusetzen, dann etwas zur Seite zu schieben und schließlich mittels eines Riegels zu befestigen. Außerdem sind Ausführungen in den Handel gekommen, bei denen die Kassette unter einen aufzuklappenden Rahmen gelegt wird, der beim Schließen die Kassette hält, oder die Kassette wird hinter den zurückfedernden Mattscheibenrahmen gesteckt, welcher sie festhält.

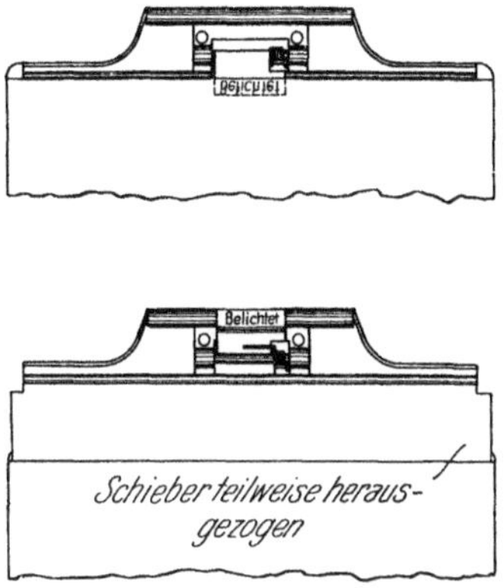

Abb. 251. Normalblechkassette mit Vorrichtung zur Verhütung von Doppelbelichtungen (Balda-Werke, Dresden). Am Schieber ist eine kleine federnde Klappe scharnierartig befestigt; diese trägt die Bezeichnung „Belichtet". Die Markierung ist nur dann lesbar, wenn der Kassettenschieber mit oder ohne Absicht herausgezogen wurde

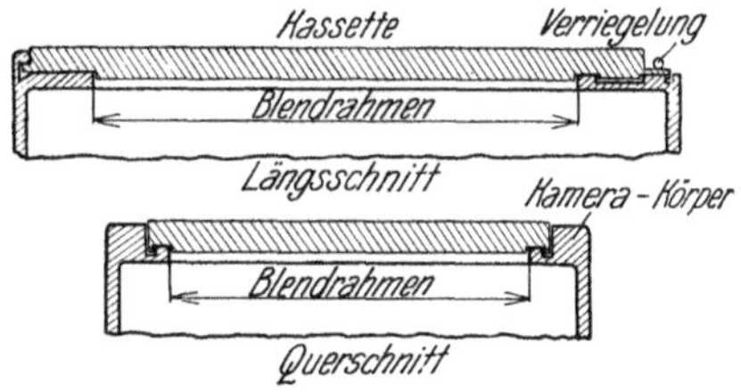

Abb. 252. Anlegekassette (schematische Darstellung)

Speziell für Blechkassetten hat Dr. R. Krügener im Jahre 1905 eine Haltevorrichtung geschaffen (D. R. P. Nr. 173708), welche deshalb erwähnenswert ist, weil sie als grundlegend bezeichnet werden kann; die Konstruktion gestattet, die Kassette gegen das Hinterteil der Kamera zu legen, ohne sie auch nur auf eine kleine Strecke in die Kamera einschieben und ohne die Dicke der Kamera erhöhen zu müssen. Im wesentlichen besteht die Vorrichtung aus zwei parallel zu den Schmalseiten der Kassette verlaufenden Schienen, von denen die untere an der Kamera starr befestigt, die obere hingegen auf irgendeine Weise beweglich an der Kamera angeordnet ist; natürlich muß die Kassette unten abgesetzt und auf der Seite des Schiebers so ausgebildet sein, daß Licht von außen nicht eintreten kann. (Siehe auch D. R. P. Nr. 227593 für Ica A. G., Dresden, und D. R. P. Nr. 249848 für A. H. Rietzschel, München).

Der Vorzug der modernen Anlegekassette ist nicht allein im Fortfall des Plüsches zu sehen, sondern auch in der vollkommen erschütterungsfreien Arbeitsweise beim Austausch der Kassette gegen die Mattscheibe nach erfolgter Einstellung der Kamera; die Konstruktion z. B. der Ica-Anlegekassette ist so beschaffen, daß das Licht in ihr mehrmals unter rechten Winkeln um die Ecke gehen muß; da alle Flächen mattschwarz lackiert sind, eventuell eintretendes Licht also nicht reflektieren, ist Gewähr für lichtdichte Verbindung der Kassette mit dem Kamerakörper geboten (vgl. Abb. 252). Trotz aller Vorzüge hat sich die Anlegekassette bei Handkameras nur wenig eingebürgert.

68. Die Filmpackkassette. Die Filmpackkassette ist eine besondere Form der Blechkassette und unterscheidet sich von dieser zunächst dadurch, daß in sie als Negativmaterial nicht Glasplatten, sondern Planfilme eingelegt werden, die in besonderen Packungen (sogenanntem Filmpack) zu je 12 Stück in den Handel kommen und nach dem Herausziehen der letzten Lasche wieder herausgenommen werden können. (Der Filmpack wird bei Tageslicht eingelegt.) Vgl. Abb. 253. Die Belichtung erfolgt genau so wie bei Platten nach Herausziehen des Kassettenschiebers durch Auslösung des Verschlusses. Der größte Vorzug des Filmpacks gegenüber Platten ist neben der Unzerbrechlichkeit der Filme sein geringes Gewicht; die Gewichtsersparnis ist sehr groß. Eine leere Filmpackkassette 9 × 12 cm

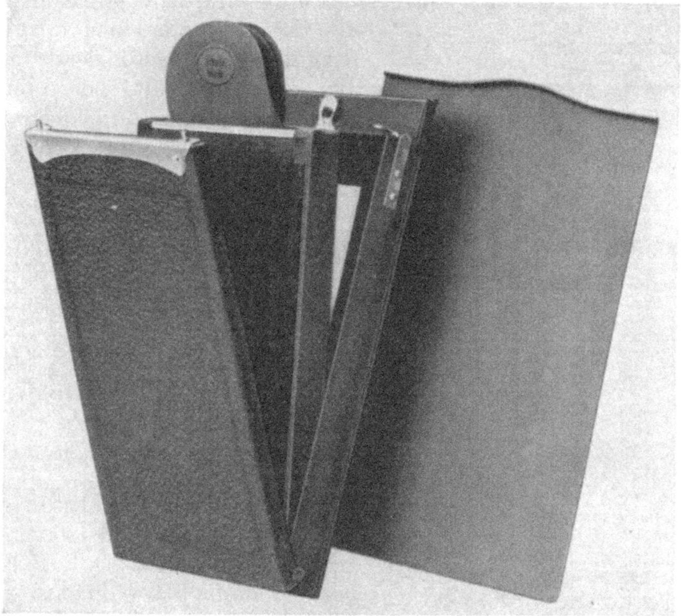

Abb. 253. Metallfilmpackkassette, teilweise geöffnet, mit herausgezogenem Schieber. Format 9 × 12 cm. (Ausführung von Voigtländer & Sohn, A.-G., Braunschweig.) Gewicht der Kassette leer zirka 195 g, Gewicht der Kassette mit Filmpack zirka 310 g

wiegt etwa 190 g, ein Filmpack für 12 Aufnahmen zirka 110 g, beides zusammen also rund 300 g; hingegen wiegt eine normale Blechkassette mit einer Platte 9 × 12 cm zirka 140 g, 12 Stück demnach 1680 g, d. i. mehr als das Fünffache. Dazu kommt, daß zum Wechseln der ganzen Packung keine Dunkelkammer erforderlich ist; auch einzelne belichtete Filme können der Packung ohne Gefährdung der Lichtsicherheit entnommen werden.

Der Aufbau der Filmpackkassette ist folgender: derjenige Teil, in dem der Schieber geführt wird, entspricht nahezu vollkommen dem entsprechenden Teil der einfachen Kassette, denn die Auswechselbarkeit beider Arten von Kassetten an ein und derselben Kamera ist eine selbstverständliche Forderung; infolge der größeren Dicke des Filmpacks ist lediglich ein Ansatz erforderlich, der dem Umfang des Filmpacks angepaßt und mit einem selbsttätig verriegelbaren Abschlußdeckel versehen ist, welcher die eindeutige Lage des Filmpacks sichert (vgl. Abb. 254). Da die zum Teil aus Papier, zum Teil aus Metall hergestellte äußere Hülle des Filmpacks in Richtung der optischen Achse (wenn auch nur wenig) mehr Raum beansprucht als die Plattenkassette, können die Ebenen der Schichtträger in beiden Kassettenarten nicht zusammenfallen; bei Verwendung lichtstarker Objektive mit voller Öffnung ist diesem Umstande ev. durch Änderung der Einstellung Rechnung zu tragen, wird hingegen mit abgeblendetem Objektiv gearbeitet, so wird sich diese geringe Verlagerung des Schichtträgers kaum bemerkbar machen.

Wie bereits angedeutet, ist der größte Vorzug des Filmpacks sein geringes Gewicht; dieser Unterschied ist so groß und die Annehmlichkeit seiner Handhabung so verlockend, daß der geringe Mehrpreis und der eventuell vorhandene Nachteil der geringfügigen Unebenheit des Schichtträgers (insbesondere bei größeren Formaten) in Kauf genommen werden. Leider sind auch bei dieser Art des Negativmaterials die Normungsarbeiten noch nicht genügend fortgeschritten.

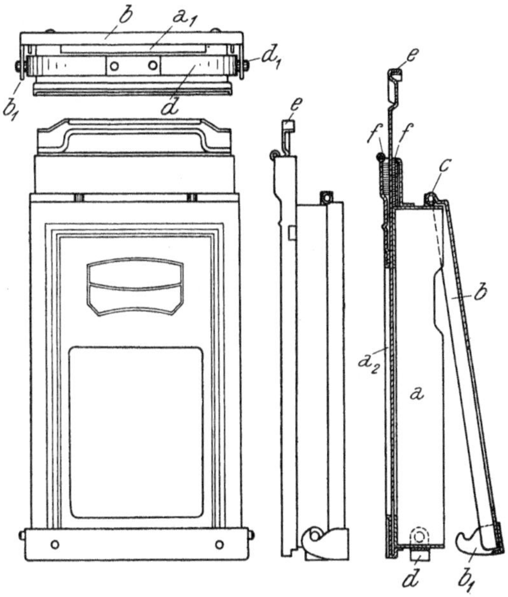

Abb. 254. Filmpackkassette. Schematische Darstellung. Ausführung von ZEISS-IKON A.-G., Dresden. a äußeres Gehäuse mit Aussparungen a_1 und a_2, b Deckel mit Halteorganen b_1 und Scharnier c, d federnder Bügel mit den Stiften d_1, e Schieber (teilweise herausgezogen), f Abdichtung (Plüsch)

69. Der „Reicka“-Adapter mit federnder Mattscheibe. Bei den ersten Flachfilm- bzw. Platteneinzelpackungen für Tageslichtwechslung war es meist notwendig, einen Adapter zur Aufnahme der Packung und zur Aufhebung der Fokusdifferenz zu verwenden. Um die Benutzung einer besonderen Mattscheibe zu umgehen, hat man im Adapter selbst herausnehmbare oder federnd befestigte Mattscheiben untergebracht; die Folge davon war eine größere Tiefenabmessung der Adapter sowie die Gefahr des Zerbrechens der Mattscheibe.

Die Firma EMIL WÜNSCHE A. G. FÜR PHOTOGRAPHISCHE INDUSTRIE in Reick bei Dresden hat im Jahre 1907 in dieser Beziehung eine wesentliche Verbesserung (D. R. P. Nr. 192804) angegeben: es wurde ein aus zwei aneinanderliegenden Rahmen bestehender Adapter verwandt, bei dem die Mattscheibe in dem einen dieser beiden Rahmen starr befestigt ist; die zur Verbindung der beiden Rahmen dienenden federnden Elemente an ihrer Ober- und Unterseite sind so ausgebildet, daß ohne eingelegte Film- oder Plattenpackung der die Mattscheibe tragende bewegliche Rahmen am festsitzenden Rahmen anliegt. Die matte Seite der Mattscheibe liegt in diesem Falle in der gleichen Ebene wie die Schicht des Schichtträgers bei der Aufnahme, während bei eingelegter Film- oder Plattenpackung der eben genannte bewegliche Rahmen infolge des Vorhandenseins der federnden Verbindungselemente um die Stärke der Packung von dem festsitzenden Teile des Adapters absteht. Bei der endgültigen Ausführungsform des „Reicka-Adapters“ wird die aus zwei ineinandergeschobenen Papphülsen bestehende „Reicka-Platten-Kassette“ zwischen den Träger der Mattscheibe und den in den Kamerafalz eingeschobenen Rahmen gebracht; sowohl die innere die Platte tragende, als auch die den Schieber ersetzende äußere Hülle sind bezüglich ihrer gegenseitigen Lage durch entsprechende Vorsprünge gesichert. Der größte Vorzug des Reicka-Adapters gegenüber Blech- oder Doppelkassetten ist sein geringes Gewicht; eine leere Papphülse für das Format 9 × 12 cm wiegt etwa 20 g, eine leere Blechkassette etwa 110 g, d. i. das 5½fache. In Fällen, wo eine größere Anzahl von Aufnahmen nacheinander zu machen ist, ist die Gewichtsersparnis also sehr beachtenswert.

70. Die Plattenpacks. In Analogie zu den heute allgemein gebräuchlichen und wegen ihres geringen Gewichtes gern benutzten Filmpacks entstanden die sogenannten Plattenpacks. Wie schon der Name sagt, handelt es sich dabei um eine Zusammenfassung mehrerer Platten zu einer geschlossenen Packung; mit dieser Art Tageslichtwechselpackungen photographischer Platten ist, da nur eine Kassette in Frage kommt, zweifellos eine Gewichtsersparnis verbunden. MICHAEL LESJAK in Augsburg erhielt im Jahre 1920 die D. R. P. Nr. 328192 und 350840, auf die unter dem Namen „LESJAK-Plattenpack" bekannt gewordene Einrichtung; die Neuerung erstreckte sich in der Hauptsache auf eine mitsamt den photographischen Platten bewegliche, zur Schonung der Emulsion zwischen den Platten angeordnete Schutzunterlage, welche aus Papier bzw. anderen biegsamen Stoffen besteht.

Etwas später erhielt FRANZ PILLER in München die D. R. P. Nr. 396745, 405448 und 419032 auf eine Tageslichtwechselkassette für Filme oder Platten, bei welcher die belichteten Platten nacheinander durch einen Haken heraufgezogen werden, wobei der Haken an der Wechsellade längs einer Skala verschiebbar ist; Einzelheiten sind in den angegebenen Patentschriften zu finden.

Eine der letzten Neuerungen auf diesem Gebiete (1925) ist der „AGFA-Plattenpack" für Tageslichtladung und -Entwicklung; er besteht in der Hauptsache aus drei Teilen, und zwar:

1. dem Adapter mit Zählvorrichtung, welcher an Stelle der Kassette an die Kamera geschoben wird;
2. dem eigentlichen Plattenpack für 5 Aufnahmen;
3. dem Tank für die Entwicklung. Gewicht leer zirka 220 g.

Das Wesen der Erfindung (D. R. P. Nr. 443376) besteht darin, daß die mit Schiebern versehenen ausziehbaren Laden der Kassette als Plattenpackungen ausgebildet sind, in denen die photographischen Platten verkauft werden; nach einmaligem Gebrauch, d. h. nach Belichtung und Entwicklung der Platten, werden die Packungen (Laden) weggeworfen, während der Außenbehälter (Adapter) gewissermaßen einen Teil der Kamera bildet und mit ihr lösbar verbunden ist.

Die Handhabung des AGFA-Plattenpacks ist sehr einfach; zunächst wird der Pack ganz in den Adapter geschoben, hierauf wird für die erste Aufnahme der Deckschieber bis zum Anschlag herausgezogen und dann kräftig ins Gehäuse zurückgeschoben. Nach erfolgter Belichtung wird die ganze Packhülle wieder aus dem Adapter herausgezogen, um die belichtete Platte im Pack zu wechseln, und dann wieder zurückgeschoben. Nachdem so alle fünf Platten belichtet sind (was eine Zähluhr anzeigt), kann der Pack endgültig aus dem Adapter entfernt und zwecks Entwicklung und Fixierung in den zunächst leeren Tank gebracht werden. Damit die einzelnen Platten sich während der Entwicklung nicht berühren, der Entwickler also zu jeder einzelnen dazutreten kann, sind sie mit später abstreifbaren metallenen Randleisten versehen.

71. Die Wechselmagazine. Die Idee, mehrere Platten in einem lichtdicht abgeschlossenen Behälter so anzuordnen, daß sie bei Tageslicht der Reihe nach zwecks Belichtung in die Bildebene und nach erfolgter Belichtung entweder in einen besonderen Behälter oder an die unterste Stelle des Plattenmagazins selbst gelangen, ist schon frühzeitig ausgearbeitet worden.

Zuerst (um 1890) wurden die sogenannten Magazinkameras bekannt; es sei dabei an die von Dr. R. KRÜGENER in den Handel gebrachten „Simplex-

Magazinkameras“ und die „Normal-Simplexkameras“ erinnert, bei denen die einzelnen Platten zum Belichten der Reihe nach in die unter dem Magazin liegende Kamera geschoben wurden; dies geschah mit Hilfe eines Transportorgans, das die Platte beim Ausziehen erfaßte und nach unten schob. Hier sind auch die „Krügener-Deltakamera“, Lumières Magazinkamera“ und „Lancasters Detectivkamera“ zu nennen. Im Gegensatz zu den bisher erwähnten sogenannten Momentkameras mit unveränderlicher Einstellung war das von C. A. Steinheil in München im Jahre 1887 unter dem Namen „Detectivkamera“ herausgebrachte Kameramodell mit einer Vorrichtung zur Einstellung des Objektivs von Unendlich bis etwa 1,5 m versehen; der Apparat war für zwölf Platten bzw. ebenso viel Perutzsche Filme in besonderen Trägern konstruiert. Das Wechseln der Platten geschah folgendermaßen: zuerst wurde der einen Ledersack schützende Deckel des Magazins aufgeklappt und dann ein Hebel betätigt, wodurch die belichtete Platte aus dem lichtdicht schließenden Ledersack durch einen Schlitz heraustrat; sie wurde dann mit der Hand völlig herausgezogen und in einen zweiten (hinten angeordneten) Schlitz eingeschoben. Dieses Verfahren, das heute merkwürdig anmutet, hat damals viel Anklang gefunden, obwohl Umfang und Gewicht der Kamera samt gefülltem Magazin verhältnismäßig groß waren.

Schon frühzeitig beschäftigten sich namhafte Firmen mit der Schaffung von Tageslichtwechselpackungen für photographische Platten; so z. B. erhielt L. Joux in Paris im Jahre 1894 das D. R. P. Nr. 84894, in welchem der Grundgedanke des heute gebräuchlichen Wechselmagazins wie folgt beschrieben ist:

„Magazinkamera für Plattenwechsel nach Art des D. R. P. Nr. 57137, dadurch gekennzeichnet, daß zwei kastenförmige an den sich zugekehrten Seiten offene Gehäuseteile sich mit Drehung um ein Scharnier gegeneinander lichtdicht aus- und einschieben lassen, so daß der Boden des einen den Boden des anderen bildet in der Weise, daß der Plattenwechsel sich beim Ausziehen des oberen Teiles vollzieht.“

Fast gleichzeitig erhielt Ch. v. Soolen in Paris das D. R. P. Nr. 81768, dessen Schutz-

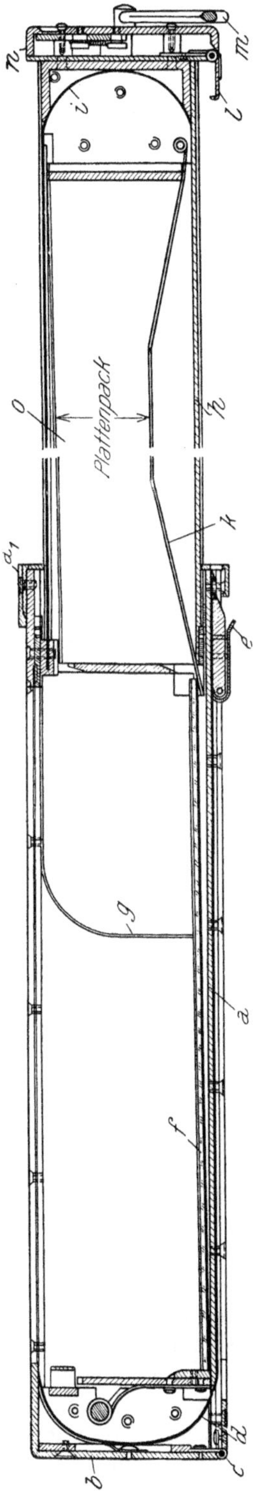

Abb. 255. Plattenwechselmagazin im Durchschnitt (Ausführung von Voigtländer & Sohn A.-G., Braunschweig). Am äußeren Gehäuse *a* ist die Kappe *b* bei *c* scharnierartig angelenkt, um dort die Platten, welche sich in dünnwandigen Kassetten befinden, herausnehmen bzw. einlegen zu können. *d* ist ein Stahlbandschieber zum Verschließen des Gehäuses *a* mittels der Handhabe *e*. *f* ist der nach dem Herausziehen der Lade *h* unter dem Druck der Federn *g* nach unten beförderte belichtete Schichtträger. Beim Wiedereinschieben der inneren Lade *h* mit dem Plattenpack *o* kommt die Platte *f* an die unterste Stelle der Lade und steht hier unter dem Druck der Feder *k*. *n* ist die Verschlußkappe für das in Verbindung mit der Nase *l* selbsttätig arbeitende Zählwerk. *m* Handgriff

anspruch außerordentlich interessant erscheint; der Schutzanspruch lautet nämlich:

„Magazin-Wechselkassette, gekennzeichnet durch einen in der Kassette ausziehbar angebrachten und mit Kassettenschieber versehenen Kasten, aus welchem die vordere Platte nach Öffnen des Schiebers in die Expositionsstellung tritt und in dieser während des Ausziehens vom Kasten festgehalten wird, worauf sie durch Federwirkung an die Rückwand der Kassette gedrückt wird, um beim Einschieben des Kastens in diesen als hinterste Platte einzutreten."

Mit Einführung der möglichst kleinen und leichten Handkamera gerieten alle Modelle mit eingebautem oder ansetzbarem Platten-Wechselmagazin mehr oder weniger schnell in Vergessenheit; die letzteren haben sich mit geringen Ausnahmen außer für das Format 9×12 cm nur bei den Stereoformaten 4,5×10,7 bzw. 6 × 13 cm erhalten und sind dort derart gut durchgearbeitet, daß ihre Handhabung als ebenso einfach wie zuverlässig bezeichnet werden kann. Abb. 255 läßt den Aufbau eines modernen Platten-Wechselmagazins erkennen; die im Schnitt dargestellte Anordnung ist das Wechselmagazin zum „Stereflek-

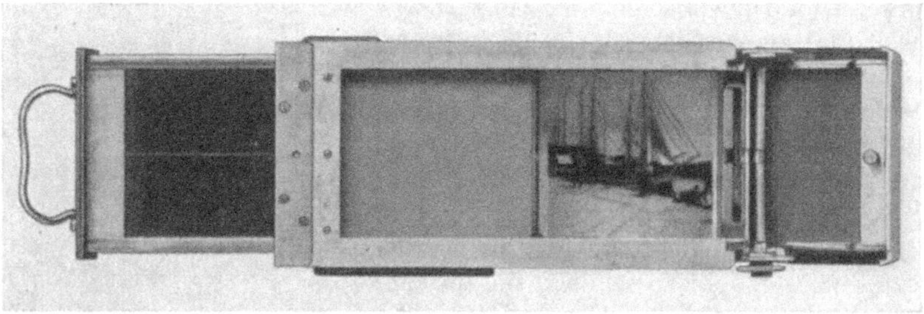

Abb. 256. Metallwechselkassette für das Stereoformat 6 × 13 cm. (Ausführung von Franke & Heidecke, Braunschweig). Die innere Lade ist halb ausgezogen (links), so daß sowohl die oberste Platte des Plattenstapels (links) als auch die unterste Platte am Boden des äußeren Gehäuses der Wechselkassette (rechts) sichtbar sind. Auch die Verschlußklappe auf der Stirnseite ist geöffnet (zum Herausnehmen bzw. Einlegen der Platten)

toskop" 6 × 13 cm der Firma Voigtländer & Sohn A.-G., während Abb. 256 das Wechselmagazin des „Heidoskop" der Firma Franke & Heidecke in der Ansicht darstellt. Das Prinzip der Konstruktion ist folgendes: Eine für zwölf Platten (in einzelnen Blechkassetten) eingerichtete ausziehbare Lade mit biegsamem Metallschieberverschluß wird nach erfolgter Belichtung aus ihrem Gehäuse, das gleichfalls einen (bei der Belichtung geöffneten) Stahlbandschieber besitzt, bis zu einem festen Anschlag herausgezogen; dabei wird die oberste (belichtete) Platte durch entsprechend angeordnete Federn abgestreift, fällt auf den Boden des Gehäuses und wird beim Wiedereinschieben der Lade (mitsamt dem Plattenstapel) selbsttätig an die unterste Stelle desselben geschoben, während eine neue Platte bereits ganz zuoberst, zur Belichtung bereit, in der Bildebene liegt. Infolge des ganzen durch die Konstruktion bedingten Aufbaues des Wechselmagazins ist die Fokustiefe größer als bei Normalfalzkassetten, und zwar beträgt sie zirka 5 mm statt 1,5 mm; aus diesem Grunde ist bei Verwendung einfacher Kassetten an Stelle des Wechselmagazins ein Zwischenstück, eine adapterartige Einrichtung, erforderlich. Am äußeren Gehäuse, und zwar an demjenigen Ende, das dem Handgriff der Lade entgegengesetzt liegt, ist eine scharnierartig angelenkte Kappe vorgesehen, um die einzelnen Blechkassetten einlegen bzw. herausnehmen zu können. Durch die mechanische Wechselvorrichtung wird ein Zählwerk betätigt, das die Zahl der belichteten Platten anzeigt.

Die Ausführung der Wechselmagazine für die oberwähnten kleinen Stereoformate hat einen hohen Grad technischer Vollkommenheit erlangt. Weil das Arbeiten mit diesen Magazinen wesentlich angenehmer ist als das Arbeiten mit einzelnen Blechkassetten, bilden sie einen selbstverständlichen Bestandteil hochwertiger Stereoapparate (vgl. Abb. 256).

Die sogenannten „Multiplikatoren", d. s. Kameras mit einem oder mehreren Objektiven, mit welchen durch Verschiebung der Kassette mehrere kleinere Aufnahmen nacheinander auf einer Platte gemacht werden können, gehören einer früheren Epoche an; J. M. EDER hat diese Apparate auf den Seiten 439 bis 452 von Band 1, Heft 5 (1892) seines mehrfach zitierten Handbuches eingehend beschrieben.

72. Wechselmagazin für Planfilm (Schnittfilm). Die bereits erwähnte Tatsache, daß der Planfilm nie so eben liegen kann wie die Glasplatte, war wiederholt der Anlaß zu Neukonstruktionen und Verbesserungen, die sich jedoch nicht auf dem Markte behaupten konnten; eine sehr beachtenswerte Lösung brachte der Italiener C. BONIFORTI in Mailand, der ein Wechselmagazin für 24 Schnittfilme im Format 9 × 12 cm mit folgenden Einzelheiten bekannt machte:

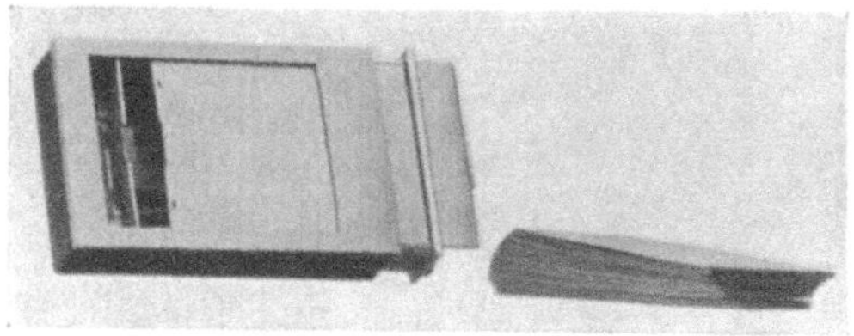

Abb. 257. Wechselmagazin für Schnittfilm (Format 9 × 12 cm). Ital. Pat. Nr. 232559 für C. BONIFORTI, Mailand. Die Kassette enthält 24 Schichtträger. Abmessungen 16 × 10,1 × 3,6 cm

Der Negativträger ist ein Rähmchen aus Messingblech von der Größe 88 × 119 mm, das zwecks Gewichtsersparnis eine Aussparung von etwa 60 × 85 mm besitzt; die obere Schmalseite des Rähmchens ist umgebördelt, damit man den Schichtträger darunter schieben kann. Zwischen dem Schichtträger und dem Rähmchen befindet sich schwarzes Papier von der Größe des Schichtträgers, das die Nummern der Filme trägt (vgl. Abb. 257).

Das Magazin besteht aus einem äußeren Gehäuse und einer ausziehbaren Lade mit Schieber; nach erfolgter Belichtung des ersten Films (Herausziehen des Schiebers) wird der Schieber wieder hineingeschoben, wobei der nächste Film oberhalb des Schiebers zu liegen kommt, also vom Stapel getrennt wird. Der Umstand, daß der Metallschieber während der Aufnahme u n t e r dem zu belichtenden Film liegt, gibt die Gewähr dafür, daß der Film vollkommen eben liegt, die vorliegende Konstruktion kann daher als einwandfrei bezeichnet werden; da außerdem die Falzmaße dieser Kassette mit den korrespondierenden Maßen der üblichen Blechkassette ziemlich genau übereinstimmen, ist ein Austausch des Filmmagazins gegen die Blechkassette ohneweiters möglich.

Nach der Belichtung wird die innere Lade mit geschlossenem Schieber herausgezogen und der belichtete Film fällt nach unten in das Gehäuse. Das Wechselmagazin ist nunmehr für die nächste Aufnahme vorbereitet. Das Gewicht des Magazins beträgt in leerem Zustande nur etwa 450 g, der Filmstapel für 24 Aufnahmen wiegt etwa 300 g, so daß das Gesamtgewicht etwa 750 g beträgt. 24 Blechkassetten vom Format 9 × 12 cm wiegen mit Platten etwa 3350 g, d. i. das 4,5fache.

73. Rollfilmkassetten. Im Gegensatz zu den Filmpackkassetten, deren Verwendung den Lichtbildner in die Lage setzt, von Fall zu Fall den Planfilm seines geringen Gewichtes wegen in der Plattenkamera zu verwenden, gestattet die Rollfilmkassette die Verwendung des normalen Rollfilms an Apparaten, die für Platten eingerichtet sind. Es hat eigentlich ziemlich lange gedauert, bis sich einige Firmen (z. B. die BALDA-WERKE in Dresden) entschlossen haben, diese Kassetten zu fabrizieren, die zweifellos sehr brauchbar sind. Die Erfindung der Rollkassetten für Negativ-Papiere oder -Filme liegt weit zurück, und zwar fällt sie etwa in das Jahr 1855.

L. WARNERKE konstruierte um 1875 eine Rollkassette, die bereits alle Merkmale der heutigen Rollfilmkameras zeigt, und zwar was den Aufbau und die Anordnung der Rollen sowie den Transport des Schichtträgers betrifft. Das größte Verdienst bezüglich Einführung der Rollkassetten gebührt ohne Zweifel der EASTMAN KODAK Co., welche zuerst in großen Mengen Negativpapiere und abziehbare Emulsionsschichten auf Papier bzw. biegsamen Folien erzeugte; die Konstruktion der dafür bestimmten Rollkassetten wurde der genannten Firma im Jahre 1885 in Deutschland patentamtlich geschützt. (Vgl. hiezu D. R. P. Nr. 35215.)

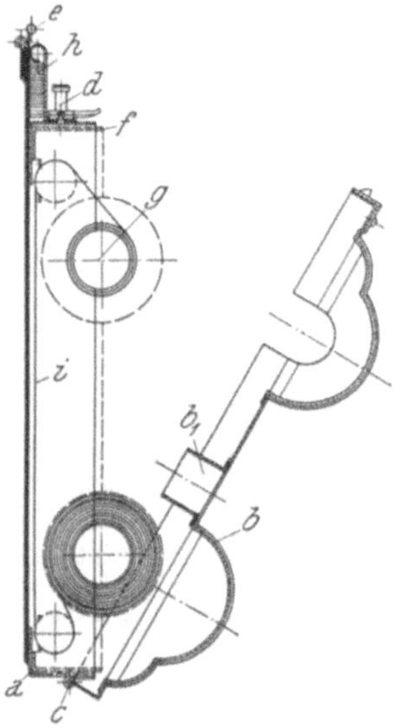

Abb. 258. Rollfilmkassette für Plattenkameras (Schematische Darstellung). *a* äußeres Gehäuse mit Normalfalz, *b* Deckel mit Fenster b_1 und Scharnier *c*, *e* Kassettenschieber, *f* Einsatz

Wir wollen hier lediglich auf Abb. 258 („Rollfilmkassette" der BALDA-WERKE) verweisen. Selbstverständlich sind die beim Filmpack erwähnten Vorteile der Ersparnis an Raum und Gewicht beim Rollfilm mindestens im gleichen Maße vorhanden, wird doch ein für sechs (bzw. zwölf) Aufnahmen ausreichendes Filmband auf den Raum einer Spule von geringstem Ausmaß zusammengedrängt. Infolge der zweckmäßigen Einrichtung der Rollfilmkassette ist es möglich, jede Klappkamera für Rollfilmaufnahmen zu benutzen. Die wichtigste Voraussetzung beim Bau der Rollfilmkassette ist die, daß der Film in die gleiche Ebene kommt, wie die Schicht der Platte; die Anordnung des Abschlußschiebers sowie Lage und Abmessungen des Falzes entsprechen infolgedessen vollkommen denjenigen der Kassette für Platten.

P. LACHNER in Bremgarten (Schweiz) konstruierte eine Rollfilmkassette mit Visierscheibe: an das Filmaufnahmegehäuse ist ein mit einer ausziehbaren Mattscheibe versehener Rahmen angelenkt, welcher mit dem Gehäuse der Kassette lösbar verbunden ist.

P. F. HUHN in Berlin-Friedenau vereinfachte die Rollfilmkassette insofern, als er das Filmband durch einen mit dem Bildausschnitt versehenen Rahmen, welcher von der Kassettenschieberseite her federnd gegen die Führungsebene des Filmbandes gedrückt wird, in der Mattscheibenebene führte und dort plan hielt.

74. Kassetten für Reise- und Stativapparate. Für Atelierkameras hat sich die Rollschieberkassette, deren Prinzip eigentlich schon Jahrzehnte lang bekannt ist, bis heute erhalten; ihre Handhabung ist besonders bei Apparaten größeren Formats sehr angenehm, weil der Schieber beim Freilegen der Platte auf die hintere Seite bewegt wird und daher nicht im Wege steht. Ein Vorteil ist es auch, daß der Schieber kein loses Glied bildet.

K. GEISSLER in München hat bereits im Jahre 1895 eine Doppelkassette ohne Scheidewand mit nur einem Jalousieschieber konstruiert, welcher derart in Nuten geführt wurde, daß beim Freilegen einer Platte das entgegengesetzte Ende des Schiebers zwischen die beiden Platten tritt. Damit Rollschieber aus Holz wirklich lichtsicher sind, müssen sie sehr sorgfältig hergestellt sein; insbesondere dann, wenn die Kassetten in den Tropen verwendet werden sollen, ist diesem Umstand größte Bedeutung beizulegen. Die Firma Ernemann-Werke A.-G. in Dresden hat es sich (1922) angelegen sein lassen, Rollschieber aus Metall herzustellen, welche aus wechselseitig mittels halbkreisförmig gestalteter Umbördelungen ineinandergefügten Gliedern bestehen; damit sich die Glieder nicht gegeneinander

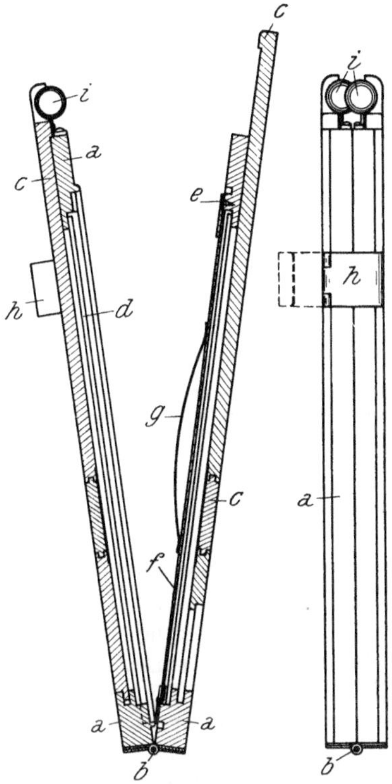

Abb. 259. Aufklappbare Holz-Doppelkassette (Buchkassette 9 × 12 cm). *a* Gehäuse, *b* Scharnier, *c* umlegbarer mehrteiliger Schieber, *d* Glasplatte, gehalten durch den Vorreiber *e*: *f* Zwischenwand mit den zwei Federn *g*; *h* Verschlußbügel (beiderseitig), *i* federnde Arretierung für den Schieber

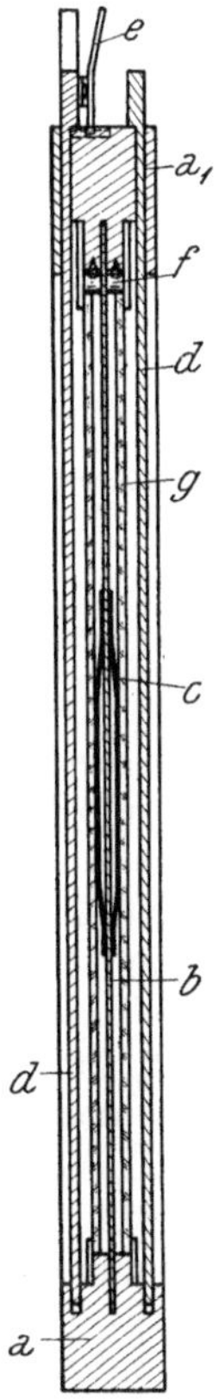

Abb. 260. Holz-Doppelkassette mit Hartgummi- oder Aluminiumschieber. *a* Gehäuse mit Metall-Verstärkung a_1, *b* Zwischenwand mit den Federn *c*, *d* Schieber, *e* Arretiervorrichtung, *f* Haltefeder für die Platte *g*

verschieben und dadurch in den Führungen Undichtigkeit verursachen, empfiehlt die genannte Firma, den Rollenschieber mit Tuchauflagen (einseitig oder doppelseitig) zu versehen (D. R. P. Nr. 371272 und 412087).

Bei Reisekameras stellte man stets die Forderung, der Schieber der Kassette solle sich nicht ganz herausziehen lassen, sondern gegen einen am Kassettenrand befindlichen Anschlag stoßen; um dieser Forderung gerecht zu werden, schuf man im Laufe der Zeit eine Reihe von Ausführungsformen, von denen sich folgende erhalten haben:

a) Jalousie-Doppelkassetten.

b) Aufklappbare Doppelkassetten mit umlegbarem Holzschieber (Buchkassetten). Vgl. Abb. 259.

c) Nicht aufklappbare Doppelkassetten mit ausziehbarem Schieber aus Aluminium (vgl. Abb. 260).

Im allgemeinen ist diese Art von Kassetten sehr solid gebaut, daher auch lichtdicht; ihr Volumen ist größer als dasjenige von Blechkassetten gleichen Formats; zur Herstellung von Holzkassetten darf natürlich nur gut ausgetrocknetes Holz verwendet werden.

Die größeren Spiegelreflex- und Schlitzverschluß-Klappkameras mit Spreizen sind fast durchwegs mit Holzdoppelkassetten ausgerüstet, die bei Tropenkameras aus Teakholz bestehen und Neusilberschieber besitzen.

An der Konstruktion der Kasseteneinlagen hat sich im Laufe der Jahre wenig geändert; sie sind für die jeweilig kleineren Formate eingerichtet, also z. B.:

in	Kassetten	10 × 15 cm	für Platten	9 × 12 cm.
,,	,,	13 × 18 ,,	,, ,,	6 × 9, 9 × 12 oder 10 × 15 cm.
,,	,,	18 × 24 ,,	,, ,,	12 × 16,5, 10 × 15 oder 13 × 18 cm.

Für Atelierkamerakassetten sind auch Holzeinlagen für Film üblich:

in	Kassetten	13 × 18 cm	für Film	9 × 12 bzw. 10 × 15 cm.
,,	,,	18 × 24 ,,	,, ,,	9 × 12, 10 × 15 und 12 × 16,5 cm.
,,	,,	24 × 30 ,,	,, ,,	12 × 24 cm.

B. Die Objektive

Im nachstehenden sollen der Geschlossenheit der Darstellung wegen die wichtigsten Objektivtypen kurz charakterisiert werden; wegen Einzelheiten vgl. Band I dieses Handbuches.

75. Die einfache Sammellinse. Da die einfache Sammellinse weder sphärisch noch chromatisch ausreichend korrigiert werden kann, ist ihre Verwendungsmöglichkeit als Aufnahmeobjektiv nur eine beschränkte; selbst bei starker Abblendung ist die erreichbare Bildschärfe nur in einem kleinen Bereich in der Mitte des Bildfeldes ausreichend. Bei Verwendung einer bikonvexen Linse ergeben sich die günstigsten Verhältnisse, wenn die dem Gegenstand zugewandte Fläche etwa sechsmal so stark gewölbt ist als die dem Schichtträger zugekehrte Fläche. Diese Form der Aufnahmelinse hat in die Praxis wenig Eingang gefunden; schon vor mehr als 100 Jahren hat WOLLASTON die Meniskuslinse als wesentlich günstiger erkannt und unter der Bezeichnung „Periskop" in der Camera obscura eingeführt. (Unter den heute in den Katalogen der optischen Firmen unter dem Namen „Periskop" aufgeführten Objektiven ist durchwegs ein Doppelobjektiv aus zwei Menisken zu verstehen, die symmetrisch zu einer dazwischen liegenden Blende angeordnet sind und ihre hohlen Flächen einander zukehren.) Weil dieses Objektiv (nur aus einem Gliede bestehend) chromatisch nicht korrigiert ist, fällt das scharf eingestellte Bild auf der Mattscheibe nicht mit dem scharfen Bild auf dem Schichtträger zusammen, d. h. der Meniskus hat einen „chemischen Fokus". (Die FRAUNHOFERschen Linien D und G' fallen nicht zusammen.) Infolgedessen ist es zwecks Erreichung eines scharfen photographischen Bildes notwendig, die Einstellung nachträglich dadurch zu korrigieren, daß der Schichtträger nach erfolgter Mattscheibeneinstellung um etwa 2% des Wertes der Bildweite näher an das Objektiv herangebracht wird; bei der üblichen Brennweite von $f = 13{,}5$ cm für 9 × 12 cm-Kameras kommt bei Einstellung auf ∞ eine Verschiebung von 2,5 bis 3 mm in Betracht, je nach der Lichtstärke, die das Objektiv besitzt.

Bei Rollfilmkameras ohne Mattscheibe ist diese Verschiebung nicht nötig, weil der Schichtträger von vornherein in die entsprechende Lage gebracht werden kann; eine Ausnahme bilden die Apparate mit Plattenadapter, die jedoch meist mit Anastigmaten ausgerüstet sind.

Infolge der erwähnten Nachteile kommen einfache Menisken nur bei Kameras in sehr wohlfeiler Ausführung in Frage; das Öffnungsverhältnis ist meistens gering (etwa 1 : 12) und die Brennweite im Verhältnis zum Plattenformat länger als sonst üblich, da andernfalls das gewünschte Plattenformat nicht ausgezeichnet wird. Im allgemeinen werden derartige Objektive mit Vorderblende ausgerüstet; es bestehen somit besondere Einschränkungen bezüglich der Anordnung des Verschlusses, der hier außerdem leicht Beschädigungen ausgesetzt ist.

76. Das Porträtobjektiv von J. Petzval. Wie bereits in der Einleitung erwähnt wurde, beschäftigten sich JOSEPH PETZVAL in Wien und CH. CHEVALIER in Paris fast gleichzeitig und unabhängig voneinander mit der Konstruktion von photographischen Doppelobjektiven; ihr Bestreben war, optische Systeme zu schaffen, die sowohl in bezug auf korrekte Zeichnung als auch in bezug auf Lichtstärke den damals bekannten einfachen Linsen überlegen waren. PETZVAL gelang es, sein später unter dem Namen „Schnellarbeiter" weltbekannt gewordenes Objektiv mit dem großen Öffnungsverhältnis 1 : 3,2 auf rein analytischem Wege zu schaffen, d. h. zu errechnen; durch dieses Objektiv wurde die Photographie mit einem Schlag in den Vordergrund des Interesses gerückt, weil nunmehr bei Personenaufnahmen die Belichtungszeiten ganz erheblich herabgesetzt werden konnten. Die PETZVALsche Leistung besaß eine viel größere Tragweite als ihr zur Zeit ihres Bekanntwerdens beigemessen wurde.

Das PETZVALsche Porträtobjektiv hat eine vollkommen unsymmetrische und relativ lange Bauart; es besteht aus zwei Gruppen von Linsen, zwischen denen die Blende angeordnet ist. Die vordere Gruppe ist ein verkittetes Linsenpaar, die hintere wird von zwei durch Luft getrennten Linsen gebildet; die Reihenfolge der Glasarten in Richtung des Lichteintritts ist Kron—Flint—Flint—Kron, so daß die Flintlinsen innen, die Kronlinsen außen liegen.

Es sei hiezu bemerkt, daß die Projektionsobjektive für Kino-Theatermaschinen noch heute (also nach etwa 90 Jahren) fast genau in der gleichen Weise hergestellt werden, wie PETZVAL sie berechnet hat; die ausgezeichnete Mittelschärfe der mit diesem Objektiv erzielten Bilder, eine unerläßliche Voraussetzung bei optischen Systemen für Vergrößerungszwecke, sowie der relativ kleine Bildwinkel (das Format des Kinobildes beträgt 18×24 mm) lassen das PETZVAL-Objektiv für dieses Anwendungsgebiet besonders geeignet erscheinen.

Die Ausführung des ersten photographischen Porträtobjektivs nach den Berechnungen PETZVALS übernahm FRIEDRICH VON VOIGTLÄNDER. Das PETZVAL-Objektiv erreicht seine volle Leistungsfähigkeit nur bei guter Ausführung, es muß daher der Mitarbeit VOIGTLÄNDERS unter Berücksichtigung des damaligen Standes der optischen Technik besondere Anerkennung gezollt werden.

Später hat J. H. DALLMEYER die Reihenfolge der Glassorten der hinteren Gruppe geändert; VOIGTLÄNDER folgte diesem Vorschlage. Auf diese Art wurde eine bessere Korrektion der sphärischen Abweichungen erzielt.

H. HARTING hat etwa um das Jahr 1900 ein nach den Berechnungen von H. ZINKE gen. SOMMER hergestelltes Objektiv mit dem großen Öffnungsverhältnis 1 : 2,3 einer Umrechnung unterzogen; das umgerechnete Objektiv wurde unter dem Namen „Serie Ia" von der Firma VOIGTLÄNDER & SOHN in den Handel gebracht.

Der Vollständigkeit wegen sei erwähnt, daß das eingangs erwähnte CHEVALIERsche Doppelobjektiv als besonderes Kennzeichen Verstellbarkeit bzw. Austauschbarkeit der Linsen aufwies; dadurch wurde eine Veränderlichkeit der Brennweite des Systems erzielt. Wir haben es hier gewissermaßen mit der ersten Kombination von Porträt- und Landschafts-Doppelobjektiv zu tun.

77. Die achromatische Sammellinse oder Landschaftslinse. Bei diesem nur geringen Ansprüchen (insbesondere bezüglich Lichtstärke) genügenden Objektiv ist der dem Meniskus anhaftende Farbenfehler dadurch beseitigt, daß eine sammelnde Linse aus Kronglas mit einer zerstreuenden Linse aus Flintglas durch Kitten vereinigt wird. Dadurch wurde die Gesamtleistung des Objektivs erhöht, vor allem aber eine nachherige Korrektur der Einstellung überflüssig gemacht. Der Achromat besteht zumeist aus einem sammelnden Meniskus, der mit einer Zerstreuungslinse verkittet ist, welche ihre erhabene Seite dem Bilde zuwendet; vor dem Achromaten liegt dingseitig die Blende. Das Öffnungsverhältnis des Achromaten ist meist etwa 1 : 12,5. Schärfe und Ausdehnung des Bildes sind insbesondere bei Abblendung für viele Fälle ausreichend. Ein Nachteil der Achromate ist zweifellos der freiliegende Verschluß (wegen der Vorderblende) und der Umstand, daß die Kamera eben durch den Vorbau von Verschluß samt Blende eine Verlängerung erfährt und damit ihre Handlichkeit verliert.

Die Firma Optische Anstalt C. P. GOERZ A. G. in Berlin-Friedenau hat im Jahre 1923 ein zweilinsiges Objektiv geschaffen, das mit Hinterblende versehen ist und trotz des Öffnungsverhältnisses 1 : 9 bessere Bilder als die bis dahin gebräuchlichen Achromate liefert; der Abstand der Hinterblende vom bildseitigen Scheitel des Objektivs beträgt etwa 8% der Brennweite.

Die kastenförmige Rollfilmkamera „Box-Tengor“ sowie die Westentaschenkamera „Ikonette“, $4 \times 6\frac{1}{2}$ cm, der ZEISS IKON A. G. sind mit einem Achromaten (Frontar 1 : 9) dieser Art ausgerüstet; durch die von der üblichen Lage abweichende Lage der Hauptpunkte bei diesem Objektiv wird die Baulänge der Kamera verkürzt, also günstig beeinflußt (D. R. P. Nr. 413536).

78. Das Periskop. Das erste symmetrische Objektiv mit Mittelblende, das heute noch vielfach (mit der Lichtstärke 1 : 11) bei billigen Handapparaten mit fester Einstellung Verwendung findet, ist das von AD. STEINHEIL etwa um 1865 konstruierte Periskop, das aus zwei gleich beschaffenen einfachen Menisken besteht, die zur Blende symmetrisch angeordnet sind; wie die Bauart dieses Objektivs ohne weiteres erkennen läßt, ist dieses System weder sphärisch noch chromatisch korrigiert. Infolge der erwähnten Symmetrie ist das Periskop aber verzeichnungsfrei, und zwar praktisch für jeden Abbildungsmaßstab.

Das Periskop ist das beste photographische System, das mit Hilfe zweier einfacher, aus der selben Glassorte bestehender, unverkitteter (also nicht achromatischer) Linsen hergestellt werden kann; das Bildfeld dieses Objektivs ist sehr eben und ziemlich groß.

Der Fehler des „chemischen Fokus“ ist bei diesem Objektiv natürlich nicht beseitigt, der Abstand zwischen Objektiv und Schichtträger muß auch hier nach erfolgter Einstellung auf der Mattscheibe verkürzt werden.

Die von der Firma G. RODENSTOCK in München später hergestellten „Bistigmate“ stimmen bezüglich der Bauart fast vollständig mit den STEINHEILschen Periskopen überein; die Berücksichtigung des „chemischen Fokus“ geschah durch Verschiebung des Objektivtubus. Es ist übrigens interessant, daß schon im Jahre 1839 TOWNSON beobachtete, daß der „optische“ Brennpunkt bestimmter Systeme mit dem „chemischen“ Brennpunkt der auf die photographische Platte wirkenden Strahlen nicht identisch ist; später war diese Entdeckung wiederholt der Gegenstand eingehender Untersuchungen.

79. Der Aplanat. Werden zwei gleich gebaute Achromate symmetrisch zu einer Blende in einem entsprechenden Abstand von dieser angeordnet, so entsteht ein optisch günstiges System; es war AD. STEINHEIL in München, der die Vorteile eines derartigen Systems erkannte und unter dem Namen

„Aplanat“ im Jahre 1866 herausbrachte. Beim Aplanaten wurden neben der sphärischen Abweichung der schiefen Bündel (Koma) die Verzeichnung und die chromatische Vergrößerungsdifferenz behoben. STEINHEIL errechnete zunächst den gewöhnlichen Aplanat, der bei einem Öffnungsverhältnis von etwa 1 : 6 bis 1 : 7 ein relativ großes Bildfeld besaß; die Hinterlinse ist bei Verwendung entsprechender Blenden für sich als gute Landschaftslinse etwa doppelter Brennweite verwendbar. Als im Jahre 1866 die neuen Jenenser Gläser hergestellt wurden, benutzte STEINHEIL diesen Fortschritt bei der Konstruktion seines „Universalaplanaten“ mit gesteigerter Helligkeit. Er machte ferner den Abstand von Vorder- und Hinterlinse variierbar: der Aplanat eignete sich bei kürzestem Abstand der Linsen besonders für Gruppenaufnahmen, bei größerem Abstand der Linsen kam er für Reproduktionszwecke in Frage. Außer diesen bekannten Typen schuf STEINHEIL damals noch den „Landschaftsaplanat“ mit einem Öffnungsverhältnis 1 : 12 bis 1 : 15, der sich durch ein sehr großes Bildfeld auszeichnete; beim „Weitwinkelaplanat“ wurde durch Verminderung der Helligkeit auf 1 : 20 bis 1 : 25 die Bildausdehnung und Tiefe noch weiter vergrößert. Der später (etwa 1875) entstandene „Porträtaplanat“ sowie der „Gruppenaplanat“ (1879) wurden bald durch die überlegenen „Antiplanete“ verdrängt.

Unter den vielen Objektivkonstruktionen dieser Epoche seien besonders die Erzeugnisse VOIGTLÄNDERS erwähnt: die lichtstarken „Porträteuryskope II“ hatten ein Öffnungsverhältnis von 1 : 4 und einen Bildwinkel von etwa 50°.

Die „Porträteuryskope III“ mit größerem Bildfeld hatten ein Öffnungsverhältnis von 1 : 4,5; sie waren vollkommen symmetrisch und aus zwei gleichen achromatischen verkitteten Linsenpaaren zusammengesetzt. In dem Bestreben, den Bildwinkel noch mehr zu steigern (auf 60°), entstand das „VOIGTLÄNDER-Euryskop IV“, das immer noch ein Öffnungsverhältnis von 1 : 5,6 hatte. Nach Einführung der neuen Jenenser Spezialgläser entstanden die „Rapid-Weitwinkeleuryskope V“, welche besonders zur Aufnahme von Gruppen dienten; der ausnutzbare Bildwinkel betrug bei einem Öffnungsverhältnis von 1 : 6 etwa 75°. Später entstanden noch das „Euryskop VI“ mit der Lichtstärke 1 : 7,75 als Spezialobjektiv für jene Fälle, wo besonderer Wert auf Tiefe und gute Auszeichnung des Bildfeldes gelegt wurde, sowie das „Weitwinkeleuryskop VII“ 1 : 11 zur Aufnahme von Landschaften und Innenräumen sowie für Reproduktionsarbeiten.

Der Vollständigkeit wegen seien u. a. noch das von A. MIETHE im Jahre 1889 errechnete „Pantoskop“ sowie die Aplanate 1 : 6 von E. SUTER, Basel, erwähnt; in das Jahr 1880 fallen die GOERZschen „Lynkeioskope“, „Extra-Rapidlynkeioskope“ und „Rapid-Weitwinkellynkeioskope“.

Bei Handkameras fand der Aplanat früher viel Verwendung; er ist in der Herstellung nicht billig, weil der Kittradius relativ stark gekrümmt ist und daher wenig Linsen auf eine Schale gehen. Da es bereits eine Reihe sehr leistungsfähiger Objektive mit anastigmatischer Bildebnung gibt, die trotz größerer Lichtstärke nicht nur fabrikatorisch vorteilhafter herstellbar, sondern auch bezüglich des Einbaues in den Verschluß günstiger sind, so dürfte der Aplanat nun bald vollkommen durch Anastigmate verdrängt werden. Er wurde um das Ende des vorigen Jahrhunderts, wo er, wie bereits erwähnt, mit verschiedenen Öffnungsverhältnissen hergestellt wurde, bei Reise- und Atelierapparaten sehr häufig verwendet. STEINHEIL konstruierte später (1881) noch seinen lichtstarken Porträt-Antiplaneten (Öffnungsverhältnis 1 : 4) und die etwas lichtschwächeren Gruppen- und Rapid-Antiplaneten (Öffnungsverhältnis 1 : 6); beide wurden damals in Ateliers viel verwandt und bildeten gewissermaßen den Übergang zu den Anastigmaten, deren überragende Leistungen den neuen Glassorten des Jenaer Glaswerkes zuzuschreiben sind.

80. Anastigmate. Ein Fehler des Aplanaten ist, daß er nur für einen mäßig großen Bildwinkel randscharfe Bilder liefert. Die früheren „Astigmate“ (Aplanate) hatten durchwegs folgendes Kennzeichen: die Sammellinse (Kronglas) besaß ein geringeres Brechungs- und Zerstreuungsvermögen als die Zerstreuungslinse (Flintglas); man nannte die Zusammenstellung zweier solcher Linsen zu einem sphärisch und achromatisch korrigierten Objektiv ein „normales Glaspaar“ oder einen „Altachromaten“. Im Gegensatz dazu besteht der nach den Berechnungen von E. Abbe aus neuen Schottschen Gläsern hergestellte „Neuachromat“ aus einem Kronglas von größerem Brechwert, aber kleinerer Farbenzerstreuung (Dispersion) als das Flintglas. Die Kittfläche des Altachromaten wirkt zerstreuend, diejenige des Neuachromaten sammelnd.

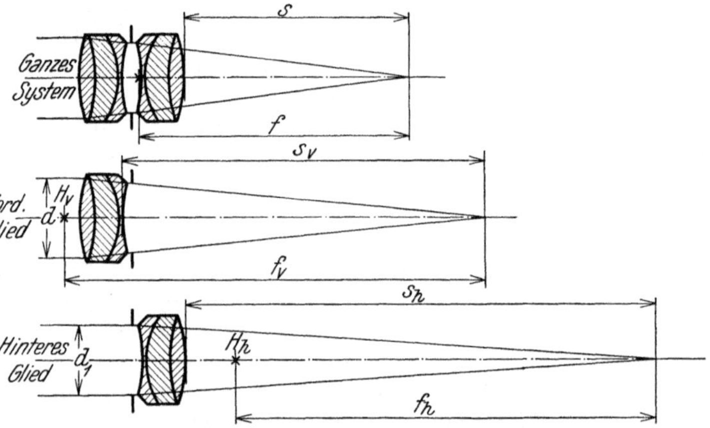

Abb. 261. Collinear 1 : 6,3 von Voigtländer & Sohn A. G., Braunschweig. Gesamtsystem, Vorderglied und Hinterglied. f Brennweite des Gesamtsystems, s Schnittweite des Gesamtsystems, f_v und f_h Brennweiten des Vorder- bzw. Hinterglieds, s_v und s_h Schnittweiten des Vorder- bzw. Hinterglieds, H_v bzw. H_h bildseitiger (zweiter) Hauptpunkt des Vorder- bzw. Hinterglieds

Brennweite (Schnittweite) des Gesamtsystems in mm	Brennweite (Schnittweite) des Vorderglieds in mm	Brennweite (Schnittweite) des Hinterglieds in mm
105 (95,3)	179 (154,6)	179 (200,3)
132 (119,8)	225 (194,3)	225 (251,8)
165 (149,8)	281,2 (242,9)	281,2 (314,8)

P. Rudolph hat etwa um das Jahr 1890 mit seinen „Protaren“ als erster gezeigt, welche Vorzüge die Vereinigung zweier solcher Objektivhälften (Alt- und Neuachromat) hat; diese äußern sich ganz besonders in der Beseitigung der sphärischen und astigmatischen Abweichungen. Die Protare werden noch heute von der Firma Carl Zeiss in Jena hergestellt, und zwar mit einem Öffnungsverhältnis 1 : 9 und 1 : 18.

Der älteste Doppelanastigmat symmetrischer Bauart, dessen Hälften aus miteinander verkitteten Linsen bestehen, ist der von Emil v. Höegh um das Jahr 1892 errechnete und von der optischen Anstalt C. P. Goerz A. G. in Berlin-Friedenau ausgeführte „Dagor“ (D. R. P. Nr. 74437 und 107358). Das für ein Öffnungsverhältnis 1 : 6,8 berechnete Objektiv zeigte einen sehr guten Korrektionszustand und hat infolgedessen besonders in Handkameras eine weite Verbreitung gefunden.

Etwas später (1893) kam STEINHEIL in München mit seinem „Orthostigmat“ (D. R. P. Nr. 88505) und 1895 VOIGTLÄNDER in Braunschweig mit dem „Collinear“ (D. R. P. Nr. 90482 und 91883) auf den Markt.

Wichtig für den praktischen Gebrauch des Doppelanastigmaten an der Kamera ist die Kenntnis der Beziehung zwischen dem Doppelobjektiv und seinen Hälften bezüglich Brenn- und Bildweite. In Abb. 261 sind (unter Beibehaltung der Blendenebene) das vollständige Collinear von VOIGTLÄNDER sowie dessen Vorder- und Hinterglied schematisch dargestellt; während die Brennweiten der letzteren gleich groß sind, ist die Schnittweite beim Vorderglied kleiner, beim Hinterglied größer als die Brennweite. Die letztere Tatsache ist von besonderer Bedeutung bezüglich der Balgenlänge der Kamera, denn die Benutzung des Hintergliedes des Objektivs setzt das Vorhandensein eines doppelten Auszuges voraus (vgl. Tabelle 38).

Die Tabelle unter Abb. 261, in welcher für die Brennweiten $f = 10{,}5$, 13,2 und 16,5 cm (Format $6\frac{1}{2} \times 9$, 9×12 und 10×15 cm) die in Betracht kommenden Werte eingetragen sind, zeigt, daß die Schnittweite des Doppelobjektivs (Abstand der Bildebene vom Scheitel der ihr zunächst gelegenen Linse), welche ohneweiters meßbar ist, um etwa 10% kürzer ist als die Brennweite; der zugehörige unzugängliche Hauptpunkt, bis zu welchem die Brennweite gemessen wird, liegt also um den Betrag $f - s$ innerhalb des Systems. Beim Vorder- bzw. Hinterglied liegt der entsprechende Hauptpunkt H_v bzw. H_h (vgl. Abb. 261) außerhalb des Systems. Was das Arbeiten mit den Einzelsystemen angeht, ist zu bemerken, daß infolge ihrer längeren Brennweite bei gleichbleibender freier Öffnung sich kleinere Öffnungsverhältnisse ergeben; außerdem sei darauf hingewiesen, daß die wirksame Öffnung beim Vorderglied größer, beim Hinterglied ebenso groß wie der Blendendurchmesser ist.

81. Dreilinsige unverkittete Objektive (Triplets). Einen sehr großen Raum nehmen in der photographischen Optik im allgemeinen und im Handkamerabau im besonderen die dreilinsigen Objektive einschließlich derjenigen ein, die sich auf diese Grundform zurückführen lassen; besonders bei den Apparaten in relativ niedriger Preislage ist dieses optische System in seiner einfachsten Form außerordentlich beliebt, weil es sich trotz des relativ hohen Öffnungsverhältnisses von 1 : 6,3 günstig herstellen läßt und das jeweilige Plattenformat bei relativ kurzer Brennweite gut auszeichnet. Wie J. M. EDER in seinem Ausf. Hdb. d. Phot. Bd. 1, Teil 4 (1911), mitteilt, hat PORRO bereits im Jahre 1847 ein unsymmetrisches Objektiv mit drei Linsen konstruiert in der Absicht, die Güte des Bildes besonders gegen den Rand hin zu verbessern; zwei Linsen standen nahe beieinander, die dritte war in einem größeren Abstand angeordnet. Später (und zwar im Jahre 1861) errechnete J. H. DALLMEYER eine sogenannte Tripletlinse, welche infolge ihrer Verzeichnungsfreiheit besonders für Architekturaufnahmen und Reproduktionszwecke weite Verbreitung fand; das Objektiv bestand aus drei achromatischen Systemen (also insgesamt sechs Linsen), deren mittlere ein zerstreuendes System ist, in deren unmittelbarer Nähe die Steckblende eingeschoben wurde. Beachtung verdient noch das „Triplet“ 1 : 6,3 von CARL ZEISS in Jena (D. R. P. Nr. 55313); es besteht aus fünf Einzellinsen. Die beiden äußeren Glieder sind einfache Linsen, während die mittlere eine dreiteilige Linse von kleinerem Durchmesser ist.

Das erste brauchbare dreiteilige Objektiv dieser Art wurde von H. D. TAYLOR schon im Jahre 1894 errechnet (D. R. P. Nr. 81825 und 86757) und von der Firma T. COOKE & SONS in England hergestellt; auf diese Tatsache ist es zurückzuführen, daß diese Objektivart allgemein als „COOKE-lens“ bekannt wurde. Bei der lichtschwächeren Serie (1 : 6,8 bis 1 : 9) befindet sich zwischen den beiden äußeren Gliedern von sammelndem Charakter eine zerstreuende Linse; der Abstand der Vorderlinse von der Mittellinse ist erheblich kleiner als derjenige zwischen Mittel- und Hinterlinse: bei der lichtstarken Serie 1 : 4,5 ist dieser Unterschied geringer.

Gerade wegen der geringen Zahl von Korrektionsgliedern bei dreiteiligen Objektiven ist die Leistung dieser Objektive als hervorragend zu bezeichnen, und zwar ganz besonders bei dem großen Öffnungsverhältnis 1 : 4,5; die an und für sich gute Auszeichnung des Bildfeldes wird bei Abblendung noch wesentlich verbessert. Interessant ist auch, daß Taylor es versuchte, die Schärfe des Bildes bei Kameras ohne Einstellbarkeit der Mattscheibe auf die verschiedenen Entfernungen des Gegenstandes durch Änderung des Abstandes der beiden Vorderlinsen herbeizuführen; schon Petzval hat ähnliche Versuche gemacht, jedoch in der Absicht, die sphärischen Abweichungen zu beeinflussen.

Eine der ersten Firmen, welche sich mit der Ausnutzung der Taylorschen Erfindung befaßte, war Voigtländer & Sohn; von ihr stammen die bekannten Triplet- und Porträtanastigmate, welche den gleichen Aufbau wie das Taylorsche Objektiv zeigen (vgl. Abb. 262). In neuerer Zeit wurde das Öffnungsverhältnis dieser Objektive für die Sonderzwecke der Kinoprojektion gesteigert. Unter anderen gehört in die Gruppe der eigentlichen Triplets auch das von H. Meyer & Co. in Görlitz hergestellte „Porträt-Trioplan", das in den Brennweiten 7,5 bis 48 cm mit einem Öffnungsverhältnis von 1 : 3 bzw. 1 : 3,8 hergestellt wird.

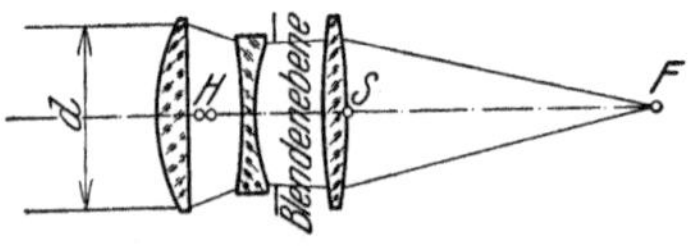

Abb. 262. Dreilinsiger unverkitteter Anastigmat. *d* freie wirksame Öffnung des Systems, *H* Hauptpunkte (wegen ihrer nahen Aneinanderlagerung ist bloß ein *H* beigeschrieben), *S* Linsenscheitel

H. Harting erkannte seinerzeit zuerst, daß die Leistungsfähigkeit der Cooke-Linse noch weiter gesteigert werden könne; er führte zu diesem Zweck bei den beiden äußeren Linsen sammelnde Kittflächen mit dem Erfolg ein, daß die noch vorhandenen Fehler zum Teil beseitigt bzw. verringert wurden. Nach seinen Rechnungen entstanden im Jahre 1902 die Heliare der Firma Voigtländer & Sohn (D. R. P. Nr. 124934 und 143889), die mit einem Öffnungsverhältnis 1 : 4,5 und mit einer Brennweite bis zu 60 cm hergestellt werden. Dadurch, daß die beiden äußeren Linsen zweiteilig verkittet gewählt wurden, entstand aus dem dreilinsigen Objektiv ein solches mit fünf Linsen, deren mittlere eine bikonkave Zerstreuungslinse ist. Seit mehreren Jahren wird das Heliar auch mit dem Öffnungsverhältnis 1 : 3,5 hergestellt. Die ebenfalls von H. Harting errechneten „Dynare" hatten das geringere Öffnungsverhältnis 1 : 6 (später 1 : 5,5).

Etwa zu gleicher Zeit entstand nach den Rechnungen P. Rudolphs in den Werkstätten von Carl Zeiss, Jena, das Tessar 1 : 6,3; es ist vierlinsig, und zwar sind die beiden vorderen Linsen durch eine Luftlinse getrennt, während die hinteren beiden Linsen miteinander verkittet sind (D. R. P. Nr. 142294). Später entstand die Serie mit den Lichtstärken 1 : 4,5 und dann auf Grund der Rechnungen von E. Wandersleb die lichtstärkere Serie für Spezialzwecke 1 : 3,5.

Die Vorteile der Bauart des Tessar sind folgende: Die verhältnismäßig flachen Radien einerseits und der gedrängte Bau des Objektivs anderseits gestatten seine rationelle Herstellung sowie seinen günstigen Einbau in den Verschluß der Handkameras.

Vergleicht man die modernen Anastigmate mit den früher erwähnten Astigmaten, so ist der Fortschritt in jeder Beziehung unverkennbar, und zwar — gleiche Brennweite vorausgesetzt — sowohl was die Auszeichnung des Bildfeldes als auch was die Güte dieser Auszeichnung bei wesentlich gesteigerter Lichtstärke betrifft.

Die besonders in der Kinotechnik benötigten Spezialobjektive mit den Öffnungsverhältnissen über 1 : 3,5 bis 1 : 1,5 haben sich bei Handkameras nur langsam einzubürgern vermocht; es ist selbstverständlich, daß die Erhöhung der Lichtstärke auf 1 : 2 und mehr, wie sie z. B. beim „Ernostar" (errechnet von L. BERTELE) zuerst durchgeführt wurde, eine größere Zahl von Korrektionsgliedern erfordert. Die Aufgabe war nur mit den vollkommen unsymmetrischen Systemen lösbar; wegen Einzelheiten sei auf die bezügliche Patentliteratur sowie auf Band I dieses Handbuches hingewiesen.

82. Vierlinsige unverkittete Objektive. Das einfachste symmetrische vierlinsige Objektiv enthält vier getrennt stehende Menisken; die vor bzw. hinter der Mittelblende angeordnete, aus zwei Menisken bestehende Linsenkombination entspricht je einem GAUSSschen Fernrohrobjektiv. In diesem Sinne kann dieses Objektiv als GAUSS-Objektiv bezeichnet werden. Dieses Doppelobjektiv hat den erwünschten Erfolg nicht gezeitigt und erst P. RUDOLPH vermochte 1896 (D. R. P. Nr. 92313) bei Systemen dieser Art durch zweckmäßige Modifikation der Linsen sowohl die erforderliche anastigmatische Bildebnung als auch die Farbenkorrektion herbeizuführen. Das Objektiv, das unter dem Namen „Planar" von der Firma CARL ZEISS, Jena, hergestellt wird, enthält sechs Linsen: die beiden der Blende zunächst stehenden inneren Linsen sind aus zwei Einzellinsen zusammengesetzt, deren Brechwerte annähernd gleich sind, deren Farbenzerstreuungen aber nicht unwesentlich voneinander abweichen; die beiden Außenlinsen des Planars sind sammelnde Menisken. Gegenüber dem PETZVAL-Objektiv hatte das Planar bei etwa gleicher Lichtstärke ein erheblich größeres Bildfeld, ohne indessen die ausgezeichnete Mittenschärfe des ersteren zu erreichen.

Etwa um das Jahr 1900 erhielt HUGO MEYER in Görlitz das D. R. P. Nr. 125560 (Erfinder F. KOLLMORGEN) auf ein vierlinsiges photographisches Doppelobjektiv vom GAUSS-Typus (in seiner ursprünglichen Form); das System wird seit Jahren unter dem Namen „Aristostigmat" in verschiedenen Serien (1 : 4 bis 1 : 9) auf den Markt gebracht; die Objektivhälften sind bei diesem Typus nicht streng symmetrisch.

Das „Eurynar" der Firma G. RODENSTOCK in München, das im Jahre 1902 entstand, gehört ebenfalls dem GAUSS-Typus an.

K. MARTIN (Optische Anstalt E. BUSCH A. G.) schuf etwa um die selbe Zeit eine weitere Form des GAUSSschen Doppelobjektivs, deren charakteristisches Merkmal nicht im äußeren Aufbau, sondern in der Verwendung nur sogenannter alter Gläser zu sehen ist; das unter der Bezeichnung „Omnar" bekannt gewordene System ist ein anastigmatisches und achromatisches Doppelobjektiv. Es wird in den Lichtstärken 1 : 4,5 bis 1 : 7,7 hergestellt. Die Hinterlinse läßt sich mit kleinen Blenden als Landschaftslinse benutzen; ihre Brennweite ist etwa doppelt so lang als diejenige des ganzen Objektivs.

Wesentlich günstiger für den Einbau in die Sektorenverschlüsse von Handkameras sind (weil sie einen sehr gedrungenen Bau haben) die nach den Berechnungen EMIL v. HOEGHS im Jahre 1898 von der Firma C. P. GOERZ hergestellten symmetrischen Vierlinsensysteme, deren bekannteste Vertreter der „Celor" und „Syntor" (D. R. P. Nr. 109283 und 143841) sind; man kann sie sich aus dem verkitteten Dreilinsensystem entstanden denken. Die Leistungen dieses Doppelobjektivs (nicht vom GAUSS-Typus) stehen hinter denen des verkitteten dreilinsigen Anastigmaten nicht zurück.

Später (1901) brachte RUDOLF STEINHEIL seinen Anastigmat „Unofokal" auf den Markt, der ebenfalls eine große Verbreitung gefunden hat; der Aufbau dieses sphärisch, chromatisch und anastigmatisch korrigierten vierlinsigen Objektivs ist im D. R. P. Nr. 133957 näher beschrieben. Die Beibehaltung der äußeren Symmetrie in beiden Hälften bezüglich Radien und Linsendicken bei gleichzeitiger Einführung verschiedener Glassorten und Abstände führte zur Konstruktion des „Selenar", das eine verbesserte Korrektion besonders bezüglich Koma zeigt.

Eine Verbesserung dieses Typus unverkitteter Linsen nahm W. ZSCHOKKE im Jahre 1912 vor und schuf den für Handkameras sehr bekannt gewordenen Anastigmat „Dogmar" (D. R. P. Nr. 258495). Abb. 263 zeigt den Aufbau des „Dogmar" 1 : 4,5 und 1 : 5,5; die Tabelle in der Legende zu Abb. 263 gibt über die Brenn- und Schnittweiten des Gesamtsystems für $f = 100$ mm bzw. seines Vorder- und Hinterglieds Aufschluß. Die wirksame Öffnung der Hinterlinse ist auch hier kleiner als jene der Vorderlinse.

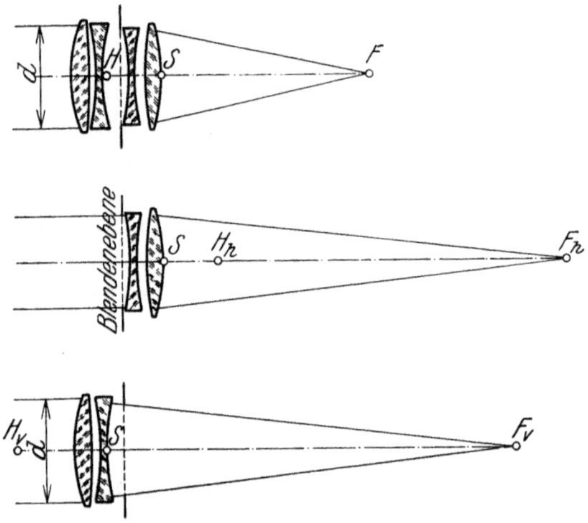

Abb. 263. Schematische Darstellung des Dogmar nach W. ZSCHOKKE (C. P. GOERZ A. G., Berlin). H, H_h, H_v sind die zweiten Hauptpunkte des Gesamtsystems, des Objektivhinterteils, des Objektivvorderteils. F, F_h, F_v sind die Brennpunkte des Gesamtsystems, des Objektivhinterteils, des Objektivvorderteils. SF, SF_h, SF_v sind die bezüglichen Schnittweiten

	Doppelobjektiv		Hinterlinse		Vorderlinse	
	1 : 4,5	1 : 5,5	1 : 4,5	1 : 5,5	1 : 4,5	1 : 5,5
Brennweite ...	100	100	158	167	192	185
Schnittweite ..	89	90	171	180	168	164
Blendenmitte bis 2. Hauptpunkt	2,2	1,1	21,8	22,2	27,7	23,9
Wirksame Öffnung d	22,2	18,2	19,6	16,2	22,2	18,2
Relative Belichtungszeiten	1	1	3,2	3,5	3,7	3,4

Die Zahlenangaben sind mm

Der unbedingte Vorzug des Vierlinsensystems beim „Dogmar" ist der einfache gedrängte Bau; infolge der Unsymmetrie des Vorder- und Hintergliedes bezüglich der Brennweite läßt sich dieser Anastigmat unter Umständen als Satzobjektiv verwenden, wobei die Hälften zweckentsprechend abgeblendet werden.

83. Der Objektivsatz. Der Wunsch, einen Gegenstand von einem bestimmten Punkt aus in verschiedenen Größen darstellen zu können, führte zur Konstruktion der Satzobjektive. Man versteht darunter eine Serie (einen Satz, meist 3 oder 4) für sich korrigierter Systeme mit Vorderblende, die bezüglich ihres Aufbaues einander ähnlich sind; dies kommt darin zum Ausdruck, daß ihre Radien, Dicken und Durchmesser den Radien, Dicken und Durchmessern eines Grundsystems proportional sind. Die Brennweiten der Einzelsysteme sind infolgedessen verschieden. Sieht man von eigentlichen Doppelanastigmaten (z. B. dem „Dagor") ab, so besteht die einfachste Form des Objektivsatzes aus zwei zur Blende symmetrisch angeordneten Hälften verschiedener Brennweite, wodurch im ganzen drei Brennweiten zur Verfügung stehen.

Die Brennweite F der jeweiligen Zusammenstellung hängt von der Brennweite der Einzelsysteme ab, die einander gegenübergestellt werden; sie ergibt sich aus der bekannten Beziehung $F = \frac{f_1 \cdot f_2}{f_1 + f_2 - e}$, wobei f_1 und f_2 die absoluten Brennweitewerte und e der Abstand der einander zugekehrten Hauptpunkte der beiden

Glieder sind. Für überschlägige Rechnungen kann der Wert e vernachlässigt werden, da er im allgemeinen nicht groß ist. Die Brennweiten der Einzellinsen haben positives Vorzeichen; jedes Glied kann einzeln als Objektiv verwandt werden. Die Bildgüte des Satzobjektivs ist trotz größerer Lichtstärke bei gleicher Brennweite wesentlich besser als diejenige eines Anastigmaten mit Vorsatzlinse, wenn letzterer nicht stark abgeblendet wird; diese Tatsache ist wichtig und eine gewisse Rechtfertigung für den Preis des Objektivsatzes.

Das Arbeiten mit Satzobjektiven bei Einstellung mit Hilfe der Mattscheibe unterscheidet sich in keiner Weise von demjenigen mit einem Anastigmat gewöhnlicher Art. Ein auswechselbares Objektivbrett ist dabei stets wünschenswert, damit der Austausch der Objektivglieder leichter vonstatten geht. Schwieriger ist es, Aufnahmen mit Satzobjektiven aus freier Hand, d. h. ohne vorherige Einstellung des Bildes, zu machen; für diesen Fall müssen Einstellskalen für sämtliche verfügbare Brennweiten vorhanden sein; das ist praktisch nicht immer möglich und führt außerdem leicht zu Verwechslungen, so daß im allgemeinen meist davon Abstand genommen wird.

Der Rohrstutzen bzw. Objektivkörper für Satzobjektive wird nicht, wie sonst üblich, mit Zahlenangaben über die relative Öffnung, sondern meist mit einer Teilung in Millimetern versehen, welche die Größe der Blende angibt. Die Errechnung des jeweils bestehenden Öffnungsverhältnisses macht dann keinerlei Schwierigkeiten; vielfach werden den Objektivsätzen bezügliche Tabellen beigegeben. Tabelle 38 gilt für den Collinear-Satz (9 × 12 cm) der Firma Voigtländer & Sohn A.-G.

Tabelle 38. Einzustellende Blendenöffnungen beim Collinear-Satz B, 9 × 12 cm; Brennweite der drei Einzellinsen 281, 225, 136 mm

Zusammenstellung aus: Vorder-Linse, Äquivalentbrennweite mm	Hinter-Linse, Äquivalentbrennweite mm	Äquivalentbrennweite der Zusammenstellung	1 : 7	1 : 9	1 : 12,5	1 : 18	1 : 25	1 : 36	1 : 50	1 : 71	Bildwinkel in Grad, bezogen auf die Diagonale d = 15 cm
			Für folgende relative Öffnungen des Objektivs ergeben sich Blendenöffnungen in mm								
—	281	281	—	—	22,5	15,6	11,2	7,8	5,6	4,0	30°
—	225	225	—	—	18,0	12,5	9,0	6,3	4,5	3,2	37°
—	136	136	—	—	10,9	7,6	5,4	3,8	2,7	1,9	58°
281	225	147	18,0	14,0	10,1	7,0	5,0	3,5	2,5	1,8	54°
281	136	107	—	10,3	7,4	5,2	3,7	2,6	1,9	1,3	70°
225	136	99	12,0	9,3	6,7	4,1	3.4	2,3	1,7	1,2	75°

Ist z. B. beabsichtigt, mit der relativen Öffnung 1 : 12,5 zu arbeiten, so ergibt die Tabelle für alle möglichen sechs Kombinationen die einzustellende Öffnung der Irisblende; diese ist am größten (22,5 mm) beim Arbeiten mit der Einzellinse von $f = 281$ mm und am kleinsten bei Verwendung der Kombination $f = 225$ mm und 136 mm (Äquivalentbrennweite 99 mm), wo sie nur 6,7 mm beträgt.

Die Tabelle läßt außerdem erkennen, daß der Auszug der Kamera bei Verwendung der langbrennweitigen Objektivhälfte von $f = 281$ mm am längsten sein muß; in diesem Falle ist der Bildwinkel am kleinsten, nämlich nur 30°. Die Kombination aus $f = 225$ mm mit $f = 136$ mm ergibt eine Äquivalentbrennweite von $F = 99$ mm; der Bildwinkel steigt hier auf 75° an; durch diese Zusammenstellung wurde ein Weitwinkelobjektiv erhalten. Das Verhältnis der Brennweite des kürzesten Doppelobjektivs zu jener des längsten Einzelgliedes ist etwa 1:2,8.

Würde man für jede Kombination eines Objektivsatzes eine besondere Blendenskala anbringen, so ergäbe sich eine unübersichtliche Anordnung der betreffenden Teilstriche auf dem Rohrstutzen, weil der verfügbare Raum dort stets sehr beschränkt ist. Die Ablesung wird dadurch erschwert, außerdem ergeben sich dabei leicht Irrtümer; der Grund dafür, daß die Objektivsätze verhältnismäßig wenig Eingang in die Praxis gefunden haben, dürfte zweifellos in der Umständlichkeit ihrer Handhabung zu suchen sein. F. Staeble, München, erkannte diesen Fehler und schuf im Jahre 1908 einen Objektivsatz, bei welchem sämtliche Kombinationen nur durch Vertauschung der Vorderlinse hergestellt werden, während das hintere Glied immer das gleiche bleibt. Es ist klar, daß auf diese Weise so viel Kombinationen erhalten werden, als Vorderlinsen vorhanden sind. Die Blendenskala ist auf der Vorderlinsenfassung der betreffenden Kombination angebracht; mit Hilfe eines Zeigers am Irisdrehring kann die relative Öffnung der jeweils benutzten Kombination einwandfrei abgelesen werden (D. R. P. Nr. 209795).

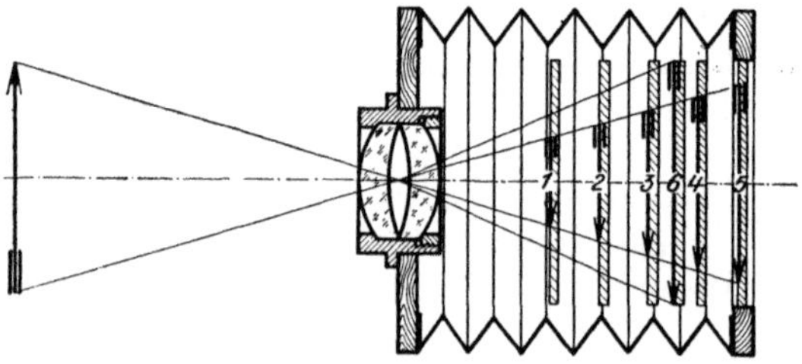

Abb. 264. Schematische Darstellung der Bildgrößen bei den verschiedenen Kombinationen des 9 × 12 cm-Polyplast-Satzes von Dr. F. Staeble, München. Kombination 1: $f = 10{,}5$ cm; Lichtstärke 1:16. Kombination 2: $f = 13{,}5$; Lichtstärke 1:5,9. Kombination 3: $f = 16{,}5$; Lichtstärke 1:7,7. Kombination 4: $f = 19{,}5$; Lichtstärke 1:9,0. Kombination 5: $f = 22{,}0$; Lichtstärke 1:16. Zum Vergleich ist noch die Größe des Bildes für das Neoplast 1:6,3, $f = 30$ cm (6) eingetragen. Der Universaltubus ist mit einem Blendenzeiger versehen

Der von F. Staeble berechnete Objektivsatz ist unter dem Namen „Polyplastsatz" bekannt geworden; eine schematische Darstellung der Beziehungen zwischen Brennweite und Größe der Bildeinzelheiten ist aus Abb. 264 zu ersehen. Während sich die Zahlen 1 bis 5 auf die einzelnen Kombinationen des Satzes beziehen, bezieht sich 6 auf den nur zum Vergleich herangezogenen Teleanastigmat „Neoplast" 1:6,3 mit der Brennweite $f = 30$ cm[1].

Infolge der durchgeführten Normalisierung der Objektive in der Richtung, daß die Fassungen — gleiche Brennweite vorausgesetzt — aus einem Compurverschluß herausgeschraubt und in eine Normal- oder Spezialfassung entsprechender Größe eingesetzt werden können, ergeben sich für die Anschraubgewinde relativ schwache Abmessungen; es ist nicht ohneweiters möglich, die Objektive mit sogenannten „Schnellverbindungen" zu versehen, bei denen die Vereinigung zwischen Rohrstutzen und Linsenkörper nach dem Prinzip der „Bajonettfassung" hergestellt wird.

84. Weitwinkel-Objektive. Streng genommen erscheint es nicht gerechtfertigt, von einem besonderen Typus der Weitwinkelobjektive zu sprechen, denn es können auch Objektive normaler Bauart unter Umständen für Weitwinkelaufnahmen benutzt werden, wenn das Verhältnis der Brennweite zum Plattenformat so gewählt ist, daß ein möglichst großer Teil des Dingraumes abgebildet wird, und wenn der Rand der Fassungen kein Hindernis im Strahlengang bildet. Setzt man für das Plattenformat 9 × 12 cm die heute sehr gebräuchliche Brenn-

[1] Ausführliche Einzelheiten hierüber findet man bei A. Neumann und F. Staeble, Das photographische Objektiv, 2. Aufl., Ed. Liesegangs Verlag M. Eger, Leipzig, 1919.

weite von $f = 13{,}5$ cm als normal voraus, so ergibt sich unter Zugrundelegung des Wertes der Diagonale $d = 15{,}0$ cm ein Bildwinkel von 58°; verwendet man für dieses Plattenformat ein Objektiv von $f = 10{,}5$ cm, wie es heute fast allgemein für das Plattenformat $6\frac{1}{2} \times 9$ cm vorgesehen ist, so ergibt sich ein Bildwinkel von 71°. Voraussetzung ist dabei natürlich, daß man das kurzbrennweitige Objektiv, dem diese große Leistung zugemutet wird, entsprechend abblendet; da nun aber durch den Rand der Fassungen infolge des großen Bildwinkels leicht eine Vignettierung des Gesichtsfeldes eintritt, wurde die Konstruktion besonderer Weitwinkelobjektive notwendig, deren äußere Kennzeichen ein möglichst gedrungener Bau, d. h. geringer äußerer Scheitelabstand der Linsen, und ein geringes Öffnungsverhältnis sind.

In Tab. 39 sind die Leistungen der „Protare 1 : 18" der Firma CARL ZEISS, Jena, für die gängigsten Plattenformate zusammengestellt; dieses Weitwinkelobjektiv eignet sich besonders für Rundblick-, Gebäude- und Innenaufnahmen.

Tabelle 39. Leistung der Protare 1 : 18

Plattenformat in cm	$4^1/_2 \times 6$	6×9	9×12	10×15	13×18	16×21	20×26	24×30
Brennweite in cm	4,0	6,0	8,5	11,0	14,0	18,0	21,0	27,0
Durchmesser des Bildkreises bei kleinster Blende in cm	10,5	14,5	22,0	28,0	36,0	40,0	54,0	68,0
Das ist in Grad:	im Mittel zirka 100°							

Die Bemühungen, ein möglichst verzeichnisfreies optisches System von großem Bildwinkel zu schaffen, liegen weit zurück; in England war es zunächst TH. SUTTON, der bereits 1859 mit seiner „Panoramic lens" Aufsehen erregte. (Einzelheiten hierüber finden sich in M. v. ROHR „Theorie und Geschichte des photographischen Objektivs", Verlag von Julius Springer, Berlin 1899.)

Es sollen mit der „Panoramic lens" Aufnahmen bis zu 120° Bildwinkel gemacht worden sein; um den störenden Lichtabfall nach dem Rande hinzu auszugleichen, empfahl SUTTON die Einführung einer sogenannten Schmetterlingsblende (butterfly diaphragm). Als Nachteil dieses an sich verzeichnungsfreien Systems muß angeführt werden, daß zur Aufnahme zylindrisch gekrümmte Platten nötig waren.

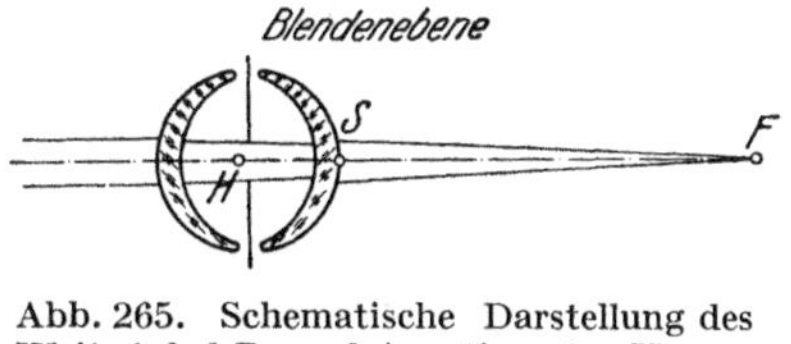

Abb. 265. Schematische Darstellung des Weitwinkel-Doppel-Anastigmaten Hypergon 1 : 22, $f = 100$ mm (C. P. GOERZ A. G., Berlin). HF (Brennweite) = 100 mm, SF (Schnittweite) = 89,9 mm. Der Abstand des bildseitigen Hauptpunktes H von der Blendenmitte beträgt zirka 1,1 mm

Etwas später (etwa 1860) erfand der englische Optiker C. C. HARRISON die sogenannte „globe lens", ein symmetrisches achromatisches Objektiv, das aus zwei stark gekrümmten verkitteten Menisken bestand.

In Deutschland interessierte man sich ebenfalls für diesen Typus eines Weitwinkelobjektivs, und zwar war es EMIL BUSCH in Rathenow, der etwa um 1865 sein „Pantoskop" herausbrachte, das äußerlich ziemlich viel Ähnlichkeit mit der „globe lens" hatte. Wir müssen hier noch das allerdings viel später (etwa um 1900) entstandene Hypergon nach den Rechnungen E. VON HOEGHS erwähnen (Abb. 265). Das dem STEINHEILschen Periskop ähnliche System besteht nur aus zwei unverkitteten Linsen und wird mit kleiner Blende verwendet. Das Objektiv ist durch seine rotierende Sternblende auffällig. Dieses Weitwinkelobjektiv hatte ein anastigmatisch geebnetes Bildfeld von etwa 135 bis 140°; es wurde von der Firma C. P. Goerz seinerzeit hergestellt und in den Handel gebracht (D. R. P. Nr. 126500).

Von den im Laufe der folgenden Jahre entstandenen deutschen Konstruktionen seien u. a. erwähnt:

Das „Pantogonal“ (D. R. P. Nr. 167224) und das „Eikonar“ der Firma G. Rodenstock, München; das letztere besitzt das Öffnungsverhältnis 1 : 12 und ist für einen Bildwinkel von etwa 110° berechnet, so daß für das Format 18 × 24 cm nur eine Brennweite von 15 cm erforderlich ist. Die Weitwinkelcollineare der Firma Voigtländer & Sohn A.-G. leisten etwa das Gleiche; der Weitwinkelaristostigmat der Firma Hugo Meyer & Co. in Görlitz ist für die Lichtstärke 1 : 9 gerechnet und gestattet noch die Herstellung von Momentaufnahmen bei gutem Lichte bzw. eine mühelose Einstellung bei ungünstigem Licht. Die gleiche Lichtstärke hat das symmetrische sechslinsige Weitwinkelobjektiv der Firma C. P. Goerz A. G. vom Jahre 1922 (D. R. P. Nr. 388636), Bildwinkel etwa 100°, Brennweite $f = 16$ cm für das Format 18 × 24 cm.

Da Weitwinkelaufnahmen fast nur unter Benutzung eines Stativs gemacht werden, die Einstellung also in der Mehrzahl aller Fälle mittels der Mattscheibe vorgenommen wird, ist eine besondere Einstellskala entbehrlich. Es ist auch stets möglich, ein Weitwinkelobjektiv in Normalfassung bei völlig geöffneter Blende des Zentralverschlusses unter Verwendung eines Zwischenringes in den Verschluß einzusetzen, weil die Abmessungen des Weitwinkelobjektivs viel kleiner sind als diejenigen eines normalen Objektivs. Noch zweckmäßiger ist es, wenn die Kamera ein auswechselbares Objektivbrett besitzt; in diesem Falle kann das Weitwinkelobjektiv in einen eigenen kleinen Zentral-Verschluß auf einem besonderen Objektivbrett montiert werden und läßt sich dann mühelos gegen das Normalobjektiv austauschen.

Bei fallweiser Verwendung der Weitwinkelobjektive an der Kamera ist wegen des großen Bildwinkels stets darauf zu achten, daß nicht irgend ein mechanischer Teil des Apparates in den dingseitigen Strahlengang kommt; bei Reisekameras, wo die Einstellung durch Verschieben des Mattscheibenrahmens erfolgt, besteht diese Gefahr selten oder gar nicht, weil das Objektiv stets die gleiche Lage zur Kameravorderwand hat, bei Handkameras mit Laufboden tritt es hingegen sehr leicht ein, daß ein Teil des Laufbodens auf der Platte mit abgebildet wird, weil das Objektiv der Bildebene relativ nahe liegt. Hier ist die beste Abhilfe, den Laufboden zu neigen, sofern eine derartige Einrichtung vorhanden ist; die optische Achse müßte dabei jedoch möglichst ihre senkrechte Lage zur Bildebene beibehalten, eine Forderung, die nur bei Verwendung einer schwenkbaren Standarte erfüllbar ist.

85. Tele-Objektive. Zweigliedrige optische Systeme, bestehend aus einem sammelnden Vorderglied und einem in relativ großem Abstand angeordneten Hinterglied von zerstreuender Wirkung, nennt man Fern- oder Teleobjektive. Der Vorzug dieser Linsenanordnung ist, daß die Äquivalentbrennweite des Gesamtsystems wesentlich größer als diejenige des Vordergliedes allein ist und daß infolge der eigenartigen Lagerung der Hauptpunkte des Gesamtsystems eine weitgehende Auszugsverkürzung erzielt wird.

Bei zusammengesetzten Teleobjektiven besteht das Negativsystem gewöhnlich aus einer zwei- oder dreiteiligen Linse von möglichst großem Durchmesser, die mit einem vollwertigen Sammelsystem für photographische Zwecke, dessen Öffnungsverhältnis höchstens 1 : 4,5 ist, in Verbindung gebracht wird. Trotz der scheinbar großen Vorzüge des zusammengesetzten Teleobjektivs ist seine Einführung auf Schwierigkeiten gestoßen, und zwar hauptsächlich wegen seiner geringen Helligkeit und der sich infolgedessen ergebenden langen Belichtungszeiten; obwohl die ersten Konstruktionen dieser Art bereits um 1850 von J. PORRO vorgeschlagen wurden (und zwar u. a. auch ein System mit veränderlichem Abstand zwischen Vorder- und Hinterglied), ist ihre Entwicklung recht langsam vor sich gegangen. Es ist selbstverständlich, daß Teleaufnahmen nur unter Benutzung eines guten Stativs gemacht werden können, das sehr fest sein muß; außerdem ist bei Aufnahmen dieser Art, bei denen die Belichtung oft sehr lange dauert, ruhige Luft unerläßliche Voraussetzung. Andererseits hat z. B. die Aufnahme von Tieren in relativ großen Entfernungen gerade bei Benutzung des Teleobjektivs an der Handkamera besonderen Reiz; es war daher naheliegend, auf die Veränderlichkeit der Gesamtbrennweite ganz zu verzichten und die Vorteile des kurzen Balgauszuges z. B. bei Spreizen- und Spiegelreflexkameras für die Anbringung von Teleobjektiven mit fester Bauart (und dafür größerer Lichtstärke) nutzbar zu machen.

Eine der ersten Konstruktionen dieser Art (1900) war das „Magnar“ der Firma CARL ZEISS, Jena, das für die 9 × 12 cm-Platte mit der Brennweite $f = 45$ cm bei einem Öffnungsverhältnis 1 : 10 hergestellt wurde; sehr schätzenswert ist dabei der kurze Auszug von nur 15 cm, der also nur $^1/_3$ der Gesamtbrennweite beträgt. Der Bildwinkel ist entsprechend der großen Brennweite, bezogen auf die Diagonale der 9 × 12 cm-Platte, nur etwa 20^0.

Beinahe zu gleicher Zeit brachte die Firma EMIL BUSCH in Rathenow ihren Bis-Telar auf den Markt, der zuerst die relative Öffnung 1:9, später 1:7 hatte; für die 9 × 12 cm-Platte ist eine Brennweite von $f = 27$ cm vorgesehen, wobei die Schnittweite halb so groß als die Brennweite ist.

Später, und zwar etwa im Jahre 1912, folgte die Firma ROSS LTD. in London mit ihrer „Telecentric-Lens“ 1 : 5,4 (D. R. P. Nr. 263873), J. H. DALLMEYER in London mit der „Dallon-Telephoto-Lens“ und die Firma BAUSCH & LOMB in Rochester, U. S. A., mit dem „Telestigmat“ 1 : 6,8.

In die jüngste Zeit (1920) fällt die Konstruktion des von W. MERTÉ errechneten und von der Firma CARL ZEISS, Jena, hergestellten „Tele-Tessar“ (für 9 × 12 cm, $f = 25$ cm); dieses System besitzt ein Öffnungsverhältnis von 1 : 6,3. Die Bauart dieses Spezialobjektivs ist in der Patentschrift D. R. P. Nr. 347838 beschrieben; als Nachteil könnte bezeichnet werden, daß die Auszugsverkürzung hier relativ geringer ist als beim Magnar, doch sind die gute Korrektur sowie die große Lichtstärke dieses Objektivs sehr schätzenswerte Vorteile. Vielleicht in noch höherem Maße als für Fernaufnahmen ist das „Tele-Tessar“ für Personen- und Tieraufnahmen sowie für die Arbeiten des Sport- und Pressephotographen geeignet.

Tabelle 40. Optische Leistungen des „Tele-Tessar“ 1:6,3

Plattenformat in cm	Diagonale in cm	Brennweite in cm	Kamera-Auszug in cm	Bildwinkel in Grad, bezogen auf die Diagonale	Durchmesser des Bildkreises in cm bei kleinster Blende
$4^1/_2 \times 6$	7,5	12,0	zirka 7,2	zirka 35^0	9,0
$6^1/_2 \times 9$	11,0	18,0	„ 11,0	„ 34^0	13,5
9 × 12	15,0	25,0	„ 15,0	„ 33^0	18,5
10 × 15	18,0	32,0	„ 19,0	„ 31^0	24,0
13 × 18	22,2	40,0	„ 24,0	„ 31^0	30,0

Aus der Tabelle 40 ist ersichtlich, daß der erforderliche Kameraauszug etwa 60% der Brennweite beträgt.

Das von der Firma C. P. Goerz A. G. hergestellte Fernobjektiv „Telegor" hat ebenfalls die Lichtstärke 1 : 6,3 und eine Brennweite von $f = 30$ cm für die 9×12 cm Kamera (vgl. Abb. 266).

Die Firma Voigtländer & Sohn A. G. brachte im Jahre 1925 ihr „Tele-Dynar" auf den Markt, das von H. Deser für ein Öffnungsverhältnis von 1 : 6,3 berechnet war und in den Brennweiten 14, 20, 25,5, 29 und 32 cm für Kameras von den Formaten $4\frac{1}{2} \times 6$, $6\frac{1}{2} \times 9$, 9×12 und 10×15 cm sowohl in Schneckengangfassung als in Compurverschluß konstruiert wurde. Die wichtigsten Daten bezüglich dieser Objektivs sind in der Tabelle unter Abb. 267 zusammengestellt; man erkennt, daß die Schnittweite sich zur Brennweite verhält wie etwa 1 : 1,59. Der für den Einbau des Objektivs in die Kamera besonders interessierende Wert a (vgl. Abb. 267), d. i. der Abstand des Verschlusses bzw. der Vorderwand des Apparates von der Bildebene, ist bei Einstellung auf Unendlich etwa um 9% größer als die Bildweite (D. R. P. Nr. 444150).

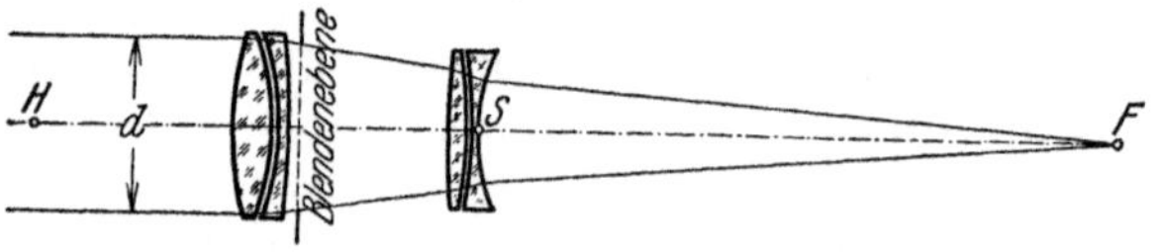

Abb. 266. Fernobjektiv Telegor 1 : 6,3. (C. P. Goerz A. G., Berlin). Für $f = 100$ mm ist HF = Brennweite = 100 mm, SF = Schnittweite = 58,7 mm, HS = Scheitel bis bildseitiger Hauptpunkt = 41,3 mm. Wirksame Öffnung (d) = 15,9 mm

Ein Übelstand, den alle Teleobjektive in mehr oder weniger hohem Maße zeigen, ist die Verzeichnung, die besonders bei Architekturaufnahmen in Erscheinung tritt. Ein von H. Hahn im Jahre 1919 errechnetes Teleobjektiv von wesentlich anderer Bauart ist in dieser Beziehung günstig korrigiert, was um so beachtenswerter ist, als es die hohe Lichtstärke 1 : 4,5 und eine Brennweite von nur 24 cm für die 9×12 cm-Platte besitzt (D. R. P. Nr. 316246).

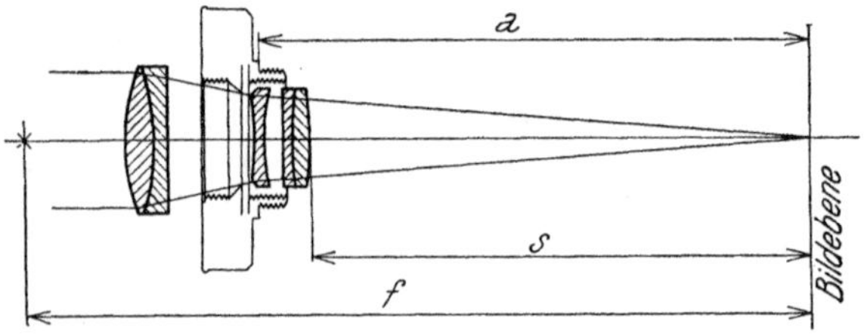

Abb. 267. Fernobjektiv Tele-Dynar 1 : 6,3 (Voigtländer & Sohn A.-G., Braunschweig). f = Brennweite, s = Schnittweite, a = Entfernung der Bildebene von der Verschlußanlage am Objektivbrett

Format	f	s	a
4,5 6 cm	140 mm	88,5 mm	97 mm
6,5 9 „	200 „	126,5 „	139 „
9 12 „	255 „	161 „	179 „
9 12 „	290 „	183,5 „	204 „
10 15 „	320 „	203 „	226 „

Zusammenfassend kann bezüglich der Leistung der modernen Teleanastigmate gesagt werden, daß sie, was Lichtstärke und Bildgüte betrifft, alle früheren Telesysteme übertreffen; das trifft zum Teil auch dann zu, wenn eine veränderliche Vergrößerung möglich ist. Den Vorsatzlinsen gegenüber, welche nur bei relativ starker Abblendung brauchbare Bilder liefern, erweist sich der Teleanastigmat in optischer Hinsicht überlegen.

86. Vorsatzlinsen. Der Vorzug des symmetrischen Doppelanastigmaten gegenüber unsymmetrischen Systemen besteht darin, daß sich seine Vorder- oder Hinterlinse als Objektiv mit langer Brennweite an Kameras mit doppeltem Auszug verwenden läßt. Dabei ist eine verhältnismäßig starke Abblendung nicht immer zu vermeiden; der Zuwachs an Brennweite gegenüber dem Doppelobjektiv ist ziemlich erheblich. Beim „Collinear" 1 : 6,3 z. B. ist die Brennweite jeder der beiden Hälften etwa 1,7 mal größer als diejenige des ganzen

Objektivs; beim „Dogmar“ 1 : 4,5 und 1 : 5,5, dessen Hälften verschiedene Brennweiten haben, verhalten sich die Brennweiten wie 1 : 1,58 und 1 : 1,92 bzw. 1 : 1,67 und 1 : 1,85.

Die VOIGTLÄNDERschen Heliare und die ZEISSschen Tessare sind (ebenso wie andere ähnliche Systeme) gänzlich unsymmetrische Anastigmate; infolge Verzicht auf jedwede Symmetrie und damit auf die Verwendbarkeit eines Teiles des Objektivs als selbständiges System standen dem Konstrukteur viel mehr Möglichkeiten in der Auswahl seiner Mittel zur Erzielung der besten Korrektur zur Verfügung. Daraus, daß bei einem symmetrischen Doppelanastigmaten, dessen symmetrische Glieder dreilinsig verkittet sind (diese Glieder sind so korrigiert, daß sowohl Vorder- als auch Hinterglied einzeln für sich benutzbar sind), nur drei Linsendicken und vier Krümmungsradien, z. B. beim Heliar aber etwa die doppelte Anzahl Elemente für die Korrektur zur Verfügung stehen, ergibt sich, daß unsymmetrische Objektive mit den hohen Lichtstärken 1 : 4,5 bzw. 1 : 3,5 in der bekannten Vollendung geschaffen werden konnten.

Die oberwähnte Überlegenheit der sogenannten Doppelanastigmate wurde durch die Einführung der Vorsatzlinse beseitigt; die Vorsatzlinsen sind schwach zerstreuende oder sammelnde Einzellinsen und haben die Eigenschaft, in Verbindung mit einem normalen photographischen Objektiv die Brennweite dieses Objektivs zu verlängern oder zu verkürzen, je nachdem sie negativen oder positiven Charakter haben (vgl. Abb. 268).

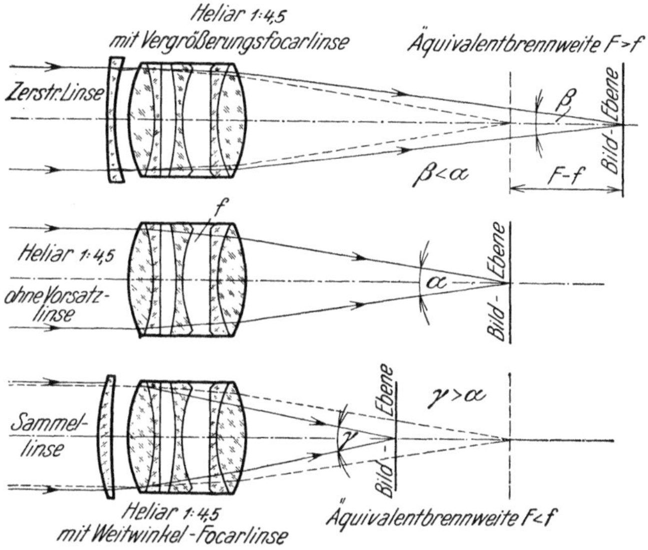

Abb. 268. Beziehung zwischen Brennweite und Bildwinkel eines Aufnahmeobjektivs mit und ohne Vorsatzlinse. Oben Heliar 1 : 4,5 mit zerstreuender Focarlinse, in der Mitte Heliar 1 : 4,5 ohne Vorsatzlinse, unten Heliar 1 : 4,5 mit sammelnder Focarlinse

a) Die Vorsatzlinsen zur Brennweitenverlängerung (Vergrößerungslinsen). Bezeichnet f_1 die Brennweite des photographischen Objektivs, f_2 diejenige der Vorsatzlinse, F die Äquivalentbrennweite beider Objektive zusammen und e den Abstand der in Betracht kommenden Hauptpunkte, so gilt näherungsweise die bekannte Beziehung:

$$\frac{1}{F} = \frac{1}{f_1} + \frac{1}{f_2} - \frac{e}{f_1 \cdot f_2}.$$

Da f_2 in unserem Falle negatives Vorzeichen hat, geht die Formel in diesem Falle über in $F = \frac{f_1 \cdot (-f_2)}{f_1 - f_2 - e}$ und, weil e ein relativ kleiner Wert ist,

$$F = \frac{f_1 \cdot f_2}{f_2 - f_1}.$$

Beispiel: Brennweite des Aufnahmeobjektivs $f_1 = 10{,}5$ cm; (Kamera $6\frac{1}{2} \times 9$ cm), Brennweite der Vorsatzlinse $f_2 = 45$ cm. $F = \frac{10{,}5 \times 45}{45 - 10.5} = 13{,}7$ cm.

(Bei Berücksichtigung des e-Wertes, dessen absolute Größe in diesem Falle etwa 0,75 cm beträgt, wird $F = 13{,}4$ cm; damit der Durchmesser der Vorsatzlinse nicht zu groß zu werden braucht, wird sie so dicht wie möglich an die Vorderlinse des Aufnahmeobjektivs herangerückt.)

In vorstehendem Beispiel wurde durch die Vorschaltung der Vorsatzlinse die Brennweite des Aufnahmeobjektivs um 13,7 — 10,5 = 3,2 cm verlängert. Das entspricht einer Vergrößerung der Bildeinzelheiten von 13,7 : 10,5 = 1,3; dafür tritt eine Reduktion der Lichtstärke des zusammengesetzten Systems ein. Daß der Bildwinkel nach Maßgabe der erreichten Brennweitenverlängerung kleiner wird, ist selbstverständlich.

Ein sehr beachtenswerter Vorzug der Vorsatzlinsen besteht darin, daß infolge der großen Auswahl von Linsen, wie sie z. B. die Firmen Voigtländer & Sohn A. G. und Carl Zeiss mit ihren Focar- bzw. Distarlinsen (D. R. P. Nr. 308 124) bieten, verschiedene Brennweiten des Gesamtsystems erzielbar sind.

Die Grenze der Anwendung negativer, also vergrößernder Vorsatzlinsen ist einerseits durch die Länge des Balgenauszuges der Kamera, andererseits durch den Einfluß dieser Vorsatzlinsen auf den Korrektionszustand des Aufnahmeobjektivs gezogen; im allgemeinen liegt der Vergrößerungsfaktor zwischen 1,3 und 1,9. Es muß ausdrücklich darauf hingewiesen werden, daß die Güte des Aufnahmeobjektivs durch Hinzufügen eines optisch nicht korrigierten Zusatzgliedes von einfachster Formgebung in ungünstigem Sinne beeinflußt wird.

Trotz der theoretisch zweifellos begründeten und praktisch erprobten Brauchbarkeit der Vorsatzlinsen läßt es sich nicht vermeiden, daß bei Verwendung dieser Linsen, wenn genügend scharfe Bilder resultieren sollen, mehr oder weniger stark abgeblendet werden muß. Die Verzeichnung durch die Vorsatzlinse ist nur gering und kleiner als diejenige der Einzellinse eines Doppelanastigmaten. Ein Vorteil der Vorsatzlinse ist es, daß sie jederzeit nachträglich angeschafft werden kann.

Die Vorsatzlinsen, welche meistens eine federnde geschlitzte Fassung haben, werden auf die Vorderlinsenfassung des betreffenden Objektivs in gleicher Weise aufgesteckt wie Gelbfilter; die Focarlinsen der Firma Voigtländer & Sohn A. G. sind überdies so ausgebildet, daß sich wahlweise die Gelbscheibe auf die Vorsatzlinse oder umgekehrt die Vorsatzlinse auf die Gelbscheibe und beide zusammen auf die Sonnenblende des Objektivs stecken lassen (vgl. Abb. 269, S. 312).

Ein nicht zu unterschätzender Vorzug der Verwendung von Vorsatzlinsen gegenüber der Verwendung des Hintergliedes von symmetrischen Objektiven besteht darin, daß man bei ersterem mit einem kürzeren Kameraauszug das Auslangen findet.

Vorsatzlinsen können an Kameras mit festem Auszug (Spreizenkameras) keine Verwendung finden, weil die dort verfügbare achsiale Verschiebung des Objektivs meist zu gering ist, um selbst bei Verwendung der schwächsten Vorsatzlinse eine Einstellung auf Unendlich zu ermöglichen; Kameras mit einfachem Auszug gestatten die Verwendung von Vorsatzlinsen nur innerhalb enger Grenzen.

b) Die Vorsatzlinsen zur Brennweitenverkürzung (Weitwinkellinsen). In Analogie zu den die Brennweite verlängernden Vorsatzlinsen entstanden sehr bald solche von entgegengesetzter Wirkung; wird nämlich an Stelle der negativen Linse eine solche mit positivem Charakter als Vorsatzlinse gewählt, so ergibt sich eine Äquivalentbrennweite von geringerem absolutem Wert: $F = \frac{f_1 \cdot (+f_2)}{f_1 + f_2 - e}$; bei Vernachlässigung des Wertes e ergibt sich $F = \frac{f_1 \cdot f_2}{f_1 + f_2}$.

Beispiel: Brennweite des Aufnahmeobjektivs $f_1 = 10{,}5$ cm (Kamera $6\frac{1}{2} \times 9$ cm), Brennweite der Vorsatzlinse $f_2 = 50$ cm. $F = \frac{10{,}5 \cdot 50}{10{,}5 + 50} = 8{,}7$ cm. Die Brennweite der Linsenkombination ist um $10{,}5 - 8{,}7 = 1{,}8$ cm kürzer; der Objektivträger muß um diesen Betrag näher an die Bildebene gebracht werden. Die Folge davon ist — gleichen Standpunkt der Kamera vorausgesetzt — eine Verkleinerung der Bildeinzelheiten im Verhältnis von 8,7 : 10,5, d. i. 1 : 1,2. Zwangläufig steigt natürlich der Bildwinkel im gleichen Verhältnis; war er vorher (bezogen auf die Diagonale der Platte $6\frac{1}{2} \times 9$ cm) zirka 55^0, so wird er nunmehr etwa 65^0 und hat damit einen Wert erreicht, der über das normale Maß wesentlich hinausgeht. Voraussetzung für das Arbeiten mit Weitwinkelsystemen ist, daß der Laufboden vom Bilde nichts abschneidet; also auch in dieser Beziehung sind Grenzen gezogen. Eine Vorrichtung zum Neigen des Laufbodens ist hier unter Umständen sehr vorteilhaft.

Der Vorteil, jede Kamera auf diese Art in einfachster Weise mit einem „Weitwinkelobjektiv“ versehen zu können, kann insbesondere bei Aufnahmen im Zimmer bzw. überall dort ausgenützt werden, wo der Standort der Kamera nicht ohne weiteres gewechselt werden kann; die Vorsatzlinse positiven Charakters gestattet also, das Gesichtsfeld zu steigern. Da die Brennweite kürzer wird, wächst — unveränderte Blende vorausgesetzt — die relative Öffnung und damit die Lichtstärke. Genau so wie bei der Vorsatzlinse mit Vergrößerungswirkung ist auch hier nicht zu erwarten, daß die Bildgüte, wie sie das Objektiv allein liefert, erhalten bleibt; es ist infolgedessen erforderlich, daß das Aufnahmeobjektiv abgeblendet wird, und zwar in einem Maße, das durch die Art des Gegenstandes und die Brennweite der Weitwinkellinse vorgeschrieben wird (vgl. die bezüglichen Hinweise in der Druckschrift: ZEISS-Proxare Phot. 263/I der Firma CARL ZEISS, Jena).

Ein wichtiger Vorteil der positiven Vorschaltlinsen in Verbindung mit Aufnahmeobjektiven ist die Möglichkeit, mit diesen Objektivkombinationen Nahaufnahmen in größerem Abbildungsmaßstab machen zu können.

C. Die Lichtfilter

Auch hier soll (ebenso wie bei den Objektiven) nur das Wichtigste Erwähnung finden; wegen Einzelheiten vgl. Bd. I und VIII dieses Handbuches.

87. Theorie. Es ist H. W. VOGELS Verdienst, die photographische Platte auch für jene Farben des Spektrums empfindlich gemacht zu haben, die gegen das rote Ende desselben hin liegen; dieser für die Photographie so bedeutungsvolle Fortschritt gelang durch Zusatz bestimmter Farbstoffe zur Emulsion, worauf wir hier nicht näher einzugehen brauchen (vgl. Bd. III, IV, V und VIII dieses Handbuches). Es entstand so zunächst die orthochromatische und später die panchromatische Platte; erstere ist für die gelbgrüne und blaue Zone des Spektrums, letztere nahezu für das ganze Spektrum empfindlich. Da es sich nun nicht vermeiden ließ, daß auch diese Platten überwiegend (zumindestens aber in hohem Maße) blauempfindlich bleiben, muß man die blauen Strahlen dämpfen und dadurch die Empfindlichkeit der Platte für die übrigen Farbstrahlen, für welche sie empfindlich gemacht wurde, indirekt heben. Dies wird durch ein Lichtfilter erreicht, das die blauen Strahlen zurückhält; es ist dies ein Gelbfilter, das in den Strahlengang des Objektivs eingeschaltet wird.

88. Die Arten der Gelbfilter. a) Das Flüssigkeitsfilter. Die älteste (aber heute fast nur noch in der Reproduktionstechnik Anwendung findende) Filterart ist das Flüssigkeitsfilter. Es besteht aus zwei planparallelen Glasplatten, die durch einen zylindrischen Glasring getrennt sind; der so entstehende

Zwischenraum wird mit der entsprechend gefärbten Flüssigkeit angefüllt. Die Flüssigkeit samt den Glasplatten bildet eine Planparallelplatte. Das Ganze ist in einer Metallfassung untergebracht; das Filter wird im dingseitigen Strahlengang angeordnet. Trotz mancher Vorzüge dieser Einrichtung (insbesondere die Gleichmäßigkeit der Farbschicht) wird dieses Filter vom Freilichtphotographen nicht benutzt, und zwar wegen seines relativ hohen Gewichtes, wegen des umständlichen Hantierens mit Flüssigkeiten und wegen seiner umständlichen Reinigung.

b) Die Gelatinetrockenfilter. Die einfachste Methode zur Herstellung von Trockenfiltern besteht darin, eine Glasscheibe mit gefärbter Gelatinelösung zu überziehen; praktischer, wenn auch teurer, ist das Einbetten einer nach bestimmten Grundsätzen hergestellten farbigen Gelatinefolie zwischen zwei farblosen Planparallelplatten, wobei als Bindemittel Canadabalsam dient. Diese Art der Herstellung des Trockenfilters gibt die Gewähr, daß die Folie vollkommen geschützt liegt. Es ist natürlich empfehlenswert, Filter dieser Art vor großer Hitze und Feuchtigkeit sowie vor erheblichen Temperaturschwankungen zu schützen, damit Blasenbildungen usw. vermieden werden. Näheres bezüglich Herstellung von Gelatinetrockenfiltern findet man in Bd. VIII dieses Handbuches. Im Interesse einer einwandfreien Herstellung der Filter sollen die einzelnen Glasplatten nicht zu dünn sein; die Gesamtdicke des Filters steht in einem gewissen Zusammenhang mit seinem Durchmesser und soll nicht weniger als $^1/_{10}$ des Durchmessers betragen.[1]

RIGGERT von der DEUTSCHEN VERSUCHSANSTALT FÜR LUFTFAHRT E. V. in Berlin-Adlershof hat in jüngster Zeit die Gelatinetrockenfilter der Firma VOIGTLÄNDER & SOHN A.-G. unter Zuhilfenahme einer Autokollimationsvorrichtung einer genauen Prüfung in bezug auf Parallelität und Ebenheit der äußeren Flächen unterzogen. Die Untersuchung der spektralen Eigenschaften des Filters erfolgte mit Hilfe des Spektrodensographen nach E. GOLDBERG; dieses Gerät liefert die Absorptionskurven der zu untersuchenden Medien in einfachster Weise.

Die Ergebnisse der Prüfung an wahllos herausgegriffenen Stücken geringer, mittlerer und großer Dichte waren durchaus zufriedenstellend; die festgestellten Fehler lagen innerhalb der durch die normale Fabrikation bedingten Grenzen.

Die Güte eines Gelbfilters in bezug auf die Ebenheit der Flächen läßt sich für die Zwecke der Praxis des Freilichtphotographen ohne besondere Hilfsmittel leicht in der Art prüfen, daß man das Spiegelbild eines Gegenstandes in dem schräg gehaltenen Filter beobachtet; ist dieses Spiegelbild vollkommen scharf, so ist das Filter für die Praxis ohneweiters brauchbar.[2]

Zu den Gelatinetrockenfiltern (1907) gehört das „Dukarfilter" der Firma CARL ZEISS, Jena (D. R. P. Nr. 202925); dieses Filter ist als schwache sphärische Zerstreuungslinse ausgebildet (vgl. S. 270 dieses Bandes und die ZEISS-Druckschrift, Phot. 268). Es wurden ähnliche Linsen auch aus in der Masse gefärbtem Gelbglas hergestellt und hinter dem Objektiv angeordnet (vgl. D. R. G. M. Nr. 631733 der H. ERNEMANN-WERKE sowie Phot. f. Alle 1929, Heft 23).

c) Die in der Masse gefärbten Gelbglasfilter. Sie haben den Vorteil, daß sie lichtecht sind und eine geringere Dicke besitzen können als die

---

[1] K. GUNDLACH, Phot. Ind. 1930, S. 30 sowie P. LOB und W. EWALD, Kinotechnik, 1929, S. 453.

[2] Geringe Fehler eines Filters bezüglich Parallelität seiner Flächen sind ohne Belang, solange es nicht für einen Stereoapparat bestimmt ist. Wichtiger ist die Forderung, daß das Filter keine gekrümmten Flächen enthält, weil durch die so entstehende Linsenwirkung die Bildebene verlagert würde, sobald das Filter nach erfolgter Einstellung auf das Objektiv aufgesetzt wird.

Gelatinefilter; aus diesem Grunde ist bei diesen Filtern die sich ergebende Fokusdifferenz kleiner als bei den Gelatinetrockenfiltern. Dieser Umstand ist in all den Fällen sehr beachtenswert, wo auf die Verlagerung der Bildebene durch das Filter nicht durch Einstellen des Bildes auf der Mattscheibe Rücksicht genommen werden kann. Da beim Gelatinetrockenfilter zwei Planparallelplatten vorhanden sind, bei dem in der Masse gefärbten Filter hingegen nur eine, so ist die Wahrscheinlichkeit, daß optische Fehler auftreten, bei letzterem viel geringer.

Eine besondere Ausführungsform der in der Masse gefärbten Glasfilter ist jene mit verlaufender Dichte, die für die Landschaftsphotographie in Frage kommen. Über den Zusammenhang zwischen dem Abstand des Filters vom Objektiv, über den Grad der zweckmäßigen Abblendung des Objektivs bei Verwendung dieses Filters sowie über den Wert oder Unwert eines solchen Filters vgl. Photofreund 1929, Heft 9, sowie Phot. Rundsch. u. Mitt. 1929, S. 490. Neuerdings hat die Deutsche Optochrom-G. m. b. H. in München die sogenannten „Optochrom-Gelbfilter" aus in der Masse gefärbtem Glas auf den Markt gebracht; unter dem Namen „Simplex" bringt sie einen Satz aus runden Filterscheiben abgestufter Dicke in den Handel, die in den Rhacohalter (Firma Richard Hennig & Co., Frankfurt a. M.) nach Wahl eingesetzt werden können. Die Optochrom-Glasfilter „Iris" und „Ideal" sind verlaufende Filter von rechteckiger Form in einem entsprechenden Halter, während unter dem Namen „Reform" ein ebensolches Filter von runder Form erhältlich ist.[1]

Auch die durch ihre Gelatinetrockenfilter bekannte Firma Lifa-Filterfabrik, Augsburg, hat ein in der Masse gefärbtes Glasfilter in drei Dichtestufen auf den Markt gebracht. Es sind dies die sogenannten „Lifa-Recticolor"-Filter. Die Firma Ernst Braun in Basel stellt eine Reihe von Lichtfiltern speziell für photographisch-wissenschaftliche Zwecke her, die unter der Bezeichnung „Helios-Lichtfilter" im Handel erhältlich sind.

Schließlich sei noch die Firma Ch. Ramstein & Co. in Basel erwähnt, die ein nach allen Seiten verlaufendes Lichtfilter, die „Radial-Gelbscheibe", herstellt (D. R. P. Nr. 420734).

Außerdem stellen zahlreiche Firmen der optischen Industrie (optischer und chemischer Richtung) vorzügliche Gelbfilter, und zwar als Gelatinetrockenfilter und als in der Masse gefärbte Filter, her. Wenn der Schein nicht trügt, wird der Zukunft das in der Masse gefärbte Gelbfilter gehören, weil seine Herstellung viel einfacher, sein Preis wesentlich niedriger, seine Haltbarkeit unbeschränkt ist und weil es für die Amateurphotographie vollkommen ausreicht.

F. Bürki berichtet in Phot. Rundsch. u. Mitt. 1928, Heft 6, über seine Methode zur Prüfung der spektralen Eigenschaften von Gelbscheiben sowie über die Ergebnisse einschlägiger Untersuchungen an Optochrom- und Gelatinetrocken-Filtern. Den Ausführungen in dieser Arbeit ist zu entnehmen, daß die in der Masse gefärbten Glasfilter den an sie gestellten Anforderungen in gleicher Weise entsprechen wie die Gelatinetrockenfilter, ja diese in mancher Hinsicht sogar übertreffen, vorausgesetzt, daß sie sorgfältig und wissenschaftlich einwandfrei hergestellt sind.

89. Konstruktion und Anordnung der Gelbfilter. Da das Gelbfilter ein zusätzliches Gerät ist, das also nicht immer gebraucht wird, ist seine zweckmäßige Befestigung am Objektiv von Bedeutung. Fast alle einschlägigen Versuche liefen darauf hinaus, eine sichere und rasch lösbare Verbindung zwischen der Vorderlinsenfassung des Objektivs und dem Gelbfilter herzustellen, ohne an

[1] Vgl. auch P. V. Neugebauer, Photofreund 1930, S. 5.

der Vorderlinsenfassung irgendwelche Änderungen vorzunehmen. Diese Forderung ist um so berechtigter, als manchmal an die Stelle des Gelbfilters die Vorsatzlinse tritt, manchmal aber auch Gelbfilter und Vorsatzlinse gleichzeitig verwendet werden. Von diesen Erwägungen ausgehend, hat z. B. die Firma Voigtländer & Sohn A.-G. ihre bekannte Sammelfassung konstruiert, deren Bau aus Abb. 269 ersichtlich ist.

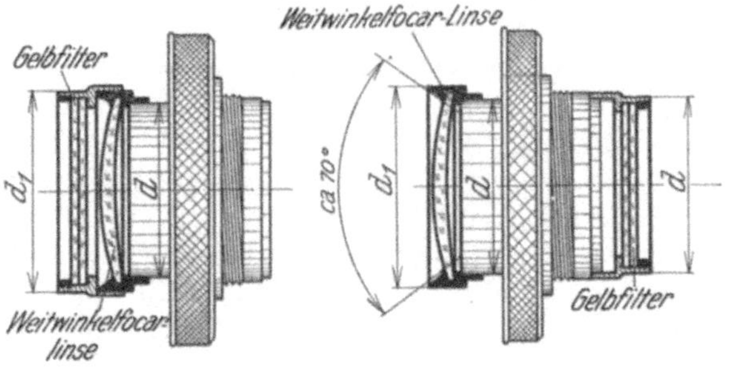

Abb. 269. Anordnung einer Weitwinkel-Vorsatzlinse in Verbindung mit einem Gelbfilter (Sammelfassung). I: Das Gelbfilter wird auf die Fassung der Sammellinse aufgesteckt. II: Die Weitwinkellinse befindet sich vor, das Gelbfilter hinter dem Objektiv. $d_1 > d$

Eine grundsätzliche Konstruktionsbedingung für ein die Leistung des Objektivs bezüglich seines Öffnungsverhältnisses nicht beeinträchtigendes Gelbfilter ist, daß sein wirksamer Durchmesser groß genug gewählt wird; da dieser Wert vom Abstand des Filters von der Vorderlinse abhängig ist, wird man diesen Abstand aus praktischen Gründen so klein als möglich halten. Als Regel kann gelten, daß ein Bildwinkel von 55 bis 60° erfaßt wird; wird das Gelbfilter zugleich mit einer Vorsatzlinse verwandt, und zwar vor dieser, so ist der genannten Forderung besondere Beachtung zu schenken, da andernfalls mit einem Lichtabfall am Rande des Bildfeldes gerechnet werden muß.

Abb. 270 zeigt die einfachste Form einer sogenannten Sammelfassung für Gelbfilter und Vorsatzlinse; die Fassung ist ein Rotationskörper, bei dem Innen- und Außendurchmesser gleich groß sind, so daß die Verwendung einer Vorsatzlinse allein oder gleichzeitig mit dem Filter möglich ist. Im Laufe der Jahre ist eine Reihe von zum Teil beachtenswerten Bauarten entstanden. So erhielt die Firma Patt & Striebinger in Frankfurt a. M. im Jahre 1911 das D. R. P. Nr. 239730 auf eine Federklammer für Vorsatzlinsen, Blenden, Filter usw., die heute noch im Handel ist; die Aufgabe wurde folgendermaßen gelöst: es wurden zwei die Objektivfassung einklemmende Blattfedern auf zwei gegeneinander verdrehbaren konzentrischen Ringen derart angeordnet, daß bei Verdrehung derselben ein Spreizen oder Schließen der Federklammer erfolgt. Derartige Fassungen bieten den Vorteil, daß sie für die Größe des Sonnenblendendurchmessers am Objektiv innerhalb gewisser Grenzen einen Spielraum lassen (vgl. Abb. 271a und c).

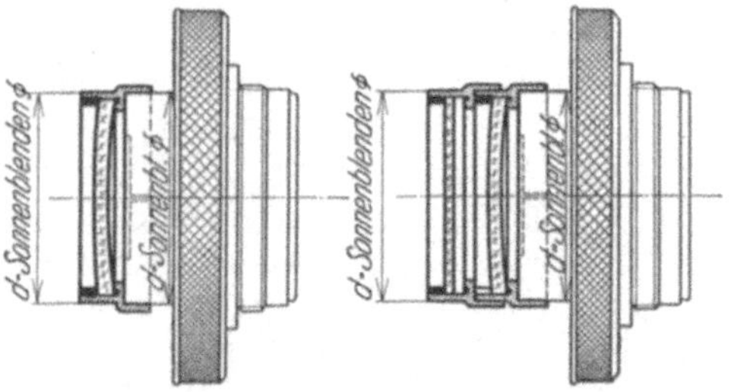

Abb. 270. Schematische Darstellung einer vergrößernden Vorsatzlinse in Verbindung mit einem Gelbfilter. Infolge Verwendung einer Sammelfassung ist die Reihenfolge der Systeme grundsätzlich gleichgültig; in der Praxis wird man dingseitig folgende Anordnung wählen: Gelbfilter, Vorsatzlinse, Aufnahmeobjektiv. Links Objektiv mit Vorsatzlinse, rechts Objektiv mit Gelbfilter und Vorsatzlinse

Die C. P. Goerz A. G. schlug eine Vorrichtung zum Festklemmen von Farbfiltern an der Vorderfassung des Objektivs vor, wobei dieses Festklemmen mittels zweier diametral gegenüberliegender unter Federdruck radial beweglicher

Greifer erfolgt, welche von innen her gegen die Zylinderwandung der Objektivfassung gedrückt werden; die Handhabung dieser Vorrichtung ist einfach, die Anwendung jedoch nur dann möglich, wenn tatsächlich eine Zylinderwandung und nicht, wie bei vielen Objektiven, eine Wandung in Kegelform vorhanden ist.

Interessant ist auch die von der ZEISS IKON A. G. konstruierte Vorrichtung, bei der zur Befestigung des Filters an Objektivfassungen verschiedenen Durchmessers innerhalb der Filterfassung eine Schlinge von veränderlicher Weite vorgesehen ist (D. R. P. Nr. 429073).

Um eine Gelbscheibe in ihrer Fassung leicht gegen eine solche von anderer Dichte auswechseln zu können, hat O. SCHEUCHZER in Basel einen federnden Halter für Gelbscheiben usw. konstruiert. Der innen mit Sitz für die Scheibe versehene Haltering ist außen von einer ringförmig geschlossenen Spiralfeder umschlossen und in seiner Umfangswandung an mehreren Stellen durchbrochen; an diesen durchbrochenen Stellen treten Teile der Feder — zwecks Verlegung der gegen den Sitz im Haltering gedrückten Scheibe — nach innen hervor.

Zum Festhalten von Filtern rechteckiger Form (insbesondere solcher mit verlaufender Dichte) auf der zylindrischen Sonnenblende des Objektivs ist eine von der üblichen abweichende Bauart der Fassung erforderlich (vgl. Abb. 271 b); KARL NÄGELI in Lörrach erhielt im Jahre 1920 auf die Konstruktion eines im allgemeinen zylindrischen Halters, welcher in der Mitte einen zur Aufnahme rechteckiger Filter eckig ausgebildeten Teil enthält, das D. R. P. Nr. 368259.

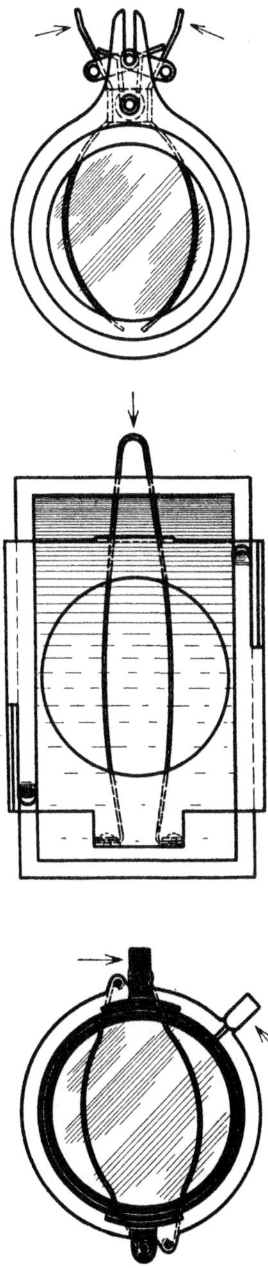
a

b

c

Abb. 271. *a* Rhako-Gelbfilterhalter mit zwei Haltefedern zum Befestigen an Objektiven mit verschieden großen Sonnenblenden. *b* Halter für rechteckiges Filter von verlaufender Dichte. *c* Gelbfilterfassung nach D. R. P. Nr. 239730 für PATT & STRIEBINGER, Frankfurt a. M.

90. Der Einfluß des Gelbfilters als Planparallelplatte. a) Allgemeines. Durch die Einschaltung eines Gelbfilters (Planparallelplatte) in den Strahlengang des Objektivs wird die Lage der Bildebene beeinflußt; die nachstehenden Ausführungen geben Aufschluß darüber, wie sich das Filter geometrisch-optisch bemerkbar macht, sobald es vor oder hinter dem Objektiv angebracht wird.

Trifft ein beliebig geneigter, von A kommender Lichtstrahl AB (vgl. Abb. 272) auf die vordere Fläche BC einer Planparallelplatte F, deren Abstand von A gleich a ist, so wird er in die Richtung BD gebrochen, so daß er von einem Punkte O zu kommen scheint, der in der Entfernung $a \,.\, n$ liegt; hierbei ist n der Brechungsexponent des Glases des Gelbfilters. Der gebrochene Strahl trifft in D die zweite Seite der Platte, deren Abstand vom Punkt O gleich $a \,.\, n + d$ ist, wobei d die Dicke der Glasplatte bedeutet; der in Luft austretende Strahl DG, der von P zu kommen scheint, wird nach der Brechung parallel zum einfallenden Strahl $A\,B$ verlaufen. Unter der Voraussetzung, daß der Einfallswinkel α des Strahles $A\,B$ in B nicht groß ist, wird die Verschiebung $A\,P = x$ des Strahles sein:

$$x = (a + d) - \left(a + \frac{d}{n}\right) = d - \frac{d}{n} = \frac{d\,(n-1)}{n}.$$

Dieser Wert x ist für einen größeren Winkel α gleich: $\dfrac{d \cdot \sin(\alpha - \beta)}{\cos\beta}$. Hieraus läßt sich zunächst der Schluß ziehen, daß die Verschiebung x nur von der Dicke der Planparallelplatte und ihrem Brechungsexponenten n, nicht aber vom Abstand des Dingpunktes A von der Platte abhängt.

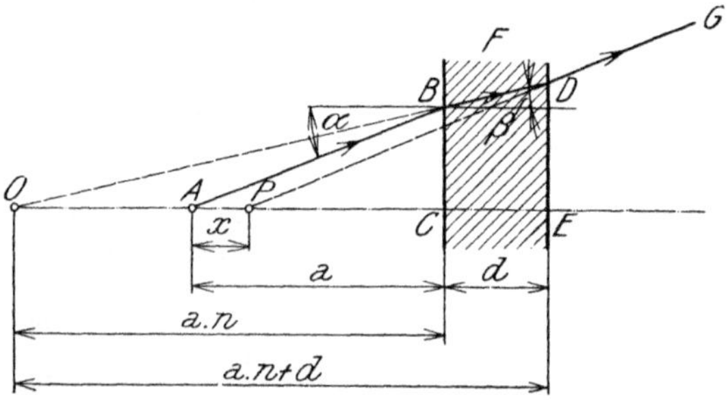

Abb. 272. Einfluß des Gelbfilters als Planparallelplatte auf den Verlauf des Strahlenganges. Die scheinbare Verlegung des Punktes A nach P um die Strecke x ist von der Dicke d und dem Brechungsindex n des Glases der Platte F abhängig

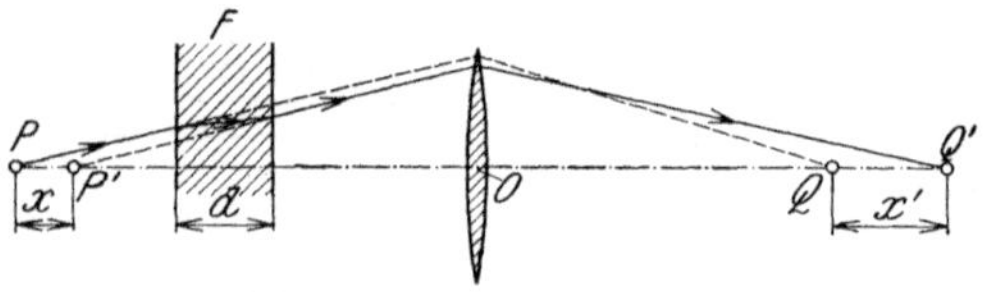

Abb. 273. Anordnung des Gelbfilters vor dem Objektiv. Der Einfluß eines nach erfolgter Einstellung des Bildes auf das Objektiv aufgesteckten Gelbfilters auf den Strahlengang ist praktisch sehr gering, solange die Entfernung des Dinges im Verhältnis zur Brennweite des Objektivs groß ist

b) Das Filter steht vor dem Objektiv. Ein vom Punkt P ausgehender Lichtstrahl wird, wenn kein Filter benutzt wurde, von der Linse O gebrochen, d. h. ein durch das Objektiv scharf eingestellter Punkt P wird im Punkt Q (Mattscheibenebene) scharf abgebildet. Nach dem Einschalten des Filters F (vgl. Abb. 273) nimmt der von P ausgehende Strahl nach dem Auftreffen auf die erste Fläche des Filters einen anderen Weg; auf Grund der unter a) beschriebenen Vorgänge findet die Abbildung von P in Q' statt. Dies bedeutet aber, daß die Mattscheibe um den Betrag $Q - Q' = x'$ vom Objektiv entfernt werden muß. Wird nun der auf die Linse auftreffende Strahl nach rückwärts verlängert (punktiert gezeichnet), so trifft er die Achse bei P'; dieser Punkt ist der zum Bildpunkt Q' gehörige Dingpunkt, falls kein Filter eingeschaltet wäre; der Abstand $P\,P'$ sei gleich x. Nach den eingangs gegebenen Erklärungen ist diese achsiale Verschiebung gleich $\dfrac{d\,(n-1)}{n}$. Unter der Voraussetzung, daß die Größen x und x' nicht sehr groß sind, gilt die Beziehung $x : x' = m^2 : 1$ bzw. $x' = \dfrac{x}{m^2}$, worin m das Verhältnis der Dinggröße zur Bildgröße ist; wird der früher gewonnene Wert der scheinbaren Verschiebung des Dingpunktes $x = d \cdot \dfrac{n-1}{n}$ in diese Formel eingesetzt, so geht dieselbe über in:

$$x' = x \cdot \frac{1}{m^2} = d \cdot \frac{n-1}{n} \cdot \frac{1}{m^2}.$$

Benutzt man z. B. ein einfaches, in der Masse gefärbtes Filter von 3,0 mm Stärke und beträgt der Brechungsindex des Glases $n = 1{,}5$, so erhält der

Ausdruck $d \cdot \frac{n-1}{n}$ den Wert 1. Somit wird die durch Vorschaltung des Filters bedingte Verschiebung der Mattscheibe, ausgedrückt in Millimetern, gleich $1 : m^2$.

1. Beispiel: Objektiv $f = 13{,}5$ cm; Entfernung des Gegenstandes $a = 13{,}5$ m. $m = 13{,}5 : 0{,}135 = 100$; der Wert $1 : m^2$ wird also $\frac{1}{10000}$ mm. Da eine derart sorgfältige Einstellung auf der Mattscheibe praktisch nicht möglich ist, so folgt daraus, daß die Einschaltung eines praktisch einwandfreien Gelbfilters zwischen Ding und Objektiv für die Zwecke des Amateurs praktisch ohne Einfluß auf die Scharfeinstellung ist; trotzdem empfiehlt es sich, wenn die Verhältnisse es gestatten, die Einstellung mit aufgesetztem Filter vorzunehmen.

Bei Verwendung eines Gelatinetrockenfilters, das aus zwei Planparallelplatten mit dazwischenliegender Folie besteht, wird der Wert d beider Glasplatten bestimmt.

2. Beispiel: Objektiv $f = 13{,}5$ cm; Entfernung des Gegenstandes (Abbildung in natürlicher Größe) $a = 27{,}0$ cm $(a = b = 2f)$; $m = 1$, also $1 : m^2 = 1$ mm.

Im Gegensatz zu obigem Beispiel macht sich bei Abbildung im Maßstab 1 : 1 die Differenz der Einstellung mit und ohne Gelbscheibe sehr stark bemerkbar, eine Tatsache, die oft zu Fehlresultaten führte. Es läßt sich ohne weiteres ermitteln, wann auf eine nachträgliche Korrektur der Einstellung wegen Verwendung der Gelbscheibe verzichtet werden kann, wenn man z. B. einen Unschärfekreis von 0,1 mm Durchmesser zugrunde legt.

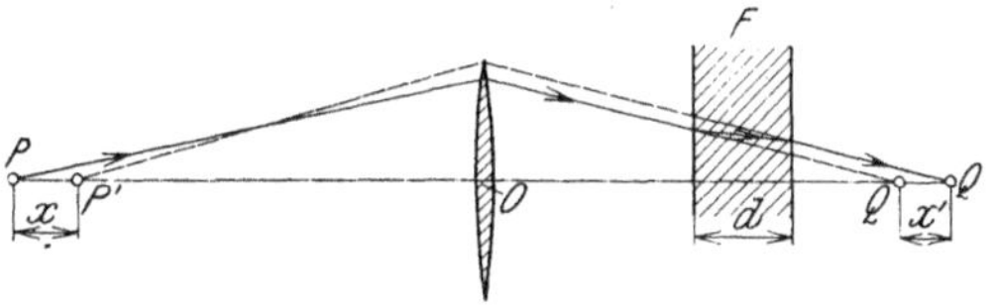

Abb. 274. Das Gelbfilter befindet sich zwischen Objektiv und Bildebene. Wegen der unvermeidlichen Bildverlagerung durch das auf die Fassung der Hinterlinse des Objektivs aufgesetzte Filter ist die Einstellung des Bildes stets mit angestecktem Filter vorzunehmen

3. Beispiel: Objektiv $f = 13{,}5$ cm; $1 : m^2 = 0{,}1$, also $m = \sqrt{10} = 3{,}1623$. Es ergibt sich für a der Wert 56 cm.

c) Das Filter befindet sich zwischen Objektiv und Bildebene. In diesem Falle, der in der Praxis wegen der Unbequemlichkeit des Aufsetzens und Abnehmens des Filters selten angewendet wird, ergeben sich wesentlich andere Verhältnisse. Der Verlauf eines vom Dingpunkt P ausgehenden und auf die Linse auftreffenden Lichtstrahls (vgl. Abb. 274) ist durch die ausgezogene Linie gekennzeichnet; Q ist der P entsprechende Bildpunkt. Nach Einschaltung des Filters F von der Dicke d erleidet der Strahl an der vorderen Fläche des Filters eine Brechung, tritt an der hinteren Fläche parallel zu seiner ursprünglichen Richtung wieder in die Luft aus und trifft die optische Achse im Bildpunkt Q'. Die bei Q befindliche Mattscheibe muß also um den Betrag $QQ' = x'$ vom Objektiv weggerückt werden, wenn wieder Scharfstellung erfolgen soll; diese Verstellung hat nach den eingangs gegebenen Erklärungen den Wert $x' = d\,(n-1) : n$. Der Wert x im Dingraum ergibt sich aus der vorerwähnten Formel $x : x' = m^2 : 1$ oder $x = x' \cdot m^2$; somit wird durch das Einschalten des Gelbfilters zwischen Objektiv und Bild der Gegenstand scheinbar um den Betrag:

$$x = x' \cdot m^2 = d \cdot \frac{n-1}{n} \cdot m^2 \quad \text{verlegt.}$$

Unter der Voraussetzung einer Filterstärke von 1,5 mm wird der Wert $x' = 0{,}5$ mm; dieser Wert ist schon so groß, daß er bei der Einstellung nicht vernachlässigt werden darf, und wächst bei den im Handel befindlichen Gelatinetrockenfiltern von etwa 3 mm Gesamtdicke sogar auf 1 mm an. Die hieraus sich ergebende Folgerung ist, daß bei Stellung des Filters zwischen Objektiv und Bildebene stets mit vorgeschaltetem Filter eingestellt werden muß.

Ganz allgemein kann gesagt werden, daß die größten Anforderungen bezüglich Planparallelität und Ebenheit der Flächen an das Filter dann gestellt werden müssen, wenn es sich in unmittelbarer Nähe des Objektivs bzw. der Blende befindet; die durch Nichteinhaltung dieser Forderungen sich ergebenden Störungen werden um so kleiner, je näher das Filter der Ebene des Bildes (bzw. des Dinges) rückt. Es werden also z. B. an unmittelbar vor die lichtempfindliche Schicht zu setzende Filter keine großen Anforderungen in bezug auf Ebenheit und Planparallelität der Flächen zu stellen sein; Blasen, Schlieren oder andere schattenerzeugende Unreinheiten dürfen im Filter natürlich nicht vorhanden sein, da sie sich im Bild unangenehm bemerkbar machen können (vgl. D. R. G. M. Nr. 508279 für Carl Zeiss, Jena).

D. Die Einstellskala

Bei Aufnahmen mit Apparaten, welche keine Mattscheibe besitzen (wie fast alle Rollfilmkameras) und demgemäß keine Möglichkeit zur Prüfung der richtigen Einstellung bieten, ist eine genaue Einstellskala unerläßlich; selbstverständlich leistet sie auch in allen jenen Fällen gute Dienste, wo eine Einstellscheibe wohl vorhanden ist, aber Aufnahmen aus freier Hand gemacht werden und im Interesse raschester Bereitschaft gleich der Schichtträger in die Bildebene gebracht wird.

91. Die geradlinigen Skalen. Ganz allgemein kann gesagt werden, daß das vom Aufnahmeobjektiv einer Kamera entworfene Bild in einem Abstand von der bildseitigen Hauptebene entsteht, der mindestens gleich der Brennweite, meistens aber größer als diese ist; der jeweilige Wert der Bildweite b ergibt sich aus der bekannten Linsenformel: $\frac{1}{a} + \frac{1}{b} = \frac{1}{f}$, worin a die Entfernung des Gegenstandes und f die Brennweite des Objektivs ist. Sind a und f bekannt, so wird $b = \frac{a \cdot f}{a - f}$; für $a = \infty$ wird $b = f$, d. h. es fallen, wenn der Gegenstand in sehr großer Entfernung liegt, Bildweite und Brennweite zusammen.

Die Berechnung der Einstellskala erfolgt in sehr einfacher Weise, indem man mittels der angegebenen Linsengleichung für verschiedene a-Werte die entsprechenden b-Werte sucht.[1]

Beispiel: Objektivbrennweite $f = 135$ mm; $a = \infty$; $b = 135{,}00$ mm.

$a = 30$ m	$b = 136{,}61$ mm	$a = 4$ m	$b = 139{,}72$ mm
$a = 15$ m	$b = 136{,}23$ mm	$a = 3$ m	$b = 141{,}36$ mm
$a = 10$ m	$b = 136{,}85$ mm	$a = 2{,}5$ m	$b = 142{,}71$ mm
$a = 8$ m	$b = 137{,}31$ mm	$a = 2$ m	$b = 144{,}77$ mm
$a = 6$ m	$b = 138{,}11$ mm	$a = 1$ m	$b = 156{,}07$ mm

Die ganze Länge Δ der Entfernungsskala ergibt sich in diesem Falle als Differenz zwischen dem größten b-Wert bei $a = 1$ m und dem kleinsten b-Wert bei $a = \infty$; sie beträgt demnach 156,07 mm — 135,00 mm = 21,07 mm $\left(\Delta = \frac{f^2}{a - f}\right)$. Die Entfernung von Strich zu Strich ergibt sich als Differenz

[1] P. V. Neugebauer, Hilfstafeln für Photographie, Bd. 4 der Photofreund-Bücherei, herausgegeben von Fr. W. Frerk, Verlag Guido Hackebeil A. G., Berlin, S. 14.

zwischen zwei aufeinanderfolgenden b-Werten; so ist z. B. der Abstand zwischen den Strichen für $a = 30$ m und $a = 15$ m $= 136{,}23$ mm $- 135{,}61$ mm $= 0{,}62$ mm.

Dabei wird vorausgesetzt, daß die Bewegung des Objektivs bei der Einstellung geradlinig, und zwar in Richtung der optischen Achse, erfolgt und daß die Striche der Skala senkrecht dazu verlaufen.

Da die Größe der einzelnen Intervalle und damit auch die Gesamtlänge der Skala dem Quadrat der Brennweite direkt proportional ist, wird die Skala für relativ lange Brennweiten ziemlich lang; so würde z. B. für eine Objektivbrennweite von 18 cm unter der Voraussetzung einer kürzesten Einstellentfernung von 1 m eine Skala von etwa 39,0 mm Länge notwendig werden. Es hat also einen Grund, daß bei Kameras von relativ großen Abmessungen (z. B. für das Format 10×15 cm) und dementsprechend großer Objektivbrennweite eine kürzeste Entfernung des Gegenstandes angenommen wird, die größer als 1 m ist. Im Nenner des Quotienten $\frac{f^2}{a - f}$ kommt die Brennweite nur in der ersten Potenz vor, spielt also bei größeren Entfernungen des Gegenstandes eine kleinere, bei kürzeren Entfernungen dagegen eine große Rolle.

Es ist klar, daß zur Berechnung der Skala eine sehr genaue Kenntnis des Wertes der Objektivbrennweite notwendig ist.

92. Die peripheren Skalen. Bei Kameras kleineren Formats (z. B. $4\frac{1}{2} \times 6$ cm) wird die Gesamtlänge der Skala entsprechend kurz; aus diesem Grunde ist man dazu übergegangen, die Skala auf einem Kreisbogen aufzutragen, dessen Mittelpunkt je nach der Konstruktion in der Mitte des Laufbodens, meist aber an einem Rande desselben liegt. Die Übersetzung erfolgt mittels eines Radialhebels. Es ergibt sich so ein Abstand der einzelnen Teilstriche, der ungefähr doppelt so groß ist, als bei einer geradlinig in der Mitte aufgetragenen Skala, vorausgesetzt, daß der Abstand der einzelnen auf einem Bogen aufgetragenen Skalenpunkte vom Drehpunkt etwa doppelt so groß ist, als jener der Objektivträgermitte von diesem Drehpunkt. Bei jeder Kamera sind in dieser Beziehung Grenzen gesetzt und es ist nicht ohne weiteres möglich, die Intervalle beliebig groß zu machen. Die erstrebte Deutlichkeit der Skala ist auf diese Art erreichbar. Bei Verwendung der besonders bei Aufnahmen aus freier Hand sehr brauchbaren Radialhebeleinstellung wird das Angenehme mit dem Nützlichen verbunden. Die Ermittlung der einzelnen Punkte der Skala bzw. der Intervallgrößen bei der bogenförmigen Skala kann rein mechanisch oder zeichnerisch erfolgen; die letztgenannte Methode ist, wie die Praxis gelehrt hat, ausreichend genau.

Da der Objektivträger von seiner geradlinigen Führung im Laufschlitten nicht abweichen kann, jeder Punkt des Radialhebels bei der Bewegung aber einen um so größeren Bogen beschreibt, je weiter er vom Drehpunkt entfernt ist, sind zwei Anordnungen für den Radialhebel möglich:

a) Der Radialhebel ist am Objektivträger drehbar, aber nicht verschiebbar befestigt; in diesem Falle muß sein Ende gabelförmig geschlitzt sein, damit den an den einzelnen Stellen verschieden großen Werten des Abstandes vom Stützpunkt am Laufboden Rechnung getragen wird.

b) Der Radialhebel ist an dem einen Ende um einen Punkt am Laufboden drehbar; bei dieser Art der Anlenkung muß er dort, wo er den Objektivträger mitnimmt, geschlitzt sein, so daß trotz der geradlinigen Bewegung des letzteren eine zwangläufige Einstellung möglich wird.

93. Die Skala an Objektiven mit Schneckengang- (Archimedes-) Fassung. Eine besondere Art der Einstellskala ergibt sich dann, wenn nur das Objektiv achsial verschoben wird, während sowohl die Ebene des Bildes als auch der Träger des

Objektivs ihre Lage beibehalten; dieser Fall tritt z. B. bei sämtlichen Spreizenkameras sowie bei den Spiegelreflexkameras in Kastenform ein, wo der Abstand zwischen Vorder- und Rückwand einen unveränderlichen Wert hat. Von Kameras mit Laufboden seien u. a. die Standardmodelle der Agfa erwähnt, deren besonderes Kennzeichen die achsiale Verschiebung des ganzen Sektorenverschlusses mit dem Objektiv ist. Über die absolute Größe der Objektivverstellung brauchen wir nicht ausführlicher zu sprechen, weil dieser Wert von der Art der Bewegungseinleitung vollkommen unabhängig ist und in bekannter Weise aus der Linsenformel ermittelt wird; immerhin bildet die Linsenformel auch bei der sogenannten Einstell-Schneckenfassung die Grundlage für die Berechnung der Einstellungen und der Ausdehnung der Skala, wobei die Steigung des zur achsialen Fortbewegung benutzten Gewindes oder der Schnecke eine wesentliche Rolle spielt. Es wäre natürlich ohneweiters möglich, die einzelnen Werte für die Skala praktisch zu ermitteln, doch ist dieser Weg bei rationeller Massenfabrikation nicht gangbar.

Ein sehr naheliegender Gedanke — gleichviel um welche Brennweite des Objektivs es sich handelt — ist der, die Gewindesteigung so zu wählen, daß der ganze Weg des Objektivs in achsialer Richtung bei höchstens einer Umdrehung des Einstellhebels zurückgelegt wird; ein Beispiel wird dies zeigen:

Gegeben: Objektiv $f = 18{,}0$ cm. Verlangt: Einstellung auf eine Entfernung von 200 cm. Nach der Linsenformel ergibt sich bei einer Naheinstellung auf 2 m eine Bildweite $b = \frac{a \cdot f}{a - f} = \frac{200 \cdot 18}{200 - 18} \sim 19{,}8$ cm; das Objektiv muß also um $19{,}8 - 18{,}0 = 1{,}8$ cm achsial verschoben werden können und darf in der äußersten Stellung seinen Halt im feststehenden Teil der Fassung nicht verlieren. Es besteht also eine gewisse Beziehung zwischen der mechanischen Baulänge des Objektivs und dem höchstzulässigen Maß der achsialen Verschiebung, die sich dahin ausdrücken läßt, daß bei sehr niedrig bzw. kurz gebauten Objektiven die Einstellung auf relativ nahe gelegene Gegenstände konstruktiv schwerer zu erreichen ist, als bei solchen von längerer Bauart. Es wäre nun ohneweiters möglich, die erwähnte maximale Verschiebung von zirka 2,0 cm durch Herausziehen des Objektivträgers in achsialer Richtung und Anordnung einer geradlinigen Skala, wie sie bei den Laufbodenkameras üblich ist, herbeizuführen; diese Lösung wäre ungenau und würde das Vorhandensein einer mechanischen Rast bedingen. Der große Vorteil der Schneckengangfassung besteht gerade darin, daß die Entfernungsskala auf dem Umfang eines Kreises angeordnet und somit wesentlich länger wird; außerdem wird bei einer Objektivverschiebung durch eine Drehbewegung eine große Genauigkeit beim Einstellen erreicht.

Ohne auf konstruktive Einzelheiten näher einzugehen, sei bloß erwähnt, daß der Träger des Objektivs geradlinig, also in Richtung der optischen Achse, fortbewegt wird, weil er infolge seiner zwangläufigen Führung in einem geraden Schlitz des feststehenden Fassungsteiles an der Drehung verhindert ist. Wird nunmehr der Einstellhebel, dessen zylindrischer Teil das Innengewinde trägt, verdreht, so findet die erwähnte geradlinige Verschiebung des mit Außengewinde versehenen Objektivträgers statt, an dessen Stirnseite in bekannter Weise der Drehring für die Irisblende angeordnet ist.[1]

Würde nun im angeführten Beispiel der zur Einstellung dienende Hebel, welcher gleichzeitig den Index trägt, um höchstens 360° gedreht werden — eine noch größere Verstellung ist schon deshalb nicht angängig, weil dann der Index zum

[1] Vgl. die Abb. 164 auf S. 170.

zweiten Male den selben Teilstrichen gegenüberstünde —, so wäre eine Steigung des Gewindes bzw. der Schnecke von 2,0 cm erforderlich; die Anordnung der einzelnen Teilstriche auf dem Skalenring ist unter den angegebenen Voraussetzungen folgende, wobei $\alpha = 360 \cdot \frac{\Delta}{s}$ (Δ = achsiale Verschiebung, s = Gewindesteigung):

Objektentfernung	∞	30 m	15 m	8 m	6 m	4 m	3 m	2,5 m	2 m	
Achsiale Verschiebung Δ in mm	0	1,09	2,18	4,14	5,6	8,5	11,5	14,0	17,8	
Winkelwert α	0	21,8°	42,6°	82,8°	112°	170°	230°	280°	356°	Gewindesteigung $s = 18$ mm
Winkelwert α	0	5,45°	10,9°	20,7°	28°	42,5°	57,5°	70°	87°	Gewindesteigung $s = 72$ 0mm

Wird aus praktischen Gründen die Steigung des Gewindes stärker gewählt, so daß beim Einstellen nicht so große Winkelwege zurückgelegt werden müssen, so werden naturgemäß die Abstände der einzelnen Striche voneinander kleiner. Obige Zusammenstellung läßt übrigens erkennen, daß — vgl. die vorletzte Reihe — der Teilstrich für 2 m nur 4° vom Teilstrich für ∞ entfernt ist (360° — 356° = 4°); eine solche Anordnung wäre unübersichtlich. Wünscht man aber, daß der ganze Weg von 17,8 mm bis zur Einstellung auf 2 m in etwa einer Vierteldrehung (90°) zurückgelegt werden soll, so geht man zu den Werten der letzten Reihe.

Im nachstehenden findet man die Angaben für eine Schneckengangfassung eines kurzbrennweitigen Objektivs (f = 3,5 cm):

Objektentfernung	∞	9 m	3 m	2 m	1,5 m	1,0 m	0,7 m	0,5 m	Gewindesteigung $s = 12$ mm
Achsiale Verschiebung Δ in mm	0	0,136	0,413	0,625	0,837	1,27	1,84	2,63	
Winkelwert α	0	4,1°	12,4°	18,75°	25,1°	38,1°	55,2°	79°	

94. Beziehungen zwischen Objektentfernung, Brennweite, Öffnungsverhältnis und Einstellung auf Unendlich. Im allgemeinen vollzieht sich die Prüfung photographischer Handkameras bezüglich der Richtigkeit der Einstellskalen und deren Lage so, daß zunächst die einzelnen Intervalle der Skala rechnerisch oder praktisch ermittelt werden; ausgegangen wird dabei vom absoluten Wert der Brennweite, welcher vorher auf passende Art festgestellt wurde. Ist z. B. die Brennweite des Objektivs mit $f = 13{,}5$ cm ermittelt worden, so werden die Abstände b der einzelnen Teilstriche vom Teilstrich bei Einstellung auf Unendlich für die verschiedenen Objektentfernungen a aus der bekannten Formel ermittelt: $b = \frac{a \cdot f}{a - f}$ bzw. $\Delta = \frac{f^2}{a - f}$.

Objekt-entfernung	∞	20 m	10 m	5 m	3,5 m	2,5 m	2 m	1,7 m	1,4 m	1,2 m	1,0 m	Brennweite f = 13,5 cm
b in m	0	0,92	1,85	3,75	5,4	7,7	9,8	11,65	14,4	17,1	21,0	

Die Gesamtlänge L der Skala von ∞ bis 1 m ist demnach 21,0 mm; die Gesamtlänge sowie die einzelnen Zwischenwerte ändern sich, wenn durch unvermeidliche Fabrikationsfehler (z. B. durch Differenzen in den Brechungsindizes der verwendeten Glassorten) die Brennweite länger oder kürzer wird. Im allgemeinen sind dabei Schwankungen bis etwa 2% nicht zu vermeiden; die Auswirkung auf die Skalenlänge ist in diesem Falle so, daß z. B. bei $f = 135\,\text{mm} + 2{,}7\,\text{mm}$ die Gesamtlänge der Skala 24,5 mm statt 21 mm beträgt, während sie bei $f = 135\,\text{mm} - 2{,}7\,\text{mm}$ nur 17,5 statt 21,0 mm ist. Diese Differenzen machen sich selbstverständlich bei den Einstellungen auf kurze Entfernungen in höherem Grade bemerkbar, während sie bei Einstellungen auf größere Entfernungen zum Teil belanglos sind; trotzdem hat die Firma VOIGTLÄNDER & SOHN A.-G. sämtliche Skalen ihrer Kameras dem jeweilig durch Messung festgelegten Wert der Brennweite angepaßt, so daß die größtmöglichste Genauigkeit der Skala für alle Entfernungen gewährleistet ist. Die wichtigste Aufgabe besteht nun darin, die an sich richtige Skala an die entsprechende Stelle des Laufbodens zu bringen, d. h. sie so zu justieren, daß der mit dem verschiebbaren Objektivträger starr verbundene Zeiger (Index) bei Einstellung der Kamera auf „Unendlich" genau über bzw. an diesem Teilstrich liegt; ist dies erreicht und die Lage der Skala durch mechanische Mittel endgültig bestimmt, so stimmen auch die übrigen Einstellungen. Zur Vermeidung von „Parallaxe" ist der Zeiger möglichst dicht über der Skala anzuordnen. Die Einstellung auf „Unendlich" ist also stets der Ausgangspunkt für die Bestimmung der Lage des Objektivs zur Bildebene; sie ist sehr sorgfältig unter Zuhilfenahme einer feinkörnigen Mattscheibe und einer Lupe vorzunehmen.

Über die Definition des „Unendlich" als Meßmarke für Kameras sind früher die Ansichten andere gewesen als heute; dies ist verständlich, wenn man sich die gewaltige Steigerung der Lichtstärke der photographischen Objektive in den letzten Jahren vergegenwärtigt und die Folgen berücksichtigt, welche eine ungenaue Einstellung mit optischen Systemen von großem Öffnungsverhältnis und dementsprechend geringer Tiefenschärfe mit sich bringt.

Die nachstehenden Ausführungen geben Aufschluß über die Abhängigkeit der Größe des Zerstreuungskreises von der Brennweite und der Lichtstärke des Objektivs; sie lassen außerdem erkennen, in welchem Maße die Unschärfe, d. i. der Durchmesser des Zerstreuungskreises, zunimmt, wenn die Entfernung des Gegenstandes geringer wird. Besonders nützlich sind die graphischen Darstellungen und Tabellen zur Ermittlung derjenigen Entfernungen des Gegenstandes, welche für verschiedene Brennweiten und Öffnungsverhältnisse praktisch, d. h. ohne daß ein großer Fehler begangen wird, als „Unendlich" bezeichnet werden können.

In Abb. 275 ist eine Linse L mit der freien Öffnung d gezeichnet, welche ein achsenparalleles Lichtstrahlenbündel genau im Brennpunkt F der Mattscheibenebene vereinigt. Ein von einem in der endlichen Entfernung a auf der optischen Achse liegenden Punkte B kommendes Lichtstrahlenbündel wird gemäß

Linsenformel $\frac{1}{a} + \frac{1}{b} = \frac{1}{f}$ im Punkte B' vereinigt; der Abstand b, um welchen dieses Bild von der Systemmitte bzw. dem bildseitigen Hauptpunkt entfernt liegt, ist stets größer als f und ergibt sich zu $b = \frac{a \cdot f}{a - f}$. Die Größe des Zerstreuungskreises δ in der Mattscheibenebene (Brennebene) ergibt sich aus der Beziehung: $\frac{d}{\delta} = \frac{b}{b - f}$, daher ist: $\delta = d \cdot \frac{b - f}{b}$. Wird in dieser Gleichung der obige Wert für b eingesetzt, so geht sie über in:

$$\delta = d \cdot \frac{\frac{a \cdot f}{a - f} - f}{\frac{a \cdot f}{a - f}} \quad \text{oder} \quad \delta = \frac{d \cdot f}{a}.$$

Auf Grund dieser einfachen Formel, in welcher der Zähler das jeweils konstante Produkt aus Brennweite und freier Öffnung des Objektivs darstellt, läßt sich der Durchmesser des Zerstreuungskreises für verschiedene Entfernungen a berechnen; daraus läßt sich ermitteln, wie groß die praktisch zulässige endliche Entfernung ist, für die bei Einstellung auf Unendlich die Unschärfe noch erträglich ist.

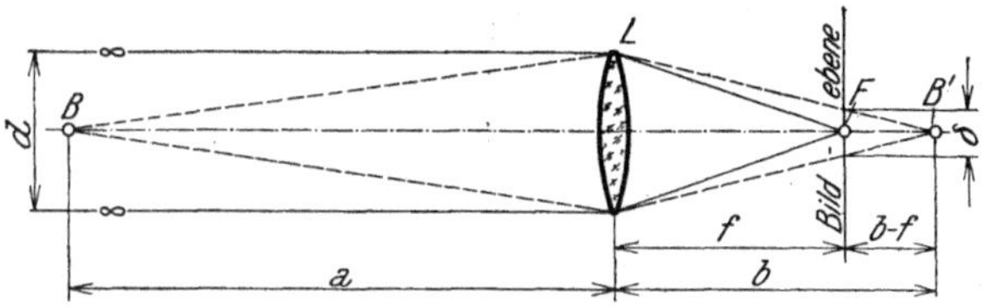

Abb. 275. Beziehung zwischen der Größe δ des Zerstreuungskreises, der Brennweite f, der wirksamen Öffnung d des Objektivs und der Objektentfernung a. Der Wert δ ist direkt proportional der Brennweite f und der freien Öffnung d des Objektivs, aber umgekehrt proportional dem Abstand a des aufzunehmenden Gegenstandes von der objektseitigen Hauptebene des Objektivs

Im folgenden sind für die im Bau von Handkameras gebräuchlichen Normalbrennweiten die interessierenden Werte zusammengestellt. Es kommen in Frage die Brennweiten $f = 6{,}0$ und $7{,}5$ cm für die Stereoformate $4{,}5 \times 10{,}7$ cm bzw. 6×13 cm (letztere Brennweite auch für das Format $4\frac{1}{2} \times 6$ cm); die Brennweite $f = 9$ cm ist speziell für das Filmformat $2'' \times 3''$ bzw. 5×8 cm gebräuchlich. Die Plattenkameras $6\frac{1}{2} \times 9$ cm sowie die Rollfilmkameras 6×9 cm werden fast durchwegs mit Objektiven mit der Brennweite $f = 10{,}5$ cm, bisweilen mit solchen der Brennweite $f = 12$ cm ausgerüstet. Für die Kamera 9×12 cm kommen die Brennweiten $f = 13{,}5$ und 15 cm, für das Postkartenformat 10×15 cm die Brennweiten $f = 16{,}5$ bzw. 18 cm in Betracht.

Es ist notwendig, jene größte Objektentfernung kennenzulernen, bei welcher bei Einstellung auf Unendlich eine bestimmte Unschärfe im Bilde eintritt. Diese Entfernung ist bei Kameras mit Objektiven kurzer Brennweite eine ganz andere als bei solchen mit Objektiven langer Brennweite; z. B. ist bei Zugrundelegung eines Unschärfegrades, der durch einen Zerstreuungskreis von 0,1 mm Durchmesser gekennzeichnet ist, diese Entfernung

$$a = \frac{d \cdot f}{\delta} = \frac{d \cdot f}{0{,}1} = 10 \cdot d \cdot f.$$

Beispiel: Objektiv 1 : 4,5, $f = 18$ cm (freie Öffnung $d = 180 : 4{,}5 = 40$ mm); $\boldsymbol{a} = 10 \times 40 \times 180 = 72000$ mm, d. i. 72 m.

a) Für die kleine Brennweite $f = 6$ cm ergeben sich die in Tabelle 41 zusammengestellten Zerstreuungskreisdurchmesser.

Bei Zulassung eines Unschärfekreises von 0,1 mm Durchmesser können bei $f = 6$ cm und den Öffnungsverhältnissen 1 : 3,5 bzw. 1 : 4,5 bzw. 1 : 6,3 Entfernungen von 10 bzw. 8 bzw. 5,7 m praktisch bereits als Unendlich bezeichnet werden; bei einer Objektentfernung von $a = 75$ m beträgt der Zerstreuungskreisdurchmesser im Mittel nur 0,01 mm.

b) Für die Brennweite $f = 7,5$ cm sind die entsprechenden Werte in Abb. 276 graphisch dargestellt; die Kurven gelten für die gleichen Öffnungsverhältnisse wie oben (1 : 3,5, 1 : 4,5, 1 : 6,3), und zwar ist ohneweiters zu erkennen, daß die geringe Steigerung der Brennweite von 6,0 auf 7,5 cm zur Folge hat, daß — unter Berücksichtigung eines Zerstreuungskreisdurchmessers von 0,1 mm — die entsprechenden Entfernungen wesentlich größer sind, und zwar:

beim Öffnungsverhältnis 1 : 3,5 $a = 16$ m,
„ „ 1 : 4,5 $a = 12,5$ m und
„ „ 1 : 6,3 $a = 9$ m.

c) Bei der jetzt vielfach verwendeten Rollfilmkamera 5 × 8 cm ist zumeist ein Objektiv von der Brennweite $f = 9$ cm vorgesehen; wird dabei ein Anastigmat von 1 : 6,3 benutzt, so entsteht die durch einen Zerstreuungskreisdurchmesser von 0,1 mm gekennzeichnete Unschärfe bei einer Objektentfernung von 12,85 m. Wird ein Objektiv mit dem größeren Öffnungsverhältnis von 1 : 4,5 zugrunde gelegt, so werden mit dieser Schärfe Gegenstände in 28 m Entfernung abgebildet; bei Benutzung eines Objektivs 1 : 4,5, $f = 8,3$ cm, beträgt diese Entfernung etwa 15 m.

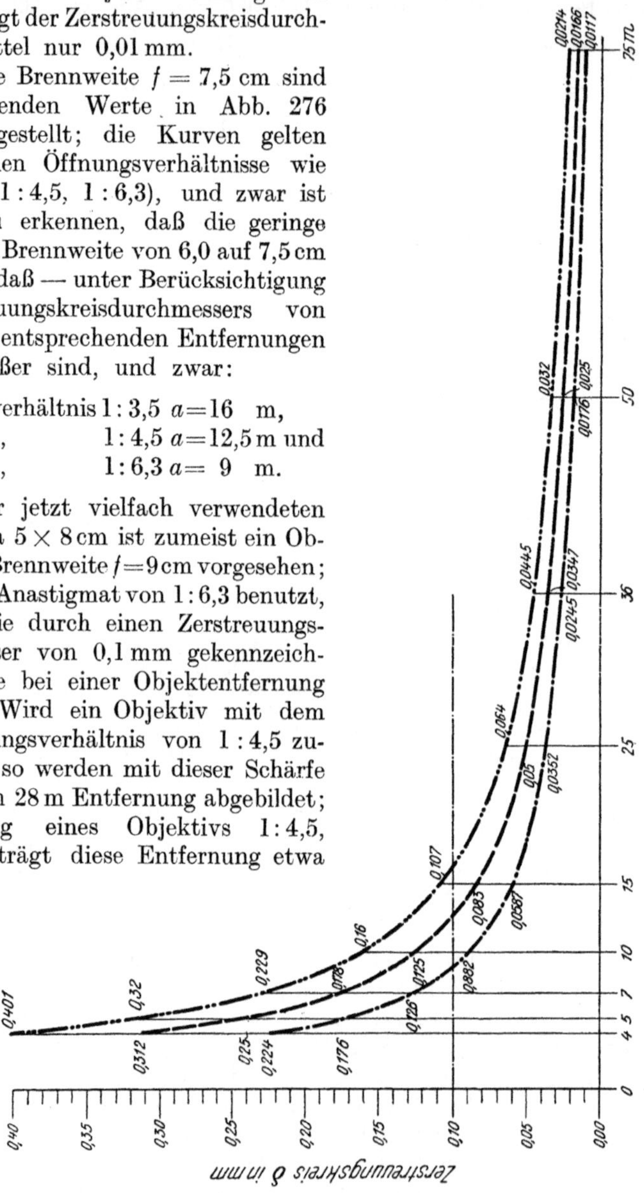

Abb. 276. Zerstreuungskreisdurchmesser für verschiedene Objektentfernungen auf der auf ∞ eingestellten Mattscheibe für $f = 7,5$ cm. Die oberste Kurve gilt für das Öffnungsverhältnis 1 : 3,5, die mittlere für das Öffnungsverhältnis 1 : 4,5, die untere für das Öffnungsverhältnis 1 : 6,3

Wie Tabelle 42 zeigt, ergibt sich bei Verwendung eines Objektivs $f = 9$ cm vom Öffnungsverhältnis 1 : 3,5 und Einstellung der Kamera auf Unendlich unter den gemachten Voraussetzungen eine kürzeste Objektentfernung von etwa 25 m; näher gelegene Gegenstände können nicht mehr vollkommen scharf abgebildet werden.

d) Sowohl die Plattenkameras 6½ × 9 cm als auch die Rollfilmkameras 6 × 9 cm werden heute meist mit Objektiven von der Brennweite $f = 10,5$ cm

Tabelle 41. Zerstreuungskreisdurchmesser in mm für verschiedene Objektentfernungen auf der auf ∞ eingestellten Mattscheibe für f = 6 cm

Objektentfernung	∞	75 m	50 m	25 m	15 m	10 m	5 m
1:3,5 $d = 17{,}14$ $d.f = 1028$	0	0,014	0,021	0,041	0,069	**0,103**	**0,306**
1:4.5 $d = 13{,}33$ $d.f = 803{,}3$	0	0,011	0,016	0,032	0,053	0,080	**0,160**
1:6,3 $d = 9{,}524$ $d.f = 571{,}5$	0	0,008	0,011	0,023	0,038	0,057	**0,115**

Tabelle 42. Zerstreuungskreisdurchmesser in mm für verschiedene Objektentfernungen auf der auf ∞ eingestellten Mattscheibe für $f = 9$ cm

Objektentfernung	∞	100 m	75 m	50 m	35 m	25 m	12 m
1:3,5 $d = 25{,}71$ $d.f = 2314$	0	0,023	0,031	0,046	0,066	0,095	**0,192**
1:4,5 $d = 20{,}00$ $d.f = 1800$	0	0,018	0,024	0,036	0,052	0,072	**0,150**
1:6,3 $d = 14{,}28$ $d.f = 1285$	0	0,013	0,017	0,026	0,037	0,052	**0,107**

Tabelle 43. Zerstreuungskreisdurchmesser in mm für verschiedene Objektentfernungen auf der auf ∞ eingestellten Mattscheibe für $f = 12$ cm

Objektentfernung	∞	125 m	100 m	75 m	50 m	40 m	30 m	20 m
1:3,5 $d = 34{,}28$ $d.f = 4114$	0	0,033	0,041	0,055	0,083	**0,102**	**0,137**	**0,205**
1:4,5 $d = 26{,}66$ $d.f = 3200$	0	0,026	0,032	0,043	0,064	0,080	**0,107**	**0,160**
1:6,3 $d = 19{,}05$ $d.f = 2286$	0	0,018	0,023	0,030	0,046	0,057	0,076	**0,114**

ausgerüstet, welches Öffnungsverhältnis diese auch haben mögen; trotzdem diese Brennweite nur um 40% größer ist als 7,5 cm, sind die Zerstreuungskreise unter Voraussetzung der Scharfeinstellung auf Unendlich bereits etwa doppelt so groß (vgl. Abb. 277). Die a-Werte für $\delta = 0{,}1$ mm bei $f = 7{,}5$ cm und $f = 10{,}5$ cm zeigen ähnliche Verhältnisse.

e) Noch deutlicher wird die Erscheinung bei der Brennweite $f = 12$ cm, die vielfach für die obigen Formate wegen der günstigeren Bildwirkung trotz des sich im gleichen Standpunkt ergebenden kleinen Bildwinkels gewählt wird (vgl. Tab. 43).

f) Besonderes Interesse verdient die Ermittlung der δ-Werte für die Brennweite $f = 13{,}5$ cm, welche bei Kameras vom Format 9×12 cm als Normalbrennweite gelten kann; die graphische Darstellung in Abb. 278 gibt Aufschluß über den Verlauf der Kurven für die Öffnungsverhältnisse 1 : 3,5, 1 : 4,5 und 1 : 6,3. Die in der Praxis so oft beanstandete Tatsache, daß eine auf Unendlich eingestellte Kamera vom Format 9×12 cm mit einem Objektiv 1 : 4,5 und $f = 13{,}5$ cm Gegenstände in 30 bis 40 m Entfernung bei voller Öffnung nicht mehr scharf abbildet, findet hier ihre Erklärung; bei diesem Öffnungsverhältnis ist die kürzeste Entfernung bei Zulassung eines Zerstreuungskreisdurchmessers von $\delta = 0{,}1$ mm

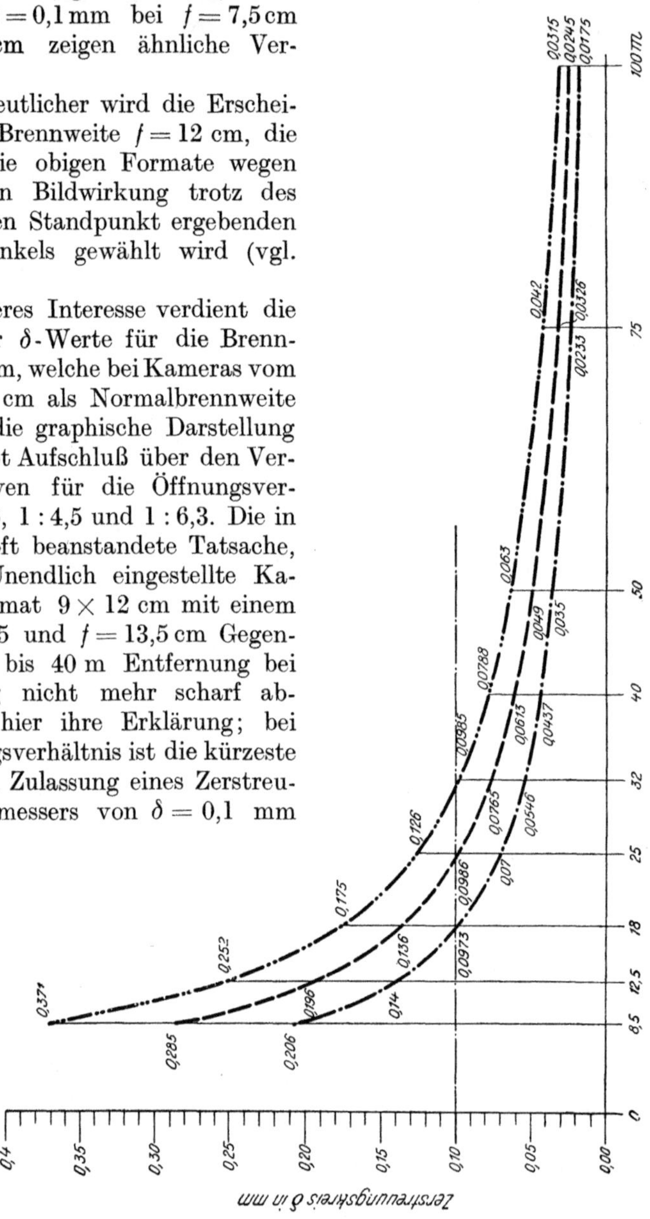

Abb. 277. Zerstreuungskreisdurchmesser für verschiedene Objektentfernungen auf der auf ∞ eingestellten Mattscheibe für $f = 10{,}5$ cm. Die oberste Kurve gilt für das Öffnungsverhältnis 1 : 3,5, die mittlere für das Öffnungsverhältnis 1 : 4,5, die untere für das Öffnungsverhältnis 1 : 6,3

etwa 52 m und sinkt bei 1 : 4,5 bzw. 1 : 6,3 auf 40 bzw. 30 m. Die Einstellskala müßte demnach bei Objektiven 1 : 3,5 nach „∞“ noch eine Marke für $a = 50$ m tragen, welche allerdings nur 0,36 mm von erstgenannter Marke entfernt läge $\left(\Delta = b - f = \frac{f^2}{f - a}\right)$; praktische Schwierigkeiten bei der Herstellung der Skala sowie bei der Einstellung verbieten eine derartige Skalierung.

g) Da bei 9×12 cm-Kameras neben Objektiven von der Brennweite $f = 13{,}5$ cm Objektive mit der Brennweite $f = 15$ cm verwandt werden, wollen wir auch für diese Brennweite die Beziehung zwischen Einstellentfernung und Öffnungsverhältnis sowie der Größe des Zerstreuungskreisdurchmessers kennen lernen (vgl. Tab. 44).

Tabelle 44. Zerstreuungskreisdurchmesser in mm für verschiedene Objektentfern. auf der auf ∞ eingestellten Mattscheibe für $f = 15$ cm

Objektentfernung	∞	175 m	150 m	125 m	100 m	75 m	50 m	25 m
1:3,5 $d = 42{,}86$ $d \cdot f = 6429$	0	0,037	0,043	0,051	0,064	0,086	**0,128**	**0,256**
1:4,5 $d = 33{,}33$ $d \cdot f = 5000$	0	0,029	0,033	0,040	0,050	0,067	**0,100**	**0,200**
1:6,3 $d = 23{,}81$ $d \cdot f = 3571{,}5$	0	0,015	0,017	0,021	0,026	0,034	0,058	**0,100**

Aus der Formel $a = \frac{d \cdot f}{\delta}$ ergibt sich bei $\delta = 0{,}1$, $a = 10 \cdot d \cdot f$; bei einem Öffnungsverhältnis 1 : 3,5 ergibt sich eine Entfernung $a = 64{,}3$ m; bei einem Öffnungsverhältnis 1 : 4,5 eine Entfernung $a = 50{,}0$ m.

Die Tabelle 44 zeigt außerdem, daß bei einem Öffnungsverhältnis 1 : 6,3 die noch zulässige Unschärfe von $\delta = 0{,}1$ mm bei einer Entfernung von 25 m eintritt, d. h. daß alle zwischen ∞ und diesem Wert liegenden Abstände des Gegenstandes mit genügender Schärfe abgebildet werden.

h) Mit dem Anwachsen der Brennweite werden — gleiche Öffnungsverhältnisse und Entfernungen vorausgesetzt — die Zerstreuungskreise immer größer; mit anderen Worten: bei konstantem Zerstreuungskreisdurchmesser $\delta = 0{,}1$ mm werden c. p. mit zunehmender Brennweite die Entfernungen, für die noch eine praktisch brauchbare Bildschärfe zustandekommt, immer größer; das zeigt sich sehr deutlich bei den Brennweiten $f = 16{,}5$ und 18,0 cm.

Tabelle 45. Zerstreuungskreisdurchmesser in mm für verschiedene Objektentfern. auf der auf ∞ eingestellten Mattscheibe für $f = 18$ cm

Objektentfernung	∞	250 m	200 m	150 m	125 m	100 m	75 m	50 m	25 m
1:3,5 $d = 51{,}43$ $d \cdot f = 9257{,}4$	0	0,037	0,046	0,062	0,074	0,093	**0,123**	**0,185**	**0,370**
1:4,5 $d = 40{,}00$ $d \cdot f = 7200$	0	0,029	0,036	0,048	0,060	0,072	0,096	**0,144**	**0,288**
1:6,3 $d = 28{,}57$ $d \cdot f = 5142{,}6$	0	0,021	0,026	0,034	0,041	0,051	0,069	**0,103**	**0,206**

Die graphische Darstellung (Abb. 279) auf S. 327 gilt für $f = 16{,}5$ cm und enthält alle uns hier interessierenden Werte für die Entfernungen von 200 bis 20 m; für $\delta = 0{,}1$ mm wird:

bei einem Öffnungsverhältnis	der Wert a
1 : 3,5	$a = 78$ m
1 : 4,5	$a = 60$ m
1 : 6,3	$a = 43$ m

Ein Vergleich der Tabelle 44 und 45 für die Objektiv-Brennweiten $f = 15$ und 18 cm ist sehr instruktiv.

α) Beim Objektiv mit der Brennweite $f = 15$ cm und dem Öffnungsverhältnis 1 : 3,5 wird ein Zerstreuungskreis von der Größe 0,037 mm schon bei $a = 175$ m erzeugt, während bei $f = 18$ cm c. p. ein Zurückgehen bis $a = 250$ m erforderlich ist.

β) Das Objektiv mit der Brennweite $f = 15$ cm und dem Öffnungsverhältnis 1 : 4,5, erzeugt bei $a = 100$ m einen Zerstreuungskreis von der Größe $\delta = 0{,}05$ mm; der gleiche Wert wird bei $f = 18$ cm c. p. erst bei $a = 150$ m erzielt.

γ) Die als zulässig bezeichnete Unschärfe $\delta = 0{,}1$ mm ist bei $f = 15$ cm und einem Öffnungsverhältnis von 1 : 6,3 im Abstande $a = 25$ m, bei $f = 18$ cm c. p. hingegen erst im Abstande $a = 50$ m festzustellen.

Objektive mit Brennweiten über $f = 18$ cm kommen für Handkameras nur wenig in Frage.

95. Die Einstellung mittels Kollimators. Im allgemeinen ist die Einstellung der Kamera auf Unendlich unter Benutzung eines möglichst weit entfernt gelegenen Gegenstandes vorzunehmen; insbesondere, wenn relativ große Brennweiten in Frage kommen, empfiehlt es sich, das Objektiv auf astronomische Objekte (z. B. den Mond) einzustellen. In den Kontrollstationen derjenigen Firmen, die photographische Apparate herstellen, bedient man sich, um von äußeren Verhältnissen unabhängig zu sein, für die Einstellung auf Unendlich optischer Einrichtungen, die unter dem Namen Kollimatoren bekannt sind.

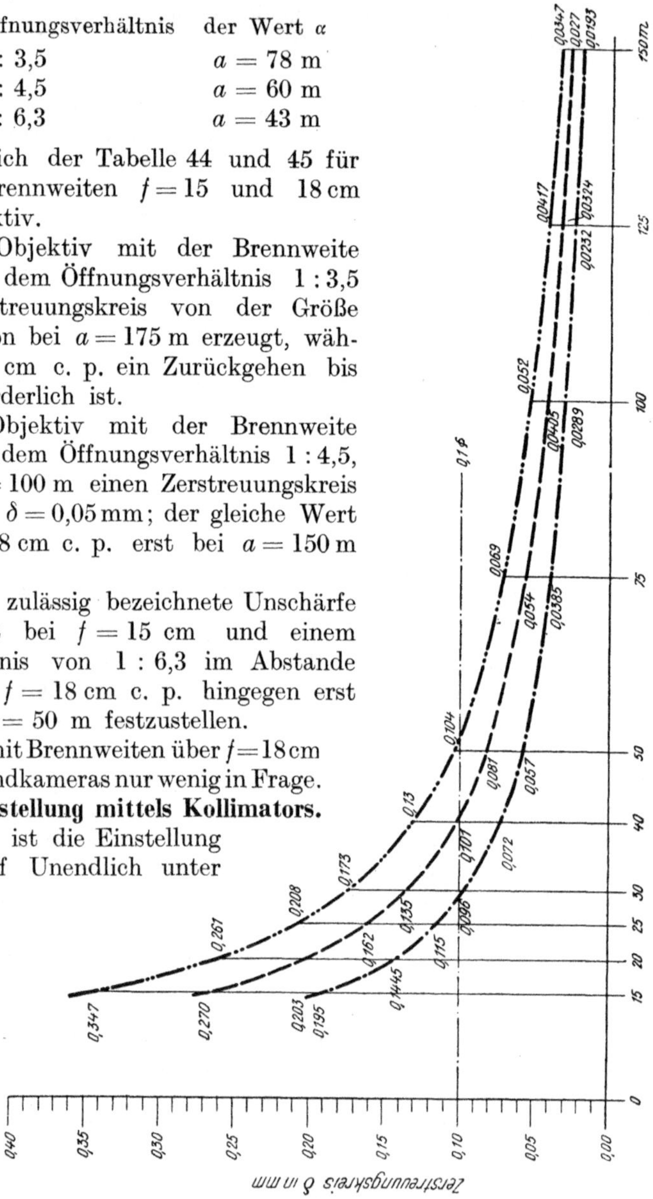

Abb. 278. Zerstreuungskreisdurchmesser für verschiedene Objektentfernungen auf der auf ∞ eingestellten Mattscheibe für $f = 13{,}5$ cm. Die oberste Kurve gilt für das Öffnungsverhältnis 1 : 3,5, die mittlere für das Öffnungsverhältnis 1 : 4,5, die untere für das Öffnungsverhältnis 1 : 6,3

Der Kollimator in seiner einfachsten Form ist ein röhrenförmiges Gerät, das an dem einen Ende ein Objektiv und am anderen Ende ein durchsichtiges Testobjekt, z. B. ein schwarzes Kreuz auf weißem Grunde, trägt; der Abstand dieser beiden Teile ist durch den Wert der Brennweite des Objektivs bestimmt; das Testobjekt muß sich genau im Brennpunkt des Objektivs befinden. Die von Punkten des Testobjekts kommenden Strahlen treten somit parallel aus dem Objektiv aus. Wird nun eine Kamera, für deren Entfernungsskala der Unendlichkeitspunkt festgelegt werden soll, mit dem Objektiv gegen das Objektiv des Kollimators gerichtet, so werden die in das Kameraobjektiv eintretenden (vom Testobjekt kommenden) Strahlen in dessen Brennpunkt vereinigt (vgl. Abb. 280).

Die einwandfreie Herstellung des mechanischen Anschlages für „Unendlich" ist eine der wichtigsten Operationen beim Bau der Kamera.

Obgleich die Gesamtlänge der Einstellskala sowie die einzelnen Intervalle derselben als Funktionen der Objektivbrennweite und der verschiedenen Objektentfernungen rechnerisch ermittelt werden können, ist die Verwendung eines Kollimators, der außer auf „Unendlich" auch auf andere Entfernungen eingestellt werden kann, insbesondere für Kontrollmessungen doch zweckmäßig. Eine derartige Einrichtung ist leicht dadurch

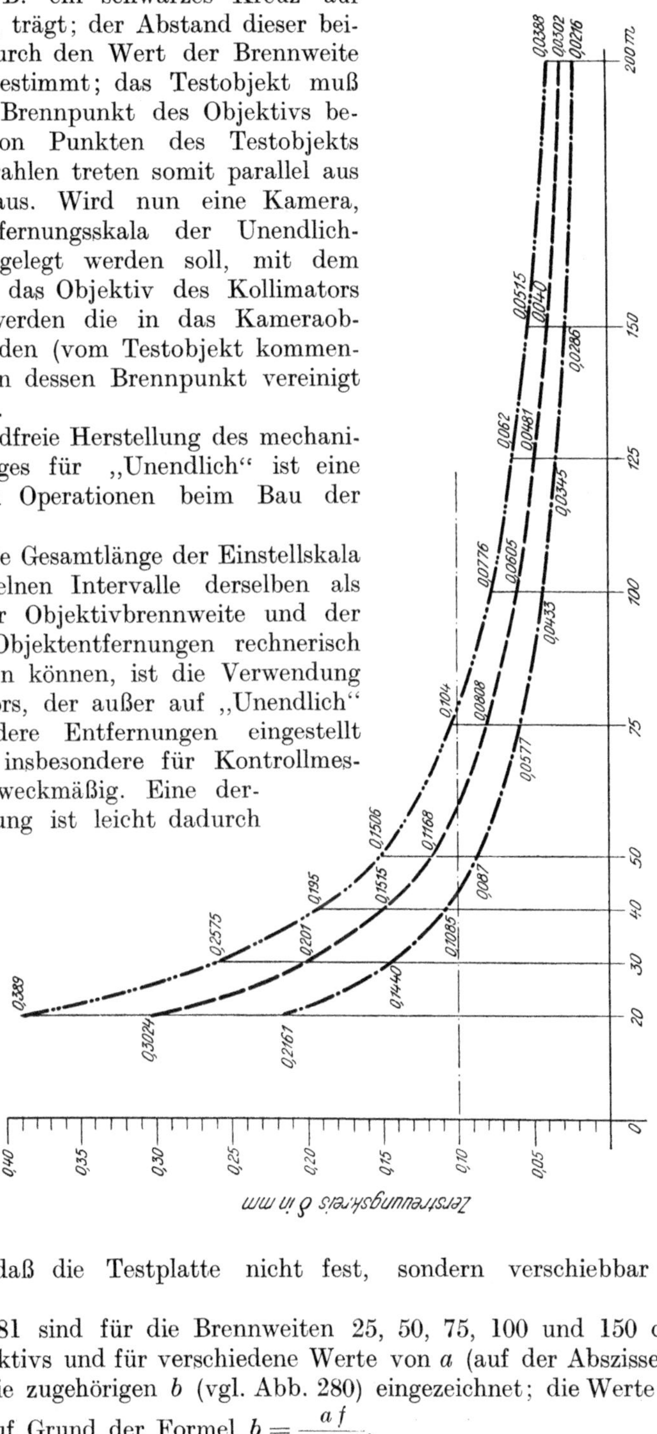

Abb. 279. Zerstreuungskreisdurchmesser für verschiedene Objektentfernungen auf der auf ∞ eingestellten Mattscheibe für f = 16,5 cm. Die oberste Kurve gilt für das Öffnungsverhältnis 1 : 3,5, die mittlere für das Öffnungsverhältnis 1 : 4,5, die untere für das Öffnungsverhältnis 1 : 6,3

zu schaffen, daß die Testplatte nicht fest, sondern verschiebbar angeordnet wird.

In Abb. 281 sind für die Brennweiten 25, 50, 75, 100 und 150 cm des Kollimatorobjektivs und für verschiedene Werte von a (auf der Abszissenachse aufgetragen) die zugehörigen b (vgl. Abb. 280) eingezeichnet; die Werte von b ergeben sich auf Grund der Formel $b = \frac{a f}{a + f}$.

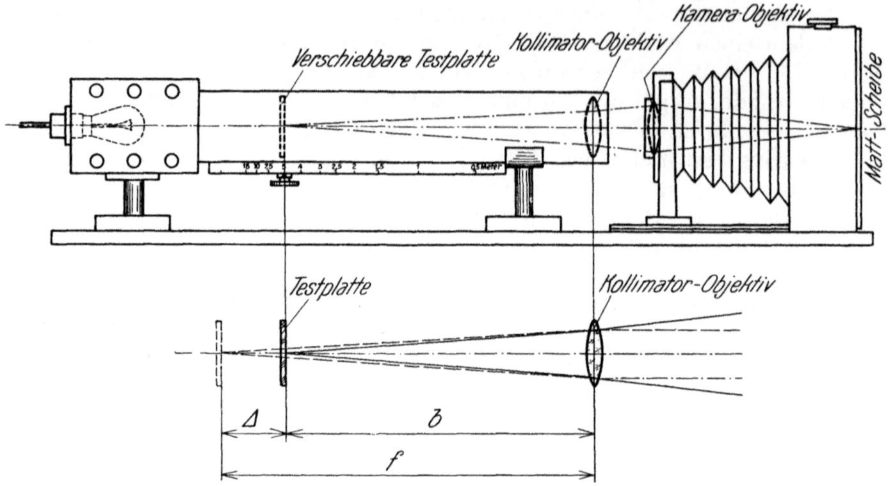

Abb. 280. Kollimatoreinrichtung zur Einstellung einer photographischen Kamera auf Unendlich und kürzere Distanzen. b ist der Abstand der Testplatte vom Kollimatorobjektiv, f ist die Brennweite des Kollimatorobjektivs. $\Delta = f - b$. Das vom Kollimatorobjektiv erzeugte Bild ist virtuell; die vom virtuellen Bild ausgehenden Strahlen werden durch das Kameraobjektiv gesammelt

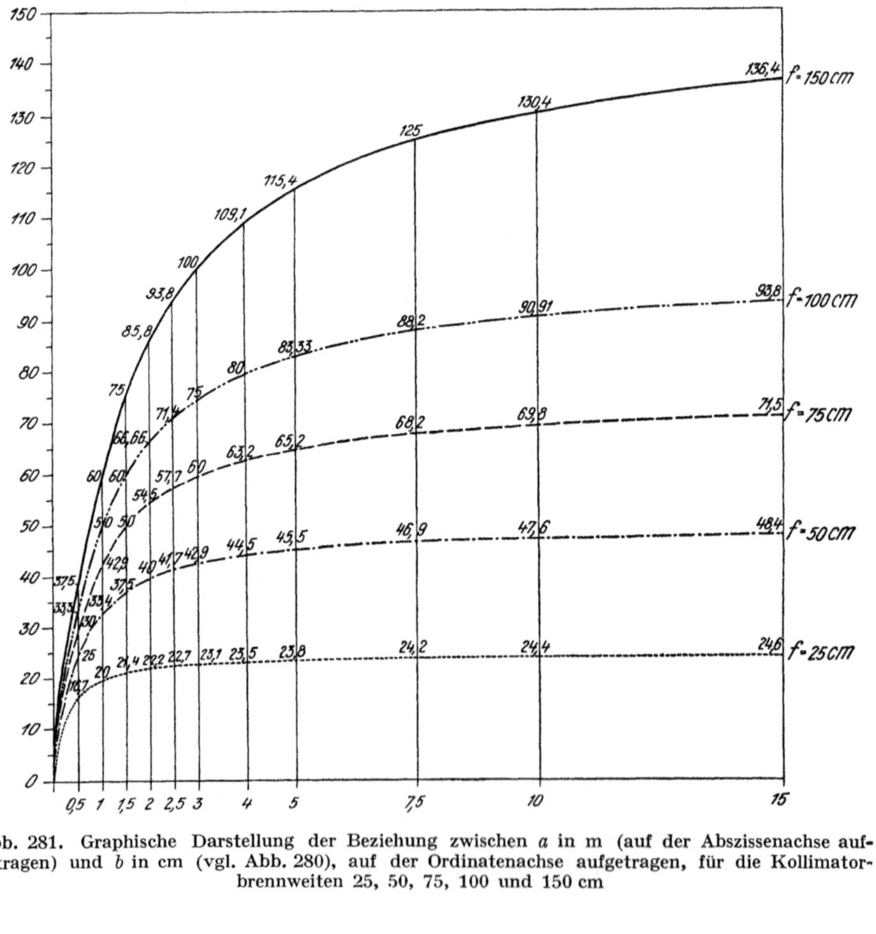

Abb. 281. Graphische Darstellung der Beziehung zwischen a in m (auf der Abszissenachse aufgetragen) und b in cm (vgl. Abb. 280), auf der Ordinatenachse aufgetragen, für die Kollimatorbrennweiten 25, 50, 75, 100 und 150 cm

Tabelle 46. Einstellskalen und Werte der achsialen Verschiebung Δ in mm für $f = 60$ mm—120 mm

f		∞	50 m	25 m	15 m	10 m	8 m	6 m	5 m	4,5 m	4,0 m	3,5 m	3,0 m	2,5 m	2,0 m	1,75 m	1,5 m	1,25 m	1,0 m
60	Δ	0	0,07	0,14	0,24	0,36	0,45	0,61	0,73	0,81	0,91	1,04	1,22	1,48	1,86	2,13	2,5	3,03	3,83
	b	60	60,07	60,14	60,24	60,36	60,45	60,61	60,73	60,81	60,91	61,04	61,22	61,48	61,86	62,13	62,5	63,03	63,83
75	Δ	0	0,11	0,23	0,38	0,57	0,71	0,95	1,14	1,27	1,43	1,64	1,92	2,32	2,92	3,36	3,95	4,78	6,09
	b	75	75,11	75,23	75,38	75,57	75,71	75,95	76,14	76,27	76,43	76,64	76,92	77,32	77,92	78,36	78,95	79,78	81,09
90	Δ	0	0,16	0,33	0,54	0,82	1,02	1,37	1,65	1,84	2,07	2,38	2,78	3,36	4,24	4,88	5,75	6,98	8,90
	b	90	90,16	90,33	90,54	90,82	91,02	91,37	91,65	91,84	92,07	92,38	92,78	93,36	94,24	94,88	95,75	96,98	98,90
105	Δ	0	0,22	0,44	0,74	1,11	1,40	1,87	2,26	2,51	2,83	3,25	3,81	4,60	5,82	6,70	7,90	9,62	12,31
	b	105	105,22	105,44	105,74	106,11	106,40	106,87	107,26	107,51	107,83	108,25	108,81	109,60	110,82	111,70	112,90	114,62	117,31
120	Δ	0	0,29	0,58	0,97	1,46	1,83	2,45	2,95	3,29	3,72	4,27	5,00	6,05	7,67	8,84	10,43	12,75	16,37
	b	120	120,29	120,58	120,97	121,46	121,83	122,45	122,95	123,29	123,72	124,27	125,00	126,05	127,67	128,84	130,43	132,75	136,37

Tabelle 47. Einstellskalen und Werte der achsialen Verschiebung Δ in mm für $f = 135$ mm—210 mm

f		∞	100 m	70 m	50 m	25 m	15 m	10 m	8 m	6 m	5 m	4,5 m	4,0 m	3,5 m	3,0 m	2,5 m	2,0m	1,75 m	1,5 m
135	Δ	0	0,18	0,26	0,37	0,73	1,23	1,85	2,32	3,10	3,74	4,17	4,72	5,42	6,36	7,70	9,78	11,29	13,35
	b	135	135,18	135,26	135,37	135,73	136,23	136,85	137,32	138,10	138,74	139,17	139,72	140,42	141,36	142,70	144,78	146,29	148,35
150	Δ	0	0,23	0,32	0,45	0,91	1,52	2,28	2,86	3,85	4,64	5,17	5,84	6,72	7,90	9,58	12,16	14,06	16,67
	b	150	150,23	150,32	150,45	150,91	151,52	152,28	152,86	153,85	154,64	155,17	155,84	156,72	157,90	159,58	162,16	164,06	166,67
165	Δ	0	0,27	0,39	0,55	1,10	1,83	2,77	3,48	4,67	5,64	6,28	7,10	8,16	9,61	11,68	14,82	17,18	20,40
	b	165	165,27	165,39	165,55	166,10	166,83	167,77	168,48	169,67	170,64	171,28	172,10	173,16	174,61	176,68	179,82	182,18	185,40
180	Δ	0	0,32	0,46	0,65	1,30	2,18	3,30	4,14	5,57	6,72	7,50	8,48	9,75	11,50	13,95	17,80	20,60	24,50
	b	180	180,32	180,46	180,65	181,30	182,18	183,30	184,14	185,57	186,72	187,50	188,48	189,75	191,50	193,95	197,80	200,60	204,50
210	Δ	0	0,44	0,63	0,89	1,78	2,98	4,51	5,67	7,62	9,20	10,30	11,64	13,40	15,81	19,28	24,65	28,65	34,20
	b	210	210,44	210,63	210,89	211,78	212,98	214,51	215,67	217,62	219,20	220,30	221,64	223,40	225,81	229,28	234,65	238,65	244,20

E. Die Abbildungstiefe

96. Definition des Begriffes „Sehschärfe“. Eine wertvolle Unterstützung bei Aufnahmen ohne vorherige Einstellung ist die Tiefenschärfentabelle; aus ihr können wir — unter Zulassung eines bestimmten Grades von erträglicher Unschärfe — jenen Bereich feststellen, innerhalb dessen gelegene Gegenstände noch mit genügender Deutlichkeit abgebildet werden. Die Definition der „erträglichen Unschärfe“ steht mit dem Bau des menschlichen Auges in Zusammenhang. Am feinsten ist die Sehschärfe im sogenannten „gelben Fleck“ der Netzhaut; hier stehen die lichtempfindlichen „Zapfen“ am engsten beieinander. Wird z. B. (s. Abb. 282) ein leuchtender Punkt auf dem Zapfen a punktförmig abgebildet, so darf nach L. Heine ein zweiter Punkt, den wir als solchen erkennen wollen, erst auf Zapfen c abgebildet werden; würde er auf b abgebildet werden, so sähen wir eine kurze leuchtende Linie, nicht aber zwei getrennte leuchtende Punkte.

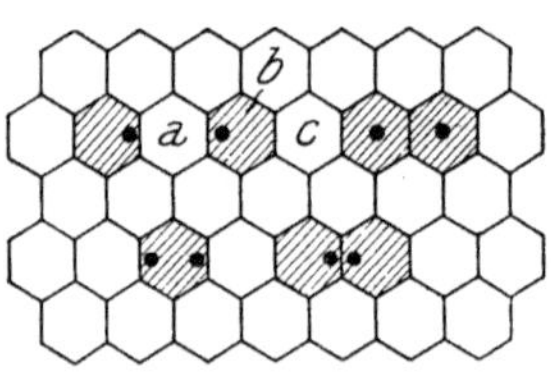

Abb. 282. Die Sehschärfe und ihre Beziehung zum Bau des menschlichen Auges (im wesentlichen nach L. Heine, Graefes Archiv für Ophthalmologie, Bd. 51, S. 146ff.). Es sind die verschiedenen Möglichkeiten angedeutet, wie leuchtende Punkte sich auf einem Zapfen oder auf benachbarten Zapfen abbilden können

Daraus folgt, daß der Sehwinkel, unter dem wir zwei getrennte Punkte betrachten, nicht unter einen gewissen Wert sinken darf, wenn ihre Bilder nicht zusammenfließen sollen. Dieser physiologische Grenzwinkel, der bei verschiedenen Individuen verschieden ist, beträgt nach H. Helmholtz im Mittel eine Winkelminute; diesem Winkel entspricht auf der Netzhaut des Auges eine Strecke von 0,005 mm.

Bei Betrachtung einer photographischen Aufnahme in einem Abstand von etwa 25 cm (kürzeste deutliche Sehweite) wird ein gewisser Grad von Unschärfe zugelassen, der durch einen Zerstreuungskreis von 0,1 mm Durchmesser definiert ist; dabei kommt man dem „physiologischen Grenzwinkel“ von 1 Minute ziemlich nahe. Genauer ausgedrückt: ein Kreis von 0,1 mm Durchmesser erscheint unter einem Winkel von 1 Minute, wenn er aus einer Entfernung von 343,8 mm betrachtet wird. Dieser Winkelwert spielt, wie die folgenden Ausführungen zeigen werden, bei der Berechnung von Tiefenschärfentabellen eine besondere Rolle:

Ein anastigmatisch korrigiertes photographisches Objektiv kann streng genommen nur eine bestimmte Ebene des Objektraumes senkrecht zur optischen Achse scharf auf der Mattscheibe bzw. dem Schichtträger zur Abbildung bringen, und zwar jene Ebene, auf die das Objektiv eingestellt ist (Einstellebene). Alle vor oder hinter dieser Ebene befindlichen Ebenen werden im Bilde mehr oder weniger unscharf erscheinen, indem ihre Punkte nicht mehr als Punkte, sondern als Zerstreuungskreise abgebildet werden, deren Größe von Fall zu Fall verschieden ist. Da nun das menschliche Auge, wie eingangs angegeben wurde, unter einer bestimmten Grenze liegende Bildunschärfen nicht mehr als solche empfindet, kann mit einem Objektiv praktisch nicht nur eine Ebene, sondern ein Gebilde von mehr oder weniger großer Tiefenausdehnung mit genügender Schärfe abgebildet werden, wobei wir auf Grund unserer früheren Überlegungen bei Betrachtung eines Bildes aus 25 cm Entfernung eine Unschärfe von 0,1 mm als zulässig annehmen können.

97. Ableitung der Formel für die Tiefenschärfe.[1] In einigen Spezialfällen (insbesondere bei den kurzbrennweitigen Objektiven für Stereoapparate und

[1] Vgl. hiezu H. Harting, Die photographische Optik, Handb. d. Phot. von H. W. Vogel, Bd. 2, Teil 1, 2. Aufl., Berlin, Union Deutsche Verlagsgesellschaft 1925.

kinematographische Aufnahmeapparate) muß man für die Berechnung der Tiefenschärfe einen kleineren Zerstreuungskreis zugrunde legen; die üblichen Tabellen, die für einen Zerstreuungskreisdurchmesser von 0,1 mm berechnet sind, können in diesen Fällen nicht zur Orientierung herangezogen werden.

Ein Punkt A, der auf der optischen Achse einer Sammellinse liegt (vgl. Abb. 283 a), wird durch diese wieder auf der optischen Achse abgebildet, und zwar entsteht sein Bild B nach der Linsenformel $\frac{1}{a} + \frac{1}{b} = \frac{1}{f}$ im Abstande $b = \frac{a \cdot f}{a - f}$; in dieser Formel bedeutet a die Entfernung des Punktes A von der Linse bzw. dem entsprechenden Hauptpunkt und f die Brennweite der Linse. In Abb. 283 a wird angenommen, daß (unter Vernachlässigung aller Linsenfehler und der praktisch räumlichen Ausdehnung des Punktes A) ein punktförmiges Bild bei B entsteht.

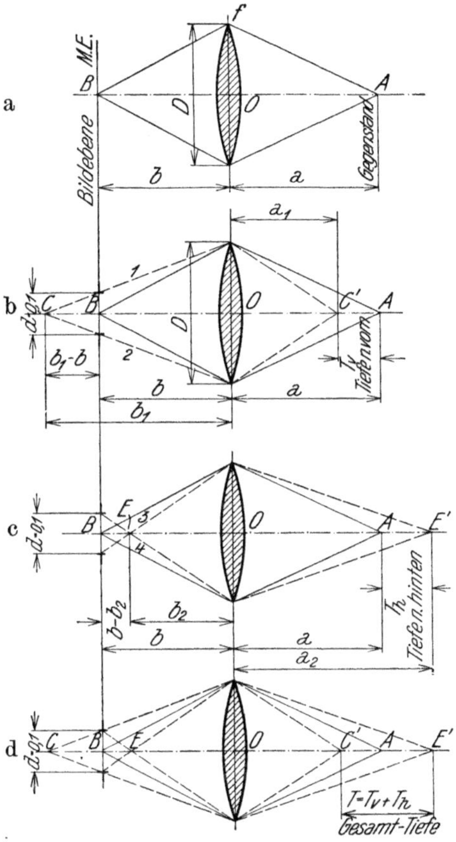

Abb. 283. Zur Erläuterung der „Tiefenschärfe". a) Der Punkt A wird im Punkt B scharf abgebildet; b) Darstellung des Bereiches der „Tiefe nach vorn" (T_v); c) Darstellung des Bereiches der „Tiefe nach hinten" (T_h); d) Darstellung der „Gesamttiefe" $T = T_h + T_v$

Nehmen wir nun an, daß die zulässige Bildunschärfe 0,1 mm betrage, so heißt das, daß auch solche Strahlen zur Bilderzeugung beitragen können, welche **vor** oder **hinter** dieser die optische Achse schneiden und von Dingpunkten kommen, auf welche nicht eingestellt war; Voraussetzung ist dabei nur, daß die Zerstreuungskreisdurchmesser der betreffenden Strahlenbündel in der Mattscheibe nicht größer als 0,1 mm werden, ob nun die Strahlenbündel konvergent oder divergent sind.

Zieht man von den Rändern der Linse (vgl. Abb. 283 b), deren freier wirksamer Durchmesser D sei, zwei Strahlen 1 und 2, welche den Umfang des Zerstreuungskreises $d = 0{,}1$ mm mit dem Mittelpunkt B gerade berühren, so schneiden sich diese im Punkte C. Es ist klar, daß dieser Bildpunkt zu einem korrespondierenden Dingpunkt auf der anderen Seite der Linse gehört; dieser Punkt ist der nächstgelegene dingseitige gerade noch mit genügender Schärfe abgebildete Punkt C', dessen Abstand T_v von A „die vordere Tiefe" genannt wird. Die Lage des Punktes C bzw. dessen Abstand von der Linse O ergibt sich rechnerisch aus den beiden ähnlichen Dreiecken mit der gemeinsamen Spitze C und den Grundlinien d bzw. D, und zwar wird $C\,O = b_1 = b \cdot \frac{D}{D - d}$; b_1 ist stets größer als b, was auch aus der Zeichnung hervorgeht. Sucht man nun unter Anwendung der Linsenformel den Dingpunkt C' zum Bildpunkt C, so finden wir $O\,C' = a_1 = \frac{b_1 \cdot f}{b_1 - f}$. Wie bereits erwähnt, ist der Abstand $O\,A - O\,C' = a - a_1 = A\,C' = T_v$, die sogenannte „vordere Tiefe" im Objektraum. In ganz analoger Weise wird die „hintere Tiefe“ berechnet. In Abb. 283c befindet sich der Zerstreuungskreis d mit dem Mittelpunkt B und dem Durchmesser 0,1 mm in der selben Ebene wie vorher; werden die Strahlen 3 und 4 vom Rande der Linse so gezogen, daß sie nach erfolgter Kreuzung auf der optischen Achse in E den Umfang des Zerstreuungskreises gerade berühren, so läßt sich die Größe b_2 auf Grund der Ähnlichkeit der Scheiteldreiecke mit der gemeinsamen Spitze E und den Grundlinien d bzw. D zu $b_2 = b \cdot \frac{D}{d+D}$ bestimmen. b_2 ist stets kleiner als b. In Analogie zu der vorangegangenen Berechnung wird jetzt der zum Bildpunkt E korrespondierende Dingpunkt E' gesucht. Unter Benutzung der Linsenformel erhalten wir: $O\,E' = a_2 = \frac{b_2 \cdot f}{b_2 - f}$; die sogenannte „hintere Tiefenschärfe“ ist somit $O\,E' - O\,A = a_2 - a = T_h$

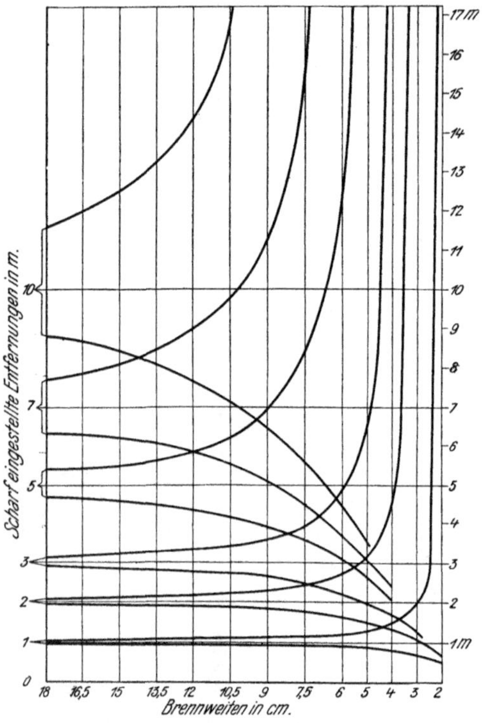

Abb. 284. Gesamttiefe im Objektraum bei Verwendung von Objektiven mit verschiedenen Brennweiten (Abszissenachse) und bei Einstellung auf verschiedene Entfernungen (Ordinatenachse links). Zu jeder Einstellung gehören 2 Kurven, innerhalb deren Ästen die Gesamttiefe bei Verwendung der verschiedenen Objektivbrennweiten abzulesen ist

In Abb. 283 d erscheint das bisher Gesagte zusammengefaßt; es sind in dieser Zeichnung die Strahlengänge der Abb. 283 a bis c eingetragen. Aus Abb. 283 d ist die Gesamttiefe $T = T_v + T_h$ ersichtlich, die sich unter Zugrundelegung eines Zerstreuungskreises vom Durchmesser $d = 0{,}1$ mm ergibt. Obgleich nach der angegebenen Methode für jeden beliebigen konkreten Fall ohne Schwierigkeit die jeweils interessierende Tiefe im Objektraum berechnet werden kann, wollen wir die Formeln so transformieren, daß nur die gegebenen Größen darin vorkommen; setzen wir in die Formel $b_1 = b \cdot \frac{D}{D-d}$ für b der Wert $\frac{a \cdot f}{a - f}$ und der Einfachheit wegen nach entsprechender Umformung für $\frac{f}{D}$ den Wert K ein, so erhalten wir:

$$O\,C' = a_1 = \frac{a \cdot f^2}{f^2 + K\,(a - f) \cdot d} \quad \text{und ebenso:} \quad O\,E' = a_2 = \frac{a \cdot f^2}{f^2 - K\,(a - f) \cdot d}.$$

Beispiel: Entfernung des Gegenstandes $a = 3$ m $= 3000$ mm; Objektiv $f = 150$ mm, 1 : 4,5 (freie Öffnung $D = 150 : 4{,}5 = 33{,}33$ mm); $d = 0{,}1$; $K = 4{,}5$.

$$a_1 = \frac{3000 \cdot 150^2}{150^2 + 4{,}5\,(3000 - 150) \cdot 0{,}1} = 2835 \text{ mm} = 2{,}835 \text{ m}$$

und

$$a_2 = \frac{3000 \cdot 150^2}{150^2 - 4{,}5\,(3000 - 150) \cdot 0{,}1} = 3180 \text{ mm} = 3{,}180 \text{ m}.$$

Da nun $T_v = O\,A - O\,C' = 3000 - 2835 = 165$ mm (Tiefe nach vorn) und $T_h = O\,E' - O\,A = 3180 - 3000 = 180$ mm (Tiefe nach hinten), so ergibt sich für $T = T_v + T_h = 165 + 180 = 345$ mm (Gesamttiefe, vgl. Abb. 284).

Der zulässige Durchmesser des Zerstreuungskreises ist keine Konstante, sondern von den Anforderungen abhängig, die von Fall zu Fall an die Schärfe des Bildes gestellt werden (je nachdem, ob es sich um Landschafts-, Porträt- oder Kinoaufnahmen handelt); die errechneten Werte werden größer bzw. kleiner, wenn statt $d = 0{,}1$ kleinere bzw. größere Werte eingesetzt werden.[1]

Inwiefern das Öffnungsverhältnis des Objektivs die Größe des Zerstreuungskreises beeinflußt, zeigt die Abb. 285; außerdem läßt diese Abbildung erkennen, daß die Strecke Δ innerhalb welcher die Mattscheibe eventuell ohne wesentliche Einbuße an Schärfe verschoben werden kann, der Größe des Zerstreuungskreises und der Brennweite direkt, dem freien Durchmesser des Objektivs umgekehrt proportional ist (vgl. auch Tabelle 48).

Unsere Formeln sowie Tabelle 50 auf S. 336 zeigen, daß in allen Fällen die Tiefe nach hinten größer als jene nach vorn ist. Unter sonst gleichen Verhältnissen bewirkt die Verringerung der Einstellentfernung eine wesentliche Herabsetzung der Gesamttiefe; eine Verkürzung der Brennweite ist von günstigem Einfluß auf die Ausdehnung der Abbildungstiefe. Schließlich ergibt sich aus den angegebenen Formeln, daß mit zunehmender Abblendung des Objektivs die Abbildungstiefe in erheblichem Maße gesteigert wird. Zusammenfassend kann man also folgendes sagen:

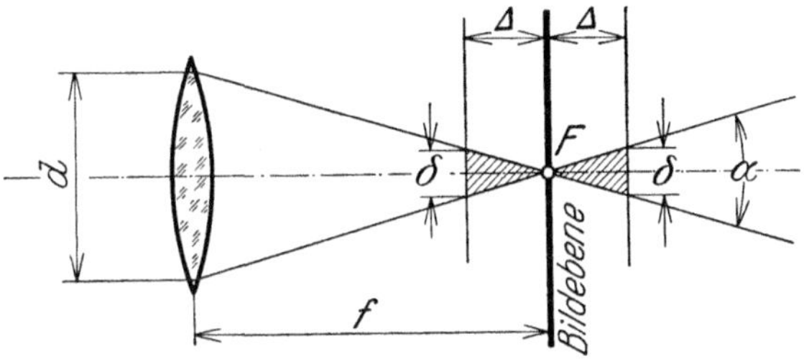

Abb. 285. Beziehung zwischen Öffnungsverhältnis des Objektivs, Zerstreuungskreis δ und Δ, d. i. jene Strecke, innerhalb welcher die Mattscheibe ohne wesentliche Einbuße an Schärfe verschoben werden kann (vgl. Tabelle 48)

1. Gleiche Brennweite und Lichtstärke vorausgesetzt, nimmt die Abbildungstiefe ab, je kleiner der Abstand der Einstellebene von der Eintrittspupille des Objektivs wird.

2. Bei gleich bleibendem Abstand der Einstellebene und gleich bleibender Lichtstärke nimmt die Tiefe der Abbildung zu, wenn die Brennweite des Objektivs kürzer wird.

3. Unter der Voraussetzung eines gleich bleibenden Dingabstandes und konstanter Brennweite nimmt die Abbildungstiefe zu, wenn das Objektiv abgeblendet wird.

Tabelle 48. Beziehung zwischen Öffnungsverhältnis des Objektivs, Zerstreuungskreis δ und Δ (vgl. Abb. 285)

	Öffnungsverhältnis $d:f$	1 : 1,5	1 : 2,0	1 : 2,7	1 : 3,5	1 : 4,5	1 : 6,3	1 : 9	1 : 12,5	1 : 18	1 : 25
	α	37°	28°	21°	16° 20′	12° 40′	9°	6° 20′	4° 35′	3° 10′	2° 16
Δ in mm	$\delta = 0{,}05$ mm	0,075	0,1	0,135	0,175	0,225	0,315	0,45	0,62	0,9	1,25
	$\delta = 0{,}1$ mm	0,15	0,2	0,27	0,35	0,45	0,63	0,9	1,25	1,8	2,5
	$\delta = 0{,}15$ mm	0,225	0,3	0,405	0,525	0,675	0,945	1,35	1,86	2,7	3,75

[1] Ausführliche Tabellen über Tiefenschärfe für Objektive mit verschiedenen Brennweiten und Öffnungsverhältnissen wurden z. B. von P. Rudolph, P. V. Neugebauer, A. Neumann und F. Staeble ausgearbeitet.

Ein brauchbares Hilfsgerät zur Bestimmung der Tiefenschärfe hat die Firma Dr. Schlichter & Co. in Freiberg unter dem Namen Lios-Tiefenrechner (System Ferschel) auf den Markt gebracht; es besteht aus zwei gegeneinander drehbaren Scheiben, von denen die größere die von 1 m bis Unendlich reichende Skala der Entfernungen trägt, während auf der kleineren Scheibe die Blendenskala in doppelter Ausführung, von einer Marke nach links und rechts ausgehend, aufgetragen ist. Das Gerät ist für jede Brennweite verschieden und vorläufig für $f = 10{,}5$, 13,5 und 15 cm erhältlich (vgl. Abb. 286).

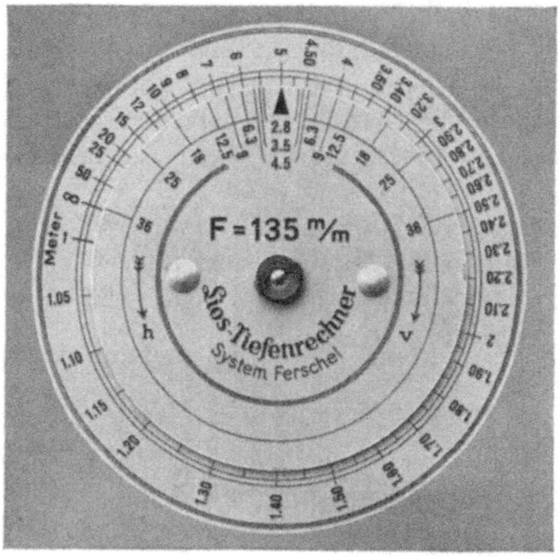

Abb. 286. Lios-Tiefenrechner, System Ferschel, für f = 135 mm. Das Instrument besteht aus 2 dünnen Aluminiumscheiben (die größere hat einen Durchmesser von 80 mm) und wiegt bloß 15 g. v bzw. h bezeichnen die Tiefe nach vorne bzw. hinten

98. Der Unendlichkeits-Nahpunkt. Ein Grenzfall bei der Bestimmung der Abbildungstiefe ist die Ermittlung des sogenannten Unendlichkeits-Nahpunktes; dieser Punkt spielt bei der Festlegung des Anschlages für den Objektivträger an der Skala nicht selten eine Rolle und soll daher gesondert besprochen werden.

In Abb. 287 ist das Objektiv O vom Durchmesser $2R$ auf „Unendlich" eingestellt. Alle zur optischen Achse parallelen Strahlen 1—1 werden sich daher in der Mattscheibenebene vereinigen; ein unendlich weit entfernt gelegener Punkt auf der optischen Achse wird durch das Objektiv in F' punktförmig abgebildet. Nach dem Gesagten ist es klar, daß die Bilder von Achsenpunkten, welche weniger weit vom Objektiv entfernt liegen, rechts von der Ebene M liegen müssen; das Bild des Dingpunktes P liegt z. B. bei P' und die Strahlen 2–2, welche die Linse O vom Durchmesser $2R$ treffen, durchstoßen die Mattscheibenebene M nach der Brechung (2′—2′), indem sie dort den Zerstreuungskreis vom Radius ϱ erzeugen.

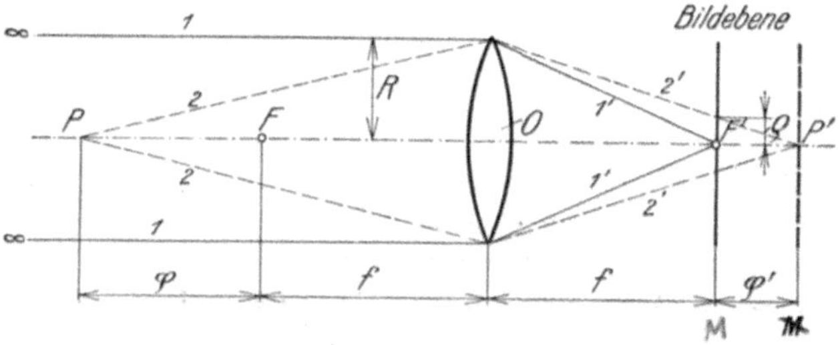

Abb. 287. Zur Bestimmung des Unendlichkeits-Nahpunktes. Vgl. hiezu Tabelle 49 sowie den Text

Bezeichnet man die Entfernung des Dingpunktes P vom vorderen Brennpunkte F mit φ, jene des korrespondierenden Bildpunktes P' vom hinteren Brennpunkte F' mit φ' und die Brennweite des Objektivs mit f, so gilt die bekannte Beziehung:

$$\varphi \cdot \varphi' = f^2 \text{ oder } \varphi = \frac{f^2}{\varphi'}.$$

Der Radius des Zerstreuungskreises ϱ läßt sich in einfacher Weise berechnen aus der Proportion: $\frac{\varrho}{R} = \frac{\varphi'}{f + \varphi'}$ bzw. $\varrho = R \cdot \frac{\varphi'}{f + \varphi'}$; hieraus folgt $\varphi' = f \cdot \frac{\varrho}{R - \varrho}$.

Die Entfernung des konjugierten Dingpunktes P vom Brennpunkt f ist dann: $\varphi = f \cdot \frac{R - \varrho}{\varrho}$; unter Einsetzung des Wertes $d = 2\,\varrho = 0{,}1$ mm läßt sich jene Entfernung $\varphi + f$ ohneweiters berechnen, bis zu der — von Unendlich an — der Raum auf der Mattscheibe bzw. dem Schichtträger für das Auge scharf abgebildet erscheint. Man nennt die Entfernung $f + \varphi$ die Grenze der Abbildungstiefe bei Einstellung auf Unendlich und den Punkt P den „Unendlichkeits-Nahpunkt".

Da der Radius des Zerstreuungskreises ϱ gegen den Radius der Linse R meist sehr klein ist, kann man die obige Formel für die Anwendung in der Praxis ohne wesentlichen Fehler noch vereinfachen und schreiben $\varphi = f \cdot \frac{R}{\varrho}$; setzt man ferner $2\,R = \frac{f}{K}$ bzw. $K = \frac{f}{2\,R}$, wobei $1 : K$ die relative Öffnung bzw. K die Öffnungszahl des Objektivs ist, so geht die Formel $\varphi = f \cdot \frac{R}{\varrho}$ über in: $\varphi = \frac{f^2}{2\,\varrho\,K}$ oder für $2\,\varrho = 0{,}1$ in $\varphi = \frac{f^2}{0{,}1\,K} = \frac{10 \cdot f^2}{K}$.

In Tabelle 49 ist der Unendlichkeits-Nahpunkt für die wichtigsten Objektiv-Brennweiten und Blenden berechnet; genau genommen müßte man nicht φ, sondern $\varphi + f$ ermitteln, doch kann f in Anbetracht des Umstandes, daß es neben φ sehr klein ist, vernachlässigt werden.[1]

Tabelle 49. Entfernung φ des Unendlichkeits-Nahpunktes in m (vgl. Abb. 287)

Brennweite f in mm	Öffnungsverhältnis								
	1:3,2	1:4,5	1:6,3	1:9	1:12,5	1:18	1:25	1:36	1:50
60	11,2	8,0	5,7	4,0	2,9	2,0	1,5	1,0	0,7
75	17,5	12,5	8,9	6,3	4,5	3,1	2,2	1,5	1,1
90	25,0	18,0	12,8	9,0	6,5	4,5	3,2	2,0	2,0
105	32,0	25,0	17,5	12,3	8,8	6,1	4,4	3,0	2,2
120	45,0	32,0	23,0	16,0	11,0	8,0	6,0	4,0	3,0
135	57,0	40,0	29,0	20,0	14,6	10,1	7,3	6,0	4,0
150	70,0	50,0	36,0	25,0	18,0	12,5	9,0	6,0	4,0
165	85,0	60,0	43,0	30,0	22,0	15,1	10,9	7,6	5,5
180	101,0	72,0	51,0	26,0	36,0	26,0	18,0	9,0	6,0

Die Einstellregel nach F. Stolze lautet: man stelle zunächst auf den fernsten Punkt ein, der noch scharf erscheinen soll, und ermittle jenen Punkt vorne, der dabei noch gerade scharf ist; schließlich erfolgt die Aufnahme bei Einstellung auf diesen Punkt.

Für kürzere Objektivbrennweiten, wie sie z. B. bei Stereoapparaten kleineren Formats sowie bei Taschenkameras von der Größe $4\frac{1}{2} \times 6$ cm, ganz besonders aber bei Kinoaufnahmeapparaten Verwendung finden, darf ein Zerstreuungskreis vom Durchmesser $d = 0{,}1$ mm nicht zugelassen werden, da hier ein kleinerer Betrachtungsabstand als 250 mm verlangt wird bzw. eine Vergrößerung der Bilder stattfinden muß (vgl. Tab. 50).

A. Klughardt hat über die Tiefenschärfe kurzbrennweitiger Kinoobjektive im Kinotechn. Jahrbuch 1925—26, S. 76 bis 85, eine sehr ausführliche Arbeit veröffentlicht, auf die hier verwiesen sei.

[1] Vgl. A. W. Tronnier, Phot. Ind. 1926, Heft 47.

Tabelle 50. Ausdehnung der Tiefe im Objektraum in m für $f = 7{,}5$ cm unter Zugrundelegung eines Zerstreuungskreisdurchmessers von 0,05 mm

Einstellung auf m	Öffnungsverhältnis 1: 2,7 Tiefe nach vorn	2,7 hinten	3,1 Tiefe nach vorn	3,1 hinten	3,5 Tiefe nach vorn	3,5 hinten	4,5 Tiefe nach vorn	4,5 hinten	6,3 Tiefe nach vorn	6,3 hinten	9 Tiefe nach vorn	9 hinten
∞	43	∞	37	∞	33	∞	28	∞	18	∞	12,6	∞
20	14	38	13	44	13	52	11,2	96	9,5	„	7,8	„
18	13	31	12	35	12	40	10,5	63	9,0	„	7,4	„
16	12	26	11	28	11	31	9,8	44	8,5	„	7,1	„
14	11	21	10	23	10	24	9,0	31	7,9	63	6,7	„
12	9,4	17	9,1	18	8,8	19	8,2	23	7,2	36	6,2	„
10	8,1	13	7,9	14	7,7	14	7,2	17	6,5	22	5,6	48
9	7,5	11	7,3	12	7,1	12	6,7	14	6,0	18	5,3	31
8	6,8	9,8	6,6	10	6,4	11	6,1	12	5,6	14	4,9	22
7	6,0	8,4	5,9	8,7	5,8	8,9	5,5	9,6	5,1	11	4,5	16
6	5,3	7,0	5,2	7,1	5,1	7,3	4,9	7,8	4,5	9	4,1	11
5	4,5	5,6	4,4	5,8	4,4	5,9	4,2	6,2	3,9	6,9	3,6	8,2
4,5	4,1	5,0	4,0	5,1	4,0	5,2	3,8	5,4	3,6	6,0	3,3	6,9
4	3,7	4,4	3,6	4,5	3,6	4,5	3,5	4,7	3,3	5,2	3,1	5,8
3,5	3,2	3,8	3,2	3,9	3,2	3,9	3,1	4,0	3,0	4,3	2,8	4,8
3	2,8	3,2	2,8	3,3	2,8	3,3	2,7	3,4	2,6	3,6	2,4	3,9
2,5	2,4	2,7	2,3	2,7	2,3	2,7	2,3	2,8	2,2	2,9	2,1	3,1
2	1,9	2,1	1,9	2,1	1,9	2,1	1,9	2,2	1,8	2,2	1,7	2,4
1,75	1,7	1,8	1,7	1,85	1,7	1,85	1,65	1,85	1,6	1,9	1,55	2,0
1,5	1,45	1,55	1,45	1,55	1,45	1,55	1,4	1,6	1,4	1,6	1,35	1,7
1,25	1,2	1,3	1,2	1,3	1,2	1,3	1,2	1,3	1,15	1,35	1,15	1,3
1	0,98	1,02	0,98	1,02	0,97	1,03	0,97	1,04	0,95	1,05	0,94	1,0

Die Einstellung erfolgt jeweils auf die in der ersten vertikalen Spalte angegebene Entfernung.

Über die Tiefe der deutlichen (scharfen) Abbildung hat P. Rudolph eine kleine Druckschrift verfaßt, welche im Selbstverlag der Firma Hugo Meyer & Co. in Görlitz (Schlesien) erschienen ist.

99. Die Beziehung der Tiefenschärfentabelle zur Einstellskala. Nach dem Gesagten ist es wohl verständlich, daß eine zuverlässige Einstellskala um so wichtiger ist, eine je größere Lichtstärke das Objektiv hat; es ist zweifellos besonders dann wichtig, über die Abbildungstiefe genau informiert zu sein, wenn auf das Hilfsmittel der Mattscheibe verzichtet und lediglich die Meterskala nach erfolgter Schätzung der Entfernung zum Einstellen benutzt wird. Bei lichtstarken Objektiven kann es von Vorteil sein, wenn die Einstellskala sich direkt zum Ablesen der scharf abgebildeten Tiefenbereiche benutzen läßt; in diesem Falle ist die Reihenfolge der Teilstriche nicht mehr willkürlich, sondern wird durch die absoluten Werte der Mattscheiben- bzw. Objektivverstellungen bestimmt, die erforderlich sind, um die Tiefenbereiche sinngemäß und lückenlos aneinander schließen zu lassen. Über die Zweckmäßigkeit der Einführung derartiger Skalen an photographischen und kinematographischen Aufnahmeapparaten kann man geteilter Meinung sein. Für ein Objektiv mit der Brennweite $f = 13{,}5$ cm und dem Öffnungsverhältnis 1 : 6,3 für Kameras vom Format 9×12 cm ergibt sich z. B. eine Einstellskala mit Teilstrichen wie folgt:

$$\infty - 29 - 14{,}5 - 9{,}7 - 7{,}3 - 5{,}8 - 4{,}8 - 4{,}2 - 3{,}6 \text{ m}.$$

Bei einer Einstellung z. B. auf 7,3 m wird sich der dabei scharf abgebildete Bereich bis 5,8 m nach vorn und 9,7 m nach hinten erstrecken; die einzelnen Skalenstriche sind gleich weit, und zwar nur etwa je 0,9 mm, voneinander entfernt. In Anbetracht der hier vorhandenen Tiefe kommt es auf eine genaue Scharfeinstellung nicht an, von Wichtigkeit ist die Kenntnis der gesamten Tiefe; es kann daher eventuell jede zweite Zahl entbehrt werden, so daß man die Wahl zwischen zwei Zahlenreihen hat:

entweder ∞ — 29 — 9,7 — 5,8 — 4,2 m,
oder ∞ — 14,5 — 7,3 — 4,8 — 3,6 m.[1]

Die Abstände der einzelnen Striche voneinander sind in diesen Fällen — unter Beibehaltung der Gesamtlänge der Skala — doppelt so groß als bei Verwendung der Gesamtskala. Diese Werte gelten nur für die Öffnung 1 : 6,3; für die Blende 1 : 4,5 gelten die Werte: 40 — 20 — 13,3 — 10 — 8 — 6,7 — 5,7 — — 4,4 — 4 — 3,6 — 3,3 — 3 — 2,8 — 2,7 m.

Selbstverständlich muß auch diese theoretische Zahlenreihe wesentlich kleiner gemacht werden, da die Abstände der Skalenstriche sonst viel zu klein würden und die Skala praktisch fast unausführbar bzw. unleserlich wäre. Da die Zahlen der Intervallstriche vielfach Dezimalen enthalten und stets nur für eine, und zwar die volle Öffnung des Objektivs gelten, dürfte eine Tiefenschärfentabelle, wie sie die Firma VOIGTLÄNDER & SOHN A.-G. an den meisten ihrer Kameras anbringt und in ihren Gebrauchsanweisungen verwendet, vorzuziehen sein.[2]

F. Die Entfernungsmesser für photographische Zwecke

100. Die Entfernungsmesser ohne optisches System. Mit der Einführung von Rollfilmkameras ohne Mattscheibe bzw. beim Arbeiten aus freier Hand mit bereits eingeschobener Kassette bei Plattenapparaten ergab sich das Bedürfnis, die Entfernung des aufgenommenen Gegenstandes möglichst genau festzustellen; dieser Wunsch war um so mehr gerechtfertigt, als die geringe Tiefenschärfe der neuzeitlichen lichtstarken Objektive jeden Fehler der Entfernungsschätzung in viel höherem Maße erkennen ließ, als dies früher bei den lichtschwächeren Aplanaten und Anastigmaten der Fall war.

Das einfachste, am nächsten liegende und sicherste Mittel, die genaue Entfernung des aufgenommenen Gegenstandes vom Objektiv festzustellen, ist die Messung mittels eines Maßstabes; es sind für die in Betracht kommenden kurzen Entfernungen (bis zu 5 m) Meßbänder im Handel, die den Vorteil haben, sich selbsttätig wieder aufzurollen.

Das IHAGEE-KAMERAWERK in Dresden bringt einen derartigen kleinen Distanzmesser — „Dipho" — auf den Markt. Er wird mit dem daran befindlichen Bolzengewinde in die freie Stativmutter der Kamera geschraubt; die aufzunehmende Person nimmt das Ende des Meßbandes nach dem Aufstellungsort mit und kann die jeweilige Entfernung genau angeben.

Da für die Linsengleichung der Abstand des Objektivs (der Blende) vom Gegenstand in Betracht kommt, wäre noch der Abstand vom Stativgewinde bis zur Blendenebene des Objektivs zu berücksichtigen — in der Praxis spielt dieser Abstand allerdings nur bei sehr kurzen Entfernungen des Gegenstandes und langen Objektivbrennweiten eine Rolle.

---

[1] Diesbezüglich sei auf die Arbeit von AXEL WALDNER in der Centralztg. f. Opt. u. Mech. 1926, Heft 12, sowie auf das D. R. P. Nr. 473546 für ALFRED SEQUIN in Zürich verwiesen.

[2] Vgl. K. PRITSCHOW, Phot. Ind. 1929, S. 1159.

Die Firma Voigtländer & Sohn A.-G. hat im Jahre 1924 angeregt (D. R. P. Nr. 408983), mit der Kamera, und zwar am vorteilhaftesten mit dem verschiebbaren Objektivträger, ein Meßband zu verbinden, das zwecks Messung der Entfernung bis zum aufzunehmenden Gegenstand ausgezogen werden kann. Ist der gewünschte Bildausschnitt im Sucher festgestellt und damit der Ort von Kamera bzw. Gegenstand eindeutig bestimmt, so wird die Entfernung am Meßband abgelesen und der Objektivträger an der Entfernungsskala eingestellt. Das Meßband kann nun entweder durch eine kleine Kurbel oder dergleichen wieder aufgerollt oder durch Federwirkung in seine Anfangslage zurückgebracht werden. Um nun in der Wahl des Meßbandes nicht gebunden zu sein und insbesondere auf die Verwendung eines Bandes mit Einteilung verzichten zu können, wird man z. B. durch ein beliebiges Zugorgan eine mit Teilung versehene Trommel unmittelbar oder durch ein Zahnrad in Umdrehung versetzen, so daß die jeweilige Entfernung des Objekts an der Trommel abgelesen werden kann. Außerdem besteht die Möglichkeit, die Einstellung der Kamera ohne jede Skala vorzunehmen, indem man die Achse der das Meßband tragenden Trommel mit der an der Kamera für die Naheinstellung gebräuchlichen Vorrichtung zwangläufig so verbindet, daß eine selbsttätige Verschiebung des Objektivträgers erfolgt. Diese Einrichtung ist eine Spezialkonstruktion, die nicht nachträglich an einer Kamera angebracht werden kann.

101. Die Basis-Entfernungsmesser mit optischem System. Eine besondere Gruppe bilden die optischen Entfernungsmesser mit Basis im Instrument; bei allen Entfernungsmessern — gleichviel, ob sie nach dem Koinzidenz- oder Invertprinzip aufgebaut sind — handelt es sich, obgleich dies nicht direkt zum Ausdruck kommt, um Messung des der Basis gegenüberliegenden Winkels.

Die Basis, welche sowohl im Interesse der Handlichkeit des Instruments als auch seines Umfanges und Gewichtes wegen meist kurz gehalten wird, ist im Verhältnis zu der zu messenden Entfernung relativ klein; daraus folgt, daß die Winkel am Zielpunkte (Scheitelwinkel im Dreieck, gebildet aus der Basis und dem Zielpunkt) sehr klein sind. Bei den für photographische Zwecke gebräuchlichen kleinen Geräten, welche in der Hauptsache für die Messung von Entfernungen zwischen 1 und 10 m (höchstens aber bis zu 20 m) bestimmt sind, schwankt der erwähnte Winkelwert zwischen 1^0 und 6^0, wenn als Basis eine Strecke von zirka 100 mm angenommen wird.

Die Entfernung e des Gegenstandes vom Basisentfernungsmesser ergibt sich rechnerisch aus der Beziehung:

$$\frac{b}{e} = \operatorname{tg} \alpha; \qquad e = \frac{b}{\operatorname{tg} \alpha},$$

worin b die Basis und α den der Basis gegenüberliegenden Winkel bedeutet.

Das Maß für die Entfernung e wird stets mit einem Fehler behaftet sein, welcher in der Hauptsache abhängt:

α) vom Einstellungsfehler, den der Beobachter begeht,

β) vom Instrumentenfehler.

Der Beobachtungsfehler, der seine Ursache in der Bauart des menschlichen Auges hat, bleibt innerhalb gewisser Grenzen, die als konstant und unabhängig von der Größe des zu messenden Winkels angesehen werden können. Bezeichnet man diesen Winkelfehler mit $d\,x$, so ist aus nachstehender Formel folgendes ersichtlich: Wenn der Winkel x mit dem Fehler $\pm\, d\,x$ behaftet ist, so wird die Entfernung e ebenfalls um einen gewissen Betrag ($d\,e$) unsicher; die Formel lautet:

$$e \pm d\,e = \frac{x}{x + d\,x}.$$

Hieraus geht ohneweiters hervor, daß mit kleiner werdendem Winkel x die Größe de zunimmt. Ist in Abb. 288 $AB = b$ die Basis, $ACB = x$ der der Seite b gegenüberliegende Winkel und $AD = e$ die zu messende Entfernung, ferner $BD \doteq e$ (weil x sehr klein ist), $CBD = dx$ der Beobachtungsfehler und schließlich $CD = de$ der durch den Beobachtungsfehler hervorgerufene Entfernungsfehler, so gilt:

$$\frac{CD}{CB} = \frac{de}{e + de} = \frac{\sin dx}{\sin(x + dx)} \text{ (Sinussatz).}$$

Bei Vernachlässigung von de bzw. dx als Summanden geht die Formel über in:

$$\frac{de}{e} = \frac{\sin dx}{\sin x};$$

wenn man, was hier ohneweiters zulässig ist, den Sinus durch den Bogen ersetzt:

$$\frac{de}{e} = \frac{dx}{x} \text{ oder da } x = \frac{b}{e}$$

$$\frac{de}{e} = \frac{dx \,.\, e}{b} \text{ so ergibt sich schließlich:}$$

$$de = \frac{e^2 \,.\, dx}{b},$$

d. h. der absolute Fehler de wächst proportional mit dem Quadrat der Entfernung e.

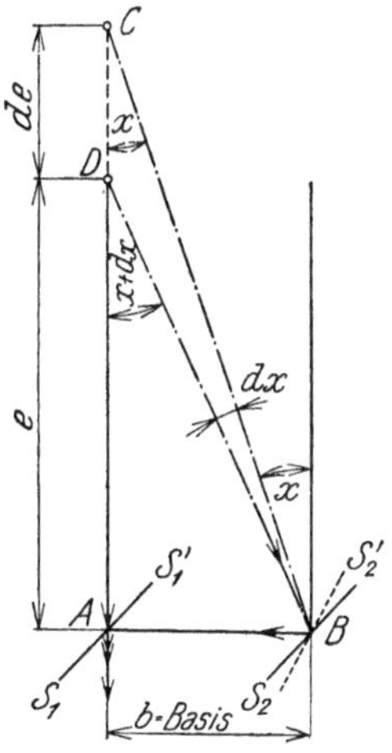

Abb. 288. Zur Theorie des Basisentfernungsmessers mit optischem System. $S_1 S'_1$ starrer Spiegel, $S_2 S'_2$ schwenkbarer Spiegel. Wegen der übrigen Bezeichnungen vgl. den Text

Wegen der kleinen Basis aller Photo-Telemeter und weil die im Telemeter gesehenen Bilder nicht durch ein optisches System vergrößert werden, ist die Meßgenauigkeit zwar beschränkt, aber für die in Betracht kommenden Zwecke ausreichend. Nachstehend werden einige der bekanntesten Ausführungsformen von Entfernungsmessern mit kleiner Basis für photographische Handkameras beschrieben.

a) Das HEYDE-Photo-Telemeter gehört in die Gruppe der sogenannten Halbbild- oder Schnittbild-Distanzmesser. Der Aufbau dieses nur für die Messung kurzer Entfernungen bestimmten Gerätes ist aus den Abb. 289 a und b ersichtlich; es besteht aus einem Gehäuse von zirka 90 mm Länge mit rechteckigem Querschnitt, das eine Schauöffnung und zwei dem Gegenstand zugekehrte Lichteintrittsöffnungen besitzt, deren Abstand (die Basis) etwa 65 mm beträgt.

Die optische Einrichtung besteht aus zwei zueinander parallelen unter 45° gegen die Horizontale geneigten Spiegeln, von denen der eine feststeht, während der zweite auf einer besonderen Platte gelagert ist, die um eine Drehachse im Gehäuse innerhalb enger Grenzen geschwenkt werden kann. Die Bewegung wird durch eine mit einer entsprechenden Teilung versehene Stellscheibe eingeleitet und mit Hilfe einer im Innern des Instruments koachsial mit dieser Stellscheibe angeordneten Kurvenscheibe auf den Träger des schwenkbaren Spiegels übertragen.

Infolge der verschiedenartigen Anordnung der beiden Lichteintrittsöffnungen (die eine ist rechteckig, die andere hat die Form eines Dreiecks) entsteht eine durch die Mitte des Gesichtsfeldes laufende horizontale Trennungslinie; der oberen und unteren Hälfte des Bildfeldes ist je ein unter 45° gegen die Horizontale geneigter Spiegel zugeordnet. Bei Einstellung auf weit entfernte Gegenstände liegen die beiden Spiegel vollkommen parallel zueinander, während beim Anvisieren eines nahe gelegenen Gegenstandes die Übereinstimmung der Bilder (Bildhälften) nur durch die Veränderung der Lage des einen Spiegels herbeigeführt werden kann, so daß die vom Objektpunkt zur Mitte der Lichteintrittsöffnungen laufenden Strahlen einen Winkel miteinander bilden.

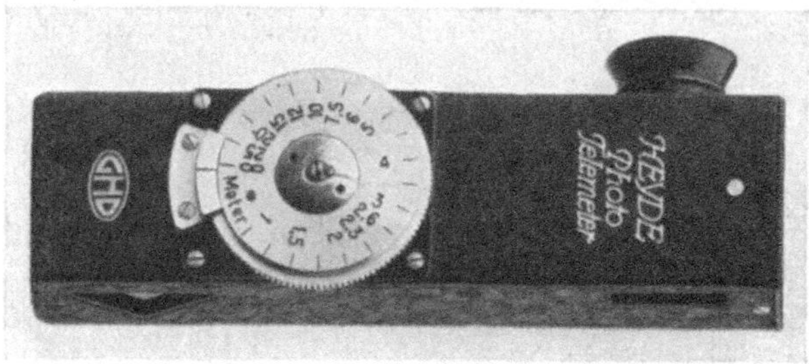

Abb. 289a. Äußere Ansicht eines Photo-Telemeters. Die Basis (d. i. der Abstand der Mitten der rechteckigen [oben] und dreieckigen [unten] Öffnung) beträgt zirka 64 mm. Beim Durchblick durch das Instrument erscheint der anvisierte Gegenstand durch eine horizontale Linie in zwei Teile geteilt, wobei die untere Partie gegen die obere versetzt ist. Durch Verdrehen der Einstellscheibe behebt man die Versetzung der Halbbilder; am Index wird die Entfernung des anvisierten Gegenstandes abgelesen

Der HEYDE-Photo-Telemeter enthält keine Linsen; die Teilbilder erscheinen also weder vergrößert noch verkleinert, sondern in natürlicher Größe.

b) Der LEITZ-Nahdistanzmesser „Fodis" ist nach dem Koinzidenzprinzip gebaut (D. R. P. Nr. 356841 und D. R. G. M. Nr. 865628); er ist etwa 105 mm lang und hat die Gestalt eines rechteckigen Rähmchens. Auf der einen Seite befindet sich eine mit einer kleinen Augenmuschel versehene Einblicksöffnung, hinter der ein unter 45° gegen die Horizontale geneigter Spiegel mit zentralem Durchblick befestigt ist. Am anderen Ende ist hinter einer zweiten Lichteintrittsöffnung ein Prisma angeordnet, welches durch Drehung eines mit Teilung versehenen Triebknopfes unter Vermittlung entsprechend ausgebildeter Übertragungsmechanismen neigbar ist; dieses Instrument enthält ebenfalls keine Linsen. Stellt man die Teilscheibe auf Unendlich ein und blickt durch die Eintrittsöffnung, so sieht man im Gesichtsfeld einen kleinen hellen Kreis und in diesem das Bild naher Gegenstände doppelt. Durch Verdrehung der Teilscheibe werden die beiden erwähnten, vorher parallelen spiegelnden Flächen in eine solche Lage zueinander gebracht, daß die beiden Bilder verschmelzen; durch Anordnung einer Gelbscheibe an der einen Lichteintrittsstelle wird eine farbige Differenzierung der beiden Bilder erreicht und dadurch die Einstellung auf Koinzidenz erleichtert (vgl. Abb. 290).

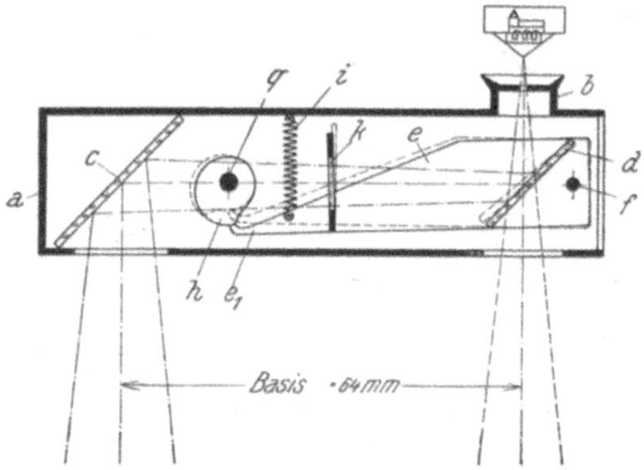

Abb. 289b. Schematische Darstellung des Photo-Telemeters in Abb. 289 a. Das Gerät besteht aus dem Gehäuse *a* mit der Augenmuschel *b*, den Spiegeln *c* und *d*, von denen der erstere starr gelagert ist. Durch Verdrehen einer mit Teilung versehenen Einstellscheibe um die Achse *q* wird die Kurvenscheibe *h* in verschiedene Stellungen zur Nase e_1 des um *f* schwenkbaren Trägers *e* für den Spiegel *d* gebracht, *i* Feder, *k* Blende

Es ist selbstverständlich, daß man von einem Gerät, dessen Basis nur etwa 83 mm mißt und das kein vergrößerndes optisches System enthält, keine hohe

Genauigkeit fordern kann; das Gerät erfüllt aber seine Aufgabe, sobald der Fehler innerhalb des Tiefenschärfenbereiches des jeweils verwendeten photographischen Objektivs liegt. Man kann also z. B. Geräte, deren Meßfehler bei 2 m Entfernung bis zu ± 3 cm und bei 10 m bis zu ± 75 cm betragen, noch als genügend genau bezeichnen.

c) Der Entfernungsmesser der ZEISS-IKON A.-G. beruht auf ähnlichen Prinzipien, so daß sich ein weiteres Eingehen auf dieses Gerät erübrigt.

d) Eine beachtenswerte flache Ausführungsform eines Basis-Koinzidenz-Entfernungsmessers für kurze Entfernungen brachte HANS TÖNNIES in Großflottbeck 1926 auf den Markt; das besondere Kennzeichen dieses Geräts ist, daß infolge der Art der verwendeten optischen und mechanischen Mittel nur Strahlen der einen Bildhälfte ihren Weg durch das Instrument nehmen, während die Strahlen der anderen Bildhälfte direkt über dem Instrument hinweg gesehen werden. In dem sehr flachen Gehäuse des Entfernungsmessers sind zwei spiegelnde Systeme angeordnet, deren mittlerer Abstand die Basis des Gerätes bildet; die Wandung des Instruments ist über den Spiegeln besonders dünn. Ein vom Gegenstand kommender Strahl gelangt direkt in das beobachtende Auge, während ein zweiter vom gleichen Punkt des Gegenstandes kommender Strahl seinen Weg über die erwähnten beiden Spiegel nimmt. Im Instrument befindet sich außerdem ein brechendes optisches System in Gestalt einer Zylinderlinse. Die Messung der Entfernung des aufzunehmenden Gegenstandes wird mit diesem Instrument in der Weise vorgenommen, daß man es etwa 10 bis 15 cm vom Auge entfernt quer in Richtung des Gegenstandes hält und dann die Richtung des einen Strahles durch Verschiebung der Zylinderlinse so lang ändert, bis er mit der Richtung des anderen (direkt gesehenen) Strahles parallel zu verlaufen scheint (Vgl. D. R. G. M. Nr. 1030214, D. R. P. Nr. 491906 und D. R. P. Nr. 510531).

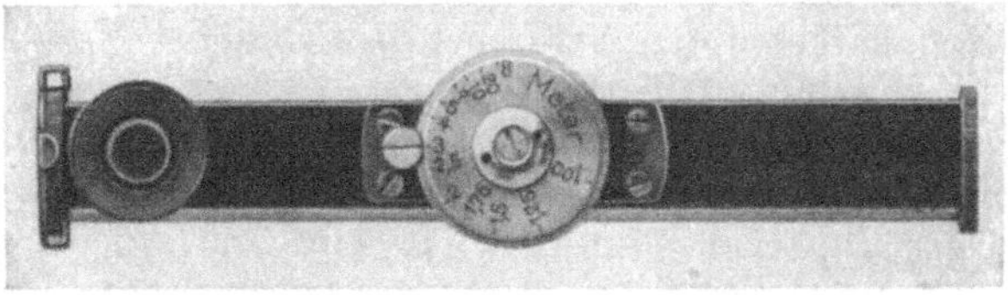

Abb. 290. Äußere Ansicht des Koinzidenz-Nahdistanzmessers „Fodis" (E. LEITZ, Wetzlar). Länge der Basis zirka 83 mm, Gesamtlänge des Geräts 105 mm. Das Gerät kann mit der Kleinbildkamera „Leica" in Verbindung gebracht werden. (Gesamtlänge 105 mm)

Es ist übrigens unter Zuhilfenahme relativ einfacher Mittel möglich, die Einstellvorrichtung der Kamera, z. B. den Radialhebel einer Rollfilmkamera, mit den Elementen, welche zur Verschiebung der Zylinderlinse dienen, zwangläufig zu verbinden, so daß auf eine Entfernungsskala an der Meßvorrichtung völlig verzichtet werden kann; einschlägige Versuche haben die volle Brauchbarkeit einer solchen Einrichtung bewiesen (vgl. Amer. Pat. Nr. 292602).

Die Firma EASTMAN KODAK Co. rüstet die Apparate Kodak Nr. 1 A und 3 A Special mit einem Basis-Telemeter aus, das ebenfalls zwangläufig mit der Einstellvorrichtung des Objektivs verbunden ist; es ist bei Verwendung dieses Gerätes nur erforderlich, beim Beobachten durch die besondere Spiegeleinrichtung des Telemeters hindurch den kontinuierlichen Verlauf einer horizontalen Linie herbeizuführen, und zwar durch Verschieben des Objektivs in achsialer Richtung. Liegt der Abstand des Gegenstandes auf Grund gewählter Größenbeziehungen zwischen Objekt und Bild bereits fest, so kann die betreffende Entfernung auf der Skala schon vorher eingestellt werden.

Dr. WALTHER THORNER in Berlin machte schon im Jahre 1905 ein Einstellverfahren bei photographischen Apparaten mit Hilfe eines Entfernungsmessers bekannt, in welchem zwei Bilder des anvisierten Gegenstandes zur Deckung gebracht werden (vgl. D. R. P. Nr. 178988).

Eine wesentlich andere Form des Photo-Entfernungsmessers stellt der von der Firma JULIUS LAACK SÖHNE in Rathenow hergestellte „Laackmeter" dar; er besitzt keine Basis, wie die bisher beschriebenen Modelle, sondern hat die Gestalt eines Fernrohres und wird auch wie ein solches bedient: Das durch das Fernrohrobjektiv entworfene höhen- und seitenverkehrte Bild des Gegenstandes wird durch das Okular vergrößert gesehen; je nach dem Abstand des Gegenstandes liegt sein Bild mehr oder weniger weit von der Brennebene des Objektivs entfernt, so daß das Okular beim Einstellen auf dieses Bild verschoben werden muß; diese Verschiebungen bilden die Grundlage der Entfernungsmessung. Die an sich geringe achsiale Bewegung des Okulars wird an einer am Umfange desselben angeordnete Teilung (in vergrößertem Maße) abgelesen. Im Interesse einer geringen Tiefenschärfe ist ein großes Öffnungsverhältnis des Fernrohrobjektivs bei relativ langer Brennweite Voraussetzung. Die Messungen mit Hilfe dieses Instruments sind mit beträchtlichen Fehlern behaftet, da hier die Akkommodation des Auges mit eine Rolle spielt. Es wäre vorteilhaft, in der Einstellebene des Okulars eine Strichmarke anzuordnen und diese Einstellebene (Ebene der Strichmarke) durch Verdrehen des Okulars mit der Bildebene des Objektivs zum Zusammenfallen zu bringen.

SCHRADER in Frankfurt a. M. erhielt das D. R. G. M. Nr. 1051972 auf einen Nahdistanzmesser, der sich von dem obigen dadurch unterscheidet, daß in der Einstellebene des Okulars eine Mattscheibe angeordnet ist und daß das Gerät teleskopartig zusammengeschoben werden kann.[1]

Ist die Größe G eines Gegenstandes, welcher annähernd senkrecht zur Blicklinie steht, bekannt, so kann seine Entfernung E durch Messung der Größe des Winkels α bestimmt werden, dessen Scheitel am Ort des Auges liegt und dessen Schenkel nach den Endpunkten des Gegenstandes laufen; aus der Beziehung $\frac{G}{E} = \operatorname{tg} \alpha$ ergibt sich $E = G : \operatorname{tg} \alpha = G \cdot \cot \alpha$.

Die Genauigkeit der Messung hängt davon ab, mit welchem Fehler die Messung von G behaftet ist; bei konstantem α nimmt die Genauigkeit der Messung mit der Entfernung E und bei konstantem G mit dem Quadrat der Entfernung ab.[2]

102. Entfernungsmesser mit doppelt brechendem Prisma. Bezüglich der Anwendung eines Kalkspatprismas vor dem Okular eines Fernrohres vgl. A. KÖNIG, „Die Fernrohre und Entfernungsmesser", Berlin 1923, S. 139ff.

ARTHUR LEVY in Paris hat im Jahre 1913 auf einen Entfernungsmesser mit doppelt brechendem Prisma das D. R. P. Nr. 276498 erhalten.

G. Die Suchereinrichtungen an photographischen Kameras

Mit den Fortschritten in bezug auf die Herstellung empfindlicher Trockenplatten sowie sicher und rasch arbeitender Momentverschlüsse ergab sich der begründete Wunsch, bei Momentaufnahmen den Gegenstand bzw. dessen Bild bis zum letzten Augenblick vor der Belichtung beobachten zu können. Ein unter 45° im Innern der Kamera angeordneter Umkehrspiegel war schon bei der Camera obscura mit horizontal liegender Mattscheibe bekannt und ist zweifellos für die Konstruktion der Spiegelreflexkameras, die auf S. 147 be-

[1] Die PHOTO MARKETING CORPORATION in New York hat neuerdings ein derartiges Gerät durch Anordnung einer Mattscheibe in der Bildebene des Objektivs verbessert (D. R. G. M. Nr. 1109390).

[2] Vgl. CH. VOM HOFE, Fernoptik, Verlag J. A. Barth, Leipzig, 1911.

schrieben wurden, grundlegend. Auch die Idee, einen Spiegel unter 45^0 zur vertikal stehenden Mattscheibe außerhalb der Kamera anzuordnen, war schon vor etwa 50 Jahren bekannt (Clinedinst in Baltimore). Die hieher gehörigen Konstruktionen Suttons und Lomans aus den Jahren 1860 bzw. 1889 wurden im Abschnitt über Spiegelreflexkameras besprochen.

Grundsätzlich kann man zwei Kategorien Suchereinrichtungen unterscheiden: solche rein optischen Charakters und solche, bei denen nur mechanische Mittel angewandt werden; überdies gibt es solche, welche sich nicht ohne weiteres in eine der beiden erwähnten Gruppen unterbringen lassen.

Wie immer die Konstruktion der Hilfsvorrichtung beschaffen sein mag, die gestatten soll, ohne Benutzung der Mattscheibe, also bei bereits eingeschobener Kassette die rasche Aufnahme — insbesondere bewegter Gegenstände — zu erleichtern, immer wird es darauf ankommen, mit ihrer Hilfe das festzuhaltende Bild möglichst in die Mitte des lichtempfindlichen Schichtträgers zu bringen und die Bildbegrenzung so zu gestalten, wie dies bei direkter Beobachtung des Mattscheibenbildes geschähe. Die weiteren Ausführungen werden zeigen, ob und inwieweit die gestellten Aufgaben mit zum Teil sehr primitiven Mitteln zu lösen sind; es ist interessant festzustellen, daß noch heute gebrauchte einschlägige Vorrichtungen schon sehr früh bekannt waren.

Erwähnt sei an dieser Stelle die Idee H. Cohns (D. R. P. Nr. 49135), der eine sogenannte „Rhomboederkamera" konstruierte; bei dieser vorwiegend für medizinische Spezialzwecke gedachten Kamera wurden mittels eines einzigen Objektivs gleichzeitig zwei Bilder entworfen, von denen das eine beobachtet und eingestellt, das andere aufgenommen wurde. Die gleichzeitige Entstehung der beiden Bilder war durch Anwendung zweier Glas-Rhomboeder möglich, welche unmittelbar hinter dem Objektiv angeordnet waren. Bei Verwendung zweier gleicher übereinander angeordneter Objektive, von denen das eine zur Einstellung, das andere zur Aufnahme dient, ergeben sich optisch einwandfreie Verhältnisse; derartige Aggregate, welche gewissermaßen zwei vollkommene Kameras darstellen, wurden bereits vor etwa 40 Jahren von B. Marion in Paris sowie noch früher von Disdéri für Stereoapparate hergestellt. Auch die Firma Voigtländer & Sohn A.-G. in Braunschweig beschäftigte sich vorübergehend mit derartigen Konstruktionen, die darauf abzielten, bei bereits eingeschobener Platte das Bild auf der Mattscheibe bis zum letzten Augenblick beobachten zu können.

Eine sehr beachtenswerte Vorrichtung zum Einstellen des Objektivs für Magazinkameras schuf im Jahre 1893 Chr. Bruns in München. Er befestigte das in Richtung seiner Achse verschiebbare Aufnahmeobjektiv an einer besonderen Platte; diese Platte konnte vor eine auf der Kamera abnehmbar angeordnete mit Mattscheibe versehene Hilfskamera gebracht werden, mit deren Hilfe die Einstellung bewirkt wurde (D. R. P. Nr. 76887).

Eine solche Einrichtung mit Sucherkamera war weder billig noch kompendiös, arbeitete aber dafür einwandfrei. Ihr einziger Fehler, an dem auch die heutigen Suchereinrichtungen kranken, ist die „Parallaxe", die sich infolge des räumlichen Abstandes der beiden Objektive ergibt und vorwiegend bei Nahaufnahmen bemerkbar wird. Bei übereinanderliegenden Objektiven zeigt sich Höhenparallaxe, bei nebeneinander angeordneten Systemen Seitenparallaxe.

Leider gilt die früher oft aufgestellte Behauptung, daß man mit Hilfe des Suchers nach erfolgter sorgfältiger Einstellung lediglich zu kontrollieren hat, ob der aufzunehmende Gegenstand, insbesondere bei Momentaufnahmen, sich auch tatsächlich in der Mitte des Bildfeldes befindet, heute nicht allgemein; man fordert heute — insbesondere bei Apparaten in höherer Preislage — in erster Linie, daß der Sucher den Bildausschnitt ohne jede Einschränkung genau erkennen läßt, vergißt dabei aber vollkommen, daß infolge der Anordnung des Suchers seitlich von der Objektivmitte eine Parallaxe unvermeidlich ist. Auf diese Tatsache, die nicht als Folge dieser oder jener besonderen Sucherkonstruktion angesehen werden darf, wird am Schlusse dieses Abschnittes noch näher eingegangen werden.

Grundsätzlich kann man die Sucher an Handkameras in solche mechanischer und optischer Art einteilen; bei letzteren wird außerdem zwischen Durchsichts- und Aufsichtssuchern unterschieden.

103. Die Visiervorrichtungen ohne Linsen (Ikonometer). Bereits um die Mitte des vorigen Jahrhunderts beschäftigte sich der Franzose TAUPENOT mit der Konstruktion einer einfachen linsenlosen Suchervorrichtung; ihr wesentlicher Bestandteil war ein röhrenförmiger Körper aus Kork, an dessen rückwärtigem Ende eine Schauöffnung in Form eines kleinen kreisrunden Loches, an dessen vorderem Ende ein rechteckiger Ausschnitt angeordnet war, dessen Seiten im gleichen Verhältnis zueinander standen, wie die Seiten der benutzten Platte. Durch entsprechende Verkürzung bzw. Verlängerung der Röhre ließ sich der erforderliche Abstand der erwähnten Öffnungen erzielen, wobei der auf der Mattscheibe sichtbare Bildausschnitt stets zur Kontrolle herangezogen wurde. In ganz ähnlicher Weise hatte SCHNAUSS seinen Ikonometer konstruiert. Auch der Engländer H. BARTON benutzte (1882) bei seinem zusammenlegbaren „Lensfinder" zwei gegeneinander auf einer Schiene verschiebbare Teile, von denen der eine die Schauöffnung trug, während der andere mit einem für Hoch- und Queraufnahmen benutzbaren quadratischen Ausschnitt versehen war; je nach dem Bildwinkel des betreffenden Objektivs wurden die beiden Elemente der Visiervorrichtung einander genähert oder voneinander entfernt, so daß die Möglichkeit bestand, das Gerät in Verbindung mit jeder beliebigen Kamera zu gebrauchen. Derartige, mit der photographischen Kamera nicht starr verbundene Sucher sind auch zur Prüfung der Bildwirkung eines bestimmten Ausschnittes vorteilhaft verwendbar. BALTIN verbesserte die Konstruktion dieses Ikonometers dadurch, daß er den Visierrahmen zusammenlegbar gestaltete und die aus einem Rohr mit quadratischem Querschnitt bestehende Schiene zwecks Berücksichtigung der jeweiligen Brennweite mit einer Teilung versah.

Aus vorstehendem ist ersichtlich, daß zur Beurteilung des zu erfassenden Bildfeldes eine maßstäbliche Übertragung der jeweiligen Brennweite des Objektivs der Kamera auf die Suchereinrichtung weder erforderlich ist, noch von den genannten Erfindern angestrebt wurde; wäre dies angestrebt worden, so wäre — entsprechend der damaligen Verwendung großer Plattenformate — die Schaffung sehr großer Visiereinrichtungen die Folge gewesen. Es wurde schon frühzeitig erkannt, daß die Herstellung ähnlicher Verhältnisse (in verkleinertem Maßstab) vollkommen ausreichend ist, eine Feststellung, die noch heute die Grundlage fast aller Ikonometer-Suchereinrichtungen bildet. In jenen Fällen (besonders bei Momentaufnahmen), wo man sich damit begnügt, bloß die Bildmitte sicher zu erfassen, ist auch bei größer dimensionierten Apparaten (z. B. Stativkameras) eine Vorrichtung mit kleinerem Bildwinkel und daher entsprechend kleineren Ausmaßen vollkommen ausreichend (vgl. z. B. D. R. P. Nr. 32946 für H. CORREJA, Paris).

In seiner einfachsten Ausführungsform besteht der Ikonometer aus einem Stück Draht, der so gebogen ist, daß die Mitte unter Fortfall eines besonderen Diopters als Visier dient. Um mit dem Auge nahe genug an den Diopter herankommen zu können, hat die I. G. FARBEN-INDUSTRIE A.-G. (AGFA) den Diopter an einen herausziehbaren Schieber angelenkt, der in der Gebrauchsstellung über die Rückwand der Kamera herausragt (D. R. G. M. Nr. 1005454).

Die von ANSCHÜTZ etwa im Jahre 1891 konstruierte und von C. P. GOERZ in Berlin-Friedenau hergestellte Schlitzverschluß-Kastenkamera in konischer Form ist bereits mit einem Ikonometer ausgerüstet, dessen mit Visierkreuz versehener Rahmen umlegbar ist; der Diopter ist starr angeordnet. ANSCHÜTZ gab dem Ikonometer vor jenen optischen Visiervorrichtungen, bei denen das Bild von oben beobachtet wird, deshalb den Vorzug, weil das im Ikonometer gesehene nicht verkleinerte Bild bzw. der Ausschnitt desselben leichter zu beurteilen ist und weil der Apparat während der Aufnahme in der richtigen Höhe gehalten werden muß.

Auch MAGNUS NIÉLL in Kew (England) erkannte frühzeitig die Vorzüge des Rahmensuchers, verbesserte diesen und erhielt im Jahre 1899 das D. R. P. Nr. 119892 auf eine zusammenlegbare Kamera mit in den kastenförmigen Rückenteil einfaltbarem Balg und mit als Deckel überklappbarem Laufbrett; das besondere Kennzeichen der Erfindung war die Anordnung eines selbsttätig aufklappbaren Rahmensuchers mit Diopter, dessen beide Teile an den Apparat derartig federnd angelenkt sind, daß sie beim Zusammenlegen, der Federspannung entgegenwirkend, zwischen Objektivteil und Laufbrett eingeklappt werden und auf diese Weise den zum selbsttätigen Aufspringen des Laufbrettes beim Lösen seiner Sperrung erforderlichen Druck ausüben.

Bei Untersuchung des Zusammenhanges zwischen Bildgröße, Brennweite und Kamerastandpunkt bei photographischen Aufnahmen kam FR. WOERNER in Hamburg 1911 zu einer etwas anderen Lösung; er konstruierte einen vorwiegend für den Handgebrauch bestimmten, mit einem rechteckigen Ausschnitt versehenen Bildsucher, der aus einem bestimmten Abstand einäugig betrachtet, eine bestimmte Plattengröße deckt. Die Vorrichtung ist sehr einfach und besteht aus zwei übereinander liegenden, sich zu einem Ausschnitt ergänzenden Teilen, welche gegeneinander so verschiebbar sind, daß die Verschiebungsrichtung zu der einen Diagonale parallel ist; der eine dieser Teile trägt an einer Kante des rechteckigen Ausschnittes eine bzw. mehrere Skalen für die einer bzw. mehreren Plattengrößen entsprechenden Brennweiten verschiedener Objektive. Wird der eine Teil des Bildsuchers als Winkelstück ausgebildet, das um den Scheitelpunkt des Winkels drehbar ist, so ist ein derartiger Bildsucher für jede Plattengröße verwendbar (D. R. P. Nr. 233961 und 234117).

Bei den modernen Handkameras hat sich im Laufe der Jahre nachstehend beschriebene, heute fast allgemein angewandte Bauart des Ikonometers herausgebildet: der sogenannte Rahmen besteht aus einem leichten Drahtgestell von rechteckiger Form, die derjenigen des jeweiligen Plattenformats ähnlich sein muß, ohne dessen absolute Größe haben zu müssen; er ist bei einfachen Kameras, welche keine Höhenverstellung des Objektivs zulassen, am Träger desselben, d. h. an der Standarte, mit Hilfe von Scharnieren drehbar so befestigt, daß er sich um 180^0 umlegen läßt. Die Ebene des Rahmens liegt also sowohl in der Gebrauchsstellung, als auch bei Nichtgebrauch des Ikonometers parallel zur Bildebene. Er ist in der jeweiligen Stellung mechanisch durch federnde Rasten oder dergleichen fixiert, welche in mannigfaltiger Weise ausgeführt sein können. Ein Beispiel für die Befestigung des Rahmens, wie sie bei den Rollfilmkameras der Firma VOIGTLÄNDER & SOHN A.-G. allgemein durchgeführt ist, findet sich in der Patentschrift D. R. P. Nr. 451458 genau beschrieben. K. A. BARÉNYI hat es dabei verstanden, mit einfachem mechanischem Aufbau auch Formenschönheit zu verbinden; der um 180^0 schwenkbare Rahmen ist unmittelbar an der Standarte drehbar und wird durch eine in einer Aussparung derselben auf dem Rahmen sitzende Feder, welche eine mit Schneide versehene

Rast am Rahmen in eine Vertiefung der Standarte zieht, in seinen Endstellungen festgehalten. Abb. 291 zeigt einen modernen Ikonometersucher, bei dem Rahmen und Diopter der Form nach ähnlich sind und scheinbar zur Deckung gebracht werden müssen; dadurch wird die Lage des Auges zwangläufig bestimmt.

Robert Mayer in Stuttgart hat schon im Jahre 1919 vorgeschlagen, den Ikonometerrahmen am Objektträgergestell so anzuordnen, daß er beim Öffnen

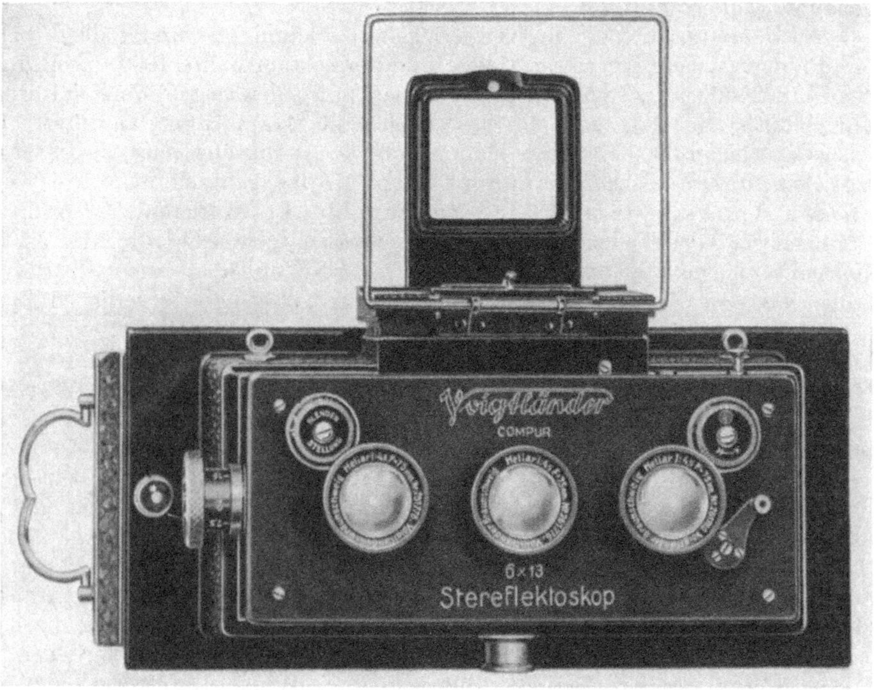

Abb. 291. Stereospiegelreflexkamera 6 × 13 cm mit Rahmensucher. Der Rahmensucher ist am Träger des Lichtschutzschachtes für die Mattscheibe der Spiegelreflexeinrichtung angeordnet; er zeigt den Ausschnitt eines Teilbildes (6 × 6 cm). Format des Rahmens 6,5 × 6,5 cm, Format des Diopters zirka 3 × 3 cm. Abstand zwischen Rahmen und Diopter zirka 6 cm

der Kamera durch die Wirkung einer Spiralfeder in die Gebrauchsstellung springt.

Bei Kameras mit in Führungen der Standarte verschiebbarem Objektivbrett ist die Anordnung des Ikonometers etwas schwieriger, weil die Befestigung nicht an der Standarte, sondern am Objektivbrett erfolgen muß; es ist eben einer der wesentlichsten Vorteile des Ikonometers, daß er jede Bewegung des Objektivs bei der Verstellung desselben mitmacht und so stets den richtigen Bildausschnitt anzeigt.

Bei Spreizenkameras mit parallel zur Bildebene beweglichem Objektivbrett kann der Rahmen entweder scharnierartig angelenkt werden, so daß er beim Nichtgebrauch auf der Kameravorderwand liegt, oder er wird parallel verschiebbar zu dieser angeordnet; eine derartige Konstruktion hat z. B. A. Nagel im Jahre 1919 auf den Markt gebracht; der Träger des Verschlusses ist so ausgebildet, daß er gleichzeitig als Führung für den Ikonometerrahmen dient, indem sich dieser zwischen die vordere Kameraverschluß-Wand bzw. -Platte und den Verschlußtragteil einschieben läßt. Der Verschlußtragrahmen bzw. die Vorderplatte sind so ausgebildet, daß Hohlräume entstehen, in denen der Sucherrahmen einschiebbar bzw. herausziehbar gelagert ist. Auf diese Weise liegt der parallel zur Vorderwand verschiebbar angeordnete Sucher vollkommen geschützt und es sind nach dem Schließen der Kamera keine über ihre Vorderwand vorspringenden Teile vorhanden (D. R. P. Nr. 341858).

Der Vollständigkeit halber sei erwähnt, daß auch der Vorschlag gemacht wurde, den Rahmen des Ikonometers ganz oder zum Teil mit einer farbigen Glasplatte auszufüllen (E. Unkel, Cannstatt).

Infolge des meist nur beschränkten zur Verfügung stehenden Platzes für den Rahmensucher läßt es sich nicht immer vermeiden, daß der Rahmen eine

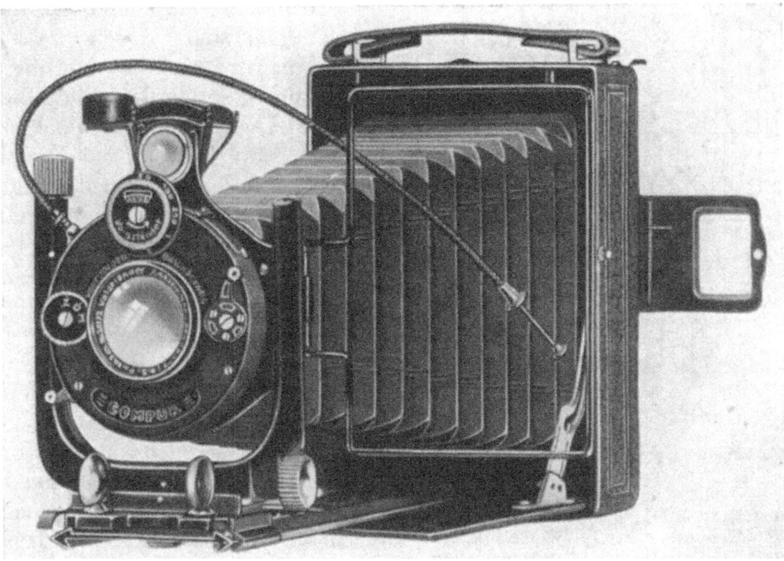

Abb. 292. Plattenkamera mit doppeltem Auszug, Rahmensucher in Gebrauchsstellung (Avus-Kamera von Voigtländer & Sohn A.-G., Braunschweig). Der umklappbare Diopter ist am Gehäuse, der Rahmen am verschiebbaren Objektivbrett angeordnet, so daß er gleichzeitig mit dem Objektiv verschoben wird

vom Rechteck teilweise abweichende Form erhält; im großen und ganzen ist man aber schon aus technischen Gründen bestrebt, die einfachste Form des Rahmens zu finden, welche auch die sicherste Gewähr für die Einhaltung des gewünschten Bildwinkels und damit Bildausschnittes bietet (vgl. Abb. 292).

Für die Konstruktion des Ikonometers bildet die Beziehung zwischen Bildformat und Brennweite des Objektivs die Grundlage; hieraus ergibt sich, wenn bei der geometrischen Darstellung an Stelle des Objektivs das Auge gesetzt wird, in ganz eindeutiger Weise der Bildwinkel, und zwar bezogen auf die lange bzw. kurze Plattenseite bzw. auf die Diagonale. Wird nun, wie dies häufig geschieht, der Diopter direkt an den Augenort gebracht, so werden die Abmessungen für die Öffnung desselben sehr klein. Es ist deshalb stets anzustreben, den Diopter etwas weiter vom Auge entfernt anzuordnen; geschieht dies, dann muß die Form des Diopterausschnittes derjenigen des Rahmens bzw. der Platte angepaßt (also rechteckig) sein. Die Aufgabe beim Visieren besteht darin, denjenigen Ort des Auges zu suchen, von dem aus gesehen die Umrisse des großen Drahtrahmens mit denen des Diopterausschnittes zusammenfallen. Es ist ohne weiteres verständlich, daß der auf dieser Grundlage konstruierte Ikonometer auch dann noch praktisch genügend genau funktioniert, wenn die Kamera mit doppeltem Auszug gebraucht wird. Die mechanische Ausführung des Diopters ist sehr verschiedenartig; es können jedoch grundsätzlich zwei wesentliche Formen unterschieden werden:

a) der scharnierartig umlegbare Diopter mit kleiner runder Öffnung bzw. rechteckigem Ausschnitt,

b) der in der Kamerarückwand verschiebbare Diopter (besonders bei Rollfilmkameras).

Eine besondere Abart der erstgenannten Art bilden jene Diopter, die U-förmig ausgebildet und mit zwei kleinen, in relativ kurzem Abstand voneinander liegenden Öffnungen versehen sind; durch diese Maßnahme wird die Blickrichtung überhaupt und außerdem die Bildmitte in Bezug auf den Rahmen in eindeutiger Weise festgelegt. Die mechanische Anlenkung an das Kameragehäuse erfolgt durch ein Scharnier, dessen Gelenk parallel zur optischen Achse verläuft (Beispiel: ZEISS-IKON-„Miroflex“-Kamera).

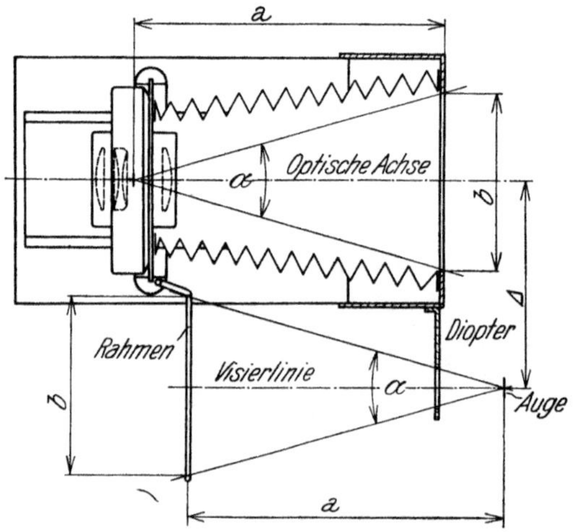

Abb. 293. Schematische Darstellung der Wirkungsweise des Rahmensuchers (Ikonometers). a ist der Abstand des Bildes von der Blende des Objektivs. (Bei Einstellung auf „Unendlich“ ist $a = f$) b ist die Breite des Bildes, α der Bildwinkel, bezogen auf die Breite b. Bei Festlegung der Abmessungen des Rahmens und Diopters ist nur der Winkel α einzuhalten, nicht aber der absolute Wert von a bzw. b. Δ ist der Abstand der Visierlinie des Suchers von der optischen Achse und beträgt 70 bis 95 mm (Parallaxe!)

Zusammenfassend können wir sagen, daß die Ikonometeranordnung die Winkel zwischen dem Objektivmittelpunkt und den Seiten des betreffenden Plattenformats umgekehrt wiedergibt, indem der Ikonometerrahmen annähernd mit der Hauptebene des Objektivs und der Diopter mit der Ebene der Platte zusammenfällt. Ist somit der richtig dimensionierte Ikonometerrahmen vom Diopter (Auge) so weit entfernt, daß sich die erwähnten Winkel notwendig ergeben, so ist eine völlige Gewähr dafür geboten, daß der im Ikonometer gesehene Teil der Landschaft mit demjenigen übereinstimmt, den das Objektiv auf der Mattscheibe abbildet. Voraussetzung ist in jedem Falle, daß die optische Achse des Objektivs zur Visierrichtung parallel ist, was bei der Konstruktion ohneweiters erreicht werden kann (vgl. Abb. 293).

Ist der Ikonometer richtig konstruiert, so kann er als einwandfreies Hilfsmittel betrachtet werden, um mit Handkameras ohne Einstellung auf der Mattscheibe Aufnahmen aus Augenhöhe zu machen; der einzige allen Sucherkonstruktionen gemeinsame Nachteil dürfte die bei Nahaufnahmen sich deutlich bemerkbar machende Parallaxe sein, welche sich infolge der für alle Entfernungen des Gegenstandes gleich bleibenden gegenseitigen Lage von Rahmen und Diopter in bezug auf die Blickrichtung ergibt. Dieser Übelstand ist den Kamerakonstrukteuren wohl bekannt; es wurden auch schon Vorschläge zur Beseitigung dieses Fehlers gemacht. Es sei erwähnt, daß A. JACKENKROLL, Berlin, den Diopter auf seinem Träger quer zur Blickrichtung verstellbar angeordnet hat, um für die Aufnahme näher gelegener Gegenstände die Visierlinie zur optischen Achse neigen und dadurch den Bildausschnitt im Sucher mit jenem auf der lichtempfindlichen Schicht in Übereinstimmung bringen zu können (D. R. G. M. Nr. 760748).

In ganz ähnlicher Weise hat P. WIEGHARDT in Magdeburg 1928 diese Frage gelöst, wobei ihm als Endziel vorschwebte, die Sucherachse und die optische Achse sollten sich stets im geometrischen Mittelpunkt des Aufnahmegegenstandes schneiden.[1]

104. Aufsichtssucher. Mit der Einführung von Handapparaten hielt die Entwicklung von Suchereinrichtungen gleichen Schritt; insbesondere die ersten Kastenkameras (einschließlich derjenigen mit Plattenmagazin) waren bereits mit Einrichtungen versehen, welche das verkleinerte Bild des aufzunehmenden Gegenstandes von oben unter dem richtigen Winkel zu beobachten gestatteten. Eine der ersten Einrichtungen dieser Art stammt von A. WATSON und besteht aus einer kleinen Kamera mit kurzbrennweitigem Objektiv; die aus diesem Objektiv austretenden Strahlen fallen zuerst auf einen unter 45^0 geneigten Spiegel und werden von diesem auf eine horizontal angeordnete Mattscheibe reflektiert, wo ein höhenrichtiges, aber seitenverkehrtes Bild erscheint. Schon bei den ersten Suchern dieser Art, deren Bau etwa 40 Jahre zurückliegt, war eine schirmartige Kappe zum Schutz gegen Nebenlicht vorgesehen.

Der WATSON-Sucher ist in fast unveränderter Form noch heute an verschiedenen modernen Apparaten zu finden; gegen sein Prinzip ist nichts einzuwenden. Der einzige Nachteil dieses Suchers ist die geringe Helligkeit des Sucherbildes. Ein Beweis dafür, daß sich der WATSON-Sucher an modernen Apparaten, allerdings wohlfeiler Ausführung, noch heute findet, ist die „Box-Tengor"-Rollfilmkamera der ZEISS-IKON A.-G.; dort sind zwei solche Sucher (für Hoch- und Querformat) vollkommen versenkt derart angeordnet, daß die optischen Achsen parallel zur Achse des Aufnahmeobjektivs verlaufen, während die zugehörigen Mattscheiben im rechten Winkel zueinander an zwei sich berührenden Seiten der Kamera liegen.

R. TALBOT hat etwa um die selbe Zeit eine Abart des WATSON-Suchers geschaffen, welche deshalb interessant ist, weil sie eine beinahe vollkommene Übereinstimmung mit den heutigen Kastenspiegel-Reflexkameras zeigt; dieser Sucher hat zwei senkrecht zueinander angeordnete Mattscheiben und zwischen diesen einen um ein Scharnier drehbaren Spiegel, so daß das Bild nach Umschaltung des Spiegels sowohl in Brust- als auch in Augenhöhe betrachtet werden kann.

Wie J. M. EDER in seinem Ausführlichen Hdb. der Phot., Bd. 1, Heft 5 (1892), S. 408, mitteilt, ähnelt die zylindrische Urform des Suchers dem alten monokularen Theaterperspektiv. Dieser Sucher wurde von dem Maler und Photographen ZIEGLER in Paris im Jahre 1854 erfunden und bestand aus Objektiv und Mattscheibe, auf welcher die Plattenformate in verjüngtem Maße aufgetragen waren. Die ganze Bauart läßt erkennen, daß sich diese Einrichtung nur für Beobachtung in Augenhöhe eignet und daß sie lediglich als Kontrollinstrument (nach erfolgter Einstellung) verwendbar war.

Zu dieser Konstruktion, bei welcher kein Spiegel verwendet wird, steht der von B. WEBER in Paris um 1894 erfundene Aufsichtssucher ohne Linsen

---

[1] In jüngster Zeit werden auch die Bergheil-Kamera der Firma VOIGTLÄNDER & SOHN A.-G., Braunschweig, mit Rahmensuchern ausgestattet, deren Diopter aus zwei gegeneinander verstellbaren Teilen besteht; dadurch wird die Parallaxe bei Nahaufnahmen aus der Hand völlig vermieden (D. R. G. M. Nr. 1102051).

im Gegensatz; dieser Sucher besteht im wesentlichen aus zwei unter einem Winkel zueinander angeordneten Spiegeln, von denen der dem Gegenstand zugekehrte konvex, der andere ein Plan- bzw. Konkavspiegel ist; in letzterem sieht der Beschauer das Bild (D. R. P. Nr. 80985 und 196301 für E. Busch, Rathenow).

Das Verdienst, die Helligkeit des Watson-Suchers wesentlich gesteigert zu haben, fällt H. Hill und A. L. Adams in London zu; die Genannten strebten die Erzielung eines klareren und schärferen Sucherbildes an und erreichten dies dadurch, daß sie über dem Spiegel an Stelle der Mattscheibe eine zweite Sammellinse anordneten. So entstand ein lichtstarkes Bild, das ohne Verwendung von Seitenwänden zur Fernhaltung von Nebenlicht in allen Fällen deutlich erkennbar war. Wenn auch die von den Erfindern vorgesehene zweite Linse in die Praxis nicht als Objektivlinse Eingang gefunden hat, wie dies eigentlich gedacht war, so muß doch die Priorität der Erfindung der jetzt unter dem Namen „Brillantsucher“ allgemein bekannt gewordenen Einrichtung Hill und Adams zugeschrieben werden, und zwar um so mehr, als die heute bei diesem Sucher üblichen zwei bikonvexen Linsen schon in ihrem D. R. P. Nr. 81728 zeichnerisch dargestellt sind.

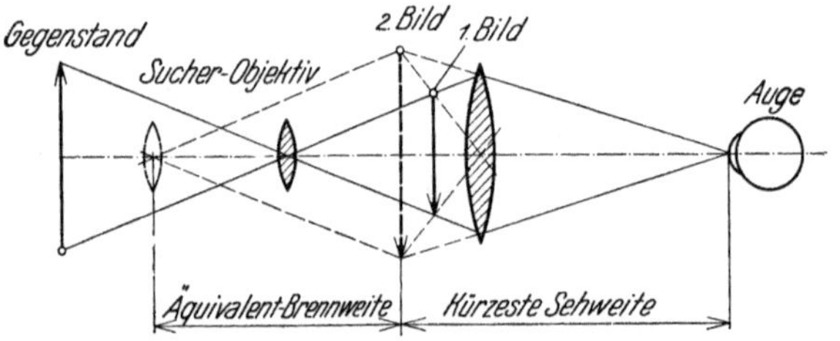

Abb. 294. Schematische Darstellung der Bildentstehung im Aufsichtssucher. Der Spiegel ist fortgelassen; Bild 1 und 2 stehen auf dem Kopf

Übrigens hat viel später (1924) K. Nagai in Charlottenburg die Idee eines aus zwei Linsen bestehenden Sucherobjektivs weiter ausgebaut, und zwar derartig, daß die eine Linse mit dem Aufnahmeobjektiv zwangläufig verbunden ist und zweckmäßig die gleiche Brennweite wie dieses hat; mit dieser Einrichtung wird bezweckt, einen Teil des Bildes auf einer kleinen Mattscheibe in der richtigen Größe einstellen zu können (D. R. P. Nr. 414223).

In Abb. 294 ist der Strahlengang im Brillantsucher zunächst unter Fortlassung des Spiegels dargestellt, dem ja lediglich die Aufgabe zufällt, die Lichtstrahlen um 90° nach oben abzulenken. Das Sucherobjektiv, dessen optische Achse stets parallel zu derjenigen des Aufnahmeobjektivs verläuft, entwirft vom Gegenstand ein höhen- und seitenverkehrtes Bild; es ist ohne weiteres klar, daß ein in Richtung der optischen Achse beobachtendes Auge nur einen kleinen Teil des Bildfeldes übersehen könnte, wenn nicht ein Mittel vorgesehen würde, um auch die vom Rande des Gegenstandes kommenden Strahlen dem Auge zuzuführen. Dieses Mittel ist eine Linse, deren optische Achse mit jener des Sucherobjektivs zusammenfällt; durch Anordnung einer solchen Sammellinse in der Nähe des vom Sucherobjektiv entworfenen Bildes wird — je nachdem, ob diese Linse vor oder hinter dem Sucherobjektiv liegt — eine Vergrößerung oder Verkleinerung des Bildes unter gleichzeitiger Veränderung des Abstandes dieses Bildes von der Linse herbeigeführt. Die Äquivalentbrennweite des aus beiden Linsen bestehenden Gesamtsystems wird durch die Einzelbrennweiten und den gegenseitigen Abstand der Linsen eindeutig bestimmt. Eine der wichtigsten Fragen ist die Größe des Gesichtsfeldes des Suchers, welches mit demjenigen des Aufnahmeobjektivs so weit als irgend möglich übereinstimmen soll; ein bezüglich Brennweite und Bildfeld richtig konstruierter Brillantsucher wird stets ein Bild zeigen, das eine Verkleinerung des Bildes in der

Aufnahmekamera darstellt; bei einem größeren Sucher sind die Bildeinzelheiten größer als bei einem solchen von kleineren Abmessungen. Die wesentlichste Aufgabe der oberwähnten Sammellinse besteht demnach darin, die mehr oder weniger divergierenden Strahlen so konvergent zu machen, daß sie in die Pupille des Auges gelangen.

Wie bereits erwähnt, hat der zwischen den beiden Linsen unter 45° Neigung (gegen die Achse) eingeschaltete Spiegel den Zweck, eine Ablenkung der Lichtstrahlen um 90° zwecks Beobachtung von oben herbeizuführen; da hierbei keinerlei Brechung stattfindet, wird die Güte der Suchereinrichtung — unter Voraussetzung der Benutzung eines optisch einwandfreien Spiegels von genügender Ebenheit — in keiner Weise beeinflußt. Während die Linse des NEWTON-Suchers (s. S. 357) ein höhen- und seitenrichtiges Bild des Gegenstandes entwirft, gestattet der Spiegelsucher nur eine höhenrichtige Wiedergabe; eine seitliche Bildaufrichtung wäre nur durch komplizierte Spiegelungen zu erreichen (Prismen). Eine solche Ausführung, die technisch durchaus möglich ist, ist wegen der Kosten und wegen des geringen zur Verfügung stehenden Raumes unmöglich.[1]

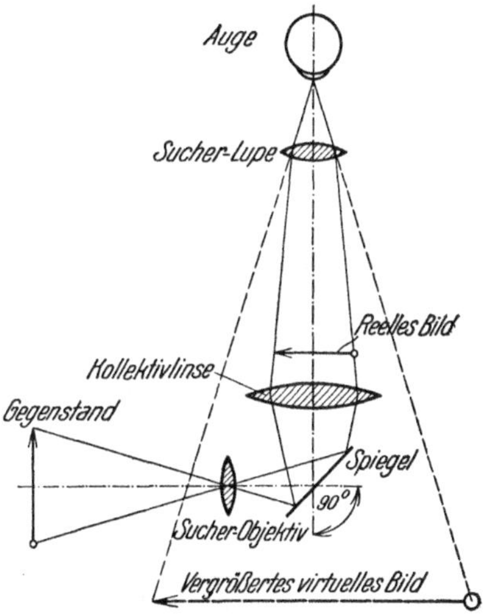

Abb. 295. Bildentstehung in einem Aufsichtssucher mit Sucherlupe

Um dem Gesichtsfeld jene Begrenzung zu geben, wie sie die photographische Platte hat, muß die Fassung der Linse, insbesondere aber der freie Durchlaß für das Licht, rechteckig bzw. quadratisch sein; da ein und derselbe Brillant- oder Spiegelsucher sowohl für Hoch- als auch für Queraufnahmen benutzt werden soll, muß er unbedingt umlegbar sein, und zwar beträgt der Winkel der Bewegung — entsprechend demjenigen zwischen den beiden aufeinander senkrecht stehenden Plattennormalen — 90°.

Bezüglich der absoluten Größe der im Spiegelsucher gesehenen Bildeinzelheiten läßt sich ein Vergleich nur dadurch herbeiführen, daß man als Einheit etwa das von einem Objektiv mit der Brennweite $f = 25$ cm (kürzeste deutliche Sehweite) entworfene Bild zugrundelegt und dieses aus der angegebenen Entfernung betrachtet. Daraus folgt, daß die von Objektiven mit kürzerer Brennweite entworfenen Bilder kleiner erscheinen müssen; so wird das von einem Sucherobjektiv mit der Brennweite $f = 3{,}5$ cm entworfene Bild (das für eine Kamera des Formats 9×12 cm in Frage kommen kann), dem Auge etwa siebenmal verkleinert erscheinen ($25 : 3{,}5 = 7{,}1$).

Als schätzenswerte Ergänzung zum Aufsichtssucher ist daher die Sucherlupe zu betrachten (vgl. Abb. 295): es ist dies eine Sammellinse von relativ kurzer Brennweite, die in einem entsprechend ausgebildeten Körper aus Leichtmetall so angeordnet ist, daß sie, auf die quadratische Fassung der Kollektorlinse des Suchers aufgesetzt, eine etwa fünffache Vergrößerung bewirkt. Das unter oder über, manch-

---

[1] JULES RICHARD in Paris erhielt im Jahre 1896 das engl. Patent Nr. 11640, ferner im Jahre 1898 das D. R. P. Nr. 117015 sowie das engl. Patent Nr. 15132/1898, worin zwecks Erzielung eines höhen- und seitenrichtigen Bildes die Verwendung eines „Dachkantprismas" vorgeschlagen wird.

mal sogar mitten in der viereckigen Kollektivlinse liegende, durch das Suchersystem erzeugte kleine reelle Bild erscheint vergrößert, weil es innerhalb der Brennweite der Sucherlupe liegt; dadurch erscheint das kleine Sucherbild näher herangerückt. Der wesentliche Vorteil dieser Einrichtung besteht nun darin, daß das Bild erheblich vergrößert erscheint und daß das Auge dicht an die Sucherlupe gebracht werden muß, wenn das Bild in seinem ganzen Umfang übersehen werden soll; dadurch ergibt sich einerseits eine höhere Lage der Kamera und andererseits eine eindeutige Kopfhaltung, wodurch die sonst fast immer vorhandene Unsicherheit der Beobachtung ganz ausgeschaltet wird. Der eigentliche Lupenträger ist in seinem Führungsrohr verschiebbar; dadurch ist es einerseits ohneweiters möglich, eine Scharfeinstellung für verschiedene Augen herbeizuführen, andererseits wird beim Zusammenschieben beider Teile das Volumen dieses auch zur Beobachtung des Mattscheibenbildes geeigneten Gerätes erheblich kleiner (vgl. Abb. 296).

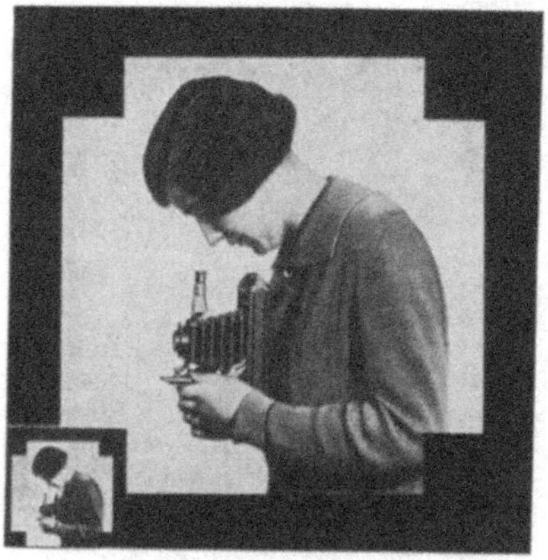

Abb. 296. Zur vergrößernden Wirkung der Sucherlupe. Ein wesentlicher Vorteil der mit dem Spiegelsucher verbundenen Sucherlupe besteht darin, daß das 3- bis 4mal vergrößerte Bild völlig frei von Nebenlichtreflexen erscheint, wodurch das Aufsuchen des Bildausschnittes erleichtert wird. Außerdem kann die Kamera bei Benutzung der Sucherlupe nahezu in Augenhöhe gehalten werden

Anordnungen, bei welchen der Sucher an der Bewegung des der Höhe nach verstellbaren Objektivs teilnimmt, wurden schon um 1896 bekannt; H. Svensson in Göteborg lenkte die Aufmerksamkeit auf den Vorteil einer derartigen Einrichtung, welche es ermöglicht, daß sich der Sucher zwangläufig für das geänderte Bild einstellt, wenn die optischen Achsen beider Systeme parallel verlaufen.

Heinrich Ernemann schlug im Jahre 1905 vor, die Suchereinrichtungen an Handkameras dadurch zu verbessern, daß der Bildsucher (Newton- oder Spiegelsucher) durch geeignete Getriebeteile ohne irgendwelches Zutun der Hand beim Öffnen der Kamera in die Gebrauchsstellung, beim Schließen der Kamera aber in die Ruhestellung überführt wird (D.R.P.Nr.173711).

Die mechanische Ausbildung des Brillant- oder Spiegelsuchers hat im Laufe der Jahre weitestgehende Wandlungen durchgemacht; im Anfang der Epoche des Baues von Handkameras hatte der Spiegelsucher meist die Form eines allseitig geschlossenen Kastens, in dessen Innerem der unter 45° zur Horizontalen geneigte Spiegel vollkommen geschützt angeordnet war, während die Linsen in eigenen Fassungen an diesem Gehäuse durch Gewinde oder Schrauben befestigt wurden. Konstruktionen dieser Art sind noch heute bei verschiedenen Kameras zu finden und als ,,Kastensucher'' bezeichnet worden; die Befestigung an der Standarte oder dem Objektivbrett erfolgte durch Schrauben oder Nieten, doch stets so, daß der Sucher um 90° umgelegt werden kann, wobei seine Endlage in beiden Stellungen zwecks genauer Orientierung für Hoch- und Queraufnahmen begrenzt ist.

R. Hüttig & Sohn in Dresden haben schon im Jahre 1905 eine interessante Anordnung bekannt gemacht, bei welcher ein in das Innere der Kamera federnd einschwenkbarer sowie nach der Seite und nach vorne umlegbarer Spiegelsucher um einen Drehpunkt schwenkbar ist, der am Rande des Gehäuses, also außerhalb der Kamera, liegt.

Etwas später, und zwar um das Jahr 1906, hat die ICA A.-G. die starre Konstruktion des Kastensuchers aufgelassen und eine sehr vorteilhafte Anordnung getroffen, bei welcher sich im Interesse eines geringen Raumverbrauches der Spiegelsucher um zwei parallele Achsen zusammenlegen läßt, so daß sich die obere Linse vor die Vorderlinse und die Spiegelfläche hinter diese legt. Durch diese Maßnahme nimmt die Gesamtdicke, nicht aber die Höhe des Spiegelsuchers zu.

Einen weiteren, noch für den heutigen Stand der Technik wichtigen Fortschritt bildet der Aufbau eines Spiegelsuchers, der sich um die ideelle Achse der

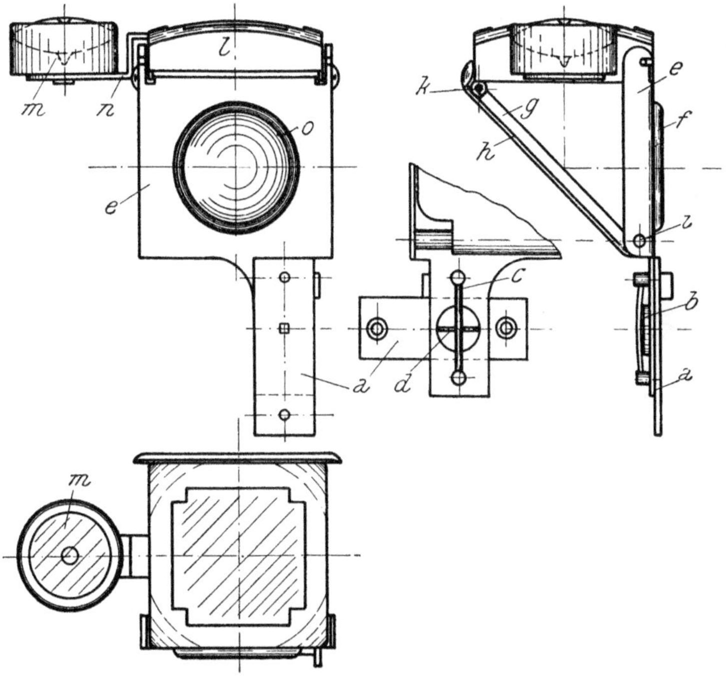

Abb. 297. Umlegbarer Aufsichtssucher (Spiegel- bzw. Brillantsucher). Die Abbildung zeigt den äußeren Aufbau des Suchers mitsamt der daran befestigten Libelle. *a* ist der mit dem Objektivträger starr verbundene Träger mit der Achse *b*, den Kreuzrasten *d* und der Feder *c*; der Sucher läßt sich um 90° federnd umlegen (für Queraufnahmen). *e* ist die Suchervorderwand, *f* die Fassung des Sucherobjektivs, *g* der Spiegel, *h* die Rückwand, *i* das Scharnier zwischen *e* und *h*; die quadratische Linse ruht in der Fassung *l*, an welcher mittels des Steges *n* die Libelle *m* befestigt ist

Vorderlinse dreht, wobei entsprechende Sicherungen der Endlagen bei Vierteldrehung vorgesehen sind (ICA A.-G. 1907).

H. ERNEMANN wählte statt eines Gelenkdreiecks ein Gelenk mit vier Achsen, um die drei gelenkig zusammenhängenden Teile des Suchers flach übereinander legen zu können. Die noch heute an keinem Aufsichtssucher entbehrliche Abgrenzung des Hoch- und Querbildes erreichte Dr. R. KRÜGENER in Frankfurt a. M. (1908) dadurch, daß er die dem Auge zugekehrte Sammellinse mit Linien versah, deren gegenseitige Abstände von der Äquivalentbrennweite des Suchers abhängig waren.

P. GLÄSER in Dresden empfahl bereits im Jahre 1910, die quadratische Fassung der oberen Linse abnehmbar zu machen, so daß der rechteckige Ausschnitt, ohne daß der Sucher gedreht zu werden brauchte, in die jeweilige, für Hoch- und Querformat erforderliche Lage durch Umsetzen der Fassung gebracht werden konnte. H. SCHRADER in Frankfurt ordnete zu diesem Zweck eine Drehscheibe mit rechteckigem, dem Bildformat entsprechendem Ausschnitt an, während F. Rönsch in Dresden die Bewegung des Bildausschnittes unter Zuhilfenahme zweier Zahnkränze herbeizuführen suchte, welche sich beim Drehen des Suchers dem Hoch- und Querformat entsprechend einstellen (vgl. Abb. 298).

Daß auch Versuche gemacht wurden, den Aufsichtssucher mit einer Skala auf der oberen Linse in Verbindung zu bringen, wobei diese Skala als Hilfsmittel zur Entfernungsschätzung diente, sei nur nebenbei erwähnt. Es würde zu weit führen, die große Reihe von mechanischen Einzelheiten zu erwähnen, die auf diesem Gebiete bekannt geworden sind; der Aufsichtssucher hat viele Konstrukteure beschäftigt, und zwar insbesondere was seine rationelle Herstellung betrifft.

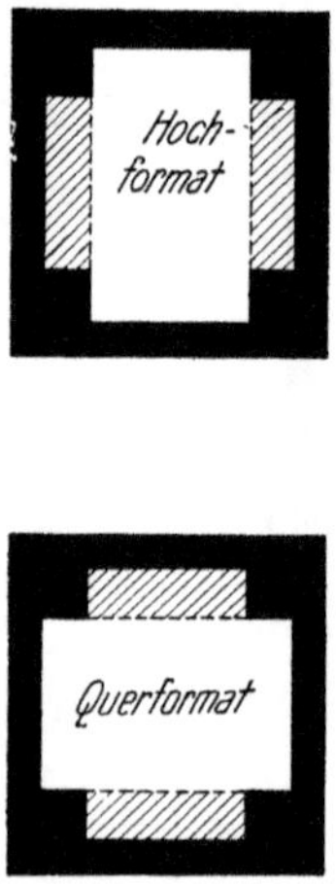

Abb. 298. Bildbegrenzung beim Aufsichtssucher. Die schraffierten Teile der Fläche des Suchers liegen jeweils außerhalb des eigentlichen Bildes

Auch bezüglich der Anordnung des Aufsichtssuchers sind verschiedene Wege gegangen worden; so wurde z. B. im Jahre 1910 für die kleinen Kameras im Format $4\frac{1}{2} \times 6$ cm vorgeschlagen, den Sucher unterhalb des Objektivs anzubringen, und zwar nicht deshalb, weil dies einen besonderen Vorteil bietet, sondern weil ein anderer Platz gar nicht vorhanden ist, soll der Sucher nicht unsinnig klein werden.

Eine interessante mechanische Vorrichtung zum Drehen des Suchers ist diejenige von A. Markus [Ica A.-G.] in Dresden (1911); das Merkmal dieser Konstruktion ist darin zu sehen, daß sich der Sucher nicht um seine eigene Achse, sondern um diejenige des Objektivs drehen läßt. Die heute allgemein übliche Anordnung eines Aufsichtssuchers, der sich um die Fassung der fest im Standartenblech liegenden Vorderlinsenfassung dreht, wurde um die gleiche Zeit bekannt (M. Baumgärtel in Dresden).

Der mechanischen Verbindung zwischen Brillantsucher und Newton-Sucher (s. S. 357) hat August Nagel sein besonderes Augenmerk geschenkt; diesbezügliche Einzelheiten sind im D. R. G. M. Nr. 523459 (1912) zu finden. Um die gleiche Zeit wurden viele Verbesserungen bekannt, welche sich auf die weitere Entwicklung des um seine Achse drehbaren Suchers, insbesondere was die Ausbildung der Endanschläge betrifft, beziehen; da es sich dabei nur teilweise um praktisch verwertete Einzelheiten handelt, sei auf deren Besprechung verzichtet.

Ein moderner, um seine optische Achse drehbarer und zusammenlegbarer Sucher ist in Abb. 299 dargestellt. Das Sucherobjektiv f — auch Bildaufnahmelinse genannt — ist in seiner Fassung durch Umgraten des Randes festgehalten; eine in diese Fassung außen eingedrehte Nut nimmt einen Sprengring auf, der die Verbindung zwischen Objektivträger, Suchervorderwand und Objektiv herstellt. Damit eine zu leichte Drehung des Suchers vermieden wird, ist zwischen den zuerst genannten Teilen eine federnde Scheibe angeordnet. An der Vorderwand ist die Rückwand mit Spiegel scharnierartig angelenkt und wird durch eine Spiralfeder dauernd in ihre Gebrauchslage gedrückt.[1] Am anderen Ende der Rückwand ist die Fassung für die Sammellinse h (vgl. Abb. 299) ebenfalls scharnierartig angelenkt und zwar mit Hilfe eines federnden Stiftes, der gleichzeitig zur Befestigung der genannten Linse dient.

Beim Zurückschieben des Objektivträgers mit Sucher in das Kamera-Innere

[1] Der Spiegel wird aus Glas mit Versilberung rückwärts oder aus Metall mit Vorder-Versilberung hergestellt.

legt sich die Sucherrückwand infolge des Widerstandes am Balgen allmählich um, bis sie nahezu parallel zum Objektivträger liegt; dabei wird zwangläufig die Linse *h* niedergeklappt und nimmt schließlich infolge ihres Eigengewichts die in Abb. 299 b gezeichnete Stellung ein. Wie ein Vergleich der Darstellungen a und b des Suchers in Abb. 299 ergibt, ist der Raumbedarf für den zusammengeschobenen Sucher nur etwa halb so groß als für den in Gebrauchsstellung befindlichen Sucher bzw. einen mit gleichem optischen System ausgerüsteten Kastensucher. Wird der Objektivträger herausgezogen, so nimmt

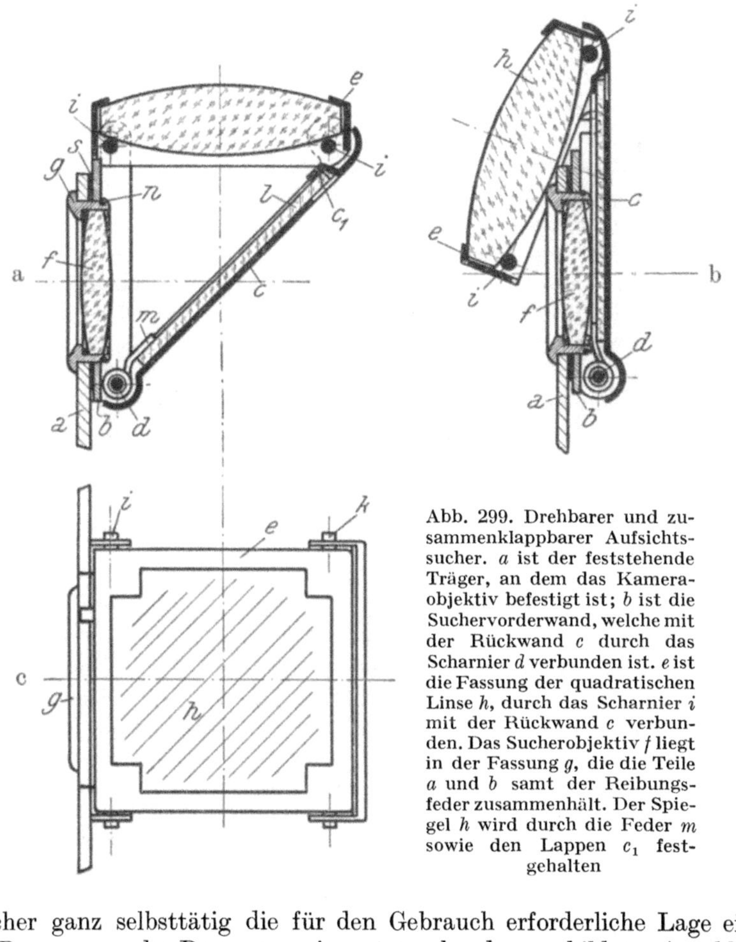

Abb. 299. Drehbarer und zusammenklappbarer Aufsichtssucher. *a* ist der feststehende Träger, an dem das Kameraobjektiv befestigt ist; *b* ist die Suchervorderwand, welche mit der Rückwand *c* durch das Scharnier *d* verbunden ist. *e* ist die Fassung der quadratischen Linse *h*, durch das Scharnier *i* mit der Rückwand *c* verbunden. Das Sucherobjektiv *f* liegt in der Fassung *g*, die die Teile *a* und *b* samt der Reibungsfeder zusammenhält. Der Spiegel *h* wird durch die Feder *m* sowie den Lappen c_1 festgehalten

der Sucher ganz selbsttätig die für den Gebrauch erforderliche Lage ein, wobei zur Begrenzung der Bewegung ein entsprechend ausgebildeter Anschlag vorgesehen ist. Auch Dr. August Nagel in Stuttgart hat im Jahre 1919 einen um seine optische Achse drehbaren Spiegelsucher konstruiert; die Patentschrift D. R. P. Nr. 332786 gibt über die Art der angewandten Mittel Aufschluß; die Erfindung erstreckt sich vorwiegend auf die zweckmäßige Herstellung und Verbindung des Suchers mit dem Objektivträger.

Otto Fricke in Braunschweig schlug im Jahre 1920 vor, als Sucherobjektiv ein solches von gleicher Brennweite wie das Aufnahmeobjektiv, aber von größerer Lichtstärke zu wählen; dabei ergibt sich eine größere Helligkeit des Bildes auf der Mattscheibe sowie infolge der geringeren Tiefenschärfe die Möglichkeit einer rascheren Scharfeinstellung (D. R. P. Nr. 326517).

105. Besondere Einstell- bzw. Suchereinrichtungen. Eine besondere Gruppe bilden jene Vorrichtungen zum Einstellen der lichtempfindlichen Schicht einer Kamera in die Bildebene, bei denen auf die Anwendung einer Mattscheibe verzichtet wird. So hat A. Herz in Wien eine Anordnung vorgeschlagen, bei welcher mit dem Kameravorderteil ein (mit dem Aufnahmeobjektiv bezüglich der Brennweite übereinstimmendes) Fernrohrobjektiv und mit dem den Schichtträger aufnehmenden Kameragehäuse ein Okular verbunden ist, wobei auf eine Mattscheibe oder einen Spiegel und auf einen Balgen völlig verzichtet wird. Da das Bildfeld dieses Fernrohres im Verhältnis zu dem des Aufnahmeobjektivs relativ klein ist (zirka $^1/_4$), ist außerdem ein Newton-Sucher vorgesehen, auf dessen Linse eine kleine Konkavlinse aufgekittet ist. Die Brennweite dieser Linse ist derart gewählt, daß sie mit dem Fernrohrobjektiv zusammen ein Galileisches Fernrohr bildet. Bei der Beobachtung erscheint das Fernrohrbild im gewöhnlichen Sucherbild eingeschlossen, so daß die Scharfeinstellung gleichzeitig mit der Wahl des Bildausschnittes erfolgen kann. Vgl. auch D. R. P. Nr. 414223.

Einstellsucher, bei denen das Objektiv des Suchers mit jenem der Kamera zwangläufig durch Gestänge o. dgl. verbunden ist, so daß auf die Einstellung mittels Mattscheibe verzichtet werden kann, wurden wiederholt „erfunden", es hat sich jedoch keine einzige dieser Konstruktionen in der Praxis durchzusetzen vermocht.

Neuerdings bringt die Firma Fr. Kochmann in Dresden eine Rollfilmkamera auf den Markt, welche mit einer ansteckbaren Einstellvorrichtung versehen ist. Diese besteht aus einem Objektiv von der Brennweite des Aufnahmeobjektivs und einer kleinen Mattscheibe; beide Teile lassen sich in einem Rohr während der Einstellung gegeneinander verschieben. K. Fischer hat sich in jüngster Zeit mit den hier besprochenen Fragen beschäftigt und seine Überlegungen in einer ausführlichen Abhandlung (ZS. f. Instr. 49, 1929, S. 607) zusammengefaßt. Fischer bespricht in dieser Arbeit insbesondere solche Vorrichtungen, bei denen mit Hilfe des Suchers die Scharfeinstellung durchgeführt wird, wobei man auf die Einhaltung des Bildwinkels Verzicht leistet.

Eine bemerkenswerte Ausführungsform hat u. a. die Firma C. Zeiss in Jena bekanntgemacht: sie benutzt „Kollimatoren" als Sucher; es besteht dabei die Möglichkeit, im Brennpunkt einer Sammellinse Marken anzubringen, die von dem einen Auge in einem bestimmten Abstand scharf gesehen werden, während das andere Auge den aufzunehmenden Gegenstand unmittelbar betrachtet, so daß die Markenbilder dem Beobachter auf den Gegenstand projiziert erscheinen. Wird der aufzunehmende Gegenstand und die Kollimatormarke mit ein und demselben Auge betrachtet, so muß die Anordnung so sein, daß sowohl vom Kollimator ausgehende Strahlen als auch solche, welche vom Gegenstand kommen, gleichzeitig in das Auge des Beobachters gelangen. Die Lösung dieser Aufgabe wird u. a. dadurch erzielt, daß man eine Linse verwendet, die auf einem kleinen Bereich (achsiales Gebiet) die Brechkraft Null hat, was durch verschiedene Mittel erreicht werden kann (D. R. P. Nr. 350186 und 387251).

106. Spiegelsucher mit höhen- und seitenrichtigem Bild. Trotz aller Fortschritte, die der Spiegelsucher heute in praktischer Hinsicht aufweist, ist sein Aufbau in theoretischer Beziehung gegenüber der ursprünglichen Form fast unverändert geblieben; sein größter — besonders bei der Aufnahme rasch bewegter Gegenstände empfundener — Nachteil ist, daß die Bewegungsrichtung eines Gegenstandes umgekehrt abgebildet wird. Jede Sammellinse, also auch das Sucherobjektiv, entwirft von Dingen außerhalb seiner Brennebene ein höhen- und seitenverkehrtes Bild; da der unter 45^0 geneigte ebene Sucherspiegel nur oben mit unten vertauscht, muß jeder Spiegelsucher ein Bild zeigen, bei dem links mit rechts vertauscht erscheint.

Bereits um die Jahrhundertwende wurden sehr ernst zu nehmende Versuche unternommen, einen Aufsichtssucher zu konstruieren, der ein Bild zeigen sollte, wie es das Auge des Beobachters sieht (vgl. D. R. P. Nr. 117015). Hans Schmidt löste die Aufgabe derart, daß er statt sphärischer Linsen solche mit zylindrischen Flächen wählte, und zwar war vor dem unter 45⁰ geneigten Spiegel eine zylindrische Sammellinse und über diesem eine negative Zerstreuungslinse in einem Metallkästchen eingebaut. Die positive Zylinderlinse hat in einem zur angenommenen Bildebene parallel verlaufenden Schnitt eine sammelnde Wirkung, in einem senkrecht zur Bildebene verlaufenden Schnitt hat sie die Brennweite Null, weist also in dieser Richtung gewissermaßen die Eigenschaften einer Planparallelplatte auf. Hingegen besitzt die über dem Spiegel angeordnete negative Zylinderlinse in dem Schnitt parallel zur Zeichnungsebene die Brennweite Null, hat also in dieser Richtung die Wirkung einer Planparallelplatte, und wirkt senkrecht dazu zerstreuend. Es liegt hier der eigenartige Fall vor, daß bei einem durch ein Instrument gesehenen Bild die vertikalen Linien reeller, die horizontalen Linien jedoch virtueller Natur sind; trotzdem macht das ganze Bild für das beobachtende Auge einen durchaus vollwertigen Eindruck.[1]

Soweit der Verfasser feststellen konnte, hat sich diese interessante Konstruktion in die Praxis nicht einzubürgern vermocht; die Ursachen dafür dürften einerseits im damaligen Tiefstand des Handkamerabaues, andererseits aber in den relativ hohen Kosten der Herstellung dieser Einrichtung zu suchen sein.

Einige Jahre später (1906) löste Karl Martin in Rathenow die Aufgabe, einen Sucher mit höhen- und seitenrichtigem Bilde zu konstruieren, auf andere Weise; er verzichtete auf die Anwendung von Linsen ganz und wählte einen Spiegel mit nichtsphärischer Fläche. Bei dieser Konstruktion wurde vom sphärischen Hohlspiegel ausgegangen, der aber den Nachteil hat, daß er verzerrt und ein seitenverkehrtes Bild liefert; diese Seitenverkehrung wurde dadurch aufgehoben, daß an Stelle des sphärischen Spiegels ein solcher mit doppelter Krümmung Anwendung fand, d. h. der Spiegel war in der Höhenrichtung konkav, in der Seitenrichtung konvex (so entsteht eine Sattelfläche). Auch dieser „Sucherspiegel“ entwirft kein auffangbares Bild; diese Idee ist gewissermaßen als Umkehrung der Schmidtschen Lösung zu betrachten, denn auch hier zerfällt das im Sucher gesehene Bild in zwei Teile, in ein reelles und ein virtuelles Bild (D. R. P. Nr. 189705). Der erwähnte Sucher ist vielfach angewandt worden; die Firma Emil Busch in Rathenow stellte ihn unter dem Namen „Sellar-Sucher“ her.[2]

107. Der Newton-Sucher. a) Die Bild-Entstehung und -Begrenzung. Unter den optischen Hilfsmitteln zum Aufsuchen des Bildes nimmt der Newton-Sucher, der den Namen seines Erfinders trägt, eine wichtige Stelle ein; sein wichtigster Bestandteil ist eine negative, also zerstreuende, Linse, deren eine Seite meist plan, deren andere Seite hohl (konkav) geschliffen ist. Die Bildentstehung durch solche Linsen folgt den für Zerstreuungslinsen geltenden Gesetzen der geometrischen Optik.

Da das vom Aufnahme-Objektiv entworfene runde Bild stets durch ein Quadrat oder Rechteck der in der Photographie gebräuchlichen Formate begrenzt wird, müssen beim Newton-Sucher mechanische Mittel vorgesehen

[1] Vgl. Phot. Korr. 1907, S. 407, 456 und 501 sowie Centralztg. f. Opt. u. Mech. 1903, Heft 17 und Eders Jahrb. f. Phot. u. Reprod. 1904, S. 299.

[2] Wegen Einzelheiten hierüber sowie wegen anderer Sucherkonstruktionen vgl. Karl Martin, Phot. Korr. 1907, S. 580 sowie Centralztg. f. Opt. u. Mech. 1907, Heft 14.

werden, die eine solche Bildbegrenzung herbeiführen; dieses Mittel ist die rechteckige Fassung für die ebenso gestaltete Linse. Die Seiten der rechteckigen Linse müssen sich so verhalten wie die Seiten der betreffenden Formate; ihre absolute Größe ist von der Brennweite des Aufnahme-Objektivs abhängig. Abb. 300 zeigt den Verlauf eines beliebigen schrägen Strahles, der, von einem Punkte des Gegenstandes kommend, durch die Negativ-Linse gebrochen und dem beobachtenden Auge zugeführt wird; der Winkel β, unter dem das virtuelle verkleinerte Bild A' B' betrachtet wird, ist kleiner als der Winkel α, unter dem der Gegenstand dem Auge direkt erscheinen würde. Der absolute Wert des Winkels α, bezogen auf die kleine Seite der Platte, beträgt im Mittel etwa 35^0; die Größe des Winkels β ist eine Funktion der Brennweite der Linse. Streng genommen wären mit Rücksicht auf die gleichmäßige Haltung der Kamera gegenüber dem Auge entsprechend den jeweiligen Entfernungen des Gegenstandes verschiedene Brennweiten der Linse erforderlich; da die Erfüllung dieser Forderung technische Schwierigkeiten machen würde, nimmt man die bei ihrer Nichterfüllung entstehenden Fehler in Kauf, d. h. das Auge überwindet im Unterbewußtsein durch Akkommodation die sich ergebenden kleinen Differenzen bezüglich der Lage des virtuellen Bildes. Infolge dieses Akkommodationsvermögens und weil beim Halten der Kamera kein bestimmter Stützpunkt für das Auge vorhanden ist, ergibt sich je nach dem selbst gewählten Abstand des Auges von der Linse ein größerer oder kleinerer Bildwinkel und damit ein falscher Bildausschnitt. Zum Anvisieren eines bestimmten Gegenstandes durch eine Linse ist mindestens die Angabe der Mitte des Bildfeldes erforderlich; dieser Forderung wird durch ein meist auf der Planfläche der Zerstreuungslinse eingeritztes oder eingeätztes Visierkreuz Genüge geleistet. Außerdem befindet sich an jedem Newton-Sucher der sogenannte „Diopter", d. i. ein an der Fassung der Linse federnd angelenkter Arm mit entsprechend geformter Ausschnittkimme für den freien Durchblick. Wegen der räumlich begrenzten Verhältnisse (Dicke des Kameragehäuses) können die Abmessungen dieses Armes nicht willkürlich gewählt werden. Die Lage der Kimme ist theoretisch richtig, wenn sie in der Ebene des virtuellen Bildes liegt, so daß beide vom beobachtenden Auge gleich weit entfernt sind. Da konstruktive und praktische Rücksichten eine derartige Anordnung verbieten, wird der Diopter fast stets zwischen der Linse und dem Auge angebracht. Verfolgt man nun den Vorgang beim Visieren etwas genauer, so ergibt sich, daß das Auge gleichzeitig den Diopter, das Visierkreuz auf der Linse und das virtuelle Bild scharf erfassen muß; dabei ist allerdings der Abstand der drei erwähnten Ebenen voneinander im Verhältnis zur kürzesten Sehweite nicht groß, so daß ein normales Auge dabei keine Anstrengung empfindet.

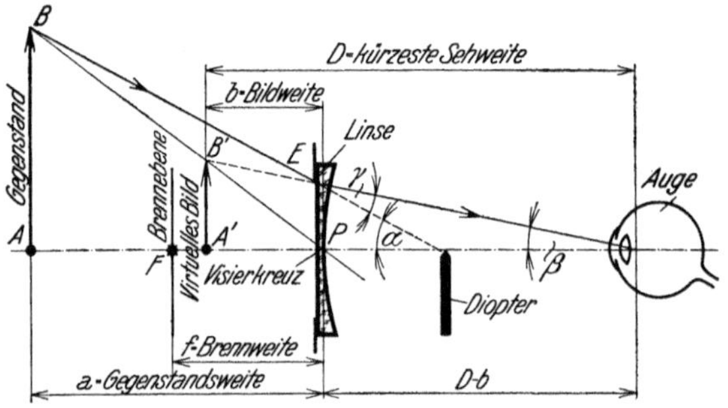

Abb. 300. Schematische Darstellung der Bildentstehung und Bildbegrenzung im Newton-Sucher. Das höhen- und seitenrichtige virtuelle verkleinerte Bild liegt vor der zerstreuenden Negativlinse des Suchers. Bei Verwendung einer zweiten, und zwar sammelnden Linse zur Betrachtung des oberwähnten virtuellen Bildes kann der Sucher direkt an das Auge herangebracht werden

In der Praxis vollzieht sich der Vorgang folgendermaßen: zunächst wird der Diopterausschnitt (Kimme) mit der Mitte des Strichkreuzes in Übereinstimmung gebracht, wobei sich eine eindeutige Lage des Auges ergibt; durch

Richten der ganzen Kamera auf den betreffenden Gegenstand, also ohne Änderung der gegenseitigen örtlichen Beziehungen zwischen den einzelnen Elementen der Visiervorrichtung, ergibt sich die endgültige Lage der Kamera für die Aufnahme.

Es ist klar, daß dem NEWTON-Sucher eine Reihe von Fehlern anhaftet, die nicht ohneweiters beseitigt werden können; durch Erfahrung im praktischen Gebrauch können diese Fehler, wie sich gezeigt hat, mehr oder weniger ausgeglichen werden. Die Entwicklung des Baues von Handkameras in den letzten Jahren hat den Beweis erbracht, daß fast allgemein der Rahmensucher bevorzugt wird, so daß in absehbarer Zeit mit einem minder häufigen Gebrauch des NEWTON-Suchers zu rechnen sein dürfte.[1]

Bezüglich der Anordnung bzw. des Aufbaus des NEWTON-Suchers wurde im Laufe der Jahre eine Reihe von Konstruktionen bekannt. Die Bauart des NEWTON-Suchers bedingt, daß er fast stets am Kameragehäuse befestigt bzw. in dieses eingelassen wird; es sind jedoch auch Kameras (besonders Spreizen-

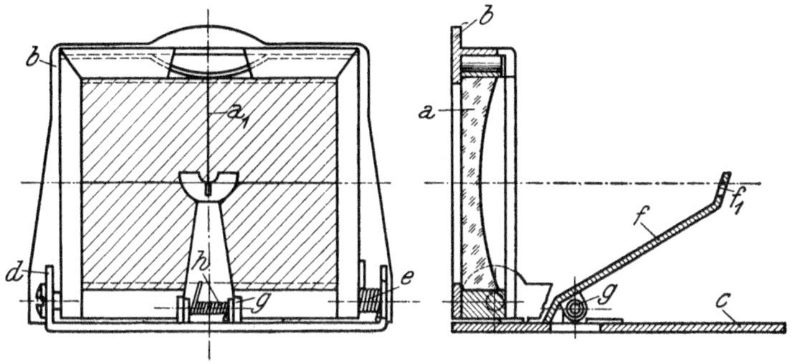

Abb. 301. Mechanischer Aufbau des NEWTON-Suchers. *a* Negativlinse mit Strichkreuz a_1, *b* Gehäuse der Linse (umlegbar), *c* Bodenplatte zur Befestigung an der Kamera, *d* Träger des Gehäuses *b* mit Schanier *e*, *f* Diopter mit Aussparung f_1, an der Bodenplatte *c* bei *g* umlegbar und federnd befestigt, *h* Feder. Beim Umlegen des Linsenträgers *b* wird auch der Diopter *f* selbstätig umgelegt

Kameras) bekannt, bei denen die Negativlinse an der Kameravorderwand verschiebbar angeordnet ist, während ein Diopter entweder überhaupt fehlt oder an anderer Stelle befestigt ist (vgl. Abb. 301).

Eine derartige Kamera mit verschiebbarem NEWTON-Sucher brachte im Jahre 1903 die Firma SOCIÉTÉ L. GAUMONT & CIE. in Paris in den Handel; die Eigenart der Anordnung bestand in der Verbindung des Suchers mit dem Objektivverschluß in der Art, daß der Sucher oder ein mit diesem verbundener Teil in der Nichtgebrauchsstellung die Objektivöffnung verschließt; beim Bewegen des Suchers in die Visierstellung wird der Verschluß gespannt und gleichzeitig die Objektivöffnung freigegeben. Derartige Einrichtungen werden vorwiegend bei Stereo-Apparaten verwandt.

Eine besonders bei Stereo-Kameras gut anwendbare Anordnung eines NEWTON-Suchers, wobei dieser in der Ruhestellung mit der Vorderfläche des Kameragehäuses (Objektivbrett) abschneidet, hat Verfasser im Jahre 1920 vorgeschlagen; das kennzeichnende Merkmal der Konstruktion ist, daß der NEWTON-Sucher als Ganzes, d. h. Linse samt Diopter, parallel zur Kameravorderwand versenkbar angeordnet ist. Dadurch wird ein sicherer Schutz gegen äußere Einflüsse geschaffen, ohne daß dabei die rasche Überführung der Kamera in die Ge-

[1] Vgl. P. HELLGREBE, Phot. f. Alle, 1930, Heft 11, S. 137.

brauchslage irgendwie beeinflußt würde; diese Überführung erfolgt durch einfaches Herausziehen des Objektivbretts bis zu einem fühlbaren Anschlag (D. R. P. Nr. 332787).

Die ersten NEWTON-Sucher wurden derart angeordnet, daß das mechanische Visier (Kimme) beim Umlegen der Linse mit Visierkreuz stehen blieb bzw. erst für sich umgelegt werden mußte; der Nachteil war dabei folgender: wenn übersehen wurde, das Visier umzulegen, konnte dieses eventuell verbogen werden, wodurch dann ein Fehler beim Visieren entstand.

G. GEIGER in München erdachte im Jahre 1905 eine bemerkenswerte Kombination, die allgemein Eingang fand: beim Umlegen der Linse mit Rahmen wird ein mit diesem gelenkig verbundener Stift gegen den Fuß des Diopters geschoben, um diesen gleichzeitig mit dem Träger der Linse umzulegen (D. R. P. Nr. 168480).

In dem Bestreben, die Zahl der Handgriffe beim Überführen der Kamera in die Gebrauchsstellung zu verringern, wurden die Elemente des Suchers mit denen der Auslösevorrichtung für das Objektivbrett in zwangläufige Beziehung gebracht; eine derartige Kamera hat im Jahre 1908 die Firma VOIGTLÄNDER & SOHN A. G. auf den Markt gebracht: es war dies eine Spreizen-Kamera mit durch Federkraft nach vorn schnellendem Objektivbrett, bei welcher der zur Auslösung dienende Druckbolzen im Bereiche eines in seine Arbeitslage springenden NEWTON-Suchers angeordnet ist. (Vgl. auch D. R. P. Nr. 173711 für H. ERNEMANN.)

Eine interessante Anregung, eine Negativlinse, wie sie beim NEWTON-Sucher gebraucht wird, in Verbindung mit einem Spiegel sowohl als Sucher für Aufnahmen in Augen- als auch in Brusthöhe zu benützen, hat 1904 JACQUES DUCHEY in Gannat (Frankreich) gegeben.

AUGUST NAGEL in Stuttgart hat 1912 einen NEWTON-Sucher mit Schutzvorrichtung für die Linse konstruiert, wobei das Diopter wegfällt und an dessen Stelle ein Schutzgehäuse mit Visiervorrichtung tritt, das sich beim Zusammenlegen des Suchers auf die Linse legt; damit das Schutzgehäuse die Sucherlinse beim Umlegen schneller in die Ruhelage überführt, als es selbst in diese gelangt, und damit diese Teile sich gegenseitig nicht behindern, sind entsprechende mechanische Vorkehrungen getroffen, die in der Patentschrift D. R. P. Nr. 275071 näher beschrieben sind.

b) Der Gesichtswinkel und die Akkommodation. Das von der Linse des NEWTON-Suchers entworfene Bild wird, weil ein eindeutiger Stützpunkt für das akkommodierende Auge beim Halten der Kamera nicht vorhanden ist, unter einem Winkel von größerem oder kleinerem absolutem Wert gesehen, was als Fehlerquelle zu bezeichnen ist.

Es wurde bereits früher darauf hingewiesen, daß der NEWTON-Sucher eine Reihe von Mängeln aufweist, deren Folgen durch einen geschickten Lichtbildner wenigstens z. T. gemildert werden können; allerdings sind diesbezüglich Grenzen gezogen, wenn man freihändig mit der Hinterlinse bzw. Vorderlinse eines Doppel-Anastigmaten oder mit einer Vorsatzlinse in Verbindung mit unsymmetrischen Systemen arbeitet. Wohl müssen in solchen Fällen auch andere Sucherarten mit Vorsicht benutzt werden (das gilt besonders bei Tele-Anastigmaten), in besonders hohem Maße trifft dies aber beim NEWTON-Sucher zu. Das Gesagte sei durch ein Beispiel erläutert:

Das Objektiv einer 9×12 cm-Kamera habe eine Brennweite von $f = 13{,}5$ cm und es sei angenommen, daß mit einer Vorsatzlinse von etwa zweifacher Vergrößerung gearbeitet wird; dadurch erhält die Äquivalentbrennweite einen angenähert doppelt so großen Wert, also $f = 27{,}0$ cm, und der Bildfeldwinkel sinkt auf etwa die Hälfte seines Wertes herab. Was ist zu tun, um diesen veränderten Verhältnissen rasch Rechnung zu tragen? Die Lage des Diopters zur Visiermarke ist eindeutig und, selbst wenn sie verändert werden könnte, wäre dies ohne jeden Einfluß auf den Bildfeldwinkel; die Verbindungslinie von Dioptermitte und Visiermarke dient lediglich zur Festlegung der Bildmitte, während eine Variation der Größe des Bildfeldes nur durch Änderung des Abstandes des Auges vom virtuellen verkleinerten Bilde möglich ist.

Im allgemeinen fällt jedem Sucher und insbesondere dem NEWTON-Sucher vor allem die Aufgabe zu, einen Gegenstand von bestimmter Ausdehnung in die Mitte der Platte zu bekommen; darüber hinausgehende Anforderungen lassen sich nur teilweise erfüllen. Die erhaltenen Resultate hängen in der Hauptsache von der Gewandtheit des Aufnehmenden und von dessen Vertrautsein mit seinem Apparat ab. In früheren Zeiten dienten die Sucher-Einrichtungen meistens nur dazu, zu kontrollieren, ob nicht etwa die auf der Mattscheibe herbeigeführte Einstellung des Bildes durch unbeabsichtigte äußere Einflüsse, wie z. B. Stoß o. dgl., verändert wurde. Auf jeden Fall muß festgestellt werden, daß die oft übertriebenen Ansprüche bezüglich Genauigkeit des Suchers beim NEWTON-Sucher nie ganz erfüllt werden können. In Abb. 302 ist eine Kamera mit zwei Durchsichtssuchern dargestellt; bei Benutzung beider läßt sich die Genauigkeit des Visierens steigern.

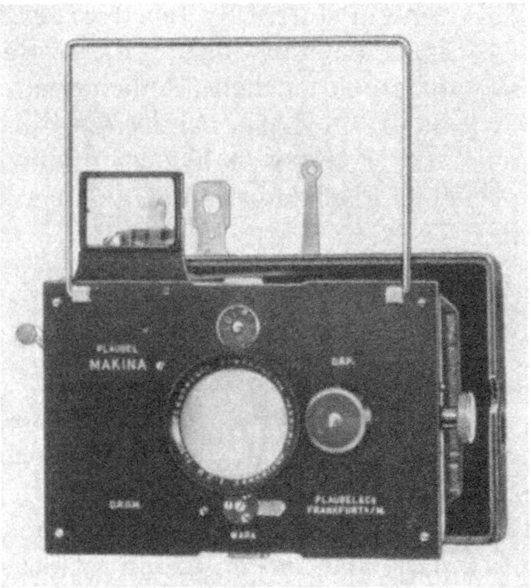

Abb. 302. Durchsichtsucher und Ikonometer. Der Durchsichtsucher ist ein NEWTON-Sucher mit Sammellinse und Blauglas. Der Ikonometerrahmen ist nach vorne umklappbar. Die Kamera ist eine PLAUBEL-Makina-Spreizenkamera 6,5 × 9 cm für Platten und Filmpack (PLAUBEL & Co., Frankfurt a. Main)

c) NEWTON-Sucher mit Sammellinse. Ein nicht zu beseitigender, aber auch nicht besonders störender Nachteil des NEWTON-Suchers ist, daß zwischen dem verkleinerten virtuellen Bild und den an dasselbe anschließenden Partien des Gegenstandes ein „Sprung" entsteht, der einerseits durch die verschiedene Größe der benachbarten Bildeinzelheiten und anderseits durch die Fassungsteile der rechteckigen Linse hervorgerufen wird.[1] Da das anzuvisierende Bild relativ klein ist und überdies störende Unsicherheiten dadurch hervorgerufen werden, daß der Ort des Auges nicht eindeutig festliegt, liegt der Gedanke nahe, das von der Negativlinse entworfene, aufrecht stehende verkleinerte Bild mit Hilfe einer Sammellinse als Lupe virtuell zu vergrößern; es ergibt sich auf diese Art ein umgekehrtes holländisches Fernrohr. Eine derartige Anordnung hat folgende Vorteile: Der Augenort bleibt dauernd unverändert, und zwar in unmittelbarer Nähe der Sammellinse; der Sucher kann vollkommen geschlossen gebaut werden, das Bildfeld kann durch Einschaltung einer rechteckigen Blende, deren Form derjenigen des Aufnahmeformats ähnlich ist, in der richtigen Größe erzielt werden. Diese Art des NEWTON-Suchers ist an sich nicht neu, hat sich

---

[1]) Der Ikonometer ist in dieser Beziehung nahezu einwandfrei, da lediglich durch die Dicke des Drahtes ein kleiner Teil des Gegenstandes verdeckt wird.

jedoch in der Praxis bislang in größerem Umfang nicht eingebürgert. Man kann hier das Visierkreuz auf der Linse entbehren; an die Stelle des Diopters tritt die Sammellinse, so daß ein Fernrohr entsteht. Ein beachtenswerter Vorzug dieser Konstruktion besteht darin, daß sie die sichere Haltung der Kamera ermöglicht.

In jüngster Zeit (1924) hat die Firma E. Leitz in Wetzlar bei ihrer „Leica-“ Kleinbildkamera dieses System mit Erfolg angewandt; in der gemeinsamen Bildebene beider Linsen befindet sich das virtuelle Bild, das in genügender Schärfe rechteckig umrahmt erscheint.

Für Spezialapparate mit kurzer Objektiv-Brennweite ist diese Einrichtung zweifellos sehr gut brauchbar, doch stellen sich auch hier alle beim normalen Newton-Sucher erwähnten Fehler (beim Wechsel von Objektiven usw.) ein, weil eben ein starres System vorliegt.

Eine Sonderausführung dieses Suchers, welche den Zweck hat, unauffällig Aufnahmen zu machen (ähnlich wie mit der „Ergo“-Geheimkamera $4^1/_2 \times 6$ cm der Zeiss-Ikon-A.-G., bei der die Blickrichtung im rechten Winkel zur optischen Achse der Kamera steht), ist dadurch gekennzeichnet, daß eine oder mehrere spiegelnde Flächen in den Strahlengang des holländischen Fernrohrs eingeschaltet sind (D. R. G. M. Nr. 1020855).[1]

108. Die Parallaxe. Wenn man vom Newton-Sucher absieht, da er in seiner Urform ohne Sammellinse mit wenig Ausnahmen insbesondere bei Laufbodenkameras fast ganz verschwunden ist, so bleiben als Sucher-Einrichtungen nur zwei Arten übrig, und zwar:

Der optische Spiegel-Aufsichts-Sucher und der mechanische Ikonometer-Durchsichtssucher. Obwohl bezüglich ihres Aufbaus grundverschieden, haben beide doch bezüglich der Anordnung an der Kamera den gleichen Nachteil: die seitliche Lage in bezug auf die optische Achse des Aufnahme-Objektivs. Es wäre wohl vergeblich, nach Mitteln zu suchen, um diesen Nachteil zu beseitigen, aber es verlohnt sich, festzustellen, wann und inwieweit die seitliche Anbringung der Suchereinrichtung, die zur Entstehung der „Parallaxe“ (seitliche Verlagerung des Bildes) Anlaß gibt, tatsächlich von stark nachteiligem Einfluß ist. Bei Aufnahmen auf Unendlich muß sowohl die optische Achse des Spiegelsuchers als auch die ideelle Visierlinie des Rahmensuchers streng parallel zur optischen Achse des Aufnahme-Objektivs sein; diese Forderung ist deshalb berechtigt, weil jede Kamera sowohl für Hoch- als auch für Querformat gebraucht werden soll, ohne daß in der konstruktiv festgelegten Anordnung der Sucherelemente zueinander eine Änderung eintritt.

Von der Wirkung der „Parallaxe“ kann man sich die beste Vorstellung bei Aufnahmen aus unmittelbarer Nähe (z. B. aus 1 m Entfernung) machen; bringt man z. B. beim Beobachten durch den Sucher einen beliebigen Punkt des Dinges in die Mitte des Bildfeldes und zieht man von diesem Punkt eine Verbindungslinie zur Objektivmitte, so trifft diese die Ebene der Mattscheibe bzw. des Schichtträgers nicht senkrecht und daher auch nicht in der Mitte. Abb. 303 gibt in einwandfreier Weise darüber Aufschluß, wie die Parallaxe entsteht; wesentlich ist der Abstand der Mitte des Sucher-Objektivs von jener des Aufnahmeobjektivs, wobei je nach der seitlichen Anordnung des Suchers zwischen Höhen- und Seitenparallaxe bzw. Höhen- oder Seitenparallaxe zu unterscheiden ist; in letzterem Falle liegt die optische Achse bzw. Visierlinie des Suchers in der durch die Objektivmitte gehenden, zur langen bzw. kurzen Plattenseite parallel verlaufenden Ebene.

[1] Bezüglich Geschichte der Geheimkamera vgl. G. Seeber, Phot. Ind. 1930, Heft 26 und 27.

Aus Abb. 303 ist ersichtlich, daß die Größe des Winkels α, dessen Scheitel am Orte des Gegenstandes, also im Punkt P liegt, von wesentlicher Bedeutung ist. Es ist dies der Winkel, dessen ein Schenkel vom Punkte P des Gegenstandes zur Mitte des Sucherobjektivs und dessen anderer Schenkel vom gleichen Punkte zur Mitte des Aufnahmeobjektivs läuft. Die Parallaxe (Winkel α) wird bei konstanter Entfernung E des Gegenstandes um so größer, je größer a ist, d. h. je weiter die optische oder geometrische Mitte des Sucherobjektivs von jener des Aufnahmeobjektivs entfernt liegt.

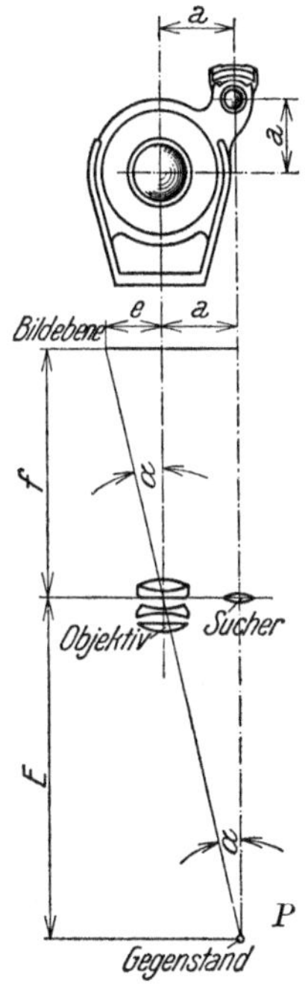

Abb. 303. Schematische Darstellung des Einflusses der Parallaxe. Die Mitte des Suchers ist sowohl der Seite als auch der Höhe nach von der optischen Achse des Aufnahmeobjektivs (mit der Brennweite f) um die Strecke a entfernt. Der Gegenstand befindet sich in der Entfernung E vom Objektiv. Bei Einstellung auf „Unendlich" gilt die Beziehung $e : f = \mathrm{tg}\,\alpha$ oder $e = f \,.\, \mathrm{tg}\,\alpha$

Da die Werte für a bei jedem Kameramodell festliegen, so beobachtet man zweckmäßig die Beeinflussung des Winkels α durch die Veränderung des Wertes E; man kommt dabei zu dem Ergebnis, daß die Parallaxe um so größer wird, je kleiner die Entfernung des aufzunehmenden Gegenstandes von der Kamera ist. Ohne zunächst die Brennweite des Aufnahmeobjektivs zu berücksichtigen, läßt sich folgendes sagen:

Der Parallaxe-Winkel α ist dem Abstande der Mitten des Sucher- und Aufnahmeobjektivs direkt, der Entfernung E des Gegenstandes hingegen umgekehrt proportional. Die absolute Größe der Parallaxe, d. h. derjenige lineare Wert e der seitlichen Verlagerung des Bildes in der Einstellebene, der gemessen werden kann, ist, wie Abb. 303 zeigt, nicht nur vom Winkel α, sondern auch von der Brennweite f des Objektivs abhängig; dieser Wert ergibt sich aus der Beziehung $e : f = \mathrm{tg}\,\alpha$ oder $e = f \,.\, \mathrm{tg}\,\alpha$, d. h. die wirkliche in Längenmaß ausdrückbare Parallaxe e ist umso größer, je länger die Brennweite des Aufnahmeobjektivs und je größer der Winkel α bzw. je kleiner die Entfernung E des aufzunehmenden Gegenstandes ist. Obige Formel geht also jetzt über in: $e = f \,.\, \frac{a}{E} = \frac{a \,.\, f}{E}$; dieser Wert gibt an, um welchen Betrag das Bild eines im Sucher in der Mitte gesehenen Gegenstandes gegenüber der Mitte der Mattscheibe verschoben ist.

Bei Naheinstellungen ergibt sich eine Vergrößerung des Abstandes zwischen Bild- und Blendenebene, die bei Abbildung im Maßstab 1 : 1 den Wert $2f$ erreicht; es ist selbstverständlich, daß in diesem Falle auch der Wert der Parallaxe auf das Doppelte ansteigt. Ganz analog liegen die Verhältnisse z. B. bei Verwendung von Vorsatzlinsen. Die Äquivalentbrennweite des Gesamtsystems aus Objektiv und Vorsatzlinse ergibt sich als Produkt aus der Objektivbrennweite und dem Vergrößerungsfaktor der Vorsatzlinse; die Parallaxe ist umso größer, je kürzer die Brennweite der betreffenden Vorsatzlinse ist.[1]

H. Die Belichtungsmesser

Die zur Bestimmung der Belichtungszeit angewandten Mittel können im wesentlichen in zwei Gruppen geteilt werden: in Belichtungstabellen und Lichtmesser oder Photometer.

[1] Die mechanischen Mittel zur Vermeidung der Parallaxe wurden bereits im Abschnitt 102 besprochen.

J. Rheden hat in seinem Buche: Die Hilfsmittel zur Bestimmung der Belichtungsdauer (Enz. d. Phot. und Kinemat., Heft 107, Verlag Wilh. Knapp, Halle a. d. Saale, 1926) das ganze Gebiet ausführlich behandelt.

109. Belichtungstabellen. Zweck der Belichtungstabellen ist es, die jeweils notwendige Belichtungszeit ohne Messung des Lichtes rein rechnerisch zu ermitteln; die dabei erforderlichen Größen sind teils gegeben, teils müssen sie durch Schätzung gefunden werden. Zu den konstanten bzw. nahezu konstanten Größen bei Tageslichtaufnahmen gehören:

a) Die Lichtstärke des Objektivs bzw. die jeweilige Blende;

b) die Empfindlichkeit der Platte und

c) die Helligkeit des Tageslichtes zur Zeit der Aufnahme bei unbewölktem Himmel.

Zu ermittelnde Werte sind:

d) der Helligkeitswert des aufzunehmenden Gegenstandes und

e) der Grad der Bewölkung des Himmels.

Rheden unterscheidet vier verschiedene Arten Belichtungstabellen:

α) Multiplikationstabellen und solche mit „verketteten" Tafeln.

β) Additionstabellen;

γ) Rechenschiebertabellen;

δ) graphische Tabellen.

Ad *α*. Die Belichtungstabellen nach dem Multiplikationsprinzip sind heute fast verschwunden, so daß sich eine nähere Besprechung derselben erübrigt; eine der ersten Tabellen dieser Art aus dem Jahre 1896 war die Photographische Belichtungstabelle von Paul Eichenau, welche später unter dem Namen Helios-Belichtungstabelle bekannt wurde. Tabellen mit verketteten Tafeln, die jede rechnerische Arbeit ersparen und ebenso bequem wie theoretisch einwandfrei sind, finden sich heute noch verschiedentlich: z. B. die Igora Belichtungstabelle von Otto Gorsolke sowie die Tellsche Spektralbelichtungstabelle.

Ad *β*. Eine wesentlich günstigere Aufnahme haben die sogenannten Additionstabellen gefunden, deren erste diejenige von Dr. Staeble, München, war; in fünf Tafeln sind alle einzelnen in Betracht kommenden Werte zusammengestellt. In einer sechsten Tafel kann nach Eingang mit der Summe dieser Werte die notwendige Belichtungszeit unmittelbar abgelesen werden.

Die „Belichtungstabellen mit Additionszahlen" von J. Rheden[1] sind besonders ausführlich und weitreichend; sie sind für alle geographischen Breiten zwischen 71° n. B. und 71° s. B. berechnet. In 6 Tafeln enthalten sie: die L_1-Werte (Logarithmen mit der Basis $\sqrt{2}$) für verschiedene Aufnahmegegenstände (Gruppe A und B) bei verschiedener Beleuchtung, die L_2-Werte der Helligkeiten von 8 zu 8 Tagen und von halber Stunde zu halber Stunde, die L_3-Werte für verschiedene Bewölkungsgrade (Wetter), die L_4-Werte für die Plattenempfindlichkeiten von 10 bis 23 Grad Scheiner, die L_5-Werte für die Öffnungsverhältnisse von 1 : 1,8 bis 1 : 50 und die L_6-Werte für die Filterfaktoren von 2 bis 15. In der S-Tafel findet man nach Eingang mit der Summe der in den Tafeln L_1 bis L_6 gefundenen Zahlen die unter den jeweils herrschenden Umständen notwendige Belichtungsdauer; die den Tabellen beigefügte Textbeilage gibt über alle mit der Bestimmung der Belichtungsdauer zusammenhängenden Fragen erschöpfende Aufklärung.

Auch der „Alphina-Belichtungsanzeiger" auf logarithmischer Grund-

---

[1] Carl Überreuters Verlag, Wien IX; zuletzt erschien die 32. bis 35. Auflage 1930.

lage ist ein sehr brauchbares Hilfsmittel in Tabellenform; sein besonderes Kennzeichen ist die Angabe eines sogenannten Grenzlichtwertes, der die längste zulässige Belichtungsdauer für bewegte Gegenstände angibt.

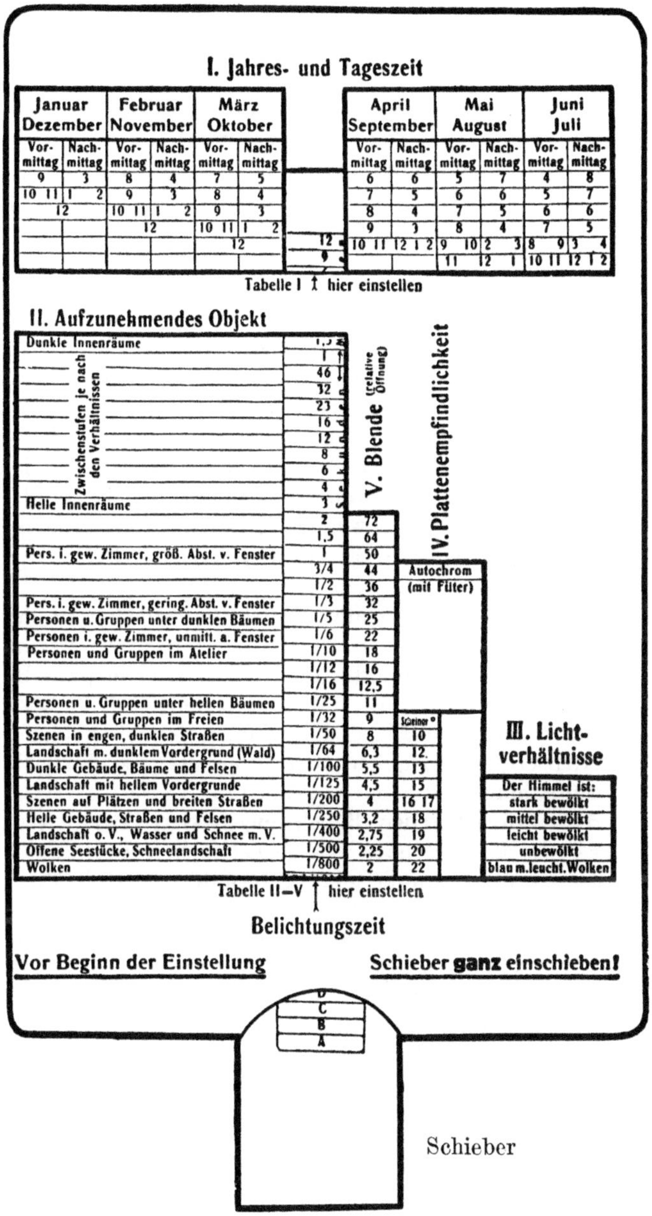

Abb. 304. Belichtungstabelle mit nur einem Schieber, ausgeführt von Voigtländer & Sohn A.-G., Braunschweig

Neben einer Reihe von kleinen Belichtungstabellen sei noch die „Isco-Belichtungskarte“ der Firma Jos. Schneider & Co. in Kreuznach erwähnt, die eine geschickte Ausführungsform einer auf dem Logarithmen-System beruhenden Additionstabelle darstellt.

Ad γ. Die wohl am häufigsten angewandte Form von Belichtungstabellen ist die nach Art des Rechenschiebers: man kann hier solche unterscheiden, bei denen eine geradlinige Verschiebung eines der Skalenträger vorgenommen wird, und solche, welche eine kreisförmige Gestalt haben, bei denen sich die einzelnen an der Kreisperipherie angeordneten Skalen um einen gemeinsamen Mittelpunkt drehen lassen.

Ein sehr einfacher und zuverlässiger Belichtungsmesser nach dem Prinzip des Rechenschiebers ist die in Abb. 304 dargestellte Voigtländer-Belichtungstabelle; sie gestattet, alle bei der Aufnahme zu beobachtenden Verhältnisse mit nur einem Schieber zu berücksichtigen und hat sich in kürzester Zeit stark eingebürgert.

Eine andere Belichtungstabelle der ersten Art ist jene der Agfa, deren charakteristisches Merkmal zwei Schieber sind, die nacheinander betätigt werden.

Die auf der Rückseite befindliche Blitzlichttabelle gestattet in Verbindung mit dem einen der beiden Schieber nicht nur festzustellen, wieviel Agfa-Blitzpulver in einem gegebenen Falle verbrannt werden muß, sie gibt vielmehr auch darüber Aufschluß, wie weit bei Benutzung einer bestimmten Menge Pulver der Gegenstand von der Lichtquelle bei verschiedenen Abblendungen entfernt sein soll. Ähnlich wie die Agfa-Belichtungstabelle ist die Hauff-Belichtungstabelle. Der Perutz-Belichtungsmesser, der früher drei Schieber hatte, wird in seiner neuen Form nur mit zwei Schiebern ausgestattet.

Im Gebrauch sehr angenehm, weil flach und kleiner als die rechteckigen Tabellen, sind jene in Kreisform; die bekannteste hieher gehörige Ausführungsform ist jene nach Dr. Staeble, die im wesentlichen aus zwei gegeneinander verdrehbaren Zelluloidscheiben von etwa 6 cm Durchmesser besteht. Andere ähnliche Modelle sind z. B. Dr. Schleussners „Diskus“, die „Verax-Uhr“ von Dr. Max Leo und der „Hatos“-Belichtungsmesser.

Ad δ. Von den Belichtungsmessern, welche die in der gesamten Technik jetzt so gebräuchliche graphische Darstellung funktioneller Beziehungen (Nomographie) als Grundlage haben, sind nur wenige Ausführungsformen in die größere Öffentlichkeit gelangt; J. Rheden erwähnt in der obzitierten Arbeit das „Exposimeter“ von Dr. Cholinsky und die Belichtungstabelle „Ex-In“ von Forsner in Stockholm. Im allgemeinen sind „Kurven“ u. dgl. bei den mit solchen Dingen wenig vertrauten Amateuren nicht beliebt; es ist daher verständlich, daß die Einführung solcher Tabellen auf Schwierigkeiten gestoßen ist.

Der größte Vorzug aller Belichtungstabellen ist ihr niedriger Preis; da sie auch zuverlässig sind, so erklärt sich ihre große Verbreitung. Unter normalen Lichtverhältnissen sind die Belichtungstabellen gute Berater und sehr brauchbar. Als Nachteil der Belichtungstabellen wird oft bezeichnet, daß sie eine Berücksichtigung von Einzelheiten am aufzunehmenden Gegenstande, d. h. eine Differenzierung bezüglich Beschaffenheit und Beleuchtung einzelner Partien des Aufnahmeobjekts, nicht gestatten.

110. Die optischen Belichtungsmesser. Bei den optischen Belichtungsmessern ist die Netzhaut des menschlichen Auges das messende Organ; da sie in ziemlich hohem Maße adaptationsfähig ist, d. h. die Eigenschaft besitzt, sich verschiedenen Lichtverhältnissen automatisch anzupassen, sind die mit den optischen Belichtungsmessern erzielten Meßresultate nicht immer befriedigend. Dr. Walter Thorner hat im Jahre 1921 vorgeschlagen, den Belichtungsmesser mit einer Einrichtung zu versehen, welche direktes Außenlicht von beiden Augen des Beobachters fernhält, um Dunkeladaptation herbeizuführen. Er wählte für das Gerät die Form eines astronomischen Fernrohrs, in dessen Bildebene eine kleine Menge eines radioaktiven selbstleuchtenden Präparats angeordnet wurde, das vor Beleuchtung von außen geschützt ist und zugleich mit den vom Objektiv in der Bildebene entworfenen Bildern der Außenwelt gesehen werden kann. (Siehe D. R. P. Nr. 364854.)

Grundsätzlich beruhen die optischen Belichtungsmesser auf der unmittelbaren Messung des Lichtes unter Zuhilfenahme eines Dämpfungskeils, durch dessen Einfluß die Intensität des vom Gegenstand kommenden Lichtes bis zu einem gewissen „Schwellenwert“ geschwächt wird, wobei jene Stellung des Glas- oder Stufenkeils, bei welcher die erforderliche Dämpfung des Lichtes eintritt, für die Dauer der Belichtung bestimmend ist. (Siehe J. Rheden l. c., S. 43 bis 49.) Es gibt zwei Arten optische Belichtungsmesser:

a) mit durchsichtigem,

b) mit durchscheinendem Meßmittel.

Ad a) Die optischen Belichtungsmesser mit durchsichtigem Meßmittel. Das erste brauchbare Gerät dieser Art stammt von E. Degen in Paris und wurde unter dem Namen „Normalphotometer" bekannt. Es besteht im wesentlichen aus einem rechteckigen Gehäuse, in welchem sich zwei Glaskeile

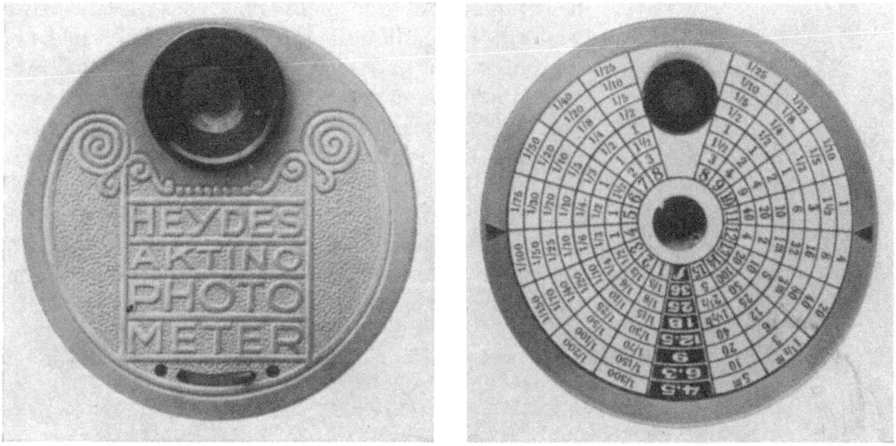

Einblickseite Rückseite

Abb. 305. Aktino-Photometer (G. Heyde, Dresden)

von bläulich-schwarzer Färbung verschieben lassen; die Lage der Keile gegeneinander ist derart, daß, wenn beide eingeschoben sind, der eine am wenigsten, der andere am meisten dämpfend wirkt. Mit den Keilen zwangläufig verbunden sind Läufer, die an Skalen entlang gleiten; an diesen Skalen erfolgt die Ablesung der Belichtungszeit. Die Wirkungsweise des Gerätes ist im wesentlichen folgende: Der längere Keil mit der gleichen Keilkonstante wie der kürzere Keil (der sogenannte Blendenkeil) wird bei der Messung so weit herausgezogen, daß die Einzelheiten des Gegenstandes in dem durch die Schauöffnung gesehenen Bildausschnitt gerade verschwinden. Die Benutzung irgendwelcher Hilfstafeln ist vollkommen überflüssig; das Gerät hat eine ähnliche Form wie die derzeit in Verwendung stehenden Photo-Telemeter (z. B. E. Leitz „Fodis").

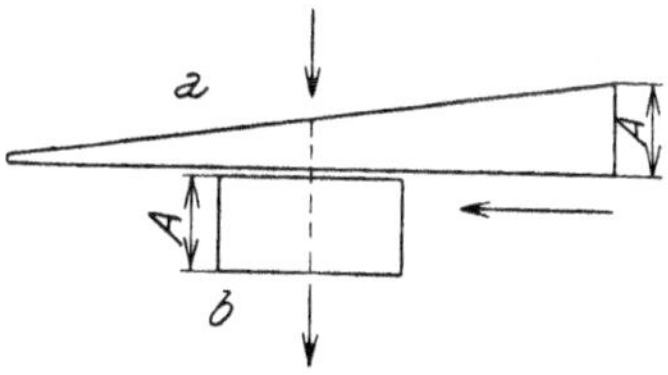

Abb. 306. Erweiterung des Meßbereiches beim Heydeschen Aktino-Photometer. Durch Vorschalten einer planparallelen blauen Scheibe *b* vor den runden Glaskeil *a* wird das Gerät auch für Messungen in Innenräumen brauchbar

Das „Diaskop" von O. Lange in Leipzig, das besonders einfach konstruiert und trotzdem recht verläßlich ist, hat als Meßmittel einen geradlinig verschiebbaren Farbgelatinekeil im Format 4 × 11 cm von neutral-grauer Farbe; der Keil ist mit einer Blaufolie überdeckt. Die Kennziffer des Keiles ist 4, d. h. die Belichtungsdauer wird bei Verschiebung des Keils um je 1 cm je viermal so groß. Außer der Schauöffnung ist noch ein kleines Fenster vorgesehen, durch das hindurch die Wirkung der Keilverschiebung von 5 zu 5 mm und darunter beobachtet werden kann.

Einer der verbreitetsten optischen Belichtungsmesser von großer Vollkommenheit ist das von G. Heyde in Dresden konstruierte „Aktino-Photometer" (vgl. Abb. 305); es ist kreisförmig und hat einen Durchmesser von etwa 6 cm und

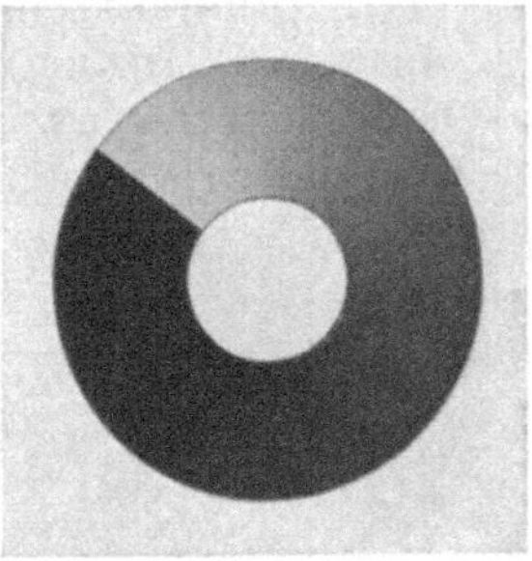

Abb. 307. Der Goldbergsche Farbgelatinekeil. Äußerer Durchmesser der Scheibe zirka 50 mm. Durchmesser der Lichtdurchlaßöffnung zirka 18 mm. Gesamtdicke des Keils samt Deckglas 2,3 mm

eine Dicke von etwa 1 cm. Im Innern befindet sich ein runder Keil aus Glas von bläulicher Färbung und kontinuierlich ansteigender Dicke; beim Gebrauch des Instruments wird dieser Glaskeil durch Drehung eines gerändelten Ringes an der Schauöffnung vorbeigeführt. Um den Meßbereich des Gerätes zu erweitern, ohne die äußeren Abmessungen desselben vergrößern zu müssen, ist vor der Einblicköffnung eine dunkelblaue planparallele Scheibe vorschaltbar angeordnet, welche die gleiche Farbe besitzt wie der Keil an seiner dichtesten Stelle; durch diese Einrichtung wird der Meßbereich so erweitert, daß das Instrument auch in Innenräumen verläßliche Messungen zu machen gestattet (vgl. Abb. 306).

Eine andere Ausführungsform optischer Belichtungsmesser von runder Gestalt ist das „Diaphot“

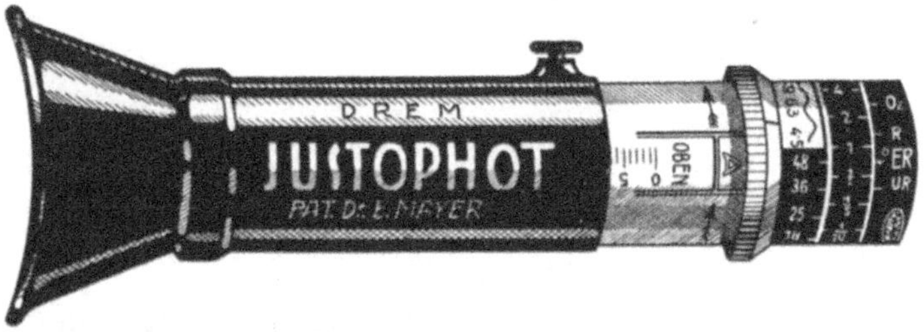

Abb. 308a. Justophot nach Dr. E. Mayer, Wien. Ansicht. Das Gerät hat in der Gebrauchsstellung für Normalsichtige eine Länge von etwa 12 cm. Die Skalenringe am Gerät (rechts) dienen zum Einstellen verschiedener Konstanten (Blenden, Filterfaktoren, Scheinergrade), die für die Bestimmung der Belichtungszeit maßgebend sind. Gewicht zirka 100 g

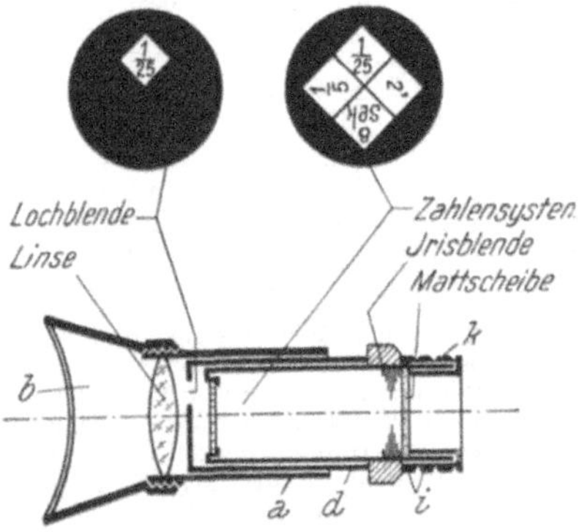

Abb. 308b. Justophot nach Dr. E. Mayer, Wien. Schnitt durch das Gerät. *a* äußeres Rohr mit Augenmuschel *b* und Sammellinse, *d* verschiebbarer Tubus mit dem Pendelring für die Irisblende, dem Träger des Zahlensystems und den Skalenringen *i*, *k*. Vgl. Abb. 308a

der Zeiss Ikon A.-G., das sich durch seine Handlichkeit auszeichnet; der innen liegende Goldbergsche Farbgelatine-Keil (vgl. Abb. 307) hat einen Durchmesser von etwa 50 mm bei 15 mm Breite und ist durch besonders starke Steigung gekennzeichnet. Seine Färbung ist rein grau; die Blaufärbung wird durch eine in die Schauöffnung eingesetzte Folie erzielt. (Wegen Einzelheiten der Konstruktion vgl. D. R. P. Nr. 348735 und 349823.)

Ad b) Die optischen Belichtungsmesser mit trüben Meßmitteln. Im allgemeinen geht die rein subjektive Bestimmung der Belichtungszeit mit Hilfe optischer Belichtungsmesser rasch vonstatten, da sich die Einstellung des Keils auf den jeweils erforderlichen Dämpfungsgrad in wenigen Sekunden bewerkstelligen läßt. Wesentlichste Voraussetzung für das erfolgreiche Arbeiten mit diesen Geräten ist die Übung; die Tatsache, daß das sogenannte „Verschwinden der Einzelheiten“ kein fest umrissener eindeutiger Begriff ist, vielmehr von der individuellen Auffassung des einzelnen abhängt, ist im Anfang beim Arbeiten störend. Bei ständiger Übung mit ein und demselben Gerät ist diese Schwierigkeit bald zu überwinden.

Von der Tatsache ausgehend, daß viele der bekannt gewordenen Mittel zur Bestimmung der Belichtungszeit im allgemeinen unzureichend waren, konstruierte Dr. E. Mayer in Wien sein „Justophot“ (vgl. Abb. 308a und b); ihm schwebte das Ziel vor Augen, einen Lichtmesser zu schaffen, der das Licht ohne irgendwelche Voraussetzungen und unabhängig von Erfahrungen wirklich mißt, wobei die Messung nur wenige Sekunden beanspruchen soll. Dr. E. Mayer erkannte sehr bald, daß zur Erreichung dieses Zweckes eine einfache Verdunklung des optischen Bildes nicht genügt, daß dazu vielmehr zwei veränderliche Größen verwendet werden müssen: einerseits eine Irisblende und andererseits ein System von 4 Feldern, von denen jedes eine andere, genau berechnete Lichtdurchlässigkeit besitzt. Der gesamte, überhaupt in Betracht kommende Helligkeitsbereich (vom hellsten Sonnenlicht bis zum dunklen Innenraum) wird in 4 Zonen geteilt; jedes der genannten 4 Felder umfaßt eine dieser Zonen. Es ist Dr. Mayer gelungen, den Meßbereich des Justophots im neuen Modell 1928 wesentlich zu erweitern, so daß damit auch

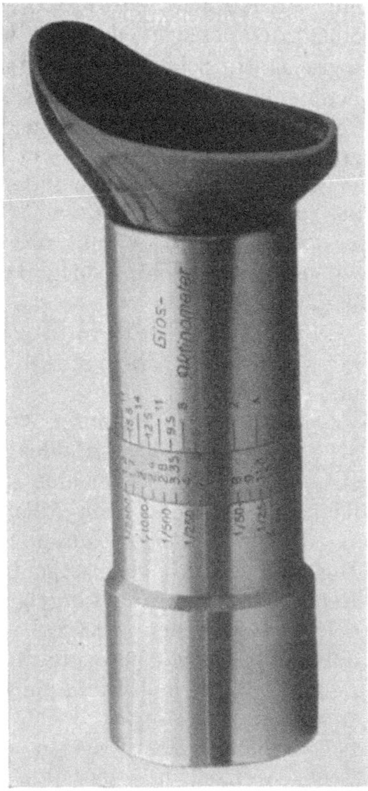

Abb. 309a. Lios-Aktinometer nach Dr. W. Schlichter, Freiburg. Ansicht. Länge zirka 10 cm, Gewicht zirka 100 g

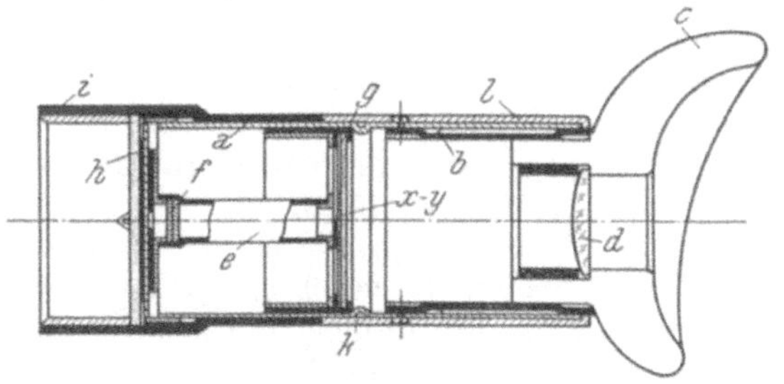

Abb. 309b. Lios-Aktinometer nach Dr. W. Schlichter, Freiburg. Schnitt durch das Gerät. *a* Hauptrohr, *b* Okulartubus mit Augenmuschel *c* und Sammellinse *d*. *e* Tubus für das Beobachtungsfeld *x—y*, *f* Blaugläser, *g* vordere Mattscheibe, *h* hintere Mattscheibe, *i* drehbarer Tubus mit Spiralblende und Skala für die Belichtungszahlen, *k* einstellbarer Ring für die Blendenzahlen, *l* feststehendes Rohr mit Skala der Scheiner-Grade

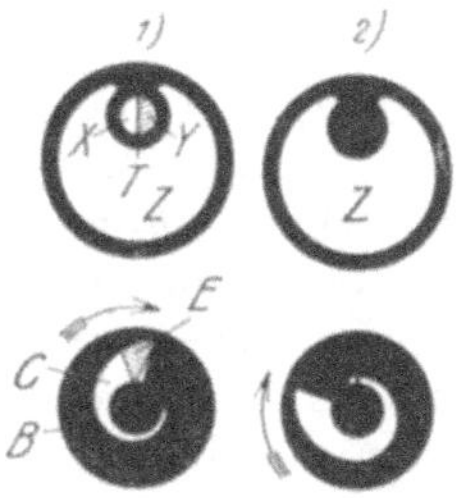

Abb. 309c. Beobachtungsfeld des Lios-Aktinometers nach Dr. W. Schlichter. *Z* Anpassungsfeld; *X—Y* abdunkelbares Blaufeld mit Trennungslinie *T*, in *1)* vollkommen aufgehellt, in *2)* vollkommen dunkel; *B* Abdunklungsblende mit spiralförmigem Schlitz *C*, *E* dreieckiges Fenster

Messungen bei sehr schwachem Licht möglich sind.

Dr. W. Schlichter hat neben seinem optisch-chemischen Belichtungsmesser einen solchen geschaffen, der auf rein optischer Grundlage beruht; dieses Instrument ist durch die dabei wohl erstmalige Anwendung eines sogenannten „Anpassungsfeldes“ charakterisiert und wird dadurch den bei einem zuverlässigen Aktinometer mit Recht zu stellenden Forderungen in physiologischer Hinsicht in weitestgehendem Maße gerecht. Schlichter sah von vornherein die Hauptaufgabe darin, die Möglichkeit zu schaffen, das Auge bei der Messung aus dem Zustand einer Überreizung in den einer unschädlichen Reizung zu überführen und in diesem Zustand so lange zu erhalten, bis die Messung vollzogen ist, welche sich in bekannter Weise auf die Ermittlung des Schwellenwertes stützt.

Abb. 309 a bis c gibt über die Konstruktion des Gerätes Aufschluß; im wesentlichen handelt es sich darum, daß hier mit zwei Feldern gearbeitet wird, und zwar

α) mit dem kleinen Beobachtungsfeld, in welchem die Einstellung des Schwellenwertes vorgenommen wird; die Helligkeit dieses Feldes ist veränderlich und meßbar;

β) mit dem sogenannten Anpassungsfeld, dessen Fläche wesentlich größer als die des Beobachtungsfeldes ist und dem Auge nur einen kleinen, aber konstanten Teil des Außenlichtes zuführt. Dadurch wird erreicht, daß die Empfindlichkeit des Auges nach Ablauf einer bestimmten Zeit unveränderlich bleibt.

Um alle Fehler auszuschalten, die sich vom ersten Augenblick des Durchblickens bis zum Augenblick der Messung durch die verschieden großen Reizzustände des Auges ergeben können, besteht die Vorschrift, die Einstellung auf den Schwellenwert erst vorzunehmen, nachdem man 15 Sekunden lang durch das Instrument geblickt hat. Unmittelbar vor den beiden erwähnten Feldern liegt im Brennpunkt einer Sammellinse eine Mattscheibe. Im Abstande von etwa 3 cm von der Mattscheibe ist eine unbewegliche Scheibe angeordnet, die in der Mitte eine Öffnung zur Beleuchtung des Beobachtungsfeldes und am Rande mehrere Öffnungen zur Beleuchtung des Anpassungsfeldes enthält; vor dieser Scheibe ist eine zweite Scheibe, und zwar drehbar angebracht, welche gesetzmäßig der Größe nach abnehmende Öffnungen für die Regelung der Beleuchtung im Beobachtungsfeld und überdies am Rande kreisförmige Ausschnitte enthält, die stets die gleiche Lichtmenge zur Beleuchtung des Anpassungsfeldes durchlassen. Den Abschluß des Gerätes auf der Seite des Gegenstandes bildet eine Opalglasscheibe, welche das eintretende Licht gleichmäßig zerstreut (vgl. Abb. 309 b und c).

Fr. Köster in Frankfurt a. M. schuf 1926 eine grundsätzlich andere äußere Anordnung insofern, als er einen Belichtungsmesser mit einem stufenweise verschieden dicht gefärbten durchsichtigen Körper in Form einer flachen kreisförmigen Dose konstruierte, bei der die Beobachtung in Richtung eines Durchmessers zu erfolgen hat. Zweckmäßig wird hier ein durchsichtiger Körper gewählt, der nicht allmählich an Dichte zunimmt, sondern in eine Reihe von (z. B. 12) Feldern eingeteilt ist, deren jedes gleichmäßig lichtdurchlässig ist, deren Lichtdurchlässigkeit aber stufenweise ab- bzw. zunimmt (D. R. P. Nr. 460058).

Auch das neueste Modell des W. Schlichterschen Belichtungsmessers (Lios-Aktinometer, D. R. P. Nr. 460889 und 463991) gehört in die Gruppe der optischen Belichtungsmesser; die Belichtungszeit wird folgendermaßen festgestellt: das vom beobachtenden Auge übersehene Gesichtsfeld wird durch eine besondere Vorrichtung in meßbarer Weise derart abgedunkelt, daß gewisse Helligkeitsunterschiede nicht mehr als solche wahrnehmbar sind. Im Gegensatz zu dem Gerät von G. Heyde, bei welchem das aufzunehmende Bild direkt betrachtet wird, gehört das neue Lios-Aktinometer zu jenen Geräten, bei denen das vom Gegenstand kommende und in das Instrument einfallende Licht eine in der Gesichtsfeldebene befindliche Mattscheibe mit darauf angebrachten sich gut abhebenden Zeichnungen beleuchtet. Wie bei der ersten Ausführung des Lios-Aktinometers wird auch beim neuen Modell nur ein Teil des ganzen Gesichtsfeldes, und zwar das bereits erwähnte „Abdunklungsfeld", bis zum Verschwinden des in ihm sichtbaren Kontrastes abgedunkelt, während der wesentlich größere Teil des Gesichtsfeldes, das sogenannte „Adaptations- oder Anpassungsfeld", stets gleichmäßig hell bleibt und dadurch die im Augenblick der Feststellung des Verschwindens des Kontrastes bestehende Helligkeits-Adaptation bzw. Netzhautempfindlichkeit bestimmt. Man mißt also auch hier mit dem auf die Helligkeit des Adaptationsfeldes eingestellten Auge, so daß alle Messungen bei ziemlich gleichbleibender Empfindlichkeit des Auges vorgenommen werden.

Das Beobachtungsfeld des Lios-Aktinometer (vgl. Abb. 309 a bis c) besteht aus zwei Hälften von etwas verschiedener bläulicher Färbung, die sich in einer senkrecht verlaufenden Linie berühren. Anders als bei sonst bekanntgewordenen optischen Belichtungsmessern wird beim „Lios" nur ein kleiner Teil des Gesichtsfeldes, und zwar das erwähnte blaugetönte Beobachtungsfeld, bis zur absoluten Lichtlosigkeit abgedunkelt, während die weitaus größere Fläche des Gesichtsfeldes gleichmäßig hell bleibt. Interessant ist die Ausführung und Anordnung der Abdunklungsblende; ein spiralförmiger Schlitz von gesetzmäßig abnehmender Breite bewegt sich vor einem dreieckigen Fenster so vorbei, daß dessen lichtdurchlassende Fläche sich der Höhe und Breite nach stetig verringert. In der Endstellung kann schließlich Licht nur noch durch eine kleine Fläche an der Spitze des dreieckigen Fensters hindurchtreten.

Um das Wechseln der Größe der Augenpupille bei der Beobachtung auszuschließen, wurde bereits im Jahre 1925 von der Firma Emil Busch A. G. in Rathenow vorgeschlagen, den Durchmesser der Schauöffnung erheblich kleiner zu wählen als den Durchmesser, auf den sich die menschliche Pupille zusammenziehen kann, und diese Schauöffnung zum Teil mit einem zusätzlichen Dämpfungsfilter zu überdecken, um zu einem Unterschied in der Einstellung zu gelangen. Auf diese Weise gelingt es, eine größere Einstellungsgenauigkeit zu erzielen (D. R. P. Nr. 426142).

111. Die chemischen Belichtungsmesser. Im Gegensatz zu den optischen Belichtungsmessern, bei denen die Einstellung stark subjektiv ist, erfolgt bei den sogenannten chemischen Belichtungsmessern die Messung des Lichtes objektiv durch Beobachtung der Änderungen, welche ein lichtempfindliches Papier unter dem Einfluß des Lichtes erleidet. Am Gerät ist ein kleines Feld von konstanter Färbung, dem sogenannten „Normalton", vorgesehen; die Zeit, welche notwendig ist, damit das lichtempfindliche Papier diesen Normalton erreicht, dient als Maßstab für die jeweils notwendige Belichtungsdauer. Als lichtempfindliches Papier wird gewöhnlich besonders präpariertes Chlor- oder Bromsilberpapier benutzt. Eine Reihe von chemischen Belichtungsmessern hat statt eines Vergleichsfeldes zwei solcher Vergleichsfelder, zwischen denen das lichtempfindliche Papier erscheint; der Ton des zweiten Vergleichsfeldes ist heller als der Normalton, so daß das lichtempfindliche Papier diesen Ton z. B. in einem Viertel jener Zeit annimmt, die zur Erreichung des Normaltons notwendig ist. Die mittels der Uhr festgestellte Anlaufzeit zur Erreichung des helleren Tons ist in diesem Falle mit 4 zu multiplizieren, um die jeweils notwendige Belichtungsdauer zu erhalten.

Grundsätzlich bestehen die meist kreisförmigen chemischen Belichtungsmesser aus drei Teilen, und zwar:

a) aus der die konstanten Vergleichstöne tragenden Scheibe mit einer Öffnung für den Eintritt des Lichts,

b) aus der die Tabellen bezüglich Blende, Plattenempfindlichkeit usw. tragenden Rückwand,

c) aus dem zwischen der Scheibe mit den Vergleichstönen und der Lichteintrittsöffnung und der Rückwand liegenden lichtempfindlichen Papier.

Im nachstehenden seien einige der gebräuchlichsten Geräte dieser Art kurz erwähnt:

Wohl einer der ältesten, etwa um 1890 bekanntgewordenen und später verbesserten chemischen Belichtungsmesser war der des Engländers A. Watkins; etwa gleichzeitig konstruierte der Engländer Wynne sein „Infallible", das sehr große Verbreitung gefunden hat. Von deutschen Fabrikaten sei u. a. Wünsches „Foco-Belichtungsuhr" erwähnt, die sich durch ihre saubere und gediegene Ausführung auszeichnet und einen Durchmesser von zirka 6 cm hat. Außerdem hat sich das „Haka-Expometer" von Heinrich Klapprott in Hamburg sehr gut bewährt, das einen etwas größeren Durchmesser (6,5 cm) hat und nur etwa 5 mm dick ist. Die Plattenempfindlichkeit wird nach Scheiner skaliert; als Blendenskalen sind jene nach P. Rudolph und jene nach Dr. Stolze zugrunde gelegt. Die Belichtungszeiten reichen von $^1/_{250}$ bis 240 Sek.

Der Gestalt einer Uhr noch näher kommt das von Perrot & Cie. in Biel (Schweiz) hergestellte „Photometer M u. V"; es hat einen Durchmesser von nur 5 cm, ist beim Nichtgebrauch durch einen Sprungdeckel vollkommen geschlossen, der sich durch Druck auf einen Knopf öffnen läßt. Auf der inneren Seite des Deckels befindet sich auf einer festen Scheibe eine Skala der Anlauf- und Belichtungszeiten; eine Skala der Plattenempfindlichkeitsgrade und Blenden ist auf einer koachsialen drehbaren Scheibe angeordnet. Auf der anderen Seite sind das lichtempfindliche Papier, die beiden Vergleichstöne sowie eine Tabelle mit verschiedene Aufnahmegegenstände berücksichtigenden Korrektionszahlen untergebracht.

Auch die chemischen Belichtungsmesser geben keine unbedingte Gewähr für eine vollkommen sichere Ermittlung der Belichtungswerte; wie alle anderen Belichtungsmesser sind auch sie mit Fehlern behaftet, die auf verschiedene Einflüsse zurückzuführen sind und die nur durch Erfahrung auf ein erträgliches Mindestmaß gebracht werden können. Zweifellos haben die chemischen Belichtungsmesser den Vorteil, daß die Messung der während der Aufnahme herrschenden Intensität des Lichtes praktisch unbeeinflußt vom Auge erfolgt; Unstimmigkeiten können infolge der nicht immer gleichmäßigen Empfindlichkeit des Papiers entstehen, die von äußeren Einflüssen allerdings ziemlich stark abhängig ist.

112. Die optisch-chemischen Belichtungsmesser. Der von Dr. W. Schlichter in Freiburg (Breisgau) konstruierte und unter dem Namen „Lios-Photometer" bekanntgewordene optisch-chemische Belichtungsmesser (D. R. P. Nr. 350236 und 385107) ist von einer Reihe von Fehlern, mit denen andere Geräte behaftet sind, frei und hat einen größeren Verwendungsbereich als diese. Ebenso wie das „Justophot" besitzt das „Lios-Photometer" die Gestalt eines Rohres.

Beim Durchblick durch das Rohr sieht man in der Mitte das etwa 40^0 umfassende Bild des anvisierten Gegenstandes, umgeben von einem Kreisring, der durch aufeinander senkrecht stehende kurze Linien in vier Teile geteilt ist.

a) Der optische Teil. Dieser Kreisring enthält eine Helligkeitsskala mit 4 Helligkeitsstufen, von denen die ersten drei zueinander im Verhältnis 1 : 5,6 : 32 stehen (Beziehung zur charakteristischen Kurve der photographischen Platte!); die vierte Stufe ist vollkommen schwarz und durch eine Marke besonders gekennzeichnet. Mit Hilfe einer durch einen Rändelring zu betätigenden Irisblende kann die Helligkeit des in der Mitte befindlichen Bildes verändert werden; die jeweilige Stellung bzw. Öffnung der Irisblende ist am Rändelring ablesbar.

b) Der chemische Teil. Die Helligkeit des Lichtes wird auch chemisch gemessen, und zwar mit Hilfe eines in der Nähe der Eintrittsöffnung des Lichtes befindlichen lichtempfindlichen Papiers, auf das bei entsprechender Haltung des Gerätes durch eine kleine Öffnung Licht vom Gegenstande fällt. Die Anlaufzeit, die zur Erreichung des dunklen Vergleichstons notwendig ist, wird auf einer entsprechenden Teilung eingestellt und zur Öffnung der Iris in Beziehung gebracht.

Die Arbeitsweise mit dem Lios-Photometer ist folgende: Man bringt durch Verdrehung der Iris nacheinander den dunkelsten und den hellsten Teil des Bildes mit der dritten bzw. ersten Stufe der Ringskala in Übereinstimmung; stimmen die betreffenden Ablesungen an der Skala überein, so ist der Kontrastumfang des Naturausschnittes gleich dem Helligkeitsunterschied zwischen dem ersten und dritten Skalenfeld. Zur Kontrolle kann außerdem ein Vergleich der Mitteltöne des Bildes mit dem zweiten Feld der Skala gemacht werden. Nunmehr erfolgt die Messung des Lichtes mit dem chemischen Photometer, deren Ergebnis an einer Skala abgelesen werden kann. Ähnlich wie beim Justophot ist hier ein Ring mit Teilung mit den Empfindlichkeitszahlen der photographischen Platte sowie ein weiterer Ring mit einer Blendenskala (von 1 : 1,9 bis 1 : 60) vorgesehen (D. R. P. Nr. 350236 und 385107).

113. Die Belichtungsmesser mit Vergleichslichtquelle. Einen wesentlich kleineren Raum auf dem Gebiete der Belichtungsmesser nehmen jene ein, bei denen die Belichtungsdauer bzw. Blendeneinstellung unter Zuhilfenahme einer Vergleichslichtquelle und entsprechender Filter, Graukeile oder Blenden ermittelt wird. Im Handel sind derartige Instrumente, soweit dem Verfasser bekannt ist, nicht erhältlich; es besteht jedoch das D. R. P. Nr. 396983 für Fr. Künzel, Wien, in welchem eine einschlägige Konstruktion beschrieben wird. Danach erfolgt die Angleichung der Helligkeit der elektrischen Vergleichslampe an die Helligkeit am Orte des aufzunehmenden Objekts durch eine elektrische, sehr feinstufige Widerstandsregulierung. Der Schalthebel für diesen Widerstand ist längs einer bezifferten Skala verschiebbar angeordnet, deren Lage justierbar ist, um das unvermeidliche Sinken der Spannung der Batterie zu kompensieren.

Die Konstruktion des Gerätes ist in großen Zügen folgende: sowohl das vom Gegenstand als auch das von der Vergleichslichtquelle kommende Licht trifft nach Passieren entsprechend abgetönter Lichtfilter auf zwei Felder einer gemeinsamen Mattscheibe; diese Felder werden mit Hilfe einer Lupe betrachtet. Die Helligkeit der künstlichen Lichtquelle ist eine Funktion der Spannung und wird an einer Skala abgelesen.

Eine eigenartige Anordnung eines Belichtungsmessers hat Ing. E. Dreyer in Göttingen geschaffen. Wegen der Wirkungsweise dieses Gerätes vgl. das D. R. P. Nr. 410521.

114. Belichtungsmesser in direkter Verbindung mit der Kamera. Es hat nicht an Versuchen gefehlt, den optischen Belichtungsmesser mit der Hand-Kamera zu vereinigen, so daß er keinen losen Bestandteil bildet; u. a. hat Paul Diedrich in Essen eine Anordnung getroffen, bei welcher der Belichtungsmesser in Form eines rechteckigen abgestuften Graukeiles am Apparat selbst versenkt, doch aufklappbar angebracht ist und ein Visier für den Rahmensucher trägt, das gleichzeitig als Handhabe zum Aufklappen des Belichtungsmessers dient (D. R. G. M. Nr. 964648).

Gegenüber den früher beschriebenen, zum Teil sehr hochwertigen Geräten kann eine derartige Ausführungsform nur als notdürftiger Behelf angesehen werden.

Eine bessere Lösung stellt ein optischer Belichtungsmesser in Verbindung mit dem Zentralverschluß der Kamera dar, über dessen Ausgestaltung und Verwendung die Patentschrift D. R. P. Nr. 466607 für Fr. Deckel, München, Aufschluß gibt.

I. Das Stativ

115. Allgemeine Bemerkungen. Über die Notwendigkeit eines feststehenden Untergestells für die Kamera bei Zeitaufnahmen zu sprechen, ist wohl überflüssig, aber auch bei Momentaufnahmen mit einer Belichtungszeit von mehr als $^1/_{25}$ Sek. kann oft dringend dazu geraten werden, sich eines geeigneten Hilfsmittels zu bedienen, um dem Apparat eine, wenn auch nur notdürftige Unterstützung zu geben. Je nach der Besonnenheit und Erfahrung des Aufnehmenden lassen sich zwar noch Aufnahmen mit Belichtungszeiten bis $^1/_5$ Sek. aus freier Hand machen, doch sind dies Ausnahmen; der Anfänger wird dabei stets verwackelte Bilder erhalten.

Das Stativ ist in seiner äußeren Form grundsätzlich verschieden, je nachdem, ob es in Verbindung mit einer großen, schweren oder kleinen, leichten Kamera bzw. im Freien oder im geschlossenen Raum gebraucht wird; in jedem Falle ist seine Festigkeit oberster Grundsatz, denn die bei Aufnahmen aus freier Hand nicht selten auftretende Unschärfe infolge Verwacklung usw. soll eben durch das Vorhandensein eines festen Stützpunktes unter allen Umständen vermieden werden. Während es nun im Atelier keine Rolle spielt, wenn das Gewicht des Stativs verhältnismäßig groß ist — es wird ja nach erfolgter Aufstellung selten fortbewegt und wenn, dann auf Rollen — so werden bei Stativen für Handkameras wesentlich andere Forderungen gestellt; diese Stative sollen bei geringstem Gewicht sowie geringen Abmessungen größte Festigkeit besitzen und außerdem so rasch als möglich in Bereitschaftsstellung gebracht werden können. Es müssen also infolge der Verschiedenheit der Voraussetzungen bei ihrer Konstruktion auch entsprechend mannigfaltige Mittel angewandt werden.

Die Grundform der Mehrzahl aller Stative ist die Pyramide mit dem durch die Spitzen der drei Beine gebildeten Dreieck als Basis; die beste Gewähr für sichere Aufstellung des Stativs ist dann gegeben, wenn die Basisfläche möglichst groß ist, doch sind hier je nach dem Aufstellungsort natürliche Grenzen gezogen. Auf weichem bzw. nachgiebigem Untergrund lassen sich die Beine ohne Gefahr weiter auseinanderstellen als auf glattem Boden; der in Richtung des Stativbeines sich von oben nach unten fortpflanzende Druck zerfällt in zwei Komponenten, von denen die zur Bodenfläche senkrechte stets größer sein muß als die parallel zur Bodenfläche wirkende, wenn ein Rutschen des Stativs vermieden werden soll. Hierbei ist vorausgesetzt, daß keine mechanischen Mittel (sogenannte Stativfeststeller) verwendet werden, von denen verschiedene Formen existieren.

Wenn man von älteren Ausführungen absieht, sind die Beine entweder zusammenschiebbar oder zusammenlegbar, woraus sich für den Transport günstige Abmessungen ergeben; Stative mit einteiligen, also nicht verkürzbaren Beinen, bieten größere Gewähr für Standfestigkeit. Die Stabilität jedes Stativs wird noch wesentlich erhöht, wenn der Kopf, an welchem die Beine scharnierartig angelenkt sind, möglichst groß ist, so daß eine deutlich abgestumpfte Pyramide entsteht.

Neuere Stative besitzen fast durchwegs drei- oder mehrteilige Beine; die Art der Verbindung der einzelnen Teile des Beines untereinander bzw. dessen

Anlenkung an den Kopf ist verschieden, je nachdem, ob es sich um Holz- oder Metallstative handelt. In jedem Falle muß dafür Sorge getragen werden, daß die Verbindungsstücke am Übergang von einem zum anderen Teil des Stativbeines sehr solid sind, so daß in der Gebrauchsstellung eine unbedingte Starrheit gewährleistet ist. Auch hier gilt der Grundsatz, daß einfache geschickte Anordnung, zweckentsprechende Querschnittbemessung und saubere Arbeit Voraussetzungen für die Güte der Konstruktion sind.

116. Holzstative. Die ersten Stative für photographische Kameras waren mit wenig Ausnahmen aus Holz; ältere Konstruktionen der verschiedensten Art haben sich bis heute erhalten: sie finden sich vorzugsweise noch bei den größeren, sogenannten Reiseapparaten (z. B. im Format 13 × 18 cm) und fast ausschließlich bei Atelierkameras, wo neben größter Festigkeit Geschmacksrücksichten zuliebe volle Formen gefordert werden. Inwiefern sich die heutigen Modelle von jenen vor etwa 50 Jahren unterscheiden, dürfte ein Blick in das D. R. P. Nr. 4658, eine der ältesten einschlägigen Patentschriften (1878), zeigen; es handelt sich dort um ein Stativ für photographische Kameras, das sich dadurch auszeichnet, daß jede Neigung nach vorn und rückwärts sowie das Höher- und Tieferstellen mittels Mikrometerbewegung möglich ist. Zwei der Gewindespindeln sind durch eine Kette gekuppelt, so daß ihre Verstellung gleichzeitig erfolgt, während eine dritte Gewindespindel infolge Anordnung eines um eine Achse drehbaren Lagers der Schraube dieser jede Stellung zu geben gestattet. Auf diese Art kann der Apparat aus der horizontalen Lage in jede beliebige Stellung zum Original gebracht werden. (Der Erfinder dieses Stativs ist Ernst Martini in Berlin.)

Sehr weit liegt auch die Entwicklung der einfachen Holzstative für Reisekameras zurück; in dem Bestreben, das Stativ für den Transport zusammenzulegen, gingen die Konstrukteure sehr verschiedene Wege. Vgl. z. B. die verschiedenen von der Firma Otto Berlebach Nachf., Mulda i. Sa. hergestellten Stative.

A. Stegemann in Berlin machte bereits im Jahre 1885 ein Stativ bekannt (D. R. P. Nr. 32336), dessen Beine dreiteilig, und zwar in einer Ebene zusammenklappbar waren: an dem unteren, aus einem Stück bestehenden Teil sind die beiden mittleren Schenkel und an jedem von diesen einer der obersten Schenkel scharnierartig angelenkt; beim Zusammenlegen werden sowohl die oberen als auch die mittleren Schenkel um etwa 180° geschwenkt, so daß schließlich alle Teile in gleicher Höhenlage nebeneinander liegen. Die Stativbeine sind mit der Metallstativplatte (Kopf), an welcher die Kamera mittels Flügelschraube befestigt wird, dadurch lösbar verbunden, daß je zwei konische Zapfen in entsprechende Löcher der Schenkel eingreifen. Infolge des Vorhandenseins schräger Flächen an den Schenkeln müssen letztere beim Einsetzen zusammengedrückt werden, wodurch eine gewisse Verspannung eintritt. Dieses Stativ hat sich durchaus bewährt und ist noch heute in fast unveränderter Form als Reisestativ für größere Kameras (etwa vom Format 13 × 18 cm aufwärts) im Handel zu haben; bei den neueren Modellen wird der untere Teil in den mittleren U-förmig gestalteten Teil eingeschoben, während die oberen beiden Schenkel seitwärts ausklappbar ausgeführt sind.

Die einfachsten Ausführungsformen der Holzstative sind jene, bei denen sich drei an einem Holzkopf angelenkte zwei- oder dreiteilige Schenkel wie bei Metallstativen ausziehen und zusammenschieben lassen; bei den sogenannten Kanalstativen sind die oberen Schenkel nur nach innen offen, so daß die einzelnen Teile der Schenkel im zusammengelegten Zustand verdeckt sind. Die ganze Länge der Schenkel beträgt 115 bis 150 cm, während die Gesamtlänge des zusammengelegten Stativs davon abhängt, ob das Stativ zwei- oder dreiteilig ist (sie beträgt im Durchschnitt 50 bis 75 cm).

Eine sehr gute Ausführungsform eines Kanalstativs bei kleinem Umfang, geringem Gewicht und großer Stabilität ist das „Primarstativ" von Curt Bentzin; es ist aus Esche gefertigt. Der Stern, an dem die drei Schenkel angelenkt sind, ist aus Aluminium. Das besondere Kennzeichen dieses Stativs ist der kreisförmige Querschnitt im zusammengelegten Zustand, ein beachtenswerter Vorzug bezüglich der Handlichkeit. Gewicht zirka 650 bis 700 g; Länge zirka 53 cm im zusammengelegten und 132 cm im ausgezogenen Zustand (vgl. Abb. 310).

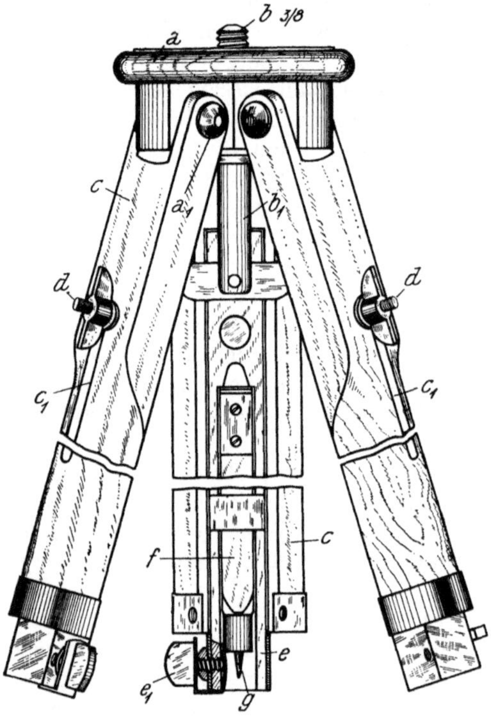

Abb. 310. Dreiteiliges Holzstativ mit einschiebbaren Beinen. Modell: Primarstativ, ausgeführt von Curt Bentzin, Görlitz. a Stativkopf (Aluminium) mit den Achsen a_1, b Stativschraube mit Handhabe b_1, c Beinoberteil mit Schlitzen c_1, d Klemme mit Flügelmutter zum Fixieren des Mittelteils e, e_1 Klemme für das Unterteil f mit der Spitze g. Der Querschnitt des Stativs im zusammengelegten Zustand ist rund

Besonders gut bewährt haben sich die sogenannten Schnappstative, bei denen die Verbindung je zweier Teile der Schenkel durch Gelenke bzw. Scharniere derart erfolgt, daß in der Gebrauchsstellung durch eine federnde Rast die erforderliche gestreckte Lage gewährleistet ist, während nach Überschreitung der Rastlage die einzelnen Glieder der Schenkel (angefangen beim untersten) um etwa 180° nach innen geklappt und dann durch einen Anschlag festgehalten werden. Diese Stative werden drei- bis fünfteilig ausgeführt; zusammengelegt sind sie 38 bis 63 cm lang. Eine Verbesserung ist darin zu sehen, daß die Kanäle zur Erhöhung der Stabilität aus Leichtmetall hergestellt werden; die Firma Otto Berlebach Nachf. in Mulda i. Sa. stellt neuerdings ein fünfteiliges Luxusschnappstativ von großer Festigkeit her, das in zusammengelegtem Zustand nur 38 cm lang ist; die Länge der Schenkel beträgt aufgestellt etwa 127 cm.

117. Heimstative. Einen besonderen Platz nehmen die sogenannten Heimstative ein; überall da, wo unbedingt sichere Aufstellung der Kamera wegen notwendiger längerer Belichtungszeiten bei Tageslicht oder künstlichem Licht erforderlich ist und Erschütterungen, hervorgerufen durch irgendwelche Ursachen, vermieden werden müssen, werden sie mit bestem Erfolge angewandt. Sie nehmen eine Zwischenstellung zwischen den leichten Stativen der Amateure und den schweren des Fachphotographen ein; das „Universal-Heimstativ" der Firma Otto Berlebach Nachf. besteht aus einer Sechskantsäule, an welcher drei Kanalschenkel mit ausziehbaren Füßen derart befestigt sind, daß sie sich mit Hilfe einer Schlitzschienenführung anlegen und abspreizen. In der Säule befindet sich ein Auszugteil, der durch Zahn- und Schneckengetriebe hoch und tief verstellt werden kann, so daß sich eine wechselnde Gesamthöhe des Stativs von 75 bis 145 cm ergibt; der Stativkopf ist um 45° neigbar. Das Gewicht dieses sehr stabilen Heimstativs beträgt etwa 4,5 kg, doch gibt es auch leichtere Modelle. ARTHUR RANFT hat seinerzeit angeregt, eine allen Anforderungen des Photographen entsprechende Kamera mit Heimstativ für künstlerische Aufnahmen zu konstruieren, welche von der Firma ALFRED BRÜCKNER in Rabenau in Sachsen hergestellt wird (vgl. Abb. 311, in der das Stativ dargestellt ist); bezüglich Einzelheiten dieses beachtenswerten Kameramodells mit eingebautem GRUNDNER-Verschluß sei auf die Druckschriften der genannten Firma verwiesen.

Die für Atelierkameras bestimmten entsprechend schwereren Untergestelle wurden bei den Atelierkameras (siehe dort) erwähnt.

118. Stative mit Neigungsvorrichtung. Sollen Aufnahmen von Decken oder Deckengemälden von unten oder von Gegenständen auf Tischen von oben gemacht werden, so empfiehlt sich die Anwendung einer besonderen soliden Neigungsvorrichtung, die in Verbindung mit einem kräftigen Stativ und einer ebensolchen Stativplatte die Kamera so zu neigen gestattet, daß beliebige Grade der Schrägstellung erzielt werden können; außerdem muß bei einer solchen Spezialein-

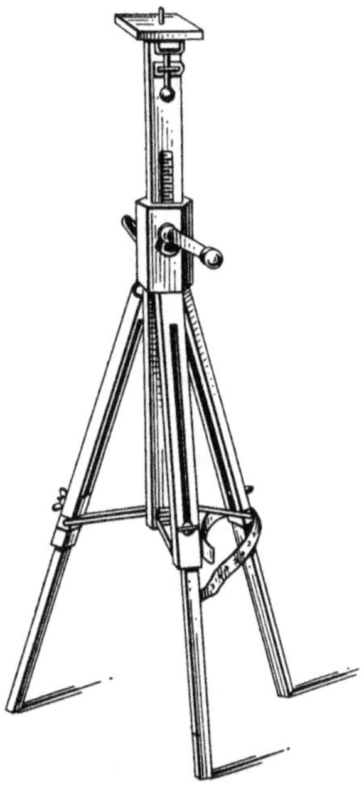

Abb. 311. Leichtes Heimstativ von ALFRED BRÜCKNER, Rabenau, Sachsen

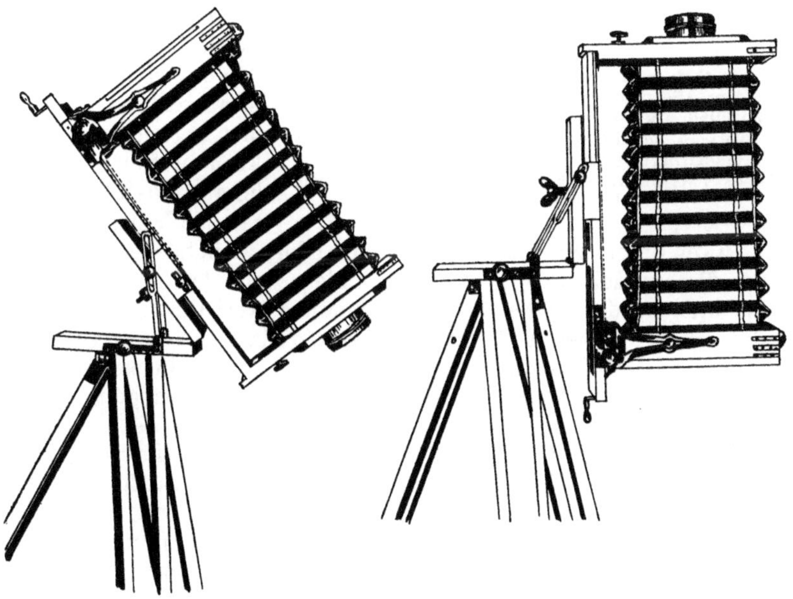

Abb. 312. Spezial-Stativaufsatz von CURT BENTZIN, Görlitz, mit aufgesetzter Kamera. Die Kamera ist sowohl drehbar als auch nach allen Richtungen neigbar. Der Stativaufsatz besteht aus zwei Teilen, die gelenkig miteinander verbunden sind; das obere Brett ist in jeder Lage gegen das untere fixierbar

richtung die optische Achse der Kamera vollkommen senkrecht gestellt werden können. Voraussetzung für eine zweckentsprechende Einrichtung dieser Art ist zunächst, daß die Kamera in jeder Stellung sicher festgehalten wird und daß in den einzelnen Stellungen keine zu weitgehende Schwerpunktsverschiebung eintritt, wodurch die Sicherheit der Aufstellung gefährdet würde. Eine Drehbarkeit der ganzen Kamera um 360^0 in der Horizontalebene ist dabei nicht zu entbehren.

Abb. 312 zeigt eine von der Firma CURT BENTZIN, Görlitz, seit Jahren in den Handel gebrachte derartige Neigungsvorrichtung, die alle billigen Forderungen erfüllt; im wesentlichen besteht sie aus einer rechteckigen Grundplatte, welche gleichzeitig den Stativkopf bildet; an dieser Grundplatte ist eine zweite Platte scharnierartig angelenkt, die durch eine spreizenartige Strebe einseitig verstellt und arretiert werden kann. Die Kamera wird auf dieser zweiten Platte in gewöhnlicher Weise befestigt. Die erwähnte Neigungsvorrichtung wird mit Vorteil bei Reisekameras verwandt und ist bei leichteren Kameras zuverlässiger als die Kugelgelenke. A. G. PREUSCHEN hat bereits um das Jahr 1900 ein ähnliches Stativ mit neigbarem Kopfe erfunden, bei dem an jedem Stativbein je ein Zwischenstück mit zwei Achsen drehbar angeordnet war (D. R. P. Nr. 119689, D. R. G. M. Nr. 793433).

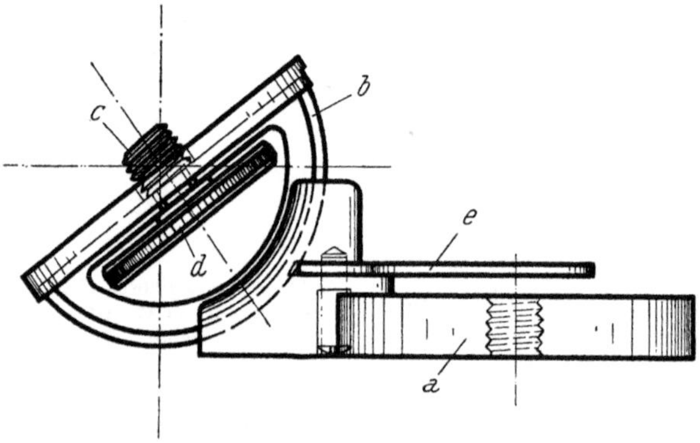

Abb. 313. Stativaufsatz mit Neigungseinrichtung der ICA A.-G., Dresden. Die Grundplatte *a* mit Innengewinde wird auf dem Stativteller befestigt; der Träger *b*, welcher in Nuten der Grundplatte *a* geführt ist, trägt den Gewindezapfen *c* mit dem Rändelring *d* zur Aufnahme der Kamera. Der Klemmhebel *e* hält die Kamera in der jeweils eingestellten Schräglage fest

Prof. Dr. med. KRÖNIG in Berlin hat etwas später (um das Jahr 1904) die Konstruktion eines verstellbaren und sehr brauchbaren Stativkopfs für wissenschaftliche Aufnahmen angegeben und durch die Firma A. STEGEMANN in Berlin ausführen lassen. Grundsätzlich besteht diese Anordnung aus zwei durch ein Scharnier miteinander verbundenen Metallplatten, von denen die eine mit dem Stativ, die andere mit der Kamera verbunden ist; die Verstellung der beiden Platten zueinander wird durch ein Gestänge erreicht, das mit dem einen Ende an der neigbaren Platte gelenkartig befestigt ist, während sich an der horizontalen Platte eine Führungsbuchse befindet, in der das Gestänge nach Wunsch verschoben und in der endgültigen Stellung festgehalten werden kann. Durch diese Einrichtung wurde es möglich — insbesondere, da auch die Drehbarkeit des Stativkopfs um die vertikale Achse vorgesehen war — die Kamera systematisch in jede Stellung zu bringen (D. R. G. M. Nr. 221541).

Hieher gehört auch das „Leiterstativ“ der ZEISS-IKON A.-G., das für Aufnahmen aus der Vogelperspektive bestimmt ist; das Oberteil ist zu diesem Zweck mit Vorrichtungen versehen, mit deren Hilfe der Apparat (bzw. die Achse des Objektivs) sowohl senkrecht nach oben, als auch lotrecht nach unten gegen den Fußboden gerichtet, geneigt und auch wagrecht im Kreise gedreht werden kann. Ein Stativteil ist als Leiter ausgebildet, auf welcher der Aufnehmende zum Zwecke der Einstellung der Kamera bis zur Höhe derselben emporsteigen kann. Die drei Füße sind mit Ketten untereinander verbunden, so daß das Stativ auch auf glattem Boden unbedingt fest und sicher steht.

Die Höhe des ganz aufgestellten Stativs beträgt bei dem kleinen Modell 2,50 m, bei dem größeren 4 m.

Ein ähnliches Stativ, das besonders für kriminalistische Zwecke gedacht war, wurde bereits im Jahre 1908 von H. HELLWIG in Cottbus vorgeschlagen (D. R. G. M. Nr. 352067).

Die ZEISS-IKON A.-G. in Dresden stellt seit vielen Jahren ein vorwiegend für Handkameras bestimmtes aufschraubbares Zwischenstück für Stative her, das innerhalb weiter Grenzen jede Neigung der Kamera — allerdings ohne die Möglichkeit der Drehung — gestattet (vgl. Abb. 313).

119. Metallstative für Handkameras. Die verhältnismäßig großen Abmessungen der Holzstative haben bei fortschreitender Entwicklung der Technik sehr bald Veranlassung gegeben, zu Konstruktionen in Metall überzugehen, die bei wesentlich kleineren äußeren Abmessungen eine mindestens ebenso hohe Festigkeit besitzen; dieser und kein anderer Grund war dafür ausschlaggebend, das Holz als Material für Kamerastative auszuschalten bzw. an denjenigen Platz zu weisen, von dem es durch Metall voraussichtlich nie verdrängt werden wird, nämlich bei Stativen für Reise- und Atelierkameras.

Die Verwendung der ersten Metallstative, deren Füße aus Metallröhren bestehen, die sich ineinanderschieben lassen, liegt weit zurück; in EDERS Jahrb. für Phot. u. Reprod. 1889, S. 334, ist ein englischer „Teleskop-Dreifuß" erwähnt; a. a. O. wird auch auf die Verwendung von Metallröhren mit dreieckigem Querschnitt hingewiesen. Etwas später (1891) wird in der deutschen Patentschrift Nr. 59745 ein Stativ erwähnt, bei dem jeder Schenkel ein ineinanderschiebbares Gestänge bildet, das sich nach dem Ausziehen mit einem Ruck oder durch geringe Drehung der einzelnen Glieder feststellen läßt. In der Folgezeit hat sich eine Reihe von Erfindern mit dieser Frage beschäftigt; im nachstehenden wird unter Überspringung aller unwichtigen Zwischenstufen die Entwicklung des heutigen Standes der Technik der Metallstative kurz zusammengefaßt.

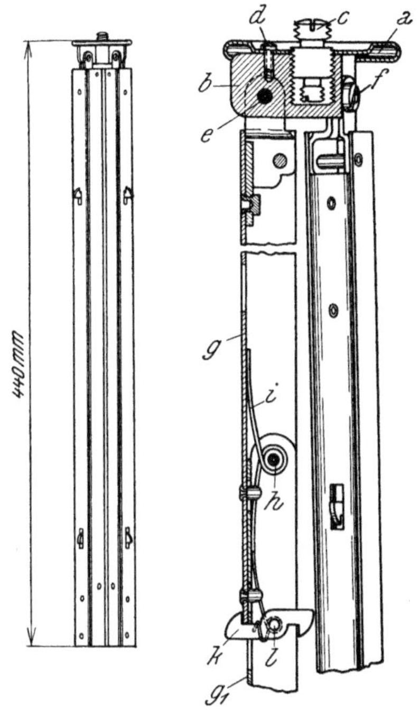

Abb. 314. Triax-Schnappstativ von BRUNO KNITTEL, Dresden. *a* Stativteller, *b* Stativkopf, *c* Gewindestück (umsetzbar), *d* Befestigungsschraube, *e* Gelenkachse, *f* Muttern, g, g_1 Stativbeine, *h* Achse mit Feder *i*, *k* Arretierhebel mit Drehpunkt *l*. Ein besonderes Kennzeichen des Stativs ist der U-förmige Querschnitt der Beine

Eine sehr stabile Bauart bei geringstem Gewicht ergibt sich bei Verwendung eines U-förmigen Querschnittes für die einzelnen Stativbeine; bereits im Jahre 1894 wurde eine derartige Konstruktion bekannt, und zwar erhielt der Engländer B. J. EDWARDS das D. R. P. Nr. 81314 für eine Anordnung, bei der jedes Bein aus zwei oder mehreren zusammengelenkten Gliedern von derart verschiedenem U-Querschnitt besteht, daß beim Zusammenlegen das eine Endglied die anderen aufzunehmen vermag. An dieser Stelle sei auch des „Triax-Schnappstativs" von BRUNO KNITTEL in Dresden Erwähnung getan; es ist dies ein außerordentlich stabiles Stativ aus Leichtmetall, dessen Gewicht bei vierteiliger Ausführung etwa 500 g, bei fünfteiliger zirka 650 g beträgt. Die Gesamtlänge des zusammengelegten Stativs beträgt zirka 44 cm, die Gebrauchslänge der geöffneten Beine 120 bzw. 140 cm. Das Stativ besteht aus einem sternförmigen Kopf, an dem die drei oberen Beine scharnierartig angelenkt sind; der Stativteller ist mittels dreier Schrauben auf dem Kopfe befestigt. In diesem ist ein Gewindestück eingeschraubt, das auf der einen Seite deutsches und auf der anderen Seite englisches Gewinde trägt. Die Handhabung des Stativs ist außerordentlich einfach: Durch Druck auf federnde Nasen in den oberen Teilen der Beine werden die übrigen Teile aus ihrer Ruhelage gebracht und schnellen selbsttätig in die Gebrauchsstellung; beim Zusammenlegen muß dann jedes Teil einzeln umgelegt und in die durch eine federnde Rast bestimmte Lage gebracht werden (vgl. Abb. 314).

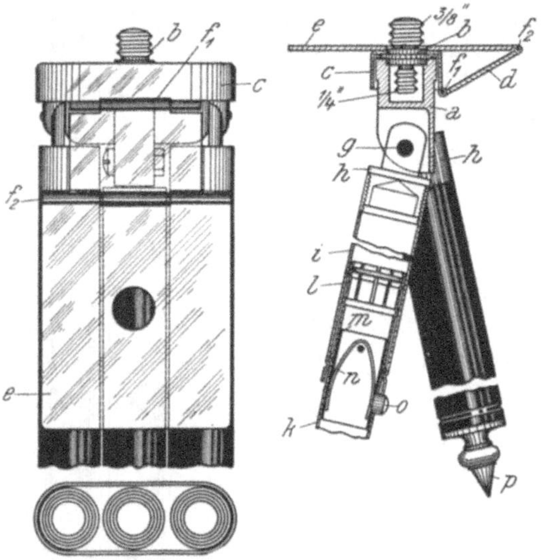

Abb. 315. Flachkopfmetallstativ mit Auflageplatte. Modell „Bilora" der Firma KÜRBI & NIGGELOH, a Stativkopf, b umsetzbares Stativgewinde ($^3/_8''$ und $^1/_4''$), c Stativkappe; d bzw. e Stativplatte, durch die Scharniere f_1, f_2 gelenkig verbunden. g Achse am Gelenkstück h des oberen Rohres i, k mittleres Rohr mit Sprengring l. m Träger der Feder w mit Schnappstift o. p Stativfuß

Die Firma ROB. TÜMMLER in Döbeln (D. R.) stellt ein ähnliches vierteiliges Schnapp- und Springstativ aus Elektron her; Gewicht zirka 500 g.

Die Tatsache, daß viele Kameras das kleine, sogenannte englische Stativgewinde ($^1/_4'' = 6{,}35$ mm), andere wieder das größere deutsche Gewinde ($^3/_8'' = 9{,}525$ mm) tragen, hat sehr bald dazu geführt, den Kopf der Stative so auszubilden, daß an ihm beide Gewinde vorgesehen sind. Die Firma GEBR. SEIFERT in Lüdenscheid (D. R.) hat schon im Jahre 1907 eine diesbezügliche Neuerung auf den Markt gebracht, und zwar einen am Stativkopf zu befestigenden Doppelzapfen, der an seinen Enden verschiedene Gewinde aufweist. Einige Jahre später (1909) hat die Firma GEBR. SEIFERT den oberen Teil des Stativs so ausgebildet, daß ein mit entsprechendem Muttergewinde für die beiden verschiedenen Gewinde versehener Kopf verwendet werden kann; an diesem greifen die Stativfüße so an, daß beim Umklappen derselben die untere Mutter freigelegt wird, in die ein zweiter Gewindezapfen eingeschraubt wird (vgl. auch D. R. P. Nr. 181265 für O. R. FISCHER, Barmen).

Eine noch zweckmäßigere Lösung ist jene, bei der ein Stativteller mit zwei verschiedenen Gewinden vorgesehen ist; dieser Stativteller wird an einer mit dem Stativkopf verbundenen Scheibe durch Schrauben derart festgehalten, daß der Teller mit der einen oder anderen Seite nach unten an der Scheibe befestigt werden kann, wodurch das eine oder andere Gewindeende des Doppelzapfens in die Gebrauchslage gebracht wird.

Die Firma GEBR. SEIFERT ist durch ihre zahlreichen Neuerungen im Bau von Metallröhrenstativen bereits seit Jahrzehnten bekannt; ihre Rundkopf-Messingröhrenstative „Excelsior" sind in einem Zug von oben nach unten ausziehbar und umgekehrt nach Hineindrücken der obersten Doppelfeder in das Oberrohr in einem Schub von unten nach oben teleskopartig zusammenschiebbar. Je nachdem, ob die Beine drei-, vier-, fünf-, sechs- oder siebenteilig sind, schwankt das Gewicht der Stative zwischen 435 bis 700 g; die Länge im zusammengeschobenen Zustand ist um so geringer, aus je mehr Teilen der einzelne Fuß besteht. Besonders bekannt geworden ist das von der gleichen Firma hergestellte Stativ „Excelsior-Permanent" mit dem neuerdings eingeführten Dauerüberzug mit glatter farbiger oder fein geriffelter schwarzer Oberfläche.

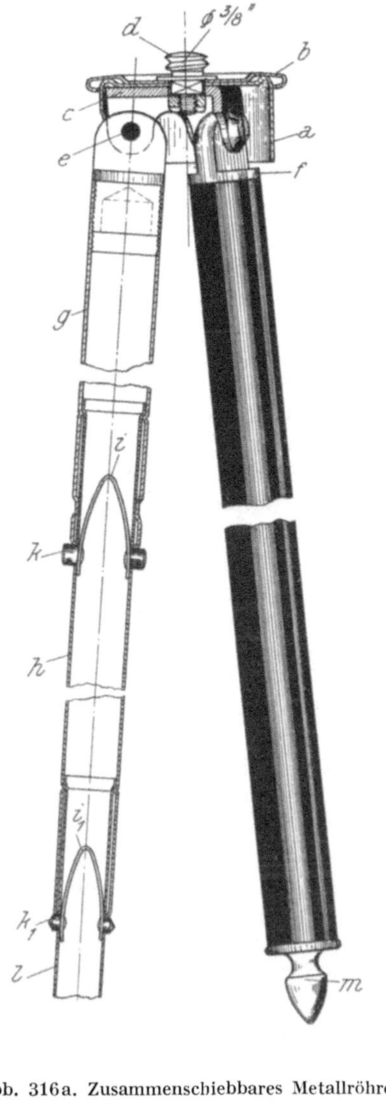

Abb. 316a. Zusammenschiebbares Metallröhrenstativ aus Messing. Modell „Rotü" der Firma Rob. Tümmler, Döbeln. *a* Stativkopf, *b* Stativteller, *c* Gelenkträger, *d* Gewindezapfen ($^3/_8$" engl.), *e* Achse, *f* Verbindungsstück mit dem oberen Rohr *g*; *h* mittleres Rohr, *l* unteres Rohr, *i* Federrast mit Zapfen *k*; i_1 Federrast mit Zapfen k_1. *m* Stativfuß. Vgl. auch Abb. 316b

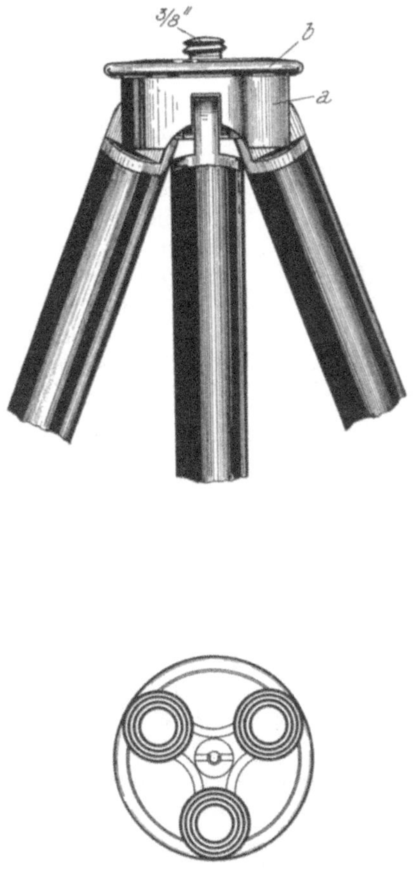

Abb. 316b. Stativoberteil des Stativs in Abb. 316a. *a* Stativkopf, *b* Stativteller

Um die Auflagefläche der Kamera zu vergrößern, hat die Ica A.-G. bereits im Jahre 1910 ein Stativ auf den Markt gebracht, bei dem eine größere Auflageplatte angeordnet war; diese ist durch ein Scharnierband am Stativkopf derart befestigt, daß sie auf die Oberfläche des Stativkopfs aufgelegt, aber auch seitlich neben die Stativbeine gebracht werden kann (D. R. G. M. Nr. 453838).

Eine Verbesserung hat die ZEISS-IKON A.-G. in letzter Zeit durch eine Einrichtung geschaffen, welche eine Drehung des auf dem Stativ befindlichen Geräts gestattet, ohne daß dabei seine Befestigung gelockert zu werden braucht (D. R. P. Nr. 465294 und 360007). Diese hochklappbaren Tischplatten haben sich heute bei den Flachkopfstativen aller Firmen eingebürgert. Abb. 315 zeigt ein Flachkopfstativ mit Auflageplatte (Modell „Bilora" der Firma KÜRBI & NIGGELOH).

Das neueste Stativ der Firma GEBR. SEIFERT ist das Modell „Excelsior-Edelhart"; dies ist ein hochwertiges Leichtmetall-Rundkopfstativ von sehr großer Festigkeit bei sehr geringem Gewicht, das dreiteilig nur etwa 225 g wiegt und siebenteilig, bei einer Länge im zusammengelegten Zustande von etwa 30 cm, nur ein Gewicht von 350 g erreicht. Ein Normalstativ für Handkameras ist in den Abb. 316a und b dargestellt; es ist das Modell „Rotü" der Firma ROBERT TÜMMLER in Döbeln.

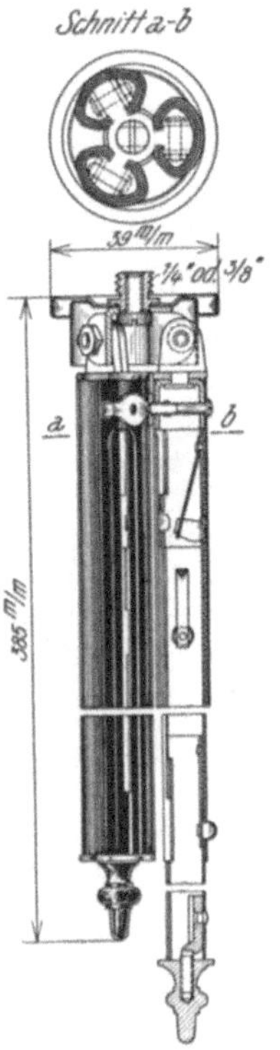

Abb. 317. Stativ „Bilora-Stabilo" der Firma KÜRBI & NIGGELOH. Der Querschnitt der einzelnen ineinander verschiebbaren Schenkel ist eine offene Ellipse

Im Gegensatz zu den meisten Metallstativen ist der Querschnitt des „AGFA-Stativs" nicht kreisförmig, sondern herzförmig profiliert, wodurch eine große Festigkeit erzielt wird. Die Schenkel sind fünfteilig und in ausgezogenem Zustand 128 cm, in geschlossenem 35 cm lang, das Gewicht beträgt zirka 650 g. Als besonderer Vorzug dieses Stativs sei erwähnt, daß sich die einzelnen Teile bei einfachem Herunterdrücken der Arretierungsknöpfe sehr leicht herausnehmen und daher mühelos auswechseln lassen; dadurch, daß die vier unteren Teile der Schenkel offen sind, ist eine schnelle und einfache Reinigung möglich. Soll das deutsche Gewinde ($^3/_8''$) gegen das englische ($^1/_4''$) ausgewechselt werden, so sind die auf dem Stativkopf befindlichen drei Schrauben heraus- und der Teller abzunehmen; hierdurch wird die Gewindeschraube freigelegt und kann herumgedreht werden. Der Querschnitt durch die Schenkel des neuen „Bilora-Stabilo"-Stativs ist eine offene Ellipse, wodurch eine vorzügliche Federung erzielt wird (vgl. Abb. 317).

Bei dem Universalstativ „Janus" der Firma EUGEN ISING in Bergneustadt (Rheinland) ist ebenfalls ein doppelter Gewindezapfen vorgesehen, der durch einfaches Umschlagen der Schenkel — also ohne Verwendung von Zange und Schraubenzieher — für das jeweilige Kameragewinde verwendbar gemacht wird.

Auch die „Tece-Messingröhrenstative" von THUMANN & Co. in Görlitz gestatten nach Abnehmen des Tellers ein Umwenden des Schenkels, wobei die Befestigung des Tellers nicht durch drei Schrauben, sondern durch ein zentrales Gewinde erfolgt.

Das „Kodak-Kugelgelenkstativ" gehört in die Gruppe der Metallstative mit rundem Querschnitt der Einzelrohre; das mit dem Stativkopf fest verbundene Kugelgelenk ermöglicht dem Photographierenden, die Kamera in jede beliebige Lage zu bringen, und gestattet außerdem eine Drehung der Kamera nach jeder Richtung. Das Stativ kann, da es deutsches und englisches Gewinde besitzt, für Apparate mit beiden Gewinden benutzt werden. Der Vorzug der „Gelenkkopfstative", wie sie z. B. auch die Firma KÜRBI & NIGGELOH in Radevormwald unter dem Namen „Bilora" auf den Markt bringt, besteht darin, daß das unbequeme lästige Aufschrauben der Kamera, wie es beim gewöhnlichen

Stativ notwendig ist, vermieden wird. Während man bisher beim Aufschrauben der Kamera auf das Stativ entweder die Kamera oder das Stativ drehen mußte, stellt man diese Stative ausgezogen auf, hält die Kamera fest in der linken Hand und schraubt mit der rechten Hand die sich lose im Kugelgelenk drehende Stativschraube in das Gewinde der Kamera ein.

Eine erwähnenswerte Verbesserung machte die erwähnte Firma in jüngster Zeit bekannt; sie betrifft einen Stativkopf mit eingelegtem Gummiring, der an mehreren Stellen über die Oberfläche des Stativtellers vorsteht, einen festen saugend sich aufschraubenden Sitz des Apparates gewährleistet und Beschädigungen der Kamera verhindert (D. R. G. M. Nr. 1043064).

Die Gestaltung des Stativkopfes ist verschieden, je nachdem, wie die Anlenkung der Beine erfolgt; die sogenannten „Kapselköpfe", wie sie u. a. bei den „Rotü-Stativen" der Firma ROB. TÜMMLER in Döbeln zu finden sind, sind außen geschlossen, wodurch ein gewisser Schutz gegen äußere Einflüsse gewährleistet ist. Dagegen bieten die Plattenrundköpfe und besonders die verstellbaren Schraubköpfe in bezug auf die Befestigung der Kamera Vorteile.

Das Röhrenstativ des METALLWERKES SUNDERN A. BRUMBERG in Sundern in Westfalen besitzt eine Kopfplatte mit seitlichen Einschnitten, in denen die Stativbeine nach oben und unten umklappbar sind; die als Drehzapfen der Stativbeine dienenden Schrauben werden in rechtwinklig zu den Einschnitten verlaufende Bohrungen eingeführt (D. R. P. Nr. 451872).

Übrigens läßt sich jedes Stativ mit deutschem ($^3/_8$") Gewinde durch Aufschrauben einer besonderen „Stativzwischenmutter" für Kameras mit englischem ($^1/_4$") Gewinde verwenden.

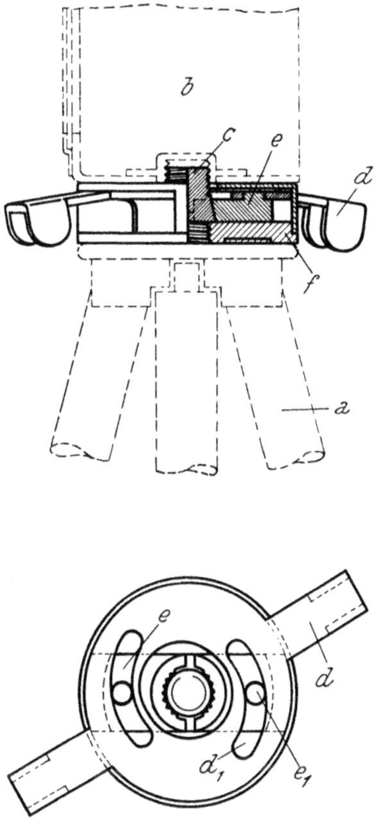

Abb. 318. Schraubenloses Verbindungsstück zwischen Stativ und Kamera „Drem-Junctor" von Dr. E. MAYER, Wien. *a* Stativ, *b* Kamera mit eingeschraubtem Gewindekonus *c*, *d* Platte mit Handhaben und exzentrischen Schlitzen d_1; *e* Klemmbacken mit zylindrischen Ansätzen e_1

Die ICA A.-G. brachte einen Stativteller auf den Markt, der zum Aufschrauben auf Stative mit deutschem Gewinde ($^3/_8$") bestimmt ist, wenn Kameras mit deutschem Gewinde benutzt werden sollen; ein anderer Stativteller hat englisches Gewinde ($^1/_4$") für Kameras mit englischem Gewinde; der mit Rändeln versehene Stativteller läßt sich auf jedem Stativ in der gleichen Weise wie die Kamera aufschrauben.

Um das oft lästige und zeitraubende An- und Abschrauben der Kamera zu ersparen, hat Dr. E. MAYER in Wien ein schraubenloses Verbindungsstück zwischen Stativ und Kamera konstruiert, das eine sehr rasche Befestigung der Kamera ermöglicht; es ist unter dem Namen „Drem-Junctor" bekannt geworden, seine Konstruktion ist aus Abb. 318 ersichtlich.

Der „Ica-Stativkopfaufsatz" ist nach dem gleichen Prinzip gebaut und gestattet das rascheste Aufsetzen der Kamera auf das Stativ und das Wiederabnehmen derselben durch einfachen Druck auf eine Feder.

Für Panoramaaufnahmen mit Hilfe eines gewöhnlichen Apparates ist als Hilfsmittel ein Stativ erforderlich, das erkennen läßt, wie groß die Verdrehung der Kamera bei den einzelnen Teilaufnahmen ist. Wird z. B. der Bildausschnitt für eine Aufnahme festgelegt, so muß sich die nächste Aufnahme direkt an die erste anschließen, was unter Berücksichtigung des sich beim Zusammenkleben der Positive ergebenden Spielraumes für die Übergreifung der Bilder ohneweiters erreichbar ist. Der beim Übergang von der einen zur anderen Aufnahmestellung notwendige Betrag der Drehung der Kamera kann mit Hilfe eines besonderen Panoramastativkopfes mit Teilung mühelos festgestellt werden (Abb. 319); derartige Hilfsvorrichtungen waren bereits vor Jahren bekannt und sind besonders dann vorteilhaft, wenn der Stativdrehpunkt mit Hilfe eines einfachen Zwischenstückes unter die Blendenebene des Objektivträgers gebracht werden kann. (Vgl. u. a. D. R. G. M. Nr. 1056936 für E. Leitz, Wetzlar, und D. R. G. M. Nr. 897204 für Ica A.-G., Dresden.)

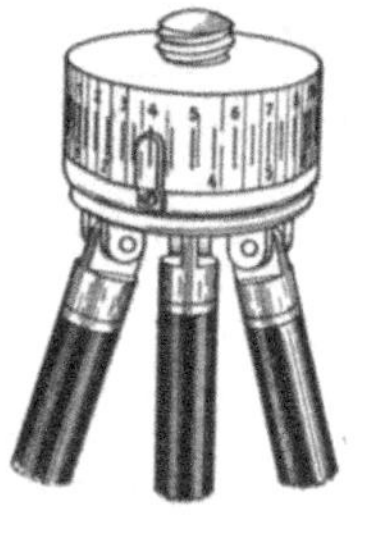

Abb. 319. Panorama-Stativkopf. Das Stativgewinde ist auf einer drehbaren und mit Teilung versehenen Trommel angeordnet; die Einhaltung des gleichen Winkelabstandes zwischen je zwei aufeinanderfolgenden Aufnahmen (mit direktem Anschluß bzw. mit geringer Überdeckung) wird dadurch erleichtert. Der Träger des Index ist am feststehenden Teller des Stativs angebracht

120. Stativkopfaufsätze. Bei allen dreibeinigen Stativen, welche am Kopf nur das übliche Normalgewinde ($^3/_8''$) oder das englische Gewinde ($^1/_4''$) tragen, ist eine (von Fall zu Fall) wünschenswerte Neigung der Kamera im allgemeinen nur dadurch zu erreichen, daß eines der Beine durch zweckentsprechende Verschiebung seiner Teile verkürzt wird oder daß man eines der Beine entsprechend schräg stellt. Obwohl man sich sehr oft in dieser Weise helfen kann, ist doch die Verwendung von besonderen sogenannten Stativaufsätzen wesentlich praktischer; hierunter versteht man Zwischenglieder, welche einerseits mit dem Kopf des Stativs und andererseits mit der Kamera verbunden werden, um mehr Bewegungsmöglichkeiten zu schaffen. Während z. B. die einfachen Stative stets mit der Kamera direkt verschraubt werden, also nachträglich weder Drehung noch Neigung der Kamera zulassen, gestatten Stativaufsätze je nach der Art ihrer Konstruktion weitestgehende Bewegungsfreiheit der Kamera, wodurch die nachträgliche Verstellung der Stativbeine vermieden wird. Im nachstehenden sollen einige der bekanntesten einschlägigen Konstruktionen Erwähnung finden.

Ein sehr einfaches Mittel, die Verbindung der Kamera mit dem Stativ herbeizuführen und dabei die Horizontaldrehung der Kamera zu ermöglichen, ist der „Stativkonus", ein kleines Zwischenglied zwischen Stativ und Kamera, das im unteren Teil innen das übliche Gewinde trägt, während der obere Teil koachsial ausgebildet ist und in eine entsprechende Vertiefung der Kamera paßt (Stereflektoskop von Voigtländer & Sohn A.-G.).

Die am meisten verbreitete Form des Stativkopfaufsatzes ist das Kugelgelenk; es besteht in seiner einfachsten Form aus zwei Teilen, von denen der obere mit der Kamera, der untere mit dem Stativ in der üblichen Weise verbunden wird (vgl. Abb. 320). Infolge Anordnung einer Kugel am unteren Ende des oberen Teiles und einer Kugelschale am oberen Ende des unteren Teiles ist jede beliebige Verstellung beider Glieder gegeneinander möglich; eine Klemmschraube gestattet, die beiden Glieder in der jeweils gewünschten Lage festzuhalten. Ein unbedingter Vorzug des Kugelgelenks — gleichgültig, ob es mit dem Stativ fest verbunden ist oder ein loses Glied bildet — ist, daß seine Vereinigung mit der Kamera schon erfolgen kann, bevor die endgültige Aufstellung vorgenommen wird; nachdem das Stativ mitsamt der Kamera ungefähr in die richtige Lage gebracht wurde, wird ganz zuletzt die Klemmschraube des Kugelgelenkes angezogen.

Stative mit Kugelgelenken und Klemmringen sind schon ziemlich lange bekannt; u. a. erhielt im Jahre 1881 A. Martens in Berlin das D. R. P. Nr. 15545 für eine Einrichtung, welche prinzipiell derjenigen der heute bekannten Kugelgelenke entspricht. In jüngster Zeit (1920) hat Dr. Emil Mayer in Wien eine Konstruktion geschaffen (D. R. P. Nr. 345407), die eine Verbesserung solcher Einrichtungen darstellt, bei denen eine mit dem Instrumententräger verbundene Kugelschale zwischen zwei sie umfassenden Kugelflächen durch Verschraubung festklemmbar ist. Der Vorzug dieses unter dem Namen „Drem-Kugelgelenk“ (Abb. 321) bekannt gewordenen Stativaufsatzes ist, daß die die klemmenden Kugelflächen aufweisenden Teile desselben durch eine Parallelführung miteinander verbunden und dadurch gegen eine Verdrehung gesichert sind; infolge der großen Abmessungen der Bestandteile des Kugelgelenks und der rasch wirksamen Hebelverstellung ist eine rasche Arretierung der Lage des Gewindetellers und damit der Kamera möglich. Die Klemmung erfolgt durch einen Druck derart, daß ein in horizontaler Richtung bewegter Hebel eine Kugelkalotte gegen einen entsprechend ausgebildeten Träger des Gewindezapfens drückt.

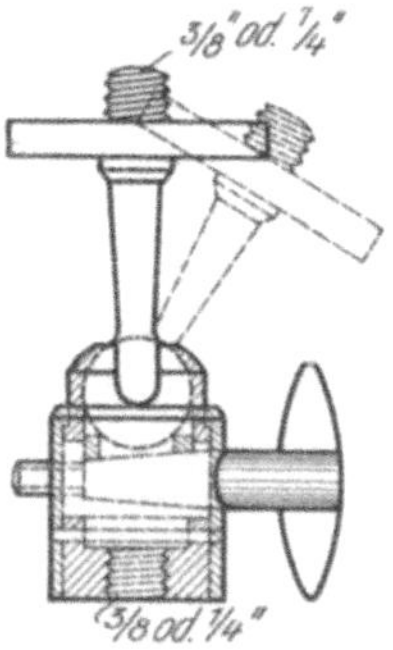

Abb. 320. Stativaufsatz mit Kugelgelenk für Handkameras

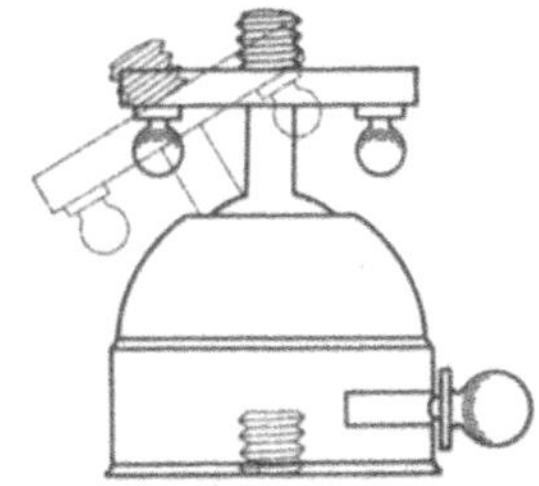

Abb. 321. Drem-Kugelgelenk D. R. P. Nr. 345407 für Dr. E. Mayer, Wien. Wesentlich ist an dieser Konstruktion die Anwendung großer Reibungsflächen (große Kugel). Der kugelförmige Handgriff dient zum Fixieren der Kugel in der gewünschten Lage

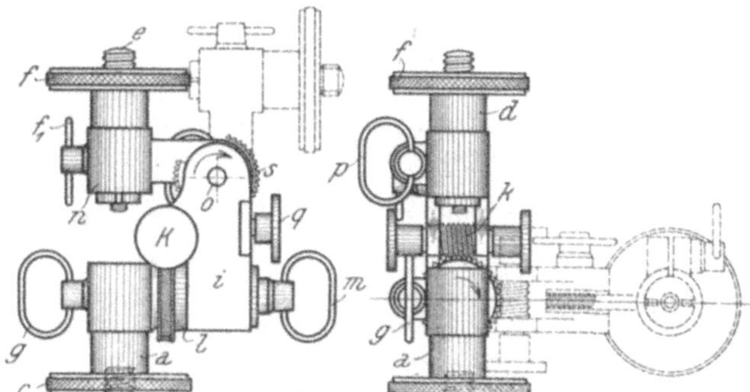

Abb. 322. Stativkopf „Duotar“ (Contessa-Nettel A.-G., Stuttgart). *a* Unterteil mit Innengewinde *b* und Rändelring *c* (drehbar), *d* Oberteil mit Gewindezapfen *e* für die Kamera und Rändelring *f*, in *n* drehbar und durch Klemme f_1 feststellbar. Das ganze über *a* liegende Aggregat dreht sich um die Achse von *a* und ist durch *g* feststellbar. Im Zwischenstück *i* ist die Schnecke *k* gelagert, die in das Schneckenrad *l* eingreift (Klemme *m*). Die Teile *e*, *f* und *n* sind bei *o* im Mittelstück *i* drehbar gelagert und mit Hilfe des Zahnradsektors *s* neigbar

121. Stativaufsätze mit Feineinstellung. Im Gegensatz zu den beschriebenen Stativaufsätzen sind die folgenden wesentlich komplizierter; dafür ist bei ihnen eine Feineinstellung bei der Drehung und Neigung oder bei einer von beiden Bewegungen möglich. Während z. B. bei den „Kugelgelenken“ stets eine kombinierte Bewegung ausgeführt werden muß, um die Kamera in die richtige Lage (in vertikaler und horizontaler Richtung) zu bringen, ist dies z. B. beim Stativkopf „Duotar“ der Contessa-Nettel-

Werke nicht der Fall (Abb. 322): hier war die unabhängige Bewegungs- und Klemmungsmöglichkeit der einzelnen Feineinstellungen für Drehung und Neigung der leitende Gedanke. Hier ist es möglich, der Kamera mit Hilfe von Mikrometerschrauben jede gewünschte Lage zu geben, sei es, um z. B. Deckengemälde, sei es, um tief gelegene Gegenstände aufzunehmen. Einzelheiten der Ausführung sind im D. R. P. Nr. 376971 beschrieben.

Der „Megor-Universalstativkopf" ist nach ähnlichen Grundsätzen konstruiert; auch er ist nach allen Seiten neigbar und behält die jeweils eingestellte Lage stets bei; er ist nicht auf dem Prinzip des Kugelgelenks aufgebaut, das bei schwereren Belastungen eventuell versagt. Ohne auf die Konstruktion dieses Geräts näher einzugehen, sei bemerkt, daß bei Verwendung eines solchen Stativkopfes (genau so wie beim Kugelgelenk) das lästige Ausrichten des Stativs vermieden wird; das Stativ kann fest aufgestellt werden, der Apparat wird nur durch Ausrichten des Stativkopfes in die gewünschte Lage gebracht (siehe auch D. R. P. Nr. 283076 für R. Casper, Berlin).

Ein Stativkopf, welcher es unter Verzichtleistung auf jede Neigbarkeit der Kamera ermöglicht, die Kamera um 360° um ihre Achse zu drehen, während das Stativ selbst in Ruhestellung bleibt, wurde seinerzeit unter dem Namen „Drehbarer Ica-Stativkopf" bekannt.

122. Stativaufsätze und Hilfsmittel für verschiedene Zwecke. Sollen mit einer gewöhnlichen Kamera Aufnahmen gemacht werden, die nach den Prinzipien der subtraktiven Dreifarbenphotographie zusammengefügt werden, so müssen wir drei Aufnahmen zeitlich nacheinander machen, wobei die räumliche Lage der Kamera ganz genau beibehalten werden muß. Bei der gebräuchlichen Aufstellung der Kamera und deren Verbindung mit dem Stativ mit Hilfe des Verschraubringes wäre diese Fixierung — wenn überhaupt — nur unter Anwendung größter Vorsicht möglich, da z. B. beim Herausziehen und Wiedereinsetzen der Kassette bzw. deren Schieber die Gefahr einer Verwacklung besteht. Dr. A. Hirsch in Zürich hat bereits im Jahre 1905 einen Stativkopf für photographische Apparate vorgeschlagen, der eine stets genau gleiche Lage der Kamera zum Stativ ermöglicht; die Vorrichtung besteht aus zwei plattenförmigen Teilen, die aufeinander gesetzt werden können: der eine von ihnen kann mittels der normalen Stativschraube an jedem festen Stativ, der andere mittels einer gleichartigen Schraube an jeder Kamera angeschraubt werden. Außerdem besitzt der eine der beiden Teile Stifte, der andere Versenkungen derart, daß die Stifte beim Aufeinandersetzen in die Versenkungen eingreifen; auf diese Art müssen die beiden Teile eine fixe Lage gegeneinander einnehmen. Auch nach Abnahme der Kamera mitsamt dem an ihr eindeutig festsitzenden plattenförmigen Teil kann sie immer wieder genau in die vorher innegehabte Lage auf dem Stativ gebracht werden.

Ein vollkommen erschütterungsfreies und sicheres Arbeiten auf dem Stativ auch mit Kameras bei ganz ausgezogenem Laufboden gestattet die seinerzeit von C. P. Goerz in den Handel gebrachte „Fußplatte" für Hoch- und Queraufnahmen. Diese war aus Aluminiumguß hergestellt und mit dem Stativ in der gleichen Weise verbunden, wie sonst die Kamera; die Kamera lag ihrer ganzen Länge nach auf der Fußplatte auf und wurde mit Hilfe der Stativschraube festgehalten.

Sehr alt und immer wiederkehrend ist die Idee, das Futteral des Stativs zur Verlängerung desselben (insbesondere für Aufnahmen in Augenhöhe) zu benutzen; eine bekannte Ausführungsform ist jene, bei der statt der Kamera das Futteral auf dem Stativ befestigt wird, während die Kamera mit Hilfe des auf dem Futteral befestigten Gewindes in der üblichen Weise festgehalten wird. Einen „Stativverlängerer“ aus Aluminium stellt z. B. die Firma ROB. TÜMMLER in Döbeln her; dieser besteht aus zwei teleskopartig verbundenen Rohren und hat ausgezogen eine Länge von 26 cm, im zusammengeschobenen Zustand eine Länge von nur 13½ cm. Sein Gewicht beträgt nur 45 g. Am oberen Teil befindet sich ein runder Teller für die Auflage der Kamera sowie der Gewindezapfen, am unteren Teil das Innengewinde.

Eine ähnliche Form des „Stativverlängerers“, welche je nach Auszug die Höhenlage der Kamera um 18 bis 32 cm ändert, stellt die CONTESSA-NETTEL A.-G. her.

Eine ähnliche Bauart zeigt auch das Taschenstativ „Photobold“ der Firma W. REUBER in Berlin.

Beinahe kurios wirkt die Verwendung eines Schirmes als Stativ in der Weise, daß der Griff des Schirmes abgeschraubt und mit dem Fuß desselben vereinigt wird; der geöffnete Schirm wirkt als Basis. Der Griff trägt oben die Kamera.

Eine sehr originelle Einrichtung zur Vermeidung von Erschütterungen bei freihändigen photographischen Aufnahmen hat neuerdings R. WÖRSCHING in Starnberg bei München geschaffen; sie besteht aus einem am Apparat befestigten Spannglied, z. B. einer Kette, deren freies, am Boden liegendes Ende mit dem Fuß festgehalten wird, wodurch man den Apparat nach oben zieht (D. R. G. M. Nr. 973493).

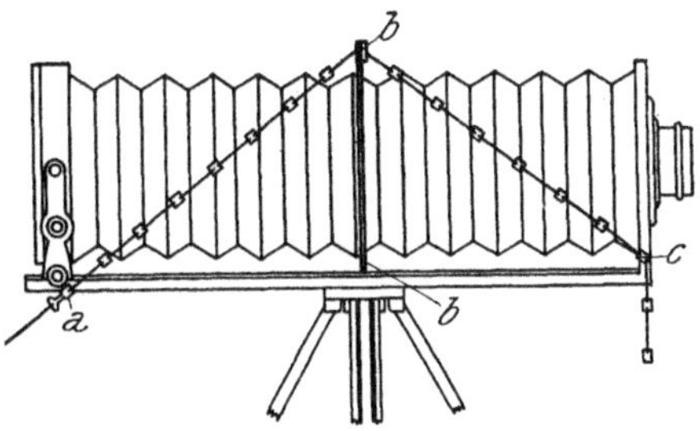

Abb. 323. Versteifungsvorrichtung für Kameras mit langem Auszug. D. R. P. Nr. 332569 für LEOPOLD KRIETEMEYER, Essen. Um ein Durchhängen des Kamerabalgens zu verhindern, wird dieser durch ein Zwischenstück *b* (etwa in der Mitte) unterstützt, dessen Lage mit Hilfe einer Kette gesichert wird. Die Kette ist bei *c* am Objektivbrett und bei *a* an der Kamerarückwand befestigt und kann gespannt werden

Eine geschickte Verbindung zwischen dem Behälter der Kamera und dieser selbst stellt eine von der Firma KLINGBERG & RIEHLE in Hamburg erzeugte und unter dem Namen „Exponata-Tasche“ in den Handel gebrachte Konstruktion dar; die Kamera kann in dem um den Hals zu tragenden Behälter aufnahmebereit aufgestellt werden und hat dadurch eine Stütze. Auf diese Weise lassen sich auch sogenannte langsame Momentaufnahmen ohne Stativ machen; der Photographierende hat beide Hände frei. Die gleiche Firma stellt einen sogenannten „Kamerawender“ her, der, zwischen Stativ und Kamera eingeschaltet, die Kamera mit einem Griff von hoch auf quer umzulegen gestattet, ohne daß man die Verschraubung zu lösen braucht.

Erwähnt sei auch die manchmal angewandte cardanische Aufhängung von Kameras; dieselbe setzt, unter Vermeidung eines Stativs voraus, daß Gelegenheit vorhanden ist, den Apparat so aufzuhängen, daß die Beobachtung des Mattscheibenbildes in Augenhöhe erfolgen kann. Die Idee ist zweifellos originell; eine solche Vorrichtung wurde von J. N. JOHNSON in Albuquerque (U. S. A.) mit der Auslösevorrichtung des Verschlusses geschickt in Verbindung gebracht, so daß die Bedienung eventuell auch aus freier Hand, also ohne jede Unterstützung, möglich ist (D. R. P. Nr. 281382).

Um das Durchbiegen des Laufbodens bei sehr langen Auszügen und bei Verwendung schwerer optischer Systeme zu vermeiden, hat L. KRIETEMEYER in Essen eine besondere Versteifungsvorrichtung vorgeschlagen: die das Objektiv tragende Vorderwand ist mit dem hinteren Teil des Laufbodens durch einen Draht oder eine Kette verbunden, die in der Mitte (am zweckmäßigsten über dem Stativ) durch einen Pfeiler gestützt wird (D. R. P. Nr. 332569). Vgl. Abb. 323.

Als Beispiel eines sehr einfachen und kompendiösen Universalgerätes sei das Modell „Solo" der Firma PERROT & Co. in Biel (Schweiz) genannt; es ist dies ein nach Art einer Schraubzwinge konstruiertes, aus Aluminium hergestelltes Hilfsgerät zur Befestigung der Kamera, das als das „Stativ in der Westentasche" bezeichnet wird. Der obere Teil hat die Form der bekannten Kugelgelenke, der untere Teil ist so ausgebildet, daß eine Befestigung der Kamera je nach den örtlichen Verhältnissen an den verschiedensten Gegenständen (Bäume, Stöcke, Schirme, Tischplatten, Geländer, Schiffsplanken usw.) möglich ist (vgl. Abb. 324).

Eine ähnliche Vorrichtung, jedoch ohne Kugelgelenk, hat ED. LEHMANN in Dresden-Blasewitz im Jahre 1921 bekannt gemacht. Ausführliche Einzelheiten hierüber finden sich in den deutschen Patentschriften Nr. 333224 und 356450.

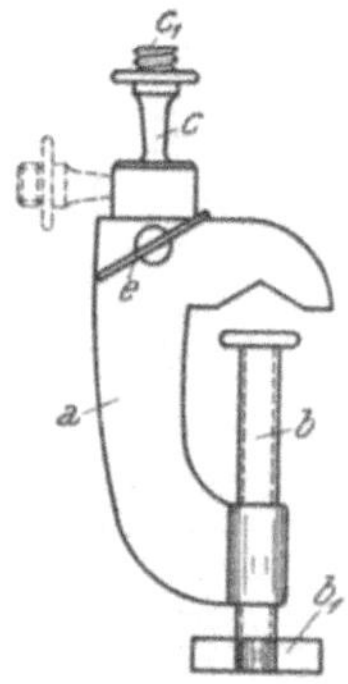

Abb. 324. Klemme aus Leichtmetall zum Befestigen von Kameras. Modell „Solo" (PERROT & CIE., Biel). Der Bügel a wird mittels der Klemmschraube b b_1 an irgendeinem Gegenstand befestigt; der Träger c des Stativgewindes c_1 ist im Bügel a nach Art eines Kugelgelenks gelagert und durch die Schraube e in jeder Stellung festklemmbar; der Übergang von Hoch- zu Queraufnahmen ist also ohne Umschrauben der Kamera möglich

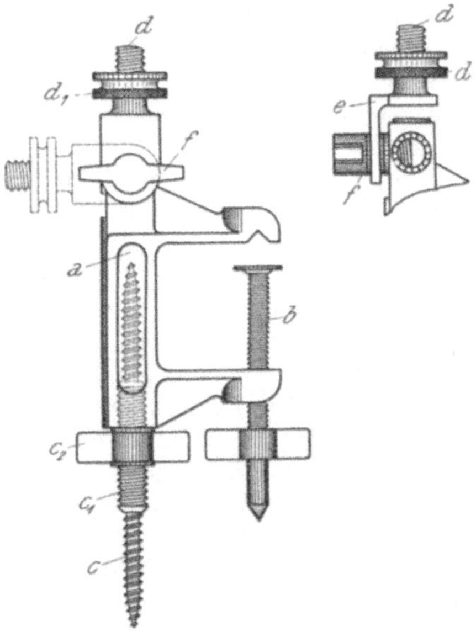

Abb. 325. Hilfsstativ mit Baumschraube. a Hauptkörper aus Leichtmetall mit Schraube b zum Festklemmen des Stativs an einer Tischplatte o. dgl. sowie Schraube mit Holzgewinde c, Metallgewinde c_1 und Flügelmutter c_2. Das Stativgewinde d mit Rändelring d_1 ist am umlegbaren Winkelstück e befestigt, das in seiner jeweiligen Stellung durch die Klemmschraube f festgehalten wird; damit ist auch die Lage der Kamera fixiert

Die Zahl der Vorrichtungen, welche der Kamera eine mehr oder minder sichere Unterstützung während der Aufnahme bieten sollen, ist sehr groß; der Rahmen dieser Darstellung verbietet es, näher darauf einzugehen, weshalb auf die einschlägige Patentliteratur hingewiesen sei, worin sich die mannigfaltigsten Ausführungsformen (kurze Taschenstative, Baumstative, Bruststative, Fensterstative u. a. mehr) finden (vgl. Abb. 325).

Großes Interesse wurde von Anfang an auch den „Stockstativen" entgegengebracht, die schon vor zirka 30 bis 40 Jahren bekannt wurden; ihre heutige Form ist von der frühesten wenig verschieden, nur ist jetzt infolge der Verwendung von Aluminium ihr Gewicht wesentlich kleiner als früher (zirka 500 bis 600 g). Vgl. Abb. 326.

123. Stativfeststeller (Gleitschutz für das Stativ). Wie bereits an anderer Stelle ausgeführt wurde, ist eine unerläßliche Forderung für jede Stativkonstruktion größtmögliche Festigkeit; da überdies die Gefahr besteht, daß das Stativ auf glattem Boden (wie z. B. Parkett-, Steinboden, Marmorfliesen, Eis usw.) ausgleitet und umfällt, muß man die gegenseitige Lage der drei Beine eindeutig festlegen. Die einfachste Form einer solchen Vorrichtung ist ein dreiarmiger Untersatz mit Vertiefungen, welcher, am Boden liegend, das Rutschen der Beine nach außen verhindert.

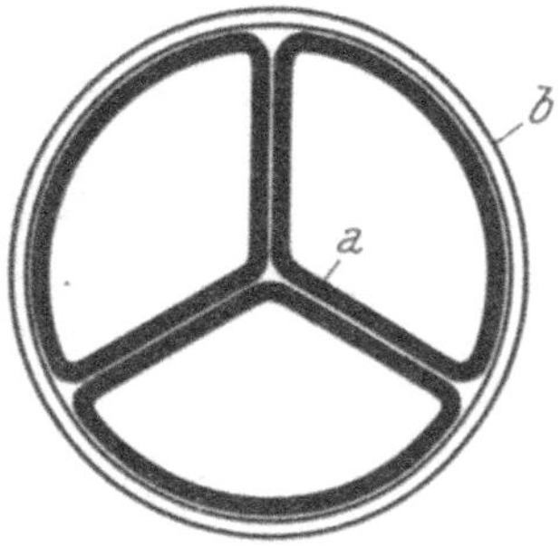

Abb. 326. Querschnitt durch ein Stockstativ. Die drei Beine *a* aus Leichtmetall haben im Querschnitt die Form eines Kreissektors; die Querschnitte ergänzen sich im zusammengelegten Zustand zu einem Vollkreis. *b* ist eine Hülse

Eine andere Form des Gleitschutzes für Stativfüße besteht aus einem abnehmbaren, mit einer Reibauflage versehenen, die Fußspitze überhöhenden, schalenförmigen Schuh; Richard Wörsching in Starnberg bei München hat neuerdings (1925) eine bemerkenswerte Ausführungsform eines solchen Schuhs geschaffen: der Schuh ist zwecks beliebiger Schrägstellung des Stativfußes mit einer Durchtrittsöffnung für die Spitze des Stativfußes und mit einer in die Einschnürung dieser Spitze eingreifenden, drehbaren Sperrscheibe versehen, mittels welcher der Stativfuß in der Gebrauchslage verriegelbar ist (D. R. P. Nr. 424285 und 459437). Vgl. Abb. 327.

Ähnlich ist auch die von den Askania-Werken A.-G. in Berlin-Friedenau vorgeschlagene Gleitschutzplatte für Stativfüße (D. R. G. M. Nr. 1053376); sie hat eine kugelförmige Vertiefung zur Aufnahme der Stativfußspitze und ist besonders dadurch gekennzeichnet, daß die Achse der kegelförmigen Vertiefung exzentrisch ist und geneigt zur Auflagefläche der Gleitschutzplatte verläuft (vgl. Abb. 328).

G. A. Lotterschmied in München empfahl die Herstellung des Gleitschutzes aus elastischem Stoff (z. B. Gummi oder dergleichen); er gab ihm unten die Form eines Saugnapfes und oben eine kleine Öffnung zum Einsetzen der Stativspitze (D. R. P. Nr. 475500).

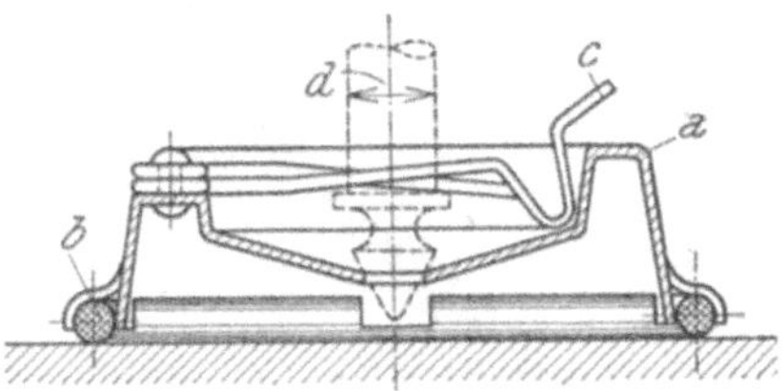

Abb. 327. Stativfuß nach R. Wörsching, Starnberg bei München, D. R. P. Nr. 459437. Die sichere Lage des Stativfußes *d* wird durch Verwendung eines Reibungsringes *b* aus Gummi o. dgl. und einer Haltefeder *c* erreicht

Interessant ist auch die von K. Schneider und R. Ruhr vorgeschlagene Ausführung eines Stativfußes, bei welchem das Endstück, also die Spitze des Stativfußes, auswechselbar ist und durch ein Kugelgelenk mit einer Platte beweglich verbunden wird, die auf ihrer Unterfläche mit einer das Ausgleiten verhindernden Auflagefläche, z. B. Gummi oder Filz, versehen ist (D. R. P. Nr. 372132).

Max Naumann in Leipzig hat eine Lösung angegeben, welche darin besteht, daß unter jeden schräg gestellten Fuß eine Platte gesetzt wird, die auf der Unterseite mit feinen Spitzen versehen ist, wodurch eine sichere Lage auf glatten Böden gewährleistet wird; bei dem vorher erwähnten Gleitschutz von Wörsching wird ein Reibungsring aus Gummi, Leder oder dergleichen verwendet (vgl. Abb. 329).

Die bekannteste Sicherung gegen das Gleiten der Stative ist der sogenannte Stativfeststeller; dieser Apparat ist im oberen Teil des Stativs unterhalb des Kopfes angeordnet, meist aus Messing- oder Aluminiumblech hergestellt und besteht aus drei geschlitzten Schienen, welche am Ende mit Zapfen versehen sind und durch eine Schraube mit Flügelmutter zusammengehalten werden. Je nach

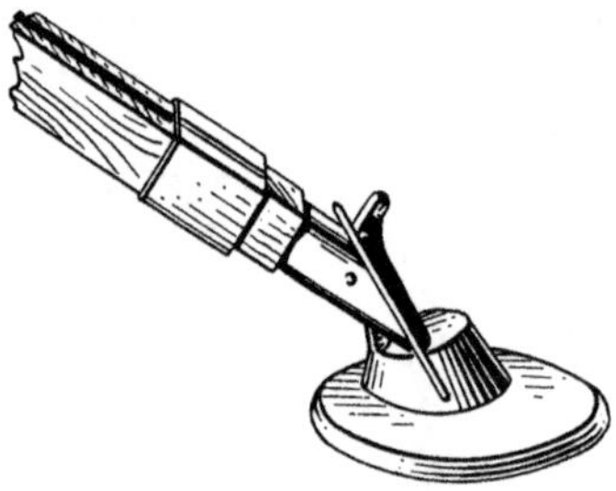

Abb. 328. Gleitschuh für Stative (ausgeführt von Askaniawerke A.-G., Berlin)

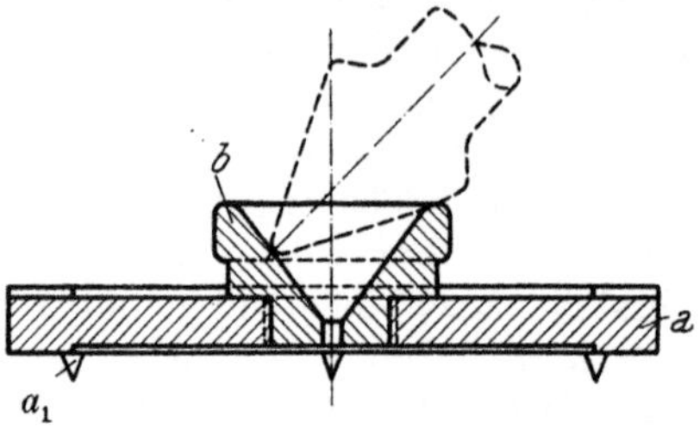

Abb. 329. Stativfußsicherungsplatte (Max Naumann, Leipzig). Die Platte a ist mit feinen Spitzen a_1 versehen und besitzt einen kegelförmig ausgedrehten Einsatz b; die Stativbeine üben ihren Druck nahezu normal zur Mantelfläche des Kegels aus

der Konstruktion des Stativs wird die Verbindung mit den einzelnen Beinen hergestellt; wie J. M. Eder in seinem ausführlichen Handbuch der Photographie, Bd. 1, Heft 5 (1892), S. 371, mitteilt, stammen die ersten Vorschläge dieser Art von Lebreton, Schroeder, B. Wachtl, A. Moll u. a. (1887).

Anstatt die sichere Aufstellung des Stativs durch ein starres dreiteiliges Verbindungsglied herbeizuführen, wurde auch vorgeschlagen, drei elastische Teile zu verwenden, die am einen Ende von einem gemeinsamen Mittelpunkt sternförmig ausgehen und am anderen Ende in geeigneter Weise mit den Stativbeinen verbunden sind; eine solche Vorrichtung erhöht die Standfestigkeit des Stativs.

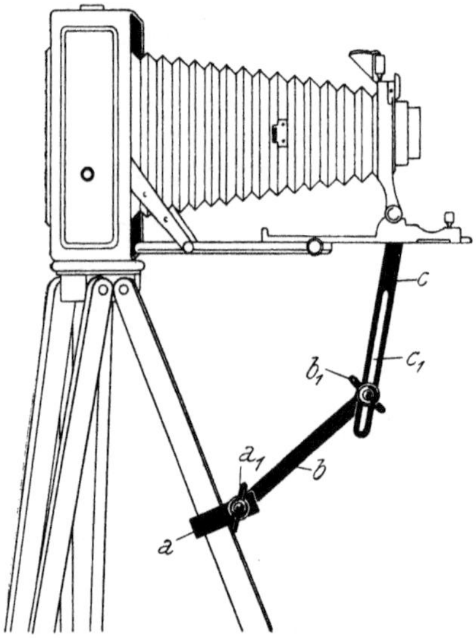

Abb. 330. Kamerastütze nach D. R. P. Nr. 197631. Diese Hilfsvorrichtung wird vorteilhaft bei Kameras größeren Formats zur Erhöhung der Stabilität und zur Vermeidung von Erschütterungen angewendet, sobald der Laufboden ganz ausgezogen ist. a Stativklemme mit Flügelschraube a_1, b untere Strebe mit Flügelschraube b_1, c obere Strebe mit Schlitz c_1

Selbstverständlich ist die Feststellung des Stativs nicht nur mit Hilfe von Vorrichtungen am unteren Ende der Stativfüße, sondern auch mit Hilfe von Vorrichtungen am Stativkopf möglich; in dieser Hinsicht wurde im Laufe der Jahre eine große Reihe von zum Teil sehr brauchbaren Vorschlägen gemacht, die alle darauf hinauslaufen, die Bewegung der am Stativkopf scharnierartig angelenkten Beine so zu begrenzen, daß eine sichere Aufstellung des Stativs gewährleistet ist. Die Mittel, die dabei angewandt wurden, sind sehr verschiedenartig und in zahlreichen Patentschriften bzw. Gebrauchsmusterurkunden der Klasse 42c, Gr. 1 bis 3 (Deutschland) beschrieben.

Trotz aller Sicherungselemente am Stativ empfiehlt es sich sehr oft — insbesondere bei überhängenden Kameras mit doppeltem Auszug —, eine Stütze vorzusehen, welche den Laufboden der Kamera mit dem Stativ in zweckmäßiger Weise verbindet. Harbers in Leipzig hat schon um das Jahr 1900 eine solche Anordnung beschrieben; neuerdings wird sie in ganz ähnlicher Form von einigen Firmen ausgeführt (vgl. auch D. R. P. Nr. 197631). Vgl. Abb. 330.

124. Stereostativköpfe. Im Laufe der Jahre ist eine ganze Reihe von Einrichtungen bekannt geworden, welche es ermöglichen, mit Hilfe einer einfachen Kamera bzw. eines einzigen Objektivs Stereoaufnahmen herzustellen. Dies ist zu erreichen, wenn das Objektiv auf einem verschiebbaren Träger angeordnet und aus seiner Mittellage um gleiche Beträge nach rechts und links verschoben wird. Es ist klar, daß die Herstellung von Momentaufnahmen auf diese Art von vornherein unmöglich ist. Da eine Verschiebung des Objektivs um je etwa 30 mm nach links bzw. rechts von einer Medianebene — eine solche Verschiebung ist notwendig (vgl. S. 260) — bei den wenigsten Handkameras möglich ist und jeweils die eine Hälfte des Bildfeldes irgendwie abgedeckt werden muß (siehe D. R. P. Nr. 159344), entsteht auf diese Art eigentlich eine Spezialkamera. Es wurden zwecks Herstellung von Stereoskopbildern mittels einer einfachen Kamera interessante Konstruktionen bekannt: so schlug z. B. SALOW die Verwendung eines möglichst nahe vor dem Objektiv liegenden Doppelspiegelsystems (z. B. eines Rhomboederprismas) vor, dessen Lichteinfallfläche ungefähr 30 mm (d. i. die halbe Augendistanz) von der Achse des Objektivs entfernt liegt und das nacheinander in zwei um 180° gegeneinander verdrehte Grenzlagen gebracht werden kann.

In wesentlich einfacherer Weise ist die Aufgabe mit jeder normalen Kamera zu lösen, wenn ein entsprechender Stativaufsatz verwandt wird. Eine ebenso zweckmäßige wie interessante Konstruktion haben bereits im Jahre 1902 J. K. L. und A. B. THOMSON in Buffalo (U. S. A.) geschaffen: ihre Vorrichtung zur Aufnahme von Stereoskopbildern mit einer Kamera besteht aus einer unteren festen und einer oberen die Kamera tragenden Platte, welche beide durch ein Gelenkparallelogramm derart verbunden sind, daß symmetrische Anschläge des Gelenkparallelogramms die beiden Aufnahmestellungen der Kamera bestimmen (Vgl. Abb. 239) (D. R. P. Nr. 145279 und 366667).

ADRIEN MERCIER FILS in Lausanne beschäftigte sich im Jahre 1903 mit ähnlichen Problemen, und zwar unter Verzichtleistung auf das Parallelogramm; er verwendete zwecks Erreichung eines stärkeren stereoskopischen Effektes eine große Basis und konstruierte ein Bodenbrett zum Tragen zweier für Stereoskopaufnahmen bestimmter Kameras in beliebigem Abstand voneinander; dieses Bodenbrett bestand aus mehreren zu einer ebenen Bahn auseinanderklappbaren Teilen, die scharnierartig miteinander verbunden waren; das mittlere Brett trug die Stativmutter, während die äußeren Bretter zum Befestigen der beiden Kameras dienten und mit Skalen versehen waren.

Fast gleichzeitig erfand MERCIER einen wesentlich einfacheren Stativkopf zur Herstellung stereoskopischer Bilder; derselbe bestand aus einem am Kopfteil des Stativs angebrachten um ein Scharnier abwechselnd nach links und rechts umlegbaren Träger, auf welchem die Handkamera nach dem jeweiligen Umlegen des Trägers in geeigneter Weise befestigt wurde (D. R. P. Nr. 151750/51).

V. Die photographischen Momentverschlüsse

A. Allgemeines

125. Einleitung. Der Erfinder der Photographie, DAGUERRE, bediente sich einer Kamera mit einem einfachen achromatischen Objektiv, dessen geringe Lichtstärke ihn zwang, sich auf die Aufnahme lebloser Gegenstände zu beschränken. Im Jahre 1840 trat in dieser Beziehung eine bemerkenswerte Wandlung dadurch ein, daß die Firma Voigtländer ein neues Doppelobjektiv auf den Markt brachte, das nach den Berechnungen J. Petzvals hergestellt war und infolge seiner hohen Lichtstärke die Aufnahme von Porträts ermöglichte.

Erst durch die großen Erfolge auf dem Gebiete der Optik und Feinmechanik sowie durch die ebenso bemerkenswerten Leistungen auf dem Gebiete der Plattenfabrikation ist es möglich geworden, die Belichtungszeiten bei photographischen Aufnahmen wesentlich abzukürzen; damit wurde ein neuer Industriezweig ins Leben gerufen: die Herstellung photographischer Momentverschlüsse. Es ist ja einleuchtend, daß die heute oft nur Hundertstel von Sekunden dauernde Belichtung das Vorhandensein sehr empfindlicher Platten sowie genau und zuverlässig arbeitender Momentverschlüsse voraussetzt.

Es sind etwa 45 Jahre her, daß die ersten brauchbaren Modelle von Momentverschlüssen auftauchten; dann allerdings folgte auf diesem Gebiet eine Erfindung der anderen, von denen eine ganze Reihe praktisch erprobt wurde; nach kürzerer oder längerer Zeit verschwanden diese Modelle wieder vom Markt und machten anderen, besseren Konstruktionen Platz. Da die Zahl der Erfindungen auf diesem Gebiete sowohl im Inlande als auch im Auslande sehr groß ist, wollen wir im Rahmen dieser Darstellung nur die wichtigsten, insbesondere aber die in Deutschland bekannt gewordenen Modelle beschreiben.

Die einfachste und wohl auch ursprüngliche Art des Belichtens der Platte ist diejenige durch Abnehmen und Wiederaufsetzen des Objektivdeckels; so primitiv diese Art der Belichtung auch zu sein scheint und obwohl durch einen mechanischen Verschluß mit Auslöser die Erschütterungen zweifellos vermindert bzw. ganz beseitigt werden könnten, hat sich diese Art des Belichtens in photographischen Ateliers und besonders in Reproduktionsanstalten, wo es sich um relativ lange Belichtungszeiten handelt, bis heute behauptet.

Grundsätzlich werden die Momentverschlüsse in zwei Hauptgruppen geteilt, die sich wesentlich voneinander unterscheiden: die Objektivverschlüsse, welche in der Nähe der Blendenebene zwischen den Linsen des Objektivs bzw. dicht vor oder hinter diesem arbeiten, und die Fokal- bzw. Platten- oder Schlitzverschlüsse, welche sich unmittelbar vor der Ebene der Platte bzw. des Bildes befinden. Bevor wir auf die charakteristischen Merkmale dieser beiden Gruppen näher eingehen, sei einiges über die Bestimmung der höchsten zulässigen Belichtungszeit bei Momentaufnahmen bemerkt, da ohne Kenntnis der natürlichen Geschwindigkeit der bewegten Objekte bzw. der davon abhängigen Bildgeschwindigkeit die Bestimmung der von Fall zu Fall erforderlichen Verschlußgeschwindigkeit unmöglich ist.

Das Objektiv der Kamera erzeugt von bewegten Gegenständen auf der Mattscheibe bzw. auf der Platte ein sich in entgegengesetzter Richtung (als der Gegenstand) bewegendes Bild; der Bewegungsvorgang erscheint im gleichen Maße verjüngt (verkleinert) wie das Bild gegenüber dem Gegenstand: die scheinbare Bewegung des Bildes auf der Platte ist um so kleiner, je größer die Entfernung des Apparates vom bewegten Gegenstand und je kürzer die Brennweite des Objektivs ist. Bei der Aufnahme eines in Bewegung befindlichen Gegenstandes ist die Belichtungszeit derart kurz zu halten, daß die Bildeinzelheiten scharf erscheinen bzw. daß ein bestimmtes Maß der Unschärfe nicht überschritten wird.

Unter Zugrundelegung der in der Amateurphotographie üblichen Objektivbrennweiten von 10 bis 15 cm ist eine Verbreiterung der Konturen um etwa $^1/_{10}$ mm zulässig; Bilder mit einer derartigen Unschärfe werden praktisch als scharf bezeichnet und können noch vergrößert werden; bei kleineren Brennweiten (5 bis 7,5 cm), wie sie z. B. bei Stereoapparaten, insbesondere aber bei

Kleinbild- und Kinoaufnahmeapparaten üblich sind, beträgt die zulässige Unschärfe 0,05 bzw. 0,03 mm.

Wie aus obigen Erläuterungen hervorgeht, ist für die notwendige Verkürzung der Belichtungszeit bei Momentaufnahmen nur die Bildgeschwindigkeit maßgebend, d. i. die vom Bild auf der Mattscheibe in der Zeiteinheit zurückgelegte Wegstrecke.

Wird die Entfernung des sich bewegenden Gegenstandes vom Objektiv in Metern mit a, seine Geschwindigkeit in Metern pro Sekunde mit v, die Brenn-

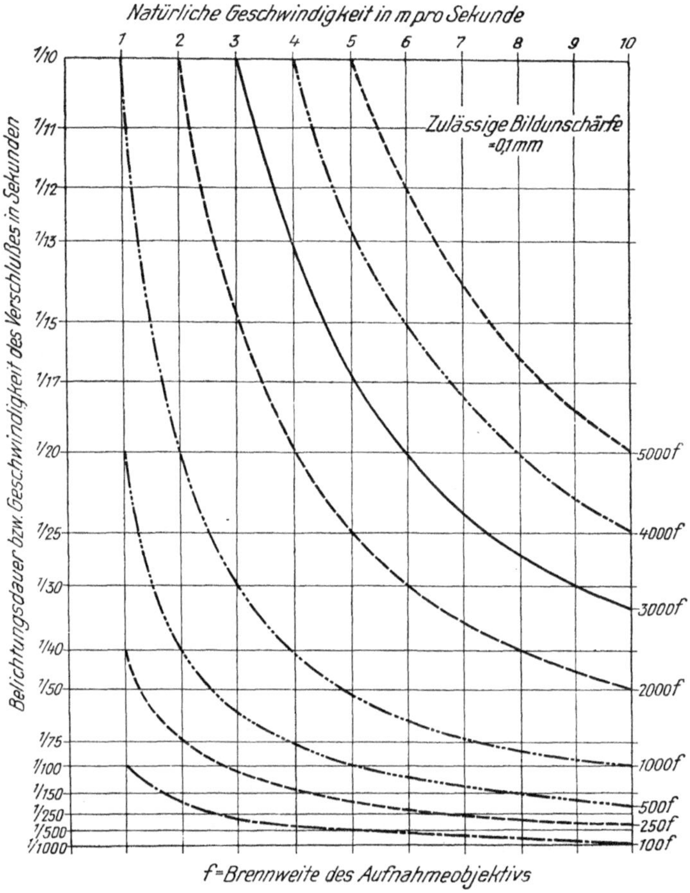

Abb. 331. Graphische Darstellung der Beziehung zwischen der Brennweite f des Aufnahmeobjektivs, der notwendigen Verschlußgeschwindigkeit z und der natürlichen Geschwindigkeit v des Gegenstandes

weite des Objektivs mit f und die Bildgeschwindigkeit mit x bezeichnet (vgl. Abb. 332), so gilt:

$$\frac{a}{f} = \frac{v}{x}; \quad x = v \cdot \frac{f}{a}.$$

Hierbei wird vorausgesetzt, daß die Entfernung des Gegenstandes von der Kamera ein großes Vielfaches der Brennweite ist, d. h. daß das Bild annähernd in der Brennebene entsteht.

Beispiel: Aufnahme eines Motorradfahrers, der mit einer Geschwindigkeit von 72 km in der Stunde, d. i. 20 m pro Sekunde, fährt; Entfernung desselben 30 m vom Apparat, Brennweite des Objektivs 15 cm.

Nach der vorhergehenden Formel ergibt sich die Bildgeschwindigkeit

$$x = \frac{20 \,.\, 0{,}15}{30} = \frac{20 \,.\, 15}{100 \,.\, 30} = 0{,}1 \text{ m, d. i. } 100 \text{ mm.}$$

Da die Entfernung des Gegenstandes 200 mal so groß als die Brennweite ist, so ergibt sich für die Bildgeschwindigkeit ein 200 mal kleinerer Wert als für die Geschwindigkeit des Gegenstandes.

Die erforderliche Belichtungszeit z wird nun erhalten, indem man die zulässige Unschärfe durch die Bildgeschwindigkeit dividiert; wird die zulässige Unschärfe, wie allgemein üblich, mit 0,1 mm angenommen, so ergibt sich der Wert

$$z = 0{,}1 : 100 = {}^1/_{1000} \text{ Sek.}$$

Der zu verwendende Momentverschluß muß demnach diese hohe Geschwindigkeit besitzen, denn das Bild bewegt sich in $^1/_{1000}$ Sekunde auf der Platte um $^1/_{10}$ mm weiter.

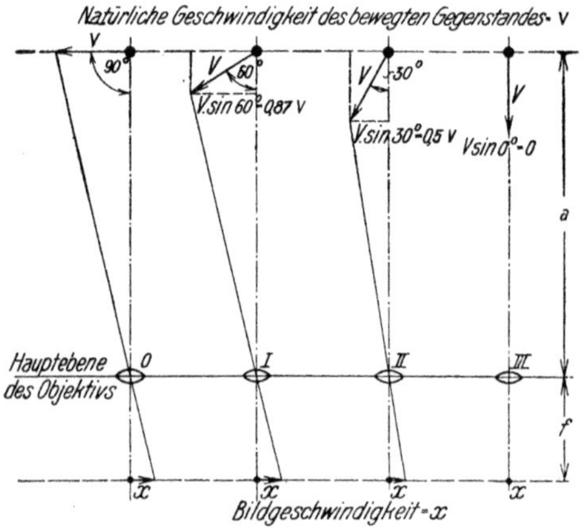

Abb. 332. Beziehung zwischen der natürlichen Geschwindigkeit v eines bewegten Gegenstandes und der Bildgeschwindigkeit x. a ist die Entfernung des Gegenstandes vom Objektiv O mit der Brennweite f, v ist die natürliche Geschwindigkeit des bewegten Gegenstandes, x ist die Geschwindigkeit des dazugehörigen Bildes

Es ist nicht immer leicht, im Augenblick der Belichtung die richtige Verschlußgeschwindigkeit einzustellen; erstens ist in der Mehrzahl der Fälle die natürliche Geschwindigkeit des Gegenstandes nicht bekannt und zweitens ist die — wenn auch einfache — Berechnung der Bildgeschwindigkeit nicht allen Lichtbildern geläufig. Aus diesem Grunde wurden bezügliche Tabellen berechnet.

In Abb. 331 ist ein Diagramm gezeichnet, worin für Gegenstandsentfernungen von der 100fachen bis zur 5000fachen Objektivbrennweite und für Gegenstandsgeschwindigkeiten von 1 bis 10 m pro Sekunde die notwendigen Verschlußgeschwindigkeiten eingetragen sind, wobei eine zulässige Unschärfe von 0,1 mm zugrunde gelegt wird.

Wegen der räumlichen Ausdehnung der Darstellung bei Aufzeichnung der Verschlußgeschwindigkeiten von mehr als $^1/_{10}$ Sekunde wurde in unserem Diagramm auf diese Werte verzichtet.

Beispiel: Welche Verschlußgeschwindigkeit ist erforderlich, um ein Ruderboot, das sich im Abstande von 35 m vom Objektiv mit 3 m Geschwindigkeit pro Sekunde bewegt, aufzunehmen, wenn die Objektivbrennweite 13,5 cm beträgt? 35 m Entfernung $= \frac{3500}{13{,}5} = 258$ Brennweiten; geht man an der mit 250 f bezeichneten Kurve in Abb. 331 von rechts nach links bis zu dem mit 3 bezeichneten Vertikalstrich, so kann man an dem Horizontalstrich durch den Schnittpunkt der Kurve mit dem Vertikalstrich 3 die Zahl $^1/_{120}$ Sekunde ablesen.

Die Kurven der Abb. 331 lassen z. B. ohneweiters erkennen, daß bei relativ kleinen Objektentfernungen und großen natürlichen Geschwindigkeiten der Objekte ziemlich hohe Verschlußgeschwindigkeiten erforderlich sind. Ein Vorteil ist die Angabe der Objektentfernungen in Brennweitenlängen; es ergeben sich nämlich auf diese Weise übersichtliche Verhältnisse.

Bei den bisher ermittelten Werten für die höchste zulässige Belichtungszeit wurde vorausgesetzt, daß sich der Gegenstand parallel zur Mattscheibenebene, d. h. senkrecht zur optischen Achse, bewegt. Dies ist nicht immer der Fall, vielmehr kommen Bewegungen schräg zur optischen Achse häufig vor; mit zunehmender Neigung der betreffenden Bewegungsrichtung scheint seine Eigengeschwindigkeit kleiner zu werden, und zwar um so mehr, je kleiner der Winkel ist, den die Bewegungsrichtung mit der optischen Achse einschließt.[1]

In Abb. 332 sind drei Fälle (I, II und III) gezeichnet, bei denen diese Winkel 60^0, 30^0 und 0^0 betragen; die Abbildung läßt deutlich erkennen, wie die Bildgeschwindigkeit x trotz konstanter natürlicher Geschwindigkeit v des Gegenstandes immer kleiner zu werden scheint, je mehr die Richtung der Bewegung mit derjenigen der optischen Achse zusammenfällt (Fall III); der bei Bestimmung der Bildgeschwindigkeit für v einzusetzende neue Wert ist jeweils gleich v, multipliziert mit dem Sinus des betreffenden Winkels, und ist daher in jedem Falle kleiner als v, gleichgültig, ob sich der Gegenstand zur Mattscheibe des Aufnahmeapparates hin oder von dieser weg bewegt.

Auf diese Erklärungen stützt sich die in der Praxis bekannte Forderung, sehr rasch bewegte Objekte (z. B. einen Eisenbahnzug in voller Fahrt) womöglich nicht parallel zur Mattscheibenebene fahrend und nicht aus geringer Entfernung aufzunehmen, sondern den Aufnahmeapparat so aufzustellen, daß seine optische Achse mit der Bewegungsrichtung des Zuges einen Winkel bildet, der kleiner als 60^0 ist, weil etwa von diesem Winkelwert an sich eine deutliche Verringerung der Bildgeschwindigkeit bemerkbar macht. Den Grenzfall stellt III in Abb. 332 dar; hier ist die Bildgeschwindigkeit gleich Null, d. h. die Schärfe des Bildes bleibt innerhalb gewisser Grenzen, die durch die Entfernung des Gegenstandes und die Brennweite des Objektivs bestimmt werden, erhalten.

Tabelle 51. Geschwindigkeiten verschiedener Objekte in Metern pro Sekunde (nach L. David)

Fußgänger im Schritt	1—1,5	Flußdampfer	2—4
— im Schnellschritt	1,6—2,3	Seedampfer	6—10
— im Laufschritt	3—4	Ozeandampfer	8—12
Schnelläufer oder Springer	5—8	Torpedoboot	10—16
Schlittschuhläufer	5—10	Güterzug	8—12
Schwimmer	1—1,5	Personenzug	10—20
Radfahrer	5—20	Schnellzug	20—30
Motorradfahrer	10—35	Elektrischer Schnellzug	50
Jagdhund	20—25	Brieftaube	20—35
Kraftwagen	10—20	Adler	25—30
Rennwagen	20—40	Schwalbe	40—70
Lastwagen	0,5—1	Flugzeug	20—40
Droschke	2—6	Zeppelin-Luftschiff	20—30
Pferd im Schritt	1—2	Flußwasser im Flachland	1—3
— im Trab	3—6	Gebirgsbach	3—5
— im Galopp bzw. Sprung	6—10	Meereswellen	5—20
Rennpferd	10—20	Brandungswelle	6
Ruderboot	1—3	Sturm	20—25
Rennboot	3—6	Regentropfen	5—10
Rodelschlitten	5—12	Schneeflocken	0,5—2
Bobsleigh	15—20	Infanteriegewehrgeschoß bis	700
Skisprung	12—15	Artilleriegeschoß bis	900

[1] Vgl. J. M. Eder, Ausf. Handb. d. Phot., Bd. 1, Heft 4 (1891), S. 269 bis 273.

Reicht die Geschwindigkeit eines Verschlusses für einen bestimmten Fall nicht aus, so kann man eventuell zu dem Hilfsmittel greifen, daß man die Aufnahme aus größerer Entfernung oder mit einem Objektiv kürzerer Brennweite macht. Wie aus Abb. 332 hervorgeht, kommt man bei Verzichtleistung auf zu geringe Objektentfernungen unter Erhaltung der Bildschärfe zu geringen Verschlußgeschwindigkeiten; man kann dabei auf ein genügend durchgearbeitetes Negativ rechnen, das eine nachträgliche Vergrößerung verträgt.

Selbstverständlich erfordern hohe Verschlußgeschwindigkeiten lichtstarke Objektive und hochempfindliches Plattenmaterial. Bei raschesten Augenblicksaufnahmen ist vor Prüfung der Bewegungsverhältnisse zunächst die richtige Belichtungszeit unter Berücksichtigung aller anderen in Betracht kommenden Umstände zu bestimmen; erst dann ist die Verschlußgeschwindigkeit zu ermitteln. Dabei ergibt sich unter Umständen, daß das Objektiv mehr oder weniger stark abgeblendet werden muß, wobei die größere Tiefenschärfe auf die als zulässig angenommene Bildunschärfe in günstigem Sinne einwirkt.

B. Objektivverschlüsse

126. Belichtungsverhältnisse beim Objektivverschluß. Abgesehen von den sogenannten ansetzbaren Verschlüssen, die vor oder hinter dem Objektiv angebracht werden, sind die Objektivverschlüsse in der überwiegenden Mehrheit solche, bei denen sich die Verschlußlamellen bzw. Sektoren dort befinden, wo die Linsen genügend Luftabstand haben.[1]

Der Arbeitsvorgang beim Betätigen eines modernen Objektivverschlusses ist im wesentlichen folgender: Infolge Einwirkung einer besonderen Feder, die aufgezogen oder durch Druck des Fingers bzw. Auslösers gespannt wird, öffnen sich die in Schließstellung gehaltenen Sektoren von der Mitte aus, und zwar so weit, als die größte freie Öffnung des Verschlusses vorschreibt; die Sektoren bleiben solange offen, als eine den Ablauf des Verschlusses regelnde Bremse einwirkt, und schließen sich dann entweder unter dem Einfluß der gleichen Feder oder einer besonderen Schließfeder mit wenig Ausnahmen in umgekehrter Richtung, als sie sich geöffnet haben.

Das charakteristische Merkmal aller Objektivverschlüsse ist, daß vom Beginn des Öffnens der Sektoren bzw. Lamellen bis zum vollständigen Schließen derselben die ganze Platte belichtet wird, gleichgültig, welches die jeweilige von der Zahl der Sektoren abhängige Form der Öffnungsfigur sein mag; wegen dieser Eigenart und weil das Öffnen und Schließen der Lamellen auch eine gewisse Zeit erfordert, läßt sich bei Objektivverschlüssen nie eine so große Geschwindigkeit wie bei Plattenverschlüssen erreichen. Ein weiterer Grund hiefür ist die bei fast allen Objektivverschlüssen übliche Umkehr in der Bewegungsrichtung der Sektoren.

Die (mit Ausnahme der Schieberverschlüsse) sich von der Mitte aus öffnenden Objektivverschlüsse — gleichviel welcher Öffnungsfigur und mit welcher Zahl von Lamellen bzw. Sektoren — wirken ähnlich wie eine sich während der Belichtung erweiternde und wieder schließende Irisblende. Es entsteht zuerst ein Bild von relativ geringer Helligkeit, aber großer Tiefenschärfe; erst bei voller Öffnung der Sektoren besitzt das Objektiv seine volle Lichtstärke. Ist dieser Zustand erreicht, tritt die erwähnte Bewegungsumkehrung der Sektoren ein; mit abnehmender Öffnung wächst die Tiefenschärfe, während die Helligkeit des Bildes immer geringer wird.

Wir wollen im nachstehenden die Belichtungsverhältnisse beim Spannverschluß einer kurzen Betrachtung unterziehen und mit den Belichtungsver-

---

[1] Vgl. K. Pritschow, ZS. d. Ver. deutsch. Ing. 66, 1922, S. 316—321.

hältnissen beim modernen Automat- oder Compurverschluß vergleichen. Die früheren Spannverschlüsse wirkten derart, daß sich die Sektoren unter dem Druck einer starken Feder öffneten und gleich darauf wieder schlossen, wobei in der Mitte der Bewegung, d. h. bei größter Öffnung des Verschlusses, kein Stillstand der Sektoren eintrat; dieser Vorgang war immer der selbe, gleichgültig, ob es sich um kurze oder lange Belichtungszeiten handelte, d. h. die ganze Bewegung war vom Anfang bis zum Ende eine kontinuierliche, deren absolute Dauer lediglich durch die Einwirkung der um das Jahr 1900 vielfach üblichen Lederreibungsbremse beeinflußt wurde.

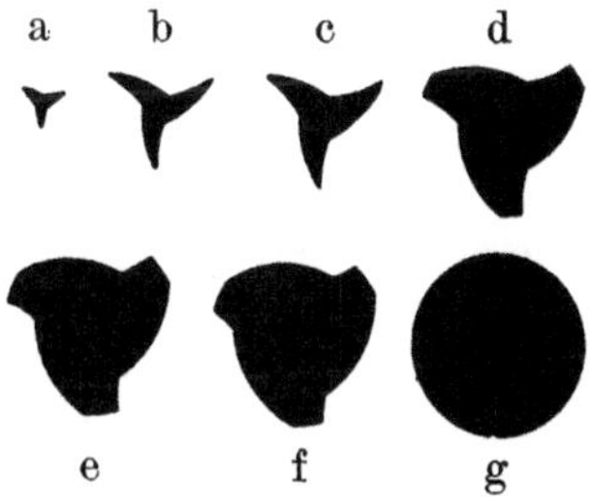

Abb. 333. Die Querschnittsveränderung des Lichtstrahlenbündels beim Öffnen eines Objektivverschlusses mit drei Sektoren. Die Öffnung des Objektivs ist schwarz

Die Lichtausbeute war bei derartigen Verschlüssen sehr ungünstig. Bei allen neuzeitlichen Objektivverschlüssen erfolgt diese Bewegung sprungweise, d. h. die Sektoren werden unter dem Einfluß einer entsprechenden Feder sehr rasch geöffnet, bleiben in der Mittelstellung, wo eine Umkehrung der Bewegung stattfindet, offen stehen, und zwar je nach Einstellung längere oder kürzere Zeit, und schließen sich ebenfalls sehr rasch. Anders als bei den Spannverschlüssen, bei denen die größte Öffnung und damit die volle Lichtstärke des Objektivs nur einen Augenblick lang erreicht und ausgenutzt wird, wird beim Verschluß moderner Konstruktion größtes Gewicht auf die Erfüllung der Forderung gelegt, die Öffnungs- und Schließzeit solle so kurz wie nur möglich sein, und zwar zugunsten der Hauptzeit bei voller Öffnung des Verschlusses.

Wie die Abb. 333 a bis g, in welcher die einzelnen Öffnungsbilder eines dreiteiligen Sektorenverschlusses in verschiedenen Phasen dargestellt sind, erkennen läßt, nimmt die das Lichtstrahlenbündel begrenzende, von den Sektoren während ihrer Bewegung gebildete Öffnung eine immer größer werdende sternförmige Gestalt und schließlich eine kreisrunde Gestalt an; dabei ist die in das Objektiv eintretende Lichtmenge im Anfang sehr gering, so daß durch sie unter normalen Verhältnissen eine Belichtung des Schichtträgers überhaupt nicht stattfindet, wie aus obiger Tabelle 52 hervorgeht, in welcher für die volle Öffnung eines Objektivs von der Lichtstärke 1 : 4,5 die Belichtungszeit 1 als Einheit zugrunde gelegt wurde. Bemerkt sei noch, daß in der Tabelle 52 sieben willkürliche Öffnungsphasen herausgegriffen sind, deren Flächeninhalte planimetrisch festgestellt wurden. Während bei einem Spannverschluß früherer Konstruktion (z. B. bei Einstellung auf 1 Sekunde) die Veränderlichkeit des Öffnungs- und Schließbildes in systematischer Weise verfolgt werden konnte, ist dies bei neuzeitlichen Verschlüssen nicht ohneweiters möglich, und zwar eben wegen der erwähnten sprunghaften Bewegung der Sektoren beim Öffnen und Schließen. Gerade dies ist aber einer der bedeutendsten Vorteile der heutigen

Tabelle 52. Beziehungen zwischen Öffnungsfläche und Belichtungszeit in Sekunden (vgl. Abb. 333)

Phase	Fläche in qmm	Öffnungsverhältnis	Belichtungszeit in Sekunden
g	1,0	1 : 4,5	1,0
f	0,86	1 : 5,2	1,35
e	0,67	1 : 6,7	2,22
d	0,540	1 : 8,3	3,4
c	0,177	1 : 25	32,0
b	0,122	1 : 36	64,0
a	0,025	1 : 180	1600,0

Zentralverschlüsse und eine unerläßliche Voraussetzung für die Ausnutzung der ständig wachsenden Lichtstärke moderner Objektive.

Berücksichtigt man, daß bei der kleinen Öffnung a eine etwa 1600mal längere Belichtungszeit als bei der vollen Öffnung g erforderlich wäre, wenn man die Verschlußlamellen in dieser Stellung festhalten würde, so wird verständlich, wie wichtig die Forderung ist, daß sich die Sektoren rasch öffnen und schließen. Die bei zu starker Abblendung eines Objektivs auftretenden Unschärfen sind durch die Beugung bedingt, somit in der Wellennatur des Lichtes begründet. Der Blendendurchmesser eines Objektivs soll im allgemeinen nicht kleiner sein als etwa $^1/_{100}$ der Brennweite, eine Abblendung, die allerdings schon durch die Begrenzung des Anschlages der Lamellen der Irisblende unmöglich gemacht wird; die während eines kleinen Bruchteiles einer Sekunde vorhandenen sehr kleinen Verschlußöffnungen können in dieser Beziehung nicht störend wirken, da sie zur Bildentstehung meist gar nicht beitragen.

Man nennt den Zeitabschnitt T vom Beginn der kaum wahrnehmbaren Verschlußöffnung bis zum vollständigen Wiederschließen der Sektoren die „totale Belichtungszeit"; dieses Zeitintervall, wesentlich für die Geschwindigkeit, mit der sich ein Gegenstand bewegen darf, ohne daß sein Bild eine merkliche Unschärfe aufweist, zerfällt in drei Teile, nämlich:

a) Die Öffnungszeit T_1, während welcher die Lamellen auseinandergehen;

b) die Hauptzeit T_2, während welcher die größte Verschlußöffnung wirksam ist, und

c) die Schlußzeit T_3, welche zum Wiederschließen der Lamellen bzw. Sektoren erforderlich ist.

Aufgabe des Verschlußkonstrukteurs ist es, dafür zu sorgen, daß die Zeiten T_1 und T_3, während derer das Objektiv nur mit einem Bruchteil seiner größten Lichtstärke wirkt, so kurz wie möglich sind; durch das sprungweise Öffnen bzw. Schließen der Sektoren wird dieser Bedingung bereits in einem solchen Maße Genüge geleistet, daß eigentlich nur noch der Versuch gemacht werden könnte, T_2 zu vergrößern, nicht aber T_1 und T_3 zu verkleinern; der Idealverschluß müßte so gebaut sein, daß $T_2 = T$ wird, was auf die Forderung einer unendlich großen Lamellenbewegung hinauskommt.

Bezeichnet man die während der totalen Belichtungszeit T durchgelassene Lichtmenge mit M, die größte Öffnung des Verschlusses mit D, so ergibt sich die sogenannte äquivalente oder durchschnittliche Belichtungszeit T_a als Quotient dieser beiden Größen zu

$$T_a = \frac{M}{D}.$$

Dies ist jene Zeit, während welcher ein idealer Verschluß offen bleiben müßte, um die gleiche Lichtmenge M durchzulassen, wie ein praktisch ausgeführter Verschluß. Berücksichtigt man einerseits, daß T_a eine für die richtige Belichtung der Platte wichtige Größe ist, und andererseits, daß T auf die scharfe Abbildung bewegter Gegenstände von Einfluß ist und daher klein sein muß, so geht daraus hervor, daß zur Erreichung eines günstigen Wirkungsgrades des Verschlusses das Verhältnis dieser beiden Größen im Idealfalle den Wert 1 haben müßte; dies ist, wie eine einfache Überlegung lehrt, nur dann möglich, wenn die Größen T und T_a sich einander ihrem absoluten Werte nach so weit als möglich nähern.

Mathematisch läßt sich der Wirkungsgrad ausdrücken durch die Formel:

$$\mu = \frac{T_a}{T} = 1.$$

Wird z. B. T relativ klein gehalten, so müßte, damit man dem Idealfall $\mu = 1$ nahe komme, T_a ebenfalls klein sein, was praktisch nur bei Abblendung durchführbar ist; die Folge davon ist, daß die durch die Blende bestimmte maximale Öffnung erreicht wird, noch ehe der Verschluß ganz offen ist. Die Hauptzeit T_2, während welcher die größte Öffnung zur Wirkung kommt, beginnt also früher und endigt dann entsprechend später.

Abb. 334 a bis c sind drei Diagramme, in denen die Zeiten T (T_a, T_1, T_2, T_3) sowie die Öffnung D zur Darstellung gebracht sind; aus den Diagrammen, die auf Grund sorgfältiger, später eingehend zu besprechender Prüfungen eines Compurverschlusses Nr. 00 der Firma FRIEDRICH DECKEL, München, gezeichnet sind, und zwar für $^1/_{300}$ und $^1/_{100}$ Sekunde, geht folgendes hervor:

a) Die Zeiten T_1 und T_3 sind bei den Geschwindigkeiten $^1/_{100}$ und $^1/_{300}$ Sekunden nahezu gleich (im Mittel 0,002 Sekunden); dabei ist $T_1 = T_3$.

b) Die Hauptzeit T_2, während welcher der Verschluß ganz geöffnet ist, ist bei der geringeren Geschwindigkeit unverhältnismäßig größer.

c) Die Gesamtöffnungszeit bzw. die totalen Belichtungszeiten T für $^1/_{100}$ und $^1/_{300}$ Sekunden verhalten sich etwa wie 1 : 4.

d) Die durch wiederholte Messungen gefundenen äquivalenten bzw. durchschnittlichen Belichtungszeiten T_a, auf die es im wesentlichen ankommt, verhalten sich wie 1 : 3.

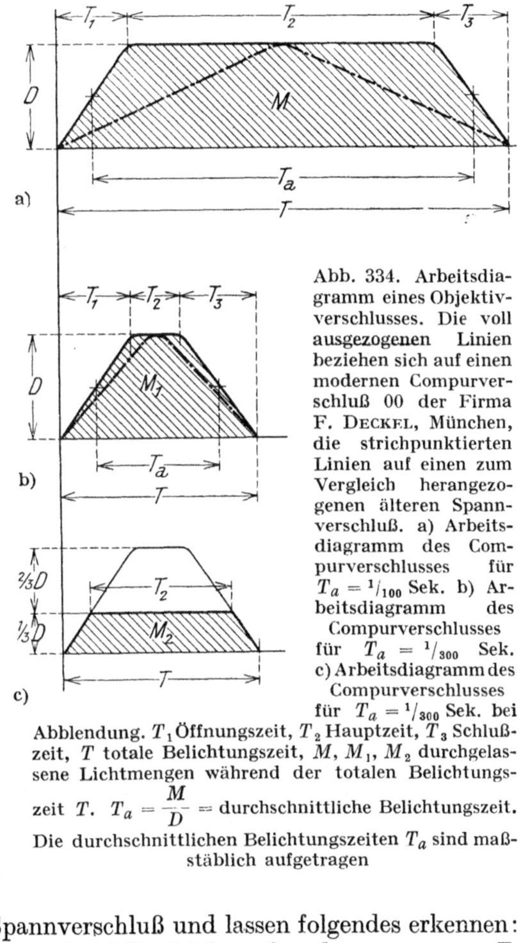

Abb. 334. Arbeitsdiagramm eines Objektivverschlusses. Die voll ausgezogenen Linien beziehen sich auf einen modernen Compurverschluß 00 der Firma F. DECKEL, München, die strichpunktierten Linien auf einen zum Vergleich herangezogenen älteren Spannverschluß. a) Arbeitsdiagramm des Compurverschlusses für $T_a = {}^1/_{100}$ Sek. b) Arbeitsdiagramm des Compurverschlusses für $T_a = {}^1/_{300}$ Sek. c) Arbeitsdiagramm des Compurverschlusses für $T_a = {}^1/_{300}$ Sek. bei Abblendung. T_1 Öffnungszeit, T_2 Hauptzeit, T_3 Schlußzeit, T totale Belichtungszeit, M, M_1, M_2 durchgelassene Lichtmengen während der totalen Belichtungszeit T. $T_a = \frac{M}{D}$ = durchschnittliche Belichtungszeit. Die durchschnittlichen Belichtungszeiten T_a sind maßstäblich aufgetragen

Bei den sogenannten Spannverschlüssen älterer Konstruktion liegen die Belichtungsverhältnisse sehr ungünstig; die strichpunktierten Linien in Abb. 334 beziehen sich auf einen älteren Spannverschluß und lassen folgendes erkennen:

a) Die Zeiten T_1 und T_2 sind hier ebenfalls gleich groß und zusammen $= T$.

b) Die Hauptzeit T_2, während welcher der Verschluß ganz geöffnet sein sollte, ist sehr klein bzw. fast gleich Null.

c) Die Gesamtöffnungszeiten T für $^1/_{100}$ und $^1/_{300}$ Sekunden verhalten sich ähnlich wie oben.

d) Die äquivalente (durchschnittliche) Belichtungszeit T_a unterscheidet sich von T um so mehr, je länger die Belichtung dauert bzw. je geringer die Verschlußgeschwindigkeit ist.

Abb. 334 c läßt eindeutig erkennen, daß bei Abblendung der freien Öffnung der Wert T_2 viel größer wird (vgl. Abb. 334 b). Bei Verkleinerung der Lichteintrittsöffnung wächst der Wert T_2 für die Hauptöffnungszeit zusehends und nähert sich demjenigen für die totale Belichtungszeit T so weit, daß das arithmetische Mittel dieser Werte ohne großen Fehler jedem der beiden gleichgesetzt werden kann. Praktisch tritt dieser Fall, d. h. diese Annäherung von T und T_2, entweder bei relativ langer Belichtungszeit (diesfalls schon bei voller Öffnung des Objektivs) oder bei raschesten Momentaufnahmen mit kleiner Blende ein.

H. NAUMANN[1] gibt als obere Grenze für die Summe von T_1 und T_3 etwa $^1/_{20}$ Sekunde an und kommt zu der Schlußfolgerung, daß für die sogenannten langen Belichtungszeiten (von $^1/_{25}$ Sekunde aufwärts) der Wert T im wesentlichen durch das Offenhalten der Lamellen, also eigentlich durch T_2, bestimmt wird und daß von $^1/_{10}$ Sekunde an zwischen T und T_a praktisch kein Unterschied mehr zu machen ist: d. h. die totale und äquivalente Öffnungszeit fallen zusammen.

Messungen an einem Compurverschluß Nr. 00 von $^1/_{300}$ Sekunden Höchstgeschwindigkeit haben gezeigt, daß der absolute Wert von T_1 und T_3 nur etwa je $^1/_{500}$ Sekunde betrug, also ganz erheblich geringer war; selbstverständlich hängen diese Werte in erster Linie von der Art des Verschlusses und seiner Größe ab, so daß ein Vergleich nur unter Zugrundelegung vollkommen gleichartiger Erzeugnisse möglich ist.

Zusammenfassend können wir sagen, daß die Belichtungsverhältnisse beim neuzeitlichen Objektiv- oder Zentralverschluß in jeder Beziehung günstig sind, und zwar schon deshalb, weil hier eine Verzeichnung bei relativ rasch bewegten Gegenständen, wie sie bei jedem Schlitzverschluß mehr oder weniger deutlich auftritt, nicht vorkommen kann. Da für die schief ins Objektiv eintretenden Strahlenbündel nie die gleiche gute sphärische und chromatische Korrektion erreicht wird, wie für die achsenparallelen und ganz schwach geneigten Strahlenbündel, so ist wohl derjenige Verschluß der beste, der die schiefen Bündel tunlichst bei Abblendung wirken läßt; dies ist bei jedem Objektivverschluß der Fall. Bei stärker werdender Neigung der Lichtstrahlenkegel ist nämlich nicht mehr die jeweilige freie Öffnung als Basis wirksam, sondern die Projektion der freien Öffnung auf eine durch den Mittelpunkt der Öffnung gelegte zum Lichtstrahlenbündel senkrechte Ebene; diese Projektion ist natürlich stets kleiner als die Öffnung selbst.

Die im folgenden beschriebenen wichtigsten Verschlüsse lassen sich in drei Gruppen einteilen, und zwar:

a) die Spannverschlüsse;

b) die automatisch arbeitenden Verschlüsse, welche immer gespannt sind und

c) die Verbundverschlüsse, in denen die unter a) und b) genannten Verschlußarten vereinigt sind.

Bei Besprechung der Verschlüsse in dieser Reihenfolge läßt sich die gesamte Entwicklung der wichtigsten Objektivverschlüsse in chronologischer Folge fast lückenlos darstellen.

Ad a) Die Spannverschlüsse. Wie der Name sagt, handelt es sich hier um Objektivmomentverschlüsse, welche gespannt werden müssen, bevor sie gebraucht werden können. Ihre Energiequelle ist fast stets eine Feder, durch deren Spannen die zum Bewegen der Teile (Sektoren) des Verschlusses erforderliche Kraft aufgespeichert wird.

Der Spannverschluß ist die erste Vorrichtung mechanischer Art gewesen, welche den Zutritt des Lichtes zur lichtempfindlichen Platte durch ein Objektiv hindurch systematisch und gesetzmäßig zu regeln gestattete; daß man

[1] Vgl. ZS. f. wiss. Phot. 1923, S. 214—223.

dabei als treibende Kraft Federn verschiedener Gestalt benützte, ist sehr naheliegend.

Im besonderen unterscheiden sich die nachstehend beschriebenen Anordnungen (vgl. Abb. 335 *a* bis *k*) durch die Art und Zahl der an der Objektivöffnung vorbeibewegten Lamellen bzw. Sektoren sowie durch die Art der Geschwindigkeitsregulierung und Auslösung; wir werden nicht die große Reihe der hieher gehörigen Konstruktionen beschreiben, die sowohl durch die Eigenart ihres Gesamtaufbaues als auch durch ihre Einzelheiten interessant sind, wollen aber, um die späteren Abschnitte besser verständlich zu machen, alles Wesentliche kurz in chronologischer Reihenfolge besprechen.[1]

Einer der ersten Praktiker auf dem Gebiete der Emulsionstechnik war J. B. Obernetter in München, der sich zum Prüfen seiner Emulsionen einen Momentverschluß baute; dieser Momentverschluß bestand aus zwei Brettchen, die je mit einem Loch versehen waren und durch die Wirkung von Gummibändern aneinander vorbeiglitten.

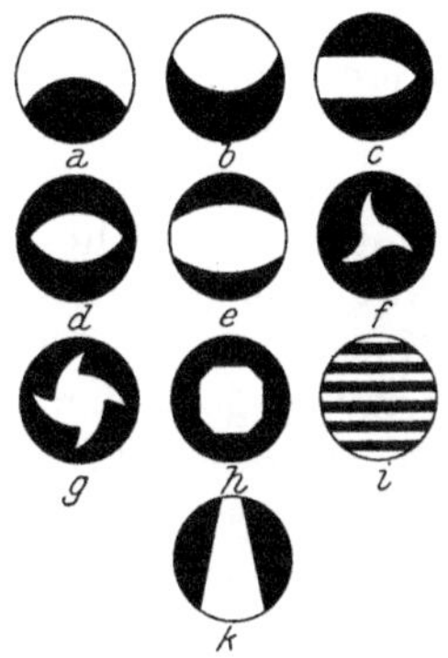

Abb. 335. Öffnungsbilder verschiedener Spaneverschlüsse. *a* und *b* Öffnungsbilder von Einlamellenverschlüssen; *c*, *d*, *e* und *k* Öffnungsbilder von Zweilamellenverschlüssen (nach Zschokke, Pritschow, Thury & Amey, Linhof, Bausch & Lomb, Gauthier); *f* Öffnungsbild eines Dreilamellenverschlusses (Fr. Deckel, Gauthier); *g* und *h* Öffnungsbilder von Viellamellenverschlüssen (Fr. Deckel, Voigtländer & Sohn A.-G., usw.); *i* Jalousieverschluß

Auf Anregung J. B. Obernetters konstruierte Paul Zschokke in München einen der ersten brauchbaren Objektivverschlüsse für Momentaufnahmen mit pneumatischer Auslösung, der durch das D. R. P. Nr. 16498 im Jahre 1881 geschützt wurde. Dieser Verschluß, bei dem sich zwei in einer Ebene liegende Deckel durch Drehung einer Kurvenscheibe über der Mitte des Objektivs öffnen und schließen, war bereits mit einer einfachen Vorrichtung zur Regulierung der Geschwindigkeit ausgerüstet.

Das Öffnungsbild dieses Verschlusses ist aus der Abb. 335 *k* ersichtlich, wozu bemerkt sei, daß die keilförmig sich erweiternde Öffnung einer etwas eigenartigen Forderung Obernetters entsprach, welche dahin ging, der Himmel müsse kürzer belichtet werden, als der Vordergrund.

Eine für die damalige Zeit recht brauchbare Lösung verdankt man R. Klein in Zürich; die Erfindung war gekennzeichnet durch die Anordnung von zwei mit Belichtungsöffnungen versehenen, durch Zahnradsegmente miteinander in Verbindung stehenden Kreisschiebern in Kombination mit einer die Bewegungsgeschwindigkeit derselben regulierenden Bremsschraube und einer Klemmschraube zum Festhalten der Schieber in beliebiger Lage.

Besonders erwähnenswert ist die Tatsache, daß die Drehachse des einen Schiebers mit einer Uhrfeder verbunden war, womit sich bereits Geschwindigkeiten bis zu $^1/_{25}$ Sekunde erreichen ließen. Ferner wurde es schon damals (1885) als zweckmäßig erkannt, den Verschluß im Objektiv selbst, also am Ort der Objektivblende, anzuordnen.

Es ist begreiflich, daß sehr bald der Wunsch laut wurde, einen Verschluß zu besitzen, welcher während der ganzen Dauer des Öffnens und Schließens eine wenigstens annähernd kreisrunde Öffnungsfigur zeigt. Dieser Forderung

[1] Der einfachste und älteste Objektivmomentverschluß war nach dem Prinzip des Fallbrettes (der Guillotine) gebaut; er bestand aus einem Schieber mit einer runden Öffnung, welche am Objektiv vorbeibewegt wurde. Die ersten Mitteilungen über einen solchen Verschluß stammen aus dem Jahre 1855.

entsprach Thomas R. Dallmeyer in London dadurch, daß er einen Vorläufer der im folgenden eingehend beschriebenen Sektorenverschlüsse auf den Markt brachte; bei diesem Verschluß war obige Bedingung bereits erfüllt, d. h. die jeweils erzeugte Öffnung war zur optischen Achse des Objektivs stets konzentrisch und näherte sich mehr oder weniger der Form eines Kreises bzw. eines regelmäßigen Vielecks (vgl. D. R. P. Nr. 47498).[1]

Eine eigenartige Verschlußvorrichtung mit Spannfeder ist der sogenannte Jalousieverschluß (vgl. Abb. 335 *i*), der aus einer einzigen Lamelle oder aus mehreren parallelen, gegeneinander drehbaren Lamellen besteht; das Hindernis, das sich der Einführung dieses an sich sehr brauchbaren Verschlusses entgegenstellte, bestand darin, daß der zum Einbau desselben zwischen den Linsen erforderliche relativ große Raum bei kurzbrennweitigen Objektiven selten zur Verfügung steht, weshalb dieser Verschluß vor oder hinter den Linsen angebracht werden mußte. Vgl. D. R. P. Nr. 87786 und 348935.

Wohl waren, wie aus dem Gesagten hervorgeht, bereits zu dieser Zeit recht gute Ideen auf dem Gebiete der Momentverschlüsse zu verzeichnen, aber anscheinend hielten die ausführenden Stellen, d. h. die Werkstätten, mit den Ideen nicht gleichen Schritt; so kam es, daß die wenigsten der erwähnten Modelle aus dem Stadium des Versuches in dasjenige der fabrikatorischen Ausnützung gelangten. Entweder waren die technischen Schwierigkeiten für die damalige Zeit zu groß oder es ergaben sich Hindernisse wirtschaftlicher Art. Es darf daher nicht wundern, wenn nach den geistreich erdachten zum Teil aber komplizierten Spezialkonstruktionen wieder solche einfacherer Natur auftauchten, die aber dafür in praktischer Hinsicht keine Überraschungen befürchten ließen. So ist z. B. der Zweilamellenverschluß nicht nur für die damalige Zeit von grundlegender Bedeutung gewesen; er weist als charakteristisches Merkmal zwei übereinander liegende mit einem kreisrunden oder halbkreisförmigen Ausschnitt versehene dünne Metallplatten auf, welche gegeneinander in entgegengesetzten Richtungen verschoben werden. Nach diesem Prinzip war der Universalverschluß von Steinheil, München, (Erfinder Karl Pritschow) und jener der Firma Thury & Amey in Genf ausgeführt; beide Verschlüsse entstanden ganz unabhängig voneinander und waren die ersten und besten Metallverschlüsse.[2]

Als Belichtungsöffnung entstand bei dieser Art von Verschlüssen ein kleiner linsenförmiger Schlitz (sogenanntes Katzenauge), der sich allmählich von der Mitte aus zu einem ganzen Kreis öffnete, um sich dann in analoger Weise wieder zu schließen (Abb. 335 *d* bzw. *e*).

Der später verbesserte Steinheilsche Verschluß runder Form hatte bereits eine Höchstgeschwindigkeit von etwa $^1/_{200}$ Sekunde und war durch eine Lederbremse bis zu Geschwindigkeiten von mehreren Sekunden regulierbar; die Auslösung erfolgte pneumatisch, der Antrieb durch Federdruck. Die beiden Lamellen waren so angeordnet, daß sich ihre Drehpunkte gegenüberlagen.[3]

Es ist wohl selbstverständlich, daß ein Spannverschluß mit zwei sich unter Federdruck gegeneinander bewegenden Lamellen den schätzenswerten Vorzug größerer Geschwindigkeit besitzt.

---

[1] Beachtenswert ist auch das D. R. P. Nr. 79541 für C. P. Goerz, das einen Sektorenverschluß mit in einer Ebene schwingenden Sektorenplatten betrifft.

[2] Diese Verschlüsse, bei denen sich zwei Metallschieber in entgegengesetzter Richtung bewegen, hat J. M. Eder sehr ausführlich beschrieben (Ausf. Handb. d. Phot., Bd. 1, Heft 5 (1892), S. 307 ff.).

[3] Wegen Einzelheiten vgl. ZS. d. Ver. Deutsch. Ing. 1922, Heft 13.

Die größte Zahl der nunmehr folgenden Erfinder legte ihren Konstruktionen das Zweilamellensystem zugrunde und es ist geradezu erstaunlich, welche Fülle von Variationen (sowohl bezüglich Form der Lamellen, als auch bezüglich deren Kupplung und Antrieb) entstand; besonderer Wert wurde stets auf zweckmäßige und zuverlässige Regulierung der Geschwindigkeiten und auf einwandfreies Funktionieren der Zeit- und Momentumschaltung gelegt.

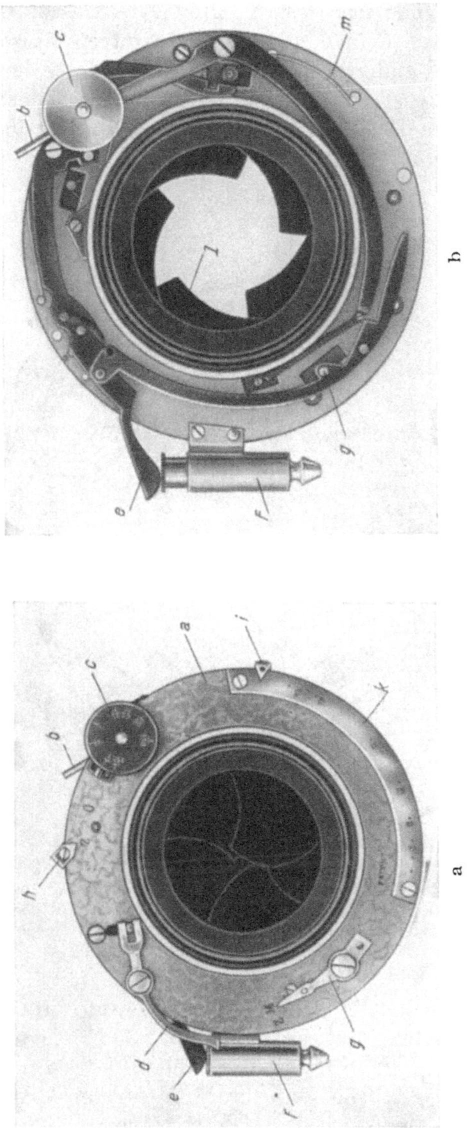

Abb. 336a und b. Spannverschluß mit Lederbremse von Chr. Bruns, München. a Ansicht, b Inneres. *a* Deckplatte, *b* Spannhebel, *c* Einstellscheibe für Geschwindigkeiten (Lederbremse), *d* Fingerauslöser, *e* Hebel für die pneumatische Auslösung durch die Luftpumpe *f*; *g* Umschalthebel von Moment auf Zeit, *h* Einstellhebel zum Öffnen des Verschlusses zwecks Einstellung des Bildes, *i* Irisblendenhebel bzw. Index, *l* Verschlußsektoren, *m* Feder

Der Verschluß von Val. Linhof in München mit Lederbremse (D. R. P. Nr. 72064) zeigte die Neuerung, daß er sich beim Spannen nicht öffnete; seine äußere Gestalt war zuletzt wie die der heutigen Verschlüsse, d. i. rund; sein Inneres war ein verhältnismäßig einfacher und zuverlässiger Mechanismus. Der Reihe nach entstanden nun die bekannten Sektorenverschlüsse von Goerz, Voigtländer und Zeiss, von denen jeder einzelne für sich beachtenswerte Vorzüge aufwies. Den Iris- bzw. Sektorenverschlüssen wurde damals zu Unrecht der Vorwurf gemacht, daß bei ihrer Verwendung die Mitte der Platte stärker belichtet werde als der Rand, weil während der Belichtung, d. h. beim Öffnen und Wiederschließen der Sektoren, die kleinen Öffnungen länger wirken als die großen; dieser Einwand wäre richtig, wenn der Sektorenverschluß direkt vor der lichtempfindlichen Platte wirken würde, wirkt dieser aber, wie bereits eingehend erörtert wurde, in der Blendenebene des Objektivs, so tritt gerade das Gegenteil ein.

Die Lichtverteilung auf der Platte von der Mitte nach dem Rand hin ist hier günstiger als bei irgend einem anderen Verschluß; zur Begründung sei bemerkt, daß zur Erzielung möglichst gleichmäßiger Belichtung des Bildes von der Mitte nach dem Rand hin, d. h. zur Vermeidung von Vignettierungen, z. B. bei Weitwinkelobjektiven eine enge Blende benützt wird.

Da bei einem Sektorenverschluß mit einer größeren Anzahl von Sektoren selbstverständlich die kleinen Öffnungen länger wirken als die größeren, bewirkt der in der Blendenebene wirkende Objektivverschluß eine verhältnismäßig günstige Verteilung des Lichtes auch nach dem Rande hin.

Als einer der ersten Spannverschlüsse, der einerseits für den Stand der Technik auf dem Gebiete der Spannverschlüsse vor etwa 30 Jahren Zeugnis ablegt und andererseits für die Entwicklung der Verschlüsse von entscheidender Bedeutung ist, sei ein Spannverschluß der Firma Chr. Bruns, München, vom Jahre 1903 erwähnt. Der Verschluß ist in Abb. 336 a und b sowohl in der Ansicht, als auch in geöffnetem Zustand dargestellt und zeigt folgende bemerkenswerte Eigenschaften:

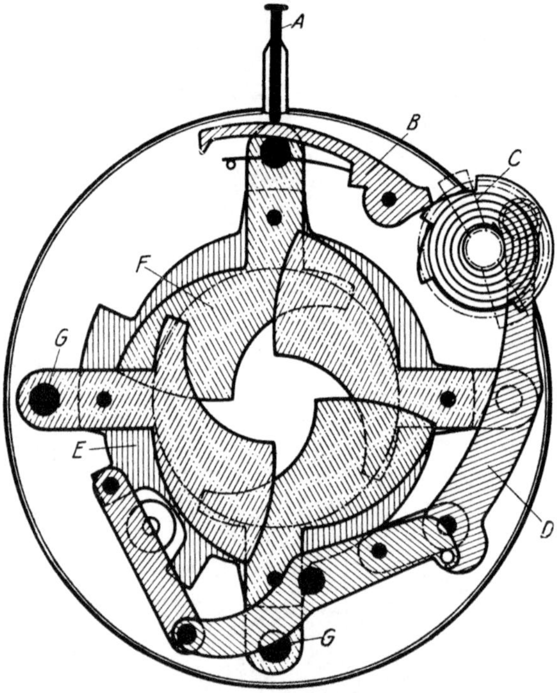

Abb. 337. Viersektorenspannverschluß mit Lederbremse von Voigtländer & Sohn A.-G., Braunschweig. *A* Auslöser, *B* Federklinke, *C* Federgehäuse, *D* Steuerhebel, *E* Sektorenring, *F* Sektoren mit den Drehpunkten *G*

a) Außendurchmesser des Magnaliumgehäuses 95 mm; Außendurchmesser des Rohrstutzens für die Fassungen der Linsen 63 mm; Länge des Rohrstutzens 31,5 mm (Gesamtdicke des Verschlusses).

b) Anzahl der Verschlußsektoren = 5 (sternförmiges Öffnen); größte freie Öffnung des Verschlusses = 41,5 mm.

c) Spannung des Verschlusses durch Aufziehen einer Uhrfeder (die Lamellen bleiben geschlossen, verdeckter Aufzug!).

d) Regulierung der Geschwindigkeiten durch eine Lederbremse, welche auf die Feder einwirkt (geteilte Scheibe, Geschwindigkeitsstufen von $^1/_{250}$ Sekunde [nominell] bis 1 Sekunde).

Anders als bei den neuzeitlichen Verschlüssen, bei denen sich der Verschluß sprungweise öffnet und schließt, erfolgte hier z. B. bei Einstellung auf eine Sekunde das Öffnen ganz langsam und gleichmäßig bis zur größten Öffnung; das Schließen des Verschlusses erfolgte in gleicher Weise ohne jede zeitliche Unterbrechung in der Mittelstellung; daraus folgt, daß der Verschluß eigentlich nur während eines geringen Bruchteils der Gesamtöffnungszeit mit voller Öffnung arbeitete.

e) Auslösung durch Fingerhebel wie auch pneumatisch (Luftpumpe).

f) Umschaltung für Moment und Zeit. Bei Einstellung auf *Z* bleibt der Verschluß so lange offen, als der Druck auf den Auslösehebel anhält; bei *M* hat der Verschluß nur eine Geschwindigkeit, die aber nicht unter dem Einfluß der Hauptfeder steht.

g) Sonderhebel zum Öffnen des Verschlusses zwecks Einstellung des Bildes auf der Mattscheibe (in gespanntem Zustande nicht zu bedienen!).

h) Eingebaute Irisblende mit 18 Lamellen (1:6,8, 1:7,7, 1:11 usw. bis 1:62).

i) Gewicht des Verschlusses zirka 300 g.[1]

In bezug auf Gesamtleistung sowie auf Geschlossenheit des Aussehens stand der Viersektorenverschluß der Firma VOIGTLÄNDER & SOHN A.-G. mit obigem Modell wohl auf gleicher Stufe; Abb. 337 läßt alle Einzelheiten so deutlich erkennen, daß ausführliche Erklärungen überflüssig sein dürften. Infolge der Verbindung des Uhrfedergehäuses mit einem Sperrad öffnet sich auch dieser Verschluß beim Aufziehen nicht, was schon ziemlich früh zur Verhütung unbeabsichtigter Belichtungen gefordert wurde.

Nach der gegebenen Darstellung ist es nicht von der Hand zu weisen, daß die Spannverschlüsse der bedeutenden optisch-mechanischen Firmen bereits damals auf einer hohen Stufe standen; lediglich die genaue Regulierung der Geschwindigkeiten mittels der auf die Uhrfeder drückenden Lederscheibe verursachte Schwierigkeiten, weil sie durch Temperaturschwankungen, Luftfeuchtigkeit und Abnutzung ungünstig beeinflußt wird. Einen großen Fortschritt im Bau von Spannverschlüssen bedeutete daher die Einführung der Luftbremse an Stelle der Bremsscheibe aus Leder. Die Einführung derselben fällt etwa in das Jahr 1903; sie hat sich bei einigen Modellen bis auf den heutigen Tag erhalten. Bei der Luftbremse (vgl. Abb. 338) ist in einem Zylinder ein Bremskolben verschiebbar angeordnet: je nach dem Volumen des Luftraumes, welcher vom Kolben zusammengepreßt werden muß, ist der Widerstand, der dem mit dem Sektorenring einerseits und dem Kolben andererseits verbundenen Hebel entgegenwirkt, größer oder kleiner; auf diese Art ist die Abstufung der Verschlußgeschwindigkeiten möglich.

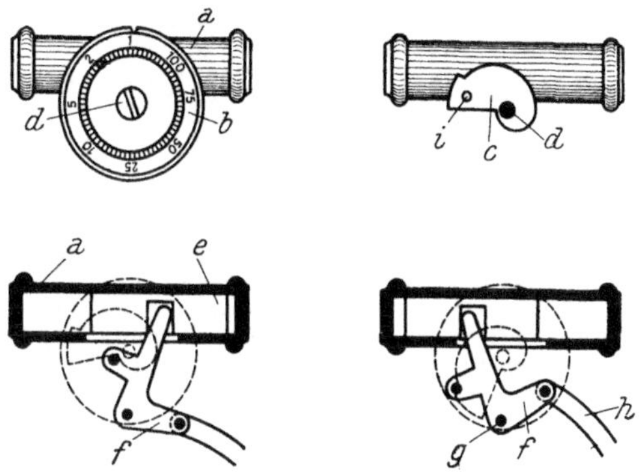

Abb. 338. Regulierung der Verschlußgeschwindigkeit durch Luftwiderstand. *a* Luftzylinder, *b* Einstellscheibe, die sich um den Punkt *d* dreht. *c* Kurvenscheibe, *f* Hebel, der im Punkt *g* mit der Stellscheibe *b* verbunden ist, *e* Kolben

Die Einführung der Luftbremse bildet einen Markstein in der Entwicklungsgeschichte der Sektorenverschlüsse; die Firma A. GAUTHIER, Calmbach, hat im Jahre 1908 bei ihren Verschlüssen eine wesentliche Verbesserung der Luftbremse durchgeführt, die durch D. R. P. Nr. 210306 geschützt wurde und deren Erfindungsgedanke aus nachstehenden Erklärungen hervorgeht:

Es hat sich bei den mit einem Bremskolben versehenen Luftbremsen gezeigt, daß das Gewicht des Kolbens bisweilen auf den gleichmäßigen Gang der Bremsvorrichtung störend einwirkt. Da nun photographische Apparate für Hoch- oder Queraufnahmen verwendet werden, so befindet sich der Kolben der Luftbremse je nach der Art der Benutzung in verschiedenen Lagen. In wagrechter Stellung spielt das Gewicht des Kolbens keine große Rolle; in senkrechter Stellung, nach unten wirkend, kann das Gewicht des Kolbens stark beschleunigend auf die Bremsvorrichtung wirken. In entgegengesetzter Richtung, d. h. nach oben, wirkend kann das Gewicht des Kolbens stark hemmend zur Geltung

[1] Einzelheiten über die Wirkungsweise und die Entwicklung dieses später unter dem Namen „Compoundverschluß" bekannt gewordenen Verschlusses finden sich in den deutschen Patentschriften Nr. 148663 (CHR. BRUNS, München), Nr. 195913, Nr. 212320, Nr. 225003 (die letzten drei der Firma FR. DECKEL, G. m. b. H., München).

kommen. Daraus folgt, daß man mit dem gleichen Verschluß bei gleicher Einstellung je nach der Stellung, in welcher sich der Apparat befindet, verschiedene Belichtungszeiten erzielt.

Um diesem Übelstande einigermaßen abzuhelfen, lag nichts näher, als den Kolben recht leicht zu machen, indem man ihn möglichst dünnwandig oder aus Aluminium herstellte; dadurch wurde der erwähnte Fehler etwas verringert — allerdings auf Kosten der Festigkeit. Um die Wirkung des Bremskolbens in Richtung der Längsachse des Bremszylinders auszugleichen, ordnete A. GAUTHIER einen zweiten gleichzeitig in entgegengesetzter Richtung gleitenden Kolben von ähnlichen Abmessungen an.

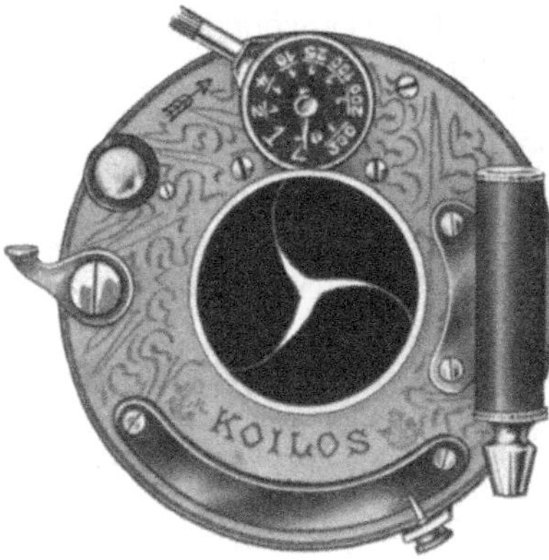

Abb. 339. Dreisektorenspannverschluß „Koilos" mit Lederbremse von W. KENNGOTT (1904). Der Verschluß kann mit dem Fingerhebel oder pneumatisch (mit Gummiball) ausgelöst werden. Rechts die Luftpumpe für die pneumatische Auslösung

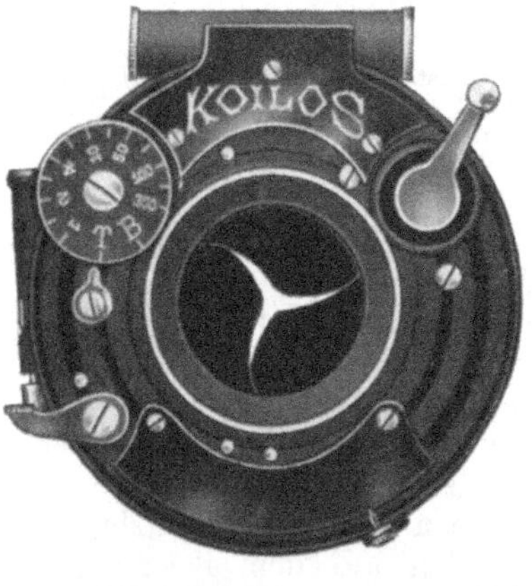

Abb. 340. Dreisektorenspannverschluß „Koilos" mit Luftbremse von W. KENNGOTT (1906). Die drei Sektoren öffnen sich beim Auslösen des Verschlusses sprungartig. Der Verschluß ist mit Fingerhebel oder pneumatisch (mit Gummiball) auslösbar. Links die Luftpumpe für die pneumatische Auslösung

Die Luftbremse als Mittel zur Regulierung der verschiedenen Geschwindigkeiten von Sektorenverschlüssen wurde lange Zeit hindurch bei fast sämtlichen Objektivverschlüssen verwendet; noch heute findet sich diese bewährte Einrichtung bei einigen Modellen der Firma FRIEDRICH DECKEL, München, und zwar bei den größeren Typen Nr. III, IV und V, welche daher noch die frühere Bezeichnung Compoundverschlüsse tragen. Es wäre gerade bei diesen mit relativ geringen Geschwindigkeiten bzw. einer kleineren Differenz zwischen Maximal- und Minimalzeit arbeitenden Verschlüssen ohne weiteres möglich gewesen, mit einem Hemmwerk anderer Konstruktion auszukommen; daß dies bis heute nicht geschah, kann nur als Beweis dafür angesehen werden, daß die Luftbremse, wenn sie sachgemäß ausgeführt wird, sehr gut verwendbar ist.

Wohl einer der wichtigsten Spannverschlüsse war der von ALFRED GAUTHIER konstruierte Koilos-Verschluß, den die Firma W. KENNGOTT etwa um 1904 auf den Markt brachte; dieser Verschluß hatte als erster nur drei Sektoren, welche die bekannte sternartige Öffnungsfigur ergaben, die von allen Firmen als die richtige anerkannt und beibehalten wurde (Geschwindigkeit 1 bis $^1/_{300}$ Sekunde nominell).

Der erste Koilosverschluß (vgl. Abb. 339) hatte ebenfalls eine Lederbremse, die jedoch schon im Jahre 1906 durch die oben beschriebene Luftbremse ersetzt wurde; außerdem zeigte das neue (äußerlich vollkommen geschlossene) Modell bereits die bei allen modernen Verschlüssen übliche Einrichtung, daß sich die Sektoren sprungweise öffneten, wodurch die für das Öffnen und Schließen des Verschlusses erforderliche Zeit zugunsten der Hauptzeit auf ein Minimum reduziert wurde (vgl. Abb. 340 und 341).

Wir müssen an dieser Stelle einer Konstruktion Erwähnung tun, bei welcher die Sektorenbewegung ganz anders vor sich geht; diese Konstruktion geht insofern von ganz neuen Gesichtspunkten aus, als es sich hier um durchschwingend angeordnete Sektoren handelt. Während nämlich bei den bisher beschriebenen Verschlüssen die Lamellen im Augenblick des Öffnens die Geschwindigkeit Null haben und in der Mitte ihres Weges, also im Zustande größter Öffnung, eine Änderung der Bewegungsrichtung eintritt, d. h. erst nach Überwindung einer gewissen Totpunktlage die Schließbewegung einsetzt, hat der von Gustav Dietz konstruierte „Multispeed-Shutter" diese Mängel nicht, die sich streng genommen in einer Ungleichmäßigkeit der Belichtung äußern müßten; dieses eigenartige Modell eines Spannverschlusses besitzt, wie Abb. 342 erkennen läßt, vier Sektoren, die so angeordnet sind, daß bei zwei aufeinanderfolgenden Belichtungen abwechselnd die linken bzw. die rechten spitzwinkeligen Kanten der durchschwingenden Sektoren in der Verschlußmitte liegen; hieraus geht hervor, daß dieser Spezialverschluß im Augenblick der größten Öffnung auch die größte Geschwindigkeit hat, was dem Praktiker sehr erwünscht ist. Es ist wohl selbstverständlich, daß die aus Abb. 342 ersichtliche Konstruktion zunächst theoretisch eine größere Gesamtgeschwindigkeit ergeben muß, als die bisher beschriebenen Verschlüsse, weil die unerwünschte Umkehr der Bewegung der Sektoren vermieden ist (Verschlußgeschwindigkeit $^1/_{500}$ Sekunde). Die Güte der technischen Ausführung spielt bei diesem Verschluß natürlich eine große

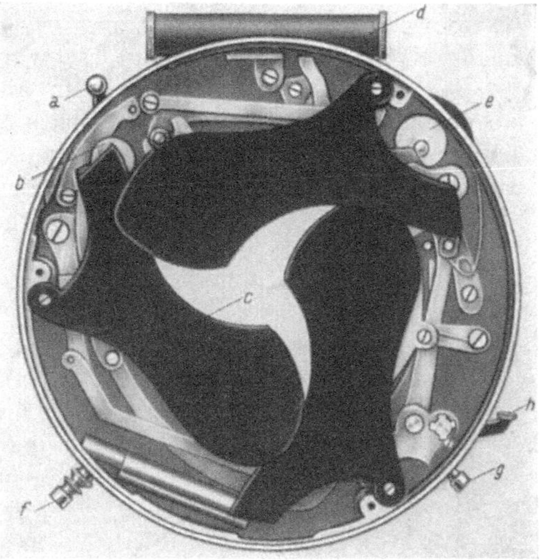

Abb. 341. Innenansicht eines Spannverschlusses „Koilos" mit drei Sektoren und Luftbremse (Ausführung W. Kenngott). *a* Spannhebel, *b* Federhaus, *c* Sektoren, *d* Luftbremse in Verbindung mit der Einstellscheibe *e*, *g* Hebel zum Einstellen der Irisblende, *f* Gewindenippel für den Drahtauslöser, *h* Fingerauslösehebel

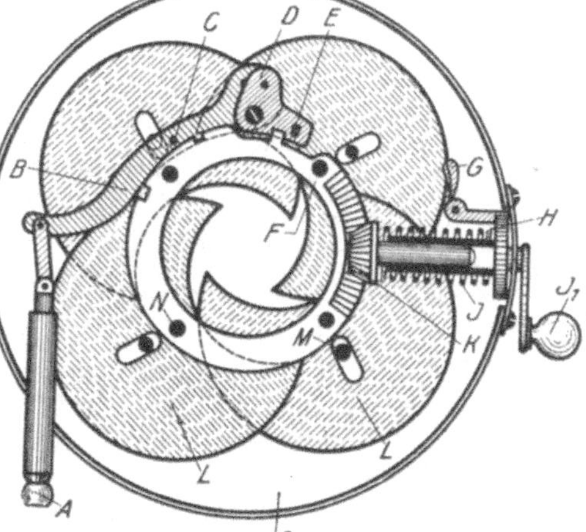

Abb. 342. Älteres Modell eines Objektivverschlusses mit vier durchschwingenden Sektoren (nominelle Höchstgeschwindigkeit $^1/_{500}$ Sek.). Ausführung von Gustav Dietz in Yonkers (U. S. A.). Die Sektoren ändern, nachdem sie in jene Stellung gelangt sind, in der sie die größte Öffnung frei geben, ihre Bewegungsrichtung nicht, schwingen vielmehr in gleicher Richtung durch. *A* Auslöser in Verbindung mit Hebel *B* (Drehpunkt *C*); *D*, *E* Sperrklinke, *F* Antriebring, *N* Sektorendrehpunkte, *M* Stiftführung der Sektoren *L*; *G*, *H*, *J*, *K* Spannvorrichtung, *O* Gehäuse

Rolle. Vgl. hiezu die D. R. P. Nr. 203455 und 214423 für Gustav Dietz in Yonkers (U. S. A.).

Soweit dem Verfasser bekannt ist, hat als erster Carl Lütken in Kopenhagen einen Verschluß mit durchschwingenden Sektoren angegeben (D. R. P. Nr. 35100); dieser Verschluß besteht aus vier kreisrunden teilweise einander überdeckenden Scheiben, deren Achsen sich in den vier Ecken eines Quadrats befinden. Die Scheiben sind untereinander durch eine Leitstange verbunden. In dieser Hinsicht wurden im Laufe der Zeit zahlreiche Erfindungen gemacht (vgl. die amerikanische Patentliteratur — u. a. die Amer. Pat. Nr. 827513 und 997378).

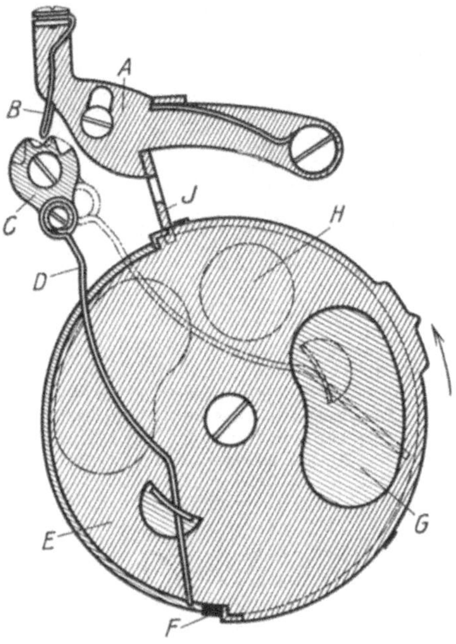

Abb. 343. Einlamellen-Automatverschluß der Eastman Kodak Co. *A* Auslöse- bzw. Spannhebel mit federnder Nase *B*, *C* Schaltklinke mit Drehpunkt *K* sowie zwei Aussparungen und Feder *D*, deren freies Ende mit der Lamelle *E* verbunden ist. *G* Belichtungsöffnung in der Lamelle, *H* freie Öffnung in der Verschlußplatte, *F* und *J* Anschläge

In der Entwicklung deutscher Verschlußkonstruktionen trat vor etwa 20 Jahren insofern eine — wenn auch nur kurze — Stockung ein, als sich insbesondere amerikanische Fabrikate vorübergehend den Markt eroberten; hier müssen vor allem die Wollensack Optical Company in Rochester (N. Y., U. S. A.), sowie die Bausch & Lomb Optical Company genannt werden. Die von Bausch & Lomb geschaffenen Unikumverschlüsse waren lange Zeit die besten Verschlüsse und sind aus Deutschland erst durch den Ibso- und Compound-Verschluß verdrängt worden.

Vielleicht behindert durch Schutzrechte deutscher Erfinder, haben die Amerikaner das von den deutschen Konstrukteuren für das einzig richtig angesehene Prinzip des Spannverschlusses bald verlassen und sich den einfachen und billigen automatisch arbeitenden Verschlüssen zugewandt, die im folgenden beschrieben werden sollen.

Ad b) Selbsttätige Verschlüsse (Automatverschlüsse oder immer gespannte Verschlüsse). Bei dieser Art von Verschlüssen fällt die kraftaufspeichernde vor jeder Benutzung des Verschlusses zu spannende relativ starke Feder weg; diese wird hier durch eine schwächere Feder ersetzt, die bei jeder Auslösung des Verschlusses (durch den Druck des Fingers oder des Drahtauslösers) für die nächste Benutzung wieder gespannt wird. Die Geschwindigkeit dieser Verschlüsse ist daher stets geringer als diejenige der früher erwähnten eigentlichen Spannverschlüsse; derartig einfache Modelle finden in der Hauptsache nur bei billigen Kameras Verwendung. Diese Verschlüsse, welche zum Teil keinerlei Regulierung bzw. Abstufung der Geschwindigkeit zulassen, können in mehrere Gruppen eingeteilt werden, deren äußeres Kennzeichen die Zahl der Lamellen ist.

α) Einlamellenverschluß der Eastman Kodak Co. mit nur einer Geschwindigkeit (D. R. P. Nr. 99618 und 103053). Eine eigenartige und sehr bemerkenswerte Ausführung eines solchen Verschlusses zeigt Abb. 343. Durch den Druck des Fingers wird der Auslösehebel *A* nach abwärts bewegt und dadurch die Blattfeder *D* gespannt, da die federnde Klinke *B* das Schaltherz *C* nach links herumdrückt; die um die Mitte des Verschlusses drehbare einzige Lamelle *E* kann dem Federdruck nicht gleich folgen, da sie durch die Sperrung *J* daran verhindert wird. Erst wenn der Hebel *A* entsprechend weit heruntergedrückt ist, also im Augenblick der höchsten Spannung der Feder, schnellt die Lamelle herum, so daß der Lamellenausschnitt *G* an der freien Objektivöffnung vorbeischnellt (Momentstellung). Beim Nachlassen des Druckes auf *A* wird die Lamelle bei *J* wieder verriegelt; bei der folgenden Belichtung dreht sich die Lamelle in entgegengesetztem Sinn, weil die Schaltklinke *B* jetzt in die rechts liegende Ausbuchtung des Schaltherzens drückt, wodurch die Feder *D* nach der entgegengesetzten Seite gespannt wird (strichpunktierte Stellung in Abb. 343).

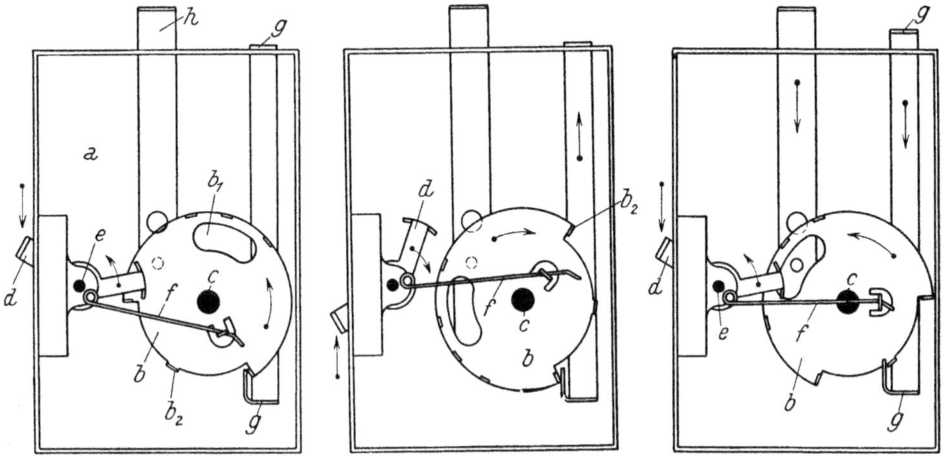

a b c

Abb. 344a bis c. Einlamellenverschluß der Box-Tengor-Kamera 6 9 cm (Ausführung von C. P. GOERZ, A.-G., Berlin). a) und b) Stellungen des Verschlusses bei Momentaufnahmen, c) Stellung des Verschlusses bei Zeitaufnahmen. *a* Grundplatte des Verschlusses mit der Lamelle *b*, die um den Punkt *c* drehbar ist. b_1 Öffnung in der Lamelle, b_2 Anschlag an der Lamelle. *d* Spannhebel bzw. Auslöser mit dem Drehpunkt *e*, *f* Spannfeder des Verschlusses, *g* Zeithebel, *h* Schieber für die Blende

Dieser amerikanische Verschluß ist von überaus einfacher und sinnreicher Konstruktion; sein Prinzip ist bei modernen Modellen teilweise übernommen worden, wenigstens soweit es sich darum handelt, die in einer Feder aufgespeicherte Kraft abwechselnd nach zwei Seiten wirken zu lassen, was nichts anderes bedeutet, als daß der Verschluß jederzeit bereit bzw. immer gespannt ist (vgl. Abb. 344a bis c).[1]

β) Einlamellen-Automatverschluß, Modell B, der VEST POCKET KODAK mit konstanter Geschwindigkeit. Der in Abb. 345a bis d dargestellte, ebenfalls (und zwar nach zwei Seiten) automatisch wirkende, sehr einfach gebaute Verschluß dieser Art neuester Konstruktion ist von runder Gestalt; er besitzt wie der oberwähnte Verschluß außer der Einstellung für Zeit nur eine Geschwindigkeit, und zwar wird eine einzige Lamelle, deren Form in Abb. 345 nur teilweise kenntlich gemacht werden konnte, an der relativ kleinen Objektivöffnung vorbeibewegt.

[1] Ganz ähnlich ist der Verschluß, der in der Box-Tengor-Kamera 6 × 9 cm der C. P. GOERZ A.-G. eingebaut ist.

Abb. 345a zeigt die Ansicht des Verschlusses: *a* (s. Abb. 345b) ist der Schalthebel von Moment auf Zeit, der bei *b* drehbar gelagert ist, *c* ist der Auslösehebel, der nach beiden Richtungen arbeitet und dabei einen Weg von etwa 40° zurücklegt. *m* ist der Rand der Revolver-Irisblende, welche vier gegeneinander abgestufte Öffnungen besitzt, deren jeweilige Größe von außen sichtbar ist.

Abb. 345b und c läßt die innere Anordnung des Verschlusses im Augenblick vor der Auslösung bzw. nach derselben erkennen. Der Verschluß ist also

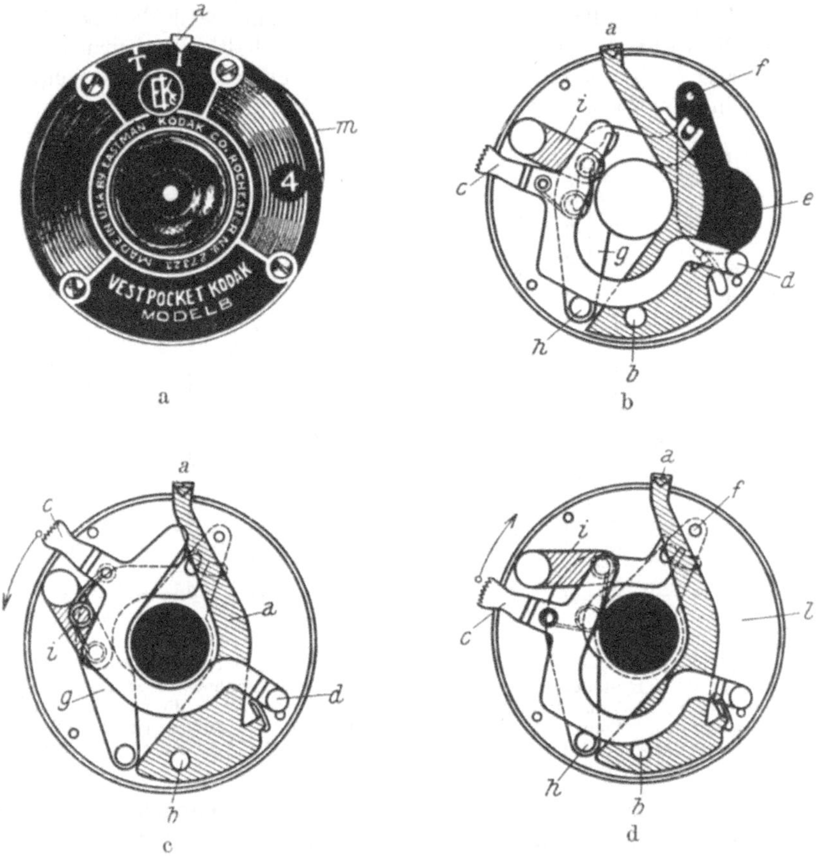

Abb. 345a bis d. Automatverschluß mit einer Lamelle (Verschluß-Modell *B* der Vest Pocket Kodak-Kamera). a) Ansicht des Verschlusses von außen, b) Stellung des Verschlusses bei Zeitaufnahmen, c) und d) Stellungen des Verschlusses bei Momentaufnahmen. *a* Umschalthebel mit Drehpunkt *b*, *c* Auslösehebel mit Drehpunkt *d*; *e* Lamelle drehbar um *f*; *g* Steuerhebel mit Kurvenführung, drehbar um *h*; *i* Kulisse, *l* Gehäuse, *m* Revolverblende

immer geschlossen; ein unbeabsichtigtes Öffnen ist nicht gut möglich. *d* ist der Drehpunkt des Schalthebels *c*, durch dessen Bewegung in der Pfeilrichtung unter Vermittlung einfacher Zwischenhebel die kleine Feder, die aus einem Stück Stahldraht besteht, gespannt wird; dadurch wird die Lamelle aus ihrer Ruhelage gebracht und die Objektivöffnung für einen Augenblick freigegeben.

Abb. 345d zeigt den geöffneten Verschluß bei Einstellung auf Zeit, nachdem der Hebel *a* von *J* nach *T* verschoben wurde.

Mit Ausnahme der Schrauben sind sämtliche Teile gestanzt.

Interessant ist die Bemerkung in der Gebrauchsanweisung für diesen Verschluß, daß kein Teil des Verschlusses geölt werden darf und daß sich bei

Momentaufnahmen das zu photographierende Objekt im vollen Sonnenlicht befinden muß, was mit Rücksicht auf die starke Abblendung der in Verbindung mit diesem Verschluß gebrauchten Objektive tatsächlich notwendig ist.

Das kleinste Modell der Box-Tengor-Kamera (ZEISS-IKON A.-G., 1930), Format 3 × 4 cm, ist mit einem neuartigen Verschluß dieser Art ausgestattet. Der Verschluß ist in Abb. 346 in drei Stellungen dargestellt (Moment — geschlossen und offen, Zeit — offen). Die Wirkungsweise des Verschlusses ist folgende:

Stellung für Moment (Abb. 346 a und b): Auf der Kamerazwischenwand *a* ist im Punkte *c* die Lamelle *b* mit der schlitzförmigen Öffnung b_1 drehbar gelagert; außerdem ist an der Wand *a* der Auslösehebel e_1 bei *f* drehbar angeordnet, der durch

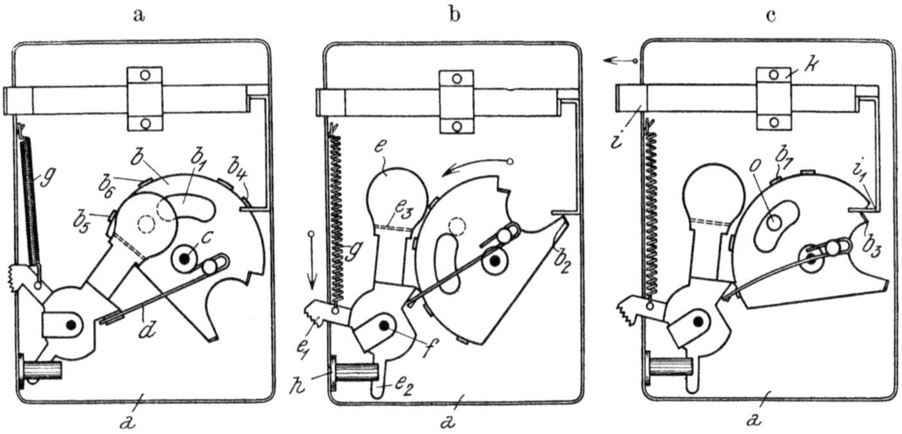

Abb. 346. Einlamellen-Automatverschluß mit zwangläufig gesteuertem Deckschieber. Der Verschluß arbeitet in einer Richtung und ist mit Hilfe einer Rückholfeder auslösbar. Der Verschluß findet sich an der Box-Tengor-Kamera 3 × 4 cm der ZEISS IKON A.-G., Dresden, D. R. G. M. Nr. 1046575. a) und b) Stellung bei Momentaufnahmen (geschlossen und offen), c) Stellung bei Zeitaufnahmen. *a* Montageplatte, *b* Lamelle mit Drehpunkt *c*; b_1 bis b_6 Anschläge an der Lamelle *b*; *d* Hauptfeder; *e* Abdeckblende (mit Drehpunkt *f*) in Verbindung mit Auslösehandhabe e_1, Ansatz für Drahtauslöser e_2 und Anschlag e_3; *g* Rückholfeder für *e*; *h* Gewindenippel für Drahtauslöser, *i* Schieber für Umstellung auf Zeit (Anschlag i_1)

die Feder *d* mit der Lamelle *b* derart in zwangläufiger Verbindung steht, daß die Feder *d* beim Betätigen des Auslösehebels e_1 in der Pfeilrichtung gespannt wird und die Lamelle herumreißt, so daß die Feder in der Endlage oberhalb des Drehpunktes *c* zu liegen kommt; dabei wird die Öffnung des Objektivs freigegeben.

Beim Nachlassen des Fingerdrucks auf den Auslösehebel e_1 wird dieser durch die Feder *g* in seine Anfangslage gezogen und dabei die Deckblende *e* während des Zurückgehens der Lamelle vor die Objektivöffnung geschaltet, um eine Doppelbelichtung zu verhindern. Die Begrenzung der Bewegung der Lamelle findet durch die Lappen b_2 und b_4 statt, welche an dem Anschlag i_1 aufgehalten wird. Um zu verhindern, daß die Lamelle *b* ganz durchschwingt, bevor die Abdeckblende ihre Endlage eingenommen hat, sind die Nasen b_5 und b_6 vorgesehen, welche am Quersteg e_3 der Abdeckblende *e* schleifen. Die Abdeckblende *e* ist vernickelt. Zur Verwendung des Drahtauslösers ist in bekannter Weise der Gewindenippel *h* vorgesehen; der Draht drückt auf den Lappen e_2 des Hebels *e*.

Stellung für Zeit (Abb. 346 c): Um den Verschluß beliebig lange Zeit offen halten zu können, ist der Schieber *i* vorgesehen, welcher in seiner Führung *k* verschoben werden kann (s. Pfeilrichtung in Abb. 346c); dadurch wird die Lamelle *b* am Durchschlagen verhindert. Das Objektiv bleibt nunmehr so

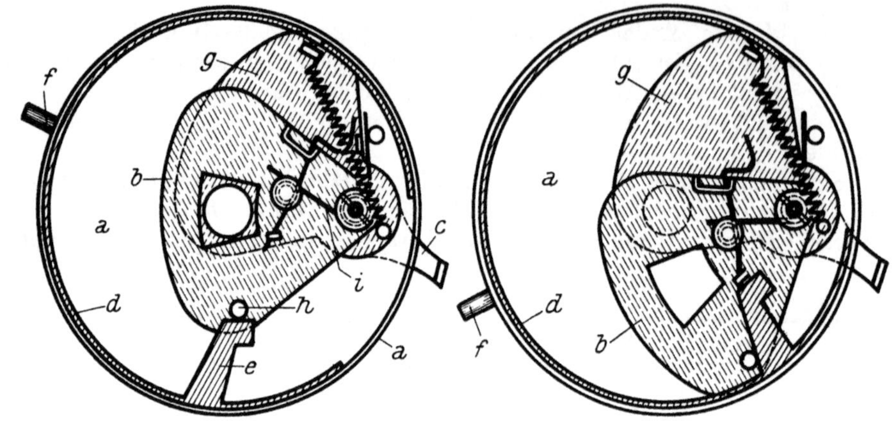

a b

Abb. 347. Einlamellen-Automatverschluß mit Deckschieber. D. R. P. Nr. 410517 für Fritz Schieber, Dresden (H. Ernemann A.-G.). a) Stellung bei Zeitaufnahmen, b) Stellung bei Momentaufnahmen. *a* Verschlußdose, *b* Lamelle, *c* Auslösehebel, *d* Verstellring mit Schrägfläche *e* und Handhabe *f*, *g* Deckblende mit runder Öffnung, *i* Hauptfeder, *h* Anschlag

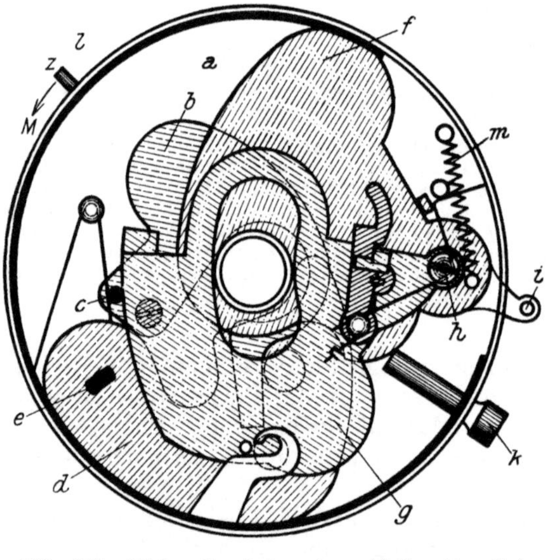

Abb. 348. Einlamellen-Automatverschluß mit selbsttätiger Blendenverstellung (D. R. P. Nr. 348520 und 368615). *a* Verschlußgehäuse; *b* Hilfsschieber, um *c* schwingbar; *d* Umstellhebel bzw. Blende, um *e* drehbar; *f* Hauptschieber, *g* Steuerhebel (beide drehbar um *h*), *i* Spann- bzw. Auslösehebel, *k* Gewindenippel für Drahtauslöser, *l* Umschaltehebel, *m* Feder

lange geöffnet, als der Druck auf den Auslöser anhält. Die Begrenzung des Weges der Lamelle erfolgt jetzt durch die Anschläge b_3 und b_4, weil die Nase i_1 ein weiteres Durchschwingen der Lamelle *b* nicht zuläßt.

γ) Einlamellenverschluß mit Deckschieber. Ein sehr einfacher und daher betriebssicherer Einlamellenverschluß neuester Konstruktion für einfache Apparate ist der von Fritz Schieber in Dresden konstruierte und durch D. R. P. Nr. 410517 geschützte Verschluß, dessen wesentliche Merkmale aus Abb. 347 (zwei Stellungen) zu ersehen sind; das besondere Kennzeichen des Verschlusses, der nur nach einer Seite arbeitet und außer der Zeitstellung nur eine einzige Geschwindigkeitsstufe besitzt, ist die Umschaltung von Zeit- auf Momentaufnahmen in der Weise, daß ein an den Umfang der Verschlußdose sich federnd anschmiegender Ring verschoben wird, der mit einer Schrägfläche die Verschlußblende beeinflußt. Bei bekannten Verschlüssen ähnlicher Art bewegt ein Zeigerhebel einen Exzenter und verschiebt dadurch die Abdeckblende, so daß die vorliegende Konstruktion fabrikatorisch besonders vorteilhaft ist und sich leicht einbauen läßt.[1]

δ) Einlamellenverschluß mit selbsttätiger Blendenverstellung. Ein ebenfalls für einfache und daher billige Kameras bestimmter interessanter Spezial-Einlamellenverschluß ist der von der Firma H. Ernemann in den Jahren 1920/21 hergestellte und in Abb. 348 schematisch dargestellte Verschluß; er zeichnet sich dadurch aus, daß bei der Umstellung von „Zeit" auf „Moment" oder umgekehrt die Blende selbsttätig gewechselt wird.

Dieser Verschluß wird in Verbindung mit lichtschwachen Objektiven verwendet und besitzt nur eine Verschlußgeschwindigkeit für „Moment", die relativ groß ist; infolgedessen ist es nötig, bei „Moment" eine möglichst große Blende anzuwenden, während bei „Zeit" zugunsten der Bildschärfe mit einer kleinen Blende gearbeitet werden soll. Der leicht ersichtliche Vorteil dieser Einrichtung besteht also darin, daß Mißgriffe bei der Blendeneinstellung vermieden werden.

Diese selbsttätige Blendenumstellung wird durch zweckmäßige Verbindung der die Einstellung auf „Zeit" bzw. „Moment" vermittelnden Vorrichtung mit einer Drehblende erzielt, die zwei verschieden große Öffnungen enthält. Die einfachste Ausführungsform dieses Gedankens besteht darin, daß der von außen zu betätigende Umstellhebel selbst die Drehblende bildet und bei seiner Umstellung einen nur bei Momentbelichtungen mitwirkenden Verschlußschieber (Hilfsschieber) in oder außer Verbindung mit dem übrigen Verschlußmechanismus bringt. Dieser selbst kann aus einem unmittelbar von Hand aus oder durch einen Auslöser vorzubewegenden und bei Freigabe unter Federdruck zurückschnellenden Verschlußschieber (Hauptschieber) — vgl. Abb. 348 — bestehen, welcher am Hubende die Belichtungsöffnung freilegt. Mit diesem Hauptschieber werden also Zeitbelichtungen gemacht; bei Momentbelichtungen wirkt der Hilfsschieber in der Weise, daß er, während der Hauptschieber im Hubwechsel steht und die Belichtungsöffnung freigibt, diese Öffnung in schneller Folge freilegt und wieder verdeckt. Diese Bewegung kann unter Mitwirkung von Federn durch einen vom Hauptschieber mitgeschleppten und im Hubwechsel ausgelösten Hebel veranlaßt werden. Eine Verbesserung der beschriebenen Einrichtung besteht darin, daß unbeschadet der Zwangseinstellung der Vollöffnung für Momentaufnahmen auch Zeitaufnahmen bei voller oder mittlerer Blendenöffnung mit dem Verschluß ausgeführt werden können; zu diesem Zweck ist der umstellbare Blendenhebel derart einstellbar, daß er in zwei Einstellungen Zeitbelichtungen mit verschieden großen Blendenöffnungen gestattet, während die Überführung in die Einstellstufe für „Moment" nach wie vor die zwangsweise Einstellung der größten Blendenöffnung zur Folge hat.

Die Umstellung der Wirkungsweise von „Moment" auf „Zeit" und umgekehrt erfolgt auch hier durch Aus- und Einschaltung eines nur bei „Moment" mitwirkenden Hilfsschiebers; die Ausschaltung des Momenthilfsschiebers erfolgt bei der erststufigen Verstellung, wobei der Hilfsschieber in den zwei für Zeitbelichtungen bestimmten Stellungen ausgeschaltet bleibt.

ε) Zwei-Lamellen-Verschlüsse. Es ist klar, daß ein Verschluß, bei dem sich gleichzeitig zwei Lamellen gegeneinander bewegen und so die Objektivöffnung von der Mitte aus freigeben — unter der Voraussetzung gleicher Federkraft — gegenüber einem Ein-Lamellenverschluß annähernd die doppelte Geschwindigkeit haben muß. Auf Grund dieser Erwägung, die schon bei Spann-

[1] Das Grundprinzip einfacher Verschlüsse dieser Art ist sehr alt; es gibt eine ganze Reihe einschlägiger amerikanischer Patente.

verschlüssen gebührende Beachtung gefunden hat, und im Interesse gleichmäßiger Lichtverteilung auf dem Schichtträger entstanden schon vor einer Reihe von Jahren die noch heute vielfach gebrauchten Zweilamellen-Automatverschlüsse, deren charakteristisches Öffnungsbild ein Schlitz (ähnlich der Pupille des Katzenauges) ist, der sich bei größter Öffnung zu einem Kreise erweitert.

Wie bereits früher bemerkt wurde, hatte bei der Schaffung neuer Modelle von Spannverschlüssen auch Amerika vorübergehend Einfluß; die seinerzeit aus Amerika eingeführten Verschlüsse hatten zwar eine Einrichtung zur zwangsweisen Öffnung, nicht aber eine Einrichtung zur zwangsweisen Schließung der Lamellen. Eine wesentliche Verbesserung, welche sowohl das zwangsweise Öffnen, als auch das zwangsweise Schließen betraf, wurde Alfred Gauthier durch D. R. P. Nr. 180390 geschützt und bestand darin, daß eine besondere Kupplungsklinke die Lamellen nicht nur öffnete und schloß, sondern in geschlossener Stellung auch festhielt.

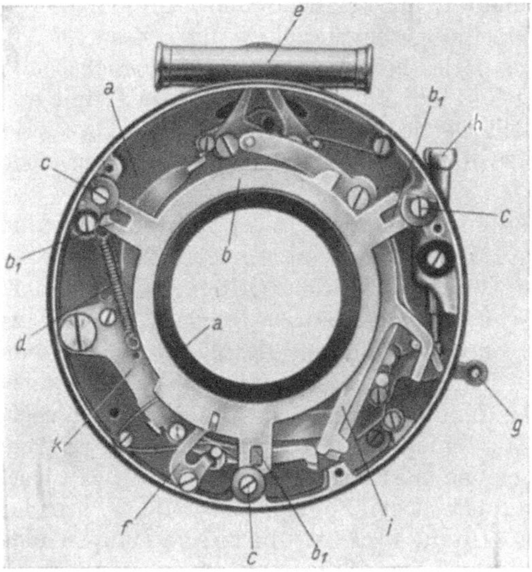

Abb. 349. Automatverschluß mit drei Sektoren und doppelt wirkender Luftbremse. Modell Ibso aus dem Jahre 1908 (Alfred Gauthier, Calmbach). *a* Verschlußgehäuse, *b* Sektorensteuerung mit drei Schlitzen b_1 für die Fortbewegung der mit entsprechenden Mitnehmerstiften versehenen Sektoren, *c* Drehpunkte der Sektoren; die Spiralfeder *d* ist die Hauptenergiequelle für die Drehung des Sektorenringes *b*, der koachsial zur Verschlußmitte gelagert ist und durch den Hebel *k* gesteuert wird. Der Auslösehebel *g* wird durch eine einfache Feder aus Stahldraht immer in seine Anfangslage zurückbewegt. Außer durch den Spann- bzw. Auslösehebel *g* kann der Verschluß durch einen Drahtauslöser betätigt werden, der in den Gewindenippel *h* eingeschraubt wird

Nun kamen aus Amerika die sogenannten Automatverschlüsse, welche in relativ kurzer Zeit eine derartig günstige Aufnahme fanden, daß ein gleichartiges deutsches Konkurrenzfabrikat geschaffen werden mußte; es war wiederum Alfred Gauthier, der im Jahre 1908 mit seinem Ibso-Verschluß ein nicht nur billiges, sondern auch sehr zuverlässiges Verschlußmodell in zwei Größen auf den Markt brachte, das bis vor kurzem mit doppeltem Luftbremsenkolben fabriziert wurde. Ganz allgemein kann über derartige „Immergespannt"-Verschlüsse gesagt werden, daß sie nicht zu hart gespannt werden dürfen, weshalb nur eine relativ schwache Feder Anwendung finden soll; daraus ist unschwer der Schluß zu ziehen, daß die in Bewegung versetzten Teile sehr leicht sein müssen und daß auch die Reibungsverhältnisse so günstig wie möglich zu wählen sind. Die erreichbare Höchstgeschwindigkeit ist nicht groß, die Abstufungsmöglichkeit für die Geschwindigkeiten ist beschränkt.

Der Ibso-Verschluß war der erste Dreisektorenverschluß ohne pneumatische Auslösung; die Auslösung wurde ersetzt durch den bekannten Drahtauslöser mit konischem Gewinde, der sich bis heute bestens bewährt hat und von allen maßgebenden Firmen übernommen wurde. Der Ibso-Verschluß ist einer der verbreitetsten Automatverschlüsse deutscher Herkunft gewesen; seine Konstruktion ist aus Abb. 349 und 350 zu ersehen. Bei Stellung des Zeigers an der Zeitenscheibe auf *B* (Ball) bleibt der Verschluß solange offen, als der Druck auf den Auslöser anhält. Bei Zeitaufnahmen von längerer Dauer (Stellung *T*) drückt man zu Beginn und am Ende der Belichtungszeit auf den Auslösehebel.

Im Jahre 1910 brachte die Firma A. Gauthier weitere Modelle auf den Markt, die — noch einfacher als der Ibso-Verschluß — dazu bestimmt waren, die in den amerikanischen Kodakkameras verwendeten billigen Verschlüsse (z. B. Junior, Senior, Winner usw.) zu verdrängen. Diese neuen deutschen Verschlüsse, die unter den Namen „Vario", „Pronto", „Derval" und „Embezet" bekannt wurden, haben sich in Anbetracht ihrer verblüffend einfachen, aber doch soliden und betriebssicheren Bauart bei sehr mäßigem Preis bis auf den heutigen Tag bewährt. Sie haben nur zwei Lamellen, keine Luftbremse, jedoch veränderliche Federspannung zum Regulieren für die nominellen Geschwindigkeiten $^1/_{25}$, $^1/_{50}$, $^1/_{100}$ Sekunden, Ball und Zeit (*B* und *T*), ein Gehäuse aus Aluminium und eine eingebaute Irisblende, welche je nach Größe des Verschlusses 10 bis 22 mm Durchmesser hat (vgl. Abb. 351).

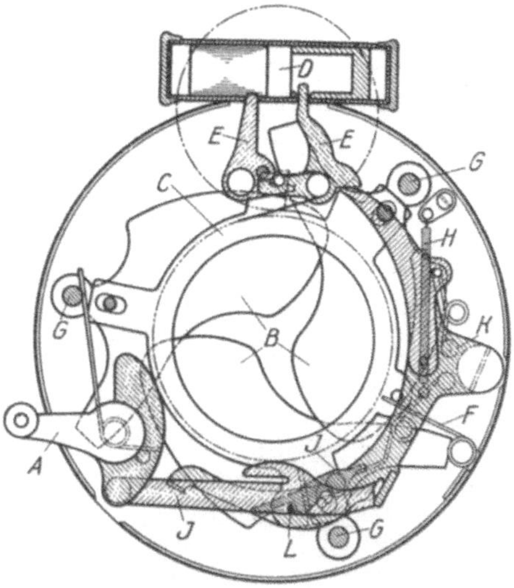

Abb. 350. Schematische Darstellung des inneren Aufbaues eines Automatverschlusses mit 3 Sektoren und doppelt wirkender Luftbremse. Modell Ibso (D. R. P. Nr. 210306 für A. Gauthier, Calmbach). *A* Spannhebel; *B* Sektoren, drehbar um die Punkte *G* und gesteuert vom Ring *C*; *D* Luftbremse mit zwei Kolben, die unter dem Einfluß der zwei Hebel *E* stehen; *F* und *H* Federn; *J*, *K* Verbindungshebel zwischen Auslöser *A* und Luftbremse *D*

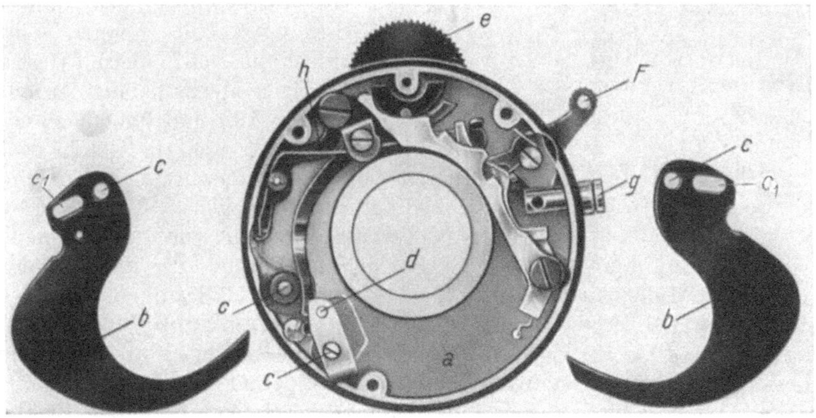

Abb. 351. Zweilamellen-Automatverschluß Modell „Embezet" Nr. 00 von Alfred Gauthier, Calmbach. Die Federspannung ist veränderlich. *a* Verschlußgehäuse (aus Leichtmetall), *b* Lamellen (herausgenommen, links und rechts) mit den Drehpunkten *c*; *d* Stift, der in die Schlitze c_1 der Lamellen greift. *e* Stellscheibe zur Geschwindigkeitsregulierung durch Beeinflussung der Spannung der Feder *h*, *f* Fingerauslöser, *g* Gewindenippel für Drahtauslöser. Die Lamellen werden durch eine federnde Schwinge *c*—*d*—*c* gesteuert; sie haben daher keine Mitnehmerstifte, sondern Schlitze (c_1)

Ohne Einrichtung für Geschwindigkeitsregulierung — nur für die drei Zeiten *M*, *B* und *T* — ist ein Verschluß, der unter dem Namen „Singlo“ bekannt wurde.

Eine wenn auch nicht einschneidende, so doch sehr geschätzte Neuerung war die Anordnung des Fingerhebels unten und des Nippels für den Drahtauslöser oben (vgl. Abb. 352). Unter dem Namen „Perco“ kam ein einfacher Automatverschluß mit veränderlicher Federspannung in zwei Modellen in den Handel, dessen nominelle Geschwindigkeitsstufen $^1/_{25}$, $^1/_{50}$ und $^1/_{100}$ Sekunden sowie *B* und *T* waren; die Irisblende war hier vor den Verschlußlamellen angeordnet, ähnlich wie dies bei dem noch einfacheren Automatverschluß „Acro“ der Fall ist, der wieder nur eine Geschwindigkeit besitzt.

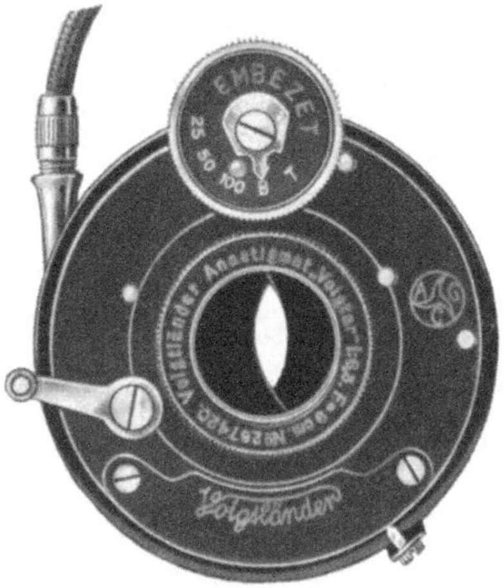

Abb. 352. Zweilamellen-Automatverschluß Modell „Embezet“ Nr. 00 von Alfred Gauthier, Calmbach. Äußere Ansicht. Dieser Verschluß, dessen Inneneinrichtung derjenigen des in Abb. 350 dargestellten Verschlusses gleich ist, weicht von diesem insofern ab, als der Fingerhebel unten und der Nippel für den Drahtauslöser oben angeordnet ist

Im Jahre 1912/13 entstand ein Spezialmodell der „immer gespannten Verschlüsse“ von leichterer Bauart und mit Hartgummisektoren; diesem folgte ein solches von kreisrunder Form mit eingebauter Luftbremse. Es ist ganz unmöglich, alle Varianten von Automatverschlüssen zu erwähnen, die im Laufe der Jahre entstanden und entstehen. Die Hauptmodelle sind genannt worden und es dürfte auf Grund des vorstehenden möglich sein, sich über die verschiedenen Verschlüsse dieser Art ein Bild zu machen. Die amerikanischen Patente zeigen sehr viele z. T. sehr interessante Varianten.

Beim Entwurf eines billigen Verschlusses von einfachem Bau bei größter Zuverlässigkeit muß die Vermeidung nach außen verlaufender Öffnungen (wie Löcher, Schlitze) oberste Richtschnur sein, denn es ist klar, daß ein derartiger Mechanismus gegen das Eindringen von Staub und feinem Sand gut geschützt sein muß; auch die Gefahr des Eintrittes von unerwünschtem Nebenlicht ist unbedingt zu vermeiden. Als Material für das Gehäuse kommt im allgemeinen nur legierter Aluminiumkokillenguß in Betracht, während die der Abnutzung unterworfenen Teile aus hochwertigem Material, wie Stahl oder dergleichen angefertigt werden. Abb. 353 zeigt den Automatverschluß „Kodex“ der Eastman Kodak Co. in Rochester (U. S. A.). Dieser Verschluß besitzt Federregulierung und zwei Geschwindigkeitsstufen ($^1/_{25}$ und $^1/_{50}$ Sekunde nominell).

Der Automatverschluß mit Räderhemmwerk. Der Ersatz der früher angewandten Feder mit veränderlicher Spannung durch eine Reibungsbremse aus Leder kann als Fortschritt bezeichnet werden, doch ist die Anordnung der Luftbremse an Stelle der Lederbremse noch ein größerer Schritt nach vorwärts gewesen (insbesondere in der Form mit zwei Luftzylindern nach A. Gauthier).

Wenn sich die restlos fortschreitende Technik auch mit diesem Erfolg nicht begnügte und nach immer neuen Mitteln sann, um immer noch vorhandene Unstimmigkeiten zu beseitigen, die ab und zu bei Verschlüssen mit Luftbremse auftreten, so ist das eine sehr beachtenswerte Tatsache. Im Jahre 1925 trat die Firma A. Gauthier mit einem neuen Modell ihres Ibso-Verschlusses an die

Öffentlichkeit, das den Ersatz der Luftbremse durch ein Räderhemmwerk brachte; die Vorarbeiten dazu lagen bereits weit zurück, konnten jedoch infolge des Krieges und seiner Folgeerscheinungen lange nicht fortgesetzt werden.

Infolge von Ungleichmäßigkeiten in der Abstufung der verschiedenen Geschwindigkeiten (insbesondere bei starken Temperaturschwankungen u. dgl., wodurch auch das Volumen der im Bremszylinder eingeschlossenen Luft Veränderungen erlitt) sowie wegen der Beschaffenheit der zwischen Kolben und Zylinderwand befindlichen dünnen Schicht von Schmieröl entstanden beim Ablauf der Verschlüsse mit Luftbremse wiederholt ziemlich große (und dabei jeweils verschieden große) Abweichungen von den nominellen Geschwindigkeiten, was den vorsichtigen Lichtbildner veranlaßte, den jeweiligen Gang des Verschlusses vor der Aufnahme zu prüfen. Da andererseits bereits amerikanische Verschlüsse mit Uhrwerk im Handel waren (z. B. Betax, Gamax und Deltax) und vor allem der Compur-Verschluß wegen seiner vorzüglichen Regulierbarkeit mittels Räderhemmwerkes in gutem Rufe stand, konstruierte die Firma A. Gauthier den Ibsor-Verschluß, einen Verschluß mit Räderhemmwerk, bei welchem die drei Sektoren mittels der Hauptantriebsfeder nicht nur geöffnet, sondern auch geschlossen werden, eine Maßnahme, die sich unbedingt günstig auf die Geschwindigkeit auswirken mußte.

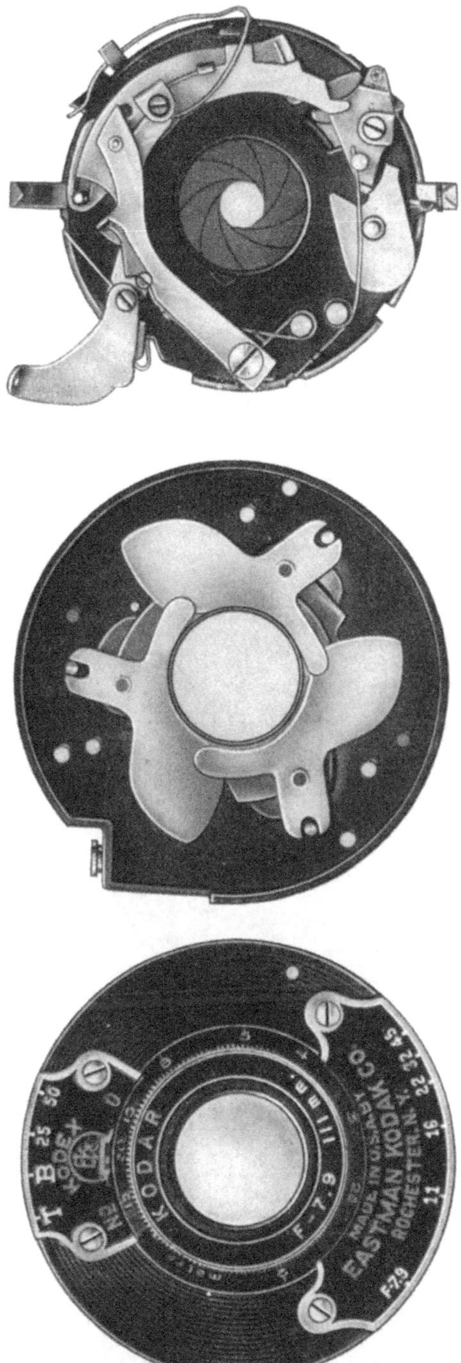

c

b

a

Abb. 353. Automatverschluß Kodex der Eastman Kodak Co., Rochester (U. S. A.). a) Ansicht der Verschlußdeckplatte, b) Sektorenanordnung in der Gehäuserückwand, c) Montageplatte mit Irisblende und allen Getriebeteilen (aus dem Gehäuse herausgenommen)

Der „Ibsor"-Verschluß (D. R. P. Nr. 347659), der in Abb. 354a bis c dargestellt ist, die alle Einzelheiten erkennen läßt, ist ein Automatverschluß mit

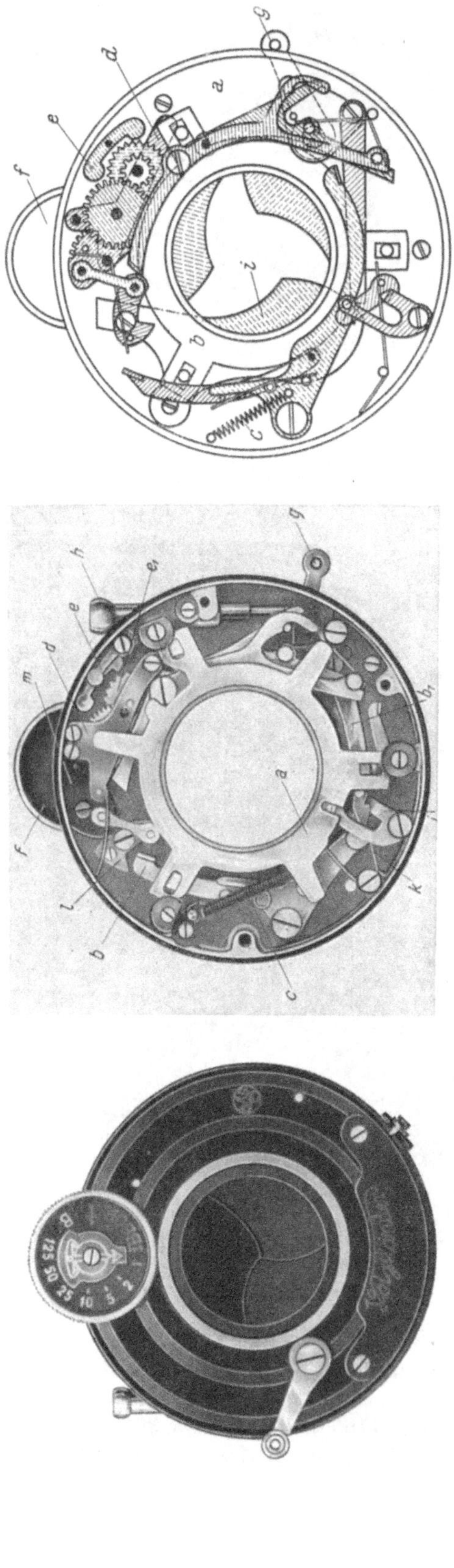

Abb. 354a bis c. Automatverschluß mit drei Sektoren und Räderwerkhemmung. Modell Ibsor von A. Gauthier, Calmbach. a) Äußere Ansicht von vorne, b) Innenansicht: die Sektoren sind herausgenommen, c) schematische Darstellung des inneren Aufbaues. Erläuterung der Hinweisbuchstaben in b): *a* Sektorensteuerring, *b* Zwischenhebel zum Antrieb des Zahnsegmentes *m*, b_1 Haupthebel (gekuppelt mit *g*), *c* Spiralfeder, *d* Rahmen mit Räderwerk, *e* Anker, e_1 Steigrad zum Anker *e*, *f* Einstellscheibe, *g* Fingerauslöser bzw. Spannhebel, *h* Gewindenippel für den Drahtauslöser, *i* Triebhebel für den Sektorenring *a*, *k* Rückholfeder, *l* Antriebshebel für das Zahnsegment *m*. Erläuterung der Hinweisbuchstaben in c): *a* Gehäuse, *b* Sektorensteuerring, *c* Spiralfeder, *d* Rahmen mit Räderwerk, *e* Anker, *f* Einstellscheibe, *g* Fingerauslöser bzw. Spannhebel, *i* Sektoren

Räderhemmwerk, bei dem die Verbindung zwischen Räder- und Hemmwerk unterbrochen werden kann; die Verbindung des Räderwerks mit dem Hemmwerk und der Antrieb des Räderwerkes beim Ablauf des Verschlusses wird von einer einzigen Angriffsstelle aus vom Haupttriebsorgan bewirkt. Das Räderwerk ist auf einem Rahmen angebracht, der durch den Triebhebel beim Auftreffen auf einen Teil eines Zahnrades entgegen dem Druck einer Feder verschwenkt wird, die beim Ablauf des Verschlusses die Verbindung zwischen Räderwerk und Hemmwerk unterbricht und infolge Anordnung einer von außen verstellbaren unrunden Scheibe die Rückführung des Räderwerkes in seine Anfangsstellung bewirkt. Geschwindigkeitsregulierung von 1 bis $^1/_{100}$ Sekunde (nominell).

Agfa-Spezialverschluß. In richtiger Voraussicht, daß man auch für einfachere Kameras einen Verschluß mit Räderwerkhemmung verlangen werde, hat die Firma A. Gauthier 1925 noch einige Spezialmodelle geschaffen: darunter den Agfa-Verschluß mit zwei Lamellen und einer Regulierfähigkeit von ½ bis 1 Sekunde; besonders bemerkenswert bei diesem Verschluß ist die Anordnung der Einstellskala, die nicht über den ganzen Umfang, sondern nur über einen Sektor der Einstellscheibe verteilt ist, damit die ein-

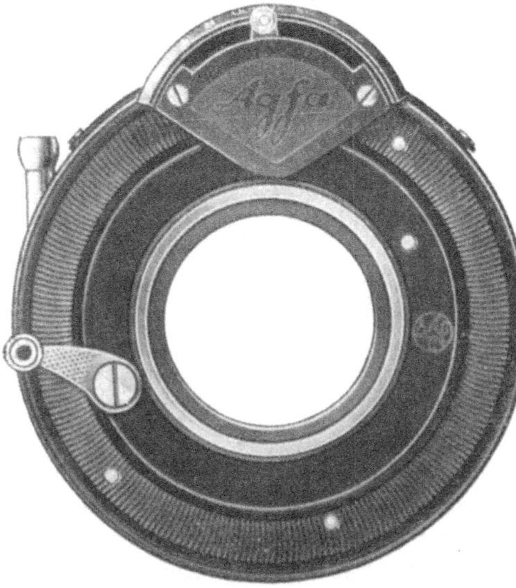

a

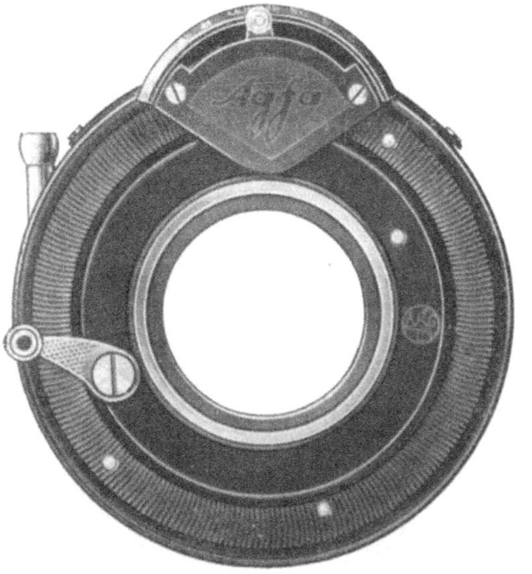

a

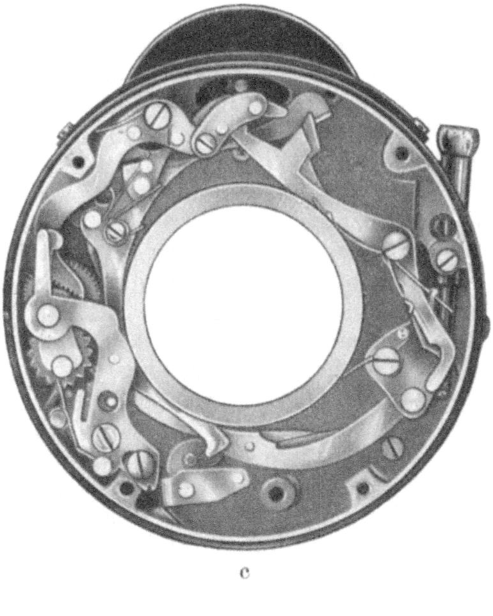

c

Abb. 355 a bis c. Automatspezialverschluß mit zwei Lamellen. a) Äußere Ansicht, b) Ansicht des Mechanismus bei abgenommenem Deckel, c) Ansicht des ganzen Mechanismus (die Lamellen sind herausgenommen). Die Regulierung der Geschwindigkeiten erfolgt durch eine Räderwerkhemmung. (A. GAUTHIER, Calmbach.)

zelnen Geschwindigkeitswerte von oben her abgelesen werden können. Einzelheiten des Baues dieses Automatverschlusses mit Räderhemmwerk sind ohne weiteres aus Abb. 355a bis c ersichtlich, die den Verschluß sowohl in der Ansicht, als auch mit abgehobenem Deckel mit und ohne Lamellen zeigt. Da die höchste Geschwindigkeit dieses Verschlusses etwa $^1/_{100}$ Sekunde (nominell), die niedrigste $1/2$ Sekunde beträgt, die größte Geschwindigkeitsdifferenz also nicht sehr groß ist, ist das Hemmwerk relativ einfach und zuverlässig.

Automatverschlüsse etwas anderer Bauart, jedoch ebenfalls mit Räderhemmwerk sind die Erzeugnisse der früher bestandenen Firma H. ERNEMANN A. G. in Dresden, welche sich unter dem Namen Chronos Modell A und B seit Jahren auf dem Markt befinden.

Beide Modelle weisen drei Sektoren auf, welche in bekannter Weise durch einen unter dem Einfluß der Hauptfeder stehenden mit einem Schlitz versehenen Sektorenring in Bewegung gesetzt werden, auf dem je ein Zapfen für je einen Sektor vorgesehen ist; die Drehung jedes Sektors erfolgt um zylindrische Zapfen, welche im Gehäuse befestigt sind und deren gegenseitige Abstände gleich groß sind.

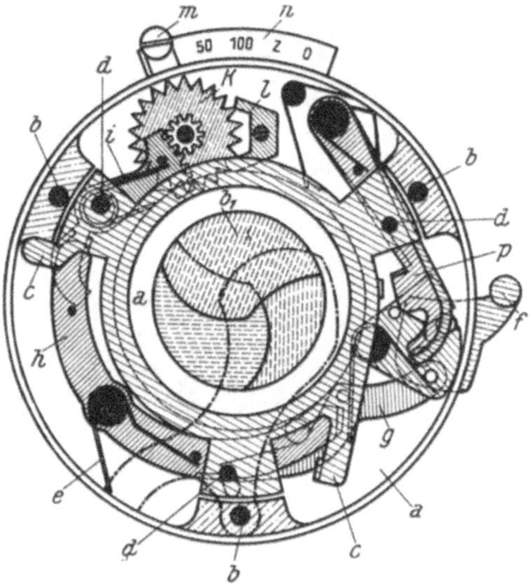

Abb. 356. Automatverschluß Chronos A der H. ERNEMANN A.-G. (mit einfacher Räderwerkshemmung). Schematische Darstellung des inneren Aufbaues (Deckel mit Irisblende abgenommen). *a* Gehäuse, *b* Sektorendrehpunkte, b_1 Sektoren, *c* Sektorenring, *d* Mitnehmerstifte für die Sektoren, *e* Hauptfeder, *f* Spannhebel bzw. Auslöser, *g* Zwischenhebel, *h* Übertragungshebel, *i* Zahnsegment, *k* Räderhemmwerk, *l* Anker, *m* Einstellhebel für die Geschwindigkeiten, *n* Einstellskala, *p* Zeithebel

Der einfachere Verschluß (Chronos A, Abb. 356) hat nur drei Geschwindigkeitsstufen, und zwar $1/_{25}$, $1/_{50}$ und $1/_{100}$ Sekunde (nominell) sowie Zeit und Offenstellung (0); die Markierung der Geschwindigkeitsstufen ist auf einem Kreissektor aufgetragen. Wegen der geringen Differenz zwischen den beiden Endwerten besteht die Räderhemmung lediglich aus einem unter dem Einfluß des Spannhebels bzw. eines Zwischengliedes stehenden Zahnsegments, dessen Hubbegrenzung so geregelt ist, daß der Spannhebel kürzere oder längere Zeit ein Rad mit Ankerwerk in Bewegung setzt. Beim Verschluß Chronos B (Abb. 357 a bis c) ist die Differenz der Grenzgeschwindigkeiten wesentlich größer; sie reicht von 1 Sekunde bis $1/_{100}$ Sekunde nominell; deshalb ist eine größere Übersetzung im Räderhemmwerk erforderlich. Dies wird derart erzielt, daß das Zahnsegment zwar dauernd in Eingriff bleibt, aber entsprechend der bei voller Öffnung eintretenden Bewegungsumkehr der Sektoren in der Mitte der Ablaufzeit seine Richtung ändert, so daß das Hemmwerk während der ersten Hälfte seines Laufes nach einer Richtung und während der anderen Hälfte seines Laufes in entgegengesetzter Richtung getrieben wird. Auf diese Weise wird der lange Weg des Zahnsektors in zwei gleichen Abschnitten zurückgelegt. Zur Erreichung eines zufriedenstellenden Gleichförmigkeitsgrades der Bewegung ist eine Unruhe wie in den Taschenuhren vorgesehen.

Die Auslösung des Verschlusses erfolgt wie bei allen Automatverschlüssen durch Spannen einer Feder bis zu einem fühlbaren Druckpunkt: jetzt beginnt die gespannte Feder das Hemmwerk in Bewegung zu setzen, was durch ein eigentümliches Geräusch kenntlich wird.

Chronos-Verschluß Modell C mit Hilfsfederwerk (vgl.

Abb. 358a und b). Anders als bei den bisher beschriebenen „Automatverschlüssen“, bei denen es vor der Belichtung des S p a n n e n s einer auf den Sektorenring wirkenden Feder nicht bedarf, das Spannen und

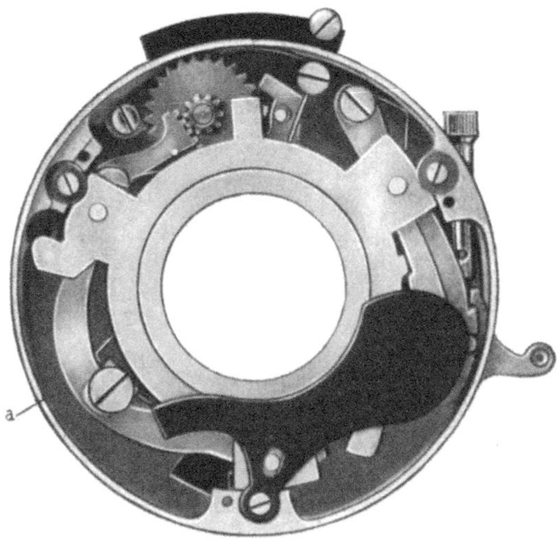

a

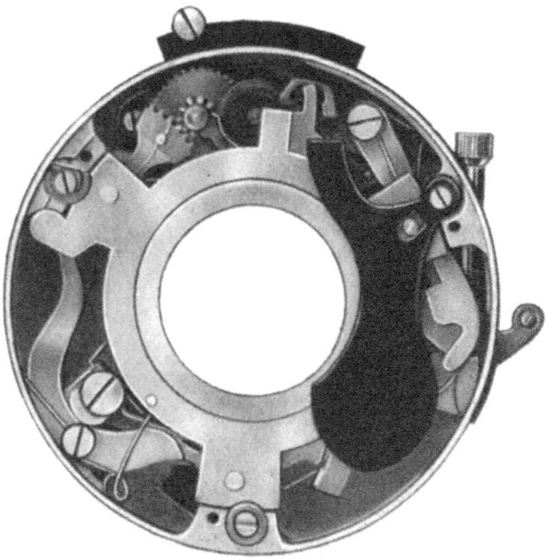

b

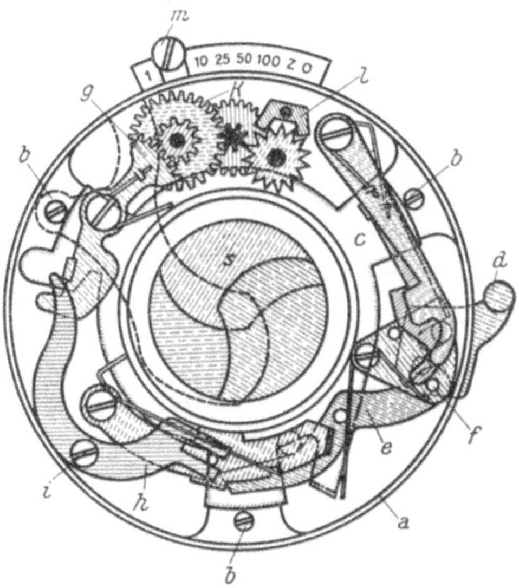

c

Abb. 357a bis c. Automatverschluß Chronos B der H. ERNEMANN A.-G. (mit Räderwerkshemmung). a) Innenansicht; die beiden oberen Sektoren sind entfernt. Stellung des Werkes für 1 Sek. b) Innenansicht; es sind zwei andere Sektoren entfernt. Stellung des Werkes auf Z (Zeit). c) Schematische Darstellung des inneren Aufbaues: *a* Verschlußgehäuse, *b* Sektorendrehpunkte, *c* Sektorenring, *d* Auslöse- bzw. Spannhebel, *e* Übersetzungshebel (um *f* drehbar); *g* Zahnsektor, gesteuert vom Hebel *h* (drehbar um *i*); *k* Räderhemmwerk, *l* Anker, *m* Einstellhebel für die Geschwindigkeiten

Auslösen des Verschlusses vielmehr lediglich durch Bewegen des Auslösehebels bewirkt wird, ist das Modell C von H. ERNEMANN ein Sektorenverschluß mit Automatwerk u n d m i t b e s o n d e r s z u s p a n n e n d e m H i l f s f e d e r w e r k. So bequem auch die Automatverschlüsse in der Handhabung sind, so haben sie doch alle den Nachteil geringerer Geschwindigkeit, weil man auf die Verwendung einer verhältnismäßig schwachen Feder angewiesen ist.

Die Idee der Verwendung einer starken vor der Belichtung zu spannenden Hilfsfeder (sogenannten Rapidfeder) neben der schwächeren Hauptfeder ist nicht neu; man beschränkte sich zuerst darauf, die Wirkung des Verschlusses als Automatverschluß unter Mitwirkung der schwachen Hauptfeder nur auf die Zeitbelichtungen, d. h. auf das Öffnen und Schließen der Sektoren

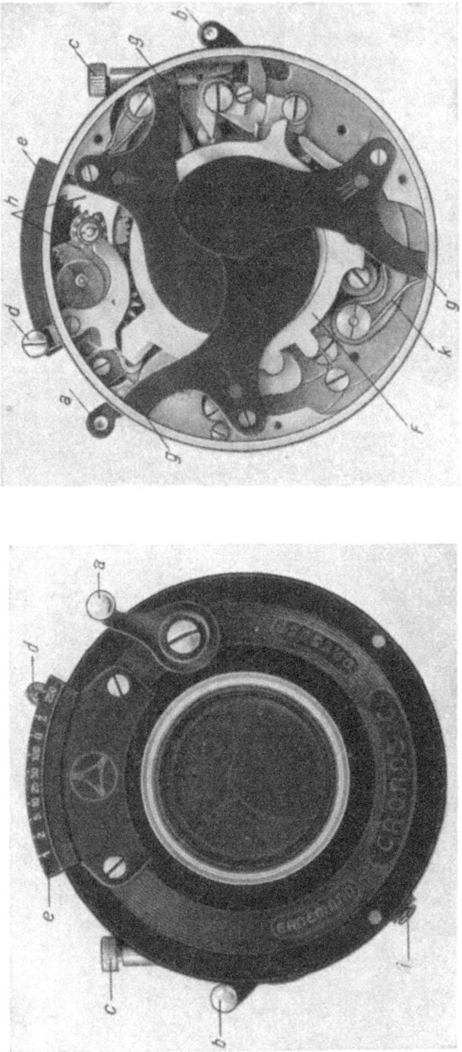

b a

Abb. 358a und b. Automatverschluß Chronos C der H. Ernemann A.-G. (mit Räderwerkshemmung und besonders zu spannender Feder für die Höchstgeschwindigkeit). a) Ansicht von vorne: *a* Spannhebel für die Hilfsfeder, *b* Auslösehebel, *c* Gewindenippel für den Drahtauslöser, *d* Geschwindigkeits-Einstellhebel, *e* Einstellscheibe für die Geschwindigkeiten, *i* Blendeneinstellhebel. b) Innenansicht des Verschlusses: *a* Spannhebel für die Hilfsfeder (nur für die Geschwindigkeit $^1/_{250}$ Sek. nom.), *b* Auslösehebel, *c* Gewindenippel für den Drahtauslöser, *d* Einstellhebel für die auf der Einstellscheibe (Skala) *e* angegebenen Zeiten, *f* Sektoren-Mitnehmerring, *g* Sektoren, *h* Räderhemmwerk, *k* Feder. D. R. P. Nr. 204722

schlechthin (ohne Rücksicht auf eine Regelung der Belichtungsdauer), auszudehnen. Mit dem Verschluß als Automatverschluß konnte eventuell noch eine Momentbelichtung von mittlerer Dauer ausgeführt werden, indem der Verschluß unter Einwirkung der Hauptfeder geöffnet und unmittelbar darauf wieder geschlossen wurde; im übrigen war bei Momentaufnahmen, und zwar bei den langsamsten ebenso wie bei den schnellsten, die starke Hilfsfeder zu verwenden, mit der zwecks Regelung der Momentbelichtung ein Hemmwerk gekuppelt war.

Derartige Verschlüsse mit Hilfsfeder haben verschiedene Nachteile. Zunächst kann man ohne vorheriges Spannen der Hilfsfeder Momentbelichtungen überhaupt nicht oder günstigsten Falles nur eine Momentbelichtung von mittlerer Dauer machen; mit anderen Worten: ein derartiger Verschluß bietet die Bequemlichkeiten des Automatverschlusses nur bei Zeitbelichtungen bzw. bei der einen Momentbelichtung. Ferner nimmt die bei allen Momentbelichtungen mitwirkende starke Hilfsfeder den Verschluß stark in Anspruch, weshalb die in Betracht kommenden Teile aus hochwertigem Material hergestellt sein mußten, wenn sie nicht starker Abnutzung unterliegen sollen. Schnellste Momentaufnahmen erfordern die Anwendung einer starken Feder; diese ist aber aus dem eben angegebenen Grund schädlich und zum mindesten überflüssig, wenn es sich um langsame Momentaufnahmen (unter Mitwirkung der Bremse) und die ebenfalls hierhergehörigen Zeitaufnahmen von $\frac{1}{2}$ bis 1 Sekunde handelt. Ferner entstehen zahlreiche Fehlbelichtungen dadurch, daß das Spannen und Wirksamwerden der Hilfsfeder bei jeder Einstellung des Verschlusses möglich ist.

Aus diesen Erwägungen heraus entstand das Modell C mit schwacher Hauptfeder und starker besonders zu spannender Hilfsfeder; es ist so eingerichtet, daß außer den allerschnellsten Momentbelichtungen, zu denen die starke Feder wirklich gebraucht wird, alle Belichtungen — also auch alle minder schnellen Momentbelichtungen — ohne Mitwirkung der Hilfsfeder mit Automatwirkung ausgeführt werden können. Das Hemmwerk (früher Luftbremse, jetzt Räderwerk) — wirkt demgemäß mit der Hauptfeder bzw. dem Automatwerk zusammen, während das zur Hilfsfeder gehörige Werk vom Hemmwerk wie vom Automatwerk völlig unabhängig ist. Dadurch wird natürlich auch die Beanspruchung und Abnutzung des Verschlusses geringer, so daß der Verschlußmechanismus bis auf einzelne Teile aus Messing hergestellt werden kann. Es ist dafür Sorge getragen, daß nur bei der Einstellung auf schnellste Momentaufnahmen die Hilfsfeder überhaupt gespannt werden kann; andererseits ist in eben dieser Stellung die Auslösung des Verschlusses unwirksam, wenn nicht zuvor die Hilfsfeder gespannt wurde.

Der Verschluß in seiner neuesten Form mit Räderwerkhemmung ist in den Abb. 358a und b geschlossen bzw. mit abgenommenem Deckel dargestellt; besonders beachtenswert ist, daß der Einstellzeiger für die Momentgeschwindigkeiten nicht von der Einstellung auf eine Zahl auf *Z* bzw. *O* gebracht werden darf, solange der Verschluß gespannt ist.

Der Verschluß ist einerseits zwischen 1 Sekunde und $^1/_{100}$ Sekunde regelbar, gestattet aber andererseits eine Höchstgeschwindigkeit von $^1/_{250}$ Sekunde bei Einschaltung des Hilfsfederwerkes; überdies ist die O- und Z-Stellung vorgesehen.

Ad *c*) Automatisch arbeitende und Spannverschlüsse. Der Verbundverschluß von Chr. Bruns in München (1902). Im Gegensatz zu den bereits eingehend beschriebenen Automatverschlüssen, welche dauernd arbeitsbereit sind, und jenen Spannverschlüssen, welche nur dann wirken, wenn vorher eine Triebfeder gespannt wurde, ist der Verbundverschluß so konstruiert, daß er für Zeitaufnahmen die Vorzüge des automatisch arbeitenden Verschlusses besitzt, d. h. nicht gespannt zu werden braucht; andererseits ist er mit einer vorher zu spannenden Feder ausgerüstet, um auch größere Geschwindigkeiten zu bieten. Das Neue an dieser Konstruktion bestand also in einer Vereinigung beider Arten von Verschlüssen in einem; dies wurde durch eine besondere Antriebsvorrichtung erreicht, welche entweder unmittelbar öffnend auf einen sich federnd schließenden Verschluß oder auslösend auf ein Triebwerk wirkte, das die Öffnung des Verschlusses erst bewerkstelligte, sobald beim Spannen des Triebwerks der unmittelbare Angriff des Antriebhebels auf den Verschluß aufgehoben ist (D. R. P. Nr. 148663). Die erste Ausführungsform dieses Verschlusses wurde im Abschnitt Spannverschlüsse besprochen (vgl. S. 403 und Abb. 436a und b).

Durch eine Umschaltvorrichtung war also dafür gesorgt, daß entweder nur Momentaufnahmen unter Benutzung eines zuvor zu spannenden Federwerkes oder nur Zeit- und sogenannte Ballaufnahmen ohne dieses Federwerk gemacht werden konnten. Das große Verdienst, die Idee des Verbundverschlusses immer weiter ausgebaut und durch eine Reihe wesentlicher Verbesserungen ein allen Anforderungen gerecht werdendes Modell geschaffen zu haben, gebührt Friedrich Deckel in München; bereits kurze Zeit nach dem Bekanntwerden der obigen Neuerung wurde diese Antriebsvorrichtung für Objektivverschlüsse derart ausgebildet, daß es nicht mehr nötig war, bei Zeitaufnahmen den Druck auf den Auslösehebel des Verschlusses während der ganzen Dauer der Belichtung auszuüben.

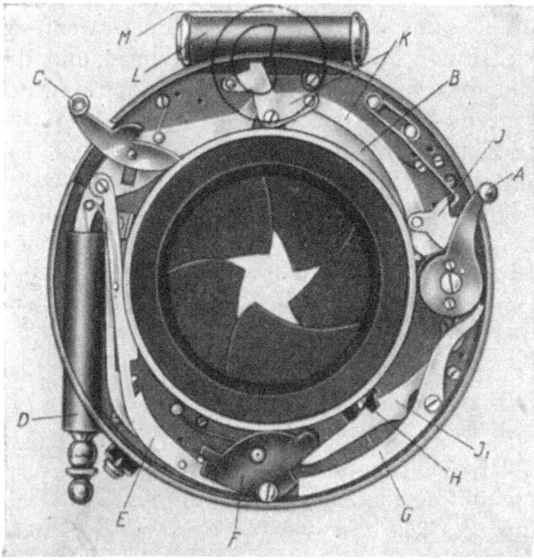

Abb. 359. Compound-Verschluß Nr. II. Modell I mit Luftbremse von Friedrich Deckel, München. Innere Ansicht des Triebwerks. A Hebel zum Spannen des (darunterliegenden) Federwerks, B Verbindungshebel zwischen Federwerk und Luftbremse L, C Fingerauslöser, D pneumatische Auslösung, E Greiferhebel für die Stellung „Zeit", F Segment zum Umschalten von Moment auf Zeit oder umgekehrt, G Verriegelungshebel für A bei „Zeit" (mit F zwangläufig gekuppelt), J_1 Greifer für „Moment" (gekuppelt mit A), J Sperrnocken, K Verbindungshebel zwischen Hauptfeder und Luftbremse, L Bremszylinder, M Kurvenscheibe zur Einstellung der verschiedenen Geschwindigkeitsstufen

Zu diesem Zweck ist eine Vorkehrung getroffen, daß bei einem Druck auf das Auslösewerk der Verschluß geöffnet wird und in der geöffneten Stellung bleibt, auch wenn der Druck zu wirken aufgehört hat; durch den darauffolgenden Druck wird die Festhaltung ausgelöst und der Verschluß geschlossen (D. R. P. Nr. 195913).

Eine weitere sehr wesentliche Neuerung wurde im Jahre 1908 durch die Firma Friedrich Deckel in München zum Patent angemeldet; sie betraf die Anordnung eines Ausschalthebels, der in der jeweiligen Endstellung entweder das Triebwerk gegen Drehung sperrte oder den Auslösehebel für den Zeitverschluß ausschaltete (D. R. P. Nr. 212320).

Einer der bekanntesten und wichtigsten Verschlüsse dieser Art ist der Compound-Verschluß der Firma Friedrich Deckel in München, der in Abb. 359 in geöffnetem Zustand (in seiner ersten Ausführungsform) dargestellt ist; es sei noch daran erinnert, daß die bei den Spannverschlüssen erwähnte und bis zum Zeitpunkt der Erfindung des Verbundverschlusses zur Erreichung der verschiedenen Momentgeschwindigkeiten fast ausschließlich angewandte Friktions-Lederbremse durch eine Luftbremse ersetzt wurde. (Die Bremsung geschah bei der Lederbremse derart, daß eine runde Lederscheibe mehr oder weniger stark auf die Feder drückte und dadurch eine Hemmung verursachte.) Die Einstellung des Verschlusses erfolgte durch Verdrehen einer auf der Federhausachse angeordneten geteilten Scheibe. Diese Art der Geschwindigkeitsregulierung hatte den Nachteil, daß sie durch Temperaturschwankungen stark beeinflußt wurde, so daß auf die Dauer keine gleichmäßige und zuverlässige Abstufung der Geschwindigkeiten erzielt werden konnte.

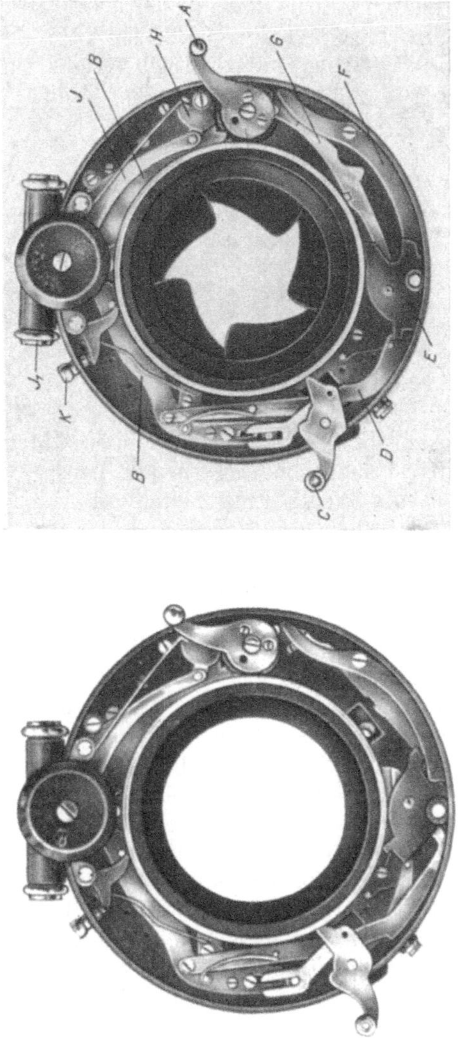

a b

Abb. 360a und b. Compound-Verschluß Modell II mit Luftbremse, Finger- und Drahtauslöser (FRIEDRICH DECKEL, München). a) Stellung für „Zeit" (Sektoren geöffnet), b) Stellung für „Moment" (Sektoren in Zwischenstellung). *A* Spannhebel auf dem Federgehäuse (nur für Momentgeschwindigkeiten), *B* Steuerhebel für die Momentgeschwindigkeiten in zwangläufiger Verbindung mit dem Federgehäuse und der Luftbremse J_1, *C* Fingerauslösehebel; *D*, *E*, *F* Schalthebel für Zeit bzw. Moment. *G* Greifer für die Momentgeschwindigkeiten; *H*, *J* Verbindungshebel zwischen Federgehäuse und Luftbremse, *K* Nippel für den Drahtauslöser, J_1 Luftbremse. Die größeren Modelle (Nr. III. IV und V) werden in dieser Ausführung (also ohne Räder-Hemmwerk) noch heute hergestellt

Die Abb. 359 (Compound-Verschluß Nr. II, Modell I) zeigt in klarer Weise den Zusammenhang zwischen dem Handauslöser *C* und dem Ballauslöser *D* sowie zwischen dem Spannhebel *A* für die Uhrfeder und dem Umschalthebel *F* für „Zeit" und „Moment"; es erübrigt sich daher, auf die Einzelheiten weiter einzugehen. Je nach Stellung des Umschalthebels *F* öffnen und schließen sich die Lamellen unter dem Druck einer kleinen Feder (bei Zeit), während für Momentaufnahmen der am Lamellendrehring befindliche Stift *H* unter der Einwirkung des vom Federhaus aus gesteuerten Greifers J_1 mitgenommen wird, was die Bewegung der Lamellen einleitet.

Die Regelung der Geschwindigkeiten erfolgt durch die wagrecht angeordnete Luftbremse L, welche durch den Hebel K mit dem Auslöser und dem Federgehäuse in Verbindung steht; die Einführung dieser Art der Geschwindigkeitsregelung bedeutete einen großen Fortschritt, weil so eine wesentlich präzisere Zeitregulierung ermöglicht wurde. Wesentlich war auch die Art der Einstellung: während man sich im Anfang mit einem einfachen Einstellzeiger begnügte, ist man später zu der noch heute bei allen Verschlüssen der Firma Friedrich Deckel gebräuchlichen Einstellscheibe mit Leitkurven übergegangen, wodurch die Verläßlichkeit des Verschlusses wesentlich erhöht wurde.

Der Compound-Verschluß wird heute zumeist in den Größen III, IV und V hergestellt (vgl. Tab. 53).

Tabelle 53. Daten bezüglich einiger Compound-Verschlüsse

Größe	Größte Blende in mm	Durchmesser des Verschlusses in mm	Anzahl der Sektoren	Höchstgeschwindigkeit in Sek.	Gewicht eines Sektors in g
III	40	87	5	1/100	0,531
IV	52	106	6	1/75	0,701
V	64,5	125	6	1/50	1,000

Die letzte Ausführungsform des Compound-Verschlusses, Modell II, hat nicht mehr pneumatische Ballauslösung sondern wie alle neueren Verschlüsse einen Drahtauslöser System Bowden. Wegen Einzelheiten vgl. Abb. 360 a und b.

Der Einbau eines Zentralverschlusses zwischen den Linsen (vgl. Abb. 361) erfordert insbesondere bei lichtstarken Objektiven größte Sorgfalt, weil die ideelle Achse des Rohrstutzens, der die Gewinde für die Aufnahme der Objektivbestandteile trägt, mit der optischen Achse des Gesamtsystems zusammenfallen muß; ist dies nicht der Fall, so „schlägt" das Objektiv, d. h. das von ihm entworfene Bild ist nicht gleichmäßig scharf.

Der Compur-Verschluß der Firma Friedrich Deckel, München. Es wurde bereits an anderer Stelle bemerkt, daß die zur Regelung der verschiedenen Momentgeschwindigkeiten bei sehr vielen Verschlüssen vorgesehene Luftbremse nicht unter allen Umständen einwandfrei wirkt; es war daher das Bestreben der Verschlußkonstrukteure, etwas Besseres zu schaffen, und zwar in Form von Räderwerken, deren Ablauf in regelbarer Weise (Windflügel oder Anker) beeinflußt werden sollte.

Im Jahre 1910 wurde der Firma Chr. Bruns & Co., G. m. b. H. in München ein wichtiges Patent erteilt (Nr. 258646) mit dem Titel: „Objektivverschluß mit Räderwerk, das den Ablauf des Verschlusses in regelbarer Weise beeinflußt"; das besondere Kennzeichen dieser Erfindung ist, daß an ein Räderwerk, das je nach der Zeitdauer seines Angriffes den Ablauf des Verschlusses regelt, noch ein besonderes Zusatzhemmwerk an- und abschaltbar angelagert ist; durch diese Einrichtung wird der Arbeitsbereich dieses Verschlusses wesentlich erweitert, ohne daß dabei die Geschwindigkeit des Ablaufs bei kurz andauernden Belichtungen erhöht wird. Als Zusatzhemmwerk ist beim Compur-Verschluß eine Ankerhemmung vorgesehen. Vgl. Abb. 362.

Verschlüsse mit Triebwerkshemmung an Stelle der Luftbremse haben im allgemeinen den Nachteil, daß bei schnellem Spannen des Verschlusses die Triebwerksräder infolge der hohen Übersetzung von der sie beeinflussenden Feder zu langsam zurückbewegt werden und daher nicht frühzeitig genug in ihre Ursprungslage zurückkehren, wodurch die genaue Einhaltung der Belichtungszeiten in Frage gestellt wird. Außerdem können mit derartigen Verschlüssen nur lange Belichtungen (etwa 1 bis 5 Sekunden und länger) oder nur sehr kurze Belichtungen erzielt werden, und zwar dann, wenn die Triebwerkhemmung vollständig ausgeschaltet ist.[1]

Die Firma Friedrich Deckel hat durch diese Neuerung einen bedeutenden Schritt nach vorwärts getan: ein Teil der Triebwerkshemmung ist ausschaltbar gelagert und kann durch Drehen des Einstellknopfes außer Eingriff mit den anderen Teilen der Triebwerkshemmung gebracht werden, wobei durch den Einstellknopf mittels einer noch zu beschreibenden Einstellschnecke die Ablaufdauer des übrigen Teiles der Triebwerkhemmung in jeweils gewünschter Art, und zwar in Abstufungen, geregelt werden kann, die von der Größe des Verschlusses abhängig sind; beim Compur-Verschluß Nr. 00 ist die Höchstgeschwindigkeit etwa doppelt so groß als beim Compur-Verschluß Nr. II, was nicht zu ändern ist, weil mit zunehmender Größe des Verschlusses selbstverständlich die zu bewegenden Massen wachsen und die Reibungsverhältnisse im ganzen ungünstiger werden; dies ist schon deshalb der Fall, weil sich die Sektoren da, wo sie sich überdecken, auch berühren, und zwar bei großen Verschlüssen in stärkerem Maß als bei kleinen. Aus diesem Grund ist ein wesentlich höheres Trägheitsmoment zu überwinden, was letzten Endes in der geringen Gesamtgeschwindigkeit zum Ausdruck kommt, wie die nachstehende Tabelle 54 zeigt:

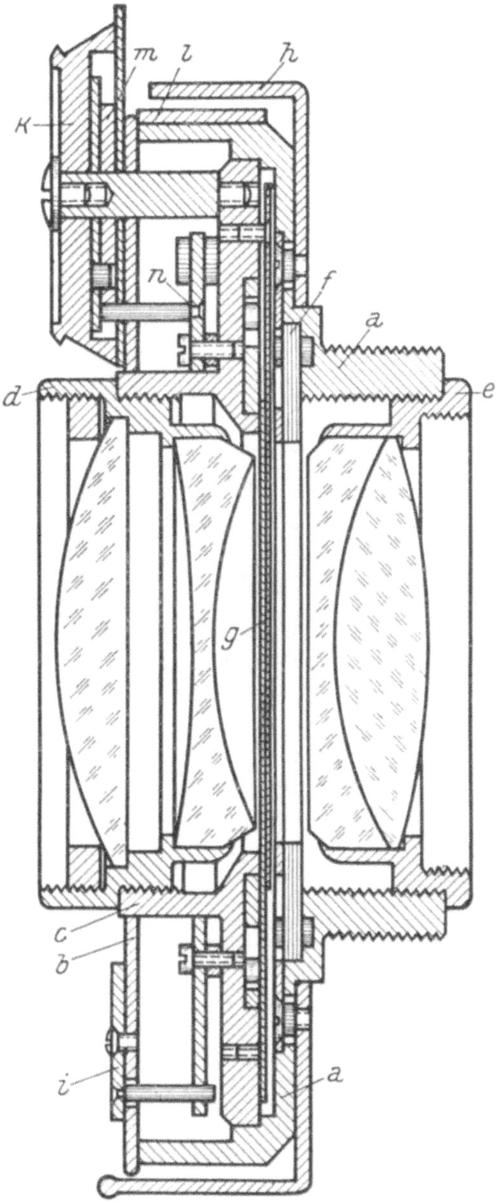

Abb. 361. Schnitt durch einen Anastigmaten in einem Compur-Verschluß mit Räderwerkhemmung. *a* Verschlußgehäuse mit Anschraubgewinde, *b* Deckplatte, *c* Montageplatte, *d* Vorderlinsenfassung, *e* Hinterlinsenfassung, *f* Irisblende, *g* Verschlußlamellen, *h* Blendenhebel, *i* Umschalter für Zeit, Halbzeit, Moment, *k* Einstellscheibe für die Momentgeschwindigkeiten, *l* Blendenbogen; *m*, *n* Regulierhebel für die Räderhemmung

[1] Objektivverschlüsse mit Räderwerkhemmung waren schon früher bekannt, jedoch in sehr primitiver und daher unzuverlässiger Ausführung. Das amerikanische Patent Nr. 1 092 110 der Ilex Optical Company in Rochester (New York) ist vom 25. VI. 1910 datiert; diese „Ilex-Shutters" mit Räderhemm-

Tabelle 54. Daten bezüglich einiger Compurverschlüsse

Verschlußgröße	Größte Blende	Durchmesser des Verschlusses	Anzahl der Sektoren	Höchstgeschwindigkeit in Sek.	Gewicht eines Sektors in g
Compur 00	15,5	44	3	1/300	0,123
,, 0	22,0	57	3	1/250	0,203
,, I	27,0	66	3	1/200	0,377
,, II	35,0	78	4	1/100	0,480

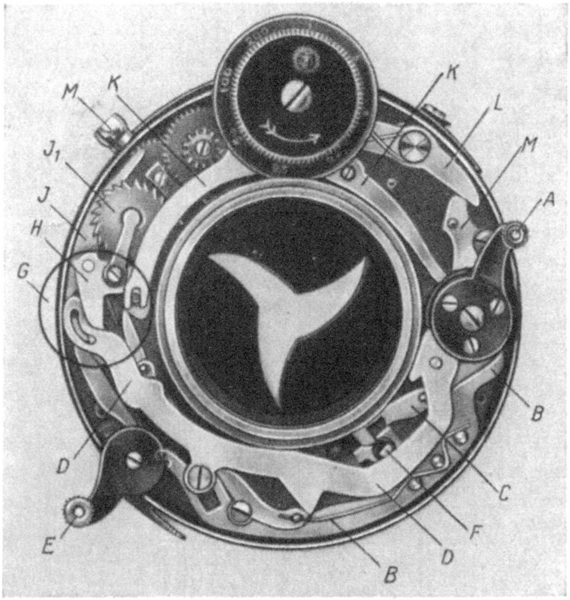

Abb. 362. Compur-Verschluß mit Räderwerkshemmung, Finger- und Drahtauslöser (Ausführung von Friedrich Deckel, München, D. R. P. Nr. 258646). *A* Aufzughebel am Federgehäuse (Spannhebel für die Geschwindigkeiten zwischen 1 Sek. und weniger), *B* Sperrhebel für *A*, *C* Greifer für Momentstellung, *D* Schalthebel für Stellung auf Zeit bzw. Moment, *E* Auslösehebel, *F* Stift am Mitnehmerring für die Sektoren, *G* Scheibe zum Umschalten Moment auf Zeit. *H* Ankerhemmung, *J* Hebel für den Drahtauslöser, J_1 Zahnrad für die Ankerhemmung; *K* Ausrückhebel für den Anker, gesteuert von der Zeitenscheibe (oben, mit dem Pfeil); *L* Zahnsegmenthebel, beeinflußt durch den Hebel *M*

Im Interesse des besseren Verständnisses der folgenden Erklärungen seien am Beispiel des wichtigsten Vertreters der sogenannten Verbund-Verschlüsse, dem Compur-Verschluß (vgl. Abb. 362), einige Phasen der Sektorenbewegung und deren Beeinflussung durch die Triebwerkshemmung erläutert.

a) Die Sektorenbewegung. In Abb. 363 ist der besseren Übersicht wegen nur ein Sektor (5) eines dreiteiligen Verschlusses gezeichnet, und zwar sowohl in der Ruhelage als auch in der Mittellage, d. h. in der Stellung der größten Öffnung; die Punkte 1, 2 und 3 sind die auf der Grundplatte 4 befestigten Achszapfen, um welche die Sektoren schwingen; diese werden in Bewegung gesetzt durch den Sektorendrehring 8, der mit drei Schlitzen 7 versehen und so angeordnet ist, daß die an den Sektoren befindlichen Stifte (6) mitgenommen bzw. aus ihrer durch die Wirkung der Feder 9 bestimmten Ruhelage gebracht werden. Es ist zunächst von untergeordneter Bedeutung, durch welche äußeren Einflüsse die Drehung des Sektorenringes erfolgt: eines steht fest, daß die Feder 9 die Aufgabe hat, die Sektoren geschlossen zu halten.

Tritt unter dem Einfluß z. B. einer stärkeren Feder, die in Abb. 363 nicht eingezeichnet ist, eine Verdrehung des Sektorenringes in Richtung des Pfeiles um nur etwa 15^0 ein, so öffnet sich der Verschluß, und zwar legt die in der Mitte seiner freien Öffnung befindliche Spitze der Sektoren infolge der

werk sind unter den Namen Ilex-Acme, Ilex-Universal und Ilex-General bekannt.

besonders günstig gewählten Hebelverhältnisse im gleichen Zeitabschnitt einen Weg zurück, der den Abstand der Drehpunkte 1 und 6 mehrfach übertrifft.

Gleichgültig, ob es sich um Zeit- oder Momentaufnahmen handelt, in jedem Falle erreicht jeder der Sektoren gleichzeitig seine Mittellage, wenn die (einen

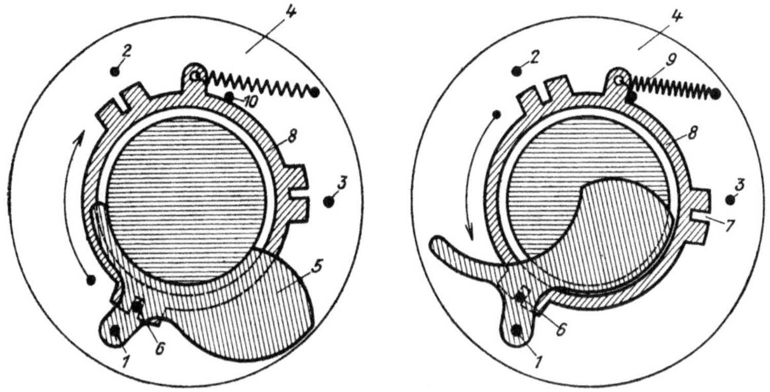

Abb. 363. Sektorenbewegung bei einem Objektivverschluß mit drei Sektoren (schematische Darstellung; damit das Bild klar und übersichtlich bleibe, ist nur ein Sektor, und zwar in zwei Stellungen, gezeichnet — vgl. Text). 1, 2, 3 Drehpunkte der Sektoren, 4 Montageplatte, 5 Sektor, 6 Niet. Durch Verdrehung des Ringes 8 (mit den Aussparungen 7) wird der Sektor 5 zwangläufig gesteuert. 9 ist eine Feder, 10 ein Anschlag

Teil eines Kreisbogens bildende) Begrenzungslinie des Sektors mit dem Umfang der größten Öffnung des Verschlusses (in Abb. 363 horizontal schraffiert) zusammenfällt; durch diese Stellung des Sektors wird die Größe des Verschlusses bestimmt, denn, wie Abb. 363 erkennen läßt, ist jetzt die Spitze des Sektors am weitesten von der Mitte entfernt.

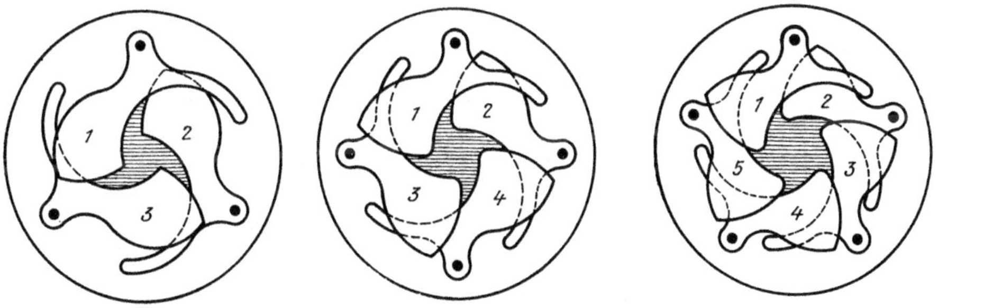

Abb. 364. Abhängigkeit der Öffnungsfigur von der Zahl der Sektoren

Nunmehr erfolgt, nachdem der Verschluß längere oder kürzere Zeit vollkommen geöffnet war, eine Umkehrung der Bewegung der Sektoren insofern, als der Sektorendrehring 8 in seine frühere Lage bis zum Anschlag 10 zurückkehrt, und, weil die Sektoren zwangläufig mitgenommen werden, ein Schließen der freien Öffnung. Die Tatsache, daß die Bewegung der Sektoren innerhalb eines relativ kurzen Zeitintervalls ihre Richtung wechselt, ist von allergrößter Bedeutung; darin ist die Ursache dafür zu sehen, daß die Höchstgeschwindigkeit von Sektorenverschlüssen dieser Bauart nicht groß sein kann.[1]

[1] Eine ähnliche Darstellung der Lamellenbewegung findet man bei L. P. Clerc: La Technique Photographique, Publications Photographiques, Paul Montel, Paris, 1926.

In Abb. 364 sind die Öffnungsfiguren des Compur-Verschlusses Nr. 0 bis I mit 3 Sektoren, des Compur-Verschlusses Nr. II mit 4 Sektoren sowie des Compur-Verschlusses Nr. III mit 5 Sektoren schematisch dargestellt.

b) Die Geschwindigkeitsregelung. Mit besonderer Sorgfalt müssen die Elemente der beim Compur-Verschluß vorgesehenen Triebwerkshemmung hergestellt und justiert sein, da nicht nur die Abstufung der einzelnen Geschwindigkeitswerte, sondern auch deren absolute Werte so genau als technisch erreichbar eingehalten werden müssen; überdies sollen diese Werte bei allen Verschlüssen der gleichen Art gleich groß sein. Inwiefern der Compur-Verschluß diese Bedingungen erfüllt, wird beim Kapitel „Prüfung der Verschlußgeschwindigkeit“ eingehend besprochen werden.

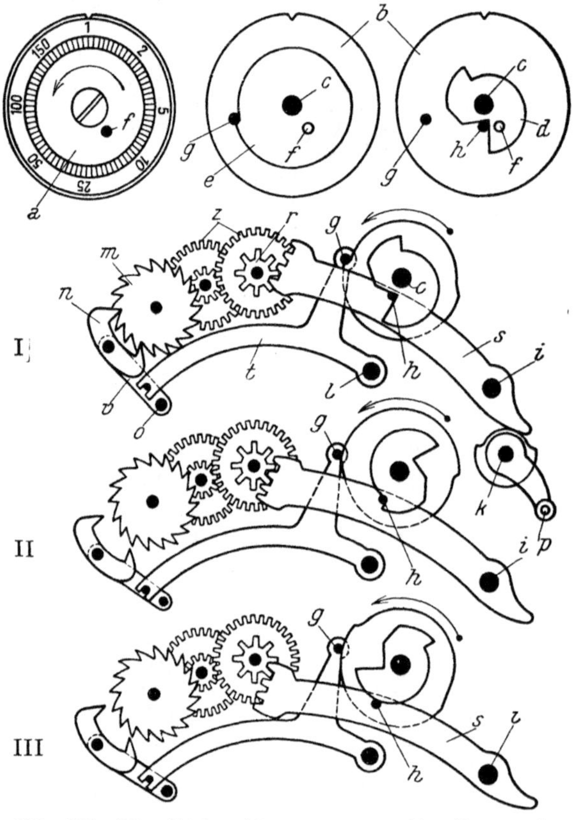

Abb. 365. Die Triebwerkhemmung zur Regulierung der Geschwindigkeiten beim Compur-Verschluß. Vgl. den Text

An Hand der Abb. 365 wollen wir die Wirkungsweise der Triebwerkhemmung erklären:

Zur Einstellung der Geschwindigkeiten dient der mit Zahlen versehene Knopf *a*, auf welchem ein Pfeil anzeigt, daß die Verstellung nur entgegengesetzt dem Sinne der Uhrzeigerbewegung vorgenommen werden soll; die über der Zahl 1 sichtbare Kerbe dient als Index und befindet sich am Umfang einer Platte *b*, welche gegenüber dem Gehäuse eine unveränderliche Lage hat, ebenso wie die Achse *c*, um welche sich der Knopf *a* dreht.

Auf dieser Indexplatte *b* mit *c* als Mittelpunkt sind die beiden Kurvenscheiben *d* und *e* so angeordnet, daß *e* auf *d* liegt. Wird nun der Einstellknopf *a* gedreht, so nehmen an dieser Bewegung infolge zwangläufiger Kupplung durch den Stift *f* die beiden Kurvenscheiben teil und beeinflussen ihrerseits die Lage der beiden Stifte *g* und *h*, deren Zweck aus Abb. 365 (I bis III) verständlich wird, in welcher die Triebwerkhemmung in drei verschiedenen Phasen dargestellt ist (I bis III).

Der bei *i* drehbar gelagerte Zahnsektor *s* wird durch die Wirkung der um die Achse *k* angeordneten Hauptfeder des Verschlusses unter Vermittlung eines in dieser Abbildung nicht sichtbaren Zwischengliedes zwangläufig gesteuert und nimmt bei gespannter Verschlußfeder und Einstellung des Knopfes auf 1 Sekunde seine oberste Lage ein (Abb. 365, I). Wird nun der Auslösehebel betätigt, so kommt der Zahnsektor der Reihe nach in die durch die Abb. 365, II und III, gekennzeichneten Lagen, wobei er die Zahnräder *z* in Umdrehung versetzt und dadurch eine gleichmäßige Hemmung und Verzögerung des Ablaufes herbeiführt, die, wie leicht verständlich sein dürfte, um so länger wirkt, je länger sich der Zahnsektor *s* im Eingriff mit dem Rade *r* befindet. Die Dauer dieses Eingriffes wird durch die jeweilige Stellung der Kurvenscheibe *d* bestimmt, indem der am Zahnsektor *s* befindliche Stift *h*, welcher an der Kurve von *d* entlang gleitet, die Bewegung des Sektors, und zwar in mehr oder weniger hohem Maße begrenzt, je nachdem, in welchem Abstand sich der Stift *h* vom Mittelpunkt *c* der Kurvenscheibe befindet.

Für Geschwindigkeiten von $^1/_{150}$ bis $^1/_{10}$ Sekunde genügt diese Art der Regulierung durch das Haupthemmwerk *z* allein; von da ab bis zu 1 Sekunde wirkt das eingangs beschriebene Hilfshemmwerk mit, das aus einem Sperrad *m* und einem in dieses eingreifenden Anker *n* besteht. Die Steuerung dieses Anker-Hilfswerkes erfolgt ebenfalls durch Betätigung des Stellknopfes *a*, durch dessen Verdrehung die Kurvenscheibe *e* mitgenommen wird, die ihrerseits den bei *l* drehbar gelagerten Hebel *t* steuert und dadurch die Lage des bei *o* angelenkten Ankerhebels *v* beeinflußt.

Zusammenfassend können wir sagen, daß bei einer Verdrehung des Einstellknopfs in Richtung des Pfeiles von Stellung I ausgehend (vgl. Abb. 365, I) zuerst beide Kurvenscheiben auf die entsprechenden Hebel einwirken, so daß jetzt beide Hemmwerke angetrieben werden. Mit fortschreitender Bewegung des Knopfes wird der Weg des verzahnten Sektors immer kleiner; bei $^1/_{10}$ Sekunde wird, was aus der Stellung der Kurvenscheibe klar hervorgeht, zunächst das Ankerwerk ausgeschaltet. Je mehr die Geschwindigkeit zunimmt, d. h. je kleiner der Widerstand ist, welcher der Bewegung der Sektoren entgegengesetzt wird, desto geringer ist das Geräusch beim Ablaufen des Räderwerkes, während in der Zeitspanne von $^1/_{10}$ bis 1 Sekunde das bekannte Summen verrät, daß der Verschluß mit Hemmwerk arbeitet.

Bei der bisher beschriebenen Einrichtung steht der gezahnte Hebel (das gezahnte Segment) mit einem Zahnrad in Eingriff, das die Federkraft durch eine Anzahl weiterer Zahnräder auf das abschaltbare Zusatzhemmwerk überträgt; letzteres wird zur weitgehenden Regelung der Ablaufdauer mit Erfolg benutzt, kann aber durch Anbringung eines Planetengetriebes (D. R. P. Nr. 406235 der Firma FRIEDRICH DECKEL, München) überflüssig gemacht werden. Diesfalls greift der vom Federwerk beeinflußte gezahnte Hebel in einen gezahnten als Hebel ausgebildeten Träger des Planetengetriebes ein; das auf dem Träger lose drehbare Umlaufrad ist einerseits mit einem ein Steigrad beeinflussenden Rad fest verbunden, andererseits steht es mit einem gezahnten Rad in Verbindung, dessen Hub durch Stifte an einer Scheibe einstellbar ist.

Bei Anwendung eines Planetengetriebes ist der für die Einregulierung der Ablaufdauer zur Verfügung stehende Weg größer als bei sonst bekannten Räderhemmwerken; dadurch wird es möglich, eine feinere Abstufung der Ablaufgeschwindigkeiten zu erzielen. Die Regelung kann lückenlos vom Höchstwert bis zum niedrigsten Wert erfolgen, weil der Weg des ungehemmt wirkenden Planetengetriebes (Feinhemmung) und der Weg des bei der Hemmung sich abrollenden Getriebes (Grobhemmung) in verschiedene Verhältnisse zueinander gebracht werden können.

Bei den früher beschriebenen Räderhemmwerken mit Zusatzhemmwerken kann entweder der Weg des Haupthemmwerkes allein oder das Haupthemmwerk mit dem Zusatzhemmwerk eingeschaltet und geregelt werden; es macht bei diesen Modellen aus dem Grunde oft Schwierigkeiten, eine lückenlose Abstufung zu erzielen, weil die maximale Ablaufdauer des Haupthemmwerkes kleiner als die minimale Ablaufdauer mit eingeschaltetem Hilfshemmwerk ist.

Diese Hemmwerke so abzustufen, daß eine lückenlose Regelung erfolgt, wäre nur möglich, wenn man auf die kleinsten und größten Ablaufgeschwindigkeiten verzichten würde.

Eine ebenfalls sehr bemerkenswerte neuere Erfindung (1924) der Firma Friedrich Deckel, München, auf dem Gebiete der Geschwindigkeitsregulierung von Momentverschlüssen ist durch das D. R. P. Nr. 405660 gesetzlich geschützt worden; dabei handelt es sich um ein Hemmwerk von Objektivverschlüssen, das eine weitgehende und präzise stufenlose Regelung der Ablaufdauer in einfacher Weise ermöglicht. Das bereits beschriebene abschaltbare Zusatzhemmwerk hat zwar einen relativ großen Regelungsbereich, aber auch den Nachteil, daß eine feine und lückenlose Abstufung der Regelung für jede Belichtungsdauer nur schwer erzielbar ist, und zwar deshalb, weil, wie bereits oben erwähnt, die maximale Ablaufdauer des Haupthemmwerkes kleiner als die minimale

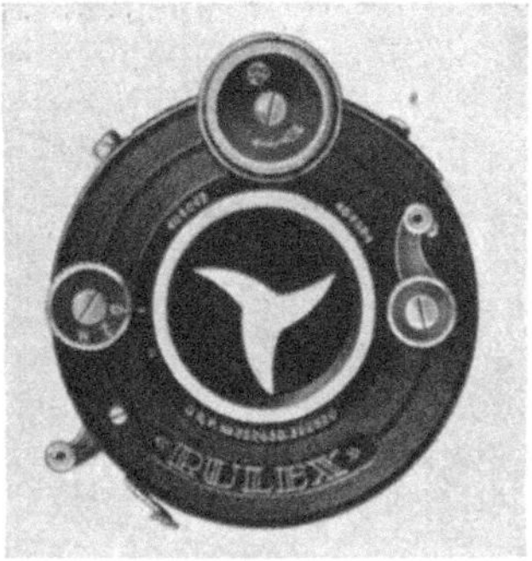

a

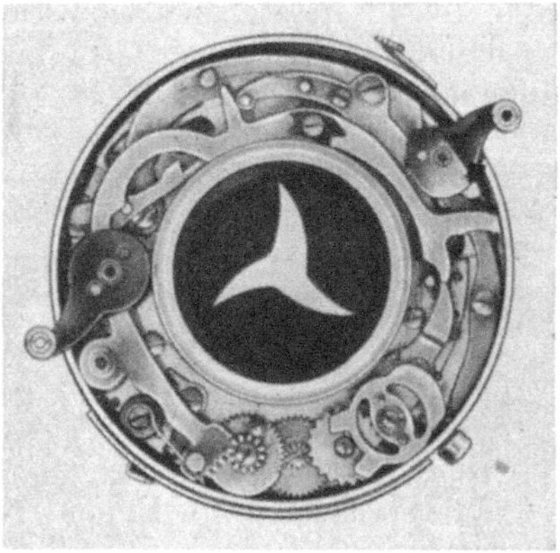

b

Abb. 366 a und b. Rulex-Verschluß mit 3 Sektoren, mit Ankerhemmwerk zur Regulierung der Momentgeschwindigkeit (Ausführung: Rulex G. m. b. H., Werkstätten für Feinmechanik in München). a) äußere Ansicht, b) Innenansicht. Der Stellknopf zur Einstellung der einzelnen Geschwindigkeiten, dessen Regelvorrichtung aus einer Schneckenscheibe besteht, läßt sich nach beiden Seiten verstellen. Da beim Aufziehen des Verschlusses der Anker nicht ausgeschaltet, sondern eingerückt wird bzw. mitschwingt, ist das Geräusch des Räderwerks deutlich hörbar

Ablaufdauer des eingeschalteten Hilfshemmwerkes ist. Das vorerwähnte Planetengetriebe gestattet eine weitgehende und fein abgestufte Regelung; seine fabrikatorische Herstellung ist jedoch mit ziemlich großen Schwierigkeiten verbunden; auch hier ist es nicht immer ohne weiteres möglich, die Ablaufzeiten für die verschiedenen Getriebe genau abzugleichen.

Diese Schwierigkeiten lassen sich beheben, wenn das Hemmwerk ausschwingbar angeordnet wird; dadurch wird die Hemmung in zwei Teilhemmungen zerlegt: erstens Ausschwingen und zweitens Ablauf des Hemmwerkes, wobei die Möglichkeit besteht, diese Teilhemmungen beliebig miteinander zu verbinden, und zwar durch eine Kurvenbahn, die geringe Unstimmigkeiten in einfacher Weise auszugleichen gestattet; ein wesentliches Kennzeichen der Erfindung ist, daß das Hemmwerk mit dem Drehpunkt des durch das Federwerk beeinflußten Hebels in gelenkiger Verbindung steht.[1]

[1] Weitere Einzelheiten über die Entwicklung des Compur-Verschlusses ohne Stellscheibe findet man am Ende des Abschnittes über Selbstauslöser. Wegen der Entwicklung des Compur-Verschlusses vgl. die von der Firma Friedrich Deckel, München, herausgegebene Jubiläums-Festschrift 1903 bis 1928.

Der etwa um 1920 bekannt gewordene Rulex-Verschluß (vgl. Abb. 366 a und b) hat bezüglich seines äußeren Aufbaues große Ähnlichkeit mit dem Compur-Verschluß; auch hier ist die Sperrung des Spannhebels für die Momentgeschwindigkeiten, wenn die Stellscheibe auf Zeit (*Z*) oder Halbzeit (*D*) steht, vorgesehen. Der Außendurchmesser des Verschlusses Nr. I (normal mit der größten Blende von 27 mm) beträgt 66,5 mm; seine Geschwindigkeiten sind nominell folgende: $^1/_{300}$, $^1/_{200}$, $^1/_{100}$, $^1/_{50}$, $^1/_{25}$, $^1/_{10}$, $^1/_{5}$, $^1/_{2}$ und 1 Sekunde.

Das Studium der deutschen Patentschriften D. R. P. Nr. 352 630, 352 820, 404 042, 404 984, 406 236 und 416 938 für Jacob Leemann in München läßt erkennen, daß sich die Patentansprüche vorwiegend auf die Anordnung des Räderhemmwerks erstrecken. Man lese außer den obzitierten Patentschriften noch die Patentschriften D. R. P. Nr. 433 620 und 496 941 (Rulex G. m. b. H., Werkstätten für Feinmechanik in München). In dem zuletzt genannten Patent wird auf das Zahnsegment ganz verzichtet: das Räderwerk arbeitet also ohne Rücklauf.

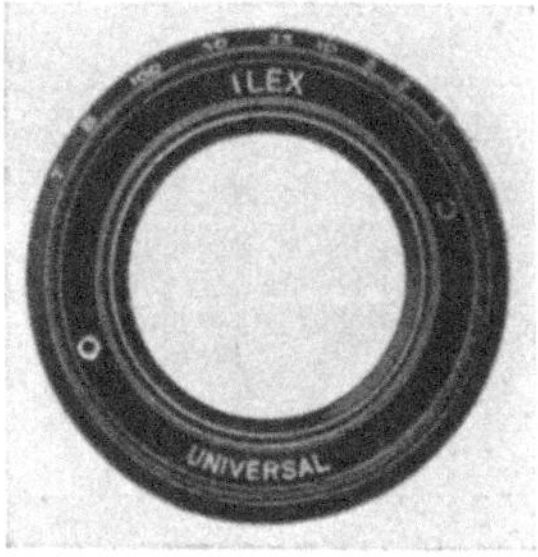

a

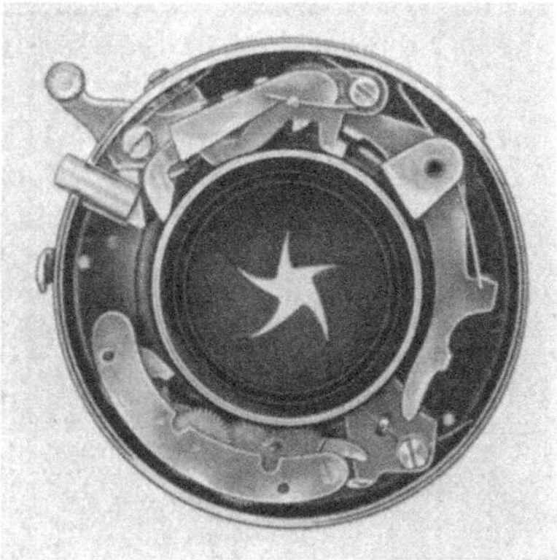

b

Abb. 367 a und b. Ilex-Universal-Automatverschluß der Ilex Optical Company, Rochester (N. Y., U. S. A.). a) koachsialer Einstellring, b) Innenansicht

Der Vollständigkeit halber sei noch auf den Sektorenverschluß mit Ablaufrädergetriebe von J. Wolf in Basel hingewiesen; soweit dem Verfasser bekannt, ist dieser in der Patentschrift D. R. P. Nr. 459 881 näher beschriebene Verschluß nie fabrikatorisch hergestellt worden.

Einer der ersten ausländischen Verschlüsse, bei denen die Regulierung bzw. Abstufung der einzelnen Geschwindigkeiten nicht durch Luftpumpe, sondern mittels Räderwerkhemmung bewirkt wurde, ist der Ilex-Acme-Shutter der Ilex-Optical-Company in Rochester-New York; wegen Einzelheiten vgl. das Amer. Patent Nr. 1 092 110 sowie Nr. 1 091 666 für Rudolph Klein und Theod. Brueck in Rochester, Im Gegensatz zu den Automatverschlüssen Ilex-Universal (vgl. Abb. 367 a und b) und Ilex-General besitzt dieses Modell keine koachsiale Ring-Einstellung, sondern die übliche kleine Stellscheibe mit den Werten von 1 Sek. bis $^1/_{300}$ Sek. sowie mit den Einstellungen *T* und *B*. Die beiden Hebel zum Spannen und Auslösen des Verschlusses sind links und rechts oben symmetrisch zur Stellscheibe angeordnet. Beim Verschluß Ilex-General sind die Zeiten 1 Sek. und $^1/_2$ Sek. nicht einstellbar, die Skala beginnt bei $^1/_5$ Sek.

Der neue Compur-Verschluß mit Ring-Einstellung (ohne Vorlaufwerk). Die Umkonstruktion des Compur-Verschlusses fällt in die Zeit von 1924 bis 1927; sie erfolgte, weil man einen Verschluß auf den Markt bringen wollte, in dem Objektive gleicher Brennweite aber verschiedener (auch großer) Lichtstärke oder solche verschiedener Brennweite, aber gleicher Lichtstärke, untergebracht werden können. Dabei ergaben sich folgende Vorteile: vereinfachte Lagerhaltung sowie höhere Verschlußgeschwindigkeit in solchen Fällen, wo es z. B. möglich wurde, statt der Verschlußgröße Nr. II die Verschlußgröße Nr. I zu verwenden. (Beispiel: Ein Anastigmat 1:4,5, $f = 15$ cm, kann bei der neuen Anordnung infolge Vergrößerung der Blende von 27 auf 29 mm in dem gleichen Verschluß verwendet werden, wie ein Anastigmat 1:4,5, $f = 13{,}5$ cm.)

Tabelle 55 gibt über die wichtigsten Abmessungen älterer und neuer Compur-Verschlüsse Aufschluß.

Tabelle 55. Vergleich der wichtigsten Abmessungen der Compur-Verschlüsse älterer Bauart (A) und neuerer Bauart (B)

Modell	Durchmesser des vorderen Fassungsgewindes und Steigung desselben	Durchmesser des hinteren Fassungsgewindes und Steigung desselben	Durchmesser des Anschraubgewindes und Steigung desselben	Durchmesser der großen Blende	Gehäuse-Außendurchmesser	Länge des Rohrstutzens
Comp. 00 A	19,9 × 0,5	19,9 × 0,5	22,5 × 0,635	15,5	44,0	15,0
„ 00 B	22,5 × 0,5	21,0 × 0,5	23,5 × 0,5	17,0	44,0	16,0
Comp. 0 A	27,5 × 0,5	27,5 × 0,5	32,5 × 0,7	23,0	57,0	18,5
„ 0 B	29,5 × 0,5	27,0 × 0,5	30,0 × 0,5	23,0	57,0	20,0
Comp. I R³ A	35,7 × 0,635	35,7 × 0,635	39,0 × 0,875	27,0	66,0	23,5
„ I R³ B	40,0 × 0,75	36,0 × 0,75	39,0 × 0,75	29,0	68,0	20,0
Comp. II A	40,8 × 0,635	40,8 × 0,635	44,0 × 0,875	35,0	78,0	25,0
„ II B	49,0 × 0,75	43,0 × 0,75	46,0 × 0,75	36,0	81,0	30,0

Maße in mm. A bezieht sich auf die älteren Verschlüsse mit Stellscheibe, B auf die neueren Verschlüsse mit koachsialer Ringeinstellung.

Wie die Tabelle erkennen läßt, sind die Abmessungen der vorderen Fassungsgewinde bei allen neuen Modellen erheblich vergrößert, wodurch die Unterbringung von Linsen mit größerem Durchmesser möglich wird; bei den neuen Verschlüssen wurde durchwegs das metrische Gewindesystem (0,5 mm bzw. 0,75 mm) für die Steigungen eingeführt.

Das äußere Kennzeichen des umkonstruierten Compur-Verschlusses ist der Einstellring, d. i. der aus Abb. 368 ersichtliche Teil der Vorderseite, der um die ideelle Mitte des Verschlusses drehbar ist und mit einer deutlichen Teilung versehen ist; die Idee eines solchen Einstellringes stammt von Henry Maximilian Reichenbach in Dobbs Ferry (New York, U. S. A.), welcher bereits im Jahre 1901 das D. R. P. Nr. 166581 auf einen

„Objektivverschluß für Moment- und Zeitaufnahmen, bei welchem die Regelung der Belichtungsdauer der Momentaufnahmen durch um die Längsachse des Verschlusses drehbare Hubdaumen geschieht“,

erhielt.

Der mit den Bezeichnungen $^1/_{300}$ bis 1 Sek., *T* und *B* versehene Einstellring ist zum Rohrstutzen des Verschlusses zentriert und unter der Vorderplatte mit Führungsnuten oder Kurvenbahnen versehen, durch welche die in Betracht kommenden die verschiedenen Geschwindigkeiten regulierenden Elemente (insbesondere das Räderhemmwerk mit Anker) zwangläufig gesteuert werden. Auf diese Art fallen die über die Vorderfläche des Verschlusses hinausragenden beiden Einstellscheiben fort, was mit Rücksicht auf den in jüngster Zeit immer beschränkteren Umfang der Handkameras manchmal von Vorteil sein kann. Daraus ergibt sich die Notwendigkeit, sowohl den Spann- als auch den Auslösehebel, die auf der gleichen Seite liegen, durch schmale Schlitze seitlich aus dem Gehäuse herauszuführen, wobei die Abmessungen dieser Schlitze den Winkeln entsprechen, welche der Spann- bzw. Auslösehebel beim Spannen bzw. Auslösen beschreiben. Selbstverständlich ist die wichtigste Einrichtung am Compur-Verschluß mit Stellscheibe die Verbund- oder Compoundeinrichtung zwischen der Zeit- und Momentschaltung (d. h. daß bei Zeitstellung der Verschlußmechanismus für Momentaufnahmen zwangläufig verriegelt, die Hauptfeder also ausgeschaltet wird) auch beim neuen Verschluß mit Einstellring beibehalten worden (vgl. D. R. P. Nr. 451 566, 468 603 und 469 501). Infolge Anordnung einer Spiralfeder ist ein Federgehäuse unter dem Spannhebel überflüssig geworden.

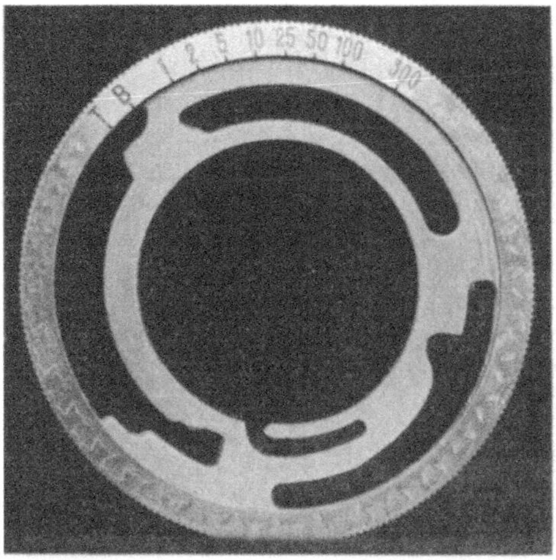

Abb. 368. Einstellring mit Kurvenbahnen zum Compur-Verschluß Nr. 00 ohne Vorlaufwerk (Ausführung von Friedrich Deckel, München)

Abb. 369 zeigt die innere Einrichtung des kleinsten Compur-Verschlusses (Nr. 00) mit Ringeinstellung; der äußere Durchmesser dieses kleinsten Modells, das z. B. für Objektive von der Lichtstärke 1 : 4,5 mit einer Brennweite von etwa 90 mm (oder 1 : 3,5 und $f = 70$ mm) in Frage kommt, beträgt 44,0 mm, der Durchmesser der größten Blende 17,0 mm. Die Höchstgeschwindigkeit, die mit $^1/_{300}$ Sek. angegeben ist, wird durch Spannen einer Zusatzfeder erreicht, welche beim Betätigen des Aufzughebels für die Hauptfeder zwangläufig in Funktion tritt (im Gegensatz zu dem auf S. 422 erwähnten Verschlußmodell „Chronos C", bei welchem diese Zusatzfeder durch einen besonderen Hebel gespannt wird).

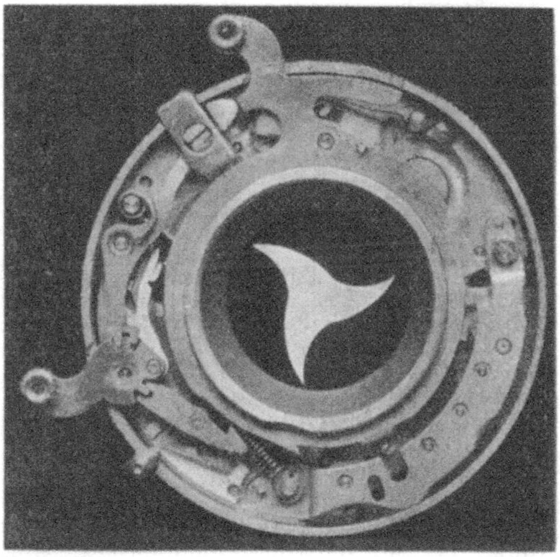

Abb. 369. Compur-Verschluß Nr. 00 mit Ringeinstellung (ohne Vorlaufwerk), Innenansicht

127. Die Irisblende. a) Entwicklung der Irisblende. Wenn man von den sogenannten „Steckblenden" ganz absieht, die nur noch bei Reproduktions-

Objektiven Verwendung finden, so kommen für einfache Kameras (insbesondere solche mit lichtschwachen Objektiven) zunächst die sogenannten „Rotations- oder Revolverblenden" in Betracht (vgl. Abb. 370).

Es sind dies kreisrunde Scheiben, deren Mittelpunkt außerhalb der optischen Achse des Objektivs liegt und welche mit mehreren (auf den Umfang gleichmäßig verteilten) Öffnungen verschiedener Größe versehen sind. In manchen Fällen wird durch eine fühlbare Rast dafür gesorgt, daß die jeweilige Öffnung der Blende konzentrisch zur optischen Achse des Objektivs liegt; bei Konstruktionen anderer Art wird die jeweilige Größe der Blende durch eine Nummer angedeutet, die auf der drehbaren Scheibe eingraviert ist und durch eine Öffnung im Verschlußdeckel sichtbar wird, sobald die Blende die vorschriftsmäßige Lage einnimmt.

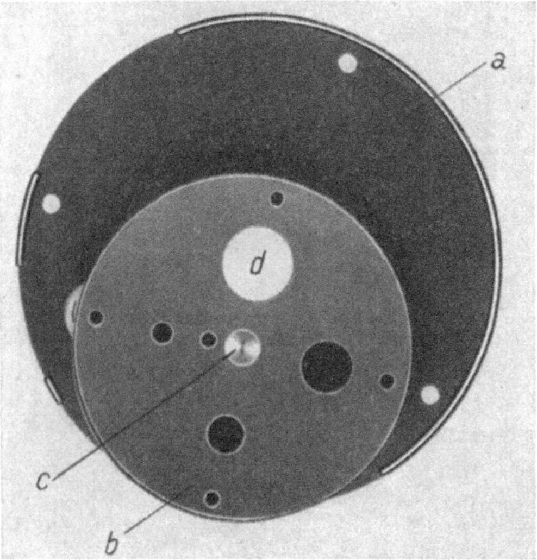

Abb. 370. Revolverblende für Objektivverschlüsse. *a* ist die Vorderwand des Verschlusses, an dessen Rückseite die runde Scheibe *b* (um den Mittelpunkt *c* drehbar) so befestigt ist, daß sie von außen in Drehung versetzt werden kann. Die vier Blendenöffnungen sind verschieden groß, die größte derselben (*d*) bestimmt das Öffnungsverhältnis des Objektivs

Die bei Objektivverschlüssen heute fast allgemein benutzte Blendenart ist die „Irisblende", die in Anlehnung an die Iris des menschlichen Auges entstanden ist.

Bereits im Jahre 1816 soll NICÉPHORE NIEPCE eine Irisblende an einer Camera obscura angebracht haben; dieses zweifellos sehr interessante Modell ist im NIEPCE-Museum in Gras bei Chalons (Frankreich) aufbewahrt.[1] Zwischen diesem Zeitpunkt und den späteren Veröffentlichungen liegt eine lange Zeit; um 1856 schlug nach einer Mitteilung M. VON ROHRS (Jena) JOHN BENJAMIN DANCER die Rotations- und Schiebeblenden vor und etwa zur selben Zeit konstruierte M. NOTON eine Blende mit von außen einstellbarem, also veränderlichem Querschnitt der Lichteintrittsöffnung, deren Form jedoch quadratisch war. Die Blende bestand aus zwei mit kongruenten Öffnungen versehenen übereinander gelagerten Schiebern; durch gleichzeitige Bewegung der Schieber in Richtung der Diagonale war es möglich, die quadratische Öffnung von der Größe Null an zu erweitern. Die vom Erfinder NOTON der quadratischen Blendenform nachgerühmte günstige Wirkung bei der Herstellung quadratischer Bilder besteht natürlich nicht; diese Annahme beruht auf einem Irrtum. Wie dem auch sein mag, NOTON muß die Priorität zugebilligt werden, eine von außen regulierbare Blende von veränderlicher Größe geschaffen zu haben, welche die gestellten Forderungen mit Hilfe nur zweier Lamellen erfüllte und sogar die vollständige Schließung ermöglichte, was zweifellos einen Vorteil darstellt.

Die erste einstellbare runde Blende erfand PIERRE MAUGAY und erhielt im Jahre 1858 ein Patent darauf; sie bestand aus einer hohlen diskusartigen Gummischeibe mit einer Öffnung, deren Durchmesser durch Anziehen bzw.

---

[1] Vgl. F. P. LIESEGANG, Centralztg. f. Opt. u. Mech. 1930, S. 66.

Nachlassen verändert werden konnte. Nach J. M. Eder sollen die englischen Mechaniker T. Cooke Sons eine große Irisblende für den Objektivkopf eines Merz-Refraktors konstruiert haben.

In Frankreich hat sich Ch. Chevalier mit der Idee der Irisblende eingehend befaßt und soll bereits im Jahre 1840 der Pariser Société d'encouragement ein brauchbares Modell vorgelegt haben.

In Deutschland war R. v. Voigtländer der erste, der sich mit dem Einbau von Irisblenden beschäftigte; er versah im Jahre 1888 sein neues einfaches Landschaftsobjektiv mit einer solchen Blende.

Der wesentlichste Vorteil der Irisblende gegenüber den früher und, wie bereits erwähnt, noch heute in der Reproduktionstechnik vielfach gebräuchlichen Steckblenden ist der, daß der zum Einführen der letzteren notwendige Schlitz im Objektivrohr wegfällt. Damit ist eine unbedingte Staubsicherheit des Objektivs gewährleistet. Außerdem wurde durch die Einführung der Irisblende der früher lose Zusammenhang zwischen Blenden und Objektiv beseitigt und

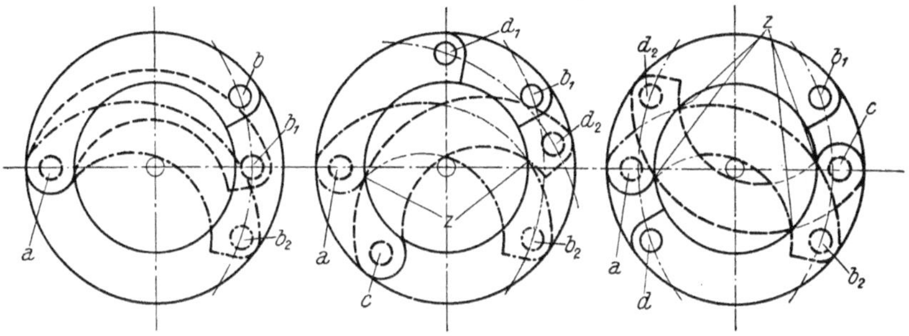

Abb. 371 a, b, c. Darstellung der Lamellenbewegung bei einer Irisblende. a) Eine Lamelle in drei Stellungen, b) zwei benachbarte Lamellen in zwei Stellungen, c) gegenseitige Lage zweier Lamellen, deren Drehpunkte um 180° versetzt sind. *a*, *c* Drehpunkte der Lamellen im Gehäuse der Irisblende; b, b_1, b_2 bzw. d, d_1, d_2 freie Enden der Lamellen mit Führungsniet; *z* kritischer Überdeckungspunkt zweier Lamellen

eine feine Blendenabstufung möglich, die, wenn auch nicht unbedingt erforderlich, doch als wesentlicher Fortschritt bezeichnet werden muß, wie aus den folgenden Abschnitten hervorgeht.

b) Theorie der Irisblende. Die wichtigste Forderung, die an eine Irisblende gestellt werden muß, ist die, daß mit Hilfe einer möglichst geringen Zahl dünner Lamellen eine wenigstens angenähert kreisrunde Öffnungsfigur gebildet werde. Theoretisch ist es überhaupt nicht möglich, auf diese Art eine so vollkommen kreisrunde Öffnung zu gewinnen, wie sie z. B. bei der Steckblende oder Revolverblende durch Ausdrehen der betreffenden Öffnungen erreicht wird; nur wenn die Lamellen sich in jener äußersten Endlage befinden, durch welche die Öffnung der größten Blende bestimmt wird, ergänzen sich die einzelnen Lamellen zu einer Figur, die der Kreisform hinreichend nahe kommt.

Die vorhin erwähnte Forderung, mit wenig Lamellen zum Ziele zu gelangen, wird einerseits durch den Wunsch nach rationeller Fabrikation begründet, andererseits dadurch, daß mit wachsender Zahl der Lamellen deren Gesamtdicke selbstverständlich proportional größer wird; berücksichtigt man die Tatsache, daß bei kurzbrennweitigen Objektiven der Raum zwischen den Linsen am Orte der Blende oft sehr klein ist, so empfiehlt es sich, in dieser Beziehung sparsam zu sein.

Dies darf jedoch nicht allein ausschlaggebend sein; wichtigste Bedingung ist, so viele Lamellen zu wählen, daß zwischen zwei nebeneinander liegenden kein Licht an Stellen durchfällt, wo dies nicht erwünscht ist.

In Abb. 371a bis c ist zum besseren Verständnis und zunächst ohne Rücksicht auf die Art der einzuleitenden Bewegung eine Lamelle in mehreren Stellungen dargestellt. In Abb. 371a ist a der Drehpunkt der Lamelle um deren Niet; die Lamelle ist in drei verschiedenen Bewegungsphasen gezeichnet, und zwar gleitet der Punkt b (das ist derjenige Niet, der im Nutenring geführt ist) auf einem Kreisbogen mit dem Radius $a - b$; bei halb geöffneter Blende nimmt der Niet die Lage bei b_1 und bei fast ganz geschlossener (kleinster) Blende die Stellung bei b_2 ein. Die Entfernungen ab, ab_1 und ab_2 sind also gleich; diese Strecke wird als Lamellensehne bezeichnet; der kleine Kreis in der Mitte bedeutet die kleinste erreichbare Öffnung, die so bemessen wird, daß eine gegenseitige Behinderung und damit ein Ausbauchen der einzelnen Lamellen nicht eintritt.

Die in Abb. 371b dargestellte Anordnung zweier benachbarter Lamellen, deren Drehpunkte nebeneinander liegen, läßt erkennen, warum es vor allem darauf ankommt, den Lamellen eine solche Breite zu geben oder Lamellen in solcher Anzahl vorzusehen, daß insbesondere bei starker Abblendung an der gefährlichen Stelle bei z immer so viel Deckung vorhanden ist, daß kein Licht durchfällt; bei der Konstruktion einer Irisblende muß in erster Linie auf diese Forderung Rücksicht genommen werden.

Die Lage der beiden benachbarten Lamellen bei ganz offener Blende ist ab_1 und cd_1; bei kleinster Blendenöffnung nehmen sie die gestrichelt gezeichnete Lage ab_2 bzw. cd_2 ein.

Die gegenseitige Lage zweier Lamellen, deren Drehpunkte um etwa 180° versetzt liegen, ist in Abb. 371c dargestellt; die eine Lamelle, welche um den Niet c schwingt, ist mit cd_1 bzw. cd_2 bezeichnet, während die andere, welche sich um den Niet a dreht, die Bezeichnung ab_1 und ab_2 trägt.

Die wichtigsten Daten für die Lamellen der Irisblenden in den Compur- bzw. Compoundverschlüssen sind in nachstehender Tabelle 56 zusammengestellt.

Tabelle 56. Abmessungen von Compur- bzw. Compoundverschlüssen und von deren Irisblenden

Verschlußgröße	Compur 00	Compur 0	Compur I	Compur II	Compd. III	Compd. IV	Compd. V
D = größte Öffnung	15,5	22,0	27,0	35,0	40,0	52,0	64,5
d = kleinste Öffnung	2,0	2,3	2,3	3,0	3,0	4,0	5,0
c = Lamellenbreite	5,5	6,0	7,0	7,2	8,5	9,5	11,5
z = Lamellenzahl	10	10	10	13	15	18	20
$D + 2c$ = Außendurchmesser	26,5	34,0	41,0	49,4	57,0	71,0	87,5
Rohrstutzendurchmesser	21,0	30,0	34,5	42,5	51,5	64,0	85,0

Eine Gegenüberstellung der Maße in den untersten beiden Reihen läßt erkennen, daß die Lamellendimensionierung bei Verschlüssen im Gegensatz zur Lamellendimensionierung bei der Irisblende von Objektiven in Normalfassung unabhängig vom Rohrstutzendurchmesser ist; ein weiterer Vorteil ergibt sich bei den Verschlüssen in der Möglichkeit, weniger und dafür breitere Lamellen zu verwenden.[1]

[1] Der größte Durchmesser der Irisblende ist stets kleiner als die freie Öffnung des Objektivs. Sie verhalten sich im Mittel wie 1 : 1,15.

Inwieweit die Zahl der Lamellen auf die mehr oder weniger runde Form der Blendenöffnung von Einfluß ist, zeigen die Abb. 372 und 373, in denen zwei Ausführungsformen (mit 18 und 7 Lamellen) in verschiedenen Stadien dargestellt sind. In den genannten Abbildungen ist *b* der Durchmesser der größten Blende, *a* der Außendurchmesser der Blende und *c* die Breite der Lamellen; b_1 ist der

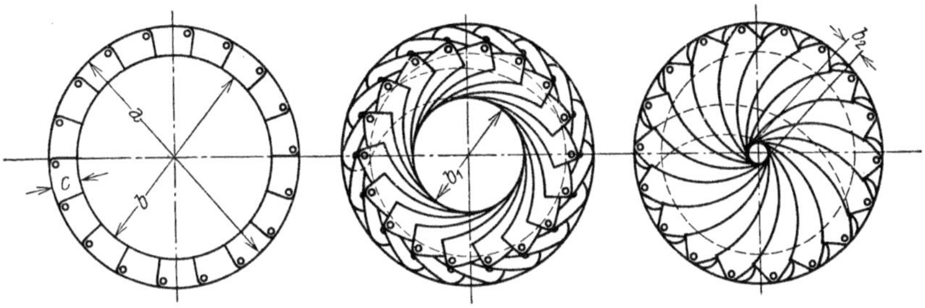

Abb. 372 a, b, c. Irisblende mit 18 Lamellen. a) Blende ganz offen, b) Blende halb geschlossen, c) Blende ganz geschlossen. *a* größter Durchmesser außen, *b* größter Durchmesser innen, *c* Breite der Lamellen, b_1 mittlerer Durchmesser der Blende, b_2 kleinster Durchmesser der Blende

Durchmesser der halbgeöffneten und b_2 jener der kleinsten Blende. Wegen der relativ großen Lamellenanzahl in Abb. 372 sind die Blendenöffnungen praktisch als kreisrund zu bezeichnen; eigentlich entsteht ein Polygon, und zwar ein regelmäßiges 18-Eck.

Die Abb. 372 und 373 lassen erkennen, daß die 18 bzw. 7 Niete, die in ebenso vielen Ausfräsungen des nicht gezeichneten Nutenringes liegen, bei

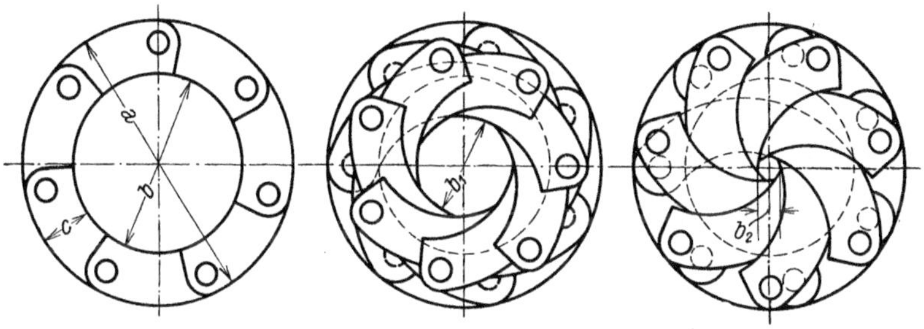

Abb. 373 a, b, c. Irisblende mit 7 Lamellen. a) Blende ganz offen, b) Blende halb geschlossen, c) Blende ganz geschlossen. *a* größter Durchmesser außen, *b* größter Durchmesser innen, *c* Breite der Lamellen, b_1 mittlerer Durchmesser der Blende, b_2 kleinster Durchmesser der Blende

dessen Drehung verschiedene Stellungen einnehmen, und zwar befinden sie sich bei vollständig geöffneter Blende fast ganz außen an der Peripherie des Kreises *a*, während sie bei etwa halb geöffneter Blende dem Mittelpunkt derselben am nächsten liegen. Bei der kleinsten Blendenöffnung liegen die Nutenniete wieder dicht am Rande des Kreises vom Durchmesser *a*; die Bewegung dieser durch den Nutenring gesteuerten Niete, die mit der Lamelle ein Stück bilden, verläuft also auf einem Kreise, dessen Radius gleich der Entfernung der beiden Niete einer und derselben Lamelle ist, und lediglich der Umstand, daß zu gleicher Zeit der Nutenring eine Drehung um den Blendenmittelpunkt ausführt, läßt die Bewegung verwickelter erscheinen, als sie wirklich ist.

Für den einwandfreien Gang der Irisblende ist Voraussetzung, daß der Nutenniet stets seine volle Führung im Nutenring behält. Bei Verwendung einer geringen Zahl von Lamellen tritt die Form des Polygons deutlich in Erscheinung.

Es ist also möglich, auf rein praktische Weise die jeweils geringste Zahl von Lamellen zu bestimmen, die bei gegebener Breite *c* derselben für eine bestimmte größte Blendenöffnung erforderlich ist; theoretisch, d. h. mathematisch, wurde das Problem von M. CYROLL und F. LAN-DAVIS im Brit. Journ. of Phot. 1911, behandelt.[1]

c) Einbau der Irisblende. Wie aus den eingangs gegebenen Erklärungen hervorgeht, besteht der bewegliche Teil der Irisblende eines Verschlusses (vgl. Abb. 374) zunächst nur aus den Lamellen *b* und dem Nutenring *c*; an den

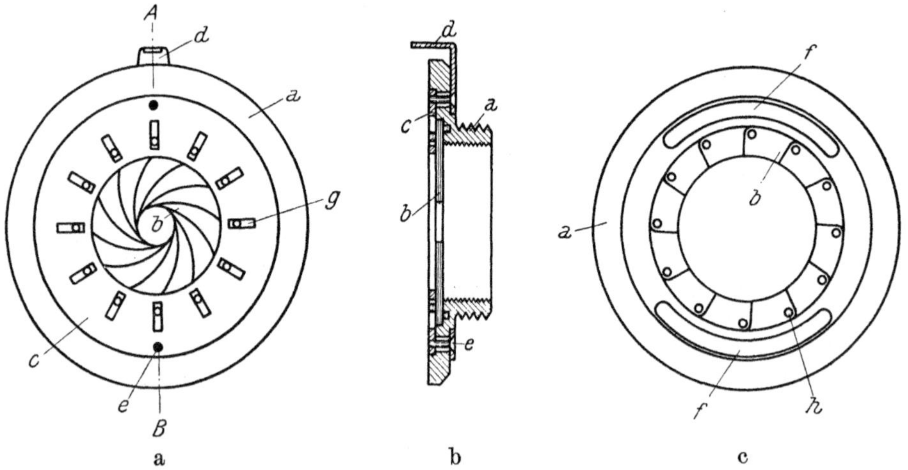

Abb. 374 a, b, c. Darstellung des Einbaues der Irisblende. a) Ansicht von vorne, b) Schnitt *AB*, c) Ansicht von rückwärts. *a* Montageplatte (Rückwand des Verschlusses), *b* Lamellen (12 Stück), *c* Nutenring, drehbar mit Hilfe des Einstellhebels *d*, dessen Bewegung in der Nut *f* begrenzt ist. *e* Irisdrehring mit Indexträger *d* (Einstellhebel), *g* Nuten im Ring *c*; *h* Stifte in den Lamellen *b*

beiden Enden jeder Lamelle (aber auf verschiedenen Seiten) befindet sich eingenietet je ein kurzer Führungsstift *h*, von denen der eine drehbar in der feststehenden Iris-Lagerplatte *a*, die fast bei sämtlichen Objektivverschlüssen gleichzeitig der hintere Deckel ist, und der andere, wie bereits erwähnt, veränderlich im Nutenring gelagert ist; letzterer ist mit der Irislagerplatte fest, und zwar so verbunden, daß die zwischen beiden befindlichen Lamellen an ihrer Bewegung nicht gehindert sind. Als drittes bewegliches Glied sei der Irisdrehring *e* genannt, durch dessen Verdrehung um etwa 75^0 der mit ihm verbundene Nutenring *c* mitgenommen wird; damit wird zwangläufig die Bewegung der Lamellen und die Veränderung der Blendengröße erreicht. Vgl. D. R. P. Nr. 84996.

Eine besondere Ausführungsform der Irisblende eines modernen Sektorenverschlusses zeigt Abb. 375; sie ist in fabrikatorischer Hinsicht ganz besonders dadurch gekennzeichnet, daß die sonst an jeder Lamelle vorhandenen beiden Niete fortgefallen sind; dafür sind die Lamellen und der Nutenring entsprechend ausgebildet.

Die Bewegung der Lamellen wird durch Verdrehen des Hebels *c*, welcher mit der Platte *b* starr verbunden ist, eingeleitet; in letzterer sind die nicht sicht-

[1] Vgl. hiezu auch K. PRITSCHOW, Phot. Ind. 1926, S. 222 und 255 sowie O. MIKUT, Phot. Ind. 1930, Heft 3 und 4.

baren Enden der Lamelle drehbar gelagert, während die sichtbaren Enden je mit einem Schlitz *i* versehen sind. Die mit dem Deckel *a* verschraubte Führungsscheibe *e* hat so viele gestanzte Lappen *f*, als Lamellen vorhanden sind, und verhindert dadurch, daß sich die Lappen in die Schlitze legen, die Lamellen an der Bewegung.

Während also bei den Irisblenden bekannter Art die Lamellen durch die Verdrehung eines genuteten Ringes bewegt werden, tritt hier insofern eine Umkehrung ein, als die eine Seite der Lamelle gemeinsam mit einer Nut (einem Schlitz) versehen ist, während das andere Ende der Lamelle durch einen drehbaren Ring gesteuert wird.

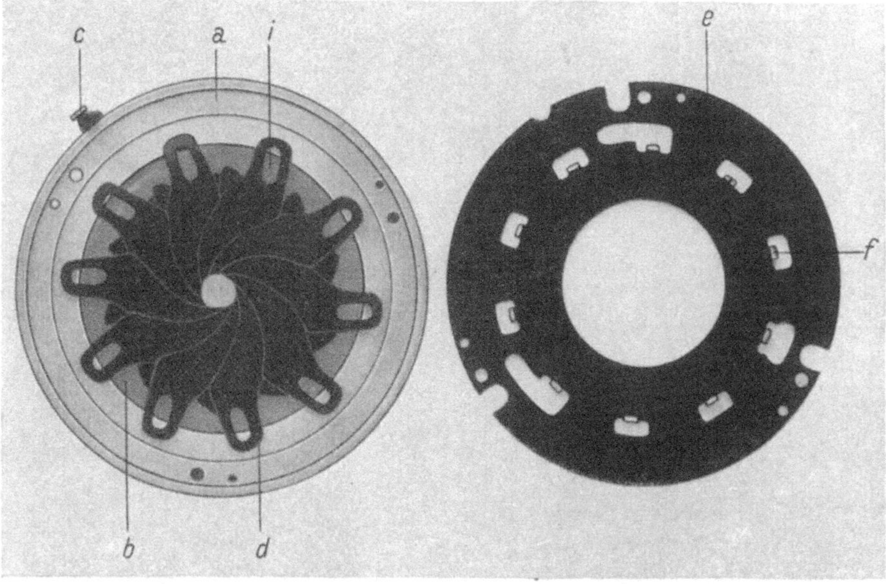

Abb. 375. Irisblende mit spezieller Lamellenkonstruktion ohne Führungsniete (Chronosverschluß der H. ERNEMANN A. G., Dresden, D. R. P. Nr. 110717). Die Veränderung des Blendendurchmessers erfolgt durch Verdrehung der Scheibe *b* mittels des Hebels *c*; die Lamellen *d* haben Schlitze *i*, in welche die Lappen *f* eingreifen und die das eine Ende der Lamellen festhalten.

Die Dimensionierung der einzelnen Teile der Irisblende in Richtung der optischen Achse muß wegen der Forderung einer kompendiösen Form des Verschlusses sehr sorgfältig vorgenommen werden; dagegen ist in der Ebene der Lamellen relativ viel Platz vorhanden. Die Begründung dafür ergibt sich aus der Tatsache, daß die Lamellen der Irisblende und des Verschlusses so dicht als nur möglich hintereinander angeordnet sein müssen, wogegen man

Tabelle 57. Notwendiger Raum D für die Lamellen der Irisblende

Compurverschluß	Nr. 00	0	I	II	III	IV
D in mm	1,6	2—2,3	2,1—2,4	2,6—3	2,8—3,4	3,4—4

Das kleinere Maß bezieht sich auf Lamellen aus Stahl; das größere auf solche aus Hartgummi. Dicke der Lamellen aus Stahl 0,06—0,08 mm, aus Hartgummi 0,14—0,18 mm. Durchmesser des Lamellen-Niets ca. 1,5 mm.

infolge des Umstandes, daß für das Ausschwingen der Verschlußlamellen bei der größten Öffnung ohnedies Platz vorgesehen sein muß, die Breite der Lamellen nicht so knapp bemessen braucht.

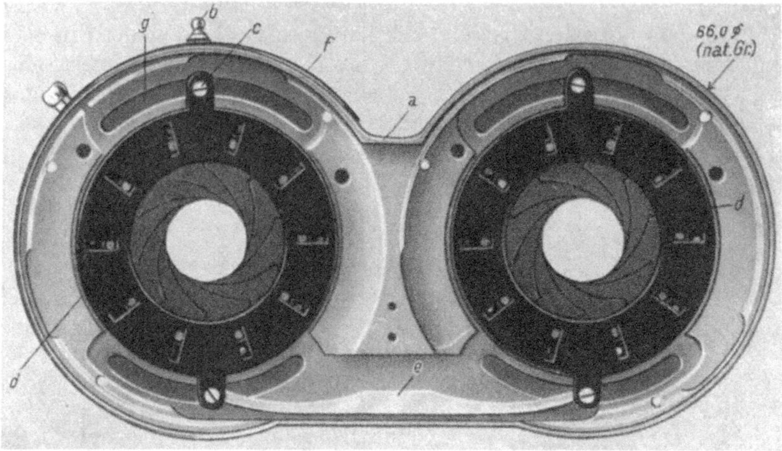

Abb. 376 a. Irisblendenanordnung im Stereo-Compurverschluß (10 Lamellen). *a* äußeres Gehäuse, *b* Stellhebel für die Irisblende in Verbindung mit dem Nutenring *c*—*d*; *e* Verbindungshebel der beiden Nutenringe, *f* Blendenskala, *g* Führungsschlitz zur Begrenzung der Anschläge für den Stellhebel *b*

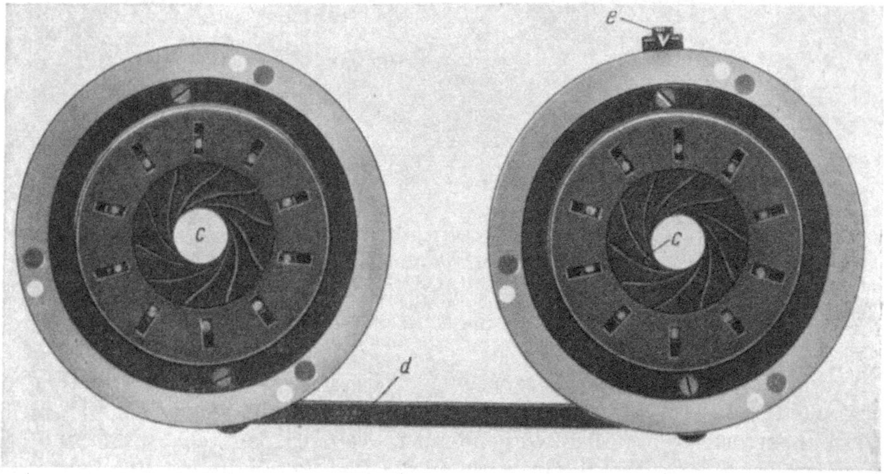

Abb. 376 b. Stereo-Irisblende mit 10 Lamellen (aus dem Gehäuse herausgenommen). Die Irisblende bildet ein für sich abgeschlossenes Ganzes, das aus dem Verschluß herausgenommen werden kann. *e* Stellhebel, der den Index für die Blendenskala trägt, *c* Lamellen, *d* Verbindungshebel, der die gleichzeitige Bewegung der Lamellen in beiden Objektiven vermittelt

Der Raum *D*, den die Lamellen der Irisblende und des Verschlusses bei hemmungsfreier Lage in achsialer Richtung (einschließlich des zwischen ihnen befindlichen Luftabstandes) beanspruchen, ist aus der Tabelle 57 ersichtlich:

128. Irisblenden bei Stereo-Verschlüssen. Zwecks Erzielung gleichartig belichteter stereoskopischer Teilbilder sind bei Stereokameras zwei ganz gleiche Objektive sowie zwei gleiche Blenden notwendig, die genau konzentrisch zu den optischen Achsen der Objektive angeordnet und — es kommen fast ausschließlich

Irisblenden in Frage — miteinander so gekuppelt sind, daß bei Betätigung der einen die andere zwangläufig mitgenommen wird, wobei Übereinstimmung der jeweiligen Blendenöffnungen notwendig ist.

Fast bei sämtlichen einschlägigen Konstruktionen wird diese Abhängigkeit der einen Blende von der anderen durch ein mechanisches Zwischenglied erreicht, das die beiden Nutenringe miteinander so verbindet, daß sich an den Verbindungsstellen kein toter Gang ergibt. Ein toter Gang würde sich in einem Zurückbleiben des einen oder anderen Blendenteiles und damit in der Entstehung verschiedener Blendengrößen auswirken; es ist also wohl verständlich, daß schon beim Zusammenbau der beiden einzelnen Irisblenden auf die richtige Dimensionierung des erwähnten Zwischengliedes zu achten ist.

Daß scheinbar kleine Unterschiede der absoluten Größen der Blenden von Einfluß sein können, geht daraus hervor, daß die Belichtungszeiten sich wie die Quadrate der freien Öffnungen verhalten. Hätte z. B., was in der Praxis wohl nicht oft eintreten wird, die eine Blende einen Durchmesser von 3 mm und die andere einen solchen von 3,5 mm, so ergäben sich daraus Belichtungszeiten, die sich wie 1,36 : 1 verhalten; dieser Unterschied genügt vollkommen, um ganz verschieden belichtete Negative zu ergeben.

Tabelle 58 gibt eine Übersicht über die verschiedenen existierenden Blendensysteme.

Tabelle 58. Die verschiedenen Blendensysteme

Pariser Kongreß 1889. Blende Nr. $1 = \frac{f}{10}$

Blenden-Nr. = relative Belichtungszeit ...	$^1/_8$	$^1/_5$	$^1/_4$	$^1/_2$	$^2/_3$	1	2	4	8	16	32	64
Öffnungsverhältnis ..	1:3,5	1:4,5	1:5	1:7	1:8	1:10	1:14	1:20	1:28	1:40	1:56	1:80

Pariser Kongreß 1900. Blende Nr. $1 = \frac{f}{1}$

Blenden-Nr. = relative Belichtungszeit ...	1	2	4	8	16	32	64	128	256	512	1024
Öffnungsverhältnis ..	1:1	1:1,4	1:2	1:2,8	1:4	1:5,6	1:8	1:11,3	1:16	1:22,6	1:32

Royal Photogr. Society of Great Britain Universal-System (U. S. Nos.) Blende Nr. $1 = \frac{f}{4}$

Blenden-Nr. = relative Belichtungszeit ...	$^1/_2$	1	2	4	8	16	32	64	128	256
Öffnungsverhältnis ..	1:2,8	1:4	1:5,6	1:8	1:11,3	1:16	1:22,6	1:32	1:45,2	1:64

Nach Dr. P. Rudolph. Blende Nr. $1 = \frac{1}{50}$

Blenden-Nr. = relative Belichtungszeit ...	256	128	64	32	16	8	4	2	1
Öffnungsverhältnis ..	1:3,2	1:4,5	1:6,3	1:9	1:12,5	1:18	1:25	1:36	1:50

Nach Dr. Stolze. Blende Nr. $1 = \frac{F}{\sqrt{10}} = \frac{F}{3,16}$

Blenden-Nr. = relative Belichtungszeit ...	1	2	3	4	6	12	24	48	96	192	384
Öffnungsverhältnis ..	1:3,16	1:4,5	1:5,5	1:6,3	1:7,7	1:11	1:15,5	1:22	1:31	1:44	1:62

In Abb. 376a und b ist die Irisblendenanordnung eines Stereo-Compurverschlusses mit je 10 Lamellen dargestellt; die den Abbildungen beigegebenen Legenden dürften die einfache Wirkungsweise dieser Blendenanordnung hinreichend erläutern. Die Betätigung dieser gekuppelten Irisblenden ist genau so wie diejenige einer einfachen Irisblende.

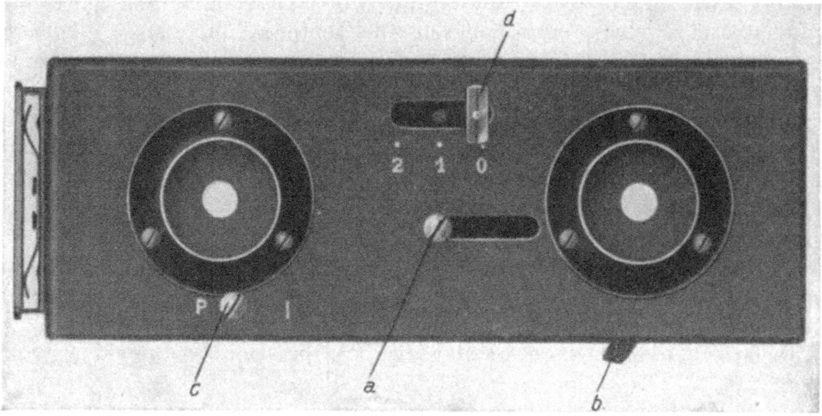

Abb. 377 a. Stereo-Einlamellenspannverschluß mit verdecktem Aufzug (Ausführung von J. Richard, Paris). Äußere Ansicht. Abstand der Verschlußmitten 63 mm. *a* Spannhebel (Schieber), *b* Fingerauslöser, *c* Umschalter von „Zeit" auf „Moment" und umgekehrt, *d* Blendenstellhebel. Vgl. Abb. 377b

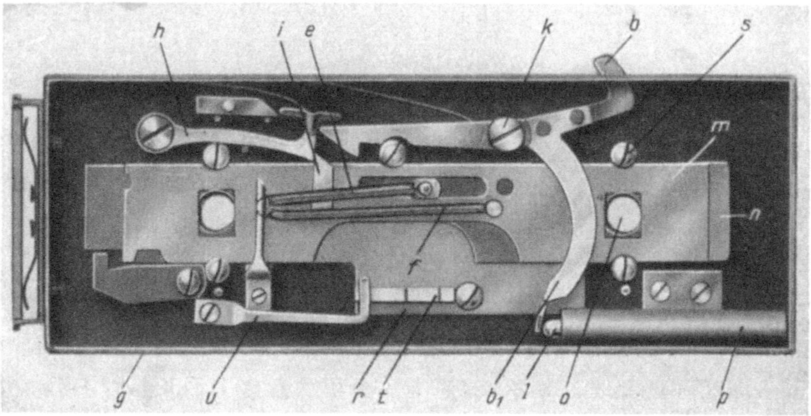

Abb. 377b. Stereo-Einlamellenspannverschluß mit verdecktem Aufzug (Ausführung von J. Richard, Paris). *b*, b_1 Auslöser mit Drehpunkt *k*; *e*, *f* Spiralfedern; *g* Montageplatte, von der Kameravorderwand abnehmbar; *h* Sperrklinke, *i* Anschlag, *l* Kolben, *p* Zylinder der Luftbremse, *m* Belichtungsschieber mit den quadratischen Öffnungen *o*, *n* Deckschieber (verdeckter Aufzug), *s* Führungsniete für den Schieber *m*, *r* Blendenschieber mit den Anschlägen *u* und *t*. Vgl. Abb. 377a

129. Stereoverschlüsse. In Analogie zur Einteilung der einfachen Verschlüsse lassen sich auch die für Stereokameras bestimmten Doppelverschlüsse in drei Hauptgruppen gliedern: in solche, die vor dem Gebrauch gespannt werden müssen, solche, die immer gespannt sind, und schließlich Verbundverschlüsse, deren Arbeitsweise oben eingehend erörtert wurde. Wir wollen das Gesagte an einer Reihe von Beispielen erläutern.

a) Stereoskopische Spannverschlüsse. Der an der bekannten „Glyphoscope“-Kamera der Firma Jules Richard in Paris angeordnete Einlamellen-Schieberverschluß ist als Spannverschluß einfachster Art ausgebildet; er ist in einem abnehmbaren Gehäuseansatz untergebracht, der mit zwei 63 mm voneinander entfernten Öffnungen von etwa 5 mm Durchmesser versehen ist, durch die das Licht in die Objektive eintritt. Die beiden je aus einem Stück bestehenden rechteckigen Verschlußlamellen bewegen sich zwischen vier Schraubenköpfen; jede von ihnen besitzt zwei quadratische Öffnungen von etwa 6 mm Seitenlänge. Eine von den beiden Lamellen dient zum Freigeben und Wiederverschließen der Objektive, die zweite dient lediglich dazu, den Verschluß verdeckt aufziehen zu können. Das Aufziehen geschieht durch Verschieben eines Knopfes bis zum Ende eines außen sichtbaren Schlitzes; der Knopf kehrt sodann durch Federwirkung in seine frühere Lage zurück und nimmt dabei den sogenannten Abdeck- oder Hilfsschieber wieder mit (vgl. Abb. 377 a und b).

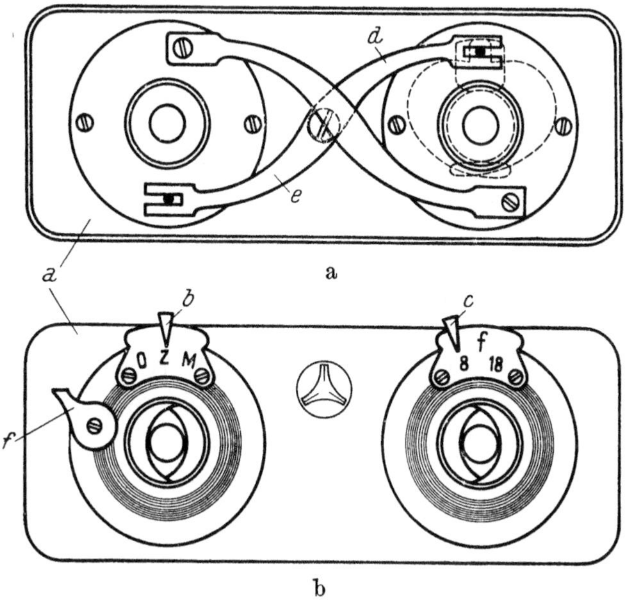

Abb. 378a und b. Stereo-Automatverschluß „Simplex“ mit zwei Sektoren (Ausführung von H. Ernemann A. G., Dresden). Schematische Darstellung. a) Ansicht von rückwärts, b) Ansicht von vorne. *a* Montageplatte, *b* Einstellhebel für Zeit, Halbzeit und Moment, *c* Umstellhebel für die Irisblenden, *d* Verbindungshebel für die beiden Einzelverschlüsse, *e* Verbindungshebel für die beiden Irisblenden, *f* Fingerauslöser

Der Verschluß gestattet auch, Zeitaufnahmen zu machen und einen Drahtauslöser anzuwenden, der auf den Kolben einer Luftbremse wirkt. Außer der großen Blende sind noch zwei kleinere vorhanden; der Blendeneinstellhebel ist in einem Schlitz verschiebbar und ruht bei bestimmten äußerlich gekennzeichneten Stellungen in Rasten.

A. Schlesinger in Paris gab bereits im Jahre 1898 eine Verbesserung für Objektivschieberverschlüsse an; vgl. D. R. P. Nr. 114919. Einen einfachen Schieberverschluß sowie einen Stereoschieberverschluß mit eingebauter Luftbremse konstruierte P. Kämmerer im Jahre 1906; dieser Verschluß ward bei den ersten Tenax-Apparaten der Firma C. P. Goerz verwendet (Geschwindigkeiten $^1/_2$ bis $^1/_{100}$ Sek. nom.). E. Colardeau und J. Richard haben den Schieberverschluß-Mechanismus im Jahre 1911 noch wesentlich verfeinert (vgl. D. R. P. Nr. 240773).

b) Stereo-Automatverschlüsse. Eine originelle Bauart hat der Stereo-Automatverschluß Simplex der Firma H. Ernemann; er ist ein Zweisektorenverschluß ähnlicher Bauart wie der auf S. 415 beschriebene einfache Embezet-Verschluß; er ist außer auf „Zeit“ und „Offen“ auf eine Geschwindigkeit einstellbar. Die Irisblende läßt sich von Blende 8 auf 18 umstellen. Das bemerkenswerte Kennzeichen dieser Konstruktion ist die aus der Abb. 378 ersichtliche „Überkreuz-Anordnung“ der beiden Kupplungshebel für die gemeinsame Steuerung von Verschluß- und Irislamellen.

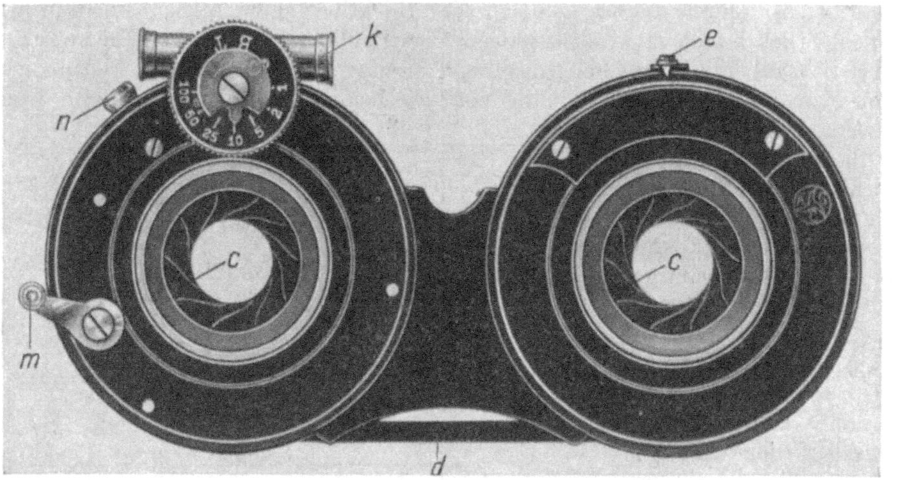

Abb. 379a. Stereoautomatverschluß mit einfach wirkender Luftbremse (Modell Ibso von A. GAUTHIER, Calmbach). Abstand der Verschluß- (Objektiv-) Mitten 63 mm. Ansicht von außen. *m* Spann- bzw. Auslösehebel, *n* Gewindenippel für Drahtauslöser, *c* Irisblende mit Kupplungshebel *d* und Einstellhebel *e* mit Index, *k* Luftbremse (vgl. Abb. 379b)

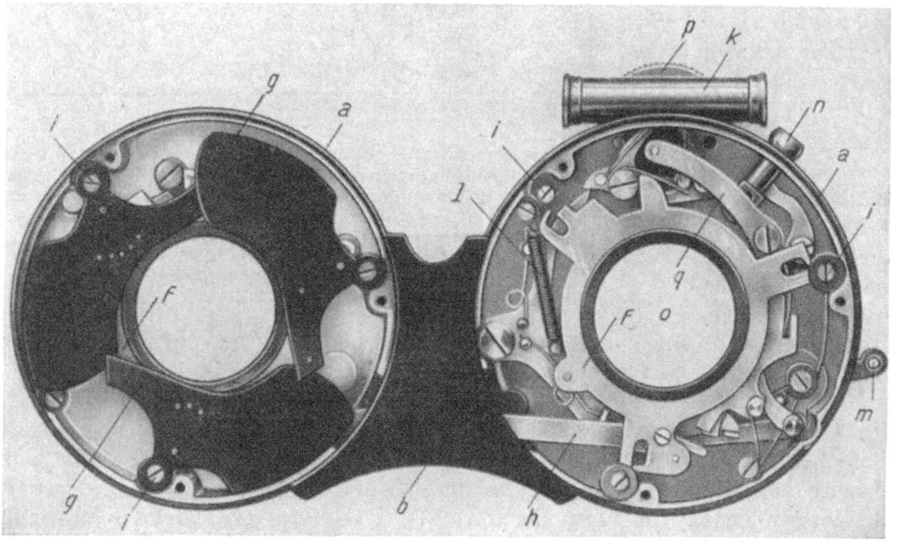

Abb. 379b. Stereoautomatverschluß mit einfach wirkender Luftbremse (Modell Ibso von A. GAUTHIER, Calmbach). Innenansicht (vgl. Abb. 379a). *a* Einzelgehäuse mit Verbindungsstück *b*, *f* Antriebsring für die Sektoren, *g* Sektoren mit den Drehpunkten *i*; *h* Kupplungshebel der Sektorenringe *f*; *k* Luftbremse, *l* Feder, *m* Spann- bzw. Auslösehebel, *n* Gewindenippel für den Drahtauslöser, *p* Einstellscheibe in Verbindung mit dem Steuerhebel *q*

Das in den Abb. 379a und 379b dargestellte, meist für Balgenkameras bestimmte Stereomodell eines Automatverschlusses ist in sehr einfacher Weise dadurch entstanden, daß zwei der früher beschriebenen normalen einfachen

Ibso-Verschlüsse durch ein Zwischenstück verbunden wurden; bei entsprechender Dimensionierung dieses Zwischenstückes lassen sich die Abstände der Verschlußmitten innerhalb bestimmter Grenzen verändern; im Mittel beträgt ihr Abstand etwa 65 mm.

Wie aus der linken Hälfte des in Abb. 375b geöffnet dargestellten Verschlusses zu ersehen ist, aus welcher die Verschlußlamellen nicht entfernt sind, enthält diese Seite im wesentlichen nur den Sektorenring mit den drei Sektoren; dieser wird von einem durch das Verbindungsstück beider Gehäuse geführten Kupplungshebel gesteuert, so daß er zwangläufig mit dem Mechanismus der rechten Gehäuseseite verbunden ist; da letztere alle Teile eines normalen Ibsoverschlusses enthält, kann auf eingehende Erklärungen verzichtet werden; aus Abb. 379b ist alles Wesentliche zu entnehmen.

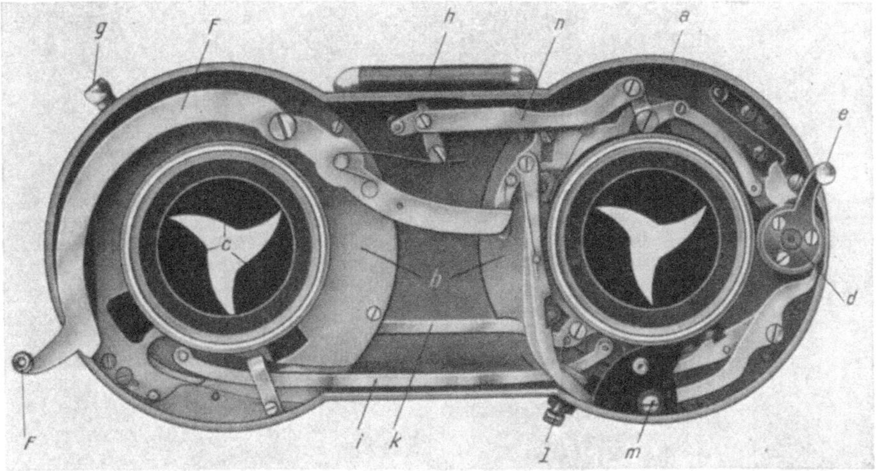

Abb. 380. Stereo-Compoundverschluß (Ausführung von FR. DECKEL, München). Abstand der Verschluß-(Objektiv-) Mitten 65 mm. *a* äußeres Gehäuse, *b* Montageplatten, *c* Sektoren, *d* Federgehäuse mit Spannhebel *e*, *f* Fingerauslösehebel, *g* Gewindenippel für Drahtauslöser, *h* Luftbremse, *i* Verbindungshebel der beiden Irisblenden, *k* Kupplungshebel für die Sektorenringe, *l* Einstellhebel für die beiden Irisblenden, *m* Umschalthebel von „Zeit" auf „Moment" und umgekehrt

c) Compound-Stereoverschluß. Die übliche Form des Stereo-Compoundverschlusses der Firma FRIEDRICH DECKEL in München, welcher noch mit Luftbremse ausgestattet ist, ist in Abb. 380 dargestellt. Das besondere Kennzeichen dieses Modells ist die in der Mitte des gemeinsamen Gehäuses liegende Luftbremse sowie die Anordnung des Finger- und Drahtauslösers auf der linken Verschlußseite, die den Hauptverschlußmechanismus nicht enthält; daraus ergibt sich die Möglichkeit der Bedienung des Auslösers mit der rechten Hand und die eigentümliche halbkreisförmige Gestalt dieses Elements. Im übrigen gibt die Abb. 380 Aufschluß über die wichtigsten Konstruktionselemente, von denen besonders die zwangläufige Verbindung der beiden Sektorenringe sowie der Irisblenden erwähnt sei.

d) Stereo-Compurverschluß. Mit der Einführung des Compur- an Stelle des Compoundverschlusses trat auch der Stereoverschluß mit Uhrwerk an die Stelle desjenigen mit Luftbremse; im Laufe der Jahre hat die Firma FRIEDRICH DECKEL eine große Reihe von Spezialverschlußmodellen für Stereokameras geschaffen. Grundsätzlich ist das innere Verschlußwerk, was den eigentlichen Aufbau der Sektorenbewegung usw. betrifft, fast immer

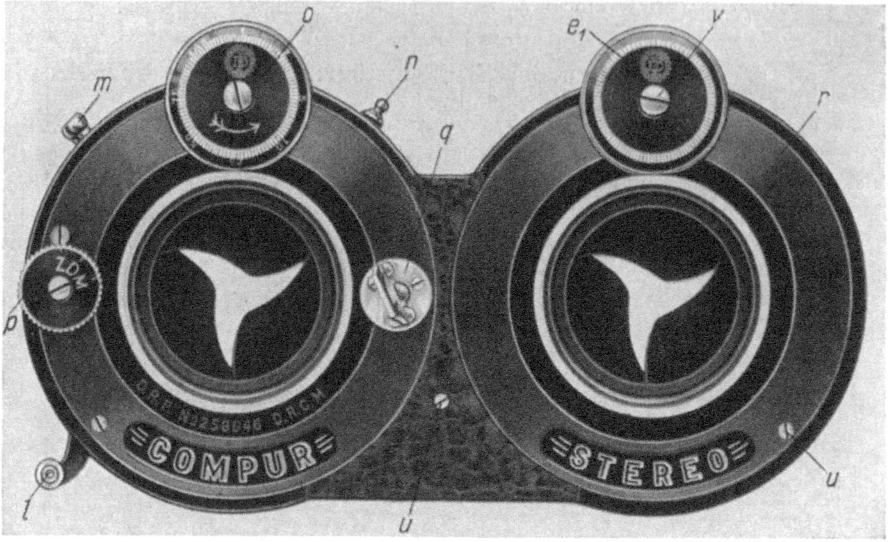

Abb. 381a. Stereo-Compurverschluß Nr. 0 mit Räderwerkhemmung (Ausführung von Fr. Deckel, München). Äußere Ansicht. Abstand der Objektivmitten 65 mm. *m* Gewindenippel für den Drahtauslöser, *n* Einstellhebel für beide Irisblenden, *o* Einstellscheibe für die Geschwindigkeiten von 1 Sek. bis $^1/_{250}$ Sek. norm., *q* Spannhebel, *l* Fingerauslöser (vgl. Abb. 381b)

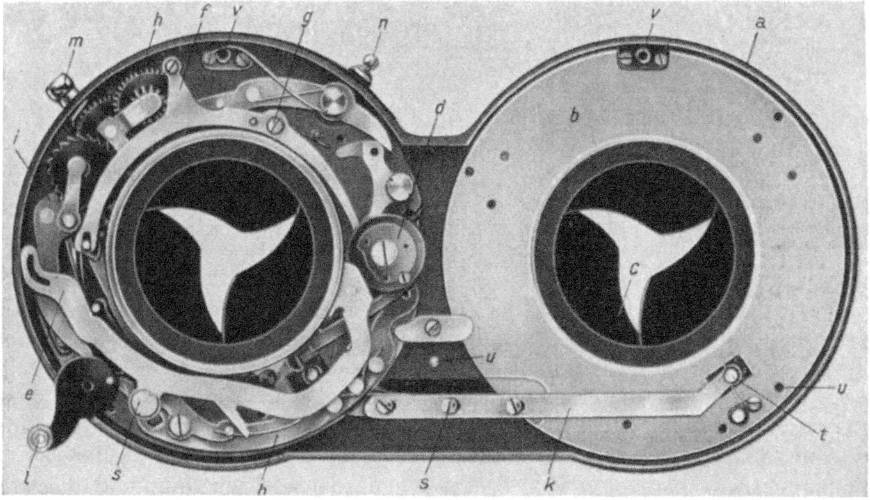

Abb. 381b. Stereo-Compurverschluß Nr. 0 mit Räderwerkhemmung (Ausführung von Fr. Deckel, München). Innenansicht. *a* Verschlußgehäuse, *b* Montageplatte, *c* Sektoren, *d* Federgehäuse mit Befestigungsplatte für den Spannhebel *q*; *e* Umschalthebel für „Zeit“ und „Moment“ in Verbindung mit dem um *g* drehbaren Kupplungshebel *f*; *h* Räderhemmwerk, *i* Anker; *k*, *t* Übertragungshebel auf die zweite Verschlußseite mit Justiereinrichtung *s*; *l* Fingerauslösehebel, *m* Gewindenippel für den Drahtauslöser, *n* Blenden-Einstellhebel, *u* Gewindelöcher für die Deckelschrauben (vgl. Abb. 381a)

das gleiche; wegen der sehr verschiedenen Forderungen und Wünsche bezüglich Anpassung des Verschlußgehäuses an die Form der Kamera sowie wegen der Anordnung des Spannhebels, des Auslösers, der Irisblendeneinstellung und der Geschwindigkeitsstellscheibe, entstehen Spezialmodelle, deren Äußeres wesentliche Unterschiede aufweist, wobei auch die sehr verschiedene Unterbringung des Sucherobjektivs von ausschlaggebender Bedeutung ist.

Eine Zusammenstellung zweier normaler Compurverschlüsse zu einem Stereoverschluß in gemeinsamem Gehäuse ohne Bedachtnahme auf irgendwelche Sonderwünsche ist in Abb. 381 a und b dargestellt; Verschlußmodelle dieser Art finden vorzugsweise bei solchen Kameras Verwendung, bei denen eine Anpassung der Verschlußkonturen an diejenigen der Kamera deshalb nicht gefordert wird, weil der ganze Verschluß bei Kameras mit Balgen, die hier meist in Betracht kommen, im geschlossenen Zustande der Kamera durch den Laufboden verdeckt wird.

Sämtliche innen liegenden beweglichen Organe sind bei diesen Stereoverschlüssen genau an der gleichen Stelle wie beim einfachen Verschluß angeordnet; die auf der rechten Seite des Verschlusses angeordnete Stellscheibe ohne Pfeil (s. Abb. 381 a) ist nur aus Gründen der Symmetrie angebracht, die rechte Hälfte des Verschlusses ist ohne jeden Mechanismus. Der Abstand beider Verschlußhälften wird durch das jeweilige Plattenformat bestimmt und schwankt zwischen 63 und 75 mm. Eine Beschreibung der Arbeitsweise des Verschlusses dürfte überflüssig sein, da beim einfachen Verschluß alles eingehend geschildert wurde; lediglich die zwangläufige Übertragung der Bewegung der Sektoren von der einen Seite auf die andere verdient besondere Beachtung und wird durch Abb. 381 b erläutert.

Um der außerordentlich wichtigen Forderung nach vollständigem Synchronismus der Bewegung und gleichzeitiger Öffnung der Sektoren Rechnung zu tragen, ist die Verbindung zwischen den in Betracht kommenden Elementen justierbar. Die gemeinsame Betätigung beider Irisblenden ist bereits beschrieben worden; es sei nur noch darauf hingewiesen, daß auch hier völlig gleichzeitige Öffnung bei absoluter Übereinstimmung der Durchmesser unerläßliche Bedingung ist.

130. Spezial-Stereoverschlüsse. Die Konstruktion des Stereoverschlusses, welcher am Heidoskop 6 × 13 cm der Firma Franke & Heidecke in Braunschweig Verwendung findet, läßt etliche Besonderheiten erkennen. Die Eigenart dieses Verschlusses kommt in Abb. 382 zum Ausdruck; ergänzend sei noch folgendes bemerkt: Die Umstellung von Moment auf Zeit bzw. Doppelzeit erfolgt in üblicher Weise durch einen mit den entsprechenden Buchstaben versehenen Knopf; das Spannen des Verschlusses erfolgt durch ein Zwischenrad, auf dessen Achse sich die Hauptfeder befindet. Die Auslösung kann sowohl durch Fingerdruck als auch mit Drahtauslöser vorgenommen werden.

Als regulierendes Hemmwerk für die verschiedenen Momentgeschwindigkeiten ist eine schwingend gelagerte Luftbremse vorgesehen, die teils mit dem Federwerk, teils mit den Einstellorganen in zwangläufiger Verbindung steht. Die Abstimmung der einzelnen Momentgeschwindigkeiten erreicht man durch Verstellen einer auf einem Zylindermantel aufgetragenen Kurve, wodurch indirekt der Hub des Kolbens der Luftbremse geregelt wird.

Der Verschluß arbeitet wie alle Modelle mit Luftregulator ziemlich geräuschlos; die Variation der Momentgeschwindigkeiten erstreckt sich zwischen 1 Sek. und $^1/_{300}$ Sek. nom. Der Verschluß zeigt insofern eine besondere Bauart, als die einzelnen Bewegungselemente sich nicht nur auf einer Verschlußseite befinden; man kann daraus unschwer den Schluß ziehen, daß diese Konstruktion von Anfang an für eine Stereokamera gedacht war und nicht einfach durch Anordnung zweier einfacher Verschlüsse nebeneinander entstanden ist.

Als letztes Beispiel eines Stereoverschlusses sei jener des Stereflektoskops (4,5 × 10,7 cm und 6 × 13 cm) der Firma Voigtländer & Sohn A.-G. in

Braunschweig erwähnt; wie die Abb. 383 a bis c erkennen lassen, handelt es sich um eine Spezialausführung eines Compurverschlusses Nr. 00, dessen äußere

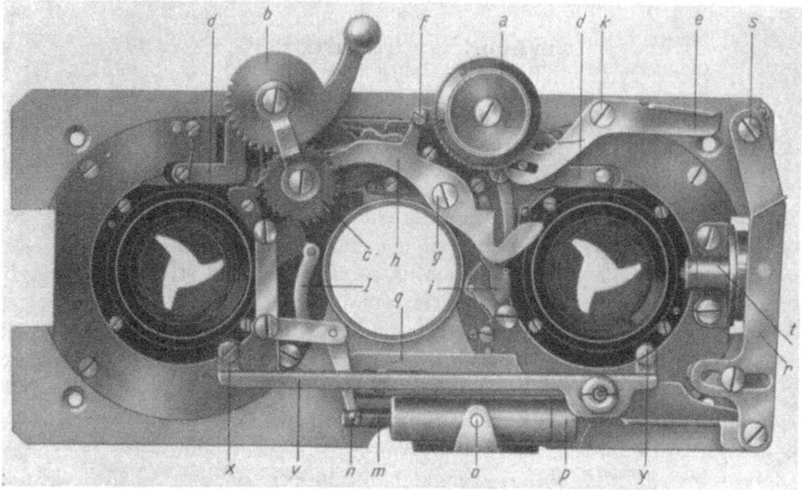

Abb. 382. Stereo-Spannverschluß mit Luftbremse (Ausführung von FRANKE & HEIDECKE, Braunschweig). Abstand der Verschlußmitten 65 mm. Innenansicht. *a* Einstellscheibe für „Zeit" und „Moment"; *b*, *c* Spannhebelanordnung, *d* Kupplungshebel der beiden Sektorenringe, *e* Auslösehebel mit Drehpunkt *k*; *h* Steuerhebel mit Drehpunkt *g*, bei *f* zwangläufig verbunden mit der Einstellscheibe *a*; *i* Steuerhebel der beiden Sektorenringe; *l*, *n* Verbindungshebel zwischen Federgehäuse und Luftbremse, *m* Kolben der bei *o* schwingend angeordneten Luftbremse mit Zylinder *p*. *q* Hubregler der Luftbremse, gesteuert von der bei *s* drehbar gelagerten Kulisse *r*; *t* Lager für die Einstellschnecke *x*; *y* Befestigungsschrauben

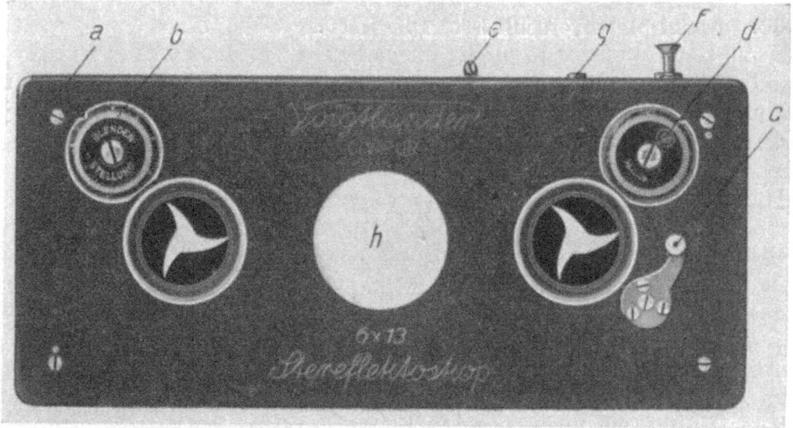

Abb. 383a. Stereo-Compurverschluß Nr. 00 für die Stereflektoskopkamera 6 × 13 cm mit 3 Objektiven. Außenansicht. *a* Vorderwand, *b* Blendeneinstellscheibe, *c* Spannhebel für die Geschwindigkeiten von 1 Sek. bis $^1/_{300}$ Sek. nom., *d* Einstellscheibe für die Geschwindigkeiten, *e* Einschalthebel für „Moment" und „Zeit", *f* Druckknopf für die Auslösung des Verschlusses, *g* Gewindenippel für den Drahtauslöser, *h* Öffnung für das Sucherobjektiv

Form dem Kameraäußeren angepaßt ist. Auf der einen Seite ist der vollständige Mechanismus des einfachen Verschlusses mit Räderhemmwerk angeordnet; die andere Seite enthält lediglich die Sektoren, die Lagerorgane und das Antriebsglied für die Irisblende.

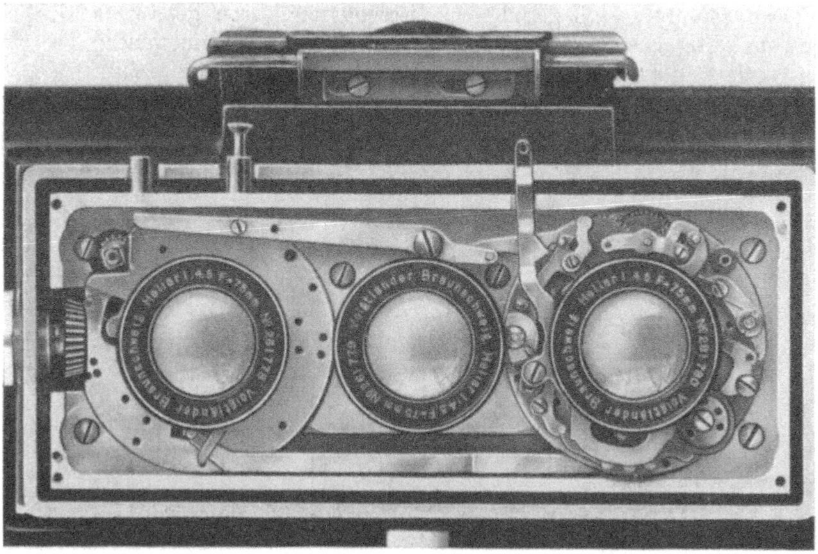

Abb. 383b. Stereo-Compurverschluß Nr. 00 für die Stereflektoskopkamera 6 × 13 cm mit 3 Objektiven. Vgl. Abb. 383a. Innenansicht. Wegen Erläuterung der einzelnen Bestandteile vgl. Abb. 383c; zwischen dem hier und dem in Abb. 383c dargestellten Verschluß bestehen nur einige unwesentliche Unterschiede

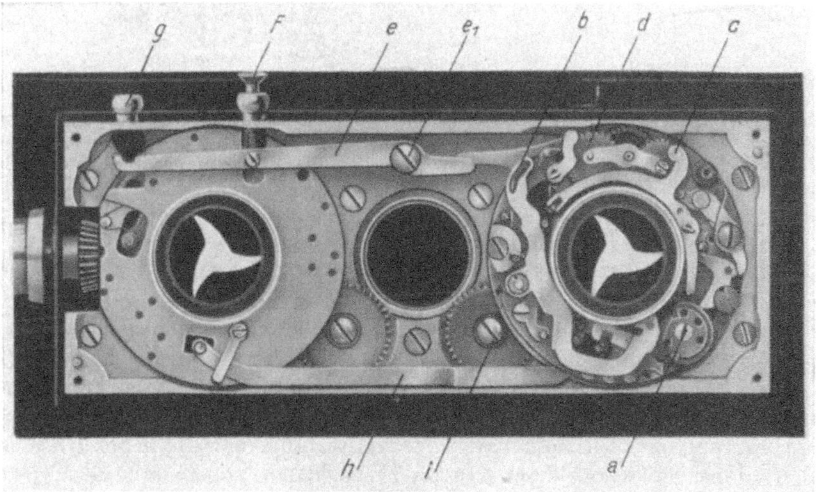

Abb. 383c. Stereo-Compurverschluß Nr. 00 für die Stereflektoskopkamera 4,5 × 10,7 cm mit 3 Objektiven. Vgl. hiezu die Abb. 383 a und b. Innenansicht. *a* Federgehäuse, *b* Einschalthebel für „Moment" und „Zeit", *c* Regulierhebel für die Geschwindigkeiten 1 Sek. bis $^1/_{300}$ Sek., *d* Räderhemmwerk, *e* Auslösehebel mit Drehpunkt e_1; *f* Druckknopf für die Auslösung des Verschlusses, *g* Gewindenippel für den Drahtauslöser, *h* Kupplungshebel zwischen den beiden Sektorenringen des Verschlusses, *i* Räderantrieb für die gleichzeitige Verstellung der Irisblenden

Sowohl der einfache Compurverschluß als auch das Stereomodell haben bereits an anderer Stelle gebührende Erwähnung gefunden; wiederholend können wir sagen, daß der Compurverschluß gegenüber dem Compoundverschluß eine ganz wesentliche Verbesserung in bezug auf Geschwindigkeitsregulierung (und zwar unter Beibehaltung der anderen bewährten Organe des Compoundverschlusses) bedeutet. Daß gerade bei Stereoverschlüssen genaueste Justierung der zwangläufig gesteuerten Sektoren und Irisblenden notwendig ist, wurde bereits betont; die zu lösende Aufgabe besteht vor allem darin, daß sich die Verschlußlamellen auf beiden Seiten gleichzeitig und mit der gleichen Geschwindigkeit öffnen bzw. schließen, d. h. daß beide Öffnungsfiguren in jeder Phase der Bewegung absolut gleich groß sind. Da die bei einer beliebigen Stellung der Einstellscheibe von der einen auf die zweite Verschlußseite übertragene Federkraft praktisch erhalten bleibt und die Übertragung der Bewegung vollkommen zwangläufig durch ein starres Gestänge erfolgt, sind im wesentlichen die Vorbedingungen für eine synchrone Bewegung gegeben. Die Abb. 384 veranschaulicht diesen Vorgang, wobei im Interesse einer klaren Darstellung nur die hier in Betracht kommenden Teile eingezeichnet sind.

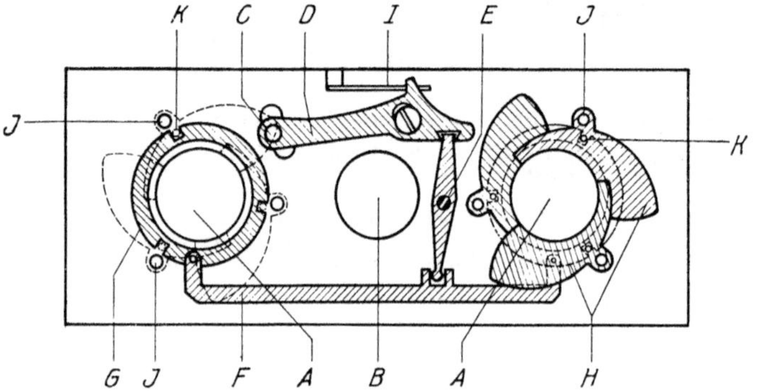

Abb. 384. Schematische Darstellung der Bewegungsübertragung von der einen Hälfte eines Stereoverschlusses auf die andere. *A* freie Öffnung der Objektive, *B* Öffnung des Sucherobjektivs; *C*, *D* Auslösehebel, der unter Vermittlung der Kulisse *E* den gemeinsamen Steuerhebel *F* und mit Hilfe dieses die Sektorenringe *G* betätigt. Die bei *I* drehbar gelagerten Sektoren *H* werden infolge Anordnung der Schlitze *K* bei einer geringen Verdrehung der Ringe *G* gleichzeitig geöffnet bzw. geschlossen, und zwar unter dem Einfluß einer hier nicht eingezeichneten Feder

131. Dreiteilige Verschlüsse. Um bei Stereokameras, wenn damit auch Panoramaaufnahmen gemacht werden sollen, nicht erst das Objektivbrett gegen ein anderes mit in der Mitte liegendem Objektiv austauschen zu müssen, brachte die Firma Friedrich Deckel in München früher auch einen dreiteiligen Compoundverschluß auf den Markt; die Lösung dieses Problems ist konstruktiv schwierig, und zwar handelt es sich hier in erster Linie um eine Platzfrage; schon ein Blick auf Abb. 383 c gibt darüber Aufschluß, daß die Unterbringung eines dritten, und zwar vollständigen Verschlusses zwischen den beiden Montageplatten, deren Mitten zirka 63 mm voneinander entfernt sind, bereits bei der Größe 00, geschweige bei Verschlüssen mit größeren Abmessungen Schwierigkeiten macht.

Der ganze Aufbau sowie die Arbeitsweise eines solchen Verschlusses gestaltete sich daher außerordentlich schwierig; da die Nachfrage nach derartigen Verschlüssen relativ gering war, entschloß sich die Firma Friedrich Deckel, die Fabrikation dieses Spezialmodells vorläufig wieder aufzugeben.

Wir können rückschauend feststellen, daß die heute allgemein gebräuchlichen Objektivverschlüsse gegenüber den allerersten Modellen in jeder Hinsicht einen unverkennbaren Fortschritt zeigen; wohl wiesen die ersten Spannverschlüsse bereits ebenso große Höchstgeschwindigkeiten auf (weil der Unterbringung einer kräftigen Feder nichts im Wege stand) wie die jetzigen, ihr Wirkungsgrad war aber infolge des kontinuierlich verlaufenden Öffnungs- bzw.

Schließungsvorgangs gegenüber der überaus günstigen Lichtausnutzung beim sprunghaften Öffnen und Schließen der Sektoren sehr mäßig. Berücksichtigt man außerdem die Entwicklung der Geschwindigkeitsregulierung von der Feder mit veränderlicher Spannung bis zur Friktionsbremse und von da über die Luftbremse zur hochentwickelten Räderwerkhemmung, so zeigt sich, daß auf diesem Gebiet sehr viel geleistet wurde.

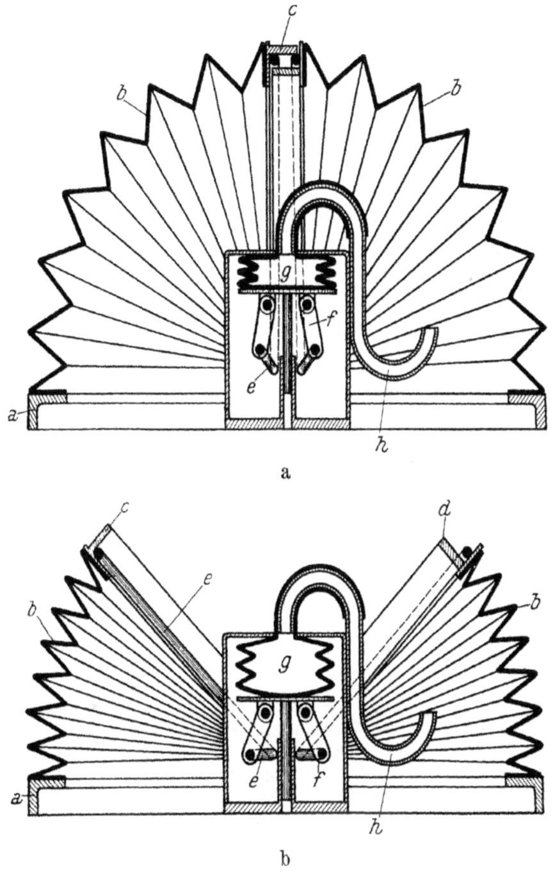

Abb. 385 a und b. GRUNDNER-Verschluß (D. R. P. Nr. 6467). a Verschluß geschlossen, b Verschluß halb geöffnet; *a* Grundplatte; *b* Fächer; *c*, *d* Verschlußbügel, *e* Drahtbügel, *f* Gelenk, *g*, *h* Gummiball mit Schlauch. Die Teile *f*, *g* und *h* sind seitwärts angeordnet

132. Ansetzbare Objektivverschlüsse. Es gibt nur wenig Kameras, bei denen der Verschluß nicht fest eingebaut ist und nicht an der günstigsten Stelle desselben, d. i. zwischen den Linsen, arbeitet, denn die große Masse der Lichtbildner stellt die selbstverständliche Forderung, daß der Apparat bei größter Leistungsfähigkeit (insbesondere bezüglich Lichtstärke), kleinsten Abmessungen und geringem Gewicht ein abgerundetes Aussehen haben soll.

Bei diesen wenigen Ausnahmen wird es sich wohl stets um eine Stativkamera, welche entweder überhaupt eine feste Aufstellung (wie z. B. im photographischen Atelier) hat, oder um Apparate relativ großen Formats handeln, bei denen aus irgendeinem Grund ein moderner Verschluß nicht angebracht werden konnte oder sollte. Die Gründe hierfür können sehr mannigfach sein; Tatsache ist, daß aufsetzbare Verschlüsse verschiedener Bauart heute noch gebaut werden.

a) Fächerverschluß hinter dem Objektiv. Hieher gehört der noch heute vielfach, und zwar hauptsächlich in photographischen Ateliers benutzte Grundner-Verschluß; dieser nach seinem Erfinder Paul Grundner (Berlin) genannte Verschluß wurde im Jahre 1879 durch das D. R. P. Nr. 6467 geschützt, und zwar mit dem Kennzeichen, „die Wirkung des Objektivs auf die Negativplatte durch eine von außerhalb der Kamera dirigierte, im Innern derselben wirkende Vorrichtung beliebig eintreten oder aufhören zu lassen".

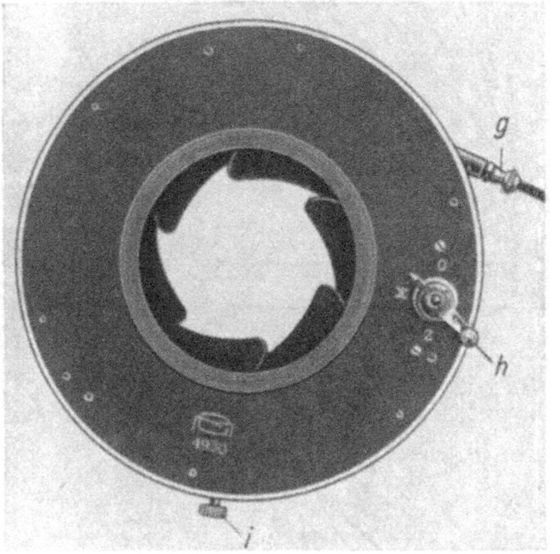

a

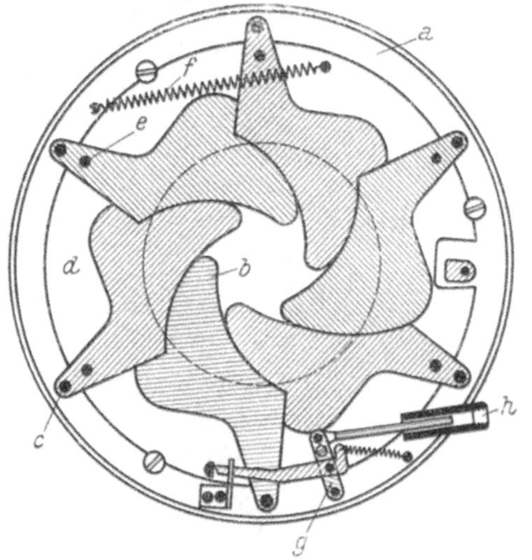

b

Abb. 386 a und b. Goergen-Atelierverschluß mit 6 Sektoren. a) Außenansicht. b) Schematische Darstellung des inneren Aufbaues. In a): *h* Hebel zur Einstellung auf M (Moment), Z (Zeit) und O (Offen), *g* Gewindenippel für den Drahtauslöser, *i* Schraube zum Befestigen des Verschlusses an der Sonnenblende des Objektivs. In b): *a* Gehäuse mit den Drehpunkten *c* für die 6 Sektoren *b*; *h* Gewindenippel für den Drahtauslöser, *g* Kulisse (ein Drehpunkt derselben befindet sich am Gehäuse *a*, der andere Drehpunkt an der drehbaren Scheibe *d*, die bei *e* mit den Sektoren zwangläufig verbunden ist. *f* ist eine Zugfeder

Dieser Verschluß hat den Zweck, den zu Photographierenden nicht merken zu lassen, ob das Objektiv in Tätigkeit gesetzt wird oder nicht.

Im wesentlichen besteht der Verschluß aus einer fächerförmig gestalteten Halbkugel, die sich durch Bügel oder dgl. öffnen und schließen läßt, wie dies in Abb. 385a und b veranschaulicht ist.

Der Verschluß arbeitet wohl als einziger seiner Art im Innern der Kamera, also hinter dem Objektiv, und zwar praktisch völlig geräuschlos. Die Betätigung des Verschlusses erfolgt pneumatisch durch einen Gummiball; der Gummischlauch wird in einem kleinen Messingröhrchen aus der Kamera herausgeführt. Nach Angabe der Fabrikanten (Gebr. Paetz in Magdeburg) konnte bei diesem Verschluß der Gummiball bis zum heutigen Tag durch einen Drahtauslöser nicht verdrängt werden, obwohl auch die Auslösung mit einem Drahtauslöser vorgesehen ist.

Der Grundner-Verschluß hat sogar den alten, besonders in Frankreich gern benutzten einfachen Klappenverschluß von Guerry überlebt.

b) Zentralverschluß vor dem Objektiv. Der Goergen-Verschluß, der zum Unterschied gegenüber dem GRUNDNER-Verschluß vorn auf dem Objektiv befestigt wird, wird seit Jahrzehnten vielfach gebraucht und ist sehr geschätzt, weil er äußerst einfach zu handhaben ist und fast geräuschlos arbeitet. Wie Abb. 386a und b erkennen läßt, ist die Konstruktion sehr einfach, so daß Störungen so gut wie ausgeschlossen sind; er wird noch heute in sechs Größen hergestellt, und zwar unter dem Namen „Original-GOERGEN-Verschluß" mit einer konstanten Geschwindigkeit.

Da der Verschluß auf die Sonnenblende des heute fast stets mit Irisblende ausgestatteten Objektivs aufgesetzt wird, besitzt der GOERGEN-Verschluß keine Irisblende; er besteht nur aus einem Metallgehäuse, in welchem die Sektoren drehbar gelagert sind und unter dem Einfluß einer Feder stehen, die den Verschluß stets geschlossen zu halten bestrebt ist; bei Verschiebung einer zur Verschlußmitte konzentrisch angeordneten Scheibe, mit welcher jeder Sektor in zwangläufiger Verbindung steht, öffnen und schließen sich die Sektoren zur Moment- oder Zeitbelichtung, je nachdem, wie der die Einstellung bewirkende Einstellhebel steht; auch eine sogenannte Offenstellung (O) ist vorgesehen.

Die Auslösung des Verschlusses erfolgt nur durch Drahtauslöser, seine Befestigung an der Sonnenblende des Objektivs mit Hilfe einer Druckschraube; Gewicht des Verschlusses für ein Objektiv mit 65 mm Sonnenblendendurchmesser zirka 200 g (6 Sektoren). Dem Prinzip nach gehört der GOERGEN-Verschluß weder zu den Spann- noch zu den Automatverschlüssen.

Wie sich aus Abb. 386a und b und dem Gesagten entnehmen läßt, ist der GOERGEN-Verschluß durch größte Betriebssicherheit, einfachen, sauberen Aufbau sowie dadurch gekennzeichnet, daß er sich leicht instandsetzen läßt; daß sein Preis niedrig ist, sei nebenbei erwähnt.

Dem von GOERGEN und SCHEFFLER hergestellten vorstehend beschriebenen Verschluß sind derjenige der „Ruwo"-Gesellschaft sowie der unter dem Namen „Lux" bekannte Verschluß der Firma LEINER & BERTRAM, München, ähnlich.

Es ist eine eigentümliche Erscheinung, daß die älteren Verschlußkonstruktionen für Atelier- und Reisekameras sich mit einer geradezu hartnäckigen Beharrlichkeit in fast unveränderter Form erhalten haben; man kann für diese Tatsache ohneweiters eine Erklärung finden, wenn man die relativ bescheidenen Ansprüche, die beim Arbeiten mit solchen Apparaten gestellt werden können, mit jenen vergleicht, die ein fortschrittlicher Amateur in Anbetracht der heute hochentwickelten Aufnahmetechnik stellen muß. Da, wie bereits an anderer Stelle erwähnt, die Irisblende zumeist eine Einrichtung des Objektivs bildet, ist man bei der Konstruktion eines ansetzbaren Objektivverschlusses zunächst nur an die Forderung gebunden, daß derselbe im Interesse günstigster Dimensionierung so nahe als möglich an der Vorderlinse angebracht werden kann; der Verschluß ist um die Fassung dieser Linse herum so aufgebaut, daß die Sektoren, Lamellen usw. an der Vorderkante dieser Fassung vorbeigleiten können.

C. Der Schlitzverschluß vor der Platte

133. Wirkungsweise und Belichtungsverhältnisse. Betrachtet man ein Lichtstrahlenbündel, das, von einem beliebigen Objektpunkt kommend, durch die sammelnde Wirkung des Objektivs in der Bildebene in einem Punkt vereinigt wird, so zeigt sich, daß der größte Querschnitt eines solchen Lichtstrahlenbündels im Objektiv selbst gelegen ist.

Es ist wohl verständlich, wenn der Erfinder des Schlitzverschlusses in richtiger Erkenntnis dieser Tatsache und unter Berücksichtigung des damals sehr ungünstigen Wirkungsgrades des Zentralverschlusses (infolge des Zeit- und Lichtverlustes beim Öffnen und Schließen der Sektoren) bestrebt war, das die Lichtzufuhr zur Platte regelnde bewegliche Verschlußelement in die Nähe der Platte zu verlegen, wo der engste Teil des Lichtstrahlenbündels durch das Verschlußelement durchschnitten wird.

Es unterliegt keinem Zweifel, daß der die Platte nicht auf einmal, sondern streifenweise nacheinander belichtende Schlitzverschluß am Orte der Platte am günstigsten arbeitet und daß so, da eine Umkehrung der Bewegung, wie bei fast allen Zentralverschlüssen nicht eintritt, tatsächlich das Optimum der Geschwindigkeit erreicht wird. (Die dicht vor bzw. hinter dem Objektiv arbeitenden wesensähnlichen Rouleauverschlüsse, welche die volle Objektivöffnung nicht auf einmal freigeben, bilden eine Kategorie für sich.)

Bei der im folgenden beschriebenen Art von Plattenverschlüssen bewegt sich immer ein undurchsichtiges, schwarzes Band mit einem Schlitz von meist einstellbarer Breite an der Platte entlang, wobei die Zeitdauer der Belichtung außer durch die veränderliche Geschwindigkeit dieses Vorbeigleitens durch die jeweilige Schlitzbreite bedingt wird. Die Leistungsfähigkeit eines derartigen Verschlusses ist nicht allein durch die Dauer der Belichtung des einzelnen Plattenteiles bedingt, sondern hängt auch sehr wesentlich von der Dauer der Gesamtaufnahme, d. i. von der Zeit vom Beginn der Belichtung des obersten bis zum Ende der Belichtung des untersten Plattenteiles, ab.[1]

Beträgt z. B. die Breite des Schlitzes 6 mm, d. i. $^1/_{15}$ der schmalen Seite einer Platte des Formats 9×12 cm, und wird diese Strecke von 6 mm z. B. in $^1/_{600}$ Sekunde zurückgelegt, so beträgt zwar die Belichtungsdauer des einzelnen Plattenstreifens $^1/_{600}$ Sekunde, die Dauer der ganzen Aufnahme beträgt aber $15 \cdot \frac{1}{600}$, d. i. $\frac{1}{40}$ Sekunde, weil die gesamte Aufnahme des Bildes in 15 aufeinanderfolgende Aufnahmen je eines schmalen Streifens von 6 mm Breite und je $\frac{1}{600}$ Sekunde Belichtungsdauer zerlegt wird.

Erstreckt sich die Aufnahme auf Vorgänge, die sehr schnell verlaufen und in $^1/_{40}$ Sekunde schon erhebliche Änderungen erfahren, so werden die einzelnen Teile der Platte verschiedenen Vorgängen entsprechen; aus diesem Grunde zeigt sich bei Aufnahmen mit Hilfe solcher Schlitzverschlüsse vor der Platte der Fehler der sogenannten Verzerrung. Auf diese Tatsache, auf den Einfluß der Entfernung des Schlitzes von der Ebene der Platte sowie auf die Beziehung der Breite des Schlitzes zum Öffnungsverhältnis des Objektivs soll im folgenden näher eingegangen werden.

a) Der Verschlußspalt rollt in der Plattenebene ab (Idealfall). Der Theorie nach wird beim Schlitzverschluß, wenn man annimmt, daß die Ebene des an der Platte vorbeigleitenden Schlitzes mit jener der Platte zusammenfällt, auch bei größter Schnelligkeit des Abrollens und kleinster Breite des Spaltes die volle Lichtstärke des Objektivs auf den jeweils freigelegten Plattenteil einwirken können, wie dies die Abb. 387 in eindeutiger Weise erkennen läßt. Um einfache und übersichtliche Formeln zu erhalten, nehmen wir an, daß ein aus relativ großer Entfernung kommendes, daher nahezu achsenparalleles Lichtstrahlenbündel auf das Objektiv O auftrifft und dann in der Brennebene desselben in einem Punkt F vereinigt wird; in diesem Falle ist der Abstand des Bildpunktes von der bildseitigen Haupt-

[1] Vgl. L. David, Phot. Praktikum, 6. Aufl., W. Knapp, Halle a. d. S., 1929, S. 217 sowie A. Klughardt, Phot. Ind. 1926, S. 7.

ebene des Objektivs gleich der Brennweite f. Die Untersuchung erstreckt sich zunächst auf die Belichtung eines Plattenpunktes in der Mitte der Bildebene, die zur optischen Achse des Objektivs senkrecht steht.

Hat die freie bzw. wirksame Öffnung des Objektivs (von der Brennweite f) die Größe d, so beträgt die relative Öffnung $k = \frac{d}{f}$.[1]

Der in unmittelbarer Nähe der Platte vorbeigleitende Schlitz mit den Kanten S_1 und S_2 habe eine Breite b; die Belichtung des Punktes F beginnt in dem Augenblick, in welchem S_2 dort angelangt ist, und dauert solange, bis S_1 gerade an F vorbeigelaufen ist. Die Gesamtdauer t_i der Belichtung ist demnach eine Funktion der Schlitzbreite b, aber auch von der Eigengeschwindigkeit des Verschlusses v abhängig; aus der Beziehung $t_i = \frac{b}{v}$ geht folgendes hervor: t_i ist um so größer, je breiter der Schlitz ist, und um so kleiner, je größer die Geschwindigkeit v ist, mit welcher der Schlitz an der Platte vorbeigleitet.

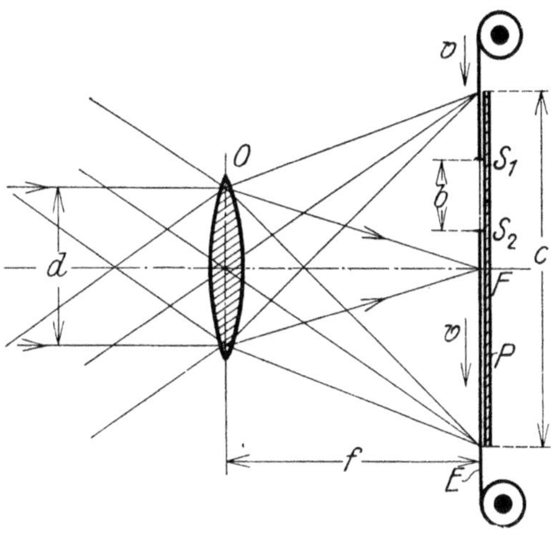

Abb. 387. Abrollen des Verschlußspaltes in der Plattenebene. O Objektiv mit der wirksamen Öffnung d und der Brennweite f $\left(\text{rel. Öffnung des Objektivs} = \frac{d}{f}\right)$, E Bildebene, c Breite des Trägers der lichtempfindlichen Schicht, v Geschwindigkeit des Schlitzverschlusses, $\overline{S_1 S_2} = b$ = Schlitzbreite

Aus der Abb. 387 ist klar ersichtlich, daß in jedem Augenblick der Belichtung das volle Lichtstrahlenbündel im Punkte F zur Wirkung gelangt und durch den Schlitzverschluß keinerlei Beeinflussung der Belichtungszeit t_i stattfindet; diesen Vorgang hat A. KLUGHARDT graphisch dargestellt,[2] indem er die Belichtungszeit als Abszisse und die Öffnung des Objektivs als Ordinate in ein Koordinatensystem eintrug, wobei die Höhe der Ordinate ein Maß der jeweils in einem Punkte herrschenden Beleuchtungsstärke war. Die während der ganzen Belichtungszeit t_i im Punkte F wirkende Lichtmenge wurde demnach durch den Flächeninhalt eines Rechteckes über der Abszisse t_i definiert, dessen andere Seite ein Maß für die Objektivöffnung darstellte.

Die Zeitdauer, während welcher sich der Schlitz um seine eigene Breite verschiebt, nennt man die lokale oder relative Belichtungszeit; von dieser hängt die Schärfe der Bildeinzelheiten ab. Im Gegensatz dazu steht die totale oder absolute Belichtungszeit T_i, welche von dem Moment an verfließt, wo die Belichtung der Platte beginnt, bis zu dem Augenblick, wo sie endet, also der Zeitraum zwischen dem Moment, wo der untere Teil (bei S_2) des Schlitzes beginnt, die Platte zu belichten, bis zu dem Augenblick, wo der obere Teil (bei S_1) des Schlitzes die Platte verläßt. Von dieser totalen Belichtungszeit hängt die Verzerrung in den Bildern bewegter Objekte ab.

---

[1] Vgl. A. NEUMANN und Dr. F. STAEBLE, Das phot. Objektiv, 2. Aufl., Leipzig 1919.

[2] A. KLUGHARDT, Phot. Ind. 1926, S. 6.

Im Idealfalle des Zusammenfallens der Ebene des Schlitzes und der Platte ergibt sich, wenn c die Breite des letzteren ist: $T_i = \frac{b+c}{v}$, d. h. die totale Belichtungszeit ist der Summe aus Schlitz- und Plattenbreite direkt, der Geschwindigkeit des Schlitzes verkehrt proportional.

Es hat nicht an Versuchen gefehlt, diesem Idealzustand, bei dem sich zweifellos die günstigsten Leistungen bezüglich Lichtausbeute und Geschwindigkeit ergeben würden, in der Praxis nahezukommen; mit dem auf S. 470 erwähnten Verschluß von JEAN GUIDO SIEGRIST gen. GUIDO SIGRISTE in Paris ist man dem Ziel ziemlich nahe gekommen, doch haben praktische Schwierigkeiten die Einführung dieses Verschlusses sehr erschwert, so daß seine Fabrikation bald wieder eingestellt wurde.[1]

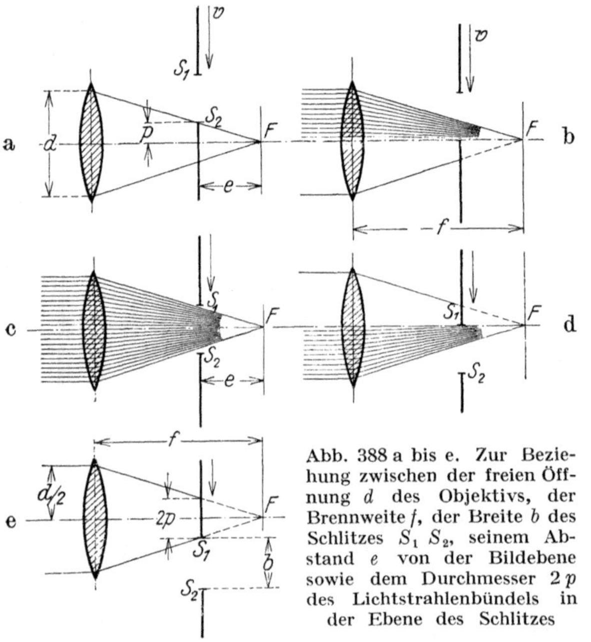

Abb. 388 a bis e. Zur Beziehung zwischen der freien Öffnung d des Objektivs, der Brennweite f, der Breite b des Schlitzes $S_1 S_2$, seinem Abstand e von der Bildebene sowie dem Durchmesser $2p$ des Lichtstrahlenbündels in der Ebene des Schlitzes

b) Der Schlitzverschluß läuft in endlicher Entfernung von der Platte. (Der praktische Fall.) Aus Gründen konstruktiver Natur, deren Erörterung hier zunächst nicht von Interesse ist, läßt sich der soeben beschriebene Idealzustand auch nicht annähernd erreichen; bei modernen Schlitzverschlüssen namhafter Firmen schwankt die Entfernung der den Schlitz bildenden Rouleaus von der Platte zwischen 5 und 15 bzw. 20 mm. Auf Grund der Tatsache, daß auf diese Art jeder Lichtkegel in einem endlichen Abstand von seiner Spitze parallel zur Platte durchschnitten wird, ergeben sich Folgerungen, die auf die Leistung des Verschlusses von wesentlichem Einfluß sein müssen.

In den Abb. 388a bis e sind einige Phasen des Durchganges des Schlitzes b senkrecht durch ein Strahlenbündel von der Gestalt eines Kegels dargestellt, dessen Basis d und dessen Spitze F ist; auch hier wird vorausgesetzt, daß der Dingpunkt in großer Entfernung von der Linse liegt, so daß sich, weil diesfalls die Bildweite gleich der Brennweite f wird, vereinfachte Beziehungen ergeben.

In Abb. 388a hat der in Richtung des Pfeiles mit der Geschwindigkeit v parallel zur Platte gleitende Verschluß mit seiner unteren Kante S_2 gerade das Lichtstrahlenbündel erreicht: das ist derjenige Zeitpunkt, in welchem die Belichtung des Punktes F beginnt; während nun im Idealfall sofort die Belichtung mit der vollen Öffnung des Objektivs einsetzte, wächst im Gegensatz dazu bei endlichem Abstand des Schlitzes die auf die Platte ge-

[1] Vgl. E. ENGLISCH, ZS. f. wiss. Phot. 1903, S. 116; vgl. auch Bull. de la Soc. franç. de phot. 1900, S. 79.

langende Lichtmenge erst allmählich, und zwar nach Maßgabe der Bewegung des Schlitzes quer durch das Bündel.

In Abb. 388b hat z. B. der Schlitz, wie die Schraffierung erkennen läßt, gerade die Hälfte des Strahlenkegels freigegeben; die Beleuchtungsstärke im Punkte F ist daher erst halb so groß, als ihr maximaler Wert.

In Abb. 388c ist die Stellung des Schlitzes zum Strahlenkegel derart, daß keinerlei Einschnürung mehr stattfindet; der Punkt F erhält jetzt seine größte Beleuchtungsstärke, weil die ganze Öffnung des Objektivs in dieser Stellung genau wie beim Idealfall zur Wirkung gelangt. Der weitere Ablauf des Schlitzes in bezug auf das Strahlenbündel vollzieht sich jetzt in analoger Weise wie in Abb. 388c; die Beleuchtungsstärke im Punkte F nimmt wieder ab (Abb. 388d), um zuletzt (Abb. 388e), genau wie beim Anfang der Bewegung, den Wert Null zu erreichen.

Die Dauer der sogenannten wirklichen Belichtungszeit T_w läßt sich für diesen praktischen Fall in einfachster Weise berechnen, und zwar unter Berücksichtigung der Tatsache, daß der vom Schlitz durchlaufene Querschnitt des Lichtstrahlenbündels — im Gegensatz zum Idealfall — eine endliche Größe hat, die in Abb. 388e mit $2p$ bezeichnet ist; b bedeutet wiederum die Breite des Schlitzes und v die Geschwindigkeit seiner Bewegung:

Die wirkliche Belichtungszeit eines Bildpunktes $T_w = \frac{b + 2p}{v}$.

Ähnlich wie dies bei der Behandlung der Theorie des Sektorenverschlusses geschehen ist, läßt sich auch beim Schlitzverschluß der Zeitraum der wirklichen Belichtung T_w in drei Phasen zerlegen, und zwar in die Zeit

1. des stetigen Helligkeitsanstieges (T_1),
2. der größten Helligkeit (T_2) und
3. des Helligkeitsabfalles (T_3).

Die Summe dieser drei Größen $T_w = T_1 + T_2 + T_3$.

Wird die endliche Entfernung des Schlitzes von der Plattenebene mit e bezeichnet und wie vorher der Wert der relativen Öffnung des Objektivs $k = \frac{d}{f}$ eingesetzt, so führt die Proportion $2p : d = e : f$ zu $2p = e \cdot \frac{d}{f} = e \cdot k$.

Die wirkliche Belichtungsdauer T_w wird nach Einsetzung dieser Werte:

$$T_w = \frac{b + 2p}{v} = \frac{b + e \cdot k}{v} = \frac{1}{v} \cdot (b + e \cdot k).$$

Diese Formel läßt eindeutig erkennen, daß der Durchmesser des vom Schlitz durchschnittenen Lichtstrahlenbündels eine Funktion des Abstandes e und der relativen Öffnung k ist; dies ist eine wichtige Tatsache, denn bei Kenntnis des Wertes e, der bei jedem Kameramodell eine Konstante ist, läßt sich ohne weiteres der jeweilige Wert $2p$ berechnen, indem man das Produkt aus e und k bildet.

Beispiel: $e = 15$ mm; $k = 1 : 4{,}5$, also $2p = 15 \cdot \frac{1}{4{,}5} = 3{,}3$ mm.

$2p$ ist die kleinste Schlitzbreite, die bei einem bestimmten Öffnungsverhältnis noch benutzt werden darf, ohne daß die Lichtstärke des Objektivs reduziert würde.

Wegen der Wichtigkeit dieses Umstandes, dem leider — insbesondere bei Kameras mit lichtstarken Objektiven — viel zu wenig Beachtung geschenkt wird, finden wir im folgenden eine Tabelle, in welcher für die relativen Öffnungen von 1 : 1,8 bis 1 : 18 und für e-Werte von 2 bis 20 mm diejenigen kleinsten Schlitzbreiten ($b = 2p$) angegeben sind, bei deren Benutzung das Objektiv gerade noch ohne Lichteinbuße arbeitet.

Tabelle 59. p-Werte für verschiedene relative Öffnungen und verschiedene Werte von e

e	**1 : 1,8**								
2	1,11	**1 : 2,7**							
3	1,67	1,11	**1 : 3,2**						
4	2,22	1,48	1,24	**1 : 4,5**					
5	2,78	1,85	1,55	1,1	**1 : 5,5**				
6	3,34	2,22	1,86	1,32	1,08	**1 : 6,3**			
7	3,88	2,60	2,17	1,54	1,26	1,1			
8	4,45	2,96	2,48	1,76	1,44	1,26	**1 : 9**		
9	5,0	3,33	2,79	1,98	1,62	1,42	1,0		
10	5,55	3,70	3,12	2,22	1,8	1,6	1,12		
11	6,1	4,07	3,4	2,45	2,0	1,75	1,22		
12	6,66	4,45	3,72	2,65	2,16	1,90	1,33	**1 : 12,5**	
13	7,2	4,8	4,05	2,9	2,38	2,06	1,45	1,04	
14	7,75	5,18	4,37	3,1	2,54	2,32	1,55	1,12	
15	8,35	5,55	4,68	3,33	2,72	2,38	1,65	1,2	
16	8,9	5,9	5,0	3,55	2,9	2,54	1,78	1,28	
17	9,45	6,3	5,3	3,78	3,1	2,7	1,89	1,36	**1 : 18**
18	10,0	6,6	5,6	4,0	3,27	2,85	2,0	1,42	1,0
19	10,5	7,0	5,9	4,25	3,45	3,0	2,1	1,52	1,06
20	11,1	7,4	6,25	4,45	3,60	3,2	2,24	1,60	1,11

e = Abstand des Schlitzes von der Ebene der Platte in mm.
Die Anwendung von kleineren Schlitzbreiten als für das betreffende Öffnungsverhältnis angegeben ist, ist gleichbedeutend mit einer Abblendung des Objektivs (siehe Abb. 389).

Tabelle 59 bezieht sich auf die Einstellung des Objektivs auf Unendlich; würde man in die oben angegebene Formel $2p = \frac{d}{f} \cdot e$ statt der Brennweite die sich bei Einstellung auf kürzere Objektentfernungen ergebende Bildweite einsetzen, so kämen statt der in der Tabelle angegebenen Öffnungsverhältnisse kleinere Öffnungsverhältnisse in Betracht: es kommt dabei auf das gleiche hinaus, als ob das Objektiv abgeblendet würde.

In der Formel

$$T_w = \frac{1}{v}(b + e \cdot k)$$

ist e die einzige Konstante, denn die Geschwindigkeit v, die Schlitzbreite b und das Öffnungsverhältnis k sind veränderliche Größen; die wirkliche Belichtungszeit T_w wird demnach um so größer, je geringer die Geschwindigkeit v und je größer die Breite des Schlitzes ist und je weiter derselbe von der Platte entfernt liegt.

Die Zeiten, während welcher die Helligkeit ansteigt bzw. abfällt, sind gleich groß; ihr Wert ergibt sich aus folgender Beziehung:

$$T_1 = T_3 = \frac{2p}{v} = \frac{e \cdot k}{v}.$$

Schließlich ergibt sich die Dauer T_2 des Helligkeitsmaximums als Differenzwert:

$$T_2 = T_w - (T_1 + T_3) = \frac{1}{v}(b + e \cdot k) - 2 \cdot \frac{e \cdot k}{v} = \frac{1}{v}(b + e \cdot k - 2e \cdot k) =$$

$$= \frac{1}{v}(b - e \cdot k).$$

Die Zeit T_2, während welcher das Objektiv bei voller Öffnung auf den Punkt F einwirkt, wurde als Periode des Helligkeitsmaximums bezeichnet;

wie Abb. 389 erkennen läßt, ist dieser Zustand nur möglich, wenn die Schlitzbreite gleich oder größer ist als der Durchmesser $2p$ des Lichtstrahlenbündels in der Verschlußebene. Wird $b < 2p$, so wird $b - ek$ negativ, d. h. es tritt eine Abblendung des Objektivs ein; in diesem Falle erreicht die Beleuchtungsstärke im Punkte F niemals ihren durch die volle Öffnung des Objektivs bestimmten Maximalwert.

Der Grenzwert ist, wie bereits angedeutet wurde, erreicht, wenn $b = 2p$. Eine weitere Folge davon, daß in der Praxis die Ebene des Schlitzes mit jener der Platte nicht zusammenfällt, ist, daß außer dem voll von der Objektivöffnung her bestrahlten Teil der Platte noch weitere Zonen derselben von Strahlen getroffen werden, die allerdings nur z. T. zur Bildentstehung beitragen. Dieser Vorgang ist aus Abb. 390 ersichtlich; die einzelnen Teilbilder dieser Abbildung unterscheiden sich dadurch, daß in einem Falle (Abb. 390a) die Schlitzbreite kleiner und im anderen Falle (Abb. 390b) größer als die wirksame Öffnung des Objektivs ist. Der Abstand e des Schlitzes von der Platte ist in beiden Fällen gleich groß, damit ein auf eindeutigen Voraussetzungen aufgebauter Vergleich möglich ist.

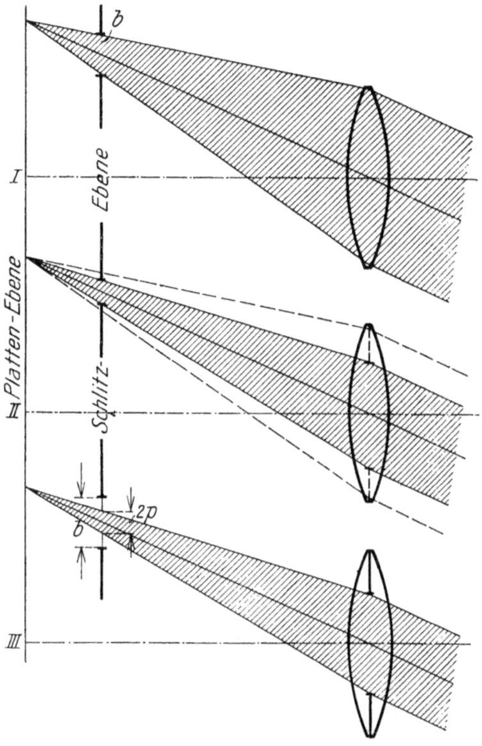

Abb. 389. Beziehung zwischen der Schlitzbreite b und dem Öffnungsverhältnis des Objektivs. I) Die Schlitzbreite b und der Durchmesser $2p$ des Lichtstrahlenbündels in der Schlitzebene sind gleich groß, daher volle Ausnutzung des Objektivs. II) Die Schlitzbreite b ist kleiner als $2p$; durch den Schlitz geht nur der schraffierte Teil des Lichtstrahlenbündels hindurch: das Objektiv wird indirekt abgeblendet. III) Die Schlitzbreite b ist größer als $2p$; man könnte mit größerer Objektivblende oder mit schmälerem Schlitz arbeiten

Ein Blick auf Abb. 390a lehrt, daß im ersten Falle die von den Rändern des Objektivs kommenden Strahlen im Vergleich zu allen vom Objektiv kommenden Strahlen sehr wenig wirksam sind; bei schmalen Schlitzen können allerdings die sogenannten „Halblichter“ gegenüber dem „Kernlicht“ ins Gewicht fallen. Der Endeffekt ist der, daß ähnlich wie bei Verschlüssen vor oder hinter dem Objektiv Teile der Platte bereits Licht bekommen, ehe die Hauptmenge des durch das Objektiv gehenden Lichtes wirkt, oder noch Licht bekommen, wenn die Hauptmenge des Lichtes schon nicht mehr wirkt.

Das bedeutet, daß die Bewegung eines Gegenstandes während der ganzen Zeit, während welcher ein Plattenteil Licht erhält, abgebildet wird, daß aber während dieser Zeit nicht die ganze Lichtmenge wirkt. Der Nutzeffekt ist kleiner geworden als im Idealfall.

Betrachtet man also nicht allein die einfachen Vorgänge bei der Belichtung eines einzelnen, z. B. auf der optischen Achse gelegenen Bildpunktes F, sondern eine ganze durch die jeweilige Spaltbreite des Schlitzverschlusses belichtete Zone, so ergibt sich eine neue und wichtige Sachlage; bezeichnet (vgl. Abb. 390)

RR die Ebene der Platte, $S_1S_2 = b$ die Breite des Schlitzes, der mit der Geschwindigkeit v abläuft, und, wie bisher, e den Abstand desselben von der Ebene RR, so lassen sich die Beziehungen dieser Größen auch für diesen Fall rechnerisch festlegen; insbesondere läßt sich das Verhältnis zwischen jenen Lichtmengen ermitteln, von denen die eine das Kernlicht, die andere die Halblichter auf der Platte hervorruft.

Bezeichnet d die wirksame Öffnung des Objektivs OP (vgl. Abb. 390), welche die Basis aller Lichtkegel ist, deren Spitzen in der Platte RR liegen, und S_1S_2 eine solche Stellung des Schlitzes, daß seine Kanten S_1 und S_2 von der optischen Achse, welche die Platte im Punkte F schneidet, gleich weit entfernt sind, so entsteht durch die eingezeichneten von den Rändern der wirksamen Öffnung zu den Rändern des Schlitzes laufenden Strahlen auf der Platte ein Lichtband $CABD$, dessen Intensität nicht gleichmäßig ist. Das Licht wirkt zwischen C und D auf irgendeinen Punkt so lange, als der Vorübergang des Lichtstreifens dauert. Diese Lichtwirkung ist nur zwischen A und B eine vollständige; während der Öffnungsperiode $C-A$ und der Schließperiode $B-D$ ist sie unvollständig, weil in den schraffiert gezeichneten Bereichen S_1AC und S_2BD (vgl. Abb. 390a) nicht alle Strahlen an der Bilderzeugung beteiligt sind.

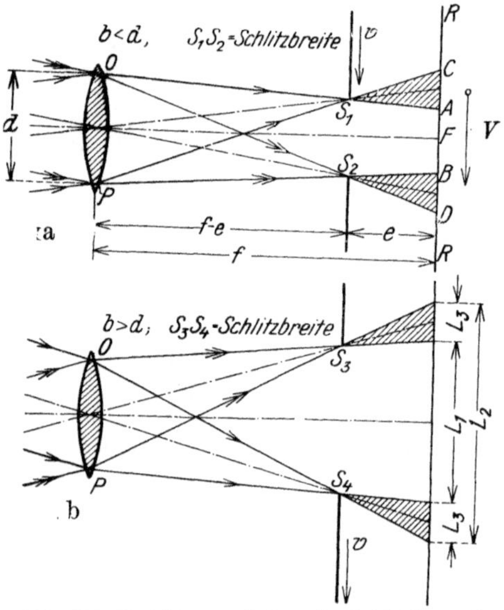

Abb. 390. Beziehung zwischen der Schlitzbreite b und der Öffnung des Aufnahmeobjektivs bei konstantem Abstand e des Schlitzes von der Bildebene. a) die Schlitzbreite $b = S_1S_2$ ist kleiner als die wirksame Öffnung d des Objektivs. b) Die Schlitzbreite $b = S_3S_4$ ist größer als die wirksame Öffnung d des Objektivs. f Brennweite des Objektivs, e Abstand des Schlitzes von der Bildebene RR; $f-e$ Abstand des Schlitzes von der Hauptebene des Objektivs

Vorausgesetzt, daß der Gegenstand weit entfernt liegt (so daß die Bildweite gleich der Brennweite f ist, vgl. Abb. 390), lassen sich die uns interessierenden Größen wie folgt errechnen:

$$AC : d = e : (f - e) \text{ und } AC = BD = \frac{e \cdot d}{f - e}$$

(Halblichter mit der Wirkung L_3), ferner:

$$AD : b = f : (f - e), \text{ woraus } AD = \frac{b \cdot f}{f - e}.$$

Der Streifen AB mit vollständiger Lichtwirkung L_1 ergibt sich demnach als Differenz:

$$AB = AD - BD = \frac{b \cdot f}{f - e} - \frac{e \cdot d}{f - e} = \frac{1}{f - e}(b \cdot f - e \cdot d).$$

Der Streifen CD mit totaler Wirkung L_2 ergibt sich als Summe der Größe AD und AC:

$$CD = \frac{b \cdot f}{f - e} + \frac{e \cdot d}{f - e} = \frac{1}{f - e} \cdot (b \cdot f + e \cdot d).$$

Vergleicht man die Werte AC bzw. BD, die in Abb. 390 b mit L_3 bezeichnet sind, mit dem Werte AB (L_1), so zeigt sich, daß bei großer Schlitzbreite die sogenannten Kernlichter im Verhältnis zu den Halblichtern einen größeren Raum einnehmen, was als Vorteil bezeichnet werden muß.

Es ist nun klar, daß die Wirkungsdauer dieser verschiedenen Perioden von der Geschwindigkeit abhängt, mit welcher sich das Lichtband CD über die Platte bewegt; wird mit v die Geschwindigkeit des Schlitzes $S_1 S_2$ und mit V jene des Lichtbandes bezeichnet, oder mit anderen Worten: ist v die Geschwindigkeit des Schlitzpunktes S_1 und V jene des Bildpunktes C, so gilt die Beziehung $v : V = (f - e) : f$ und hieraus: $V = v \cdot \frac{f}{f-e}$. Während die kleine Strecke CD durchlaufen wird, soll diese Geschwindigkeit V konstant sein; die Belichtungszeit ist dann:

$$t = \frac{CD}{V} = \frac{1}{f-e} \cdot (b \cdot f + e \cdot d) : v \cdot \frac{f}{f-e} \quad \text{oder} \quad t = \frac{b \cdot f + e \cdot d}{v \cdot f}.$$

Diese Zeit, die von einer Zone zur anderen wechseln kann, wird die lokale Belichtungszeit genannt; von ihr hängt, wie bereits an anderer Stelle erwähnt wurde, die Schärfe der Bildeinzelheiten ab.

Im Gegensatz dazu wird als totale oder Gesamtbelichtungszeit T jene bezeichnet, welche von dem Moment an verfließt, wo die Belichtung der Platte beginnt, bis zu dem Augenblick, wo sie endigt, d. i. also die Zeit zwischen dem Augenblick, in welchem der Streifen $C - D$ gewissermaßen in die Platte eintritt, und jenem, in welchem er die Platte verläßt. Wie auf S. 457 bemerkt wurde, hängt von dieser totalen Gesamtbelichtungszeit der Grad der Verzerrung in den Bildern rasch bewegter Gegenstände ab.

Bezeichnet c die Breite der Platte, so ergibt sich die totale oder Gesamtbelichtungszeit aus der Formel:

$$T = \frac{c + CD}{V}.$$

Zusammenfassend sei wiederholt, daß bei Verwendung von Schlitzverschlüssen die Belichtung eines Punktes der Platte dann beginnt, wenn die untere Kante des nach abwärts bewegten Schlitzes in den Lichtkegel eintritt, dessen Basis die wirksame Öffnung des Objektivs und dessen Spitze der belichtete Punkt ist, und dann endet, wenn die obere Kante des Schlitzes diesen Kegel gerade verläßt. Dieser Punkt ist voll beleuchtet, so lange der erwähnte Lichtkegel zur Gänze durch den Schlitz hindurchtreten kann, was um so länger der Fall ist, je breiter der Schlitz und je kleiner dessen Abstand von der photographischen Platte ist.

Die Belichtung steigt also von Null zu einem Maximum, bleibt je nach der Schlitzbreite kürzere oder längere Zeit gleich groß und sinkt dann wieder zu Null herab; wie aus den früheren Erläuterungen bezüglich des Idealverschlusses hervorgeht, hätte sie den Maximalwert, wenn der Schlitz unmittelbar an der Platte vorbeigeführt werden könnte, denn in diesem Falle würde die relative bzw. lokale mit der absoluten oder totalen Belichtungszeit zusammenfallen.

Ein besonderer Fall tritt ein, wenn bei Schlitzverschlußkameras mit Ansatz die Hinterlinse eines Doppelanastigmaten, eine Vorsatzlinse oder ein Teleobjektiv verwandt werden soll, wobei die Bildebene um ein Beträchtliches von der Verschlußebene entfernt wird. Auf der Mattscheibe des Kameraansatzes entsteht ein Lichtband, dessen Breite eine Funktion der Schlitzbreite, des Schlitzabstandes von der Mattscheibe und der Objektivöffnung ist.[1]

[1] Vgl. W. Schmidt, ZS. f. wiss. Phot. 1904, S. 352 und 1905, S. 218 sowie K. Martin, Atel. d. Phot. 1904, S. 153.

Ist die Platte etwa doppelt soweit vom Objektiv entfernt als der Verschluß, so läuft dieser Lichtstreifen mit der doppelten Geschwindigkeit des Schlitzverschlusses über die Platte; die sich unter diesen Umständen ergebende Geschwindigkeit des Verschlusses läßt sich berechnen, indem man die bekannte Verschlußgeschwindigkeit mit der Hälfte eines Quotienten multipliziert, dessen Zähler die gemessene Breite des Lichtbandes auf der Mattscheibe und dessen Nenner die Breite des Schlitzes ist. Tabelle 60 zeigt, daß beim Arbeiten mit der Hinterlinse ungefähr die doppelt so große Breite des Schlitzes nötig ist als beim Doppelobjektiv, bzw. daß eine Abblendung des Objektivs auf etwa die Hälfte eintritt, wenn die Schlitzbreite beibehalten wird.

Tabelle 60. Beziehung zwischen der Schlitzbreite und dem Öffnungsverhältnis bei Verwendung der Hinterlinse eines Objektivs $f = 13{,}5$ cm bzw. des ganzen Objektivs

Doppelobjektiv	1:1,8	1:2,7	1:3,2	1:4,5	1:5,5	1:6,3	1:9	1:12	1:18
Schlitzbreite	36,5	25	21	15	12,2	10,7	7,5	5,4	3,75
Hinterlinse	1:3,5	1:5,5	1:6,3	1:9	1:11	1:12,5	1:18	1:25	1:36

In der ersten Reihe stehen die Öffnungsverhältnisse des Doppelobjektivs, in der dritten Reihe die Öffnungsverhältnisse für die Hinterlinse, welche etwa halb so groß sind. Bei Benützung der Hinterlinse (und eines Kameraansatzes) zeigt sich (wie eine ganz einfache Überlegung ergibt), daß die Strahlenkegel an der Stelle des Schlitzes stets ungefähr halb so groß als der Durchmesser der freien Öffnung des Objektivs bzw. der jeweiligen Blende sind; die Folge davon ist, daß die in solchen Spezialfällen verwendete Schlitzbreite nie kleiner sein darf als die Hälfte des absoluten Wertes der jeweiligen Blende bzw. der freien Objektivöffnung.

c) Lichtausnutzung bzw. Wirkungsgrad η. Als Lichtausnutzung oder Wirkungsgrad bezeichnet man das Verhältnis zwischen der wirklich ausgenutzten Lichtmenge und jener Lichtmenge, welche im Idealfalle während der Periode vollständiger Lichtwirkung bei voller Öffnung wirken würde; es sei bezüglich dieser Begriffe nochmals auf die Abb. 390 hingewiesen, wo AB bzw. L_1 jenen Streifen bezeichnet, der die Periode voller Lichtwirkung im Gegensatz zu den Streifen AC und BD bzw. L_3 darstellt, welche vom Objektiv nur teilweise Licht erhalten, und zwar um so weniger, je weiter diese Streifen von der optischen Achse entfernt liegen. Die Lichtausnutzung ist daher um so besser, je kürzer die Perioden $AC = BD$ im Verhältnis zur ganzen Periode CD sind.

Die Abb. 390 a und b lassen dies deutlich erkennen; während bei Abb. 390 a der Schlitz $S_1S_2 = b$ kleiner ist als die freie Objektivöffnung d, ist in Abb. 390 b das Umgekehrte der Fall: S_3S_4 ist größer als d; der absolute Wert der Zonen unvollständiger Lichtwirkung fällt daher, wenn $d > b$, viel störender ins Gewicht, als wenn $d < b$.

Der Wirkungsgrad bzw. die Lichtausnutzung η eines Schlitzverschlusses ist der Schlitzbreite b und der Objektivbrennweite f direkt, der Objektivöffnung d sowie dem Abstand e des Schlitzes von der Platte umgekehrt proportional; um den Wirkungsgrad η zu erhöhen, muß e so klein wie möglich werden. Der Wert 1 würde für η erreicht werden, wenn $e = 0$, d. h. wenn die Ebene des Schlitzes und der Platte zusammenfielen; mathematisch lassen sich diese Beziehungen durch die Formeln ausdrücken, die auf S. 459 angegeben sind.

A. Klughardt stellt in der bereits zitierten Arbeit (vgl. Anm. 2 auf S. 457) für die Schlitzbreiten 50, 25 und 5 mm eine Durchrechnung an und kommt dabei zu folgenden Ergebnissen:

α) Mit zunehmender Entfernung der Ebene des Verschlusses von der Plattenebene wächst bei gleichbleibender Schlitzgeschwindigkeit und Schlitzbreite die Gesamtdauer der Belichtungszeit.

β) Die Gesamtlichtmengen, die während der Gesamtbelichtungszeiten auf die einzelnen Plattenpunkte einwirken, sind bei allen Stellungen des Verschlusses zur Einstellebene gleich groß; selbst bei solchen Schlitzbreiten und bei solchen Stellungen des Schlitzes, bei denen die der relativen Öffnung des Objektivs entsprechende maximale Lichtmenge in keinem Zeitpunkt zur Wirkung gelangt, besteht keine Abweichung von der Größe der Gesamtlichtmenge in der Idealanordnung ($e = 0$).

γ) Die an sich gleichen Lichtmengen wirken auf um so längere Zeit verteilt, je weiter der Verschluß von der Plattenebene entfernt ist.

In Abb. 391 ist der Wirkungsgrad eines Schlitzverschlusses für vier verschiedene Werte von e und verschiedene Schlitzbreiten von 0 bis 40 mm eingetragen; der günstigste Fall, nämlich $\eta = 1$, d. i. eine Ausnutzung von 100%, tritt ein, wenn der Abstand des Schlitzes von der Platte gleich Null ist; in diesem Falle ist der absolute Wert der Schlitzbreite ohne Einfluß.

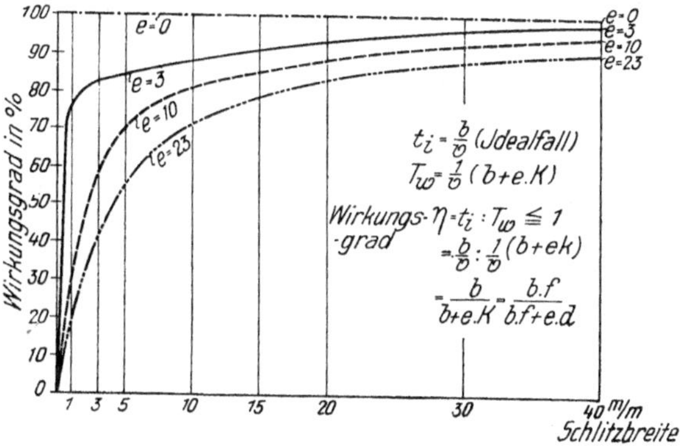

Abb. 391. Wirkungsgrad des Schlitzverschlusses bei verschiedenen e-Werten. In den Formeln bedeuten: b die Schlitzbreite, e den Abstand zwischen Schlitz- und Bildebene, f die Brennweite, d die wirksame Öffnung des Objektivs, $k = \frac{d}{f}$; v die Verschlußgeschwindigkeit. $e = 0$ Idealfall; $e = 3$ mm, $f = 120$ mm, $k = 1:4{,}5$; $e = 10$ mm, $f = 260$ mm, $k = 1:5{,}7$; $e = 23$ mm, $f = 260$ mm, $k = 1:5{,}7$

Der relative Wirkungsgrad ist:

$$\frac{1}{\eta} = \frac{b \cdot f + e \cdot d}{b \cdot f} = 1 + \frac{e \cdot d}{b \cdot f}.$$

Der Wert $\frac{e}{f}$ ist bei jedem Schlitzverschluß eine Konstante, so daß in obiger Formel der Quotient aus Objektivöffnung d und Schlitzbreite b ausschlaggebend ist. Je kleiner $\frac{d}{b}$ wird, desto mehr nähert sich die wirkliche Belichtungszeit der ideellen; bei raschen Momentaufnahmen wird, da $\frac{d}{b}$ groß sein muß, der Wirkungsgrad am ungünstigsten.

d) Die Verzerrung. Ein Nachteil des Schlitzverschlusses vor der Platte ist die bei gewissen Aufnahmen auftretende Verzerrung der Bilder; sie ist eine natürliche Folge davon, daß die Platte nicht auf einmal, sondern streifenweise fortschreitend belichtet wird. Die Verzerrung tritt manchmal kaum in Erscheinung, in anderen Fällen — insbesondere bei relativ großen Geschwindigkeiten des Gegenstandes — zeigt sie sich sehr deutlich; vor allem bei Aufnahmen senkrecht zur Bewegungsrichtung des Objekts aus kurzer Entfernung besteht die Gefahr der Verzerrung des Bildes. Ein Beispiel wird das Gesagte erläutern:

Bei einer Schlitzverschlußkamera vom Format 9×12 cm hat die vom Rouleau durchlaufene schmale Seite der Platte eine Breite von 90 mm; unter der Voraussetzung, daß mit einem Spalt von 3 mm Breite gearbeitet wird, sei die totale Belichtungszeit $^1/_{25}$ Sekunde, d. i. diejenige Zeit, die der Spalt benötigt, um die ganze Strecke von 90 mm zu durchlaufen. Die Belichtung der ganzen

Platte erfolgt also durch $90 : 3 = 30$ aufeinanderfolgende Teilbelichtungen von je $^1/_{25} \times {}^1/_{30} = {}^1/_{750}$ Sekunde. Daraus läßt sich folgern, daß unter Umständen eine Fortbewegung des Gegenstandes während der Zeit eingetreten sein kann, die der Spalt benötigt, um vom obersten Plattenelement zum untersten zu gelangen, und daß, wenn die Geschwindigkeit des Verschlusses im Verhältnis zu der des Gegenstandes gering ist, auch die Abbildung des letzteren nicht geometrisch richtig sein kann. Betrachtet man den in der Praxis am häufigsten vorkommenden Fall, daß sich der Verschluß in der Vertikalen von oben nach unten, das Objekt hingegen in der Horizontalen bewegt, so folgt, daß z. B. die Abbildung einer geraden, vertikal verlaufenden Linie um so besser wird, je größer die Geschwindigkeit des Schlitzverschlusses ist; wie Abb. 392 zeigt, ergibt sich die jeweilige Richtung und Größe des Bildes der vertikal verlaufenden Linie als Resultierende eines Geschwindigkeitsparallelogramms, dessen Komponenten die Geschwindigkeit des Verschlusses bzw. des Bildes sind. Die Richtung des Bildes ist abhängig von der Bewegungsrichtung des Gegenstandes. Würde der Schlitz im entgegengesetzten Sinne ablaufen, so ergäbe sich zunächst eine Umkehrung der Bewegungsrichtung; auch in diesem Falle tritt eine Verzerrung, ein, und zwar ist diese genau so groß wie früher, wenn die absoluten Werte der Geschwindigkeiten wie vorher zugrunde gelegt werden. Da es nicht gleichgültig ist, auf welche Weise eine bestimmte Belichtungsdauer erzielt wird, so spielt dieser Umstand bei der jeweilig auftretenden Verzerrung eine wesentliche Rolle und ist von entscheidendem Einfluß auf den absoluten Wert desselben. Man kann ein und dieselbe Belichtungsdauer mit breitem Spalt und starker Federspannung wie auch mit schmalem Spalt und geringerer Federspannung erzielen. Um die Gesamtbelichtung der Platte möglichst abzukürzen und damit die Verzerrung auf ein Minimum zu reduzieren, empfiehlt es sich, die Zeitdifferenz zwischen der Belichtung des ersten und letzten Plattenelementes so klein wie nur möglich zu halten; dies wird durch Wahl eines möglichst breiten Schlitzes bei relativ großer Federspannung erreicht. Bei dieser Gelegenheit sei daran erinnert, daß die Regulierung der Belichtungszeit durch Veränderung der Spaltbreite viel empfehlenswerter und sicherer ist als durch Veränderung der Federspannung; die Spaltbreite ist eine jederzeit kontrollierbare Größe, wogegen man sich bei der Federspannung auf meist unkontrollierbare Angaben verlassen muß, da die Feder verschiedenen äußeren Einflüssen und der Abnutzung unterworfen ist.

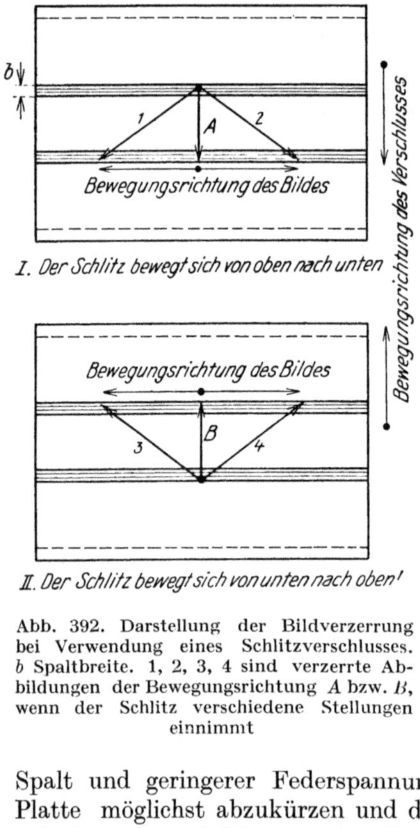

Abb. 392. Darstellung der Bildverzerrung bei Verwendung eines Schlitzverschlusses. *b* Spaltbreite. 1, 2, 3, 4 sind verzerrte Abbildungen der Bewegungsrichtung *A* bzw. *B*, wenn der Schlitz verschiedene Stellungen einnimmt

Zieht man nun in Erwägung, daß der Schlitzverschluß je nach Haltung der Kamera nicht nur in vertikaler, sondern auch in horizontaler Richtung ablaufen kann, so ist damit eine weitere Gelegenheit gegeben, sich der jeweiligen Richtung des bewegten Gegenstandes bzw. der Richtung seines Bildes anzupassen; unter der Annahme einer bestimmten Bewegungsrichtung des Gegenstandes (vgl. Abb. 393) ergeben sich, wenn man vier verschiedene Richtungen für den Schlitzablauf annimmt (vgl. Abb. 393), ebensoviele Grade der Verzerrung. Es liegt demnach in der Hand des Aufnehmenden, im gegebenen Augenblick die richtige Stellung des Schlitzes zu wählen, wobei er allerdings die durch die veränderte Kameralage bedingte Unannehmlichkeit beim Auslösen des Verschlusses bzw. den Einfluß der Kameralage auf die Ungleichmäßigkeit des Schlitzablaufes in Kauf nehmen muß.

Der günstigste Fall tritt dann ein, wenn die Bewegungsrichtung des Schlitzes und des Bildes einander entgegengesetzt sind, weil für jeden Punkt des Bildes eine Abkürzung der Belichtung stattfindet, doch ist auch hier das Verhältnis von Wichtigkeit, in welchem die absoluten Werte der beiden Geschwindigkeiten stehen.

Da die Verzerrung durch den Schlitzverschluß nur bei Aufnahmen außerordentlich rasch bewegter Gegenstände oder solcher, die sich in sehr geringer Entfernung vom Objektiv befinden, deutlich in Erscheinung tritt, braucht ihr bei Aufnahmen gewöhnlicher Art keine zu große Bedeutung beigelegt werden; handelt es sich um das exakte Studium bzw. die Wiedergabe besonders rasch verlaufender Bewegungsvorgänge, ist Abwägung aller jener Umstände geboten, die zur Erzielung einer Höchstleistung verhelfen.

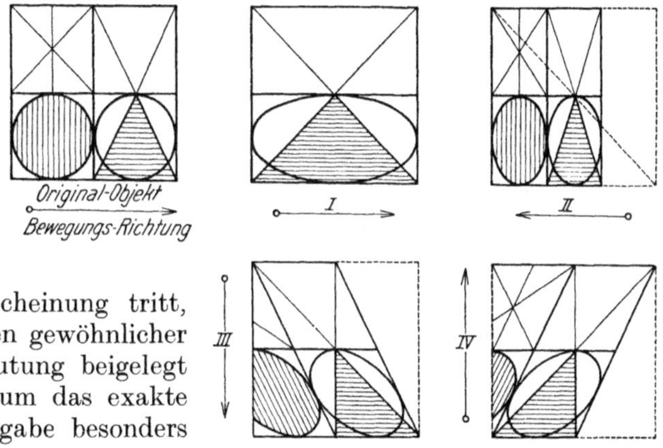

Abb. 393. Verzerrung des Bildes eines Kreises beim Ablauf eines Schlitzverschlusses. Die Pfeile in den Teilbildern I bis IV deuten die verschiedenen Ablaufrichtungen des Schlitzes an. Die Bewegungsrichtung des Gegenstandes (links oben) bleibt ungeändert

Inwiefern auch der Grad der zulässigen Bildunschärfe bzw. der Abbildungsmaßstab bei der Verzerrung eine Rolle spielt, geht aus folgendem Beispiel hervor:

Die Länge eines mit 72 km in der Stunde (d. i. 20 m in der Sekunde) sich fortbewegenden Gegenstandes sei 6 m, seine Höhe 2 m; soll die Aufnahme dieses Gegenstandes senkrecht zu seiner Bewegungsrichtung mit einer 9×12 cm-Kamera so erfolgen, daß sein Bild die Platte halb ausfüllt, also 6 cm lang wird, dann ist der Abbildungsmaßstab 1 : 100.

Unter Voraussetzung einer Spaltbreite von 3 mm ergibt sich bei einer Gesamtbelichtungszeit von $^1/_{25}$ Sek. für jeden Plattenstreifen von 3 mm eine tatsächliche Belichtungszeit von $^1/_{750}$ Sekunde; während dieses Zeitraumes bewegt sich der Gegenstand also um $20 : 750 = 0{,}027$ m $= 2{,}7$ cm weiter fort. Da der Abbildungsmaßstab $^1/_{100}$ beträgt, wird die Bewegungsunschärfe im Bilde nur 0,027 cm, d. i. etwa $^1/_{40}$ mm, betragen, ein Wert, der im allgemeinen vernachlässigt werden kann (vgl. S. 330).

Auf Grund des errechneten Abbildungsmaßstabes 1 : 100 wird das Bild des Gegenstandes nur 2 cm hoch sein; zum Durchlaufen dieses Weges braucht der Verschlußspalt von 3 mm Breite $\frac{20}{3} \cdot \frac{1}{750} = \frac{1}{112}$ Sekunde. Während dieses Zeitraumes bewegt sich der Gegenstand um $20000 : 112 = 180$ mm $= 18$ cm fort; daraus folgt, daß in der Abbildung die Verzerrung nur 1,8 mm beträgt oder mit andern Worten: das Bild des Gegenstandes ist jetzt 61,8 mm lang.

Es ist selbstverständlich, daß bei Verwendung eines Zentralverschlusses mit einer wirklichen Höchstgeschwindigkeit von $^1/_{250}$ Sekunde unter obigen Voraussetzungen eine wesentlich größere Unschärfe auftreten würde, so daß der Schlitzverschluß für derartige Spezialfälle trotz der durch ihn hervorgerufenen Verzerrung seinen Platz nach wie vor behaupten wird.

e) Ungleichmäßige Geschwindigkeit. In vielen Fällen ändert sich die Geschwindigkeit der Rouleaus von Schlitzverschlüssen während des Ablaufes, und zwar einerseits infolge der Trägheit, andererseits infolge der beim Beginn der Bewegung zweifellos ungünstigeren Reibungsverhältnisse; Verain und G. Labussière haben im Jahre 1918 Messungen an einer Fliegerkamera im Format 18 × 24 cm ausgeführt und nachgewiesen, daß die Anfangsgeschwindigkeit des Rouleaus nur halb so groß als die Geschwindigkeit am Ende der Bewegung war. Um die nachteiligen Folgen dieser ungleichmäßigen Bewegung aufzuheben, war bereits früher vorgeschlagen worden, die Breite des Schlitzes während dessen Ablaufs zu verändern, um auf diese Weise eine gleichmäßige Belichtung der einzelnen Teile der Platte zu erreichen; diese Maßnahme hat sich nicht bewährt.

Offenbar ist die Untersuchung des Verlaufes der Geschwindigkeit sehr wichtig; wenn es sich darum handelt, durch Versuche festzustellen, ob der Schlitz mit konstanter Geschwindigkeit abläuft, ist die Versuchsmethode mit Verwendung eines elektrischen Funkens sehr zuverlässig. Dreht man eine Influenzmaschine von entsprechender Leistungsfähigkeit längere Zeit mit gleichförmiger Geschwindigkeit, so folgen die Funken zwischen den (nahe gestellten) Elektrodenkugeln einander mit sehr großer Regelmäßigkeit. Befestigt man nun die Kamera vor der Funkenstrecke derart, daß der Funke die ganze Mattscheibe beleuchtet und macht dann eine Aufnahme unter Verwendung des zu untersuchenden Verschlusses, so erhält man ein System von parallelen Schlitzbildern, deren Ränder wegen der außerordentlich kurzen Dauer der Funken sehr scharf sind. Die Versuche haben gezeigt, daß die Geschwindigkeit des bei der Prüfung benutzten Schlitzverschlusses keineswegs eine Konstante war und besonders gegen das Ende der Belichtung stark zugenommen hat.

134. Die Entwicklungsstufen des Schlitzverschlusses. Der Schlitzverschluß vor der Platte wurde, nachdem sich bereits im Jahre 1882 H. Farmer einer Form desselben bei der Momentphotographie mit Erfolg bedient hatte, zweifellos zuerst von Ottomar Anschütz aus Lissa in Posen in einer für die Praxis brauchbaren Form hergestellt und auf den Markt gebracht;[1] in dem Sitzungsbericht des Vereins zur Förderung der Photographie in Berlin vom 6. Oktober 1882 heißt es wörtlich:

„Herr Anschütz in Poln.-Lissa übersendet dem Verein als Geschenk eine Anzahl Momentbilder in Kabinettformat, aufgenommen mit einem Dallmeyer-Objektiv unter Benutzung eines nach eigener Angabe konstruierten Momentverschlusses. Die Bilder, welche zur Zeit des Manövers aufgenommen sind, zeigen meistens durch die Stadt marschierende Soldaten aller Truppengattungen. Sehr interessant ist das eine, auf welchem man den Kronprinzen in einem zweispännigen Wagen erblickt, das, trotzdem er im Trabe dahinfährt, doch ziemlich scharf ist. Die Durcharbeitung der Bilder läßt nichts zu wünschen übrig. Die Versammlung erklärt dieselben für ausgezeichnet schön.“

[1] Vgl. Guido Seeber, Phot. Ind. 1926, S. 529, sowie Eders Jahrb. f. Phot. u. Reprod. 1891, S. 392.

Durch die Arbeiten des Photographen Ottomar Anschütz wurde die Momentphotographie auf eine früher für unerreichbar gehaltenen Stufe der Vollkommenheit gebracht. Anschütz hat sich durch seine Leistungen auf dem Gebiete der Momentphotographie einen bedeutenden Ruf erworben und Erfolge erzielt, wie keiner vor ihm. Während der Amerikaner E. Muybridge und der französische Physiologe Marey bei ihren Momentaufnahmen nur schwarze Silhouetten erhielten, gelang Anschütz auch die Wiedergabe von Einzelheiten in den Halbtönen; die Wichtigkeit der Arbeiten anerkennend, hat der damalige Preußische Kultusminister dem Photographen Ottomar Anschütz eine außerordentliche Beihilfe aus Staatsmitteln gewährt und ihn dadurch in den Stand gesetzt, sich besondere Apparate für seine Arbeiten anfertigen zu lassen. Im nachstehenden soll ein kurzer Überblick über die Entwicklung der Anschützschen Verschlüsse gegeben werden.

Anschütz erhielt im Jahre 1888 das D. R. P. Nr. 49919, dessen erster Schutzanspruch lautet:

„Photographische Kamera, bei welcher in gleicher kürzester Entfernung von dem lichtempfindlichen Präparat eine Jalousie vorbeigleitet und die Expositionszeit durch die Größe einer Öffnung in der Jalousie geregelt wird, die mittels Verkürzung oder Verlängerung einer Schnur enger oder weiter zu stellen ist."

Zwei weitere Patente (D. R. P. Nr. 53164 und Nr. 54285), die als Ergänzungen zum Hauptpatent erteilt wurden, seien der Vollständigkeit wegen erwähnt. Aus dem angeführten Schutzanspruch geht mit Deutlichkeit hervor, daß die Belichtung mit Hilfe eines Rouleaus von verstellbarer Schlitzbreite der jeweiligen Helligkeit des Gegenstandes angepaßt werden konnte. Als Energiequelle für die Bewegung der beiden Rouleauhälften dienten Gummischnüre; die Auslösung erfolgte pneumatisch, d. h. mittels Gummiballs. Die Verstellung des Schlitzes wurde dadurch bewirkt, daß Schienen, durch welche die Kanten des in der Mitte quer durchgeschnittenen Rouleaus versteift wurden, mittels eines Schnürchens miteinander verbunden waren; durch die Verkürzung oder Verlängerung des Schnürchens wurde eine Verschmälerung oder eine Verbreiterung des Schlitzes erreicht.

Eines der wichtigsten Kennzeichen der Rouleauverschlüsse mit veränderlicher Schlitzbreite war schon einige Jahre später die Anordnung je einer Abwickel- und Aufwickelwalze für jeden Vorhang, zusammen also von vier Walzen, wofür verhältnismäßig viel Raum erforderlich war; es hat nicht an Versuchen gefehlt, in dieser Richtung Verbesserungen zu schaffen, und zwar dadurch, daß die beiden Abwickelwalzen auf die gleiche Achse gesetzt wurden, indem man die eine Walze ganz in das Innere der anderen verlegte.

Später wurde auch eine dreiteilige Welle vorgesehen, deren Mittelteil den einen Vorhang abwickelt, während die Seitenteile zwei den anderen Vorhang tragende Bänder abrollen (D. R. P. Nr. 79357 und 88853). Bei beiden Konstruktionen waren zwei getrennte Aufwickelrollen vorgesehen. Interessant ist auch eine ältere Ausführungsform, bei welcher drei auf einer Achse laufende Walzen vorgesehen waren, von denen die beiden Endwalzen sich im Innern der Mittelwalze bewegten und nur mit den Kopfenden etwas hervorragten, so daß die Bänder des oberen Rouleaus daran befestigt werden konnten, während die Mittelwalze das untere Rouleau aufnahm.

Bei den Rouleauverschlüssen der zuerst beschriebenen Art wurden die Schnüre, welche die beiden Rouleauteile verbinden, z. T. durch Verdrehen einer inner- oder außerhalb der einen Wickelwalze gelagerten Welle verstellt, um dadurch den von den beiden Rouleauhälften gebildeten Schlitz breit oder schmal zu stellen.

Eine eigentümliche Anwendungsform zweier getrennter Vorhänge in einem Schlitzverschluß ist etwa zu gleicher Zeit entstanden; ihr Kennzeichen war, daß die Breite des Schlitzes sich während der Belichtung stetig änderte. Dadurch wurde der Schlitz an der zu belichtenden Platte mit sich ändernder Geschwindigkeit vorbeigeführt, so daß bei Landschaftsaufnahmen die Platte für den Himmel weniger belichtet wurde als für den Vordergrund. Derartige in verschiedenen Formen auftauchende Konstruktionen waren für die spätere Praxis ohne Wert, tauchten aber eigentümlicherweise immer wieder auf.

L. L. Lewinsohn in Berlin erhielt etwa sechs Jahre nach Anschütz ein Patent, dessen Schutzanspruch einen Markstein in der Entwicklungsgeschichte des Schlitzverschlußbaues bildete: er verwandte als erster zwei mit Schlitzen versehene, aber übereinander liegende Rouleaus, welche zum Zweck der Belichtung gemeinsam, aber auch gegeneinander bewegt werden konnten, um die Breite des Schlitzes nach Belieben ändern zu können; dadurch wurde die etwas mühsame Handhabung des Schnürchens wesentlich vereinfacht und eine Einrichtung geschaffen, welche die Verstellbarkeit des Schlitzes über die ganze zu belichtende Fläche ermöglichte.

Abgesehen davon, daß jedes der beiden Rouleaus auf einer durch eine Feder zu spannenden Walze aufgewickelt werden konnte, war auch die Möglichkeit gegeben, die für die Belichtungsdauer maßgebende Rouleaugeschwindigkeit dadurch zu verändern, daß die eine Feder mehr oder weniger gespannt wurde; besonders letztere Einrichtung hat sich in nahezu unveränderter Form fast bei allen neuzeitlichen Apparaten erhalten.

Sehr bald stellte sich der Wunsch ein, zu verhindern, daß beim Aufziehen des Verschlusses Licht auf die Platte gelangt, d. h. die beiden Rouleaus so zu kuppeln, daß ihre zur Begrenzung des Belichtungsspaltes dienenden Kanten gar keinen Spalt mehr frei lassen, vielmehr zum Zwecke lichtdichten Abschlusses übereinander greifen; diese überaus wichtige Einrichtung wurde durch das D. R. P. Nr. 90399 geschützt, später beibehalten und fortgesetzt ausgebaut.

Etwa in das Jahr 1900 fällt die verbesserte Konstruktion eines derartigen Verschlusses mit verdecktem Aufzug und regelbarer Schlitzweite, bestehend aus zwei Gliedern, deren gegenseitige Lage behufs Änderung der Breite des Belichtungsspaltes regelbar ist und die sich außerdem selbsttätig so verstellen, daß, während sie gemeinsam aufgezogen werden, gar kein Spalt, während sie gemeinsam ablaufen, ein mehr oder weniger breiter Belichtungsspalt vorhanden ist; die betreffenden Einzelheiten der Erfindung wurden durch das D. R. P. Nr. 119788 geschützt. Später sind noch mehr ähnliche Ausführungsformen entstanden.[1]

Genau so wie bei Objektivverschlüssen spielt also auch bei Schlitzverschlüssen der verdeckte Aufzug eine bedeutende Rolle. Bei allen bisher beschriebenen Modellen bewegte sich der Schlitz ungefähr in der gleichen Ebene wie das Rouleau selbst, und zwar in einem mittleren Abstande von etwa 10 bis 15 mm von der lichtempfindlichen Platte; wie auf S. 460 eingehend dargetan wurde, ist diese relativ große Entfernung, besonders wenn große Schlitzbreiten verwandt werden, nicht immer nachteilig. Sobald es sich um Aufnahmen von Gegenständen handelt, die sich in außergewöhnlich schneller Bewegung befinden, wozu man relativ enge Schlitze benutzen muß, ist es Bedingung, daß der Schlitz — wenn nicht erhebliche Unschärfen eintreten sollen — möglichst nahe an der

[1] J. G. Siegrist verbesserte seinen Verschluß derart, daß die Spannung desselben durch Einschieben einer Wechselkassette in den zugehörigen Magazinraum erfolgte; der Spaltrahmen wurde dabei bereits in geschlossenem Zustand an der Platte vorübergeführt (vgl. D. R. P. Nr. 129585).

Platte vorbeigleitet. Auf Grund dieser Erkenntnis entstand im Jahre 1900 ein Rouleauverschluß mit konisch heraustretendem Schlitz, der ganz dicht an der Platte vorbeigeführt werden konnte. Der Schlitzrahmen war dabei in einem Rouleau so angeordnet, daß er gegen die Platte zu federte; auf diese Art konnte der Verschluß auch für Kassetten mit Schiebern verwendet werden. (Dr. RUD. KRÜGENER, D. R. P. Nr. 130997 und 137013.)

Die Einführung derartiger Verschlüsse stieß auf große praktische Schwierigkeiten, so daß dieselben bald wieder vom Markte verschwanden; ein ganz ähnliches Schicksal hatte der an sich wohl durchdachte Verschluß von J. G. SIEGRIST genannt SIGRISTE in Paris, der das gleiche Ziel anstrebte.[1]

Eine besondere Art von einfachen Schlitzverschlüssen, die noch heute im Gebrauch sind, entstand ebenfalls um die Jahrhundertwende, und zwar handelt es sich um solche, bei denen nur ein einziges entsprechend lang bemessenes Rouleau vorhanden ist, das mehrere Schlitze von verschiedener Breite besitzt; bereits durch die E. P. Nr. 6214 vom Jahre 1898 wurde ein solcher Verschluß bekannt, bei dem das Rouleau außer einem weiten für Zeitaufnahmen dienenden Schlitz noch einen solchen von geringerer Breite besaß. Bei diesem Verschluß konnte für kurze Momentaufnahmen nur der Schlitz von geringer Breite in Betracht kommen, mit welchem sich Verschiedenheiten in der Belichtungsdauer (entsprechend den jeweiligen Lichtverhältnissen) nur durch Änderung der Rouleaugeschwindigkeiten herbeiführen ließen; eine wesentliche Verbesserung war daher die Erfindung von R. HÜTTIG u. SOHN, Dresden, welche darin bestand, daß der Verschluß mehrere (d. h. mehr als zwei) Schlitze von verschiedener Breite besaß, von denen zwecks Erzielung von Momentbelichtungen verschiedener Dauer jeweilig nur einer durch das Bildfeld geführt wird (D. R. P. Nr. 127839). Vgl. auch D. R. P. Nr. 335970 für C. P. GOERZ A.-G. und D. R. P. Nr. 404041 für OTTO BERNDT.

Im Laufe der nun folgenden Zeit war eine Reihe zum Teil sehr interessanter und für die Praxis wertvoller Ausgestaltungen von Schlitzverschlüssen zu verzeichnen; so z. B. wurde die etwas unbequeme Art der Schlitzbreitenverstellung durch Verlängern bzw. Verkürzen der Verbindungsorgane (Operationen, die nur bei geöffneter Kamera, d. h. bei abgenommener Mattscheibe bzw. Kassette durchführbar waren) sehr bald durch eine Einrichtung besorgt, bei deren Anwendung diese Verstellung ohne Öffnen der Kamera von außen möglich war (EMIL WÜNSCHE AKT.-GES., 1901).

Die Firma HEINRICH ERNEMANN, Dresden, erhielt im Jahre 1901 ein Patent, dessen Erfindungsgedanke in der Anordnung eines Hilfsrouleaus bestand, welches einerseits mit einer besonderen Aufrollwalze, andererseits durch Bänder mit Aufzugrollen oder einer eigenen Aufzugwalze verbunden ist; das Hilfsrouleau kann durch die Aufzugrollen bzw. die Aufzugwalze mit der Aufzugsvorrichtung des Hauptrouleaus gekuppelt, aber auch von der Aufzugsvorrichtung abgekuppelt werden. Im letzteren Falle bleibt das Hilfsrouleau auf seiner Walze aufgewickelt und wirkt bei der Tätigkeit des Verschlusses überhaupt nicht mit, im ersteren Falle wird das Hilfsrouleau mit dem Hauptrouleau derart gekuppelt, daß es die Öffnung des Hauptrouleaus zu einem bald engen, bald weiten Schlitz verkleinert, so daß sich durch gemeinsamen Antrieb beider Rouleaus kürzere Momentbelichtungen bewerkstelligen lassen.

Von wesentlicher Bedeutung war begreiflicherweise von Anfang an die Art der direkten oder indirekten Kupplung der beiden Schlitzverschlußhälften; eine Reihe zum Teil sehr geistreicher Erfindungen ist auf diesem für die Ent-

[1] Vgl. ZS. f. wiss. Phot. 1903, S. 116.

wicklung des Schlitzverschlusses außerordentlich wichtigen Gebiet zu verzeichnen, deren Wesen am besten an Hand der einschlägigen Patentliteratur in chronologischer Reihenfolge verfolgt werden kann. (Vgl. die D. R. P. der Klasse 57a, Gruppe 26, 27 und 28.) Es sind um das Jahr 1901 noch heute bewährte Konstruktionen bekannt geworden, bei denen die zum Einstellen der Schlitzweite dienenden, an der Schlitzkante des einen Vorhangteiles angebrachten Bänder durch Ösen an der Schlitzkante des anderen Vorhangteiles hindurchgeführt und auf der Aufwickelwalze des zugehörigen Vorhangteiles im gleichen Sinne wie das Vorhangtuch selbst aufgewickelt werden. Damit eine Verstellung der Schlitzweite möglich ist, ist die Walze dreiteilig und zwar derart gestaltet, daß die beiden die Bänder aufnehmenden Randteile gegen den das Vorhangtuch aufnehmenden Mittelteil verdrehbar sind. Bei der Spannung und beim Ablauf des Verschlusses werden diese Teile miteinander gekuppelt, so daß sie gemeinsam ablaufen.

G. A. PICKARD in Altrincham ersetzte die beschriebene Anordnung durch eine solche, die ohne jede Kupplung arbeitete; die Walze, auf der Vorhangtuch und Bänder aufgewickelt sind, ist hier einteilig. Die Verstellung der Schlitzweite bei gespanntem Verschluß wird dadurch ermöglicht, daß Bänder und Tuch in entgegengesetzter Richtung auf der Walze aufgewickelt sind, und zwar erfolgte die Verstellung durch einfache Drehung der Walze, die gewissermaßen nur als Einstellwalze diente, während als Aufwickelwalze eine sie umgebende Hohlwalze benutzt wurde, welche einen Schlitz für den Durchtritt von Vorhangtuch und Bändern besaß (D. R. P. Nr. 145275).

Beachtenswert war auch eine Vorrichtung zum Verstellen der Schlitzweite an Rouleauverschlüssen mit durch Bandzüge gegeneinander beweglichen Rouleauhälften, bei denen in den Bandzügen Schleifen gebildet waren, deren Länge durch Verstellung der Knickstellen verändert werden konnte.

Bei einem anderen Rouleauverschluß mit verstellbarer Schlitzweite, bei dem das eine Rouleau an den Tragbändern des anderen befestigt wird, ist eine Klemmvorrichtung vorgesehen, die beim Spannen des Rouleaus die Tragbänder zur Bildung des Schlitzes durchgleiten läßt, sobald die Randleiste des unteren Rouleaus gegen Anschläge stößt, und die bei Beendigung des Ablaufes auf Keile aufläuft, welche die Klemmvorrichtung so weit öffnen, daß die Tragbänder frei hindurchgehen können, um den Schlitz zu schließen, bevor eine erneute Spannung des Verschlusses vorgenommen wird.

In der Patentschrift D. R. P. Nr. 180722 ist eine andere Klemmvorrichtung für Rouleauverschlüsse beschrieben, bei denen das eine Rouleau an den Tragbändern des anderen befestigt wird; dieser Verschluß ist dadurch gekennzeichnet, daß die Reibung in den Durchtrittstellen der Schnüre am größten ist, wenn die zu beiden Seiten jeder Klemmvorrichtung liegenden Schnurenden in einer geraden Linie liegen; die Reibung nimmt wieder ab, sobald das ziehende Schnurende infolge der Aufwicklung auf die Trommel so abgebogen wird, daß es von einer Reibungsstelle der Klemmvorrichtung entfernt ist.

Das Prinzip des Freilaufs wurde in der Art angewandt, daß das Schlitzrouleau der Wirkung einer Walze unterstand, welche in der Begrenzungsleiste des Deckrouleaus angeordnet war und nach der Aufzugseite hin hemmend wirkte, während sie das Rouleau nach der Ablaufseite hin ungehemmt gleiten ließ.

Eine andere Ausführungsform von Plattenverschlüssen mit regelbarer Schlitzhöhe ist jene, bei welcher das obere Rouleau, das den Schlitz von oben begrenzt, und das untere Rouleau, das den Schlitz von unten begrenzt, durch zwei Zahnräder beeinflußt werden, die koachsial zueinander angeordnet sind.

Anschläge an diesen Antriebszahnrädern beschränken ihre gegenseitige Drehbarkeit auf ein der betreffenden Schlitzhöhe entsprechendes Maß, wobei die Regelung der Schlitzhöhe durch Verstellen eines der Anschläge erfolgt. Der Handgriff zum Aufziehen ist am Antriebsrad des Unterrouleaus befestigt, so daß beim Aufziehen das Rad des Oberrouleaus — und dadurch dieses selbst — nur mitgenommen und der Schlitz geschlossen durch die Öffnung hinaufgeführt wird. Eine Verbesserung dieser an sich interessanten Einrichtung bestand darin, daß auch das Rad des Oberrouleaus mit einem Handgriff versehen wurde, so daß man durch Ziehen an diesem Handgriff den eingestellten Schlitz in der Öffnung sichtbar machen konnte. Die Handhabe am Antriebsrade des Oberrouleaus bietet in Verbindung mit einer Einrichtung zum Aufheben des Eingriffes der beiden Anschläge, die beim Sichtbarmachen des eingestellten Schlitzes zusammenarbeiten, zugleich ein Mittel, das Oberrouleau allein aufzuziehen und dadurch die volle Belichtungsöffnung (z. B. für den Gebrauch der Mattscheibe) frei zu machen (D. R. P. Nr. 152247).

Auch die Kategorie derjenigen Verschlüsse, bei denen ein Hilfsrouleau beim Spannen mitbewegt wurde, damit es nach erfolgter Verdeckung des Schlitzes des Hauptrouleaus wieder zurückgeschnellt werde, wurde ständig verbessert, z. B. durch die Firma Heinrich Ernemann (D. R. P. Nr. 155175); das besondere Kennzeichen dieser Konstruktion bestand darin, daß das von der oberen Hälfte des Hauptrouleaus durch Mitnehmer mitgeschleppte Hilfsrouleau während des Spannens vom Hauptrouleau abgekuppelt und durch Sperrmittel festgelegt wurde, während das Hauptrouleau seine Bewegung fortsetzt und auch vollendet. Diese Entkupplung und Festlegung des Hilfsrouleaus geschieht, sobald seine obere Kante am oberen Rande des Belichtungsfeldes angelangt, also an diejenige Stelle gekommen ist, in welcher das zu belichtende Feld vom Hilfsrouleau bedeckt wird. In dieser Stellung verharrt das Hilfsrouleau bis zur Beendigung der Spannbewegung oder auch länger; seine Auslösung kann entweder bei Beendigung der Spannbewegung oder bei Auslösung des Verschlusses zwecks Belichtung erfolgen; in letzterem Falle muß das Hilfsrouleau früher zurückgehen als das Hauptrouleau.

Ähnlich wie bei den Objektivverschlüssen waren auch bei Verschlüssen vor der Platte besondere Einrichtungen zum Umstellen von Moment- auf Zeitbelichtung erforderlich, von denen einige später erwähnt werden sollen; in jedem Falle handelt es sich darum, eine Unterbrechung der Bewegung eines oder beider Rouleaus herbeizuführen.

Die Görlitzer Firma C. Bentzin konstruierte bereits um 1903 einen Rouleauverschluß, bei dem die versteiften Kanten des Rouleaus in festen Führungen gleiten und bei dem sich der Schlitz erst beim Beginn der Belichtung bildet und am Ende derselben schließt. (Wie bei dem Sigriste-Verschluß.) Ein Verschluß neuester Konstruktion dieser Firma ist auf S. 479 beschrieben. Der Verschluß von O. Anschütz wurde später von der Firma C. P. Goerz A.-G., Berlin, ausgeführt und durch eine Reihe namhafter Verbesserungen (z. B. der nach beiden Seiten wirkende Rouleauverschluß; siehe auch D. R. P. Nr. 303868 für H. Ernemann, Dresden) zu einem der besten Schlitzverschlußmodelle („Ango") entwickelt; eine Aufzählung aller bezüglichen Neuerungen würde zu weit führen.

Bei den ersten Schlitzverschlüssen mit verstellbarem Schlitz, bei denen Schlitzbreite und Federspannung unabhängig voneinander eingestellt wurden, konnte man die jeweils eingestellte Geschwindigkeit des Verschlusses nur so ermitteln, daß man den Wert der eingestellten Schlitzbreite ablas und dann aus einer Tabelle die der Federspannung entsprechende Schnelligkeit des Verschlusses ermittelte; diese Einrichtung hat sich sehr gut bewährt und wird von einigen Firmen noch heute beibehalten.

In dem Bestreben, Rouleauverschlüsse mit verstellbaren Schlitzweiten herzustellen, die während des Aufzuges geschlossen bleiben, hat man eine ganze Reihe von Konstruktionen geschaffen; dabei hat sich manchmal herausgestellt, daß nicht immer ein unbedingt sicheres Aneinanderschließen der beiden Rouleauhälften stattfand, insbesondere nicht bei solchen Verschlüssen, bei denen während des Aufzuges die untere Rouleauhälfte an den Bändern der oberen Rouleauhälfte festgeklemmt oder auf ähnliche Weise befestigt wurde. Zur Vermeidung dieser Übelstände sind von mehreren Firmen zum Teil recht brauchbare Vorschläge gemacht worden, auf die im einzelnen nicht eingegangen werden kann; in der Hauptsache liefen die Bestrebungen zur Vermeidung einer etwaigen unbeabsichtigten Spaltbildung darauf hinaus, eine zwischen den Aufzugwellen bzw. den beiden Rouleaus zwangläufig und sicher wirkende Kupplung zu schaffen, die sich nach dem Aufziehen des Verschlusses selbsttätig ausrückt; auf diese Art wird das eine Rouleau, dessen Öffnung noch vor der Belichtungsöffnung steht, aber von dem undurchsichtigen Teil des anderen verdeckt ist, zwecks Herbeiführung der gewünschten Schlitzbreite weiter aufgewickelt, während das andere Rouleau in seiner Stellung verbleibt. Nach Auslösung des Verschlusses und nach Vorbeilauf des Schlitzes wird der Spalt wieder selbsttätig geschlossen, indem das Oberrouleau bis zum vollständigen Abschluß der Belichtungsöffnung weiterläuft und wieder seine Anfangslage einnimmt. Die mechanischen Einzelheiten derartiger Kupplungen können ganz verschiedener Art sein.

Die Einstellung der Schlitzbreite und die gleichzeitige Ablesung der Belichtungszeit, welche sich aus Spaltbreite und Ablaufgeschwindigkeit ergibt, wurde z. B. durch Anordnung einer zur Einstellung dienenden mit einer Anzahl konzentrischer Teilungen versehenen Kreisscheibe ermöglicht, und zwar in Verbindung mit einem von der Vorrichtung zum Einstellen der Ablaufgeschwindigkeit beeinflußten Zeigerarm, der radial über die Teilungen bewegt wird.

Von Bedeutung ist auch jene Einrichtung, bei welcher eine willkürlich einrückbare Festhaltevorrichtung für die untere Rouleauhälfte zum Zwecke der Freilegung der Mattscheibe vorgesehen ist; eine derartige Konstruktion wurde von den Nettel-Kamerawerken G. m. b. H. in Sontheim bereits im Jahre 1910 eingeführt und durch die D. R. P. Nr. 226184 und 235224 geschützt, woselbst Einzelheiten eingehend beschrieben sind. Eine neue und interessante Konstruktion betreffend die automatische Umschaltung der Auslösevorrichtung für Zeit- und Momentstellung bei Rouleauverschlüssen wurde von der gleichen Firma im Jahre 1910 veröffentlicht; das bezügliche D. R. P. Nr. 265127 gibt über die Wirkungsweise dieser Einrichtung ausführlich Bescheid.

Eine interessante Erfindung wurde zur selben Zeit durch Frank Whitehead und Walter Frederick Giles in London gemacht; sie betrifft einen Mechanismus, der eine selbsttätige Rückkehr des Hauptrouleaus in die Bereitschaftsstellung ermöglicht, so daß das Objektiv unmittelbar nach jeder Belichtung wieder verschlossen ist; diese Erfindung ist dadurch gekennzeichnet, daß der die Belichtungsöffnung freigebende Vorhang, nachdem er (die Öffnung freigebend) am Ende seiner Bahn festgeklemmt ist, vom anderen Vorhangteil abgekuppelt wird und im Rücklauf unter der Einwirkung einer besonderen Hilfsfeder die Belichtungsöffnung wieder schließt.

Wie bereits bemerkt wurde, sind bei einer bestimmten Art von Schlitzverschlüssen die Bänder des unteren Vorhanges über Aufwickelrollen geführt, die ihrerseits mit der Achse der Aufwickelwalze des oberen Vorhangs unter Reibung gekuppelt sind; infolge des Vorhandenseins einer besonderen Kupplung beim Schließen des Verschlusses war verhältnismäßig viel Kraft nötig, wodurch Erschütterungen des Apparates unvermeidlich waren; die CONTESSA-CAMERA-WERKE G. M. B. H. in Stuttgart haben dies dadurch vermieden, daß beide Vorhänge mit dem Antrieb auf Reibung verbunden wurden, wodurch infolge Wegfalls einer zwangläufigen Kupplung größere Einfachheit und Betriebssicherheit erzielt werden konnten.

Die Firma HEINRICH ERNEMANN A.-G. in Dresden kam damals auf die Idee, einen Schlitzweitenanzeiger für Schlitzverschlüsse zu konstruieren, der die jeweilige Schlitzeinstellung nicht mit Hilfe von Anzeigewerken mit Ziffern- oder Zeigerscheibe, sondern unmittelbar durch eine Schauöffnung im sonst undurchsichtigen Teil der Kamera erkennen lassen sollte; dies wurde durch eine Schauspalte in der Rolltuchebene ermöglicht, in der die Enden der den Schlitz begrenzenden Schienen an den Rolltuchleisten sichtbar wurden; selbstverständlich war dabei die Vorkehrung einer Abdeckvorrichtung unerläßlich, um dem Einfall schädlichen Lichtes zu begegnen.

Die ICA-AKT.-GES. in Dresden brachte im Jahre 1913 eine Neuerung heraus, welche sich auf einen Rouleauverschluß bezieht, bei dem der Schlitz in der üblichen Weise nach dem Aufziehen des Deck- und Aufzugrouleaus durch Weiterdrehung des Aufzugrouleaus um einen entsprechenden Betrag verstellt wird. Am Ende der Ablaufbewegung bewegt sich das Aufzugrouleau nach Stillstand des Deckrouleaus weiter, um den Schlitz wieder zu schließen und den bekannten „verdeckten Aufzug" für die nächste Inbetriebsetzung zu ermöglichen. Das Wesentliche an dieser Erfindung ist, daß die notwendige gegenseitige Verschiebung am Ende der Aufzug- und Ablaufbewegung durch Lösung einer doppelt (d. h. nach beiden Richtungen gleichartig) wirkenden Sperrkupplung (bzw. eines ebensolchen Freilaufes) bewirkt wird.

Um das Räderwerk bzw. einen Teil desselben während der Schlitzverstellung festhalten zu können, hat die Firma GOLTZ & BREUTMANN, FABRIK PHOTOGRAPHISCHER APPARATE in Dresden, eine Anordnung geschaffen, die im wesentlichen durch einen Kniehebel gekennzeichnet ist; der Kniehebel wird mit dem einen Schenkel durch eine Feder auf das Oberrad gedrückt, das beim Hochziehen des Aufzugknopfes so gedreht wird, daß der andere Schenkel des Kniehebels in die Zähne des Unterrades eingreift und letzteres auf diese Art an einer Weiterbewegung während der Verstellung hindert (D. R. P. Nr. 281276 und 285551). Manchen Schlitzverschlüssen wurde nicht mit Unrecht vorgeworfen, daß die Beibehaltung der eingestellten Schlitzweite beim Abrollen durch nichts gewährleistet sei; zu dieser Kategorie gehören jene Schlitzverschlüsse, bei denen das untere Rolltuch von oben beim Spannen mitgenommen wird, so daß durch Betätigung der Sperr- und Auslösevorrichtung zunächst das untere Rolltuch ausgelöst wird und bis zur Erreichung der vorbestimmten Schlitzweite allein abrollt, um dann seinerseits das obere Rolltuch auszulösen, das nun unter Innehaltung der eingestellten Schlitzweite hinter dem unteren Rolltuch herlaufen soll. Es ist verschiedentlich vorgeschlagen worden, die beiden Rolltücher während des Abrollens zu kuppeln; dies wird z. B. dadurch herbeigeführt, daß sich ein mit dem oberen Rolltuch zusammenhängender Anschlag gegen einen zweiten mit dem unteren Rolltuch zusammenhängenden Anschlag legt. Eine derartige Kupplung setzt eine stärkere Federspannung beim oberen Rolltuch voraus, denn nur so kann die Berührung der beiden Anschläge und die richtige Schlitzweite aufrechterhalten werden.

Das Bestehen (insbesondere aber das dauernde Fortbestehen) dieser Voraussetzung ist ungewiß; außerdem ergibt sich aus der Voraussetzung notwendig ein ungleichförmiger Ablauf des Schlitzes. Zunächst läuft das untere Rolltuch nur infolge seiner eigenen Federspannung, die später, d. h. nach dem Zusammentreten der beiden Anschläge, durch die Federspannung des oberen Rolltuches verstärkt wird und eine Beschleunigung der weiteren Abrollung des Verschlusses bewirkt.

Gegenüber dieser nur kraftschlüssigen Kupplung handelt es sich bei einer weiteren Konstruktion der Firma H. Ernemann, Dresden, um eine streng zwangläufige oder paarschlüssige Kupplung der beiden Rollgetriebe, die im Augenblick der Auslösung des oberen Rolltuches hergestellt und bei vollendeter Abrollung wieder aufgehoben wird (D. R. P. Nr. 287026). Zu diesem Zweck werden die Federwalzen der beiden Rolltücher durch ein Zahnrädergetriebe verbunden, dessen Kette durch ein entsprechend gesteuertes Kuppelorgan geschlossen bzw. geöffnet wird.

Ähnliche Verschlüsse mit zwangläufiger oder paarschlüssiger Kupplung der beiden Rolltuchsysteme wurden auch durch ausländische Patentanmeldungen bekannt (F. P. Nr. 317801 für Barby und E. P. Nr. 2485/1907 für Adams); bei diesen findet die paarschlüssige Kupplung nicht beim Ablauf, sondern beim Spannen des Verschlusses statt.

Etwa im Jahre 1909 entstanden die bekannten Kamerakonstruktionen aus Leichtmetall der Firma Voigtländer & Sohn A.-G. in Braunschweig, die mit einem Schlitzverschluß mit verdecktem Aufzug ausgerüstet waren; besonders erwähnt sei die Spiegel-Reflexkamera Vida, die Heliar-Kamera und die Metall-Klappkamera mit Springvorrichtung. Ein Vorzug dieses Verschlusses bestand darin, daß sämtliche Manipulationen (Verstellen der Schlitzbreite, Umstellung auf Zeit bzw. Moment) jederzeit vorgenommen werden konnten, gleichgültig, ob der Verschluß gespannt oder abgelaufen war; der Verschluß war bei aller Einfachheit so beschaffen, daß man seinen Mechanismus in keinem Falle durch eine Verstellung an den beweglichen Teilen in irgendeinem Zustande in Unordnung bringen konnte. Eine weitere Annehmlichkeit beim Arbeiten mit diesem Verschlusse bestand darin, daß er bei „Zeit“ selbsttätig die volle Öffnung der Platte freigab; im Gegensatz zu anderen Konstruktionen der damaligen Zeit war es also nicht nötig, erst durch Aufwickeln der Rouleaus die volle Öffnung herzustellen und erst dann den Verschluß zu spannen.

Bei Spiegelreflexkameras, die fast nur mit Schlitzverschlüssen ausgerüstet werden, war es gebräuchlich, das Rolltuch zum Ablaufen und den schrägstehenden Spiegel zum Emporschlagen gemeinsam auszulösen; bei einem von der Firma H. Ernemann angegebenen Verschluß (1915) sollen Schlitzverschluß und Spiegel auch gemeinsam aufgezogen werden, so daß durch eine Vorrichtung sowohl das Rolltuch aufgewickelt, als auch der Spiegel in die zum Einstellen nötige Schräglage gebracht wird. Dies geschieht z. B. durch einen mit der Achse der Aufwickelvorrichtung verbundenen Stift, der auf einen auf der Spiegelachse sitzenden Hebel einwirkt und durch Zurückdrücken des Hebels entgegen dem Zuge der später das Emporschnellen des Spiegels bewirkenden Feder den Spiegel in die Schrägstellung bewegt. Ist hierbei die Verbindung zwischen den aktiven und passiven Getriebeteilen nur eine kraftschlüssige, so kann ungeachtet des vorausgegangenen Aufziehens, d. h. Aufwickelns des Rolltuches und Einstellung des Spiegels in die Schräglage, der Spiegel bei weiterer Anspannung seiner Feder in die senkrechte Stellung zurückgedrückt werden, um später wieder in die Schrägstellung zurückzugehen. Befindet sich der Spiegel nicht in der Schrägstellung, so sieht man auf der Mattscheibe kein Bild; sieht man das Bild, so ist der Spiegel schräg gestellt und der Verschluß aufgezogen.

Bei Besprechung der Schlitzverschlüsse müssen wir auf den Konstrukteur Emil Robert Mayer in Heilbronn a. N. hinweisen. Eine ganze Reihe zum Teil sehr wertvoller Ideen sind sein geistiges Eigentum; einiger seiner Konstruktionen wollen wir im nachstehenden Erwähnung tun. Es wird z. B. praktisch als lästig empfunden, daß man nicht ohne genaueres Hinsehen oder Hinfühlen feststellen kann, ob der Verschluß gespannt oder ausgelöst ist; eine sehr zweckmäßige von E. R. Mayer angegebene Vorrichtung wirkt derart, daß ein Zeiger durch die Aufzugsbewegung des Verschlusses sichtbar gemacht, durch dessen Auslösung aber wieder in verdeckte Stellung gebracht wurde. Eine andere Erfindung des genannten Konstrukteurs betrifft eine Vorrichtung, die dazu dient, für kleine Spaltveränderungen bei engem Spalt große Ausschläge der Einstellmittel und damit große Einstellgenauigkeit zu erzielen; dies wurde dadurch erreicht, daß zur Veränderung der Spaltweite bzw. der Ablaufgeschwindigkeit eine Kurbel mit Schubstange verwendet wurde; bei Einstellung auf kleine Werte steht die Kurbel in der Nähe der Totpunktlage (1916).

Erwähnt sei auch ein Schlitzverschluß mit Freilaufkupplung zwischen den beiden die Spaltweite bestimmenden Verschlußteilen, bei dem überdies eine entgegengesetzt arbeitende Hilfskupplung in Verwendung steht (D. R. P. Nr. 299365).

Um dem Übelstande vorzubeugen, daß der Verschluß ausgelöst werden kann, noch bevor er vollständig aufgezogen ist (sei es, daß zu fest auf den Auslösehebel gedrückt wird oder daß dieser durch irgendein Hindernis während des Aufziehens in der Auslösestellung festgehalten wird) hat E. R. Mayer zwischen der eigentlichen Auslösevorrichtung und dem Auslösehebel o. dgl. eine Kupplung vorgesehen. Diese steht unter dem Einfluß des Aufzuges in der Art, daß die Kupplung erst dann eingerückt wird, wenn die Aufzugsbewegung ganz beendigt ist.

In manchen Fällen ist es zweckmäßig, bei der Bewegung des Aufzuggriffes gleichzeitig andere Teile der Kamera zu steuern und zu bewegen oder die Bewegung des Verschlusses von anderen Teilen der Kamera abzuleiten; in diesen Fällen muß der Aufzuggriff, mit dem der Verschluß gespannt werden soll, beim Spannen und beim Ablaufen des Verschlusses stets den gleichen Weg zurücklegen; E. R. Mayer hat gezeigt, wie die Drehbewegung der Aufzuggriffe trotz veränderlicher Spaltbreite im erwähnten Sinne geregelt werden kann.

Einen wesentlichen Einfluß auf die Entwicklung der Schlitzverschlüsse hatte auch die Firma Goltz & Breutmann in Dresden.

Einen Spezial-Schlitzverschluß für Rollfilmkameras brachte die Firma Ernst Leitz, Optische Werke in Wetzlar, im Jahre 1925 auf den Markt, der als besonderes Kennzeichen eine Vorrichtung zum gleichzeitigen Fortschalten und Spannen des Verschlusses besitzt (Kleinbildkamera „Leica“ für Normal-Kinofilm); der Verschluß ist ein solcher mit verdecktem Aufzug und hat zwei Vorhangwalzen sowie zwei Bandrollenwellen, bei denen zwecks Schlitzbildung Vorhangwalze und Bandwalze nicht gleichzeitig ablaufen. Der Verschluß ist dadurch gekennzeichnet, daß die Vorrichtung für die Schlitzbildung an einer die Vorhang- und die Bandrollenwalze gemeinsam tragenden Rotationsachse befestigt ist; die Drehung der Bandrollenwalze wird durch ein die Vorhangwalze mit den äußersten Teilen der Schlitzstelleinrichtung zwangläufig verbindendes Zwischenstück begrenzt. Der Vorteil dieser Anordnung ist, daß eine Friktionskupplung oder eine Kupplung zwischen Vorhang- bzw. Bandrollenwalze und der Vorrichtung zur Schlitzbildung unnötig ist; derartige Kupplungen werden nämlich trotz bester Ausführung nach längerer Benutzung schadhaft (Hemmungen, Totgang), was natürlich die Gleichmäßigkeit des Verschlußablaufes beeinträchtigt.

Friedrich Grosse in Jena hat eine Abänderung der Aufzugsvorrichtung für photographische Schlitzverschlußkameras vorgeschlagen: das Aufziehen der Rouleauvorhänge und das Spannen des Verschlusses erfolgt durch Druck auf einen Hebel, Riegel, Stift o. dgl., deren Bewegung durch Übersetzungsvorrichtungen auf die üblichen Antriebsvorrichtungen übertragen wird; die Aufzugsvorrichtung geht nach dem Aufziehen der Rollvorhänge sofort selbsttätig in die Anfangslage zurück.

Trotz aller erdenklichen Vorsichtsmaßregeln und trotz fortgesetzter Verbesserungen kommt es bei manchen Schlitzverschlüssen doch manchmal vor, daß sich der Schlitz während der Bewegung verkleinert; besonders bei kleineren Schlitzbreiten machte sich dieser Nachteil nachteilig bemerkbar, weil hier durch eine geringe Verkleinerung der Schlitzbreite ein relativ stärkerer Lichtverlust eintritt, als bei großen Schlitzbreiten; nach einer Erfindung der Firma H. Ernemann wird diese Schwierigkeit vermieden, wenn an der einen der den Schlitz bildenden Führungsleisten federnde Anschläge angebracht werden, gegen die sich die andere Führungsleiste anlegt; die Anschläge werden nach dem Ablaufen des Vorhanges durch einen Nocken abgehoben, so daß das Schließen des Belichtungsschlitzes erfolgt.

Eine weitere von der gleichen Firma in letzter Zeit geschaffene Neuerung betrifft den Schlitz-Einstellknopf; darnach ist dieser mit seinen Kupplungsteilen auf seiner Achse frei drehbar, so daß er zwar mit dem Einstellhebel des Verschlusses gekuppelt werden kann, losgelassen aber unter Einwirkung seiner Feder in die frühere Lage zurückkehrt. Beim Ablauf des Rouleaus wird daher der Schlitzeinstellknopf nicht mehr mitbewegt; eine unbeabsichtigte Bremsung o. dgl. kann nicht stattfinden.

In analoger Weise wie bei den vollwertigen Objektivverschlüssen hat sich bei den Schlitzverschlüssen bald die Notwendigkeit e geben, Bremsvorrichtungen zu schaffen, die den gleichmäßigen Ablauf des Verschlusses während der sogenannten langen Momentbelichtungszeiten bewirken sollten, für welche die Walzenfederspannungen nicht mehr ausreichten. So bezieht sich z. B. der Inhalt der D. R. P. Nr. 248631 und 256224 des Nettel-Camera-Werkes (1911) auf die Anordnung solcher Teile an photographischen Schlitzverschlüssen, welche dazu dienen, die Ablaufbremsung ab- oder anzuschalten und die Geschwindigkeit der rotierenden Bremselemente entsprechend den verschiedenen Ablaufwiderständen zu verändern. Es war bereits früher üblich, die Verbindung zwischen dem Aufzugrade des Verschlusses und einem die Bremse tragenden Windfanggehäuse durch ein besonderes Vorgelege herzustellen; das Vorgelege enthielt die erforderlichen Übertragungszahnräder und war (beweglich) so gelagert, daß je nach seiner Stellung beim Ablauf des Verschlusses die Bremse mitgenommen wurde oder in Ruhe blieb. Durch die oberwähnte Erfindung des Nettel-Camera-Werkes wurden bezüglich der Umschaltung der Bremsvorrichtung wesentliche Vorteile erzielt: durch die Umschaltvorrichtung wird ohne eingebautes bewegliches (verstellbares) Vorgelege das die Bremseinrichtung enthaltende beweglich gelagerte Bremsgehäuse derart verstellt, daß der beim Ablauf des Verschlusses vom Aufzugrade ausgehende Antrieb entweder direkt nur unter Mitnahme z. B. einer Windflügelbremse oder indirekt unter Steigerung der Tourenzahl des Windflügels und Kupplung desselben mit einer bremsenden Rotationsmasse gehemmt wird. Dadurch, daß die Umschaltung durch eine Lageveränderung des Bremsgehäuses hervorgerufen wird, kann die für die verschiedenen Ablaufgeschwindigkeiten erforderliche Ab- und Einschaltung von Widerständen in einfachster Weise vorgenommen werden. Eine weitere Vervollkommnung der beschriebenen Einrichtung wurde dadurch erzielt, daß das Bremsgehäuse gleichzeitig als Sicherungsverriegelung dient, und zwar in folgender Art: das Bremsgehäuse steht mit dem Aufzugwerk so in Eingriff, daß der Verschluß nur in einer bestimmten Stellung des Bremsgehäuses (und zwar vorteilhaft in derjenigen für die langsamste Verschlußbewegung) für Zeitaufnahmen umgeschaltet werden kann.

Die beschriebene Einrichtung hat im Laufe der Zeiten verschiedene Veränderungen erfahren, und zwar in erster Linie dadurch, daß zur Regelung der Geschwindigkeit ein abschaltbares Räderhemmwerk vorgesehen wurde; vgl. auch S. 430.

Ein anderer Leistungsregler für Schlitzverschlüsse, der eine bequeme Einstellung der Verschlußgeschwindigkeiten und (insbesondere bei ungünstigen Lichtverhältnissen) eine längere gleichmäßige Belichtung zu erreichen gestattet, wurde von HERMANN HELBIG in Görlitz geschaffen. Ausgehend von Schlitzverschlüssen, bei denen die Ablaufgeschwindigkeit mit Hilfe von Windflügeln und Triebwerken im voraus von außen festgelegt werden kann, wird nach dieser Erfindung ein Fliehkraftregler (mit Schwungkugeln) mit einer die Bremswirkung beeinflussenden Einstellvorrichtung verbunden. Dadurch wird erreicht — und zwar unter Vermeidung der Anordnung eines Rädertriebwerkes o. dgl. —, daß man durch Verstellung der Bremsscheibe gegenüber den Schwungkugelhebeln die Ablaufgeschwindigkeit des Verschlusses in beliebiger Weise regeln kann, je nachdem sich die Schwungkugelhebel mehr oder weniger dicht an die Bremsscheibe anlegen (D. R. P. Nr. 341859).

Eine interessante, wenn auch praktisch wenig bedeutsame Vorrichtung zum Kuppeln einzelner Teile photographischer Schlitzverschlüsse, insbesondere aber von deren Ablaufbremse, besteht darin, daß der Eingriff zwischen den beiden miteinander zu kuppelnden Elementen durch die Biegungsfähigkeit feder- oder borstenartiger Materialien aufrecht erhalten bzw. hervorgerufen wird; so werden z. B. zum Zwecke der Kupplung eines oder beide Kupplungselemente mit Plüsch besetzt. Werden die beiden zu kuppelnden Teile einander genähert, so greifen die feder- oder borstenartigen Elemente ineinander und die Verbindung ist hergestellt (D. R. P. Nr. 248498).

Die im vorstehenden durchgeführte chronologische Aufzählung zum Teil sehr wichtiger Schlitzverschlußkonstruktionen, die in einem Zeitraum von etwa 40 Jahren entstanden, macht durchaus keinen Anspruch auf Vollständigkeit; sie ist unter Zuhilfenahme der einschlägigen deutschen Patentliteratur durchgeführt worden. Zusammenfassende Veröffentlichungen über diese Materie sind dem Verfasser nicht bekannt. Im nächsten Abschnitt sollen neuere Schlitzverschlußkonstruktionen einiger der namhaftesten Firmen Deutschlands beschrieben werden.

135. Beschreibung des Schlitzverschlusses der Firma Curt Bentzin. Görlitz. Die Funktion des Schlitzverschlusses zerfällt in vier Vorgänge:

a) Das Aufziehen des Verschlusses.
b) Die Kupplung der Aufziehräder.
c) Der Auslösevorgang.
d) Die Bremsung bzw. Geschwindigkeitsregulierung.

In Abb. 394a ist die Deckplatte des Verschlusses an der Seite sowie der Rahmen, der die Mattscheibe in sich aufnimmt, abgenommen, so daß der Verschluß und das Triebwerk vollkommen frei liegen (auch der Aufziehknopf und der Bremsknopf sind abgenommen). Die Abbildung zeigt eine Ansicht von hinten und gibt einen Einblick in das Räder- und Hebelwerk.

Abb. 394b zeigt den Verschluß mit abgenommener Seitenplatte.

Abb. 394c zeigt die geschlossene Kamera von der Seite.

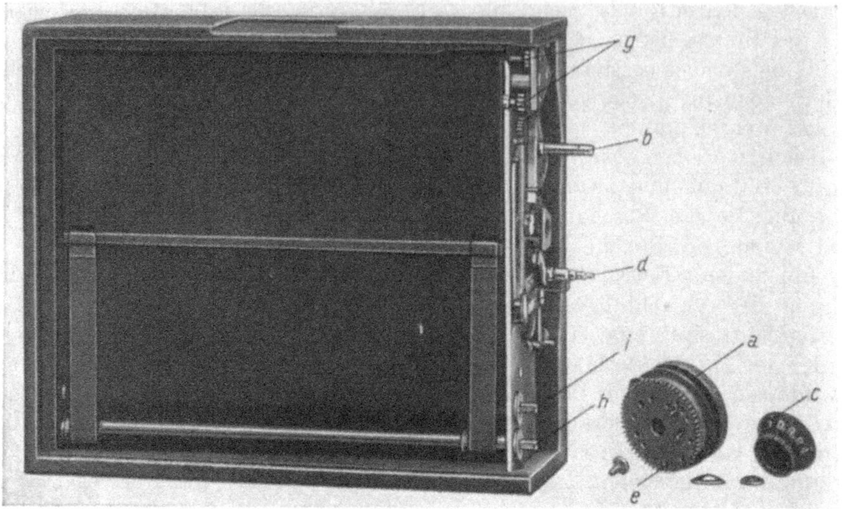

Abb. 394 a. Schlitzverschluß (halb aufgezogen); der Vorderrahmen und die Seitenteile sind abgenommen. Der Schlitzverschluß gehört zu einer Kamera im Format 9 × 12 cm. Ausführung von Curt Bentzin, Görlitz. *a* Aufziehknopf für die Achse *b*; *c* Knopf für die Bremsachse *d*; *e* großes Triebrad, *g* kleine Triebräder für die oberen Wellen; *h*, *i* untere Wellen. Die Elemente zum Einstellen des Schlitzes sowie zum Aufziehen des Verschlusses liegen auf der gleichen Seite

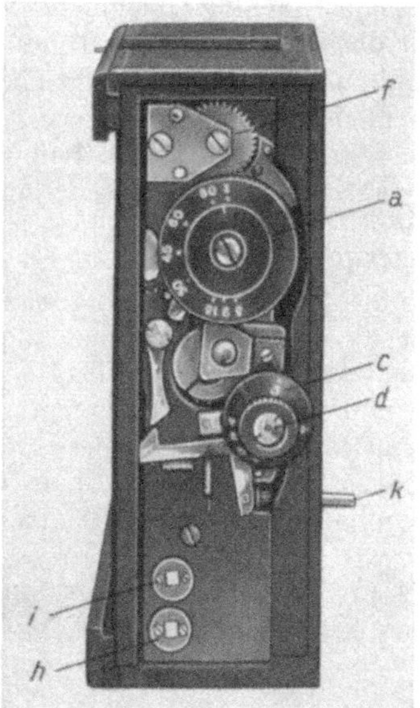

Abb. 394 b. Seitenansicht des Bentzinschen Schlitzverschlusses mit verdecktem Aufzug bei abgenommener Deckplatte (vgl. Abb. 394 a) *a* Aufziehknopf, *c* Bremsknopf, *f* Zwischenrad; *h*, *i* Wellen für das untere Rouleau und die Bänder des oberen Rouleaus, *k* Auslöser

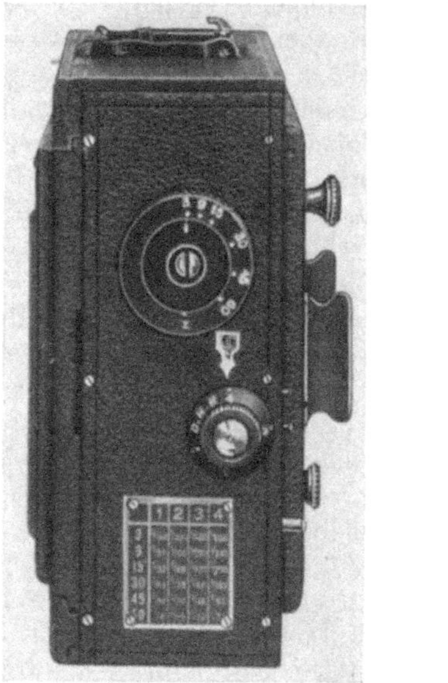

Abb. 394 c. Seitenansicht des Bentzinschen Schlitzverschlusses mit verdecktem Aufzug. Die Deckplatte ist nicht abgenommen. Vgl. Abb. 394 b

Ad a) In Abb. 394 a ist das Rouleau halb aufgezogen. Vom oberen Rouleau sind die Bänder, die die Verbindung mit der unteren Welle herstellen, sichtbar. Oben und unten sind je zwei Wellen, über die die Rouleaus laufen. Jede der beiden unteren Wellen enthält innen eine Feder. Die Federn stehen stets unter Spannung, beim Aufziehen wird diese Spannung verstärkt. Das obere Rouleau geht über die oberste und unterste Welle, das untere Rouleau über die beiden nach der Mitte zu liegenden Wellen. Die beiden oberen Wellen beider Rouleaus haben, wie aus Abb. 394a ersichtlich ist, an ihren Enden Triebräder *(g)*. Zwei übereinanderliegende Zwischenräder stellen die Verbindung mit den beiden ebenfalls übereinanderliegenden Aufziehrädern des Aufziehknopfes her. Die Aufziehräder des Aufziehknopfes haben ungefähr die Größe des Aufziehknopfes und liegen unmittelbar unter diesem.

Bei Rechtsdrehung des Aufziehknopfes werden beide Aufziehräder, beide Zwischenräder und die Triebräder der oberen Welle gleichzeitig bewegt, bis die Entkupplung zwischen den beiden Aufziehrädern eintritt und das obere Rouleau durch das obere Aufziehrad und Zwischenrad allein weitergedreht wird.

Ad b) In Abb. 394a sieht man den abgenommenen Aufziehknopf mit dem oberen Aufziehrad. Das obere Aufziehrad enthält eine Reihe von Bohrungen, und zwar in zwei konzentrisch liegenden Kreisen. Die äußeren Bohrungen sind lediglich zum Ausgleich einseitiger Beanspruchung des Materials durch den Schlitzbreiten-Einstellstift vorgesehen; die inneren Bohrungen lassen den Schlitzbreiten-Einstellstift des Aufziehknopfes in ungefähr 2 mm Höhe durchtreten. Die Entfernungen der Bohrungen entsprechen den auf dem Knopf angegebenen Schlitzbreiten von z. B. 3 bis 60 mm. Der Aufziehknopf mitsamt diesem Einstellstift wird gegen eine Federspannung vom oberen Rad weggezogen. Da der Einstellstift durch den Aufziehknopf erst dann in Funktion gesetzt wird, wenn der Stift durch das Zahnrad ganz durchgetreten ist, ist es beim Einstellen des Einstellstiftes ganz gleichgültig, ob der Aufziehknopf nach rechts oder links gedreht wird. Am oberen Aufziehrad befindet sich, fest mit ihm verbunden, ein anderer Stift, der die Kupplung zum Aufziehen des unteren Aufziehrades und damit des unteren Rouleaus bewerkstelligt. Auf dem unteren Zahnrad zwischen beiden Aufziehrädern liegen zwei Hebel bzw. Sperrklinken, die sich mit dem unteren Rad mitbewegen: der eine Hebel hält den Kupplungsstift, der auf dem oberen Zahnrad unverrückbar befestigt ist, so lange fest, bis ein festes Ansatzstück gegen den Kupplungshebel stößt und dabei das obere Aufziehrad vom unteren Aufziehrad löst, worauf das untere Rad für das untere Rouleau stehen bleibt, weil es aufgezogen ist, während das obere Aufziehrad mit dem Einstellstift der Schlitzbreite weiter gedreht werden kann, bis der Hebel, der den Einstellstift zu arretieren hat, eingeschnappt ist. Dabei hat von dem Augenblick an, wo das untere Zahnrad vollkommen aufgezogen ist, der Einstellstift des oberen Rades einen um so größeren Weg zu durchlaufen, je größer die einzustellende Schlitzbreite ist; dieser Weg ist bei Einstellung auf Zeit am längsten, und zwar etwa eine halbe Drehung des Aufziehknopfes.

Ad c) Für den Auslösungsvorgang sind eine Reihe von Hebelwerken vorgesehen. In Abb. 394b sieht man den Auslösestift *k*, der in einer Buchse in der Vorderwand des Kamerakastens gelagert ist; dieser Auslösestift drückt auf einen rechtwinklig gebogenen, am einen Ende mit einer Nase versehenen Hebel, der mit dieser Nase gegen zwei übereinanderliegende Hebel stößt. Der obere Übertragungshebel wird mit seinem unteren Ende nach der Mattscheibe zu gedrückt, während ein nach unten stehender Stift des rechtwinkligen Hebels gleichzeitig das untere Ende des langgestreckten unteren Übertragungshebels nach rechts, d. h. gegen das Objektiv zu drückt. Die Bewegung dieser Übertragungshebel nach zwei entgegengesetzten Richtungen ist notwendig, damit mit dem oberen Übertragungshebel der Einstellstift des oberen Aufziehrades und das obere Rouleau, mit dem unteren langgestreckten Übertragungshebel aber das untere

Aufziehrad aus der Endstellung frei gegeben werde und so das Ablaufen des unteren Rouleaus möglich sei. Um diese beiden Vorgange zu sichern, drückt der obere langgestreckte Übertragungshebel gegen den unter ad b) beschriebenen Schlitzbreiteneinstellhebel des unteren Aufziehrades, bis der Schlitzbreiteneinstellstift für das obere Rouleau freigegeben ist. Da gleichzeitig der langgestreckte untere Übertragungshebel das untere auf diesem Hebel mit einer Nase unter dem Federdruck des unteren Rouleaus aufsitzende Aufziehzahnrad auslöst, laufen beide Rouleaus nunmehr gleichzeitig, aber von verschiedenen Ausgangspunkten aus, ab, welche um die vorher eingestellte Schlitzbreite voneinander abstehen (vgl. Abb. 394c).

Sobald das untere Rouleau endgültig abgelaufen ist, läuft das obere Rouleau noch um die Schlitzbreite weiter. In der Endstellung hat der feste Kupplungsstift des oberen Aufziehrades wieder hinter den Kupplungshebel des unteren Aufziehrades gegriffen, so daß nach der Auslösung die Kupplung zwischen beiden Rouleaus und damit der verdeckte Aufzug wieder sichergestellt ist.

Die Auslösung bei Zeiteinstellung ist anders als bei Momenteinstellung.

Ad d) Die Geschwindigkeitsregelung erfolgt erstens durch die Schlitzbreiteneinstellung und zweitens durch die Einschaltung eines Mechanismus von bremsender Wirkung. Bei sämtlichen Schlitzverschlüssen der Firma C. Bentzin wird seit einigen Jahren eine patentierte Bremse eingebaut: ein sogenannter Zeitregler. Dieser Mechanismus kann durch Drehung des Bremsknopfes entweder ganz ausgeschaltet oder eingeschaltet werden. Dieser Zeitregler ist prinzipiell ein Gewichtsregulator: zugleich mit dem Gewichtskügelchen wird um die gleiche Achse eine Scheibe gedreht, deren Bewegung bei den verschiedenen Stellungen des Bremsknopfes verschieden beschränkt wird. Diese Verringerung des Spielraumes des Regulators wird durch einen Greifer mit zwei Bremsbacken, der an die Scheibe angedrückt wird, herbeigeführt. Die Wirkung ist eine Bremsung, die sich auf den Ablauf des Aufziehwerkes des ganzen Schlitzverschlusses überträgt, da nach der Einschaltung des Zeitreglers die Übertragung des Ablaufs der Aufziehräder durch ein Zahnrad gewährleistet wird.

136. Der Schlitzverschluß von H. Ernemann Akt.-Ges., Dresden, mit beim Abrollen selbsttätig wirkender paarschlüssiger Kupplung. Das in den Abb. 395a bis d dargestellte Modell eines Schlitzverschlusses mit verdecktem Aufzug hat sich auf Grund langjähriger Erfahrungen der Firma H. Ernemann zu einer hohen Vollkommenheit entwickelt; sein Aufbau und seine Wirkungsweise lassen sich am übersichtlichsten darstellen, wenn wir die bei seiner Betätigung sich abspielenden Vorgänge einzeln besprechen.

a) Spannen des Verschlusses (vgl. Abb. 395a und b). Beim Verdrehen des Aufzugknopfes *l* um etwa 180° wird unter dem Einfluß von Zahnrädern das obere Rouleau *a* auf seine Walze aufgewickelt; gleichzeitig werden die mit ihm verbundenen schmalen seitlichen Bänder *g* von deren Walze abgewickelt, wobei die innerhalb derselben angeordnete Spiralfeder gespannt wird. Infolge einer mechanischen Kupplung wird das untere Rouleau *b* hochgezogen und dabei von seiner Walze abgewickelt; gleichzeitig werden die mit ihm verbundenen Bänder *i* auf zwei kurze, seitlich angeordnete Rollen aufgewickelt. Bei diesem Vorgang wird natürlich auch die innerhalb der unteren Walze liegende Feder gespannt, der Aufzug des Verschlusses erfolgt also verdeckt und ist beendigt, wenn die obere Kante des unteren Rouleaus die Bildfläche der Höhe nach ganz durchlaufen hat, wobei die Endstellung durch eine fühlbare Rast gekennzeichnet ist.

b) Die Schlitzbildung. Die an der unteren Seite der Kamera angeordnete Scheibe *q* mit Zahlen für die verschiedenen Schlitzbreiten ist mit dem darunter befindlichen großen mit Löchern versehenen Zahnrad *r*, letzteres wiederum mit der Walze des unteren Rouleaus gekuppelt; der zum Zwecke der Verstellung

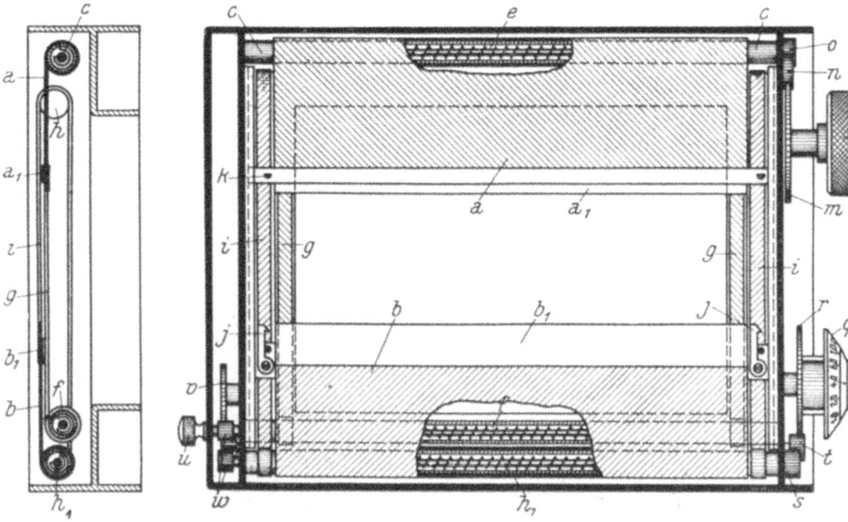

Abb. 395 a. Schematische Darstellung (Vorderansicht) eines Schlitzverschlusses mit verdecktem Aufzug mit beim Abrollen selbsttätig wirkender paarschlüssiger Kupplung. (H. ERNEMANN A.G., Dresden). *a* oberes Rouleau mit Versteifungsleisten a_1; *b* unteres Rouleau mit Versteifungsleisten b_1; *c* Aufwickelwalze für das obere Rouleau (mit Feder *e*), *f* Federwalze für das obere Rouleau und dessen Bänder *g*; h_1 Aufwickelwalze für das untere Rouleau und dessen Bänder *i*; *j* Kupplungshebel für die beiden Rouleaus, *k* Anschlag hiezu am oberen Rouleau, *l* Aufzugknopf des Verschlusses mit Antriebsrad *m*, Zwischenrad *n* und Triebrad *o* für das obere Rouleau *a*; *p* Knopf für Schlitzbreiten-Einstellung (achsial verschiebbar) mit Index, *q* Scheibe mit Teilung zur Schlitzbreiteneinstellung, *r* großes Zahnrad mit Lochkreis, *s* kleines Triebrad mit Welle h_1; *t* Zwischenrad, *u* Einstellknopf mit den Rädern *v*, *w* zur Regulierung der Federspannung

der Schlitzbreite achsial verschiebbare Knopf *p* mit Index, bzw. dessen Achse, nimmt einen unter der Zahlenscheibe liegenden radialen Arm mit, der am äußeren Ende einen Stift trägt. Die Stellung des erwähnten Armes zum gelochten Zahnrad *r* ist ein Kriterium für die Veränderlichkeit des Anschlagweges und damit für die Einstellung der jeweiligen Schlitzbreite.

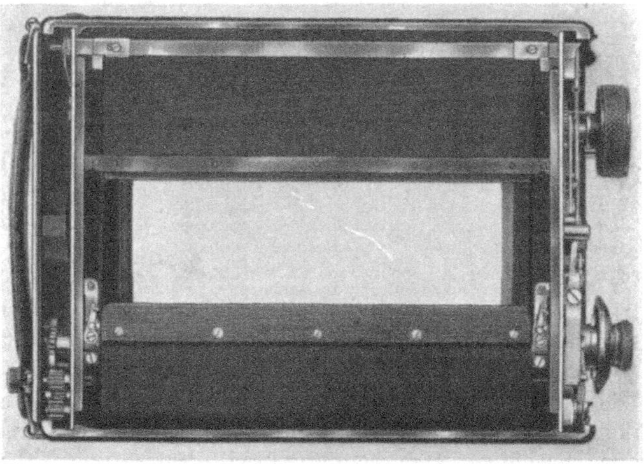

Abb. 395 b. Der gleiche Verschluß wie in Abb. 395 a. Vorderansicht, photographische Aufnahme

c) Der Auslösevorgang. Beim Druck auf den Auslöseknopf *a* des Verschlusses wird durch den doppelarmigen Hebel *b* die Lage einer schmalen, an der oberen Seite des Verschlusses quer über die ganze Breite desselben laufenden Leiste *d* derart beeinflußt, daß diese eine geringe Seitenverschiebung erfährt und dabei die mechanische Kupplung der beiden Rouleaus auslöst (vgl. Abb. 395c und d). Das untere Rouleau läuft nun zuerst ab; je nach der Breite des eingestellten Schlitzes folgt das obere Rouleau nach kürzerer oder längerer Zeit nach, worauf sie gemeinsam ablaufen. Das untere Rouleau erreicht seine Endlage zuerst; sobald das obere Rouleau an dieser Stelle angelangt ist, findet automatisch wieder eine Kupplung der beiden Rouleaus statt, so daß sie für den nächsten Belichtungsvorgang bereit sind; der Schlitz bildet sich also beim Ablaufen des Rouleaus.

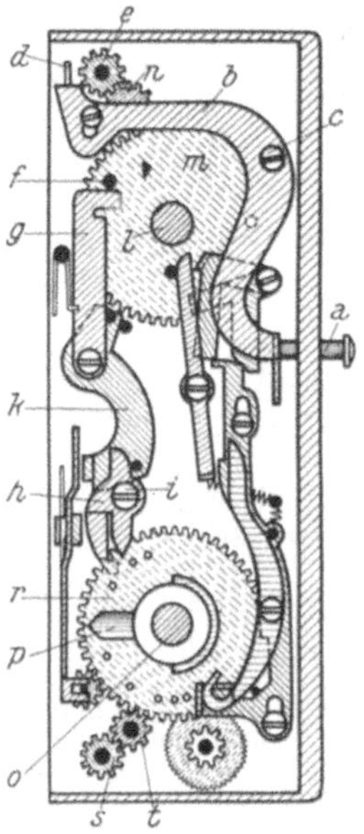

Abb. 395c. Der gleiche Verschluß wie in Abb. 395a und b. Seitenansicht des mechanischen Aufbaus (schematisch) mit abgenommenen Einstellknöpfen. *a* Auslöser, verbunden mit Winkelhebel *b*, der um *c* drehbar ist; *d* Anschlagleiste (verschiebbar), *e* obere Walze mit Zahnrad und Zwischenrad *n*, *l* Aufzugknopf mit Antriebsrad *m*; *f* Anschlagstift auf Rad *m*; *g* Anschlaghebel, *h* und *k* Auslösehebel des oberen Rouleaus, *i* Drehpunkt der Hebel *h* und *k*; *o* Achse für den Knopf zur Schlitzbreitenverstellung, *p* Zeigerarm dazu, *r* großes Zahnrad mit Lochkreis, *s* Triebrad auf der unteren Federwalze, *t* Zwischenrad

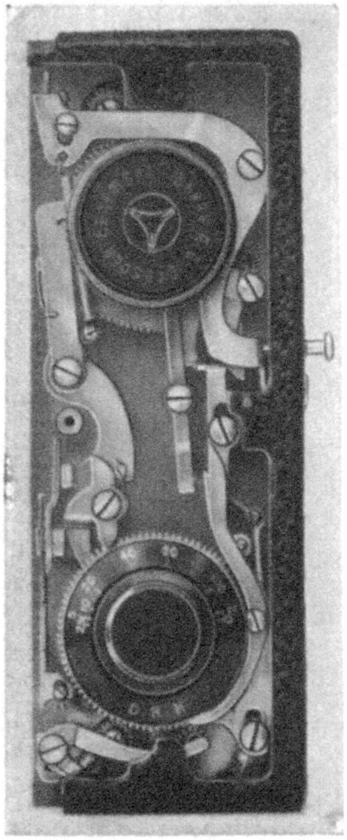

Abb. 395d. Der gleiche Verschluß wie in Abb. 395c. Seitenansicht des mechanischen Aufbaus, Deckplatte abgenommen, Einstellknöpfe aufgesetzt, photographische Aufnahme

Die Aufzugsbewegung ist immer gleich groß, gleichgültig, welche Schlitzbreite eingestellt sein mag. Die innerhalb der oberen Walze angeordnete und in Abb. 395a sichtbare Feder *e* ist naturgemäß wesentlich schwächer als jene, welche die Abrollung der beiden Rouleaus bewirken; sie dient lediglich zum Spannen des ablaufenden Tuches sowie dazu, das Nachlaufen desselben zu verhindern. Die Geschwindigkeitsregulierung erfolgt lediglich durch Veränderung der Spannung der im Innern der beiden unteren Walzen befindlichen Federn. Der Grad der jeweiligen Federspannung wird durch die Zahlen 1 bis 10 kenntlich gemacht. Um eine bereits eingestellte höhere Spannung gegebenenfalls zu vermindern, wird die Feder zunächst durch Aufziehen und Auslösen des auf „Zeit" umgestellten Verschlusses auf die niedrigste Spannungsstufe und dann auf die gewünschte (höhere) Spannungsstufe gebracht. Bei Zeit- und Doppelzeitaufnahmen wird die erhöhte Federspannung durch Aufziehen des Verschlusses selbsttätig gelöst.

Die Belichtungsregulierung erfolgt bei diesem Modell lediglich durch das Zusammenwirken von Schlitzbreite und Federspannung; erstere ist in den Abstufungen von 2½, 5, 10, 20, 40, 60 und 100 mm veränderlich, so daß sich bei 10 verschiedenen Federspannungen 70 verschiedene Belichtungszeiten ergeben, deren Werte aus einer jeder Kamera beigegebenen Tabelle zu entnehmen sind. Bei Zeit- und sogenannten Doppelzeitaufnahmen ist Einstellung der Schlitzbreite nicht erforderlich, weil bei entsprechender Einstellung des Knopfes der Verschluß mit größter Schlitzbreite arbeitet.

137. Der Schlitzverschluß von Goltz & Breutmann, Dresden, in der Spiegelreflexkamera „Mentor". Dieser in letzter Zeit noch wesentlich verbesserte Schlitzverschluß gehört in die Gruppe jener Schlitzverschlüsse, die vier Walzen, und zwar zwei obere und zwei untere, besitzen, welch letztere in bekannter Weise im Innern mit Spiralspannfedern versehen sind. Das untere Rouleau ist im abgelaufenen Zustand auf der unteren Federwalze aufgewickelt, wobei die mit ihm verbundenen Tragbänder von der obersten Walze nahezu abgewickelt sind. Das obere Rouleau ist bei abgelaufenem Verschluß von seiner Walze (der zweiten von oben) abgerollt, während die mit ihm verbundenen Bänder auf der zweiten Walze von unten aufgewickelt sind; die Reihenfolge der Walzen von oben ist folgende (vgl. Abb. 396 a und b):

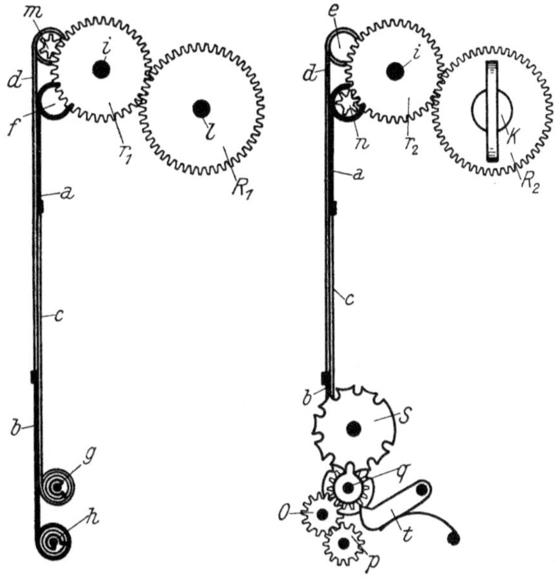

Abb. 396 a. Aufziehbarer Schlitzverschluß mit vier Walzen (Ausführung von Goltz & Breutmann, Dresden). Links Antrieb des unteren Rouleaus, rechts Antrieb des oberen Rouleaus. *a* oberes Rouleau, *b* unteres Rouleau, *c* Tragbänder zum oberen Rouleau, *d* Tragbänder zum unteren Rouleau, *e* Aufwickelwalze für die Tragbänder *d*; *f* Aufwickelwalze für das obere Rouleau *a*; *g* Federwalze für die Tragbänder des oberen Rouleaus *a*; *h* Federwalze für das untere Rouleau *b*; *k* Knopf zum Spannen des Verschlusses, *i* gemeinschaftliche Achse der übereinanderliegenden Zwischenräder r_1 und r_2; *l* gemeinschaftliche Achse der übereinander liegenden Haupträder R_1 und R_2; *m* Trieb für das untere Rouleau, *n* Trieb für das obere Rouleau; *o*, *p*, *q* Räderwerk zur Spannung der Federwalzen *g* und *h*; *s*, *t* Arretierung für dieses Räderwerk

a) Aufwickelwalze für die Tragbänder des unteren Rouleaus *b*,

b) Aufwickelwalze *f* für das obere Rouleau *a*,

c) Aufwickelwalze für die Tragbänder *c* des oberen Rouleaus *a* (Feder),

d) Aufwickelwalze für das untere Rouleau *b* (Feder).

Das Spannen des Verschlusses erfolgt durch eine halbe Umdrehung des großen Aufziehknopfes *k* im Sinne des Uhrzeigers bis zu einem fühlbaren Anschlag; ohne daß eine Kupplung der beiden Vorhanghälften sichtbar wäre, ist auch dieser Verschluß verdeckt aufziehbar, und zwar erfolgt die beim Aufziehen gleichzeitige Bewegung beider Rouleaus infolge einer besonderen Kupplung der beiden oberen Walzen. Diese sind derart ausgebildet, daß — zunächst ohne Rücksichtnahme auf die jeweils einzustellende Schlitzbreite — bei Verdrehung des Aufzugknopfes zwei darunter liegende auf der gleichen Achse befindliche miteinander gekuppelte große Zahnräder (s. Abb. 396 a) im gleichen Sinne mitbewegt werden und in zwei ebenfalls auf einer Achse befindliche etwas kleinere Stirnräder eingreifen; das obere der letztgenannten treibt ein kleines Triebrad an, das am Ende der obersten Walze sitzt und das untere Rouleau hochzieht, während das darunterliegende Stirnrad auf ein auf der Aufwickelwalze des oberen Rouleaus befindliches zweites Triebrädchen einwirkt und so das obere Rouleau hochzieht. Für dieses sogenannte Viertrommelsystem werden demnach vier Räder benötigt, von denen eines einen Anschlag für den oberen, das andere für den unteren Vorhang besitzt.

Die Schlitzeinstellung geschieht auf folgende Weise: Durch Herausheben und Verdrehen des gerändelten Knopfes in achsialer Richtung wird eine mit einem Mitnehmerstift versehene Nockenscheibe gedreht; unter dieser befindet sich das eine der beiden er-

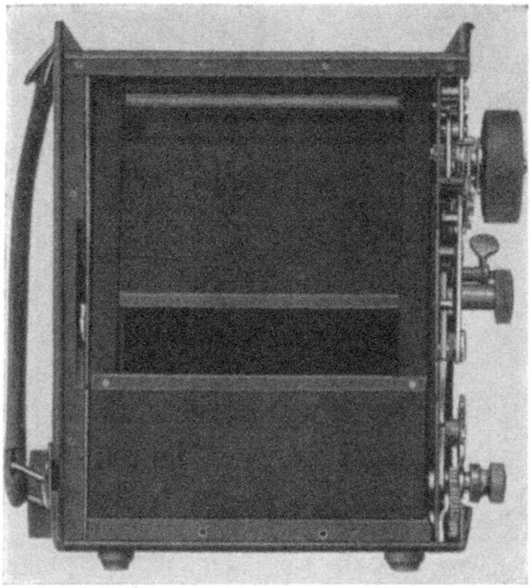

Abb. 396 b. Der gleiche Verschluß wie in Abb. 396 a. Ansicht der Rouleauanordnung bei abgenommenem Mattscheibenrahmen; der Schaltmechanismus ist freigelegt

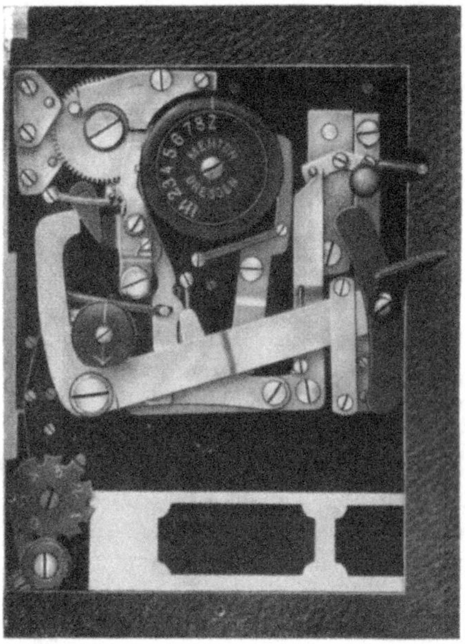

Abb. 396 c. Der gleiche Verschluß wie in den Abbildungen 396 a und 396 b. Ansicht bei abgenommener Seitendeckplatte

wähnten großen Zahnräder, das eine Reihe von Löchern besitzt, deren Aufteilung derjenigen der Löcher auf der Schlitzbreitenscheibe entspricht. Außerdem besitzt dieses Zahnrad einen Schlitz und einen Mitnehmerstift; letzterer drückt beim Aufziehen gegen einen Mitnehmerstift des unter dem ersten Rad befindlichen zweiten Rades von gleicher Größe. Wie bereits erwähnt, findet die Übertragung der Bewegung auf die Vorhangwellen durch Zwischenräder statt (vgl. Abb. 396 c).

Außer dieser Kupplung der beiden Vorhanghälften beim Aufzug ist eine zweite vorgesehen, welche die Einhaltung der eingestellten Schlitzbreite garantiert; diese Kupplung wird durch eine Sperrklinke und ein Zahnrad gebildet. Die jeweilige Schlitzbreite entsteht also durch die verschieden großen Winkelausschläge, welche die Nockenscheibe bis zur Auslösung des Sperrhebels des oberen Vorhanges zu beschreiben hat; ein Vorteil dieses Verschlusses ist, daß sowohl im abgelaufenen als auch im aufgezogenen Zustand eine Veränderung der Schlitzbreite möglich ist, ohne daß der Aufzugknopf nachgezogen werden braucht. (Es sind Schlitzbreiten von $^1/_5$, $^1/_2$, 1, 2, 3, 4, 5, 6, 7 und 8 cm einstellbar.)

Beim Auslösen des Verschlusses bildet sich die Schlitzbreite beim Ablaufen der beiden Vorhänge; es läuft zunächst der untere Vorhang ab, wobei die Sperrklinke rückläufig über das Sperrad gleitet, bis die erwähnte Nockenscheibe einen Sperrhebel auslöst. Jetzt wird der obere Vorhang frei und läuft ab, wobei sich die Sperrklinke einlegt; in diesem Augenblick hat ein Anschlagstift der Nockenscheibe, welche in dem Schlitz des ersten Zahnrades gleitet, sich hinter den Mitnehmerstift des zweiten Zahnrades gelegt und so die Kupplung beim Ablauf hergestellt. Ist auch der untere Vorhang abgelaufen, so wird die Sperrklinke ausgelöst, der Schlitz schließt sich und ist für den nächsten Belichtungsvorgang bereit.

Die Regulierung der Geschwindigkeit geschieht durch Verändern der Spannung der beiden innerhalb der unteren Walze befindlichen Federn (es sind

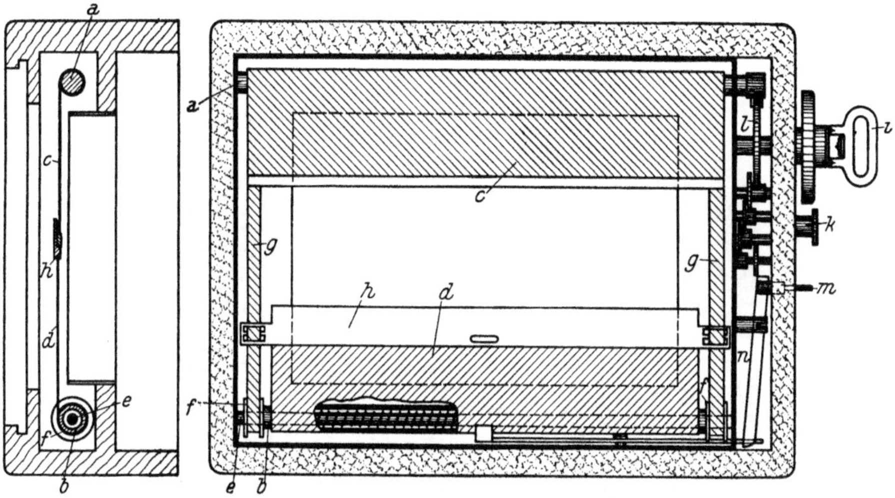

Abb. 397 a. Schlitzverschluß der CONTESSA-NETTEL A. G., Stuttgart. Schematische Darstellung (links von der Seite, rechts von vorne). *a* obere Aufwickelwalze, *b* untere Aufwickelwalze, *c* oberes Rouleau, *d* unteres Rouleau mit Deckleiste *h*, *e* innere Welle für die Rolle *f*; *g* Zugbänder für das obere Rouleau, *h* Abschlußleiste für das untere Rouleau, *i* Aufzughebel, *k* Geschwindigkeitsregulierung, *l* Übertragungsräder, *m* Knopf mit Gestänge *n* zum Öffnen des Verschlusses (beim Einstellen des Bildes auf der Mattscheibe)

6 Spannungsstufen vorgesehen). Für die Umschaltung von Zeit- auf Momentstellung ist ein besonderer Knopf vorgesehen; für sogenannte Ballauslösung bzw. Halbzeit ist zunächst auf volle Schlitzbreite einzustellen. Ein Vorteil des neuen Verschlußmodells besteht darin, daß sämtliche Organe für die Betätigung auf e i n e r Seite des Verschlusses angeordnet sind.

138. Schlitzverschluß der Contessa-Nettel A.-G., Stuttgart. Eine von den bisher beschriebenen Anordnungen grundsätzlich verschiedene Konstruktion zeigt das in den Abb. 397 a bis d dargestellte Modell des Schlitzverschlusses der Deckrouleau-NETTEL-Kamera. Zunächst ist bemerkenswert, daß nur zwei Walzen vorhanden sind, und zwar eine Auf- und eine Abwickelwalze (Zweiwellensystem), von denen die untere mehrere Funktionen zu übernehmen hat. Das obere Rouleau ist im abgelaufenen Zustand des Verschlusses von der oberen Walze abgewickelt, während das untere Rouleau auf seiner Walze, in deren Innerem sich eine Spiralfeder befindet, aufgewickelt ist; diese Spiralfeder ist um eine Achse gewickelt, die an den beiden Enden Rollen trägt, auf denen sich die mit dem oberen Rouleau verbundenen Zugbänder aufwickeln. Letztere werden (vgl. Abb. 397 a) durch die entsprechend ausgebildeten Öffnungen (Ösen) der Abschlußleiste des unteren

Rouleaus derart gezogen, daß infolge Reibung eine Verbindung zwischen dem unteren und dem oberen Rouleau hergestellt wird. Besonders bemerkenswert ist die zwangläufige Kupplung der Vorhänge und die Sicherung für die Beibehaltung der Schlitzbreite; diese Sicherung ist dadurch gewährleistet, daß der Durchzug der Bänder durch die Ösen der Schienen *h* des unteren Vorhanges stattfindet. Da bei dem sogenannten Zweiwellensystem nur ein Antriebsrad vorhanden ist, ist eine weitere Kupplung überflüssig.

Wichtig ist auch die Tatsache, daß sämtliche die Umstellung auf Zeit, Ball und Moment betreffenden Einstellungen mit ein und demselben Knopf (Handhabe *l*) vorgenommen werden können.

Der Vorgang beim Spannen des Verschlusses ist folgender: Beim Verdrehen des mit entsprechender Einteilung versehenen Einstellgriffes *i* im Sinne des Pfeiles werden die beiden gekuppelten Rouleaus, ohne einen Schlitz freizugeben, gleich-

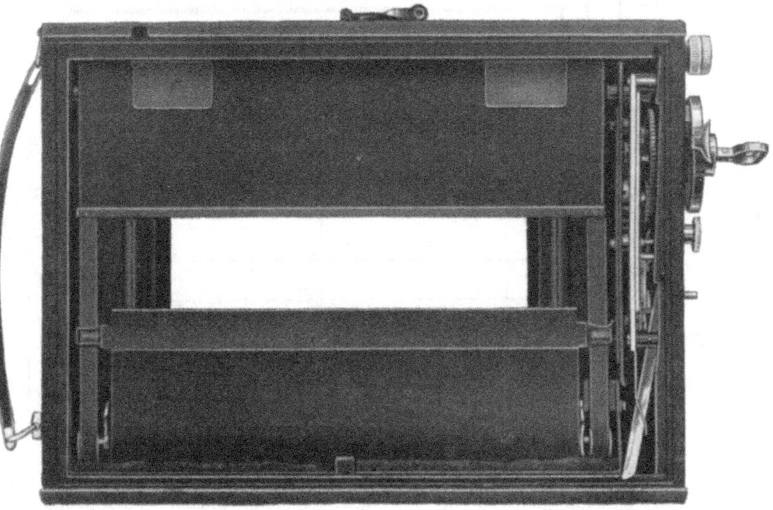

Abb. 397 b. Der gleiche Verschluß wie in Abb. 397 a. Äußere Ansicht (der Mattscheibenführungsrahmen ist abgenommen, der Aufzug ist verdeckt)

zeitig nach oben gezogen, wobei die Spiralfeder gespannt wird; sobald der obere Rand der Platte vom unteren Rouleau erreicht ist, ist der Aufzug noch nicht beendigt, vielmehr muß der Einstellknopf unter Mitnahme des oberen Rouleaus noch weiter gedreht werden, und zwar um einen größeren oder kleineren Betrag, je nachdem, welche Schlitzbreite vorher eingestellt wurde. Ein fester Anschlag begrenzt die Aufzugsbewegung in eindeutiger Weise. Beim Weiterdrehen des Aufzugknopfes werden die Bänder des oberen Rouleaus durch die Ösen der Schiene *h* des unteren Vorhanges gezogen, ein Vorgang, der bei starkem Gebrauch des Verschlusses eventuell zu Klagen Anlaß geben kann. Bei diesem Verschluß wird — im Gegensatz zu anderen Modellen — der jeweilige Schlitz beim Aufziehen gebildet; die Folge davon ist, daß der mit dem oberen Rouleau in zwangläufiger Verbindung stehende Aufzuggriff mit der Skalen-Scheibe eine von der eingestellten Schlitzbreite abhängige größere oder kleinere Drehung ausführt, wenn der Verschluß gespannt wird.

Die Spaltbreite läßt sich bei diesem Verschluß rasch und bequem vor dem Aufziehen verändern; wird der am äußeren Umfang der Skalenscheibe befindliche vernickelte Zeiger nach unten gedrückt, so läßt sich dessen Einschnitt ohne weiteres an die gewünschte Stelle der Spaltbreitenskala drehen. Unter dem Aufzugsknopf ist ein um dessen Achse drehbarer Anschlag, der durch einen Stift mitgenommen wird; dieser Anschlag legt sich beim Aufziehen des Verschlusses gegen einen anderen Anschlag, dessen Lage unveränderlich ist, während der erwähnte Mitnehmer sich gegen den drehbaren Anschlag legt. Bei Einstellung des Knopfes auf die jeweilige Schlitzbreite bzw. Geschwindigkeit ändert sich auch die Stellung des Mitnehmers zum festen Anschlag; auf diese Art wird der Winkel der Verdrehung des Aufzugsknopfes und damit der Weg des oberen Rouleaus begrenzt (vgl. Abb. 397a und b).

Eine Eigentümlichkeit dieses Verschlusses ist, daß nach dem Aufziehen der Spalt nur noch breiter gemacht, nicht aber enger gestellt werden kann.

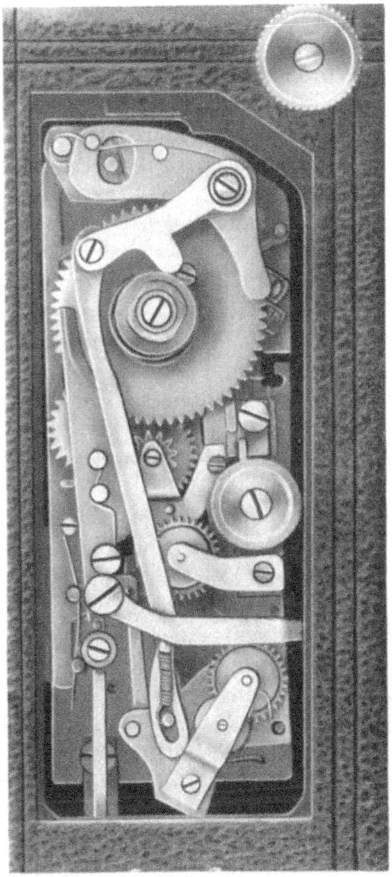

Abb. 397 c. Der gleiche Verschluß wie in Abbildung 397 a. Ansicht des Getriebes. Die Seitenplatte ist abgenommen. Die Regulierung der Geschwindigkeiten erfolgt durch ein Räderwerk mit verschiedenen Übersetzungen

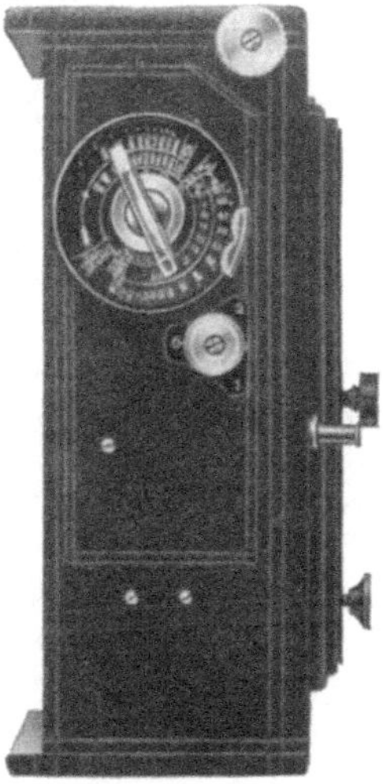

Abb. 397 d. Der gleiche Verschluß wie in Abbildung 397 a. Seitenansicht; die Seitenplatte sowie die Einstell- bzw. Betätigungsknöpfe sind aufgesetzt

Das Verändern der Geschwindigkeit. Zunächst sei bemerkt, daß die Spannung der in der unteren Welle befindlichen Feder konstant ist; eine Regulierung der Ablaufgeschwindigkeit des Rouleaus durch größere oder geringere Federspannung ist demnach nicht möglich. Dagegen ist ein Räderwerk vorgesehen, das — je nach Stellung des dafür vorgesehenen Einstellorgans — eine Hemmung beim Ablauf des Rouleaus bewirkt. Die Zahlen 0, 1, 2 geben den Grad der Verzögerung an; bei Stellung 0 ist das Räderwerk nicht in den Gang des Bewegungsmechanismus eingeschaltet, so daß der Verschluß seine größte absolute Geschwindigkeit besitzt, die durch die Größe des Spaltes verändert werden kann (vgl. Abb. 397c und d).

Bei den Stellungen 1 und 2 des Knopfes ist das Bremswerk in Verbindung mit dem Stellknopf, was man schon an dem Geräusch der Räder sowohl beim Spannen als auch beim Ablaufen des Verschlusses feststellen kann. Durch den entstehenden Widerstand wird die Geschwindigkeit des Rouleaus beeinflußt, und zwar in sehr systematischer Weise; die Stellungen 1 und 2 der Bremse unterscheiden sich durch das Übersetzungsverhältnis der Räder. Das Verändern der Geschwindigkeit ist bei jeder Stellung des Verschlusses, und zwar sowohl vor als auch nach dem Spannen, möglich; es lassen sich bei diesem Verschluß Geschwindigkeiten von etwa $^1/_2$ bis $^1/_{2800}$ Sekunde nom. erzielen. Eine beachtenswerte Maßnahme besteht darin, daß sich die größten Spaltbreiten nur bei Einschaltung des Hemmwerkes auf langsamsten Gang einstellen lassen.[1]

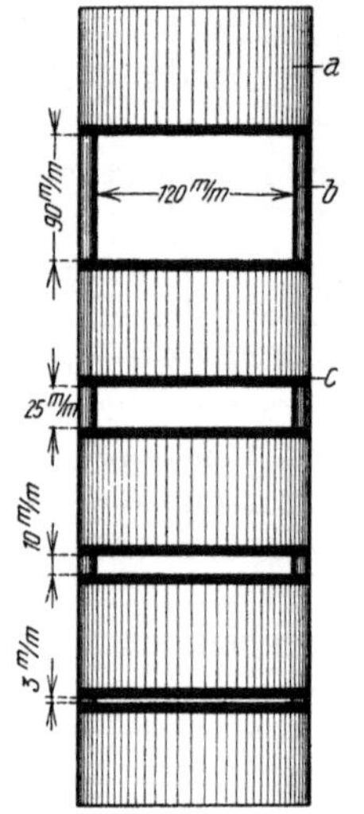

Abb. 398 a. Zum Ica-Rekord-Schlitzverschluß mit vier Schlitzen. *a* Das Band des Verschlusses mit den vier Schlitzen (90, 25, 10 und 3 mm breit), *b* die Vertikalverbindungen, *c* die Querversteifungen. Die Breite der Schlitze beträgt beim Kameraformat 9×12 cm 120 mm

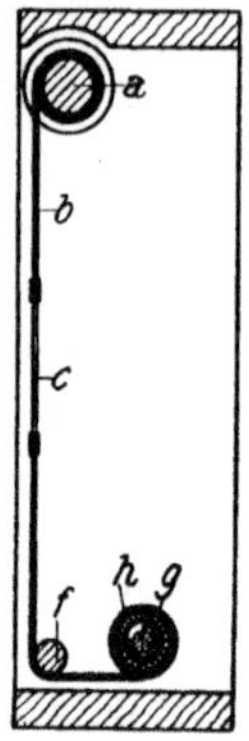

Abb. 398 b. Schematische Darstellung des Ica-Rekordverschlusses mit vier Schlitzen (von der Seite), *a* obere Aufwickelwalze, *b* langes Band mit vier Schlitzen *c*; *f* Leitrolle, *g* untere Aufwickelwalze, *h* Spiralfeder. Vgl. Abb. 398 a

Einstellen auf der Mattscheibe. Eine wichtige Einrichtung der Deckrouleaukamera besteht in einer Vorrichtung, welche es — ohne Rücksicht auf die gerade eingestellte Spaltbreite und Bremse — ermöglicht, bei ausgelöstem Verschluß sofort die Mattscheibe freizulegen, wobei zuerst die eine Rouleauhälfte arretiert wird, so daß nur ein kurzes Aufziehen des Verschlusses nötig ist, um das Bild auf der ganzen Mattscheibe sehen zu können. Sobald der Verschluß wieder geschlossen wird, ist er sofort in seinem vorherigen Zustand, d. h. das Betätigen des Elementes für das Freilegen der Mattscheibe verursacht keine Veränderung der Spaltbreite oder der Geschwindigkeit (vgl. Abb. 397 a).

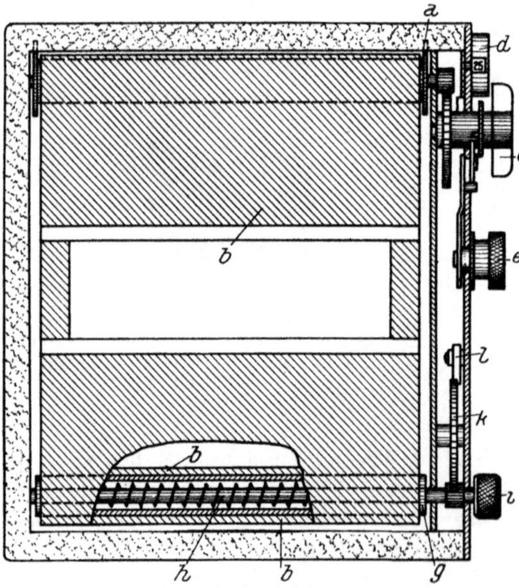

Abb. 398 c. Schematische Darstellung des Ica-Rekordschlitzverschlusses mit vier Schlitzen (von vorne). *a* obere Walze, *b* Rouleau, *c* Handhabe zum Aufziehen, *d* Zählwerk mit Schlitzbreitenanzeiger, *e* Verschlußauslöser, *g* untere Aufwickelwalze mit Feder *h*; *i* Spannvorrichtung für die Feder *h*; *k* Zahlenscheibe zum Ablesen der Federspannung, *l* Auslöser für *k*

139. Der Ica-Rekordverschluß mit vier Schlitzen. Von den bisher

[1] Vgl. D. R. P. Nr. 248 631 und 256 224 für Nettel-Kamerawerk G. m. b. H. in Sontheim.

beschriebenen Vorhangverschlüssen weicht der im nachstehenden beschriebene Spezialverschluß insofern ab, als er aus einem langen aufgerollten Bande besteht, aus dem vier verschieden breite Schlitzöffnungen herausgeschnitten sind (90, 25, 10 und 3 mm). Vgl. Abb. 398a. Ein Vorhangverschluß dieser Art ist der einfachste und daher auch zuverlässigste. Der Aufbau des Verschlusses ist aus den Abb. 398a bis e ersichtlich, die erkennen lassen, daß der Verschluß im wesentlichen aus zwei Haupt- und einer Leitwalze besteht; die untere Hauptwalze ist auch in diesem Falle im Innern mit einer Spiralfeder versehen, welche die Energiequelle für das Herabziehen des Bandes von oben nach unten bildet und beim Aufziehen des Verschlusses gespannt wird (vgl. Abb. 398b und c). Bei abgelaufenem Verschluß ist demnach fast das ganze Band von der oberen Walze ab- und auf die untere Walze aufgewickelt, während sich bei kleinerer Schlitzbreite das Band nahezu vollständig auf der oberen Walze befindet.

Der Verschluß wird durch zwei halbe Umdrehungen im entgegengesetzten Sinne des Uhrzeigers (Pfeilrichtung!) gespannt; beim Aufziehen kommt zuerst der breiteste Schlitz (90 mm), nach einer weiteren halben Umdrehung kommt ein Streifen des Bandes von gleicher Breite, im ganzen erfolgt also eine ganze Umdrehung. Um die nächste Schlitzbreite einzustellen, bedarf es nur einer halben Umdrehung, und zwar gilt dies bis zum schmalsten Schlitz; sobald dieser vorbeigedreht ist, ist ein weiteres Aufziehen unmöglich. Im allgemeinen gilt die Regel, den Verschluß immer nur bis zur gewählten Schlitzbreite aufzuziehen; beim Auslösen läuft auch nur der betreffende Teil ab. Man kann aber, wenn der Verschluß ganz aufgezogen ist ($2^1/_2$ Umdrehungen), der Reihe nach auch alle vier Schlitzbreiten ablaufen lassen, wozu es einer viermaligen Auslösung bedarf.

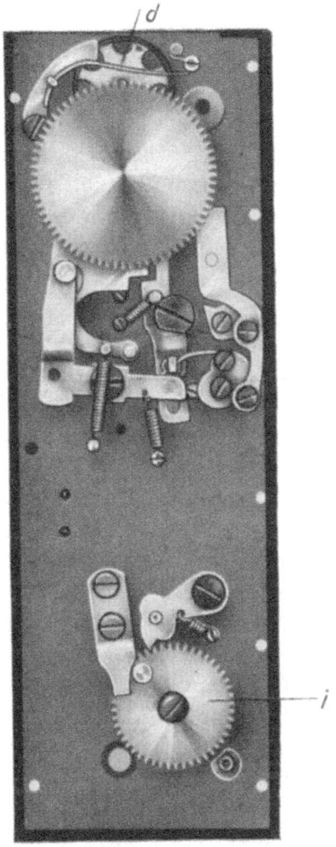

Abb. 398 d. ICA-Rekordschlitzverschluß mit vier Schlitzen. Ansicht der Getriebeseite bei abgenommener Deckplatte. *d* Zählwerk mit Schlitzbreitenanzeiger, *i* Spannvorrichtung

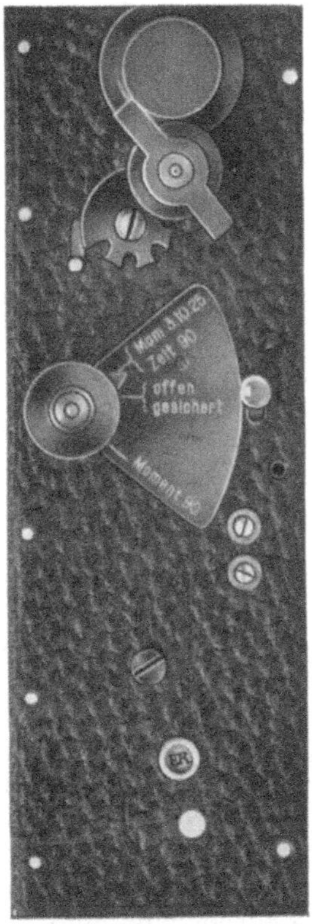

Abb. 398 e. ICA-Rekordschlitzverschluß mit vier Schlitzen. Außenansicht von der Seite mit den Einstellelementen

Das Einstellen der Schlitzbreite bzw. das Verändern derselben erfolgt, soweit es sich um den Übergang von einem breiten zu einem schmäleren Schlitz handelt, durch Betätigung des Auslöseknopfes; bei Druck auf diesen gleitet das

Band unter dem Einfluß der Federwirkung in der unteren Walze und in einer Rast jeweils nur um eine Schlitzbreite nach unten, so daß z. B. beim Übergang von 90 mm auf 3 mm Schlitzbreite dreimal auf den Knopf gedrückt werden muß. Durch eine besondere Einrichtung ist Vorsorge getroffen worden, daß mehrere Aufnahmen nacheinander mit der gleichen Schlitzbreite gemacht werden können; der Verschluß läuft dann infolge Anordnung einer Sicherung immer nur einmal ab, muß aber naturgemäß für jede Aufnahme durch eine Halbdrehung des Aufzugknopfes von neuem gespannt werden.

Die Geschwindigkeitsregulierung wird auch bei diesem Verschluß durch die jeweilige Federspannung erreicht, und zwar sind zwei besondere Spannungen durch die Worte Rapid bzw. Extrarapid (E. R.) gekennzeichnet; bei Hinzurechnung der vier Schlitzbreiten ergeben sich demnach acht Kombinationen, für welche die Geschwindigkeiten von $^1/_{10}$ bis $^1/_{1000}$ Sekunde angegeben sind; es ist klar, daß bei dieser einfachen Einrichtung der Unterschied zwischen der größten und kleinsten Geschwindigkeit nicht so groß sein kann, wie z. B. bei Spezialverschlüssen mit Räderhemmwerk o. dgl. Immerhin gestattet der Rekordverschluß raschestes Wechseln seiner Schlitzbreiten und erfüllt alle Bedingungen, die an einen sehr schnell arbeitenden Schlitzverschluß gestellt werden können.

Da der erwähnte Verschluß hauptsächlich in Verbindung mit einer Spiegelreflexkamera („Tudor") gebraucht wird, so ergibt sich von selbst der Vorzug des „gedeckten Aufzuges"; weil der Spiegel bildseitig lichtdicht abschließt, ist eine Schlitzbreitenänderung noch knapp vor der Aufnahme möglich.

140. Der Leica-Schlitzverschluß. Dieser Schlitzverschluß wird von der Firma Ernst Leitz, Optische Werke, Wetzlar, hergestellt und ist in der Kleinbildkamera „Leica" eingebaut, einer kleinen Handkamera für Einzelaufnahmen auf perforiertem Normalkinofilm. Der Filmtransport wird mit Hilfe von Zahnrädern durch Drehen eines Knopfes bewirkt, wodurch gleichzeitig der Schlitzverschluß gespannt wird (D. R. P. Nr. 384071).

Wie die Abb. 399a und b erkennen lassen, sind auf ein und derselben Achse die beiden seitlichen Rollen, auf denen sich die Zugbänder des unteren Rouleaus auf- und abwickeln lassen, befestigt und die dazwischenliegende Walze für das obere Rouleau drehbar angeordnet. Die Zugbänder für das letztere sind an der unteren der zwei Federwalzen befestigt, deren obere die Zugbänder für das untere Rouleau aufnimmt. (Die beiden Federwalzen liegen in Wirklichkeit nebeneinander.)

Das Aufziehen des Verschlusses erfolgt derart, daß ein Einstellknopf *m* bzw. *a* (Abb. 399a) in der Pfeilrichtung bis zu einem fühlbaren Anschlag gedreht wird; damit wird zugleich der Film genau um eine Bildlänge weitertransportiert. Der Aufzug erfolgt verdeckt.

Die Schlitzbreiteneinstellung wird im aufgezogenen Zustand des Verschlusses vorgenommen; dazu dient ein besonderer Stellknopf *b* mit den Belichtungszahlen, welche Bruchteile einer Sekunde bedeuten (z. B. 20 = $^1/_{20}$ Sekunde). Der Knopf wird in achsialer Richtung herausgezogen, die gewünschte Belichtungszahl dem Index gegenübergestellt, worauf der Knopf in seine ursprüngliche Lage zurückkehrt.

Abb. 399a ist eine schematische Darstellung des Verschlusses; die zur Lagerung und Fortschaltung des Films dienenden Elemente wurden in der Zeichnung fortgelassen. Abb. 399b zeigt die Verschlußplatte von der Seite und die Anordnung der einzelnen Organe für die Einstellung; als Höchstgeschwindigkeit für den Verschluß ist $^1/_{500}$ Sekunde angegeben (vgl. S. 207).

141. Schlitzverschluß im Ansteckrahmen. In den Kreisen der Lichtbildner mag es oft als ein Mangel empfunden werden, daß die zumeist benutzten Handkameras in der Mehrzahl aller Fälle mit Zentralverschlüssen ausgerüstet sind, mit denen in allen jenen Fällen, bei denen kürzeste Belichtungszeiten benötigt werden, insbesondere aber bei Verwendung der modernen lichtstarken Objektive und der heute gebräuchlichen hochempfindlichen Negativemulsionen kein Auslangen gefunden werden kann.

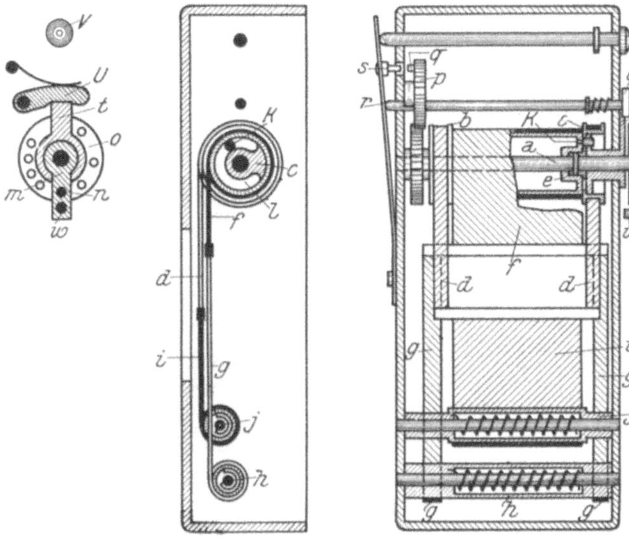

Abb. 399 a. Schlitzverschluß mit zwangläufiger Filmfortschaltung beim Spannen des Verschlusses (Leica-Kleinbildkamera). Schematische Darstellung. *a* Achse für den Aufzugknopf *m*; *b* und *c* Aufwickelrollen für die Zugbänder *d* des unteren Rouleaus *i*; *e* Aufwickelwalze für das obere Rouleau *f* mit den Zugbändern *g*; *h* Federwalze für die Zugbänder *g* des oberen Rouleaus, *j* Federwalze für das untere Rouleau *i*; *k* Mitnehmerstift an der Walze *e* zur Verbindung zwischen Rolle *c* und Walze *e*; *o* Lochscheibe auf Achse *a*; *n* Mitnehmerstift zur Kupplung des Knopfes *m* mit der Achse *a*. Die Walzen *h* und *j* liegen in Wirklichkeit nicht übereinander, sondern nebeneinander

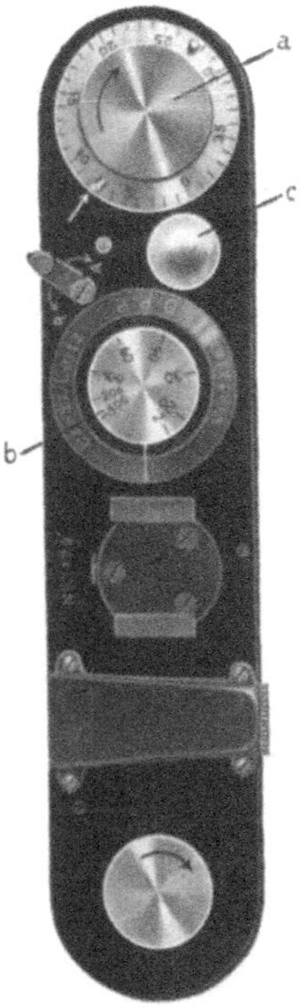

Abb. 399b. Leica-Kamera. Seitenansicht mit den Einstellorganen für den Schlitzverschluß. *a* Aufzugknopf in Verbindung mit der Scheibe für die zwangläufige Fortschaltung des Films jeweils um Bildbreite, *b* Scheibe zur Einstellung der Schlitzbreite bzw. zur Geschwindigkeitsregulierung, *c* Auslöseknopf. Der untere Knopf mit dem Pfeil dient dazu, den Film nach erfolgter Belichtung zurückrollen zu lassen. Über diesem Knopf sieht man den optischen Durchsichtssucher, darüber den Fuß für den aufzusetzenden Distanzmesser (vgl. S. 207)

Diesem Nachteil ist durch die Schaffung sogenannter Zweiverschlußkameras abgeholfen worden; da der Preis solcher Apparate aber ziemlich hoch ist, füllt der Schlitzverschluß im Ansteckrahmen eine zweifellos vorhandene Lücke aus: sein Rahmen kann in den Kamerakassettenfalz eingeschoben werden, wobei die Auszugslänge der Kamera um zirka 25 mm verkürzt wird. Eine besondere Skala berücksichtigt diese Auszugsänderung.

Dieser Schlitzverschluß ist von außen verstell- und ablesbar, jedoch nur über eine Feldlänge aufziehbar; durch zweckmäßige Wahl von Schlitzbreite und Federspannung erzielt man in bekannter Weise die Abstufungen für die Belichtungszeit. Vier Wellen, von denen die beiden unteren die bereits an anderer Stelle beschriebenen Spiralzugfedern im Innern tragen, bilden das wesentliche Merkmal auch dieses Verschlusses; zwei Wellen sind für die Aufnahme der beiden Rouleaus, die beiden anderen Wellen für die Aufnahme der Zugbänder bestimmt; unter dem Aufzugknopf befinden sich zwei voneinander unabhängige Zahnräder, die durch ein Zwischenrad miteinander und mit den Rouleaus gekuppelt werden. Die jeweilige Schlitzbreite wird also erst beim Ablauf der Rouleaus gebildet; die Spannung der Feder wird in der üblichen Weise vorgenommen und ist an einer Zählscheibe ablesbar. Ein kleiner Knopf an der oberen Seite ermöglicht das Aufziehen eines Feldes zur Einstellung des Bildes auf der Mattscheibe, ohne daß man dabei die vorhandene Schlitzbreite ändern muß. Der Verschluß gehört zu jenen, bei denen die beiden Vorhänge ihre Ablaufbewegung nacheinander beginnen und beenden, wobei die gewünschte Schlitzbreite unverändert bleibt. Der von der Firma Bernhard Sommer in Dresden hergestellte, in Abb. 400a und b dargestellte Schlitzverschluß gestattet Momentaufnahmen bis etwa $^{1}/_{1000}$ Sekunde nom.; er hat verdeckten Aufzug und arbeitet zuverlässig und ohne Erschütterung.

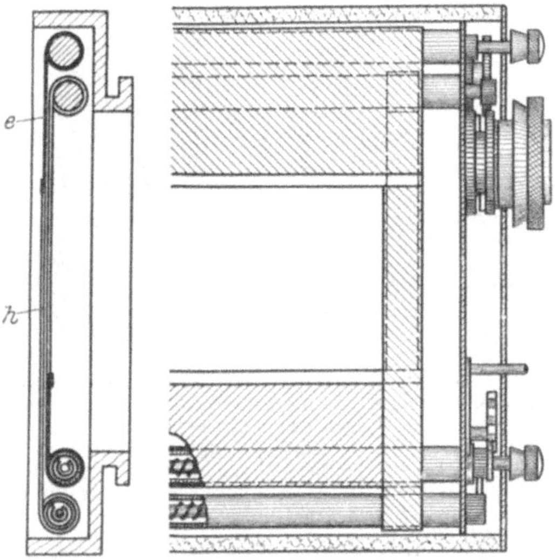

Abb. 400 a. Schlitzverschluß im Ansteckrahmen für Normalfalz. Schematische Darstellung (von der Seite und von vorne gesehen). Ausführung von B. Sommer, Dresden. Der Verschluß ist ein Vierwellen-Verschluß. *e* oberes Rouleau, *h* die Bänder für das obere Rouleau

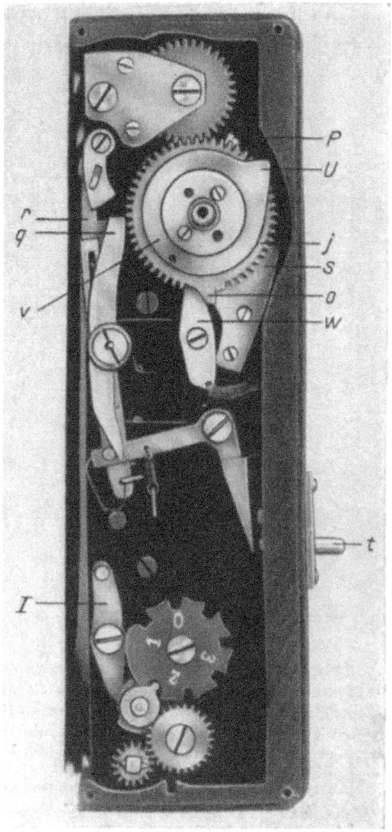

Abb. 400 b. Der gleiche Verschluß wie in Abb. 400 a. Ansicht der Getriebeseite (die Deckplatte ist abgenommen). *j* Zahnrad mit Nase *o* und Lochkreis für die Schlitzbildung, *P* Holzgehäuse; *q* Zwischenhebel, gesteuert vom Auslöser; *I* Ausrückhebel zur Spannung der Feder, *r* Hebel mit Rast zur Begrenzung des Rouleau-Ablaufs, *s* Anschlag für das große Zahnrad am Aufzugknopf, *t* Auslöser, *v* Schlitzbreitenscheibe mit Nocken *U*, *w* Arretierhebel

Die Ansatzrahmen sind unter Berücksichtigung der gangbarsten Falzarten so konstruiert, daß sie zu allen normal gebauten Kameras passen, bei denen die Kassette mit dem oberen Rand der Kamera abschneidet.

In die Kategorie der ansetzbaren Schlitzverschlüsse gehören auch jene, welche als Ganzes an die Kamera angesetzt und, wenn es die Verhältnisse erfordern (d. h. bei eintretenden Stockungen im Mechanismus des Schlitzverschlusses), einfach und mühelos von der Kamera sofort entfernt werden können, um durch einen anderen Verschluß, der auf seine Brauchbarkeit vorher geprüft wurde, ersetzt zu werden. Es ist lediglich eine Verriegelungsvorrichtung erforderlich, welche die sichere und eindeutige Lage des Verschlusses zur Kamera gewährleistet und an welcher die mechanischen Elemente zur Auslösung des Verschlusses befestigt sind. Abb. 401 zeigt eine VOIGTLÄNDER-Fliegerkamera vom Format 13 × 18 cm, wie sie etwa um das Jahr 1915 hergestellt wurde; beachtenswert ist die Auslösung am Pistolengriff.

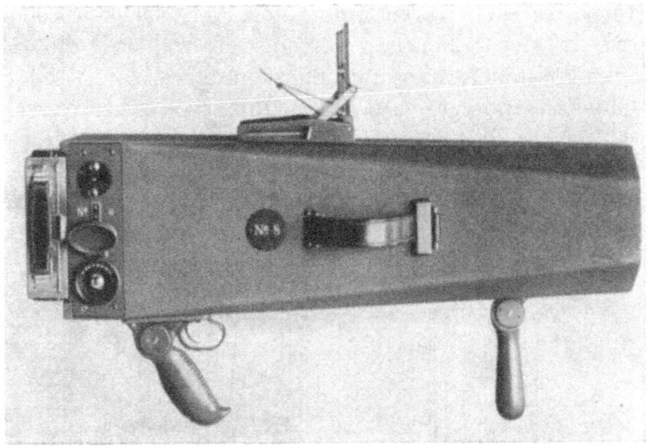

Abb. 401. Flieger-Handkamera, Ausführung von VOIGTLÄNDER & SOHN A. G., Braunschweig. Das Gehäuse besteht aus Duraluminiumblech; das Objektiv, ein Helomar 1 : 3,5, $f = 48$ cm, ist geschützt eingebaut. Der Schlitzverschluß ist ansetzbar. Die Platten sind in einem Wechselmagazin untergebracht

Die in Abb. 402 dargestellte Kamera ist eine NETTEL-Fliegerkamera mit auswechselbarem Schlitzverschluß für das Format 9 × 12 cm; das Objektiv hat eine Brennweite von 25 cm. Besonders beachtenswert sind bei diesen Kameras die massiven außen liegenden Bewegungsmechanismen sowie der Handgriff zum Halten der Kamera. Da zur Bedienung dieser Kameras nur eine Hand frei ist, mußte auch die Vorrichtung zur Einschaltung der Gelbfilter (ein helles und ein dunkles) nach außen verlegt werden. Der Rahmensucher an diesen Kameras ist umlegbar und besteht aus zwei getrennten Teilen; er gestattet nur die Bildmitte mit Sicherheit zu erfassen, was im vorliegenden Fall aber nicht als nachteilige Einschränkung bezeichnet werden kann.

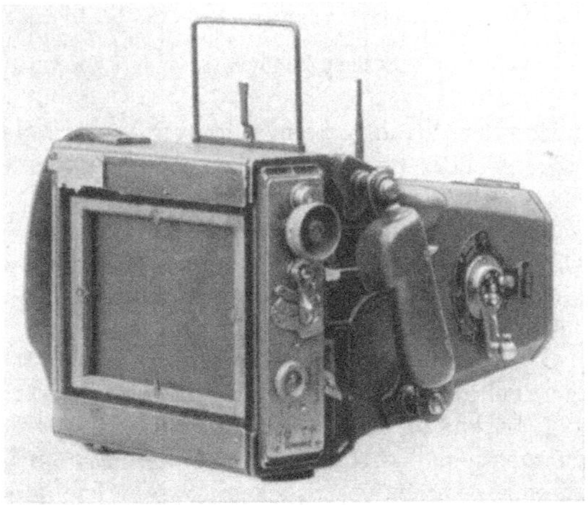

Abb. 402. Flieger-Handkamera, Ausführung von CONTESSA-NETTEL-KAMERAWERKE A. G., Dresden

142. Der Rouleauverschluß am Objektiv. Bei Kameras mit Mattscheibenverstellung ist das Objektiv meist in Normalfassung, enthält also keinen zwischen den Linsen angeordneten Zentralverschluß. Von den bei solchen Objektiven verwendeten Spezialverschlüssen (GRUNDNER-, GOERGEN-, RUWO-Verschluß und so weiter) haben wir bereits auf S. 453 gesprochen. Etwa gleichzeitig mit diesen Verschlüssen entstand eine von den erwähnten Modellen abweichende Konstruktion, die in Analogie zum Schlitzverschluß vor der Platte aus einem auf zwei Rollen geführten, undurchsichtigen Band mit einem Ausschnitt bestand, welcher, vor oder hinter dem Objektiv vorbeigleitend, die Öffnung des letzteren in regelbarer Weise freigab oder abdeckte. Dieser eigenartige Objektivverschluß mit Belichtungsspalt hat mit dem Schlitzverschluß nur die Anordnung des von Hand aufwickelbaren und unter Federdruck abrollenden Rouleaus, nicht aber die Art der Belichtung gemeinsam; während die Belichtung beim Plattenverschluß streifenweise und meist unter Ausnutzung der vollen Lichtstärke des Objektivs erfolgt, wird beim Objektiv-Rouleauverschluß das Objektiv erst allmählich, und zwar nach Maßgabe der jeweiligen Geschwindigkeit freigegeben. Wird die freie Öffnung des Objektivs von dem Spalt, dessen Abmessungen stets etwas größer sein sollen als die Öffnung des Objektivs, nicht mehr beschnitten, was in der „Mitte“ des Belichtungsvorganges der Fall ist, so arbeitet das Objektiv

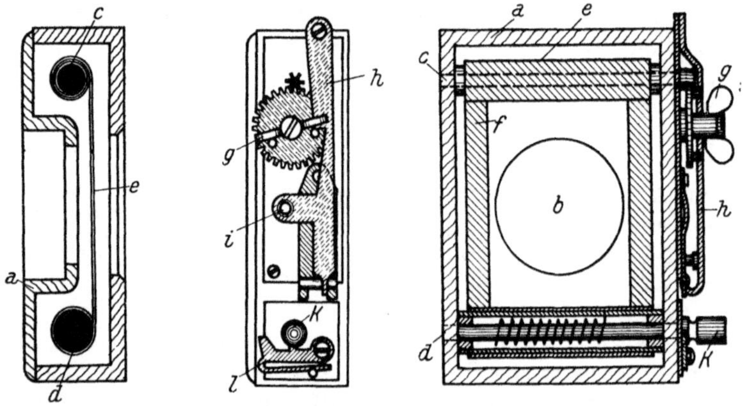

Abb. 403 a. Ansteckbarer Objektiv-Schlitzverschluß, System Thornton-Pickard (schematische Darstellung). Links Querschnitt, in der Mitte Seitenansicht, rechts Ansicht von vorne. *a* Holzgehäuse mit Öffnung *b*; *c* obere, *d* untere Welle für das Rouleau *e* (Gummituch), *f* Verbindungsbänder für die beiden Rouleauhälften, *g* Handhabe zum Aufziehen des Verschlusses (unter Vermittlung von Zahnrädern), *h* Auslösehebel mit Gewinde *i* für den Drahtauslöser, *k*, *l* Federspannvorrichtung

mit voller Öffnung; beim weiteren Abrollen des Spaltes wird das Objektiv wieder abgeblendet, bis zuletzt das Rouleau das Objektiv wieder ganz verschließt. Es besteht also eine gewisse Ähnlichkeit mit dem Belichtungsvorgang beim Spannzentralverschluß, bei dem das Objektiv auch nur einen Augenblick mit voller Öffnung arbeitet, beim Öffnen und Schließen aber mehr oder weniger abgeblendet wird, je nachdem, in welcher Stellung sich der Spalt zur freien Öffnung des Objektivs befindet.

Wie ein solcher Verschluß ausgeführt ist, ist aus Abb. 403 a bis d ersichtlich, wozu folgendes zu bemerken ist:

In einem Holzgehäuse, das mittels eines zylindrischen Ansatzes auf die Sonnenblende des Objektivs aufgesetzt wird, befinden sich zwei Walzen, über die ein rechteckiges Stück eines sehr leichten und lichtdichten Stoffes (Gummituch o. dgl.) geführt wird; dieses Rouleau hat eine rechteckige Öffnung, die mindestens so groß wie die freie Öffnung des Objektivs ist, und wird an dieser Stelle nur durch zwei Bänder zusammengehalten. In der Bohrung der unteren Walze befindet sich eine Spiralfeder, welche das mit ihr verbundene Rouleau nach unten zu ziehen sucht, so daß, wenn das Rouleau durch eine Vorrichtung beliebiger Art auf die obere Walze aufgewickelt wird, die Spiralfeder gespannt wird. Nach Auslösen einer Sperrvorrichtung gleitet das Rouleau mit größerer oder geringerer Geschwindigkeit, die durch eine der bereits erwähnten

Federspannvorrichtungen geregelt werden kann, an der Objektivöffnung vorbei.

Dieser von THORNTON-PICKARD, Altrincham, bekannt gemachte (D. R. P. Nr. 186 753) Verschluß hat in Anbetracht seiner Anordnung vor dem Objektiv und seiner nominellen Höchstgeschwindigkeit von etwa $^1/_{100}$ Sekunde mit dem Schlitzverschluß vor der Platte nur den Namen gemein. M. BALDEWEG, Dresden, erzeugt solche Verschlüsse.

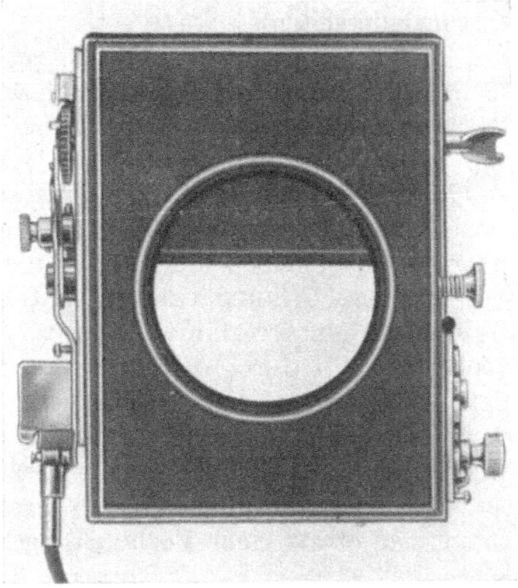

Abb. 403 b. Der gleiche Verschluß wie in Abb. 403 a. Ansicht von vorne. Vgl. Abb. 403 a rechts

D. Das Messen der Geschwindigkeit von Verschlüssen

Die Versuche, die Geschwindigkeit eines Momentverschlusses zu messen, reichen weit zurück; im nachstehenden sollen die wichtigsten unter ihnen kurz geschildert werden. Diejenigen Methoden, die sich bis heute erhalten haben bzw. aus der jüngsten Zeit stammen, wollen wir eingehender beschreiben[1].

143. „Photochemische“ Prüfung durch wiederholtes Belichten. Eines der einfachsten Verfahren (man bedarf hiezu keiner besonderen Apparatur) beruht auf der Erwägung, daß z. B. 100 Belichtungen von je $^1/_{100}$ Sekunde die gleiche Schwärzung auf eine Platte bewirken, wie eine Belichtung von einer Sekunde. Auf diese Art findet eigentlich keine Messung der wirksamen Belichtungszeit statt, es wird vielmehr die Äquivalentbelichtungsdauer bestimmt. Das Verfahren ist ziemlich bequem und gibt über die wirkliche Verschlußgeschwindigkeit mit ausreichender Annäherung Aufschluß; Ergebnisse von großer Genauigkeit lassen sich nach dieser Methode — insbesondere bei Objektivverschlüssen — nicht erzielen. Der Unterschied zwischen der wirksamen und der äquivalenten Belichtungszeit ist beim

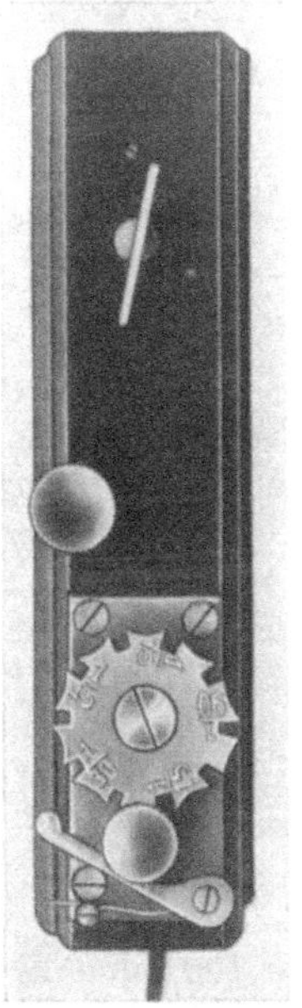

Abb. 403 c. Der gleiche Verschluß wie in Abbildung 403 a. Seitenansicht. Man sieht im Bilde die Elemente zum Spannen des Verschlusses bzw. zum Regulieren der Geschwindigkeit desselben

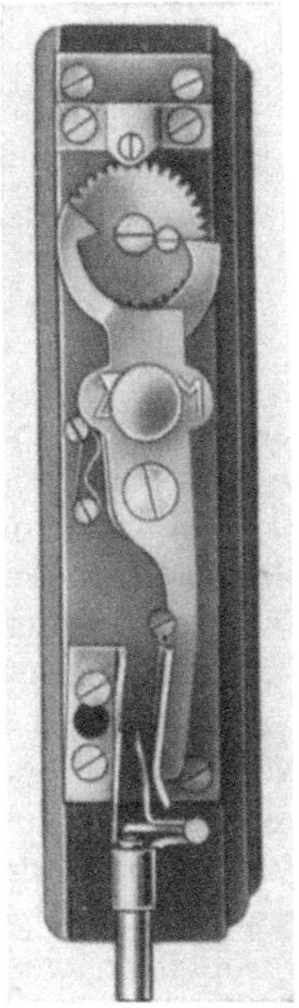

Abb. 403 d. Der gleiche Verschluß wie in Abbildung 403 a. Auslösemechanismus und Vorrichtung zum Umschalten des Verschlusses von Moment auf Zeit bzw. Ballzeit

[1] Vgl. L. DAVID, Photograph. Praktikum, 6. Aufl. W. Knapp, Halle a. d. S. 1929, S. 218 ff., sowie P. SCHROTT, Phot. Korr. 1919, S. 292.

Schlitzverschluß geringer als beim Objektivverschluß (insbesondere bei hohen Geschwindigkeiten).

Das Verfahren von A. W. Scott beruht auf dem Vergleich verschiedener Lichtwirkungen auf die photographische Platte und auf der Tatsache, daß die Beleuchtungsstärke auf einer Fläche mit dem Quadrate der Entfernung von der Lichtquelle abnimmt. Auch folgende Methode wurde benützt: man vergleicht die verschiedenen Lichteindrücke, die eine Bromsilberschicht durch verschiedene in einem drehbaren Zylinder angeordnete Öffnungen hindurch von einer mehrere Meter weit entfernten Lichtquelle empfängt, wobei man für jede folgende Öffnung eine in arithmetischer Reihe ansteigende Belichtung verwendet. Man verfährt dabei so, daß man die sehr nahegerückte Lichtquelle ihr Licht durch den zu untersuchenden Momentverschluß während seiner Betätigung auf die lichtempfindliche Schicht werfen läßt. Die für diese Methode notwendige Apparatur ist sehr einfach; die Prüfung dauert etwas lange, ihre Genauigkeit ist aber zufriedenstellend.[1]

144. Prüfung mittels Pendels nach G. Keinath. Für dieses Verfahren benötigt man etwas mehr Vorbereitungen; es liefert die wirksame Belichtungszeit mit ziemlicher Genauigkeit und beruht auf der Verwendung eines Pendels, der gemäß den Gesetzen der Mechanik in der Umgebung der Ruhelage (d. i. bis etwa $\pm 15^0$ von der Lotrechten) praktisch konstante Geschwindigkeit besitzt. Die Geschwindigkeit eines Pendels ist beim Durchgang durch die Ruhelage am größten, wird dann immer kleiner, ist am Umkehrpunkt für einen Augenblick gleich Null und nimmt dann wieder zu. Eine sehr einfache und zuverlässige Verschlußprüfung ist mit Hilfe eines leicht herstellbaren Sekundenpendels durchführbar; man zeichnet auf einer vertikal stehenden Wand einen kurzen Kreisbogen (symmetrisch zu einer Vertikalen) von z. B. 99,4 cm Radius (Länge des Sekundenpendels in Berlin) und teilt den Kreisbogen in 100 Teile. Im Mittelpunkt des Kreises wird ein Faden mit einer am Ende befestigten kleinen glänzenden Kugel oder Glühlampe befestigt, so daß letztere genau dem Kreisbogen entlang läuft, sobald das Pendel in Schwingung versetzt wurde. Auf dem entwickelten Negativ gibt die Anzahl der Teilstriche, welche durch die Lampe bzw. Kugel verdeckt werden, die Geschwindigkeit des Verschlusses in Hundertsteln einer Sekunde an (vgl. Abb. 404). Da die Schwingung eines Pendels von der angegebenen Länge bei jeder Amplitude 1 Sekunde lang dauert, ist es offenbar gleichgültig, wie groß der 100teilige Kreisbogen ist, wenn nur die Belichtung zu der Zeit erfolgt, zu der das Pendel den betreffenden Bogen beschreibt. Ähnliche Vorrichtungen wurden schon früher von L. David und A. Watkins angegeben, doch gingen beide von der unrichtigen Voraussetzung aus, daß die Geschwindigkeit des Pendelpunktes auf der ganzen Bahn gleichförmig sei, was nicht der Fall ist, da sich die Geschwindigkeit tatsächlich gemäß einer Sinusfunktion ändert. G. Keinath hat ein Verfahren beschrieben, das der Ungleichmäßigkeit der Bewegung Rechnung trägt. Vgl. auch Phot. f. Alle 1929, Heft 3.

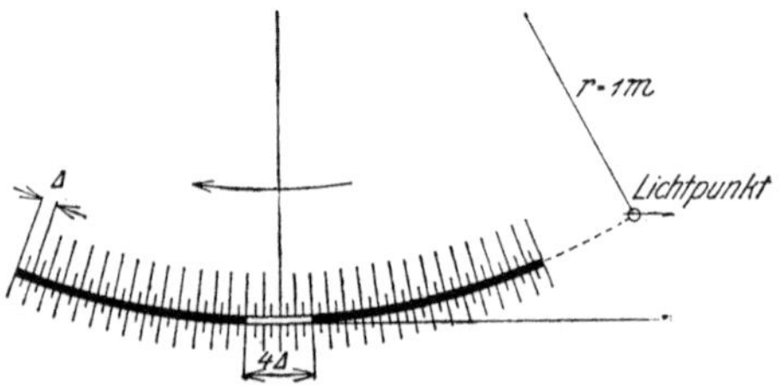

Abb. 404. Zur Geschwindigkeitsprüfung eines Momentverschlusses mit Hilfe eines Pendels. $\Delta = \frac{1}{100}$ Sek.

[1] Vgl. J. Rheden, Die richtige Belichtung, 2. Aufl. W. Knapp, Halle a. d. S., 1923, S. 89.

145. Prüfungsverfahren unter Benutzung des freien Falles. Die Geschwindigkeit eines fallenden Gegenstandes läßt sich bei geringem Luftwiderstand in jeder Entfernung vom Ausgangspunkt mit ziemlicher Genauigkeit bestimmen. Diese Geschwindigkeit kann für kleinere Strecken als konstant angesehen werden — in Wirklichkeit ist die Bewegung eine gleichförmig beschleunigte. Es ist für die Bestimmung der jeweiligen (als konstant angenommenen) Geschwindigkeit erforderlich, die bereits durchlaufene Strecke zu kennen; aus diesem Grunde muß zugleich mit dem fallenden Körper ein Maßstab aufgenommen werden, an dem der vom fallenden Körper zurückgelegte Weg abgelesen werden kann. Bezeichnet s die bereits zurückgelegte Wegstrecke, g die Beschleunigung der Schwere, so ist die jeweilige Geschwindigkeit v durch die Gleichung gegeben: $v = \sqrt{2 \cdot g \cdot s}$.

Die Beschleunigung der Schwere g variiert mit der geographischen Breite, sie beträgt für unsere Breite ungefähr 981 cm, für 0 Grad geographischer Breite 978,1, für 45 Grad 980,6, für 90 Grad 983,1 cm.

Nach dieser Methode ergeben sich bei sorgfältiger Ausführung sehr genaue Werte für die wirksame Belichtungszeit. Bei Verwendung dieses Verfahrens kann man bei Schlitzverschlüssen — je nach der Ablaufrichtung des Spaltes — drei verschiedene, aber trotzdem richtige Belichtungszeiten erhalten. Da bei den meisten Momentaufnahmen der Schlitz senkrecht zur Fortbewegungsrichtung des Aufnahmegegenstandes abrollt, wobei der Spalt parallel zur Fortbewegungsrichtung des Gegenstandes verläuft, ist diese Geschwindigkeit die interessierende. Für ihre Bestimmung muß, da die zum Versuch verwendete Kugel senkrecht fällt, der Spalt in wagrechter Richtung ablaufen, also senkrecht stehen.

146. Prüfungsverfahren unter Benutzung eines gleichmäßig rotierenden Punktes. Der Unterschied dieses praktisch bewährten Verfahrens gegenüber den früher beschriebenen Verfahren besteht darin, daß hier Winkelgeschwindigkeiten benutzt werden. Beschreibt ein Punkt in 1 Sekunde einen ganzen Kreis, so beträgt die Winkelgeschwindigkeit 360°; wird der rotierende Punkt mit dem zu prüfenden Verschluß aufgenommen und zeigt sich im Bilde z. B. ein Bogen von 18 Winkelgraden, so betrug die Verschlußgeschwindigkeit $t = {}^{18}/_{360} = {}^{1}/_{20}$ Sekunde. Zur Ausführung dieses Prüfverfahrens benutzt man gewöhnlich eine umlaufende Scheibe, an deren Peripherie eine kleine glänzende Kugel bzw. eine Glühlampe befestigt wird.

In Tabelle 61 findet man die Länge der Bogen in Winkelgraden angegeben, und zwar für n (Anzahl der Scheibenumdrehungen pro Sek.) $= 1, 2, 5, 10, 25$ und 50 sowie für t (Belichtungszeit oder Verschluß-

Tabelle 61.

Beziehung zwischen der Länge a eines Kreisbogens in Winkelgraden, der Anzahl der Umdrehungen des leuchtenden Punktes pro Sekunde und verschiedenen Verschlußgeschwindigkeiten t

Umdreh. pro Sek.	1	$^1/_2$	$^1/_5$	$^1/_{10}$	$^1/_{25}$	$^1/_{50}$	$^1/_{100}$	$^1/_{150}$	$^1/_{200}$	$^1/_{250}$	$^1/_{300}$	$^1/_{450}$	$^1/_{600}$	$^1/_{750}$	$^1/_{1000}$
$n = 1$	360°	180°	72°	36°	14,4°	7,2°									
$n = 2$	—	360°	144°	72°	28,8°	14,4°	7,2°								
$n = 5$	—	—	360°	180°	72°	36°	18°	12°	9°						
$n = 10$	—	—	—	360°	144°	72°	36°	24°	18°	14,4°	12°				
$n = 25$	—	—	—	—	360°	180°	90°	60°	45°	36°	30°	20°	15°	12°	
$n = 50$	—	—	—	—	—	360°	180°	120°	90°	72°	60°	40°	30°	24°	18°

geschwindigkeit) = 1 Sek. bis $^{1}/_{1000}$ Sek. (mit den gebräuchlichen Stufen). Die Winkelwerte α ergeben sich aus folgender Formel: $\alpha = 360 \, . \, n \, . \, t$.

Die Tabelle zeigt, daß sich bei konstanter Umdrehungszahl der Scheibe (vgl. Abb. 405) nicht der ganze Bereich der Geschwindigkeiten erfassen läßt. Z. B. ergäbe sich für $n = 1$ und $t = ^{1}/_{300}$ Sek. $\alpha = 1{,}2^0$, was bei einem Durchmesser der Kreisscheibe c_1 (vgl. Abb. 405) von 15 cm einer Bogenlänge von 0,314 mm entspricht; es ist klar, daß sich auf diese Art keine exakten Messungen erzielen ließen. Bei Verwendung eines zweckmäßig abgestuften Vorgeleges am Motor ist man natürlich imstande, alle in Betracht kommenden Aufgaben mit hinreichender Genauigkeit zu lösen.

Schwierigkeit macht die genaue Bestimmung der Winkelgeschwindigkeit des rotierenden Punktes in der Sekunde und die Konstanterhaltung der-

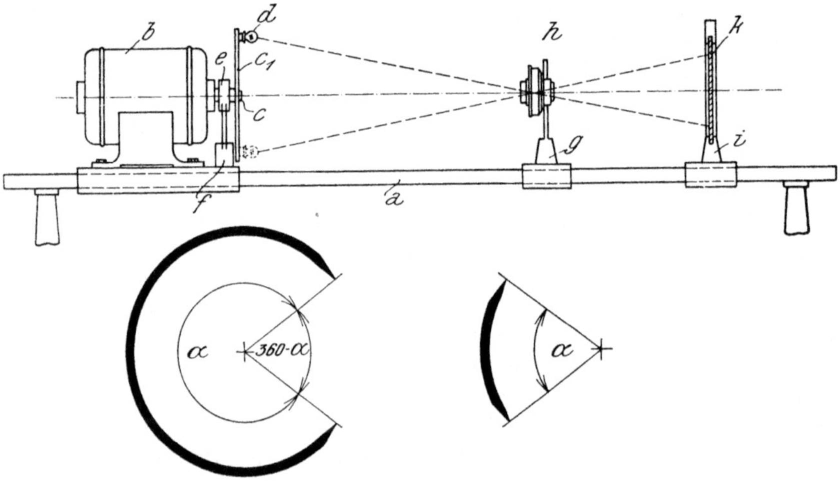

Abb. 405. Einrichtung zum Messen der Geschwindigkeit von Objektivverschlüssen. a optische Bank, b Elektromotor mit Achse c und Scheibe c_1; d Glühlampe, e Schleifringe für die Stromzuführung aus der Batterie f zur Lampe d; g Träger für den Momentverschluß h mit Objektiv, i Träger für die Mattscheibe bzw. die photographische Platte k. Aus der Länge der zugespitzten Enden des Lichtweges lassen sich über die Dauer des Öffnens und Schließens der Verschlußlamellen Schlüsse ziehen

selben; ziemlich genaue Ergebnisse lassen sich bei Benutzung eines Metronoms erzielen. Man ermittelt auch hier die wirksame Belichtungszeit. Auf dem gleichen Prinzip beruhte die photographische Meßuhr von Dr. AD. HESEKIEL in Berlin, deren Hauptbestandteile ein schwarzes Zifferblatt mit weißen Teilstrichen und ein weißglänzender Zeiger waren.[1] Zur Prüfung von Schlitzverschlüssen ist dieses Verfahren nicht empfehlenswert, da man die Ablaufrichtung des Spaltes gegenüber der wechselnden Fortbewegungsrichtung der rotierenden Kugel nicht variieren kann.

Eine andere hieher gehörige Methode wurde von ANT. SCHLINK, Innsbruck, angegeben[2] (vgl. hiezu Abb. 406).

H. ESCHKE, Berlin, hat ein Verfahren zur Bestimmung der Verschlußgeschwindigkeiten angegeben, bei dem die Lichtquelle (mit einem davor angeordneten Spalt) ihre Lage beibehält, die Kamera mit dem zu prüfenden Verschluß aber um eine vertikale Achse in Drehung versetzt wird.[3]

[1] Vgl. R. DEFREGGER, „Meß- und Prüfungsmethoden in der phot. Praxis". W. Knapp, Halle a. d. S. 1929, S. 52 ff.

[2] Vgl. Phot. Rundsch. 1928, S. 481 ff., a. a. O. 1929, S. 56, sowie L. DAVID, Phot. Praktikum, 6. Aufl., W. Knapp, Halle a. d. S. 1929, S. 225 ff.

[3] Vgl. Photofreund 1930, S. 233.

147. Verfahren unter Benutzung einer Wechselstrombogenlampe (O. Nairz — I. Precht). Eine Wechselstrombogenlampe leuchtet, je nach der Periodenzahl, mehrmals in der Sekunde auf. Bei der gewöhnlichen Anzahl von 50 Perioden in der Sekunde findet ein 100 maliges Aufblitzen der Bogenlampe in der Sekunde statt. Wird ein derartiger Lichtbogen bei gleichzeitiger Drehung der Kamera unter Benutzung eines Momentverschlusses aufgenommen, so entspricht jeder auf der Platte feststellbare Lichtpunkt $^1/_{100}$ Sekunde; sind 10 Lichtbildchen auf der Platte sichtbar, so beträgt die Verschlußgeschwindigkeit $^{10}/_{100} = {}^1/_{10}$ Sekunde. Die Genauigkeit der erhaltenen Werte steigt mit der Dauer der Belichtungszeit; je kürzer die Belichtungszeit ist (unter $^1/_{25}$ Sek.), um so ungenauer sind die erhaltenen Werte, weshalb das Verfahren nur beschränkt anwendbar ist. Voraussetzung für die Verwendung dieses Verfahrens ist die zuverlässige Feststellung der Periodenzahl des Stromes.

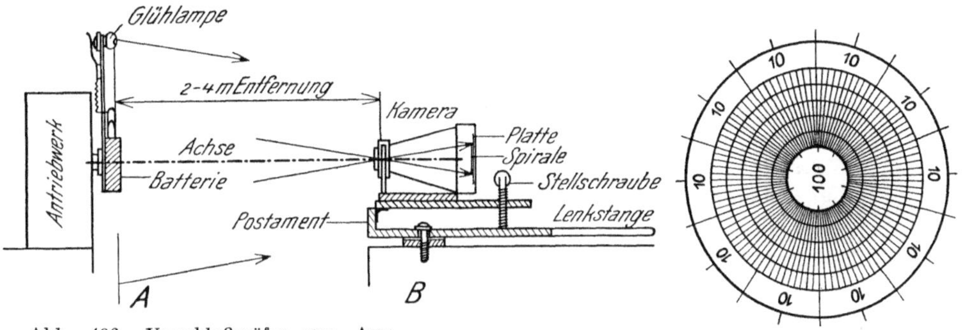

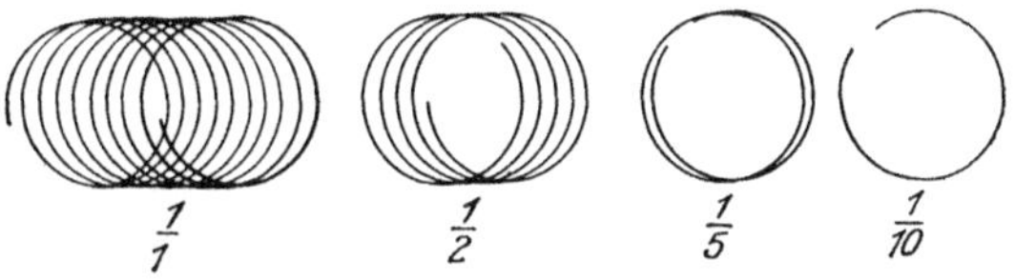

Abb. 406. Verschlußprüfer von ANT. SCHLINK, Innsbruck. Die Glühlampe beschreibt einen Kreis, der mit Hilfe der horizontal schwenkbaren Kamera photographiert wird. Die entstandene Abbildung wird unter Benutzung eines Radialrasters (siehe rechts oben) ausgemessen. Bei langen Belichtungen ergeben sich im Bilde mehrere Vollkreise; vgl. die ersten drei der unteren Figuren, die Belichtungen von 1, $^1/_2$, $^1/_5$, entsprechen

148. Apparat von Rich. Nerrlich. Einer der ersten bekannt gewordenen wirklich brauchbaren Prüfungsapparate für Momentverschlüsse bestand aus einer runden, mit einem schmalen radialen Schlitz versehenen Scheibe, die durch ein Gewichtslaufwerk dicht hinter einer mit einem ringförmigen Ausschnitt versehenen feststehenden Platte in Umdrehung versetzt wurde. Der ringförmige Ausschnitt der feststehenden Platte war am Rande mit Zacken versehen; jede dieser Zacken hatte die Breite des umlaufenden Schlitzes. Wurden nun parallele Lichtstrahlen senkrecht auf die Flächen der Scheibe gerichtet, so gelangten diese durch den rotierenden Schlitz und den Ausschnitt der feststehenden Platte sowie durch das Objektiv in die photographische Kamera bzw. auf den lichtempfindlichen Schichtträger; dort entstand ein der Form des ringförmigen Ausschnittes entsprechendes Bild von einer der Dauer der Lichteinwirkung entsprechenden Länge, aus dem die Dauer der Lichteinwirkung in einfacher Weise rechnerisch abgeleitet werden konnte. Vgl. Z. f. I. 20, 1900, S. 269.

Eine einfache Überlegung zeigt, daß die ganze Länge des vom Schlitz während der Funktion des Verschlusses passierten Ringstückes auf der lichtempfindlichen Platte nicht aufgezeichnet werden kann, daß vielmehr — je nach der Intensität des Lichtes und der Empfindlichkeit der Platte — Stücke davon fehlen müssen, weil an den äußersten Enden die Lichteinwirkung nicht ausreicht, um auf der Platte einen sichtbaren Eindruck zu hinterlassen. Eine merkliche photographische Wirkung erfolgt erst dann, wenn ein breiteres Stück des Schlitzes sich vor einem Flächenelement der Platte vorbeibewegt hat; analog hört die photographische Wirkung auch vor Beendigung der Bewegung auf. Dieser Fehler haftet allen derartigen (auch den neuesten) Methoden an. Das Endresultat wird um so weniger beeinflußt, je schmäler der Schlitz und je länger das abgebildete Ringstück ist. Rich. Nerrlich hat in seinem „Exposimeter" einen zweiten, wesentlich verbesserten Apparat geschaffen, den wir hier nicht näher beschreiben wollen.[1]

149. Verfahren von E. Robert Mayer in Stuttgart (D. R. P. Nr. 400100). Bei den meisten Verfahren zum Messen der Geschwindigkeit photographischer Verschlüsse waren besondere Messungen und Berechnungen erforderlich; das Verfahren von E. R. Mayer bezweckt, dies zu vermeiden, und gestattet, die Verschlußgeschwindigkeiten ohneweiters aus der Versuchsaufnahme abzulesen. Dies wird dadurch erreicht, daß man zwei mit Schlitzen versehene Scheiben in gleichem oder in entgegengesetztem Sinn so rotieren läßt, daß die gegenseitige Deckung der Schlitze in verschiedenen Winkelstellungen erfolgt; um dies zu erreichen, erteilt man den vorerwähnten Scheiben verschiedene Umlaufsgeschwindigkeiten. Durch das Objektiv und den Verschluß fällt das von einem Kondensor und die beiden sich deckenden Schlitze der rotierenden Scheiben durchgelassene Lichtstrahlenbündel und erzeugt auf der Platte einen Strich. Da die Deckung der Schlitze nur bei bestimmten Winkelstellungen erfolgt, entstehen auf der Platte Strich- bzw. Punktreihen, aus denen auf die Verschlußgeschwindigkeit direkt geschlossen werden kann.

Für Messungen an Schlitzverschlüssen sind vorteilhaft auf beiden Scheiben Radialschlitze vorgesehen, mit deren Hilfe auch eine etwa vorhandene Nichtparallelität der Spaltbegrenzungslinien festgestellt werden kann. Bei der Prüfung von Zentralverschlüssen kann die eine der Radialschlitzscheiben gegen eine Scheibe ausgetauscht werden, welche mit einem oder mehreren Kurvenschlitzen versehen ist. Da zwischen je zwei Lichtdurchfällen stets eine bestimmte Abdeckung erfolgt, entsteht eine Strich- bzw. Punktreihe. Um die verschiedenen Geschwindigkeiten der rotierenden Schlitzscheiben konstant zu erhalten, sind besondere Einrichtungen vorgesehen, auf die hier nicht näher eingegangen werden soll.[2]

Dr. J. Rheden hat bereits vor einer Reihe von Jahren ein sehr vollkommenes Gerät geschaffen, bei dem eine am Umfang mit radialen Schlitzen von verschiedener Länge versehene Scheibe an einer Kreisteilung vorbeigleitet und die jeweilige Lage eines der Schlitze zur Kreisteilung photographisch festgehalten wird.[3]

150. Verfahren der Geschwindigkeitsmessung mittels Stimmgabel. Einer der ersten Praktiker, der zur Messung von Verschlußgeschwindigkeiten die Stimmgabel benutzte, war S. Brown (1888); die gleiche Methode verwendete bald darnach Dr. Rudolf Steinheil und Dr. W. Donle unter Benutzung des Belzschen Chronoskops. Dieses besteht aus einer Stimmgabel, die man in Schwingung versetzt und über eine berußte Platte gleiten läßt; die Gabel ist mit einer elektrischen Batterie verbunden und mit einer Vorrichtung ausgestattet, welche es ermöglicht, während die Gabel über die berußte Fläche gleitet, den elektrischen Stromkreis zu öffnen und zu schließen. Auf der Sinus-

---

[1] Vgl. ZS. f. I. 44, 1924, S. 141, sowie L. David, Phot. Praktikum, 6. Aufl. 1929, S. 221 ff.

[2] Eine besonders zur Prüfung von Schlitzverschlüssen geeignete Apparatur beschreibt Chr. Winther, Phot. Korr. Bd. 64, S. 1; vgl. hiezu auch J. Hertzberg, Nord. Tidskr. f. Fot. 1917, S. 60 sowie Phot. Ind. 1928, S. 647.

[3] Vgl. Eders Jahrb. f. Phot. und Reprod., Bd. 17, S. 112.

kurve, welche die Spitze der an dem einen Arm der Stimmgabel angebrachten Nadel auf der berußten Platte beschreibt, entstehen auf diese Art zwei markante Punkte, hervorgebracht durch den Öffnungs- und Schließungsfunken zwischen der Nadelspitze und der berußten Platte. Die zwischen den beiden erwähnten Punkten auf der Sinuskurve liegenden Wellenlängen geben bei bekannter Schwingungszahl der Stimmgabel direkt ein Maß für die Zeit, die zwischen dem Öffnen und Schließen des elektrischen Stromes verflossen ist. Macht z. B. die Stimmgabel 450 Schwingungen in der Sekunde, so ist, wenn zwischen den zwei markierten Punkten 225 Wellenlängen liegen, zwischen dem Öffnen und Schließen des elektrischen Stromes $\frac{1}{2}$ Sekunde verflossen. Bei den ersten Versuchen dieser Art handelte es sich darum, den Verschluß gespannt in die Schließungskette des elektrischen Stromes einzuschalten und zu bewirken, daß der elektrische Stromkreis geöffnet werde, sobald sich der Verschluß öffnet, und daß er wieder geschlossen werde, sobald sich der Verschluß schließt.

Von diesem Versuch ausgehend, war nur mehr ein Schritt zu tun, die Schwingungen der Stimmgabel auf der photographischen Platte abzubilden; STEINHEIL versah zu diesem Zweck einen Zinken einer Stimmgabel von mattschwarzer Farbe mit einer glänzend schwarzen Kugel und ließ auf diese mittels eines Heliostaten Sonnenlicht fallen. Der auf der Kugel entstehende leuchtende Punkt — gewissermaßen ein künstlicher Stern — machte die Schwingungen der Stimmgabel mit, wenn diese angeschlagen wurde. Führte man nun bei langsam ablaufendem Verschluß die angeschlagene Stimmgabel in eine Richtung parallel zur photographischen Platte, so zeigte sich auf dieser (der Hintergrund war dunkel), nichts als eine Sinuskurve, die um so länger war, je länger die Belichtung dauerte. Bei Zentralverschlüssen ist es notwendig (bei Schlitzverschlüssen ist dies nicht erforderlich), die Stimmgabel auf einem Schlitten zu befestigen, der eine Verschiebung senkrecht zur optischen Achse des photographischen Apparates zuläßt. Die Anzahl der Wellenlängen, welche auf der entwickelten Platte zu sehen ist, gibt ein direktes Maß für die Belichtungszeit; diese ist so vielmal kleiner als eine Sekunde, als die Anzahl der sichtbaren Wellenlängen in der Schwingungszahl der Stimmgabel enthalten ist: macht z. B. die Stimmgabel 200 Schwingungen in der Sekunde und zeigt die photographische Platte zwei Wellenlängen, so betrug die Belichtungszeit $\frac{2}{200} = 0{,}01$ Sekunde.

K. R. KOCH hat diese Methode noch weiter ausgebaut, indem er auf der einen Seite der Stimmgabel einen kleinen Spiegel befestigte, der das von einer Bogenlampe kommende Licht durch eine scharf begrenzte Blende in das Objektiv einer Kamera leitete und auf deren Mattscheibe ein Bild dieser Blende erzeugte. Die Kamera ist um eine vertikale Achse drehbar, so daß, wenn die Stimmgabel in Schwingungen versetzt wird, auf der Mattscheibe statt eines Punktes eine hell leuchtende, wellenförmige Linie erzeugt wird; jede Welle entspricht offenbar einem Hin- und Hergang, also einer ganzen Schwingung des Stimmgabelzinken, so daß die Berechnung der Belichtungszeit in ganz analoger Weise, wie vorher, erfolgen kann.[1]

Dr. HANS LEHMANN benutzte die Stimmgabel als Unterbrecher des Primärstromes eines Induktoriums, dessen Induktionsfunke zwischen den in kreisförmige Bewegung versetzten Elektroden überspringt. Auf der photographischen Platte entsteht auf diese Art eine kreisbogenförmige Reihe von äquidistanten Punkten, deren Anzahl, durch die Schwingungszahl der Stimmgabel dividiert, direkt die Geschwindigkeit des Verschlusses in Sekunden ergibt.

[1] Vgl. R. DEFREGGER, Meß- und Prüfungsmethoden in der phot. Praxis, W. Knapp, Halle a. d. S. 1929, S. 58.

Die Stimmgabelapparate waren leider nur Laboratoriumsgeräte, die eine überaus sorgfältige und gewissenhafteste Ausführung erforderten und, wenn sie nicht von geschulter Hand bedient wurden, oft unzuverlässige Resultate ergaben. Wenn auch heute die Zahl der Objektivverschlüsse erzeugenden Firmen im Verhältnis zu früher, wo jede Fabrik photographischer Apparate auch Verschlüsse herstellte, sehr klein ist, so ist doch das Bedürfnis nach einem für den Fabrikbetrieb geeigneten, einfach zu bedienenden Verschlußprüfgerät vorhanden; es ist das Verdienst der Firma Carl Janzer jr. in Degerloch bzw. der Firma Leppin und Masche, Berlin, mit ihrem Geschwin-

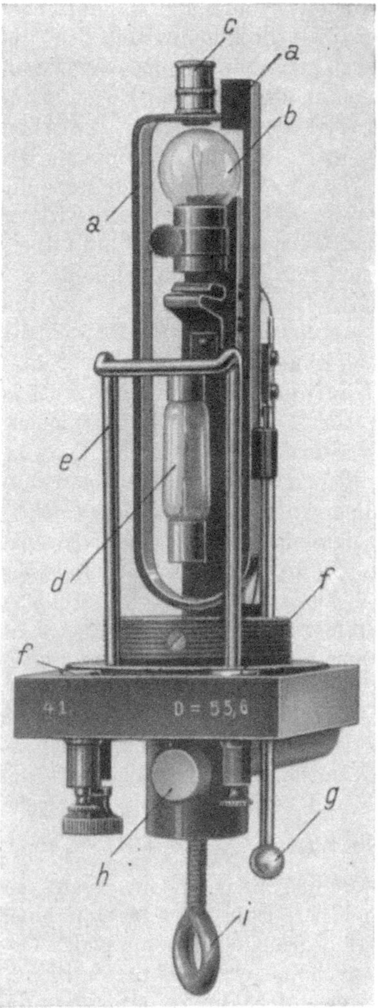

Abb. 407 a. Stimmgabelapparat „Columbus" zum Messen der Geschwindigkeit von Momentverschlüssen (Carl Janzer jun., Degerloch). *a* Stimmgabel mit Objektiv *c*, das von den Fäden der Glühlampe *b* ein Bild entwirft, *d* Ausgleichswiderstand, *e* Träger der Batterie, *f* Kontakte für die Batterie, *g* Metallknopf zur Betätigung der Stimmgabel, *h* und *i* Befestigungselemente für das ganze Gerät

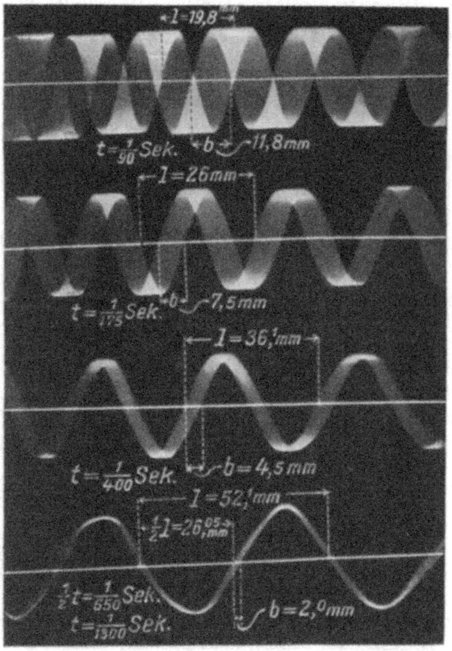

Abb. 407 b. „Lichtlinien", erzeugt mit Hilfe des in Abb. 407 a dargestellten Apparates zur Ermittlung von Verschlußgeschwindigkeiten. b entspricht der Breite des Spaltes bei Schlitzverschlüssen, l Wellenlänge. Die Geschwindigkeit des Schlitzverschlusses $v = \frac{b}{l \cdot n}$, wobei n die Anzahl der Stimmgabelschwingungen pro Sekunde ist. Maßstab der Darstellung 1:2. In der zweiten Figur von oben ist die Kotierung $l = 26$ mm falsch angesetzt

digkeitsprüfer Columbus ein Instrument auf den Markt gebracht zu haben, das den Ansprüchen bezüglich Zuverlässigkeit und Genauigkeit in vieler Hinsicht genügte, und dabei den Vorzug besaß, daß die Lichtquelle in den Apparat verlegt war. Man erzeugt bei Verwendung dieses Apparates mit Hilfe einer Stimmgabel eine sinusförmige Lichtlinie, die mit bekannter Schwingungszahl hin- und herpendelt und auf einer vor einem Spalt befindlichen photographischen Platte in jedem Augenblick an einem anderen Ort abgebildet wird. Nach dem Entwickeln sieht man auf der Platte ein wellenförmiges Band, bei dessen Ausmessung die Belichtungsdauer leicht ermittelt werden kann. Der in Abb. 407a dargestellte Apparat ist einfach und geschickt durchkonstruiert; sein besonderes Kennzeichen ist eine fest eingebaute Glühlampe mit senkrecht stehendem geradlinigen Glühfaden, der über einen Ausgleichswiderstand von einer Taschenbatterie Strom erhält. Der wesentlichste Bestandteil des Apparates ist eine Stimmgabel, auf deren einem Ende ein kleines Objektiv so befestigt ist, daß seine Mitte genau vor dem senkrechten Faden der Lampe steht. Die wirkliche Schwingungszahl der Stimmgabel ist auf Bruchteile genau festgestellt und für jeden Apparat angegeben, so daß genaue Berechnungen möglich sind. Das Arbeiten mit diesem Apparat ist äußerst einfach, jedoch verschieden bei der Untersuchung von Schlitz- und Zentralverschlüssen:

$^1/_{40}$ Sekunde

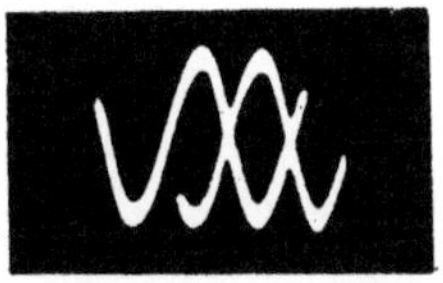

$^1/_{31}$ Sekunde

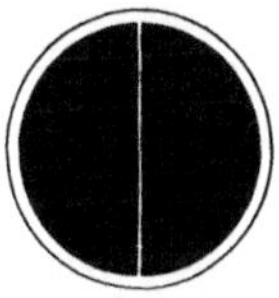

Abb. 407 c. Spaltscheibe des Stimmgabelapparates „Columbus", angewendet beim Messen der Geschwindigkeit von Zentralverschlüssen

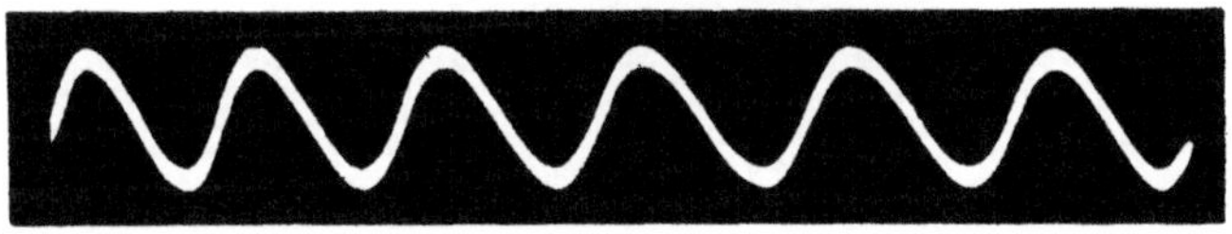

$^1/_{8,5}$ Sekunde

Abb. 407 d. Schaubilder von Lichtlinien, hervorgerufen mit dem Stimmgabelapparat „Columbus" bei Verwendung der in Abb. 407 c dargestellten Spaltscheibe

Bei der Untersuchung von Schlitzverschlüssen dient der Schlitz des Verschlusses als der notwendige Spalt für die Erzeugung der Wellenlinie, wie sie in Abb. 407 b dargestellt ist. Nach Einschaltung der Glühbirne wird die bei aufgezogenem Verschluß auf der Mattscheibe des Apparates sichtbare gerade Linie scharf eingestellt; hierauf wird, nachdem die Stimmgabel in Schwingung versetzt wurde, eine Aufnahme gemacht. Da bei Schlitzverschlüssen die Schlitzbreite verschieden ist, muß sie als Faktor in die Berechnung mit einbezogen werden, und zwar nach der Formel: $v = \frac{b}{l \, . \, n}$, wobei b die Schlitzbreite, l die Wellenlänge und n die Schwingungszahl der Stimmgabel ist.[1]

Ein Vorteil der Methode ist, daß sich nach ihr nicht nur die genaue Belichtungszeit ergibt, sondern auch jede eventuell eingetretene Änderung der Schlitzbreite während des Ablaufes ermittelt werden kann.

Bei Zentralverschlüssen arbeitet man ähnlich, nur muß eine Scheibe mit einem Spalt von etwa 1 mm Breite (Abb. 407 c) wagrecht vor dem Objektiv der Kamera eingeschaltet werden. Die Platte muß während der Schwingung der Stimmgabel von unten nach oben bewegt werden.

Das Resultat ist eine Wellenlinie (vgl. Abb. 407 d), und zwar ergibt in diesem Falle die Anzahl a der auf der Platte sichtbaren Wellen, geteilt

[1] L. Kutzleb hat im Jahre 1919 im Photochemischen Laboratorium der Technischen Hochschule Berlin zahlreiche Schlitzverschlüsse verschiedener Herkunft mit diesem Apparat geprüft. Vgl. Phot. Rundsch. 1919, S. 289 und 305.

durch die Zahl n der Schwingungen der Stimmgabel die Geschwindigkeit des Verschlusses $\left(\text{also } v = \frac{a}{n}\right)$.[1]

151. Verfahren der photographischen Aufnahme eines gesetzmäßig bewegten leuchtenden Punktes. Die bisher beschriebenen Methoden beruhen zumeist darauf, einen gesetzmäßig bewegten Punkt zu photographieren und aus der Länge der Wegstrecke im Bilde die Belichtungszeit zu ermitteln. (M. Eggerling in Helmstedt hat ein vereinfachtes hieher gehöriges Meßverfahren angegeben; er verzichtet auf die photographische Wiedergabe, bedient sich vielmehr der visuellen

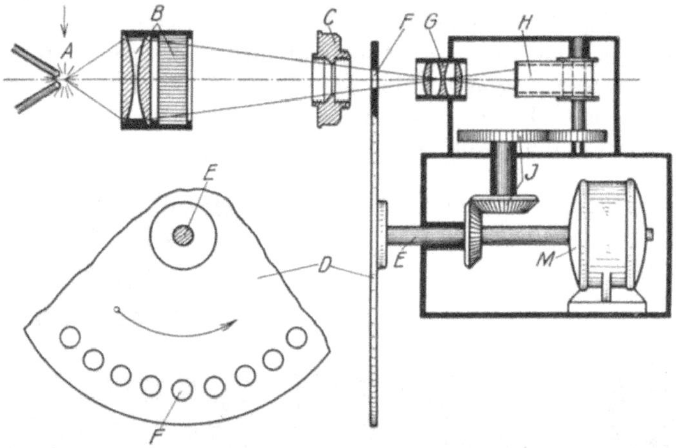

Abb. 408 a. Vorrichtung zur Messung der Geschwindigkeit von Momentverschlüssen (Zentralverschlüssen). (Nach F. Deckel, München.) A Lichtquelle (Bogenlampe), B Kondensor und Wasserküvette, C zu untersuchender Sektorenverschluß (ohne Objektiv), G Aufnahmeobjektiv des Apparates, D drehbare Scheibe mit den Löchern F; E Rotationsachse der Scheibe, M Motor zum Antrieb der Lochscheibe D und des Filmbandes H

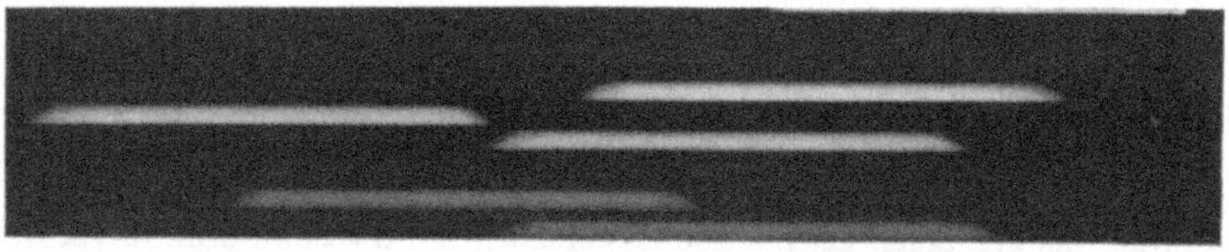

Abb. 408 b. Photographische Aufzeichnungen, gewonnen mit Hilfe der in Abb. 408 a dargestellten Apparatur. Die Untersuchung bezog sich auf eine Verschlußgeschwindigkeit von $^1/_{250}$ Sek. nom.; das Filmband legt pro Sekunde 10 m zurück, daher in $^1/_{250}$ Sek. 40 mm. Maßstab der Darstellung 1 : 1

Beobachtung.[2]) Trotzdem diese Methode unvollkommen ist, weil sie weder die totale noch die äquivalente Belichtungszeit genau liefert, ist sie immer wieder aufgegriffen und zuletzt — nach Überwindung großer experimentaler Schwierigkeiten — doch zu einem solchen Grad der Vollkommenheit gebracht worden, daß sie Anspruch darauf machen darf, den übrigen Methoden mindestens ebenbürtig zur Seite gestellt zu werden; eine solche neuartige (von der Firma F. Deckel, München, angegebene) Vorrichtung sei nachstehend beschrieben (vgl. Abb. 408a und b).

[1] P. Schrott, Wien, verwendet bei seinem Apparat zur Prüfung von Verschlußgeschwindigkeiten statt einer Stimmgabel eine frei schwingende Zunge, wie sie bei Zungenpfeifen benutzt wird. Vgl. Phot. Korr. 1929, S. 14, sowie Phot. Ind. 1928, S. 1113.

[2] Vgl. M. Eggerling, Phot. Rundsch. 1929, S. 56.

Das von einer Bogenlampe (Abb. 408 a) kommende Lichtstrahlenbündel fällt nach Passieren eines Kondensors und einer Wasserküvette konvergierend auf den zu prüfenden Zentralverschluß derart, daß dessen größte Öffnung von diesem Lichtstrahlenbündel voll ausgefüllt wird; hinter dem Verschluß ist eine drehbare Scheibe mit einer bestimmten Zahl von Löchern so angeordnet, daß jeweils die Mitte eines jeden Loches mit der Mitte des Verschlusses in jener geraden Linie liegt, welche mit der optischen Achse des Kondensors zusammenfällt. Nachdem das Lichtstrahlenbündel die Lochscheibe passiert hat, trifft es auf ein Objektiv, das auf einem gleichmäßig ablaufenden Filmstreifen ein scharfes Bild desjenigen Loches entwirft, das sich gerade vor der Mitte des Objektivs befindet. Je nachdem, ob nun der Verschluß kürzere oder längere Zeit geöffnet ist, entsteht auf dem Film ein Punkt oder es entstehen mehrere Punkte bzw. ein Streifen, dessen absolute Länge ein Maß für die Öffnungsdauer des Verschlusses darstellt. Der vom gleichen Motor wie die Lochscheibe angetriebene Filmstreifen muß eine ganz bestimmte konstante Geschwindigkeit besitzen. Abb. 408 b läßt einige solche Aufzeichnungen erkennen, die mit einer Verschlußgeschwindigkeit von nominell $^1/_{250}$ Sekunde gewonnen wurden; der Filmweg betrug dabei 10 m in der Sekunde, in $^1/_{250}$ Sek. also 40 mm. Mit Rücksicht darauf, daß die erzeugten Bildstreifen relativ schmal sind, läßt sich der Verlauf der Belichtung am Anfang und am Ende der Belichtung nicht deutlich definieren und damit auch nicht der genaue Wert der totalen Belichtungszeit feststellen; da aber selbst bei kurzen Belichtungen

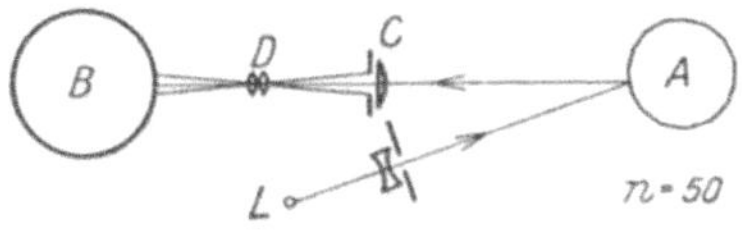

Abb. 409 a. Zum Verschlußprüfungsverfahren nach P. G. NUTTING. *A* Aluminiumrad mit 20 Spiegeln, *B* rotierende Trommel für den Film, *C* Sammellinse knapp vor dem zu prüfenden Verschluß, *D* Objektiv, *L* Lichtquelle

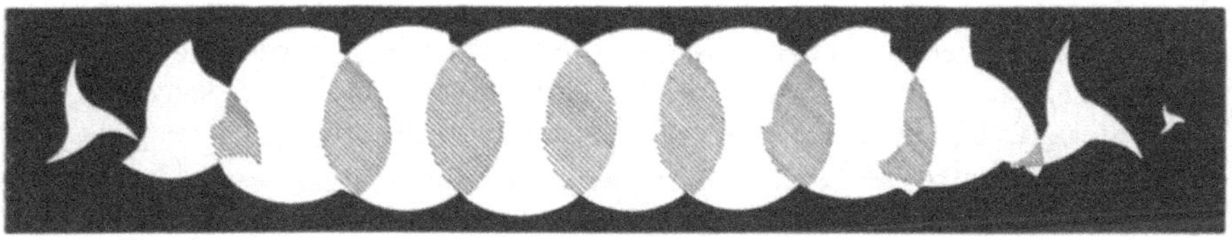

Abb. 409 b. Öffnungsbilder eines Verschlusses, aufgenommen nach dem Verschlußprüfungsverfahren nach P. G. NUTTING (vgl. Abb. 409 a)

(wie $^1/_{250}$ Sekunde) der Streifen verhältnismäßig lang ist, gestattet diese Methode für die Praxis hinreichend genaue Messungen vorzunehmen.

152. Die kinematographischen Verfahren von P. G. Nutting und H. Naumann. Die Methode von NUTTING besteht darin, gespiegelte Blitzbilder mit Belichtungen von $^1/_{30000}$ Sekunde kinematographisch aufzunehmen, wobei etwa 1000 Aufnahmen auf die Sekunde entfallen. Die Versuchsanordnung ist aus Abb. 409 a ersichtlich; sein wesentliches Konstruktionselement ist ein Aluminiumrad, auf dessen Umfang 20 vertikal gestellte Spiegel angeordnet sind; da dieses Aluminiumrad 50 Umdrehungen in der Sekunde macht, entstehen bei 20 Spiegeln $20 \times 50 = 1000$ Bilder in der Sekunde. Ein von einer Bogenlampe kommendes Lichtstrahlenbündel fällt zunächst auf einen der Spiegel und dann auf eine vor dem Verschluß angebrachte einfache Sammellinse; durch ein zweites Objektiv von relativ kurzer Brennweite wird das Licht sodann auf eine rotierende Trommel geworfen, über die ein Negativ-Kinofilm läuft. Von den vielen entstehenden Einzelbildern ist jedes einzelne eine Abbildung der freien Öffnung des Verschlusses (vgl. Abb. 409 b), ein Bild, das mit einer Geschwindigkeit von ca. $^1/_{30000}$ Sekunde aufgenommen wurde. Bei der Auswertung des Photogramms eines auf $^1/_{100}$ Sekunde eingestellten Verschlusses ergab sich, daß bis zur vollkommenen Öffnung $^4/_{1000}$ Sekunden nötig waren, daß er die gleiche Zeitspanne, d. i. $^4/_{1000}$ Sekunden lang, voll geöffnet war und daß er etwa $^3/_{1000}$ Sekunden zum Schließen benötigte. Die Gesamtdauer der Belichtung betrug demnach $^{11}/_{1000}$ Sekunden, d. i. annähernd $^1/_{100}$ Sekunde.

Bei dieser Untersuchung, die im Laboratorium der EASTMAN-KODAK-COMPANY durchgeführt wurde, handelt es sich wohl um einen nicht sehr exakt ausgeführten Verschluß oder um einen Verschluß größeren Formats, bei dem infolge von Reibungsverlusten, Konstruktionsfehlern, Trägheit der Massen usw. für das Öffnen und Schließen fast die doppelte Zeit wie z. B. beim DECKEL-Compur Nr. 00 benötigt wurde, so daß für die Periode der vollen Verschlußöffnung nur halb so viel Zeit als dort übrig blieb.

NUTTING bestimmte die effektive Leistung des Verschlusses durch Ausmessen der Einzelbilder und durch den Vergleich der Gesamtfläche dieser Bilder mit der Gesamtfläche der mit voller Öffnung gewonnenen Bildern; in dem erwähnten Beispiel umfaßte die Gesamtfläche der Bilder mit teilweiser Öffnung 466, jene der Bilder mit voller Öffnung 781 Meßeinheiten, so daß sich ein Wirkungsgrad von $\frac{466}{781}$, d. i. rund 0,6, ergab (vgl. Abb. 409 b).

Da die erwähnte Trommel im vorliegenden Falle einen Umfang von etwa 1 m hat (d. i. ein Durchmesser von etwa 32 cm), können auf einem Filmband von 1 m Länge nur etwa 50 Verschlußbilder von 18 bis 20 mm Höhe aufgenommen werden, ohne daß sie einander übergreifen. Es ist deshalb für Aufnahmegeschwindigkeiten zwischen $^1/_{10}$ und $\frac{1}{2}$ Sekunde nötig, das Bild auf einen kleineren Raum zu beschränken und nur einen Teil desselben in Form eines Streifens auf den Film wirken zu lassen; dies wurde durch Anordnung eines Schlitzes von 1 mm Breite vor dem bewegten Film erreicht; zur besseren Unterscheidung der vielen nebeneinander liegenden Linien wurde einer der Spiegel geschwärzt, so daß im Positiv je 20 Aufnahmen durch eine schwarze Linie getrennt sind. Die jeweilige größere oder kleinere Öffnung des Verschlusses ist an der wechselnden Länge der Linien zu erkennen.

H. NAUMANN hat einen ähnlichen Weg eingeschlagen:[1] die Filmtrommel wurde mit der Spiegeltrommel zwangläufig gekuppelt; die Dimensionen der Trommeln wurden so abgestimmt, daß das reflektierte Bild und der Film die gleiche Geschwindigkeit hatten. Der Abstand von Bildmitte zu Bildmitte betrug wie beim Normalfilm 19 mm, so daß nicht nur eine Deckung der Einzelbilder vermieden, sondern sogar eine kinematographische Projektion möglich war. Die Filmtrommel war mit einem Elektromotor direkt gekuppelt und gestattete die Aufnahme von 1200 Bildern in der Sekunde; im übrigen war der Aufbau der Versuchs-Anordnung so, daß das von einer Bogenlampe ausgehende Lichtstrahlenbündel zunächst ohne Zwischenschaltung einer Linse die freie Öffnung des Verschlusses durchsetzte, dann nach Passieren eines Objektivs auf die Spiegeltrommel traf, von wo es auf den Film reflektiert wurde.

Die Untersuchung eines Ibso-Automat-Verschlusses ergab bei nominell $^1/_{50}$ Sekunde, daß bei einer Tourenzahl von $n = 1200$ der Verschluß während zweier Trommelumdrehungen geöffnet war, was $^1/_{25}$ Sekunde entspricht. Die Öffnungszeit T_1 war durch 5 Bilder gekennzeichnet, was ungefähr $^1/_{340}$ Sekunde entspricht; die Hauptzeit T_2, während welcher der Verschluß seine volle Öffnung hatte, erstreckte sich über etwa 28 Bilder, was ungefähr $^1/_{41}$ Sekunde gleich-

[1] ZS. f. wiss. Phot. 22, 1924, S. 214.

kommt, während sich die Schlußzeit T_3 über 14 Bilder oder $^1/_{85}$ Sekunde erstreckte. Die totale Belichtungszeit T ergibt sich als Summe von T_1, T_2 und T_3 mit etwa $^1/_{25}$ Sekunde.

NAUMANN hat den Wert für T noch genauer bestimmt, und zwar dadurch, daß er die Öffnungs- und Schließfunktion des Verschlusses graphisch ermittelte, wozu die Ausmessung der einzelnen Bilder erforderlich war. Bei der Bestimmung des Wirkungsgrades des erwähnten Verschlusses ergab sich bei nominell $^1/_{50}$ Sekunde $\mu = 0{,}81$ und bei nominell $^1/_{100}$ Sekunde am gleichen Verschluß $\mu = 0{,}65$. Die Werte für die äquivalente Belichtungszeit $T_a = \mu \, . \, T$ sind bei $T = {}^1/_{25} \ldots . \; T_a = {}^1/_{31}$ und bei $T = {}^1/_{37} \ldots . \; T_a = {}^1/_{57}$ Sekunde; die Abnahme des Wirkungsgrades μ bei kleinen Belichtungszeiten ist also auch hier feststellbar.

Die Prüfung eines Zweilamellenverschlusses lieferte bei nominell $^1/_{100}$ Sekunde: $T = {}^1/_{32}$, $\mu = 0{,}62$ und $T_a = {}^1/_{52}$; das zugehörige Hochfrequenzphotogramm ist in Abb. 410 zu sehen.

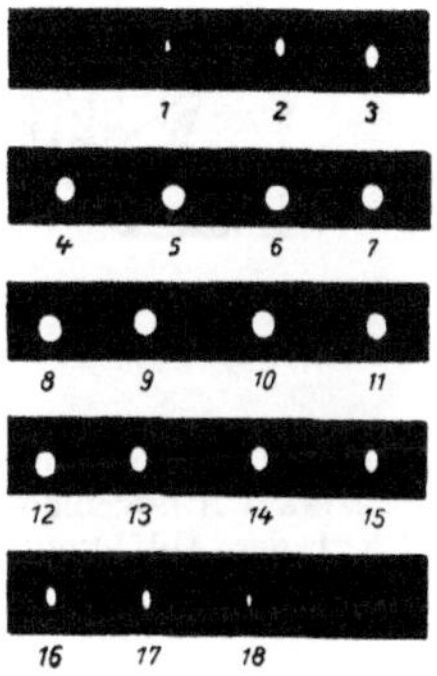

Abb. 410. Hochfrequenzphotogramm eines Zweilamellenverschlusses (Ibso-Automatverschluß) für $^1/_{100}$ Sek. nom.

Zweifellos liefert die Hochfrequenzkinematographie Resultate, die, was Einfachheit und Klarheit betrifft, bisher nicht übertroffen wurden; leider steht diesen Vorteilen der Nachteil eines umständlichen und nicht ohne besondere Übung zu bedienenden Instrumentariums gegenüber. NAUMANN hat deshalb in der erwähnten Arbeit eine weitere Methode angegeben, welche die Ermittlung der äquivalenten Belichtungszeit ohne Rechnung gestattet: auf einer beliebigen Platte wird unter Benutzung einer konstant leuchtenden Lichtquelle zunächst eine Zeitskala aufgenommen, neben die man ein von der gleichen Lichtquelle kommendes Lichtstrahlenbündel durch den Verschluß auf die Platte fallen läßt. Die nach dieser Methode gewonnenen Werte stehen mit den kinematographisch gefundenen Werten in Einklang.

153. Das Verfahren der kontinuierlichen Kinematographie. Im Gegensatz zu NUTTING und NAUMANN benutzte C. CRANZ, Charlottenburg, eine Einrichtung zum Prüfen von Objektivverschlüssen, bei welcher nacheinander Bilder der Öffnung des Zentralverschlusses auf einer umlaufenden Trommel so aufgezeichnet wurden, daß eine Reihe sich übergreifender (überlagernder) Kreise entstand. Diese Kreise bildeten miteinander einen langen Streifen, der am Anfang und am Ende zugespitzt war; der Aufbau der Apparatur ist aus Abb. 411a ersichtlich, wozu folgendes bemerkt sei:

Das von einer Bogenlampe ausgehende Licht wird durch einen Kondensor und eine Kühlküvette so geführt, daß es die größte Öffnung (Blende) des zu untersuchenden Verschlusses voll beleuchtet; durch ein lichtstarkes Objektiv wird ein scharfes Bild der Öffnung (Blende) auf einem Streifen lichtempfindlichen auf einer umlaufenden Trommel aufgewickelten Papiers entworfen. Die Umdrehungszahl der durch einen Elektromotor angetriebenen Trommel ist so geregelt, daß, während sich der Verschluß öffnet und wieder schließt, höchstens eine, besser aber weniger als eine Umdrehung vollführt wird; beim Messen einer Verschlußgeschwindigkeit von $^1/_{300}$ Sekunde darf demnach die Umdrehungszahl pro Sekunde höchstens 300 betragen, wobei diese Zahl mit Hilfe eines Tachometers und eines Zeitmessers System BOULENGÉ sorgfältig kontrolliert wird. Sobald die gewünschte Tourenzahl erreicht und konstant geblieben ist, wird der Strom der Bogenlampe eingeschaltet und der vorher gespannte Momentverschluß ausgelöst. Auf dem Streifen lichtempfindlichen Papiers, das vor Nebenlicht geschützt werden muß, entsteht nun ein Streifen, wie er in Abb. 411 b dargestellt ist, und zwar entspricht seine größte Breite dem Durchmesser der Blende des Verschlusses. A entspricht dem Anfang der Öffnung, D dem Ende, von B an ist der Verschluß ganz geöffnet bis C, wo die Schließung beginnt. $A\,B$ gibt demnach, in Zeit ausgedrückt, die Dauer des Öffnens und $C\,D$ die Dauer des Schließens an; $A\,D$ ist die Gesamtöffnungszeit. Der ganze Vorgang kann als eine kontinuierliche kinematographische Aufnahme des Öffnens und Schließens des Momentverschlusses angesehen werden.

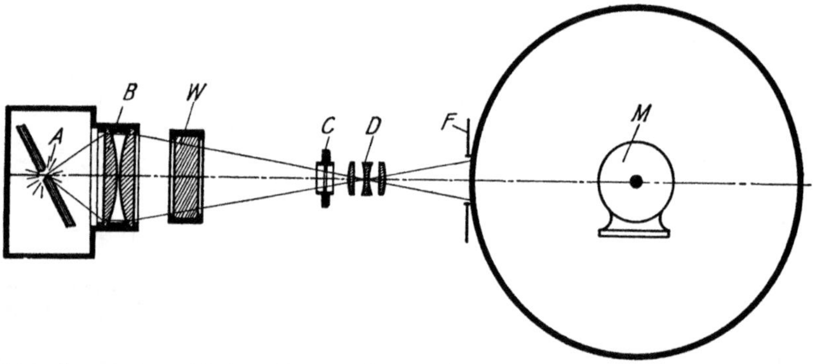

Abb. 411 a. Zur photographischen Messung der Geschwindigkeit eines Momentverschlusses nach C. Cranz. A Bogenlampe, B Kondensor, C Momentverschluß (ohne Objektiv), D Projektionsobjektiv, F Ort der Abbildung der Verschlußöffnung, M Motor zum Antrieb der Trommel mit dem lichtempfindlichen Papier, W Wasserküvette

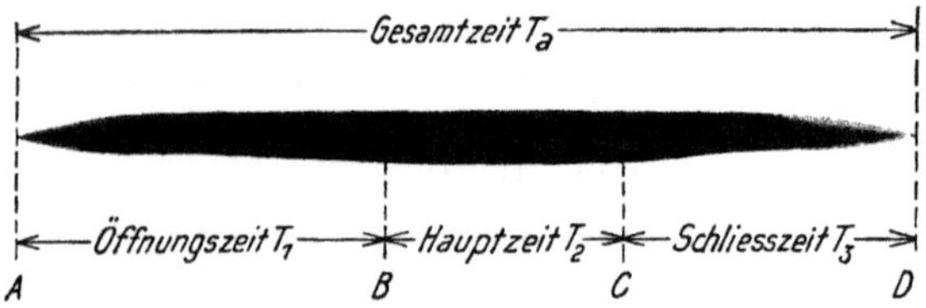

Abb. 411 b. Öffnungsdiagramm für einen Sektorenverschluß, aufgenommen nach dem Verfahren von C. Cranz (vgl. Abb. 411 a), für eine Geschwindigkeit $^1/_{300}$ Sek. nom.

Die Zeiten $A\,B$ zum Öffnen des Verschlusses waren z. B. bei Messungen an einem Compurverschluß Nr. 00 mit Einstellscheibe der Firma Friedrich Deckel, München, bei den einzelnen Einstellungen ziemlich konstant, nämlich im Durchschnitt 0,0019 Sekunden. Ebenso waren die Zeiten $C\,D$ zum Schließen fast gleichbleibend, nämlich im Mittel 0,002 Sekunden; diese beiden Zeiten (Öffnen und Schließen) sind also annähernd gleich groß. Auch die Zeiten $B\,C$ während welcher der Verschluß ganz offen steht, weichen nur wenig voneinander ab; ihr mittlerer Wert bei den fünf Messungen ist $B\,C = 0{,}00140$, so daß sich ein ziemlich konstanter Wert auch für die äquivalenten bzw. Durchschnittszeiten ergibt, während welcher der Verschluß überhaupt Licht durchläßt, nämlich $\frac{A\,D + B\,C}{2} = 0{,}0033$ Sekunden $= \frac{1}{304}$ Sekunde. Die am Verschluß angegebene Höchstgeschwindigkeit von $^1/_{300}$ Sekunde wurde also vom Fabrikanten mit einer Genauigkeit eingehalten, die sehr beachtenswert ist.

Der große Vorteil der Verschluß-Prüfungsmethode nach C. Cranz besteht zunächst in ihrer Genauigkeit sowie darin, daß die totale Belichtungszeit, welche insbesondere bei den hohen Geschwindigkeiten eine wichtige Rolle spielt, in einwandfreier Weise festgestellt werden kann. So haben die rechnerischen Ermittlungen an Hand der gewonnenen Bilder ergeben, daß die Zeit während welcher der Verschluß bei $^1/_{300}$ Sekunde seine volle Öffnung hat, tatsächlich ihrem absoluten Wert nach kleiner ist, als die Zeit des Öffnens und Schließens;

es ergibt sich, daß das Objektiv während 38 bis $40^0/_0$ der totalen Belichtungszeit mit voller Öffnung arbeitet. Die Verhältnisse ändern sich schon bei $^1/_{100}$ Sekunde ganz wesentlich; für das Öffnen werden dabei etwa $15^0/_0$, für das Schließen etwa $18^0/_0$ der totalen Belichtungszeit beansprucht, so daß für die Hauptzeit der vollen Objektivöffnung ca. $67^0/_0$ der Gesamtbelichtungszeit zur Verfügung stehen; dieser Wert wächst bei einer Verschlußgeschwindigkeit von $^1/_{50}$ Sekunde auf ca. $87^0/_0$.

154. Versuchsergebnisse. Im allgemeinen sind die Zahlenangaben auf Verschlüssen aller Art mit großer Vorsicht aufzunehmen, da, ganz abgesehen von etwaigen Ungenauigkeiten der Bestimmungsmethoden selbst, manche Momentverschlüsse den Einwirkungen von Temperatur und Feuchtigkeit unterliegen, die ihre Geschwindigkeit nicht unbedeutend zu beeinflussen vermögen. Obwohl bei den Zentralverschlüssen durch den Ersatz der Luftbremse durch ein Räderwerk ein ganz wesentlicher Schritt nach vorwärts getan wurde, indem bei Verschlüssen mit Räderwerk die einzelnen absoluten Werte der Geschwindigkeit genau eingehalten werden und der Ablauf sehr gleichmäßig ist, bestehen doch noch, genau so wie bei den Schlitzverschlüssen, zahlreiche Störungsmöglichkeiten. Bei beiden Verschlußarten können Störungen aus folgenden Gründen eintreten: Ungleichmäßigkeit von Feder- und Zapfenreibungen oder dgl., Veränderungen der Oberfläche des Tuches bei Schlitzverschlüssen, Eindringen von Staub, Verrosten von Bestandteilen des Mechanismus; wir können erfreulicherweise feststellen, daß derartige Fehler gegen früher selten geworden sind, ganz ausschalten lassen sie sich natürlich nicht. Mindestens ebenso wichtig wie die Forderung, daß die nominelle Geschwindigkeitsangabe des Verschlusses richtig ist, ist die Forderung, daß der Verschluß konstant arbeitet und daß die einzelnen Geschwindigkeiten wirklich in dem angegebenen Verhältnis zueinander stehen.

Inwieweit die auf Verschlüssen verschiedener Herkunft gemachten Angaben sich mit Ergebnissen einwandfreier Messungen decken, die in jüngster Zeit an einer Reihe solcher Verschlüsse vorgenommen wurden, geht aus folgender Zusammenstellung hervor:[1]

α)	Verschluß mit Luftbremse	tatsächlich	$^1/_{170}$	Sek.	statt	$^1/_{300}$	Sek.	nominell
β)	„ „ Räderwerk	„	$^1/_{85}$	„	„	$^1/_{125}$	„	„
γ)	„ „ „	„	$^1/_{52}$	„	„	$^1/_{100}$	„	„
δ)	„ „ „	„	$^1/_{68}$	„	„	$^1/_{100}$	„	„
ε)	„ „ „	„	$^1/_{192}$	„	„	$^1/_{250}$	„	„
ζ)	„ „ „	„	$^1/_{58}$	„	„	$^1/_{100}$	„	„
η)	„ „ „	„	$^1/_{175}$	„	„	$^1/_{300}$	„	„
ϑ)	Automatverschluß	„	$^1/_{67}$	„	„	$^1/_{100}$	„	„
ι)	Objektiv-Rouleauverschluß	„	$^1/_{35}$	„	„	$^1/_{90}$	„	„
$\varkappa$)	„ „	„	$^1/_{50}$	„	„	$^1/_{100}$	„	„

Nachstehend sind die Ergebnisse einer von C. CRANZ mit seiner auf S. 510 beschriebenen Apparatur durchgeführten Prüfung der Geschwindigkeiten eines Compurverschlusses Nr. 00 mit Stellscheibe zusammengestellt, wobei für $^1/_{300}$ Sekunde fünf Messungen, für $^1/_{100}$ Sekunde drei Messungen und für $^1/_{50}$ Sekunde eine Messung ausgeführt wurden.

---

[1] Die gemessenen Werte sind stets kleiner als die nominellen Werte, da sämtliche die Geschwindigkeit eines Verschlusses beeinflussenden Umstände seine Geschwindigkeit herabsetzen.

a) Verschlußgeschwindigkeit nominell $^1/_{300}$ Sek. (vgl. Abb. 411b)

n	1 cm Weg entspricht	AB	BC	CD	AD	Durchschnitt	
	in Sekunden						
3700	0,0001015	0,00205	0,00135	0,00189	0,00530	0,00332	Umfang der Trommel $U = 159{,}8$ cm
3220	0,0001108	0,00147	0,00128	0,00204	0,00479	0,0031	
3210	0,000116	0,00182	0,001425	0,00206	0,00531	0,0033	
3400	0,000110	0,00205	0,00144	0,00173	0,00525	0,00333	
3820	0,0001068	0,00212	0,001488	0,00168	0,00529	0,00339	

Der Wert für 1 cm Weg in Richtung des lichtempfindlichen Papierstreifens ist von der Umlaufzahl n abhängig; er wird gefunden aus der Formel: $\frac{60}{n\,.\,U}$; bei $n = 3700$ beträgt er: $\frac{60}{3700\,.\,159{,}8} = 0{,}0001015$ Sekunden.

Die wirklichen Werte der einzelnen Teilstrecken ergeben sich daraus rechnerisch wie folgt:

$AB = 20{,}20$ cm, $BC = 13{,}30$ cm, $CD = 18{,}65$ cm, d. h. die Gesamtlänge des von der Lichtquelle auf dem lichtempfindlichen Papier aufgezeichneten Bildes ist $AD = AB + BC + CD = 52{,}20$ cm.

b) Verschlußgeschwindigkeit nominell $^1/_{100}$ Sek.

n	1 cm Weg entspricht	AB	BC	CD	AD	Durchschnitt
	in Sekunden					
2230	0,0001088	0,00175	0,00836	0,00208	0,0122	0,01028
2150	0,0001743	0,00190	0,00784	0,002662	0,0134	0,01012
2310	0,0001625	0,00219	0,00957	0,00209	0.01385	0,01171

c) Verschlußgeschwindigkeit nominell $^1/_{50}$ Sek.

n	1 cm Weg entspricht	AB	BC	CD	AD	Durchschnitt
	in Sekunden					
1480	0,000254	0,00205	0,0241	0,00175	0,0280	0,028

Im Brit. Jour. Phot. Almanac von 1926 (S. 236ff.) berichtet E. A. Salt über Verschlußprüfungen, welche sich auf ältere Zentralverschlüsse mit Luftbremse (wie z. B. Koilos, Compound und Unicum) beziehen: während die gemessenen Werte der höheren Geschwindigkeiten mit den nominellen Angaben ziemlich gut übereinstimmen (z. B. $^1/_{200}$ statt $^1/_{250}$ Sek.), weichen sie bei den niederen Geschwindigkeiten z. T. um mehr als $50^0/_0$ voneinander ab.

Bei Objektivverschlüssen mit Räderwerkhemmung amerikanischen Ursprungs (der Hersteller ist nicht angegeben) zeigte sich eine sehr geringe Übereinstimmung der nominellen Werte mit den gemessenen Werten.

Auch bei Schlitzverschlüssen zeigt sich z. T. gute Übereinstimmung der Meßresultate mit den nominellen Werten, z. T. weichen sie voneinander erheblich ab.

Die von R. S. J. SPILSBURY mit einem Compurverschluß Nr. 0 mit Stellscheibe gemachten Versuche bestätigen, daß die Genauigkeit und Zuverlässigkeit dieses Verschlußmodells derzeit unübertroffen ist, wie aus nachfolgender Tabelle hervorgeht:

	Sekunden							
Nominelle Angabe	$^1/_{250}$	$^1/_{100}$	$^1/_{50}$	$^1/_{25}$	$^1/_{10}$	$^1/_{5}$	$^1/_{2}$	1,0
Tatsächliche Messung:	0,006	0,0104	0,0200	0,0350	0,100	0,148	0,435	0,88

Die Messungen wurden unter Zuhilfenahme einer rotierenden Scheibe gemacht, an deren Rand eine 4 Voltlampe befestigt war; die jeweilige Länge des bei der Umdrehung entstehenden Lichtbogens liefert das Maß für die Belichtungszeit (vgl. S. 500).

155. Selbst- und Fernauslöser für Verschlüsse. Hand in Hand mit der Entwicklung der photographischen Momentverschlüsse ging jene der Vorrichtungen zum Auslösen derselben; zunächst wurde der einfache Objektivdeckel durch eine pneumatische oder Gummiball-Auslösung ersetzt, welche mit dem Verschluß in Verbindung gebracht wurde. Ein Beispiel für diese Form der Verschlußauslösung findet sich bei dem meist hinter dem Objektiv angebrachten GRUNDNER-Verschluß, der noch heute in photographischen Ateliers vielfach gebraucht wird. Bei Handapparaten mußte die pneumatische Auslösung derjenigen mittels eines elastischen biegsamen Drahtes weichen; letztere Form des Auslösers hat sich so gut bewährt, daß sie heute (in den Längen von 6 cm bis 25 cm und darüber) fast allein im Gebrauch ist (System BOWDEN vgl. Abb. 412).[1]

Mit der Verbesserung der mechanischen Vorrichtungen, die zur Auslösung von Momentverschlüssen dienten und an die Geschicklichkeit des Aufnehmenden keine besonderen Anforderungen stellten, wurde der Wunsch der Lichtbildner immer lauter, selbst mit aufgenommen werden zu können. Es machte keine großen Schwierigkeiten, entsprechend lange Gummischläuche zu verwenden; auch Drahtauslöser von relativ großer Länge sind — wenn auch nur selten — heute noch gebräuchlich. Weitaus die meisten Erfindungen erstreckten sich auf selbsttätige Verschlußauslöser; wir werden zeigen, in wie verschiedenartiger, zum Teil recht kurioser Weise versucht wurde, dieses Problem zu lösen.

Eine der beliebtesten Vorkehrungen zum Auslösen von Verschlüssen bestand darin, unter dem Einfluß von Zündschnüren eine zangenartig wirkende Vorrichtung oder dgl. zu betätigen, die mit dem Verschlußauslöser in engster Verbindung stand. Obwohl Zündschnüre im allgemeinen sicher arbeiten und nur wenig Platz beanspruchen, haben sie doch den Nachteil, daß sie die Auslösung nicht dann gestatten, wenn der Aufnehmende den Zeitpunkt am geeignetsten hält. Bekannt ist auch die Möglichkeit, Objektivverschlüsse durch Fadenzug zur Auslösung zu bringen. Um auch bei größeren Entfernungen eine sichere Auslösung des Verschlusses mittels einer mechanischen Auslösevorrichtung bewirken zu können, wurde u. a. vorgeschlagen, ein Gewicht vorzusehen, das mittels einer Schnur an dem Auslösehebel des Verschlusses befestigt ist und beim Fallenlassen eines zweiten, an einer langen, lose hängenden Schnur befestigten Gewichtes von seinem Platz fortgezogen wird und durch seinen Fall eine Auslösung des Verschlusses bewirkt.

[1] Wegen der zahlreichen existierenden einschlägigen Konstruktionen vgl. die bezüglichen unter Kl. 57 a, Gr. 32 eingereihten Patentschriften des Deutschen Patentamtes.

Eine andere eigenartige Erfindung betrifft eine Auslösevorrichtung für photographische Verschlüsse mit einem durch einen ausfließenden Strahl körnigen Materials (z. B. Sand) geregelten Feder- oder Gewichtsantrieb.[1] Ein nach diesem Prinzip gebauter Auslöser ist der „Photoperfekt", der sich schon seit langer Zeit im Handel befindet; seine Konstruktion ist in den Abb. 413 a und b veranschaulicht. Die Vorrichtung besteht im wesentlichen aus einem zylindrischen Behälter, in welchem sich feinkörniger Sand befindet, der unter der Einwirkung einer starken Feder und eines Kolbens zunächst in den eigentlichen Arbeitsraum gepreßt wird, nachdem der Auslöser zuvor in eine zur Gebrauchslage entgegengesetzte Richtung gebracht und die Feder bis zu einem fühlbaren Widerstand (d. i. der zusammengepreßte Sand) gespannt wurde.

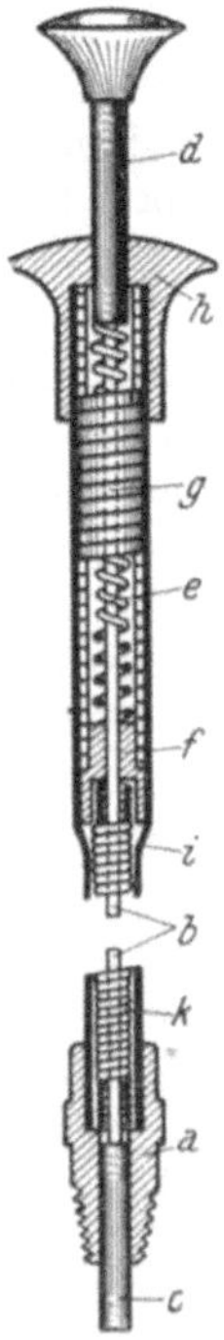

Abb. 412. Elastischer Drahtauslöser für Momentverschlüsse, System Bowden (Ausführung A. Gauthier, Calmbach). *a* Ansatz mit konischem Gewinde zum Einschrauben in den Verschluß, *b* Drahtseele mit verstärktem Ansatz *c*; *d* Druckknopf in starrer Verbindung mit *l*; *e* Spiralfeder, *f* untere Führung des Drahtes *b* (gleichzeitig Gegenlager für die Feder *e*), *g* elastische Drahtverstärkung in Verbindung mit dem Haltering *h*; *i* äußere Hülle (Stoffgewebe), *k* elastische Drahtführung

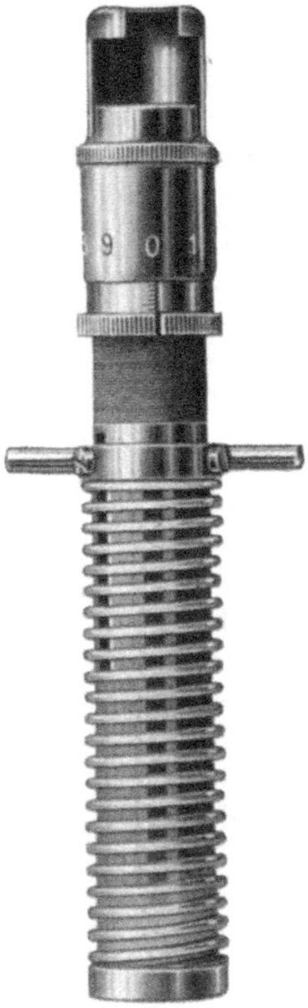

Abb. 413 a. Selbstauslöser Photoperfekt (Ausführung von C. Weber, Kiel), Außenansicht (vgl. hiezu die schematischen Darstellungen in Abbildung 413 b)

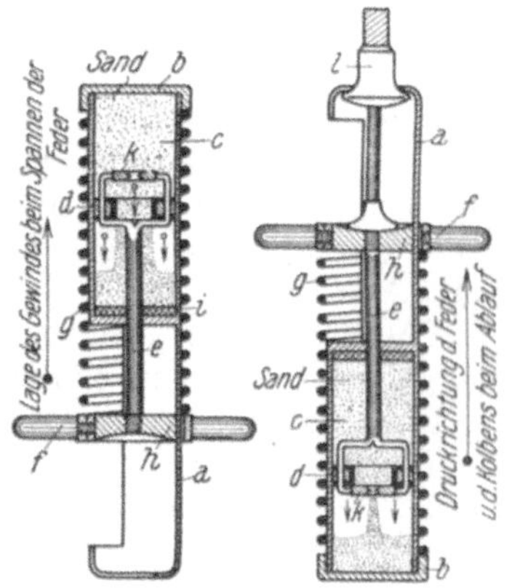

Abb. 413 b. Selbstauslöser Photoperfekt (Ausführung von C. Weber), Kiel. Schematische Darstellung (links beim Spannen, rechts beim Ablauf). *a* zylindrischer Behälter mit Boden *b*, *c* körniges Material (Sand), *d* Kolben, *e* Kolbenstange mit Handhabe *f* und Teller *h* für den Drahtauslöser *l*, *g* Spiralfeder, *i* Abdichtung, *k* Düse im Kolben *d* (vgl. hiezu Abb. 413 a)

Wird der Auslöser nunmehr umgedreht bzw. an der Kamera senkrecht aufgehängt, wodurch er die für das zuverlässige Arbeiten notwendige Stellung erhält, so fällt der Sand durch eine kleine Öffnung nach unten und bewegt dadurch, daß der unter dem Kolben befindliche Raum sich mehr und mehr mit Sand anfüllt, den Kolben und damit auch den beweglichen Teil des Drahtauslösers, der seinerseits den Verschluß auslöst, gleichmäßig nach oben. Es liegt

[1] Vgl. D. R. P. Nr. 263 815 für Carl Weber in Berlin-Wilmersdorf.

im Wesen der Bauart des Gerätes, daß der Sand nur bei lotrechter Stellung des zylindrischen Gerätes frei ausströmen kann, während in allen übrigen Stellungen keine Auslösung des Verschlusses erfolgt; die bis zur Belichtung erforderliche Zeit beträgt ca. 30 Sekunden und wird zweckmäßig ein für allemal mit der Uhr festgestellt.

Der Auslöser wird auch für Zeitaufnahmen bis 10 Sekunden hergestellt und ist mit Justiervorrichtungen versehen, welche die Anpassung an den jeweiligen Drahtauslöser gestatten.

Um die selbsttätige Regulierung der Belichtungsdauer bei photographischen Apparaten zu ermöglichen bzw. um den Verschluß je nach der Intensität des Lichtes mehr oder weniger rasch sich selbsttätig schließen zu lassen (dies geschieht, um unrichtige Belichtungen zu vermeiden), wurde auch die Anwendung einer Selenzelle vorgeschlagen, die im Stromkreis eines Elektromagneten liegt; dieser wird je nach der Intensität der Belichtung der Selenzelle mehr oder weniger schnell erregt und führt die Schließung des Objektivverschlusses herbei (D. R. P. Nr. 299 278).

Weitaus die meisten Konstruktionen zum Auslösen photographischer Verschlüsse sind elektrotechnischer Natur; es sind zahlreiche Vorrichtungen in Verbindung mit Elektromagneten erfunden worden, bei denen das Öffnen und Schließen des Stromes mit dem Öffnen und Schließen des Verschlusses in Beziehung gebracht wurde. Interessant ist ein Gerät zum Auslösen photographischer Verschlüsse mittels elektrischen Stromes, bei dem das Offenstehen des Verschlusses nach der Auslösestelle hin durch ein Signal elektrisch gemeldet wird. Die elektrischen Auslösevorrichtungen funktionieren im allgemeinen recht sicher, auch sind sie nicht sehr kostspielig. Ein Nachteil ist der Umfang dieser Art von Einrichtungen und die Gefahr, daß die zu ihrem Betrieb notwendige Batterie im gegebenen Augenblick nicht geladen sein könnte.

Von größerer Bedeutung wurden sehr bald jene Einrichtungen, bei denen der Verschluß nach Ablauf einer im voraus festgesetzten Zeit durch ein Federwerk ausgelöst wurde, wobei außerdem eine Signalglocke oder eine Signalscheibe den Beginn der Verschlußöffnung anzeigte; eine wichtige Verbesserung bestand im Bau eines Federwerks mit Hemmwerk, das zur Regelung des Ablaufes diente; zwischen dem Federwerk und dem Hemmwerk bestand eine lösbare Verbindung, um ein augenblickliches Auslösen des Verschlusses zu erzielen. In jedem Falle wurde der Verschluß durch Übertragung des Federdrucks auf den Drahtauslöser geöffnet und geschlossen.

Sehr wichtig war es, die Selbstauslösevorrichtung für Objektivverschlüsse so auszubauen, daß diese auch für Zeitaufnahmen von beliebiger, bestimmter Zeit brauchbar wurden; fast alle bekannt gewordenen neuzeitlichen Selbstauslösevorrichtungen besitzen einen durch ein Uhrwerk gleichmäßig gesteuerten Drücker, durch den der erwähnte Drahtauslöser betrieben wird. Bei Momentaufnahmen ist es gleichgültig, ob und wie lange der Drücker in seiner Endstellung verharrt, es kommt dabei nur auf das Vortreiben des Drückers an, während der zeitliche Verlauf der Momentbelichtung lediglich durch die innere Einrichtung des Objektivverschlusses bestimmt wird. (Stellung der Zeitenscheibe!).[1]

Bei den sogenannten Ballaufnahmen, bei denen die Dauer der Belichtung nicht durch den Verschluß, sondern durch die Auslösevorrichtung bedingt ist, liegen die Verhältnisse anders; hier muß der Drücker nach Erreichung seiner Endstellung, die jetzt der Offenstellung des Verschlusses entspricht, eine be-

[1] Vgl. die Oest. Patentschrift Nr. 45 746.

stimmte Zeit lang in dieser Stellung verbleiben, um dann selbsttätig zurückzugehen. Demgemäß wird z. B. nach dem D. R. P. Nr. 264582 der Firma H. Ernemann der Drücker, der von dem Uhrwerk durch einen sich bei Erreichung der Endstellung selbsttätig auskuppelnden Mitnehmer vorgetrieben wird, in der Endstellung durch eine von selbst einspringende Klinke festgehalten; diese Klinke wird durch einen einstellbaren Hebel vom Uhrwerk aus nach einer bestimmten Zeit wieder ausgelöst, so daß der von seinem Mitnehmer entkuppelte Drücker zurückspringen kann.

Ein Nachteil, der vielen mechanischen Vorrichtungen zum Auslösen des Verschlusses mittels Federwerks anhaftete, bestand darin, daß es nicht möglich war, das selbsttätige Öffnen und Schließen des Verschlusses nach Ablauf im voraus zu bestimmender Zeiten so zu bewirken, daß der Apparat während der Belichtungszeit keine Erschütterungen erfährt, die bei Zeitaufnahmen sehr unangenehme Begleiterscheinungen zeitigen müssen, aber auch bei kurzen Momentaufnahmen störend wirken können. Solche Erschütterungen ergeben sich, wenn infolge des Auswirkens zu großer Kräfte bei unzweckmäßiger Befestigung des Auslösers das Stativ mit dem Apparat schon vor der Belichtung in Schwingung versetzt wird. Diese Erschütterungen können bei allen jenen Auslösern auftreten, bei denen ein mechanisches Schließen und Öffnen stattfindet, mögen es nun Feder-, Hebelwerk-, Draht- oder Ballauslöser, elektromagnetische Auslöser oder solche Vorrichtungen sein, bei denen das Auslösen des Verschlusses durch Zündschnüre oder durch Verbrennen eines Streifens imprägnierten Papiers erfolgt. Fast in allen Fällen wird ein ruckweises Öffnen bzw. Schließen erfolgen, weil in der Hauptsache Hebel zur Anwendung kommen, die durch eine relativ große Federkraft plötzlich von einer Arretierung befreit werden und einen plötzlichen Stoß oder Zug auf den Auslösehebel des Verschlusses ausüben. Bei den meisten Konstruktionen findet während des Zusammendrückens der beiden Teile des Drahtauslösers ein Anheben der Auslösevorrichtung statt, wobei der äußere Teil des Halters für den Drahtauslöser durch den Einfluß der Feder gegen die Auslösevorrichtung gezogen wird; oder es erfolgt ein plötzliches Zusammendrücken der beiden Teile des Halters für den Drahtauslöser, wodurch ev. ein zu starker, den Verschluß beschädigender Druck ausgeübt werden kann. Um diesem Übelstand vorzubeugen, wurde z. B. bei einem neuen Modell der den unteren Teil des Drahtauslösers bewegende Halterteil langsam gegen den oberen Halterteil des Drahtauslösers durch ein teilweise verzahntes Triebrad bewegt (u. zw. kurz vor dem Auslösungspunkt) und dann plötzlich durch Entkupplung vom Triebrad bzw. Auslösung einer Sperrung durch das Triebrad eine kurze Wegstrecke lang zusammengepreßt.

Sieht man von den z. T. ziemlich kostspieligen Auslösevorrichtungen der eingangs beschriebenen Art sowie von den zwar billigen, aber sehr primitiven Auslösevorrichtungen wie Zugschnüren, Draht- oder Luftballauslösern von größerer Länge ab, weil diese, wenn es sich um Auslösung aus größerer Entfernung handelt, sehr unhandlich werden, so bleiben nur die Verschlußauslöser mittels Federwerk und Zahnradhemmung übrig; auf diesem Gebiet wurden trotz aller zu überwindenden Schwierigkeiten sehr erhebliche Fortschritte gemacht, nicht nur was die Zuverlässigkeit, sondern auch was das geringe Volumen betrifft, das ja bei dieser Art von Geräten immer eine wesentliche Rolle spielt.

Im wesentlichen ist für die heute im Handel befindlichen Selbstauslöser mit Federwerk folgendes charakteristisch: entweder sind sie dazu bestimmt, den Verschluß nur auszulösen, und zwar ev. nach einer vorher zu bestimmenden

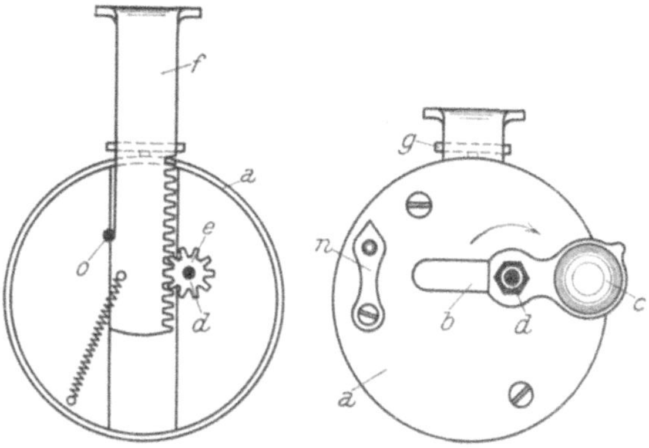

Abb. 414 a. Selbstauslöser für Objektivverschlüsse. Schematische Darstellung. (Ausführung von KINDERMANN & Co., Berlin). Links Rückseite, rechts Vorderseite (Zahnstange heruntergedrückt). *a* äußeres Gehäuse, *b* Aufzughebel mit Signalscheibe, *c* (drehbar um die Achse *d*, auf der das Zahnrad *e* sitzt), *f* verschiebbare Zahnstange mit Teller für Drahtauslöser, *g* Gegenlager für den Drahtauslöser, *n* Abstellhebel für das Getriebe, *o* Anschlag

Zeit, auf deren exakteste Einhaltung es aber nicht ankommt (Momentauslöser), oder sie haben die Aufgabe, den Verschluß zwecks Belichtung zunächst zu öffnen und nach erfolgter Belichtung (von möglichst genau einzuhaltender Zeitdauer) wieder zu schließen (Zeitauslöser). In fast allen Fällen ist der Zeitauslöser auch als Momentauslöser zu verwenden.

Im nachfolgenden sollen einige wichtige in der Praxis bewährte Konstruktionen näher beschrieben werden.

a) Der Momentauslöser von KINDERMANN & Co., Berlin. Dieser einfache Selbstauslöser (vgl. Abb. 414a und b) besteht aus einem runden oder rechteckigen Gehäuse von relativ kleinen Abmessungen, in welchem eine starke Spiralfeder eingeschlossen ist; außerhalb des Gehäuses befindet sich auf der Achse der Feder der Griff zum Spannen derselben und damit verbunden eine rote Signalscheibe, die als Erkennungsmerkmal für jene Stellung dient, in welcher der Verschluß ausgelöst wird. Um zu verhindern, daß die Feder ungleichmäßig oder zu rasch abläuft, ist im Innern des Gehäuses ein aus mehreren ineinandergreifenden Übersetzungen bestehendes Räderhemmwerk angeordnet; die letzte Übersetzung wirkt auf einen Regulator in Form eines Windflügels. Auf diese Weise wird eine Verzögerung des Ablaufes bewirkt und erreicht, daß die von der Feder auf ein kleines Triebrad direkt übertragene Bewegung eine langsame Fortschaltung einer Zahnstange bewirkt, in die das erwähnte Triebrad eingreift. Beim Aufziehen des Werkes wird die oben winkelig abgebogene Zahnstange nach außen getrieben, um beim Ablaufen den Drahtauslöser zusammenzudrücken, dessen bewegliche Seite sich auf das Gehäuse stützt. Der erwähnte Windflügel wirkt nicht nur hemmend, sondern auch dahin, daß das Getriebe gleichförmig abläuft.

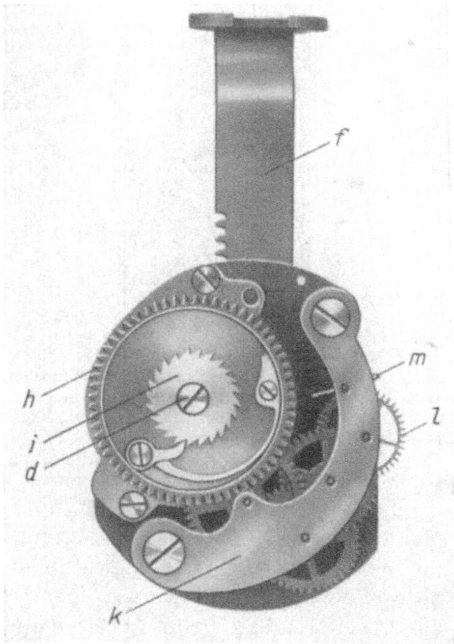

Abb. 414 b. Selbstauslöser für Objektivverschlüsse. Ansicht des inneren Aufbaues (Getriebeseite). Ausführung von KINDERMANN & Co., Berlin. *d* Achse für den Aufzughebel; auf der Achse sitzt das große Triebrad *h* und das Sperrad *i*; *k* Platine für das Räder-Hemmwerk, *l* Antriebsrad für den Windflügel *m*. Die Hauptfeder liegt unter dem großen Triebrad *h*

Eine Arretiervorrichtung gestattet das jederzeitige An- und Abstellen des Getriebes; damit ist auch die Möglichkeit gegeben, das Federwerk je nach Bedarf mehr oder weniger weit aufzuziehen und in einer gewünschten Stellung am Ablauf zu verhindern.

Der relativ einfache Mechanismus im Moment-Selbstauslöser kann nur eine bestimmte Aufgabe erfüllen und diese besteht darin, einen verschiebbaren, unter dem Einfluß einer Feder stehenden Arm allmählich gegen einen festen Anschlag zu ziehen; wird zwischen diese beiden Teile, deren Abstand einstellbar ist, der obere Teil eines Drahtauslösers gebracht, so erfolgt eine Verschiebung der Seele des letzteren und damit eine Auslösung des Verschlusses. Da beim

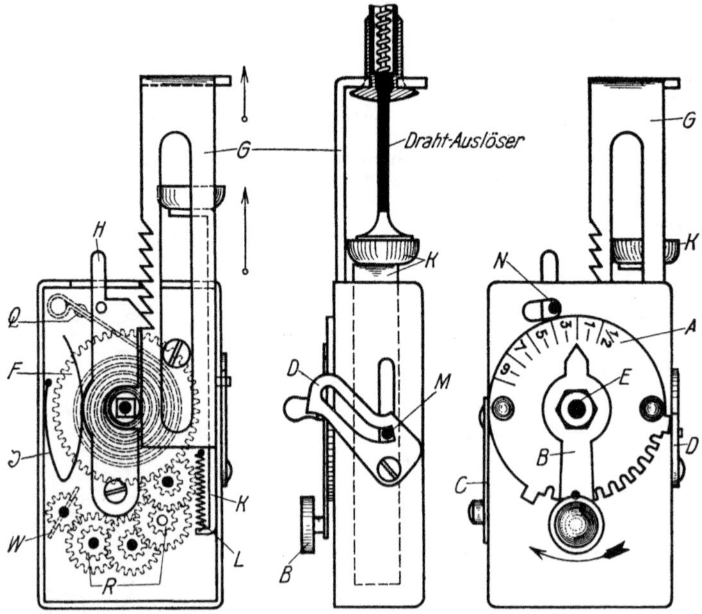

Abb. 415. Moment- und Zeitauslöser für Objektivverschlüsse. Rechteckige Bauart mit Räderhemmwerk und Windflügelregulator. Modell Haka II (Ausführung von Heinrich Klapproth, Hamburg 11). *A* Zeitenscheibe mit Anschlagnasen, *B* Sekundenzeiger mit Signalscheibe (rot), *C* Abstell- bzw. Anstellhebel, *D* Anschlag für den Sekundenzeiger, *E* Achse für *A* und *B* sowie für die Hauptfeder *Q*; *F* großes Treibrad, *G* Zahnstange mit Teller für den Drahtauslöser, *H* Rast unter dem Einfluß der Feder *J*; *K* Stössel mit Feder *L* und Stift *M*; *N* Anschlag für die Zeitenscheibe *A*; *R* Räderwerkhemmung, *W* Windflügel

Momentauslöser (genau so, wie wenn der Verschluß von Hand ausgelöst würde) nur ein kurzer Druck von gleichbleibender Stärke erforderlich ist, gleichgültig, ob es sich um eine Geschwindigkeit von $^1/_{300}$ oder von 1 Sekunde handelt, ist die Zuverlässigkeit beim Arbeiten relativ groß.

Wird der Verschluß auf Moment eingestellt, so wird das Schließen der Sektoren durch die Feder im Verschluß übernommen, wird aber von einem Auslöser verlangt, daß er den Verschluß nicht nur zu einer vorher zu bestimmenden Zeit (das Schließen besorgt der Verschluß bei Momentaufnahmen von selbst) öffnet, sondern auch eine bestimmte und genau einstellbare Zeit lang offen hält (Zeitaufnahmen) und dann schließt, so bedarf es eines etwas größeren Aufwandes an Mitteln, wie im nachstehenden gezeigt werden soll.

b) Moment- und Zeitauslöser, Haka Modell II. Während bei Momentaufnahmen der Verschluß meist selbst die Möglichkeit bietet, eine Regulierung der Belichtungszeit auf Bruchteile von Sekunden vorzunehmen, ist der Photo-

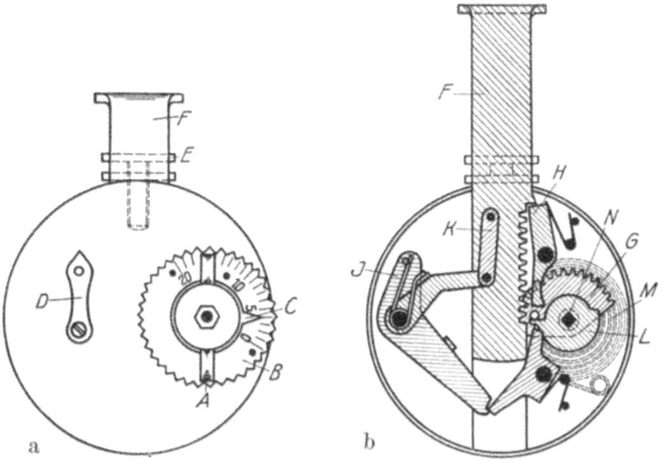

a b

Abb. 416 a. Moment- und Zeitauslöser für Objektivverschlüsse. Runde Bauart mit Räderwerkhemmung und Windflügelregulator. Modell Photoclip (Ausführung von PERROT & CIE., Biel, Schweiz). Schematische Darstellung: a von vorne, b von rückwärts. *A* Aufzughebel, *B* Zeitenscheibe mit Teilung, *C* Index für *B*; *D* Auslösehebel, *E* regulierbare Stützschraube für den Drahtauslöser, *F* verschiebbare Zahnstange im Eingriff mit dem Zahnsektor *G*; *H* Arretierhebel für *F*; *J* Spreizfeder für *F*; *K* Mitnehmer, *L* Nockenscheibe. *M* Hauptfeder auf Achse *N*

graphierende bei Zeitaufnahmen entweder auf ungefähres Abschätzen der Zeit oder auf Ablesen derselben an der Taschenuhr angewiesen: das eine ist unzuverlässig und das andere umständlich. Die neuen Modelle von Zeitauslösern ermöglichen die Einstellung der Geschwindigkeiten von 1 bis 20 Sekunden, und zwar mit großer Präzision. Es ist selbstverständlich, daß es dazu besonderer Zusatzeinrichtungen bedarf, die im folgenden kurz erklärt werden sollen. Zunächst sei betont, daß die eigentliche Werkhemmung, d. h. die von der Uhrfeder angetriebenen ineinandergreifenden Triebe und Räder sowie das letzte Glied dieser Kette, d. i. z. B. beim Haka-Zeitauslöser der regulierende Windflügel, im Prinzip die gleiche Anordnung wie beim Momentauslöser aufweist; ein Unterschied besteht nur darin, daß eine regulierende Sekundenscheibe vorgesehen ist, mit deren Hilfe Moment- und Zeitaufnahmen möglich sind: eine kleine rote Signalscheibe zeigt genau an, wann der Verschluß sich öffnet und wann er sich wieder schließt. Die Handhabung des Haka-Autoknips, Modell II, ist sehr einfach: Zunächst wird der das Uhrwerk bremsende Abstellhebel nach vorn gerückt und die Feder mit Hilfe des Griffes bis zum Anschlag aufgezogen; sodann wird der Sekundenzeiger durch leichtes Anheben auf die gewünschte

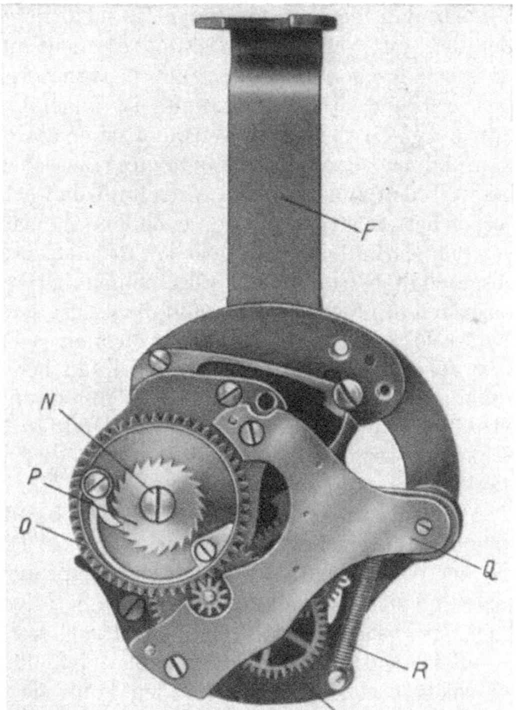

Abb. 416 b. Der gleiche Moment- und Zeitauslöser wie in Abb. 418a. Ansicht des gesamten Triebwerkes bei abgenommenem Gehäuse. *F* Zahnstange, *O* großes Triebrad, *P* Sperrad (*O* und *P* sitzen auf der Achse *N*), *Q* Platine für das Räderwerk, *R* Feder, *S* Triebwerkhemmung mit Windflügel

Sekundenzeit eingestellt. Von besonderer Wichtigkeit ist bei jedem automatisch arbeitenden Gerät dieser Art die Befestigung des Drahtauslösers; die Zahnstange, die an ihrem oberen Ende den Drahtauslöser trägt, ist justierbar angeordnet, so daß ihre Länge derjenigen des Drahtauslösers angepaßt werden kann. Die Vorrichtung wirkt bei Zeitaufnahmen so, daß sich beim Ablauf der Uhrfeder der Sekundenzeiger entgegengesetzt der Pfeilrichtung (s. Abb. 415) dreht und durch die über den Rand des Gehäuses ragende Signalscheibe den an der Schmalseite derselben angeordneten Hebel auslöst, so daß der sogenannte Stössel unter dem Druck einer besonderen Feder aus dem Innern des Gehäuses heraustritt und durch diese Bewegung einen Druck auf den beweglichen Teil des Auslösers ausübt, der nunmehr den Momentverschluß öffnet; zu Beginn des Uhrwerkablaufs wird — je nach der eingestellten Zeit und unter dem Einfluß der Federwirkung im Drahtauslöser — der Drahtauslöser seine Normallage zu erreichen suchen, was beim Ablauf des Sekundenzeigers nach Beseitigung eines zweiten Anschlages eintritt.

Die wichtigste Voraussetzung für das sichere Funktionieren aller Zeitauslöser nach diesem Prinzip ist, daß der Verschluß auf Ballzeit eingestellt wird, weil nur bei dieser Schaltung der Verschluß solange geöffnet bleibt, als der Druck auf den Auslöser anhält.[1]

c) Photoclip Modell B für Moment- und Zeitauslösung. Die Abb. 416a und b zeigen den Moment- und Zeitauslöser Photoclip Modell B der Firma PERROT & CIE. in Biel; der ganze Aufbau läßt erkennen, daß die Forderung der Einschaltung bestimmter genau einzuhaltender Zeitabschnitte (1 bis 20 Sekunden) nicht nur einen entsprechenden Aufwand an mechanischen Mitteln, sondern auch sorgfältigste Ausführung der Bestandteile erfordert. Die Arbeitsweise ist ungefähr die gleiche wie beim Haka-Autoknips, Modell II: unter Wirkung einer starken Uhrfeder öffnet der Drahtauslöser infolge einer Relativbewegung zwischen seinen gegeneinander verschiebbaren Teilen zunächst den Verschluß und schließt ihn wieder vermöge der aufgespeicherten Federenergie, nachdem die eingestellte Zeit abgelaufen ist, wobei der Einfluß der Hauptfeder des Auslösers durch mechanische Stellwerke ausgeschaltet wurde. Im allgemeinen beträgt das Zeitintervall zwischen dem Loslassen des Mechanismus und dem Auslösen des Verschlusses ca. 15 Sekunden; der Auslöser wird zweckmäßig mittels eines Fadens am Apparat befestigt, damit Verwacklungen vermieden werden. Man lasse das Uhrwerk des Auslösers stets vollkommen ablaufen und ziehe es nur dann auf, wenn der Drahtauslöser entfernt ist. Um die Anpassung des Drahtauslösers an den jeweils verwendeten Selbstauslöser herbeiführen zu können, ist die Auflegeschale für das Druckstück des Drahtauslösers justierbar.

Die Zeitauslösung bei einem beliebigen Automatverschluß und einem Compurverschluß unterscheiden sich darin, daß bei Einstellung auf „Ball" bzw. Halbzeit (*D*) der Automatverschluß sich sofort sprunghaft öffnet, während der Compurverschluß sich nach Maßgabe des vom Selbstauslöser auf den Drahtauslöser übertragenen Druckes erst allmählich öffnet und dann allmählich wieder schließt.

Bei längeren Belichtungszeiten spielt diese Ungleichmäßigkeit keine Rolle, bei solchen von 1 bis 2 Sekunden kann sie einen ungünstigen Einfluß haben.

Im Laufe der Zeit sind außer den beschriebenen noch zahlreiche andere Selbstauslöser entstanden, von denen sich jedoch nur wenige in der Praxis behaupten konnten. Wie auf vielen anderen Gebieten gilt auch hier die Regel, daß das Beste gerade gut genug ist.

[1] Vgl. D. R. G. M. Nr. 1,060.416, 1,068,947, 1,069.015.

d) „Autodrem.“ Auf ganz anderer Grundlage beruht der im Jahre 1928 von Dr. E. MAYER in Wien angegebene Selbstauslöser „Autodrem“, der sich von den meisten anderen Selbstauslösern zunächst dadurch unterscheidet, daß zur Regulierung der Auslösezeit kein Uhrwerk benutzt wird; die Gefahr, daß infolge Versagens des einen oder anderen Bestandteiles des Regelwerks Störungen eintreten, besteht daher bei diesem Selbstauslöser nicht (D. R. G. M. Nr. 985623).

Der Aufbau des Gerätes ist aus der schematischen Abb. 417 ersichtlich; sein wesentliches Konstruktionselement ist ein in der Mitte durchbohrter Gummizylinder, der unter dem Druck einer mehr oder weniger stark gespannten Feder steht; da der Gummizylinder sich nicht nach außen ausdehnen kann, muß er den aufgenommenen Druck nach innen weiterleiten und es entsteht je nach dem Grad der Federspannung eine stärkere oder schwächere Reibung zwischen dem Gummi und dem zylindrischen Teil des Auslösers, der unter dem Einfluß der Feder nach außen bewegt wird und den biegsamen Drahtauslöser betätigt. Die Regulierung der Federspannung erfolgt in der Art, daß man den Abstand des geriffelten Kopfes vom Ende des Federgehäuses (durch Verdrehung des einen oder anderen) ändert: durch entsprechende Verkürzung dieses Abstandes wird die Feder mehr oder weniger stark zusammengedrückt und damit die Auslösezeit reguliert. Die Handhabung des Auslösers erfolgt in der Art, daß man das Gerät zwischen Daumen (unten am Federgehäuse) einerseits und Zeige- und Mittelfinger (am Handgriff) andererseits faßt und den Handgriff soweit als möglich herunterdrückt; ist die Feder stark gespannt, so geht dies schwer, ist die Feder nur wenig gespannt, so geht dies leicht. Schon geringe Änderungen des Abstandes des geriffelten Kopfes vom Ende des Federgehäuses werden deutlich wirksam.

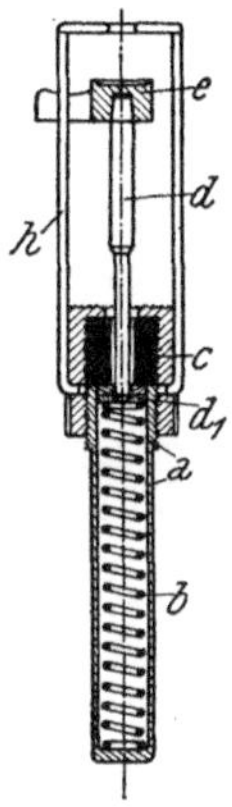

Abb. 417. Selbstauslöser Autodrem (Ausführung Dr. E. MAYER, Wien). *a* äußeres Gehäuse mit Spiralfeder *b*; *c* Gummizylinder, *d* Kolbenstange mit Teller d_1; *e* Auflager für den Drahtauslöser, *h* Drahtbügel. Länge des Gerätes zirka 11 cm, Gewicht zirka 15 g

Da die Reibung zwischen der in der Bohrung des Gummis gleitenden zylindrischen Kolbenstange und dem Gummi mit zunehmender Verschiebung der ersteren geringer wird, tritt am Ende der Bewegung eine geringe Beschleunigung ein.

Die Anbringung des Autodrem erfolgt, genau so wie die der Uhrwerksgeräte, am freien Ende des Drahtauslösers.

Wie praktische Versuche ergeben haben, arbeitet der „Autodrem“ vollkommen erschütterungsfrei und löst jeden Verschluß aus (auch Automatverschluß).

e) Selbstauslöser mit Flüssigkeitswiderstand. Während bei dem von Dr. E. MAYER in Wien konstruierten Selbstauslöser einfach durch Anordnung einer unter dem Einfluß einer Feder stehenden Gummimuffe die erforderliche Hemmung und Regulierung bewerkstelligt wird, ist Dr. CARL WEBER in Kiel bei der Konstruktion des von ihm angegebenen Selbstauslösers ganz andere Wege gegangen (vgl. Abb. 418a). Von der Verwendung des Drahtauslösers wurde Abstand genommen, vielmehr erfolgte die Befestigung des Selbstauslösers mittels eines konischen Gewindes direkt am Gewindenippel des Verschlusses; dies ist ohneweiters möglich, da die Länge des Auslösers nur etwa 4,5 cm, sein größter Durchmesser nur etwa 1 cm beträgt. Das neue Gerät, das den Namen „Direkt“ führt, beruht auf der Wirkung eines unter Federdruck stehenden Kolbens sowie einer den übrigen Teil des zylindrischen Hohlraumes ausfüllenden Flüssigkeit (z. B. Glyzerin), welche das Vordringen des Kolbens und der damit verbundenen Kolbenstange hemmt und reguliert. Die Auslösezeit ist also vom Kolbenweg abhängig. Ihre Regulierung erfolgt so, daß der Kolben vor dem Einschrauben des Selbstauslösers mehr oder weniger tief in sein Gehäuse zurückgedrückt wird, indem man den Auslösedraht gegen eine feste Unterlage drückt (D. R. G. M. Nr. 1055567).

Die Vorrichtung arbeitet vollkommen geräuschlos und ist kräftig genug, um auch die sogenannten „Automatverschlüsse" auszulösen. Da der Preis des

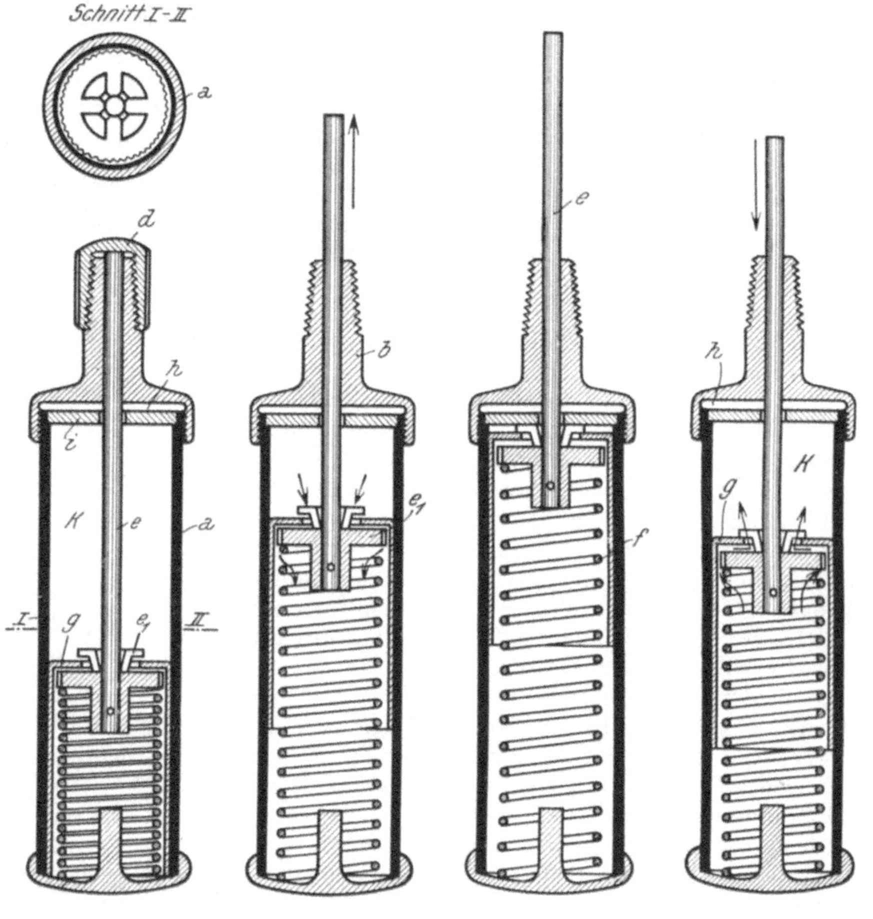

Abb. 418 a. Selbstauslöser „Direkt" mit Flüssigkeits-Regulier-Widerstand (Ausführung von C. Weber, Kiel.) Vergrößerte Darstellung. Stellung 1: Das Gerät in geschlossenem Zustand; die Flüssigkeit befindet sich vorwiegend oberhalb des Kolbens. Stellung 2: Die mittlere Stellung des Kolbens; unter dem Druck der Feder wird der Kolben und mit ihm die Kolbenstange nach oben gedrückt. Gleichzeitig gelangt die Flüssigkeit durch entsprechende Öffnungen (s. Pfeile) in den unteren Raum des Gerätes. Stellung 3: Endlage des Kolbens; die Flüssigkeit ist allmählich ganz nach unten, die durch die Gummidichtung geführte Kolbenstange nach oben gedrückt worden. Stellung 4: Eine Mittelstellung des Kolbens. Das Gerät wird wieder in seine Ruhelage zurückgeführt

Gerätes ziemlich niedrig ist, dürfte seiner Einbürgerung nichts im Wege stehen. Die Regulierung ist ungefähr in den Grenzen zwischen 15 Sek. bis 1 Minute möglich. Die Abb. 418b und c zeigen, wie der Selbstauslöser „Direkt" ohne Vermittlung eines Bowden-Drahtauslösers arbeitet.

156. Spannverschlüsse mit Selbstauslösern. Die oben beschriebenen Selbstauslöser haben den Nachteil, daß sie lose mitgeführt werden müssen; sie bedeuten also gegenüber den früher angewandten primitiven Mitteln (verlängerter Gummischlauch, Schnurzug, Salpeterpapierpatronen, mit deren Hilfe ein Faden abgebrannt wird, der eine gespannte Feder freigibt, usw.) keinen wesentlichen Fortschritt. Eine eigenartige Lösung dieses Problems gab im Jahre 1910 HEINRICH BOLTNER in Rosenheim an; es handelt sich dabei um eine Anordnung, welche mit dem Mechanismus des Verschlusses ohne Zwischenschaltung eines Drahtauslösers direkt verbunden ist, also um eine Auslösevorrichtung, bei der eine die Bewegung des Verschlusses nach Ablauf einer im voraus einstellbaren Zeit bewirkende Feder verwendet wird. Die Ablaufzeit des Hemmwerkes ist dabei je nach der Zahl der verwendeten Zahnradübersetzungen mit Windflügeln o. dgl. innerhalb gewisser Grenzen veränderlich; die eigentliche Öffnungsdauer des Verschlusses wird in besonderer Weise geregelt; vgl. hiezu das D. R. P. Nr. 234651.

Etwa um die gleiche Zeit befaßte sich HANS KALETZKY in Wien mit einer Vorrichtung zur Herstellung von „Selbst-

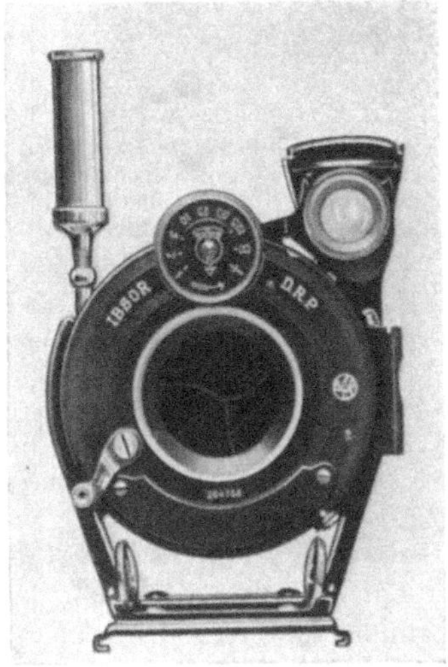

Abb. 418 b. Selbstauslöser „Direkt" (vgl. Abbildung 418 a) in Verbindung mit einem Ibsor-Verschluß. Da die Feder des Auslösers sofort zu arbeiten beginnt, sobald seine Kappe abgenommen ist, muß der Auslöser unmittelbar nach dem Abnehmen der Kappe mit dem Gewindenippel des Verschlusses in Verbindung gebracht werden

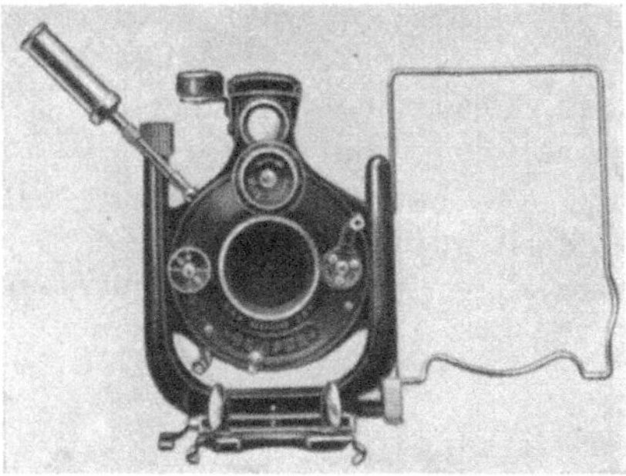

Abb. 418 c. Selbstauslöser „Direkt" (vgl. Abbildung 418a und b) in Verbindung mit einem Compur-Verschluß. Wegen der radialen Anordnung des Gewindenippels wurde zwischen Gewindenippel und Selbstauslöser ein Zwischenstück angeordnet

aufnahmen": der Objektivverschluß steht unter der Einwirkung eines Uhrwerks, das nach bestimmter Zeit die Auslösung des Verschlusses bewirkt, die Rückbewegung der Verschlußteile erfolgt selbsttätig durch Wirkung einer Feder o. dgl. Das besondere Kennzeichen dieser Vorrichtung ist, daß sie nicht nur Momentaufnahmen, sondern auch Zeitaufnahmen zu machen gestattet (vgl. das Öst. Pat. Nr. 45746).

ERNST O. S. W. HOFMANN in Chemnitz-Hilbersdorf machte um das Jahr 1914 eine ähnliche Konstruktion bekannt, bei der jedoch eine unmittelbare mechanische Verbindung zwischen dem Auslösewerk und dem Auslösehebel des Verschlusses bestand; der Erfinder bemühte sich hauptsächlich darum, die Auslösung vollkommen erschütterungsfrei zu machen und ordnete zu diesem Zweck eine Gewindespindel an, die z. B. durch den Einfluß eines Uhrwerkgetriebes in Umdrehung versetzt wird und die Verschiebung des Auslösemechanismus für den Verschluß bewirkt (D. R. P. Nr. 285552).

Die ersten dem Verfasser bekannt gewordenen Hinweise auf einen Objektivverschluß, innerhalb dessen Gehäuse sich der Selbstauslöser befindet, sind die Amer. Pat. Nr. 1329714 und 1329715 (1920); als Anmelder ist JOHN H. KLENCK,

Warren, Pennsylvania, U. S. A., angegeben, dem also die Priorität bezüglich der Erfindung eines Objektivverschlusses mit eingebautem Vorlaufmechanismus zukommt. Den angeführten Patenten zufolge war für die Regulierung des Ganges eine Luftbremse vorgesehen. Der Vollständigkeit wegen sei noch erwähnt, daß in jüngster Zeit (1928) Paul Goldstein, Berlin-Charlottenburg, einen Objektivverschluß mit in seinem Gehäuse eingebautem Selbstauslöser angegeben hat, bei dem die Laufzeit gleichfalls durch eine Luftbremse beeinflußt wird; Einzelheiten über diese Konstruktion findet man im D. R. P. Nr. 497286.

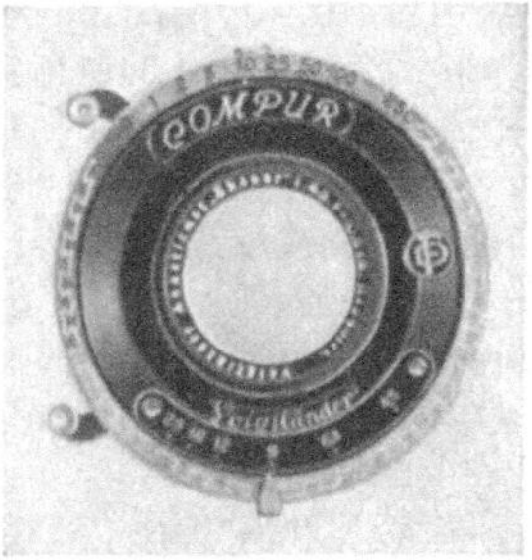

Abb. 419 a. Compurverschluß Nr. 0 mit eingebautem Vorlaufwerk und Ringeinstellung (Außendurchmesser 57 mm). Vorderansicht. Dieser Verschluß wird auch in der Größe I hergestellt

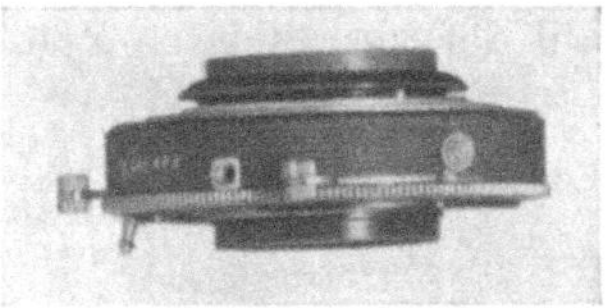

Abb. 419 b. Der gleiche Verschluß wie in Abb. 419 a. Ansicht von oben. Man sieht in der Abbildung folgende Bestandteile: den Auslösehebel, den Irisblenden-Einstellhebel, den Gewindenippel für den Drahtauslöser, den Spannhebel für das Vorlaufwerk und den parallel zur Verschlußachse verschiebbaren kegelförmigen, geriffelten Knopf zur Einschaltung des Vorlaufwerkes. Der geriffelte Ring dient zur Einstellung der Momentgeschwindigkeiten von 1 Sek. bis $^1/_{250}$ Sek. nom. sowie zur Einstellung auf *Z* (Zeit) und *B* (Ball)

In Deutschland kamen derartige Verschlüsse nicht in den Handel. Die zugrunde liegende Idee hat Michael Burger in Benediktbeuern (Oberbayern) im Jahre 1921 in geschickter Weise weiter ausgebaut; er war zweifellos der erste, der darauf hinwies, wie durch eine zweckmäßige Raumausteilung bzw. einen richtigen Aufbau des gesamten Hebelsystems für die Unterbringung einer Vorrichtung zur selbsttätigen Auslösung im Innern des Verschlusses Platz geschaffen werden kann. Die dem D. R. P. Nr. 388919 beigefügten Zeichnungen lassen erkennen, daß der Spannhebel für die Hauptfeder des Verschlusses getrennt von jenem des Vorlaufwerkes angeordnet ist, also derart, daß jeder gesondert betätigt werden muß. Im Handel sind solche Verschlüsse nicht bekannt geworden; es ist das Verdienst der Firma Fr. Deckel, München, nach vorausgegangenen Vereinbarungen mit Michael Burger auf Grund des oberwähnten Patentes die fabrikmäßige Herstellung von Spannverschlüssen mit Vorlaufwerk in die Wege geleitet zu haben. Der Enderfolg war, daß der Compurverschluß mit Vorlaufwerk im Jahre 1928 auf den Markt kam. Einer der ersten Automat-Objektivverschlüsse mit Vorlaufwerk wurde von der Firma C. F. Foth & Co. G. m. b. H. in Berlin in den Handel gebracht; Patent-Literatur

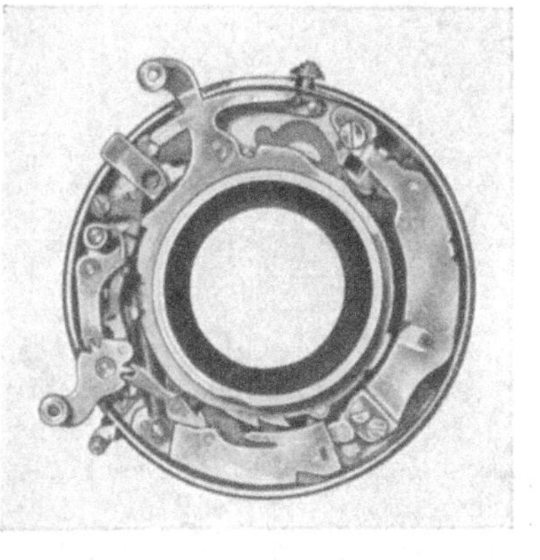

Abb. 419 c. Innenansicht des Compurverschlusses Nr. 0 mit im Gehäuse eingebautem Selbstauslöser (Vorlaufwerk). Ausführung von Fr. Deckel, München. Die Stellung des Mechanismus entspricht der Zeitstellung. Man beachte den kegelförmigen, geriffelten Knopf rechts oben, das einzige äußere Kennzeichen für einen Verschluß mit eingebautem Vorlaufwerk (Selbstauslöser)

über die letztgenannte Spezialkonstruktion ist dem Verfasser nicht bekannt geworden.

Die Firma Fr. Deckel begnügte sich nicht damit, einfach die im D. R. P. Nr. 388919 skizzierte Idee zur Ausführung zu bringen, sondern ersetzte zunächst die dort vorhandenen zwei Kraftquellen, welche auch durch zwei Handgriffe getrennt beeinflußt werden mußten, durch eine gemeinsame Kraftquelle, wobei das Vorlaufwerk und der Verschluß mit einem Handgriff gespannt werden (D. R. P. Nr. 471966). Das Kennzeichen dieser Konstruktion besteht darin, daß die Vorrichtung zum Spannen des Verschlusses bei einer Weiterbewegung das Vorlaufwerk für die Wartezeit (zirka 15 Sek.) einschaltet (D. R. P. Nr. 472094). Der Verschluß wurde dadurch vereinfacht und gleichzeitig verkleinert, daß für Vorlaufwerk und Verschluß ein gemeinsames Hemmwerk vorgesehen wurde; Einzelheiten bezüglich der Ausführung findet man im D. R. P. Nr. 471968 sowie im Schweiz. Pat. Nr. 125741 beschrieben. Derzeit werden nur der Compurverschluß Nr. 0 (mit der größten Blende von 22,0 mm Durchmesser) sowie Nr. I (mit der größten Blende von 29,0 mm Durchmesser) mit eingebautem Vorlaufwerk hergestellt, während das Modell Nr. 00 mit Rücksicht auf seine kleinen Abmessungen zunächst ohne Vorlaufwerk in den Handel gebracht wird (vgl. die Abb. 419a bis e, 420a und b). Die Anwendung des Vorlaufwerkes ist bei den Höchstgeschwindigkeiten $^1/_{200}$ bzw. $^1/_{250}$ Sek. deshalb nicht vorgesehen, weil konstruktive Maßnahmen in dieser Richtung eine Beschränkung auferlegen.

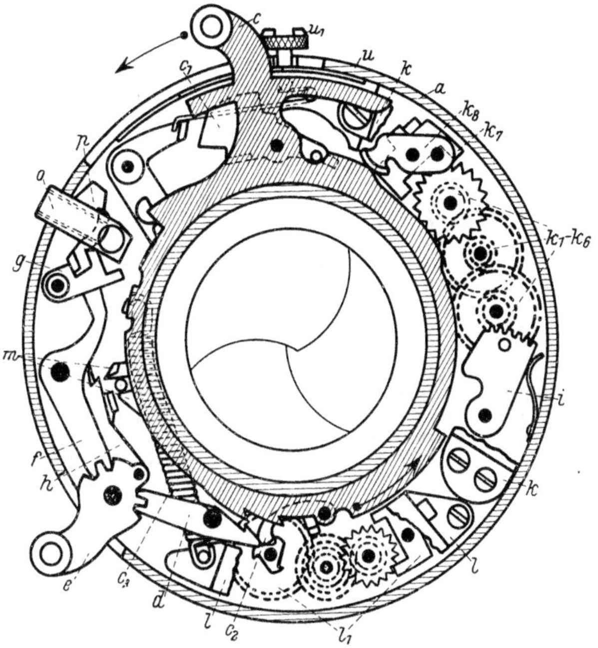

Abb. 419 d. Compurverschluß Nr. 0 mit eingebautem Selbstauslöser und Ringeinstellung. (Ausführung von Fr. Deckel, München.) Schematische Darstellung. Deckplatte und Einstellring abgenommen; Verschluß eingestellt auf $^1/_{10}$ Sek. (ausgelöst). Vorlaufwerk bereits abgelaufen. *a* Gehäuse, *c* Spannhebel; daran gelenkig befestigt Hebel c_1 und c_2 für das Vorlaufwerk, c_3 Hauptfeder; *e* Auslösehebel in Verbindung mit den Sperrhebeln *d*, *f* und *g*; *h* Mitnehmer für den Sektorenring, gesteuert vom Auslösehebel *e*; *i* Zahnradsektor für Räderhemmwerk mit Platine *k*; k_1 bis k_6 Zahnräder und Triebe des Räderhemmwerks, k_7 Anker, k_8 Steuerhebel zum Anker k_7; *l* Platine für das Vorlaufwerk (Selbstauslöser), l_1 Räder, Triebe und Anker zum Vorlaufwerk, *m* Nasen am Sektorenring, n_1 Schaltknopf für das Vorlaufwerk, *o* Buchse für den Drahtauslöser, *p* Anschlag für den Hebel *c*

157. Automatverschlüsse mit eingebautem Selbstauslöser. Auch die schon oft erwähnte Firma A. Gauthier hat im Jahre 1930 einen Objektivverschluß mit eingebautem Selbstauslöser konstruiert und auf den Markt gebracht; das äußere Kennzeichen dieses Modells — es handelt sich um einen Automatverschluß einfachster Bauart ohne Räderregulierwerk für die Zeitenabstufung — ist die symmetrische Anordnung zweier Hebel zur Stellscheibe, von denen der eine in bekannter Weise zum Spannen bzw. Auslösen des Verschlusses dient, während mit dem zweiten, rot markierten Hebel die Feder des Vorlaufwerkes

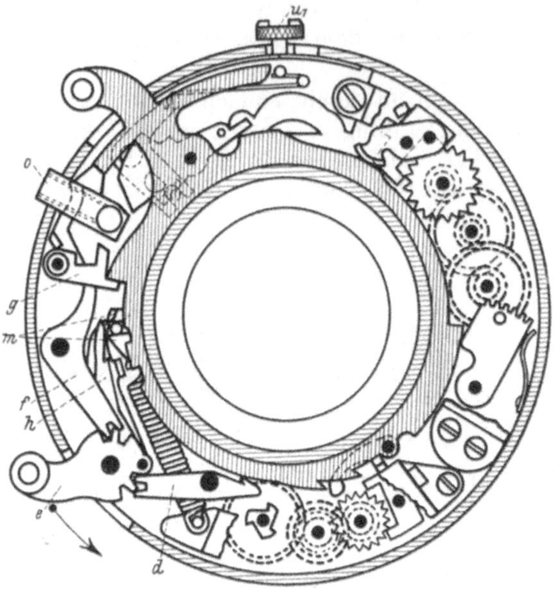

Abb. 419 e. Compurverschluß Nr. 0 mit eingebautem Selbstauslöser und Ringeinstellung (Ausführung von Fr. Deckel, München). Schematische Darstellung. Deckplatte, Einstellring und obere Platinen für die Räderhemmwerke abgenommen. Vgl. Abb. 419d. Einstellung auf *T* (Zeit). Vorlaufwerk und Räderhemmwerk sind ausgeschaltet. Wegen der Hinweisbuchstaben vgl. Abb. 419 d

gespannt wird. Beim Arbeiten mit diesem Verschluß ist die Reihenfolge der Handgriffe folgende: zunächst wird durch Herabdrücken des Hebels für das Vorlaufwerk in seine untere Endlage die Spiralfeder des Vorlaufwerks gespannt; der Auslösehebel kehrt, nachdem er durch einen Druck nach unten betätigt wurde, sofort von selbst in seine Ausgangslage zurück. Der Verschluß kann auch benutzt werden, ohne daß das Vorlaufwerk eingeschaltet wurde; in diesem Falle tritt nur die früher erwähnte Hauptfeder des Verschlusses (aus gebogenem Stahldraht) in Funktion. Bei den Automatverschlüssen ohne Vorlaufwerk erfolgt die Auslösung des Verschlusses durch langsames Herabdrücken des

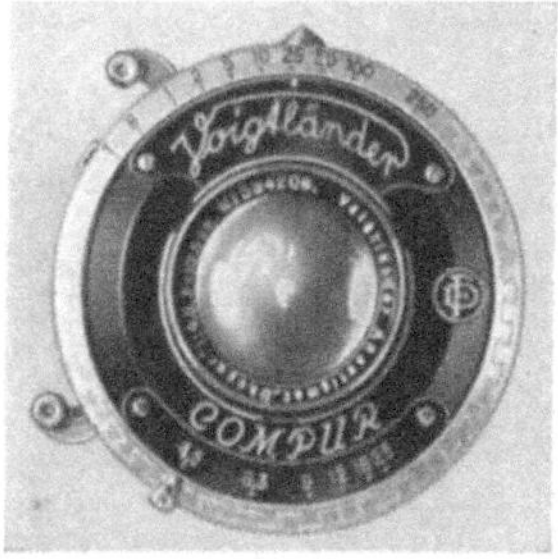

Abb. 420 a. Compurverschluß Nr. I mit eingebautem Selbstauslöser (Ausführung Fr. Deckel, München). Außendurchmesser 68 mm. Ansicht von vorne. Man beachte den koachsialen Einstellring sowie den kegelförmigen geriffelten Stellknopf (oben), der äußerlich das Vorhandensein des Vorlaufwerkes andeutet

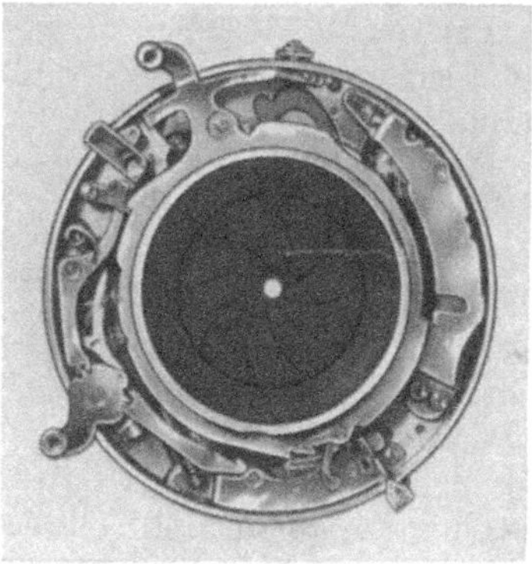

Abb. 420 b. Compurverschluß Nr. I mit eingebautem Selbstauslöser (vgl. Abb. 420 a). Innenansicht. Die Verschlußsektoren sind ganz geöffnet, die Irisblende ist ganz geschlossen. Zur Betätigung der Höchstgeschwindigkeit dient eine Zusatzfeder, die beim Betätigen des Spannhebels automatisch eingeschaltet wird. Für normale Aufnahmen wird der Spannhebel im Sinne der Bewegung des Uhrzeigers bis zum fühlbaren Anschlag verschoben. Soll der Selbstauslöser in Aktion treten, wird der kegelförmige Knopf in achsialer Richtung verschoben und der Spannhebel um ein weiteres Stück nach rechts bewegt, wodurch die Kupplung der Hauptfeder mit dem Rädergetriebe des Vorlaufwerkes erfolgt

Fingerhebels, wobei eine Feder, die später die Sektorenbewegung herbeiführt, gespannt wird. Beim Ablauf des Vorlaufwerkes — es besteht wie alle früher erwähnten Hemmwerke aus einer Platine mit mehreren ineinandergreifenden Zahnrädern und kleinen Trieben sowie einem Anker — wird das Triebwerk in Bewegung gesetzt, welches etwa 15 Sekunden lang läuft;

dies ist erst möglich, nachdem das freie Ende des vom Fingerauslösehebel bewegten Schaltarmes aus dem Bereich des hin- und herschwingenden Ankers gekommen ist. Das auf der gleichen Achse wie der Spannhebel für das Vorlaufwerk angeordnete Rad ist nur zum Teil verzahnt; der übrige Umfang des Rades ist als Kurvenbahn ausgebildet, durch welche ein entsprechend gestalteter Verbindungshebel gesteuert wird, der seinerseits mit dem erwähnten Schaltarm in zwangläufiger Verbindung steht.

Schon vor dem Bekanntwerden dieses Verschlusses hat sich der gleiche Erfinder eine andere Idee bezüglich eines photographischen Verschlusses mit einem in das Gehäuse eingebauten Vorlaufwerk zum selbsttätigen Auslösen des Verschlusses gesetzlich schützen lassen; bei dieser Konstruktion ist zur Betätigung des Verschluß- und Vorlaufwerkes eine eigenartige Vorrichtung vorgesehen: durch Betätigung ein und desselben Hebels in der einen Richtung wird das Vorlaufwerk, durch Betätigung in der anderen Richtung das Verschlußwerk in Funktion gesetzt. Einzelheiten hierüber findet man im D. R. P. Nr. 508622.

158. Vor- und Nachteile des Schlitz- und Zentralverschlusses, eine Gegenüberstellung. Die Frage, welchem Verschluß bzw. Verschlußsystem der Vorzug zu geben sei, kann nur unter Berücksichtigung aller in Betracht kommenden Umstände befriedigend beantwortet werden, denn jedes der beiden Verschlußsysteme hat Vorzüge, aber auch Nachteile; wir wollen die Frage erschöpfend behandeln, u. zw. in Form einer zusammenfassenden Gegenüberstellung, die auf alle in Betracht kommenden Punkte Rücksicht nimmt.

a) Die Geschwindigkeit. α) Die besten auf dem Markt befindlichen Zentralverschlüsse mit Zahnradregulierung haben, wie ausgeführt wurde, eine Höchstgeschwindigkeit von etwa $^1/_{300}$ Sekunde (der „Multispeed Shutter“ mit durchschwingenden Lamellen und etwa $^1/_{500}$ Sekunde Geschwindigkeit macht eine Ausnahme, ist aber vom deutschen Markt ganz verschwunden). Wie wir auf S. 512 festgestellt haben, kann nur das kleinste Modell (00) des Compurverschlusses diese Höchstleistung aufweisen; mit zunehmender Verschlußgröße muß infolge Trägheit der Massen und immer ungünstiger werdender Reibungsverhältnisse eine Leistungsverminderung eintreten. Die Geschwindigkeit des Zentralverschlusses ist demnach von der Größe des Objektivs und damit auch von dessen Brennweite bzw. dessen Lichtstärke abhängig; wird bei einer Kamera statt des für gewöhnlich benutzten Objektivs ein lichtstärkeres Objektiv gleicher Brennweite verwandt, so wird auch der Verschluß beim lichtstärkeren Objektiv — entsprechend den größeren Abmessungen desselben — umfangreicher und von geringerer Höchstgeschwindigkeit sein müssen. Leider wirkt sich die Verwendung größerer Zentralverschlüsse auch dann nachteilig aus, wenn man, was ja selbstverständlich ist, größere Kameramodelle mit Objektiven langer Brennweite ausrüstet.

Z. B. ist eine Kamera vom Format $4\frac{1}{2} \times 6$ cm mit einem Compurverschluß Nr. 00 ($^1/_{300}$ Sekunde) für die Aufnahme rasch bewegter Gegenstände viel besser geeignet, als eine solche vom Format 10×15 cm, welche die Verwendung eines Compurverschlusses Nr. II mit der Höchstgeschwindigkeit von nur $^1/_{150}$ Sekunde bedingt; die erreichbare Geschwindigkeit des Zentralverschlusses ist demnach vom Kameraformat in hohem Maße abhängig.

β) Im Gegensatz dazu steht der Schlitzverschluß in nur sehr loser Beziehung zur Größe der Kamera und zur Brennweite des Objektivs; es wird sich allerdings nicht vermeiden lassen, daß die Reibung des Rolltuches mit zunehmendem Plattenformat größer wird, doch fällt dies nicht stark ins Gewicht und kann oft durch Hilfsmittel technischer Art mehr oder weniger weitgehend ausgeglichen werden. In den Katalogen der einschlägigen Firmen wird dieser Umstand nicht besonders stark betont; die Differenz zwischen den Höchstgeschwindigkeiten einer 9 × 12 cm- und 13 × 18 cm-Nettel-Kamera beträgt z. B. etwa 20% ($^1/_{2800}$ bzw. $^1/_{2300}$ Sekunde).

Der bedeutendste Vorzug des die Platte nur streifenweise belichtenden Schlitzverschlusses ist zweifellos seine höhere Geschwindigkeit. Wo es also in erster Linie darauf ankommt, allerschnellste Momentaufnahmen zu machen, kommt nur der Schlitzverschluß vor der Platte in Betracht; in diesem Falle bleibt keine Wahl übrig, selbst auf die Gefahr hin, daß sich die früher erwähnte Verzerrung bemerkbar machen sollte.

b) Die Regulierbarkeit der Geschwindigkeit. α) Da einem hochwertigen Schlitzverschluß nur ein ebensolcher Zentralverschluß zum Zwecke eines Vergleichs gegenübergestellt werden kann, sei wiederum der Compurverschluß zum Vergleich gewählt. Die Praxis hat gelehrt, daß dieser Verschluß mit Räderhemmwerk, was die Gleichmäßigkeit des Ganges im allgemeinen und die absoluten Werte der einzelnen Geschwindigkeiten im besonderen betrifft, an erster Stelle steht; die im Abschnitt Verschluß-Geschwindigkeitsmessung mitgeteilten Versuchsergebnisse lassen erkennen (vgl. S. 511), daß diese Verschlüsse allen billigen Forderungen gerecht werden.

β) Der neuzeitliche Schlitzverschluß (insbesondere prominenter Firmen) hat zweifellos in den 40 Jahren seit Bekanntwerden des Anschütz-Verschlusses eine stattliche Reihe z. T. sehr wesentlicher Wandlungen durchgemacht, die auf seine Gesamtleistungsfähigkeit einen nachhaltigen Einfluß geübt haben. Man trachtete darnach zu erreichen, daß die verschiedenen Geschwindigkeiten des Verschlusses immer genau eingehalten werden, und bemühte sich, auch „langsamere“ Geschwindigkeiten möglich zu machen. Daß sehr viel erreicht wurde, beweist das Bestehen von Geschwindigkeitsstufen von $^1/_4$ bis $^1/_{1000}$ bzw. von $^1/_2$ bis $^1/_{2800}$ Sekunde. Das allein ist es aber nicht, was als Vorzug des Schlitzverschlusses gegenüber dem Zentralverschluß bezeichnet werden muß, es ist vielmehr die Möglichkeit, einerseits die verschiedenen Schlitzbreiten und andererseits die Federspannungen variieren zu können.

c) Die Ausnutzung der Lichtstärke des Objektivs. α) Infolge der Eigenart des Zentralverschlusses, die ganze Platte auf einmal zu belichten, ist (vgl. S. 396) das Arbeiten mit einem solchen verhältnismäßig leicht. Ist man sich bei der Aufnahme bewegter Gegenstände über deren Geschwindigkeit im klaren, so ist lediglich die notwendige Blende zu bestimmen (falls nicht mit voller Öffnung gearbeitet wird). Die volle Ausnutzung des Objektivs ist nahezu in allen jenen Fällen möglich, wo die Zeit zum Öffnen und Schließen der Lamellen keinen relativ hohen Prozentsatz der Gesamtbelichtungszeit bildet; obwohl dies, wie Versuche bewiesen haben, bei den Geschwindigkeiten zwischen $^1/_{300}$ und $^1/_{150}$ Sekunde nicht zutrifft, machen sich auch bei diesen Einstellungen der Verschlußscheibe in der Praxis empfindliche Nachteile nicht bemerkbar, wenn man sich der alten Regel bedient: „Besser über- als unterbelichten“.

β) Beim Schlitzverschluß liegen die Verhältnisse in dieser Richtung weniger günstig. Wie wir auf S. 461 gezeigt haben, müssen die von einem auf der optischen Achse gelegenen Punkt der Bildebene im Vertikalschnitt nach den Rändern des Objektivs gezogenen Linien an der Stelle, wo sich die Ebene des Schlitzverschlusses befindet, einen Abstand voneinander haben, der kleiner, im ungünstigsten Falle aber gleich der Breite des jeweiligen Schlitzes ist; aus diesem Grunde spielt der Abstand der Ebene des Verschlusses von der Platte eine wichtige Rolle. Diesem Umstande ist bei der Verwendung lichtstärkster Objektive ganz besondere Beachtung zu schenken; es sei deshalb nochmals auf S. 460 hingewiesen, wo die kleinsten zulässigen Schlitzbreiten für verschiedene e-Werte und für die Öffnungsverhältnisse von 1:1,8 bis 1:18 angegeben sind. Ist der Schlitz des Verschlusses schmäler als der Querschnitt des Lichtstrahlenbündels an dieser Stelle, so wird das letztere vignettiert, was sich dahin auswirkt, daß das Objektiv nicht mehr mit voller Öffnung, sondern abgeblendet arbeitet.

Arbeitet man z. B. mit einem Anastigmat 1:1,8 mit voller Öffnung bei einem Abstande des Schlitzes von der Platte $e = 13$ mm mit einem Schlitz von 1 mm Breite, so wirkt sich dies so aus, als ob das Objektiv auf 1:12,5 abgeblendet worden wäre; die Folge davon ist eine etwa 40fache Unterbelichtung des Bildes.

Wir möchten bemerken (vgl. S. 509), daß die vielfach aufgestellte Behauptung vom schlechten Wirkungsgrad der Zentralverschlüsse (auch der Compurverschlüsse) nur mit Einschränkungen gilt. Bei einem auf $^1/_{100}$ Sekunde eingestellten Compurverschluß betrug (vgl. S. 512) die Zeit, während welcher der Verschluß sich öffnete, das Objektiv also nicht mit der vollen Lichtstärke arbeitete, etwa $16^0/_0$ der Gesamtbelichtungszeit, d. i. 0·002 Sek.; ebenso lange Zeit nahm das Schließen der Sektoren in Anspruch, so daß der Verschluß während etwa $68^0/_0$ der Gesamtbelichtungszeit die volle Öffnung des Objektivs freigab. Wenn in Fachzeitschriften bisweilen behauptet wird, der Wirkungsgrad von Zentralverschlüssen könne nicht sehr erheblich über $50^0/_0$ liegen, so trifft diese Behauptung vielleicht für Geschwindigkeiten von etwa $^1/_{250}$ und $^1/_{300}$ Sekunde zu. Wird mit längeren Belichtungszeiten gearbeitet, so ergibt sich ein wesentlich günstigerer Ausnützungsgrad; in diesen Fällen bleibt nämlich der kurze Zeitraum für das Öffnen und Schließen der Sektoren angenähert konstant, während der durch die jeweilige Einstellung bedingte Ruhezustand der Sektoren mit voller Öffnung entsprechend länger andauert. Arbeitet man z. B. mit einem Compurverschluß bei Einstellung $^1/_{10}$ Sekunde, so geht für das Öffnen und Schließen der Sektoren zwar die gleiche Zeit wie oben verloren, d. h. etwa 0,002 Sek., in Prozenten der Gesamtbelichtungszeit ausgedrückt sind dies aber nur je $1{,}6^0/_0$, so daß die volle Öffnung während etwa $96{,}8^0/_0$ der Gesamtbelichtungszeit wirkt.

Da die meisten Aufnahmen mit Belichtungszeiten von $^1/_5$, $^1/_{10}$, $^1/_{25}$ und $^1/_{50}$ Sekunde gemacht werden, ist es ohneweiters klar, daß der erwähnte Nachteil des Zentralverschlusses sich sehr wenig bemerkbar macht, ja es hat sich sogar gezeigt, daß Momentaufnahmen von rasch bewegten und dem Objektiv relativ nahe gelegenen Gegenständen mit einem Compurverschluß bei Einstellung auf $^1/_{200}$ Sekunde durchaus befriedigend ausfielen.

Wird das Objektiv bei Verwendung eines Schlitzverschlusses abgeblendet, sei es, um eine größere Tiefenschärfe zu erzielen, sei es aus einem anderen Grunde, so wird der von der Blende zur Platte führende Strahlenkegel enger und es besteht die Möglichkeit, eine kleinere Schlitzbreite als bei voller Öffnung zu verwenden; ob dieser engere Schlitz (bei dessen Anwendung sich eine höhere Geschwindigkeit ergibt) tatsächlich benutzt werden darf, ist eine Frage, die von den herrschenden Lichtverhältnissen und der Geschwindigkeit des aufzunehmenden Objekts unter Berücksichtigung des Abbildungsmaßstabes abhängen wird.

Aus dem Gesagten geht eindeutig hervor, daß die Verhältnisse beim Zentralverschluß wesentlich einfacher und übersichtlicher liegen als beim Schlitzverschluß. Bei Schlitzverschlüssen muß vor der Anwendung kleinster Schlitzbreiten unbedingt gewarnt werden; soll aber unter allen Umständen eine Höchstgeschwindigkeit z. B. durch Verwendung eines Schlitzes von 1 mm

Breite erreicht werden, so wäre dazu eine ideale Kamera erforderlich, bei welcher Schlitz- und Plattenebene nahezu zusammenfallen.

Schon unter Zugrundelegung einer Schlitzbreite von 5 mm ergibt sich bei einem Objektiv 1:1,8 die Forderung, der Schlitz müsse 9 mm von der Platte entfernt sein, was an sich nicht unerfüllbar ist. Solange eine ungünstige und unbeabsichtigte Beeinflussung des Strahlenganges durch den Schlitz des Verschlusses nicht stattfindet, wirkt auf jeden Bildpunkt in jedem Augenblick der Belichtung die volle Lichtstärke des Objektivs; dies ist ein nicht zu unterschätzender Vorzug des Schlitzverschlusses, der aber leider nicht immer ausgenutzt wird, weil der Lichtbildner über die Zusammenhänge zwischen Schlitzbreite und Abstand des Schlitzes von der Platte oft nicht im klaren ist. Die einfache, bereits auf S. 459 angegebene Beziehung: Kleinste Schlitzbreite $(b) = \frac{\text{Abstand des Schlitzes } (e)}{\text{Blende } (d)}$ ist von großer Wichtigkeit. (Beispiel: $e = 10$; Blende 1:9; kleinste Schlitzbreite $2p = b = \frac{10}{9} = 1{,}11$ mm.

Eine Feststellung des Abstandes zwischen Schlitz- und Plattenebene läßt erkennen, ob die betreffende Verschlußkonstruktion bei schnellsten Momentaufnahmen einen hohen Wirkungsgrad besitzt oder nicht; es ist ohneweiters möglich, daß eine mit einem lichtstärkeren Objektiv nachträglich ausgerüstete Kamera weniger befriedigt als mit dem lichtschwächeren Objektiv, und zwar deshalb, weil der Strahlengang nunmehr ein anderer geworden ist und infolgedessen die einem bestimmten Querschnitt entsprechende kleinste Schlitzbreite anders, u. zw. größer, werden mußte.

Es hat sich erwiesen, daß das Arbeiten mit relativ breitem Spalt — wo es möglich ist — bessere Resultate ergibt als das Arbeiten mit schmalem Spalt; eine von Fall zu Fall erforderliche hohe Verschlußgeschwindigkeit soll daher anstatt durch Verringerung der Spaltbreite bei schwächerer Federspannung durch stärkere Anspannung der Verschlußfeder bzw. durch Abkürzung der gesamten Ablaufzeit des Schlitzes angestrebt werden.

Alles in allem können wir sagen, daß bezüglich Kürze der überhaupt möglichen größten Verschlußgeschwindigkeiten der vor der Platte arbeitende Schlitzverschluß ohne Zweifel dem Objektivverschluß überlegen ist, gleichgültig ob dieser vor, hinter oder zwischen den Linsen arbeitet.

Auch bezüglich des Wirkungsgrades bleibt der Schlitzverschluß, wenn es sich um kurze Belichtungszeiten handelt, dem derzeit gebräuchlichen Objektivverschluß überlegen. Die Behauptung, daß der Schlitzverschluß auch bei sehr kurzen Momentaufnahmen die volle jeweilige Lichtstärke des Objektivs unter allen Umständen auszunutzen gestattet, ist nur bedingt richtig. Die in der Praxis verhältnismäßig wenig beachtete Verzerrung durch den Schlitzverschluß ist ein nicht zu beseitigender Schönheitsfehler der gerade dann auftritt, wenn der Schlitzverschluß seine Überlegenheit gegenüber dem Zentralverschluß zeigen soll.

d) Die Handhabung. Über diesen Punkt ist bei Zentralverschlüssen sehr wenig zu sagen; die zur Einstellung erforderlichen wenigen Handgriffe sind so eindeutig, daß Fehler so gut wie ausgeschlossen sind; beim Automatverschluß ist z. B. nur die jeweilige Geschwindigkeit einzustellen, worauf der Verschluß ohne weiteres mittels Drahtauslösers oder von Hand aus ausgelöst werden kann; ein Versagen infolge Nichteinhaltens der Reihenfolge der vorzunehmenden Operationen ist ausgeschlossen. Beim Compurverschluß ist die Umschaltung von Moment auf Zeit an einem besonderen Hebel bzw. an einem Stellrad vorzunehmen (damit ist ein Einstellglied mehr vorhanden); eine Verwechslung der

Reihenfolge der Operationen ist auch hier ausgeschlossen. Der Verschluß, der nur bei Momentaufnahmen mit starker Federspannung arbeitet, kann nur gespannt werden, wenn die Einstellscheibe auf *M* steht; andererseits wird bei Zeitaufnahmen (*Z*) der Spannhebel für das Federwerk automatisch verriegelt. Durch diese zwangläufige Kupplung der in Betracht kommenden Elemente sind der Compurverschluß und der Automatverschluß unbedingt zuverlässige Belichtungsregler. Vorteilhaft ist es, daß die Irisblende, die eigentlich mehr ein Bestandteil des Objektivs als des Verschlusses ist, aus praktischen Gründen mit dem Zentralverschluß vereinigt ist, wodurch auf ihre Einstellung weniger leicht vergessen werden kann.

Ein Umstand, der beim Arbeiten mit dem Selbstauslöser in Verbindung mit Objektivverschlüssen im allgemeinen, in Verbindung mit Sektorenverschlüssen mit Räderhemmwerk aber im besonderen beruhigend wirkt, ist, daß man einerseits das durch den Ablauf des Hemmwerkes verursachte Geräusch hört und andererseits an der Bewegung des Spann- bzw. Auslösehebels mit großer Sicherheit erkennen kann, daß der Verschluß gearbeitet hat; vielleicht sind diese Bewegungsäußerungen des Verschlusses in manchen Fällen, z. B. bei Aufnahmen von Kindern, nicht immer erwünscht, aber es verschafft immer ein Gefühl der Sicherheit, wenn man den Vollzug einer ausgeführten Handlung bestätigt bekommt.

β) Bei Schlitzverschlüssen liegen die Verhältnisse im großen und ganzen etwas komplizierter; obwohl zugegeben werden muß, daß die Entwicklung des gesamten Mechanismus eines neuzeitlichen Schlitzverschlusses mit derjenigen beim Zentralverschluss gleichen Schritt gehalten hat (was insbesondere für die Anordnung von Räderwerken oder anderen Regulatoren für den gleichmäßigen Ablauf der Rouleaux bei Halbzeitaufnahmen gilt), ist bei der Handhabung des Schlitzverschlusses im allgemeinen doch etwas mehr Vorsicht zu üben.

Das Spannen des Verschlusses geschieht bei allen Schlitzverschlüssen durch Drehen eines relativ großen Knopfes bis zu einem fühlbaren Anschlag, das Auslösen erfolgt durch Fingerdruck oder mittels mechanischer Drahtauslöser. Die Veränderung der Spaltbreite durch Drehen des äußeren Teiles eines Knopfes muß meist vor dem Aufziehen des Verschlusses vorgenommen werden, da der Schlitz nach dem Aufziehen bisweilen nur breiter, aber nicht schmäler gemacht werden kann. Das Verändern der Geschwindigkeit, das durch Änderung der Federspannung oder durch Zu- bzw. Abschalten eines Hemmwerkes erreicht wird, ist eine Operation für sich. Für Zeitaufnahmen sind selbstverständlich besondere Handgriffe nötig, wobei bestimmte Einschränkungen mit in Kauf genommen werden müssen.

Ganz abgesehen von der größeren Zahl von Operationen als bei der Handhabung von Zentralverschlüssen, ist bei der Bedienung des Schlitzverschlusses ein erschwerender Umstand darin zu sehen, daß man eine Tabelle benötigt, aus der die jeweilige Verschlußgeschwindigkeit bei bestimmten Federspannungen und Schlitzbreiten ermittelt werden kann. Manche Firmen geben zur Erleichterung der Benutzung ihrer Schlitzverschlüsse Belichtungstafeln heraus, aus denen unter Zugrundelegung verschiedener Daten (Beleuchtung usw.) die jeweils erforderliche Spaltbreite und Federspannung des Schlitzverschlusses zu entnehmen ist.

Aus dem Gesagten folgt, daß das Arbeiten mit einem Schlitzverschluß größerer Übung und Sorgfalt bedarf, als das Arbeiten mit einem Zentralverschluß.

Dr. Hauberrisser in München hat seinerzeit vergleichende Versuche mit zwei Kameras angestellt, die mit je einem Tessar 1:4,5, $f = 15$ cm, ausgestattet waren;

die eine hatte einen Schlitzverschluß, die andere einen Compoundverschluß. Mittels eines besonderen Prüfungsapparates wurde eine Geschwindigkeit bestimmt, die beiden Verschlüssen gemeinsam war (zirka $^1/_{50}$ Sekunde).

Zunächst zeigte sich, daß der Schlitzverschluß nicht gleichmäßig, sondern im Anfang langsamer ablief; seine Geschwindigkeit nahm allmählich derart zu, daß die zu belichtende Platte im letzten Viertel kaum halb so lange belichtet wurde als im ersten Viertel; überdies funktionierte der Verschluß nicht immer gleichmäßig. Beim Compoundverschluß tritt der erstgenannte Fehler selbstverständlich nicht auf, doch zeigten sich auch hier zwischen einzelnen Abläufen Geschwindigkeitsdifferenzen von etwa 10%. Mit beiden Apparaten wurde ein und derselbe Gegenstand auf Platten gleicher Sorte aufgenommen; die beiden Negative wiesen keine Verschiedenheiten auf. Auf dem Negativ, das unter Benutzung des Compoundverschlusses aufgenommen war, war keine geringere Belichtung festzustellen als auf dem mit Hilfe des Schlitzverschlusses gewonnenen Negativ. Dieses Resultat, das sich mit der Theorie zwar nicht ganz deckt, läßt sich z. T. dadurch erklären, daß infolge der eigenartigen Form der Sektoren des Compound-Verschlusses gleich beim Beginn der Belichtung nicht nur achsiale Strahlen, sondern auch Randstrahlen auf die Platte gelangen.

Auch W. Zschokke hat einschlägige Versuche angestellt, um die Behauptung zu widerlegen, daß man namentlich bei raschen Augenblicksaufnahmen mit dem Verschluß vor der Platte ein besser durchgearbeitetes Bild erhalte, als mit dem Objektivverschluß — natürlich unter sonst gleichen Umständen. Er stellte beim Vergleich eines Schlitzverschlusses mit einem Compoundverschluß fest, daß diese Behauptung nicht zutrifft und daß die Vorteile des Schlitzverschlusses in ganz anderer Richtung zu suchen sind.

Auch W. Zschokke kommt zu dem Ergebnis, daß gerade bei sehr lichtstarken Systemen, die eine kurze Belichtungszeit ermöglichen, der Objektivverschluß mehr oder weniger versagen muß (vgl. S. 527). Gerade darin liegt die Hauptstärke des Schlitzverschlusses, daß seine Geschwindigkeit von der Objektivgröße gar nicht, von der Plattengröße nur in beschränktem Maße abhängt.

Beim Vergleich des Plattenverschlusses mit dem Objektivverschluß drängt sich unwillkürlich die Frage auf, warum es bisher nicht gelungen ist, einen Objektivverschluß mit höherer Geschwindigkeit als $^1/_{300}$ Sek. absol. von solcher Vollkommenheit herzustellen, wie sie auf Grund des heutigen Standes der Feinmechanik eigentlich zu erwarten wäre.

Zunächst ist verständlich, daß das erstrebte Ziel bei Benutzung der beschriebenen Konstruktionen für den Sektorenantrieb nur durch rücksichtslose Anhäufung von Energie in Form starker Antriebsfedern erreicht werden kann; wohl gelingt es auf diese Art, die Geschwindigkeit der einzelnen gleichzeitig in Bewegung gesetzten Sektoren zu steigern, doch wird die frei werdende Kraft sich zweifellos auch in anderer Weise äußern, und zwar durch Erschütterungen, starke Beanspruchung und damit Verschleiß der einzelnen Konstruktionselemente, eventuell nochmalige teilweise Öffnung der Sektoren nach erfolgter Belichtung usw. Es hat den Anschein, daß man es gar nicht unternahm, die Höchstgeschwindigkeit der Objektivverschlüsse zu steigern, und zwar aus der Erwägung heraus, daß darnach einerseits kein Bedürfnis bestehe und daß andererseits mit einer solchen Umkonstruktion eine Änderung des ganzen Systems Hand in Hand gehen müßte. Der größte Nachteil aller derzeit bekannten sich von der Mitte aus öffnenden Objektivverschlüsse, der zwar beim Arbeiten mit ihnen nicht unmittelbar in Erscheinung tritt, aber an ihrer relativ niedrigen Höchstgeschwindigkeit am meisten schuldtragend ist, liegt in der Art des bisher üblichen Gesamtaufbaues (große Reibungsverluste!) sowie in der üblichen Art der Sektorenbewegung. Bekanntlich werden unter dem Einfluß der Hauptfeder die einzelnen Sektoren des Verschlusses rasch geöffnet und ebenso schnell wieder geschlossen. Die Zeit, welche zwischen diesen beiden Bewegungsphasen verstreicht, ist die eigentliche Belichtungszeit bei voller Öffnung des Objektivs; nachdem die Sektoren ihre durch die Konstruktion vorgesehene Mittelstellung erreicht haben, tritt die Umkehrung der Bewegung ein, worauf sich die Sektoren wieder schließen. Das Verharren der Sektoren in der unvermeidlichen Totpunktlage bringt einen ganz wesentlichen Geschwindigkeitsverlust mit sich und setzt bei den derzeit bekannten Verschlußmodellen der Erreichung höherer Geschwindigkeiten eine Grenze.

Schon bei der Besprechung der einzelnen Ausführungsformen der Sektorenverschlüsse wurde erwähnt, daß um das Jahr 1902 ein amerikanischer Verschluß unter dem Namen „Multispeed-Shutter" vorübergehend auch auf den deutschen Markt kam, dessen Höchstgeschwindigkeit mit $^1/_{500}$ Sek. angegeben war; wir wollen nicht näher untersuchen, inwieweit diese Zahlenangabe (ebenso wie die Zahlenangaben bezüglich aller bisher bekannt gewordenen Sektorenverschlüsse) der Wirklichkeit entsprachen, interessieren uns vielmehr nur dafür, mit welchen Mitteln man diese Höchstleistungen zu erreichen versuchte.

Man muß beim „Multispeed-Shutter" unter normalen Voraussetzungen eine höhere Geschwindigkeit erreichen, weil die Sektoren von der Anfangs- zur Endlage in einer Richtung durchschwingen. Wäre die Idee dieses Verschlusses technisch ausgebaut worden (das in Deutschland bekannt gewordene Modell des Multispeed-Verschlusses war keinesfalls vollwertig), hätte man einen wesentlich schneller und trotzdem zuverlässig arbeitenden Objektivverschluß schaffen können, der den heutigen Ansprüchen (Lichtstärke der Objektive, Empfindlichkeit des Negativmaterials) besser entspricht.

Ein Objektivverschluß mittlerer Größe (z. B. für eine freie Öffnung von 23,0 mm) müßte eine effektive Höchstgeschwindigkeit von $^1/_{400}$ bis $^1/_{500}$ Sek. besitzen (d. h. mindestens doppelt so leistungsfähig sein als die derzeit üblichen besten Compurverschlüsse dieser Größe) und, wenn er mit dem Schlitzverschluß konkurrieren will, auch einen sehr hohen Wirkungsgrad haben.

Bei der heutigen Verbreitung aller Sportarten sowie bei den jetzt üblichen hohen Geschwindigkeiten der modernen Verkehrsmittel (Motorräder, Automobile, Flugzeuge usw.) wäre ein Objektivverschluß mit erhöhter Geschwindigkeit kein Luxus, sondern ein wirkliches Bedürfnis; Sportkameras mit Objektivverschlüssen sind kompendiöser und daher auch leichter als solche mit Schlitzverschlüssen, deren Preis überdies meist in einem Mißverhältnis zu ihrer Mehrleistung steht. Sieht man von Aufnahmen besonderer Art, wie z. B. von der Wiedergabe eines sehr rasch fahrenden Autos aus kürzester Entfernung und senkrecht zur Fahrtrichtung, ab (eine Aufnahme, die übrigens auch bei Verwendung des Schlitzverschlusses nur dann möglich ist, wenn die früher erwähnte Verzeichnung in Kauf genommen wird), so könnte ein Objektivverschluß, der für das Bildformat 9×12 cm und ein Objektiv mit der Brennweite $f = 13{,}5$ cm (bei einer Lichtstärke 1 : 4,5) eine wirkliche Höchstgeschwindigkeit von $^1/_{300}$ Sek. besitzt (für kleinere Brennweiten bei gleicher Lichtstärke entsprechend höhere Geschwindigkeiten), als derzeit sehr erstrebenswert bezeichnet werden; Voraussetzung wäre dabei natürlich unbedingte Zuverlässigkeit, erschütterungsfreies Funktionieren und präzise Einhaltung der absoluten Werte der angegebenen Geschwindigkeiten. Die Verwendung des vor der Platte arbeitenden Schlitzverschlusses wäre im Falle der Existenz eines Höchstleistungs-Objektivverschlusses nur auf jene Fälle zu beschränken, wo noch größere Geschwindigkeiten als die angegebenen gefordert werden. Bezüglich der Konstruktion von Objektivverschlüssen mit durchschwingenden bzw. sich nur in einer Richtung bewegenden Sektoren sei auf folgende amerikanische Patentschriften hingewiesen: Amer. Pat. Nr. 738402, 781156, 961192, 1150543, 1166921, 1274262, 1325317, 1341823, 1539410.

VI. Vergrößerungsapparate

159. Allgemeines. Grundsätzlich ist bei allen Vergrößerungseinrichtungen zu unterscheiden zwischen Apparaten, bei denen durch jeden Punkt des Negativs diffuses Licht in die verschiedensten Richtungen gesandt wird, und Apparaten, bei denen jeder Punkt des Negativs von einem Lichtstrahl getroffen wird, der aus einer ganz bestimmten Richtung von einer mehr oder weniger punktförmigen Lichtquelle kommt. P. THIEME hat in der neuen Auflage des „Handbuch des Vergrößerns"[1] die bereits von F. STOLZE eingeführte Bezeichnung gestreutes und gestrahltes Licht beibehalten und damit auf den Unterschied dieser Apparattypen und den Charakter der mit ihnen hergestellten Positive hingewiesen.

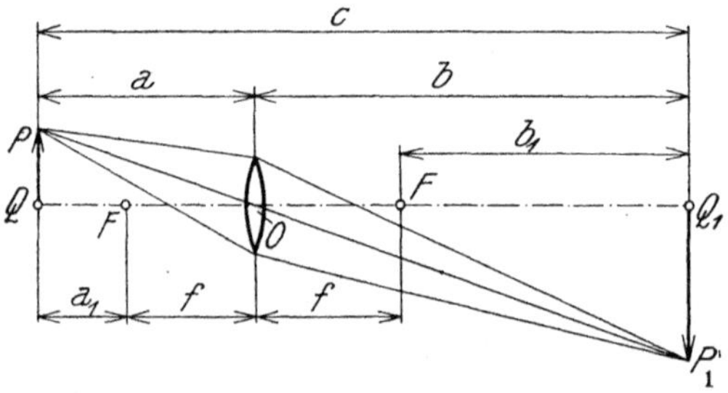

Abb. 421. Schematische Darstellung der Entstehung eines vergrößerten Bildes. $P\,Q$ ist der Gegenstand (Negativ), $P_1\,Q_1$ das durch das Objektiv O mit der Brennweite f entworfene vergrößerte Bild dieses Gegenstandes. a ist die Gegenstandsweite, b die Bildweite, c der Abstand zwischen der Ebene des Gegenstandes und der Ebene des Bildes. F sind die beiden Brennpunkte des Objektivs O; a_1 bzw. b_1 die Abstände der Brennpunkte F vom Gegenstand $P\,Q$ bzw. vom Bild $P_1\,Q_1$

Bezüglich der Abbildung des Negativs durch ein Projektionssystem in vergrößertem Maßstab besteht bei den genannten Apparattypen kein Unterschied, es gelten vielmehr für beide Fälle die bekannten Abbildungsgesetze der geometrischen Optik.

In Abb. 421 ist P ein beliebiger Punkt des Negativs und P_1 dessen Bild, entstanden durch die Einwirkung des Projektions- bzw. Umkehrsystems O mit der Brennweite f; die optische Achse QOQ_1 des Systems steht senkrecht zu den untereinander parallelen Ebenen des Gegenstandes PQ und seines Bildes P_1Q_1. Ist a die Entfernung des Negativs und b jene des Positivs (der Vergrößerung) vom Objektivmittelpunkt,[2] so gilt die bekannte Beziehung (a ist in diesem Falle kleiner als b)

$$\frac{1}{a} + \frac{1}{b} = \frac{1}{f} \text{ bzw. } a_1 \,.\, b_1 = f^2, \text{ wobei } a = a_1 + f \text{ und } b = b_1 + f.$$

Aus der ersten Gleichung ergibt sich:

$$a = \frac{b\,.\,f}{b - f} \quad \text{oder} \quad b = \frac{a\,.\,f}{a - f} \quad \text{bzw.} \quad f = \frac{a\,.\,b}{a + b}.$$

Außerdem ist das Verhältnis der Werte a und b von Wichtigkeit. Während bei der Aufnahme die Entfernung des Gegenstandes a meist ein Vielfaches der Brennweite f und daher auch stets größer als der Abstand des Bildes b vom Objektiv ist, tritt bei Vergrößerungsapparaten der umgekehrte Fall ein: b ist

[1] Vgl. F. STOLZE, Handbuch des Vergrößerns, 4. Aufl. W. Knapp, Halle a. d. S. 1922.

[2] Wir denken uns auch hier das tatsächlich benutzte Objektiv durch eine unendlich dünne Linse gleicher Brennweite ersetzt.

größer als a, so daß der Quotient $\frac{b}{a}$ ein unechter Bruch, d. h. größer als 1, ist. Aus dem Verhältnis der Abstände des Negativs und Positivs (der Vergrößerung) vom Objektiv ergibt sich der Abbildungsmaßstab $n = \frac{b}{a}$. Eine beliebige Strecke $P_1 Q_1$ im Positiv (in der Vergrößerung) verhält sich zu der entsprechenden Strecke PQ im Negativ, wie die bezüglichen Abstände vom Objektiv, d. h.:

$$P_1 Q_1 : PQ = b:a = n.$$

Bezeichnet außerdem $c = a + b$ den Gesamtabstand des Negativs vom Positiv, so ist nach Einführung der Vergrößerungszahl n:

$$\frac{b}{f} = \frac{n+1}{1} \text{ und } b = f(n+1)\text{; ferner}$$

$$\frac{a}{f} = \frac{n+1}{n} \text{ und daraus } a = \frac{f(n+1)}{n}.$$

Nach entsprechender Umgestaltung dieser Formeln ergibt sich:

$$1)\quad f = \frac{c \,.\, n}{(n+1)^2} \qquad 2)\quad c = \frac{f(n+1)^2}{n}$$

$$3)\quad n = k \pm \sqrt{k^2 - 1}\text{, worin } k = \frac{c - 2f}{2f}.$$

Die Brennweite des Objektivs eines Vergrößerungsapparates ist somit eindeutig festgelegt, wenn ein konstanter Abstand c zwischen Negativ und Positiv und eine bestimmte Vergrößerung n eingehalten werden muß. (Anwendungsgebiet: Tageslichtvergrößerungsapparate mit fester Einstellung).

Beispiel: Gegeben $c = 720$ mm; $n = 3$

$$f = \frac{720 \,.\, 3}{(3+1)^2} = \frac{720 \,.\, 3}{16} = 135\,\text{mm} = 13{,}5\,\text{cm (vgl. Tabelle 62).}$$

Sobald die Brennweite f und der Abbildungsmaßstab n gewählt wurden, ist der Abstand c des Negativs vom Positiv festgelegt; für $f = 15$ cm und $n = 3$ ergibt sich z. B.

$$c = \frac{150 \,.\, (3+1)^2}{3} = \frac{150 \,.\, 16}{3} = 800\,\text{mm} = 80\,\text{cm}.$$

Obgleich der Abbildungsmaßstab in den seltensten Fällen zuletzt bestimmt werden dürfte, sei auch diese Möglichkeit durch ein Beispiel erläutert; wird $c = 588$ mm und $f = 120$ mm angenommen, so ergibt sich

$$\text{für } k \text{ der Wert } \frac{c - 2f}{2f} = \frac{588 - 2 \,.\, 120}{2 \,.\, 120} = \frac{348}{240} = 1{,}45\text{; folglich}$$

$$n = k \pm \sqrt{k^2 - 1} = 1{,}45 \pm \sqrt{1{,}45^2 - 1} = 1{,}45 \pm \sqrt{2{,}1025 - 1} = 1{,}45 \pm 1{,}05,$$

d. h. $n_1 = 2{,}5$ und $n_2 = 0{,}4$: je nach der Stellung des Objektivs zwischen den Ebenen des Negativs und Positivs (d. h. je nach der Vergrößerung) ergibt sich eine 2,5fache Vergrößerung oder eine 0,4fache Verkleinerung; die zweite (kleinere) Wurzel scheidet für Vergrößerungsapparate in jenen Fällen aus, wo diese infolge ihres mechanischen Aufbaus die erforderliche starke Objektivverschiebung nicht zulassen. Während sich nämlich im ersten Falle ($n_1 = 2{,}5$) für die Abstände des Negativs bzw. Bildes vom Objektiv die Werte $a = 168$ mm und $b = 420$ mm ergeben, tritt bei $n_2 = 0{,}4$ insofern eine Umkehrung ein, als nunmehr $a = 420$ mm und $b = 168$ mm wird; die erforderliche

Tabelle 62. *c*-Werte für verschiedene Brennweiten *f* und Abbildungsmaßstäbe *n*

n	$\frac{(n+1)^2}{n}$	Objektivbrennweiten f in mm: 50	60	75	90	105	120	135	150	165	180	210	240	270	300	n
1	4	200	240	300	360	420	480	540	600	660	720	840	960	1080	1200	1
1,25	4,05	202,5	243	303,75	364,5	425,25	486	546,75	607,5	668,25	729	850,5	972	1094	1215	1,25
1,5	4,166	208,3	250	312,5	375	437,5	500	562,5	625	687,5	750	875	1000	1125	1250	1,5
1,75	4,321	216,05	259,25	324	389	453,7	518,5	583,3	648	713	778	907,5	1037	1167	1296	1,75
2	4,5	225	270	337,5	405	472,7	540	607,5	675	742,5	810	945	1080	1215	2350	2
2,5	4,9	245	294	367,5	441	514,5	588	661,5	735	808,5	882	1029	1176	1323	1470	2,5
3	5,733	266,6	320	400	480	560	640	720	800	880	960	1120	1280	1440	1600	3
3,5	5,888	289,4	347,3	434,1	520,9	607,75	694,6	781,4	868,2	955	1042	1216	1389	1563	1736	3,5
4	6,25	312,5	375	468,7	562,5	656,3	750	843,7	937,5	1031	1125	1305	1500	1686	1877	4
4,5	6,722	336	403,3	504	605	706	807	907,5	1008	1109	1210	1412	1614	1815	2017	4,5
5	7,2	360	432	540	648	756	864	972	1080	1188	1296	1512	1728	1944	2160	5
6	8,166	408,3	490	612,5	735	857,5	980	1103	1225	1348	1470	1715	1960	2205	2450	6
7	9,143	457,1	548,6	685	822,8	960	1097	1234	1371	1508	1646	1920	2194	2468	2743	7
8	10,125	506,2	607,5	759,4	911,3	1063	1215	1367	1519	1671	1823	2126	2430	2734	3037	8
9	11,111	555,5	666,6	833,3	1000	1167	1333	1500	1666	1833	2000	2333	2666	3000	3333	9
10	12,1	605	726	907,5	1089	1271	1452	1634	1815	1997	2178	2541	2904	3267	3630	10

Verschiebung des Objektivs aus der „vergrößernden“ in die „verkleinernde“ Stellung beträgt demnach 420 mm — 168 mm = = 252 mm.

Die graphische Darstellung in Abb. 422 zeigt die Beziehungen zwischen den Größen *a*, *b*, *c* und *n* (Vergrößerung und Verkleinerung) für $f = 135$ mm. In Tab. 62 findet man die *c*-Werte für $n = 1$ bis $n = 10$ und die Objektivbrennweiten $f = 50$ bis 300 mm.

Als Spezialfall (wie er z. B. bei den optischen Umkehrapparaten für Stereoskopie vorkommt), ist die Abbildung in natürlicher Größe anzusehen ($n = 1$). Die Werte *a* und *b* sind in diesem Falle gleich groß, und zwar $a = b = = 2f$, *c* ist in diesem Falle $= 4f$.

Inwieweit die achsiale Verschiebung des Objektivs bei der Einstellung bzw. bei der Beobachtung der Bildschärfe im Positiv von Einfluß ist, geht daraus hervor, daß in dem gewählten Beispiel ($f = 120$ mm und $c = 588$ mm) einer Objektivverschiebung von ± 1 mm bei konstanter Lage des Negativs eine Verschiebung des Bildes von etwa ± 5 mm entspricht; dabei wird der Gesamtabstand *c* zwischen Negativ und Positiv größer, wenn man das Objektiv dem Negativ nähert, und kleiner, wenn man es von diesem entfernt.

Bezüglich des jeweils zu wählenden optischen Systems ist zu bemerken, daß mit zunehmender Brennweite der Bildwinkel abnimmt. Wird z. B. ein

Negativ von der Größe 9 × 12 cm durch ein System von $f = 13{,}5$ cm in gleicher Größe abgebildet, so beträgt der Bildwinkel, bezogen auf die Diagonale der Platte, etwa 30°, während er bei Verwendung eines Objektivs von $f = 27$ cm nur etwa 15° beträgt. Es ist zwar im allgemeinen nicht üblich, ein Diapositiv im Maßstab 1 : 1 nach

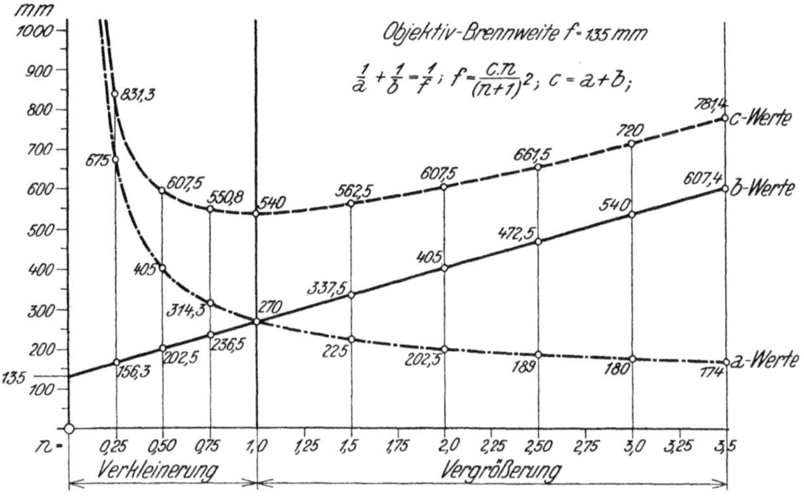

Abb. 422. Graphische Darstellung der Beziehungen zwischen den Größen a, b, c und n (Vergrößerung bzw. Verkleinerung) für $f = 135$ mm. Auf der Abszissenachse sind die Verkleinerungen bzw. Vergrößerungen von $n = 0$ bis $n = 3{,}5$, auf der Ordinatenachse die zugehörigen Werte für a, b und c abzulesen

einem Negativ durch Projektion herzustellen, man wird diesfalls das einfachere Verfahren des Kontaktkopierens vorziehen, aber es besteht die Möglichkeit, von einem undurchsichtigen Gegenstand, z. B. einem Papierbild, eine Reproduktion in natürlicher Größe durch episkopische Projektion herzustellen.

Für jene Fälle, in denen der Abbildungsmaßstab größer als 1 ist, sind die Werte c (**optische**, nicht mechanische Gesamtlänge des Apparates) als Funktion der Brennweite f in Tabelle 63 (s. S. 538) zusammengestellt.

Bei jenen Geräten, in denen das Negativ durch diffuses Licht beleuchtet wird, erfolgt die Bilderzeugung in der Weise, daß irgend ein Punkt des Negativs von verschiedenen Stellen einer leuchtenden Fläche Licht erhält, so daß er selbstleuchtend erscheint; derjenige Teil des Lichtes, der das Objektiv trifft, wird von diesem gesammelt und wieder in einem Punkt vereinigt, welcher in der zur Ebene des Negativs bezüglich des Objektivs konjugierten Ebene des Positivs liegt. Schon daraus ist zu erkennen, daß der Durchmesser des Ob-

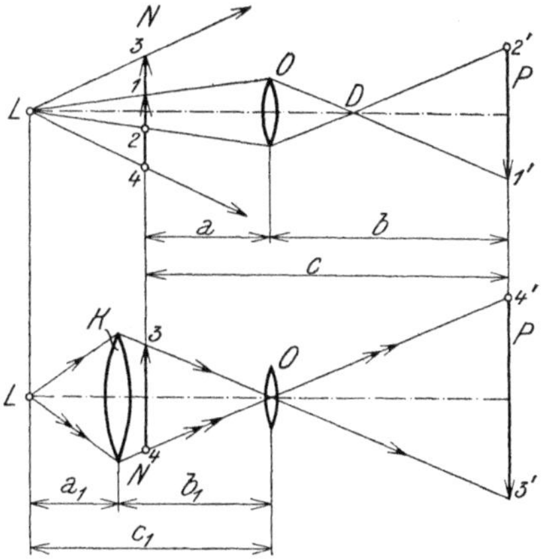

Abb. 423. Wirkung einer Sammellinse (eines Kondensors) auf den Lichtstrahlengang in Vergrößerungsapparaten. a) Die von der Lichtquelle L kommenden zu den Rändern des Objektivs O verlaufenden Strahlen beleuchten die Partie 1 bis 2 des Negativs N; das entstehende vergrößerte Bild hat die Ausdehnung 1′ bis 2′. Die Teile 1 bis 3 und 2 bis 4 des Negativs werden durch das Objektiv O **nicht** abgebildet. b) Bei Verwendung der Sammellinse K (deren Brennweite entsprechend lang sein muß) wird die Partie 3 bis 4 (größer als 1 bis 2, vgl. oben) des Negativs durch das Objektiv O abgebildet; das entstehende vergrößerte Bild hat die Ausdehnung 3′ bis 4′

jektivs bei der Belichtung eine Rolle spielt: je größer sein Durchmesser ist, um so mehr Strahlen werden von ihm gesammelt und dem jeweiligen Bildpunkt zugeführt. Es gelten hier natürlich die gleichen photometrischen Gesetze wie bei der Aufnahme (vgl. S. 12ff.).

Tabelle 63. Beziehung zwischen c und f für verschiedene n

$n =$	1	2	3	4	5	6	7	8	9	10
$c =$	$4f$	$4^1/_2 f$	$5^1/_3 f$	$6^1/_4 f$	$7^1/_5 f$	$8^1/_6 f$	$9^1/_7 f$	$10^1/_8 f$	$11^1/_9 f$	$12^1/_{10} f$

160. Die geometrische Optik der Vergrößerungsapparate mit Kondensor. Grundsätzlich verschieden von den Geräten, bei denen das Negativ durch diffuses Licht erhellt und gewissermaßen selbstleuchtend gemacht wird, sind jene, bei denen zur Beleuchtung des Negativs ein Kondensor und eine in der optischen Achse des Gesamtsystems angeordnete Lampe als Lichtquelle benutzt wird. Aus Abb. 423 ist ohneweiters zu erkennen, daß bei dem Versuch, unter Verwendung einer in der optischen Achse angeordneten Lichtquelle ohne einen Kondensor auskommen zu wollen, nur ein geringer Teil der von der Lichtquelle ausgehenden Strahlen, welche das Negativ durchsetzen, in das Objektiv gelangt: es kommt nur der spitze Lichtkegel in Frage, dessen Basis die freie Öffnung des Objektivs und dessen Spitze die Mitte der Lichtquelle ist. Seitlich liegende Punkte (z. B. 3 und 4) erscheinen, vom Objektiv bzw. vom Punkte D aus gesehen, dunkel, weil die betreffenden Lichtstrahlen das Objektiv gar nicht treffen; die Folge davon ist, daß das Negativ nur teilweise durchleuchtet wird, falls das Objektiv nicht Dimensionen annimmt, die praktisch nicht in Frage kommen. Wir benötigen also eine Einrichtung, mit deren Hilfe sämtliche auf das Negativ auftreffenden Strahlen zum Objektiv gebracht werden: als solche Einrichtung kommt eine Sammellinse, ein Kondensor, in Betracht.

Wesentlich ist, welche Lage der Kondensor gegenüber dem Objektiv und der Lichtquelle einnehmen muß, damit die Durchleuchtung des Negativs zweckentsprechend erfolgt. Zunächst ist zu beachten, daß keine Lichtquelle, welche spezielle Lampenart auch verwendet werden mag, mathematisch punktförmig ist; wäre dies der Fall, so ließe sich die hier in Betracht kommende Aufgabe dahin formulieren, das Bild dieser Lichtquelle, entworfen durch den Kondensor, solle in den optischen Mittelpunkt des Objektivs zu liegen kommen. Da alle Lichtquellen (Krater der Bogenlampe, Leuchtfaden der Glühlampe) tatsächlich eine räumliche Ausdehnung haben und in vielen Fällen durch den Kondensor vergrößert abgebildet werden, ist dafür Sorge zu tragen, daß alle von der ausgedehnten Lichtquelle ausgehenden Strahlen vom Objektiv tatsächlich aufgenommen und so weiter geleitet werden, daß die ganze Bild- (Projektions-) Fläche vollkommen gleichmäßig beleuchtet wird (dies zeigt sich auch dann, wenn im Apparat kein Negativ eingesetzt ist). Daraus folgt, daß die Lichtquelle senkrecht zur gemeinsamen optischen Achse des Kondensors und Objektivs, aber auch in Richtung der optischen Achse verschiebbar angeordnet sein muß, damit die erforderliche günstigste Strahlenvereinigung im Projektionsobjektiv bei allen (den verschiedenen Vergrößerungsmaßstäben entsprechenden) Abständen desselben vom Negativ bzw. vom Kondensor auch tatsächlich zustandekommt. Auf Grund dieser Forderungen ist die Brennweite des Kondensors ziemlich eindeutig bestimmt. Der Durchmesser des Kondensors muß größer sein als die Plattendiagonale; das Negativ wird stets so nahe als möglich an den Kondensor herangebracht, damit dieser nicht zu große Abmessungen erhalten braucht. Von wesentlicher Bedeutung ist die Anordnung der Lichtquelle gegenüber dem Kondensor: dieser nimmt um so mehr Licht auf, je kürzer sein Abstand von der Lampe ist; selbstverständlich sind hier Grenzen gezogen, da bei zu großer Annäherung der Lampe ein Teil der Strahlen nicht mehr zur Durchleuchtung des Negativs beitragen kann.

Bei den meisten modernen Vergrößerungsapparaten besteht der Kondensor aus zwei plankonvexen Linsen, die mit ihren gekrümmten Flächen einander zugekehrt sind; bei dieser Anordnung der Linsen werden die von der Lichtquelle kommenden Lichtstrahlen sehr gut ausgenützt, obwohl die Einzellinsen weder chromatisch noch sphärisch korrigiert sind. Wird die Lichtquelle in den Brennpunkt der ihr zugewandten Einzellinse gebracht, so tritt aus dieser ein paralleles Lichtstrahlenbündel aus, das durch die zweite Linse wieder konvergent gemacht wird; die Spitze des so entstehenden Lichtstrahlenkegels liegt auf der optischen Achse im Brennpunkt der zweiten Kondensorlinse. Am günstigsten ist es, wenn die Lichtquelle ungefähr im Brennpunkt der ihr zugekehrten Einzellinse des Kondensors steht (vgl. Abb. 424).

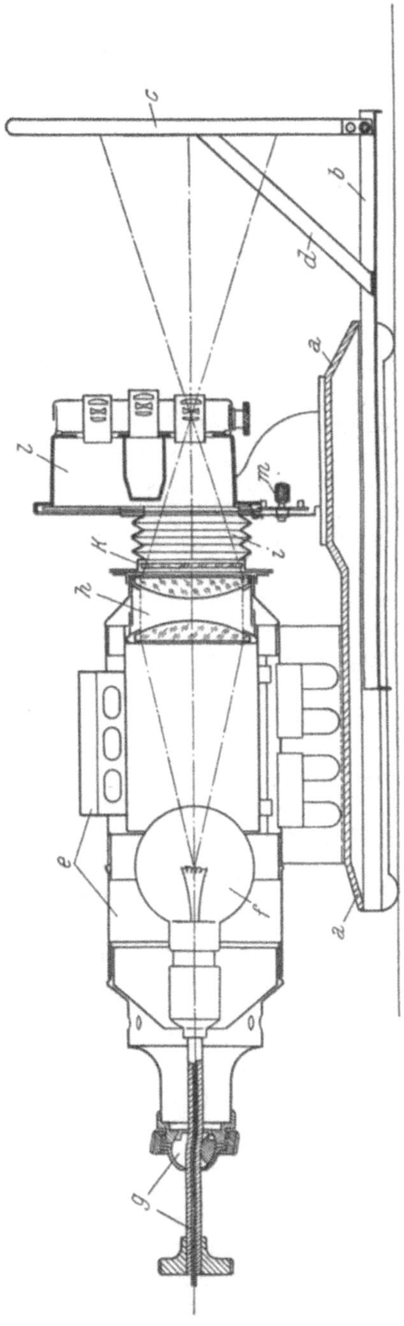

Abb. 424. Vergrößerungsapparat liegender Bauart mit Kondensor in Verbindung mit einem Stereo-Aufnahmeapparat 4,5 × 10,7 cm (Bergheil-Projektor von VOIGTLÄNDER & SOHN A. G.) *a* Grundplatte, *b* ausziehbarer Boden mit Vertikalwand *c* für den Schichtträger, *d* Strebe zur Versteifung, *e* Lampengehäuse, *f* Projektionslampe mit Justiereinrichtung *g*; *h* Kondensor, *i* Balgen, *K* Negativ, *l* Stereokamera mit Feststeller *m*

Die Brennweite f_1 des Kondensors ist nicht zu kurz zu wählen, und zwar deshalb, weil trotz Entlüftungsvorrichtungen die Wärmeentwicklung durch eine den Linsen nahe stehende Lichtquelle ein Springen derselben bewirken kann; es ist im allgemeinen üblich, die Brennweite des ganzen Kondensors etwa $1^1/_4$ mal so groß als seinen Durchmesser zu machen.

In nachstehender Tabelle 64 sind für einige der gängigsten Plattenformate die Durchmesser des notwendigen Kondensors und seine Entfernung von der Lichtquelle angegeben (die Daten sind nicht exakt, sondern genähert).

Wegen der unvermeidlichen sphärischen Abweichung, die dem aus zwei einfachen Linsen bestehenden Kondensor eigen ist, empfiehlt es sich im In-

Tabelle 64. Plattenformat, Kondensordurchmesser und Entfernung der Lichtquelle vom Kondensor

Plattenformat in cm	$4^1/_2 \times 6$	$6^1/_2 \times 9$	9×12	10×15
Wirksamer Durchmesser des Kondensors in cm	8—10	11—13	15—17	18—20
Entfernung der Lichtquelle von der Hinterlinse des Kondensors in cm	8	10	12—15	15—18

teresse einer gleichmäßigen Ausleuchtung der Bildfläche, die Randzone des Kondensors nicht vollkommen auszunutzen.

Außer dem erwähnten symmetrischen Kondensor gibt es noch einen unsymmetrischen, bei dem die Vorderlinse plankonvex, die Hinterlinse als Meniskus ausgebildet ist. Hieraus entwickelte sich für größere Geräte der sogenannte Tripelkondensor, der aus drei Linsen besteht, von denen die Hinterlinse meniskenförmig geschliffen ist; da dieser Kondensor der Lichtquelle stärker genähert werden kann, ist ein größerer Lichtkegel ausnutzbar. Die beiden andern Linsen sind plankonvex. Diese beiden Arten von Kondensoren sind vorzugsweise für horizontale Projektionsapparate mit Bogenlampe bestimmt.

Schließlich sei noch die Einschaltung einer Lichtzerstreuungsscheibe in den Strahlengang eines Gerätes mit Kondensor erwähnt; wird z. B. zwischen Negativ und Kondensor eine Mattscheibe angeordnet, so werden die vom Kondensor dem Objektiv zugelenkten Strahlen zerstreut, so daß nur ein Bruchteil derselben in das Objektiv gelangt. Bei Anwendung einer Mattscheibe ist ein Unterschied in der Lichtstreuung an den klaren und an den dichten Stellen des Negativs nicht mehr bemerkbar, d. h. bei der Vergrößerung tritt keine Kontraststeigerung ein (vgl. S. 543). Die Mattscheibe kann entweder zwischen Kondensor und Lichtquelle oder zwischen Kondensor und Negativ angeordnet werden; in letzterem Falle muß der Abstand des Kondensors vom Negativ so groß als möglich gewählt werden, damit das Korn der Mattscheibe nicht mit abgebildet werde.[1]

161. Vorrichtungen zur Beleuchtung des Negativs in Vergrößerungsapparaten mit künstlicher Lichtquelle. Grundsätzlich kann man auf zweierlei Weise dafür sorgen, daß auf die lichtempfindliche Schicht nur solches vom Negativ kommendes Licht fällt, das durch das Objektiv geleitet wurde: a) Der Schichtträger wird in einen abgeschlossenen Raum gebracht; gewöhnlich wird der Träger der lichtempfindlichen Schicht in eine Kassette eingelegt, was selbstverständlich in einer Dunkelkammer zu geschehen hat. Für Tageslichtapparate ist nur diese Arbeitsweise möglich, sie hat aber den Nachteil, daß sie nur für mittlere Bildgrößen anwendbar ist. b) Es wird die Lichtquelle in ein Gehäuse so eingeschlossen, daß kein Licht in den verdunkelten Raum dringen kann, in welchem der Schichtträger auf einem Tisch oder an einer Wand befestigt ist. Obschon die nicht zu umgehende Verdunklung des Arbeitsraumes während der Belichtung und die erwähnte Art des Einbaus der Lichtquelle zweifellos Schwierigkeiten machen, wird diese Anordnung doch allgemein bevorzugt, weil eine Dunkelkammer auf alle Fälle vorhanden sein muß und weil bei dieser Anordnung der Schichtträger während des ganzen Arbeitsganges wesentlich besser zugänglich ist (z. B. können im letzten Augen-

[1] Vgl. P. V. Neugebauer, Photo-Woche 1928, S. 574, sowie Photofreund 1928, S. 187.

blick Änderungen der Größe des Bildformats vorgenommen werden, was bei Verwendung von Kassetten nicht ohne weiteres möglich ist).

P. Thieme unterscheidet in seinem „Handbuch des Vergrößerns“ zwei Gruppen von Einrichtungen, die dazu dienen, die von den Lichtquellen kommenden Lichtstrahlen so zu verteilen bzw. zu führen, daß das ganze Negativ, vom Objektiv aus gesehen, gleichmäßig hell erscheint; er führt dafür die treffenden Bezeichnungen „Streuer“ bzw. „Strahler“ ein und spricht, je nachdem es sich bei den verschiedenen Anordnungen um durchgehendes oder

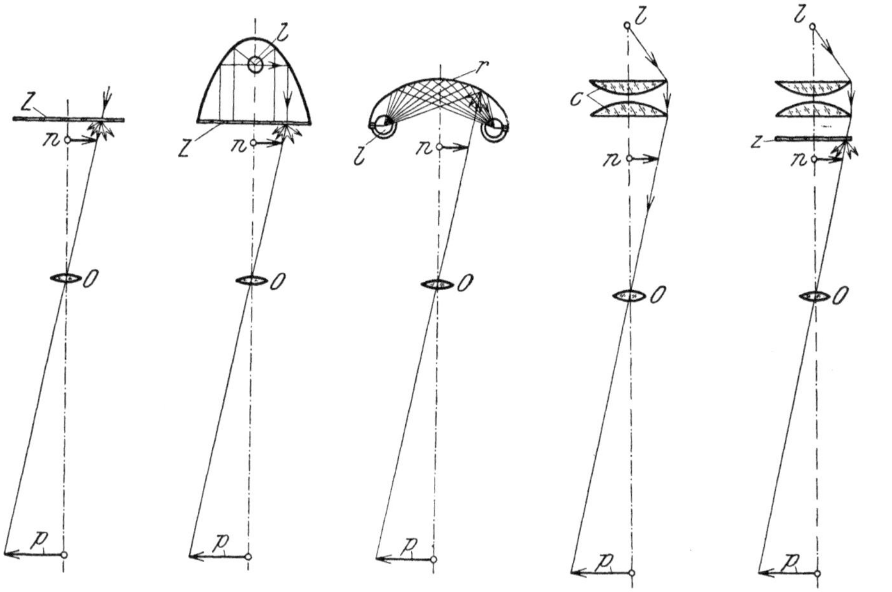

a) b) c) d) e)

Abb. 425a bis e. Schematische Darstellung des Strahlenganges in Vergrößerungsapparaten ohne und mit Kondensor. a) Durchsichtsstreuer ohne Reflektor (für Tageslicht), b) Aufsichtsstreuer (-strahler) in Verbindung mit Durchsichtsstreuer, c) elliptischer Aufsichtsstreuer (falls *r* eine mattierte Fläche ist) bzw. Aufsichtsstrahler (falls *r* eine Spiegelfläche ist), d) Durchsichtsstrahler mit Kondensor (ohne Streuer), e) Durchsichtsstrahler mit Kondensor (und Streuer). *O* Objektiv, *l* Lichtquelle, *Z* lichtzerstreuende Fläche, *n* Negativ, *p* Positiv (Vergrößerung), *r* weiße mattierte Fläche

zurückgeworfenes Licht handelt, von vier Arten von Lichtverteilern (vgl. Abb. 425a bis e):

a) Aufsichtsstreuer,
b) Aufsichtsstrahler,
c) Durchsichtsstreuer,
d) Durchsichtsstrahler.

ad a) Die einfachste Form des Aufsichtsstreuers, d. i. eines Streuers für zurückgeworfenes Licht, ist die matte weiße Fläche; eine solche Fläche leuchtet vollkommen gleichmäßig nach allen Richtungen. R. Ulbricht hat sich mit diesbezüglichen Untersuchungen eingehend beschäftigt, und zwar mit der Frage der Größe des Lampenkastens sowie mit der Wahl des Anstriches für die reflektierende Fläche, die weiß und tunlichst reflexionsfähig sein soll. Ulbricht benutzte für seine Studien eine Kugel und stellte bestimmte Beziehungen zwischen der Größe der Kugel, dem Charakter des Anstriches und der Intensität der Lichtquelle fest.

Die Firma FRANZ SCHMIDT & HAENSCH in Berlin hat im Jahre 1911 eine derartige Anordnung nach den Angaben von BECHSTEIN weiter ausgebaut;[1] es handelt sich um eine Beleuchtungsvorrichtung für Projektions- und Vergrößerungsapparate, bei welcher eine oder mehrere Lichtquellen in einem Hohlkörper derart angeordnet sind, daß die von den Lichtquellen kommenden Lichtstrahlen nicht direkt ins Objektiv gelangen können. Das besondere Kennzeichen dieser Anordnung ist, daß der Hohlkörper innen kugelförmig oder annähernd kugelförmig ist und eine diffus reflektierende weiße Oberfläche hat (D. R. P. Nr. 250314 und 252920). Etwas später (1919) hat BECHSTEIN eine Ergänzung zu obiger Konstruktion bekannt gemacht, welche darin besteht, daß zwecks Projektion bzw. Vergrößerung durchsichtiger Gegenstände (Diapositive oder Negative) in dem erwähnten Hohlkörper zwischen der Lichtquelle und der Lichtaustrittsöffnung noch eine Milchglasscheibe o. dgl. angeordnet wird. (D. R. P. Nr. 316050). Diese Form der Beleuchtungseinrichtung ist gewissermaßen eine Vereinigung von Aufsichtsstreuer und Durchsichtsstreuer.

ad b) In dem wiederholt erwähnten „Handbuch des Vergrößerns" weist P. THIEME auf den Vorteil des elliptischen Hohlspiegels gegenüber dem dioptrischen Kondensor, aber auch auf die Tatsache hin, daß es an einer im praktischen Sinne punktförmigen und dabei genügend kräftigen für den Gebrauch des elliptischen Hohlspiegels unerläßlich notwendigen Lichtquelle fehle. Dem Gebrauch des Hohlspiegels steht auch der Umstand entgegen, daß der Hohlspiegel die zu durchleuchtende Fläche (Negativ) keineswegs gleichmäßig, sondern mit deutlichem Lichtabfall von der Mitte nach dem Rand hin beleuchtet.

ONNO FIMMEN in Dresden und HANNS UFER in Ludwigshafen a. Rh. haben diesen Übelstand dadurch zu beseitigen versucht, daß sie den Hohlspiegel aus mehreren Zonen verschiedener Brennweiten zusammensetzten und eine Lichtquelle verwendeten, deren Längsrichtung in die Spiegelachse fällt. (Bei parabolischen Spiegeln war diese Maßnahme übrigens bereits bekannt.) Durch geeignete Wahl und Anordnung der Zonen wird es möglich, das Licht besser auf der zu durchleuchtenden Fläche zu verteilen, weil den äußeren Flächenteilen das Licht von längeren Abschnitten der Lichtquelle zugespiegelt wird. Es ist selbstverständlich, daß diese Lösung strengen theoretischen Anforderungen nicht entspricht; in der Praxis hat sich gezeigt, daß die entstehenden Fehler sich dadurch herabmindern lassen, daß man eine Lichtzerstreuungsscheibe verwendet und außerdem die Lampenhülle oder den Hohlspiegel mattiert (D. R. P. Nr. 315246).

Diese unter dem Namen „Paraspiegel" bekannt gewordene Beleuchtungsvorrichtung für durchsichtige Schichtträger wird von der ZEISS IKON A. G. in Verbindung mit einem Vergrößerungsansatz, der die Verwendung normaler Klappkameras gestattet (und zwar solcher vom Format 9×12 bzw. $6\frac{1}{2} \times 9$ cm), in den Handel gebracht. Grundsätzlich handelt es sich beim Paraspiegel in der zuletzt beschriebenen Form um eine Kombination von Aufsichts- und Durchsichtsstreuer (vgl. Abb. 426).

OSKAR VALDEMAR RASMUSSEN in Kopenhagen hat, von der Absicht ausgehend, längliche Lichtquellen zu verwenden, eine interessante Lösung angegeben; es handelt sich hierbei um einen Reflektor, dessen Fläche keine Rotationsfläche ist (D. R. P. Nr. 431813).

---

[1] Vgl. A. SONNEFELD, Die Hohlspiegel, Union Deutsche Verlagsgesellschaft, Berlin 1925, S. 62.

Die mit Hilfe der Paraspiegel hergestellten Vergrößerungen zeichnen sich durch ihre Weichheit aus, so daß kleine Fehler des Negativs zum Verschwinden gebracht werden; die äußere Bauart der Beleuchtungsvorrichtung entspricht vollkommen jener beim Vergrößerungsgerät „Miraphot" mit selbsttätiger Einstellung (vgl. S. 553, Abb. 433).

ad c) Eine der bekanntesten Ausführungsformen für den Durchsichtsstreuer ist die Milchglasscheibe; bezüglich seiner Theorie gelten ähnliche Grundsätze wie für den Aufsichtsstreuer (vgl. hiezu auch Abb. 425). Der Lichtverlust durch eine Milchglasplatte ist wesentlich größer als durch eine Mattscheibe, weshalb letztere, obwohl weniger günstig bezüglich der Lichtverteilung, in Vergrößerungsapparaten häufiger Anwendung findet. Sehr geeignet ist der Durchsichtsstreuer bei Tageslichtvergrößerungsapparaten.

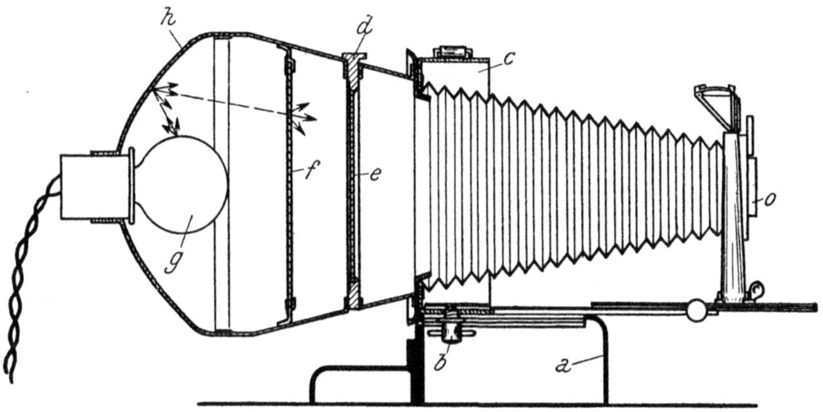

Abb. 426. Vergrößerungsansatz mit Paraspiegel (Zeiss-Ikon A. G.) in Verbindung mit einer Klappkamera 9×12 cm bzw. $6^1/_2 \times 9$ cm. Die Kamera (mit dem Gehäuse *c* und dem Objektiv *o*) wird auf dem Träger *a* mit Hilfe der Schraube *b* befestigt; das von der Glühlampe *g* kommende Licht wird zunächst von der diffus reflektierenden Fläche *h* und dann durch die Milchglasscheibe *f* zerstreut

ad d) Bei den modernen Vergrößerungsgeräten, soweit sie nicht auch als Projektionsapparate benützt werden, spielt der Durchsichtsstrahler eine etwas untergeordnete Rolle; eine Ausnahme bilden die Apparate für Berufsphotographen, die oft mit sehr starken Lichtquellen zu arbeiten gezwungen sind. Die Aufgabe des Kondensors ist, die von der Lichtquelle ausgehenden divergierenden Strahlen zu sammeln, sie über die Fläche des Negativs gleichmäßig zu verteilen und nach ihrem Durchgang durch das Negativ so zu führen, daß sie sich im optischen Mittelpunkt des Objektivs vereinigen; im weiteren Verlauf des Strahlenganges wird jeder Punkt des Negativs durch das Objektiv im Positiv abgebildet. Das charakteristische Merkmal des Durchsichtsstrahlers besteht darin, daß jeder Punkt des Negativs nur von e i n e m Lichtstrahl bestimmter Richtung getroffen wird. Ein derartig „geführter" Strahlengang läßt sich nur mit einer punktförmigen oder nahezu punktförmigen Lichtquelle und unter der Voraussetzung erreichen, daß der Kondensor hinreichend frei von allen optischen Fehlern, also zweckmäßig korrigiert ist.

An dieser Stelle sei bemerkt, daß nur das gestreute Licht die Tonwerte des Negativs im Positiv richtig wiedergibt; Stolze und später Callier haben darauf hingewiesen, daß das gestrahlte Licht die Tonwerte des Negativs fälscht, weil es die Dichteunterschiede des Negativs im Positiv nicht richtig wiedergibt. Die Ursache für diese Erscheinung ist darin zu suchen, daß die

Schicht des Negativs nicht optisch homogen, vielmehr an den verschieden dichten Stellen verschieden stark lichtzerstreuend ist. THIEME ist in seinem Handbuch des Vergrößerns (S. 19ff.) eingehend auf diese Tatsache eingegangen. Da das gestrahlte Licht Kontraste verstärkt, tritt bei seiner Anwendung auch die Plattenstruktur deutlicher in Erscheinung als bei Verwendung gestreuten Lichts. Bezüglich des Aufbaus des Durchsichtsstrahlers sei nochmals folgendes bemerkt:

a) Die Sammellinse, welche das von der Lichtquelle ausgehende divergierende Lichtstrahlenbündel auffängt, muß möglichst nahe an die Lichtquelle herangebracht werden.

b) Damit das ganze Negativ von den innerhalb des Kondensors annähernd parallel zur optischen Achse verlaufenden Strahlen getroffen wird, muß der Durchmesser des Kondensors stets größer als die Diagonale der zu vergrößernden Platte sein; diese Bedingung wird am leichtesten erfüllt, wenn das Negativ so nahe, als es die Bauart des Apparates erlaubt, an den Kondensor herangerückt wird und dieser aus mindestens zwei plankonvexen Linsen besteht, deren äußere plane Flächen parallel zum Negativ verlaufen.

162. Vergrößerungsapparate liegender Bauart für künstliches Licht ohne Kondensor (direktes zerstreutes Licht). Der einfachste Vergrößerungsapparat ergibt sich wohl dadurch, daß man die Aufnahmekamera selbst als Teil desselben benutzt; die Kamera wird mit Hilfe eines Adapterrahmens am vorderen Träger der auf einem Tisch ruhenden Vergrößerungseinrichtung befestigt, deren hintere zum Adapterrahmen parallele Wand den Reflektor mit Lampe aufnimmt; zwischen beiden wird das Negativ in einem geeigneten Rahmen befestigt, u. zw. so, daß die von einer halb mattierten Nitralampe (100 Watt) kommenden Lichtstrahlen zuerst eine lichtzerstreuende Scheibe treffen, die eine gleichmäßige Beleuchtung des ganzen Bildfeldes bewirkt (vgl. Abb. 426). Die Einstellung des scharfen Bildes erfolgt mit Hilfe der Trieb- bzw. Radialhebeleinrichtung der betreffenden Handkamera, wobei das Positiv zweckmäßig an einer zur Ebene des Negativs parallelen Wand befestigt wird. Der Maßstab der erreichten Vergrößerung ist durch den jeweiligen Auszug der Kamera bestimmt. Ist die Kamera z. B. auf eine Objektentfernung von etwa $1\frac{1}{2}$ m einstellbar (wie die meisten Apparate mit einfachem Auszug), so beträgt bei einer Brennweite des Objektivs von $f = 13{,}5$ cm die konjugierte Bildweite etwa 15,0 cm; daher ist die kleinste einstellbare Vergrößerung $150{,}0 : 15 = 10$, d. h. ein Negativ von der Größe 9×12 cm würde auf ein Format von mindestens 90×120 cm vergrößert werden. Derart starke Vergrößerungen des *ganzen* Bildes (9×12) werden selten hergestellt, wohl ist es aber üblich, *Teile* des Negativs in einem solchen Maße zu vergrößern. Da wegen der Einschaltung des Adapters zwischen Negativ und Mattscheibenführungsrahmen der Abstand des Negativs vom Objektiv größer wird als bei der Aufnahme, wird im oberwähnten Falle die Mindestvergrößerung bloß eine 8fache sein.

Wesentlich günstiger liegen die Verhältnisse bei Handkameras mit doppeltem Auszug; hier sind sowohl Abbildungen im Maßstab 1:1 (natürliche Größe) als auch solche in beliebiger Vergrößerung ohneweiters möglich; eine Grenze in dieser Hinsicht wird höchstens durch den störenden Einfluß des mitvergrößerten Plattenkorns sowie durch die notwendige relativ längere Belichtungszeit gezogen. Solche einfache Geräte sind das Modell *Artus I* der Firma MÜLLER & WETZIG (vgl. Abb. 427) sowie die *Lumimax-Apparate* der IHAGEE AKT.-GES. in Dresden (vgl. Abb. 428); außerdem sind zu erwähnen der *Majorifax „Perial"* der Firma H. ZACHARIAS in Hannover und der Vergrößerungsansatz *„Granako"* von A. KONIECZNY in Wien.

Vergrößerungsapparate liegender Bauart für direktes zerstreutes Licht ohne Verwendung der Aufnahmekamera, also mit besonderem Objektiv, sind die Modelle Artus II—V; ihre äußeren Kennzeichen sind: ein langer Balgen, Führung des Objektivträgers in Rohren, Feineinstellvorrichtung und auswechselbares Objektivbrett. Die größeren Modelle sind für Platten 13 × 18 cm bzw. 18 × 24 cm bestimmt. Als Lichtquelle dienen 4 halbmattierte Nitralampen von je 100 Watt; zwischen diesen und dem Negativ ist eine Lichtzerstreuungsscheibe eingeschaltet.

163. Vertikalvergrößerungsgeräte mit direktem zerstreutem Licht. Die großen Vorteile, welche die Vergrößerungsapparate mit vertikaler optischer Achse in jeder Hinsicht bieten, haben eine Reihe von Firmen veranlaßt, solche Apparate herzustellen. So hat auch die Firma Müller & Wetzig ihre großen kondensorlosen Apparate für Negative 13 × 18 cm bis 18 × 24 cm in senkrechter Anordnung konstruiert; der eigentliche Apparat (und zwar das Lichtgehäuse mit Balgenauszug) ist an einem Schlitten befestigt, der auf Stahlrohrführungen gleitet (die am Grundbrett befestigt sind) und durch ein Drahtseil mit dem auf der Rückseite des Grundbrettes geführten Gegengewicht verbunden ist.

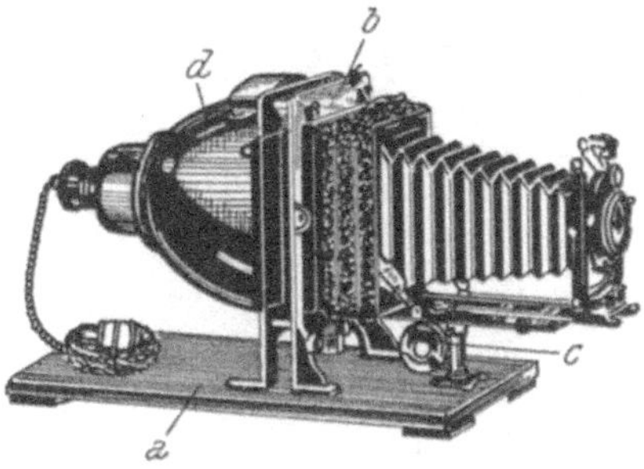

Abb. 427. Vergrößerungsapparat liegender Bauart mit direktem, zerstreutem Licht. Modell Artus I (Müller & Wetzig, Dresden-A.). *a* Grundplatte (Holz), *b* Adapterrahmen zur Befestigung der Kamera, *c* Schraube zur Verstellung der Kamera der Höhe nach, *d* Lichthaube (Reflektor) mit Lichtzerstreuungsscheibe und 100 Watt-Nitralampe

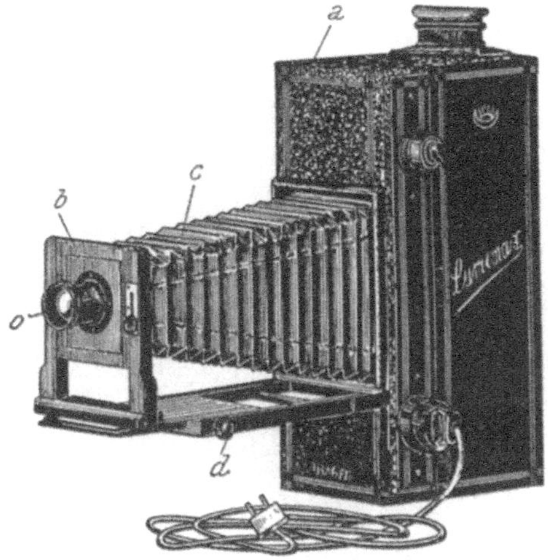

Abb. 428. Aufsichtsstreuer Modell Lumimax der Ihagee Akt.-Ges., Dresden. Im Lampengehäuse *a* befinden sich 4 Halbwattlampen, deren Licht, nachdem es von den weißen Gehäusewänden reflektiert wurde, das Negativ durchleuchtet. *c* Balgen, *o* Objektiv, *b* Objektivbrett. Die Feineinstellung des Bildes erfolgt mit Hilfe von Zahn und Trieb

Eines der bekanntesten hiehergehörigen Geräte ist der in Abb. 429 dargestellte Apparat „Wega", der sowohl für Negative im Format 6 × 6 cm als auch im Format 9 × 12 cm mit Doppelanastigmaten 1:4,5, $f = 7{,}5$ cm bzw. $f = 13{,}5$ cm, gebaut wird, und zwar nicht nur für Vergrößerungen mit direktem zerstreutem Licht, sondern auch mit Kondensor. Die lineare Vergrößerung reicht bei dem kleinen Apparat von 2 bis 6 fach, bei dem größeren von 1,5 bis 3,5 fach. Der Träger der Kamera mit Lichtkappe ist aus Metall und an einem Brett aus Sperrholz von der Größe 40 × 45 cm befestigt. Die zur Änderung des Abbildungsmaßstabes erforderliche Verschiebung des Apparates geschieht in Rohren, und zwar teils von Hand aus, teils durch Zahntrieb; für jede beliebige innerhalb der angegebenen Grenzen gewählte Vergrößerung bedarf es außerdem einer Verschiebung des Objektivs, so daß zur endgültigen Einstellung auf die gewünschte Bildgröße und Bildschärfe eine gewisse Geschicklichkeit erforderlich ist. Diese einfachen

Apparate haben gegenüber den später beschriebenen zwangläufig funktionierenden Apparaten den großen Vorzug, daß die Einstellung ohne jede Rücksicht auf die Dicke des Positivs — sei es Glasplatte oder Papier — vorgenommen werden kann.

Während die bisher erwähnten Apparate fast ausschließlich aus Metall bestehen, stellt die Firma „OKOLI“-GESELLSCHAFT in Stadt Ilm i. Thür. Vergrößerungsapparate aus Hartholz her; nur die Führungen für gleitende Teile sind aus Metall (vgl. Abb. 430). Alle Vergrößerungsapparate mit automatischer Scharfstellung sind nur innerhalb gewisser Grenzen verwendbar, da sie nur

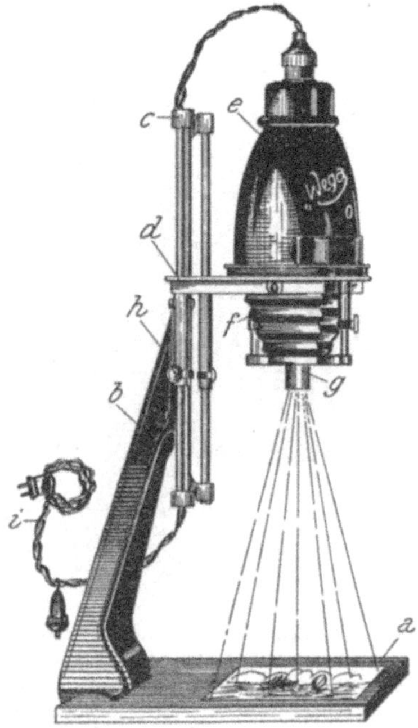

Abb. 429. Kondensorloser Vergrößerungsapparat in senkrechter Anordnung. (Modell „Wega“ I von MÜLLER & WETZIG in Dresden). Auf der Grundplatte *a*, welche das lichtempfindliche Papier oder Diapositiv trägt, ist der Träger *b* mit den beiden Führungsrohren *c* befestigt; längs dieser gleitet der an den Hülsen *h* befestigte Rahmen *d*, der das Negativ aufnimmt. Das Gehäuse *e* enthält lediglich eine Glühlampe (etwa 100 Watt, also keinen Kondensor); das Objektiv *g* ist durch Verstellung des Balgens *f* verschieblich; *i* Kabel

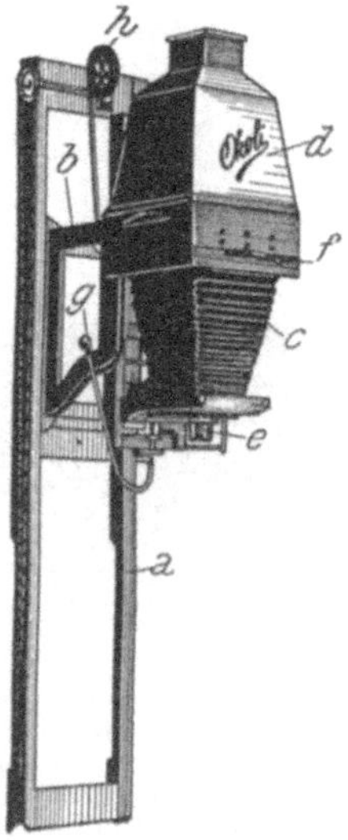

Abb. 430. Vergrößerungsapparat in vertikaler Anordnung (OKOLI-GESELLSCHAFT in Stadt Ilm in Thüringen). Das an einer senkrechten Wand aufhängbare Holzgestell *a* besitzt Führungsschienen, in denen der Träger *b* der Kamera gleitet; diese besteht aus dem Lampengehäuse *d*, dem Führungsrahmen *f* für das Negativ, dem Balgen *c* und dem Objektiv *e*. *g* dient zur Feineinstellung des Objektivs. Die ganze Kamera, welche an der Rolle *h* hängt, wird durch ein Gegengewicht ausbalanciert, so daß die Kamera in jeder Höhenlage gebraucht werden kann

ganz bestimmte Vergrößerungen zulassen; es kann bei ihnen daher, wie bereits erwähnt, nur ein Objektiv von ganz bestimmter Brennweite Verwendung finden, das relativ lichtschwach sein muß, damit die nicht immer ganz vermeidlichen Ungenauigkeiten der selbsttätigen Einstellung ausgeglichen werden können (Tiefenschärfe!). Andererseits besteht bei Verwendung der lichtschwächeren und daher tiefenscharfen Objektive die Gefahr, daß die Struktur des Mattlacks oder sonstige Abdeckungen auf der Glasseite des Negativs mit vergrößert bzw. abgebildet werden. Die Okoli-Apparate erfordern, wie auch andere nicht automatisch arbeitende Vergrößerungsgeräte, eine Einstellung in zwei zeitlich getrennten Operationen: zunächst wird durch ungefähre Bestimmung des Abstandes zwischen den Ebenen des Negativs und Positivs der gewünschte Abbildungsmaßstab eingestellt, dann erfolgt durch entsprechende Verschiebung des Objektivs die Einstellung auf Schärfe. Bei einiger Übung gelingt es, die günstigste Einstellung sehr rasch herbeizuführen, wobei eine Feinbewegungsvorrichtung für das Objektiv mit Mikrometerspindel und biegsamer Welle gute Dienste leistet; die Lage des Negativs, mit der Schicht gegen das Positiv gewandt, ist in allen Fällen eindeutig festgelegt. Auch die Okoli-Apparate arbeiten mit direktem zerstreutem Licht (4 elektrische Glühlampen mittlerer Lichtstärke und eine Lichtzerstreuungsscheibe); sie liefern harmonische Vergrößerungen von fertig ausretuschierten Negativen, die sogar rot gedeckt, matt lackiert oder ausgeschabt sein können. Als neueste Modelle von Vergrößerungsapparaten dieser Art bringt die genannte Firma die Apparate Amateur-Okoli und Okolinchen auf den Markt.

Einer der größten Vorteile der Apparate ohne zwangläufige Scharfeinstellung besteht darin, daß sie auch für Verkleinerungen und Reproduktionen im Maßstab 1:1 gebraucht werden können. (Vgl. die graphische Darstellung auf Seite 537.)

Erwähnt sei noch der Vergrößerungsapparat Okoli-Spezialmodell TP für technische und wissenschaftliche Photographie; es gestattet das Vergrößern und Verkleinern nach Negativen, deren Format bis 18 × 24 cm bzw. 24 × 30 cm betragen kann, sowie die Reproduktion verschiedener Originale. Außerdem ist der Apparat als Aufnahmekamera in senkrechter Anordnung geeignet, wobei das aufzunehmende Objekt mit an geeigneten Trägern befestigten Hilfslampen beleuchtet wird.

Erwähnenswert ist auch der „Okoli-Verkleinerungsapparat" in senkrechter Anordnung zur Reproduktion von Röntgennegativen usw.; bei diesem Gerät wird das Negativ von unten durchleuchtet. Mit Hilfe dieses Gerätes können Röntgennegative bis zur Größe von 40 × 50 cm auf die für Diapositive gebräuchlichen Formate 8½ × 8½ cm, 8½ × 10 cm bzw. 9 × 12 cm verkleinert werden. Das verkleinerte Bild wird durch ein Objektiv von etwa 16,5 cm Brennweite erzeugt und befindet sich bei 5facher Verkleinerung etwa 120 cm über dem Boden, so daß seine Betrachtung bequem von oben her im Abstande der kürzesten deutlichen Sehweite erfolgen kann.[1]

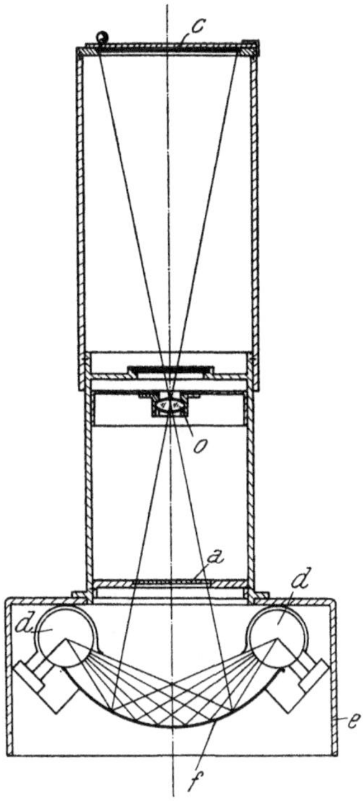

Abb. 431. Schematische Darstellung eines Vergrößerungsgeräts in senkrechter Anordnung für von unten kommendes Licht (Modell Iser-Minimus von Adalb. Iser, Reichenberg, C. S. R.). *a* Negativ, *o* Objektiv, *c* Positiv, *d* Lampen, *e* Lampenkasten, *f* Reflektor (weiß mattierte Schale). Der Abstand zwischen *f* und *c* ist konstant

164. Vergrößerungsapparat in senkrechter Anordnung für indirektes reflektiertes Licht. Unter dem Namen „Iser-Minimus" wurde im Jahre 1922 ein Vergrößerungsgerät auf den Markt gebracht, das von Adalbert Iser in Reichenberg (Böhmen) konstruiert und unter Nr. 385975 in Deutschland patentiert wurde. Es handelt sich hier um eine Vorrichtung zur Wiedergabe durchscheinender Originale im durchfallenden Lichte mittels eines Objektivs; das Kennzeichen der Einrichtung besteht darin, daß der Träger der lichtempfindlichen Schicht

[1] Wegen der Herstellung sehr starker Verkleinerungen vgl. E. Goldberg, VI. Int. Kongr. f. Phot., Paris 1925, sowie „Die Linse" 1927, S. 116.

für 1,5 bis 2,5fache lineare Vergrößerungen in einen unveränderlichen Abstand von einer schalenförmigen, diffus leuchtenden Lichtquelle gebracht wird, wobei dieser Abstand so zu bemessen ist, daß sich gut brauchbare Vergrößerungen ergeben, ohne daß irgendwelche Nachstellungen des Negativs erforderlich wären.

Der Apparat läßt sich bei vertikaler Anordnung so niedrig halten, daß die Bedienung etwa in Tischhöhe erfolgen kann (siehe Abb. 431). Bei Benutzung eines Objektivs von $f = 10{,}5$ cm wird die Höhe des Apparates 100 bis 110 cm betragen, je nachdem, welche Art von Aufsatz gewählt wird; im ersten Falle lassen sich 1,5 bis 2 fache, im letzten Falle 2 bis 3,5 fache Vergrößerungen erzielen. Das Objektiv sitzt in einem Rahmen, der gegen die Lichtquelle durch zwei Gestänge verstellbar ist. Das Vergrößerungsgerät Iser-Minimus gestattet außer der Verwendung des Normalobjektivs mit $f = 13{,}5$ cm auch die Benutzung aller Objektive von 3,0 bis 16,5 cm Brennweite.

Als Lichtquelle wählte Iser indirektes reflektiertes Licht, dessen Anwendung bei entsprechender Einstellung des Projektionsobjektivs ein Weichzeichnerobjektiv bei der Aufnahme überflüssig macht, indem die Weichgestaltung des Bildes in den Positivprozeß verlegt wird; gleichmäßige und dabei genügend starke Beleuchtung des Originals ist nur bei Verwendung von mindestens 4 Lampen zu 250 Watt in kreisförmiger Anordnung zu erzielen. Die bequeme Tischform des Apparates bedingt von vornherein einen unveränderlichen Abstand zwischen Lichtquelle und Projektionsfläche; der Iser-Minimus ist ein Apparat, der vollkommen unter Lichtabschluß arbeitet, Materialverluste infolge Fehlbelichtungen und Verschleierns der Platten und Papiere ausschaltet und einen besonderen Vergrößerungsraum überflüssig macht. Ein Uhrwerkserienschalter erleichtert in Verbindung mit einer Belichtungstabelle die genaue Einhaltung der notwendigen Belichtungszeiten.

165. Theorie der Vergrößerungsapparate mit automatischer Einstellung.[1] Bei den bisher beschriebenen Vergrößerungsapparaten war bei unveränderlichem Gesamtabstand der Ebene des Gegenstandes von der Ebene des Bildes auch die Entfernung des Objektivs von den beiden genannten Ebenen konstant, wenn eine bestimmte Vergrößerung vorausgesetzt wurde; wird die Beschränkung bezüglich gleichbleibender Gesamtlänge fallen gelassen, so ergeben sich andere Forderungen. Eine Reihe neuzeitlicher Vergrößerungs- (Verkleinerungs-) Apparate gestattet insofern eine selbsttätige Einstellung, als durch entsprechende zwangläufige Verbindung der Ebenen des Objekts und des Bildes mit dem Objektiv innerhalb gegebener Grenzen selbsttätig Scharfeinstellung erfolgt. Zu diesem Zweck ist es nötig, mechanische Führungen zu konstruieren, welche die notwendigen Abstandsbeziehungen Objekt—Objektiv—Bild herstellen.

Bezeichnet f die Brennweite des Objektivs, a und b die Abstände der beiden konjugierten Bildebenen von den zugehörigen Hauptpunkten, so gilt die Beziehung:

$\frac{1}{a} + \frac{1}{b} = \frac{1}{f}$; führt man nunmehr die Größen $a_1 = a - f$ und $b_1 = b - f$ ein,

d. s. die Abstände der Ding- und Bildebene von den ihnen zugekehrten Brennpunkten des Objektivs, so ergibt sich (vgl. Abb. 421) die Beziehung: $a_1 . b_1 = f^2$. Sobald eine zwangläufige Führung so eingerichtet ist, daß diese Gleichung erfüllt bleibt, ist die Aufgabe gelöst; dabei ist es gleichgültig, ob man das Objektiv fest stehen läßt und die Ding- bzw. Bildebene durch entsprechende Füh-

[1] Vgl. W. Meinel, Phot. Ind. 1924, S. 880.

rungen verbindet, oder ob man z. B. die Bildebene festhält und die Dingebene sowie den Träger des Objektivs beweglich macht. Bereits im Jahre 1895 hat PIZZIGHELLI in EDERS Jahrbuch für Photographie und Reproduktionstechnik eine Kamera beschrieben, bei der die zwangläufige Führung durch gleichseitige Hyperbeln erreicht wird; wegen der praktischen Schwierigkeiten bei der Herstellung von Kurvenbahnen im allgemeinen dürften solche Führungen für automatische Vergrößerungsapparate nicht sehr häufig verwendet worden sein, insbesondere da durch die Anwendung geradliniger Führungen der gleiche Zweck in einfacherer Weise erreicht wird.

KARL MÜLLER und EMIL GANZ in Zürich griffen etwa 25 Jahre später den Gedanken PIZZIGHELLIS wieder auf; bei ihnen wurde die Hyperbelbahn durch einen geraden Hebel mit drei Drehgelenken erzeugt. Der Vorteil dieser Anordnung besteht darin, daß eine große Anzahl etwas voneinander abweichender Hyperbelbahnen mit dem gleichen Hebel erzeugt werden können (D. R. P. Nr. 333236 und 356377).

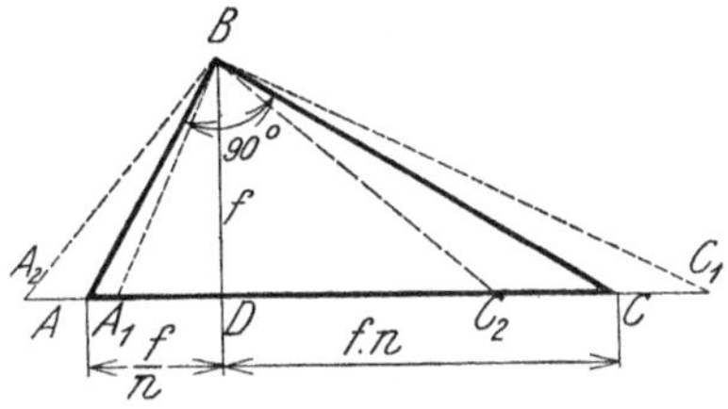

Abb. 432. Geometrische Darstellung der Beziehungen zwischen Brennweite und Vergrößerung bei einem Vergrößerungsgerät mit zwangläufiger Scharfeinstellung. In dem rechtwinkeligen Dreieck ABC ist BD (die Höhe) $= f$ (die Brennweite des Objektivs); n bedeutet die Vergrößerung bzw. den Abbildungsmaßstab. Rückt der Punkt A nach A_1 bzw. A_2, so wandert C nach C_1 bzw. C_2. Sonderfälle: 1. $AD = 0$, $CD = \infty$; 2. $AD = f$, $CD = f$ $(n = 1)$. Bei Benutzung des rechtwinkeligen Dreiecks ABC als Lenkersystem dient B als Drehpunkt. In den Punkten A und C ist je ein Glied von der Länge f angelenkt, dessen Richtung mit der Richtung von AC zusammenfällt

Unter Benutzung des bekannten Lehrsatzes der Geometrie, daß im rechtwinkeligen Dreieck die Höhe h die mittlere Proportionale zwischen den Hypotenusenabschnitten a_1, b_1 bildet $(a_1 \,.\, b_1 = h^2)$, hat JULES CARPENTIER in Paris schon zu Ende des vorigen Jahrhunderts (1897) das D. R. P. Nr. 102004 auf eine Reproduktionskamera mit zwangläufiger Führung des Ding- und Bildträgers (zwecks automatischer Einstellung) erhalten; die Führung wird durch die Verschiebung zweier mit dem Ding- bzw. Bildträger fest verbundener und von diesen um den Betrag der Brennweite entfernter Zapfen bewirkt, die in Schlitzen eines rechtwinkligen Winkelhebels beweglich sind. Der Scheitel-(Dreh-) Punkt dieses Winkelhebels (B in Abb. 432) liegt in der durch die Mitte des Objektivs senkrecht zur optischen Achse desselben gelegten Ebene und hat vom Objektivmittelpunkt einen Abstand gleich der Objektivbrennweite f. Eine Erweiterung der Erfindung bezog sich auf einen Vergrößerungsapparat mit zwangläufiger Kuppelung von Bild- und Objektträger zum Zwecke der sogenannten Entzerrung eines verzerrten Bildes; die zwangläufige Führung der genannten Elemente ist dabei so ausgebildet, daß sich die Ebenen des Bild- bzw. Objektrahmens stets in der optischen Mittelebene des Objektivs schneiden (D. R. P. Nr. 145274).

Eine Verbesserung dieser Konstruktion stellt eine von FRIEDRICH KILIAN in Offenbach a. M. angegebene Konstruktion dar: die Hebelarme des Winkelhebels sind zur Vermeidung von Klemmungen infolge des Reibungswiderstandes mit den entsprechenden Zapfen gelenkig verbunden; ihr Drehpunkt ist verschiebbar. Bezüglich des Vergrößerungswechsels sei noch folgendes bemerkt:

Ist eine n-malige Vergrößerung erwünscht, so muß der Gegenstand $1 + \frac{1}{n}$ Brennweiten, das gewünschte Bild $1 + n$ Brennweiten vom Objektiv (bzw. von dessen Hauptpunkten) entfernt sein; es ergeben sich also für die Dingbzw. Bildweite die Werte $f + \frac{f}{n}$ bzw. $f + f \cdot n$. Die zwangläufige Einstellung der jeweils zusammengehörigen Ding- und Bildweiten wird durch eine Einrichtung erzielt, deren Prinzip aus Abb. 432 ersichtlich ist; ist $BD = f$ und CD ein Vielfaches von f (d. h. $n \cdot f$), so ist $AD = \frac{f}{n}$, weil die beiden Dreiecke ABD und BCD einander ähnlich sind. Denkt man sich nun die beiden Katheten AB und BC des Dreieckes ABC als Strahlen (unter Beibehaltung des rechten Winkels zwischen ihnen) um B drehbar und verlängerbar oder verkürzbar, so stehen die Abschnitte auf der Hypotenuse zueinander stets im reziproken Verhältnis dieser Katheten.

Die Firma Optische Anstalt C. P. Goerz A.-G. in Berlin-Friedenau hat einen Vergrößerungsapparat mit selbsttätiger Einstellung des Bildrahmens in die zur Objektebene konjugierte Bildebene in der Art konstruiert, daß sie eine drehbare Kurvenscheibe wählte, durch welche die Kupplung der drei gegeneinander verschiebbaren Elemente erfolgte.

René Gustave Arthur Dutert in Paris wählte bei seiner Vorrichtung zur zwangläufigen Einstellung der Ding- und Bildweite ein Gelenksystem mit drei Lenkern (D. R. P. Nr. 261904).

Eine beachtenswerte von der Firma Heinrich Ernemann A. G. für Camerafabrikation in Dresden geschaffene Konstruktion (1915) ist eine Reproduktionskamera mit zwangläufiger gegenseitiger Einstellung von Objektträger, Objektiv und Mattscheibe durch einen Winkelhebel, dessen Drehpunkt in der Hauptebene des Objektivs liegt und einen Abstand gleich der Brennweite von der Objektivmitte hat und der mit seinen Armen am Objektträger und Bildträger angreift. Das besondere Kennzeichen der Erfindung ist, daß der Apparat innerhalb bestimmter Grenzen für Vergrößerungen und Verkleinerungen gleich gut geeignet ist; dies wird dadurch erreicht, daß beim Vergrößern der den Hebeldrehpunkt tragende Objektivrahmen, beim Verkleinern der Objektträger mit der Einstellspindel gekuppelt wird. Im ersten Falle wird der Mattscheibenrahmen, im zweiten Falle der Objektivrahmen mitsamt dem Hebeldrehpunkt gegen das Gestell festgelegt (D. R. P. Nr. 294176).

Bei den meisten der bisher beschriebenen Geräte hat man, um bei Änderungen des Abbildungsmaßstabes die zueinander gehörenden Stellungen der beiden konjugierten Ebenen zu finden, die Aufnahmelinse fest angeordnet und die Träger der erwähnten beiden Ebenen in entsprechender Weise miteinander gekuppelt. Die Firma Carl Zeiss in Jena hat im Jahre 1922 eine Neuerung geschaffen, bei der die Aufnahmelinse aus zwei Gliedern besteht, von denen das eine feststeht, während das andere verstellbar und mit dem Träger der ihm zugewandten abzubildenden Ebene so gekuppelt ist, daß das vom Objektiv entworfene Bild dieser Ebene stets an der gleichen Stelle liegt.

Auch Onno Fimmen in Dresden beschäftigte sich erfolgreich mit der Theorie und Praxis der Vergrößerungsapparate; er konstruierte etwa um 1919 einen Vergrößerungsapparat, bei dem der Negativträger innerhalb eines Lampengehäuses mit vorgesetzter Kamera verschiebbar angeordnet war, und beschäftigte sich im Jahre 1924 mit der Konstruktion eines Vergrößerungsapparates mit zwangläufiger Einstellung der Ding- und Bildebene gegenüber dem Objektiv. Seine Erfindung (D. R. P. Nr. 445520) bezweckte, einen Bildwerfer so auszubilden, daß er den Einbau jedes beliebigen Objektivs oder der eigenen Aufnahmekamera gestattet. Die bekannten Bildwerfer mit zwangläufiger Einstellung von Ding- und Bildebene gegenüber dem Objektiv sind für Objektivsysteme mit verschiedenen Brennweiten oder verschiedenen Hauptpunktlagen gewöhnlich nicht verwendbar; soll dies der Fall sein, muß man die optischen Konstanten des benutzten Systems genau ermitteln und an der Einstellvorrichtung die Lage einer Reihe von Gelenkpunkten zweckmäßig verändern. FIMMEN sucht sein Ziel dadurch zu erreichen, daß er den Bildwerfer mit einer Vorrichtung zur Ermittlung der Brennweite des verwendeten Objektivsystems versieht. Bei Vergrößerungsvorrichtungen ohne selbsttätige Einstellung ist es üblich, die Aufnahmekamera an das Gehäuse des Bildwerfers anzusetzen, wobei es gar keine Rolle spielt, ob die Kamera auf Unendlich oder eine kürzere Entfernung eingestellt ist; es ist auch nicht notwendig, daß die Ansatzebene mit der Mattscheibenebene zusammenfällt, wesentlich ist vielmehr, daß die Ansatzebene gegenüber der Gehäusevorderwand eindeutig festliegt. Ist dies der Fall, so kann der absolute Wert der Brennweite nach einer einzigen Scharfeinstellung durch Messen des Vergrößerungsverhältnisses festgestellt werden.

Bezeichnet d die Entfernung der Ansatzebene von der Plattenebene $(b - f)$, wobei b die Gegenstandsweite und f die Brennweite des Objektivs ist, so ergibt sich, wenn n die Vergrößerung bedeutet, $f = d \,.\, n$.

Für den Abstand e der beiden Hauptpunkte, der bei keiner Vorrichtung mit selbsttätiger Einstellung vernachlässigt werden darf, ergibt sich (wobei a die Bildweite und c den Gesamtabstand zwischen den Ebenen des Bildes und des Gegenstandes bedeutet), weil $(a - f) \,.\, (b - f) = f^2$, $e = c - (a + b)$, woraus nach entsprechender Umformung folgt $f = \sqrt{d\,(c - e)} - d$.

Erfolgt nun eine zweite Scharfeinstellung bei c_1 und bei einer Entfernung der Ansatzebene $= \frac{d}{2}$, so ist:

$$f = \sqrt{\frac{d}{2}\,(c_1 - e)} - \frac{d}{2}.$$

Wird in den beiden Gleichungen $c - d = x$ und $c_1 - \frac{d}{2} = y$ gesetzt, so wird $f = 2x - y - 2 \,.\, \sqrt{d \,.\, (y - x)}$ und schließlich $f = \sqrt{d \,.\, (y - x)}$.

Bei Bildwerfern mit selbsttätiger Einstellung ist es üblich, den langen bildseitigen Schenkel des Winkelhebels durch einen kurzen in einer Kurve geführten Hebel zu ersetzen. FIMMEN beschreibt in der obzitierten Patentschrift ausführlich die Bedingungen, welche die Vorrichtung erfüllen muß, wenn die Kurve für sämtliche Brennweiten Verwendung finden soll.

Etwas später (1925) beschäftigte sich WILH. DAUMANN (vgl. D. R. P. Nr. 453227) in Hamburg mit der Konstruktion einer Vorrichtung, die nicht nur die zwangläufige Einstellung der Bildschärfe mittels eines Winkelhebels, sondern auch die Entzerrung stürzender Linien, wie sie z. B. bei Aufnahmen aus dem Flugzeug mit schräg nach unten gehaltener Kamera entstehen (vgl. D. R. P. Nr. 145274 für J. CARPENTIER), gestattete. Vgl. wegen derartiger Geräte auch Bd. VII dieses Handbuches (Photogrammetrie).

Eine Erfindung EDGAR KENNETH HUNTERS, London, aus dem Jahre 1922 betrifft ebenfalls eine Vorrichtung zur zwangläufigen Einstellung von Ding-, Bild- und Objektivträger zueinander mit Hilfe gelenkig miteinander verbundener Hebel. Das besondere Kennzeichen dieser Konstruktion ist die leichte Einstellbarkeit beim Übergang von Verkleinerungen zu Vergrößerungen und umgekehrt. Dies wird dadurch erreicht, daß bei Verstellung des Objektivträgers die Gelenkstelle der Hebel durch Führungen beeinflußt wird, die im Winkel zueinander stehen; die eine dieser Führungen ist für Verkleinerungen, die andere für Vergrößerungen wirksam. Die Beeinflussung des Hebels erfolgt durch Führungen, die zur optischen Achse des Objektivs leicht geneigt sind und längs derer die Gelenkrollen der Hebel gleiten; beim Übergang von Vergrößerungen zu Verkleinerungen wirken stärker geneigte Führungen auf die Seitenflächen der Hebel ein, so daß bei Weiterbewegung des Objektivträgers der mit ihm gelenkig verbundene Ding- oder Bildträgerrahmen in entgegengesetzter Richtung bewegt wird (D. R. P. Nr. 348162).

Auch Georg Müller in Nürnberg benutzt (1925) bei seiner Vorrichtung zur zwangläufigen Einstellung von Ding, Bild und Objektiv eine Einrichtung, welche unter Benutzung eines rechtwinkligen Winkelhebels die bekannte Linsengleichung zur Grundlage hat. Während bei den bekannten Vorrichtungen dieser Art die Arme des Winkelhebels starr ausgebildet sind, bestehen die Hebelarme nach dem Vorschlage Müllers aus ineinander verschiebbaren Röhren, deren Enden an der Einstellvorrichtung drehbar befestigt sind; bei Änderung der Einstellung werden die Hebelarme verlängert oder verkürzt. Eine derartige Einrichtung ermöglicht es, Ding, Bild und Objektiv gegenüber einem Festpunkt mit Hilfe eines Seil- oder Zahntriebes zu bewegen.

Schließlich sei noch auf die wichtige Veröffentlichung H. Lehmanns, des Erfinders der Zeitlupe, „Zur Theorie der optischen Instrumente mit automatischer Scharfeinstellung von Bild und Objekt“ (ZS. f. I. 36, 1916, S. 241) hingewiesen; über die Fertigstellung eines brauchbaren Gerätes nach den Ideen Lehmanns ist nichts bekannt geworden.

Da in Zukunft mit der Einführung von Kleinbildkameras zu rechnen ist, wird auch den Vergrößerungsapparaten (insbesondere jenen mit selbsttätiger Einstellung) eine größere Bedeutung zukommen.

166. Vergrößerungsgeräte in senkrechter Anordnung mit selbsttätiger Scharfeinstellung. Hand in Hand mit der Einführung der elektrischen Glühlampe als Mittel zur Beleuchtung des zu vergrößernden Negativs ging die Vervollkommnung der Vergrößerungsapparate in senkrechter Anordnung; die Bogenlampe kommt für Apparate dieser Art aus zahlreichen Gründen als Lichtquelle nicht in Betracht. Der größte Vorzug der vertikal angeordneten Apparate ist, daß sie wenig Raum beanspruchen; aus diesem Grunde werden die automatischen Geräte fast ausschließlich in dieser Art gebaut. Bei fast allen neueren Geräten in senkrechter Anordnung wird ein Kurvenlineal verwendet, längs dessen beim Verschieben der ganzen Projektionskamera ein Einstellorgan entlang gleitet, das die jeweilige Stellung des Objektivs zwangläufig regelt; der Abstand zwischen der Ebene des Negativs und jener des Positivs ändert sich nach Maßgabe der gewünschten Vergrößerung (vgl. Tabelle 62 und 63 auf S. 536) innerhalb bestimmter Grenzen. Da der Tisch, auf dem das Positiv befestigt wird, eine konstante Höhe haben muß und da man bei solchen Apparaten mit einem Objektiv bestimmter Brennweite arbeitet, muß der Abstand zwischen Negativ und Objektiv veränderlich sein.

Im Jahre 1922 hat Gustav Adolf Jensen Krog in Charlottenlund (Dänemark) das D. R. P. Nr. 414774 für einen vertikal angeordneten Vergrößerungsapparat mit selbsttätiger Einstellung erhalten. Bei diesem Apparat gleitet beim Verschieben der Projektionskamera ein Einstellorgan längs einer Leitkurve und regelt mittels einer Schnur- oder Kettenverbindung den Abstand zwischen dem Objektiv und den Trägern des Negativs bzw. des Bildes selbsttätig. Die Kette o. dgl. wird über eine Leitrolle geführt und läuft von hier zu einem Zapfen mit Gewinde, der sich durch eine Schraubenmutter in seiner Längsrichtung verschieben läßt, wobei die wirksame Länge der Kette verändert wird. Die Leitrolle kann längs ihres Zapfens in bezug auf verschiedene Ebenen verschoben werden, in denen sie mit verschiedenen Leitkurven, deren Form Objektiven mit verschiedenen Brennweiten angepaßt ist, zusammenwirkt. Das Gewicht der ganzen Kamera wird durch ein Gegengewicht ausgeglichen, das mittels einer Schnur über entsprechend angeordneten Leitrollen gelagert ist (vgl. auch das E. P. Nr. 198012/1922).

Im Jahre 1924 kam die ICA-A.-G. in Dresden mit ihrem „Miraphot" auf den Markt; W. MEINEL in Dresden hat in der Phot. Ind. 1924, S. 880, die Einzelheiten dieses Apparates eingehend beschrieben; außerdem sei auf die D. R. P. Nr. 405813 bis 410991 und 438020 hingewiesen. Wie Abb. 433 erkennen läßt, ist auch beim „Miraphot" eine feststehende Kurvenbahn vorgesehen; wird die Form dieser Kurvenbahn zweckmäßig gewählt, so erfüllen die Werte der Objektivbrennweite sowie der Abstände des Negativs bzw. Positivs vom Objektiv stets die Linsengleichung.

Bei den bisher bekannt gewordenen Vergrößerungsapparaten ist der Objektivauszugteil balgförmig ausgebildet; der Hebel zur Verschiebung des Balges ist am Laufboden gelagert, was deshalb sehr ungünstig ist, weil an dieser Stelle der Angriff des Hebels einseitig erfolgt. Auf diese Art kann es passieren, daß der Auszugteil eckt, das Objektivbrett sich schief stellt und auf dem Träger des Positivs ein unscharfes Bild entworfen wird. Beim Miraphot werden diese Nachteile dadurch vermieden, daß die Angriffspunkte des den Auszugteil bewegenden Winkelhebels innerhalb der von den Führungsbahnen

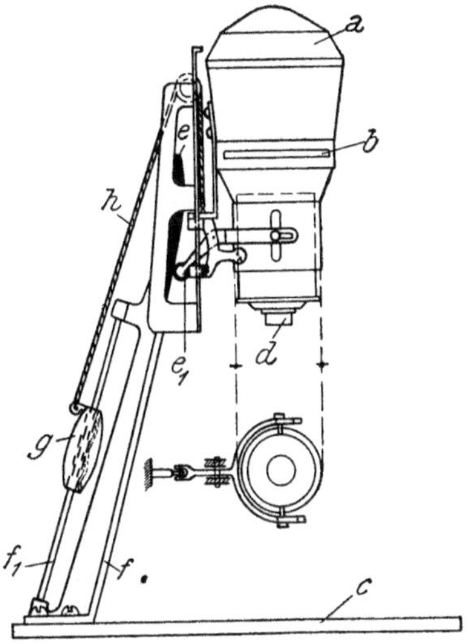

Abb. 433. Vertikaler Vergrößerungsapparat mit zwangläufiger Scharfeinstellung mittels eines Kurvenbogens. Modell Miraphot der ZEISS-IKON A.-G. *a* Lampengehäuse (Paraspiegel), *b* Ebene des Negativs, *c* Ebene des Positivs (Tisch bzw. Reißbrett), *d* Objektiv, e_1 Leitrolle, *e* Kurvenlineal, befestigt am Ständer *f*; f_1 Führungsstange für den Handgriff *g*; *h* Seil

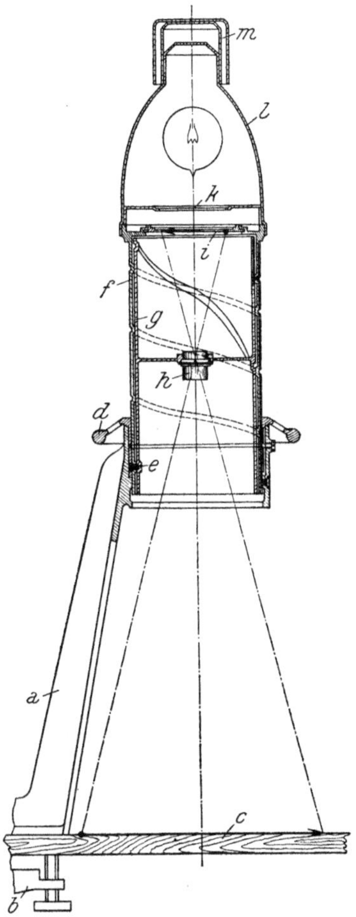

Abb. 434. Vertikaler Vergrößerungsapparat mit zwangläufiger Scharfeinstellung (koachsiale Kurvenbahnen), Modell Ernophot der ERNEMANN-WERKE A. G., Dresden. Der Träger *a* ist durch die Klemme *b* am Tisch (Reißbrett) *c* befestigt. *d* Stellring mit Stift *e*; in den Rohren *f* und *g* sind Kurven verschiedener Steigung angeordnet; da das Objektiv *h* und der Träger des Negativs *i* zwangläufig zueinander bewegt werden, wird das Bild in der Ebene des Tisches *c* stets scharf. *k* Opalglas, *l* Lichtschutzkappe, *m* Ventilation

begrenzten Flächen liegen und an einem Objektivauszugteil angebracht werden, der in Form eines zylindrischen Rohres ausgebildet und teleskopartig im Projektionsgehäuse gelagert ist; die Verwendung eines Balgens wurde somit umgangen. Die Verstellung der meistens an einem Seil aufgehängten Vergrößerungskameras erfolgt entweder durch Auf- und Niederziehen der Kamera oder durch Ziehen an dem Aufhängeseil (Knoten oder Schlinge); beim Miraphot wird das als Handhabe ausgebildete Gegengewicht der Kamera in geschickter Weise längs eines Stabes geführt, wodurch das Pendeln des Gewichtes vermieden wird. Der Apparat ist auf die Objektivbrennweite $f = 13{,}5$ cm abgestimmt; als Öffnungsverhältnis ist 1:6,8 bzw. 1:4,5 zugrundegelegt. Der Vergrößerungsmaßstab liegt zwischen 1,4 bis 3,5, so daß nach einem Negativ im Format 9×12 cm Vergrößerungen im Format 13×18 cm bis 30×40 cm hergestellt werden können. Als Beleuchtungsspiegel dient der bekannte „Paraspiegel" (D. R. P. Nr. 315246). Vgl. auch Abb. 426.

Bei Apparaten mit selbsttätiger Scharfeinstellung werden Vergrößerungen auf Glasplatten wegen der Dicke des Glases nicht ohneweiters scharf. Daß sämtliche Vergrößerungsgeräte für den Anschluß an jede elektrische Hausleitung gebaut werden, ist selbstverständlich.[1]

Die Firma Ernemann-Werke A. G., Dresden, hat im Jahre 1924, um ein Gerät ohne Balgen und ohne Kurvenlineal zu schaffen, folgende Konstruktion angegeben: die Kurvenführungen zur zwangläufigen Scharfeinstellung haben verschiedene Steigungsgrade und sind an zwei koachsialen Zylindern angebracht, die sich in der Längsrichtung längs eines mit einem Führungsstift versehenen, achsial feststehenden, aber drehbaren Stellringes in Richtung der optischen Achse verschieben (D. R. P. Nr. 423111). Der Apparat, „Ernophot" genannt, gestattet, Vergrößerungen von Negativen im Format 6×6 cm zu machen; die optische Ausrüstung besteht aus einem Anastigmaten 1:6,8 mit der Brennweite $f = 7{,}5$ cm (vgl. Abb. 434).

Johannes Robert Carl August in London schuf 1926 eine von den bekannten Vorrichtungen abweichende Konstruktion zur zwangläufigen Einstellung eines optischen Projektionssystemes: hier werden alle drei Projektionselemente, d. h. Ding, Objektiv und Bild, in drei voneinander getrennten Nuten geführt, die in einem rechtwinkelig zur optischen Achse verstellbaren Organ, z. B. in einem Zylinder oder in einer Kassette derart eingelassen sind, daß mit einer Umdrehung des Zylinders oder einer Verstellung der Kassette sämtliche Vergrößerungs- und Verkleinerungsmaßstäbe einstellbar sind (vgl. D. R. P. Nr. 463068).

Auch die Firma Müller & Wetzig in Dresden-A. beschäftigte sich mit der Konstruktion vertikaler Vergrößerungsgeräte mit selbsttätiger Scharfeinstellung und hat verschiedene sehr brauchbare Apparate auf den Markt gebracht; einer dieser Apparate (mit direktem zerstreutem Licht) ist unter dem Namen „Gnom" bekannt geworden und in erster Linie für das Format 6×6 cm bestimmt. Bezüglich Konstruktion und Ausführung entspricht der „Gnom" dem bereits früher erwähnten Modell „Wega I" (Abb. 429); er unterscheidet sich von diesem durch die Anordnung eines Präzisions-Zahnstangengetriebes, bei dessen Betätigung der ganze Apparat samt Lichthaube gehoben bzw. gesenkt wird und das dem Objektiv die ihm bei jeder Verstellung des Negativs

---

[1] Von Vergrößerungsgeräten ausländischer Firmen sei u. a. der Kodak-Autofokus-Vergrößerungsapparat erwähnt; auch er ist automatisch scharf einstellbar und zwar durch Auf- bzw. Abwärtsbewegung der Kamera. Er gestattet $1^1/_2$ bis $3^1/_2$fache lineare Vergrößerungen von Negativen bis zu 10×15 cm.

zur Ebene des Positivs entsprechende Stellung zuweist. Dieser Apparat gestattet eine 2 bis 6 fache lineare Vergrößerung des Originals, so daß z. B. nach einem Negativ im Format 4,5 × 6 cm ein Bild im Ausmaß von ca. 24 × 33 cm, von einer Kinofilmeinzelaufnahme Vergrößerungen im Format einer Postkarte erzielt werden können. Eine Skala zeigt das jeweilige Vergrößerungsverhältnis an. Bei Verwendung eines Doppelanastigmaten 1:4,5 von der Brennweite $f = 7{,}5$ cm ergibt sich gemäß Tabelle 62 auf S. 536 als kürzester Abstand c des Negativs vom Positiv bei $n = 2$ der Wert $4^1/_2 f = 337{,}5$ mm; als größter Abstand des Negativs vom Positiv ergibt sich bei $n = 6$ der Wert $8^1/_6 \cdot f = 612{,}5$ mm.

Im Gegensatz dazu gestattet der automatische Vergrößerungsapparat „Ideal" der gleichen Firma, der auch mit direktem zerstreutem Licht arbeitet und für Negative von der Größe 9 × 12 cm bestimmt ist, nur Vergrößerungen innerhalb der Grenzen 1,5 bis 3,5fach herzustellen; dadurch wird der Mechanismus für die selbsttätige Scharfeinstellung des Objektivs einfacher. Der Apparat (vgl. Abb. 435) wird mit einer Triebvorrichtung auf- und abbewegt; der Objektivhalter wird von zwei Gelenk-Laschen getragen, deren Drehpunkte sich auf einem Ansatz des Laufbodens befinden. Die achsiale Verstellung des Objektivs gegenüber der Bildebene erfolgt mittels dieser Vorrichtung so, daß eine durch das Objektiv gelegt gedachte zur optischen Achse senkrechte Ebene zur Negativebene parallel verschoben wird; dabei tritt lediglich eine geringe Verschiebung der optischen Achse parallel zu sich selbst ein, eine Verschiebung, die durch entsprechende Anordnung der Gelenkpunkte in sehr engen Grenzen gehalten wird (D. R. P. Nr. 421492 und Amer. Pat. Nr. 1247402). Als Objektiv ist ein Triplet-Anastigmat 1:6,8, $f = 13{,}5$ cm, vorgesehen. Der Gesamtabstand zwischen Negativ und Positiv beträgt bei $n = 1{,}5 \ldots 562$ mm, bei $n = 3{,}5 \ldots 780$ mm (vgl. Tabelle 62, S. 536). Lichtquelle: halbmattierte Nitralampe 100 Watt. Der gleiche Apparat wird auch mit Kondensor geliefert, der einen Durchmesser von 160 mm hat (entsprechend der Diagonale einer 9 × 12 cm Platte). Das Objektiv ist mit einer zusätzlichen Handeinstellvorrichtung versehen; man kann auch die halbmattierte 100-Watt-Nitralampe innerhalb der Lichthaube in achsialer Richtung zum Kondensor verstellen, um eine gleichmäßige Lichtverteilung auf dem Positiv zu erreichen.

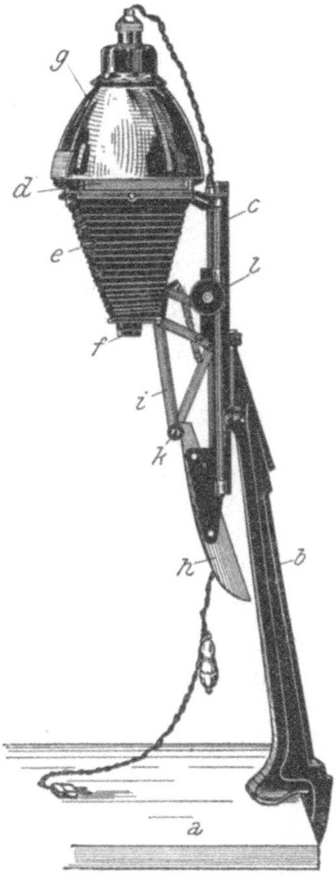

Abb. 435. Vertikaler Vergrößerungsapparat mit zwangläufig selbsttätiger Bildeinstellung durch Gelenkviereck und Leitkurve. *a* Tisch (Reißbrett), *b* Ständer mit Tragrohren *c*, *d* Rahmen für das Negativ, *e* konischer Balgen, *f* Objektiv, *g* Lampengehäuse mit Reflektor, *h* feststehendes Kurvenlineal, längs dessen die Rolle *k* gleitet, *i* Gelenkviereck, *l* Einstellknopf

Die größeren Universalapparate „Fix" und „Phönix" für die Plattenformate 10 × 15 cm bzw. 13 × 18 cm unterscheiden sich von den bisher beschriebenen dadurch, daß je nach Art und Beschaffenheit des zu vergrößernden Negativs entweder mit Kondensor oder mit direktem, zerstreutem Licht gearbeitet werden kann. Als Lichtquelle wird für die Vergrößerung mit Kondensor beim Modell „Fix" eine vorn halbmattierte Projektionslampe von 250 Watt benutzt, während für die Vergrößerung mit direktem, zerstreutem Licht vier gewöhnliche, vorn halbmattierte Nitralampen von je 75 Watt verwendet werden. Während bei der kondensorlosen Vergrößerung die Stellung der Lichtquelle wegen der vorgeschalteten Lichtzerstreuungsscheibe nicht reguliert zu werden braucht, ist dies bei der Anordnung eines Kondensors wohl notwendig; aus diesem Grunde ist die Lichthaube mit einer Einrichtung versehen, die das schnelle Zentrieren der Lichtquelle durch Verstellen derselben in Richtung der optischen Achse sowie senkrecht zu dieser ermöglicht.

Das Modell „Fix" hat einen Kondensor von 200 mm Durchmesser und ein Doppelanastigmat-Objektiv 1:4,5 mit der Brennweite $f = 16{,}5$ cm; die selbsttätige Bildeinstellung reicht von der 1,5 bis zur 4,5 fachen Vergrößerung. Beim Apparat „Phönix" ist ein Kondensor von 230 mm Durchmesser und ein Doppelanastigmat 1:4,5, $f = 21$ cm, vorgesehen; die lineare Vergrößerung reicht von 1,5 bis 5 fach. Beide Apparate haben noch eine zusätzliche Einrichtung zur Nachstellung des Objektivs sowie eine ausschwenkbare Rotglasscheibe vor dem Objektiv.

Eine interessante Konstruktionsabart eines Vergrößerungsgerätes mit selbsttätiger Scharfstellung, bei dem das Negativ und das Positiv im rechten Winkel zueinander angeordnet sind, ist die von Dora Tänzer in Dresden angegebene; der Auszugteil, der einen Spiegel und ein Objektiv trägt, ist senkrecht zur optischen Achse des Objektivs verschiebbar und wird unmittelbar von einem Kurvenstück gesteuert, während sich der Träger des Auszugteiles parallel zur optischen Achse des Objektivs verschiebt (D. R. P. Nr. 421493).[1]

167. Tageslichtvergrößerungsapparate. Da das Tageslicht eine sehr wenig konstante Lichtquelle darstellt, sind die auf dem Markt befindlichen Tageslichtvergrößerungsapparate fast ausschließlich für den Liebhaber bestimmt, der nur ab und zu eine Vergrößerung herstellt und den es nicht weiter stört, erst nach einigen Mißerfolgen ein brauchbares Bild zu erhalten; die Einfachheit und Billigkeit der Vorrichtung läßt ihn die kleinen Schwierigkeiten beim Arbeiten mit Tageslicht rasch vergessen. Bei allen Tageslichtvergrößerungsgeräten ist es natürlich erforderlich, daß der Schichtträger bei rotem Licht in die Kassette eingelegt wird und daß in das lichtsichere Kameragehäuse nur durch das Objektiv Licht eindringen kann.

Die einfachste Form des Tageslichtvergrößerungsapparates ist die Aufnahmekamera, vorausgesetzt, daß sie das erforderliche Format und einen langen Balgen bzw. Auszug besitzt; dies ist meist nur bei den sogenannten Reisekameras der Fall.

Die unter dem Namen „Tageslichtvergrößerungsapparate" bekannten Geräte haben meist die Form einer abgestumpften Pyramide; in ihrer einfachsten Ausführungsform sind sie nur für eine ganz bestimmte Vergrößerung eingerichtet, z. B. für $n = 1{,}5$ für Negative $6\frac{1}{2} \times 9$ cm (Vergrößerung auf 9×14 cm bzw. Postkartenformat). An der kleineren Basisfläche des Pyramidenstumpfs wird das Negativ in einem Falz befestigt, an der größeren Basisfläche wird das lichtempfindliche Papier ev. unter einem Deckel mit Glasscheibe festgehalten. Das

[1] Bei einer ähnlichen, von der Zeiss-Ikon A. G. im Jahre 1928 konstruierten Reproduktionskamera zur Wiedergabe ebener Objekte in verschiedenem Maßstab wird auf die Verschiebung des Kameragehäuses verzichtet. Hier wird der Spiegel gegen die Bildebene und gleichzeitig das Objektiv längs seiner Achse verschoben, u. zw. um einen Betrag, der sich aus dem gewählten Abbildungsmaßstab und der Brennweite des Objektivs ergibt. (Vgl. D. R. P. Nr. 508 620 für Heinrich Jacob in Berlin-Friedenau und Max Stewien in Berlin-Zehlendorf.)

Objektiv (bei billigen Apparaten meist ein chromatisch nicht korrigiertes Periskop) ist auf einer Zwischenwand unveränderlich gelagert; es kann von außen abgedeckt und geschlossen werden. Die Blende ist relativ klein, so daß die Belichtungszeit für ein normales Negativ unter Verwendung von Gaslichtpapier unter Umständen ziemlich lange dauert. Je länger die Brennweite des Objektivs ist, desto größer müssen die Abmessungen des Gehäuses werden, umso kleiner ist aber der Bildwinkel, den das Objektiv auszuleuchten braucht. Das Bestreben einiger Firmen, derartige Apparate so kurz wie möglich zu bauen, liegt nicht im Interesse des damit Arbeitenden. Wird das Aufnahmeobjektiv einer Kamera vom Format $6\frac{1}{2} \times 9$ cm in einem derartigen Apparat benutzt, so ergibt sich bei der heute für das genannte Format fast allgemein benützten Brennweite von $f = 10{,}5$ cm und bei einer 2fachen linearen Vergrößerung (13 × 18 cm) ein Gesamtabstand der Ebene des Negativs von jener des Positivs (der Vergrößerung) $c = 47{,}25$ cm (vgl. Tabelle 62, S. 536); die Abstände vom Objektiv sind 15,75 bzw 31,5 cm. Der ausgenutzte Bildwinkel beträgt unter diesen Umständen etwa 38°.

Eine andere relativ einfache Methode besteht darin, die ganze Aufnahmekamera zu verwenden und in einem Holzkasten von entsprechenden Abmessungen zu montieren; die Stirnseiten des Holzkastens werden lichtdicht, aber abnehmbar angesetzt, so daß sich das Negativ und der Schichtträger für das Positiv daran bequem befestigen lassen; in Tabelle 65 sind einige Ausmaße solcher Geräte für 2malige lineare Vergrößerung angegeben:[1]

Tabelle 65. Dimensionen für Tageslichtvergrößerungsapparate

Vergrößerung des Formates von . . . auf . . .	Objektivbrennweite cm	Vergrößerung	Kastenquerschnitt cm	Optische Länge des Geräts cm	Kameraauszug cm	Bildwinkel, bezogen auf die Diagonale des Negativs bzw. Positivs
$4\frac{1}{2} \times 6$ auf 9×14	7,5	2	10 × 15	33,75	11,25	ca. 37°
$6\frac{1}{2} \times 9$ „ 13×18	10,5	2	13 × 18	47,25	15,75	„ 39°
9 × 12 „ 18 × 24	13,5	2	18 × 24	60,75	20,25	„ 41°
10 × 15 „ 24 × 30	16,5	2	24 × 30	74,25	24,75	„ 40°

Eine besondere Kategorie bilden die zusammenlegbaren Vergrößerungs- und Verkleinerungsapparate „Ideal" für Tageslicht der Ica A. G.; die Apparate sind aus hell gebeiztem Holz hergestellt und mit je zwei Kalikobalgen ausgestattet. Als Objektiv dient bei den einfachen Apparaten ein Periskop. Die Apparatgröße 18 × 24 cm läßt Vergrößerungen von 1,5 bis 3,2fach von Negativen 4,5 × 6 cm, 4,5 × 10,7 cm, 6 × 6 cm bis 9 × 12 cm zu; die größte Auszuglänge des Apparates beträgt 65 cm. Für Verkleinerungszwecke wird der gleiche Apparat mit einem Rahmen versehen, der Einlagen für Negative im Format 18 × 24 cm, 13 × 18 cm und 9 × 12 cm enthält, und ist überdies mit einer Metallkassette 9 × 12 cm mit zwei Einlagen 8,5 × 10 cm und 8,5 × 8,5 cm zur Herstellung von Diapositiven ausgestattet.

Die Apparate von der Größe 24 × 30 cm gestatten 1 bis 3fache Vergrößerungen von Negativen im Format 4,5 × 6 bis 13 × 18 cm; die größte Auszuglänge des Apparates beträgt 90 cm.

[1] Bekannt gewordene Modelle dieser Art sind u. a. der Tageslicht-Vergrößerungsapparat „Tenax" der C. P. Goerz A. G. sowie die Amplificateurs Gaumont der Société des Établissements Gaumont in Paris.

Eine andere Serie dieser Apparate in besserer Ausführung wird von der gleichen Firma mit einem Extra-Rapid-Aplanat 1:8 ausgerüstet, und zwar in den Formaten 24 × 30, 30 × 40 und 40 × 50 cm; die entsprechenden Maximalvergrößerungen sind 3, 3,5 und 4 fach. Durch Benutzung zweier am Laufboden angebrachter Skalen läßt sich die gewünschte Vergrößerung bequem einstellen.

Diese Apparate sind relativ schwer; ihre Gewichte betragen 5,2, 8,6 bzw. 16 kg; aus diesem Grunde dürfte ein Transport trotz der Möglichkeit des Zusammenlegens wohl selten in Betracht kommen. Die Möglichkeit einer gleichmäßigen Ausleuchtung größerer Negative mit Tageslicht ohne besondere Hilfsmittel (z. B. Spiegel) ist in engen Straßen ziemlich gering.

Von bekannteren Tageslichtvergrößerungsapparaten seien u. a. noch genannt:

Die Kodak-Vergrößerungsapparate (z. B. der Vest-Pocket-Vergrößerungsapparat) in starrer Form zur Vergrößerung von Negativen im Format 4 × 6,5 cm auf Postkartenformat; ferner die Brownie-Vergrößerungsapparate, von denen die meisten zusammenklappbar sind. Die Ica-Vergrößerungsapparate für Tageslicht sind verschieden konstruiert; die einfachen Modelle bestehen aus einem konisch ausgebildeten Holzkasten mit Traggriff und sind mit einem guten Periskop ausgerüstet, das die in Betracht kommenden Formate bis zum Rand scharf auszeichnet. Das lichtempfindliche Papier wird in der Dunkelkammer auf die beigegebene Glasscheibe am Apparatboden gelegt und von rückwärts durch den lichtdicht abschließenden Bodendeckel angepreßt. Ein anderes Modell ist mit einem ausziehbaren Bodenschieber ausgestattet.

Ein Spezialgerät ist der Tageslichtvergrößerungsapparat „Simplex" für Stereoformate; mit diesem Apparat lassen sich die Einzelbilder von Stereonegativen (4,5 × 10,7 cm oder 6 × 13 cm) auf das Format 14 × 14 cm bzw. 18 × 18 cm vergrößern, ohne daß es nötig wäre, die Stereoplatte auseinanderzuschneiden.

Eingebürgert ist auch der Tageslichtvergrößerungsapparat „Lloyd", der sich bequem und rasch auseinandernehmen und flach zusammenlegen läßt, ebenso ein anderes Modell, das aus zwei konischen Hälften besteht, die sich ineinanderschieben lassen. Die Kassette ist dabei abnehmbar, damit das Bromsilberpapier in der Dunkelkammer eingelegt werden kann, ohne daß man den ganzen Apparat dorthin mitnehmen muß.

Die Stereo-Umkehr-Apparate wurden bereits an anderer Stelle besprochen (vgl. S. 266); der Vorzug dieser Geräte, die auch bei Tageslicht benutzt werden können, besteht darin, daß nur einmal belichtet zu werden braucht, ohne daß man das Negativ bzw. das Positiv (wie beim Verfahren mittels des Stereo-Kopierrahmens) verschieben muß. Die Abbildung erfolgt meist im Maßstabe 1:1.

Die unter der Bezeichnung Ica-Stereo-Umkehr-Vergrößerungs- und Verkleinerungsapparate in den Handel gekommenen Geräte dienen einem ähnlichen Zweck; sie sind dazu bestimmt, Stereonegative 9 × 18 cm auf das Format 4,5 × 10,7 cm zu verkleinern bzw. Negative 4,5 × 10,7 cm auf das Format 9 × 18 cm zu vergrößern; ein zweites Modell ist zur Verkleinerung von Stereonegativen 9 × 18 cm auf Diapositive 6 × 13 cm konstruiert. Da die kleineren und handlicheren Stereoaufnahmeapparate des Formates 4,5 × 10,7 cm und besonders 6 × 13 cm als die Stereokameras der Zukunft bezeichnet werden müssen,[1] wird zwecks Herstellung von Diapositiven im Format 8½ × 8½ cm

[1] In Frankreich bedient man sich bisweilen auch des Formats 7 × 13 cm.

lediglich die Vergrößerung eines der Teilbilder in Frage kommen. Aussichtsreicher scheint ein Gerät zu sein, das die Negative des Formates $4{,}5 \times 10{,}7$ auf 6×13 cm vergrößert; der Vorteil dieser Methode liegt darin, daß der Aufnahmeapparat des kleinen Stereoformats ein geringeres Volumen und Gewicht hat und daß die Objektive von kürzerer Brennweite ($f = 5{,}5$ cm bis 6 cm) eine größere Tiefenschärfe besitzen, als jene für das größere Format ($f \geq 7{,}5$ cm). Die nach diesen Negativen im Wege des optischen Umkehrverfahrens hergestellten Diapositive eignen sich ohneweiters zum Projizieren; die Positive können auch auf Papier hergestellt werden.

Legt man bei einem solchen Gerät einerseits zugrunde, daß die Aufnahmen mit einem Apparat $4{,}5 \times 10{,}7$ cm hergestellt wurden, dessen Objektive einen gegenseitigen Abstand von 63 mm haben, daß aber die Fernpunkte auf dem zu vergrößernden Bilde (im Format 6×13 cm), wie vom Normenausschuss der Deutschen Industrie vorgeschlagen wurde, 65 mm voneinander entfernt liegen, so ergibt sich ein Gerät, bei dem Objekt- und Bildebene einen Abstand von etwa 250 mm voneinander haben, wenn zur Wiedergabe Objektive mit der Brennweite f = 60 mm verwandt werden. Damit die Teilbilder sich nicht überdecken, müssen in diesem Falle die Objektive in einen Abstand gebracht werden, der größer als 63 mm ist; dieser Abstand wird naturgemäß umso größer, je stärker die Vergrößerung ist. Thieme gibt in F. Stolzes Handbuch des Vergrößerns, 1. Teil, 4. Aufl., Seite 169 (Verlag W. Knapp, Halle a. d. S.) für die Berechnung dieses Abstandes eine Formel an: bedeutet c die Entfernung der geometrischen Mittelpunkte der stereoskopisch richtig begrenzten Teilbilder, x die Entfernung ihrer inneren Bildränder im Negativ, y die korrespondierende Entfernung in der Vergrößerung und n die Vergrößerungszahl, so gilt für die gegenseitige Entfernung e der Umkehrobjektive:

$$e = 2\,c \cdot \frac{n}{n+1} - x \cdot \frac{n}{n+1} + y \cdot \frac{1}{n+1}.$$

Auffällig ist, daß die Brennweite des Objektivs in der Formel nicht vorkommt; der Abstand e ist also vollkommen unabhängig von diesem Wert. Stoßen im Negativ und Positiv die beiden Teilbilder zusammen, so werden die beiden letzten Werte der Formel gleich 0 und diese geht über in $e = 2\,c \cdot \frac{n}{n+1}$; bei $n = 1$ wird $e = c$ (Abbildung in natürlicher Größe).

Der Vollständigkeit halber sei darauf hingewiesen, daß ein optischer Tageslicht-Umkehrapparat für Stereobilder auch mit einem Objektiv denkbar ist; in diesem Falle muß man das Negativ vor dem Vergrößern zerschneiden und die beiden Hälften unter Einhaltung des Fernpunktabstandes in üblicher Weise montieren. Weil dabei die Gefahr besteht, daß das Negativ zerbrochen wird, ist diese Methode weniger empfehlenswert; dies gilt auch deshalb, weil das Objektiv in diesem Falle dabei unter sonst gleichen Umständen bezüglich des ausgenützten Bildwinkels stärker beansprucht wird.

Beim oben erwähnten optischen Umkehrapparat bzw. Vergrößerungsgerät für das Stereoformat $4{,}5 \times 10{,}7$ cm mit dem Fernpunktabstand 63 mm auf das Format 6×13 cm mit dem (normalen) Fernpunktabstand 65 mm ergibt sich als Abstand c für die Umkehrlinsen ein Wert, der zwischen 63 und 65 mm liegt.

Die Praxis hat gelehrt, daß die Herstellung von Stereodiapositiven im Kontaktverfahren in jeder Hinsicht einfacher ist und zu besseren Ergebnissen führt.

168. Die Vergrößerungsapparate für Normalkinofilm. Die Herstellung von Vergrößerungen nach Normalkinofilm-Negativen ist an sich mit jedem Apparat möglich, soweit es sich nur um kurze Filmstücke handelt, die zwischen zwei optisch einwandfreien Glasplatten an Stelle des Glasnegativs eingelegt werden; bei Geräten mit automatischer Einstellung ist darauf zu achten, daß die Schicht des Films tatsächlich an jene Stelle zu liegen kommt, die bei der Konstruktion des Apparates dafür vorgesehen ist.

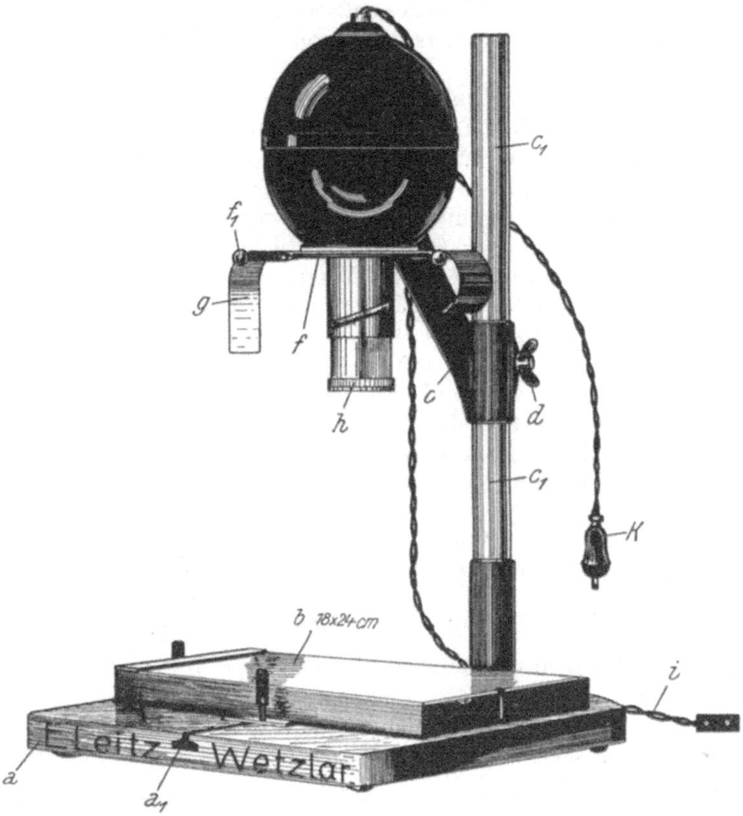

Abb. 436. Vergrößerungsapparat „Files" von E. Leitz, Wetzlar. a Grundplatte mit Nuten a_1 zur Einstellung des Positivträgers b mit Glasplatte, c_1 feststehende Säule, längs welcher der Träger c verschoben werden kann, d Klemme zum Festhalten des Trägers c. Das kugelförmige Metallgehäuse enthält eine Opallampe. f ist der Träger des Films g; f_1 Trieb zur Weiterbewegung des Films, h das Objektiv in Einstellfassung, i Leitungsschnur mit Stecker

Die Firma Ernst Leitz, Optische Werke, in Wetzlar hat besondere Geräte zur Vergrößerung der mit ihrer Leica-Kamera (vgl. S. 207) hergestellten Bilder geschaffen.

a) Ein sehr einfaches Modell ist ein Tageslichtvergrößerungsapparat in Kastenform mit einem Objektiv mit der Brennweite $f = 6{,}4$ cm, welches bezüglich beider konjugierten Bildebenen eindeutig eingestellt ist. Bei einer Vergrößerung des Leica-Negativs im Format $2{,}4 \times 3{,}6$ cm auf das Postkartenformat 9×14 cm bzw. 10×15 cm ergibt sich eine lineare Vergrößerung von etwa $n = 4$ und damit ein Gesamtabstand der beiden konjugierten Ebenen $c = \frac{f \cdot (n+1)^2}{n} = \frac{6{,}4 \cdot (4+1)^2}{4} = 40$ cm. So lang ist ungefähr auch der Apparat. Bei Ausgestaltung des Geräts durch ein Metallgehäuse mit Opalglasglühbirne (an jede

Lichtleitung mittels Steckkontaktes anschließbar) ist das Gerät auch für künstliches Licht verwendbar.

b) Der Vergrößerungsapparat „Files" der gleichen Firma, der nur für Anwendung künstlichen Lichts bestimmt ist, ermöglicht die Herstellung von Vergrößerungen in beliebigem Maßstab von 6 × 9 cm bis 18 × 24 cm; dies bedeutet unter Zugrundelegung der Leica-Bildgröße von 2,4 × 3,6 cm (= doppeltes Format des Normalkinobildes 1,8 × 2,4 cm) Vergrößerungen zwischen $n = 2{,}5$ bis $n = 6$—7.

Die Konstruktion des Apparats ist aus Abb. 436 ersichtlich: eine Grundplatte trägt eine Säule mit einem verschiebbaren Arm, an dem das kugelförmige Metallgehäuse mit 60 Watt-Opallampe, Filmträger und Objektiv befestigt ist; das Metallgehäuse ist gut ventiliert. Die Opallampe liefert direkt zerstreutes Licht, wie es für Vergrößerungen am günstigsten ist. Ein Kabel mit Steckkontakt stellt die direkte Verbindung des Stromnetzes mit der Lichtquelle her.

Das Objektiv dieses Apparats ist seiner Beanspruchung entsprechend korrigiert; es hat eine Brennweite von 5,0 cm und die relative Öffnung 1:3,5. Der Negativfilm wird zwischen zwei Glasplatten gelegt, die in den Filmträger geschoben und hier durch Federn festgehalten werden. Auf der Grundplatte befindet sich ein beliebig verschiebbares und feststellbares Auflagebrett für das Vergrößerungspapier, das durch eine wegklappbare Glasplatte in richtiger Lage flach niedergehalten wird.

Der Ernemann-Tageslichtvergrößerungsapparat „Bob" dient ebenfalls zur Vergrößerung von Kinofilmnegativen und ist als Ergänzung zur Kleinfilmkamera „Unette", deren Bilder die Größe 22 × 33 mm haben, geschaffen worden (vgl. Abb. 199, S. 210); die Dimensionen des Apparats sind etwa 11 × 15½ × 26½ cm und ergeben sich aus dem der Konstruktion zugrundegelegten Format der stärksten Vergrößerung, d. i. 9 × 12 cm. Die stärkste lineare Vergrößerung ist demnach etwa 4fach; die Brennweite f des Projektionsobjektivs beträgt 4 cm.

Die Firma Simons & Co. in Bern hat etwa im Jahre 1923 eine für Normalkinofilm eingerichtete Kleinbildkamera (vgl. Abb. 203, S. 214) unter dem Namen „Sico" auf den Markt gebracht, die einen photographischen Aufnahmeapparat, einen Kopierapparat zur Herstellung von Filmdiapositiven, einen Projektions- und einen Vergrößerungsapparat in sich vereinigte; der letztere war so konstruiert, daß die Aufnahmekamera mit Hilfe eines abnehmbaren Schwenkblechs mit dem Lampengehäuse vereinigt werden und das Aufnahmeobjektiv zur Vergrößerung benutzt werden konnte. Die Vergrößerungen wurden im abgedunkelten Raume hergestellt und konnten bis etwa 50 fach linear gesteigert werden, vorausgesetzt, daß das Negativ die erforderliche Schärfe besaß, was bei der feinen Körnung des Kinonegativfilms leicht erreichbar ist. Die Belichtung erfolgte derart, daß der auf „Zeit" eingestellte Verschluß geöffnet wurde, nachdem man das Negativ im gewünschten Format scharf auf ein weißes Papier projiziert und das schützende Rotfilter vom Objektiv entfernt hatte.[1]

[1] Einen Apparat, der lediglich zum Betrachten episkopisch vergrößerter Papierbilder bestimmt ist, hat die Firma Emil Busch A. G., Rathenow, konstruiert; sein besonderes Kennzeichen ist, daß durch Austausch des Normalobjektivs gegen ein Objektiv anderer Brennweite die Vergrößerung verändert werden kann (D. R. G. M. Nr. 1119049).

VII. Die Herstellung der Kamera

169. Die Metallkamera. Trotz gewisser Vorzüge, welche die aus Holz hergestellte Reise- und Stativkamera größeren Formats besitzt, hat sich die Kamera aus Metall, u. zw. diejenige für den Handgebrauch, langsam aber sicher das Feld erobert; daß dies verhältnismäßig spät geschah, liegt hauptsächlich daran, daß erst in letzter Zeit bedeutende technische Vervollkommnungen bezüglich Herstellung geeigneter Materialien und Vorrichtungen zu deren Verarbeitung erreicht wurden. Nur unter diesen Voraussetzungen war eine rationelle Massenfabrikation durchführbar; der Bau von Handkameras mit Metallgehäuse war schon früher bekannt, allerdings unter Verwendung von Sandguß bzw. Gehäusen aus Blech, die aus einzelnen Teilen (z. B. durch Löten) zusammengesetzt waren. Seit Einführung des spezifisch leichten Aluminiums in Form von dünnen Blechen (1—2 mm) hat die Fabrikation von Handkameras aus Metall mehr und mehr zugenommen und der Zeitpunkt ist wohl nicht mehr fern, wo man Apparate mit Gehäuse, Laufboden und Mattscheibenrahmen aus Holz nicht mehr bauen wird. Die Gründe dafür sind weniger in der Gewichtsersparnis (übrigens erfordert das etwa 6 mal leichtere Holz meist auch eine etwa 6 mal größere Wandstärke als Metall), als in der zweifellos größeren Festigkeit des Metalls zu suchen; außerdem ist die Verbindung von Metallteilen (z. B. der Spreizen) untereinander zuverlässiger als die Verbindung von Holz- und Metallteilen.

Das Bestreben, als Material für Handkameras statt Holz Metall zu wählen, läßt sich bereits Jahrzehnte lang zurückverfolgen; so erwähnt z. B. die Firma Arndt & Löwengaard in Wandsbek bereits im Jahre 1907 die Herstellung von Gehäusen für photographische Kameras, die aus einem Stück Blech durch Umbiegen seiner Ränder entstanden sind. Gemäß D. R. P. Nr. 209140 wird unter Beibehaltung dieser Herstellungsart für Gehäuse mit scharnierartig angelenktem Deckel ein besonderer Vorteil erzielt, wenn die nach innen abgebogenen zur Verbindung der Nachbarwände dienenden Lappen so dimensioniert sind, daß ihre schmalen Kanten als Anschlag für den Deckel dienen; durch diese Maßnahme werden besondere Anschläge für den Deckel überflüssig. Die damals bekannt gewordenen, aus Metall bestehenden Gehäuse photographischer Kameras bestanden also meist aus einem gebogenen Streifen Blech, dessen Enden durch Laschen verbunden waren. Später wurden ganz neue Wege beschritten, wie die folgenden Ausführungen erkennen lassen:

Bei den gangbarsten Plattenkameramodellen $6\frac{1}{2} \times 9$ cm und 9×12 cm bzw. den Filmkameras 5×8, 6×9, $6\frac{1}{2} \times 11$ und 8×14 cm wird für das Gehäuse Aluminiumblech von 1,5 bis 2 mm Wandstärke gewählt, das die Eigenschaft hat, sich ziehen zu lassen; man kann auch Eisenblech von 0,5 bis 0,6 mm Stärke verwenden, das die Bezeichnung „Spezial-Fluß-Stahlblech" führt, sehr hohe Festigkeit besitzt und sich zum „Tiefziehen" eignet. Das Werkzeug, mit dem die Verarbeitung des Bleches begonnen wird, ist ein sogenannter kombinierter „Schnitt", mit dem in einem Arbeitsgang zuerst eine ebene Platte ausgeschnitten wird, deren Oberfläche ungefähr jener des fertigen Stückes entspricht; beim Tiefergehen des Stempels der hierauf verwendeten Werkzeugmaschine (Friktions- oder Exzenterpresse) wird diese Platte infolge der Gestaltung des Werkzeuges zu einem kastenförmigen, oben offenen topfartigen Gebilde umgeformt, das die späteren Umrisse des Gehäuses bereits angenähert erkennen läßt. Da die Ecken und Seitenwände sowie der Boden des Gehäuses jetzt noch etwas abgerundet sind und alle Maße noch ziemlich stark von den vorgeschriebenen, endgültigen Maßen abweichen, sind ev. noch weitere Arbeitsgänge nötig: u. a. der sogenannte „Vorzug" und schließlich der

„Fertigzug", bei denen Werkzeuge von größerer Genauigkeit zur Anwendung kommen, als im vorausgehenden Arbeitsgang.

Der massive Teil, der bei den erwähnten Maschinen von oben herabgedrückt wird, führt die Bezeichnung „Stempel" und bestimmt die innere Form des Gehäuses, während die äußere Gestalt desselben durch die im Tisch der Maschine festliegende hohl ausgearbeitete „Matrize" bestimmt wird. Dieser Hohlraum ist vor dem Niedergehen des Stempels der Länge und Breite nach ungefähr um die doppelte Wandstärke des Gehäusematerials größer als der Stempel; in der Endlage ist der Stempel von der Matrize nur um eine Wandstärke, d. h. um die Stärke des späteren Blendrahmens, getrennt. Besitzt nun das Gehäuse die angestrebte äußere Form, so wird es zuerst auf die vorschriftsmäßige Höhe beschnitten, wozu wieder besondere Werkzeuge bzw. Arbeitsgänge nötig sind. Wird (wie heute allgemein üblich) der offene Rand des Gehäuses, an den sich der Kameradeckel anlegt, mit einer rings herum laufenden Versteifungskante versehen, die gleichzeitig als Lederschutz dient, so erfordert diese Maßnahme noch weitere Arbeitsgänge; bei Verwendung des oberwähnten Spezial-Fluß-Stahlblechs besteht die Möglichkeit, diese Kanten zu vernickeln. Das Ausschneiden des Bodens auf der Mattscheibenseite mittels eines viereckigen Stempels kann erst dann erfolgen, wenn die größten Beanspruchungen des Materials vorausgegangen sind und keine weiteren Deformationen mehr erfolgen.

Der Reihe nach folgen nun alle weiteren Operationen, wie z. B. das „Lochen" der Längs- und Querseiten, worunter man das Stanzen derjenigen runden Löcher und Ausschnitte anderer Form versteht, die zur Verbindung verschiedener Teile dienen; es wird also in der Serienfabrikation soweit als möglich vermieden, Löcher nacheinander zu „bohren", wenn es möglich ist, diese in größerer Anzahl und mit hoher Genauigkeit auf billigere Weise durch Lochen mittels besonders geformter dünner Stempel (Nadeln) auf einmal herzustellen.

Im Gegensatz zu Ziehstücken, topf- oder kastenähnlichen Gebilden, die aus einem Stück Blech „gezogen" werden, bezeichnet man als „Stanzteile" solche, die nicht „in die Tiefe" gezogen, sondern gewissermaßen in einer Ebene aus Blech herausgestanzt werden, so daß in dem zu verarbeitenden Material das betreffende Stück fehlt. Legt man z. B. Messingblech unter einen runden Stempel und unter beide eine genau passende Lochmatrize, so drückt der Stempel beim Einschalten der Maschine aus dem Blech ein Loch heraus, das die gleiche Größe hat wie der Stempel.

Je nach der Art und Bestimmung des betreffenden Stücks wechselt die Reihenfolge und Zahl der zu seiner Bearbeitung verwendeten Werkzeuge; zuerst kommt immer das sogenannte „Schnittwerkzeug" und, wenn erforderlich, ein „Nachschneidewerkzeug"; hat sich die Oberfläche des betreffenden Teils beim Stanzen gewölbt, was sehr oft eintritt (und zwar je nach Stärke und Charakter des betreffenden Teils mehr oder weniger stark), so ist noch ein „Planierwerkzeug" erforderlich. Handelt es sich um Stücke mit recht- oder schiefwinklig abgebogenen Kanten und Lappen, wie z. B. die Spreizenlager bei Laufbodenkameras, so kommen noch ein oder mehrere „Biegewerkzeuge", wo Scharniere erzeugt werden müssen, außerdem noch sogenannte „Anroll- und Fertigrollwerkzeuge" in Frage. Im großen und ganzen unterscheidet man offene Schnitte, Führungsschnitte, Führungsschnitte mit Vorlocher, Lochwerkzeuge sowie Messerschnitte für Pappe, Tuch, Leder u. dgl. Es ist selbstverständlich, daß Stempel und Matrize stets aus bestem Werkzeugstahl hergestellt sein müssen; erst nach dem Härten erfolgt die letzte Bearbeitung durch Schleifen, und zwar unter genauer Einhaltung der gewünschten Fertigmaße.

Wird das zu bearbeitende Material zwischen Matrize und Stempel gebracht, so wird der herzustellende Teil unter dem Druck der jeweils verwandten Presse durch den sich abwärts bewegenden Stempel aus der vollen Platte gewissermaßen durch „Abscheren“ herausgestanzt und fällt meist durch eine Aussparung der Matrize nach unten in einen Sammelbehälter; bei der Massenfabrikation wiederholt sich bei jedem Abwärtsgang des Stempels der Presse der gleiche Vorgang, wobei natürlich auf möglichst rationelle Ausnutzung des Materials Bedacht zu nehmen ist. Es gibt für diese Arbeiten bereits Spezialmaschinen, bei denen der Vorschub des Materials nach einmal erfolgter Einstellung vollkommen selbsttätig und sehr rasch vor sich geht, so daß nur das Einlegen eines neuen Materialstreifens durch Menschenhand erfolgt.

Kamerateile, die nach der soeben beschriebenen Arbeitsmethode hergestellt werden können, sind z. B. Deckel, Spreizen, Spreizenlager, Deckelverschluß, Standarte, Objektivträger, Skalenträger, Kassettenriegel, Kassetten nebst Einlagen, Irislamellen, Radialhebel, Balgenstrecker, Sucherteile u. a. Der Laufboden sehr vieler Metallkameras wird ebenfalls durch Stanzen, der meist vorhandene umlaufende Verstärkungsrand, der gleichzeitig als Lederschutz dient, durch „Prägen“ hergestellt. (Neuerdings wird zur Herstellung des Laufbodens auch Aluminium-Spritzguß verwandt.)

Fast alle Stanzteile erfordern noch eine Nachbehandlung in der Metallschleiferei. Dort werden sie von den ihnen stets anhaftenden „Graten“ befreit; außerdem wird ihre Oberfläche durch Schwabbeln und Polieren sauber glänzend gemacht. So vorbereitet, sind die Stanzteile geeignet, nach vorheriger gründlicher Entfettung entweder lackiert oder — vorausgesetzt, daß sie aus Messing oder Eisen bestehen — galvanisch vernickelt zu werden. Falls bei irgendeinem Teil die glänzende Hochpolitur des Metalls nicht erwünscht oder nicht zweckmäßig erscheint, wird seine Oberfläche bisweilen durch Behandlung im „Sandstrahlgebläse“ stumpf oder matt gemacht. Die übrigen an einer Metallkamera vorkommenden Teile sind im wesentlichen eigentliche „Rotationskörper“, d. h. Drehteile und aus Profilmaterial von gleichbleibendem Querschnitt bestehende Teile, wie z. B. Führungsschienen für die Objektivträger; zu ersteren gehören z. B. die Triebknöpfe für die Einstellung des Laufbodens, die Teile zur Höhen- und Seitenverstellung des Objektivträgers, die damit verbundenen Gewindespindeln, die Fassungen für das optische System sowie sämtliche Schrauben, Niete und Stifte. Die Herstellung dieser Teile erfolgt je nach der Stückzahl auf gewöhnlichen Drehbänken (dies ist selten der Fall) oder auf sogenannten Halbautomaten bzw. Vollautomaten (bei Massenfabrikation); ist ein solcher Automat für das betreffende Stück einmal genau eingestellt, so arbeitet er vollkommen selbsttätig und der die Maschine bedienende Arbeiter braucht nur rechtzeitig neues Material zuführen. Der Führungsschlitten für den Objektivträger besteht vorwiegend aus von Spezialfirmen hergestelltem Profilmessing, das man bis zur endgültigen lehrenhaltigen Fertigstellung einigen Fräsprozessen unterwirft. (Auch für diese Teile wird jetzt immer häufiger Aluminium-Spritzguß verwendet.)

Die Lackierung erfolgt in modern eingerichteten Fabriken nicht mittels Pinsels, sondern nach einem sehr zweckmäßig und sparsam arbeitenden Spritzverfahren mit Hilfe von Druckluft; die einzelnen zu lackierenden Teile werden mit Hilfe einer Druckluftpistole mit fein zerstäubtem Lack gleichmäßig überzogen und dann in einem gut abgeschlossenen Ofen bei einer Temperatur von 150 bis 160° C getrocknet. Diesen Vorgang wiederholt man je nach der Bestimmung des betreffenden Stückes ein- bis zweimal, weil dadurch die Haltbarkeit in erheblichem Maße gesteigert wird.

Ein besonderes Verfahren ist jenes, bei dem die Oberfläche des lackierten Stückes die Struktur einer Eisblumenschicht erhält (Eisblumenlack); dieses Verfahren wird heute im Bau von Metallkameras vielfach angewandt.

Die Gravierung spielt bei Apparaten aus Metall eine besondere Rolle; in Betracht kommen die Firmenbezeichnung sowie die Angabe des Modellnamens, der Brennweite und der Lichtstärke des Objektivs. Das „Gravieren von Hand" nach eigenen Entwürfen, wie es früher allgemein üblich war, wird in modernen Betrieben nicht mehr geübt; z. B. wird die Skala für die Irisblende heute auf Spezialgraviermaschinen in der Weise hergestellt, daß von Schablonen, die aus einzelnen größeren Zeichen (Buchstaben, Ziffern) bestehen bzw. zusammengesetzt werden können, mit Hilfe eines „Storchschnabel- oder Pantographensystems" die betreffende Schrift in verkleinertem Maßstab auf das Arbeitsstück übertragen wird. Während das eine Ende dieser Vorrichtung — ein Stift — in der Schablone geführt wird, gräbt das andere Ende — ein schnell rotierender kleiner Fräser — die Schriftzeichen auf dem lackierten Metallstück in einer Tiefe von etwa 0,2 mm ein; an diesen Stellen erscheint das blanke Material weiß oder gelb, je nachdem, ob es sich um Aluminium oder Messing handelt. Um äußeren Einflüssen, z. B. durch Oxydation, vorzubeugen, werden die vertieften Stellen mit weißer Farbe eingelassen; bei Messing verwendet man hiezu auch das bekannte Woodsche Metall, das bereits bei etwa 65° C schmilzt und sich mit den durch die Gravierung freigelegten metallisch reinen Stellen innig verbindet.[1]

170. Die Verwendung von Spritzguß im Bau von Handkameras aus Metall. Zugleich mit den Metallkameras, deren Gehäuse aus einem Stück Blech gebogen oder gezogen wurde, entwickelten sich jene Kameras, deren Gehäuse aus Leichtmetall gegossen wurde. Da zuerst fast ausschließlich Sandguß verwendet wurde und aus diesem Grunde relativ dicke Wandungen in Kauf genommen werden mußten, blieb seine Anwendung auf bestimmte Kameramodelle, und zwar auf solche beschränkt, bei denen (wie z. B. beim Einbau von Schlitzverschlüssen) aus der Ebene hervortretende, meist unregelmäßig geformte Verstärkungen wie Naben, Warzen o. dgl. für die Lagerung von Wellen notwendig waren. Da sich Sandguß nicht genügend genau formen läßt und überdies eine gewisse Elastizität besitzt, hat das Gußstück meist keine ganz glatte Oberfläche und muß infolgedessen noch ziemlich weitgehend bearbeitet werden; trotzdem wird sich der Sandguß sowohl bei relativ großen Stücken als auch bei geringer Gießmenge bei einer Reihe von Konstruktionen nie verdrängen lassen.

Ein wesentlicher Fortschritt in der Gießtechnik war der Kokillenguß; durch Verwendung sauber bearbeiteter Stahlformen gewinnen die Gußstücke neben gesteigerter Festigkeit eine sehr schätzenswerte Gleichmäßigkeit und Sauberkeit der Oberfläche und brauchten nur sehr wenig nachbearbeitet zu werden. Da beim Kokillenguß das flüssige Material die Form nur langsam füllt, so daß die darin befindliche Luft genügend Zeit zum Entweichen hat, wird bei richtig durchgeführter Arbeitsweise ein dichtes und gleichmäßiges Gefüge des Gußstückes gewährleistet. Das weiteste Anwendungsgebiet im Bau von Metallhandkameras fand der Kokillenguß bei der Herstellung von Standarten für den Objektivträger; das andere gebräuchliche Verfahren, diese Standarten unter hohem Druck aus Stangen zu pressen, führte oft nur unter Schwierigkeiten zum Ziel, weil die Beanspruchung des Materials bei diesem Verfahren

---

[1] Es ist auch üblich, die Bezeichnungen auf photomechanischem Wege auf Messing- oder Neusilberschildchen aufzubringen, welche mit der Kamera verschraubt oder vernietet werden.

eine außerordentlich große war. Die Verwendung des Aluminium-Kokillengusses im Kamerabau bedeutete also bereits einen großen Fortschritt; die größeren Unkosten bei der Herstellung der Stahlformen fallen bei entsprechender Zahl der zu gießenden Stücke nicht ins Gewicht und werden überdies durch die Ersparnisse bei der Bearbeitung wieder aufgewogen. Die Gehäuse der Objektivverschlüssse (z. B. der Compurverschlüsse) sind fast ausschließlich nach dem Verfahren des Aluminiumkokillengusses hergestellt.

Als weitere und außerordentlich wichtige Entwicklungsstufe des Aluminiumgusses ist der Spritzguß zu bezeichnen, der heute den Kokillenguß auf vielen Gebieten verdrängt hat; bei dieser Gießart wird das flüssige Material unter einem Druck von etwa 30 bis 40 Atmosphären und mit hoher Geschwindigkeit durch die Form getrieben. Für Spritzguß kommen im wesentlichen drei Legierungen in Frage:

a) Zinn-Blei-Legierungen (Schmelzpunkt 200 bis 300°),

b) Zink-Legierungen (Schmelzpunkt 400 bis 450°),

c) Aluminium-Legierungen (Schmelzpunkt 625 bis 700°).

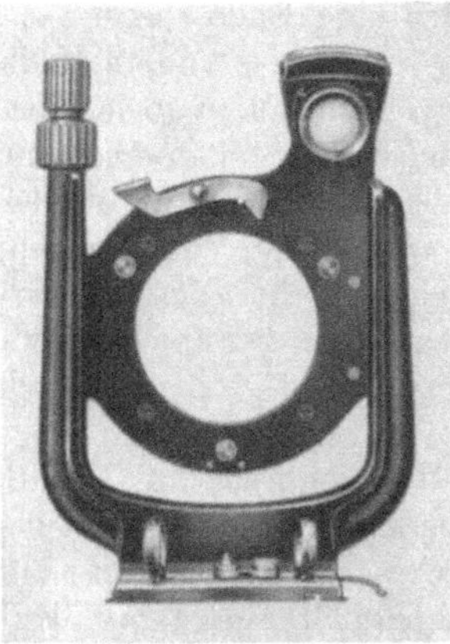

Abb. 437. Standarte aus Aluminium-Spritzguß (Modell „Bergheil" 9 × 12 cm der Voigtländer & Sohn A.-G., Braunschweig). Die Elemente für die Höhen- und Seitenverstellung des Objektivträgers liegen vollkommen geschützt im Innern der Standarte

Die beiden ersten Legierungen scheiden für die Anwendung im Kamerabau aus; es lassen sich aus ihnen zwar Kamerabestandteile mit außerordentlicher Genauigkeit herstellen, doch ist die Festigkeit derselben deshalb nicht groß, weil diese Legierungen einen niedrigen Schmelzpunkt haben. (Trotzdem wird der Zinkspritzguß z. B. in Amerika ebenso häufig angewendet wie der Aluminiumspritzguß.) Die Legierungen für den Aluminiumspritzguß bestehen aus etwa 88 bis 92% Reinaluminium, aus 6 bis 8% Kupfer und 1,5 bis 3,5% Nickel.

Die Silumin-Legierung ist ähnlich zusammengesetzt, enthält aber zirka 17% Silicium.

Der Aluminiumspritzguß oder Fertigguß wird seit einigen Jahren im Bau von Metallhandkameras immer häufiger angewendet; die Tatsache, daß die dafür in Betracht kommenden Teile sehr oft mit allen Aussparungen, Löchern, Ansätzen und Kanälen gegossen werden können, meist sogar ohne jede mechanische Nacharbeit sofort montierbar und, was noch wesentlicher ist, untereinander austauschbar sind, ist so bedeutsam, daß man heute bereits dazu übergegangen ist, nicht nur die Standarten (vgl. Abb. 437), sondern auch Laufböden, Gehäuse, Sucher usw. auf diese Art herzustellen, wobei schöne Erfolge erzielt werden.[1]

171. Die Holzkamera. Die Verwendung von Holz kommt nur für photographische Apparate vom Format 13 × 18 cm aufwärts in Betracht, wobei es sich zumeist um Spezialmodelle handelt.

Für hochwertige Kameras wird nur bestes Hartholz verwendet, das vollkommen trocken sein muß (der Trockenprozeß an der Luft beansprucht einen Zeitraum von mindestens 5 Jahren), da sich frisches Holz für die Verarbeitung

[1] Vgl. „Der Spritzguß und seine Anwendung", Beuth-Verlag, G. m. b. H. Berlin S 14, bearbeitet vom Ausschuß für Spritzguß beim AWF unter Mitarbeit der Deutschen Gesellschaft für Metallkunde.

zu Kamerabestandteilen nicht eignet. Um ganz sicher zu gehen, wird dem im Freien abgelagert gewesenen Holz vor der Verarbeitung in besonderen Trockenräumen, deren konstante Temperatur etwa 50 bis 60° C betragen soll, noch der letzte Rest von Feuchtigkeit entzogen.

An Holzsorten kommen vorzugsweise in Betracht: Mahagoni, Nußbaum, Erle und für Tropenkameras Teakholz; die Oberfläche dieser Hölzer wird poliert.

Nachdem die einzelnen Teile die erforderliche Länge und Breite erhalten haben, wozu Band- oder Kreissägen (letztere auch in Form von Pendelsägen) verwendet werden, bringt man sie mittels entsprechender Spezialmaschinen auf die erforderliche Dicke, wobei die bekannten Dicktenhobelmaschinen wegen ihrer Genauigkeit vorzügliche Dienste leisten. Es würde zu weit führen, sämtliche maschinellen Einrichtungen einer Fabrik für Holzkameras zu beschreiben; erwähnt sei nur, daß jeder Holzteil je nach Größe und Bestimmung zwei- oder mehrfach verleimt ist; dies ist notwendig, um das Verziehen des Holzes zu verhindern.

Außer Objektivbrett, Mattscheibenführungsrahmen und Laufboden sind die Bestandteile der Holzkamera aus Metall; bezüglich dieser Metallbestandteile sei auf das verwiesen, was über die Metallkameras gesagt wurde.

172. Die Herstellung des Balgens. Grundlegend für die Abmessungen des Balgens sind das Plattenformat, die äußeren Dimensionen des Kameragehäuses, die Auszuglänge (einfacher oder doppelter Auszug) und die durch das Öffnungsverhältnis des Objektivs bestimmte Größe des Balgens an seinem verjüngten Ende. Im allgemeinen haben die Balgen für Handkameras konische Form, d. h. die Form einer abgestumpften Pyramide, deren Basis ein Rechteck und deren obere Fläche meist ein Quadrat ist; anders ist es bei den Reisekameras sowie bei den wenigen quadratischen Kamera-Modellen. Mit Rücksicht darauf, daß Lichtsicherheit und geringe räumliche Ausdehnung gefordert werden, ist die Herstellung des Balgens umso schwieriger, je kleiner der Unterschied zwischen den Abmessungen des Balgens und jenen des Kameragehäuses ist, weil in diesem Falle die Falten sehr viel Platz im Gehäuse beanspruchen.

Auf Grund der jeweils festgelegten Maße wird ein Papiergitter hergestellt, dessen Form demjenigen des aufgeschnittenen und in die Ebene ausgebreiteten Balgens ungefähr entspricht, wobei jene Stellen, an denen die Faltenkniffe liegen, frei von Papier sind. Diese Gitterstücke werden auf ein entsprechend zugeschnittenes Stück Futterstoff geklebt; darauf (also auf das Papiergitter) wird mehrfach gespaltenes, sehr dünnes Schafleder (0,1—0,2 mm Dicke) geklebt. Der fertige Balgen besteht also aus 3 Lagen: Futterstoff, Papier und Schafleder. (Bei wohlfeiler Ausführung wird Kunstleder verwandt.) Aus dem so hergerichteten Stück formt man eine Pyramide, worauf das Ganze in Falten gelegt wird, was infolge der Benutzung des erwähnten Papiergitters verhältnismäßig leicht ist.[1] Insgesamt sind etwa 18 verschiedene Arbeitsgänge zur Herstellung eines Balgens erforderlich, welche mit großer Genauigkeit vorgenommen werden müssen; es handelt sich dabei fast ausschließlich um Handarbeit, da nur wenige Arbeitsgänge mit Hilfe von Maschinen erledigt werden können. Sehr wichtig ist, daß der Balgen vollkommen lichtdicht ist. Die Verbindung des Balgens mit dem Blendrahmen erfolgt durch Ankleben mittels Zementleims oder unter Anwendung mechanischer Haltevorrichtungen; an der Objektivseite wird eine Metallplatte mit runder Öffnung (das sogenannte Balgenblech) an den Balgen angeklebt. (Vgl. u. a. D. R. P. Nr. 485172 für Carl

[1] Wesentlich anders ist das von der Zeiss-Ikon A. G. im Jahre 1928 bekannt gemachte Verfahren zur Herstellung von Balgen; vgl. das D. R. P. Nr. 507268.

NEITHOLD, Frankfurt a. M.) Über die Vorrichtungen zum Regulieren der Luftzirkulation im Balgen wurde im Kapitel „Rollfilmkamera“ (vgl. S. 127) berichtet.

Bei größeren Balgen (z. B. für Atelier- und Vergrößerungsapparate) wird meist Kaliko statt Leder verwandt; die Haltbarkeit dieser Balgen wird dadurch erhöht, daß an den 4 Ecken Lederverstärkungen eingearbeitet werden und das Papiergitter durch ein Gitter aus Pappe ersetzt wird. Es gibt bei Spezialkameras Balgen, deren größter Querschnitt eine Seitenlänge von 1,60 m hat und deren Länge einige Meter beträgt. Die Herstellung von Kamerabalgen als Spezialarbeit betreibt PAUL JACKISCH in Moys-Görlitz.

173. Die Kontrolle der fertigen Kamera. Fast alle Einzelteile der Kamera werden einer sorgfältigen Kontrolle unterworfen, die sich in erster Linie darauf erstreckt, ob die vorgeschriebenen Maße eingehalten wurden; diese Kontrolle erfolgt unter Benutzung zweckmäßig ausgebildeter Lehren.[1] Nur so kann z. B. die Verbindung der Spreize mit dem Laufboden durch einen Niet erfolgen, den man nicht speziell auszusuchen braucht, den man vielmehr einfach aus einer Menge gleicher Nieten herausgreifen kann. Trotzdem sämtliche Einzelteile der Kamera geprüft zur Montage gelangen, damit tatsächlich Fließarbeit möglich sei, wird eine Firma, der es daran liegt, einwandfreie Kameras auf den Markt zu bringen, auch den fertig zusammengesetzten und mit Objektiv ausgerüsteten Apparat eingehend prüfen. Der Lederbalgen, insbesondere aber seine Verbindungsstellen mit dem Gehäuse bzw. dem Objektiv müssen lichtdicht sein, der Objektivträgerschlitten muß sich mühelos und spielfrei aus dem Gehäuse auf die Gleitschienen des Laufbodens überführen lassen, der Laufboden muß sich ohne toten Gang durch Zahntrieb oder Radialhebel so fortbewegen lassen, daß die Standarte in jeder Gebrauchsstellung fest steht und stets parallel zur Bildebene, d. h. senkrecht zum Laufboden ist; dabei wird vorausgesetzt, daß der Laufboden genau im rechten Winkel zum Kassettenführungsrahmen steht, sobald die beiden Spreizen in die entsprechenden Rasten am Gehäuse eingeschnappt sind. Der Spiegelsucher ist darauf zu untersuchen, ob beim Übergang von Hoch- auf Querformat die mechanischen Anschläge stimmen, sodaß sich beim Ausrichten der Kamera keine Fehler ergeben. Beim Rahmensucher können solche Fehler nicht auftreten, wenn der Rahmen richtig dimensioniert und der Diopter richtig angeordnet wurde. Sehr wichtig ist die sorgfältige Prüfung des mechanischen Anschlages für die Einstellung auf Unendlich, weil davon alle übrigen Einstellungen bei Benutzung der Einstellskala abhängig sind.

Bei Rollfilmkameras ist die Prüfung auf Lichtdichtigkeit ganz besonders wichtig, hier erstreckt sie sich im besonderen auf das lückenlose Zusammenpassen der Kamerarückwand mit dem vorderen Gehäuse, zwischen denen der Film eigentlich ungeschützt liegt. (Bei den Trockenplatten in Kassetten wird der Schieber erst kurz vor der Belichtung entfernt.) Einer besonderen Prüfung bedürfen jene Kamerateile, die zur Lagerung der Spulen und zur Fortbewegung des Films dienen, weil nur bei einwandfreier Ausführung der (richtig konstruierten) Spulenlagerung eine reibungslose Führung des Films von Anfang bis zu Ende zu erwarten ist; die Achsen der Filmspule müssen genau parallel zueinander verlaufen und zu den Seitenwänden des Gehäuses senkrecht stehen, was mit Hilfe von Spezialvorrichtungen einwandfrei überprüft werden kann.

Die vorstehende kurze Beschreibung der wichtigsten Phasen der Kontrolle einer in Serienfabrikation entstandenen Kamera macht natürlich keinen Anspruch auf Vollständigkeit.

---

[1] Vgl. die Broschüre Abmaße der Arbeits- und Revisionslehren der LOEWE-GESFÜREL A. G., Berlin NW. 87.

Namen- und Sachverzeichnis

GPSR Compliance

The European Union's (EU) General Product Safety Regulation (GPSR) is a set of rules that requires consumer products to be safe and our obligations to ensure this.

If you have any concerns about our products, you can contact us on ProductSafety@springernature.com

In case Publisher is established outside the EU, the EU authorized representative is:

Springer Nature Customer Service Center GmbH
Europaplatz 3
69115 Heidelberg, Germany

Batch number: 10816188

Printed by Printforce, the Netherlands